Springer Collected Works in Mathematics

For further volumes:
http://www.springer.com/series/11104

Max-Planck-Institut für Mathematik Bonn 1985
(Photo: G.-W. Bachert)

Friedrich Hirzebruch

Gesammelte Abhandlungen – Collected Papers II

1963 – 1987

Reprint of the 1987 Edition

Springer

Friedrich Hirzebruch (1927 – 2012)
University of Bonn
Bonn, Germany

ISSN 2194-9875
ISBN 978-3-642-41955-3 (Softcover)
978-3-540-18087-6 (Hardcover)
DOI 10.1007/978-3-642-41956-0
Springer Heidelberg New York Dordrecht London

Library of Congress Control Number: 2012954381

Mathematical Subject Classification (2010): 57-XX, 14-XX, 01A70

Printed on acid-free paper

Springer is part of Springer Science+Business Media (www.springer.com)

Inhaltsverzeichnis

Band II: 1963–1987

34.

The topology of normal singularities of an algebraic surface (d'après un article de D. Mumford)

Séminaire Bourbaki 1962/63, Exp. 250, Textes des conférences, o. S., Paris: Institut Henri Poincaré 1963

* We shall study Mumford's results in the complex-analytic case.

1. Regular graphs of curves

Let X be a complex manifold of complex dimension 2. A regular graph Γ of curves on X is defined as follows.

i. $\Gamma = \{E_1, E_2, \ldots, E_n\}$.
ii. Each E_i is a compact connected complex submanifold of X of complex dimension 1.
iii. Each point of X lies on at most two of the E_i.
iv. If $x \in E_i \cap E_j$ and $i \neq j$, then E_i, E_j intersect regularly in x and $E_i \cap E_j = \{x\}$.

Γ defines a graph Γ' in the usual sense (i.e. a one-dimensional finite simplicial complex) by associating to each E_i a vertex e_i and by joining e_i and e_j by an edge if and only if E_i and E_j intersect. Γ' becomes a "weighted graph" by attaching to each e_i the self-intersection number $E_i \cdot E_i$, i.e. the Euler number of the normal bundle of E_i in X. We have the symmetric matrix

$$S(\Gamma) = ((E_i \cdot E_j))$$

where $E_i \cdot E_j$ $(i \neq j)$ equals 1 if $E_i \cap E_j \neq \emptyset$ and equals 0 if $E_i \cap E_j = \emptyset$. This matrix is called the intersection matrix of Γ and defines a bilinear symmetric form S over the $\mathbb{Z}$-module $V = \mathbb{Z}\, e_1 + \mathbb{Z}\, e_2 + \ldots + \mathbb{Z}\, e_n$. The matrix $S(\Gamma)$ depends (up to the ordering of the e_i) only on the weighted graph and may be denoted by $S(\Gamma')$. The subset A of X is called a tubular neighbourhood of Γ if

i. $A = \bigcup_{i=1}^{n} A_i$,
where A_i is a (compact) tubular neighbourhood of E_i,
ii. $E_i \cap E_j = \emptyset$ implies $A_i \cap A_j = \emptyset$,
iii. $E_i \cap E_j = \{x\}$ implies the existence of a local coordinate system (z_1, z_2) with center x and a positive number ε such that the open neighbourhood

$$U = \{p \mid p \in X \wedge |z_1(p)| < 2\varepsilon \wedge |z_2(p)| < 2\varepsilon\}$$

is defined in this coordinate system and

$$A_i \cap U = \{p \mid p \in U \cap |z_2(p)| \leqq \varepsilon\},$$
$$A_j \cap U = \{p \mid p \in U \cap |z_1(p)| \leqq \varepsilon\},$$
$$A_i \cap A_j \subset U.$$

Such tubular neighbourhoods always exist.

A is a compact 4-dimensional manifold (differentiable except "corners") whose boundary M is a 3-dimensional manifold (without boundary). It is easy to see that A has $E = \bigcup_{i=1}^{n} E_i$ as deformation retract. Thus

(1) $$H_i(A) \cong H_i(E).$$

Suppose that the graph Γ' is connected. This is the case if M is connected. If, moreover, Γ' has no cycles, then E is homotopically equivalent to a wedge of n compact oriented topological surfaces with the genera $g_i = \text{genus}(E_i)$. If Γ' has p linearly independent cycles, then the homotopy type of E is the wedge of n surfaces as above and p one-dimensional spheres. The first Betti number of E is given by the formula

(2) $$b_1(E) = 2\sum_{i=1}^{n} g_i + p.$$

We have the exact sequence (rational cohomology)

(3) $$H^1(A,M) \to H^1(A) \to H^1(M).$$

By Poincaré duality $H^1(A,M) \cong H_3(A)$ which vanishes by (1).

Therefore $H^1(A)$ maps injectively into $H^1(M)$ which proves in virtue of (1) and (2):

Lemma. *If the regular graph of curves $\Gamma = \{E_1, \ldots, E_n\}$ has a tubular neighbourhood A whose boundary M is a rational homology sphere, then the graph Γ' is a tree (i.e. Γ' is connected and has no cycles). Furthermore, the genera of the curves are all 0, thus all the E_i are 2-spheres.*

2. The fundamental group of the "tree manifold" M

Suppose M is obtained as in Section 1, assume that Γ' is a tree and all the E_i are 2-spheres. By the lemma of Section 1 this is true if M is a rational homology sphere. The fundamental group $\pi_1(M)$ is presented by the following theorem.

Theorem. *Put $S(\Gamma) = ((E_i \cdot E_j)) = (s_{ij})$. Then, with the above assumptions, $\pi_1(M)$ is isomorphic with the free group generated by the vertices $e_1, \ldots, e_n$ of Γ' modulo the relations*

(a) $$e_i e_j^{s_{ij}} = e_j^{s_{ij}} e_i$$

(b) $$1 = \prod_{1 \leqq j \leqq n} e_j^{s_{ij}},$$

the product in (b) being ordered from left to right by increasing j. Recall that the exponents s_{ij} are all 1 *or* 0 (for $i \neq j$).

Remark. Each weighted tree with a numbering of its vertices defines by this recipe a group. A change of the numbering gives an isomorphic group. This is not difficult to prove. Thus it makes sense to speak (up to an isomorphism) of $\pi_1(\Gamma')$ where Γ' is any weighted tree.

We sketch a proof of the theorem. The boundary of A_i, denoted by ∂A_i, is a circle bundle over S^2 with Euler number s_{ii}. A generator e_i of $\pi_1(\partial A_i)$ is represented by a fibre. The only relation is

$$e_i^{s_{ii}} = 1 .$$

Recall $M = \partial A$ and put $B_i = \partial A \cap A_i$ which is a 3-dimensional manifold obtained from ∂A_i by removing for each j with $j \neq i$ and $s_{ij} \neq 0$ a fibre preserving neighbourhood of some fibre. This neighbourhood to be removed has in local coordinates (Section 1, (iii)) the description ($|z_1| < \varepsilon$, $|z_2| = \varepsilon$) and thus is of the type $D^2 \times S^1$. The boundary of B_i consists of a certain number of 2-dimensional tori (one for each j with $j \neq i$ and $s_{ij} \neq 0$). The fundamental group $\pi_1(B_i)$ has generators e_j ($j = i$ or $s_{ij} \neq 0$) with the only relations

(a) $$e_i e_j = e_j e_i$$

(b) $$e_i^{-s_{ii}} = \prod e_j ,$$

the product is in increasing order of j (over those e_j with $j \neq i$ and $s_{ij} \neq 0$). Here e_i is representable by any fibre, thus also by a fibre on the jth torus. e_j is represented on the jth torus by ($z_1 = \varepsilon e^{2\pi i t}$, $z_2 =$ constant of absolute value ε). It becomes a fibre in B_j. Since $M = \cup B_i$, we can use van Kampen's theorem to present $\pi_1(M)$ as the free product of the $\pi_1(B_i)$ modulo amalgamation of certain subgroups $\pi_1(S^1 \times S^1)$. This gives the theorem. Our notation takes automatically care of the amalgamation because for $s_{ij} \neq 0$ and $i \neq j$ the symbols e_i, e_j denote elements of $\pi_1(B_i)$ and of $\pi_1(B_j)$. Of course, *there is all the trouble with the base point* which we have neglected in this sketch. The trouble is not serious, mainly because Γ' is a tree. A further remark to visualize the relations: B_i, as a circle bundle over S^2- (disjoint union of small disks), is trivial. Thus e_i lies in the center of $\pi_1(B_i)$. There is a section of ∂A_i over the oriented S^2 with one singular point. This gives an "oriented disk-like 2-chain" in ∂A_i with $e_i^{-s_{ii}}$ as boundary (characteristic class = negative transgression!). The small disks lift to disks in that 2-chain. They have to be removed and have the e_j ($j \neq i$, $s_{ij} \neq 0$) as boundary. Knowledge of the fundamental group of a disk with small disks removed gives (b).

Corollary. *The determinant of the matrix* (s_{ij}) *is different from* 0 *if and only if* $H_1(M; \mathbb{Z})$ *is finite. If this is so, then* $|\det(s_{ij})|$ *equals the order of* $H_1(M; \mathbb{Z})$.

Proof. Recall that $H_1(M; \mathbb{Z})$ is the abelianized $\pi_1(M)$. The corollary follows from relation (b) of the theorem. The result can also be obtained directly from the exact homology sequence of the pair (A, M) which identifies $H_1(M; \mathbb{Z})$

with the cokernel of the homomorphism $V \to V^*$ defined by the quadratic form S (for the notation see Section 1). $H_2(A;\mathbb{Z})$ may be identified with V and $H_2(A, M;\mathbb{Z})$ by Poincaré duality with $V^* = \mathrm{Hom}(V, \mathbb{Z})$.

3. Elementary trees

In this section we shall prove a purely algebraic result.

A weighted tree is a finite tree with an integer associated to each vertex.

An elementary transformation (of the first kind) of a weighted tree adds a new vertex x, joins it to an old vertex y by a new edge, gives x the weight -1 and y the old weight diminished by 1. Everything else remains unchanged.

An elementary transformation (of the second kind) adds a new vertex x, joins it to the two vertices y_1, y_2 of an edge k by edges k_1, k_2, removes k, gives x the weight -1 and y_i $(i=1,2)$ the old weight of y_i diminished by 1. The following proposition is easy to prove.

Proposition. *If Γ' is a weighted tree and Γ'' obtainable from Γ' by an elementary transformation, then $S(\Gamma'')$ is negative definite if and only if $S(\Gamma')$ is. Furthermore $\pi_1(\Gamma') \cong \pi_1(\Gamma'')$* (for the notation see Section 1 and the Remark in Section 2).

An elementary tree is a weighted tree obtainable from the one-vertex-tree with weight -1 by a finite number of elementary transformations.

Theorem. *Let Γ' be a weighted tree. Suppose that $\pi_1(\Gamma')$ is trivial and that the matrix (integral quadratic form) $S(\Gamma')$ is negative definite. Then Γ' is an elementary tree.*

For the proof a group theoretical lemma is essential whose proof we omit.

Lemma. *Let G_1, G_2, G_3 be non-trivial groups, and $a_i \in G_i$. Then the free product $G_1 * G_2 * G_3$ modulo the relation $a_1 a_2 a_3 = 1$ is a non-trivial group.*

Inductive proof of the theorem. Suppose it is proved if the number of vertices in the weighted tree is less than n. Let Γ' have n vertices $e_1, \ldots, e_n$.

First case. There is no vertex in Γ' which is joined by edges with at least three vertices.

Then Γ' is linear

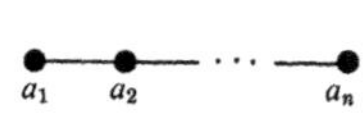

where a_i is the associated weight. It follows that one of the a_i must be -1, if not $\det S(\Gamma')$ would be up to sign the numerator of the continued fraction

$$|a_1| - \cfrac{1}{|a_2| - \cfrac{\ddots}{\ddots - \cfrac{1}{|a_n|}}} \qquad (a_i \leq -2)$$

which is not 1. This contradicts the corollary in Section 2. Thus Γ' is an elementary transform of a tree Γ'' with $n-1$ vertices. By the proposition and the induction assumption Γ' is elementary.

Second case. There is a vertex e_1, *say, joined with* $e_2, \ldots, e_m$ $(m \geqq 4)$.

We may choose this notation since the numbering plays no role for the fundamental group (see the Remark in Section 2).

Take Γ', remove e_1 and the edges joining it to $e_2, \ldots, e_m$. The remaining one-dimensional complex is a union of $m-1$ trees $T_2, \ldots, T_m$ where T_i has e_i as vertex. The free product of the $\pi_1(T_i)$, $i=2, \ldots, m$, modulo the relation $e_2 e_3 \ldots e_m = 1$ gives obviously (see Section 2) the group $\pi_1(\Gamma')$ modulo $e_1 = 1$. By assumption $\pi_1(\Gamma')$ is trivial. By the lemma at least one of the groups $\pi_1(T_i)$, say $\pi_1(T_2)$, is trivial. By induction assumption T_2 is elementary and thus can be reduced by removing a vertex x with weight -1 to give a weighted tree T_2' of which T_2 is an elementary transform of first or second kind. If $x \neq e_2$ or if $x = e_2$ and joined only with one vertex in T_2, then Γ' is an elementary transform of the tree consisting of the T_i $(i=3, \ldots, m)$, T_2', and e_1 (with the weight unchanged or increased by 1 respectively). By induction and the proposition, Γ' would be elementary. In the remaining case $x = e_2$ and e_2 is joined with exactly three vertices in Γ', namely e_1 and, say, e_{m+1}, e_{m+2} of T_2. Again, either Γ' would be an elementary transform of a smaller tree, or the weight of e_1 or e_{m+1} or e_{m+2} would be -1. But the latter case cannot occur, since the quadratic form takes on $e_r + e_s \in V$ (see Section 1) the value 0, if e_r, e_s have weight -1 and are joined by an edge, and this would be true for $r=2$ and $s=1, m+1$ or $m+2$ and contradict the negative definiteness of $S(\Gamma')$.

4. A blowing-down theorem

Theorem. *Let X be a complex manifold of complex dimension 2 and $\Gamma = \{E_1, E_2, \ldots, E_n\}$ a regular graph of curves on X. Suppose the boundary of some tubular neighbourhood of Γ be simply-connected and the matrix $S(\Gamma')$ negative-definite. Then the topological space X/E* (i.e. *X with $E = \bigcup_{i=1}^{n} E_i$ collapsed to a point) is a complex manifold in a natural way: The projection $X \to X/E$ is holomorphic and the bijection $X - E \to X/E - E/E$ is biholomorphic.*

Proof. By the lemma in Section 1 and the theorem in Section 3 all curves E_i are 2-spheres and Γ' is an elementary tree. If Γ' has only one vertex, then the above theorem is due to Grauert or, in the classical algebraic geometric case, to Castelnuovo-Enriques. By the very definition of an elementary tree and easy properties of "quadratic transformations" the result follows.

5. Resolution of singularities

Let Y be a complex space of complex dimension 2 in which all points are non-singular except possibly the point y_0 which is supposed to be normal. The theorem on desingularization states that there exist a complex manifold X, a regular (see Section 1) graph Γ of curves $E_1, \ldots, E_n$ on X, a holomorphic map $\pi: X \to Y$ with

$$\pi(E) = \{y_0\}, \quad \text{where} \quad E = \bigcup_{i=1}^{n} E_i,$$

$$\pi_{|X-E}: X - E \to Y - \{y_0\} \text{ biholomorphic.}$$

Thus the topological investigation of A and M (Section 1) which we have carried through so far contains as special case the investigation of singularities. A theorem, which we do not prove here, states *that $S(\Gamma)$ is negative-definite if Γ comes from desingularizing a singularity.*

6. The Main theorem of Mumford

Theorem. *Let Y, y_0 be as in Section 5. Suppose that y_0 has in Y a neighbourhood U homeomorphic to $\mathbb{R}^4$ by local coordinates $t_1, \ldots, t_4$. Then y_0 is non-singular.*

"Desingularize" y_0 as in Section 5. Take a tubular neighbourhood A of Γ. We can find a positive number δ such that $K = \pi^{-1}\{p \mid p \in U \wedge \sum t_i^2(p) < \delta\} \subset A$. There exists a tubular neighbourhood A' with

$$A' \subset K \subset A$$

and such that A' is obtained from A just be multiplying the "normal distances" by a fixed positive number $r < 1$. Any path in $A - E$ is homotopic to a path in $A' - E$ which is nullhomotopic in $A - E$ because $\pi_1(K-E) = \pi_1(\mathbb{R}^4 - \{0\})$ is trivial. The theorem in Section 4 together with the theorem mentioned at the end of Section 5 completes the proof.

7. Further remarks

For any weighted tree Γ' the construction in Section 1 can be topologized (assume genus $g(E_i) = 0$). In this way we may attach to each weighted tree Γ' a 3-dimensional manifold $M(\Gamma')$ (see von Randow [5]) which, as can be shown, depends only on Γ' (up to a homeomorphism).

We have $\pi_1(M(\Gamma')) = \pi_1(\Gamma')$ (see Section 2). Von Randow [5] has investigated the tree manifold $M(\Gamma')$ and shown in analogy to Mumford's theorem (Section 6) that $M(\Gamma')$ is homeomorphic to S^3 if $\pi_1(\Gamma')$ is trivial. Thus there is no counter-example to Poincaré's conjecture in the class of tree manifolds $M(\Gamma')$. Von Randow's investigations and also the topological part of Mumford's paper are in close connection to the classical paper of Seifert [6]. The oriented Seifert manifolds (fibred in circles over S^2 with a finite number of exceptional fibres) are special tree manifolds [5].

Interesting trees (always with genus $g(E_i)=0$) occur when desingularizing the singularities

$$(z_1^2+z_2^n)^{1/2} \quad (n \geqq 2), \qquad (z_1(z_2^2+z_1^n))^{1/2} \quad (n \geqq 2),$$
$$(z_1^3+z_2^4)^{1/2}, \qquad (z_1(z_1^2+z_2^3))^{1/2}, \qquad (z_1^3+z_2^5)^{1/2}.$$

Each of these algebroid function elements generates a complex space with a singular point at the origin.

These singularities give rise to the well known trees A_{n-1}, D_{n+2}, E_6, E_7, E_8 of Lie group theory (all vertices weighted by -2). The corresponding manifolds M are homeomorphic to S^3/G where G is a finite subgroup of S^3 (cyclic, binary dihedral, binary tetrahedral, binary octahedral, binary pentagondodecahedral). Up to inner automorphisms these are the only finite subgroups of S^3. The manifold $M(E_8)$ is specially interesting. Since $\det S(E_8)=1$, it is by the corollary in Section 2 a Poincaré manifold, i.e. a 3-dimensional manifold with non-trivial fundamental group and trivial abelianized fundamental group. $M(E_8)$ was constructed by "plumbing" 8-copies of the circle bundle over S^2 with Euler number -2. By replacing this basic constituent by the tangent bundle of S^{2k} one obtains a manifold $M^{4k-1}(E_8)$ of dimension $4k-1$. This carries a natural differentiable structure. For $k \geqq 2$ it is homeomorphic to S^{4k-1}, but not diffeomorphic (Milnor sphere).

The above mentioned singularities are classical (e.g. Du Val [1]). For the preceding remarks see also [3].

For quadratic transformations, desingularization, etc. see the papers of Zariski and also [2]. We have only been able to sketch some aspects of Mumford's paper, leaving others aside, e.g. the local Picard variety, etc.

Bibliography

[1] Du Val (P.). – On isolated singularities of surfaces which do not affect the conditions of adjunction, Proc. Cambr. phil. Soc., t. *30*, 1934, p. 453–459.

[2] Hirzebruch (Friedrich). – Über vierdimensionale Riemannsche Flächen mehrdeutiger analytischer Funktionen von zwei komplexen Veränderlichen, Math. Annalen, t. *126*, 1953, p. 1–22.

[3] Hirzebruch (Friedrich). – Differentiable manifolds and quadratic forms, Lectures delivered at the University of California. Notes by Sebastian S. Koh. – Berkeley, University of California, 1962.

[4] Mumford (D.). – The topology of normal singularities of an algebraic surface and a criterion for simplicity. – Paris, Presses universitaires de France, 1961 (Institut des Hautes Etudes Scientifiques, Publications mathématiques, 9).

[5] Randow (R. von). – Zur Topologie von dreidimensionalen Baummannigfaltigkeiten. – Bonn, 1962 (Bonner Mathematische Schriften, 14).

[6] Seifert (H.). – Topologie dreidimensionaler gefaserter Räume, Acta Mathematica, t. *60*, 1933, p. 147–238.

[7] Zariski (Oscar). – Algebraic surfaces. – Berlin, J. Springer, 1935 (Ergebnisse der Mathematik, Band 3, nº 5).

36.

Bericht über Arbeiten am Mathematischen Institut der Universität Bonn

In: Landesamt für Forschung, Jahrbuch 1965, S. 311–326, Köln und Opladen: Westdeutscher Verlag 1965

* Im Jahre 1964 promovierten an der Mathematisch-Naturwissenschaftlichen Fakultät der Universität Bonn acht Mathematiker fast gleichzeitig, und zwar mit Forschungsaufgaben aus den Gebieten der Topologie und Geometrie[3, 4, 6, 7, 8], der homologischen Algebra[2], der Allgemeinen Algebra[1] und der mathematischen Logik[5].

Eine solche Häufung von mathematischen Dissertationen in einem Jahr und an einer Universität ist ungewöhnlich, und es dürfte wohl einige Zeit vergehen, bevor dieses Phänomen an unserer Universität wieder auftritt. Ein Mathematiker schließt ja nur im Ausnahmefall sein Studium mit der Promotion ab. Es sollte außerdem hervorgehoben werden, daß (mehr oder weniger zufälligerweise) ein großer Teil der untersuchten Probleme nahe verwandten Gebieten angehört und die Arbeiten während einer mehrjährigen guten Zusammenarbeit entstanden sind.

Jedenfalls scheint dieses seltene Ereignis ein geeigneter Anlaß zu sein, einmal über Leistungen des wissenschaftlichen Nachwuchses zu berichten, die wir als Erfolge sowohl der mathematischen Forschung als auch der Lehre an den Universitäten unseres Landes buchen dürfen.

Die Themen der Dissertationen liegen naturgemäß in der Richtung der Arbeitsgebiete der beteiligten Dozenten und der zahlreichen Gäste unseres Instituts, die jährlich zur Mathematischen Arbeitstagung oder zu anderen Gastaufenthalten nach Bonn kommen, so daß durch Bericht über Dissertationen ein, wenn auch nur kleiner, so doch charakteristischer Ausschnitt aus der Forschungstätigkeit des Instituts gegeben wird.

Es ist selbstverständlich, daß in anderen Jahren die Forschungsergebnisse, soweit sie sich in Dissertationen kristallisieren, auch auf ganz anderen Gebieten und unter Beteiligung anderer Dozenten gelegen haben. Es war ein glückliches Zusammentreffen, daß der Verfasser ausgerechnet für ein Jahr zur Mitarbeit an dem „Jahrbuch“ aufgefordert wurde, in dem besonders viele Untersuchungen, an denen er als Referent beteiligt war, zum Abschluß gebracht werden konnten.

Der Verfasser möchte an dieser Stelle Herrn Prof. Hasenjaeger und Herrn Prof. J. Schmidt und vor allem Herrn Dr. Jänich herzlich für Hilfestellung bei diesem Bericht danken.

Differentialoperatoren und Topologie[6,4]

Im Jahre 1959 hatte der bekannte sowjetische Mathematiker Gelfand[14] in einem Artikel auf die Bedeutung der Tatsache aufmerksam gemacht, daß der Index eines elliptischen partiellen Differentialoperators – das ist die Differenz zwischen der Dimension seines Lösungsraumes und der Dimension des Lösungsraumes des adjungierten Operators – invariant gegenüber kleinen Änderungen des Operators ist. Diese Art Invarianz einer Größe ist immer ein Indiz dafür, daß die Untersuchung dieser Größe mit topologischen Methoden sinnvoll und erfolgversprechend ist. In der Sowjetunion erschienen mehrere Arbeiten über diesen Gegenstand, es sei darauf hingewiesen, daß sich Vekua[26] bereits 1952 mit dem Index elliptischer Differentialoperatoren befaßt hatte.

Eine wirklich umfassende Lösung gelang jedoch erst den Mathematikern M. F. Atiyah (Oxford) und I. M. Singer (Cambridge, USA)[11] bzw. M. F. Atiyah und R. Bott (Cambridge, USA)[9] durch ihre berühmte „*Indexformel*“, die den Index eines elliptischen Differential- oder Integro-Differentialoperators durch topologische Größen ausdrückt. Bereits im Juli 1962 hat Atiyah auf der jährlichen Bonner Arbeitstagung einen richtungweisenden Vortrag gehalten, in dem die Indexformel für den Spezialfall des Dirac-Operators zum ersten Male präzise (wenn auch nur als Vermutung) angegeben wurde. Bei diesen Untersuchungen trat zutage, daß zwischen der Theorie der elliptischen partiellen Differentialoperatoren und der algebraischen Topologie Beziehungen bestehen, die keineswegs oberflächlicher Art sind und deren Entdeckung angesichts der völlig getrennten Entwicklung dieser Gebiete nicht ohne weiteres zu erwarten stand.

Die Arbeiten an der Indexformel wurden am Mathematischen Institut der Universität Bonn in einem Seminar im Wintersemester 1962/63 an Hand von Veröffentlichungen verfolgt; auch in Princeton (USA), in Paris und an anderen Universitäten fanden und finden Seminare über dieses Thema statt.

Die von Atiyah und Singer verwendeten Methoden hängen eng mit früheren Arbeiten des Verfassers zusammen („Neue topologische Methoden in der algebraischen Geometrie", Springer-Verlag 1956), insbesondere ergab sich, daß der in diesem Buch für algebraische Mannigfaltigkeiten bewiesene „Satz von Riemann-Roch" allgemein für kompakte komplexe Mannigfaltigkeiten richtig ist. Entscheidend benutzt wird auch die sogenannte K-Theorie, die von M. F. Atiyah und dem Verfasser in einer gemeinsamen Arbeit[10] entwickelt wurde.

Die Indexformel gestattet interessante Anwendungen, z. B. auf „Ganzzahligkeitssätze", damit beschäftigt sich die Arbeit[6]: Man studiert in der algebraischen Topologie eine Vielzahl von Möglichkeiten, einer differenzierbaren Mannigfaltigkeit eine rationale Zahl zuzuordnen. Sei einmal mit $M \to A(M) \in \mathbf{Q}$ eine solche Zuordnung bezeichnet. Man bemüht sich nun, Sätze vom folgenden Typ zu beweisen: „Hat M diese oder jene geometrische Eigenschaft (z. B.: Die Existenz einer Spin-Dirac-Struktur für das Tangentialbündel oder die Einbettbarkeit oder die Immersierbarkeit von M in gewisse Euklidische oder projektive Räume), dann muß $A(M)$ sogar eine ganze Zahl sein." Solche Sätze nennt man „Ganzzahligkeitssätze", mit ihrer Hilfe kann man oft ein differentialtopologisches Problem entscheiden, nämlich durch expliziten Nachweis, daß $A(M)$ im fraglichen Falle *keine* ganze Zahl ist. In der in Rede stehenden Arbeit[6] wurde nun die Atiyah-Singersche Indexformel dazu ausgenutzt, solche Ganzzahligkeitssätze zu gewinnen. Hat man auf M nämlich einen elliptischen Operator, so ist dessen Index, als Differenz zweier Dimensionen, natürlich eine ganze Zahl, die Indexformel übersetzt diese Zahl in Termini der algebraischen Topologie – man muß nun die Eigenschaften von M in so raffinierter Weise zur Konstruktion des elliptischen Differentialoperators ausnutzen, daß sich gerade $A(M)$ als Index ergibt. Daß das dem Autor der Arbeit in einer sehr allgemeinen Weise gelungen ist, wird schon daraus ersichtlich, daß er auf diese Weise *alle* bisher bekannten und auf andere Art bewiesenen Ganzzahligkeitssätze erhält. Zur Illustration der noch weiterreichenden Resultate sei der folgende, bisher unbewiesene Nicht-Immersierbarkeitssatz genannt, der in der Arbeit[6] als Folgerung aus den gewonnenen Ergebnissen erscheint:

Satz: *Der komplexe projektive Raum* $\mathbf{P}_{2m}(\mathbf{C})$ *kann nicht in den Euklidischen Raum* $\mathbf{R}^{8m-2\alpha(m)+1}$ *immersiert werden, wenn* $\alpha(m) \equiv 3 \bmod 4$, *dabei bezeichnet* $\alpha(m)$ *die Anzahl der Einsen in der dyadischen Entwicklung von* m.

Als Anwendung der Ganzzahligkeitssätze konnte auch der folgende Satz bewiesen werden:

1 *Es gibt keine Immersion des* $\mathbf{P}_m(\mathbf{C})$ *in den* $\mathbf{P}_{2m-\alpha(m)-1}(\mathbf{C})$, *bei dem der Schnitt der Hyperebene des* $\mathbf{P}_{2m-\alpha(m)-1}(\mathbf{C})$ *mit dem immersierten* $\mathbf{P}_m(\mathbf{C})$ *homolog einem geraden Vielfachen der Hyperebene des* $\mathbf{P}_m(\mathbf{C})$ *ist.*

Für gewisse anzustrebende Verallgemeinerungen der Indexformel ist es notwendig, statt eines einzelnen elliptischen partiellen Differentialoperators eine ganze Schar solcher Operatoren zu betrachten. Das ist eine Situation, die zum Beispiel auftritt, wenn man auf einer gefaserten Mannigfaltigkeit einen Differentialoperator studiert, der auf jeder Faser elliptisch ist. Ist etwa diese Mannigfaltigkeit zusammenhängend, so hängt der Index der einzelnen elliptischen „Faser-Operatoren" nicht von der Faser ab, es hat also einen Sinn, vom Index des ganzen Systems zu sprechen. Es ist aber angezeigt, hier auch den Indexbegriff zu verallgemeinern und statt der ganzen Zahl „Index" eine allgemeinere topologische Invariante zu definieren und zu untersuchen, die mehr Information über eine solche Schar elliptischer Operatoren enthält.

In der Arbeit[4] wurde die funktionalanalytische Seite dieses Problems analysiert. Bei der modernen Behandlung partieller Differentialoperatoren spielen gewissen Hilbert-Räume, die sogenannten „Sobolev-Räume" eine große Rolle. In diesen Räumen erweisen sich die elliptischen Differentialoperatoren als „Fredholm-Operatoren", d. h. sie haben endlich-dimensionalen Kern und Cokern, die Differenz dieser Dimensionen ist gerade der Index. Es sei nun H ein separabler Hilbertraum und F der Raum der Fredholm-Operatoren von H in sich. (Hilberträume sollen hier immer ∞-dimensional sein.) In[4] werden in F zwei Verknüpfungen eingeführt, die für einen kompakten Raum X die Menge $[X, F]$ der Homotopieklassen von Abbildungen $X \to F$ zu einem Ring und $[\ldots, F]$ zu einem Funktor von der Kategorie der kompakten Räume in die Kategorie der Ringe machen. Nun wird der verallgemeinerte Index als eine Abbildung $[X, F] \to KX$ definiert. KX bezeichnet dabei den aus dem Halbring der Vektorraumbündel über X entstehenden Ring[10]. Die Konstruktion der Abbildung geschieht durch den Nachweis, daß 1. in jeder Homotopieklasse eine Abbildung $f: X \to F$ enthalten ist, für die die Vektorräume Kern $f(x)$ und Cokern $f(x)$ in kanonischer Weise die Fasern je eines komplexen Vektorraumbündels über X sind und daß 2. die Differenz dieser beiden Bündel im Sinne der K-Theorie (d. h. in KX) nicht von der Auswahl des f abhängt. Als Index wird nun diese Differenz bezeichnet. Das Hauptresultat der Arbeit besagt, daß diese Indexkonstruktion $[X, F] \to KX$ einen Isomorphismus der Funktoren $[\ldots, F]$ und K darstellt. F ist also ein klassifizierender Raum für K (einschließlich Ringstruktur), und mit analoger Technik werden noch für eine Reihe anderer, in der K-Theorie eine Rolle spielender Funktoren mit funktionalanalytischen Mitteln klassifizierende Räume angegeben.

Die hier beschriebene endgültige Formulierung des Resultats war erst möglich geworden, nachdem N. Kuiper (Amsterdam) die Zusammenziehbarkeit der allgemeinen linearen Gruppe des Hilbertraumes bewiesen hatte. Diese Frage war 1963 auf einer Tagung über Differential- und algebraische Topologie in Seattle (USA) in einer Liste wichtiger ungelöster Probleme genannt worden. Die Lösung wurde erstmalig von N. Kuiper auf der Bonner Arbeitstagung im Juni 1964 vorgetragen[20].

Symmetrien[8]

Auch diese Arbeit beschäftigt sich mit Zahlen, die man differenzierbaren Mannigfaltigkeiten im Rahmen der algebraischen Topologie zuordnet, nämlich mit den Pontrjaginschen bzw. Chernschen charakteristischen Zahlen; ein Gegenstand, der eng mit der auf Thom (Straßburg) zurückgehenden Theorie des Cobordismus zusammenhängt. Die Amerikaner Conner und Floyd (University of Virginia, Charlottesville) untersuchten diese Zahlen in Zusammenhang mit Symmetrieeigenschaften einer Mannigfaltigkeit. Unter einer „*p-symmetrischen Mannigfaltigkeit*" versteht man eine kompakte orientierte Mannigfaltigkeit M ohne Rand zusammen mit einer nichttrivialen (orientierungserhaltenden) Selbstabbildung f von M, die bei p-facher Hintereinanderschaltung die Identität auf M ergibt. Dabei soll immer p eine Primzahl und $p \neq 2$ sein. Die Zusammenhangskomponenten der Menge der Fixpunkte von f sind Untermannigfaltigkeiten, man nennt sie „*Symmetrieachsen*".

Es kann der Sonderfall eintreten, daß die Abbildung f alle Punkte von M bewegt, so daß also gar keine Symmetrieachsen da sind. In dieser Situation definiert man für M zu den oben erwähnten charakteristischen Zahlen noch eine weitere Serie solcher Zahlen, die nur bis auf Vielfache von p bestimmt sind (also als Restklassen modulo p zu betrachten sind), und die außer von M auch noch von f abhängen. Diese sogenannten p-charakteristischen Zahlen spielen nun, wie Conner und Floyd gezeigt haben, eine bedeutende Rolle beim Studium der p-symmetrischen Mannigfaltigkeiten, die Symmetrieachsen *besitzen*.

Die Symmetrieachsen verlaufen nämlich innerhalb winziger Schläuche (Ränder gewisser Tubenumgebungen), die von f fixpunktfrei in sich übergeführt werden. Kennt man nun die p-charakteristischen Zahlen dieser Schläuche und gewisse topologische Daten der Symmetrieachsen selbst, so kann man nach Conner und Floyd bereits die charakteristischen Zahlen mod. p der ganzen Mannigfaltigkeit M berechnen. Abgesehen von den zu dieser Berechnung angegebenen Formeln liefert dieses Resultat die interessante Einsicht, daß man die charakteristischen Zahlen einer p-symmetrischen Mannigfaltigkeit mod. p schon kennt, wenn man die Symmetrieachsen und das Symmetrieverhalten in ihrer unmittelbaren Nachbarschaft kennt.

In der vorliegenden Dissertation wird nun das für diesen Fragenkreis wichtige Problem untersucht: Wie berechnet man die p-charakteristischen Zahlen dieser Schläuche? Oder allgemeiner: Wie berechnet man überhaupt die p-charakteristischen Zahlen von p-symmetrischen Sphärenbündeln? Die Ergebnisse der Arbeit zeigen:

Die gesuchten Zahlen hängen ab von den charakteristischen Cohomologieklassen der Basis (also z. B. der Symmetrieachsen), den charakteristischen Cohomologieklassen des zugehörigen Vektorraumbündels und gewissen Invarianten, den „Rotationszahlen", die das Symmetrieverhalten des Sphärenbündels beschreiben.

Mit Spektralsequenz-Methoden wird außerdem der Cohomologiering des Quotientenraumes eines p-symmetrischen Sphärenbündels (es ist dies ein Linsenraumbündel) berechnet.

In Beispielen wird schließlich gezeigt, wie sich aus der Gestalt der Symmetrieachsen allein schon Aussagen über die gewöhnlichen charakteristischen Zahlen von M gewinnen lassen.

Abbildungsdefekt[7]

In dieser Arbeit wird der Defekt von stetigen Abbildungen $f: X \to Y$ von Mannigfaltigkeiten untersucht. Man versteht darunter folgendes: Haben X und Y dieselbe Dimension und ist $k > 0$ der Grad von f, so ist „fast" jedes $y \in Y$ Bildpunkt von wenigstens k verschiedenen Punkten von X. Es kann jedoch auch Punkte geben, die weniger als k Urbildpunkte haben, sie weisen also einen „*Defekt*" auf. Sind dagegen X^n und Y^m verschiedener Dimension und $n > m$, so ist als Normalfall zu betrachten, daß die Dimension des Urbilds eines Punktes $y \in Y$ nicht kleiner als $n - m$ ist.

Tritt dieser Fall dennoch ein, so sagt man, y habe „Defekt" oder genauer „*Dimensionsdefekt*".

Angeregt wurde das Studium der Defektmengen durch Heinz Hopf in Zürich, der bereits 1929 den Defekt von Abbildungen untersucht hat und 1962 in seinem Bericht[16] über Defektmengen auch eine Reihe noch offener Probleme nannte, die zum Teil in der vorliegenden Dissertation mit gelöst wurden.

Betrachten wir zunächst den Fall, daß X und Y dieselbe Dimension haben. Hopf hatte bewiesen, daß für eine simpliziale Abbildung $f: S^m \to S^m$ von positivem Grad die Abschätzung $b_{m-2}(\Delta) \leqq 1$ gilt, wobei b_{m-2} die $(m-2)$-te Bettische Zahl und Δ den Komplex der Punkte mit nur einem Urbildpunkt bedeuten. Hopf sprach die Vermutung aus, daß sich eine ähnliche Abschätzung für den ganzen Defektkomplex finden ließe. Die vorliegende Arbeit widerlegt diese Vermutung. Der diesbezügliche Satz lautet:

> *Es gibt zu jeder ganzen Zahl* $r \geqq 0$ *eine Abbildung* $f_r: S^3 \to S^3$ *vom Grade* 3, *die simplizial und offen ist, so daß die Defektmenge aus genau* $2r + 2$ *disjunkten Kreisen besteht.*

Interessanterweise läßt sich dieses Gegenbeispiel jedoch durch folgenden Satz ergänzen, der zeigt, in welcher Richtung noch weitere Untersuchungen möglich und lohnend sind:

> *Ist* $f: S^m \to S^m$, $m > 2$, *eine offene simpliziale Abbildung vom Grade* k *und besteht der Defektkomplex aus* g *disjunkten unverknoteten* $(m-2)$-*Sphären, die je eine Zelle beranden, die keine der übrigen Sphären des Defektkomplexes trifft, so ist* $g < k$.

Die Hauptresultate der Arbeit betreffen den Dimensionsdefekt. Hopf hatte darauf aufmerksam gemacht, daß es Sätze von folgendem Typ gibt: Ist die Abbildung $f: X \to Y$ wesentlich, d. h. ist jede zu f homotope Abbildung surjektiv, so kann der Defekt nicht allzu groß sein. Es handelt sich nun darum, präzise Aussagen darüber zu gewinnen. In der vorliegenden Arbeit wird statt mit Wesentlichkeit sogar meist nur mit gewissen (schwächeren) Stabilitätsvoraussetzungen gearbeitet, die durch Lokalisierung des Begriffes „wesentlich" entstehen. Eine genauere Diskussion der Stabilität ergibt insbesondere: *Zu jedem* $m \geqq 2$ *gibt es eine Abbildung* $f_m: S^m \to S^2$, *die in jedem Punkte von* S^m *und* S^2 *stabil ist*, und für $m \geqq 4$ kann man hierfür sogar unwesentliche Abbildungen wählen. Bei der Untersuchung des

Dimensionsdefektes stellte es sich heraus, daß die Dimension bzw. Codimension zwei eine besondere Rolle spielt. Unter Benutzung eines Satzes von Bruschlinsky und einer verallgemeinerten Form des Alexander-Pontrjaginschen Dualitätssatzes wird folgender Hauptsatz über den Dimensionsdefekt bewiesen:

X^m und Y^n, $m > n \geqq 2$, seien kombinatorische Mannigfaltigkeiten, X orientierbar. $f: X \to Y$ sei eine kompakte simpliziale Abbildung. Es sei Z ein simplizialer $(n-2)$-Zyklus in Y, und f sei stabil in einem Punkte $q \in |Z|$. Dann ist die $(m-2)$-te Bettische Zahl des Urbildes von $|Z|$ von Null verschieden.

Als Spezialfall erhält man: Bei einer wesentlichen simplizialen Abbildung auf eine Fläche besitzt kein Punkt Dimensionsdefekt (da er ja nicht einmal Homologiedefekt hat).

Zum Schluß sei noch ein besonders interessantes und überraschendes Resultat genannt, in dem Y die 2-Sphäre ist: *Die simpliziale Abbildung $f: X \to S^2$ sei wesentlich, bilde aber jeden* 2-Zyklus *nullhomolog (also unwesentlich) auf die S^2 ab. Dann ist für jeden Punkt $p \in S^2$ die erste Bettische Zahl von $f^{-1}(p)$ nicht Null.*

Krümmung[3]

Es ist ein wichtiges Problem der globalen Riemannschen Geometrie, den Typ derjenigen zusammenhängenden differenzierbaren Mannigfaltigkeiten zu kennzeichnen, die eine Riemannsche Metrik positiver Krümmung zulassen. Unter „Typ" versteht man dabei etwa Homotopietyp, Homöomorphietyp oder Diffeomorphietyp. In Richtung der ersten beiden Fragen brachten die letzten Jahre eine ganze Reihe von Resultaten, vor allem durch Rauch (New York)[25], Berger (Nizza)[12] und Klingenberg (Mainz)[19]. Insbesondere hat man den *Sphärensatz: Eine vollständige, einfach zusammenhängende Riemannsche Mannigfaltigkeit, deren Riemannsche Krümmung K δ-beschränkt ist (d. h. für geeignetes A gilt $\delta A \leqq K \leqq A$) für* $1/4 < \delta \leqq 1$, *ist homöomorph zur Sphäre.* In der Arbeit von Klingenberg findet man auch einen guten historischen Überblick über die stufenweise Verbesserung des Satzes bis 1961.

Vom Standpunkt der Differentialgeometrie oder auch der Differentialtopologie interessiert man sich für eine Verschärfung des Sphärensatzes, die möglicherweise den *Diffeomorphietyp* der betrachteten Mannigfaltigkeit charakterisieren soll. Denn es ist heute wohlbekannt, daß auf Sphären im allgemeinen verschiedene Äquivalenzklassen differenzierbarer Strukturen existieren. (Bis zum Erscheinen von Milnors sensationeller Arbeit[21] „On manifolds homeomorphic to the 7-sphere" im Jahre 1956 schien allerdings jedermann vom Gegenteil überzeugt zu sein. Als wesentliche Beiträge für die weitere Erforschung dieses Strukturen-Problems seien die Arbeiten[22] und[18] genannt.)

Die Vermutung, daß differentialgeometrische Bedingungen – wie eben etwa die Existenz einer Riemannschen C^∞-Metrik mit gewissen Krümmungsbeschränkungen – die differenzierbare Struktur bereits festlegen müßten, ergibt sich unter anderem daraus, daß eine Riemannsche Metrik besonders gut bekannte differenzierbare Abbildungen (z. B. die Exponentialabbildung) von R^n in M an die Hand liefert, die zur Einführung spezieller Karten (z. B. Riemannscher Normalkoordinaten) Anlaß geben: Die Bedingungen für die Krümmung gestatten dann, die Größe der Karten-Definitionsbereiche sowie deren Überlappungsbereiche und Kartenwechsel für geeignet gewählte Atlanten näher zu beschreiben, wodurch eine Einordnung der auf M vorhandenen differenzierbaren Struktur in die durch Milnor-Smale-Thom klassifizierten C^∞-Strukturen auf S^n möglich erscheint.

So sehr dieses Problem auch in den letzten fünf Jahren von bekannten Differentialgeometern diskutiert wurde, scheiterten bisher alle Bearbeitungsversuche.

In der vorliegenden Dissertation wird nun ein höchst bemerkenswertes Resultat zu diesem Problem bewiesen:

> *Es gibt eine Folge positiver reeller Zahlen* $1/4 = \delta_1 < \delta_2 < \ldots$ *mit* $\lim_{n\to\infty} \delta_n = 1$ *(für die auch eine rekursiv zu berechnende Majorantenfolge angegeben und bis* $n = 10$ *auch berechnet wird), so daß, wenn die Riemannsche Krümmung von* M δ*-beschränkt ist, aus* $\delta_{n-2} < \delta$ *stets folgt: M ist diffeomorph zur Standard-*S^n.

Die wesentliche Idee, die großen technischen Schwierigkeiten zu meistern, die mit diesem Problem verbunden sind, liegt in einer rekursiven Konstruktion immer einfacher werdender Atlanten aus je zwei differenzierbaren Karten für M, wobei der Rekursionsschritt ein sehr weitgehendes Studium der Riemannschen Krümmung gewisser differenzierbarer Untermannigfaltigkeiten der Codimension 1 von M nötig macht. Dieser dem Krümmungsstudium gewidmete Teil der Arbeit, der äußerst scharfe Abschätzungen für die Riemannsche Krümmung besagter Untermannigfaltigkeiten liefert, erfordert den Einsatz schwieriger Werkzeuge der modernen Differentialgeometrie.

Inverser Limes[2]

Einer der wesentlichsten Begriffe in der homologischen Algebra ist der des *Funktors*. Ist zum Beispiel G eine Abelsche Gruppe und ordnet man jeder Abelschen Gruppe A die Abelsche Gruppe Hom (G, A) zu, so erhält man einen kovarianten Funktor von der Kategorie der Abelschen Gruppen in sich. Eine kurze exakte Sequenz $0 \to A \to B \to C \to 0$ führt dieser Funktor in die exakte Sequenz $0 \to \text{Hom}(G, A) \to \text{Hom}(G, B) \to \text{Hom}(G, C)$ über. Der letzte Homomorphismus dieser Sequenz ist im allgemeinen nicht surjektiv. Man führt nun Abelsche Gruppen $\text{Ext}^n(G, A)$ ein für $n \geqq 1$ $\big(\text{Ext}^n(G, \ )$ sind die „derivierten Funktoren" von $\text{Hom}(G, \ )\big)$ und erhält die exakte Sequenz:

$$\begin{aligned}0 &\to \text{Hom}(G, A) \to \text{Hom}(G, B) \to \text{Hom}(G, C)\\ &\to \text{Ext}^1(G, A) \to \text{Ext}^1(G, B) \to \text{Ext}^1(G, C)\\ &\to \text{Ext}^2(G, A) \to \dots\end{aligned}$$

In diesem allereinfachsten Beispiel der homologischen Algebra verschwinden die derivierten Funktoren $\text{Ext}^n(G, \ )$ für $n \geqq 2$.

In der Arbeit[2] wird die Kategorie $\mathfrak{F}$ der R-links-Modul-Familien über der festen rechtsgerichteten Menge M betrachtet. Hierbei ist R ein fester Ring, und eine derartige Familie A ordnet jedem $i \in M$ einen R-links-Modul A_i und jedem Paar (i, j) von Elementen aus M mit $i < j$ einen Homomorphismus von A_j nach A_i zu. Für A ist der inverse Limes $\mathit{lim}\, A$ erklärt. *lim* ist ein Funktor von der Kategorie $\mathfrak{F}$ in die Kategorie der R-links-Moduln. Der Funktor *lim* ist in der algebraischen Topologie von großem Interesse. Ein Raum X sei etwa Vereinigung von Teilräumen X_i ($i = 0, 1, 2, \dots$ mit $X_i \subset X_{i+1}$, z. B. Gerüste eines CW-Komplexes). Dann bilden die Cohomologiemoduln $H^*(X_i)$ eine Modulfamilie, und der Limes solcher Familien spielt in der axiomatischen Cohomologietheorie eine entscheidende Rolle (Milnor). Ein Schüler von Milnor hat die derivierten Funktoren lim^n betrachtet[27]. Siehe auch Nöbeling[23,24] (Vortrag auf der Bonner Arbeitstagung 1958). Die Untersuchung der derivierten Funktoren lim^n wird in dieser Arbeit weitergeführt, und zwar auch für den Fall, daß man an Stelle von Moduln (nicht notwendig Abelsche) Gruppen betrachtet. Wie in der Garbentheorie läßt sich dann allerdings nur lim^1 einführen und es ist keine Gruppe mehr, sondern nur noch eine Menge mit ausgezeichnetem Element. Zentrales Resultat der Arbeit ist die Aufstellung einer Bedingung für das Verschwinden von $lim^1 A$. Damit hat der Verfasser von[2] ein Kriterium dafür gefunden, daß eine exakte Sequenz

$$0 \to A \to B \to C \to 0$$

von R-Modul- bzw. Gruppenfamilien im Limes wieder in eine exakte Sequenz übergeht. Diese Bedingung für das Verschwinden von $lim^1 A$ und damit für das Exaktbleiben läßt sich so formulieren, daß jede Gruppe bzw. jeder Modul der Familie A eine „*C-Gruppe*" bzw. ein „*C-Modul*" ist. Dieser C-Struktur-Begriff ist auch von selbständigem Interesse, für Gruppen besagt er: Hat ein Teilsystem des Systems aller möglichen Links-Nebenklassen von Untergruppen einen leeren Durchschnitt, so ist dies bereits für endlich viele Elemente des Teilsystems der Fall. Es handelt sich also um eine Art „Kompaktheitsbedingung" für das System aller Links-Nebenklassen. Die gruppentheoretische Diskussion des Begriffes ergab, daß z. B. alle Gruppen und Moduln mit Minimumbedingung C-Gruppen bzw. C-Moduln sind. Bei Abelschen Gruppen besagen die C-Bedingung und die Minimumbedingung sogar dasselbe.

Zerlegungen[1]

Die Arbeit[1] ist der „Allgemeinen Algebra" entnommen, die an der „Abteilung für Grundlagenforschung der Mathematik" unseres Institutes unter Leitung von Prof. Dr. J. Schmidt besonders gepflegt wird. Da es sich hierbei um ein recht junges Gebiet der Mathematik handelt, seien einige einführende Sätze gestattet.

Die Algebra ist die Theorie der Mengen mit Operationen, die gewissen Axiomen unterworfen sind; jede der algebraischen Strukturen (etwa die der Gruppen, Ringe, Körper, Moduln) ist durch ein Axiomensystem gekennzeichnet. Die Allgemeine Algebra studiert solche Begriffe und Sätze, die für alle algebraischen Strukturen gemeinsam gelten, d. h. die Gegenstände der Allgemeinen Algebra sind Mengen mit ganz beliebigen, keinen Axiomen unterworfenen Operationen. Die Stellung der Allgemeinen Algebra zur Algebra ist somit vergleichbar mit der Stellung der Allgemeinen (mengentheoretischen) Topologie zur Geometrie. Naturgemäß sind die Methoden der Allgemeinen Algebra weit mehr mengentheoretischer Natur als die der Algebra. Ein wesentlicher Impuls zur Ausbreitung der Allgemeinen Algebra ging von der mathematischen Logik aus, insbesondere seit man bemerkt hatte, daß sich die Formalen Sprachen der Logik und ihre Modelle algebraisch interpretieren lassen.

Über Allgemeine Algebra wird vor allem in den USA (insbesondere Tarski, Jónsson), der UdSSR (Kurosch) und Polen (Marczewski) gearbeitet. Die älteste und zugleich grundlegende Arbeit stammt von G. Birkhoff (Harvard, USA)[13] aus dem Jahre 1935; aber ein breites Interesse konnte sich erst später entfalten, besonders nach Vorträgen von Birkhoff in Montreal (1945) und von Tarski in Cambridge (USA) 1950. Im September 1964 hat die erste internationale Tagung über Allgemeine Algebra in Warschau stattgefunden, an der auch der Verfasser von[1] teilgenommen und über seine Dissertation vorgetragen hat.

Einer der Begriffe, die in allen algebraischen Strukturen eine wichtige Rolle spielen, ist der der Zerlegung. In[1] werden nun solche direkten Zerlegungen einer allgemeinen Algebra studiert, die in natürlicher Weise eine direkte Zerlegung ihres Kongruenzverbandes induzieren, mit dem Ziel, die eindeutige Zerlegung einer Abelschen Torsionsgruppe in ihre Primärkomponenten, die eindeutige Zerlegung eines Hilbertraumes in die Eigenräume eines kompakten symmetrischen Operators und ähnliche Sätze über eindeutige Zerlegungen in Algebra und Funktionalanalysis unter diesem verbandstheoretisch-algebraischen Aspekt zu begreifen.

Diese Eindeutigkeit sollte – das war die Idee – auf die bekannte Erscheinung der Verbandstheorie zurückgeführt werden, daß es in einem vollständigen Verband H zu je zwei direkten Zerlegungen eine gröbste gemeinsame Verfeinerung gibt; daher gibt es höchstens eine nicht mehr verfeinerbare Zerlegung, und diese ist dann die feinste. Ausgangspunkt sollten also die direkten Zerlegungen einer Algebra A sein, die in natürlicher Weise ein direkte Zerlegung des Kongruenzrelationenverbandes $\mathfrak{H} = \mathfrak{C}(A)$ induzieren. Es zeigte sich aber, daß jede derartige „$\mathfrak{H}$-treue" direkte Zerlegung von A (A mit endlichen Operationen vorausgesetzt) automatisch endlich ist; dies machte deutlich, daß der Begriff der direkten Zerlegung zu eng war. Der Verfasser der Arbeit gelangte nun aus natürlichen Forderungen zu einem abgeschwächten Zerlegungsbegriff, seinen „*fastdirekten*" Zerlegungen, zu ihnen gehören insbesondere die beiden Arten von Zerlegungen, die Hashimoto[15] und Karolinskaya[17] studiert hatten. Hauptresultat der Arbeit, die mit ihren zahlreichen, z. T. recht komplizierten Gegenbeispielen keine Frage des Problems unbeantwortet läßt:

Die $\mathfrak{H}$-treuen fastdirekten Zerlegungen bilden eine beschränkt vollständig geordnete Menge $\mathfrak{M}$, d. h. zu jeder nichtleeren Teilmenge von $\mathfrak{M}$, die überhaupt *eine gemeinsame Verfeinerung besitzt, gibt es eine gröbste gemeinsame Verfeinerung. Allerdings ist $\mathfrak{M}$ kein Verband! Zwei Elemente von $\mathfrak{M}$ brauchen nämlich keine gemeinsame Verfeinerung zu besitzen. Dessen ungeachtet gibt es höchstens ein nicht mehr verfeinerbares Element von $\mathfrak{M}$, und dies ist dann das feinste. Dieses feinste Element von $\mathfrak{M}$ besteht (falls es existiert) genau aus den maximalen $\mathfrak{H}$-Zerlegungskongruenzen (den größten nichttrivialen Kongruenzrelationen, die in irgendwelchen $\mathfrak{H}$-treuen, fastdirekten Zerlegungen vorkommen).*

Unter gewissen Kettenbedingungen wird die Existenz dieser feinsten $\mathfrak{H}$-treuen fastdirekten Zerlegung gesichert; in der abschließenden Beispieldiskussion wird vor allem auch die verbandstheoretische Erscheinung, die der eine Ausgangspunkt dieser Untersuchungen war, durch die vorliegende Theorie „erklärt".

Nichtableitbarkeit[5]

Das Seminar für Logik und Grundlagenforschung unter Leitung von Prof. Dr. G. Hasenjaeger gehört der Philosophischen Fakultät an. Die Promotion eines Schülers von Prof. Hasenjaeger an der Math.-Nat. Fakultät mit einer Arbeit aus der mathematischen Logik ist ein Beispiel für die stets gute Zusammenarbeit zwischen diesem Seminar und unserem Institut.

Es ist bekannt, daß die Ordnungsstruktur ω der natürlichen Zahlen 0, 1, 2, 3, ... in der Sprache der Prädikatenlogik erster Stufe nicht unterscheidbar ist von Ordnungstypen $\omega + (\omega^* + \omega) \cdot \alpha$. Dabei ist ω^* der Ordnungstyp der negativen ganzen Zahlen, also $\omega^* + \omega$ der aller ganzen Zahlen. Durch Adjunktion weiterer Grundbegriffe ergeben sich zusätzliche Anforderungen an den Ordnungstyp α, ohne daß aber $\alpha = 0$ erzwungen werden könnte. (Ist z. B. die Addition in einem Modell gegeben, so ist $\alpha = 0$ oder aber α dicht, also unendlich.) Die Endlichkeit aller Abschnitte $A_y = \{x | x \leqq y\}$ kann also axiomatisch nicht adäquat erfaßt werden.

Die Arbeit[5] behandelt die vollständige Induktion *Ind* und das Schubfachprinzip *Sch* als Charakterisierungen der Endlichkeit der Abschnitte A_y. Ein Hauptresultat der Arbeit ist:

> *Bei Beschränkung auf ordnungstheoretische Einsetzungen erster Stufe ist Sch über Ind unabhängig.*

Dies wird durch ein Modell vom Ordnungstypus $\omega + (\omega^* + \omega) \cdot (\omega + \omega^*)$ gezeigt. (Ein geeignetes Gegenbeispiel zu *Sch* liefert kein Gegenbeispiel zu *Ind*, was durch ein Eliminationsverfahren kontrolliert wird.)

Damit ist gezeigt, daß das Schubfachprinzip ein Beispiel einer Aussage $\mathfrak{A}$ liefert, so daß weder $\mathfrak{A}$ noch die Negation von $\mathfrak{A}$ ableitbar ist in dem im Prädikatenkalkül erster Stufe formulierten System mit „0“ (*(Null)*, „*s*“ *(Nachfolger)* und „<“ *(kleiner)* als einzigen nichtlogischen Zeichen, wobei als Axiome die vollständige Induktion zusammen mit einigen anderen gelten. Nach dem Gödelschen Unvollständigkeitssatz existiert bekanntlich in jedem hinreichend ausdrucksfähigen Formalismus eine nichtableitbare Aussage, deren Verneinung ebenfalls nichtableitbar ist. Gödel konstruiert diese Beispiele durch Anwendung des Cantorschen Diagonalverfahrens, wodurch sie immer recht „pathologisch“ werden. In der vorliegenden Arbeit ist es gelungen, die Unbeweisbarkeit für eine nicht ad hoc konstruierte, sondern sich durch ihren mathematischen Inhalt auszeichnende Aussage nachzuweisen. Zwar gilt diese Unbeweisbarkeit (wie angegeben) nur in der elementaren Wohlordnungstheorie, und es wäre vielleicht noch zu früh, Unableitbarkeitssätze für den gesamten Bereich der elementaren Zahlentheorie zu erwarten. Jedoch hofft man durch die Beschäftigung mit einfacheren Systemen die Mittel zu gewinnen, die später zur Lösung der „höheren“ Unbeweisbarkeitsprobleme dienen können. So wäre es z. B. für den Mathematiker von praktischer Bedeutung zu wissen, ob (wie man vielleicht vermuten könnte) der große Fermatsche Satz im Prädikatenkalkül erster Stufe (unter Zugrundelegung der üblichen Axiome) nicht ableitbar ist. Jedenfalls besteht in der Überprüfung solcher Unbeweisbarkeitsfragen sicherlich eine wichtige Aufgabe des Logikers.

Die hier gezeigte Unabhängigkeit von *Sch* über *Ind* erläutert die Rolle der Ausdrucksmittel, die für Einsetzungen in (hier) *Ind* zugelassen sind. Naheliegende Erweiterungen der Ausdrucksmöglichkeit zerstören die Unabhängigkeit; doch – späteres Resultat des Verfassers von[5] – Addition allein genügt nicht, obwohl $\alpha = \omega + \omega^*$ dadurch ausgeschlossen wird. Andererseits sind alle Ordnungs*aussagen* erster Stufe entscheidbar aus jedem „natürlichen“ Axiomensystem mit *Ind* für die Ordnung in ω. Dies ist ein Gegenstück einerseits zur Unabhängigkeit von *Sch*, andererseits zur ω-Unvollständigkeit von gewissen Axiomatisierungen für die Nachfolgerstruktur in ω.

2

LITERATURVERZEICHNIS

[1] *Armbrust, M.*, „*Die fast direkten Zerlegungen einer allgemeinen Algebra*", Referenten: J. Schmidt, F. Hirzebruch. Erscheint in Colloquium Mathematicum 14 (1965).

[2] *Brandenburg, J.*, „*Über die Rechtsderivierten des inversen Limes von Modul- und Gruppenfamilien*", Referenten: F. Hirzebruch, J. Schmidt. Erscheint in den Bonner Mathematischen Schriften.

[3] *Gromoll, D.*, „*Differenzierbare Strukturen und Metriken positiver Krümmung auf Sphären*", Referenten: F. Hirzebruch, P. Dombrowski; auswärtiger Referent: W. Klingenberg, Mainz. Erscheint in den Math. Annalen.

[4] *Jänich, K.*, „*Vektorraumbündel und der Raum der Fredholm-Operatoren*", Referenten: F. Hirzebruch, J. Tits. Erscheint in den Math. Annalen.

[5] *Jensen, R. B.*, „*Unabhängigkeit in Teilsystemen der elementaren Zahlentheorie*", Referenten: G. Hasenjaeger, F. Hirzebruch. Erscheint in den Math. Annalen.

[6] *Mayer, K. H.*, „*Einige Anwendungen von elliptischen Differentialoperatoren auf kompakten Mannigfaltigkeiten*", Referenten: F. Hirzebruch, P. Dombrowski. Erscheint in Topology.

[7] *Olivier, R.*, „*Stabile Abbildungen von Mannigfaltigkeiten und Defekt*", Referenten: F. Hirzebruch, J. Tits; auswärtiger Referent: H. Hopf, Zürich. Erscheint in den Math. Annalen.

[8] *Zelle, K. G.*, „*Symmetrien von Mannigfaltigkeiten und charakteristische Zahlen*", Referenten: F. Hirzebruch, P. Dombrowski. Erschienen als Bonner Mathematische Schrift Nr. 22.

[9] *Atiyah, M. F., and R. Bott, The index problem for manifolds with boundary*, Differential Analysis (Papers presented at the Bombay Colloquium 1964).

[10] *Atiyah, M. F., and F. Hirzebruch, Vector bundles and homogeneous spaces*, Proc. Symp. Pure Math. 3 (1961).

[11] *Atiyah, M. F., and I. M. Singer, The index of elliptic operators on compact manifolds*, Bull. Amer. Math. Soc. (1963).

[12] *Berger, M., Les variétés riemanniennes (¼)-pincées*, C. R. Acad. Sci. Paris 250 (1960). – Ann. Scuola Norm. Sup. Pisa, Ser. III, 14 (1960).

[13] *Birkhoff, G., On the structure of abstract algebras*, Proc. Cambr. Phil. Soc. 31 (1935).

[14] *Gelfand, I. M., On elliptic equations*, Russ. Math. Surv. 15 (1960). – Usp. Mat. Nauk 14 (1959) (russisch).

[15] *Hashimoto, J., Direct, subdirect decompositions and congruence relations*, Osaka Math. J. 9 (1957).

[16] *Hopf, H., Über den Defekt stetiger Abbildungen von Mannigfaltigkeiten*, Rendic. Mat. 21 (1962).

[17] *Karolinskaya, L. N., Direkte Zerlegungen abstrakter Algebren mit ausgezeichneter Unteralgebra*, Usp. Mat. Nauk 14 (1959).

[18] *Kervaire, M., and J. Milnor, Groups of homotopy spheres I*, Proc. Intern. Congr. Math. Edinburgh (1958).

[19] *Klingenberg, W., Über Riemannsche Mannigfaltigkeiten mit positiver Krümmung*, Comm. Math. Helv. 35 (1961).

[20] *Kuiper, N., The homotopy type of the unitary group of Hilbert space*, Topology 3 (1965).

[21] *Milnor, J., On manifolds homeomorphic to the 7-sphere*, Ann. Math. 64 (1956).

[22] *Milnor, J., Differentiable structures on spheres*, Amer. J. Math. 81 (1959).

[23] *Nöbeling, G., Cohomologie-Moduln über abelschen Halbgruppen. Bestimmung der Čechschen Homologie-Moduln eines Raumes X durch einen Funktionenring über X*, Bonner Math. Schriften 12 (1960).
[24] *Nöbeling, G., Über die Derivierten des Inversen und des direkten Limes einer Modulnfamilie*, Topology 1 (1962).
[25] *Rauch, H. E., A contribution to differential geometry in the large*, Ann. Math. 54 (1951).
[26] *Vekua, I. N., Systeme von Differentialgleichungen erster Ordnung vom elliptischen Typus und Randwertaufgaben*, Mat. Sbornik 31 (1952) (russisch).
[27] *Yeh, Z. Z., Higher inverse limits and homology theories*, Dissertation, Princeton University (1959).

Es mag von Interesse sein zu erfahren, welche beruflichen Wege die acht jungen Doktoren eingeschlagen haben. Herr Dr. Armbrust ist wissenschaftlicher Assistent an der Universität zu Köln, Herr Dr. Brandenburg ist mit der mathematischen Behandlung von Flatter-Problemen an Tragflächen bei den Vereinigten Flugtechnischen Werken in Bremen beschäftigt. Herr Dr. Gromoll ist wissenschaftlicher Assistent an der Universität Mainz, zur Zeit beurlaubt für einen Aufenthalt an der Princeton University (USA), Herr Dr. Jänich ist wissenschaftlicher Assistent an unserem Institut, zur Zeit beurlaubt für einen einjährigen Aufenthalt an der Cornell University (USA). Herr Dr. Jensen ist wissenschaftlicher Assistent am Seminar für Logik und Grundlagenforschung bei Prof. Hasenjaeger, Herr Dr. Mayer und Herr Dr. Olivier sind wissenschaftliche Assistenten an unserem Institut, und Herr Dr. Zelle ist wissenschaftlicher Mitarbeiter in der Abteilung „Unternehmensforschung" der Klöckner-Werke AG in Duisburg.

37.

Elliptische Differentialoperatoren auf Mannigfaltigkeiten *

In: Arbeitsgemeinschaft für Forschung des Landes Nordrhein-Westfalen, Wiss. Abhdl. Bd. 33, S. 583–608, Köln und Opladen: Westdeutscher Verlag 1966

Ich möchte über den Indexsatz von Atiyah–Singer ([6], [10], [26]) berichten, zeigen, wie der Satz von Riemann–Roch [18] sich hier unterordnet, auf den neuen Fixpunktsatz von Atiyah–Bott zu sprechen kommen, der den Indexsatz verallgemeinert, und auf Anwendungsmöglichkeiten des Fixpunktsatzes auf diskontinuierliche Gruppen und automorphe Formen hinweisen. Diese Anwendungen betreffen die Langlandssche Formel [23]. Sie verallgemeinern die Überlegungen in [19]. Atiyah und Bott haben mir in Oxford im vergangenen Monat die neueste Version ihres Fixpunktsatzes erläutert. Ich danke ihnen herzlich dafür. Anschließend haben wir gemeinsam an der Anwendung auf die Langlandssche Formel gearbeitet.

§ 1. Es seien X eine n-dimensionale differenzierbare Mannigfaltigkeit (ohne Rand) und E, F differenzierbare komplexe Vektorraum-Bündel über X. Ein Vektorraum-Bündel E hat für jedes $x \in X$ eine Faser E_x, die ein komplexer Vektorraum ist. Wir setzen im Falle von E voraus, daß die komplexe Dimension dieser Vektorräume E_x gleich m_1 ist. Für F sei die Dimension der Fasern F_x gleich m_2. Mit ΓE wird der **C**-Vektorraum der differenzierbaren Schnitte von E bezeichnet, entsprechend für F.

X läßt sich bekanntlich mit offenen Mengen U überdecken, die Karten für die differenzierbare Mannigfaltigkeit X sind und über denen die Vektorraum-Bündel E, F trivial sind. Sei $x_1, \ldots, x_n$ ein Koordinatensystem von X in U. Dann ist bezüglich von Trivialisierungen von E und F jeder Schnitt s von E beschränkt auf U als m_1-tupel komplexwertiger Funktionen von n reellen Veränderlichen $x_1, \ldots, x_n$ anzusehen, ebenso ein Schnitt t von F beschränkt auf U als ein m_2-tupel solcher Funktionen. Eine **C**-lineare Abbildung

$$D: \Gamma E \to \Gamma F$$

* Nach einem am 3. November 1965 vor der Arbeitsgemeinschaft für Forschung des Landes Nordrhein-Westfalen gehaltenen Vortrag.

heißt linearer Differentialoperator der Ordnung k, wenn folgendes gilt: Das m_2-tupel $Ds|U$ von Funktionen soll aus dem m_1-tupel $s|U$ erhalten werden, indem man darauf eine Matrix von m_1 Spalten und m_2 Zeilen anwendet, in der jedes Element ein Differentialoperator der Gestalt

$$\sum_{i_1+\cdots+i_n \leqq k} a_{i_1 \ldots i_n} \frac{\partial^{i_1+\cdots+i_n}}{\partial x_1^{i_1} \ldots \partial x_n^{i_n}}$$

ist, wobei die Koeffizienten $a_{i_1 \ldots i_n}$ differenzierbare in U definierte komplexwertige Funktionen sind.

§ 2. *Das Symbol eines linearen Differentialoperators.* Der lineare Differentialoperator $D: \Gamma E \to \Gamma F$ der Ordnung k sei gegeben. $f: X \to \mathbf{C}$ sei differenzierbar und $s \in \Gamma E$. Dann gilt für alle komplexen Zahlen λ

$$e^{-i\lambda f} D(e^{i\lambda f} s) = \lambda^k p_k(f, s) + \cdots + \lambda p_1(f, s) + p_0(f, s),$$

wo die Schnitte $p_j(f, s) \in \Gamma F$ nur von D, f und s abhängen.

Übrigens ist $s \to p_j(f, s)$ für alle j ein linearer Differentialoperator der Ordnung $k - j$ und insbesondere $p_0(f, s) = Ds$. Ferner hängt $p_k(f, s)(x) \in F_x$ nur von dem Differential $(df)_x$ und von $s(x) \in E_x$ ab. Für $\eta \in T_x^*$ (= *reeller* kovarianter tangentieller Vektorraum der Mannigfaltigkeit X im Punkte x) wähle man f mit $(df)_x = \eta$ und für $v \in E_x$ wähle man einen Schnitt $s \in \Gamma E$ mit $s(x) = v$. Man setzt dann

$$\sigma_D^k(\eta)(v) = p_k(f, s)(x)$$

und erhält so eine lineare Abbildung

$$\sigma_D^k(\eta): E_x \to F_x.$$

In die Definition des Symbols σ_D^k gehen nur die Terme der Ordnung k von D (bzgl. lokaler Koordinaten usw.) ein. (Der Operator $\frac{1}{i} \frac{\partial}{\partial x_j}$ wird sozusagen durch den Koeffizienten η_j von η ersetzt, um das Symbol zu bekommen.) Sehe ich D als Operator der Ordnung $k + 1$ an, dann verschwindet das Symbol σ_D^{k+1}. Deshalb muß die Ordnung k beim Symbol mitangegeben werden und soll nur weggelassen werden, wenn aus dem Zusammenhang klar ist, welche Ordnung D hat.

§ 3. *Elliptische Operatoren.* Nehmen wir an, daß die Faserdimensionen m_1, m_2 von E und F gleich sind. Ein linearer Differentialoperator

$$D: \Gamma E \to \Gamma F$$

der Ordnung k heißt dann elliptisch von der Ordnung k, wenn für jedes $x \in X$ und für jeden kovarianten Tangentialvektor η in x, der nicht 0 ist, die lineare Abbildung

$$\sigma_D^k(\eta): E_x \to F_x$$

bijektiv ist.

Für elliptische Operatoren D über *kompakten* Mannigfaltigkeiten X gilt der fundamentale Satz (vgl. z. B. [26], Chap. X, XI):

Der Kern und der Cokern von $D: \Gamma E \to \Gamma F$ sind endlich-dimensional.

Kern (D) und Cokern (D) sind dabei im Sinne der linearen Algebra definiert ($\Gamma E, \Gamma F$ sind im allgemeinen unendlich dimensionale Vektorräume über $\mathbf{C}$):

$$\text{Kern}(D) = \{s \mid s \in \Gamma E \text{ und } Ds = 0\},$$

$$\text{Cokern}(D) = \Gamma F / D(\Gamma E)$$

$\dim_{\mathbf{C}}$ Kern (D) ist die „Maximalzahl linear-unabhängiger Lösungen der homogenen Gleichung“ $Ds = 0$, und $\dim_{\mathbf{C}}$ Cokern (D) ist die „maximale Anzahl linear unabhängiger Bedingungen“, die an die inhomogene Gleichung $Ds = g$ ($g \in \Gamma F$ gegeben, s gesucht) zu stellen sind, damit sie lösbar ist.

Für einen elliptischen Operator definiert man den Index

$$\text{ind}(D) = \dim \text{Kern}(D) - \dim \text{Cokern}(D).$$

Sowjetische Mathematiker (Vekua, Gelfand u. a., siehe z. B. [1], [12], [15], [28], [29]) haben schon vor einigen Jahren darauf hingewiesen, daß man diesen Index wegen seiner Homotopieinvarianz mit topologischen Methoden berechnen sollte. Sie haben auch manche Teilresultate erhalten. Die vollständige Lösung gelang Atiyah und Singer im Jahre 1963, und wir verdanken H. Cartan und L. Schwartz [10] und R. S. Palais [26] die Ausarbeitung von Seminaren (Paris bzw. Princeton), in denen der Atiyah-Singersche Indexsatz und sein Beweis, für den Methoden aus vielen Gebieten der Mathematik erforderlich sind, dargestellt werden.

§ 4. *Ein Beispiel für den Indexsatz*. Es sei X eine kompakte Riemannsche Fläche (singularitätenfreie algebraische Kurve). Wir betrachten Differentialformen s auf X, die bezüglich Ortsuniformisierender z lokal so zu beschreiben sind

$$s = a(z)\,[dz]^r, \quad r \text{ eine fest gegebene ganze Zahl.}$$

Die Koeffizientenfunktion $a(z)$ soll differenzierbar und komplexwertig sein. Es gibt über X ein Vektorraum-Bündel E (der Faserdimension 1), so daß ΓE gerade der Vektorraum der angegebenen Differentialformen ist, die man auch Differentialformen in dz vom Gewicht r nennt. Es sei $\bar\partial$ (Ableitung nach $\bar z$) der lineare Differentialoperator der Ordnung 1, der den Cauchy-Riemannschen Differentialgleichungen entspricht. Was ist $\bar\partial s$ für $s \in \Gamma E$? Wir haben bezüglich der Ortsuniformisierenden z

$$\bar\partial s = \frac{\partial a(z)}{\partial \bar z} \cdot d\bar z \cdot [dz]^r,$$

also eine Differentialform in $d\bar z$ und dz vom Gewicht r in dz. Derartige Differentialformen sind differenzierbare Schnitte eines anderen Vektorraum-Bündels F, und $\bar\partial$ ist, wie man leicht sieht, ein linearer elliptischer Differentialoperator der Ordnung 1.

$$\bar\partial : \Gamma E \to \Gamma F.$$

Der klassische Satz von Riemann-Roch (genauer ein Spezialfall dieses Satzes) besagt:

$$\operatorname{ind}(\bar\partial) = (2r - 1)(p - 1),$$

wo p das Geschlecht von X, also $2 - 2p$ die klassische Euler-Poincarésche Charakteristik von X ist. Damit ist ein Beispiel des Atiyah-Singerschen Indexsatzes angegeben. Es sei.

$$H^0(X, r) = \operatorname{Kern}(\bar\partial),$$

das ist der (endlich-dimensionale) komplexe Vektorraum der *holomorphen* Differentialformen vom Gewicht r. (Die Cauchy-Riemannsche Differentialgleichung $\bar\partial s = 0$ ist äquivalent zur Holomorphie von s).

Für $p \geqq 2$ und $r \geqq 2$ ist bekanntlich Cokern $(\bar{\partial}) = 0$ und damit

(1) $$\dim H^0(X, r) = (2r - 1)(p - 1) =$$

Maximalzahl linear-unabhängiger *holomorpher* Differentialformen vom Gewicht r.

§ 5. *Der Indexsatz von Atiyah–Singer.* Es ist nicht möglich, den Satz hier in voller Allgemeinheit zu formulieren. Wir deuten ihn nur für den Fall an, daß die Vektorraum-Bündel E, F trivial sind. Damit wird schon Prinzipielles deutlich, obwohl das Beispiel in § 4 sich nicht unterordnet, da die Bündel E, F dort nicht trivial sind.

X sei eine kompakte n-dimensionale differenzierbare Mannigfaltigkeit, $E = X \times \mathbf{C}^m$ und $F = X \times \mathbf{C}^m$. Dann sind ΓE und ΓF gleich dem Vektorraum der m-tupel differenzierbarer komplexwertiger auf X definierter Funktionen.

$$D : \Gamma E \to \Gamma F$$

sei ein linearer elliptischer Differentialoperator der Ordnung k. Für jeden kovarianten Tangentialvektor $\eta \neq 0$ ist das Symbol

$$\sigma_D^k(\eta) : E_x \to F_x$$

wegen der Trivialität der Bündel ein Element von $\mathbf{GL}(m, \mathbf{C})$, der Gruppe der Automorphismen des Vektorraumes $\mathbf{C}^m$. Damit ist das Symbol eine Abbildung

$$\sigma_D^k : T_0^* \to \mathbf{GL}(m, \mathbf{C}),$$

wo T^* der Raum aller kovarianten (reellen) Tangentialvektoren von X und $T_0^* \subset T^*$ der Raum der nicht-verschwindenden kovarianten Tangentialvektoren ist.

T^* ist eine $2n$-dimensionale Mannigfaltigkeit, die vermöge der kanonischen 2-Form auf T^* eine fast-komplexe Struktur zuläßt (vgl. z. B. [11], [22] p. 86). Damit ist in der reellen Cohomologie $H^*(T^*, \mathbf{R})$ eine Element ausgezeichnet, die Toddsche Klasse von T^*, die wir hier $\mathscr{T}(X)$ nennen wollen ($\mathscr{T}(X) = td(T^*)$). Die Toddsche Klasse einer fast-komplexen Mannigfaltigkeit wurde in [18] eingeführt (siehe 3. Auflage, § 10.1). In $\mathbf{GL}(m, \mathbf{C})$ kann eine Cohomologieklasse $\mathbf{Ch} \in H^*(\mathbf{GL}(m, \mathbf{C}), \mathbf{R})$ definiert werden, die ein für allemal festliegt und als „Weltkonstante" angesehen werden kann. (Die $(2j-1)$-dimensionale Komponente von **Ch** multipliziert mit $(-1)^{j-1}(j-1)!$ ist die sogenannte Suspension der universellen Chernschen Klasse c_j.)

Wir führen nun in X eine Riemannsche Metrik ein (welche ist gleichgültig) und bezeichnen mit SX die $(2n-1)$-dimensionale Mannigfaltigkeit der kovarianten Tangentialvektoren von X der Länge 1 und mit BX die $(2n)$-dimensionale *berandete* Mannigfaltigkeit der Vektoren der Länge $\leqq 1$. Es ist SX der Rand von BX. Da BX als fast-komplexe Mannigfaltigkeit orientiert ist, ist auch $SX = Rd(BX)$ orientiert. Vermöge des Symbols

$$\sigma_D^k : SX \to \mathbf{GL}(m, \mathbf{C}) \tag{2}$$

kann **Ch** nach SX angehoben werden und ergibt ein Element

$$(\sigma_D^k)^*(\mathbf{Ch}) \in H^*(SX, \mathbf{R}).$$

Die Toddsche Klasse $\mathcal{T}(X)$ werde auf SX beschränkt, die Beschränkung ebenfalls mit

$$\mathcal{T}(X) \in H^*(SX, \mathbf{R})$$

bezeichnet. Der Indexsatz lautet nun so:

$$\operatorname{ind}(D) = (\sigma_D^k)^*(\mathbf{Ch}) \cdot \mathcal{T}(X)\,[SX]. \tag{3}$$

In (3) wird rechts das Cupprodukt der beiden Cohomologieklassen $(\sigma_D^k)^*(\mathbf{Ch})$ und $\mathcal{T}(X)$ gebildet und dessen $(2n-1)$-dimensionale Komponente auf die fundamentale Homologieklasse von SX angewendet.

Wer an Cohomologieklassen nicht gewöhnt ist, möge sich vorstellen, daß in $\mathbf{GL}(m, \mathbf{C})$ eine Differentialform als „Weltkonstante" gegeben ist, die zu eine Differentialform auf SX vermöge der Abbildung σ_D^k angehoben wird, daß durch die fast-komplexe Struktur von T^* eine weitere Differentialform auf SX ausgezeichnet wird und daß in der Formel (3) der Index D durch ein Integral einer wohl-definierten Differentialform über SX ausgedrückt wird.

Der Indexsatz zeigt, daß $\operatorname{ind}(D)$ nur von der Homotopieklasse des Symbols (d. h. der Abbildung (2)) abhängt; dies ist die Invarianz, die in § 3 gemeint war.

Der hier besprochene Spezialfall des Indexsatzes läßt sich auch für Mannigfaltigkeiten mit Rand (und elliptische Operatoren mit Randbedingungen) besonders einfach diskutieren [2]. Der Indexsatz mit Randbedingungen wurde von Atiyah, Bott und Singer für beliebige Vektorraum-Bündel E, F bewiesen ([2], [26], Appendix I).

§ 6. *Elliptische Komplexe.* Der Indexsatz wird am besten etwas allgemeiner ausgesprochen (siehe [6]), um mehr Anwendungsbeispiele zu haben: Es seien $E_0, E_1, \ldots, E_l$ differenzierbare komplexe Vektorraum-Bündel über der differenzierbaren Mannigfaltigkeit X. Eine Folge von Differentialoperatoren D_j der Ordnungen k_j

$$(4) \quad 0 \longrightarrow \Gamma E_0 \xrightarrow{D_0} \Gamma E_1 \xrightarrow{D_1} \Gamma E_2 \xrightarrow{D_2} \cdots \xrightarrow{D_{l-1}} \Gamma E_l \longrightarrow 0$$

heißt Komplex, wenn $D_j \circ D_{j-1}$ der Nulloperator ist, mit anderen Worten, wenn Bild $D_{j-1} \subset$ Kern D_j ist. Für jeden kovarianten Tangentialvektor $\eta \neq 0$ im Punkte $x \in X$ induziert (4) die Sequenz von Vektorräumen und linearen Abbildungen

$$(4') \quad 0 \longrightarrow E_{0,x} \xrightarrow{\sigma_D(\eta)} E_{1,x} \xrightarrow{\sigma_D(\eta)} E_{2,x} \longrightarrow \cdots \xrightarrow{\sigma_D(\eta)} E_{l,x} \longrightarrow 0$$

Dabei wurde der Kürze halber bei den Symbolen alle D_j mit D bezeichnet und die Ordnungen k_j weggelassen. Aus $D_j \circ D_{j-1} = 0$ folgt, daß $\sigma_D(\eta) \circ \sigma_D(\eta) = 0$ ist, mit anderen Worten, daß für jedes $E_{j,x}$ das Bild der ankommenden Abbildung $\sigma_D(\eta)$ im Kern der weggehenden enthalten ist.

Der Komplex (4) heißt elliptisch, wenn die Sequenz (4') für alle $\eta \neq 0$ exakt ist, d. h. wenn das Bild der ankommenden Abbildung $\sigma_D(\eta)$ gleich dem Kern der weggehenden ist. Die Elliptizitätsbedingung im § 3 entspricht dem Fall $E_0 = E$, $E_1 = F$ und $l = 1$.

Eine Verallgemeinerung des fundamentalen Satzes von § 3 auf elliptische Komplexe über *kompakten* Mannigfaltigkeiten besagt:

Die „Cohomologiegruppen“ $H^i(E) =$ Kern (D_i)/Bild (D_{i-1}) *des Kettenkomplexes* (4) *sind endlich-dimensionale komplexe Vektorräume.*

Als Index (man könnte auch sagen „Euler-Poincarésche“ Charakteristik) des elliptischen Komplexes E wird definiert

$$\operatorname{ind}(E) = \sum_{i=0}^{l} (-1)^i \dim_{\mathbf{C}} H^i(E).$$

Der Indexsatz von § 5 kann für elliptische Komplexe formuliert und bewiesen werden. Das ist keine tiefe, sondern mehr eine formale Verallgemeinerung.

§ 7. *Ein einfaches Beispiel eines elliptischen Komplexes.* Eine p-Form ω im Sinne des alternierenden Kalküls von E. Cartan über der n-dimensionalen differenzierbaren Mannigfaltigkeit X ist bezüglich lokaler Koordinaten $x_1, \ldots, x_n$ wie folgt zu schreiben:

$$\omega = \sum_{i_1 < i_2 < \ldots < i_p} a_{i_1 \ldots i_p} \, dx_{i_1} \ldots dx_{i_p},$$

wo die Koeffizienten differenzierbare komplexwertige Funktionen sind.

Die E. Cartansche Ableitung d ordnet jeder p-Form ω eine $(p+1)$-Form $d\omega$ zu. Es gibt komplexe Vektorraum-Bündel E_p $(p = 0, 1, \ldots, n)$ über X (nämlich $E_p = L_a^p(T, \mathbf{C})$ = Vektorraum-Bündel, dessen Faser über $x \in X$ gleich dem Vektorraum der p-fachen alternierenden komplexwertigen Multilinearformen auf den Tangentialraum T_x ist), so daß ΓE_p der $\mathbf{C}$-Vektorraum aller p-Formen ist.

$$0 \longrightarrow \Gamma E_0 \xrightarrow{d} \Gamma E_1 \xrightarrow{d} \cdots \xrightarrow{d} \Gamma E_n \longrightarrow 0$$

ist der elliptische Komplex, der in den üblichen Vektoranalysis-Vorlesungen vorkommt (z. B. [14], [25]), und $dd = 0$ ist die Formel, die man auch in mehrere Formeln wie rot grad $= 0$ und div rot $= 0$ umschreiben kann. Nach den Sätzen von de Rham ist in dem Fall, den wir hier besprechen,

$$H^i(E) \cong H^i(X, \mathbf{C}).$$

Dabei ist $H^i(X, \mathbf{C})$ die übliche Cohomologiegruppe mit komplexen Koeffizienten. Sie ist ein endlich-dimensionaler komplexer Vektorraum, wenn X kompakt ist, und ind (E) ist dann die klassische Euler-Poincarésche Charakteristik von X.

§ 8. *Der Riemann-Rochsche Satz für kompakte komplexe Mannigfaltigkeiten.* Der elliptische Komplex von § 7 benötigt zu seiner Definition nur die differenzierbare Struktur von X, sind weitere Strukturen auf X gegeben, dann ermöglichen diese häufig die Einführung anderer elliptischer Operatoren

([6], [10], [26]) und damit Anwendungen des Atiyah–Singerschen Indexsatzes. Wir müssen uns in diesem Vortrag auf die komplexe Struktur beschränken: Es sei X eine komplexe Mannigfaltigkeit der komplexen Dimension n, dann ist X auch eine orientierte differenzierbare Mannigfaltigkeit der Dimension $2n$. Für $n = 1$ haben wir es mit den in § 4 erwähnten Riemannschen Flächen zu tun.

Auf X betrachten wir Differentialformen, die sich bezüglich lokaler komplexer Koordinaten $z_1, \ldots, z_n$ so schreiben:

$$s = \sum_{i_1 < \ldots < i_p} a_{i_1 \ldots i_p} (d\bar{z}_1 \wedge \ldots \wedge d\bar{z}_p) \cdot [dz_1 \wedge \ldots \wedge dz_n]^r, \tag{5}$$

wo r eine gegebene ganze Zahl ist. Die Koeffizienten sind komplexwertige differenzierbare Funktionen. Es handelt sich also um alternierende p-Formen in den $d\bar{z}_i$ (Wirtinger-Kalkül!), aber bei holomorphen Koordinatenwechseln $z_i = z_i(t_1, \ldots, t_n)$ kommt noch die Multiplikation mit der r-ten Potenz der Determinante der Matrix $\left(\frac{\partial z_i}{\partial t_j}\right)$ hinzu.

Es gibt ein differenzierbares komplexes Vektorraum-Bündel $E_{p,r}$ über X, so daß $\Gamma E_{p,r}$ gerade der Vektorraum der auf X definierten Differentialformen der Gestalt (5) ist. Wie in § 4 führen wir den Differentialoperator

$$\bar{\partial} : \Gamma E_{p,r} \to \Gamma E_{p+1,r}$$

ein. Ist $s \in E_{p,r}$ bezüglich lokaler Koordinaten $z_1, \ldots, z_n$ wie in (5) gegeben, dann ist

$$\bar{\partial} s = \sum_{i_1 < \ldots < i_p} \bar{\partial} a_{i_1 \ldots i_p} \wedge d\bar{z}_1 \wedge \ldots \wedge d\bar{z}_p \, . \, [dz_1 \wedge \ldots \wedge dz_n]^r,$$

wobei

$$\bar{\partial} f = \sum_{i=1}^{n} \frac{\partial f}{\partial \bar{z}_i} d\bar{z}_i . \text{ Es ist } \bar{\partial}\bar{\partial} = 0.$$

Man erhält einen elliptischen Komplex (von linearen Differentialoperatoren der Ordnung 1)

$$0 \longrightarrow \Gamma E_{0,r} \xrightarrow{\bar{\partial}} \Gamma E_{1,r} \xrightarrow{\bar{\partial}} \cdots \xrightarrow{\bar{\partial}} \Gamma E_{n,r} \longrightarrow 0, \tag{6}$$

dessen Cohomologiegruppen wir mit $H^i(X, r)$ bezeichnen wollen. Wenn

X kompakt ist, dann sind die $H^i(X, r)$ endlich-dimensionale komplexe Vektorräume (§ 6). Die Elemente von

$$H^0(X, r) = \{s \mid s \in \Gamma E_{0,r} \text{ und } \bar{\partial} s = 0\} \tag{7}$$

sind die holomorphen Formen auf X vom Gewicht r. Sie lassen sich lokal so schreiben

$$a(z_1, \ldots, z_n)\, [dz_1 \wedge \ldots \wedge dz_n]^r,$$

a eine holomorphe Funktion. $\bar{\partial} s = 0$ (siehe (7)) ist die Cauchy-Riemannsche Differentialgleichung, deren Gültigkeit mit der Holomorphie von a und damit von s äquivalent ist.

Für eine kompakte komplexe Mannigfaltigkeit ist der Index des elliptischen Komplexes (6) definiert, wir bezeichnen ihn mit $\chi(X, r)$.

$$\chi(X, r) = \sum_{i=1}^{n} (-1)^i \dim_{\mathbf{C}} H^i(X, r).$$

Der Indexsatz von Atiyah–Singer ermöglicht die Berechnung von $\chi(X, r)$, und das ergibt den Satz von Riemann-Roch für kompakte komplexe Mannigfaltigkeiten (hier nur für die r-te Potenz des kanonischen Geradenbündels formuliert). Man erhält die Formel für $\chi(X, r)$, die ich in [18] für den Fall algebraischer Mannigfaltigkeiten bewiesen habe (für $n = 1$ siehe § 4). Es war lange ein offenes Problem, ob die Resultate von auch für kompakte komplexe Mannigfaltigkeiten gelten, vgl. [17].

In der komplexen Analysis interessiert man sich hauptsächlich für den Vektorraum $H^0(X, r)$ der holomorphen Formen vom Gewicht r. Seine Dimension ist gleich $\chi(X, r)$, wenn die Vektorräume $H^i(X, r)$ für $i > 0$ nulldimensional sind. Das Verschwinden der $H^i(X, r)$ kann oft mit Hilfe des Kriteriums von Kodaira nachgewiesen werden ([21], siehe auch [18], [19]). Ein solcher Fall wird uns nachher noch beschäftigen (§ 14).

Die in § 7 und § 8 besprochenen elliptischen Komplexe gehören zu der Auflösung gewisser Garben, hierzu vgl. z. B. [18].

§ 9. *Der Fixpunktsatz von Atiyah–Bott.* Es sei X eine kompakte komplexe Mannigfaltigkeit und $g: X \to X$ eine holomorphe Abbildung einer endlichen Ordnung d, das heißt die d-fache Iteration von g soll gleich der Identität von X sein, $g^d = Id$. Ein Punkt $x \in X$ heißt Fixpunkt von g, wenn $gx = x$. Wir betrachten die Menge $\mathrm{Fix}(g)$ aller Fixpunkte. Da g

endliche Ordnung hat, kann man bekanntlich in einer geeigneten Umgebung jedes Fixpunktes lokale Koordinaten von X so einführen, daß g linear operiert, und deshalb ist $\mathrm{Fix}(g)$ eine kompakte komplexe Untermannigfaltigkeit von X, die im allgemeinen nicht zusammenhängend ist und deren Zusammenhangskomponenten von verschiedener Dimension sein können. Wenn g die Identität ist, dann ist natürlich $\mathrm{Fix}\,(g) = X$. Es kann auch sein, daß $\mathrm{Fix}\,(g)$ nur aus endlich vielen Punkten besteht, also eine nulldimensionale Untermannigfaltigkeit ist.

Wegen der Holomorphie von g ist für eine Differentialform s vom Typ (5) $g^* s$ wieder von der gleichen Art, d. h. g^* operiert auf $\Gamma E_{p,r}$ als **C**-lineare Abbildung. Wir haben das kommutative Diagramm

$$\begin{array}{ccccccccccc} 0 & \longrightarrow & \Gamma E_{0,r} & \xrightarrow{\bar\partial} & \Gamma E_{1,r} & \xrightarrow{\bar\partial} & \cdots & \xrightarrow{\bar\partial} & \Gamma E_{n,r} & \longrightarrow & 0 \\ & & \big\downarrow{\scriptstyle g^*} & & \big\downarrow{\scriptstyle g^*} & & & & \big\downarrow{\scriptstyle g^*} & & \\ 0 & \longrightarrow & \Gamma E_{0,r} & \xrightarrow{\bar\partial} & \Gamma E_{1,r} & \xrightarrow{\bar\partial} & \cdots & \xrightarrow{\bar\partial} & \Gamma E_{n,r} & \longrightarrow & 0 \end{array}$$

Folglich induziert g^* eine **C**-lineare Abbildung

$$g^* : H^i(X, r) \to H^i(X, r),$$

und man kann von der Spur von $g^*|H^i(X, r)$ sprechen, da $H^i(X, r)$ ein endlich-dimensionaler komplexer Vektorraum ist.

Atiyah und Bott ordnen jeder Zusammenhangskomponente $\mathrm{Fix}\,(g)_j$ von $\mathrm{Fix}\,(g)$ eine komplexe Zahl $\nu\,(\mathrm{Fix}\,(g)_j)$ zu und beweisen

$$\sum_{i=1}^{n} (-1)^i \,\mathrm{Spur}\, g^*|H^i(X, r) = \sum_j \nu\,(\mathrm{Fix}\,(g)_j). \tag{8}$$

Hier indiziert j also die endlich-vielen Zusammenhangskomponenten von $\mathrm{Fix}\,(g)$. Die komplexe Zahl $\nu\,(\mathrm{Fix}\,(g)_j)$ hängt natürlich auch von r ab.

Für die Experten werde ich später die Definition von $\nu\,(\mathrm{Fix}\,(g)_j)$ angeben. Zunächst beschränke ich mich auf den Fall, daß $\mathrm{Fix}\,(g)_j$ ein einziger Punkt a ist. In diesem Fall ist

$$\nu(a) = \frac{(\det g'(a))^r}{\det\,(\mathbf{1} - g'(a))}, \tag{9}$$

$g'(a) : T_a \to T_a$ ist die komplexe Ableitung (**C**-lineare Approximation) von

g in a, die ein Endomorphismus des komplexen tangentiellen Vektorraumes T_a von X in a ist. $\mathbf{1}$ bezeichnet hier den identischen Endomorphismus von T_a, und $\det(\mathbf{1} - g'(a))$ verschwindet nicht, da a isolierter Fixpunkt ist und deshalb $g'(a)$ nicht den Eigenwert 1 hat.

Für den Fall, daß g nur isolierte Fixpunkte hat, nimmt (8) die Form

$$\sum_{i=1}^{n} (-1)^i \operatorname{Spur} g^*|H^i(X, r) = \sum_{a \in \operatorname{Fix}(g)} \nu(a) \tag{10}$$

an, wo $\nu(a)$ die in (9) angegebene komplexe Zahl ist.

Wenn g die Identität, also $\operatorname{Fix}(g) = X$ ist, dann geht der Atiyah–Bottsche Fixpunktsatz (8) in den in § 8 erwähnten Riemann–Rochschen Satz über. $\operatorname{Spur} g^*|H^i(X, r)$ ist für $g =$ Identität gleich der Dimension des Vektorraumes $H^i(X, r)$.

Atiyah und Bott beweisen ihren Fixpunktsatz nicht nur für kompakte komplexe Mannigfaltigkeiten, sondern allgemein für eine differenzierbare Abbildung g endlicher Ordnung, die auf einer kompakten differenzierbaren Mannigfaltigkeit X operiert und einen auf X gegebenen elliptischen Komplex E „respektiert". Man hat dann eine Formel vom Typus (8), die für $g =$ Identität in dem Indexsatz (§ 6) übergeht. Wählt man z. B. den elliptischen Komplex von § 7, dann ergibt sich:

Es sei X eine kompakte n-dimensionale differenzierbare Mannigfaltigkeit und $g: X \to X$ eine differenzierbare Abbildung endlicher Ordnung. g^* operiert auf den üblichen Cohomologie-Gruppen $H^i(X, \mathbf{C})$. Die Fixpunktmenge $\operatorname{Fix}(g)$ *ist eine (i. a. nicht-zusammenhängende und gemischt-dimensionale) Untermannigfaltigkeit von X. Es sei $e(\operatorname{Fix}(g))$ die klassische Euler–Poincarésche Charakteristik von* $\operatorname{Fix}(g)$. *Dann gilt*

$$\sum_{i=1}^{n} (-1)^i \operatorname{Spur} g^*|H^i(X, \mathbf{C}) = e(\operatorname{Fix}(g)). \tag{11}$$

Wenn $\operatorname{Fix}(g)$ aus endlich-vielen Punkten besteht, dann ist $e(\operatorname{Fix}(g))$ gleich der Anzahl dieser Punkte und (11) ist ein Spezialfall des Lefschetzschen Fixpunktsatzes ([20], [24]). (Die Multiplizitäten der isolierten Fixpunkte im Sinne des Lefschetzschen Fixpunktsatzes sind bei einer differenzierbaren Abbildung endlicher Ordnung automatisch gleich $+1$.) Wie Dold mir mitteilte, kann man aus seiner Arbeit [10a] leicht die Formel (11) auch für höher-dimensionale Fixpunktmengen gewinnen.

Ich muß gestehen, daß ich einen Beweis für den Atiyah–Bottschen Fixpunktsatz (8) nicht kenne. Der Beweis kann ja auch nicht sehr einfach sein, da der Indexsatz als Spezialfall ($g =$ Identität) enthalten ist. Er erfolgt mit Hilfe einer neuen von Atiyah und Singer entwickelten Methode, die im Gegensatz zu [10] und [26] ohne Verwendung von Cobordisme-Theorie verläuft, sondern Einbettungen in die Sphäre benutzt. An Literatur gibt es bis heute nur eine Seminarausarbeitung [5], die topologische Vorbereitungen zum Fixpunktsatz und insbesondere die Definition der Zahlen $\nu(\mathrm{Fix}(g)_j)$ enthält.

Für den Fall, daß nur isolierte Fixpunkte auftreten, habe ich ein (noch nicht veröffentlichtes) Manuskript von Atiyah–Bott [3] zur Verfügung, und es wird demnächst ein Research announcement [4] erscheinen. In diesem Fall braucht man nicht vorauszusetzen, daß g endliche Ordnung hat, es genügt anzunehmen, daß jeder Punkt $a \in \mathrm{Fix}(g)$ transversal ist, d. h. der Endomorphismus im Tangentialraum von a keinen Eigenwert hat, der gleich 1 ist. (Es gilt also bereits dann Formel (10) mit der Definition (9) von $\nu(a)$; entsprechend für andere elliptische Komplexe.) Der Beweis des Fixpunktsatzes für den Fall isolierter Fixpunkte ([3], [4]) ist wesentlich einfacher und kann mit anderen Methoden erfolgen, als sie in den Beweisen des Indexsatzes vorkommen.

§ 10. *Ein Beispiel.* Der Atiyah–Bottsche Fixpunktsatz ist für kompakte Riemannsche Flächen im Falle isolierter transversaler Fixpunkte in bekannten Sätzen über algebraische Funktionen enthalten ([13], p. 278).

Sei etwa X die Riemannsche Fläche der Funktion

$$w = \sqrt{(z - a_1)(z - a_2)\ldots(z - a_{2p+2})}. \tag{12}$$

Die komplexen Zahlen a_j sollen disjunkt und $p \geqq 2$ sein. X ist hyperelliptisch vom Geschlecht p und hat $2p + 2$ Weierstraßpunkte [30], nämlich gerade die Verzweigungspunkte $a_1, a_2, \ldots, a_{2p+2} \in X$.

Es sei g die „Vertauschung der Blätter" (Vorzeichenwechsel der Wurzel (12)). Dann ist $g\colon X \to X$ eine biholomorphe Involution ($g^2 = \mathrm{Id}$) mit den Fixpunkten $a_1, \ldots, a_{2p+2}$. Für $r \geqq 2$ ist $H^1(X, r) = 0$. Es folgt (siehe Formeln (9), (10) in § 9)

$$\mathrm{Spur}\, g^*|H^0(X, r) = (2p + 2) \cdot \frac{(-1)^r}{1 - (-1)}.$$

Nach § 4 (1) kennt man die Dimension von $H^0(X, r)$, also hat der Vektorraum der holomorphen Formen vom Gewicht r, die unter g^* invariant bleiben (Eigenraum von $g^*|H^0(X, r)$ zum Eigenwert 1), die Dimension

$$\tfrac{1}{2}((2r-1)(p-1)+(-1)^r(p+1))$$

§ 11. *Die Berechnung der Atiyah-Bottschen Zahlen der Fixkomponenten.* Es sei $g: X \to X$ eine holomorphe Abbildung endlicher Ordnung d der kompakten komplexen Mannigfaltigkeit X. Es sei $Y = \operatorname{Fix}(g)_j$ eine Zusammenhangskomponente der Fixpunktmenge $\operatorname{Fix}(g)$. Also ist Y eine zusammenhängende kompakte komplexe Untermannigfaltigkeit von X der Dimension $k (0 \leqq k \leqq n)$. Für irgendeinen Punkt $y \in Y$ hat $g'(y): T_y \to T_y$ Eigenwerte $\mu \in \mathbf{C}$, die d-te Einheitswurzeln sind und alle mit einer bestimmten Vielfachheit n_μ auftreten, die nicht von y abhängt. Die Vielfachheit von 1 ist gleich der Dimension von Y. Für jede d-te Einheitswurzel μ ist der Eigenraum $E_{\mu,y} \subset T_y$ definiert. Die Vektorräume $E_{\mu,y} (y \in Y)$ bilden ein Vektorraum-Bündel E_μ über Y. Natürlich ist E_1 das komplexe Tangentialbündel von Y, während die direkte Summe der Vektorraumbündel E_μ mit $\mu \neq 1$ das Normalbündel von Y in X ist. Wir betrachten die dualen Bündel E_μ^* und ihre äußeren Potenzen $\Lambda^i E_\mu^*$ und deren Chernschen Charakter ([18], 3. Aufl., § 10.1)

$$ch(\Lambda^i E_\mu^*) \in H^*(Y, \mathbf{C}).$$

Die 0-dimensionale Komponente von

$$(13) \quad ch(\Lambda_{-\mu}(E_\mu^*)) \underset{\text{Def}}{=} \sum_{i=1}^{n_\mu} (-\mu)^i ch(\Lambda^i E_\mu^*), \quad n_\mu = \text{Faserdimension von } E_\mu$$

ist gleich $(1-\mu)^{n_\mu}$, also $\neq 0$ für $\mu \neq 1$. Deshalb ist $ch(\Lambda_{-\mu}(E_\mu^*))$ ein invertierbares Element von $H^*(Y, \mathbf{C})$.

Es sei $td(Y) \in H^*(Y, \mathbf{C})$ die totale Toddsche Klasse der komplexen Mannigfaltigkeit Y, siehe ([18], 3. Aufl., § 10.1), und $c_1 \in H^2(Y, \mathbf{C})$ die Beschränkung der ersten Chernschen Klasse von X auf Y. Dann berechnet sich die komplexe Zahl $\nu(Y) = \nu(\operatorname{Fix}(g)_j)$ in § 9 (8) wie folgt (beachte die Abhängigkeit von r):

$$(14) \quad \begin{aligned} \nu(Y) &= \nu(\operatorname{Fix}(g)_j) \\ &= (\det g'(y_0))^r \left(\exp(-rc_1)\, td(Y) \cdot \prod_{\mu \neq 1} \frac{1}{ch(\Lambda_{-\mu}(E_\mu^*))}\right)[Y] \end{aligned}$$

($y_0 \in Y$ kann beliebig gewählt werden; die Zahl $\det g'(y_0)$ hängt nicht von y_0 ab.) Die Formel ist leicht zu behalten, wenn man bedenkt, daß die Toddsche Klasse des universellen komplexen Vektorraum-Bündels der Faserdimension k so geschrieben werden kann:

$$td(\xi) = \frac{c_k(\xi)}{ch(\Lambda_{-1}(\xi^*))},$$

und daß das komplexe Tangentialbündel von Y gleich E_1 ist.

Wenn g die Identität und damit $\mathrm{Fix}(g) = X$, dann ergibt § 9 (8)

$$\sum_{i=0}^{n} (-1)^i \dim_{\mathbf{C}} H^i(X, r) = (\exp(-rc_1)\, td(X))\,[X],$$

das ist der auf komplexe Mannigfaltigkeiten verallgemeinerte Satz von Riemann–Roch (für die r-te Potenz des kanonischen Geradenbündels von X), vgl. § 8.

Wenn $Y = \{y_0\}$ ein isolierter Fixpunkt ist, dann geht (14) in § 9 (9) über.

§ 12. *Ein Beispiel.* Im $\mathbf{C}^n$ betrachten wir die lineare Selbstabbildung $z_i' = \mu_i z_i$ ($1 \leqq i \leqq n$), wobei die ersten k der μ_i gleich 1, die übrigen μ_i aber verschieden von 1 sind. (Es ist $0 \leqq k \leqq n$). Diese lineare Abbildung kann auf den komplexen projektiven Raum $\mathbf{P}_n(\mathbf{C})$, der $\mathbf{C}^n$ als affinen Teilraum enthält, erweitert werde, die Erweiterung heiße g.

Nehmen wir an, daß alle μ_i Einheitswurzeln sind, g also eine endliche Ordnung hat. Dann sind die Voraussetzungen von § 9 erfüllt.

Eine Komponente von $\mathrm{Fix}(g)$ ist der projektive Unterraum $\mathbf{P}_k(\mathbf{C})$ von $\mathbf{P}_n(\mathbf{C})$, der den durch $z_{k+1} = \cdots = z_n = 0$ definierten affinen Teilraum $\mathbf{C}^k$ hat. Für diese Komponente soll die in (14) definierte Zahl berechnet werden. In $H^2(\mathbf{P}_n(\mathbf{C}), \mathbf{Z}) \cong \mathbf{Z}$ gibt es das übliche positive erzeugende Element x mit $x^n[\mathbf{P}_n(\mathbf{C})] = 1$.

Für distinkte μ_i ($i > k$) sind alle $E_{\mu_i}^*$ (siehe § 11) zum Hopfschen Geradenbündel isomorph. Wenn μ_i mit der Vielfachheit n_i auftritt, ist $E_{\mu_i}^*$ zur direkten Summe von n_i Hopfschen Geradenbündeln isomorph. Es ergibt sich:

(15) $\nu(\mathbf{P}_k(\mathbf{C})) =$

$$\Big(\prod_{i=1}^{n} \mu_i\Big)^r \left(\exp(-r(n+1)\,x) \cdot \left(\frac{x}{1-e^{-x}}\right)^{k+1} \cdot \prod_{i=k+1}^{n} \frac{1}{1-\mu_i e^{-x}}\right) [\mathbf{P}_k(\mathbf{C})].$$

Da auch $x^k[\mathbf{P}_k(\mathbf{C})] = 1$, ist $\nu(\mathbf{P}_k(\mathbf{C}))$ gleich dem Koeffizienten von x^k in der formalen Potenzreihe in x die in (15) vor $\mathbf{P}_k(\mathbf{C})$ steht. Eine leichte Residuum-Berechnung wie in [18], § 1, mit Hilfe der Substitution $z = 1 - e^{-x}$, $dz = (1 - z)\, dx$ ergibt,

$$(16)\quad \left\{\begin{array}{ll} \nu(\mathbf{P}_k(\mathbf{C})) & \text{ist der Koeffizient von } z^k \text{ in der folgenden formalen} \\ & \text{Potenzreihe in } z\text{:} \\ \multicolumn{2}{l}{\left(\prod_{i=1}^{n} \mu_i\right)^r \cdot (1 - z)^{r(n+1)-1} \prod_{i=k+1}^{n} \dfrac{1}{1 - \mu_i(1 - z)}} \end{array}\right.$$

Man sieht, daß $\nu(\mathbf{P}_k(\mathbf{C})) : \left(\prod_{i=1}^{n} \mu_i\right)^r$ ein Polynom in r vom Grade k ist.

Für $r = 0$ ist $\dim H^i(\mathbf{P}_n(\mathbf{C}), r) = 0$ für $i > 0$, während $H^0(\mathbf{P}_n(\mathbf{C}), 0)$ der Vektorraum der holomorphen Funktionen auf $\mathbf{P}_n(\mathbf{C})$ ist. Diese Funktionen sind alle konstant. Auf $H^0(\mathbf{P}_n(\mathbf{C}), 0) \cong \mathbf{C}$ operiert g^* als Identität, und es muß also die Summe der ν für die verschiedenen Fixkomponenten von g im Falle $r = 0$ gleich 1 sein, eine Tatsache, die der Zuhörer kontrollieren möge.

§ 13. *Beschränkte homogene symmetrische Gebiete und diskontinuierliche Gruppen.* Es sei B ein beschränktes homogenes symmetrisches Gebiet des $\mathbf{C}^n$ im Sinne von E. Cartan ([9], [7], [8], [16]). Man denke beispielsweise an

$$B = \{z \mid z \in \mathbf{C}^n \quad \text{und} \quad |z_1|^2 + \cdots + |z_n|^2 < 1\}.$$

Es sei Γ eine diskontinuierliche Gruppe von Automorphismen von B. Jedes Element γ von Γ ist also eine biholomorphe Abbildung $\gamma : B \to B$. Der Quotientenbereich $\Gamma \backslash B$ wird erhalten, wenn man z', $z \in B$ identifiziert, sobald es ein $\gamma \in \Gamma$ mit $z' = \gamma z$ gibt. *Wir setzen voraus, daß $\Gamma \backslash B$ kompakt ist.* Nun sei Γ_0 eine Untergruppe von Γ mit folgenden Eigenschaften

I) Γ_0 ist Normalteiler von Γ

II) Die Gruppe Γ/Γ_0 ist endlich.

III) Γ_0 operiert frei auf B, d. h. kein Element in Γ_0, abgesehen von der Identität, hat einen Fixpunkt.

Dann ist $\Gamma_0 \backslash B$ eine kompakte komplexe Mannigfaltigkeit, auf der Γ/Γ_0 operiert. Jedes Element $\alpha \in \Gamma/\Gamma_0$ liefert eine holomorphe Abbildung

$\alpha: \Gamma_0 \backslash B \to \Gamma_0 \backslash B$ von endlicher Ordnung, auf der wir also den Atiyah-Bottschen Fixpunktsatz anwenden können. (Über die Existenz von Gruppen Γ und Γ_0 siehe § 14.)

Für jeden Automorphismus γ von B, der Fixpunkte hat, ist

$$\mathrm{Fix}(\gamma) = \{x \mid x \in B \quad \text{und} \quad \gamma x = x\}$$

zusammenhängend und selbst ein beschränktes homogenes symmetrisches Gebiet: Ist $x \in \mathrm{Fix}(\gamma)$, dann kann B als konvexe offene Menge so in den $\mathbf{C}^n$ eingebettet werden, daß $x = 0 \in \mathbf{C}^n$ und γ linear operiert und daß ferner die Multiplikation mit -1 des $\mathbf{C}^n$ die Symmetrie von B in x ist. Alle diese Symmetrien sind mit γ vertauschbar und erzeugen eine Gruppe von Automorphismen von $\mathrm{Fix}(\gamma)$, die auf $\mathrm{Fix}(\gamma)$ transitiv operiert ([9], p. 134). *Der Zentralisator G_γ von γ in der Gruppe der Automorphismen von B operiert also transitiv auf* $\mathrm{Fix}(\gamma)$. Nun zurück zu den diskontinuierlichen Gruppen Γ und Γ_0.

(17) *Wenn die Elemente γ_1, γ_2 von Γ in derselben Nebenklasse* mod Γ_0 *liegen und wenn* $\mathrm{Fix}(\gamma_1) \cap \mathrm{Fix}(\gamma_2) \neq \varnothing$, *dann* $\gamma_1 = \gamma_2$.

Es sei $\pi: B \to \Gamma_0 \backslash B$ die natürliche Projektion. Für $\alpha \in \Gamma/\Gamma_0$ müssen wir $\mathrm{Fix}(\alpha) = \{y \mid y \in \Gamma_0 \backslash B$ und $\alpha y = y\}$ bestimmen. Es ist klar, daß

$$\mathrm{Fix}(\alpha) = \bigcup_{\gamma \in \alpha} \pi\, \mathrm{Fix}(\gamma).$$

Nun ist $\pi\, \mathrm{Fix}(\gamma_1) \cap \pi\, \mathrm{Fix}(\gamma_2)$ genau dann nicht leer, wenn es ein $\gamma_0 \in \Gamma_0$ gibt mit $\mathrm{Fix}(\gamma_1) \cap \gamma_0\, \mathrm{Fix}(\gamma_2) \neq \varnothing$. Es gilt

$$\gamma_0 \mathrm{Fix}(\gamma_2) = \mathrm{Fix}(\gamma_0 \gamma_2 \gamma_0^{-1}). \tag{18}$$

Wegen (17) und (18) ist $\pi\, \mathrm{Fix}(\gamma_1) \cap \pi\, \mathrm{Fix}(\gamma_2)$ genau dann nicht leer, wenn $\mathrm{Fix}(\gamma_1)$, $\mathrm{Fix}(\gamma_2)$ nicht leer sind und γ_1, γ_2 konjugiert in Γ vermöge eines Elementes von Γ_0 sind. $\pi\, \mathrm{Fix}(\gamma_2)$ und $\pi\, \mathrm{Fix}(\gamma_2)$ sind dann gleich. $\gamma_1, \gamma_2 \in \Gamma$ kommen genau dann in dieselbe Γ_0-Konjugationsklasse, wenn es $\gamma_0 \in \Gamma_0$ mit $\gamma_1 = \gamma_0 \gamma_2 \gamma_0^{-1}$ gibt. Eine Γ_0-Konjugationsklasse ist stets in einer Nebenklasse von Γ mod Γ_0 enthalten.

Die vorstehenden Überlegungen führen zu folgendem Resultat.

(19) *Für $\alpha \in \Gamma/\Gamma_0$ ist die Untermannigfaltigkeit* Fix (α) *von $\Gamma_0\backslash B$ disjunkte Vereinigung von zusammenhängenden Untermannigfaltigkeiten* π Fix (γ_i), $i = 1, \ldots, r_\alpha$, *wo γ_i ein Repräsentantensystem für die endlich vielen Γ_0-Konjugationsklassen von Γ durchläuft, die in α enthalten sind und deren Elemente in B Fixpunkte haben.*

Wie erwähnt, ist Fix (γ_i) selbst ein beschränktes homogenes symmetrisches Gebiet. Wir wollen die kompakte zusammenhängende Mannigfaltigkeit π Fix (γ_i) als Quotientenbereich von Fix (γ_i) darstellen.

Es sei Γ_γ der Zentralisator von γ in Γ und $\Gamma_{0\gamma} = \Gamma_0 \cap \Gamma_\gamma$. Dann operiert Γ_{γ_i} auf Fix (γ_i). Die Gruppe $\Gamma_{0\gamma_i}$ operiert frei auf Fix (γ_i), und es ist leicht zu sehen ((17), (18)), daß

$$\pi \text{ Fix } (\gamma_i) \quad \text{und} \quad \Gamma_{0\gamma_i}\backslash \text{Fix } (\gamma_i)$$

in natürlicher Weise zu identifizieren sind.

Nun noch ein rein gruppentheoretisches Lemma, das wir bei der Anwendung des Atiyah–Bottschen Fixpunktsatzes benutzen müssen.

β sei eine Konjugationsklasse von Γ. Dann liegen in β endlich-viele Γ_0-Konjugationsklassen. Für diese seien die Elemente δ_i von Γ ($i = 1, \ldots, s_\beta$) ein vollständiges Repräsentantensystem. Dann gilt folgende Identität

$$|\Gamma/\Gamma_0| = \sum_{i=1}^{s_\beta} |\Gamma_{\delta_i}/\Gamma_0 \cap \Gamma_{\delta_i}|, \tag{20}$$

wo die Absolutstriche Gruppenordnungen andeuten und Γ_{δ_i} wie bisher der Zentralisator von δ_i in Γ ist.

§ 14. *Automorphe Formen.* Es sei wieder B ein beschränktes homogenes symmetrisches Gebiet und Γ eine diskontinuierliche Gruppe von Automorphismen von B derart, daß $\Gamma\backslash B$ *kompakt* ist. Eine holomorphe Funktion $f: B \to \mathbf{C}$ heißt automorphe Form bzgl. Γ vom Gewicht r, wenn für alle $z \in B$ und $\gamma \in \Gamma$ gilt:

$$j_\gamma(z)^r f(\gamma z) = f(z),$$

wo $j_\gamma(z)$ die Funktionaldeterminante der Abbildung $\gamma: B \to B$ an der Stelle z ist. Diese Funktionaldeterminante ist wohldefiniert, da B offene Teilmenge eines $\mathbf{C}^n$ ist. Die automorphen Formen vom Gewicht r bilden einen Vektorraum über **C**, den wir mit $H^0(B, \Gamma, r)$ bezeichnen. Es ist ein klassisches Problem, die Dimension von $H^0(B, \Gamma, r)$ zu berechnen. Langlands hat in [23] für diese Dimension mit Hilfe der Selbergschen Resultate (siehe etwa [27]) und gestützt auf Arbeiten von Harish-Chandra hierfür eine Formel angegeben, die für frei operierendes Γ mit den Formeln von Selberg und dem Vortragenden [19] übereinstimmt.

A. Borel hat in [8] bewiesen, daß es stets diskontinuierliche Gruppen Γ von Automorphismen von B mit *kompaktem* Quotientenbereich gibt und daß zu jeder solchen Gruppe Γ eine Untergruppe Γ_0 mit den Eigenschaften I), II), III) von § 13 existiert. Borel hat bei meinem Besuch in Princeton im April 1965, als es den Atiyah-Bottschen Fixpunktsatz für Abbildungen endlicher Ordnung und beliebig-dimensionalen Fixpunktmengen noch nicht gab, doch schon angeregt, daß man den zu erwartenden Fixpunktsatz und seinen Satz über die Existenz von Γ_0 verwenden sollte, um die Langlandssche Formel zu erhalten.

Man geht wie folgt vor:

$H^0(B, \Gamma_0, r)$, der Vektorraum der automorphen Formen vom Gewicht r bzgl. Γ_0, ist kanonisch isomorph zu dem Vektorraum $H^0(\Gamma_0 \backslash B, r)$, den wir in § 8 für eine beliebige kompakte komplexe Mannigfaltigkeit X eingeführt haben. Hier ist $X = \Gamma_0 \backslash B$. Der Vektorraum $H^0(\Gamma_0 \backslash B, r)$ ist endlich-dimensional. Die Gruppe Γ/Γ_0 operiert auf $\Gamma_0 \backslash B$, deshalb auf dem Vektorraum $H^0(\Gamma_0 \backslash B, r)$, und $H^0(B, \Gamma, r)$ ist der Teilraum der Elemente von $H^0(\Gamma_0 \backslash B, r)$, die bei allen Operationen von Γ/Γ_0 festbleiben. Nach einer einfachen Tatsache über Darstellungen endlicher Gruppen ist

$$(21) \qquad \dim_{\mathbf{C}} H^0(B, \Gamma, r) = \frac{1}{|\Gamma/\Gamma_0|} \sum_{\alpha \in \Gamma/\Gamma_0} \operatorname{Spur} \alpha^* | H^0(\Gamma_0 \backslash B, r).$$

Für $r \geqq 2$ ist nach Kodaira $\dim_{\mathbf{C}} H^i(\Gamma_0 \backslash B, r) = 0$ für $i > 0$ (siehe [21], [19]) und deshalb läßt sich $\operatorname{Spur} \alpha^* | H^0(\Gamma_0 \backslash B, r)$ nach dem Fixpunktsatz von Atiyah-Bott berechnen (§ 9 (8)). Damit ergibt sich wegen (21) eine Formel für die gesuchte Zahl $\dim_{\mathbf{C}} H^0(B, \Gamma, r)$ (für $r \geqq 2$). Natürlich wird das Endresultat von der Auswahl der Untergruppe Γ_0 unabhängig sein.

§ 15. *Die Formel von Langlands.* Viele der im folgenden vorkommenden kompakten komplexen Mannigfaltigkeiten X sind Quotientenbereiche beschränkter homogener symmetrischer Gebiete. Deshalb haben sie ein bis auf einen Faktor eindeutig bestimmtes natürliches „Volumenelement". Das Volumen möge immer so normiert sein, daß es gleich der klassischen Euler–Poincaréschen Charakteristik $e(X)$ ist. Man verwendet also als Volumenform die Differentialform, die aus der homogenen Metrik des beschränkten Gebietes gewonnen wird und die höchstdimensionale Chernsche Klasse liefert (Gauß–Bonnet, Allendoerfer–Weil, Chern). Das „Volumen" $e(X)$ kann negativ sein. Wenn $n = \dim X$, dann ist $(-1)^n e(X) > 0$, vgl. [19].

Zur Auswertung von (21) muß für jede Zusammenhangskomponente von Fix $(\alpha) \subset \Gamma_0 \backslash B$ für $\alpha \in \Gamma/\Gamma_0$ gemäß § 11 (14) eine Atiyah–Bottsche Zahl berechnet werden (r fest gewählt). (21) ist wegen (19) als Summe über die endlich-vielen ausgezeichneten Γ_0-Konjugationsklassen von Γ anzusehen. (Eine Γ_0-Konjugationsklasse von Γ soll ausgezeichnet heißen, wenn ihre Elemente Fixpunkte in B haben.)

Für die Berechnung der Atiyah–Bottschen Zahl einer ausgezeichneten Γ_0-Konjugationsklasse (repräsentiert durch $\gamma \in \Gamma$) betrachten wir Fix $(\gamma) \subset B$. Da Γ_0 frei auf B operiert, hat γ endliche Ordnung in Γ, was wegen der Diskontinuität ohnehin klar ist. Das Tangentialbündel von B beschränkt auf Fix (γ) spaltet auf; in jedem Punkt $x \in$ Fix (γ) entspricht dies der Aufspaltung des Tangentialraumes von B in x in die Eigenräume der Linearisierung von γ, wobei der Tangentialraum von Fix (γ) der Eigenraum zum Eigenwert 1 ist. Wenn nun γ, γ' ausgezeichnete Γ_0-Konjugationsklassen repräsentieren, aber γ, γ' konjugiert in Γ sind, dann ist das Operieren von γ in der Umgebung von Fix (γ) isomorph zu dem Operieren von γ' in der Umgebung von Fix (γ'). Wie hier nicht näher ausgeführt werden soll, folgt aus Homogenitätsgründen (transitives Operieren von G_γ bzw. $G_{\gamma'}$ auf Fix (γ) bzw. Fix (γ'), siehe § 13), daß die Atiyah–Bottschen Zahlen für π Fix (γ) und π Fix (γ') sich wie die Volumina von π Fix (γ) und π Fix (γ') verhalten.

Wir definieren nun für eine ausgezeichnete Γ_0-Konjugationsklasse, repräsentiert durch γ, die Zahl $a_r(\gamma)$ als die *Atiyah–Bottsche Zahl* für die Fixkomponente π Fix $(\gamma) \subset \Gamma_0 \backslash B$ der durch die Nebenklasse von $\gamma \bmod \Gamma_0$ gegebenen Abbildung $\Gamma_0 \backslash B \to \Gamma_0 \backslash B$ *dividiert durch* die Euler–Poincarésche Charakteristik von π Fix (γ). Wir haben schon bemerkt, daß $a_r(\gamma)$ *nur von der Konjugationsklasse von* γ *in* Γ *abhängt.* $a_r(\gamma)$ hängt auch nicht von der Auswahl von Γ_0 ab.

Eine Konjugationsklasse $\{\gamma\}$ von Γ heißt ausgezeichnet, wenn ihre Elemente Fixpunkte in B haben. Es gibt nur endlich-viele ausgezeichnete

Konjugationsklassen, da es sogar nur endlich-viele ausgezeichnete Γ_0-Konjugationsklassen gibt. Γ_γ (siehe § 13) operiert auf Fix (γ), aber nicht effektiv. Die Anzahl der Elemente von Γ_γ, die trivial auf Fix (γ) operieren, ist endlich und werde mit $m(\gamma)$ bezeichnet. $\Gamma_\gamma\backslash\text{Fix}(\gamma)$ ist ein kompakter komplexer Raum, auch er hat ein Volumen (kompatibel mit der am Anfang des § besprochenen Normierung). Dieses Volumen wollen wir virtuelle Euler-Poincarésche Charakteristik $e(\Gamma_\gamma\backslash\text{Fix}(\gamma))$ nennen. Die Fixkomponente $\pi\,\text{Fix}(\gamma) \subset \Gamma_0\backslash B$ ist gleich $\Gamma_0 \cap \Gamma_\gamma\backslash\text{Fix}(\gamma)$. Sie ist eine verzweigte Überlagerung von $\Gamma_\gamma\backslash\text{Fix}(\gamma)$ vom Grade

$$|\Gamma_\gamma/\Gamma_0 \cap \Gamma_\gamma| : m(\gamma),$$

und es ist

$$e(\Gamma_0 \cap \Gamma_\gamma\backslash\text{Fix}(\gamma)) = \frac{|\Gamma_\gamma/\Gamma_0 \cap \Gamma_\gamma|}{m(\gamma)} \cdot e(\Gamma_\gamma\backslash\text{Fix}(\gamma)). \tag{22}$$

Die Formel (21) ergibt für $r \geqq 2$

$$\dim_{\mathbf{C}} H^0(B, \Gamma, r) = \frac{1}{|\Gamma/\Gamma_0|} \sum_\gamma e(\Gamma_0 \cap \Gamma_\gamma\backslash\text{Fix}(\gamma)) \cdot a_r(\gamma),$$

wobei über alle ausgezeichneten Γ_0-Konjugationsklassen zu summieren ist, γ also ein vollständiges Repräsentantensystem für diese durchläuft.

In (21) waren die ausgezeichneten Γ_0-Konjugationsklassen nach Nebenklassen mod Γ_0 zusammengefaßt, jetzt fassen wir sie nach Konjugationsklassen in Γ zusammen und erhalten wegen (22)

$$\dim_{\mathbf{C}} H^0(B,\Gamma,r) = \frac{1}{|\Gamma/\Gamma_0|} \sum_\varrho \sum_\gamma e(\Gamma_\gamma\backslash\text{Fix}(\gamma)) \cdot \frac{|\Gamma_\gamma/\Gamma_0 \cap \Gamma_\gamma|}{m(\gamma)} \cdot a_r(\varrho), \tag{23}$$

wo ϱ die ausgezeichnete Konjugationsklassen von Γ und γ ein vollständiges Repräsentantensystem für die in ϱ enthaltenen Γ_0-Konjugationsklassen durchläuft. Offensichtlich hängen $e(\Gamma_\gamma\backslash\text{Fix}(\gamma))$ und $m(\gamma)$ nur von der Konjugationsklasse von γ ab. Aus § 13 (20) folgt ($r \geqq 2$)

$$\dim_{\mathbf{C}} H^0(B, \Gamma, r) = \sum_\gamma \frac{e(\Gamma_\gamma\backslash\text{Fix}(\gamma))}{m(\gamma)} \cdot a_r(\gamma), \tag{24}$$

wo γ jetzt ein vollständiges Repräsentantensystem für die ausgezeichneten Konjugationsklassen von Γ durchläuft.

§ 16. *Der Proportionalitätssatz* [19] *und die Langlandssche Formel.* Jedem beschränkten homogenen symmetrischen Gebiet B des $\mathbf{C}^n$ ist bekanntlich eine n-dimensionale homogene algebraische Mannigfaltigkeit B' in natürlicher Weise zugeordnet ([7], [16], [19]). B ist offene Teilmenge von B' und jeder Automorphismus von B kann zu einem Automorphismus von B' erweitert werden.

Wenn B die Hyperkugel

$$\{z \mid z \in \mathbf{C}^n \text{ und } |z_1|^2 + \cdots + |z_n|^2 < 1\}$$

ist, dann ist B' der komplexe projektive Raum $\mathbf{P}_n(\mathbf{C})$ mit $B \subset \mathbf{C}^n \subset \mathbf{P}_n(\mathbf{C})$.

Nun sei Γ eine diskontinuierliche Gruppe von Automorphismen von B mit kompaktem Quotientenbereich $\Gamma \backslash B$. Für jedes $\gamma \in \Gamma$ sei γ' die Erweiterung auf B'. Ist $\operatorname{Fix}(\gamma) \neq \emptyset$, dann haben γ, γ' endliche Ordnung. Es gilt

$$B' \supset \operatorname{Fix}(\gamma')_0 \supset \operatorname{Fix}(\gamma) = \operatorname{Fix}(\gamma')_0 \cap B.$$

Hier ist $\operatorname{Fix}(\gamma')_0$ diejenige Zusammenhangskomponente von $\operatorname{Fix}(\gamma')$, welche B schneidet. $\operatorname{Fix}(\gamma)$ ist ein beschränktes homogenes symmetrisches Gebiet und $\operatorname{Fix}(\gamma')$ die zugehörige homogene algebraische Mannigfaltigkeit (vgl. § 13).

Die Atiyah–Bottsche Zahl für $\operatorname{Fix}(\gamma')_0$ ist wohldefiniert (§ 11 (14)). Wir wollen sie $\nu_r(\gamma')$ nennen. Das „Proportionalitätsprinzip" von [19] in geeignet verallgemeinerter Form (vgl. § 17) liefert

1

$$a_r(\gamma) = \frac{\nu_r(\gamma')}{e(\operatorname{Fix}(\gamma')_0)}.$$

Wir beachten, daß nach § 11 (14)

(25) $$\nu_r(\gamma') = j_\gamma(x)^r P_\gamma(r) \quad (\text{für } j_\gamma \text{ siehe § 14}),$$

wo $x \in \operatorname{Fix}(\gamma)$ und $j_\gamma(x)$ nicht von x abhängt und $P_\gamma(r)$ ein von γ abhängendes Polynom in r vom Grade $k = \dim \operatorname{Fix}(\gamma)$ ist.

Damit ist bewiesen:

Satz *Es sei B ein beschränktes homogenes symmetrisches Gebiet und Γ eine diskontinuierliche Gruppe von Automorphismen von B mit kompaktem Quotientenbereich $\Gamma \backslash B$. Dann wird für $r \geqq 2$ die Dimension des Vektor-*

raumes der automorphen Formen vom Gewicht r durch folgende Formel gegeben.

$$\dim_{\mathbf{C}} H^0(B, \Gamma, r) = \sum_{\gamma} \frac{e(\Gamma_\gamma \backslash \mathrm{Fix}(\gamma))}{m(\gamma)} \cdot \frac{j_\gamma(x)^r P_\gamma(r)}{e(\mathrm{Fix}(\gamma')_0)} \tag{26}$$

Hierbei durchläuft γ ein vollständiges Repräsentantensystem für die Konjugationsklassen von Γ, deren Elemente Fixpunkte in B haben. $j_\gamma(x)$ ist die Funktionaldeterminante von γ in irgendeinem $x \in \mathrm{Fix}(\gamma)$, sie ist unabhängig von x. Das Polynom $P_\gamma(r)$ in r hat den Grad $k = \dim \mathrm{Fix}(\gamma)$. Es wird vermöge (25) *durch die Atiyah–Bottsche Zahl $\nu_r(\gamma')$ für diejenige Fixkomponente* $\mathrm{Fix}(\gamma')_0$ *von γ' (Erweiterung von γ auf die homogene algebraische Mannigfaltigkeit B') bestimmt, welche B schneidet. $e(\mathrm{Fix}(\gamma')_0)$ ist die klassische Euler–Poincarésche Charakteristik. $e(\Gamma_\gamma \backslash \mathrm{Fix}(\gamma))$ ist die virtuelle Euler–Poincarésche Charakteristik* (= normiertes „Volumen" gemäß § 15), *wo Γ_γ = Zentralisator von γ in Γ. Schließlich ist $m(\gamma)$ die Anzahl der Elemente von Γ_γ, die auf* $\mathrm{Fix}(\gamma)$ *trivial operieren.*

Die Berechnung der $\nu_r(\gamma')$ kann wirklich durchgeführt werden und liefert genau die Langlandssche Formel ([23], p. 101, Formel (2)), die mit Hilfe der Theorie der Lieschen Algebren (Wurzeln usw.) ausgedrückt wird. Das können wir hier nicht durchführen. Jedoch liefert unser Beispiel von § 12 sofort den

Satz *Es sei B die Hyperkugel*

$$\{z \mid |z_1|^2 + \cdots + |z_n|^2 < 1\}$$

und Γ eine diskontinuierliche Gruppe von Automorphismen von B mit $\Gamma \backslash B$ kompakt. Dann ist für $r \geqq 2$

$$\dim_{\mathbf{C}} H^0(B, \Gamma, r) = \sum_{\gamma} \frac{e(\Gamma_\gamma \backslash \mathrm{Fix}(\gamma))}{m(\gamma)} \cdot \frac{j_\gamma(x)^r P_\gamma(r)}{k+1},$$

wo k = $\dim \mathrm{Fix}(\gamma)$ *und $x \in$* $\mathrm{Fix}(\gamma)$. *Hierbei durchläuft γ ein vollständiges Repräsentantensystem für die Konjugationsklassen von Γ, deren Elemente Fixpunkte in B haben. Sind μ_i $(k+1 \leqq i \leqq n)$ die Eigenwerte von γ (normal zu* $\mathrm{Fix}(\gamma)$), *dann ist $P_\gamma(r)$ der Koeffizient von z^k in der formalen Potenzreihe*

$$(1 - z)^{r(n+1)-1} \prod_{i=k+1}^{n} \frac{1}{1 - \mu_i + \mu_i z}.$$

Operiert Γ frei, dann ist für $r \geqq 2$

$$\dim_{\mathbf{C}} H^0(B, \Gamma, r) = \frac{e(\Gamma\backslash B)}{n+1} \cdot (-1)^n \cdot \binom{r(n+1)-1}{n}$$

§ 17. *Schlußbemerkungen.* Das vorliegende Manuskript ist direkt aus dem Vortrag hervorgegangen und mußte nach dem Vortrag sehr schnell fertiggestellt werden. Das erklärt gewisse Unvollständigkeiten und die Tatsache, daß die volle Identifizierung von § 16 (26) mit der Langlandsschen Formel ([23], p. 101, Formel (2)), sowie der von Langlands betrachtete allgemeinere Fall der automorphen Formen vom Typ σ und weitere mögliche Verallgemeinerungen (reelle symmetrische Räume) hier noch nicht dargestellt werden konnten. Die §§ 11–16 wurden ohnehin in dem Vortrag nur sehr andeutungsweise gebracht.

Auch die benötigte Version des „Proportionalitätssatzes" und die genaue Ausführung seiner Anwendung in § 16 müssen einer späteren gemeinsamen
2 Arbeit mit Atiyah und Bott vorbehalten bleiben. Es möge nur folgender Satz formuliert werden:

Es sei B ein beschränktes homogenes symmetrisches Gebiet, B' die zugehörige algebraische Mannigfaltigkeit und Γ_0 eine frei operierende diskontinuierliche Gruppe von Automorphismen von B mit kompaktem Quotientenbereich $\Gamma_0\backslash B$. Für die beiden gleichdimensionalen kompakten Mannigfaltigkeiten $\Gamma_0\backslash B$ und B' gibt es einen natürlichen Ring-Homomorphismus (**R**-*linear*)

$$h: H^*(B', \mathbf{R}) \to H^*(\Gamma_0\backslash B, \mathbf{R}),$$

welcher injektiv ist.

LITERATUR

[1] *Agranovic, M. S.*, Über den Index elliptischer Operatoren (russisch). Dokl. Akad. Nauk. S.S.S.R. **142**, 983–985 (1962). Sov. Math. Dokl. 3, 194–197 (1962).

[2] *Atiyah, M. F.*, und *R. Bott*, The index problem for manifolds with boundary. Bombay Colloquium on Differential Analysis, 175–186 (1964).

[3] *Atiyah, M. F.*, und *R. Bott*, Notes on the Lefschetz fixed point theorem for elliptic complexes, Harvard University 1964/65, nicht veröffentlicht.

[4] *Atiyah, M. F.*, und *R. Bott*, A Lefschetz fixed point formula for elliptic differential operators, erscheint demnächst in Bull. Amer. Math. Soc.

[5] *Atiyah, M. F.*, und *G. B. Segal*, Equivariant *K*-theory, Notes by R. L. E. Schwarzenberger, University of Warwick, Coventry, 1965.

[6] *Atiyah, M. F.*, und *I. M. Singer*, The index of elliptic operators on compact manifolds. Bull. Amer. Math. Soc. **69**, 422–433 (1963).

[7] *Borel, A.*, Les fonctions automorphes de plusieurs variables complexes. Bull. soc. math. France **80**, 167–182 (1952).

[8] *Borel, A.*, Compact Clifford-Klein forms of symmetric spaces. Topology **2**, 111–122 (1963).

[9] *Cartan, E.*, Sur les domaines bornés homogènes de l'espace de *n* variables complexes, Abh. Math. Seminar Hamburg **11**, 116–162 (1935).

[10] *Cartan, H.*, und *L. Schwarz*, Le théorème d'Atiyah-Singer. Séminaire E.N.S., 1963/64. Paris 1964.

[10a] *Dold, A.*, Fixed point index and fixed point theorem for Euclidean neighborhood retracts, Topology **4**, 1–8 (1965).

[11] *Dombrowski, P.*, On the geometry of the tangent bundle. J. reine angew. Math. **210**, 73–88 (1962).

[12] *Dynin, A. S.*, Singuläre Operatoren beliebiger Ordnung auf einer Mannigfaltigkeit (russisch), Dokl. Akad. Nauk S.S.S.R. **141**, 21–23 (1961). Sov. Math. Dokl. **2**, 1375–1377 (1961).

[13] *Eichler, M.*, Einführung in die Theorie der algebraischen Zahlen und Funktionen, Birkhäuser Verlag, Basel und Stuttgart 1963.

[14] *Erwe, F.*, Differential- und Integralrechnung. Zweiter Band. Bibliographisches Institut, Mannheim 1962.

[15] *Gelfand, I. M.*, Über elliptische Gleichungen (russisch). Uspehi Math. Nauk. **15**, 3, 121–132 (1960). Russian Math. Surveys **15**, 3, 113–123 (1960).

[16] *Helgason, S.*, Differential geometry and symmetric spaces. Pure and Applied Mathematics, Vol. XII. New York, Academic Press 1962.

[17] *Hirzebruch, F.*, Some problems of differentiable and complex manifolds. Ann. of Math. **60**, 213–236 (1954).

[18] *Hirzebruch, F.*, Neue topologische Methoden in der algebraischen Geometrie, Springer Verlag, Berlin–Göttingen–Heidelberg 1956; Topological Methods in Algebraic Geometry, 3. Aufl., Springer Verlag 1966.

[19] *Hirzebruch, F.*, Automorphe Formen und der Satz von Riemann–Roch. Symp. Intern. Top. Alg. 1956, p. 129–144. Universidad de Mexico 1958.

[20] *Hopf, H.*, Eine Verallgemeinerung der Euler–Poincaréschen Formel, Nachr. Ges. d. Wiss. Göttingen, Math. Phys. Kl. 1928; siehe Selecta Heinz Hopf, Springer Verlag, 1964.

[21] *Kodaira, K.*, On a differential-geometric method in the theory of analytic stacks. Proc. Nat. Acad. Sci. USA **39**, 1268–1273 (1953).

[22] *Lang, S.*, Introduction to differentiable manifolds. New York, Interscience 1962.

[23] *Langlands, R. P.*, The dimension of spaces of holomorphic forms. Am. J. Math. **85**, 99–125 (1963).

[24] *Lefschetz, S.*, Intersections and transformations of complexes and manifolds, Trans. Amer. Math. Soc. **28**, 1–49 (1926).

[25] *Maak, W.*, Differential- und Integralrechnung, Vandenhoeck und Ruprecht, Göttingen 1960.

[26] *Palais, R. S.*, Seminar on the Atiyah–Singer index theorem, with contributions by *A. Borel, F. E. Browder*, and *R. Solovay*. Annals of Mathematics Studies 57, Princeton University Press 1965.

[27] *Selberg, A.*, Automorphic functions and integral operators, Seminars on analytic functions, Vol. 2, p. 152–161. Institute for Advanced Study, Princeton, 1957.

[28] *Volpert, A. I.*, Der Index von Systemen von zweidimensionalen Integralgleichungen (russisch). Dokl. Akad. Nauk S.S.S.R. **142**, 776–777 (1962). Sov. Math. Dokl. **3**, 154–155 (1962).

[29] *Volpert, A. I.*, Elliptische Systeme auf der Sphäre und zweidimensionale singuläre Integralgleichungen (russisch). Math. Sbornik **59**, 195–214 (1962).

[30] *Weierstraß, K.*, Vorlesungen über die Theorie der Abelschen Transcendenten (Berlin, z. B. Wintersemester 1873/74). Siehe Mathematische Werke, 4. Band, Berlin, Mayer und Müller, 1902; Neuntes Kapitel.

38.

Über Singularitäten komplexer Flächen

Rend. Math. Appl., V Ser. *25* (1966), 213–232

In diesem Vortrag möchte ich u. a. über Ergebnisse von Brieskorn [4] berichten und in diesem Zusammenhang an einige klassische Sätze über «Singularitäten algebraischer Flächen» erinnern. Wir werden in der Kategorie der 2-dimensionalen normalen komplexen Räume arbeiten.

§ 1. Fette Kurven.

Es sei X eine komplexe Mannigfaltigkeit der komplexen Dimension 2, nicht notwendigerweise kompakt, und W eine kompakte *zusammenhängende* Kurve in X. Eine solche Kurve W ist Vereinigung

$$W = W_1 \cup \ldots \cup W_n$$

von endlich vielen irreduziblen kompakten Kurven W_i beliebigen Geschlechts und mit beliebigen Singularitäten.

Paare (X, W) und (X', W') der betrachteten Art sollen äquivalent heissen, wenn es in X bzw. X' eine Umgebung U von W bzw. U' von W' und eine biholomorphe Abbildung $h: U \to U'$ gibt mit

$$h(W) = W'.$$

Eine Äquivalenzklasse von Paaren soll *fette Kurve* genannt werden. *Wir werden uns erlauben, fette Kurven einfach mit W zu bezeichnen.* Eine fette Kurve W aus n irreduziblen Kurven W_i bestimmt eine symmetrische $n \times n$-Matrix $I(W)$.

$$I(W) = (W_i \circ W_j),$$

wobei $W_i \circ W_j$ die Schnittzahl von W_i und W_j in einer komplexen Mannigfaltigkeit X und (X, W) ein Repräsentant für die fette Kurve ist. $I(W)$ hängt bis auf triviale Transformationen, die von einer Umnumerierung der W_i herrühren, nur von der fetten Kurve ab; insbesondere hängt die Äquivalenzklasse der zu $I(W)$ gehörigen ganzzahligen quadratischen Form nur von der fetten Kurve W ab, die wir negativ-definit nennen wollen, wenn diese quadratische Form negativ-definit ist.

Einer fetten Kurve W kann eine dreidimensionale orientierte Mannigfaltigkeit $\mathfrak{M}(W)$ zugeordnet werden, deren Homöomorphieklasse nur von der fetten Kurve abhängt. $\mathfrak{M}(W)$ ist der Rand « schön gewählter » Umgebungen U von W, wobei $W \subset U \subset X$ und (X, W) ein Paar ist, das die fette Kurve repräsentiert.

Definition. Eine fette Kurve W, repräsentiert durch ein Paar (X, W) heisst regulär, wenn folgende Bedingungen erfüllt sind.

I) Alle irreduziblen Komponenten W_i sind singularitätenfrei in X eingebettet.

II) Durch jeden Punkt von W gehen höchstens zwei der W_i.

III) W_i, W_j $(i \neq j)$ schneiden sich in höchstens einem Punkt. Wenn sie sich schneiden, dann schneiden sie sich transversal. (Gleichbedeutend: Für $i \neq j$ ist $W_i \circ W_j$ gleich 0 oder gleich 1).

Eine reguläre fette Kurve definiert in folgender Weise einen Graphen $\Gamma(W)$ (einen eindimensionalen *zusammenhängenden* simplizialen Komplex): Jeder Kurve W_i wird ein Eckpunkt zugeordnet, den wir ebenfalls mit W_i bezeichnen. Die Eckpunkte W_i und W_j $(i \neq j)$ des Graphen werden durch eine Strecke genau dann verbunden, wenn $W_i \circ W_j = 1$. Vgl. etwa [18]. Der Graph $\Gamma(W)$ wird bewertet, indem man jedem Eckpunkt W_i die Selbstschnittzahl $W_i \circ W_i$ zuordnet. Wenn die Geschlechter der W_i gegeben sind, z. B. alle gleich 0 sind, dann hängt die dreidimensionale Mannigfaltigkeit $\mathfrak{M}(W)$ nur von dem bewerteten Graphen $\Gamma(W)$ ab. Nehmen wir an, dass alle Geschlechter gleich 0 sind: Durch eine rein topologische Konstruktion lässt sich jedem bewerteten Graphen Γ eine dreidimensionale orientierte Mannigfaltigkeit zuordnen, die für $\Gamma = \Gamma(W)$ zu $\mathfrak{M}(W)$ homöomorph ist (W eine reguläre fette Kurve mit rationalen W_i). Dies führt für zyklenfreie Graphen Γ zu den Baummannigfaltigkeiten, die von Randow [28] untersucht hat und über die in Bonn kürzlich eine weitere Arbeit fertiggestellt wurde [31].

§ 2. Singularitäten.

Löst man einen (nicht-singulären) Punkt p eines 2-dimensionalen normalen komplexen Raumes Y auf, dann erhält man eine fette Kurve; wird diese etwa durch (X, W) repräsentiert, dann ist X/W in natürlicher Weise ein normaler komplexer Raum der Dimension 2 und es gibt eine Umgebung des Punktes W/W in X/W, die einer Umgebung von p in Y biholomorph äquivalent ist, wobei W/W dem Punkt p von Y entspricht. Über die Existenz von Auflösungen vgl. z. B. [16]. Es werde an folgendes Resultat erinnert.

Satz. *Gegeben sei eine fette Kurve W. Die quadratische Form $I(W)$ ist dann und nur dann negativ-definit, wenn W einer Auflösung eines Punktes eines normalen komplexen Raumes der Dimension* 2 *entspricht, d. h. wenn X/W ein normaler komplexer Raum ist.*

Eine Richtung dieses Satzes («dann») findet sich bereits bei Du Val [10]. Vgl. auch [27]. Die andere Richtung («nur dann») wurde von Grauert [13] bewiesen. Besteht W nur aus einer einzigen irreduziblen in X singularitätenfrei eingebetteten Kurve W_1 vom Geschlecht 0 mit $W_1 \circ W_1 = -1$, dann entspricht der Satz von Grauert dem Satz von Castelnuovo-Enriques [5] über exzeptionelle Kurven erster Art. Jedoch ist der Satz von Castelnuovo-Enriques ein globales Resultat über algebraische Flächen, während Grauerts Ergebnis lokaler Art ist, d. h. nur die fette Kurve W_1 betrifft. Grauert hatte damit das in [17] formulierte Problem 32 gelöst. Für eine exzeptionelle Kurve W_1 erster Art ist X/W_1 eine komplexe Mannigfaltigkeit, d. h. der Punkt W_1/W_1 ist nicht-singulär. Vgl. hierzu auch [23], p. 624, Appendix.

Ein Satz von Mumford [27] kann wie folgt formuliert werden.

Satz. *Gegeben sei eine fette Kurve W. Die quadratische Form $I(W)$ sei negativ-definit und die dreidimensionale Mannigfaltigkeit $\mathfrak{M}(W)$ einfach-zusammenhängend. Dann entspricht die fette Kurve W einer Auflösung eines nicht-singulären Punktes. Wird sie also durch (X, W) repräsentiert, dann ist X/W eine komplexe Mannigfaltigkeit und X geht aus X/W durch endlichfache Hintereinanderschaltung quadratischer Transformationen (Aufblasen von Punkten, Hopfscher* σ-Prozess [20]) *hervor*. Vgl. hierzu auch § 9.

Definition. *Eine fette Kurve W heisst minimal, wenn sie keine exzeptionelle Kurve erster Art, d. h. keine irreduzible Komponente W_i besitzt, die singularitätenfrei eingebettet und vom Geschlecht* 0 *ist und die Selbstschnittzahl $W_i \circ W_i = -1$ hat.*

Zu jedem Punkt p eines normalen komplexen Raumes gibt es genau eine minimale fette Kurve, die ihn auflöst. Jede andere Auflösung geht aus der minimalen durch Anwendung von Hopfschen σ-Prozessen (Aufblasen von Punkten) hervor. Meine Kenntnisse über minimale Auflösungen verdanke ich Mitteilungen von

Zariski, die viele Jahre zurückliegen (vgl. [35]). Siehe Brieskorn [4], § 1.6, der die Beweise in der Kategorie der 2-dimensionalen komplexen Räume durchführt.

Die Klassifikation der nicht-leeren minimalen negativ-definiten fetten Kurven ist nach dem ersten Satz dieses Paragraphen gleichbedeutend mit der Klassifikation der Singularitäten, die bei normalen komplexen Räumen der Dimension 2 auftreten können.

§ 3. Parallelisierbare fette Kurven.

Eine fette Kurve W heisst parallelisierbar, wenn es einen Repräsentanten (X, W) gibt, für den die komplexe Mannigfaltigkeit X fast parallelisierbar ist, d. h. ein Paar von stetigen tangentiellen Vektorfeldern besitzt, die nur in isoliert liegenden Punkten von X komplex-linear abhängig sind. Die Existenz dieser Vektorfelder ist gleichbedeutend mit dem Verschwinden der ersten Chernschen Klasse $c_1(X) \in H^2(X, \mathbf{Z})$. Wenn X nicht-kompakt ist — und es kann immer so gewählt werden —, dann folgt aus $c_1(X) = 0$, dass zwei tangentielle Vektorfelder existieren, die in jedem Punkte von X komplex-linear-unabhängig sind.

Satz. *Wenn die fette Kurve W parallelisierbar und negativ-definit ist, dann ist W regulär, alle W_i haben das Geschlecht 0 und die Selbstschnittzahl $W_i \circ W_i = -2$. Der zugehörige Graph $\Gamma(W)$ hat keine Zyklen, ist also ein Baum.*

Beweis: Für das Geschlecht $\pi(W_i)$ ergibt die Adjunktions-Formel wegen $c_1(X) = 0$, dass

$$2\pi(W_i) - 2 = W_i \circ W_i - \sum_k v_{k,i}(v_{k,i} - 1),$$

wobei die Summe über die Singularitäten von W_i und die zugehörigen « unendlich benachbarten » Punkte zu erstrecken ist. $v_{k,i}$ ist die jeweilige Vielfachheit ($v_{k,i} \geqq 1$). Wegen $\pi(W_i) \geqq 0$ und $W_i \circ W_i < 0$ folgt, dass alle $v_{k,i} = 1$ und $W_i \circ W_i = -2$ und $\pi(W_i) = 0$. Also ist W_i rational und singularitätenfrei. Für die Regularität müssen noch II) und III) der Definition von § 1 nachgewiesen werden. Es ist

$$(W_i + W_j) \circ (W_i + W_j) = -4 + 2W_i \circ W_j < 0$$

und deshalb $W_i \circ W_j = 1$ oder 0 für $i \neq j$. Damit ist III) bewiesen.

II) beweist man so: Gingen drei Kurven, z.B. W_1, W_2, W_3, durch einen Punkt, dann wäre die Selbstschnittzahl von $W_1 + W_2 + W_3$ gleich 0, was wegen der Definitheit nicht möglich ist. Ein Zyklus im Graphen $\Gamma(W)$ bestehend aus Eckpunkten, die etwa den Kurven $W_1, \ldots, W_r$ entsprechen, ist nicht möglich, da die Selbstschnittzahl von $W_1 + \ldots + W_r$ gleich 0 wäre.

Jeder parallelisierbaren negativ-definiten fetten Kurve W ist damit ein Baum $\Gamma(W)$ zugeordnet, in dem jeder Eckpunkt mit -2 bewertet ist. Die quadratische Matrix eines solchen Baumes wird erhalten, indem man in die Diagonale überall -2 und an die Stelle (i, j) die Zahl 1 oder 0 setzt, je nachdem der i-te mit dem j-ten Eckpunkt durch eine Strecke verbunden ist oder nicht. Die Aufstellung aller mit -2 bewerteten Bäume, deren Matrix negativ-definit ist, kann leicht bewerkstelligt werden (Coxeter Diagramme). Sie entspricht der Klassifikation derjenigen einfachen Lieschen Algebren, deren Wurzeln gleiche Länge haben ([6], [9], [33], [36]). Trotz des ehrwürdigen Alters dieser Klassifikation möchte ich in diesem Vortrag daran erinnern.

§ 4. Klassifikation der parallelisierbaren negativ-definiten fetten Kurven.

Γ sei ein Baum, dessen Eckpunkte W_i alle mit -2 bewertet sind und dessen quadratische Matrix negativ-definit ist. Der Wert der zugehörigen quadratischen Form $\mathbf{Z} \cdot W_1 \oplus \mathbf{Z} \cdot W_2 \oplus \ldots \oplus \mathbf{Z} \cdot W_n \rightarrow \mathbf{Z}$ für $x = \Sigma r_i W_i$ werde mit x^2 oder $x \circ x$ bezeichnet.

Zunächst schliesst man aus, dass ein Teilbaum der Gestalt

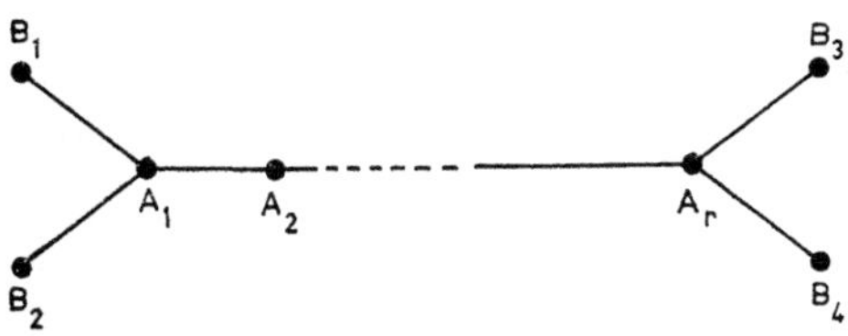

vorkommt. In der Tat, es wäre

$$(2A_1 + \ldots + 2A_r + B_1 + B_2 + B_3 + B_4)^2 = 0.$$

Übrig bleiben Bäume $\mathfrak{T}_{p,q,r}$ mit drei Strahlen

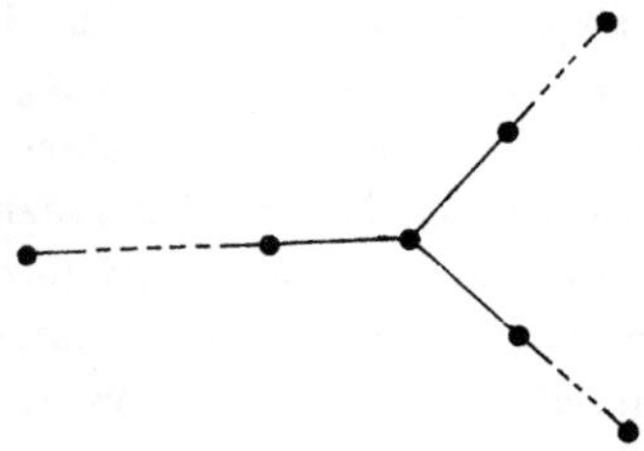

der Längen p, q, r, wobei die Länge die Anzahl der Punkte des Strahles einschliesslich des zentralen Punktes ist. Die quadratische Form von $\mathfrak{T}_{p,q,r}$ ist über dem Körper der rationalen Zahlen $\mathbf{Q}$ äquivalent zur direkten Summe einer negativ-definiten Form und der Form $x \longmapsto \left(1 - \frac{1}{p} - \frac{1}{q} - \frac{1}{r}\right) x^2, x \in \mathbf{Q}$. Vgl. z. B. [36], Exposé 13. Ist $p = 1$, dann erhält man den negativ-definiten Baum A_k (mit $k = p + q + r - 2$)

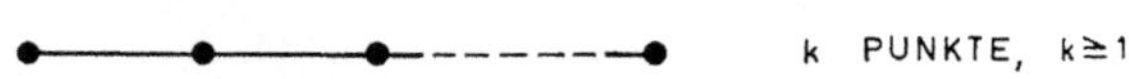

Ist $2 \leqq p \leqq q \leqq r$, dann ist für die Negativ-Definitheit notwendig und hinreichend, dass $\frac{1}{p} + \frac{1}{q} + \frac{1}{r} > 1$, d.h. (p, q, r) stimmt mit einem der Tripel von natürlichen Zahlen $\geqq 2$ überein, die bei der Klassifikation der endlichen Untergruppen von $\mathbf{SO}(3)$ auftreten (vgl. z. B. [12], [32]). Diese Tripel sind $2, 2, r$; ferner $2, 3, r$ mit $r = 3, 4$ oder 5. Die zugehörigen Bäume sind

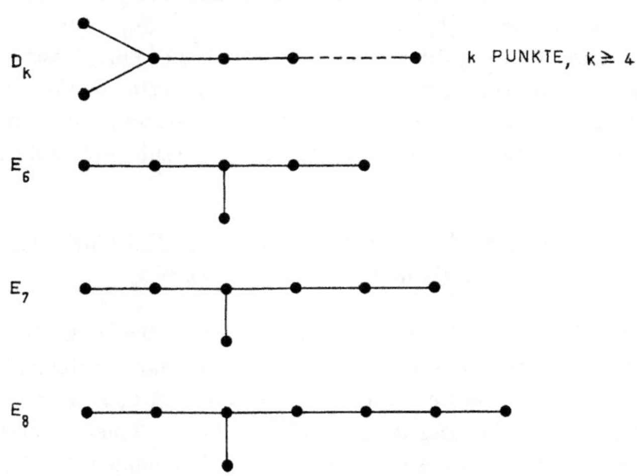

Satz. *Die Bäume A_k, D_k, E_6, E_7, E_8 sind die einzigen Graphen, für die bei Bewertung aller Punkte mit -2 die zugeordnete Matrix negativ-definit ist. Jeder so bewertete Baum A_k, D_k, E_6, E_7, E_8 tritt als bewerteter Graph $\Gamma(W)$ einer und nur einer aus singularitätenfrei eingebetteten rationalen Kurven bestehenden fetten Kurve W auf. (Diese fetten Kurven sind automatisch regulär und parallelisierbar).*

Eine Realisierungsmöglichkeit der Bäume A_k, D_k, E_6, E_7, E_8 besteht in der (minimalen) Auflösung gewisser Singularitäten ([9], [12], [19]), von 2-dimensionalen komplexen Räumen, die in $\mathbf{C}^3$ eingebettet sind:

A_k	$z^2 - x^2 + y^{k+1} = 0$
D_k	$z^2 - y(x^2 - y^{k-2}) = 0$
E_6	$z^2 + x^3 - y^4 = 0$
E_7	$z^2 - x(x^2 - y^3) = 0$
E_8	$z^2 + x^3 - y^5 = 0.$

Schwieriger als der Nachweis der Existenz ist der Beweis der im vorstehenden Satz behaupteten Eindeutigkeit. Er gelingt Brieskorn [4], indem er die Klassifikation der absolut isolierten Doppelpunkte (von komplexen Flächen, die im $\mathbf{C}^3$ liegen) nach Kirby [21] und die Berechnung der minimalen Einbettungsdimension einer Singularität nach M. Artin [1] verwendet. Es folgt ([4], 1.9), dass eine Singularität eines 2-dimensionalen normalen komplexen Raumes minimale Einbettungsdimension 3 hat und ein absolut isolierter Doppelpunkt ist, wenn sie sich durch ein System von singularitätenfreien rationalen Kurven mit Selbstschnittzahl -2 auflösen lässt.

§ 5. Andere Realisierungen der parallelisierbaren negativ-definiten fetten Kurven.

Man blase in der komplexen projektiven Ebene $\mathbf{P}_2(\mathbf{C})$ drei Punkte einer projektiven Geraden G auf. G erhält dann Selbstschnittzahl -2, die drei Punkte sind in Kurven C_1, C_2, C_3 der Selbstschnittzahl -1 übergegangen. Bläst man je einen Punkt dieser Kurven auf, der nicht auf G liegt, dann bekommen C_1, C_2, C_3 die

Selbstschnittzahl — 2, während G die Selbstschnittzahl — 2 behält. $G \cup C_1 \cup C_2 \cup C_3$ liefert dann in der zuletzt erhaltenen algebraischen Fläche ($\mathbf{P}_2(\mathbf{C})$ mit 6 aufgeblasenen Punkten) eine fette Kurve mit Baum D_4. Durch Fortsetzung dieses Verfahrens können fette Kurven gefunden werden, deren bewerteter Graph gleich $\mathfrak{T}_{p,q,r}$ mit beliebigen p, q, r ist (alle Punkte mit — 2 bewertet).

Eine geometrisch interessantere Realisierung von

$$E_k \underset{\text{Def}}{=} \mathfrak{T}_{k-3,\,2,\,3} \; (k \geqq 4)$$

besteht darin, dass man in $\mathbf{P}_2(\mathbf{C})$ eine kubische Kurve mit genau einer kuspidalen Singularität nimmt und den eindeutig bestimmten Wendepunkt und seine unendlich benachbarten Punkte auf den Transformierten der kubischen Kurve sukzessiv aufbläst. Nach k-maligem Aufblasen ($k \geqq 4$; in der folgenden Figur $k = 8$) erhält man einen bewerteten Baum

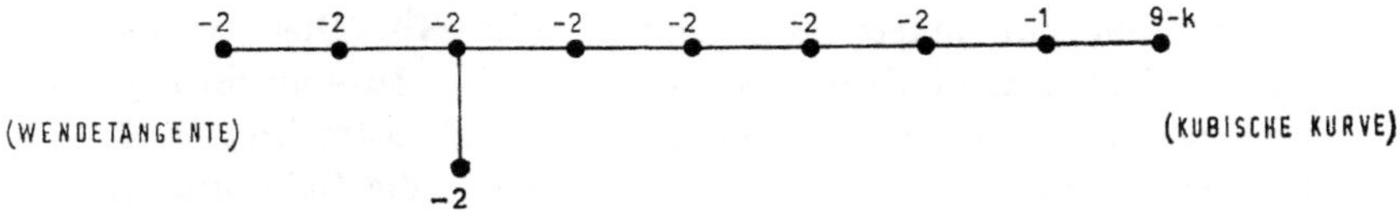

der E_k als Teilbaum enthält ($E_4 = A_4$, $E_5 = D_5$). Man kann übrigens unter Verwendung von [28] zeigen, dass die Baummannigfaltigkeit $\mathfrak{M}(E_k)$, die dem mit — 2 bewerteten Graphen E_k ($k \geqq 4$) zugeordnet ist (§ 1), unter Umkehr der Orientierung homöomorph ist zu $\mathfrak{M}(W)$, wo W eine fette Kurve ist, die aus einer rationalen Kurve mit einer kuspidalen Singularität und Selbstschnittzahl $9 - k$ besteht. Die erste Homologiegruppe von $\mathfrak{M}(E_k)$, ($k \geqq 4$), ist deshalb zyklisch von der Ordnung $9 - k$, für $k = 9$ ist sie unendlich zyklisch.

Die erwähnten Realisierungen wurden von M. Atiyah und mir in Diskussionen gefunden. Du Val machte uns darauf aufmerksam, dass diese Konstruktionen, so wie wir erwartet hatten, längst bekannt sind, er gab uns viele Hinweise auf die Literatur, z. B. über del Pezzo Flächen, und wies uns u. a. auf Zusammenhänge mit der Theorie der Wurzeln Liescher Gruppen und der zugehörigen Weylschen Gruppen hin (vgl. [8], [11]).

§ 6. Über einige dreidimensionale Mannigfaltigkeiten.

Zu den mit -2 bewerteten Bäumen $\Gamma = A_k, D_k, E_6, E_7, E_8$ gehört eine dreidimensionale Mannigfaltigkeit $\mathfrak{M}(\Gamma)$, die als Mannigfaltigkeit $\mathfrak{M}(W)$, wo W eine aus singularitätenfrei eingebetteten rationalen Kurven bestehende fette Kurve mit bewertetem Graph $\Gamma(W) = \Gamma$ ist, gedeutet werden kann oder als Rand einer geeigneten Umgebung der zugehörigen isolierten Singularität (siehe § 4). In [28] bewies von Randow im Rahmen seiner Untersuchungen über Seifertsche gefaserte Räume [30], dass diese Mannigfaltigkeiten mit den Quotientenbereichen $\mathbf{S}^3/G$ übereinstimmen, wo G eine endliche Untergruppe der Quaternionen vom Betrage 1 ist, (die isomorph zur Fundamentalgruppe der Mannigfaltigkeit ist). Man hat also eine eineindeutige Korrespondenz zwischen den Bäumen A_k, D_k, E_6, E_7, E_8 und den endlichen Untergruppen von $\mathbf{S}^3$ (bis auf innere Konjugation von $\mathbf{S}^3$). Dies wurde auch von Du Val gezeigt ([12], § 39), der auch die Zusammenhänge mit der klassischen Literatur erläutert. Du Val betrachtet z. B. für die Singularität A_k $(z^2 - x^2 + y^{k+1} = 0)$ die Substitution

$$x - z = u^{k+1}, \qquad x + z = v^{k+1}, \qquad y = uv$$

Da u^{k+1}, v^{k+1}, uv invariant bleiben unter

$$(u, v) \longmapsto (\varepsilon u, \varepsilon^{-1} v), \quad \text{wo } \varepsilon^{k+1} = 1,$$

ergibt sich, dass

$$\mathfrak{M}(A_k) = \mathbf{S}^3/G, \text{ wo } G \text{ zyklisch von der Ordnung } k+1.$$

Ähnliche Substitutionen gibt es auch für $D_k (k \geqq 4)$, E_6, E_7, E_8. Die entsprechenden Untergruppen G von $\mathbf{S}^3$ ergeben sich in diesen Fällen als $\varrho^{-1}(G')$, wo

$$\varrho : \mathbf{S}^3 \to \mathbf{SO}(3)$$

die natürliche Projektion und G' die endliche Drehgruppe der

Ordnung N ist, die zu dem jeweiligen Tripel (p, q, r) gehört (§ 4);

$$\frac{2}{N} = \frac{1}{p} + \frac{1}{q} + \frac{1}{r} - 1.$$

Die Ordnung von G' ist für D_k, E_6, E_7 bzw. E_8 gleich $N = 2k - 4$, 12, 24 bzw. 60. Es handelt sich um die Diedergruppe, die Tetraedergruppe, die Oktaedergruppe bzw. die Ikosaedergruppe. Die entsprechenden « binären » Gruppen $G = \varrho^{-1}(G')$ bilden zusammen mit der zyklischen Gruppe der Ordnung $k+1$ $(k \geqq 0)$ bis auf innere Konjugation von S^3 die einzigen endlichen Untergruppen von S^3.

Die erste ganzzahlige Homologiegruppe $H_1(S^3/G)$ ist gleich der abelsch gemachten Gruppe G. Sie ist isomorph zum Zentrum der einfach-zusammenhängenden kompakten Lieschen Gruppen vom Typ A_k, D_k, E_6, E_7 bzw. E_8. Insbesondere ist $\mathfrak{M}(E_8)$ eine Poincarésche Mannigfaltigkeit. (Vgl. [19], [27]).

Im Falle von E_k $(4 \leqq k \leqq 8)$ ist das Zentrum zyklisch von der Ordnung $9 - k$, vgl. § 5.

§ 7. Auflösung der Singularitäten von gewissen holomorphen Abbildungen.

Wir kommen nunmehr zu Resultaten von Brieskorn [4] über holomorphe Abbildungen, bei denen die Singularitäten vom Typ A_k, D_k, E_6, E_7, E_8 eine entscheidende Rolle spielen.

X und Y seien zusammenhängende komplexe Mannigfaltigkeiten der Dimension 3 bzw. 1, und $f: X \to Y$ sei surjektiv und holomorph. Für jeden Punkt $x \in X$ ist $(df)_x$ eine $\mathbf{C}$-lineare Abbildung des Tangentialraumes von X an der Stelle x in der Tangentialraum von Y an der Stelle $f(x)$. Eine Singularität von f ist ein Punkt $x \in X$, für den $(df)_x$ vom Range kleiner als 1 ist (gleichbedeutend: $(df)_x = 0$). Wir setzen im folgenden immer voraus, dass f nur endlich viele Singularitäten hat und dass jede Faser $X_s = f^{-1}(s)$, $s \in Y$, ein zusammenhängender normaler (2-dimensionaler) komplexer Raum ist. Die komplexe Struktur von X_s ist dabei durch die Strukturgarbe $\theta_X/m_s \circ f$ definiert, wo $m_s \circ f$ die duch $\{g \circ f \mid g \in m_s\}$ erzeugte kohärente Idealgarbe in θ_X ist (m_s die Menge der in s verschwindenden Funktionskeime von Y). Im Punkte $x \in X_s$ hat X_s genau dann eine Singularität, wenn f in x singulär ist.

Definition. *Eine Auflösung von $f: X \to Y$ (mit den vorstehend angegebenen Eigenschaften) ist ein kommutatives Diagramm*

$$\begin{array}{ccc} X' & \xrightarrow{\psi} & X \\ \downarrow f' & & \downarrow f \\ Y' & \xrightarrow[\varphi]{} & Y \end{array}$$

in dem X', Y' komplexe Mannigfaltigkeiten der Dimension 3 *bzw.* 1 *und f', ψ, φ surjektiv und holomorph, ψ, φ auch noch eigentlich sind; φ ist also eine verzweigte Überlagerung von Riemannschen Flächen.*

Es soll gelten

I) *f' hat keine Singularitäten, d.h. $(df')_x \neq 0$ für jeden Punkt $x \in X'$.*

II) *Für jedes $t \in Y'$ gilt für die Beschränkung ψ_t von ψ auf die Faser $X_t' = f'^{-1}(t)$, dass $\psi_t : X_t' \to X_\varphi(t)$ eine Auflösung der Singularitäten von $X_{\varphi(t)}$ ist.*

III) *φ ist über $s \in Y$ genau dann verzweigt, wenn X_s Singularitäten hat.*

Satz. *Eine Auflösung von $f: X \to Y$ kann nur dann existieren, wenn die Singularitäten der Fasern X_s, $s \in Y$, alle vom Typ A_k, D_k, E_6, E_7 oder E_8 sind. Die Auflösungen gemäss* II) *sind stets minimal.*

Beweis: $x \in X_{\varphi(t)}$ sei singulär. U sei eine Karte von X um x und $V = \varphi^{-1}(U)$. Die erste Chernsche Klasse von U verschwindet, die von V wird deshalb (bis auf das Vorzeichen) durch den Divisor gegeben, der durch das Verschwinden der Funktionaldeterminante von ψ definiert ist. Diese ist eine holomorphe Funktion in V, deshalb ist $c_1(V) = 0$. Nun ist $V \cap X_t'$ eine Umgebung von $\psi_t^{-1}(x)$ in X_t' Das Normalbündel von X_t' in X' ist offensichtlich trivial. Deshalb. verschwindet die erste Chernsche Klasse von $V \cap X_t'$ und das Paar $(V \cap X_t', \psi_t^{-1}(x))$ liefert eine parallelisierbare negativ-definite fette Kurve. Dies beendet den Beweis wegen §§ 3, 4.

Satz. *Eine Auflösung von $f: X \to Y$ existiert, wenn die Singularitäten der Fasern X_s, $s \in Y$, alle vom Typ A_k, D_k, E_6, E_7 sind.*

Es ist zu vermuten, dass der Satz auch richtig bleibt, wenn Singularitäten vom Typ E_8 vorkommen. Brieskorn beweist den

Satz durch eine explizite Konstruktion, die im Falle E_8 versagen muss (vgl. hierzu § 8, wo wir Brieskorns Beweis andeuten werden). Für Singularitäten vom Typ A_1 handelt es sich im wesentlichen
1 um einen Satz von Atiyah [2].

Korollar: *Wenn eine «Familie» X_s, $s \in Y$, von kompakten zusammenhängenden 2-dimensionalen komplexen Räumen im Sinne der Ausführungen zu Beginn dieses Paragraphen gegeben ist, dann ist die minimale Auflösung von X_{s_0}, $s_0 \in Y$, diffeomorph zum allgemeinen Mitglied der Familie, sofern X_{s_0} nur Singularitäten vom Typ A_k, D_k, E_6, E_7 hat.*

Die Vermutung, dass man auch Singularitäten vom Typ E_8 zulassen könnte, wird durch folgenden Satz über $K3$-Flächen bestärkt.

Eine $K3$-Fläche W kann definiert werden als eine 2-dimensionale komplexe Mannigfaltigkeit, die Deformation einer singularitätenfreien Quartik im $\mathbf{P}_3(\mathbf{C})$ ist, ([24], p. 773). Es gilt ([4], vgl. auch [15]).

Satz. *Wenn X eine Quartik im $\mathbf{P}_3(\mathbf{C})$ ist, deren Singularitäten vom Typ A_k, D_k, E_6, E_7 oder E_8 sind, dann ist das minimale singularitätenfreie Modell X' von X eine $K3$-Fläche, insbesondere ist X' also diffeomorph zu jeder singularitätenfreien Quartik im $\mathbf{P}_3(\mathbf{C})$.*

§ 8. Zum Beweis des Brieskornschen Satzes.

Brieskorn zeigt zunächst, dass die Konstruktion einer Auflösung von f ein rein lokales Problem für die einzelnen Singularitäten vom Typ A_k, D_k, E_6, E_7, E_8 ist und dass diese samt f in standardisierter Form angegeben werden können. Betrachten wir etwa A_k. Durch

$$x_1^2 - x_2^{k+1} - x_3^2 + s = 0$$

wird im $\mathbf{C}^4$ (mit Koordinaten x_1, x_2, x_3, s) eine 3-dimensionale komplexe Mannigfaltigkeit X und eine Familie von 2-dimensionalen komplexen Räumen X_s gegeben: $f(x_1, x_2, x_3, s) = s$ für $(x_1, x_2, x_3, s) \in X$. Offenbar hat X_0 in $(0, 0, 0, 0)$ die Singularität A_k, und dies ist die einzige Singularität von f. Ebenso hat man durch die Gleichung

$$x_1^2 - x_2^{k+1} - x_3^2 + t^{k+1} = 0$$

einen 3-dimensionalen komplexen Raum $\widetilde{X}$ und eine Familie $\widetilde{X}_t$ mit $\widetilde{X}_t = X_s$ für $s = t^{k+1}$. Brieskorn löst nun die isolierte Singularität (0, 0, 0, 0,) von $\widetilde{X}$ so auf, dass eine 3-dimensionale komplexe Mannigfaltigkeit X' aus $\widetilde{X}$ entsteht, die eine Familie X_t' liefert mit $X_t' = \widetilde{X}_t$ für $t \neq 0$ und für die X_0' die minimale Auflösung von $\widetilde{X}_0 = X_0$ ist. Die 3-dimensionale isolierte Singularität (0, 0, 0, 0) von X muss also in ein System von k rationalen Kurven (Baum A_k) aufgeblasen werden. Dies gelingt Brieskorn durch Angabe von k meromorphen Funktionen auf $\widetilde{X}$, die alle genau in (0, 0, 0, 0) eine Unbestimmtheitstelle haben. Der « Graph » der resultierenden meromorphen « Abbildung » von $\widetilde{X}$ in das cartesische Produkt von k komplexen projektiven Geraden stellt sich als die gewünschte Auflösung X' von X heraus. Die j-te meromorphe Funktion F_j auf $\widetilde{X}$ $(j = 1, \ldots, k)$ gewinnt Brieskorn wie folgt (ε = primitive $(k+1)$-te Einheitswurzel):

$$(x_1 - x_3)(x_1 + x_3) = \prod_{\nu=1}^{j} (x_2 - \varepsilon^\nu t) \prod_{\nu=j+1}^{k+1} (x_2 - \varepsilon^\nu t)$$

ist die Gleichung für $\widetilde{X}$, und F_j ist gleich dem Quotienten des ersten Faktors der linken Seite durch den ersten Faktor der rechten Seite dieser Gleichung und auch gleich dem Quotienten des zweiten Faktors der rechten Seite durch den zweiten Faktor der linken Seite. Es ist $F_j = (x_2 - \varepsilon^{j+1} t) F_{j+1}$.

Auf ähnliche Weise geht Brieskorn in allen anderen Fällen vor. Die Mannigfaltigkeit $X \subset \mathbf{C}^4$ wird stets durch eine Gleichung der Form

$$g(x_1, x_2) - x_3^2 + s = 0$$

gegeben. Im Falle D_k ist z. B. $g(x_1, x_2) = x_2(x_1^2 - x_2^{k-2})$, vgl. § 4. Es kommt darauf an, einen Exponenten h und eine Auflösung der isolierten Singularität (0, 0, 0, 0) von $\widetilde{X}$,

$$\widetilde{X} : g(x_1, x_2) - x_3^2 + t^h = 0,$$

durch Aufblasen dieses Punktes in ein System von rationalen Kurven zu finden. Jede Kurve wird durch den Graphen einer meromorphen Funktion F auf $\widetilde{X}$ geliefert, die genau in (0, 0, 0, 0) eine Unbestimmtheitsstelle hat. Solche meromorphen Funktionen

F findet Brieskorn, indem er holomorphe Funktionen $\Phi_1, \Phi_2, \Phi_3, \Phi_4$ in einer Umgebung des Nullpunktes von $\mathbf{C}^4$ mit

$$(*) \qquad g(x_1, x_2) - x_3^2 + t^h = \Phi_1 \Phi_2 - \Phi_3 \Phi_4$$

angibt, die nur den Nullpunkt von $\mathbf{C}^4$ als gemeinsame Nullstelle haben, und setzt

$$F = \Phi_1/\Phi_3 = \Phi_4/\Phi_2 \text{ auf } \widetilde{X}.$$

Damit wird das Problem in gewisser Weise auf den Fall A_1 zurückführt. Brieskorn und Kirby haben bemerkt, dass es im Falle E_8 keine Gleichung (*) geben kann. Das folgt aus der Tatsache, dass in dem zweidimensionalen lokalen Ring einer Singularität vom Typ E_8 der Satz über die (eindeutige) Primfaktorzerlegung gilt ([27], [29]). Deshalb versagt Brieskorns Beweismethode im Falle E_8.

Zu jeder Lieschen Algebra A_k, D_k, E_k $(k = 6, 7, 8)$ gehört eine Weylsche Gruppe, die von k Spiegelungen (entsprechend den einfachen Wurzeln eines Systems von positiven Wurzeln bezüglich eine geeigneten Anordnung, siehe z. B. [3], 3.3) erzeugt wird. Das Produkt dieser Spiegelungen ist das Coxeter-Element der Weylschen Gruppe ([7], p. 129 und 141), das bis auf innere Konjugation eindeutig bestimmt ist. (Die Konjugationsklasse hängt auch nicht von der Reihenfolge der Spiegelungen bei der Produktbildung ab.) Die Ordnung des Coxeter-Elementes werde Coxeterzahl h genannt. Es ist

$$\begin{aligned} h(A_k) &= k+1 \\ h(D_k) &= 2k-2 \\ h(E_6) &= 12 \\ h(E_7) &= 18 \\ h(E_8) &= 30 \end{aligned}$$

Brieskorn verwendet in (*) immer den Exponenten h = Coxeterzahl. Es ist zu vermuten, dass der lokale Überlagerungsgrad von φ (siehe § 7), der die Auflösung einer einzelnen Singularität von f möglich macht, immer ein Vielfaches der Coxeterzahl sein muss. Dies würde sich aus folgender Vermutung ergeben.

Man betrachte für A_k, D_k oder E_k $(k = 6, 7, 8)$ im $\mathbf{C}^4$ mit den Koordinaten x_1, x_2, x_3, s die dreidimensionale komplexe Mannigfaltigkeit

$$X: \qquad g(x_1, x_2) - x_3^2 + s = 0.$$

Es sei $f: X \to \mathbf{C}$ durch $f(x_1, x_2, x_3, s) = s$ definiert und $X_s = f^{-1}(s)$. Für jedes $s \neq 0$ ist X_s eine zweidimensionale komplexe Mannigfaltigkeit, und es ist eine Untergruppe $L_2(X_s, \mathbf{Z})$ der ganzzahligen Homologiegruppe $H_2(X_s, \mathbf{Z})$ erklärt: Ein Element $a \in H_2(X_s, \mathbf{Z})$ gehört genau dann zu $L_2(X_s, Z)$, wenn es für $s \to 0$ (im Sinne von Lefschetz) verschwindet (vanishing cycle; vgl. [26], p. 93, wo allerdings nur der Fall eines gewöhnlichen Doppelpunktes (A_1) betrachtet wird und [34], p. 106, wo die vanishing cycles eindimensional sind und es sich um eine Familie von algebraischen Kurven handelt).

Zu jeder Lieschen Algebra A_k, D_k, E_6, E_7 bzw. E_8 gehört eine kompakte Liesche Gruppe G mit trivialem Zentrum. Dazu wiederum kann die freie abelsche Gruppe $\mathfrak{g}$ derjenigen Gewichte (vgl. etwa [3], 3.3) gebildet werden, die auf dem zu G gehörigen Gitter ganzzahlig sind. Das skalare Produkt für Elemente von $\mathfrak{g}$ sei so erklärt, dass alle Wurzeln die Länge $\sqrt{2}$ erhalten.

2 Vermutung. *Für jeden der Fälle A_k, D_k, E_6, E_7, E_8 gilt: Für $s \neq 0$ ist $L_2(X_s, Z)$ eine freie abelsche Gruppe vom Rang k. Sie kann so mit dem entsprechenden $\mathfrak{g}$ identifiziert werden, dass die Schnittzahl zweier Homologieklassen in das skalare Produkt (multipliziert mit -1) der entsprechenden Gewichte übergeht. Ein Umlauf von s um den Nullpunkt induziert einen Automorphismus von $\mathfrak{g}$, der durch das Coxeterelement der entsprechenden Weylschen Gruppe gegeben wird. $L_2(X_s, \mathbf{Z})$ ist unter Erhaltung der Schnittzahl isomorph zur zweiten ganzzahligen Homologiegruppe $H_2(U, \mathbf{Z})$ der zu A_k, D_k, E_6, E_7, bzw. E_8 gehörigen fetten Kurve, die durch (U, W) repräsentiert sei, wo W Deformationsretrakt von U ist.*

Zu dieser Vermutung kam ich nach Diskussionen mit M. F. Atiyah. Gewisse Teile der Vermutung sind für $A_k, D_k E_6, E_7$ offensichtlich richtig, weil man die Brieskornsche Auflösung hat. Der entscheidende Teil der Vermutung, der bisher meines Wissens nur für A_1 bewiesen wurde (Lefschetz), betrifft das Coxeter-Element.

§ 9. Bemerkung über dreidimensionale Singularitäten.

Der Satz von Mumford (§ 2, zweiter Satz) besagt, dass ein Punkt p eines normalen komplexen Raumes, der eine «schöne» Umgebung U mit einer Homotopiesphäre als Rand besitzt, nichtsingulär ist. Während dieser Konferenz erhielt ich einen Brief von

3 Brieskorn mit folgender Mitteilung: Man betrachte im $\mathbf{C}^4$ den komplexen Raum

$$X: \qquad x_1^2 + x_2^2 + x_3^2 + x_4^3 = 0.$$

X ist normal und hat im Nullpunkt eine isolierte Singularität p. Der Punkt p hat in X einen Umgebungsrand, der homöomorph zur fünfdimensionalen Sphäre ist. Der Satz von Mumford kann also nicht auf dreidimensionale isolierte Singularitäten übertragen werden.

§ 10. Bemerkungen über dreidimensionale euklidische Raumformen und Familien elliptischer Kurven.

In § 4 haben wir die negativ-definiten mit — 2 bewerteten Graphen klassifiziert. Sie sind stets zyklenfrei, also Bäume (vgl. § 3). Es ist von Interesse, nach denjenigen mit — 2 bewerteten *Graphen* zu fragen, deren quadratische Formen den Eigenwert 0 genau mit der Vielfachheit 1 und sonst nur negative Eigenwerte haben. Ihre Klassifikation ist bekannt (siehe z. B [33]). Es gibt genau die folgenden derartigen Graphen.

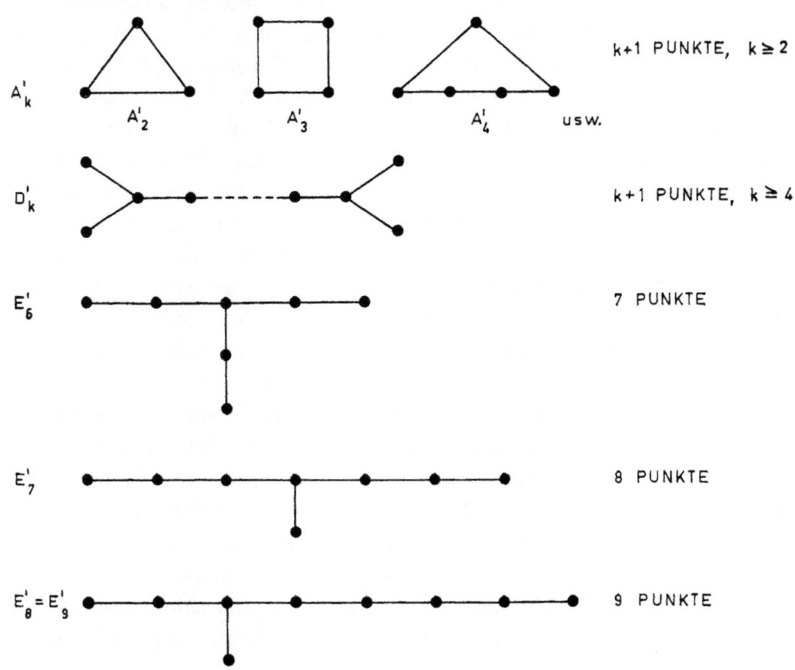

Zu diesen mit -2 bewerteten Graphen $\Gamma = A_k', D_k', E_6'\, E_7'$, bzw. E_8' gehören dreidimensionale Mannigfaltigkeiten $\mathfrak{M}(\Gamma)$ (siehe § 1), deren erste Bettische Zahl im Falle A_k' gleich 2, in allen anderen Fällen gleich 1 ist. Der Torsionsbestandteil der ersten ganzzahligen Homologiegruppe ist isomorph zur ersten ganzzahligen Homologiegruppe der zu A_k, D_k, E_6, E_7 bzw. E_8 gehörigen Baummannigfaltigkeit, also isomorph zum Zentrum der zugehörigen einfach-zusammenhängenden kompakten Lieschen Gruppe und (worauf mich J. Tits aufmerksam machte) isomorph zu einem wohlbestimmten Normalteiler der Gruppe der Automorphismen des Graphen Γ.

Die Bäume $\Gamma = D_4', E_6', E_7', E_8'$ sind sternförmig. Die Baummannigfaltigkeiten $\mathfrak{M}(\Gamma)$ sind deshalb nach [28] Seifertsche Faserräume mit vier (D_4') bzw. drei Ausnahmefasern. Analog zu § 4 und § 6 ist zu erwarten, dass diese Bäume etwas mit den klassischen Bewegungsgruppen der Ebene zu tun haben, die zu dem Quadrupel $(2, 2, 2, 2)$ bzw. zu den Tripeln $(3, 3, 3)$, $(2, 4, 4)$, $(2, 3, 6)$ gehören (vgl. [12], p. 14).

Nach Hantzsche und Wendt [14] gibt es genau sechs orientierbare dreidimensionale kompakte euklidische Raumformen. Für genau vier dieser sechs dreidimensionalen Mannigfaltigkeiten ist die erste Bettische Zahl gleich 1. Sie können erhalten werden, indem man im cartesischen Produkt des Einheitsintervalls $[0, 1]$ mit dem Torus $T = \mathbf{R}/\mathbf{Z} \times \mathbf{R}/\mathbf{Z}$ die Randkomponenten $0 \times T$ und $1 \times T$ vermöge einer ganzzahligen unimodularen Transformation A endlicher Ordnung identifiziert. (Um die euklidische Struktur zu erhalten, führt man in T eine euklidische Metrik ein, die unter A invariant ist: quadratisches bzw. hexagonales Gitter). A hat dabei die Ordnung 2, 3, 4 bzw. 6. Diese vier euklidischen Raumformen können auch dadurch erhalten werden, dass man die Quotientenräume der Bewegungsgruppe der euklidischen Ebene modulo den zu $(2, 2, 2, 2)$, $(3, 3, 3)$, $(2, 4, 4)$, $(2, 3, 6)$ gehörigen diskontinuierlichen Untergruppen bildet. Schliesslich kann man beweisen (z.B. unter Verwendung von [28]), dass diese vier euklidischen Raumformen homöomorph zu $\mathfrak{M}(D_4')$, $\mathfrak{M}(E_6')$, $\mathfrak{M}(E_7')$ b.z.w. $\mathfrak{M}(E_8')$ sind.

In [23] hat Kodaira «analytische Faserräume» X von elliptischen Kurven über einer offenen Riemannschen Fläche Y betrachtet. Dabei kommen «singuläre Fasern» W vor. Jede singuläre Faser liefert eine fette Kurve (X, W). Die mit -2 bewerteten Graphen $A_k', D_k', E_6', E_7', E_8'$ können alle als Graphen von solchen singulären Fasern auftreten, deren irreduzible Komponenten singularitätenfrei und rational sind. Bei Kodaira werden diese Graphen mit I_{k+1}, I^*_{k-3}, IV^*, III^*, II^* bezeichnet. Die dreidimensionalen Mannigfaltigkeiten $\mathfrak{M}(A'_k)$ usw. sind deshalb im Zusammenhang mit Kodairas Untersuchungen von Interesse. Es sei auf die Tabelle I von [23], p. 604, verwiesen. Dort findet man auch die vorhin erwähnte ganzzahlige unimodulare Transformation A wieder. $\mathfrak{M}(\Gamma)$ kann als Torusbündel über S^1 für jeden Graph $\Gamma = A'_k, D'_k, E'_6, E'_7, E'_8$ durch ein solches A erhalten werden. Die Graphen D'_4, E'_6, E'_7, E'_8 sind dadurch ausgezeichnet, dass A endliche Ordnung hat.

Der Satz in § 4 sagt aus, dass die mit -2 bewerteten Bäume A_k, D_k, E_6, E_7, E_8 eine aus singularitätenfrei eingebetteten rationalen Kurven bestehende fette Kurve eindeutig charakterisieren. Das ist für $A'_k, D'_k, E'_6, E'_7, E'_8$ nicht mehr der Fall (z. B. ist für D'_4 das Doppelverhältnis der Schnittpunkte der vier « äusseren » Kurven mit der « zentralen » Kurve eine zusätzliche Invariante). Die Bestimmung aller fetten Kurven für gegebenen Graphen A'_k, D'_k, E'_6, E'_7, E'_8 scheint ein ungelöstes Problem zu sein, das natürlich eng mit Kodairas Untersuchungen, in denen übrigens auch die Singularitäten vom Typ A_k, D_k, E_6, E_7, E_8 (§ 4) entscheidend vorkommen, zusammenhängen wird.

Die fetten Kurven vom Typ II, III, IV bei Kodaira bestimmen übrigens dreidimensionale Mannigfaltigkeiten, die zu $\mathfrak{M}(E'_8)$, $\mathfrak{M}(E'_7)$, $\mathfrak{M}(E'_6)$ mit Umkehr der Orientierung homöomorph sind (für $\mathfrak{M}(E'_8) = \mathfrak{M}(E_9)$ vgl. § 5).

LITERATUR

[1] Artin, M.: *On isolated rational singularities of surfaces.* Amer. J. Math. 88, 129-136 (1966).

[2] Atiyah, M. F.: *On analytic surfaces with double point.* Proc. Royal Soc., A, 247, 237-244 (1958).

[3] Borel, A. - F. Hirzebruch: *Characteristic classes and homogeneous spaces I.* Amer. J. of Math. 80, 458-538 (1958).

[4] Brieskorn, E.: *Über die Auflösung gewisser Singularitäten von holomorphen Abbildungen.* Math. Ann., erscheint demmächst.

[5] Castelnuovo, G. - F. Enriques: *Sopra alcune questioni fondamentali nella teoria delle superficie algebriche.* Annali di Mat., Ser. III, 6, 165-225 (1901); Chap. III.

[6] Coxeter, H. S. M.: *Discrete groups generated by reflections.* Ann. of Math. 35, 588-621 (1934).

[7] Coxeter, H. S. M. - W. O. J. Moser: *Generators and relations for discrete groups.* Erg. der Math., Neue Folge, Band 14. Springer Verlag, second edition 1965.

[8] Du Val, P: *On the directrices of a set of points in a plane.* Proc. Lond. Math. Soc, Ser. 2, 35, 23-74 (1933).

[9] Du Val, P.: *On isolated singularities of surfaces which do not affect the conditions of adjunction,* Part I, II, III., Proc. Cambridge Phil. Soc. 30, 453-465 und 483-491 (1934).

[10] Du Val, P.: *On absolute and non absolute singularities of algebraic surfaces.* Istanbul Üniv. Fen Fak. Mecmuasi 9, Serie A, 159-215 (1944).

[11] Du Val, P.: *Application des idées cristallographiques à l'étude des groupes de transformations crémoniennes.* Colloque de Géométrie Algébrique Dec. 1959, p. 65-73; Centre Belg. Rech. Math. 1960.

[12] Du Val, P.: *Homographies, quaternions and rotations.* Oxford, Clarendon Press 1964.

[13] Grauert, H.: *Über Modifikationen und exzeptionelle analytische Mengen.* Math. Ann. 146, 331-368 (1962).

[14] Hantzsche, W. - H. Wendt: *Dreidimensionale euklidische Raumformen.* Math. Ann. 110, 593-611 (1935).

[15] Herszberg, J.: *Algebraic characterization of types of unodes of surfaces in* S_3. Journ. Lond. Math. Soc. 32, 187-198 (1957).

[16] Hirzebruch, F.: *Über vierdimensionale Riemannsche Flächen mehrdeutiger analytischer Funktionen von zwei komplexen Veränderlichen.* Math. Ann. 126, 1-22 (1953).

[17] Hirzebruch, F.: *Some problems on differentiable and complex manifolds.* Ann. of Math. 60, 213-236 (1954).

[18] Hirzebruch, F.: *The topology of normal singularities of an algebraic surface.* Séminaire Bourbaki, 15e année 1962/63 n^0 250.

[19] Hirzebruch, F.: *Differentiable manifolds and quadratic forms.* Univ. of Calif. Berkeley 1962.

[20] HOPF, H: *Über komplex-analytische Mannigfaltigkeiten.* Rend. Mat. e Appl. Ser. V, 10, 169-182 (1951).

[21] KIRBY, D.: *The structure of an isolated multiple point of a surface.* I, II, III. Proc. Lond. Math. Soc. (3), VI, 597-609 (1956) und VII, 1-28 (1957).

[22] KODAIRA, K.: *On compact complex analytic surfaces I,* Ann. of Math. 71, 111-152 (1960).

[23] KODAIRA, K.: *On compact analytic snrfaces II, III.* Ann. of Math. 77, 563-626 (1963) und 78, 1-40 (1963).

[24] KODAIRA, K.: *On the structure of compact complex analytic surfaces I.* Amer. J. Math. 86, 751-798 (1964).

[25] KODAIRA, K. - D. C. SPENCER: *On deformations of complex analytic structures I, II.* Ann. of Math. 67, 328-466 (1958).

[26] LEFSCHETZ, S.: *L'analysis situs et la géométrie algebrique.* Gauthier-Villars Paris 1924.

[27] MUMFORD, D.: *The topology of normal singularities of an algebraic surface and a criterion for simplicity.* Publ. Math. de l'Institut des Hautes Etudes Scientifiques, Nr. 9 (1961).

[28] v. RANDOW, R.: *Zur Topologie von dreidimensionalen Baummannigfaltigkeiten.* Bonner Math. Schriften Nr. 14, Univ. Bonn 1962.

[29] SCHEJA, G.: *Über Primfaktorzerlegung in zweidimensionalen lokalen Ringen.* Math. Ann. 159, 252-258 (1965).

[30] SEIFERT, H.: *Topologie dreidimensionaler gefaserter Räume.* Acta Math. 60, 147-238 (1933).

[31] WALDHAUSEN, F.: *Baummannigfaltigkeiten und Seifertsche Faserräume.* Bonn 1965.

[32] WEYL, H.: *Symmetry.* Princeton University Press 1952.

[33] WITT, E.: *Spiegelungsgruppe und Aufzählung halbeinfacher Liescher Ringe.* Abh. Math. Sem. Hamburg 14, 289-322 (1941).

[34] ZARISKI, O.: *Algebraic surfaces.* Erg. der Math. Bd. 3, Springer Verlag 1935.

[35] ZARISKI, O.: *Introduction to the problem of minimal models in the theory of algebraic surfaces.* Publ. Math. Soc. Japan Nr. 4, Tokio 1958.

[36] Séminaire « Sophus Lie »: *Théorie des algèbres de Lie, Topologie des groupes de Lie.* 1er année, 1954/55. E. N. S., Paris.

39.

Singularities and exotic spheres

Séminaire Bourbaki, 1966/67, Exp. 314, Textes des conférences, o. S., Paris: Institut Henri Poincaré 1967

* Brieskorn has proved [4] that the n-dimensional affine algebraic variety $z_0^3+z_1^2+\ldots+z_n^2=0$ (n *odd*, $n\geqq 1$) is a topological manifold though the variety has an isolated singular point (which is normal for $n\geqq 2$). Such a phenomenon cannot occur for normal singularities of 2-dimensional varieties, as was shown by Mumford ([12], [6]). Brieskorn's result stimulated further research on the topology of isolated singularities (Brieskorn [5], Milnor [11] and the speaker [6], [7]). Brieskorn [5] uses the paper of F. Pham [14], whereas the speaker studied certain singularities from the point of view of transformation groups using results of Bredon ([2], [3]), W. C. Hsiang and W. Y. Hsiang [8] and Jänich [9].

§ 1. The integral homology of some affine hypersurfaces

Pham [14] studies the non-singular subvariety $V_a=V(a_0,a_1,\ldots,a_n)$ of $\mathbb{C}^{n+1}$ given by

$$z_0^{a_0}+z_1^{a_1}+\ldots+z_n^{a_n}=1 \qquad (n\geqq 0)\,,$$

where $a=(a_0,\ldots,a_n)$ consists of integers $a_j\geqq 2$.

Let G_{a_j} be the cyclic group of order a_j multiplicatively written and generated by w_j. Define the group $G_a=G_{a_0}\times G_{a_1}\times\ldots\times G_{a_n}$ and put $\varepsilon_j=\exp(2\pi i/a_j)$.

Then $w_0^{k_0}w_1^{k_1}\ldots w_n^{k_n}$ is an element of G_a whereas $\varepsilon_0^{k_0}\varepsilon_1^{k_1}\ldots\varepsilon_n^{k_n}$ is a complex number. G_a operates on V_a by

$$w_0^{k_0}\ldots w_n^{k_n}(z_0,\ldots,z_n)=(\varepsilon_0^{k_0}z_0,\ldots,\varepsilon_n^{k_n}z_n)\,.$$

Let $\hat{G}_{a_j}$ be the group of a_j-th roots of unity and $x\mapsto\hat{x}$ the isomorphism $G_{a_j}\to\hat{G}_{a_j}$ given by $w_j\mapsto\varepsilon_j=\hat{w}_j$.

Pham considers the following subspace U_a of V_a

$$U_a=\{z\mid z\in V_a \text{ and } z_j^{a_j} \text{ real} \geqq 0 \text{ for } j=0,\ldots,n\}\,.$$

Lemma. *The subspace U_a is a deformation retract of V_a by a deformation compatible with the operations of G_a.*

For the proof see Pham [14], p. 338.

U_a can also be described by the conditions

$$z_j=u_j|z_j| \quad\text{with}\quad u_j\in\hat{G}_{a_j} \qquad (j=0,\ldots,n)\,.$$

Put $|z_j|^{a_j}=t_j$. Then U_a becomes the space of $(n+1)$-tuples of complex numbers

$$t_0u_0\oplus t_1u_1\oplus\ldots\oplus t_nu_n$$

with

$$u_j \in \hat{G}_{a_j}, \qquad t_j \geqq 0, \qquad \sum_{j=0}^{n} t_j = 1.$$

Thus U_a can be identified with the join $G_{a_0} * G_{a_1} * \ldots * G_{a_n}$ of the finite sets G_{a_j} (see Milnor [10]).

Lemma 2.1 in [10] states in particular that the reduced integral homology groups of the join $A * B$ of two spaces A, B without torsion are given by a canonical isomorphism

$$\tilde{H}_{r+1}(A * B) \cong \sum_{i+j=r} \tilde{H}_i(A) \otimes \tilde{H}_j(B),$$

whereas Lemma 2.2 in [10] shows that $A * B$ is simply connected provided B is arcwise connected and A is any non-vacuous space. These properties of the join together with its associativity imply

Theorem. *The subvariety V_a of $\mathbb{C}^{n+1}$ is $(n-1)$-connected. Moreover*

(1) $$\tilde{H}_n(V_a) \cong \tilde{H}_0(G_{a_0}) \otimes \tilde{H}_0(G_{a_1}) \otimes \ldots \otimes \tilde{H}_0(G_{a_n}).$$

This is a free abelian group of rank $r = \prod (a_j - 1)$.
The isomorphism (1) is compatible with the operations of G_a.
All other reduced integral homology groups of V_a vanish.

It can be shown that V_a has the homotopy type of a connected union $S^n \vee \ldots \vee S^n$ of r spheres of dimension n.

The identification of U_a with a join was explained to the speaker by Milnor.

$U_a = G_{a_0} * G_{a_1} * \ldots * G_{a_n}$ is an n-dimensional simplicial complex which has an n-simplex for each element of G_a. The n-simplex belonging to the unit of G_a is denoted by e. All other n-simplices are obtained from e by operations of G_a. Thus we have for the n-dimensional simplicial chain group

(2) $$C_n(U_a) = J_a e$$

where J_a is the group ring of G_a. The homology group $\tilde{H}_n(U_a) = \tilde{H}_n(V_a)$ is an additive subgroup of $J_a e = C_n(U_a) \cong J_a$.

The face operator ∂_j commutes with all operations of G_a on $C_n(U_a)$ and furthermore satisfies $\partial_j = w_j \partial_j$. Therefore

(3) $$h = (1 - w_0)(1 - w_1) \ldots (1 - w_n)\, e$$

is a cycle. Thus $h \in \tilde{H}_n(U_a)$. It follows easily that $\tilde{H}_n(V_a) = J_a h$. This yields the

Theorem. *The map $w \mapsto w\,h$ $(w \in G_a)$ induces an isomorphism*

$$J_a / I_a \cong \tilde{H}_n(V_a) = J_a h$$

where $I_a \subset J_a$ is the annihilator ideal of h which is generated by the elements

$$1 + w_j + w_j^2 + \ldots + w_j^{a_j - 1} \qquad (j = 0, \ldots, n).$$

Therefore $w_0^{k_0} w_1^{k_1} \ldots w_n^{k_n} h$ (where $0 \leqq k_j \leqq a_j - 2$, $j = 0, \ldots, n$) *is a basis of* $\tilde{H}_n(V_a)$.

We recall that $\tilde{H}_n(V_a)$ is the integral singular homology group (of course with *compact* support). V_a is a $2n$-dimensional oriented manifold without boundary (non-compact for $n \geqq 1$). Therefore the bilinear intersection form S is well defined over $\tilde{H}_n(V_a)$. It is symmetric for n even, skew-symmetric for n odd. It is compatible with the operations of G_a.

Pham ([14], p. 358) constructs an n-dimensional cycle $\tilde{h}$ in V_a which is homologous to h and intersects U_a exactly in two interior points of the simplices e and $w_0 w_1 \dots w_n e$ (sign questions have to be observed). In this way he obtains (using the G_a-invariance of S) the following result, reformulated somewhat for our purposes.

Theorem. *Put* $\eta = (1-w_0)\dots(1-w_n)$. *The bilinear form* S *over* $J_a\eta \cong \tilde{H}_n(V_a)$ *is given by*

$$S(x\eta, y\eta) = f(\bar{y}x\eta) \qquad (x, y \in J_a),$$

where $f\colon J_a \to \mathbb{Z}$ *is the additive homomorphism with*

$$f(1) = -f(w_0\dots w_n) = (-1)^{\frac{n(n-1)}{2}},$$

$$f(w) = 0 \text{ for } w \in G_a, \quad w \neq 1, \quad w \neq w_0 \dots w_n,$$

and where $y \mapsto \bar{y}$ *is the ring automorphism of the group ring* J_a *induced by* $w \mapsto w^{-1}$ $(w \in G_a)$.

§ 2. The quadratic form of V_a

Let G be a finite abelian group, $J(G)$ its group ring. The ring automorphism of $J(G)$ induced by $g \mapsto g^{-1}$ $(g \in G)$ is denoted by $x \mapsto \bar{x}$ $(x \in J(G))$. Give an element $\eta \in J(G)$ and a function $f\colon G \to \mathbb{Z}$. The additive homomorphism $J(G) \to \mathbb{Z}$ induced by f is also called f. Put $\hat{f} = \sum_{w \in G} f(w)\,w$. We assume

a) $f(\bar{x}\eta) = f(x\eta)$ for all $x \in J(G)$, [equivalently $\hat{f}\bar{\eta} = \bar{\hat{f}}\eta$]

or

b) $f(\bar{x}\eta) = -f(x\eta)$ for all $x \in J(G)$, [equivalently $\hat{f}\bar{\eta} = -\bar{\hat{f}}\eta$].

The bilinear form S over the lattice $J(G)\eta$ defined by

$$S(x\eta, y\eta) = f(\bar{y}x\eta) \qquad (x, y \in J(G)),$$

is symmetric in case a), skew symmetric in case b). Since S is a form with *integral* coefficients, its determinant is well-defined. The signature

$$\tau(S) = \tau^+(S) - \tau^-(S), \quad \text{case a)},$$

is the number $\tau^+(S)$ of positive minus the number $\tau^-(S)$ of negative diagonal entries in a diagonalisation of S over $\mathbb{R}$. Let χ run through the characters of G.

Lemma. *With the preceding assumptions*

$$\pm \det S = \Big(\prod_{\chi(\eta)\neq 0} \chi(\hat{f})\Big) \cdot \text{order of the torsion subgroup of } J(G)/J(G)\,\eta$$

and in case a)

$$\tau^+(S) = \text{number of characters } \chi \text{ with } \chi(\hat{f}\bar{\eta}) > 0$$

$$\tau^-(S) = \text{number of characters } \chi \text{ with } \chi(\hat{f}\bar{\eta}) < 0 .$$

The proof is an exercise as in [1], p. 444.

The lemma and the last theorem of § 1 imply for the affine hypersurface $V_a = V(a_0, \ldots, a_n)$ the

Theorem. *Let S be the intersection form of V_a. Then*

$$\pm \det S = \prod_{1 \leq k_j \leq a_j - 1} (1 - \varepsilon_0^{k_0} \varepsilon_1^{k_1} \ldots \varepsilon_n^{k_n}) \tag{1}$$

where $\varepsilon_j = \exp(2\pi i / a_j)$. For n even, we have

$$\begin{aligned} \tau^+(S) &= \textit{number of } (n+1)\textit{-tuples of integers } (x_0, \ldots, x_n),\ 0 < x_j < a_j, \\ &\quad \textit{with } 0 < \sum_{j=0}^{n} \frac{x_j}{a_j} < 1 \bmod 2\mathbb{Z}, \\ \tau^-(S) &= \textit{number of } (n+1)\textit{-tuples of integers } (x_0, \ldots, x_n),\ 0 < x_j < a_j, \\ &\quad \textit{with } -1 < \sum_{j=0}^{n} \frac{x_j}{a_j} < 0 \bmod 2\mathbb{Z}. \end{aligned} \tag{2}$$

See [5] for details.

Remark. The intersection form S of $V(a_0, \ldots, a_n)$ with $n \equiv 0 \bmod 2$ is even, i.e. $S(x,x) \equiv 0 \bmod 2$ for $x \in \tilde{H}_n(V_n)$. Therefore, by a well-known theorem, $\det S = \pm 1$ implies $\tau^+(S) - \tau^-(S) = \tau(S) \equiv 0 \bmod 8$.

Following Milnor we introduce for $a = (a_0, \ldots, a_n)$ the graph $\Gamma(a)$: $\Gamma(a)$ has the $(n+1)$ vertices $a_0, \ldots, a_n$. Two of them (say a_i, a_j) are joined by an edge if and only if the greatest common divisor (a_i, a_j) is greater than 1. Then we have [5]

Lemma. $\det S$ *as given in the preceding theorem equals* ± 1 *if and only if* $\Gamma(a)$ *satisfies*

a) *$\Gamma(a)$ has at least two isolated points, or,*
b) *it has one isolated point and at least one connectedness component K with an odd number of vertices such that $(a_i, a_j) = 2$ for $a_i, a_j \in K$ $(i \neq j)$.*

Now suppose n even and $a = (a_0, \ldots, a_n) = (p, q, 2, \ldots, 2)$ with p, q odd and $(p, q) = 1$. Then $\det S = \pm 1$ and

$$(-1)^{n/2} \cdot \tau(S) = \frac{(p-1)(q-1)}{2} + 2(N_{p,q} + N_{q,p}), \tag{3}$$

where $N_{p,q}$ is the number of $q \cdot x \left(1 \leq x \leq \dfrac{p-1}{2}\right)$ whose remainder mod p of smallest absolute value is negative. This follows from the preceding theorem. Observe that by the above remark $\tau(S)$ is divisible by 4 (even by 8) and that this is related to one of the proofs of the quadratic reciprocity law ([1], p. 450).

In particular, for n even and $(a_0, \dots, a_n) = (3, 6k-1, 2, \dots, 2)$ the signature $\tau(S)$ equals $(-1)^{n/2} \cdot 8k$.

§ 3. Exotic spheres

A k-dimensional compact oriented differentiable manifold is called a k-sphere if it is homeomorphic to the k-dimensional standard sphere. A k-sphere not diffeomorphic to the standard k-sphere is said to be exotic. The first exotic sphere was discovered by Milnor in 1956. Two k-spheres are called equivalent if there exists an orientation preserving diffeomorphism between them. The equivalence classes of k-spheres constitute for $k \geqq 5$ a finite abelian group Θ_k under the connected sum operation. Θ_k contains the subgroup bP_{k+1} of those k-spheres which bound a parallelizable manifold. bP_{4m} $(m \geqq 2)$ is cyclic of order

$$2^{2m-2}(2^{2m-1}-1) \text{ numerator}\left(\frac{4B_m}{m}\right),$$

where B_m is the m-th Bernoulli number. Let g_m be the Milnor generator of bP_{4m}, see § 5. If a $(4m-1)$-sphere Σ bounds a parallelizable manifold B of dimension $4m$, then the signature $\tau(B)$ of the intersection form of B is divisible by 8 and

$$\Sigma = +\frac{\tau(B)}{8} g_m \tag{1}$$

(g_m should be chosen in such a way that we have always the plus-sign in (1)). For $m=2$ and 4 we have

$$bP_8 = \Theta_7 = \mathbb{Z}_{28}, \qquad bP_{12} = \Theta_{11} = \mathbb{Z}_{992}.$$

All these results are due to Milnor-Kervaire. The group bP_{2n} (n odd, $n \geqq 3$) is either 0 or $\mathbb{Z}_2$. It contains only the standard sphere and the Kervaire sphere (obtained by plumbing two copies of the tangent bundle of S^n). It is known that bP_{2n} is $\mathbb{Z}_2$ (equivalently that the Kervaire sphere is exotic) if $n \equiv 1 \bmod 4$ and $n \geqq 5$ (E. Brown-F. Peterson).

Let $V_a^0 = V^0(a_0, a_1, \dots, a_n) \subset \mathbb{C}^{n+1}$ (where $a_j \geqq 2$) be defined by

$$z_0^{a_0} + z_1^{a_1} + \dots + z_n^{a_n} = 0.$$

This affine variety has exactly one singular point, namely the origin of $\mathbb{C}^{n+1}$. Let

$$S^{2n+1} = \left\{ z \mid z \in \mathbb{C}^{n+1}, \sum_{j=0}^{n} z_j \bar{z}_j = 1 \right\}.$$

Then $\Sigma_a = \Sigma(a_0, \dots, a_n) = V_a^0 \cap S^{2n+1}$ is a compact oriented differentiable manifold (without boundary) of dimension $2n-1$.

Theorem. *Let $n \geqq 3$. Then Σ_a is $(n-2)$-connected. It is a $(2n-1)$-sphere if and only if the graph $\Gamma(a)$ defined in § 2 satisfies the condition a) or b). If Σ_a is a*

$(2n-1)$-sphere, then it belongs to bP_{2n}. If, moreover, $n=2m$, then

$$\Sigma_a = \frac{\tau}{8} g_m ,$$

where $\tau = \tau^+ - \tau^-$ and τ^+, τ^- are as in § 2 (2). In particular,

$$\sum_{i=0}^{2m} z_i \bar{z}_i = 1 , \quad z_0^3 + z_1^{6k-1} + z_2^2 + \ldots + z_{2m}^2 = 0$$

is a $(4m-1)$-sphere embedded in $S^{4m+1} \subset \mathbb{C}^{2m+1}$ which represents the element $(-1)^m k \cdot g_m \in bP_{4m}$. Example: For $m=2$ and $k=1, \ldots, 28$ we get the 28 classes of 7-spheres, for $m=3$ and $k=1, \ldots, 992$ the 992 classes of 11-spheres.

Corollary. *The affine variety $V^0(a_0, \ldots, a_n)$, $n \geqq 3$, is a topological manifold if and only if the graph $\Gamma(a)$ satisfies a) or b) of § 2.*

For this theorem and for the case n odd see Brieskorn [5].

Proof. If we remove from V_a^0 the points with $z_n = 0$, we get a space $\tilde{V}_a$ whose fundamental group has $\pi_1(V_a^0 - \{0\}) \cong \pi_1(\Sigma_a)$ as homomorphic image. $\tilde{V}_a$ is fibered over $\mathbb{C}^*$ with $V(a_0, \ldots, a_{n-1})$ as fibre which is simply-connected. Thus $\pi_1(\tilde{V}_a) \cong \mathbb{Z}$ and $\pi_1(\Sigma_a)$ is commutative. Because of this and by Smale-Poincaré we have to study only the homology of Σ_a.

Let $V_a^\varepsilon \subset \mathbb{C}^{n+1}$ be the affine variety

$$z_0^{a_0} + z_1^{a_1} + \ldots + z_n^{a_n} = \varepsilon$$

$(V_a = V_a^1)$. Let D^{2n+2} be the full ball in $\mathbb{C}^{n+1}$ with center 0 and radius 1 and S^{2n+1}, as before, its boundary. Σ_a is diffeomorphic to $\Sigma_a^\varepsilon = S^{2n+1} \cap V_a^\varepsilon$ for $\varepsilon > 0$ and small. It is the boundary of $B_a^\varepsilon = D^{2n+2} \cap V_a^\varepsilon$ whose interior (for ε small) is diffeomorphic to V_a^ε and V_a. The exact homology sequence of the pair $(B_a^\varepsilon, V_a^\varepsilon)$ shows that Σ_a is $(n-2)$-connected. Using Poincaré duality we get the exact sequence

$$0 \to H_n(\Sigma_a) \to H_n(V_a) \xrightarrow{\sigma} \mathrm{Hom}(H_n(V_a), \mathbb{Z}) \to H_{n-1}(\Sigma_a) \to 0$$

where the homomorphism σ is given by the bilinear intersection form S of V_a (see § 2). This determines $H^*(\Sigma_a)$ completely: $H_n(\Sigma_a) = 0$ if and only if $\det S \neq 0$. If $\det S \neq 0$, then $|\det S|$ equals the order of $H_{n-1}(\Sigma_a)$.

The manifold B_a^ε is parallelizable since its normal bundle is trivial. This finishes the proof in view of § 2.

§ 4. Manifolds with actions of the orthogonal group

$\boldsymbol{O}(n)$ denotes the real orthogonal group with $\boldsymbol{O}(m) \subset \boldsymbol{O}(n)$, $m < n$, by

$$A \mapsto \begin{pmatrix} 1 & 0 \\ 0 & A \end{pmatrix}, \quad (A \in \boldsymbol{O}(m),\ 1 = \text{unit of } \boldsymbol{O}(n-m)) .$$

Let X be a compact differentiable manifold of dimension $2n-1$ on which $\boldsymbol{O}(n)$ acts differentiably ($n \geqq 2$). Suppose each isotropy group is conjugate to $\boldsymbol{O}(n-2)$ or $\boldsymbol{O}(n-1)$. Then the orbits are either Stiefel manifolds $\boldsymbol{O}(n)/\boldsymbol{O}(n-2)$

(of dimension $2n-3$) or spheres $\boldsymbol{O}(n)/\boldsymbol{O}(n-1)$ (of dimension $n-1$). Suppose that the 2-dimensional representation of an isotropy group of type $\boldsymbol{O}(n-2)$ normal to the orbit is trivial, whereas the n-dimensional representation of an isotropy group of type $\boldsymbol{O}(n-1)$ normal to the orbit is the 1-dimensional trivial representation plus the standard representation of $\boldsymbol{O}(n-1)$. Under these assumptions the orbit space is a compact 2-dimensional manifold X' with boundary, the interior points of X' corresponding to orbits of type $\boldsymbol{O}(n)/\boldsymbol{O}(n-2)$, the boundary points of X' to the orbits of type $\boldsymbol{O}(n)/\boldsymbol{O}(n-1)$. Suppose finally that X' is the 2-dimensional disk.

It follows from the classification theorems of [8] and [9] that the classes of manifolds X with the above properties under equivariant diffeomorphisms are in one-to-one correspondence with the non-negative integers. We let $W^{2n-1}(d)$ be the $(2n-1)$-dimensional $\boldsymbol{O}(n)$-manifold corresponding to the integer $d \geqq 0$. The fixed point set of $\boldsymbol{O}(n-2)$ in $W^{2n-1}(d)$ is a 3-dimensional $\boldsymbol{O}(2)$-manifold, namely $W^3(d)$, which by ([9], § 5, Korollar 6) is the lens space $L(d,1)$. Thus in order to determine the d associated to a given $\boldsymbol{O}(n)$-manifold of our type we just have to look at the integral homology group H_1 of the fixed point set of $\boldsymbol{O}(n-2)$. The manifold $W^{2n-1}(0)$ is $S^n \times S^{n-1}$, whereas $W^{2n-1}(1)$ is S^{2n-1}, the actions of $\boldsymbol{O}(n)$ are easily constructed. Consider for $d \geqq 2$ the manifold $\Sigma(d,2,\ldots,2)$ in $\mathbb{C}^{n+1}$ given by

$$z_0^d + z_1^2 + \ldots + z_n^2 = 0\,, \qquad \sum_{i=0} z_i \bar{z}_i = 1 \tag{1}$$

(see § 3). It is easy to check that this is an $\boldsymbol{O}(n)$-manifold satisfying all our assumptions. The operation of $A \in \boldsymbol{O}(n)$ on $(z_0, z_1, \ldots, z_n)$ is, of course, given by applying the real orthogonal matrix $A \in \boldsymbol{O}(n)$ on the complex vector $(z_1, \ldots, z_n)$ leaving z_0 untouched. The fixed point set of $\boldsymbol{O}(n-2)$ is $\Sigma(d,2,2)$ which is $L(d,1)$, see [6].

Theorem. *The $\boldsymbol{O}(n)$-manifold $\Sigma(d,2,\ldots,2)$ given by (1) is equivariantly diffeomorphic with $W^{2n-1}(d)$, $n \geqq 2$. It can also be obtained by equivariant plumbing of $d-1$ copies of the tangent bundle of S^n along the graph A_{d-1}*

$d-1$ vertices.

For the proof it suffices to establish the $\boldsymbol{O}(n)$-action on the manifold obtained by plumbing and check all properties: $\boldsymbol{O}(n)$ acts on S^n and on the unit tangent bundle of S^n. Since the action of $\boldsymbol{O}(n)$ on S^n has two fixed points the plumbing can be done equivariantly. The fixed point set of $\boldsymbol{O}(n-2)$ is the manifold obtained by plumbing $d-1$ tangent bundles of S^2 which is well-known to be $L(d,1)$ (see [6], resolution of the singularity of $z_0^d + z_1^2 + z_2^2 = 0$).

The above theorem gives another method to calculate the homology of $\Sigma(d,2,\ldots,2)$ and to prove that $\Sigma(d,2,\ldots,2)$ for d odd and an odd number of 2's is a sphere. In particular, $\Sigma(3,2,2,2,2,2)$ is the exotic 9-dimensional Kervaire sphere (see § 3). The calculation of the Arf invariant of the A_{d-1}-plumbing shows more generally that

$$\Sigma(d,2,\ldots,2) \qquad (d \text{ odd, an odd number of 2's})$$

is the standard sphere for $d \equiv \pm 1 \bmod 8$ and the Kervaire sphere for $d \equiv \pm 3 \bmod 8$, in agreement with a more general result in [5].

Remarks. The $\boldsymbol{O}(n)$-manifold $W^{2n-1}(d)$ coincides with Bredon's manifolds M_k^{2n-1} for $d = 2k+1$, see Bredon [3]. $\Sigma(3,2,2,2)$ is the standard 5-sphere (since $\Theta_5 = 0$). Therefore S^5 admits a differentiable involution α with the lens space $L(3,1)$ as fixed point set and a diffeomorphism β of period 3 with the real projective 3-space as fixed point set. Compare [3]. α and β are defined on $\Sigma(3,2,2,2)$ given by (1) as follows

$$\alpha(z_0, z_1, z_2, z_3) = (z_0, z_1, z_2, -z_3)$$
$$\beta(z_0, z_1, z_2, z_3) = (\varepsilon z_0, z_1, z_2, z_3), \quad \text{where} \quad \varepsilon = \exp(2\pi i/3).$$

Many more such examples of "exotic" involutions etc. which are not differentiably equivalent to orthogonal involutions etc. can be constructed.

§ 5. Manifolds associated to knots

Let X be a compact differentiable manifold of dimension $2n-1$ on which $\boldsymbol{O}(n-1)$ acts differentiably ($n \geqq 3$). Suppose each isotropy group is conjugate to $\boldsymbol{O}(n-3)$ or $\boldsymbol{O}(n-2)$ or is $\boldsymbol{O}(n-1)$. Then the orbits are either Stiefel manifolds $\boldsymbol{O}(n-1)/\boldsymbol{O}(n-3)$ (of dimension $2n-5$) or spheres $\boldsymbol{O}(n-1)/\boldsymbol{O}(n-2)$ (of dimension $n-2$) or points (fixed points of the whole action). The representations of the isotropy groups $\boldsymbol{O}(n-3)$, $\boldsymbol{O}(n-2)$ and $\boldsymbol{O}(n-1)$ respectively normal to the orbit are supposed to be the 4-dimensional trivial representation, the 3-dimensional trivial plus the standard representation of $\boldsymbol{O}(n-2)$, the 1-dimensional trivial plus the sum of two copies of the standard representation of $\boldsymbol{O}(n-1)$. The orbit space X' is then a 4-dimensional manifold with boundary. We suppose that X' is the 4-dimensional disk D^4.

Then the points of the interior of D^4 correspond to Stiefel-manifold-orbits, the points of $\partial D^4 = S^3$ to the other orbits. The set F of fixed points corresponds to a 1-dimensional submanifold of S^3, also called F.

We suppose F non-empty and connected, it is then a knot in S^3. We shall call an $\boldsymbol{O}(n-1)$-manifold of dimension $2n-1$ a "knot manifold" if all the above conditions are satisfied.

Let K be the set of isomorphism classes of differentiable knots (i.e. isomorphism classes of pairs (S^3, F) – F a compact connected 1-dimensional submanifold – under diffeomorphisms of S^3). For the following theorem see Jänich ([9], § 6), compare also W. C. Hsiang and W. Y. Hsiang [8].

Theorem. *For any $n \geqq 3$ there is a one-to-one correspondence*

$$\varkappa_n\colon\ K \to \Phi_{2n-1},$$

where Φ_{2n-1} is the set of isomorphism classes of $(2n-1)$-dimensional knot manifolds under equivariant diffeomorphisms. $\varkappa_n^{-1}$ associates to a knot manifold the knot F considered above.

Remark. The 2-fold branched covering of S^3 along a knot F is an $\boldsymbol{O}(1)$-manifold which will be denoted by $\varkappa_2(F)$.

If we plumb 8 copies of the tangent bundles of S^n $(n \geqq 1)$ according to the tree E_8

we get a $(2n-1)$-dimensional manifold $M^{2n-1}(E_8)$. For $n=2$ this is S^3/G, where G is the binary pentagondodecahedral group [6]. For n odd, $M^{2n-1}(E_8)$ is the standard sphere, as the Arf invariant shows. For $n=2m \geqq 4$, the manifold $M^{4m-1}(E_8)$ is an exotic sphere, it is the famous Milnor sphere which represents the generator $\pm g_m$ of bP_{4m} (see § 3).

$M^{2n-1}(E_8)$ admits an action of $\boldsymbol{O}(n-1)$ as follows: $\boldsymbol{O}(n-1)$ operates as subgroup of $\boldsymbol{O}(n+1)$ on S^n and thus on the unit tangent bundle of S^n. The action on S^n leaves a great circle fixed.

When plumbing the eight copies of the tangent bundle, we put the center of the plumbing operation always on this great circle (for one copy, corresponding to the central vertex of the E_8-tree, we need three such centers, therefore, we cannot have an action of $\boldsymbol{O}(n)$ which has only 2 fixed points on S^n). Then the action of $\boldsymbol{O}(n-1)$ on each copy of the tangent bundle is compatible with the plumbing and extends to an action of $\boldsymbol{O}(n-1)$ on $M^{2n-1}(E_8)$ which, for $n \geqq 3$, becomes a knot manifold as can be checked. The resulting knot can be seen on a picture attached at the end of this lecture. The speaker had convinced himself that this is the torus knot $t(3,5)$, but Zieschang and Vogt showed him a better proof. This implies the

Theorem. *Suppose $n \geqq 3$. Then $\varkappa_n(t(3,5))$ is equivariantly diffeomorphic to $M^{2n-1}(E_8)$ with the $\boldsymbol{O}(n-1)$-action defined by equivariant plumbing.* (This is still true for $n=2$, see Remark above.)

We now consider the manifold $\Sigma(p,q,2,2,\ldots,2) \subset \mathbb{C}^{n+1}$ given by the equations (see § 3)

$$z_0^p + z_1^q + z_2^2 + \ldots + z_n^2 = 0$$

$$\sum_{i=0}^{n} z_i \bar{z}_i = 1 \qquad (n \geqq 3)\,.$$

This is an $\boldsymbol{O}(n-1)$-manifold, the action being defined similarly as in § 4. Suppose $(p,q)=1$. Then it can be shown that $\Sigma(p,q,2,2,\ldots,2)$ is a knot manifold: It is $\varkappa_n(t(p,q))$ where $t(p,q)$ is the torus knot. Therefore, by the preceding theorem we have an equivariant diffeomorphism

$$M^{2n-1}(E_8) \cong \Sigma(3,5,\underbrace{2,\ldots,2}_{n-1})\,.$$

This gives a different proof (based on the classification of knot manifolds) that $\Sigma(3,5,\underbrace{2,\ldots,2}_{2m-1})$ represents for $m \geqq 2$ a generator of bP_{4m} (compare § 3).

§ 6. A theorem on knot manifolds

Let F be a knot in S^3. Then the signature $\tau(F)$ can be defined in the following way which Milnor explained to the speaker in a letter. Milnor also considers higher dimensional cases. We cite from his letter, but restrict to classical knots:

Let X be the complement of an open tubular neighbourhood of F in S^3.

Then the cohomology

$$H^* = H^*(\hat{X}, \partial\hat{X}; \mathbb{R})$$

where $\hat{X}$ is the infinite cyclic covering of X, satisfies Poincaré duality just as if $\hat{X}$ were a 2-dimensional manifold bounded by F.

In particular, the pairing

$$\cup\colon\ H^1 \otimes H^1 \ \to\ H^2 \cong \mathbb{R}$$

is non-degenerate. Let t denote a generator for the group of covering transformations of $\hat{X}$. Then for $a, b \in H^1$ the pairing

$$\langle a, b\rangle = a \cup t^* b + b \cup t^* a$$

is symmetric and non-degenerate. Hence, the signature $\tau^+(F) - \tau^-(F) = \tau(F)$ is defined.

There exist earlier definitions of the signature by Murasugi [13] and Trotter [17]. The signature is a cobordism invariant of the knot. A cobordism invariant mod 2 was introduced by Robertello [15] inspired by an earlier paper of Kervaire-Milnor. Let F be a knot and Δ its Alexander polynomial, then the Robertello invariant $c(F)$ is an integer mod 2, namely

$$c(F) = 0\,, \quad \text{if} \quad \Delta(-1) \equiv \pm 1 \bmod 8\,,$$
$$c(F) = 1\,, \quad \text{if} \quad \Delta(-1) \equiv \pm 3 \bmod 8\,.$$

We recall that the first integral homology group of $\varkappa_2(F)$, the 2-fold branched covering of the knot F (see a remark in § 5), is always finite, its order is odd, and equals up to sign the determinant of F. We have $\pm \det F = \Delta(-1)$.

Theorem. *Let F be a knot, then $\varkappa_n(F)$, $n \geqq 2$, is the boundary of a parallelizable manifold. For n odd, $\varkappa_n(F)$ is homeomorphic to S^{2n-1} and thus represents an element of bP_{2n}, it is the standard sphere if $c(F)=0$, the Kervaire sphere if $c(F)=1$. If $n=2m$, then $\varkappa_{2m}(F)$ is $(2m-2)$-connected and $H_{2m-1}(\varkappa_{2m}(F), \mathbb{Z}) \cong H_1(\varkappa_2(F), \mathbb{Z})$. For $m \geqq 2$ it is homeomorphic to S^{4m-1} if and only if $\det F = \pm 1$. Then $\varkappa_{2m}(F)$ represents (up to sign) an element of bP_{4m} which is $\pm \frac{\tau(F)}{8} \cdot g_m$ (see § 3).*

The proof uses an equivariant handlebody construction starting out from a Seifert surface [16] spanned in the knot F. For simplicity, not out of necessity, we have disregarded orientation questions in § 5 and § 6.

Remark. § 2(3) gives up to sign a formula for the signature of the torus knot $t(p,q)$ (p, q odd with $(p,q)=1$).

Bibliography

[1] S. Borewicz und I. Šafarevič – *Zahlentheorie,* Birkhäuser Verlag, Basel und Stuttgart 1966.

[2] G. Bredon – *Transformation groups on spheres with two type of orbits,* Topology *3* (1965), p. 103–113.

[3] G. Bredon – *Examples of differentiable group actions,* Topology *3* (1965), p. 115–122.

[4] E. Brieskorn – *Examples of singular normal complex spaces which are topological manifolds,* Proc. Nat. Acad. Sci. USA *55* (1966), p. 1395–1397.

[5] E. Brieskorn – *Beispiele zur Differentialtopologie von Singularitäten,* Inventiones mathematicae, *2* (1966), p. 1–14.

[6] F. Hirzebruch – *The topology of normal singularities of an algebraic surface* (d'après un article de D. Mumford), Séminaire Bourbaki 15ème année, 1962/63, n° 250.

[7] F. Hirzebruch – ***O*** *(n)-Mannigfaltigkeiten*... in Vorbereitung.

[8] W.C. Hsiang und W.Y. Hsiang – *Some results on differentiable actions,* Bull. Amer. Math. Soc. *72* (1966), p. 134–138.

[9] K. Jänich – *Differenzierbare Mannigfaltigkeiten mit Rand als Orbiträume differenzierbarer G-Mannigfaltigkeiten ohne Rand,* Topology *5* (1966), p. 301–320.

[10] J. Milnor – *Construction of universal bundles* II, Annals of Math. *63* (1956), p. 430–436.

[11] J. Milnor – *On isolated singularities of hypersurfaces,* mimeographed, Princeton 1966.

[12] D. Mumford – *The topology of normal singularities of an algebraic surface and a criterion for simplicity,* Paris, Presses universitaires de France, 1961 (Institut des Hautes Études Scientifiques, Publications mathématiques, 9).

[13] K. Murasugi – *On a certain numerical invariant of link types,* Trans. Amer. Math. Soc. *117* (1965), p. 387–422.

[14] F. Pham – *Formules de Picard-Lefschetz généralisées et ramification des intégrales,* Bull. Soc. math. France *93* (1965), p. 333–367.

[15] R. Robertello – *An invariant of knot cobordism,* Comm. Pure Appl. Math. *18* (1965), p. 543–555.

[16] H. Seifert – *Über das Geschlecht von Knoten,* Math. Annalen *110* (1934), p. 571–592.

[17] H. F. Trotter – *Homology of group systems with applications to knot theory,* Annals of Math. *76* (1962), p. 464–498.

40.

Involutionen auf Mannigfaltigkeiten

In: Proceedings of the Conference on Transformation groups, New Orleans 1967, S. 148–166, Berlin-Heidelberg-New York: Springer 1968

HEINRICH BEHNKE zum 70. Geburtstag gewidmet

* An der Konferenz über Transformationsgruppen (Tulane University, New Orleans) konnte ich leider wider Erwarten nicht teilnehmen. Der Aufforderung der Veranstalter, trotzdem einen Bericht für die Proceedings zu schreiben, komme ich gern nach. In New Orleans wollte ich über equivariant plumbing, equivariant handle body constructions und knot manifolds im Sinne von W. C. HSIANG, W. Y. HSIANG und JÄNICH vortragen. Der vorliegende Bericht hängt zwar hiermit sehr zusammen, legt jedoch das Schwergewicht auf Untersuchungen, mit denen ich mich in Berkeley (August und September 1967) beschäftigt habe. In Berkeley hatte ich zahlreiche Anregungen durch Gespräche mit D. SULLIVAN und C. T. C. WALL. Da es schwierig ist, diesen beiden Mathematikern stets an den in Frage kommenden Stellen des Berichtes zu danken, möchte ich dies hier in der Einleitung ganz herzlich tun. Die ursprünglich für New Orleans vorgesehenen Dinge kann man in den Lecture Notes von K. H. MAYER und dem Verf. [18] und in der Bonner Dissertation von D. ERLE nachlesen. Der vorliegende Bericht entspricht im wesentlichen Kolloquiumsvorträgen, die der Verfasser im Oktober 1967 in Haverford, Princeton, New York und Boston gehalten hat; der Bericht ist manchmal ausführlicher als die Vorträge, muß sich aber an manchen Stellen trotzdem auf Beweisandeutungen beschränken.

Viele Dinge dieser Arbeit können verallgemeinert werden auf G-Mannigfaltigkeiten, wo G eine kompakte Liesche Gruppe ist (vgl. ATIYAH and SINGER [3]).

1. Beispiele von Involutionen

Wir betrachten die Gleichung

$$z_0^{a_0} + z_1^{a_1} + \cdots + z_n^{a_n} = 0 \qquad (n \geqq 1). \tag{1}$$

Die Exponenten a_j sollen ganze Zahlen $\geqq 2$ sein. Wir setzen $a = (a_0, \ldots, a_n)$. Nach A. WEIL [31] ist die Anzahl der Lösungen von (1) über jedem endlichen Körper mit q Elementen gleich q^n, wenn die folgende Bedingung erfüllt ist:

$$(2)\quad \begin{cases} \text{Die Menge aller } x=(x_0,\dots,x_n)\in\mathbb{Z}^{n+1} \text{ mit} \\ 0<x_j<a_j \text{ und } \sum_{j=0}^{n}\frac{x_j}{a_j}\in\mathbb{Z} \text{ ist leer.}\end{cases}$$

Brieskorn ([6], [7]) hat die durch Konjunktion von (1) und der Gleichung

$$(3)\qquad \sum_{j=0}^{n} z_j\bar{z}_j=1$$

definierte orientierte $(2n-1)$-dimensionale kompakte differenzierbare Mannigfaltigkeit $\Sigma_a^{2n-1}\subset\mathbb{C}^{n+1}$ betrachtet, die mit Kodimension 2 in der durch (3) gegebene Sphäre $\mathbb{S}^{2n+1}$ eingebettet ist. Brieskorn hat zahlreiche interessante Resultate über die Σ_a^{2n-1} erhalten, die zum Teil im folgenden vorkommen.

Σ_a^{2n-1} ist $(n-2)$-fach zusammenhängend. Σ_a^{2n-1} ist eine rationale Homologiesphäre genau dann, wenn (2) gilt (vgl. auch [18]).

Wenn alle a_j gerade oder wenn alle a_j ungerade sind, dann führt die Involution $Tz=-z$ des $\mathbb{C}^{n+1}$ die Mannigfaltigkeit Σ_a^{2n-1} in sich über. Wir bezeichnen $T|\Sigma_a^{2n-1}$ mit T_a und erhalten Beispiele von orientierten Mannigfaltigkeiten mit orientierungserhaltenden fixpunktfreien Involutionen. Wenn alle a_j gerade sind, dann ist Σ_a^{2n-1} keine ganzzahlige Homologiesphäre [6]. Da wir hauptsächlich Involutionen auf Sphären untersuchen möchten, betrachten wir hier den Fall ungerader Exponenten.

Wenn alle a_j ungerade sind, dann ist (2) äquivalent mit der Existenz *eines* Exponenten a_i, welcher teilerfremd zu allen anderen Exponenten ist [7].

Wenn alle a_j ungerade sind, dann ist die Existenz von *zwei* Exponenten, von denen jeder teilerfremd zu allen anderen Exponenten ist, äquivalent damit, daß Σ_a^{2n-1} *eine ganzzahlige Homologiesphäre* ist ([6], [7]).

Für $n\geqq 3$ ist Σ_a^{2n-1} immer einfach-zusammenhängend. Nach Smale [28] ist deshalb Σ_a^{2n-1} für $n\geqq 3$ eine Sphäre (d.h. homöomorph zur Standardsphäre), falls Σ_a^{2n-1} eine ganzzahlige Homologiesphäre ist.

Wir beschränken uns auf den Fall $n=2k$. Die orientierten differenzierbaren Mannigfaltigkeiten Σ_a^{4k-1} repräsentieren für $k\geqq 2$, sofern sie Sphären sind, Elemente der endlichen zyklischen Gruppe bP_{4k}, die von Kervaire und Milnor [20] eingeführt wurde, und zwar ist $\Sigma_{(3,5,2,\dots,2)}^{4k-1}$ (insgesamt $2k+1$ Exponenten) ein erzeugendes Element dieser Gruppe ([6], [17], [18]), das mit M_0^{4k-1} bezeichnet werden soll. M_0^{4k-1} ist (bis auf das Vorzeichen) die Sphäre, die sich durch "plumbing" von 8 Exemplaren des Tangentialbündels von $\mathbb{S}^{2k}$ gemäß dem Baume E_8 ergibt ([17], [18]).

Wenn (2) erfüllt ist, dann liegt jede auftretende Summe $\sum \frac{x_j}{a_j}$ entweder strikt zwischen 0 und 1 mod 2 oder zwischen 1 und 2 mod 2. Wir betrachten entsprechend für $n=2k$ die Mengen

$$\left\{x \mid x \in \mathbb{Z}^{2k+1}, \quad 0 < x_j < a_j, \quad 0 < \sum_{j=0}^{2k} \frac{x_j}{a_j} < 1 \bmod 2\right\}$$

$$\left\{x \mid x \in \mathbb{Z}^{2k+1}, \quad 0 < x_j < a_j, \quad 1 < \sum_{j=0}^{2k} \frac{x_j}{a_j} < 2 \bmod 2\right\}$$

und definieren $\tau(a_0, a_1, \ldots, a_{2k})$ als die Differenz der Anzahlen dieser beiden Mengen. Diese Definition ist auch für $k=1$ sinnvoll. Wenn Σ_a^{4k-1} eine ganzzahlige Homologiesphäre ist ($k \geqq 1$), dann ist $\tau(a_0, a_1, \ldots, a_{2k})$ durch 8 teilbar. In der Gruppe bP_{4k} gilt für $k \geqq 2$ (siehe [6], [7]; vgl. [17], [18])

$$\Sigma_a^{4k-1} = (-1)^k \tfrac{1}{8} \tau(a_0, \ldots, a_{2k}) M_0^{4k-1}. \tag{4}$$

Es ist $\tau(3,5,2,\ldots,2) = (-1)^k \cdot 8$ (für insgesamt $2k+1$ Exponenten). Man rechnet aus, daß für $a = (a_0, \ldots, a_{2k-1}, 3)$ gilt:

$$\begin{aligned} \tau(a_0, \ldots, a_{2k-1}, 3, 3, 3) &= -3\tau(a_0, \ldots, a_{2k-1}, 3), \\ & \qquad (k \geqq 1) \\ \tau(6j-1, 18j-1, 3) &= -24j(4j-1). \end{aligned} \tag{5}$$

Insbesondere gilt in bP_{4k}

$$\Sigma_{(5,17,3,\ldots,3)}^{4k-1} = 3^{k+1} M_0^{4k-1}. \tag{6}$$

Die Ordnungen $d(k)$ der zyklischen Gruppen bP_{4k} sind bekannt (bis auf einen Faktor 2), vgl. [20]. In [17] habe ich leider nicht auf die Schwierigkeit mit dem Faktor 2 hingewiesen. Jedenfalls teilt die Primzahl 3 keine der Ordnungen $d(k)$. Deshalb ist $\Sigma_{(5,17,3,\ldots,3)}^{4k-1}$ ein erzeugendes Element der Gruppe bP_{4k}. Diese besondere Sphäre hat die fixpunktfreie Involution $T_{(5,17,3,\ldots,3)}$. Die Standardsphäre hat die Antipodenabbildung. Eine leichte Konstruktion (vgl. BREDON [4], 8.2) liefert aus einer fixpunktfreien Involution T auf eine Sphäre Σ eine fixpunktfreie Involution T' auf der Sphäre $\Sigma + 2\Sigma'$, wo Σ' eine zu Σ gleichdimensionale Sphäre ist. Es folgt

Satz. *Jede Sphäre in* bP_{4k} $(k \geqq 2)$ *besitzt eine (orientierungserhaltende) fixpunktfreie differenzierbare Involution.*

1 Es entsteht die Frage, ob jedes Element von bP_{4k} in der Form Σ_a^{4k-1} mit ungeraden Exponenten a_j geschrieben werden kann.

2. Die Signatur

In diesem Paragraphen brauchen wir nicht vorauszusetzen, daß die auftretenden Mannigfaltigkeiten differenzierbar sind.

Es sei M^{4k} eine kompakte orientierte Mannigfaltigkeit mit oder ohne Rand und $T: M^{4k} \to M^{4k}$ eine orientierungstreue Involution.

Für $x, y \in H_{2k}(M^{4k}, \mathbb{R})$ werde mit $x \circ y$ die Schnittzahl von x und y bezeichnet. Es sei

$$f_T(x,y) = x \circ Ty.$$

Da $x \circ Ty = Tx \circ TTy = Tx \circ y = y \circ Tx$, ist f_T eine symmetrische Bilinearform über dem endlich-dimensionalen reellen Vektorraum $H_{2k}(M^{4k}, \mathbb{R})$ und hat als solche eine Signatur $\tau(f_T) =$ Anzahl der positiven minus Anzahl der negativen „Eigenwerte" von f_T. (Die Form f_T kann ausgeartet sein. „Eigenwerte" 0 werden bei der Bildung der Signatur nicht berücksichtigt.) Für $T =$ Identität ist $\tau(M^{4k}, T)$ die übliche Signatur $\tau(M^{4k})$ von M^{4k}, in [16] Index genannt.

Wenn T fixpunktfrei ist, dann gilt, wie leicht zu zeigen,

$$\tau(M^{4k}, T) = 2\,\tau(M^{4k}/T) - \tau(M^{4k}). \tag{7}$$

Die Signatur $\tau(M^{4k}, T)$ hat die folgende additive Eigenschaft, die für $T = Id$ von S. P. Novikov bemerkt und mir von D. Sullivan und C. T. C. Wall mitgeteilt wurde.

(M_1^{4k}, T_1) und (M_2^{4k}, T_2) seien kompakte orientierte Mannigfaltigkeiten mit orientierungserhaltender Involution. B_1 bzw. B_2 sei Vereinigung von Zusammenhangskomponenten des Randes von M_1 bzw. M_2 mit $T_1(B_1) = B_1$ und $T_2(B_2) = B_2$. Die Paare $(B_1, T_1|B_1)$ und $(B_2, T_2|B_2)$ seien äquivariant und orientierungstreu homöomorph. Verklebt man M_1^{4k} mit M_2^{4k} vermöge dieses Homöomorphismus, dann erhält man eine Mannigfaltigkeit

$$M^{4k} = M_1^{4k} \ominus M_2^{4}k,$$

die so orientiert sei, daß auf M_1^{4k} die gegebene, auf M_2^{4k} die zur gegebenen entgegengesetzte Orientierung induziert wird. T_1, T_2 bauen sich zu einer

Involution T auf M^{4k} zusammen. Es gilt

$$(8) \qquad \tau(M^{4k},T)=\tau(M_1^{4k},T_1)-\tau(M_2^{4k},T_2).$$

Wenn B_1, B_2 Sphären (der Dimension $4k-1$) sind, dann ist (8) trivial. (8) kann allgemein durch genaueres Studium der Mayer-Vietoris-Sequenz von $(M^{4k}; M_1^{4k}, M_2^{4k})$ bewiesen werden; vgl. [3], Proposition 7.1.

3. Eine Anwendung der Transversalitätssätze

Es sei M^{4k} eine kompakte orientierte differenzierbare Mannigfaltigkeit und X eine kompakte differenzierbare Untermannigfaltigkeit. Es sei $X \cap \partial M = \phi$. Die Mannigfaltigkeit X hat also keinen Rand. X braucht nicht zusammenhängend zu sein. Wir lassen sogar zu, daß die verschiedenen Zusammenhangskomponenten von X verschiedene Dimension haben. Die Kodimensionen dieser Zusammenhangskomponenten sollen alle gerade sein; wir sagen dann, daß die Kodimension von X gerade ist. X braucht nicht orientierbar zu sein. Die Injektion $i: X \to M^{4k}$ besitzt eine Approximation $j: X \to M^{4k}$, welche zur Untermannigfaltigkeit X von M^{4k} transversal ist (vgl. [29], [22a]). Das Urbild $j^{-1}(X)$ ist eine Untermannigfaltigkeit von X, und zwar ist das Normalbündel von $j^{-1}(X)$ in X isomorph zur Beschränkung des Normalbündels von X in M^{4k} auf $j^{-1}(X)$. Der Isomorphismus wird durch j induziert. Damit ist das Normalbündel von $j^{-1}(X)$ in M^{4k} als direkte Summe eines gerade dimensionalen reellen Vektorbündels mit sich selbst kanonisch orientiert. (Sind E, F orientierte Vektorräume, dann ist $E \oplus F$ orientiert durch Zusammensetzung der Orientierung von E und der von F in dieser Reihenfolge. Ist $E=F$, dann hängt die Orientierung von $E \oplus E$ nicht von der von E ab. Ist E geradedimensional, dann bleibt die so bestimmte Orientierung von $E \oplus E$ auch bei der Summandenvertauschung $E \oplus E \to E \oplus E$ invariant.) Also ist auch $j^{-1}(X)$ kanonisch orientiert, und zwar spannen die Orientierungen von $j^{-1}(X)$ und des Normalbündels von $j^{-1}(X)$ in M^{4k} die gegebene Orientierung von M^{4k} auf. Sind j_0, j_1 zwei hinreichend nahe Approximationen von i, die beide transversal zu X sind, dann existiert eine Homotopie $J: X \times I \to M^{4k}$ mit $J(x,0)=j_0(x)$ und $J(x,1)=j_1(x)$, und zwar kann J transversal zur Untermannigfaltigkeit X von M^{4k} gewählt werden. $J^{-1}(X)$ etabliert dann einen orientierten Cobordismus zwischen $j_0^{-1}(X)$ und $j_1^{-1}(X)$. Das Normalbündel von $J^{-1}(X)$ in $M^{4k} \times I$ ist wieder die direkte Summe eines Vektorbündels mit sich selbst. Deshalb repräsentieren $j_0^{-1}(X)$ und $j_1^{-1}(X)$ dasselbe Element der Thomschen Cobordismus-Algebra Ω_*, siehe [29]. Dieses wohldefinierte Element von Ω_* wollen wir mit $X \circ X$ bezeichnen und als Selbstschnitt von X in M^{4k} interpretieren. Wenn $\dim X \leqq 2k$ (d. h. wenn alle Zusammenhangskomponenten von X eine Dimension $\leqq 2k$ haben), dann ist $X \circ X \in \Omega_0 = \mathbb{Z}$ und gerade die Selbstschnittzahl der Homologieklasse der Vereinigungsmenge der $2k$-dimensionalen Komponenten von X, sofern diese orientierbar sind. Die Signatur $\tau(X \circ X)$ ist wohlerklärt, da $\tau: \Omega^* \to \mathbb{Z}$ ein Homomorphismus der Cobordismusalgebra in die ganzen Zahlen ist [16]. In dem obigen Fall, wo $\dim X \leqq 2k$, ist $\tau(X \circ X)$ die erwähnte Selbstschnittzahl.

4. Ein Spezialfall des Atiyah-Bott-Singerschen Fixpunktsatzes

Es sei T eine orientierungserhaltende differenzierbare Involution $M^{4k} \to M^{4k}$. Es werde aber jetzt vorausgesetzt, daß $T|\partial M^{4k}$ fixpunktfrei ist. Die Menge $\operatorname{Fix} T$ der Fixpunkte von T ist eine kompakte differenzierbare Untermannigfaltigkeit von $M^{4k} - \partial M^{4k}$ gerader Kodimension. (Fix T spielt hier die Rolle von X in § 3.) Nach § 3 ist $\tau(\operatorname{Fix} T \circ \operatorname{Fix} T)$ erklärt!

2 **Satz.** *Wenn* $\partial M^{4k} = \phi$, *dann*

$$\tau(M^{4k}, T) = \tau(\operatorname{Fix} T \circ \operatorname{Fix} T). \tag{9}$$

Der Beweis ergibt sich aus dem G-Signature-Theorem (6.12.) des noch nicht veröffentlichten Manuskriptes von Atiyah-Singer [3].

Wenn T fixpunktfrei ist, dann muß also $\tau(M^{4k}, T) = 0$ sein. Dies folgt auch aus § 2 (7), da bekanntlich die Signatur sich bei Überlagerungen orientierter *differenzierbarer* Mannigfaltigkeiten multiplikativ verhält. Da diese Eigenschaft der Signatur für topologische Mannig-
3 faltigkeiten unbekannt ist [9], weiß man auch nicht, ob $\tau(M^{4k}, T)$ im Falle topologischer Mannigfaltigkeiten und fixpunktfreier Involutionen immer verschwindet.

Der vorstehende Satz impliziert aber sogar, daß $\tau(M^{4k}, T) = 0$, falls nur $\dim \operatorname{Fix} T < 2k$ (d. h. falls alle Zusammenhangskomponenten von Fix T eine Dimension $< 2k$ haben). Dies ist in der kombinatorischen und in der topologischen Kategorie im allgemeinen falsch und kann vielleicht wieder richtig werden, wenn man über Fix T gewisse Regularitätsvoraussetzungen macht.

Wie leicht zu sehen, ist $\tau(M^{4k}, T)$ modulo 2 gleich der Euler-Poincaréschen Charakteristik $e(M^{4k})$. Dies liefert einen Satz von Conner und Floyd ([10], vgl. [3]).

Korollar. *Es sei M^{4k} eine kompakte orientierte differenzierbare unberandete Mannigfaltigkeit mit $e(M^{4k})$ ungerade und T eine orientierungstreue Involution von M^{4k}. Dann hat wenigstens eine der Komponenten von* $\operatorname{Fix} T$ *eine Dimension* $\geqq 2k$.

Falls $\partial M^{4k} \neq \phi$, dann ist (9) im allgemeinen falsch. Dieser „Fehler" kann zur Definition einer Invarianten der fixpunktfreien Involution $T|\partial M^{4k}$ benutzt werden (vgl. [3]).

Satz. *Es seien (M_1^{4k}, T_1) und (M_2^{4k}, T_2) kompakte orientierte differenzierbare Mannigfaltigkeiten mit orientierungstreuen Involutionen, für die $T_1|\partial M_1^{4k}$ und $T_2|\partial M_2^{4k}$ fixpunktfrei sind. $(\partial M_1^{4k}, T_1|\partial M_1^{4k})$ und $(\partial M_2^{4k}, T_2|\partial M_2^{4k})$ seien orientierungstreu äquivariant diffeomorph. Dann ist*

(10) $\tau(M_1^{4k}, T_1) - \tau(\operatorname{Fix} T_1 \circ \operatorname{Fix} T_1) = \tau(M_2^{4k}, T_2) - \tau(\operatorname{Fix} T_2 \circ \operatorname{Fix} T_2)$.

Beweis. Wir betrachten auf $M^{4k} = M_1^{4k} \ominus M_2^{4k}$ die Involution T, (vgl. § 2). Da $\partial M^{4k} = \phi$, gilt (9). Offensichtlich ist $\operatorname{Fix} T = \operatorname{Fix} T_1 \cup \operatorname{Fix} T_2$ und

$$\tau(\operatorname{Fix} T \circ \operatorname{Fix} T) = \tau(\operatorname{Fix} T_1 \circ \operatorname{Fix} T_1) - \tau(\operatorname{Fix} T_2 \circ \operatorname{Fix} T_2).$$

Aus dieser Gleichung und aus (8) folgt wegen (9) die zu beweisende Gleichung (10).

5. Eine Invariante für fixpunktfreie Involutionen

Es sei X^{4k-1} ($k \geqq 1$) kompakt, orientiert, differenzierbar, unberandet. T sei eine orientierungstreue fixpunktfreie differenzierbare Involution von X. Dem Paar (X, T) soll eine rationale Zahl $\alpha(X, T)$ als „Invariante" zugeordnet werden. Wir werden sehen, daß $2\alpha(X, T)$ ganzzahlig ist.

4 Bisher ist kein Beispiel bekannt, in dem $\alpha(X, T)$ nicht ganzzahlig ist. (Inzwischen hat JÄNICH bewiesen, daß $\alpha(X, T)$ stets ganzzahlig ist.)

Mit mX bezeichnen wir die disjunkte Vereinigung von m Exemplaren von X. Falls $m_1 X$ eine kompakte orientierte differenzierbare Mannigfaltigkeit N_1^{4k} so berandet, daß die auf $m_1 X$ gegebene Involution sich zu einer (orientierungstreuen) Involution T_1 auf N_1^{4k} erweitern läßt, dann definieren wir

(11) $$\alpha(X, T) = \frac{1}{m_1}\left(\tau(N_1^{4k}, T_1) - \tau(\operatorname{Fix} T_1 \circ \operatorname{Fix} T_1)\right).$$

Aus der Bordismus-Theorie [10] folgt, daß

$$\Omega_*(B_{\mathbb{Z}_2}) \otimes \mathbb{Q} = \Omega_* \otimes \mathbb{Q}.$$

Da $\Omega_{4k-1}\otimes\mathbb{Q}=0$ existieren m_1, N_1^{4k}, T_1 mit den obigen Eigenschaften immer und zwar sogar so, daß $\operatorname{Fix} T_1=\phi$. Nach BURDICK [8a] ist

$$\Omega_n(B_{\mathbb{Z}_2})\cong\Omega_n+\mathfrak{N}_{n-1},$$

deshalb kann m_1 immer gleich 2 gewählt werden (mit $\operatorname{Fix} T_1=\phi$).

Es muß jetzt gezeigt werden, daß $\alpha(X,T)$ nicht von der Wahl von m_1, N_1, T_1 abhängt:

Falls m_2, N_2, T_2 mit den gleichen Eigenschaften gegeben sind, dann setzen wir $M_1=m_2N_1$ und $M_2=m_1N_2$ (Multiplikation mit m_2 bzw. m_1 bedeutet die disjunkte Vereinigung von m_2 bzw. m_1 Exemplaren von N_1 bzw. N_2). Da $\partial M_1=\partial M_2=m_1m_2X$, folgt aus § 4 (10), daß

$$m_2(\tau(N_1,T_1)-\tau(\operatorname{Fix} T_1\circ\operatorname{Fix} T_1))=m_1(\tau(N_2,T_2)-\tau(\operatorname{Fix} T_2\circ\operatorname{Fix} T_2)).$$

Damit ist $\alpha(X,T)$ wohldefiniert. $2\alpha(X,T)$ ist wegen des Resultats von BURDICK ganzzahlig.

BROWDER und LIVESAY [8] haben für eine (orientierungstreue) differenzierbare fixpunktfreie Involution T einer orientierten differenzierbaren Mannigfaltigkeit X^{4k-1}, *welche eine ganzzahlige Homologiesphäre* ist, eine Invariante $\beta(X,T)$ definiert. $\beta(X,T)$ ist eine ganze durch 8 teilbare Zahl. Ihr Verschwinden ist, jedenfalls wenn X eine topologische Sphäre mit $k\geqq 2$ ist, notwendig und hinreichend für die Existenz einer in X differenzierbar eingebetteten $\mathbb{S}^{4k-2}$ mit $T(\mathbb{S}^{4k-2})=\mathbb{S}^{4k-2}$.

Es sei $v\in H^1(X/T;\mathbb{Z}_2)$ die charakteristische Klasse der Überlagerung $p\colon X\to X/T$ und V^{4k-2} eine nicht-orientierte Untermannigfaltigkeit von X/T, welche v repräsentiert. Wir setzen $\tilde{V}=p^{-1}(V)$.

Es ist $X=A\cup TA$ mit $A\cap TA=\tilde{V}$. Die berandete Mannigfaltigkeit A ist orientiert, da X orientiert ist. $\partial A=\tilde{V}$ ist dann auch orientiert. Nach dem Alexanderschen Dualitätssatz ist für die ganzzahlige Homologie

$$(i_A,i_{TA})\colon H_{2k-1}(\tilde{V})\to H_{2k-1}(A)\oplus H_{2k-1}(TA),$$

ein Isomorphismus, wo $i_A\colon\tilde{V}\to A$, $i_{TA}\colon\tilde{V}\to TA$ die Einbettungen sind. Über $\operatorname{Kern} i_A$ betrachtet man die symmetrische Bilinearform

$$B(x,y)=x\circ Ty,\qquad x,y\in\operatorname{Kern} i_A\subset H_{2k-1}(\tilde{V}).$$

(Beachte, daß T auf $\tilde{V}$ orientierungs-umkehrend ist.)

Die Browder-Liversay-Invariante $\beta(X,T)$ ist per definitionem die Signatur von B. Vertauscht man die Rollen von A und TA, dann ändert sich β nicht, β hängt nicht von der Wahl von V ab. Orientierungswechsel von X ändert das Vorzeichen von β. Die ganzzahlige quadratische Form B hat die Determinante ± 1. Da $B(x,x)$ stets gerade ist, folgt nach einem bekannten Satz über quadratische Formen (vgl. [18], § 13), daß $\beta(X,T)\equiv 0 \bmod 8$.

Satz. *Die orientierte differenzierbare Mannigfaltigkeit* X^{4k-1} $(k \geqq 1)$ *sei eine ganzzahlige Homologiesphäre, T eine fixpunktfreie Involution von X. Dann ist*

$$\alpha(X,T) = \pm \beta(X,T).$$

Beweisandeutung: DOLD [11] konstruiert ausgehend von V eine $4k$-dimensionale Mannigfaltigkeit D mit

$$\partial D = 2(X/T) - X.$$

Lemma. *Für die Doldsche Mannigfaltigkeit D ist*

$$\tau(D) = \pm \beta(X,T).$$

Dieses Lemma stellt die Hauptschwierigkeit da. Der Beweis, der aber doch ziemlich geradlinig aus der Doldschen Konstruktion folgt, soll bei anderer Gelegenheit nachgeholt werden.

Es sei ε die Antipodenabbildung von $\mathbb{S}^{4k-1}$. Nach einer Mitteilung von WALL – man kann dies auch aus den Ergebnissen von BURDICK (siehe § 5) schließen – sind (X,T) und $(\mathbb{S}^{4k-1},\varepsilon)$ cobordant, d. h. sie sind gleich als Elemente von $\Omega_*(B_{\mathbb{Z}_2})$. Es gibt also eine Mannigfaltigkeit Y^{4k} mit fixpunktfreier Involution T', so daß

$$\partial(Y^{4k},T') = (X,T) - (\mathbb{S}^{4k-1},\varepsilon).$$

WALL hat die folgende Zahl betrachtet

$$\omega(X,T) = 2\tau(Y^{4k}/T') - \tau(Y^{4k}).$$

Lemma. $$\omega(X,T) = \alpha(X,T).$$

Beweis. Aus Y^{4k} erhält man durch Ankleben einer Zelle $\mathbb{D}^{4k}$ längs $\mathbb{S}^{4k-1}$ eine Mannigfaltigkeit $\bar{Y}^{4k}$ mit einer Involution $\bar{T}$, die genau einen Fixpunkt hat. Da $\tau(Y^{4k},T') = \tau(\bar{Y}^{4k},\bar{T})$, folgt die Behauptung wegen § 2 (7) und nach Definition von α.

Die Doldsche Konstruktion kann auch auf die berandete Mannigfaltigkeit Y^{4k} mit Involution T' angewandt werden. Man muß dazu eine Untermannigfaltigkeit V' von Y^{4k}/T' verwenden, welche die charakteristische Cohomologieklasse der Überlagerung $Y^{4k} \to Y^{4k}/T'$ repräsentiert und den Rand von Y^{4k}/T' transversal schneidet. Die Doldsche Konstruktion für Y^{4k} und T' ergibt dann eine Mannigfaltigkeit E^{4k+1}, deren Rand so aussieht

$$\partial E^{4k+1} = 2(Y^{4k}/T') - Y^{4k} - D_1 + D_2,$$

wo D_1 die Doldsche Mannigfaltigkeit für X und D_2 die für $\mathbb{S}^{4k-1}$ ist, also

$$\begin{aligned} \partial D_1 &= 2(X/T) - X, \\ \partial D_2 &= 2(\mathbb{S}^{4k-1}/\varepsilon) - \mathbb{S}^{4k-1}. \end{aligned}$$

Ferner ist

$$\partial Y^{4k} = X - \mathbb{S}^{4k-1},$$
$$\partial(Y^{4k}/T') = X/T - \mathbb{S}^{4k-1}/\varepsilon.$$

∂E^{4k+1} ist eine $4k$-dimensionale unberandete Mannigfaltigkeit, die sich durch Zusammenkleben von berandeten Mannigfaltigkeiten längs Randkomponenten ergibt. Deshalb ist nach § 2 (8)

$$\begin{aligned}\tau(\partial E^{4k+1}) &= 2\tau(Y^{4k}/T') - \tau(Y^{4k}) - \tau(D_1) + \tau(D_2)\\ &= \omega(X,T) \pm \beta(X,T) + 0\\ &= \omega(X,T) \pm \beta(X,T).\end{aligned}$$

Da die Signatur einer Mannigfaltigkeit, die als Rand auftritt, verschwindet, ergibt sich der zu beweisende Satz.

6. Auflösung von Singularitäten

6 **Problem.** *Berechne die Invariante α für die Involution $T_{(a_0,a_1,\ldots,a_{2k})}$ von $\Sigma^{4k-1}_{(a_0,a_1,\ldots,a_{2k})}$ (alle a_j ungerade; $k \geqq 1$).*

Eine Lösung dieses Problems würde nützlich sein für die Beantwortung der Frage, welche Werte von α für Involutionen welcher Sphären aus bP_{4k} auftreten können. Diese Frage ist trotz der Ergebnisse von Lopez de Medrano [21] über die Browder-Livesay-Invariante β offen, da dieser nur zeigt, daß β $(=\alpha)$ für jedes j den Wert $8j$ auf wenigstens einer Sphäre vorgegebener Dimension $4k-1$ (mit $k \geqq 2$) annehmen kann, aber nichts darüber aussagt, auf welcher Sphäre der Wert $8j$ vorkommt. Für $k=1$ hat Lopez de Medrano ein entsprechendes Resultat für ganzzahlige Homologiesphären.

Das obige Problem kann vollständig gelöst werden für $k=1$. Die 3-dimensionale Mannigfaltigkeit $\Sigma^3_{(a_0,a_1,a_2)}$ ist eine ganzzahlige Homologiesphäre dann und nur dann, wenn a_0, a_1, a_2 paarweise teilerfremd sind. Sie ist keine Sphäre, wenn alle $a_j \geqq 2$. Für paarweise teilerfremde a_0, a_1, a_2 $(a_j \geqq 2)$ handelt es sich also um eine Poincarésche 3-dimensionale Mannigfaltigkeit (verschwindende erste Homologiegruppe, nicht triviale Fundamentalgruppe) und zwar ist $\Sigma^3_{(a_0,a_1,a_2)}$ die gefaserte Poincarésche Mannigfaltigkeit im Sinne von Seifert [27] mit drei Ausnahmefasern der Ordnungen a_0, a_1, a_2. Die Gruppe $\mathbb{S}^1 = \{t \mid t \in \mathbb{C} \text{ und } |t| = 1\}$ operiert auf $\Sigma^3_{(a_0,a_1,a_2)}$ vermöge

$$(z_0, z_1, z_2) \mapsto (t^{a_1 a_2} z_0, t^{a_0 a_2} z_1, t^{a_0 a_1} z_2). \tag{12}$$

Diese $\mathbb{S}^1$-Aktion hat keine Fixpunkte. Die Orbits liefern die Seifertsche Faserung (vgl. auch [25]). Sind alle a_0, a_1, a_2 ungerade, dann ergibt sich für $t=-1$ die fixpunktfreie Involution $T_{(a_0,a_1,a_2)}$.

Auf jedem orientierten Seifertschen Faserraum mit orientierter Basis und mit Ausnahmefasern ungerader Ordnung operiert $\mathbb{S}^1$ und für $t=-1$ hat man eine fixpunktfreie Involution. Unter Verwendung von Methoden von R. von Randow [26] kann man in all diesen Fällen die Invariante α berechnen. Wir beschränken uns hier auf ein Beispiel und verwenden dabei die Theorie der Auflösung der Singularitäten komplexer Flächen, die mit der Arbeit von R. von Randow natürlich in engem Zusammenhang steht.

Satz. *Für die ganzzahlige Homologiesphäre $\Sigma^3_{(3,6j-1,18j-1)}$ $(j \geqq 1)$ mit der fixpunktfreien Involution $T = T_{(3,6j-1,18j-1)}$ hat die Invariante α den Wert $8j$.*

Beweisandeutung. $\Sigma^3_{(3,6j-1,18j-1)}$ berandet eine „Mannigfaltigkeit mit Singularität" $N_j^4 \subset \mathbb{C}^3$, die wie folgt definiert ist:

$$z_0^3 + z_1^{6j-1} + z_2^{18j-1} = 0,$$

$$z_0 \bar{z}_0 + z_1 \bar{z}_1 + z_2 \bar{z}_2 \leqq 1.$$

Der einzige singuläre Punkt von N_j^4 ist $0=(0,0,0)$. Der klassische Auflösungsprozeß bläst 0 in ein System von rationalen Kurven (2-dimensionalen Sphären) auf. Vgl. z. B. [14], [15]. Man erhält hierdurch eine Mannigfaltigkeit M_j^4 und eine eigentliche (proper) Abbildung

$$\varphi: M_j^4 \to N_j^4,$$

so daß

$$\varphi: M_j^4 - \varphi^{-1}(0) \to N_j^4 - \{0\},$$

biholomorph und $\varphi^{-1}(0)$ Vereinigung von orientierten 2-Sphären ist, die singularitätenfrei in M_j^4 eingebettet sind und deren Schnittverhalten durch einen Graphen $\mathfrak{G}_j$ angegeben wird:

Jede 2-Sphäre entspricht einem Eckpunkt von $\mathfrak{G}_j$. Wenn zwei Eckpunkte von $\mathfrak{G}_j$ nicht durch eine Kante verbunden sind, dann schneiden sich die entsprechenden 2-Sphären nicht. Wenn zwei Eckpunkte von $\mathfrak{G}_j$ durch eine Kante verbunden sind, dann schneiden sich die entsprechenden 2-Sphären transversal in genau einem Punkt mit der Schnittzahl $+1$. Der Graph $\mathfrak{G}_j$ wird bewertet, indem man jedem Eckpunkt die Selbstschnittzahl der entsprechenden 2-Sphären zuordnet. $\mathfrak{G}_j$ sieht so aus:

(13)

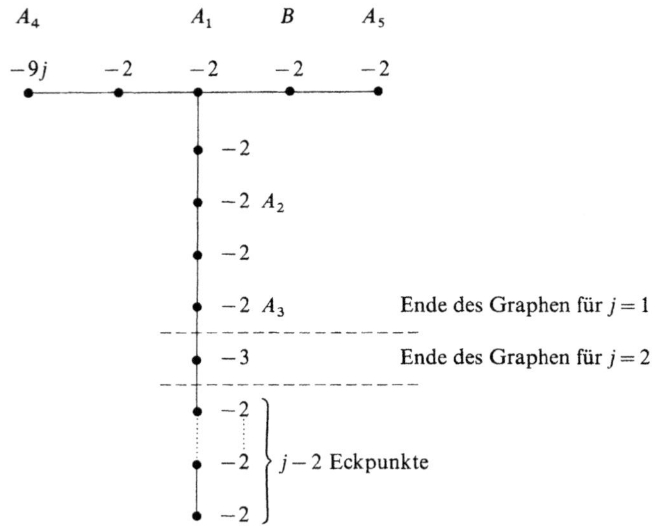

Sechs der $j+8$ Sphären haben wir einen Namen $A_1,\ldots,A_5,B$ gegeben. M_j^4 hat den Homotopietyp eines Buketts von $j+8$ zweidimensionalen Sphären. $H_2(M_j^4,\mathbb{Z})$ ist frei von Range $j+8$ mit den $j+8$ singularitätenfrei eingebetteten Sphären als Erzeugenden.

Die angegebene Auflösung ist die eindeutig bestimmte minimale Auflösung (vgl. z. B. [5], p. 81). Daraus kann man schließen, daß die durch (12) gegebene $\mathbb{S}^1$-Aktion sich von N_j^4 auf M_j^4 holomorph anheben läßt. φ wird dann äquivariant. Die $\mathbb{S}^1$-Aktion führt deshalb $\varphi^{-1}(0)$ in sich über. Außerhalb von $\varphi^{-1}(0)$ hat sie keine Fixpunkte. Da $t\in\mathbb{S}^1$ auf der Homologie von M_j^4 trivial operiert ($\mathbb{S}^1$ ist zusammenhängend), muß jede 2-Sphäre für jedes t in sich übergehen. Der Schnittpunkt zweier Sphären ist daher fix unter der $\mathbb{S}^1$-Aktion. Auf der Sphäre A_1 hat die $\mathbb{S}^1$-Aktion also 3 Fixpunkte und damit ist A_1 fix. Auf jeder anderen Sphäre haben wir mindestens 2 Fixpunkte der $\mathbb{S}^1$-Aktion. Bezüglich einer geeigneten holomorphen Karte z für die Sphäre kann man zwei Fixpunkte 0 und ∞ nennen und erreichen, daß $t\in\mathbb{S}^1$ so operiert:

$$z \mapsto t^a z \qquad (a\in\mathbb{Z}),$$

wobei a im Rahmen des Auflösungsprozesses explizit berechnet werden kann. Es zeigt sich dabei, daß für die Sphären $\neq A_1$ der Exponent a nicht verschwindet und damit genau 2 Fixpunkte vorhanden sind. Die Fixpunktmente der $\mathbb{S}^1$-Aktion ist also $A_1 \cup \{j+7 \text{ isolierte Punkte}\}$. Die

Involution T ergibt sich für $t=-1$ und kann also auch auf M_j^4 angehoben werden. Die Anhebung heiße ebenfalls T.

Auf $M_j^4 - \varphi^{-1}(0) = N_j^4 - \{0\} \subset \mathbb{C}^3 - \{0\}$ ist T offensichtlich fixpunktfrei. $\operatorname{Fix} T$ besteht aus A_1 und den übrigen Sphären, für die der Exponent a gerade ist. Es ergibt sich, daß

$$\text{(14)} \qquad \operatorname{Fix} T = A_1 \cup A_2 \cup A_3 \cup A_4 \cup A_5 \cup \{j-1 \text{ isolierte Punkte}\}.$$

Somit ist

$$\tau(\operatorname{Fix} T \circ \operatorname{Fix} T) = A_1 \circ A_1 + \cdots + A_5 \circ A_5 = -9j - 8.$$

Da T auf der Homologie von M_j^4 trivial operiert, gilt

$$\tau(M_j^4, T) = \tau(M_j^4).$$

Da die quadratische Form von M_j^4 nach einem bekannten Satz über die Auflösung von Singularitäten negativ-definit ist, hat man

$$\tau(M_j^4) = -(j+8).$$

Es folgt

$$\begin{aligned} \alpha(\Sigma^3_{(3,6j-1,18j-1)}, T) &= \tau(M_j^4, T) - \tau(\operatorname{Fix} T \circ \operatorname{Fix} T) \\ &= -(j+8) - (-9j-8) = 8j. \end{aligned}$$

Bemerkungen. 1. Die Formel (14) kann man sich auch mit Hilfe des folgenden Lemmas klarmachen.

Mit $\mathbb{D}^n$ wird die abgeschlossene Einheits-Vollkugel in $\mathbb{R}^n$ bezeichnet.

Lemma. *Auf $\mathbb{S}^2$ sei I die orthogonale Involution mit genau zwei Fixpunkten $x_1, x_2 (x_1 = -x_2)$. Es sei E ein Bündel über $\mathbb{S}^2$ mit typischer Faser $\mathbb{D}^2$, Strukturgruppe $SO(2)$ und gerader Eulerscher Zahl, d. h., die Selbstschnittzahl des Nullschnittes als Homologieklasse der Mannigfaltigkeit E ist gerade. Dann gibt es eine Involution I_1 (bzw. I_2) von E, welche eine orthogonale Bündelabbildung ist, auf der Basis I induziert und in den Fasern E_{x_1} und E_{x_2} die Identität (bzw. die Antipodenabbildung $v \mapsto -v$) ist. Ist dagegen die Eulersche Zahl ungerade, dann gibt es eine Involution I_1 (bzw. I_2) von E, welche eine orthogonale Bündelabbildung ist, auf der Basis I induziert und in E_{x_1} (bzw. E_{x_2}) die Identität und in E_{x_2} (bzw. E_{x_1}) die Antipodenabbildung ist.*

2. Die explizite Auflösung der Singularität von $z_0^{a_0} + z_1^{a_1} + z_2^{a_2} = 0$ soll bei anderer Gelegenheit dargestellt werden. – Grundsätzlich könnte auch eine Auflösung der Singularität von $z_0^{a_0} + \cdots + z_{2k}^{a_{2k}} = 0$ für die Bearbeitung des zu Anfang dieses Paragraphen erwähnten Problems verwendet werden. Der Rechenaufwand scheint jedoch sehr groß zu sein.

7. Fixpunktfreie Involutionen auf den 7-Sphären

Der Graph $\mathfrak{G}_j$ von § 6 (13) kann zur Konstruktion von 7-dimensionalen Sphären benutzt werden.

Zu $\mathfrak{G}_j$ gehört eine ganzzahlige Form f_j, nämlich die über $V_j = H_2(M_j^4, \mathbb{Z})$ definierte Schnittform. Es ist $\det f_j = \pm 1$, da ∂M_j^4 eine ganzzahlige Homologiesphäre ist (vgl. [18]).

Jedem Eckpunkt P von $\mathfrak{G}_j$ ordne man ein Bündel mit typischer Faser $\mathbb{D}^4$, Strukturgruppe $SO(4)$ und Eulerscher Zahl $f_j(P,P)$ zu. (Beachte hier, daß P als Element von V_j angesehen werden kann. $f_j(P,P)$ ist die dem Eckpunkt P zugeordnete ganze Zahl; siehe (13).) Durch „plumbing" dieser Bündel gemäß dem Graphen $\mathfrak{G}_j$ erhält man eine Mannigfaltigkeit M_j^8 vom Homotopietyp eines Buketts von $j+8$ vierdimensionalen Sphären (vgl. [18]).

Die Schnittform von M_j^8 ist gleich f_j; wenn man $H_4(M_j^8, \mathbb{Z})$ und V_j kanonisch identifiziert. Da $\det f_j = \pm 1$, ist ∂M_j^8 eine Sphäre [18] und repräsentiert ein Element der Gruppe $\Theta_7 = bP_8 = \mathbb{Z}_{28}$ (vgl. [20]). M_j^8 hängt nicht nur von j ab, sondern noch von der Wahl der den Eckpunkten von $\mathfrak{G}_j$ zugeordneten Bündel, die ja nicht durch die Eulersche Zahl allein bestimmt sind:

Die Isomorphieklassen der zu betrachtenden $SO(4)$-Bündel über $\mathbb{S}^4$ bilden die Gruppe $\pi_3(SO(4))$. Für $\xi \in \pi_3(SO(4))$ sind die ganzen Zahlen $e(\xi)$ (Eulersche Zahl) und $(p_1/2)(\xi)$ (halbe Pontrjaginsche Zahl) definiert. Es ist

(15) $$e(\xi) \equiv \frac{p_1}{2}(\xi) \bmod 2$$

und $(e, p_1/2)$ ist ein Isomorphismus von $\pi_3(SO(4))$ auf die Gruppe der Paare (a,b) ganzer Zahlen mit $a \equiv b \bmod 2$ (siehe [22]).

Für M_j^8 sind $H^4(M_j^8, \mathbb{Z})$, $H^4(M_j^8, \partial M_j^8, \mathbb{Z})$ und $H_4(M_j^8, \mathbb{Z})$ kanonisch isomorph. $H_4(M_j^8, \mathbb{Z})$ ist mit V_j zu identifizieren, und die 4-dimensionale Pontrjaginsche Klasse der Mannigfaltigkeit M_j^8 deshalb als ein Element von V_j anzusehen. Diese Pontrjaginsche Klasse ist durch 2 teilbar. Welche Elemente $w \in V_j$ können als halbe 4-dimensionale Pontrjaginsche Klassen einer Mannigfaltigkeit M_j^8 bei geeigneter Auswahl der den Eckpunkten P von $\mathfrak{G}_j$ zugeordneten Bündel auftreten? Wegen (15) muß w die Bedingung

$$f_j(w,P) \equiv f_j(P,P) \bmod 2,$$

für jeden Eckpunkt erfüllen. Das P zugeordnete Bündel ξ ist durch $f_j(w,P) = (p_1/2)(\xi)$ und $f_j(P,P) = e(\xi)$ bestimmt. Da $\det f_j = \pm 1$, sind die möglichen w genau die Elemente von V_j, welche der Bedingung

(16) $$f(w,x) \equiv f(x,x) \bmod 2 \quad \text{für alle} \quad x \in V_j$$

genügen. Für ein solches w ist also durch „plumbing" eine Mannigfaltigkeit M_j^8 definiert, die wir genauer $M_j^8(w)$ nennen wollen.

Da $\det f_j = \pm 1$, liefert ein bekannter Satz über quadratische Formen ([18], § 13) die Kongruenz

(17) $$\tfrac{1}{8}(\tau(f_j) - f_j(w,w)) \in \mathbb{Z}.$$

Hier ist $\tau(f_j)$ die Signatur von f_j, in unserem speziellen Fall ist $\tau(f_j) = -(j+8)$.

Nach EELLS und KUIPER [12] bestimmt die in (17) angegebene Zahl nach Reduktion modulo 28 die differenzierbare Struktur der Sphäre $\partial M_j^8(w)$.

Die Mannigfaltigkeit $M_j^8(w)$ läßt eine Involution zu, die auf $\partial M_j^8(w)$ fixpunktfrei ist und der Involution T von M_j^4 (siehe § 6) genau nachgebildet ist. Die Beschreibung der $SO(4)$-Bündel über $\mathbb{S}^4$ mit Hilfe quaternionaler Übergangsfunktionen [22] zeigt nämlich, daß das Lemma von § 6 (Bemerkung 1.) auch im quaternionalen Fall richtig ist. (Man ersetze im Lemma $\mathbb{S}^2$ durch $\mathbb{S}^4$, $SO(2)$ durch $SO(4)$ und $\mathbb{D}^2$ durch $\mathbb{D}^4$). Dieses Lemma ermöglicht die Konstruktion von T (äquivariantes plumbing). Bis auf isolierte Fixpunkte bestimmt $\operatorname{Fix} T$ wie in § 6 die Homologieklasse

$$A_1 + \cdots + A_5 \in V_j \cong H_4(M_j^8(w), \mathbb{Z}).$$

Da T auf $H_4(M_j^8(w), \mathbb{Z})$ trivial operiert, ist die Invariante α wie in § 6 zu berechnen. Es folgt

$$\alpha(\partial M_j^8(w), T) = 8j.$$

Wir haben also eine fixpunktfreie Involution mit $\alpha = 8j$ auf allen Sphären von Θ_7, die sich durch „plumbing" gemäß dem Graph (13) darstellen lassen. Welche Sphären sind dies?

Offensichtlich hat $\operatorname{Fix} T = A_1 + \cdots + A_5$ die in (16) von w verlangte Eigenschaft. Die möglichen Werte von w sind daher gleich $\operatorname{Fix} T + 2u$ mit $u \in V_j$. Die Berechnung der in (17) angegebenen Zahl liefert

(18) $$\begin{aligned} &\tfrac{1}{8}(\tau(f_j) - f_j(\operatorname{Fix} T + 2u, \operatorname{Fix} T + 2u)) \\ &= j - \frac{f_j(\operatorname{Fix} T, u) + f_j(u,u)}{2}. \end{aligned}$$

Wir müßten also feststellen, welche ganzzahligen Werte modulo 28 in der Form (18) darstellbar sind? Wir gehen jedoch anders vor, und stellen zunächst fest, daß (vgl. § 6 (13)) durch

(19) $$\begin{aligned} &\tfrac{1}{2}(f_j(\operatorname{Fix} T, aA_1 + bB) + f_j(aA_1 + bB, aA_1 + bB)) \\ &= -a + b - a^2 + ab - b^2, \end{aligned}$$

sowohl gerade als auch ungerade Werte dargestellt werden. Bei der am Schluß von § 1 erwähnten Konstruktion (vgl. [4]), hat α für die Involution auf Σ und für die auf $\Sigma + 2\Sigma'$ den gleichen Wert. Es folgt

Satz. *Für jede Sphäre $\Sigma \in \Theta_7 = bP_8$ und jede ganze Zahl j gibt es eine differenzierbare Involution T auf Σ mit $\alpha(\Sigma, T) = 8j$. Auf jeder der 28 Sphären 7-Sphären gibt es also unendlich viele fixpunktfreie Involutionen, die paarweise differenzierbar inäquivalent sind.*

Bei der obigen Konstruktion war stets $j \geqq 1$. Orientierungswechsel beweist den Satz für $j \leqq -1$. Für $j = 0$ betrachtet man die Involution T auf der Sphäre M^7_{2h-1} ([22], [13]), die Rand des Bündels ξ über $\mathbb{S}^4$ mit Faser $\mathbb{D}^4$, Strukturgruppe $SO(4)$, mit $e(\xi) = 1$ und $(p_1/2)(\xi) = 2h - 1$ ist. Offensichtlich ist

$$\alpha(M^7_{2h-1}, T) = 1 - 1 = 0.$$

Nach [12] liefert M^7_{2h-1} sowohl gerade als auch ungerade Elemente von $\Theta_7 = \mathbb{Z}_{28}$.

8. Über S^1-Aktionen auf Sphären

Gegeben sei eine freie differenzierbare $\mathbb{S}^1$-Aktion auf einer (orientierten) Sphäre Σ der Dimension $4k - 1$ ($\Sigma \in \Theta_{4k-1}$). Der Orbitraum $\Sigma/(\mathbb{S}^1)$ ist dann eine $(4k-2)$-dimensionale Mannigfaltigkeit vom Homotopietyp des komplexen projektiven Raumes $\mathbb{P}_{2k-1}(\mathbb{C})$. Die Sphäre Σ ist ein Prinzipalbündel über $\Sigma/(\mathbb{S}^1)$ mit Faser und Strukturgruppe $\mathbb{S}^1$. Dieses Bündel hat eine erste Chernsche Klasse

$$g \in H^2(\Sigma/(\mathbb{S}^1)), \mathbb{Z}).$$

Es ist

$$H^*(\Sigma/(\mathbb{S}^1), \mathbb{Z}) = \mathbb{Z}[g]/(g^{2k}).$$

Der Orbitraum werde so orientiert, daß

$$g^{2k-1}[\Sigma/(\mathbb{S}^1)] = +1.$$

Die Cohomologieklasse g kann in der orientierten Mannigfaltigkeit $\Sigma/(\mathbb{S}^1)$ durch eine orientierte Untermannigfaltigkeit X der Codimension 2 repräsentiert werden. Die Signatur $\tau(X)$ hängt nicht von der Wahl von X ab und heißt auch virtuelle Signatur (oder virtueller Index) von g

(20) $$\tau(X) = \tau(\Sigma/(\mathbb{S}^1), g), \quad \text{vgl. [16].}$$

Wir definieren eine Invariante der $\mathbb{S}^1$-Aktion

(21) $$\nu(\Sigma, (\mathbb{S}^1)) = 1 - \tau(\Sigma/(\mathbb{S}^1), g).$$

ν hängt nicht von der Orientierung von Σ ab. Die Invariante ν wurde von mehreren Autoren, insbesondere von BROWDER, NOVIKOV, ROTHENBERG, SULLIVAN und WALL, betrachtet. Da die rationalen Pontrjaginschen Klassen Homotopie-Invarianten mod 8 sind [2] und die L-Polynome [16] nicht die Primzahl 2 im Nenner enthalten, folgt

$$\nu(\Sigma,(\mathbb{S}^1)) \equiv 0 \bmod 8.$$

Das ergibt sich auch aus dem folgenden Satz. Zunächst aber einige Bezeichnungen.

Dem Prinzipalbündel mit Faser und Strukturgruppe $\mathbb{S}^1 = \{t \mid t \in \mathbb{C}$ und $|t| = 1\}$ ist ein $\mathbb{D}^2$-Bündel assoziiert, dessen Totalraum mit B bezeichnet werde. $\mathbb{D}^2$ ist kanonisch orientiert. Da wir $\Sigma/(\mathbb{S}^1)$ in bestimmter Weise orientiert hatten, sind B und $\Sigma = \partial B$ orientiert. Wir sagen, daß Σ kompatipel orientiert ist, wenn seine Orientierung in dieser Weise aus der von $\Sigma/(\mathbb{S}^1)$ gewonnen wird.

Satz. *Die Sphäre Σ der Dimension $4k-1$ sei mit einer freien $\mathbb{S}^1$-Aktion versehen. Σ sei kompatibel orientiert. Für $-1 \in \mathbb{S}^1$ erhält man eine fixpunktfreie Involution T von Σ. Es gilt*

$$\alpha(\Sigma, T) = \nu(\Sigma,(\mathbb{S}^1)).$$

Beweis. T ist auch auf B definiert. $\operatorname{Fix} T$ ist der Nullschnitt des Bündels B, also eine Untermannigfaltigkeit von B, die mit $\Sigma/(\mathbb{S}^1)$ zu identifizieren ist. $\operatorname{Fix} T \circ \operatorname{Fix} T$ (im Sinne von § 3) ist eine Untermannigfaltigkeit von $\Sigma/(\mathbb{S}^1)$, die die Cohomologieklasse g repräsentiert, also als Mannigfaltigkeit X gewählt werden kann. Ferner ist $\tau(B,T) = 1$. Es folgt

$$\alpha(\Sigma, T) = \tau(B,T) - \tau(\operatorname{Fix} T \circ \operatorname{Fix} T) = 1 - \tau(X) = \nu(\Sigma,(\mathbb{S}^1)).$$

Bemerkung. Für $k=2$ ist die Übereinstimmung von ν und β (vgl. § 5) ein Resultat von MONTGOMERY und YANG [23]. Es ist nicht bekannt, auf welchen Sphären freie $\mathbb{S}^1$-Aktionen existieren (vgl. jedoch die Resultate von WU-CHUNG HSIANG [19]). MONTGOMERY und YANG [23] haben die 7-Sphären genau bestimmt, auf denen freie $\mathbb{S}^1$-Aktionen existieren.

Zusätze bei der Korrektur

1. Eine neue Version von [23] enthält die Gleichung $\nu = \beta$ für beliebiges k.
5 2. Einen vollständigen Beweis für die Gleichung $\alpha = \beta$ bringt eine Arbeit von K. JÄNICH und dem Verf. (erscheint in Proceedings Coll. Alg. Geometry, Tata Institute, Bombay).

3. LOPEZ DE MEDRANO hat für ganzzahlige Homologiesphäre Σ_a^{4k-1} ($k=2$, $a=(a_0, a_1, \ldots, a_{2k})$ und alle a_j ungerade) bewiesen, daß die „normal invariants" von Σ_a^{4k-1}/T_a verschwinden und daß

$$\alpha(\Sigma_a^{4k-1}, T_a) = \tau(a_0, a_1, \ldots, a_{2k}) \bmod 16.$$

Vgl. hierzu auch P. ORLIK und C. P. ROURKE (Free involutions on homotopy $(4k+3)$-spheres, Bull. Amer. Math. Soc. **74** (1968); 949–953.

Literatur

1. ATIYAH, M. F., and R. BOTT: A Lefschetz fixed point formula for elliptic complexes I, Ann. of Math. **86,** 374—407 (1967).
2. —, u. F. HIRZEBRUCH: Charakteristische Klassen und Anwendungen, Enseignement Mathématique **7,** 188—213 (1961).
3. —, and I. M. SINGER: The index of elliptic operators III. Ann. of Math. **87,** 546—604 (1968).
4. BREDON, GLEN E.: Exotic actions on spheres (these Proceedings).
5. BRIESKORN, E.: Über die Auflösung gewisser Singularitäten von holomorphen Abbildungen, Math. Ann. **166,** 76—102 (1966).
6. — Beispiele zur Differentialtopologie von Singularitäten, Invent. Math. **2,** 1—14 (1966).
7. — Singularitäten von Hyperflächen (unveröffentlichtes Manuskript).
8. BROWDER, W., and G. R. LIVESAY: Fixed point free involutions on homotopy spheres, Bull. Amer. Math. Soc. **73,** 242—245 (1967).

8a. BURDICK, R. O.: On the oriented bordism groups of $\mathbb{Z}_2$, Proc. Amer. Math. Soc. (erscheint demnächst).

9. CHERN, S. S., F. HIRZEBRUCH, and J. P. SERRE: On the index of a fibred manifold, Proc. Amer. Math. Soc. **8,** 587—596 (1957).
10. CONNER, P. E., and E. E. FLOYD: Differentiable Periodic Maps, Ergebnisse der Mathematik und ihrer Grenzgebiete **33.** Berlin-Göttingen-Heidelberg: Springer 1964.
11. DOLD, A.: Démonstration élémentaire de deux résultats du cobordisme, Séminaire de topologie et de géométrie différentielle, Paris, Mars 1959.
12. EELLS, J., and N. H. KUIPER: An invariant for certain smooth manifolds, Ann. di Mat. pura ed appl. **60,** 93—110 (1963).
13. HIRSCH, M. W., and J. MILNOR: Some curious involutions of spheres, Bull. Amer. Math. Soc. **70,** 372—377 (1964).
14. HIRZEBRUCH, F.: Über vierdimensionale Riemannsche Flächen mehrdeutiger analytischer Funktionen von zwei komplexen Veränderlichen, Math. Ann. **126,** 1—22 (1953).
15. — Differentiable manifolds and quadratic forms, Notes by Sebastian S. Koh, University of California, Berkeley 1962.
16. — Neue topologische Methoden in der algebraischen Geometrie, Ergebnisse der Mathematik und ihrer Grenzgebiete **9.** Berlin-Göttingen-Heidelberg: Springer 1962. Third enlarged edition, Topological methods in algebraic geometry, Berlin-Heidelberg-New York: Springer 1966.

17. — Singularities and exotic spheres, Séminaire Bourbaki, 1966/67, No 314.
18. —, u. K. H. MAYER: $0(n)$-Mannigfaltigkeiten, exotische Sphären und Singularitäten. Lecture Notes in Mathematics, Vol. **57**. Berlin-Heidelberg-New York: Springer 1968.
19. HSIANG, WU-CHUNG: A note on free differentiable actions of $\mathbb{S}^1$ and $\mathbb{S}^3$ on homotopy spheres, Ann. of Math. **83**, 266—272 (1966).
20. KERVAIRE, M., and J. MILNOR: Groups of homotopy spheres I, Ann. of Math. **77**, 504—537 (1963).
21. LÓPEZ DE MEDRANO, S.: Involutions of homotopy spheres and homology 3-spheres, Bull. Amer. Math. Soc. **73**, 727—731 (1967).
22. MILNOR, J.: On manifolds homeomorphic to the 7-sphere, Ann. of Math. **64**, 399—405 (1956).
22a. — Differential Topology, Notes by J. Munkres, Princeton University, 1958.
23. MONTGOMERY, D., and C. T. YANG: Differentiable actions on homotopy seven spheres III (unveröffentlichtes Manuskript).
24. MUMFORD, D.: The topology of normal singularities of an algebraic surface and a criterion for simplicity, Inst. Hautes Etud. Scient. Publ. Math. **9**, Paris 1961.
25. ORLIK, P., and F. RAYMOND: Actions of $SO(2)$ on 3-manifolds (these Proceedings).
26. v. RANDOW, R.: Zur Topologie von dreidimensionalen Baummannigfaltigkeiten, Bonner Math. Schriften Nr. **14**, Bonn 1962.
27. SEIFERT, H.: Topologie dreidimensionaler gefaserter Räume, Acta Math. **60**, 147—238 (1933).
28. SMALE, S.: Generalized Poincaré's conjecture in dimensions greater than four, Ann. of Math. **74**, 391—406 (1961).
29. THOM, R.: Quelques propriétés globales des variétés différentiables, Comment. Math. Helv. **28**, 17—86 (1954).
30. WALL, C. T. C.: Free piecewise linear involutions on spheres (unveröffentlichtes Manuskript).
31. WEIL, A.: Numbers of solutions of equations in finite fields, Bull. Amer. Math. Soc. **55**, 497—508 (1949).

41.

(mit K. Jänich)

Involutions and Singularities

In: Proc. of the Int. Colloq. on Algebraic Geometry (Bombay 1968),
S. 219–240, Oxford: University Press 1969

Heinrich Behnke zum 70. Geburtstag gewidmet.

1. Introduction. Let X be a compact oriented differentiable manifold without boundary of dimension $4k-1$ with $k \geqslant 1$. Let $T: X \to X$ be an orientation preserving fixed point free differentiable involution. In [7] an invariant $\alpha(X, T)$ was defined using a special case of the Atiyah-Bott-Singer fixed point theorem. If the disjoint union mX of m copies of X bounds a $4k$-dimensional compact oriented differentiable manifold N in such a way that T can be extended to an orientation preserving involution T_1 on N which may have fixed points, then

$$\alpha(X, T) = \frac{1}{m}(\tau(N, T_1) - \tau(\mathrm{Fix}\, T_1 \circ \mathrm{Fix}\, T_1)). \tag{1}$$

Here $\tau(N, T_1)$ is the signature of the quadratic form f_{T_1} defined over $H_{2k}(N, \mathbf{Q})$ by

$$f_{T_1}(x, y) = x \circ T_1 y$$

where "$\circ$" denotes the intersection number. $\tau(\mathrm{Fix}\, T_1 \circ \mathrm{Fix}\, T_1)$ is the signature of the "oriented self-intersection cobordism class" $\mathrm{Fix}\, T_1 \circ \mathrm{Fix}\, T_1$. According to Burdick [4] there exist N and T_1 with $m = 2$.

In § 2 we shall study a compact oriented manifold $\mathscr{D}$ whose boundary is $X - 2(X/T)$. This manifold $\mathscr{D}$ was first constructed by Dold [5]; we give a different description of it. Namely, $\mathscr{D}$ is a branched covering of degree 2 of $(X/T) \times I$, where I is the unit interval. The covering transformation is an orientation preserving involution T_1 of $\mathscr{D}$ which restricted to the boundary is T on X and the trivial involution on $2(X/T)$, and $\mathrm{Fix}\, T_1$ is the branching locus.

We show that

$$\alpha(X, T) = \tau(\mathscr{D}, T_1) = -\tau(\mathscr{D}),$$

where $\tau(\mathscr{D})$ is the signature of the $4k$-dimensional manifold $\mathscr{D}$. Thus $\alpha(X, T)$ is always an integer. The construction of $\mathscr{D}$ is closely related to Burdick's result on the oriented bordism group of B_{Z_2} and can in fact be used to prove it.

In [7] it was claimed that if X^{4k-1} is an integral homology sphere then $\tau(\mathscr{D}) = \pm\beta(X,T)$, where $\beta(X, T)$ is the Browder-Livesay invariant [3]. The proof was not carried through. It turns out that the definition of Browder-Livesay is also meaningful without assumptions on the homology of X. In §3 we shall prove

$$\beta(X, T) = -\tau(\mathscr{D}). \tag{3}$$

By (2), we obtain

$$\alpha(X, T) = \beta(X, T). \tag{4}$$

Looking at $\mathscr{D}$ as a branched covering of $(X/T)\times I$ has thus simplified considerably the proof of (4) envisaged in [7].

If $a = (a_0, a_1, \ldots, a_{2k}) \in \mathbf{Z}^{2k+1}$ with $a_j \geqslant 2$, then the affine algebraic variety

$$z_0^{a_0} + z_1^{a_1} + \ldots + z_{2k}^{a_{2k}} = 0 \tag{5}$$

has an isolated singularity at the origin whose "neighborhood boundary" is the Brieskorn manifold [1]

$$\Sigma_a^{4k-1} \subset C^{2k+1}$$

given by the equation (5) and

$$\sum_{i=0}^{2k} z_i \bar{z}_i = 1. \tag{6}$$

If all the a_j are odd, then $Tz = -z$ induces an orientation preserving fixed point free involution T_a on Σ_a. The calculation of $\alpha(\Sigma_a, T_a)$ is an open problem (compare [7]). This problem on isolated singularities is the justification for presenting our paper to a colloquium on algebraic geometry. In §4 we give the recipe for calculating $\alpha(\Sigma_a, T_a)$ for $k=1$ in the case where the exponents a_0, a_1, a_2 are pairwise prime and odd.

2. The Dold construction. Let Y be a compact differentiable manifold without boundary and W a 1-codimensional compact submanifold with boundary ∂W. Then, as it is well known, one can construct a double covering of Y, branched at ∂W, by taking two copies of Y, "cutting" them along W and then identifying each boundary point of the cut in copy one with its opposite point in copy two. The same can be done if Y is a manifold with boundary and W intersects ∂Y transversally in a union of connected components of ∂W. The covering will then be branched at $\partial W - \partial W \cap \partial Y$.

We are interested in a very special case of this general situation. Let M be a compact differentiable manifold without boundary and V a closed submanifold without boundary of codimension 1 in M. Then we define $Y = M \times [0, 1]$ and $W = V \times [0, \frac{1}{2}]$.

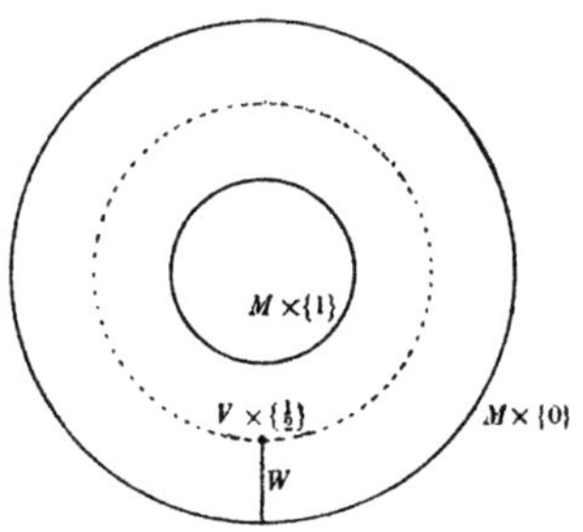

For the following we will need a detailed description of the double covering corresponding to $(M \times [0, 1], V \times [0, \frac{1}{2}])$. The normal bundle of V in M defines a $\mathbf{Z}_2$-principal bundle $\tilde{V}$ over V. If we "cut" M along V, we obtain a compact differentiable manifold C with boundary $\partial C = \tilde{V}$. As a set, C is the disjoint union of $M - V$ and $\tilde{V}$, and there is an obvious canonical way to introduce topology and differentiable structure in $(M - V) \cup \tilde{V}$. Similarly, let C' be the disjoint union of $M \times [0, 1] - V \times [0, \frac{1}{2})$ and $\tilde{V} \times [0, \frac{1}{2})$, topologized in the canonical way. Then we consider two copies C_1' and C_2' of C' and identify in their disjoint union each $x \in V \times \{\frac{1}{2}\} \subset C_1'$ with the corresponding point $x \in V \times \{\frac{1}{2}\} \subset C_2'$ and for $0 \leqslant t < \frac{1}{2}$ each point $v \in \tilde{V} \times \{t\} \subset C_1'$ with the opposite point $-v \in \tilde{V} \times \{t\} \subset C_2'$. Let $\mathcal{D}$

denote the resulting topological space and $\pi\colon \mathscr{D} \to M \times [0, 1]$ the projection. Then C_1', C_2' and $V \times \{\frac{1}{2}\}$ are subspaces, and $\mathscr{D} - V \times \{\frac{1}{2}\}$ has a canonical structure as a differentiable manifold with boundary.

To introduce a differentiable structure on all of $\mathscr{D}$, we use a tubular neighbourhood of V in M. This may be given as a diffeomorphism

$$\kappa\colon \tilde{V} \times_{Z_2} D^1 \to M$$

onto a closed neighbourhood of V in M, such that the restriction of κ to $\tilde{V} \times_{Z_2} \{0\} = V$ is the inclusion $V \subset M$. Let Z_2 act on $D^2 \subset \mathbf{C}$ by complex conjugation. Then we get a tubular neighbourhood of $V \times \{\frac{1}{2}\}$ in $M \times [0, 1]$

$$\begin{aligned} \lambda\colon \tilde{V} \times_{Z_2} D^2 &\longrightarrow M \times [0, 1] \text{ by} \\ [v, x + iy] &\longmapsto (\kappa[v, y], \tfrac{1}{2} + \tfrac{1}{4}x). \end{aligned} \tag{1}$$

Let the "projection" $p\colon \tilde{V} \times_{Z_2} D^2 \to \tilde{V} \times_{Z_2} D^2$ be given on each fibre by $z \to z^2/|z|$. Then λp can be lifted to $\mathscr{D}$, which means that we can choose a map $\lambda_1\colon \tilde{V} \times_{Z_2} D^2 \to \mathscr{D}$ such that

$$\begin{array}{ccc} \tilde{V} \times_{Z_2} D^2 & \xrightarrow{\lambda_1} & \mathscr{D} \\ \downarrow p & & \downarrow \pi \\ \tilde{V} \times_{Z_2} D^2 & \xrightarrow{\lambda} & M \times [0, 1] \end{array} \tag{2}$$

is commutative. Then there is exactly one differentiable structure on $\mathscr{D}$ for which λ_1 is a diffeomorphism onto a neighborhood of $V \times \{\frac{1}{2}\}$ in $\mathscr{D}$ and which coincides on $\mathscr{D} - V \times \{\frac{1}{2}\}$ with the canonical structure. Up to diffeomorphism, of course, this structure does not depend on κ.

$\mathscr{D}$, then, is a double covering of $M \times [0, 1]$, branched at $V \times \{\frac{1}{2}\}$. The covering transformation on $\mathscr{D}$ shall be denoted by T_1. Note that on $\tilde{V} \times_{Z_2} D^2$ (identified by λ_1 with a subset of $\mathscr{D}$) the transformation T_1 is given by $[v, z] \to [v, -z]$.

As a differentiable manifold, $\mathscr{D}$ is the same as the manifold constructed by Dold in his note [5].

Now consider once more the differentiable manifold C with boundary $\partial C = \tilde{V}$, which we obtained from M by cutting along V. Let $C_1 \cup C_2$ be the disjoint union of two copies of C. If we identify $x \in \tilde{V}_1 \subset C_1$ with $-x \in \tilde{V}_1 \subset C_1$ and $x \in \tilde{V}_2$ with $-x \in \tilde{V}_2$, we obtain from $C_1 \cup C_2$ the disjoint union of two copies of M :

If we identify $x \in \tilde{V}_1 \subset C_1$ with $-x \in \tilde{V}_2 \subset C_2$, we get a differentiable manifold which we denote by $\tilde{M}$:

If we identify $x \in \tilde{V}_1 \subset C_1$ with $x \in \tilde{V}_2 \subset C_2$, then $C_1 \cup C_2$ becomes a closed manifold B (the usual "double" of C), and we use κ to introduce the differentiable structure on B :

If we, finally, identify for each $x \in \tilde{V}$ all four points $x \in \tilde{V}_1$, $-x \in \tilde{V}_1$, $x \in \tilde{V}_2$, $-x \in \tilde{V}_2$ to one, then we obtain a topological space A :

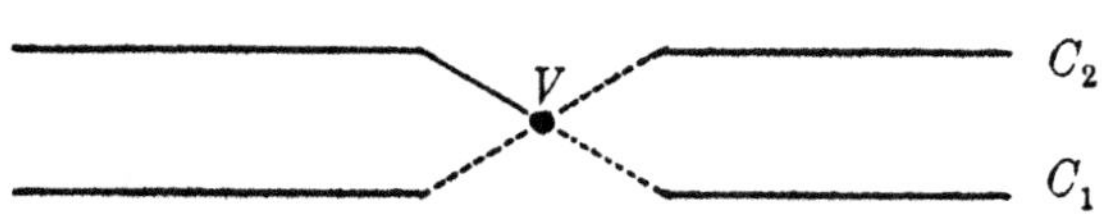

(3)

Now obviously we have $2M = \pi^{-1}(M \times \{1\})$, $A = \pi^{-1}(M \times \{\frac{1}{2}\})$ and $\tilde{M} = \pi^{-1}(M \times \{0\})$, and by our choice of the differentiable structures of B and $\mathcal{D}$ (p in (2) is given by $z \to z^2/|z|$ instead of $z \to z^2$), the canonical map $B \to A$ defines an *immersion*

$$f: B \to \mathcal{D}.$$

It should be mentioned, perhaps, that for the same reason π: $\mathcal{D} \to M \times [0, 1]$ is not differentiable at $V \times \{\frac{1}{2}\}$.

Up to this point, we did not make any orientability assumptions. Considering now the "orientable case", we shall use the following convention: for orientable manifolds with boundary, we will always choose the orientations of the manifold and its boundary in such a way, that the orientation of the boundary, followed by the inwards pointing normal vector, gives the orientation of the manifold.

Now if X is any compact differentiable manifold without boundary and T a fixed point free involution on X with $X/T \cong M$, then (X, T) is equivariantly diffeomorphic to $(\tilde{M}, T_1|\tilde{M})$ for a suitably chosen $V \subset M$, and in fact our $(\tilde{M}, T_1|\tilde{M})$ plays the role of the (X, T) in §1. Therefore we will assume from now on, that $\tilde{M}$ is *oriented* and $T_1|\tilde{M}$ is *orientation preserving*. Let us also write T for $T_1|\tilde{M}$.

Then the orientation of $\tilde{M}$ defines an orientation of M and hence of C, and since $\tilde{V} = \partial C$, an orientation of $\tilde{V}$ is thus determined. Furthermore, the orientation of $\tilde{M} \subset \partial\mathscr{D}$ induces an orientation of $\mathscr{D}$, relative to which

$$\partial\mathscr{D} = \tilde{M} - 2M. \tag{4}$$

Clearly T_1 on $\mathscr{D}$ is orientation preserving. V may not be orientable, and $\tilde{V} \to V$ is the orientation covering of V, because M is orientable.

The relation of the construction of $\mathscr{D}$ to the result of Burdick is the following. Let $\Omega_*(\mathbf{Z}_2)$ denote the bordism group of oriented manifolds with fixed point free orientation preserving involutions. Then we have homomorphisms

$$\Omega_n \oplus \mathfrak{N}_{n-1} \underset{j}{\overset{i}{\rightleftarrows}} \Omega_n(\mathbf{Z}_2)$$

as follows: if $[M] \in \Omega_n$ is represented by an oriented n-dimensional manifold M, the $i[M] \in \Omega_n(\mathbf{Z}_2)$ is simply given by $2M$ with the trivial involution. Now let $[W]_2 \in \mathfrak{N}_{n-1}$ be represented by an $(n-1)$-dimensional manifold W, let $\tilde{W} \to W$ denote the orientation covering, and let Y be the sphere bundle of the Whitney sum of the real line bundle over W associated to $\tilde{W}$ and the trivial line bundle $W \times \mathbf{R}$:

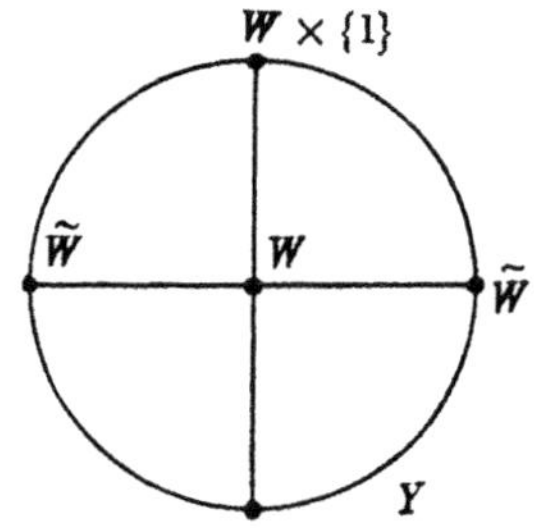

The manifold Y is orientable, and we may orient Y at $\tilde{W}$ by the canonical orientation of $\tilde{W}$ followed by the normal vector pointing toward $W \times \{1\}$. Then we denote by $i(W)$ the oriented double covering of Y corresponding to $(Y, W \times \{1\})$, and we define $i[W] \in \Omega_n(\mathbf{Z}_2)$ to be represented by $i(W)$.

As already mentioned, any element of $\Omega_n(\mathbf{Z}_2)$ can be represented by the (unbranched) double covering $\tilde{M}$ corresponding to some (M, V), and we define $j[\tilde{M}, T] = [M] \oplus [V]_2$. Then i and j are well defined homomorphisms and clearly $j \circ i = \mathrm{Id}$, so i is injective. To show that i is also surjective, we have to construct for given (M, V) an $(n+1)$-dimensional oriented manifold $\mathscr{B}$ with boundary and with an orientation preserving fixed point free involution, such that equivariantly $\partial \mathscr{B} = \tilde{M} - 2M - i(V)$. But such a manifold is given by $\mathscr{B} = \pi^{-1}(M \times [0, 1] - U)$,

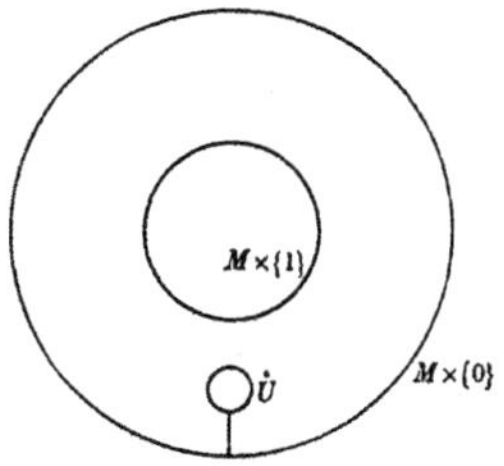

where U is the interior of the tubular neighborhood (1) of $V \times \{\frac{1}{2}\}$ in $M \times [0, 1]$:

$$\begin{aligned}\partial \mathscr{B} &= \pi^{-1}(M \times \{0\}) \cup \pi^{-1}(M \times \{1\}) \cup \pi^{-1}(\dot{U}) \\ &= \tilde{M} - 2M - i(V).\end{aligned}$$

Thus $i\colon \Omega_n \oplus \mathfrak{N}_{n-1} \to \Omega_n(\mathbf{Z}_2)$ is an isomorphism. Burdick uses in [4] essentially the same manifold $\mathscr{B}$ to prove the surjectivity of i.

We will now consider the invariant α and therefore assume that $\dim \widetilde{M} = 4k-1$ with $k > 1$. First we remark, that for the trivial involution T on $2M$ the invariant α vanishes: since the nontrivial elements of Ω_{4k-1} are all of order two, there is an oriented X with $\partial X = 2M$. Let T' be the trivial involution on $2X$. Then $2\alpha(2M,T) = \tau(2X, T') = 0$, because it is the signature of a quadratic form which can be given by a matrix of the form

$$\begin{pmatrix} 0 & E \\ E & 0 \end{pmatrix}$$

where E is a symmetric matrix. Hence it follows, that $\alpha(\partial\mathscr{D}, T_1|\partial\mathscr{D}) = \alpha(\widetilde{M}, T)$ and therefore by (1) of §1 we have

$$\alpha(\widetilde{M}, T) = \tau(\mathscr{D}, T_1) - \tau(\operatorname{Fix} T_1 \circ \operatorname{Fix} T_1). \tag{5}$$

Notice that here we apply the definition (1) of §1 of α in a case, where $\operatorname{Fix} T_1$ is not necessarily orientable, so that we have to use the Atiyah-Bott-Singer fixed point theorem also for the case of non-orientable fixed point sets.

PROPOSITION. $\alpha(\widetilde{M}, T) = \tau(\mathscr{D}, T_1) = -\tau(\mathscr{D})$.

PROOF. $\operatorname{Fix} T_1 \circ \operatorname{Fix} T_1 = 0 \in \Omega_*$, since the normal bundle of $\operatorname{Fix} T_1 = V \times \{\tfrac{1}{2}\}$ in $\mathscr{D}$ has a one-dimensional trivial subbundle. Therefore by (5), $\alpha(\widetilde{M}, T) = \tau(\mathscr{D}, T_1)$. To show that $\tau(\mathscr{D}, T_1) = -\tau(\mathscr{D})$, let again U denote our open tubular neighbourhood of $V \times \{\tfrac{1}{2}\}$ in $M \times [0, 1]$, $\bar{U}$ its closure in $M \times [0, 1]$ and correspondingly $U_1 = \pi^{-1}(U)$, $\bar{U}_1 = \pi^{-1}(\bar{U})$. Then $\tau(\bar{U}) = \tau(\bar{U}_1) = \tau(\bar{U}_1, T_1) = 0$, because $\bar{U}$ and $\bar{U}_1$ are disc bundles of vector bundles with a trivial summand and hence the zero section, which carries all the homology, can be deformed into a section which is everywhere different from zero.

Because of the additivity of the signature (compare (8) of [7]), we therefore have

$$\tau(\mathscr{D}, T_1) = \tau(\mathscr{D} - U_1, T_1).$$

But T_1 is fixed point free on $\mathscr{D} - U_1$, and hence we can apply formula (7) of [7], which is easy to prove and which relates the signature $\tau(M^{4k}, T)$ of a fixed point free involution with the signatures of M^{4k} and M^{4k}/T and we obtain

$$\begin{aligned}\tau(\mathscr{D}, T_1) = \tau(\mathscr{D} - U_1, T_1) &= 2\tau(M \times [0, 1] - U) - \tau(\mathscr{D} - U_1) \\ &= 2\tau(M \times [0, 1]) - \tau(\mathscr{D}).\end{aligned}$$

3. The Browder-Livesay invariant. The involution on $\tilde{V}$ which is given by $x \to -x$ shall also be denoted by T, because it is the restriction of T on $\tilde{M}$ to $\tilde{V}$, if we regard $\tilde{V}$ via $\tilde{V}_1 \subset C_1 \subset \tilde{M}$ as a submanifold of $\tilde{M}$. T is orientation reversing on $\tilde{V}$, and since the intersection form $(x, y) \to x \circ y$ on $H_{2k-1}(\tilde{V}, \mathbf{Q})$ is skew-symmetric, the quadratic form $(x, y) \to x \circ Ty$ is symmetric on $H_{2k-1}(\tilde{V}, \mathbf{Q})$. Now we restrict this form to

$$L = \text{kernel of } H_{2k-1}(\tilde{V}, \mathbf{Q}) \to H_{2k-1}(C, \mathbf{Q}), \tag{1}$$

where the homomorphism is induced by the inclusion $\tilde{V} = \partial C \subset C$, and we denote by $\beta(\tilde{M}, \tilde{V}, T)$ the signature of this quadratic form on L. (If $\tilde{M} = \Sigma^{4k-1}$ is a homotopy sphere, then $\beta(\tilde{M}, \tilde{V}, T)$ is by definition the *Browder-Livesay invariant* [3] $\sigma(\Sigma^{4k-1}, T)$ of the involution T on Σ^{4k-1}.)

THEOREM. $\alpha(\tilde{M}, T) = \beta(\tilde{M}, \tilde{V}, T)$.

Thus $\beta(\tilde{M}, T) = \beta(\tilde{M}, \tilde{V}, T)$ *is a well defined invariant of the oriented equivariant diffeomorphism class of* $(\tilde{M}, T)$.

PROOF OF THE THEOREM. First notice, that the canonical deformation retraction of $M \times [0, 1]$ to $M \times \{\frac{1}{2}\}$ induces a deformation retraction of $\mathscr{D} = \pi^{-1}(M \times [0, 1])$ to $A = \pi^{-1}(M \times \{\frac{1}{2}\})$. To study $H_{2k}(A, Q)$, we consider the following part of a Mayer-Vietoris sequence for A (all homology with coefficients in Q):

$$H_{2k}(V)\oplus H_{2k}(C_1\cup C_2)\xrightarrow{\ \phi\ } H_{2k}(A)\xrightarrow{\ \chi\ }$$
$$H_{2k-1}(\tilde V_1\cup\tilde V_2)\xrightarrow{\ \psi\ } H_{2k-1}(V)\oplus H_{2k-1}(C_1\cup C_2)$$

where $\tilde V_1 \cup \tilde V_2$ and $C_1 \cup C_2$ denote the disjoint unions, see figure (3) of §2.

In $H_{2k}(A)$ we have to consider the quadratic forms given by $(x, y) \to x \circ y$ and $(x, y) \to x \circ Ty$, where $\circ$ denotes the intersection number in $\mathcal{D}$. Now, the maps $V = V \times \{\frac{1}{2}\} \subset A$ and $C_1 \cup C_2 \to A$, which induce the homomorphism ϕ, are homotopic in $\mathcal{D}$ to maps into $\mathcal{D} - A$. Therefore if $x \in \operatorname{Im}\phi \subset H_{2k}(A)$ and y is any element of $H_{2k}(A)$, then $x \circ y = 0$. Thus if we denote

$$L' = H_{2k}(A)/\operatorname{Im}\phi, \tag{2}$$

then the quadratic forms $(x, y) \to x \circ y$ and $(x, y) \to x \circ Ty$ are well defined on L', and their signatures as forms on L' are $\tau(\mathcal{D})$ and $\tau(\mathcal{D}, T_1)$ respectively.

L' is isomorphic to the kernel of ψ, and hence we shall now take a closer look at $\ker\psi$. For this purpose we consider the Mayer-Vietoris sequences for $\tilde M$ and B:

$$H_{2k}(\tilde M)\xrightarrow{\ \tilde\chi\ } H_{2k-1}(\tilde V_1\cup\tilde V_2)\xrightarrow{\ \tilde\psi\ } H_{2k-1}(\tilde V)\oplus H_{2k-1}(C_1\cup C_2)$$

$$H_{2k}(B)\xrightarrow{\ \chi^B\ } H_{2k-1}(\tilde V_1\cup\tilde V_2)\xrightarrow{\ \psi^B\ } H_{2k-1}(\tilde V)\oplus H_{2k-1}(C_1\cup C_2).$$

In the sequence for $\tilde M$, the homomorphism $H_{2k-1}(\tilde V_1 \cup \tilde V_2) \longrightarrow H_{2k-1}(\tilde V)$ is induced by the identity $\tilde V_1 \to \tilde V$ on $\tilde V_1$ and by the involution $T: \tilde V_2 \to \tilde V$ on $\tilde V_2$, in the sequence for B however by the identity on both components. If we write $H_{2k-1}(\tilde V_1 \cup \tilde V_2)$ as $H_{2k-1}(\tilde V) \oplus H_{2k-1}(\tilde V)$, the kernel of $H_{2k-1}(\tilde V_1 \cup \tilde V_2) \to H_{2k-1}(C_1 \cup C_2)$ is $L \oplus L$, and so we get:

$$\ker\tilde\psi = \{(a,b) \in L\oplus L \mid a + Tb = 0\},$$
$$\ker\psi^B = \{(a,b) \in L\oplus L \mid a + b = 0\}.$$

Let a be an element of $H_*(\widetilde{V}, \mathbf{Q})$. Then $a + Ta$ vanishes if and only if a is in the kernel of $H_*(\widetilde{V}, \mathbf{Q}) \to H_*(V, \mathbf{Q})$. Thus the kernel of ψ is

$$\ker \psi = \{(a,b) \in L \oplus L \mid a + Ta + b + Tb = 0\}.$$

$\ker \psi^B$ and $\ker \widetilde{\psi}$ are subspaces of $\ker \psi$, and if we write (a,b) as $\left(\frac{a-b}{2}, \frac{b-a}{2}\right) + \left(\frac{a+b}{2}, \frac{a+b}{2}\right)$, we see that in fact

$$\ker \psi = \ker \psi^B + \ker \widetilde{\psi}. \tag{3}$$

By the isomorphism $L' \cong \ker \psi$, which is induced by χ, (3) becomes

$$L' = L^B + \widetilde{L},$$

where L^B denotes the subspace of L' corresponding to $\ker \psi^B$ under this isomorphism, and $\widetilde{L}$ corresponds to $\ker \widetilde{\psi}$.

Let us first consider $\widetilde{L}$. Any element in $\widetilde{L}$ can be represented by an element $\widetilde{f}_*(x)$, where $x \in H_{2k}(\widetilde{M})$ and $\widetilde{f}\colon \widetilde{M} \to A$ is the canonical map:

$$\begin{array}{ccccc}
H_{2k}(\widetilde{M}) & \xrightarrow{\widetilde{\chi}} & H_{2k-1}(\widetilde{V}_1 \cup \widetilde{V}_2) & \xrightarrow{\widetilde{\psi}} & H_{2k-1}(\widetilde{V}) \oplus H_{2k-1}(C_1 \cup C_2) \\
\downarrow{\scriptstyle \widetilde{f}_*} & & \downarrow{\scriptstyle \mathrm{Id}} & & \downarrow \\
H_{2k}(A) & \xrightarrow{\chi} & H_{2k-1}(\widetilde{V}_1 \cup \widetilde{V}_2) & \xrightarrow{\psi} & H_{2k-1}(V) \oplus H_{2k-1}(C_1 \cup C_2).
\end{array}$$

But $\widetilde{f}$ is homotopic in $\mathcal{D}$ to the inclusion $\widetilde{M} = \pi^{-1}(M \times \{0\}) \subset \mathcal{D}$, hence we have $L^B \circ L' = 0$. Therefore the quadratic forms on L' given by $(x,y) \to x \circ y$ and $(x,y) \to x \circ Ty$ can be restricted to L^B and their signatures will still be $\tau(\mathcal{D})$ and $\tau(\mathcal{D}, T_1)$.

Now, any element in $L^B \subset H_{2k}(A)/\mathrm{Im}\, \phi$ can be represented by an element $f^B_*(x)$, where $x \in H_{2k}(B)$ and $f^B\colon B \to A$ is the canonical map. Furthermore, χ induces an isomorphism between L^B and the "Browder-Livesay Module" L, because

$$L^B \xrightarrow{\cong} \ker \psi^B = \{(a, -a) \mid a \in L\} \cong L.$$

Hence in view of the proposition in §2, our theorem would be proved if we can show that the following lemma is true.

LEMMA. *Let $x, y \in H_{2k}(B)$ and $\bar{x} = f_*(x), \bar{y} = f_*(y)$ the corresponding elements under the homomorphism $f_*: H_{2k}(B) \to H_{2k}(\mathscr{D})$ induced by the canonical map $f: B \to A \subset \mathscr{D}$. By* (3), *we have $\chi^B(x) = \chi(\bar{x}) = (a, -a)$ and $\chi^B(y) = \chi(\bar{y}) = (b, -b)$ for some $a, b \in L$. We claim*:

$$- \bar{x} \circ \bar{y} = a \circ Tb \tag{4}$$

PROOF OF THE LEMMA. First we note that we can make some simplifying assumptions on x and y. By a theorem of Thom ([9], p. 55), up to multiplication by an integer $\neq 0$, any integral homology class of a differentiable manifold can be realized by an oriented submanifold, and hence we may assume that x and y are given by oriented $2k$-dimensional submanifolds of B, which we will again denote by x and y. Of course x and y may be assumed to be transversal at $\tilde{V} \subset B$. Then $\tilde{V} \cap x$ and $\tilde{V} \cap y$ are differentiable $(2k-1)$-dimensional orientable submanifolds of $\tilde{V}$. We orient $\tilde{V} \cap x$ (and similarly $\tilde{V} \cap y$) as the boundary of the oriented manifold $C_1 \cap x$. Then $\tilde{V} \cap x$ and $\tilde{V} \cap y$ represent a and b in $H_{2k-1}(\tilde{V})$,† and we shall now denote $\tilde{V} \cap x$ by a and $\tilde{V} \cap y$ by b.

Since in a neighborhood of $\tilde{V}$, B is simply $\tilde{V} \times \mathbf{R}$ and x is $a \times \mathbf{R}$, it is clear that any isotopy of a in $\tilde{V}$ can be extended to an isotopy of x in B which is the identity outside a given neighborhood of $\tilde{V}$ in B, such that x remains transversal to $\tilde{V}$ during the isotopy. Therefore we may assume that the submanifold a of $\tilde{V}$ is transversal to b and Tb.

These are all the preparations we have to make in B. Now let us immerse B into $\mathscr{D}$ and thus get immersions of x and y into $\mathscr{D}$ which will represent $\bar{x}$ and $\bar{y} \in H_{2k}(\mathscr{D})$. To obtain transversality of these immersions however, we immerse x into $\mathscr{D}$ by the standard

†Or $-a$ and $-b$, but we may replace χ and χ^B in the Mayer-Vietoris sequences for A and B by $-\chi$ and $-\chi^B$, so let us assume that they represent a and b.

immersion $f: B \to A \subset \mathscr{D}$ and y by an immersion $f': B \to \mathscr{D}$, which is different, but isotopic to f.

To define f', let $0 < \epsilon < \frac{1}{4}$ and choose a real-valued C^∞ - function h on the interval $[0, 1]$ with $h(t) = t$ for $t < \frac{1}{2}\epsilon$, $h(t) = \epsilon$ for $t > \frac{1}{2}$ and $0 < h(t) < \epsilon$ for all other t. Using $\kappa: \tilde{V} \times_{Z_2} D^1 \to M$, we get a function on $\kappa(\tilde{V} \times_{Z_2} D^1) \subset M$ by $[v, t] \to h(|t|)$, which we now extend to a function $\bar{h}$ on M by defining $\bar{h}(p) = \epsilon$ for all $p \notin \kappa(\tilde{V} \times_{Z_2} D^1)$. Then $M \to M \times [0, 1]$, given by $p \to (p, \frac{1}{2} + \bar{h}(p))$

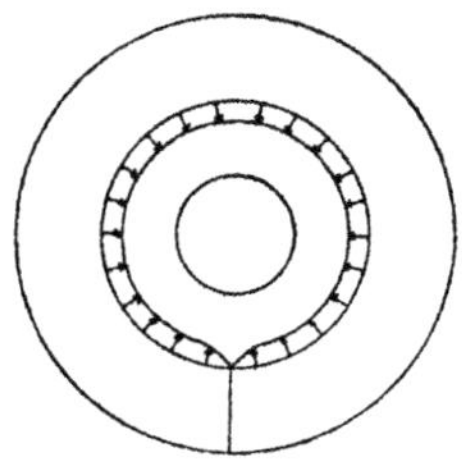

is obviously covered by an immersion $f': B \to \mathscr{D}$ which is isotopic to f.

Then in fact the immersions $f: x \to \mathscr{D}$ and $f': y \to \mathscr{D}$ are transversal to each other, and for $p \in x$, $q \in y$ we have

$$f(p) = f'(q) \Longleftrightarrow p = q \in a \cap b \text{ or } p = Tq \in a \cap Tb.$$

Looking now very carefully at all orientations involved, we obtain

$$-\bar{x} \circ \bar{y} = a \circ Tb + a \circ b. \tag{5}$$

Recall that $\tilde{V}$ is the boundary ∂C of the oriented manifold C and that a and b are in the kernel of $H_{2k-1}(\partial C) \to H_{2k-1}(C)$. Then the intersection *homology class* $s(a,b) \in H_0(\partial C)$ is in the kernel of $H_0(\partial C) \to H_0(C)$ (see Thom [8], Corollaire V.6, p. 173), and therefore the intersection *number* $a \circ b$ is zero, hence (5) becomes $-\bar{x} \circ \bar{y} = a \circ Tb$, and the lemma is proved.

4. Resolution of some singularities. For a tripel $a = (a_0, a_1, a_2)$ of pairwise prime integers with $a_j \geqslant 2$ consider the variety $V_a \subset \mathbf{C}^3$ given by

$$z_0^{a_0} + z_1^{a_1} + z_2^{a_2} = 0. \tag{1}$$

The origin is the only singularity of V_a. We shall describe a resolution of this singularity.

THEOREM. *There exist a complex surface (complex manifold of complex dimension 2) and a proper holomorphic map*

$$\phi: M_a \to V_a$$

such that the following is true:

(i) $\phi: M_a - \phi^{-1}(0) \to V_a - \{0\}$ *is biholomorphic.*

(ii) $\phi^{-1}(0)$ *is a union of finitely many rational curves which are non-singularly imbedded in* M_a.

(iii) *The intersection of three of these curves is always empty. Two of these curves do not intersect or intersect transversally in exactly one point.*

(iv) *We introduce a finite graph* $\mathfrak{g}_a$ *in which the vertices correspond to the curves and in which two vertices are joined by an edge if and only if the corresponding curves intersect.* $\mathfrak{g}_a$ *is star-shaped with three rays.*

(v) *The graph* $\mathfrak{g}_a$ *will be weighted by attaching to each vertex the self-intersection number of the corresponding curve. This number is always negative. Thus* $\mathfrak{g}_a$ *looks as follows.*

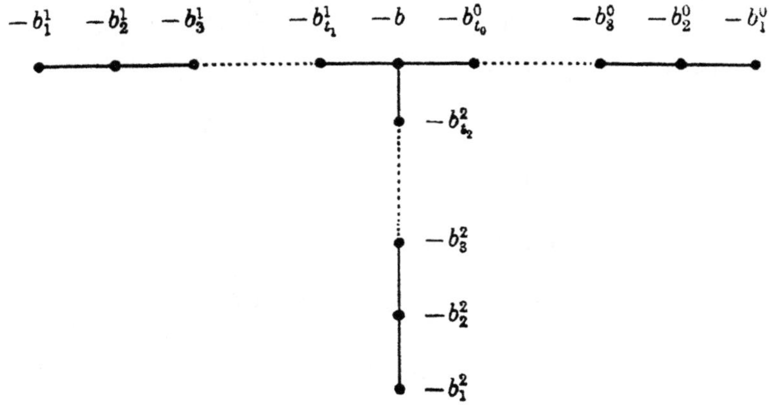

(vi) $b = 1$ *or* $b = 2$; $b_i^j \geqslant 2$. *Let* q_0 *be determined by*

$$0 < q_0 < a_0 \text{ and } q_0 \equiv -a_1 a_2 \bmod a_0$$

and define q_1, q_2 *correspondingly. Let* q_j' *be given by*

$$0 < q_j' < a_j \text{ and } q_j q_j' \equiv 1 \bmod a_j.$$

Then the numbers b_i^j *in the graph* $\mathfrak{g}_a$ *are obtained from the continued fractions*

$$\frac{a_j}{q_j} = b_1^j - \cfrac{1}{b_2^j - \cfrac{1}{b_3^j - \cfrac{\ddots}{\ddots - \cfrac{1}{b_{t_j}^j}}}}.$$

(vii) *If the exponents* a_0, a_1, a_2 *are all odd, then*

$$b = 1 \Longleftrightarrow q_0' + q_1' + q_2' \equiv 0 \bmod 2,$$

$$b = 2 \Longleftrightarrow q_0' + q_1' + q_2' \equiv 1 \bmod 2.$$

Before proving (i)–(vii) we study as an example

$$z_0^3 + z_1^{6j-1} + z_2^{18j-1} = 0. \tag{2}$$

We have $q_0 = q_0' = 2$

$q_1 = 4$ for $j = 1$ and $q_1 = 6j - 7$ for $j \geqslant 2$

$q_1' = 5j - 1$

$q_2 = 2,\ q_2' = 9j.$

By (vii) we get $b = 2$. The continued fractions for $\frac{3}{2}, \frac{5}{4}$ resp. $\frac{6j-1}{6j-7}, \frac{18j-1}{2}$ lead then to the graph

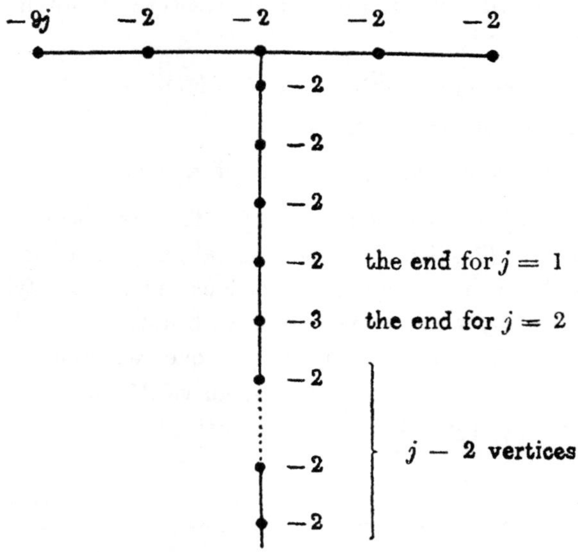

(3)

Proof of the preceding theorem. We use the methods of [6]. The algebroid function

$$f = (-x_1{}^{a_1a_2} - x_2{}^{a_1a_2})^{1/a_0}$$

defines a branched covering $V_a^{(1)}$ of $\mathbf{C}^2$ (coordinates x_1, x_2 in $\mathbf{C}^2$). Blowing up the origin of $\mathbf{C}^2$ (compare [6], §1.3) gives a complex surface W with a non-singular rational curve $K \subset W$ of self-intersection number -1 and an algebroid function $\tilde{f}$ on W branched along K and along a_1a_2 lines which intersect K in the a_1a_2 points of K satisfying

$$-x_1{}^{a_1a_2} - x_2{}^{a_1a_2} = 0 \tag{4}$$

where x_1, x_2 are now regarded as homogeneous coordinates of K. The algebroid function $\tilde{f}$ defines a complex space $V_a^{(2)}$ lying branched over W with a_1a_2 singular points lying over the points of K defined by (4). In a neighborhood of such a point we have

$$\tilde{f} = (\zeta_1\, \zeta_2{}^{a_1a_2})^{1/a_0} \tag{5}$$

where $\zeta_2 = 0$ is a suitable local equation for K and $\zeta_1 = 0$ for the line passing through the point and along which $V_a^{(2)}$ is branched over

W. The singularity of type (5) can be resolved according to [6], §3.4, where

$$w = (z_1 z_2^{n-q})^{1/n}, \ (0 < q < n, \ (q, n) = 1) \tag{6}$$

was studied. In our case, we have

$$n = a_0 \text{ and } q = q_0, \text{ see (vi) above,}$$

for all the $a_1 a_2$ singular points of $V_a^{(2)}$. The resolution gives a complex surface $V_a^{(3)}$ with the following property. The singularity of $V_a^{(1)}$ was blown up in a system of rational curves satisfying (iii) and represented by a star-shaped graph with $a_1 a_2$ rays of the same kind. The following diagram shows only one ray where the unweighted vertex represents the central curve $\widetilde{K}$ which under the natural projection $V_a^{(3)} \to W$ has K as bijective image

(7)

$V_a^{(1)}$ is of course just the affine variety

$$x_0^{a_0} + x_1^{a_1 a_2} + x_2^{a_1 a_2} = 0$$

which can be mapped onto V_a (see (1)) by

$$(x_0, x_1, x_2) \to (z_0, z_1, z_2) = (x_0, x_1^{a_2}, x_2^{a_1}).$$

Denote by G the finite group of linear transformations

$$(x_1, x_2) \to (\epsilon_2 x_1, \epsilon_1 x_2) \text{ with } \epsilon_2^{a_2} = \epsilon_1^{a_1} = 1. \tag{8}$$

$$V_a = V_a^{(1)}/G.$$

Then the group G operates also on $V_a^{(3)}$. There are two fixed points, namely the points $0 = (0, 1)$ and $\infty = (1, 0)$ of $\widetilde{K} = K$ (with respect to the homogeneous coordinates x_1, x_2 on K). The $a_1 a_2$ points of $\widetilde{K}$ in which the curves with self-intersection number $-b_{t_0}^0$ of the $a_1 a_2$ rays intersect $\widetilde{K}$ are an orbit under G. The $a_1 a_2$ rays are all identified in $V_a^{(3)}/G$. Thus $V_a^{(3)}/G$ is a complex space with two singular points P_0, P_∞ corresponding to the fixed points. $V_a^{(3)}/G$ is thus obtained from V_a by blowing up the singular point in a system of $t_0 + 1$ rational curves showing the following intersection behaviour:

(9)

but where the vertex without weight represents a rational curve passing through the singular points P_0, P_∞.

We must find the representation of G in the tangent spaces of the fixed points $0 = (0, 1)$ and $\infty = (1, 0)$. In the neighborhood of 0 we have local coordinates such that

$$y_1 = \frac{x_1}{x_2} \quad \text{and} \quad x_2 = y_2^{a_0}. \tag{10}$$

We consider G as the multiplicative group of all pairs (δ_2, δ_1) with $\delta_2^{a_2} = \delta_1^{a_1} = 1$ and put $\delta_1^{a_0} = \epsilon_1$ and $\delta_2 = \epsilon_2$ (see (8)). Then G operates in the neighborhood of the fixed point 0 as follows:

$$(y_1, y_2) \to (\delta_2 \delta_1^{-a_0} y_1, \delta_1 y_2). \tag{11}$$

Thus P_0 is the quotient singularity with respect to the action (11). If we first take the quotient with respect to the subgroup G_0 of G given by $\delta_1 = 1$ we obtain a non-singular point which admits local coordinates (t_1, t_2) with

$$t_1 = y_1^{a_2} \quad \text{and} \quad t_2 = y_2. \tag{12}$$

Thus P_0 is the quotient singularity with respect to the action of G/G_0 which is the group of a_1-th roots of unity. By (11) and (12) for $\delta_1^{a_1} = 1$ the action is

$$(t_1, t_2) \to (\delta_1^{-a_0 a_2} t_1, \delta_1 t_2) = (\delta_1^{q_1} t_1, \delta_1 t_2). \tag{13}$$

Looking at the invariants $\zeta_1 = t_1^{a_1}$, $\zeta_2 = t_2^{a_1}$ and $w = t_1 t_2^{a_1 - q_1}$ for which

$$w^{a_1} = \zeta_1 \zeta_2^{a_1 - q_1}$$

we see that P_0 is a singularity of type (6). We use [6], § 3.4 (or [2], Satz 2.10) for P_0 and in the same way for P_∞ and have finished the proof except for the statements on b in (vi) and (vii). The surface M_a of the theorem is $V_a^{(3)}/G$ with P_0 and P_∞ resolved. The function f we started from gives rise to a holomorphic function on M_a. Using the formulas of [6], § 3.4, we see that f has on the central curve of M_a the multiplicity $a_1 a_2$, and on the three curves intersecting the central curve the multiplicities

$$(a_1 a_2 q_0' + 1)/a_0,\ a_2 q_1',\ a_1 q_2'.$$

By [6], § 1.4 (1), we obtain

$$a_0 a_1 a_2 b = q_0' a_1 a_2 + q_1' a_0 a_2 + q_2' a_0 a_1 + 1.$$

Therefore

$$a_0 a_1 a_2 b < 3 a_0 a_1 a_2 \text{ and } b = 1 \text{ or } 2.$$

The congruence in (vii) also follows. This completes the proof.

1 **Remark.** Originally the theorem was proved by using the $\mathbf{C}^*$-action on the singularity (1) and deducing abstractly from this that the resolution must look as described. Brieskorn constructed the resolution explicitly by starting from $x_0^n + x_1^n + x_2^n$ $(n = a_0 a_1 a_2)$ and then passing to a quotient. This is more symmetric. The method used in this paper has the advantage to give the theorem also for some other equations $z_0^{a_0} + h(z_1, z_2) = 0$ as was pointed out by Abhyankar in Bombay.

Now suppose moreover that the exponents a_0, a_1, a_2 are all odd. The explicit resolution shows that the involution $Tz = -z$ of $\mathbf{C}^3$ can be lifted to M_a. The lifted involution is also called T. It has no fixed points outside $\phi^{-1}(0)$. It carries all the rational curves of the graph $\mathfrak{g}_a$ over into themselves [7]. Thus T has the intersection points of two curves as fixed points. Let Fix T be the union of those curves which are pointwise fixed. Then Fix T is given by the following recipe.

Theorem. *For the involution T on M_a (a_0, a_1, a_2 odd) we have: The central curve belongs to* Fix T. *If a curve is in* Fix T, *then the curves intersecting it are not in* Fix T. *If the curve C is not in* Fix T *and not an end curve of one of the three rays, then the following holds: If the self-intersection number $C \circ C$ is even, then the two curves intersecting C are both in* Fix T *or both not. If $C \circ C$ is odd, then one of the two curves intersecting C is in* Fix T *and one not. If C is an end curve of one of the three rays and if C is not in* Fix T, *then $C \circ C$ is odd if and only if the curve intersecting C belongs to* Fix T.

Proof. The involution can be followed through the whole resolution. It is the identity on the curve K. On the three singularities of type (6) the involution is given by $(z_1, z_2) \to (z_1, -z_2)$. Here z_1 and z_2 are not coordinate functions of C^3 as used in (1), but have the same meaning as in [6], § 3.4. The theorem now follows from formula (8) in [6], § 3.4. Compare also the lemma at the end of §6 of [7].

For a_0, a_1, a_2 pairwise prime and odd, we can now calculate the invariant α of the involution T_a on $\Sigma^3_{(a_0,a_1,a_2)}$ (see the Introduction). The quadratic form of the graph $\mathfrak{g}_a$ is negative-definite. Therefore ([7], §6)

$$\alpha(\Sigma^3_{(a_0,a_1,a_2)}, T_a) = -(t_0 + t_1 + t_2 + 1) - \text{Fix } T \circ \text{Fix } T. \qquad (14)$$

Here $t_0 + t_1 + t_2 + 1$ is the number of vertices of $\mathfrak{g}_a$ whereas Fix $T \circ$ Fix T is of course the sum of the self-intersection numbers of the curves belonging to Fix T. The calculation of α is a purely mechanical process by the two theorems of this §. The number α in (14) is always divisible by 8 (compare [7]) and for $(a_0, a_1, a_2) = (3, 6j-1, 18j-1)$ we get for α the value $8j$ (see (3)).

Observe that

$$\text{Fix } T \circ C \equiv C \circ C \bmod 2 \qquad (15)$$

for all curves in the graph $\mathfrak{g}_a$, a fact which is almost equivalent to our above recipe for Fix T. The quadratic form of $\mathfrak{g}_a$ has determinant ± 1 because $\Sigma^3_{(a_0,a_1,a_2)}$ is for pairwise prime a_j an integral homology sphere ([1], [2], [7]). The divisibility of α by 8 is then a consequence of a well known theorem on quadratic forms.

The manifold Σ^{2n-1}_a (see the Introduction) is diffeomorphic to the manifold $\Sigma^{2n-1}_a(\epsilon)$ given by

$$z_0^{a_0} + \ldots + z_n^{a_n} = \epsilon \qquad (16)$$
$$\sum z_i \bar{z}_i = 1,$$

where ϵ is sufficiently small and not zero. $\Sigma^{2n-1}_a(\epsilon)$ bounds the manifold $N_a(\epsilon)$ given by

$$z_0^{a_0} + \ldots + z_n^{a_n} = \epsilon \qquad (17)$$
$$\sum z_i z_i \leqslant 1.$$

This fact apparently cannot be used to investigate the involution T_a in the case of odd exponents because then (17) is not invariant under T_a. If, however, the exponents are all even, then (17) is invariant under T_a and for $n = 2k$ the number $\alpha(\Sigma_a^{4k-1}, T_a)$ can be calculated using like Brieskorn [1] the results of Pham on $N_a(\epsilon)$. We get in this way

Theorem. *Let* $a = (a_0, a_1, \ldots, a_{2k})$ *with* $a_i \equiv 0 \bmod 2$. *Then*

$$\alpha(\Sigma_a^{4k-1}, T_a) = \sum_j \epsilon(j)(-1)^{j_0+\cdots+j_{2k}}. \tag{18}$$

The sum is over all $j = (j_0, j_1, \ldots, j_{2k}) \in Z^{2k+1}$ with $0 < j_r < a_r$ and $\epsilon(j)$ is 1, -1 or 0 depending upon whether the sum $\frac{j_0}{a_0} + \ldots + \frac{j_{2k}}{a_{2k}}$ lies strictly between 0 and 1 mod 2, or strictly between 1 and 2 mod 2, or is integral.

Remark. For simplicity the resolution was only constructed for the exponents a_0, a_1, a_2 being pairwise relatively prime. The resolution of the singularity

$$z_0^{a_0} + z_1^{a_1} + z_2^{a_2} = 0$$

can also be done in a similar way for arbitrary exponents and gives the following information.

Theorem. *If* $a_0 \equiv a_1 \equiv a_2 \bmod 2$ *and* d *is any integer* $\geqslant 1$, *then*

$$\alpha(\Sigma^3_{(da_0, da_1, da_2)}, T_{da}) = d\alpha(\Sigma^3_{(a_0, a_1, a_2)}, T_a) + d - 1.$$

For a_0, a_1, a_2 all odd and $d = 2$ we get

$$\alpha(\Sigma^3_{(a_0, a_1, a_2)}, T_a) = \tfrac{1}{2}(\alpha(\Sigma^3_{(2a_0, 2a_1, 2a_2)}, T_{2a}) - 1)$$

and therefore a method to calculate α also for odd exponents by formula (18).

REFERENCES

1. E. Brieskorn : Beispiele zur Differentialtopologie von Singularitäten, *Invent. Math.* 2, 1-14 (1966).

2. E. Brieskorn : Rationale Singularitäten komplexer Flächen, *Invent. Math.* 4, 336-358 (1968).

3. W. Browder and G. R. Livesay : Fixed point free involutions on homotopy spheres, *Bull. Amer. Math. Soc.* 73, 242-245 (1967).

4. R. O. Burdick : On the oriented bordism groups of $\mathbf{Z}_2$, *Proc. Amer. Math. Soc.* (to appear).

5. A. Dold : Démonstration élémentaire de deux résultats du cobordisme, *Séminaire de topologie et de géométrie différentielle*, dirigé par C. Ehresmann, Paris, Mars 1959.

6. F. Hirzebruch : Über vierdimensionale Riemannsche Flächen mehrdeutiger analytischer Funktionen von zwei komplexen Veränderlichen, *Math. Ann.* 126, 1-22 (1953).

7. F. Hirzebruch : Involutionen auf Mannigfaltigkeiten, *Proceedings of the Conference on Transformation Groups, New Orleans* 1967, *Springer-Verlag*, 148-166 (1968).

8. R. Thom : Espaces fibrés en sphères et carrés de Steenrod, *Ann. sci. École norm. sup.* 69 (3), 109-181 (1952).

9. R. Thom : Quelques propriétés globales des variétés différentiables, *Comment. Math. Helv.* 28, 17-86 (1954).

Universität Bonn.

42.

The signature of ramified coverings

In: Global Analysis, Papers in Honor of K. Kodaira, S. 253–265, Tokyo: University of Tokyo Press and Princeton University Press 1969

1.

Let X be a compact oriented differentiable manifold of dimension m without boundary on which the cyclic group G_n of order n acts by orientation preserving diffeomorphisms. The set Y of fixed points of this action is a differentiable submanifold of X not necessarily connected. The various connectedness components of Y can have different dimensions, they are not necessarily orientable.

We assume that all components of Y have codimension 2 and G_n operates freely on $X - Y$. Then X/G_n is an oriented manifold. The natural projection

$$\pi: X \longrightarrow X/G_n$$

maps Y bijectively onto a submanifold Y' of X/G_n. For any point $x \in Y$ we can introduce local coordinates (ξ, z) of X centered at x with

$$\xi \in \mathbf{R}^{m-2}, z \in \mathbf{C}\ , \qquad Y \text{ given locally by } z = 0\ ,$$

and local coordinates (ξ', z') of X/G_n centered at $\pi(x)$ with

$$\xi' \in \mathbf{R}^{m-2}, z' \in \mathbf{C}\ , \qquad Y' \text{ given locally by } z' = 0$$

such that $\pi: X \to X/G_n$ has the local description

$$z' = z^n\ , \qquad \xi' = \xi\ .$$

Under these circumstances we call X an n-fold ramified covering of X/G_n with branching locus Y'.

From now on suppose X has dimension $4k$. The signature of X is defined as follows. Consider over $H^{2k}(X, \mathbf{R})$ the quadratic form

$$(1) \qquad Q(\alpha, \beta) = (\alpha \cup \beta)[X] \qquad \text{for } \alpha, \beta \in H^{2k}(X, \mathbf{R})\ .$$

Q is a bilinear symmetric form over a real vector space and by definition

$$\operatorname{sign}(X) = p^+ - p^- ,$$

where p^+ is the number of positive entries, p^- the number of negative entries in a diagonalisation of Q. If, as before, G_n operates on X, then $H^{2k}(X, \mathbf{R})$ is a G_n-module. The action of G_n on $H^{2k}(X, \mathbf{R})$ preserves Q. We can decompose $H^{2k}(X, \mathbf{R})$ as follows

$$H^{2k}(X, \mathbf{R}) = H_+ \oplus H_- , \tag{2}$$

where H_+ and H_- are Q-orthogonal, and where Q is positive-definite on H_+ and negative-definite on H_- and

$$T(H_+) = H_+ , \quad T(H_-) = H_- \qquad \text{for } T \in G_n .$$

For any $T \in G_n$ we define

$$\operatorname{sign}(X, T) = \operatorname{tr}(T \mid H_+) - \operatorname{tr}(T \mid H_-) \tag{3}$$

where tr denotes the trace. It is easy to show that sign (X, T) does not depend on the choice of H_+ and H_- (compare [4, p. 578]). For $T = 1$ we have

$$\operatorname{sign}(X, T) = \operatorname{sign}(X) .$$

We wish to relate sign (X) and sign (X/G_n). For this we need information on sign (X, T). This is furnished by the fixed point theorem of Atiyah-Bott-Singer [2], [3], [4], or rather by a special case of it. There is an elliptic operator on X of order 1 whose index is sign (X) (see [4, § 6]). The Atiyah-Singer index theorem applied to this operator gives sign (X) in terms of Pontrjagin numbers [7, Th. 8.2.2], the Atiyah-Bott-Singer fixed point theorem gives a formula for sign (X, T) involving the Pontrjagin classes of X and the normal bundle of Y as a vector bundle on which G_n acts. We shall give the precise formula for sign (X, T) later.

2.

The map $\pi: X \to X/G_n$ induces a ring homomorphism

$$\pi^*: H^*(X/G_n, \mathbf{R}) \longrightarrow H^*(X, \mathbf{R}) .$$

LEMMA. *π^* maps $H^*(X/G_n, \mathbf{R})$ bijectively on $H^*(X, \mathbf{R})^{G_n}$, the ring of elements of $H^*(X, \mathbf{R})$ invariant under the operations of G_n.*

This is a well-known fact true under much more general circumstances. (Compare A. Grothendieck, Tôhoku Math. J. 9 (1957),

119–221; Chap. V.)

We have for $\alpha, \beta \in H^{2k}(X/G_n, \mathbf{R})$

$$(\pi^*\alpha \cup \pi^*\beta)[X] = n(\alpha \cup \beta)[X/G_n] .$$

Therefore sign (X/G_n) equals the signature of the form Q of X (see (1)) when restricted to

$$H^{2k}(X, \mathbf{R})^{G_n} = H_+^{G_n} \oplus H_-^{G_n} \qquad \text{(see (2))} .$$

Thus

$$\text{(4)} \qquad \operatorname{sign}(X/G_n) = \dim H_+^{G_n} - \dim H_-^{G_n} .$$

Using a well-known formula for the dimension of the invariant part of a representation of a finite group, we obtain from formulas (3) and (4)

$$\text{(5)} \qquad \operatorname{sign}(X/G_n) = \frac{1}{n} \sum\nolimits_{T \in G_n} \operatorname{sign}(X, T)$$

3.

Let us first consider the case $n = 2$. Then $G_2 = \{1, T\}$ where T is an orientation preserving involution of X. We have

$$\text{(6)} \qquad \operatorname{sign}(X, T) = \operatorname{sign}(Y \circ Y)$$

where $Y \circ Y$ is the oriented self-intersection cobordism class (see [8], [9], [4, Prop. 6.15]). Thus (5) becomes

$$\text{(7)} \qquad 2 \operatorname{sign}(X/G_2) = \operatorname{sign}(X) + \operatorname{sign}(Y \circ Y) .$$

Remarks. (i) The formula (6) is a consequence of the Atiyah-Bott-Singer fixed point theorem. Formula (6) holds for any orientation preserving differentiable involution, the fixed point set Y need not have codimension 2. The fixed theorem gives sign (X, T) in terms of characteristic numbers. Applying the signature theorem to $Y \circ Y$ eliminates the characteristic numbers to give a theorem which is trivial for $T =$ Identity and therefore is weaker than the version coming from the Atiyah-Bott-Singer fixed point theorem. Jänich and Ossa [10] have proved (6), for arbitrary codimension of Y, by elementary methods. It is not true for manifolds with boundary, even if one assumes $Y \cap \partial X = \varnothing$. The mistake gives rise to an interesting invariant for free involutions on $(4k-1)$-manifolds as studied in [4, § 7], [8], [9]. Also (7) is not true for manifolds with boundary.

(ii) In (6) and (7) the fixed point set Y need not be orientable.

Example. If X is the complex projective plane canonically oriented and T complex conjugation with respect to homogeneous coordinates (z_0, z_1, z_2), then Y is the real projective plane and

$$\operatorname{sign}(Y \circ Y) = -1 .$$

X/G_2 is a rational homology 4-sphere which checks with (7).

(iii) If $\dim X = 4$ and Y is orientable, then $\operatorname{sign}(Y \circ Y)$ is the self-intersection number $Y \circ Y$ in X which equals $(Y' \circ Y')/2$ where $Y' \circ Y'$ is the self-intersection number of Y' in X/G_2 (compare (13)). Thus (7) can be written in this case as

$$\operatorname{sign}(X) = 2 \operatorname{sign}(X/G_2) - \frac{1}{2}(Y' \circ Y') . \tag{8}$$

Formula (8) is true also if Y is non-orientable. Then $Y' \circ Y'$ has to be considered as oriented self-intersection cobordism class in X/G_2.

4.

We make the assumptions of § 1 and wish to give a formula for $\operatorname{sign}(X, T)$ with $T \in G_n$, but T different from the identity. Observe that Y is orientable if $n \geqq 3$. For $n = 2$ we assume Y orientable, the non-orientable case having been settled in § 3. We orient Y and the normal bundle ν of Y such that these orientations span the given orientation of X. Then ν has $\mathbf{SO}(2)$ as structural group and may therefore be regarded as a complex line bundle with $\mathbf{U}(1)$ as structural group. This can be done equivariantly with respect to G_n. Then the operation of T in ν determines a complex eigenvalue t with $t^n = 1$ and $t \neq 1$.

THEOREM. *Under the assumptions of* § 1 (*with* $\dim X = 4k$) *we have*

$$\operatorname{sign}(X, T) = \operatorname{sign} \frac{(t+1) + (t-1)Y}{(t-1) + (t+1)Y} Y . \tag{9}$$

This formula is to be interpreted as follows: Develop

$$\frac{(t+1) + (t-1)y}{(t-1) + (t+1)y} y ,$$

where $t \in \mathbf{C}$ $(t \neq 1)$ and y an indeterminate, as a formal power series in y.

$$(10)\qquad \frac{(t+1)+(t-1)y}{(t-1)+(t+1)y}y = \frac{t+1}{t-1}y - \frac{4t}{(t-1)^2}y^2 + \cdots .$$

We construct a sequence of oriented submanifolds of X

$$\cdots \subset Y_3 \subset Y_2 \subset Y_1 = Y \subset X .$$

If Y_r is already constructed, then we make the embedding $i\colon Y_r \to X$ transversal to Y. Let j be a transversal map approximating i, then $Y_{r+1} = j^{-1}(Y)$. The orientations of Y_{r+1} and $j^*\nu$ span the orientation of Y_r. The oriented cobordism classes of the Y_r are independent of all other choices involved. The cobordism class of Y_r is denoted by

$$Y^r = Y \circ \cdots \circ Y \in \Omega^{4k-2r} .$$

If we replace in (10) the power y^r by Y^r, then we get an element of the cobordism algebra $\Omega^* \otimes \mathbf{C}$, where of course $Y^r = Y \circ \cdots \circ Y$ does not represent a power with respect to the multiplication in Ω^*. Recall that the signature is a ring homomorphism $\Omega^* \to \mathbf{Z}$ which vanishes by definition on Ω^m for $m \not\equiv 0 \pmod 4$. The right side of (9) is the signature of the element of $\Omega^* \otimes \mathbf{C}$ obtained by replacing y^r by Y^r. Thus (9) means (for $\dim X = 4k$)

$$\operatorname{sign}(X, T) = -\frac{4t}{(t-1)^2}\operatorname{sign}(Y \circ Y) + \cdots .$$

If Y is not connected, then the eigenvalue t has to be taken separately for each connectedness component of Y, and the right side of (9) represents a sum over the connectedness components. Changing the orientation of Y and simultaneously of the normal bundle ν has the effect that $Y^r \in \Omega^{4k-2r}$ is replaced by $(-1)^r Y^r$ and t by t^{-1}. Since

$$\frac{(t+1)+(t-1)y}{(t-1)+(t+1)y}y$$

remains unchanged under the substitution $t \to t^{-1}$, $y \to -y$ it does not matter which orientations we take as long as the orientations of Y and ν span the given orientation of X. Actually we have even more freedom with the orientations, since in (9) we have $\operatorname{sign}(Y^r) \neq 0$ only for r even. Formula (9) is a consequence of the Atiyah-Bott-Singer fixed point theorem, more precisely of the G-signature theorem [4, p. 582]. When applying it the invariance under the substitution $t \to t^{-1}$, $y \to -y$ has to observed because in [4] *loc cit.* the eigenvalue t is supposed to have a positive imaginary part.

When deducing (9) from the G-signature theorem we may assume $t \neq -1$. If $t = -1$, then T is an involution (which can happen only if n is even). But (9) reduces to (6) for $t = -1$. Without further explanation we write down the G-signature theorem of [4, p. 582] for our case and $t \neq -1$. We use precisely the notation of [4]. This gives for $t = e^{i\theta}$ $(0 < \theta < \pi)$

$$\operatorname{sign}(X, T) = 2^{2k-1}\left\{\mathfrak{L}(Y)\frac{1}{\tanh\dfrac{x+i\theta}{2}}\right\}[Y]$$

where $x \in H^2(X, \mathbf{Z})$ is the Poincaré dual of Y. Substitute in the expression in $\{\ \ \}$ each $(2r)$-dimensional class α by $2^r\alpha$, then we get

$$\operatorname{sign}(X, T) = \left\{\widetilde{\mathfrak{L}}(Y)\frac{1}{\tanh\left(x + i\dfrac{\theta}{2}\right)}\right\}[Y],$$

where $\widetilde{\mathfrak{L}}(Y) = \sum_{j=0}^{\infty} L_j(Y)$ is the total L-class of Y introduced in [7]. Since for $t = e^{i\theta}$

$$\frac{1}{\tanh\left(x + i\dfrac{\theta}{2}\right)} = \frac{(t+1)+(t-1)\tanh x}{(t-1)+(t+1)\tanh x},$$

we get (9) by using the virtual indices or signatures of [7, § 9].

5.

Still making the assumptions of § 1 we calculate $\operatorname{sign}(X/G_n)$ using (5) and (9). Observe that (9) remains correct if T is the identity and $t = 1$, because then the right side of (9) reduces to $\operatorname{sign}(Y^\circ)$ and $Y^\circ = X$. There is the following identity between rational functions.

$$\frac{1}{n}\sum_{t^n=1}\frac{(t+1)+(t-1)y}{(t-1)+(t+1)y} = \frac{(1+y)^n+(1-y)^n}{(1+y)^n-(1-y)^n}. \tag{11}$$

The sum is over all n^{th} roots of unity. By virtue of (11), the formulas (5) and (9) imply

1 THEOREM. *Let X be a compact oriented differentiable manifold of dimension $4k$ without boundary on which the cyclic group G_n of order n acts by orientation preserving diffeomorphisms. If all components of the fixed point set Y of this action have*

codimension 2 *and if* G_n *acts freely on* $X - Y$, *then* X/G_n *is a compact oriented differentiable manifold with*

$$(12)\quad \begin{cases} \operatorname{sign}(X/G_n) = \operatorname{sign} \dfrac{(1+Y)^n + (1-Y)^n}{(1+Y)^n - (1-Y)^n} Y \\ \qquad = \dfrac{1}{n} \operatorname{sign}(X) + \dfrac{n^2-1}{3n} \operatorname{sign}(Y \circ Y) + \cdots . \end{cases}$$

Suppose Y is orientable, consider the submanifold Y' of X/G_n ($Y = Y'$ under the projection $\pi\colon X \to X/G_n$). Orient Y and Y' in the same way and regard their normal bundles ν in X and ν' in X/G_n as complex line bundles. Then it follows easily that

$$(13)\qquad \nu' = \nu^n = \nu \otimes_{\mathbf{C}} \cdots \otimes_{\mathbf{C}} \nu .$$

As we shall see later ν' and ν (as bundles over Y') can be extended to complex line bundles E' and E over X/G_n with

$$E' = E^n \qquad (n\text{-fold tensor product})$$

and such that the first Chern class

$$c_1(E') = x' \in H^2(X/G_n, \mathbf{Z})$$

is the Poincaré dual of Y' in X/G_n. Therefore $x' = nc_1(E)$. Represent $c_1(E)$ by an oriented submanifold U of X/G_n. Then we can deduce from (12) and (13) a formula for sign (X) in terms of the signatures of the oriented self-intersection cobordism classes $U^r = U \circ \cdots \circ U$ where the "self-intersection" takes place in X/G_n. Leaving the details to the reader we obtain

$$(14)\quad \begin{aligned} \operatorname{sign} X &= \operatorname{sign} \frac{(1+U)^n - (1-U)^n}{(1+U)^n + (1-U)^n} \cdot \frac{1}{U} \\ &= n \operatorname{sign}(X/G_n) - \frac{n(n^2-1)}{3} \operatorname{sign}(U \circ U) + \cdots . \end{aligned}$$

If dim $X = 4$, then (14) can be written as

$$(15)\qquad \operatorname{sign} X = n \operatorname{sign}(X/G_n) - \frac{n^2-1}{3n}(Y' \circ Y')$$

where $Y' \circ Y'$ is the self-intersection number of the branching locus in X/G_n.

Remarks. (i) If Y is empty, then we have an unramified covering and (12) gives the well-known formula

$$\operatorname{sign}(X) = n \operatorname{sign}(X/G_n) .$$

This is not known in the *topological case*. Though formula (5) remains correct, the preceding formula cannot be deduced from it. Namely, for topological manifolds it is not known whether sign (X, T) vanishes for T without fixed points.

(ii) In the formulas (12), (14), and (15) the orientations of Y, U, and Y' respectively, do not play any role. Observe that in (12) and (14) the rational functions on the right side of the equations are even. Therefore only self-intersections Y^r etc. with r even occur. The orientation of Y^r does not change if one changes the orientation of Y.

6.

PROPOSITION. *Let M be a compact oriented differentiable manifold without boundary. Let Y' be an oriented differentiable submanifold of codimension 2, and $x' \in H^2(M, \mathbf{Z})$ the Poincaré dual of Y'. Suppose that x' is divisible by n in $H^2(M, \mathbf{Z})$. Then there exists a G_n-manifold X with $X/G_n = M$ and with branching locus Y' such that all the assumptions of* § 1 *are satisfied.*

For the proof we consider the complex line bundle E' with $c_1(E') = x'$. It has a differentiable section $s\colon M \to E'$ which vanishes on Y', is different from zero on $M - Y'$, and is transversal to $s_0(M)$ where s_0 is the zero section of E'. Since x' is divisible by n we can find a complex line bundle E with

$$E^n = E \otimes \cdots \otimes E = E' .$$

If $\rho\colon E \to E'$ denotes the map

$$\rho\colon v \longmapsto v \otimes \cdots \otimes v ,$$

then $X = \rho^{-1}s(M)$ satisfies all the assumptions of § 1.

Of course, X in the above proposition is in general not uniquely determined. Its signature is given by (14) where U is a submanifold representing $c_1(E)$.

If the assumptions of § 1 are satisfied for a given G_n-manifold X, then X is obtainable by the method of the preceding proposition. This can be seen as follows. Over $X/G_n - Y'$ we have a principal G_n-bundle, and over a tubular neighborhood $\mathcal{V}$ of Y' a principal $\mathbf{C}^*$-bundle coming from the normal bundle ν of Y in X.
2 If we extend the structural group of the principal G_n-bundle to $\mathbf{C}^*$ we get a principal $\mathbf{C}^*$-bundle over $X/G_n - Y'$ which can be identified

on $\mathcal{V} - Y'$ with the principal C^*-bundle of ν. Thus we get a principal C^*-bundle over X/G_n. We denote its associated complex line bundle by E. Then E^n is a complex line bundle E' with $c_1(E') = x'$, the Poincaré dual of Y'. As can be checked, X is obtained from E and E' as in the above proposition.

7.

The construction of **6** can be done in the complex analytic case. We need a minor modification. Let M be a compact complex manifold, and D a divisor on M given by meromorphic functions f_i defined in open sets U_i with $\bigcup U_i = M$ such that, on $U_i \cap U_j$, the function f_i/f_j has neither zeros nor poles (see [7, § 15.2]). We say, D has simple zeros and poles if and only if for a suitable open covering each f_i is a coordinate function z_1 in a local coordinate system $(z_1, z_2, \cdots, z_n)$ defined in U_i or is the inverse z_1^{-1} of such a coordinate function or is constant and different from zero and ∞. A divisor D has simple zero and poles if and only if $D = D_1 - D_2$ where D_1, D_2 are non-singular divisors [7, § 15.2, p. 115] with no common zeros, i.e., the complex submanifolds Y_1' and Y_2' of complex codimension 1 determined by D_1 and D_2 do not intersect.

We assume that

$$\{D\} = E \otimes \cdots \otimes E = E^n . \tag{16}$$

Here $\{D\}$ is the holomorphic complex line bundle defined by D and E is a holomorphic complex line bundle whose n^{th} power as a holomorphic line bundle is $\{D\}$. Any holomorphic line bundle L has an associated holomorphic bundle $\hat{L}$ with the complex projective line as fibre obtained by adding a point at infinity to each fibre of L.

The line bundle $\{D\}$ has transition functions

$$f_{ij} = f_i/f_j \colon U_i \cap U_j \longrightarrow C^*$$

and a meromorphic section given by the functions f_i. This meromorphic section defines a holomorphic section

$$s \colon M \longrightarrow \widehat{\{D\}} .$$

Because of (16) we have the "n^{th} power maps"

$$\rho \colon E \longrightarrow \{D\} , \qquad \hat{\rho} \colon \hat{E} \longrightarrow \widehat{\{D\}} .$$

Then $X = \hat{\rho}^{-1}s(M)$ is a compact complex manifold which is an n-fold holomorphic ramified covering of M with $Y' = Y_1' \cup Y_1'$. Here

Y' is determined by the zeros and poles of the divisor D. Since we are interested in the signature of X, the orientations given to the components of Y' do not matter (§ 5, *Remark* (ii)).

Formula (16) implies that the Chern class $c_1\{D\}$ is divisible by n. This divisibility is also sufficient for the existence of a holomorphic line bundle E with $E^n = \{D\}$. For the proof we use the exact sequence

$$H^1(M, \Omega) \xrightarrow{\exp} H^1(M, \mathbf{C}_\omega^*) \xrightarrow{c_1} H^2(M, \mathbf{Z}) \xrightarrow{j} H^2(M, \Omega)$$

where Ω is the sheaf of germs of holomorphic functions and $H^1(M, \mathbf{C}_\omega^*)$ the group of holomorphic line bundles under the tensor product [7, § 15.9]. If $c_1\{D\} = nx$, then x is in the kernel of j, therefore in the image of c_1. Thus $c_1\{D\} = c_1(E_1^n)$, where E_1 is a holomorphic line bundle, and $\{D\}E_1^{-n}$ is in the image of exp. In $H^1(M, \Omega)$ every element is divisible by n. Therefore $\{D\}E_1^{-n} = L^n$ where L is in the image of exp. q.e.d.

If M is an algebraic surface, then the ramified covering X is again algebraic. We have the following theorem.

THEOREM. *Let M be a non-singular algebraic surface and $D = D_1 - D_2$ a divisor on M where D_1, D_2 are non-singular curves which do not intersect. Suppose that the integral homology class of D is divisible by n. Then there exists an algebraic surface X which is a ramified covering of M along D (we have $M = X/G_n$ where the cyclic group G_n acts on X by holomorphic maps and freely outside the set of fixed points). For any such X we have*

$$\text{sign}(X) = n\,\text{sign}(M) - \frac{n^2-1}{3n} D \circ D\,, \qquad \text{(see (15))}\,. \tag{17}$$

Here $D \circ D$ is the self-intersection number of the homology class of the divisor D.

Remark. If in the preceding theorem $\text{sign}(M) = 0$ and $D \circ D < 0$ with $n \geqq 2$, we get examples of algebraic surfaces with $\text{sign}(X) \geqq 2$. In fact, Atiyah [1] and Kodaira [11] have in this way constructed algebraic surfaces with arbitrary large signatures, as we shall recall in § 8. The existence of algebraic surfaces with $\text{sign}(X) \geqq 2$ contradicts an earlier conjecture in algebraic geometry. Borel [5] has proved the existence of discontinuous groups operating freely on bounded homogeneous symmetric domains and which have a compact orbit space. Also his result led to examples of algebraic surfaces with arbitrary large signatures (compare [7, § 22.3]).

8.

The formula for the signature of ramified coverings was motivated by papers of Atiyah [1] and Kodaira [11] who studied the signature of ramified coverings in some special cases which are of particular interest because they show that the signature of the total space of a differentiable fibre bundle need not be equal to the product of the signatures of base and fibre. This multiplicative property holds however if the fundamental group of the base operates trivially on the cohomology of the fibre [6]. The construction in §§ 6 and 7 occurs essentially in [1] except that Atiyah studies only double coverings. We report briefly on the family of algebraic surfaces studied by Kodaira [11]. The calculation of Pontrjagin classes occuring in [1] and [11] can be replaced by formula (17).

Let C_1 be a Riemann surface (algebraic curve) of genus $g_1 \geqq 1$. Since $H_1(C_1, \mathbf{Z}_2) \neq 0$ there exists a Riemann surface C_2 which is an unramified double covering of C_1. Let $\tau\colon C_2 \to C_2$ be the covering translation; τ is a free involution. The genus g_2 of C_2 is given by

$$2(2 - 2g_1) = 2 - 2g_2\,, \qquad g_2 = 2g_1 - 1\,.$$

The group $H_1(C_2, \mathbf{Z}_n)$ is a homomorphic image of $\pi_1(C_2)$. Let C_3 be the Riemann surface (algebraic curve) which is associated to the universal unramified covering of C_2 with $H_1(C_2, \mathbf{Z}_n)$ as fibre. The degree of this covering map $f\colon C_3 \to C_2$ is n^{2g_2}. The genus g_3 of C_3 is

$$g_3 = n^{2g_2}(g_2 - 1) + 1\,.$$

In the cartesian product $C_3 \times C_2$ we consider the graph Γ_f of f. The self-intersection number of Γ_f in $C_3 \times C_2$ equals

$$\Gamma_f \circ \Gamma_f = \deg(f)\cdot(2 - 2g_2) = 4n^{4g_1-2}\cdot(1 - g_1)\,. \tag{18}$$

The class of Γ_f in $H_2(C_3 \times C_2, Z_n)$ is determined by $f^*\colon H^*(C_2, \mathbf{Z}_n) \to H^*(C_3, \mathbf{Z}_n)$. By the very construction f^* is 0 in dimensions 1 and 2. The same holds for $(\tau f)^* = f^*\tau^*$. In dimension 0, both f^* and $(\tau f)^*$ are the identity. Therefore Γ_f and $\Gamma_{\tau f}$ have the same homology class in $H_2(C_3 \times C_2, \mathbf{Z}_n)$. We can now apply the theorem of § 7 with $M = C_3 \times C_2$ and $D = \Gamma_f - \Gamma_{\tau f}$. Since

$$\operatorname{sign}(M) = \operatorname{sign}(C_3)\operatorname{sign}(C_2) = 0$$

and

$$D \circ D = 2\Gamma_f \circ \Gamma_f = -8n^{4g_1-2}(g_1 - 1) ,$$

we have

3 **Theorem.** *For any* $g_1 \geqq 1$ *and* $n \geqq 2$ *there exists an algebraic surface* $X(g_1, n)$ *with*

$$\operatorname{sign} X(n, g_1) = 8\,\frac{n^2 - 1}{3}(g_1 - 1)n^{4g_1-3} .$$

The Kodaira algebraic surface $X(g_1, n)$ is fibered differentiably over C_3 with algebraic curves $C_2'(x)$ as fibres which are n-fold ramified coverings of C_2 with the two branching points $f(x)$ and $\tau f(x)$ for $x \in C_3$. The fibres therefore have genus $ng_2 = n(2g_1 - 1)$. Thus $X(g_1, n)$ is a 4-dimensional manifold fibered differentiable over a 2-dimensional manifold C_3 of genus $n^{4g_1-2}(2g_1 - 2) + 1$ with a 2-dimensional manifold C_2' of genus $n(2g_1-1)$ as fibre. For $g_1 \geqq 2$ we have $\operatorname{sign} X(g_1, n) \neq 0$ whereas $\operatorname{sign}(C_2') \operatorname{sign}(C_3) = 0 \cdot 0 = 0$. Thus the signature does not behave multiplicatively in this differentiable fibre bundle. Observe that the signature is defined to be 0 for manifolds of a dimension not divisible by 4. A differentiable bundle with total space, base, and fibre of dimensions divisible by 4 is given by the cartesian product of $X(g_1, n) = X$ with itself. Then

$$\operatorname{sign} X^2 = (\operatorname{sign} X)^2 \neq 0 ,$$

whereas the base C_3^2 and the fibre $(C_2')^2$ have vanishing signatures.

$X(g_1, n)$ gives for $g_1 \geqq 2$ a family of Riemann surfaces $C_2'(x)$ $(x \in C_3)$ which is locally not trivial. The complex structure of $C_2'(x)$ varies with x (see [1] and [11]). As Atiyah [1] shows, this phenomenon is closely related to the non-multiplicativity of the signature.

University of Bonn

References

[1] M. F. Atiyah, The signature of fibre bundles (in this volume).

[2] M. F. Atiyah and I. M. Singer, *The index of elliptic operators*: I, Ann. of Math. **87** (1968), 484-530.

[3] M. F. Atiyah and G. B. Segal, *The index of elliptic operators*: II, Ann. of Math. **87** (1968), 531-545.

[4] M. F. Atiyah and I. M. Singer, *The index of ellipic operators*: III, Ann. of Math. **87** (1968), 546-604.

[5] A. Borel, *Compact Clifford-Klein forms of symmetric spaces,* Topology **2** (1963), 111-122.

[6] S. S. Chern, F. Hirzebruch, and J-P. Serre, *On the index of a fibered*

manifold, Proc. Amer. Math. Soc. **8** (1957), 587-596.

[7] F. HIRZEBRUCH, Topological Methods in Algebraic Geometry, Third enlarged edition, Springer Verlag, Berlin-Heidelberg-New York, 1966.

[8] ———, "Involutionen auf Mannigfaltigkeiten," Proceedings of the Conference on Transformation Groups, Tulane University, New Orleans, 1967. Springer Verlag, Berlin-Heidelberg-New, York 1968, pp. 148-166.

[9] ——— and K. JÄNICH, "Involutions and singularities," to appear in Proceedings of the Conference on Algebraic Geometry, Tata Institute, Bombay, 1968.

[10] K. JÄNICH, and E. OSSA, *On the signature of an involution*, to appear in Topology.

[11] K. KODAIRA, *A certain type of irregular algebraic surfaces*, J. Anal. Math. **19** (1967), 207-215.

(Received August 13, 1968)

43.

(mit M. F. Atiyah)

Spin-manifolds and group actions

In: Memoires dédiés à Georges de Rham, S. 18–28, Berlin-Heidelberg-New York: Springer 1970

*
§ 1. Actions on Spin-manifolds

1.1. Let X be a compact oriented differentiable n-dimensional manifold (all manifolds are without boundary except in § 4) on which a Riemannian metric is introduced. Let Q be the principal tangential $SO(n)$-bundle of X. A spin-structure of X is a principal Spin(n)-bundle P over X together with a covering map $\pi: P \to Q$ (of degree 2) such that the diagram

$$\begin{array}{ccccc} P \times \mathrm{Spin}(n) & \longrightarrow & P & & \\ \downarrow{\scriptstyle \pi\times\lambda} & & \downarrow{\scriptstyle \pi} & \searrow & \\ & & & & X \\ & & & \nearrow & \\ Q \times SO(n) & \longrightarrow & Q & & \end{array} \tag{1}$$

commutes, where λ is the standard double covering $\mathrm{Spin}(n) \to SO(n)$ and where the horizontal arrows are the actions of Spin(n) and $SO(n)$ from the right on P and Q respectively.

1.2. An action of a compact Lie group G on such a Spin-manifold X is an action of G on X by orientation preserving isometries together with an action of G on P (commuting with the action of Spin(n) from the right) which is compatible with π (the action on Q being induced by the action on X).

1.3. For n even $(n=2l)$ we consider the finite-dimensional complex vector space H of harmonic spinors on X (see [2] p. 570). It decomposes:

$$H = H^+ \oplus H^-,$$

where $H^{\pm}$ is the space of harmonic sections of the complex vector bundle $E^{\pm}$ associated to P by the Spinor representation Δ^+ or Δ^- respectively.

We define as in [2] the spinor-index of X

$$\operatorname{Spin} X = \dim_{\mathbf{C}} H^+ - \dim_{\mathbf{C}} H^-. \tag{2}$$

The $\hat{A}$-genus of X (see [5] § 26) is the "genus" belonging to the characteristic power series

$$\frac{x/2}{\sinh x/2} = \frac{x}{e^{x/2} - e^{-x/2}}.$$

We put

(3) $$\hat{\mathfrak{A}} = \sum_{r=0}^{\infty} \hat{A}_r(p_1, \ldots, p_r).$$

Then for any real vector bundle L the rational cohomology class $\hat{\mathfrak{A}}(L)$ is well defined. $\hat{\mathfrak{A}}(X)$ is the $\hat{\mathfrak{A}}$-class of the tangent bundle of X. It is defined for every differentiable manifold and by definition we have

$$\hat{A}(X) = \hat{\mathfrak{A}}(X)[X].$$

Thus $\hat{A}(X)$ vanishes if l is odd. For $l=2k$ we have in terms of the Pontrjagin classes of X

$$\hat{A}(X) = \hat{A}_k(p_1, \ldots, p_k)[X],$$

for example

$$\hat{A}(X) = -\frac{1}{24} p_1[X] \qquad (k=1),$$

$$\hat{A}(X) = \frac{1}{2^7 \cdot 45}(-4p_2 + 7p_1^2)[X] \qquad (k=2).$$

As was proved in [2] (Theorem 5.3), we have for a Spin-manifold

(4) $$\operatorname{Spin}(X) = \hat{A}(X).$$

1.4. We still assume $n=2l$ and moreover that we have an action of a compact Lie group G as in 1.2. Then the vector bundles E^+ and E^- are G-bundles and G acts on H^+ and H^- ([2] p. 571). We get two characters of G whose difference is by definition the spinor-index of the action:

$$\operatorname{Spin}(G, X) \in R(G).$$

The value of $\operatorname{Spin}(G,X)$ at the element g of G will be denoted by $\operatorname{Spin}(g,X)$. For $g=1$ this is the spinor-index of 1.3. By the general Lefschetz theorem ([2] Theorem 3.9) $\operatorname{Spin}(g,X)$ can be calculated in terms of the fixed point set X^g of g to give a result which generalizes (4):

Let X^g_ν be the various connected components of X^g. For each X^g_ν a local spin-number $\operatorname{spin}(g, X^g_\nu)$ can be defined. Then the Lefschetz theorem states

(5) $$\operatorname{Spin}(g, X) = \sum_\nu \operatorname{spin}(g, X^g_\nu).$$

The formula for $\operatorname{spin}(g, X_\nu^g)$ is obtained by applying Theorem 3.9. of [2] to our special situation. We shall give the result and leave the deduction to the reader:

The normal bundle N^g of X_ν^g in X has a canonical decomposition invariant under g:

$$N^g = N^g(-1) \oplus \sum_\mu N^g(\mu), \tag{6}$$

where the μ are complex numbers of absolute value 1 with positive imaginary part and where $N^g(\mu)$ has a complex structure in which g operates by multiplication with μ. The real bundle $N^g(-1)$ belongs to the eigenvalue -1. Only a finite number of μ actually occur. For simplicity we assume that for all components X_ν^g the bundle $N^g(-1)$ is the zero bundle. In this way we simplify certain sign questions (compare [1] p. 485). N^g and thus X_ν^g are canonical oriented. For a complex vector bundle L of complex dimension r we introduce, for every complex number $z \neq 1$, the cohomology class

$$\begin{aligned}\mathfrak{F}(L,z) &= \prod_{j=1}^{r} \left(z^{-\frac{1}{2}} e^{x_j/2} - z^{\frac{1}{2}} e^{-x_j/2}\right)^{-1} \\ &= \prod_{j=1}^{r} \frac{z^{\frac{1}{2}} e^{-x_j/2}}{1 - z e^{-x_j}} = \prod_{j=1}^{r} \frac{z^{-\frac{1}{2}} e^{x_j/2}}{z^{-1} e^{x_j} - 1},\end{aligned} \tag{7}$$

where the x_j are formal roots of the total Chern class of L. This is a cohomology class with complex coefficients. Because of the factor $z^{\frac{1}{2}}$ it is only defined up to sign. Now the formula for $\operatorname{spin}(g, X_\nu^g)$ can be written down.

$$(-1)^l \operatorname{spin}(g, X_\nu^g) = \left(\hat{\mathfrak{A}}(X_\nu^g) \prod_\mu \mathfrak{F}(N^g(\mu), \mu)\right)[X_\nu^g]. \tag{8}$$

The right side of (8) is only defined up to sign. To make this sign precise we use the action of g on P. Otherwise only the action of g on X is needed to right down the right side of (8). Let $x \in X_\nu^g$. Then g acts on E_x^+ and E_x^-. To determine the sign in (8) we have to define γ with

$$\gamma^2 = \prod_\mu \mu^{d(\mu)},$$

where $d(\mu)$ is the complex dimension of $N^g(\mu)$. This is done by the formula

$$2^d \cdot \gamma \cdot \prod_\mu (1 + \mu^{-1})^{d(\mu)} = \operatorname{tr}(g \mid E_x^+ \oplus E_x^-), \tag{9}$$

where $2d = \dim X_\nu^g$.

1.5. We now specialize to the case $G=S^1$, making the same assumptions as in 1.2 with $\dim X=2l$.

Lemma. *If X is connected and S^1 acts non-trivially on X, then*

$$\mathrm{Spin}(S^1,X)=0\in R(S^1);$$

in particular

$$\hat{A}(X)=0.$$

Proof. Let $S^1=\{z:|z|=1\}$ and z_0 a generator of the topologically cyclic group S^1 which is sufficiently close to 1 and has positive imaginary part. We shall apply 1.4 with $g=z_0$. Then X^{S^1}, the set of points fixed under all elements of S^1, equals X^g. It has *positive* codimension. We write $X_\nu^{S^1}$ instead of X_ν^g. The eigenvalues μ are powers z_0^m where m is a positive integer. We write $N^{S^1}(m)$ instead of $N^g(\mu)$, and $d(m)$ instead of $d(\mu)$. The bundles $N^g(-1)$ are all zero. The numbers m are independent of the choice of z_0 and only a finite number of m, (but at least one) actually occur. For any complex number z with $|z|=1$ but z not a root of unity, we put

$$(-1)^l \mathrm{spin}(z,X_\nu^{S^1})=\Big(\mathfrak{A}(X_\nu^{S^1})\prod_m \mathfrak{F}(N^{S^1}(m),\ z^m)\Big)[X_\nu^{S^1}], \tag{10}$$

where the sign question is settled by choosing

$$\gamma(z)=\Big(\prod_m z^{m\cdot d(m)}\Big)^{\frac{1}{2}}$$

with

$$2^d\cdot\gamma(z)\prod_m(1+z^{-m})^{d(m)}=tr(z\mid E_x^+\oplus E_x^-).$$

Thus $\gamma(z)$ is not branched. We have

$$s=\Sigma\, m\, d(m)\equiv 0 \bmod 2 \quad\text{and}\quad \gamma(z)=z^{s/2} \quad\text{because}\quad \gamma(1)=1.$$

Therefore $\mathrm{spin}(z,X_\nu^{S^1})$ is a well-defined rational function in z whose poles are roots of unity and which vanishes at $z=0$ and $z=\infty$, as is apparent from (7). For any $z\in S^1$ we have

$$\mathrm{Spin}(z,X)=\sum_\nu \mathrm{spin}(z,X_\nu^{S^1}). \tag{11}$$

This is true by (5) for any z_0 chosen as before and therefore by continuity for any z. Also $\mathrm{Spin}(z,X)$ extends to a rational function. As a character it is a finite Laurent series

$$\mathrm{Spin}(z,X)=\sum_{s=-k}^{k} a_s z^s.$$

Since $\mathrm{Spin}(0,X)=\mathrm{Spin}(\infty,X)=0$ (by (11)) the rational function $\mathrm{Spin}(z,X)$ must be identically 0.

Theorem. *Let X be a connected Spin-manifold of dim $2l$ and G a compact connected Lie group acting non-trivially on X and acting also on its Spin-structure P* (as in 1.2). *Then*

$$\mathrm{Spin}(G,X)=0;$$

in particular $\hat{A}(X)=0$.

Proof. Let T be a maximal torus of G. Let S be a circle contained in T. Then by the lemma $\mathrm{Spin}(t,X)=\mathrm{Spin}(X)$ for all $t\in S$. Since the points which lie on circles are dense in T we have $\mathrm{Spin}(t,X)=\mathrm{Spin}(X)$ for all $t\in T$. Since at least one circle must act non-trivially we have $\mathrm{Spin}(X)=0$.

§ 2. The Vanishing of the $\hat{A}$-genus

2.1. Proposition *Let X be a compact connected oriented differentiable manifold with Riemannian metric on which a compact connected Lie group G operates effectively by isometries. Suppose P is a Spin-structure for X. Then there exists canonically a Lie group G_1 and a homomorphism $h: G_1\to G$, which is either identity or a double covering, such that G_1 acts on P* (as in 1.2) *inducing via h the given action of G on X.*

Proof. We use the notation of 1.1. The Riemannian metric on X induces a canonical metric on Q and hence also on P. This is defined by the canonical Riemannian connection (Levi-Civita) on Q together with the invariant metric on $SO(n)$. Any $g\in G$ induces a diffeomorphism $g_Q: Q\to Q$. This is an isometry because the metric on Q is canonically associated to the metric on X. For any element of the Lie algebra $L(G)$, the corresponding infinitesimal isometry is a vector field on Q which commutes with the action of the Lie algebra $L(SO(n))$. Lifting this vector field to P we obtain an infinitesimal isometry of P which commutes with the action of $L(\mathrm{Spin}(n))=L(SO(n))$. Thus we have an infinitesimal action of $L(G)$ on P commuting with $\mathrm{Spin}(n)$. Exponentiating gives an action of $\tilde{G}$, the universal cover of G, on P commuting with $\mathrm{Spin}(n)$. Let G_1 be the effective image of $\tilde{G}$ on P. We have a homomorphism $h: G_1\to G$ and the kernel is clearly of order 2 or 1 (since there are only two automorphisms of P over Q).

2.2. If in the preceding proposition the dimension of X is $2l$ and if G is not the trivial group, then the theorem of 1.5 can be applied to G_1 and shows that $\mathrm{Spin}(G_1,X)=0$, in particular $\hat{A}(X)=0$. The $\hat{A}$-genus depends only on the differentiable structure of the manifold (by results of S. P. Novikov it is even a topological invariant). The existence of a spin-structure is equivalent to the vanishing of the second Stiefel-Whitney class $w_2(X)$.

Theorem. *Let X be a compact connected oriented differentiable manifold of dimension $4k$ with $w_2(X)=0$. If a compact connected Lie group G acts differentiably and non-trivially on X, then $\hat{A}(X)=0$.*

For the proof one introduces a Riemannian metric in which G acts by isometries.

Theorem. *Let X be a compact connected oriented differentiable manifold of dimension $4k$ with $w_2(X)=0$ and $\hat{A}(X)\neq 0$. Then any compact subgroup of the group of all diffeomorphisms of X (compact-open topology) is finite, i.e. the degree of symmetry of X in the sense of W. C. Hsiang and W. Y. Hsiang is zero.*

Any compact subgroup acts by isometries with respect to a suitable Riemannian metric and is therefore a Lie group.

In particular, the $\hat{A}$-genus of any homogeneous space G/H of a compact connected Lie group $(G\neq H)$ vanishes if $w_2(G/H)=0$. This is a consequence of the theorem of Lichnerowicz [7] that for a Spin-manifold with everywhere positive scalar curvature, the space H of harmonic spinors is zero. In [4] p. 332 the $\hat{A}$-genus of homogeneous spaces was investigated. The theorem in 1.5 is related to [4] Theorem 23.3 (iv).

2.3. Consider the sequence N^{4k} of manifolds with $N^4=V_2^{(4)}$ and $N^{4k}=P_k(K)\,(k\geqq 2)$ where $V_2^{(4)}$ is the hypersurface of degree 4 in $P_3(C)$ and $P_k(K)$ is the quaternionic projective space. This is a basis sequence for the cobordism algebra $\Omega^*\otimes Q$ ([5] p. 79) because $s(N^4)=-48$ and $s(N^{4k})=2k+2-4^k\,(k\geqq 2)$ do not vanish. (For the Pontrjagin classes of $P_k(K)$ see [3] p. 519.) The second Stiefel-Whitney class vanishes for all N^{4k}. We have $\hat{A}(N^4)=2$ and $\hat{A}(N^{4k})=0$ for $k\geqq 2$ by 2.2. Therefore the homogeneous ideal in $\Omega^*\otimes Q$ defined by the vanishing of the $\hat{A}$-genus (i.e. the kernel of the ring homomorphism $\Omega^*\otimes Q\to Q[y]$ given by $M^n\mapsto \hat{A}(M)y^n$) is generated as an ideal by the quaternionic projective spaces. These admit non-trivial circle actions. Observe that if M admits a non-trivial circle action, also $M\times N$ does. Therefore:

Theorem. *For a compact oriented differentiable manifold X we have $\hat{A}(X)=0$ if and only if there exists a multiple mX which is cobordant to a manifold Y, with $w_2(Y)=0$, which admits a non-trivial circle action on each of its components.*

Theorem. *If a linear combination q of Pontrjagin numbers of weight k vanishes on all connected differentiable manifolds X of dimension $4k$ with $w_2(X)=0$ which admit a non-trivial circle action, then q is a multiple of $\hat{A}_k(p_1,\ldots,p_k)$.*

Proof. The vector space $\Omega^{4k}\otimes Q$ has the basis $\{N^{4j_1}\times N^{4j_2}\times\cdots\times N^{4j_r}\}$ where $(j_1,j_2,\ldots,j_r)$ runs through all partitions of k. Then q vanishes on all basis elements except on $(N^4)^k$. The same holds for $\hat{A}$. Therefore

$$q=\frac{q[(N^4)^k]}{2^k}\hat{A}.$$

2.4. Let X be a compact connected oriented differentiable manifold (not necessarily of even dimension) on which S^1 acts effectively. Then the components $X_\nu^{S^1}$ of the fixed point set and the bundles $N^{S^1}(m)$ are well-defined (compare 1.5). If P is a Spin-structure for X (with respect to an S^1-invariant Riemannian metric) we have seen in 2.1 that either S^1 or the double covering of S^1 acts canonically on P. In the first case we call the S^1-action of even type, in the second case of odd type.

Lemma. *Suppose X^{S^1} is not empty. The S^1-action is of even type if and only if for each component $X_\nu^{S^1}$ of the fixed-point set*

$$\Sigma\, m\, d(m)\equiv 0 \pmod 2,$$

it is of odd type if and only if for each component

$$\Sigma\, m\, d(m)\equiv 1 \pmod 2.$$

Proof. Let T be the element of order 2 in S^1. This involution is of even or odd type ([1] p. 487) if and only if the S^1-action is of even or odd type respectively. T is of even type if and only if all components of the fixed-point set X^T have codimension $\equiv 0 \bmod 4$, it is of odd type if and only if all these codimensions are $\equiv 2 \bmod 4$. Clearly, $X_\nu^{S^1}$ is contained in a fixed point component of T of codimension $2\left(\sum_{m\,\mathrm{odd}} d(m)\right)$ which modulo 4 is congruent to $2(\Sigma\, m\, d(m))$.

Let $\dim X=2l$. For an even action of S^1 the rational functions $\mathrm{spin}(z,X_\nu^{S^1})$ are well-defined as in 1.5. For an odd action, they are defined for the double cover of **C** (compactified at ∞) with branching points at 0 and ∞. We can regard them in the odd case as ramified functions on **C**. Then

$$\mathrm{spin}(z,X_\nu^{S^1})=\sqrt{z}\cdot\text{rational function.}$$

§ 3. Remarks on the Complex Case

Let X be a compact n-dimensional complex manifold and Ω^p the sheaf of local holomorphic p-forms. Then $H^q(X,\Omega^p)=H^{p,q}(X)$ is a finite-dimensional complex vector space. If $g\colon X\to X$ is holomorphic, then it acts on $H^{p,q}(X)$ and therefore the trace $\operatorname{tr}(g\mid H^{p,q}(X))$ is defined. We define

$$\chi^p(X)_g=\Sigma(-1)^q\operatorname{tr}(g\mid H^{p,q}(X))$$

and

$$\chi_y(X)_g=\sum_{p=0}^{n}\chi^p(X)_g\, y^p,$$

where y is an indeterminate. (This generalizes definitions in [5] to the equivariant case.)

Now suppose S^1 acts on X by holomorphic maps. Then X^{S^1} is a complex manifold. The normal bundle N^{S^1} of any connected component $X^{S^1}_\nu$ splits canonically

$$N^{S^1}=\sum_m N^{S^1}(m),$$

where $z\in S^1$ operates in $N^{S^1}(m)$ by multiplication with z^m. All bundles are complex vector bundles and the (finitely many) m are positive or negative integers. $\chi_y(X)_z$ can be calculated in terms of the fixed-point sets ([2] § 4). The local contributions from the fixed-point sets are rational functions. If we put $z=0$ and $z=\infty$ (compare 1.5), we obtain the following results due to Lusztig and Kosniowski:

Theorem. *If S^1 acts on a compact complex manifold X by holomorphic maps, then*

(i) $\chi_y(X)_z=\chi_y(X)_1=\chi_y(X)$ *for all* $z\in S^1$,

(ii) $\chi_y(X)=\sum_\nu(-y)^{s_\nu}\chi_y(X^{S^1}_\nu)$, *where* $s_\nu=\sum_{m>0} d(m)$. (*The sum is over the normal "rotation numbers" of $X^{S^1}_\nu$ which are positive, $d(m)=\dim N^{S^1}(m)$*).

The result (i) was previously known only for Kähler manifolds. The $H^{p,q}(X)$ are then part of the cohomology and $z\in S^1$ acts as the identity on $H^{p,q}(X)$ because z is homotopic to the identity map. The deduction of (i) from the holomorphic Lefschetz formula is due to Lusztig. In fact Lusztig also treats the case of a holomorphic vector field (not necessarily coming from an S^1-action) provided there are only simple isolated zeros. The result (ii), with the proof indicated above, is due to Kosniowski [6], and it initiated our investigation of the Spin case.

Formula (ii) gives, for $y=1$, a result on the signature of X. (In [5] § 8 the signature was called index and denoted by $\tau(X)$. Here we write $\operatorname{sign}(X)$).

$$\operatorname{sign}(X)=\sum_{\nu}(-1)^{s_\nu}\operatorname{sign}(X_\nu^{S^1}).$$

This also makes sense in the differentiable case and was proved, by similar methods, in [2] p. 594. If one chooses for an S^1-action the orientation of 1.4 and 1.5, then

$$\operatorname{sign}(X)=\sum_{\nu}\operatorname{sign}(X_\nu^{S^1}).$$

For $y=-1$, formula (ii) is the classical Lefschetz result for the Euler numbers

$$e(X)=e(X^{S^1}).$$

The above theorem is related to [4] § 22.8.

§ 4. Invariants of Fixed-point Free Circle Actions

Let Y be a compact oriented differentiable manifold (without boundary) of dimension $2l-1$. We assume ($\tilde{H}$ means reduced cohomology)

$$\tilde{H}^0(Y,Z_2)=H^1(Y,Z_2)=0, \qquad w_2(Y)=0. \tag{12}$$

Then Y has (for some Riemannian metric) exactly one spin-structure P up to isomorphism ([1] p. 480). Suppose S^1 acts on Y effectively without fixed points. This means that no point of Y is left fixed by the whole group, that is $Y^{S^1}=\phi$. The S^1-action is either of even or odd type (2.4). If the S^1-manifold Y bounds an oriented S^1-manifold X with

$$\tilde{H}^0(X,Z_2)=H^1(X,Z_2)=0, \qquad w_2(X)=0, \tag{13}$$

then we have a unique spin-structure on X and the S^1-action on X has the same type as the S^1-action on Y. (All notions needed here apply to manifolds with boundary.) The fixed-point sets $X_\nu^{S^1}$ are manifolds without boundary, since $Y^{S^1}=\phi$. The functions $\operatorname{spin}(z,X_\nu^{S^1})$ are therefore well-defined: for their definition (1.5) it is not necessary for X to be without boundary, only that the $X_\nu^{S^1}$ are without boundary. They are rational functions on $\mathbf{C}$ or on the double branched covering of $\mathbf{C}$ (see 2.4). We define

$$\rho(z,Y)=\Sigma\operatorname{spin}(z,X_\nu^{S^1}).$$

Using the lemma in 1.5, a standard argument shows that $\rho(z,Y)$ depends only on the S^1-manifold Y. The function $\rho(z,Y)$ is defined only if (12) is satisfied and if Y bounds an oriented S^1-manifold X satisfying (13). These cohomological conditions ensure that for two such manifolds X, say X_1 and X_2, the manifold

$$M = X_1 \bigcup_Y (-X_2)$$

satisfies $\tilde{H}^0(M,Z_2)=H^1(M,Z_2)=0$ and $w_2(M)=0$, so that M has again a unique spin-structure and the lemma 1.5 can be applied to M. Actually $\rho(z,Y)$ is a cobordism invariant in the following sense.

If W is an S^1-manifold without fixed-points and

$$H^1(W,Z^2)=0, \quad w_2(W)=0,$$
$$\partial W = Y \cup (-Y'),$$

then

$$\rho(z,Y)=\rho(z,Y').$$

An invariant $\sigma(z,Y)$ for fixed-point free S^1-actions based on the signature instead of the spinor-index was introduced in [2] p. 593. The function $\rho(z,Y)$, like $\sigma(z,Y)$, can only have poles at points z which lie in S^1 and have a fixed-point on Y. (Compare [2] Proposition 7.6.)

Consider, for $l \geqslant 2$, the sphere

$$S^{2l-1}=\{x \in \mathbf{C}^l: |x_1|^2+\cdots+|x_l|^2=1\}$$

and the S^1-action

$$z \cdot x = (z^{m_1}x_1, z^{m_2}x_2, \ldots, z^{m_l}x_l),$$

where the m_j are positive integers whose greatest common divisor equals 1. Then the action is effective. It is of even type if $s=\Sigma m_j \equiv 0(2)$, otherwise of odd type. For this action the invariant ρ can be calculated by extending the action to the ball

$$\rho(z,S^{2l-1})=z^{s/2}\prod_j (z^{m_j}-1)^{-1}.$$

This seems closely related to the Reidemeister-torsion of Lens spaces.

Bibliography

[1] Atiyah, M. F., and R. Bott: A Lefschetz fixed point formula for elliptic complexes, II. Applications. Ann. of Math. **88,** 451–491 (1968).

[2] —, and I. M. Singer: The index of elliptic operators, III. Ann. of Math. **87,** 546–604 (1968).

[3] Borel, A., and F. Hirzebruch: Characteristic classes and homogeneous spaces, I. Amer. J. of Math. **80,** 458–538 (1958).

[4] — — Characteristic classes and homogeneous spaces, II. Amer. J. of Math. **81,** 315–382 (1959).

[5] Hirzebruch, F.: Topological methods in algebraic geometry. Third enlarged edition, Berlin-Heidelberg-New York: Springer 1966.

[6] Kosniowski, C.: Applications of the holomorphic Lefschetz formula. Bull. London Math. Soc. 1969. [To appear.]

[7] Lichnerowicz, A.: Spineurs harmoniques. Paris: C. R. Acad. Sci. **257,** 7–9 (1963).

44.

Lösung einer Aufgabe von H. Hasse

Jahresber. Dtsch. Math.-Ver. *72* (1970), 29 – 32

* **Lösung der Aufgabe 327.** Die Aufgabe (von H. Hasse, Jber. Deutsch. Math.-Verein. **53** (1943) 34 kursiv) lautet:

Für drei paarweise teilerfremde natürliche Zahlen $m_i > 2$ ist die Anzahl der Gitterpunkte mit je zu m_i teilerfremden Koordinaten x_i im Tetraeder

$$2 \operatorname{Max} \frac{x_i}{m_i} < \sum \frac{x_i}{m_i} < 1 \tag{1}$$

gerade.

Zur Vereinfachung der Bezeichnungen setzen wir $x_i/m_i = y_i$. Dann ist (1) äquivalent zu

$$\begin{array}{ll} -y_1 + y_2 + y_3 > 0 & \\ y_1 - y_2 + y_3 > 0 & y_1 + y_2 + y_3 < 1 \\ y_1 + y_2 - y_3 > 0. & \end{array} \tag{2}$$

Aus den Ungleichungen (2) folgt

$$\begin{array}{ll} 0 < y_i < 1 & (i = 1, 2, 3) \\ y_1 + y_2 + y_3 < 1. & \end{array} \tag{3}$$

Ein Gitterpunkt soll zulässig heißen, wenn $(x_i, m_i) = 1$ für $i = 1, 2, 3$. Wir bezeichnen für drei natürliche Zahlen $m_i \geqq 1$ mit $A = A(m_1, m_2, m_3)$ die Anzahl der zulässigen Gitterpunkte, die (2) erfüllen. A ist die von Hasse betrachtete Anzahl. Entsprechend bezeichne $B = B(m_1, m_2, m_3)$ die Anzahl der zulässigen Gitterpunkte, für die (3) gilt.

Lemma 1. *Wenn m_1, m_2, m_3 die Bedingungen in der Aufgabe von Hasse erfüllen, dann ist* $A(m_1, m_2, m_3) \equiv B(m_1, m_2, m_3) \bmod 2$.

Beweis: Setzt man (3) voraus, dann kann von den drei Summen

$$-y_1 + y_2 + y_3, \; y_1 - y_2 + y_3, \; y_1 + y_2 - y_3$$

höchstens eine kleiner als 0 sein. Wären nämlich zum Beispiel die beiden ersten kleiner als 0, dann würde folgen $y_3 < 0$, während jedoch $y_3 > 0$ vorausgesetzt ist. Wir betrachten jetzt die zulässigen Gitterpunkte, welche (3) und die Ungleichung

$$-y_1 + y_2 + y_3 < 0 \tag*{(4)$_1$}$$

erfüllen. Die Menge dieser Gitterpunkte geht bei der Involution

$$\begin{array}{ll} (x_1, x_2, x_3) \to (m_1 - x_1, x_2, x_3) & \text{d. h.} \\ (y_1, y_2, y_3) \to (1 - y_1, y_2, y_3) & \end{array} \tag{5}$$

in sich über. Die Zulässigkeit bleibt nämlich erhalten, die Ungleichungen $0 < y_i < 1$ gehen in sich über, während $(4)_1$ in $y_1 + y_2 + y_3 < 1$ übergeht und $y_1 + y_2 + y_3 < 1$ in $(4)_1$ übergeht. Die Involution (5) hat auf der betrachteten Menge von Gitterpunkten keinen Fixpunkt, da $m_1 > 2$ und die Gitterpunkte zulässig sind. Deshalb ist die Anzahl der zulässigen Gitterpunkte, welche (3) und $(4)_1$ erfüllen, gerade. Diese Anzahl werde C_1 genannt. Entsprechend sind C_2

und C_3 definiert. Sie sind ebenfalls gerade. Wegen der am Anfang des Beweises gemachten Bemerkung ist

$$B = A + C_1 + C_2 + C_3. \tag{6}$$

Benutzt wird hier noch, daß $\pm y_1 \pm y_2 \pm y_3$ für zulässige Gitterpunkte wegen der paarweisen Teilerfremdheit der m_i nicht verschwinden kann.

Definition: *Für natürliche Zahlen m_1, m_2, m_3 mit $m_i \geqq 1$ sei $S^+(m_1, m_2, m_3)$ die Anzahl der Gitterpunkte mit*

$$0 < x_i < m_i, \; (x_i, m_i) = 1, \; 0 < \sum \frac{x_i}{m_i} < 1 \bmod 2\mathbf{Z} \tag{7}$$

und $S^-(m_1, m_2, m_3)$ die Anzahl der Gitterpunkte mit

$$0 < x_i < m_i, \; (x_i, m_i) = 1, \; 1 < \sum \frac{x_i}{m_i} < 2 \bmod 2\mathbf{Z}. \tag{8}$$

Wenn die m_i paarweise teilerfremd und $\geqq 2$ sind, dann ist

$$S^+(m_1, m_2, m_3) + S^-(m_1, m_2, m_3) = \varphi(m_1) \cdot \varphi(m_2) \cdot \varphi(m_3), \tag{9}$$

wo φ die Eulersche Funktion ist. Beachte, daß wegen der paarweisen Teilerfremdheit der m_i die Summe $\sum \frac{x_i}{m_i}$ keine ganzzahligen Werte annehmen kann. Da stets

$$0 < \sum \frac{x_i}{m_i} < 3,$$

kann man „mod 2**Z**" in (8) weglassen und in (7) schreiben

$$0 < \sum \frac{x_i}{m_i} < 1 \quad \text{oder} \quad 2 < \sum \frac{x_i}{m_i} < 3. \tag{10}$$

Bei der Abbildung $(x_1, x_2, x_3) \to (m_1 - x_1, m_2 - x_2, m_3 - x_3)$ geht die Menge der Gitterpunkte, welche (7) und die erste Ungleichung von (10) erfüllen in die Menge der Gitterpunkte über, welche (7) und die zweite Ungleichung von (10) erfüllen. Deshalb ist S^+ durch 2 teilbar und zwar ist

$$S^+(m_1, m_2, m_3) = 2 \cdot B(m_1, m_2, m_3). \tag{11}$$

Lemma 2. *Für drei paarweise teilerfremde natürliche Zahlen $m_i > 2$ ist die von Hasse betrachtete Anzahl $A(m_1, m_2, m_3)$ dann und nur dann gerade, wenn die Differenz*

$$S(m_1, m_2, m_3) = S^+(m_1, m_2, m_3) - S^-(m_1, m_2, m_3) \tag{12}$$

durch 8 teilbar ist. (Diese Differenz ist auch für beliebige $m_i \geqq 1$ wohldefiniert.)

Beweis: Aus (9), (11) und (12) folgt

$$4B(m_1, m_2, m_3) = \varphi(m_1) \cdot \varphi(m_2) \cdot \varphi(m_3) + S(m_1, m_2, m_3).$$

Da $\varphi(m)$ für $m > 2$ gerade ist, folgt die Behauptung aus Lemma 1.

Wir bezeichnen wie in [4], p. 99, für drei natürliche Zahlen $m_i \geqq 1$ mit $\tau^+(m_1, m_2, m_3)$ die Anzahl der Gitterpunkte (x_1, x_2, x_3) mit

$$0 < x_i < m_i, \qquad 0 < \sum \frac{x_i}{m_i} < 1 \bmod 2\mathbf{Z} \tag{13}$$

und mit $\tau^-(m_1, m_2, m_3)$ die Anzahl der Gitterpunkte mit

$$(14)\qquad 0 < x_i < m_i, \qquad 1 < \sum \frac{x_i}{m_i} < 2 \bmod 2\mathbf{Z}.$$

Die Bedingung „zulässig", d. h. $(x_i, m_i) = 1$, wurde hier weggelassen. Wir setzen

$$(15)\qquad \tau(m_1, m_2, m_3) = \tau^+(m_1, m_2, m_3) - \tau^-(m_1, m_2, m_3).$$

In [1] wurde im Anschluß an die Arbeit von Pham [6] gezeigt, daß

$$\tau(m_1, m_2, m_3)$$

die Signatur der affinen singularitätenfreien algebraischen Fläche

$$z_1^{m_1} + z_2^{m_2} + z_3^{m_3} = 1,$$

d. h. die Signatur der durch die Bildung der Schnittzahl über der 2-dimensionalen Homologiegruppe dieser algebraischen Fläche definierten quadratischen Form ist.

In [5] und in [4], p. 94 und 98, wurde diese quadratische Form wie folgt beschrieben. Es sei G_i die zyklische Gruppe der Ordnung m_i und w_i ein erzeugendes Element von G_i. Das direkte Produkt der G_i wird mit G bezeichnet. Im Gruppenring $\mathbf{Z}[G]$ wird das Element

$$\eta = (1 - w_1) \cdot (1 - w_2) \cdot (1 - w_3)$$

und über dem $\mathbf{Z}$-Modul $\eta \cdot \mathbf{Z}[G]$ folgende symmetrische Bilinearform eingeführt

$$s(x\eta, y\eta) = -\varepsilon(x\bar{y}(\eta + \bar{\eta})).$$

Hierbei ist für $x = \sum_{\sigma \in G} a_\sigma \cdot \sigma$ definiert: $\bar{x} = \sum_{\sigma \in G} a_\sigma \cdot \sigma^{-1}$, und ε ist die durch $\varepsilon(1) = 1$ und $\varepsilon(\sigma) = 0$ (für $\sigma \neq 1$) definierte Abbildung $\mathbf{Z}[G] \to \mathbf{Z}$.

$\eta \cdot \mathbf{Z}[G]$ ist ein freier $\mathbf{Z}$-Modul von $(m_1 - 1)(m_2 - 1)(m_3 - 1)$ Erzeugenden. Die über ihm definierte ganzzahlige quadratische Form s hat die Signatur $\tau(m_1, m_2, m_3)$, sie ist gerade, d. h. $s(x\eta, x\eta) \equiv 0 \bmod 2$ für alle $x\eta \in \eta \cdot \mathbf{Z}[G]$. Falls m_1, m_2, m_3 paarweise teilerfremd sind, dann ist $\det s = 1$.

Alle diese Aussagen werden in [1] und in [4], § 13, bewiesen. In [4] wird auch der Beweis von van der Blij für den bekannten Satz skizziert, daß eine ganzzahlige gerade quadratische Form der Determinante ± 1 eine durch 8 teilbare Signatur hat, und auf einen anderen Beweis in einer Arbeit von Serre hingewiesen. Aus diesem Satz folgt:

Lemma 3. *Für paarweise teilerfremde natürliche Zahlen $m_1, m_2, m_3 \geqq 1$ gilt für die in (15) definierte Zahl*

$$(16)\qquad \tau(m_1, m_2, m_3) \equiv 0 \bmod 8.$$

Wir stellen jetzt eine Beziehung zwischen $\tau(m_1, m_2, m_3)$ und $S(m_1, m_2, m_3)$ her [siehe (12)]. Wie leicht zu sehen, gilt für natürliche Zahlen m_1, m_2, m_3 $(m_1 \geqq 1)$

$$(17)\qquad \tau(m_1, m_2, m_3) = \sum_{d_1 | m_1, d_2 | m_2, d_3 | m_3} S(d_1, d_2, d_3),$$

wobei die Summe über alle Tripel von Teilern d_i von m_i zu erstrecken ist und per definitionem $\tau(m_1, m_2, m_3)$ und $S(d_1, d_2, d_3)$ verschwinden, wenn eines der m_i bzw. der d_i gleich 1 ist. Mit Hilfe der Möbiusschen Umkehrformel ([3], p. 51) folgt

$$(18)\qquad S(m_1, m_2, m_3) = \sum_{d_1 | m_1, d_2 | m_2, d_3 | m_3} \mu\left(\frac{m_1}{d_1}\right) \cdot \mu\left(\frac{m_2}{d_2}\right) \cdot \mu\left(\frac{m_3}{d_3}\right) \cdot \tau(d_1, d_2, d_3).$$

Aus Lemma 3 und (18) folgt

Lemma 4. *Für paarweise teilerfremde natürliche Zahlen* $m_1, m_2, m_3 \geqq 1$ *gilt für die in* (12) *definierte Zahl*

$$S(m_1, m_2, m_3) \equiv 0 \bmod 8.$$

Wegen Lemma 2 ist damit die Hassesche Aufgabe gelöst.

Bemerkung: Nach einem Gespräch, in dem ich Herrn Hasse über Teilbarkeitsaussagen wie Lemma 3, die mit den Brieskornschen exotischen Sphären [1] zusammenhängen, berichtet hatte, wies er auf seine Aufgabe hin und erwähnte, er sei durch die Relativklassenzahlformel auf diese Aufgabe gekommen ([2], p. 89 Fußnote). Natürlich gibt die vorliegende Note keine „elementare" Lösung der Hasseschen Aufgabe. Wir haben die Behauptung der Aufgabe vielmehr auf den bekannten Satz zurückgeführt, daß die Signatur einer ganzzahligen geraden quadratischen Form der Determinante ± 1 durch 8 teilbar ist. Für einen Zusammenhang dieses Satzes mit dem quadratischen Reziprozitätsgesetz vgl. [4], p. 107, und [5], § 2 (3).

Literatur

[1] Brieskorn, E.: Beispiele zur Differentialtopologie von Singularitäten. Inventiones math. **2** (1966) 1–14.

[2] Hasse, H.: Über die Klassenzahl abelscher Zahlkörper. Berlin 1952.

[3] Hasse, H.: Vorlesungen über Zahlentheorie, 2. Auflage. Berlin-Heidelberg-New York 1964.

[4] Hirzebruch, F.; Mayer, K. H.: O(*n*)-Mannigfaltigkeiten, exotische Sphären und Singularitäten (Lecture Notes in Mathematics Nr. 57). Berlin-Heidelberg-New York 1968.

[5] Hirzebruch, F.: Singularities and exotic spheres. Séminaire Bourbaki n° 314 (1966/67).

[6] Pham, F.: Formules de Picard-Lefschetz généralisées et ramification des intégrales. Bull. Soc. Math. France **93** (1965) 333–367.

(Eingegangen 20. 1. 1970)

Bonn F. Hirzebruch

45.

Free involutions on manifolds and some elementary number theory

In: Symposia Mathematica Vol. V, Istituto Nazionale di Alta Matematica Roma, 1970, S. 411–419, London-New York: Academic Press 1971

* 1. – Let G be a finite group. We shall work in the category of G-manifolds. A G-manifold is a compact oriented differentiable manifold with or without boundary, on which G acts by orientation preserving diffeomorphisms.

Let Y be a G-manifold of even dimension. Then the equivariant signature of Y is an element of the representation ring $R(G)$ of G; see [2], p. 578. Taking its character, for any $g \in G$ the complex number $\operatorname{Sign}(g, Y)$ is defined. It is a real number if $\dim Y \equiv 0$ (4), it is purely imaginary if $\dim Y \equiv 2$ (4). For $g = 1$, we have the ordinary signature which is 0 if $\dim Y \equiv 2$ (4).

Let X be a *free* G-manifold without boundary and of odd dimension. « Free » means that no element of G except the identity has a fixed point in X. To a free G-manifold X there is associated a function

$$\alpha(g, X) \colon G - \{1\} \to \boldsymbol{C}$$

which has been used by C.T.C. Wall and others for the classification of free G-manifolds. The definition of α is as follows ([2], p. 590).

According to equivariant cobordism theory some multiple NX bounds a *free* G-manifold Y.

We define

$$\alpha(g, X) = \frac{1}{N} \operatorname{Sign}(g, Y) \qquad \text{for } g \neq 1. \tag{1}$$

(Observe $\alpha(g, X) = -\sigma(g, X)$ as defined in [2]).

By the equivariant G-signature theorem ([2], p. 582) we have $\operatorname{Sign}(g, Z) = 0$ for an even-dimensional G-manifold Z *without boundary* and an element $g \in G$ acting without fixed points. This together with the Novikov additivity of the equivariant signature ([2], p. 588) ensures that the definition of $\alpha(g, X)$ in (1) is independent of the choice of Y.

If G is of order 2, i.e. $G = \{1, T\}$ with $T^2 = 1$, then $\alpha(T, X)$ is the invariant for free involutions studied in [4] and [6]. It is zero for $\dim X \equiv 1$ (4). If $\dim X = 4k-1$, then $\alpha(T, X)$ is the Browder-Livesay invariant which is always an integer.

We wish to calculate $\alpha(T, X)$ in special cases. Let G_q be the group of q-th roots of unity and p a natural number prime to q.

Then

$$\zeta(z_1, z_2) = (\zeta z_1, \zeta^p z_2)\,, \qquad \zeta \in G_q$$

is a free action of G_q on

$$S^3 = \{(z_1, z_2) \in C^2 |\; |z_1|^2 + |z_2|^2 = 1\}\,.$$

The orbit space S^3/G_q is the lens space $L(q, p)$. Since $G_q \subset G_{2q}$ we have for p prime to $2q$ a natural map

$$L(q, p) \to L(2q, p)\,.$$

This is a double covering whose covering translation is a free orientation preserving involution T on $L(q, p)$. We define for p prime to $2q$

$$c_{p,q} = \alpha\big(T, L(q, p)\big)\,. \tag{2}$$

2. – The numbers $c_{p,q}$ were introduced by W. D. Neumann ([7], § 17.2) and used for his calculation of the Browder-Livesay invariant for free involutions on Seifert manifolds. We shall relate the $c_{p,q}$ to well-known numbers $N_{p,q}$ occuring in elementary number theory in connection with the quadratic reciprocity law.

DEFINITION: *Let p, q be relatively prime natural numbers and q odd. $N_{p,q}$ is the number of integers x with*

$$1 \leqq x \leqq \frac{q-1}{2}\,,$$

for which xp has modulo q a remainder of smallest absolute value which is negative.

LEMMA: *If p, q are relatively prime and q odd, then for the quadratic reciprocity symbol (Jacobi-Legendre symbol)*

$$\left(\frac{p}{q}\right) = (-1)^{N_{p,q}}$$

This is called « Lemma of Gauß » if q is a prime, and found in most books on elementary number theory. For the general case, see Frobenius, Gesammelte Abhandlungen, Springer Verlag, Band III, p. 630.

We can also define $N_{p,q}$ by

$$N_{p,q} = \# \left\{ x \,|\, 1 \leqq x \leqq \frac{q-1}{2} \quad \text{and} \quad \frac{1}{2} < \frac{xp}{q} - \left[\frac{xp}{q}\right] \right\}. \tag{3}$$

For real numbers we shall use the function

$$((x)) = x - [x] - \tfrac{1}{2}, \qquad \text{if } x \text{ is not an integer,}$$

$$((x)) = 0, \qquad \text{if } x \text{ is an integer.}$$

Compare [8], p. 254. The function $((\;))$ has period 1 and is odd.

It is convenient to introduce the function

$$f(x) = ((x + \tfrac{1}{2})) - ((x)).$$

We have

$$f(x) = \tfrac{1}{2}, \qquad \text{if } 0 < x - [x] < \tfrac{1}{2},$$

$$f(x) = -\tfrac{1}{2}, \qquad \text{if } \tfrac{1}{2} < x - [x] < 1,$$

$$f(x) = 0, \qquad \text{otherwise.}$$

Formula (3) implies

$$N_{p,q} = \frac{q-1}{4} - \sum_{\nu=1}^{(q-1)/2} f\left(\frac{\nu p}{q}\right). \tag{4}$$

LEMMA: *If p, q are relatively prime and both odd, then*

$$N_{p,q} = \frac{q-1}{4} + \sum_{\nu=1}^{q-1} \left(\left(\frac{\nu p}{2q}\right)\right). \tag{5}$$

PROOF: Since $pq \equiv -q \bmod 2q$ we have by (4)

$$N_{p,q} = \frac{q-1}{4} + \sum_{\nu=1}^{(q-1)/2} \left(\left(\frac{(q-2\nu)p}{2q}\right)\right) + \left(\left(\frac{2\nu p}{2q}\right)\right), \text{ q.e.d.}$$

The expression $\sum_{\nu=1}^{q-1} ((\nu p/2q))$ will also be useful for p, $2q$ relatively prime where q may be even or odd. We have

$$\sum_{\nu=1}^{q-1}\left(\left(\frac{\nu p}{2q}\right)\right)=S\left(\frac{p}{2q}\right)$$

where S is a function introduced by Dedekind ([3], formula (39)). Observe that $((\,))$ in [3] is our function $((\,))$ with a shift of $\frac{1}{2}$ in the independent variable. According to [3], formula (42), we have for p and $2q$ relatively prime

$$-4S\left(\frac{p}{2q}\right)= \tag{6}$$

$$\#\left\{1\leqq\nu\leqq q-1 \mid 0<\frac{\nu p}{q}<1 \mod 2\right\}-$$

$$\#\left\{1\leqq\nu\leqq q-1 \mid 1<\frac{\nu p}{q}<2 \mod 2\right\}.$$

For the proof of (6) we write the right side of (6) as

$$2\sum_{\nu=1}^{q-1}f\left(\frac{\nu p}{2q}\right)=$$

$$2\sum_{\nu=1}^{q-1}\left\{\left(\left(\frac{\nu p+q}{2q}\right)\right)-\left(\left(\frac{\nu p}{2q}\right)\right)\right\}=$$

$$-2\sum_{\nu=1}^{q-1}\left\{\left(\left(\frac{p(q-\nu)}{2q}\right)\right)+\left(\left(\frac{\nu p}{2q}\right)\right)\right\}.$$

Now we state the relation between the Dedekind number $S(p/2q)$, the Gauß number $N_{p,q}$ and the Browder-Livesay invariant of lens spaces.

THEOREM: *Consider the lens space $L(q, p)$ for p and $2q$ relatively prime. It admits a free involution T whose orbit space is $L(2q, p)$. The Browder-Livesay invariant $c_{p,q}$ of T is given by*

$$c_{p,q}=-4S\left(\frac{p}{2q}\right), \quad \textit{see } (6).$$

If p and q are relatively prime and both odd, then

$$c_{p,q}=-4N_{p,q}+q-1\,.$$

This will be proved in § 5 as a special case of a more general theorem.

We shall have to prove the first formula in the above theorem only, the second one being a consequence of (5).

REMARK: The formula

$$-4S\left(\frac{p}{2q}\right) = -4N_{p,q} + q - 1 \qquad \text{for } p, q \text{ odd}$$

(see (5) and (6)) is easily seen to be equivalent to: « Von den absolut kleinsten Resten der Zahlen $p, 2p, \ldots, \frac{1}{2}(q-1)p \pmod q$ sind ebenso viele negativ, wie von ihren absolut kleinsten Resten $(\bmod 2q)$ ». (Frobenius, Gesammelte Abhandlungen, Springer Verlag, Band III, S. 646).

3. – The invariant α of free G-actions has the following property

PROPOSITION: *Let X be a free G-manifold without boundary of odd dimension. Let U be a normal subgroup of G. Then X/U is a free G/U-manifold. If $p\colon G \to G/U$ is the natural homomorphism, then for $\xi \in G/U$ $(\xi \neq 1)$*

$$\alpha(\xi, X/U) = \frac{1}{|U|} \sum_{g \in p^{-1}(\xi)} \alpha(g, X) \tag{7}$$

PROOF: Let W be a finite-dimensional vector space over $\boldsymbol{R}$ or $\boldsymbol{C}$ which is a representation space of G.

The group G/U acts on

$$W^U = \{x \in W \mid ux = x \text{ for all } u \in U\}\,.$$

We obtain in this way a linear map

$$\varrho\colon R(G) \to R(G/U)$$

where R denotes the representation ring.

The endomorphism $1/|U| \sum_{u \in U} gu$ of W has W^U as image and equals g when restricted to W^U. Therefore, its trace equals the trace of the restriction of g to W^U and, for $h \in R(G)$, the character of h and ϱh satisfy $(\xi \in G/U)$

$$\chi_{\varrho h}(\xi) = \frac{1}{|U|} \sum_{g \in p^{-1}\xi} \chi_h(g)\,. \tag{8}$$

If $NX = \partial Y$ where Y is a free G-manifold, then $N(X/U) = \partial(Y/U)$ where Y/U is a free G/U-manifold. The cohomology of Y/U with real (or complex) coefficients can be identified with the U-invariant part of the cohomology of Y. It follows easily that ϱ of the equivariant signature of Y is the equivariant signature of Y/U. Formula (8) implies (7).

4. – Suppose the *free* G-manifold X (without boundary and of odd dimension) bounds a G-manifold Y *not necessarily free*, then for any $g \in G (g \neq 1)$

$$\alpha(g, X) = \operatorname{Sign}(g, Y) - L(g, Y) . \tag{9}$$

$L(g, Y)$ is a number associated to the fixed-point set Y^g of g and to the action of g in the neighbourhood of Y^g. For $g \neq 1$ we have $Y^g \cap X = \varnothing$ and Y^g is a submanifold of Y without boundary. $L(g, Y)$ is defined in [2], p. 582. For the proof of (9) we have to use again the equivariant G-signature theorem

$$\operatorname{Sign}(g, Z) = L(g, Z)$$

for an even-dimensional G-manifold Z without boundary, see [2], p. 582 and p. 589.

Let G_q be as before the group of q-th roots of unity. Consider natural numbers $p_1, \ldots, p_n$, each p_j prime to q. Then G_q acts freely on

$$\boldsymbol{S}^{2n-1} = \{(z_1, \ldots, z_n) \in \boldsymbol{C}^n \,|\, |z_1|^2 + \ldots + |z_n|^2 = 1\}$$

by

$$\zeta(z_1, \ldots, z_n) = (\zeta^{p_1} z_1, \ldots, \zeta^{p_n} z_n) , \qquad \zeta \in G_q .$$

The orbit space is the $(2n-1)$-dimensional lens space $\mathfrak{L}(q; p_1, \ldots, p_n)$. For $n = 2$

$$\mathfrak{L}(q; 1, p) = L(q, p)$$

as introduced in § 1.

The invariant α of the above G_q-manifolds $\boldsymbol{S}^{2n-1}$ can be calculated using (9), since $\boldsymbol{S}^{2n-1}$ bounds the disk $\boldsymbol{D}^{2n}$ on which G_q operates. Any $\zeta \neq 1$ has only the origin as fixed point, $\operatorname{Sign}(\zeta, \boldsymbol{D}^{2n})$ vanishes and

$$L(\zeta, \boldsymbol{D}^{2n}) = \prod_{j=1}^{n} \frac{\zeta^{p_j} + 1}{\zeta^{p_j} - 1} = -\alpha(\zeta, \boldsymbol{S}^{2n-1}) \tag{10}$$

(see for example, [1], Theorem 6.27).

If all p_j are prime to $2q$ we have the map

$$\mathfrak{L}(q; p_1, \ldots, p_n) \to \mathfrak{L}(2q; p_1, \ldots, p_n)$$

which is a covering of degree 2. The covering translation is an involution T of $\mathfrak{L}(q;\, p_1, \ldots, p_n)$.

PROPOSITION: *The Browder-Livesay invariant of the involution T on $\mathfrak{L}(q;\, p_1, \ldots, p_n)$ where all p_j are prime to $2q$ is given by the formula*

$$(11)\qquad \alpha\big(T, \mathfrak{L}(q;\, p_1, \ldots, p_n)\big) = \frac{-1}{q} \sum_{\substack{\zeta^{2q}=1 \\ \zeta^q \neq 1}} \prod_{j=1}^{n} \frac{\zeta^{p_j}+1}{\zeta^{p_j}-1}\,.$$

If q is odd, then the involution T is induced by the antipodal map on S^{2n-1} and

$$(12)\qquad \alpha\big(T, \mathfrak{L}(q;\, ,p_1, \ldots, p_n)\big) = \frac{-1}{q} \sum_{\zeta^q=1} \prod_{j=1}^{n} \frac{\zeta^{p_j}-1}{\zeta^{p_j}+1}\,.$$

PROOF: (11) is a consequence of (7) and (10). Formula (12) holds because $\{-\zeta | \zeta^q = 1\} = G_{2q} - G_q$ for q odd.

For n even we rewrite (11)

$$(13)\qquad \alpha\big(T, \mathfrak{L}(q, p_1, \ldots, p_n)\big) = \\ = \frac{(-1)^{(n/2)+1}}{q} \sum_{\substack{j=1 \\ j \text{ odd}}}^{2p-1} \cot\left(\frac{jp_1}{2q}\pi\right) \cdot \cot\left(\frac{jp_2}{2q}\pi\right) \ldots \cot\left(\frac{jp_n}{2q}\pi\right).$$

5. – Using (13) we shall derive a different expression for $\alpha\big(T, \mathfrak{L}(q;\, p_1, \ldots, p_n)\big)$.

For any $2m$—row of natural numbers

$$(a_1, \ldots, a_m;\, b_1, \ldots, b_m) \qquad \text{with } b_j \text{ and } 2a_j$$

relatively prime, we introduce the integer

$$(14)\qquad t(a_1, \ldots, a_m;\, b_1, \ldots, b_m) = \\ \#\left\{x \in \boldsymbol{Z}^m | 0 < x_k < a_k \text{ and } 0 < \sum_{k=1}^{m} \frac{x_k b_k}{a_k} < 1 \mod 2\right\} \\ - \#\left\{x \in \boldsymbol{Z}^m | 0 < x_k < a_k \text{ and } 1 < \sum_{k=1}^{m} \frac{x_k b_k}{a_k} < 2 \mod 2\right\}.$$

This number is always 0 if m is even. For m odd we have the following proposition due to Zagier (who stated and proved it for $b_j = 1$).

PROPOSITION (Zagier): *Let m be odd and $(a_1, \ldots, a_m; b_1, \ldots, b_m)$ as above. Let N be any common multiple of $a_1, \ldots, a_m$, then*

$$(15) \qquad t(a., \ldots, a_m; b_1, .., b_m) =$$

$$\frac{(-1)^{(m-1)/2}}{N} \sum_{\substack{j=1 \\ j \text{ odd}}}^{2N-1} \cot\left(\frac{j}{2N}\pi\right) \cot\left(\frac{jb_1}{2a_1}\pi\right) \ldots \cot\left(\frac{jb_m}{2a_m}\pi\right).$$

PROOF: For any positive rational number $r = a/b$ where a, b are natural numbers not necessarily relatively prime we have the formula of Eisenstein

$$(16) \qquad ((r)) = \frac{i}{2b} \sum_{j=1}^{b-1} \cot\left(\frac{j}{b}\pi\right) \exp[2\pi i \cdot jr]$$

(see [8], p. 276). This implies for the function f introduced in § 2

$$(17) \qquad f(r) = \left(\left(r + \frac{1}{2}\right)\right) - ((r))$$

$$= \frac{-i}{b} \sum_{\substack{j=1 \\ j \text{ odd}}}^{b-1} \cot\left(\frac{j}{b}\pi\right) \cdot \exp[2\pi i \cdot jr], \text{ for } b \text{ even}.$$

Therefore

$$t(a_1, \ldots, a_m; b_1, \ldots, b_m) =$$

$$2 \sum_{0<x_k<a_k} f\left(\frac{x_1 b_1}{2a_1} + \frac{x_2 b_2}{2a_2} + \ldots + \frac{x_m b_m}{2a_m}\right) =$$

$$\frac{-i}{N} \sum_{\substack{j=1 \\ j \text{ odd}}}^{2N-1} \cot\left(\frac{j}{2N}\pi\right) \sum_{0<x_k<a_k} \exp\left(2\pi i \cdot j \left(\frac{x_1 b_1}{2a_1} + \ldots + \frac{x_m b_m}{2a_m}\right)\right).$$

Since for b and $2a$ relatively prime and j odd,

$$\sum_{\nu=1}^{a-1} \exp\left[2\pi i j \frac{\nu b}{2a}\right] = i \cot\left(\frac{jb}{2a}\pi\right),$$

formula (15) follows.

The number $t(a_1, \ldots, a_m; 1, \ldots, 1)$ is the signature of the Brieskorn variety $z_1^{a_1} + \ldots + z_m^{a_m} = 1$. (Compare [5]). This is the reason why Zagier studied formulas like (15). We can also express the Browder-Livesay invariant of the involution on the lens space $\mathfrak{L}(q; p_1, \ldots, p_n)$ in terms of t as defined in (14). We may assume $p_1 = 1$ without loss of generality.

THEOREM: *Consider the lens space* $\mathfrak{L}(q; 1, p_2, \dots, p_n)$ *for* p_j *and* $2q$ *relatively prime and* n *even. It admits a free involution* T *whose orbit space is* $\mathfrak{L}(2q; 1, p_2, \dots, p_n)$. *The Browder-Livesay invariant of* T *is given by*

$$\alpha(T, \mathfrak{L}(q; 1, p_2, \dots, p_n)) = t(q, \dots, q; p_2, \dots, p_n) , \tag{18}$$

as defined in (14) *for* $m = n - 1$.

Formula (18) is a consequence of (13) and (15). The theorem in § 2 is the above theorem for $n = 2$.

Testo pervenuto il 21 settembre 1970.
Bozze licenziate l'11 novembre 1970.

REFERENCES

[1] M. F. ATIYAH and R. BOTT, *A Lefschetz fixed point formula for elliptic complexes: II. Applications*, Ann. of Math., 88 (1968), 451-491.

[2] M. F. ATIYAH and I. M. SINGER, *The index of elliptic operators: III.*, Ann. of Math., 87 (1968), 546-604.

[3] R. DEDEKIND, *Erläuterungen zu zwei Fragmenten von Riemann*, Dedekind Gesammelte mathematische Werke, Erster Band, Friedrich Vieweg Braunschweig (1930), 159-173.

[3] R. DEDEKIND, *Erläuterungen zu zwei Fragmenten von Riemann, Dedekind Gesammelte mathematische Werke*, Erster Band, Friedrich Vieweg Braunschweig (1930), 159-173.

[4] F. HIRZEBRUCH, *Involutionen auf Mannigfaltigkeiten, Proceedings of the Conference on Transformation Groups*, New Orleans (1967), Springer-Verlag Berlin-Heidelberg-New York (1968), 148-166.

[5] ———, *Pontrjagin classes of rational homology manifolds and the signature of some affine hypersurfaces* (to appear).

[6] F. HIRZEBRUCH and K. JÄNICH, *Involutions and Singularities*, Algebraic Geometry Bombay Colloquium (1968), Oxford University Press (1969), 219-240.

[7] W. D. NEUMANN, *S^1-actions and the α-invariant of their involutions*, Dissertation Mathematisches Institut Bonn (1969).

[8] H. RADEMACHER, *Lectures on Analytic Number Theory*, Notes, Tata Institute Bombay (1954-55).

46.

Pontrjagin classes of rational homology manifolds and the signature of some affine hypersurfaces

In: Proc. of Liverpool Singularities Symposium II, Lecture Notes in Math. *209,* S. 207–212, Berlin-Heidelberg-New York: Springer 1971

* Let X be a rational homology manifold in the sense of Thom (Symp. Intern. Top. Alg. 1956, p. 54–67, Universidad de México 1958). Thom defines Pontrjagin classes

$$p_i(X) \in H^{4i}(X, \mathbb{Q}) .$$

Instead of defining

$$p(X) = 1 + p_1(X) + p_2(X) + \ldots \in H^*(X, \mathbb{Q})$$

one can define

$$\mathscr{L}(X) = 1 + L_1(X) + L_2(X) + \ldots \in H^*(X, \mathbb{Q})$$

(see Hirzebruch, Topological methods in algebraic geometry, third edition, Springer 1966, § 1). The classes $p(X)$ and $\mathscr{L}(X)$ determine each other.

Let G_m be the group of mth roots of unity and

$$G_b = G_{b_0} \times \ldots \times G_{b_n}, \quad \text{where} \quad b = (b_0, \ldots, b_n),\ b_k \geqq 1 .$$

Let G_b act on the complex projective space $P_n(\mathbb{C})$ (homogeneous coordinates $t_0, \ldots, t_n$) as follows:

$$\alpha(t_0, \ldots, t_n) = (\alpha_0 t_0, \ldots, \alpha_n t_n) , \quad \text{where} \quad \alpha = (\alpha_0, \ldots, \alpha_n) \in G_b .$$

The orbit space $P_n(\mathbb{C})/G_b$ is a rational homology manifold. The map $p\colon P_n(\mathbb{C}) \to P_n(\mathbb{C})/G_b$ induces an isomorphism

$$p^*\colon\ H^*(P_n(\mathbb{C})/G_b, \mathbb{Q}) \ \to\ H^*(P_n(\mathbb{C}), \mathbb{Q}) .$$

$H^*(P_n(\mathbb{C}), \mathbb{Q})$ is the truncated polynomial ring $\mathbb{Q}[x]/(x^{n+1})$, where
1 $x \in H^2(P_n(\mathbb{C}), \mathbb{Z})$ is the Poincaré dual of the hyperplane. Bott (not yet published) has calculated the Pontrjagin classes of $P_n(\mathbb{C})/G_b$.

$$(1) \qquad p^* \mathscr{L}(P_n(\mathbb{C})/G_b) = \frac{1}{[b_0, \ldots, b_n]} \sum_{0 \leqq \xi < \pi} \prod_{k=0}^{n} \frac{b_k x}{\tanh b_k (x + i\xi)} ,$$

where $[b_0, \ldots, b_n]$ is the *greatest common divisor* of $b_0, \ldots, b_n$. The sum is over all real numbers ξ with $0 \leqq \xi < \pi$. Observe, however, that for any natural number $a \geqq 1$ the term $(\tanh a(x + i\xi))^{-1}$ is a power series in x if $a\xi \not\equiv 0 \bmod \mathbb{Z}\pi$. Therefore, $\prod_{k=0}^{n} \frac{b_k x}{\tanh b_k (x + i\xi)}$ is divisible by x^{n+1}, and thus vanishes in the truncated polynomial ring, if for all k we have $b_k \xi \not\equiv 0 \bmod \mathbb{Z}\pi$. Therefore, the above sum (1) is actually only over the finitely many ξ for which

$$b_k \xi \equiv 0 \bmod \mathbb{Z}\pi$$

for at least one k with $0 \leqq k \leqq n$.

Let N be a common multiple of $b_0, \ldots, b_n$ and consider the hypersurface

$$X^N\colon\ t_0^N + \ldots + t_n^N = 0$$

in $P_n(\mathbb{C})$. Then $\alpha(X^N) = X^N$ for $\alpha \in G_b$ and $X^N/G_b \subset P_n(\mathbb{C})/G_b$. This "submanifold" X^N/G_b of $P_n(\mathbb{C})/G_b$ has a normal bundle ν in the sense of Thom (loc. cit.). It is a $U(1)$-bundle, whose lift to X^N is the normal bundle of X^N in $P_n(\mathbb{C})$. Observe that for each $\alpha \in G_b$ the set $P_n(\mathbb{C})^\alpha$ of fixed points is transversal to X^N. We obtain for the signature of X^N/G_b

$$\operatorname{sign} X^N/G_b = \text{coefficient of } x^n \text{ in } \tanh(Nx) \cdot \sum_{0 \leqq \xi < \pi} \prod_{k=0}^{n} \frac{x}{\tanh b_k(x + i\,\xi)}.$$

Here we used the fact that the map p has degree $b_0 \ldots b_n/[b_0, \ldots, b_n]$. Since N is a multiple of all the b_k, easy shifting of coordinates yields

$$\operatorname{sign} X^N/G_b = \sum_{0 \leqq \xi < \pi} \operatorname{res}_{i\xi} \left[\tanh(Nz) \cdot \prod_{k=0}^{n} \frac{1}{\tanh b_k z} \right], \tag{2}$$

where the sum is over those ξ *with* $0 \leqq \xi < \pi$ *such that* $\left(\prod_{k=0}^{n} \tanh b_k z\right)^{-1}$ *has a pole in* $i\,\xi$.

Let us denote the expression between brackets in (2) by $g(z)$. We integrate $g(z)$ along the following path γ_M in the z-plane.

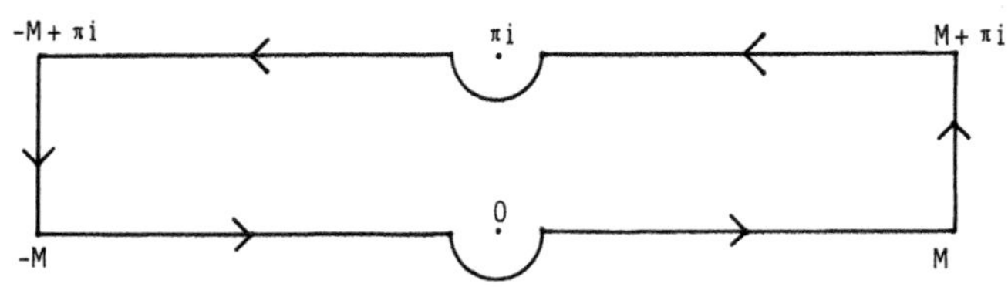

The integrals along the "horizontal" parts of γ_M cancel each other since $g(z + \pi i) = g(z)$. The sum of the integrals along the vertical parts of γ_M converges for $M \to \infty$ to

$$\pi i (1 - (-1)^n),$$

because $\tanh(M + iy)$ converges uniformly to 1 or -1 respectively if M converges to $+\infty$ or $-\infty$ respectively. The real dimension of X^N/G_b is $2(n-1)$. Therefore, we suppose n odd from now on. Otherwise the signature vanishes by definition. We obtain from (2)

$$\operatorname{sign} X^N/G_b = 1 - \sum_{0 \leqq \eta < \pi} \operatorname{res}_{i\eta} g(z), \tag{3}$$

where the sum is now over those η with $0 \leqq \eta < \pi$ such that $\tanh Nz$ has a pole in $i\,\eta$, which means

$$\eta = \frac{\pi j}{2N}, \quad j \text{ odd}, \ 1 \leqq j < 2N.$$

The function $\tanh Nz$ has poles of order 1 at the $i\eta$. The residue in all these poles is $\frac{1}{N}$. By (3) we get (with $a_k = N/b_k$)

$$\text{(4)} \qquad \operatorname{sign} X^N/G_b - 1 = \frac{(-1)^{(n-1)/2}}{N} \sum_{\substack{j \text{ odd} \\ 1 \leq j < 2N}} \cot\frac{\pi j}{2a_0} \cot\frac{\pi j}{2a_1} \dots \cot\frac{\pi j}{2a_n}.$$

Brieskorn (Inventiones math. *2*, 1–14 (1966)) has studied the non-singular affine hypersurface $V_{a_1, a_2, \dots, a_n}$ in $\mathbb{C}^n$ given by

$$\text{(5)} \qquad z_1^{a_1} + z_2^{a_2} + \dots + z_n^{a_n} + 1 = 0;$$

its signature is related to the theory of exotic spheres.

Let E be the hyperplane $t_0 = 0$ in $P_n(\mathbb{C})$. Let N be any common multiple of $a_0, a_1, \dots, a_n$ and

$$\text{(6)} \qquad b_k = \frac{N}{a_k} \quad (\text{for } k = 1, \dots, n), \quad b_0 = 1, \ a_0 = N.$$

$Y^N = X^N - X^N \cap E$ is given in $P_n(\mathbb{C}) - E$ by

$$t_1^N + t_2^N + \dots + t_n^N + 1 = 0 \quad (\text{put } t_0 = 1).$$

By the map $z_k = t_k^{b_k}$ from $P_n(\mathbb{C}) - E$ to $\mathbb{C}^n$ $(k = 1, \dots, n)$ we have

$$\text{(7)} \qquad V_{a_1, \dots, a_n} = Y^N/G_b,$$

where $G_b = G_{b_0} \times G_{b_1} \times \dots \times G_{b_n}$ and $b = (1, b_1, \dots, b_n)$ as in (6).

The Lefschetz theorem on hyperplane sections implies the following fact. $X^N \cap E$ has a tubular neighbourhood T in X^N invariant under G_b. The middle dimensional homology group of T is infinite cyclic with a generator (invariant under G_b) of self-intersection number $+1$. By the Novikov additivity of the signature we get from (4) and (7)

Theorem. *Let n be odd and N any common multiple of $a_1, \dots, a_n$. Then the signature of the Brieskorn variety $V_{a_1, \dots, a_n}$ is given by the formula of Zagier*

$$\text{(8)} \qquad \operatorname{sign} V_{a_1, \dots, a_n} = \frac{(-1)^{(n-1)/2}}{N} \sum_{\substack{j \text{ odd} \\ 1 \leq j < 2N}} \cot\frac{\pi j}{2N} \cot\frac{\pi j}{2a_1} \dots \cot\frac{\pi j}{2a_n}.$$

Brieskorn (loc. cit.) gives the following formula

$$\text{(9)} \qquad \operatorname{sign} V_{a_1, \dots, a_n} = \# \left\{ 0 < x_k < a_k \,\middle|\, 0 < \sum_{k=1}^{n} \frac{x_k}{a_k} < 1 \bmod 2 \right\} - \# \left\{ 0 < x_k < a_k \,\middle|\, 1 < \sum_{k=1}^{n} \frac{x_k}{a_k} < 2 \bmod 2 \right\}$$

[$(x_1, \dots, x_n)$ are n-tuples of integers].

Zagier has proved by Fourier series and by other methods that the two expressions in (8) and (9) equal each other. The interesting formula (8) is due to him. In virtue of Zagier's result, we have given a new method (involving Pontrjagin classes) to calculate $\operatorname{sign} V_{a_1, \dots, a_n}$ and to prove (9).

We can identify (8) and (9) in the following way (which is essentially Zagier's method). Put

$$((x)) = x - [x] - \tfrac{1}{2}, \qquad \text{if } x \text{ is not an integer;}$$
$$((x)) = 0, \qquad \text{if } x \text{ is an integer.}$$

Then the expression in (9) is

$$(10) \qquad \operatorname{sign} V_{a_1,\ldots,a_n} = 2 \sum_{0<x_k<a_k} \left(\left(\frac{x_1}{2a_1} + \ldots + \frac{x_n}{2a_n} + \frac{1}{2}\right)\right) - \left(\left(\frac{x_1}{2a_1} + \ldots + \frac{x_n}{2a_n}\right)\right).$$

If $r = \frac{p}{q}$ is any positive rational number (where p, q are natural numbers, not necessarily coprime), then

$$((r)) = \frac{i}{2q} \sum_{j=1}^{q-1} \cot \frac{\pi j}{q} \, e^{2\pi i \cdot jr}.$$

This is a formula of Eisenstein (see Rademacher, Lectures on Analytic Number Theory, Notes, Tata Institute, Bombay 1954–55, p. 276). Feeding it into (10) gives (8).

Remark. The Dedekind sums studied by Rademacher are in close relation to formula (8) and the Atiyah-Bott-Singer fixed point theorem applied to the "signature operator" as will be explained elsewhere.

H. A. Hamm (Dissertation Bonn-Göttingen: see also the following paper in these proceedings) has studied the following affine varieties (given by r equations in $\mathbb{C}^n$)

$$c_{j1} z_1^{a_1} + \ldots + c_{jn} z_n^{a_n} + c_{j,n+1} = 0,$$

$j = 1, \ldots, r$ and $r \leqq n$.

If all $s \times s$ subdeterminants of the $r \times (n+1)$-matrix (c_{jk}) are different from 0 for $1 \leqq s \leqq r$, then the affine variety is a non-singular complete intersection of hypersurfaces. (Our conditions are stronger than those of Hamm.) We denote such a variety by $V^r_{a_1,\ldots,a_n}$. Its complex dimension is $n-r$. If we assume $n-r$ to be even, then the same method as above yields

$$(11) \qquad \operatorname{sign} V^r_{a_1,\ldots,a_n} = - \sum_{\substack{j \text{ odd} \\ 1 \leqq j < 2N}} \operatorname{res}_{\pi i j/2N} \left((\tanh Nz)^r \coth z \prod_{k=1}^{n} \coth \frac{Nz}{a_k} \right),$$

where N is any common multiple of $a_1, \ldots, a_n$. But it seems harder to get a formula similar to (8) or (9) because we have poles of order >1. Bott's proof of (1) involves also residue calculations and there is in fact a short cut to (8) or (9) from a point on the way to (1). But it seemed amusing to adopt the view of somebody knowing (1) and not its proof and to begin to calculate.

47.

The signature theorem: Reminiscences and recreation

In: Prospects in Mathematics, Ann. Math. Stud. *70* (1971), 3–31

* In the years immediately following 1952, when I came to the United States for the first time, I learned a lot of my mathematics in Princeton, at the Institute and at Fine Hall.

It may be a proper occasion to remember these old days. I shall recall (§1, §2) how the general Riemann-Roch theorem for complex manifolds is related to the signature theorem for differentiable manifolds. The signature theorem could be proved by Thom's cobordism theory ([25], [26]) and was then the basic tool for proving the Riemann-Roch theorem for algebraic manifolds [13]. This Riemann-Roch theorem (for complex manifolds) is nowadays a special case of the Atiyah-Singer index theorem for elliptic operators ([5], [6], [7], [8]): namely, the index theorem is applied to the Cauchy-Riemann equation. Atiyah-Bott-Singer generalized the index theorem to the equivariant case ([2], [3], [5], [7], [8]). This is a fantastic generalization of the Lefschetz fixed point theorem. The equivariant index theorem can be specialized to the signature operator ([8], p. 582). This gives a fixed point theorem involving the signature and generalizing the old signature theorem.

The old signature theorem involves Bernoulli numbers, and has many relations to number theory and applications in topology. Exotic spheres were discovered using it [21]. (We shall mention this in §3). The equivariant signature theorem has many more number theoretical connections. In the second half of this lecture we shall point out some rather elementary connections to number theory obtained by studying the equivariant signature theorem for four-dimensional manifolds. Perhaps these connections still belong to recreational mathematics because no deeper explanation, for example of the occurrence of Dedekind sums both in the theory of modular forms and in the study of 4-dimensional manifolds, is known.

As a theme (familiar to most topologists) under the general title "Prospects of mathematics" we propose "More and more number theory in topology."

Remark

The paper follows the original lecture rather closely, except for §6, §7, and §8, which were added later.

§1. *Conjecturing the Riemann-Roch theorem*

Let X be a compact complex manifold and W a holomorphic vector bundle over X. Let $\Omega(W)$ be the sheaf of germs of holomorphic sections of W. The cohomology groups $H^i(X,\Omega(W))$ vanish for $i > \dim_{\mathbb{C}} X = n$ and are all finite-dimensional complex vector spaces.

We define the "Euler number"

$$\chi(X,W) = \sum_{i=0}^{n} (-1)^i \dim H^i(X,\Omega(W)).$$

Serre conjectured in a letter to Kodaira and Spencer (Sept. 29, 1953) that $\chi(X,W)$ is (for algebraic manifolds X) expressible in terms of the Chern classes of X and those of W.

How does one come from this general conjecture to an explicit one? This will be answered here in a very fast way using modern terminology (including the functor K which was introduced much later ([1], [4], [9])).

For holomorphic vector bundles W_1, W_2 over the compact complex manifold X we have

(1) $$\chi(X,W_1 \oplus W_2) = \chi(X,W_1) + \chi(X,W_2).$$

For a holomorphic vector bundle W_1 over the compact complex manifold X_1 and a holomorphic vector bundle W_2 over the compact complex manifold X_2, we have

(2) $$\chi((X_1 \times X_2, W_1 \otimes W_2) = \chi(X_1, W_1) \cdot \chi(X_2, W_2).$$

Serre's conjecture implies that $\chi(X,W)$ depends only on the topological class of the bundle. Therefore we introduce the ring $K(X)$, constructed from the semi-ring of isomorphism classes of topological complex vector bundles over X, and, because of (1), wish to construct an additive homomorphism

$$\tilde{\chi} : K(X) \to Q$$

such that

$$\chi(X,W) = \tilde{\chi}([W]).$$

where $[W]$ is the element of $K(X)$ represented by W.
Suppose

$$\mathrm{ch} : K(X) \to H^{ev}(X,Q)$$

is an additive homomorphism from $K(X)$ to the ring of even-dimensional cohomology classes and that

$$\mathrm{td}(X) \in H^{ev}(X,Q)$$

is a fixed cohomology class. Then

(3) $$\xi \to (\mathrm{ch}(\xi) \cdot \mathrm{td}(X))\,[X], \ \ \xi \in K(X),$$

is a candidate for $\tilde{\chi}$. Here $a[X]$ means the evaluation of the cohomology class a on the fundamental cycle of X. Condition (1) is satisfied; condition (2) will be satisfied if ch is a ring homomorphism defined for all X and having the usual naturality properties, and if $\mathrm{td}(X)$ is defined for all X and satisfies

(4) $$\mathrm{td}(X_1 \times X_2) = \mathrm{td}(X_1) \otimes \mathrm{td}(X_2).$$

How can one find such a $\mathrm{td}(X)$? Assuming it depends only on the tangent bundle of X, we try to define $\mathrm{td}(E) \in H^{ev}(B,Q)$ for any complex vector bundle E with base B, satisfying the usual naturality properties and such that

(5) $$\mathrm{td}(E_1 \oplus E_2) = \mathrm{td}(E_1) \cdot \mathrm{td}(E_2)$$

if E_1, E_2 are complex vector bundles over the same base space B. If td(X) is defined as the value of td for the tangent bundle of X, then (4) is a consequence of (5). We normalize by requiring

(6) $$\mathrm{td}(E) = 1, \text{ if } E \text{ is the trivial line bundle.}$$

To get a precise conjecture for the Riemann-Roch theorem in the form

(7) $$\chi(X,W) = (\mathrm{ch}\,[W] \cdot \mathrm{td}(X))\,[X],$$

we must specify ch and td. We choose for X the complex projective space $P_n(C)$ and put $W = F^k$, where F is the line bundle associated to the hyperplane of X which has characteristic class $x \in H^2(P_n(C),Z)$. Here x is the so-called positive generator of $H^2(P_n(C),Z)$; see [13], p. 138.
We have

(8) $$\chi(P_n(C),F^k) = \binom{n+k}{k}.$$

In view of the desired properties of ch and td considered above, the special example (8) determines ch and td completely. We recall this for td. The tangent bundle of $P_n(C)$ plus the trivial line bundle equals $F \oplus \ldots \oplus F = (n+1)F$. Therefore by (5) and (6),

$$\mathrm{td}(P_n(C)) = (\mathrm{td}(F))^{n+1}$$

with

$$\mathrm{td}(F) = 1 + b_1 x + b_2 x^2 + \ldots = f(x), \quad b_i \in Q,$$

where f is an infinite formal power series determined uniquely (by naturality) for $n \to \infty$. This is the characteristic power series for td. Since the arithmetic genus of $P_n(C)$ equals 1, (this is the case $k = 0$ in (8), where F^0 is the trivial line bundle), we must have, by (7),

(9) $$\mathrm{td}(P_n(C))\,[P_n(C)] = 1.$$

For the characteristic power series f, the formula (9) means

(10) *the coefficient of* x^n *in* $(f(x))^{n+1}$ *equals* 1 *for all* n.

The only power series with constant term 1 satisfying (10) is

$$f(x) = \frac{x}{1-e^{-x}} = 1 + \frac{x}{2} + \sum_{k=1}^{\infty} (-1)^{k+1} B_k \frac{x^{2k}}{(2k)!}$$

Here Bernoulli numbers show up in topology.

The final result for ch (Chern character) and td (Todd class) is the following: Let E be a complex vector bundle (fibre C^n) with base space B, and c(E) its total Chern class,

$$c(E) = 1 + c_1(E) + c_2(E) + \ldots + c_n(E) \in H^{ev}(B,Q).$$

Suppose there is a space B' and a map $\pi : B' \to B$ such that π^* is injective for rational cohomology and π^*E is a direct sum of line bundles $E_i (1 \leq i \leq n)$ where E_i has the characteristic class $x_i \in H^2(B',Z)$. Such a B' always exists (splitting principle). We regard x_i as element of $H^2(B',Q)$. Then

$$\pi^* c(E) = (1+x_1) \ldots (1+x_n),$$

(11) $$\pi^* \mathrm{ch}(E) = e^{x_1} + \ldots + e^{x_n},$$

$$\pi^* \mathrm{td}(E) = \prod_{i=1}^{n} \frac{x_i}{1-e^{-x_i}}$$

After ch and td have thus been found, (7) is the explicit form of the Riemann-Roch conjecture.

§2. *The signature theorem*

Let X be a compact oriented manifold of dimension 4k without boundary. Then $H^{2k}(X,R)$ is a finite dimensional real vector space over which we have a bilinear symmetric non-degenerate form B defined by

$$(12) \qquad B(x,y) = (x \cup y)\,[X], \text{ for } x,y \in H^{2k}(X,R).$$

The signature of this form B, i.e., the number of positive entries minus the number of negative entries in a diagonalized version, is called sign (X). It was first introduced by H. Weyl [27]. The signature theorem ([13], p. 86) claims that (for a differentiable manifold X) the signature of X is a universal linear combination of Pontrjagin numbers. For example, we have for a 12-dimensional manifold

$$(13) \qquad \mathrm{sign}(X^{12}) = \frac{1}{3^3.5.7}(62\, p_3 - 13\, p_2 p_1 + 2 p_1{}^3)\,[X]$$

($p_i \in H^{4i}(X,Z)$ are the Pontrjagin classes).

Formula (13) implies, for example, that for a 12-dimensional compact oriented differentiable manifold X without boundary the signature is divisible by 62 if the fourth Betti number of X is zero.

How can one arrive at a conjecture for the signature theorem? I shall now give an answer to this question. But I do not claim that this is the way that I arrived at the conjecture.

Let X be a projective algebraic manifold with $\dim_C X = 2k$. Let T^* be its dual tangent bundle. Then a theorem of Hodge (compare [13], p. 125) can be written in the form

$$(14) \qquad \chi(X, \Lambda^* T^*) = \mathrm{sign}\ X.$$

Here $\Lambda^* T^*$ is the exterior algebra bundle of T. We write for the total Chern class of X

$$c(X) = \prod_{i=1}^{2k} (1+x_i), \text{ where } x_i \in H^2(\ ,Q).$$

(We do not specify the space over which the tangent bundle of X splits and forget to write π^*; compare (11).) Using known formulas for $\mathrm{ch}(\Lambda^*T^*)$ we get from (7) and (14)

$$\operatorname{sign} X = \left(\prod_{i=1}^{2k} (1+e^{-x_i}) \prod_{i=1}^{2k} \left(\frac{x_i}{1-e^{-x_i}}\right) \right) [X].$$

Thus

$$\operatorname{sign} X = \prod_{i=1}^{2k} \frac{x_i}{\tanh \frac{x_i}{2}} [X] = \prod_{i=1}^{2k} \frac{x_i}{\tanh x_i} [X]. \tag{15}$$

Since

$$\frac{x}{\tanh x} = 1 + \sum_{k=1}^{\infty} (-1)^{k+1} B_k \frac{2^{2k} x^{2k}}{(2k)!}$$

is in fact a power series in x^2, and the ith elementary symmetric function of the x_j^2 is the Pontrjagin class p_i of X, formula (15) makes sense for differentiable manifolds and is the signature theorem to be conjectured.

How to prove it? After conjecturing it I went to the library of the Institute for Advanced Study (June 2, 1953). Thom's *Comptes Rendus* note [25] had just arrived. This finished the proof. The signature theorem (for algebraic manifolds a special case of the Riemann-Roch theorem) was the starting point for the proof of the Riemann-Roch theorem in the case of algebraic manifolds [13].

Remark

The actual process of conjecturing the Riemann-Roch theorem and the signature theorem was not so straightforward as the process described in §1 and §2. In the Princeton days of 1952-54, much of my work arose from discussions with Kodaira and Spencer and was motivated by the old papers of J. A. Todd. Kodaira and Spencer explained their work to me. For example, I learned from them that for a line bundle F over a given X, the number $\chi(X,F)$ depends only on the cohomology class of F.

Studying $\chi(X,F)$, especially the arithmetic genus (Todd genus), led to the power series

$$f(x) = \frac{x}{1-e^{-x}}$$

in a way very close to the story told in §1. When dealing with Pontrjagin classes, we need a power series in x^2. Fortunately, $f(x) - \frac{x}{2}$ is such a power series. We have

$$f(2x) = x + \frac{x}{\tanh x}.$$

Already this simple observation motivated the study of the multiplicative sequence with characteristic power series $\frac{x}{\tanh x}$ and gave rise to the signature theorem and its relation to the Riemann-Roch theorem (see for example [13], §13.6). Serre's letter of September 1953 helped to clarify the situation. The Riemann-Roch theorem was proved shortly afterwards (December 10, 1953 approximately).

Much of the machinery of characteristic classes I learned from discussions with A. Borel. Perhaps I might use this occasion to express my thanks to Princeton and the mathematicians who were there in 1952-54.

§3. *An exotic sphere*

Milnor's original idea [21] for constructing an exotic sphere and the later work by Kervaire and Milnor [19] are recognizable in the following example arising from the work of Brieskorn [10]. This example is a typical application of the signature theorem.

Consider (for small $\varepsilon \neq 0$) the subset of C^7 defined by

$$z_1{}^2 + z_2{}^2 + z_3{}^2 + z_4{}^2 + z_5{}^2 + z_6{}^3 + z_7{}^5 = \varepsilon,$$

$$\sum_{i=1}^{7} z_i \bar{z}_i \leq 1.$$

This is a 12-dimensional manifold M^{12} with boundary. According to Brieskorn, $\partial M^{12} = \Sigma^{11}$ is a topological sphere and M^{12} / Σ^{11} (i.e., we collapse the boundary to a point) is a 12-dimensional manifold N^{12} without boundary. N^{12} is 5-connected and has signature -8. If N^{12} could be made into a differentiable manifold, then sign $N^{12} = -8$ would be divisible by 62 (see (13)). Therefore N^{12} does not carry any differentiable structure. (A manifold without any differentiable structure was first constructed by Kervaire [18].) It follows that Σ^{11} is not diffeomorphic to the standard sphere, i.e., the differentiable manifold Σ^{11} is an exotic sphere. Compare also Kuiper [20].

§4. *The equivariant signature theorem in the 4-dimensional case*

In the preceding sections we have told the oid story "How to reach the signature theorem," and have given a typical application. As explained in the introduction, the Atiyah-Bott-Singer index and fixed point theorems contain as a special case the equivariant signature theorem. This theorem has many relations to number theory; its full impact can be seen only by studying it for manifolds of arbitrary even dimension. We restrict ourselves to 4-dimensional compact oriented differentiable manifolds without boundary. For such a manifold M^4 the ordinary signature theorem simply says

$$\text{sign } M^4 = \frac{1}{3} p_1 [M^4]. \tag{16}$$

where $p_1 \epsilon H^4(M^4,Z)$ is the Pontrjagin class. Let us formulate the equivariant signature theorem in the 4-dimensional case.

Let M be a compact oriented differentiable manifold without boundary and G a finite group acting on M by orientation preserving diffeomorphisms. As in §2, consider over $H^2(M,R)$ the bilinear symmetric non-degenerate form B. Then $H^2(M,R)$ is a G-module, and the action of G on $H^2(M,R)$ preserves B. We can decompose $H^2(M,R)$ as follows:

$$H^2(M,R) = H_+ \oplus H_-,$$

where H_+ and H_- are B-orthogonal, B is positive-definite on H_+ and negative-definite on H_-, and

$$g(H_+) = H_+, g(H_-) = H_-, \text{ for all } g \in G.$$

For any $g \in G$ we define

$$\operatorname{sign}(g,M) = \operatorname{tr}(g|H_+) - \operatorname{tr}(g|H_-),$$

where tr denotes the trace. It is easy to show that sign (g,M) does not depend on the choice of H_+ and H_- ([8], p. 578). If g acts on M as the identity, then

$$\operatorname{sign}(g,M) = \operatorname{sign} M.$$

The number sign (g,M) depends only on the action of the individual element g on M and not on the action of the whole group G. (The definition for sign (g,M) given here works, of course, for all 4k-dimensional manifolds, not only for 4-dimensional manifolds.)

We assume from now on that M is connected and G acts effectively. Let M^g be the set of fixed point of g, which for $g \neq 1$ consists of isolated points x_j and connected 2-manifolds Y_k. Following [8], Proposition 6.18, we formulate the equivariant G-signature theorem. For each j, let the action of g on the tangent space at x_j be given by the matrix

$$\begin{pmatrix} \cos \alpha_j & -\sin \alpha_j \\ \sin \alpha_j & \cos \alpha_j \end{pmatrix} \oplus \begin{pmatrix} \cos \beta_j & -\sin \beta_j \\ \sin \beta_j & \cos \beta_j \end{pmatrix} \tag{17}$$

relative to an oriented basis of the tangent space. For each k, let the diffeomorphism g induce a rotation in the normal bundle of Y_k by an angle $\pm \theta_k$. Let $Y_k \cdot Y_k$ denote the self-intersection number of Y_k (which is also defined when Y_k is not orientable; see for example [14], p. 152).

We have (for $g \neq 1$)

$$\text{(18)} \qquad \text{sign}\,(g,M) = \sum_j \left(-\cot\frac{\alpha_j}{2} \cdot \cot\frac{\beta_j}{2}\right) + \sum_k \frac{1}{\sin^2 \frac{\theta_k}{2}} \cdot (Y_k \cdot Y_k)\,.$$

Formula (18) is the equivariant G-signature theorem in the 4-dimensional case. Observe that $\cot\frac{\alpha_j}{2} \cdot \cot\frac{\beta_j}{2}$ does not change if the pair (α_j, β_j) is permuted or replaced by $(-\alpha_j, -\beta_j)$.

Let M and G be as before, with G acting effectively by orientation preserving diffeomorphisms. The orbit space M/G is a rational homology manifold with oriented fundamental cycle and the signature of M/G can be defined as usual though M/G is not a manifold. If $\pi : M \to M/G$ is the canonical map, then π^* maps $H^2(M/G,R)$ bijectively on $H^2(M,R)^G$, the subspace of the vector space $H^2(M,R)$ consisting of the elements invariant under all $g \in G$. An elementary formula of representation theory together with the fact that π^* preserves the cup-product yields

$$\text{(19)} \qquad \text{sign}\, M/G = \frac{1}{|G|} \sum_{g \in G} \text{sign}\,(g,M)$$

or equivalently,

$$\text{(20)} \qquad \text{sign}\, M = |G| \cdot \text{sign}\, M/G - \sum_{g \neq 1} \text{sign}\,(g,M).$$

If g acts freely, then by (18) the number sign (g,M) vanishes for $g \neq 1$, and

$$\text{(21)} \qquad \text{sign}\, M = |G| \cdot \text{sign}\, M/G,$$

a fact which also follows immediately from the ordinary signature Theorem (16). In view of (20) and (21) we call $\sum_{g \neq 1} \text{sign}\,(g,M)$ the (total) *signature-defect* of the given effective G-action on M.

For any point $x \in M$, we consider the subset $G(x)$ of G consisting of those elements $g \in G$ which have x as an isolated fixed point. For only finitely many x is the set $G(x)$ non-empty. For any $g \in G(x)$ we have the angles $\alpha_{g,x}$ and $\beta_{g,x}$ (see (17)).

We define the *signature-defect at* x by the formula

$$\text{def}_x = \sum_{g \in G(x)} -\cot(\alpha_{g,x}/2) \cdot \cot(\beta_{g,x}/2). \tag{22}$$

For any 2-dimensional connected submanifold Y of M (not necessarily orientable) we consider the subset $G(Y)$ of G consisting of those elements $g \in G$ for which Y is a connectedness component of M^g. There are only finitely many Y for which the set $G(Y)$ is not empty. For any $g \in G(Y)$ we have the angle $\theta_{g,Y}$ (see (18)). We define the *signature-defect at* Y by the formula

$$\text{def}_Y = \sum_{g \in G(Y)} \frac{1}{\sin^2(\theta_{g,Y}/2)} (Y \cdot Y). \tag{23}$$

We obtain for the signature defect of the whole G-action the formula

$$|G| \cdot \text{sign}\, M/G - \text{sign}\, M = \sum_{g \neq 1} \text{sign}\,(g,M) = \sum_x \text{def}_x + \sum_Y \text{def}_Y. \tag{24}$$

We wish to study the signature defects at Y and x in some particular cases. For a connected 2-dimensional manifold Y the elements $g \in G$ with $Y \subset M^g$ constitute a subgroup G_Y of G and we have $G(Y) = G_Y - \{1\}$. The group G_Y is always cyclic, say of order n. Then

$$\text{def}_Y = \sum_{k=1}^{n-1} \frac{1}{\sin^2 \frac{\pi k}{n}} \cdot (Y \cdot Y).$$

It is easy to verify

$$\sum_{k=1}^{n-1} \frac{1}{\sin^2 \frac{\pi k}{n}} = \frac{n^2-1}{3}. \tag{25}$$

Therefore

(26) $$\mathrm{def}_Y = \frac{n^2-1}{3}(Y\cdot Y) \text{ where } n = |G_Y|.$$

It is much more complicated to calculate the defect at points x. We shall study def_x in the case where the isotropy group G_x is cyclic, of order p say, and where G_x operates freely on the tangent space at x (with the origin removed). Let ρ be a generator of G_x. The action of ρ on the tangent space at x is given, relative to an oriented basis, by a matrix of the form (17) with (α_j, β_j) replaced by $(2\pi\frac{q}{p}, 2\pi\frac{r}{p})$, where q,r are relatively prime to p. When ρ is chosen, the residue classes of q and r modulo p are determined up to their order and up to replacing q,r by $-q$, $-r$ modulo p.

For a natural number $p \geq 1$ and integers q,r prime to p we define

(27) $$\mathrm{def}(p;q,r) = -\sum_{k=1}^{p-1} \cot\frac{\pi qk}{p}\cdot\cot\frac{\pi rk}{p}.$$

By (22) this is the signature defect at x if the isotropy group G_x acts on the tangent space at x as described above. We have

i) $\mathrm{def}(p;q,r) = \mathrm{def}(p;r,q)$

ii) $\mathrm{def}(p;q,r) = \mathrm{def}(p;q',r')$ if $q\equiv q' \bmod p$ and $r\equiv r' \bmod p$

iii) $\mathrm{def}(p;sq,sr) = \mathrm{def}(p;q,r)$ if s is prime to p.

iv) $\mathrm{def}(p;-q,r) = -\mathrm{def}(p;q,r)$.

The equation iii) corresponds to different choices of the generator ρ of G_x. If, according to ii), we regard q,r as residue classes mod p we may write in view of iii) and i)

v) $\mathrm{def}(p;q,r) = \mathrm{def}(p;\frac{q}{r},1) = \mathrm{def}(p;\frac{r}{q},1)$.

Therefore, we only have to calculate the signature defects def(p;q,1). For $q = 1$ we have by (25),

(28) $$\operatorname{def}(p;1,1) = -\frac{(p-1)\cdot(p-2)}{3}.$$

Remark

As an invariant for a free G-manifold of odd dimension a complex-valued function α on $G-\{1\}$ can be defined using the equivariant signature theorem. (See [8], p. 590; the function σ introduced in [8] equals $-\alpha$. The function α was used for example in [16]. Compare the lecture of C.T.C. Wall in this conference.) The free action given by q,r of the cyclic group μ_p of order p on the 3-sphere has a lens space as orbit space. The function $\xi \to \alpha(\xi,S^3)$, $\xi \in \mu_p$, $\xi \neq 1$, can be used for the classification of lens spaces [3]. We have, for the free action of μ_p on S^2 given by q,r,

$$\operatorname{def}(p;q,r) = -\sum_{\xi\in\mu_p-\{1\}} \alpha(\xi,S^3).$$

The summands in this sum are exactly the summands in (27).

By summing over ξ we lose information, like passing from a character to its degree. Nevertheless, the "degrees" def(p;q,r) are quite interesting – as we shall see.

§5. *The equivariant signature theorem and some number theory.*

It is amusing that the signature defects,

(29) $$\operatorname{def}(p;q,1) = -\sum_{k=1}^{p-1} \cot\frac{\pi k}{p}\cdot\cot\frac{\pi q k}{p},$$

occur in the classical literature.

PROPOSITION. *Let* $p \geq 1$ *be a natural number and* q *an integer prime to* p. *Then*

(30) $$\operatorname{def}(p;q,1) = -\frac{2}{3}(q,p),$$

where (q,p) *is the Dedekind symbol (also called Dedekind sum) introduced in* [11], *formulas* (11) *and* (12). *The Dedekind symbol is always an integer.*

The proof of (30) is in Rademacher [23], and uses the function $((\ )) : R \to R$ defined by

$$((x)) = x - [x] - \frac{1}{2}, \text{ if } x \text{ is not an integer,}$$

$$((x)) = 0 \qquad\qquad , \text{ if } x \text{ is an integer.}$$

Rademacher proves ([23], pp. 276-277)

$$\sum_{k=1}^{p-1} \cot\frac{\pi k}{p} \cdot \cot\frac{\pi q k}{p} = 4p \sum_{k=0}^{p-1} ((\frac{k}{p})) \cdot ((\frac{qk}{p})) . \tag{31}$$

[Dedekind also uses a function $((\ ))$. It is the above function $((\ ))$ used by Rademacher with a shift of $\frac{1}{2}$ in the independent variable. We use the $((\ ))$ of Rademacher.] We have by [11], formula (32),

$$(q,p) = 6p \sum_{k=0}^{p-1} ((\frac{k}{p})) \cdot ((\frac{qk}{p})) . \tag{32}$$

Formulas (31) and (32) imply (30). Dedekind proves that (q,p) is an integer.

Let us recall how Dedekind [11] defined his symbol and why he was interested in it. Consider in the upper half plane H the function

$$F(z) = e^{2\pi i z} \prod_{n=1}^{\infty} (1-e^{2\pi i n z})^{24}$$

It is a modular function of weight 12 (compare e.g. [24], p. 154).

Since H is simply connected we can define a holomorphic function $f(z)$ in H with

1 $$e^{f(z)} = F(z)$$

and

$$\lim_{\substack{y \to \infty \\ y > 0}} (f(x+iy) - 2\pi i (x+iy)) = 0 .$$

We have

$$f(z+b) = f(z) + 2\pi i b, \text{ for } b \in Z.$$

Dedekind investigates the behaviour of $f(z)$ under the modular group. His result is the following.

For $\begin{pmatrix} a & b \\ c & d \end{pmatrix} \in SL(2,Z)$ *there is a number* (d,c) *depending only on* d *and* c *such that*

$$(33) \qquad c \cdot f\left(\frac{az+b}{cz+d}\right) = c \cdot f(z) + 6c \cdot \log\{-(cz+d)^2\} + 2\pi i\,(a+d - 2(d,c)),$$

where the function $c \log\{-(cz+d)^2\}$ *is defined in the upper half plane without ambiguity by requiring that the absolute value of its imaginary part is* $\leq |\pi c|$.

Of course, for $c \neq 0$ the number $c^{-1} \cdot (a+d - 2(d,c))$ is an integer. Dedekind uses (33) as definition of his symbol (d,c) for any pair of coprime integers. First consequences of (33) are

i) $(1,0) = 1$

ii) $(-d,-c) = -(d,c)$.

Replacing in (33) the variable z by $-\bar{z}$ leads to

$$(d,c) = (d,-c),$$

so by ii) we have

iii) $(-d,c) = -(d,c)$,

which implies

$$(0,1) = 0.$$

Replacing in (33) the variable z by $z+1$ or by $-\frac{1}{z}$ respectively, leads to the equations

iv) $(d,c) = (d',c)$ for $d \equiv d' \mod c$

v) $2d(d,c) + 2c(c,d) = 1+c^2+d^2-3|cd|$.

Formula v) is the reciprocity law for Dedekind symbols.

Clearly, i) – v) allow calculating (d,c) for any coprime pair. *There is exactly one and only one real valued symbol defined for pairs of coprime integers satisfying* i) – v).

The reciprocity law v) and the other properties of the Dedekind symbol imply for $c \geq 0$.

(34) $$(1,c) = \frac{(c-1)\cdot(c-2)}{2}, \quad (2,c) = \frac{(c-1)\cdot(c-5)}{4};$$

for the first formula compare (28). In the second formula c has to be odd.

Formula (30) shows that our signature defect def(p;q,1) equals the Dedekind symbol (up to a factor).. This followed from formulas (31) and (32) of Rademacher and Dedekind. We might try to prove (30) alternatively by establishing properties i) – v) for the signature defect. We only defined def(p;q,1) for $p \geq 1$ and q relatively prime to p. Therefore we do not have i) and ii), but we have

(35) $$\begin{aligned} \mathrm{def}(1;0,1) &= 0 \\ \mathrm{def}(p;q,1) &= \mathrm{def}(p;q',1) \text{ if } q \equiv q' \bmod p. \end{aligned}$$

Therefore, we only have to prove the reciprocity law for def(p;q,1) corresponding to v) because, clearly, (35) and the reciprocity law establish already an inductive process for the calculation of def(p;q,1), and this will prove again what we want:

$$\mathrm{def}(p;q,1) = -\frac{2}{3}(q,p).$$

PROPOSITION (Reciprocity law). *Let* p,q,r *be pairwise coprime natural numbers* ≥ 1. *Then*

(36) $$qr\,\mathrm{def}(p;q,r) + pr\,\mathrm{def}(q;p,r) + pq\,\mathrm{def}(r;p,q) = pqr - \frac{p^2+q^2+r^2}{3}.$$

This uses the notation of (27). For $r=1$, formula (36) is the reciprocity law corresponding to v). Formula (36) is essentially a formula due to Rademacher ([23], p. 272). In the next paragraph we shall prove (36) by using the equivariant signature theorem for suitable 4-dimensional manifolds and group actions. It is pretty clear that (36) must be related to a situation where we have

(37) qr *points with isotropy group cyclic of order* p *and induced representation in the tangent space given by* q,r, *and correspondingly for* p,q,r *cyclic permuted.*

Before constructing an example for (37) we make some number theoretical remarks. The right side of (36) vanishes if and only if

$$p^2+q^2+r^2 = 3\,pqr. \tag{38}$$

A triple (p,q,r) satisfying (38), for example (194,13,5), is called a Markoff triple; compare [23] and [12]. For a Markoff triple the signature defects of the qr + pr + pq points in a situation (37) do not give a contribution to the total signature defect (20), since their sum is zero. Indeed, each one is zero: *If* (p,q,r) *is a Markoff triple, then*

$$\operatorname{def}(p;q,r) = \operatorname{def}(q;p,r) = \operatorname{def}(r;p,q) = 0.$$

Proof. $q^2+r^2 \equiv 0 \bmod p$ implies $\frac{q}{r} \equiv -\frac{r}{q} \bmod p$. The result follows from iv) and v) in §4.

We close this section by pointing out the connection between the Dedekind symbol and the quadratic reciprocity law.

For coprime integers p,q *with* p *odd,* $p \geq 1$,

2 $$3\operatorname{def}(p;q,1) \equiv 2\left(\frac{q}{p}\right)-p-1 \pmod 8, \tag{39}$$

i.e., $\left(\frac{q}{p}\right) + (q,p) \equiv \frac{p+1}{2} \bmod 4$, *where* $\left(\frac{q}{p}\right)$ *is the Jacobi-Legendre symbol.*

From this fact and the Dedekind reciprocity v) the quadratic reciprocity theorem follows easily. Presumably, the congruence (39) exists in the classical literature. Don Zagier told me a very nice proof for (39).

§6. *Proof of the Rademacher reciprocity theorem by the equivariant G-signature theorem.*

Consider the non-singular algebraic surface V_n in $P_3(\mathbb{C})$,

$$V_n : z_0^{\,n}+z_1^{\,n}+z_2^{\,n}+z_3^{\,n} = 0.$$

Let μ_n be the group of n–th roots of unity. It acts on V_n by

$$(z_0,z_1,z_2,z_3) \to (\zeta^{-1}z_0,z_1,z_2,z_3),\ \zeta \in \mu_n.$$

The orbit space is $P_2(C)$ which has signature 1; therefore by (24),

$$n - \operatorname{sign} V_n = \operatorname{def}_Y$$

where Y is the curve in V_n given by $z_0 = 0$.

Since $Y \cdot Y = n$, we obtain by (26),

(40) $$\operatorname{sign} V_n = n - \frac{n(n^2-1)}{3} = \frac{n(4-n^2)}{3}$$

Of course, (40) is well-known and could be used conversely to prove the trigonometrical formula (25).

Let p,q,r be pairwise coprime natural numbers ≥ 1. Consider

$$V = V_{pqr} : {z_0}^{pqr} + {z_1}^{pqr} + {z_2}^{pqr} + {z_3}^{pqr} = 0,$$

and on it the action of $H = \mu_{pqr} \times \mu_p \times \mu_q \times \mu_r$ given by

$$(z_0,z_1,z_2,z_3) \to (\zeta^{-1}z_0,\alpha z_1,\ \beta z_2,\ \gamma z_3)$$

for $(\zeta,\alpha,\beta,\gamma) \in H$. We put $\mu_{pqr} = G_1$ and $\mu_p \times \mu_q \times \mu_r = G_2$. We have

$$V/H = (V/G_1)/G_2 = (V/G_2)/G_1.$$

Since V/G_1 is the complex projective plane whose cohomology remains invariant under the action of G_2, we have

(41) $$\operatorname{sign} V/H = \operatorname{sign} (V/G_2)/G_1 = 1.$$

We now calculate sign V/G_2 by applying (24) to the case M=V and $G=G_2$. There are three connected 2-dimensional manifolds (curves) Y_1,Y_2,Y_3 in V given by $z_i = 0$ (i=1,2,3). The sets $G(Y_i)$ are $\mu_p-\{1\}$, $\mu_q-\{1\}$, $\mu_r-\{1\}$ respectively.

Therefore by (26)

$$\sum_{i=1}^{3} \operatorname{def}_{Y_i} = pqr\left(\frac{p^2-1}{3}+\frac{p^2-1}{3}+\frac{r^2-1}{3}\right). \tag{42}$$

There are three sets of pqr points each. The first set is given by $z_2=z_3=0$, the second by $z_1=z_3=0$, the third by $z_1=z_2=0$. The isotropy group $(G_2)_x$ for any point x in the first set is $\mu_q \times \mu_r$.

The action of $(G_2)_x$ in the tangent space at x is the direct sum of the standard one-dimensional complex representation of μ_q with that of μ_r. Therefore

$$\operatorname{def}_x = -\left(\sum_{j=1}^{q-1} \cot\frac{\pi j}{q}\right)\cdot\left(\sum_{k=1}^{r-1} \cot\frac{\pi k}{r}\right) = 0$$

(each factor in the preceding line is 0, because

$$\cot\frac{\pi j}{q} = -\cot\frac{\pi(q-j)}{q}).$$

The same holds for the second and third set. Thus $\Sigma_x \operatorname{def}_x = 0$. If we apply (24) to our case, then by (40), (42), and (24),

$$\operatorname{sign} V/G_2 = \frac{1}{3}(p^2+q^2+r^2-p^2q^2r^2+1). \tag{43}$$

V/G_2 *is non-singular.* This follows immediately by looking at the action in the neighborhood of the curves Y_i and the points x. We may therefore apply (24) to the action of G_1 on V/G_2. There is one curve Y, namely the curve in V/G_2 given by $z_0=0$. We have $Y \cdot Y = 1$ and

$$\operatorname{def}_Y = \frac{p^2q^2r^2-1}{3}, \text{ (see (26)).} \tag{44}$$

$V/G_2 - Y$ can be identified under $t_1=z_1{}^p, t_2=z_2{}^q, t_3=z_3{}^r$ with the non-singular affine surface

$$W : t_1^{qr} + t_2^{pr} + t_3^{pq} = -1$$

on which $G_1 = \mu_{pqr}$ acts by

$$(t_1,t_2,t_3) \to (\zeta^p t_1, \zeta^q t_2, \zeta^r t_3), \text{ for } \zeta \in G_1.$$

On W we have exactly the situation (37).

Therefore

$$(45) \qquad \sum_{x \in W} \mathrm{def}_x = qr\,\mathrm{def}(p;q,r) + pr\,\mathrm{def}(q;p,r) + pq\,\mathrm{def}(r;p,q).$$

Applying (24) to the G_1-action on V/G_2 gives, in view of (43), (41), (44), (45),

$$pqr - \frac{1}{3}(p^2+q^2+r^2-p^2q^2r^2+1) =$$

$$\frac{p^2q^2r^2-1}{3} + qr\,\mathrm{def}(p;q,r) + pr\,\mathrm{def}(q;p,r) + pq\,\mathrm{def}(r;p,q)$$

which is exactly Rademacher's reciprocity formula (36).

§7. *An identity due to Mordell*

Mordell [22] has proved a relation between Dedekind sums and the number $N_3(p,q,r)$ of lattice points in the tetrahedron

$$0 \le x < p,\ 0 \le y < q,\ 0 \le z < r,\ 0 < \frac{x}{p} + \frac{y}{q} + \frac{z}{r} < 1,$$

where p,q,r are pairwise coprime. Let $N_3'(p,q,r)$ be the number of lattice points satisfying

$$0 < x < p,\ 0 < y < q,\ 0 < z < r,\ 0 < \frac{x}{p} + \frac{y}{q} + \frac{z}{r} < 1.$$

Then

$$N_3(p,q,r) = N_3'(p,q,r) + \frac{1}{2}(qr+pr+pq-3).$$

The signature $t(p,q,r)$ of the affine surface

(46) $$t_1^p + t_2^q + t_3^r = -1$$

is given by the equation [10]

$$t(p,q,r) = -(p-1)(q-1)(r-1) + 4 N_3'(p,q,r).$$

Mordell's identity ([22], formula (6)) can be rewritten as

(47) $$pqr\,(t(p,q,r)+1) = \frac{1}{3}(1-p^2q^2r^2+q^2r^2+p^2r^2+p^2q^2)$$

$$+ qr\,\mathrm{def}(p;qr,1) + pr\,\mathrm{def}(q;pr,1) + pq\,\mathrm{def}(r;pq,1).$$

For the proof of (47) we consider the algebraic surface $V = V_{pqr}$ of §6. The group

$$G = \mu_{qr} \times \mu_{pr} \times \mu_{pq}$$

acts on V by

$$(z_0, z_1, z_2, z_3) \to (z_0, \alpha z_1, \beta z_2, \gamma z_3), \text{ for } (\alpha,\beta,\gamma) \in G.$$

The orbit space V/G is the union of the affine surface (46) with the image of the hyperplane section $z_0=0$ under the map $V \to V/G$. It is easy to see that [17]

(48) $$\operatorname{sign} V/G = t(p,q,r) + 1.$$

We claim that Mordell's formula (47) can be proved by using (40), (48) and applying the equivariant signature theorem (or rather its consequences (22), (23), (24)) to the G-manifold V. The method is not so direct as in §6, because we meet pqr points $x \in V$ for which G_x is isomorphic to μ_{pqr} whereas the representation of G_x in the tangent space at x is given by integers aqr and 1 where $aqr \equiv 1 \bmod p$. For a point x for which $G_x = \mu_{pqr}$ and the representation of G_x in the tangent space at x is given by the integers aqr and 1, one can prove

$$\mathrm{def}_x = qr\,\mathrm{def}(p;a,1).$$

In our case $aqr \equiv 1 \bmod p$. Therefore,

$$\mathrm{def}_x = qr\,\mathrm{def}(p;qr,1).$$

The rest of the proof is quite similar to the proof in §6.

There are two amusing consequences of (47). If

$$q^2r^2+p^2r^2+p^2q^2+1 \equiv 0\ (pqr) \tag{49}$$

then the signature $t(p,q,r)$ *of the affine surface* (46) *is given by*

$$t(p,q,r) = \frac{1}{3pqr}(1-p^2q^2r^2+q^2r^2+p^2r^2+p^2q^2) - 1,$$

and the Mordell number $N_3(p,q,r)$ *of lattice points in the tetrahedron*

$$0 \leq x < p,\ 0 \leq y < q,\ 0 \leq z < r,\ 0 < \frac{x}{p} + \frac{y}{q} + \frac{z}{r} < 1$$

is given by

$$N_3(p,q,r) = \frac{1}{6}pqr + \frac{1}{4}(qr+pr+pq) + \frac{1}{4}(p+q+r) - 2 + \frac{1}{12pqr}(q^2r^2+p^2r^2+p^2q^2+1). \tag{50}$$

Proof. If q^2r^2+1 is divisible by p, then

$$\mathrm{def}(p;qr,1) = 0,$$

as follows from iv) and v) in §4. Thus (49) implies that all the defects in (47) vanish.

The other consequence of (47) is the following. *Let* p,q,r *be pairwise coprime natural numbers* 1. *If* p *divides* q^2-1 *or* r^2-1 *and* q *divides* p^2-1 *or* r^2-1 *and* r *divides* p^2-1 *or* q^2-1*, then*

$$t(p,q,r) = -\frac{1}{3pqr}(p^2-1)(q^2-1)(r^2-1). \tag{51}$$

This also gives a formula for $N_3(p,q,r)$.

Proof. Our assumptions imply

$$\mathrm{def}(p;qr,1) = \mathrm{def}(p;\tfrac{q}{r},1) = \mathrm{def}(p;q,r)$$

and correspondingly for p,q,r cyclically permuted. Then (51) follows from (47) and (36).

The formula (51) is true, for example, if p is odd and $q=p+1$ and $r=p+2$.

§8. *The Dedekind-Rademacher reciprocity and a formula of Bott*

The observations of this section are due to Don Zagier or arose from discussions with him.

Applying the equivariant signature theorem to 2n-dimensional manifolds leads to a generalization of the definition (27). If p is a natural number ≥ 1 and if $q_1,\dots,q_n$ are integers prime to p we define

$$\mathrm{def}(p;q_1,\dots,q_n) = i^n \sum_{j=1}^{p-1} \cot\frac{\pi q_1 j}{p} \cdots \cot\frac{\pi q_n j}{p} \tag{52}$$

If n is odd, then the number defined in (52) vanishes. For $n=2k$ we have the following formula which generalizes Rademacher's reciprocity formula (36). *Let* $b_0,b_1,\dots,b_{2k}$ *be pairwise coprime natural numbers* ≥ 1. Then

$$\sum_{j=0}^{2k} \frac{1}{b_j}\cdot \mathrm{def}(b_j;b_0,\dots,\hat{b}_j,\dots,b_{2k}) = 1 - \frac{1}{b_0 b_1\cdots b_{2k}} L_k(p_1,\dots,p_k). \tag{53}$$

Here p_r *is the* r-th *elementary symmetric function of the numbers* $b_0^2,\dots,b_{2k}^2$ *and* L_k *is the* L-*polynomial occuring in the signature theorem (*§2. See [13], 1.5). *For example,*

$$L_1(p_1) = \frac{1}{3}p_1,\ L_2(p_1,p_2) = \frac{1}{45}(7p_2 - p_1^2).$$

For the proof we consider the meromorphic differential form

$$w = \frac{t^{b_0}+1}{t^{b_0}-1}\cdot\frac{t^{b_1}+1}{t^{b_1}-1}\cdots\frac{t^{b_n}+1}{t^{b_n}-1}\cdot\frac{dt}{t}$$

on the complex projective line and use the fact that the sum of the residues of w is zero. This generalizes Rademacher's residue proof ([23], p. 277) of Dedekind's reciprocity formula (see v) in §5).

How does (53) relate to the signature theorem? We shall connect it with a result which Bott presented in this conference.

Let μ_a be the group of a-th roots of unity and $G = \mu_{b_0} \times \ldots \times \mu_{b_n}$. Let G act on the complex projective space $P_n(C)$ (homogeneous coordinates $z_0, \ldots, z_n$) by

$$\alpha(z_0, \ldots, z_n) = (\alpha_0 z_0, \ldots, \alpha_n z_n), \ \alpha \in G, \ \alpha_j \in \mu_{b_j}.$$

Bott calculates the rational Pontrjagin classes in the sense of Thom for the rational homology manifold $P_n(C)/G$ (compare [17]). He does this for arbitrary natural numbers $b_j \geq 1$. If the b_j are pairwise prime, then his formula reduces to the following result.

Let $b_0, b_1, \ldots, b_n$ *be pairwise coprime natural numbers* ≥ 1 *and* $G = \mu_{b_0} \times \ldots \times \mu_{b_n}$ *act on* $P_n(C)$ *as explained above. Let* $p \in H^*(P_n(C)/G, Q)$ *be the total Pontrjagin class of* $P_n(C)/G$. *If* $\pi : P_n(C) \to P_n(C)/G$ *is the natural projection and* $x \in H^2(P_n(C), Z)$ *the standard generator, then*

$$\pi^* p = (1+b_0^2 x^2)(1+b_1^2 x^2) \ldots (1+b_n^2 x^2) \bmod x^n. \tag{54}$$

If n *is odd, then* (54) *determines* p *completely. If* $n = 2k$, *the Pontrjagin class in dimension* 4k *is determined by the lower dimensional Pontrjagin classes (given by* (54)) *and by the requirement that the signature of* $P_{2k}(C)/G$, *which equals* 1, *be given by the* 4k-*dimensional* L-*polynomial.*

In fact, Bott's formula for the total L-class of $P_{2k}(C)/G$ is a complicated expression in cotangents from which – when the b_j are mutually relatively prime – formula (54) is clear, but it is not clear that the highest dimensional L-polynomial gives 1 on $P_{2k}(C)/G$. This fact turns out to be equivalent to the identity (53).

Moreover, (54) holds for n=2k without the restriction (mod x^{2k}) if and only if the two sides of (53) are 0. This gives the following result.

Let $b_0, b_1, \ldots, b_{2k}$ *be pairwise coprime natural numbers* ≥ 1 *and* $G = \mu_{b_0} \times \ldots \times \mu_{b_{2k}}$. *Then the total Pontrjagin class* p *of* $P_{2k}(C)/G$ *is given by the equation*

$$\pi^* p = (1+b_0{}^2x^2)(1+b_1{}^2x^2) \ldots (1+b_{2k}{}^2x^2),$$

if and only if the b_j *satisfy the Diophantine equation*

$$b_0 b_1 \ldots b_{2k} = L_k(p_1, \ldots, p_k). \tag{55}$$

Here p_r *is the* r-th *elementary symmetric function of the numbers* $b_0{}^2, \ldots, b_{2k}{}^2$.

For k=1, the Diophantine equation (55) is satisfied if and only if (b_0, b_1, b_2) is a Markoff triple (§5). For $k \geq 2$, we do not know any solutions (for b_j pairwise prime and positive) except (1,1,...,1) and (1,1,...,1,2) and permutations. Are there other solutions? For k=2, we have the Diophantine equation

$$45\, b_0 b_1 b_2 b_3 b_4 = 7\Big(\sum_{i<j} b_i{}^2 b_j{}^2\Big) - \Big(\sum_i b_i{}^2\Big)^2.$$

Find all solutions!

Added in Proof: Using the IBM 7090 computer at Bonn, Don Zagier found the solution

(2, 7, 19, 47, 59).

It is the only (non-trivial) relatively prime solution in integers ≤ 100.

Mathematisches Institut der Universität Bonn
(Sonderforschungsbereich Theoretische Mathematik)
Bonn, West Germany

REFERENCES

[1] Atiyah, M. F.: K-Theory, W. A. Benjamin, Inc. New York, Amsterdam 1967.

[2] Atiyah, M. F., and R. Bott: A Lefschetz fixed point formula for elliptic complexes: I. Ann. of Math. 86 (1967), 374-407.

[3] Atiyah, M. F., and R. Bott: A Lefschetz fixed point formula for elliptic complexes: II. Applications. Ann. of Math. 88 (1968), 451-491.

[4] Atiyah, M. F., and F. Hirzebruch: Vector bundles and homogeneous spaces. Proceedings of Symposia in Pure Mathematics. Vol. 3, 7-38, Am. Math. Soc. 1961.

[5] Atiyah, M. F., and G. B. Segal: The index of elliptic operators: II. Ann. of Math. 87 (1968), 531-545.

[6] Atiyah, M. F., and I. M. Singer: The index of elliptic operators on compact manifolds. Bull. Amer. Math. Soc. 69 (1963), 422-433.

[7] Atiyah, M. F., and I. M. Singer: The index of elliptic operators: I. Ann. of Math. 87 (1968), 484-530.

[8] Atiyah, M. F., and I. M. Singer: The index of elliptic operators: III. Ann. of Math. 87 (1968), 546-604.

[9] Borel, A., and J.-P. Serre: Le théorème de Riemann-Roch (d'après Grothendieck). Bull. Soc. Math. France 86 (1958), 97-136.

[10] Brieskorn, E.: Beispiele zur Differentialtopologie von Singularitäten. Inventiones Math. 2 (1966), 1-14.

[11] Dedekind, R.: Erlauterungen zu zwei Fragmenten von Riemann. Riemann's gesammelte Mathematische Werke 2. Aufl. 1892. (Dover Publications, New York, 466-478). Dedekinds gesammelte Mathematische Werke, erster Band, Friedrich Vieweg Braunschweig 1930, 159-173.

[12] Frobenius, F. G.: Über die Markoffschen Zahlen. Sitzungsber. d. Königl. Preussischen Akad. der Wiss. zu Berlin (1913), 458-487. Gesammelte Abhandlungen Band III, Springer-Verlag, Berlin-Heidelberg-New York 1968, 598-627.

[13] Hirzebruch, F.: Topological methods in algebraic geometry, Third enlarged edition, Springer-Verlag, Berlin-Heidelberg-New York 1966.

[14] Hirzebruch, F.: Involutionen auf Mannigfaltigkeiten. Proceedings of the Conference on Transformation Groups, New Orleans 1967, Springer-Verlag, Berlin-Heidelberg-New York 1968, 148-166.

[15] Hirzebruch, F.: The signature of ramified coverings. Global Analysis Papers in honor of K. Kodaira, University of Tokyo Press, Princeton University Press 1969, 253-265.

[16] Hirzebruch, F.: Free involutions on manifolds and some elementary number theory. Symposia Mathematica (Istituto Nazionale de Alta Matematica, Roma), Vol. V, Academic Press 1971, 411-419.

[17] Hirzebruch, F.: Pontrjagin classes of rational homology manifolds and the signature of some affine hypersurfaces. Liverpool Symposium on singularities of smooth manifolds and maps 1969-1970, to appear in Lecture Notes in Mathematics, Springer Verlag.

[18] Kervaire, M. A.: A manifold which does not admit any differentiable structure. Comm. Math. Helv. 34 (1960), 257-270.

[19] Kervaire, M. A., and Milnor, J.: Groups of homotopy spheres I. Ann. of Math. 77 (1963), 504-537.

[20] Kuiper, N. A.: Algebraic equations for nonsmoothable 8-manifolds, Institut des hautes Études Scientifiques, Publications Mathématiques 33 (1967), 139-155.

[21] Milnor, J.: On manifolds homeomorphic to the 7-sphere. Ann. of Math. 64 (1956), 399-405.

[22] Mordell, L. J.: Lattice points in a tetrahedron and generalized Dedekind sums. The Journal of the Indian Math. Soc. 15 (1951), 41-46.

[23] Rademacher, H.: Lectures on Analytic Number Theory, Notes. Tata Institute of Fundamental Research, Bombay, 1954-55.

[24] Serre, J.-P.: Cours d'Arithmétique, Presses Universitaires de France, Paris 1970.

[25] Thom, R.: Variétés différentiables cobordantes, C. R. Acad. Sci. Paris 236 (1953), 1733-1735.

[26] Thom, R.: Quelques propriétés globales des variétés différentiables, Comment. Math. Helv. 28 (1954), 17-86.

[27] Weyl, H.: Análisis situs combinatorio (continuación). Revista Matematico Hispano-Americana 6 (1924), 1-9 and 33-41. Gesammelte Abhandlungen Band II, Springer-Verlag, Berlin-Heidelberg-New York 1968, 416-432.

48.

The Hilbert modular group, resolution of the singularities at the cusps and related problems

Séminaire Bourbaki, 1970/71, exp. 396, Lecture Notes in Math. *244*, S. 275–288, Berlin-Heidelberg-New York: Springer 1971

* § 1. The Hilbert modular group and the cusps.

Let k be a real quadratic field over $\mathbb{Q}$ and $\underline{o}$ the ring of algebraic integers in k. Let $x \mapsto x'$ be the non-trivial automorphism of k. The Hilbert modular group

$$(1) \qquad SL_2(\underline{o}) = \{ \begin{pmatrix} a & b \\ c & d \end{pmatrix} \mid a, b, c, d \in \underline{o}, \ ad - bc = 1 \}$$

acts on $H \times H$ where H is the upper half plane of $\mathbb{C}$:

$$\begin{pmatrix} a & b \\ c & d \end{pmatrix} (z_1, z_2) = \left(\frac{az_1 + b}{cz_1 + d}, \frac{a'z_2 + b'}{c'z_2 + d'} \right).$$

The group $G = SL_2(\underline{o})/\{1,-1\}$ acts effectively. For a description of a fundamental domain of G, see Siegel [13].

For any point $x \in H \times H$, the isotropy group $G_x \subset G$ is finite cyclic. The singular points of the complex space $H \times H/G$ correspond bijectively to the finitely many conjugacy classes of maximal finite cyclic subgroups in G. Their number has been determined by Prestel [12] (see also Gundlach [7]). If, for example,

$$D \equiv 1 \ (4), \quad D \not\equiv 0 \ (3), \quad D > 5, \quad D \text{ square free}, \quad k = Q(\sqrt{D}),$$

then there are $h(-D)$ singular points of order 2 and $h(-3D)$ singular points of order 3 where $h(a)$ denotes the ideal class number of $\mathbb{Q}(\sqrt{a})$. (Assume a to be square free.) .

G acts on the projective line $k \cup \{\infty\}$ by

$$x \mapsto \frac{ax + b}{cx + d}.$$

There are finitely many orbit classes. The elements of $(k \cup \{\infty\})/G$ are called cusps. They correspond bijectively to the ideal classes of $\underline{o}$. If $x = \frac{m}{n}$ (where

$m , n \in \underline{o}$) belongs to a certain orbit, then (m,n) is a corresponding ideal. We denote by C the group of ideal classes in $\underline{o}$. (The principal ideals represent the unit element of C .) $H \times H/G$ can be compactified by adding finitely many points, namely the cusps. The resulting space

$$\overline{H \times H/G} = (H \times H/G) \cup C$$

is a compact algebraic surface (compare Gundlach [5]) with isolated singularities (the quotient singularities, as explained above, and the finitely many cusps). We wish to resolve the singularities. This is well-known for the quotient singularities (see, for example, [9] § 3.4). Object of this lecture is to do it for the cusps. For this we have to study the neighborhood of a cusp x in $\overline{H \times H/G}$ and the local ring at x .

We sometimes denote a cusp and a representing element $\frac{m}{n}$ $(m , n \in \underline{o})$ by the same symbol x . Let $G_x = \{\gamma \mid \gamma \in G , \gamma x = x\}$. We cannot, in general, transform $x = \frac{m}{n}$ to ∞ by an element of G , but it can be done by a matrix A with coefficients in k . Put $\underline{a} = (m,n)$. Then, following Siegel [13], we take

$$(2) \qquad A = \begin{pmatrix} m & u \\ n & v \end{pmatrix} \in SL_2(k)/\{1,-1\}$$

where $u , v \in \underline{a}^{-1}$ (fractional ideal) and define

$$(3) \qquad G_x^\infty = A^{-1} G_x A .$$

Then

$$(4) \qquad G_x^\infty = \{ \begin{pmatrix} \varepsilon & w \\ 0 & \varepsilon^{-1} \end{pmatrix} \mid w \in \underline{a}^{-2} \}/\{1,-1\}$$

where ε is a unit of k . If we agree to consider a matrix always as a projective transformation, then

$$(5) \qquad G_x^\infty = \{\begin{pmatrix} \varepsilon^2 & w \\ 0 & 1 \end{pmatrix} \mid \varepsilon \text{ unit}, w \in \underline{a}^{-2} \} .$$

The group U of positive units of k is infinite cyclic. Let e_o be the generator with $e_o > 1$. It is called the fundamental unit. Let U^+ be the group of totally positive units, i.e.

$$U^+ = \{ \varepsilon \mid \varepsilon \in U , \varepsilon > 0 , \varepsilon' > 0 \} .$$

Equation (5) is a motivation to study data (M,V) where :

(6)
1) M is a $\mathbb{Z}$-module of rank 2 contained in k ;
2) V is a subgroup $\neq \{1\}$ of the group U_M^+ of totally positive units which leave M invariant under multiplication (as is well-known $U_M^+ \neq \{1\}$).

Given the data (6) we have a group

$$\{\begin{pmatrix} \varepsilon & w \\ 0 & 1 \end{pmatrix} \mid \varepsilon \in V \, , \, w \in M\} \, . \tag{7}$$

In analogy to (4) such groups occur for cusps which are singular points of the compactified orbit spaces F of more general discontinuous groups acting on $H \times H$ (subgroups of finite index of certain finite extensions of G). In (4) we have $M = \underline{a}^{-2}$ and $V = U^2$ and $U_M^+ = U^+$.

Data (M,V) as in (6) determine a torus bundle X over the circle :

$$V \simeq \pi_1(S^1) \quad , \quad (M \otimes_{\mathbb{Z}} R)/M = \text{Torus} \tag{8}$$

$\pi_1(S^1)$ acts on the torus. X is associated to the universal cover of S^1 . The following proposition seems to be well-known. I know it from J.-P. Serre. It follows, for example, from the information given in [5].

PROPOSITION.- <u>If a cusp with data</u> (M,V) <u>is singular point of an algebraic surface</u> F <u>(see above), then its neighborhood boundary is the torus bundle</u> X <u>defined by</u> (8). (For "neighborhood boundary" see, for example, [10].)

The local ring for a cusp (M,V) was described by Gundlach [5]. Let $M^o \subset R^2$ be the $\mathbb{Z}$-module of all $x \in R^2$ such that

$$x_1w + x_2w' \in \mathbb{Z} \qquad \text{for all} \quad w \in M \, . \tag{9}$$

M^o has rank 2 . We have by (9) a bilinear pairing

$$B : M^o \times M \rightarrow \mathbb{Z} \, .$$

V acts on B such that $B(\varepsilon x,w) = B(x,\varepsilon w)$ for $\varepsilon \in V$, $x \in M^o$, $w \in M$.

PROPOSITION.- The local ring for the cusp (M,V) consists of all "convergent" Fourier series

$$(10)\qquad f(z_1,z_2) = \sum_{x\in M^{\circ}} a_x\, e^{2\pi i(x_1z_1+x_2z_2)}$$

where $a_x \neq 0$ only if both $x_1 > 0$ and $x_2 > 0$ or $x = 0$, and where $a_{\varepsilon x} = a_x$ for $\varepsilon \in V$. "Convergent" means that f converges for $\mathrm{Im}(z_1).\mathrm{Im}(z_2) > c$ where c is a constant depending on f.

§ 2. Binary indefinite quadratic forms.

Let M be a $\mathbb{Z}$-module of rank 2 contained in k. The function

$$(11)\qquad w \longmapsto ww' = N(w) \quad (\text{norm of } w)$$

is a quadratic form $M \to \mathbb{Q}$ which is indefinite and does not represent 0. We orient M by the basis (β_1,β_2) of M with $\beta_1\beta_2' - \beta_2\beta_1' > 0$.

We now study oriented $\mathbb{Z}$-modules M of rank 2 and quadratic forms

$$f : M \to \mathbb{Q}$$

which are indefinite and do not represent 0. No specific field k is given.

We call (M_1,f_1) and (M_2,f_2) equivalent if there exists an isomorphism $M_1 \to M_2$ of oriented $\mathbb{Z}$-modules which carries f_1 in tf_2 where t is a positive rational number.

Every (M,f) is equivalent to a quadratic form

$$g : \mathbb{Z}\times\mathbb{Z} \to \mathbb{Z}$$

where $\mathbb{Z}\times\mathbb{Z}$ is canonically oriented and such that for $(u,v) \in \mathbb{Z}\times\mathbb{Z}$

$$(12)\qquad g(u,v) = au^2 + buv + cv^2$$

with $(a,b,c) = 1$. Then $b^2 - 4ac$ is called the discriminant of f. It depends only on the equivalence class of f and is a positive integer which is not a perfect square. The real number

$$r_1 = \frac{-b+\sqrt{b^2-4ac}}{2a}, \qquad \text{where } \sqrt{b^2-4ac} > 0,$$

is called the <u>first root</u> of g .

We take the unique continued fraction

$$r_1 = a_1 - \cfrac{1}{a_2 - \cfrac{1}{a_3 - \cfrac{1}{a_4 - \ddots}}}$$

where $a_j \in \mathbb{Z}$ and $a_j \geq 2$ for $j > 1$. A continued fraction will be denoted by $[a_1,a_2,a_3,\ldots]$. Since r_1 is a quadratic irrationality its continued fraction is periodic from a certain point on. Let $(b_1,\ldots,b_p)$ be its primitive period $(b_j \geq 2)$. Observe that the period (2) cannot occur because $[2,2,\ldots] = 1$ is rational.

A sequence of integers $(b_1,\ldots,b_p)$ with $b_j \geq 2$ is called a period of length p , two periods are equivalent if they can be obtained from each other by a cyclic permutation. Such an equivalence class is called a cycle. A cycle is primitive if it is not obtainable from another cycle by an "unramified covering" of degree > 1 . Cycles are denoted by $((b_1,\ldots,b_p))$. Thus $((2,3))$ is primitive, but $((2,3,2,3))$ is not. $((b_1,\ldots,b_p))^m$ means the m-fold cover of $((b_1,\ldots,b_p))$. For example $((2,5))^3 = ((2,5,2,5,2,5))$.

THEOREM.- <u>The primitive cycle of the first root depends only on the equivalence class of</u> (M,f) . <u>If we associate to each</u> (M,f) <u>this primitive cycle, we obtain a bijective map from the set of equivalence classes of quadratic forms</u> (M,f) <u>to the set of all primitive cycles (where</u> $((2))$ <u>is excluded).</u>

This theorem is a suitable modification of classical results. It is related to Gauss' reduction theory of quadratic forms [3] . The continued fractions had to be modified also, but all relevant theorems in Perron [11] can be taken over.

To simplify notations we shall indicate a cycle by

$$|s_1,t_1|s_2,t_2|s_3,t_3|\dots ,$$

where s_j is the number of two's occuring in the corresponding position and where $t_j \geq 3$. For example,

$$((2,2,2,2,3,3,2,5)) = |4,3|0,3|1,5| .$$

Let k be a real quadratic field over $\mathbb{Q}$ and d its discriminant ; it is the discriminant of the quadratic form (11) defined over the module $\underline{o} \subset k$. If $a > 0$ (square free) and $k = Q(\sqrt{a})$, then

$$d = 4a \qquad \text{if } a \equiv 2,3 \mod 4$$

$$d = a \qquad \text{if } a \equiv 1 \mod 4 .$$

Let C be as before the group of ideal classes of $\underline{o}$ and C^+ the group of ideal classes with respect to strict equivalence (for which an ideal is equivalent 1 if it is principal with a totally positive generator). We have $|C^+| : |C| = 2$ or 1 depending on whether the fundamental unit e_o is totally positive or not. The order of C is the class number $h(a)$ for $k = \mathbb{Q}(\sqrt{a})$. If the discriminant of k is d , then C^+ is via (11) in one-to-one correspondence with the set of equivalence classes of quadratic forms (M,f) with discriminant d .

Don Zagier (Bonn) has written a computer program which puts out (the finitely many) primitive cycles for a given discriminant. For $d = 257$ the primitive cycles are

a) $|0,3|14,3|0,17|$

b) $|2,3|\ 6,5|0,\ 9|$

c) $|0,5|\ 6,3|2,\ 9|$.

For $d = 4\cdot 79$ the primitive cycles are

I	$\| 0,18\|0,9\|$
II	$\|15, 3\|6,3\|$
III	$\| 2, 7\|0,3\|0,4\|$
IV	$\| 1, 5\|4,3\|0,3\|$
V	$\| 1, 3\|0,3\|4,5\|$
VI	$\| 2, 4\|0,3\|0,7\|$.

For $k = \mathbb{Q}(\sqrt{257})$ the fundamental unit is not totally positive, the class number $h(257)$ equals 3. For $k = \mathbb{Q}(\sqrt{79})$ the fundamental unit is totally positive, the class number $h(79)$ equals 3. The order of C^+ is 6. The 6 quadratic forms for $d = 4 \cdot 79$ are listed by Gauss [3] Art. 187 and numbered from I to VI corresponding to our table above.

The discriminant $d = 20$, for example, is not the discriminant of a field k. There is one primitive cycle namely $|3,6|$ which belongs to the module $\mathbb{Z}\sqrt{5} \oplus \mathbb{Z}\cdot 1$ contained in $\mathbb{Q}(\sqrt{5})$ and the quadratic form defined on it by (11).

§ 3. Resolution of the cusps.

An isolated singular point x of a complex space of complex dimension 2 admits a resolution by which x is blown up into a system of non-singular curves K_j. For each K_j we have the genus $g(K_j)$ and the self-intersection number $K_j \circ K_j$.

The resolution is minimal (and then uniquely determined) if there is no K_j with $g(K_j) = 0$ and $K_j \circ K_j = -1$. The matrix $(K_i \circ K_j)$ is negative-definite (compare [10]).

The resolution is called <u>cyclic</u> if all $g(K_j)$ are zero (i.e. all curves are rational) and if j can be assumed to run through the residue classes mod q $(q \geq 3)$ such that $K_{j+1} \circ K_j = K_j \circ K_{j+1} = 1$ for all $j \in \mathbb{Z}/q\mathbb{Z}$ (transversal intersection) and $K_r \circ K_s = 0$ for $r - s \not\equiv 0, 1, -1$. Example $(q = 8)$:

(13)

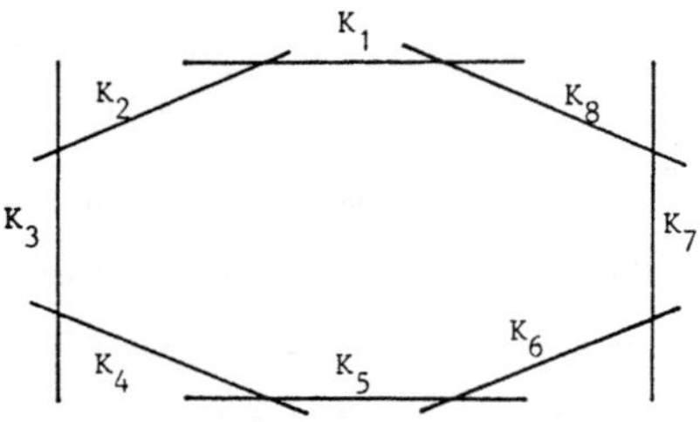

The following result is a consequence of a theorem in § 4.

THEOREM.- A cusp (M,V) , see (6), admits a cyclic resolution. M determines by (11) and the theorem in § 2 a primitive cycle $c = ((b_1,\dots,b_p))$. Put $m = [U_M^+ : V]$. Then $q = pm$ and

$$((-K_1 \circ K_1,\dots,-K_q \circ K_q)) = c^m .$$

(Exceptional cases $pm = 1$ or 2 . If $c^m = ((b))$ or $((b_1,b_2))$ we have a cycle of 3 curves with self-intersection numbers $-(b+3)$, -2 , -1 or $-(b_1+1)$, -1 , $-(b_2+1)$ respectively.)

The cyclic resolution is the minimal one with these exceptions which can be blown down to minimal ones looking like this :

Examples.- For $k = \mathbb{Q}(\sqrt{a})$ with $a > 1$ (square free) and G as in § 1 we have $h(a)$ cusps ($h(a)$ = order of the ideal class group C , see § 2). Each cusp has the $\mathbb{Z}$-module $\underline{a}^{-2}$ where the ideal $\underline{a}$ represents an element of C . If $\underline{a}$ and $\underline{b}$ give the same element in C , then the $\mathbb{Z}$-modules $\underline{a}^{-2}$ and $\underline{b}^{-2}$ are obtainable from each other by multiplication with a totally positive number and (as fractional ideals) represent the same element of C^+ . Thus we have a homomorphism

$$\rho : C \rightarrow C^+ .$$

The resolution of a cusp $x \in C$ is given by the equivalence class of the quadratic form belonging to $\rho(x)$ or rather by its corresponding primitive cycle c (§ 2). The cycle of the resolution is c^m where $m = 2$ if the fundamental unit e_o of k is totally positive, otherwise $m = 1$. For $k = \mathbb{Q}(\sqrt{79})$ and G as in § 1, we have three cusps. We have to analyze what are the squares in C^+ and their periods. In the list of § 2 the squares are I, IV, V. The cusps IV, V give the same singularity (the periods are just reversed). They go over into each other by the permutation σ of the factors of $H \times H$ (which leaves the cusp I invariant). The resolution of the cusp I looks like :

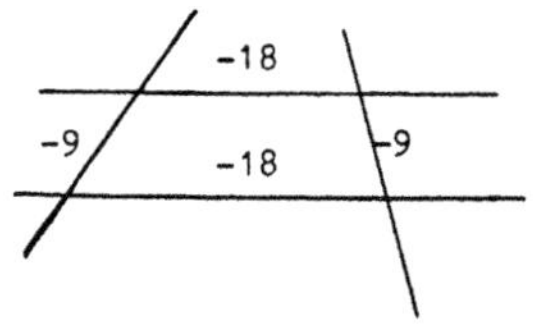

where we have indicated the self-intersection numbers. The (minimal) resolution of IV has 16 curves.

For $k = \mathbb{Q}(\sqrt{257})$ we have $C = C^+$ and $m = 1$. The resolutions of the three cusps are given by the primitive cycles written down in § 2.

The permutation σ on $H \times H$ carries the cusp b) into the cusp c) whereas on the cusp a) it carries the curve K with self-intersection number -17 into itself, has the intersection point P of two curves of self-intersection number -2 as fixed point

(14)

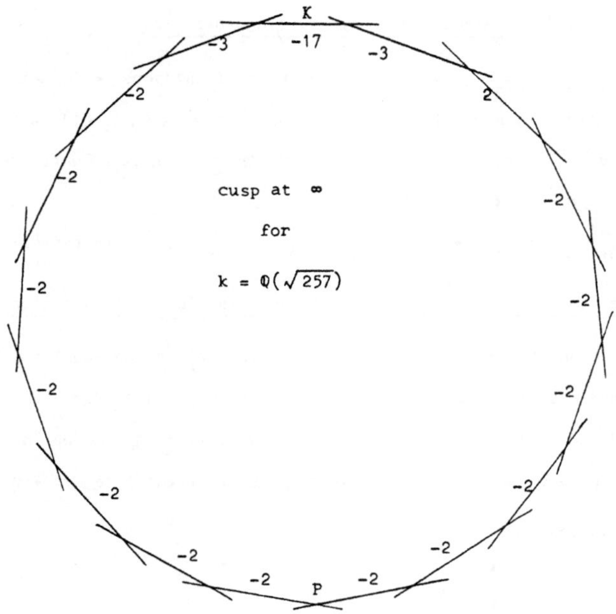

and otherwise interchanges the curves according to the symmetry of the continued fraction of a quadratic irrationality w, which is equivalent to $-w'$ under $SL_2(\mathbb{Z})$ (Theorem of Galois, see [11] § 23). The corresponding singularity of $(\overline{H \times H/G})/\sigma$ is a quotient singularity admitting a "linear resolution"

(compare [9] § 3.4)

obtained by "dividing" the diagram (14) by σ and using that curves of self-intersection number -1 can be "blown down" .

§ 4. Construction of cyclic singularities.

Let $b_1, b_2, \ldots, b_q$ $(q \geq 3)$ be a sequence of integers ≥ 2 not all equal 2. For $q = 3$ also sequences $(a + 3, 2, 1)$ and $(a_1 + 1, 1, a_2 + 1)$ with $a \geq 3$ and $a_1 \geq 3$ or $a_2 \geq 3$ are admitted. Let j run through $\mathbb{Z}/q\mathbb{Z}$. Consider the matrix (c_{rs}), where $r, s \in \mathbb{Z}/q\mathbb{Z}$, with

$$c_{j+1,j} = c_{j,j+1} = 1 , \quad c_{jj} = -b_j , \quad c_{rs} = 0 \quad \text{otherwise.}$$

LEMMA.- Under the preceding assumptions the matrix (c_{rs}) is negative-definite.

Let k run through the integers and define b_k to be equal to b_j above if $k \equiv j \mod q$. We now do a construction as in [9] § 3.4. For each k take a copy R_k of $\mathbb{C}^2$ with coordinates u_k, v_k. We define R_k' to be the complement of the line $u_k = 0$ and R_k'' to be the complement of the line $v_k = 0$.

The equations

$$u_k = u_{k-1}^{b_k} v_{k-1}$$

$$v_k = 1/u_{k-1}$$

give a biholomorphic map $\varphi_{k-1} : R_{k-1}' \to R_k''$. If we make in the disjoint union $\cup R_k$ the identifications given by the φ_{k-1} we get a complex manifold Y in which we have a string of compact rational curves S_k non-singularly imbedded. S_k is given by $u_k = 0$ "in the k-th coordinate system" and by $v_{k-1} = 0$ in the $(k-1)$-th coordinate system. S_k, S_{k+1} intersect in just one point transversally. S_i, S_k $(i < k)$ do not intersect, if $k - i \neq 1$. The self-intersection number $S_k \circ S_k$ equals $-b_k$. The complex manifold Y admits a biholomorphic map $T : Y \to Y$ which sends a point with coordinates u_k, v_k in the k-th coordinate system to the point with the same coordinates in the $(k+q)$-th coordinate system, thus $T(S_k) = S_{k+q}$. The main point is the existence of a tubular neighborhood Y^o of $\cup S_k$ on which the infinite cyclic group $Z = \{T^n \mid n \in \mathbb{Z}\}$ operates freely such that Y^o/Z is a complex manifold in which q rational curves $K_1 \cup \ldots \cup K_q = \cup S_k/Z$ are embedded. Their intersection behaviour is given by the negative-definite matrix c_{rs} (see Lemma).

According to Grauert [4] the curves $K_1 \cup \dots \cup K_q$ can be blown down to a singular point x in a complex space where x has by construction a cyclic resolution as defined in § 3.

THEOREM.- Let $\beta = [b_1,\dots,b_q, b_1,\dots,b_q,\dots]$. Then $M = \mathbb{Z}\beta \oplus \mathbb{Z}\cdot 1$ is a $\mathbb{Z}$-module contained in $k = \mathbb{Q}(\beta)$. Suppose $((b_1,\dots,b_q))$ is the m-th power of a primitive cycle. Then the local ring at the singular point x constructed above is isomorphic to the local ring described in the second proposition of § 1 provided $[U_M^+ : V] = m$.

The proof will be published elsewhere.

§ 5. Applications.

The resolution of the cusps can be used to calculate certain numerical invariants of $H \times H/G$, $(\overline{H \times H/G})/\sigma$, for example, where $\sigma : H \times H \to H \times H$ is the permutation of the factors as before. We have to use a result of Harder [8]. Compare the lecture of Serre in this Seminar. We mention two cases.

1. For a cusp $x = (M,V)$ with a resolution as in the theorem of § 3 we put

$$\varphi(x) = \frac{1}{3}\Big(\sum_{j=1}^{q} K_j \circ K_j\Big) + q .$$

The number $\varphi(x)$ is essentially the value at 1 of a certain L-function. $\varphi(x)$ vanishes if the quadratic form f on M (see (11)) is equivalent to $-f$ (under an automorphism of M which need not be orientation preserving).

THEOREM.- Suppose $a > 6$, square free, $a \not\equiv 0$ (3). Put $k = \mathbb{Q}(\sqrt{a})$. Using the notation of § 1 we have :

The signature of the (non-compact) rational homology manifold $H \times H/G$ equals $\sum_{x \in C} \varphi(x)$.

2. For a prime $p \equiv 1 \mod 4$ we shall calculate the arithmetic genus $\hat{\chi}_p$ of the non singular model of the compact algebraic surface $(\overline{H \times H/G})/\sigma$ for $k = \mathbb{Q}(\sqrt{p})$. Information on the fixed points (see § 1) is needed. The following result is closely related to theorems of Freitag [2] and Busam [1], see in particular [1] § 7.

THEOREM.- *Let* p *be a prime* $\equiv 1 \mod 4$ *and* $p > 5$. *Put* $k = \mathbb{Q}(\sqrt{p})$. *The arithmetic genus* $\hat{\chi}_p$ *is given by*

$$48\,\hat{\chi}_p = 12\,\zeta_k(-1) + 3h(-p) + 4h(-3p) - p + 8\varepsilon + 12\,\delta + 29$$

where $\varepsilon = 1$ *for* $p \equiv 1 \mod 3$, $\varepsilon = 0$ *for* $p \equiv 2 \mod 3$, $\delta = 1$ *for* $p \equiv 1 \mod 8$, $\delta = 0$ *for* $p \equiv 5 \mod 8$. (ζ_k is the Zeta-function of the field k .)

For $\zeta_k(-1)$ we have the following formula [14]

$$\zeta_k(-1) = \frac{1}{30} \sum_{\substack{b \text{ odd} \\ 1 \le b < \sqrt{p}}} \sigma_1\left(\frac{p - b^2}{4}\right),$$

where $\sigma_1(n)$ is the sum of the divisors of n .

By calculations of R. Lundquist, Don Zagier and myself there are exactly 24 primes $\equiv 1 \mod 4$ for which the arithmetic genus equals 1 , namely all such primes smaller than the prime 193 and 197 , 229 , 269 , 293 , 317 . For $p = 5$ the surface $(\overline{H \times H/G})/\sigma$ is rational (Gundlach [6]). Which of the 23 others are rational ?

Final joke : At the end of my dissertation [9] I claim that there are no cycles in a resolution. This is nonsense, as I know for a long time, and as this talk proves, I hope.

REFERENCES

[1] R. BUSAM - Eine Verallgemeinerung gewisser Dimensionsformeln von Shimizu, Inventiones math., 11, 110-149 (1970).

[2] E. FREITAG - Die Struktur der Funktionenkörper zu Hilbertschen Modulgruppen (Habilitationsschrift, Heildelberg 1969).

[3] C. F. GAUSS - Untersuchungen über höhere Arithmetik (Disquisitiones Arithmeticae), deutsch herausgegeben von H. Maser 1889, reprinted Chelsea 1965.

[4] H. GRAUERT - Über Modifikationen und exzeptionelle analytische Mengen, Math. Ann. 146, 331-368 (1962).

[5] K.-B. GUNDLACH - Some new results in the theory of Hilbert's modular group, Contributions to function theory, International Colloquium Bombay 1960, p. 165-180.

[6] K.-B. GUNDLACH - Die Bestimmung der Funktionen zur Hilbertschen Moldulgruppe des Zahlkörpers $\mathbb{Q}(\sqrt{5})$, Math. Ann. 152, 226-256 (1963).

[7] K.-B. GUNDLACH - Die Fixpunkte einiger Hilbertschen Modulgruppen, Math. Ann. 157, 369-390 (1965).

[8] G. HARDER - Gauss-Bonnet formula for arithmetically defined groups, Ann. Sc. E.N.S., Paris, t. 4, 1971, fasc. 3, p. 409-455.

[9] F. HIRZEBRUCH - Über vierdimensionale Riemannsche Flächen mehrdeutiger analytischer Funktionen von zwei komplexen Veränderlichen, Math. Ann. 126, 1-22 (1953).

[10] F. HIRZEBRUCH - The topology of normal singularities of an algebraic surface (d'après Mumford), Séminaire Bourbaki, 1962/63, n° 250, W.A. Benjamin, Inc., 1966.

[11] O. PERRON - Die Lehre von den Kettenbrüchen, B. G. Teubner, Leipzig und Berlin, 1913.

[12] A. PRESTEL - Die elliptischen Fixpunkte der Hilbertschen Modulgruppen, Math. Ann. 177, 181-209 (1968).

[13] C. L. SIEGEL - Lectures on advanced analytic number theory, Tata Institute Bombay 1961 (reissued 1965).

[14] C. L. SIEGEL - Berechnung von Zetafunktionen an ganzzahligen Stellen, Göttinger Nachrichten 10, 87-102 (1969).

49.

(mit H. Behnke)

In memoriam Heinz Hopf

Math. Ann. *196* (1972), 1–7

Die Redaktion der Mathematischen Annalen betrauert den Tod ihres langjährigen Mitgliedes (1947–1968) Dr. Heinz Hopf, ehemals ordentlicher Professor der Mathematik an der Eidgenössischen Technischen Hochschule in Zürich.

Heinz Hopf wurde am 19. November 1894 in Grätschen (Schlesien) geboren. Seine hohe mathematische Begabung wurde schon im Gymnasium in Breslau erkannt und verständnisvoll gepflegt. So begann er sogleich nach Beendigung der Schulzeit das Studium der Mathematik, das allerdings bald – und dann für über 4 Jahre – durch den 1. Weltkrieg unterbrochen wurde. Heinz Hopf hat die schweren Kämpfe bei Verdun mitgemacht und wurde zweimal verwundet. Als Rekonvaleszent konnte er an einem Kursus über Mathematik in Breslau teilnehmen. Dabei hat besonders Erhard Schmidt einen tiefen Eindruck auf ihn gemacht. Ungelöste Probleme, auf die Schmidt hingewiesen hatte, haben seine Gedanken in den späteren Kriegszeiten immer wieder beschäftigt. Gerne berichtete er davon, wie ihn häufig die Beschäftigung mit der Mathematik das Elend und die geistige Einöde um sich vergessen ließ.

Nach dem Kriege studierte er in Berlin, Heidelberg und Göttingen. Seine eigenen wissenschaftlichen Arbeiten begann er unter der Führung von Erhard Schmidt in Berlin mit dem Studium der großen Arbeiten von Henri Poincaré und L. E. J. Brouwer. Seine Dissertation hat den Titel: „Über Zusammenhänge zwischen Topologie und Metrik von Mannigfaltigkeiten" und wurde in zwei Teilen (Zum Clifford-Kleinschen Raumproblem, Über die Curvatura Integra geschlossener Hyperflächen) in Band 95 der Mathematischen Annalen veröffentlicht.

1925 war Hopf in Göttingen. Dort lernte er den großen russischen Mathematiker Paul Alexandroff kennen, mit dem er nun ein Leben lang in Arbeit und Freundschaft verbunden blieb. Zusammen mit Alexandroff lernte er in Göttingen von Emmy Noether die gruppentheoretische Begründung der Homologietheorie. Seine Arbeit über eine Verallgemeinerung der Euler-Poincaréschen Formel (Lefschetz-Hopfscher Fixpunktsatz) bringt zum erstenmal diese gruppentheoretische Auffassung der Homologietheorie zur Geltung.

Hopf konnte 1927 gemeinsam mit Alexandroff für ein Jahr an die Universität Princeton gehen und dort mit Lefschetz zusammenarbeiten. Er wurde zu seiner berühmten Arbeit über den „Umkehrhomomorphismus“ angeregt. Alexandroff und Hopf legten in Princeton die Fundamente für das umfangreiche und für die moderne Entwicklung der Mathematik so signifikante Werk „Alexandroff-Hopf, Topologie I (1935)“. Die Fortsetzung ist nie erschienen. Die Weltereignisse verhinderten für lange Zeit eine so umfassende gemeinsame Arbeit. Und danach fanden sie, daß der erste Band völlig neu zu schreiben sei. So sehr hatte sich inzwischen die Topologie weiterentwickelt, am meisten durch ihre eigenen Arbeiten und die ihrer Schüler.

Hopf war 1926 in Berlin mit seinen fundamentalen Arbeiten über Abbildungsklassen und Vektorfelder habilitiert und schon 1931 als Nachfolger von Hermann Weyl an die Eidgenössische Technische Hochschule in Zürich berufen worden. Er hat lange geschwankt, ob er den Ruf annehmen sollte, denn zur gleichen Zeit war ihm ein Lehrstuhl in Freiburg (Breisgau) angeboten. (Wieviel schwieriger wäre sein Leben verlaufen, wenn er nach Freiburg gegangen wäre! Vom braunen Sturm wäre der Verdun-Kämpfer nicht verschont geblieben.)

In Zürich hat er als Lehrer wie als Forscher eine segensreiche Tätigkeit entwickelt. Mit großer Hingabe nahm er sich der Kursusvorlesungen an. Er las ebenso gerne über elementare Gebiete wie über die neueste Entwicklung in der Topologie. Zahlreichen Studenten hat er die Liebe zur Mathematik und insbesondere zur Geometrie eingepflanzt.

Bei der Betreuung der Studenten scheute er sich nicht, umfangreiche Prüfungstermine durchzustehen. Dabei respektierte er in jedem Falle die Würde des einzelnen. Hast und Eile mit ihren unangenehmen Folgen für Dritte hat er nie gekannt. Besonnenheit, Gleichmut und besonders Liebe zur Sache strahlte er immer aus.

Bei seinem unbeirrbaren Sinn für die Substanz mathematischer Aussagen und seiner schlichten Überzeugungskraft war es ganz natürlich, daß er bald einen angesehenen Kreis junger Mathematiker um sich versammelte. Um Hopf entstand eine eigene Schule, die bald auch durch auswärtige Gelehrte ergänzt wurde. So wurde Zürich ein Zentrum für die algebraische Topologie.

Umgekehrt wurde er auch viel als Gastdozent eingeladen. Er lehrte an den großen mathematischen Zentren der Welt. Zahlreich waren die Ehrungen, die er erhielt. Er wurde sechsfacher Ehrendoktor, darunter der Sorbonne und der Universität Princeton. Er wurde Mitglied der National Academy of Sciences (USA), der Accademia dei Lincei, und er erhielt den Lobatschewski-Preis der Universität Moskau. 1954 wurde er auf dem internationalen Mathematiker-Kongreß in Amsterdam für die folgenden 4 Jahre zum Präsidenten der Internationalen Mathematiker Union gewählt, und damit Nachfolger von Marshall Stone und Vorgänger von Georges de Rham. So hatte er 8 Jahre an den weltweiten Konferenzen der IMU teilzunehmen. Er tat es mit Humor, aber auch im Bewußtsein eines Weltbürgers, der für die künftige Entwicklung mitverantwortlich ist. Zugleich war er besonders berufen, einen Ausgleich zwischen den verschiedenen Interessen, die in der IMU auftraten, zu finden. Aber jeder geschäftige Eifer lag ihm fern.

Während der NS-Zeit, während des Krieges und in den Nöten der Nachkriegszeit sah sein Haus für kürzere und auch längere Zeit viele Besucher, die sich eine neue Heimat suchten. Er und seine Frau halfen, wo immer sie konnten.

Noch in der schweren Zeit des Krieges nahm auf Antrag seiner Wohngemeinde Zollikon (Kanton Zürich) die Schweiz ihn und seine Frau als Staatsbürger auf. Das empfand er als ein großes Geschenk, dessen er sich stets in Dankbarkeit erinnerte. In den letzten 10 Jahren seines Lebens mußte er seine großen Reisen stark einschränken. Zuerst wurde seine Frau an das Haus gebunden und nach ihrem Tode (1967) er selbst auch.

Er verschied am 3. Juni 1971 und wurde am 7. Juni unter Beteiligung fast aller Schweizer Mathematiker sowie vieler Freunde und Nachbarn in seiner Wahlheimat Zollikon beigesetzt.

In dem vorstehenden Bericht über das Leben von Heinz Hopf wurde nur gelegentlich auf seine mathematischen Arbeiten hingewiesen. Auch im folgenden können nur einige große Linien in seinem Lebenswerk aufgezeigt werden. Eine ausführlichere Würdigung sollte an anderer Stelle erscheinen.

Anschließend an Arbeiten von Brouwer löste Hopf das Problem der Homotopieklassifikation von Abbildungen der n-dimensionalen Sphäre auf sich. Eine Homotopieklasse wird durch den Abbildungsgrad gekennzeichnet. Allgemeiner klassifizierte Hopf die Homotopieklassen der Abbildungen n-dimensionaler Mannigfaltigkeiten in die n-Sphäre. Der Satz über den Abbildungsgrad ist entscheidend für die Untersuchung von Vektorfeldern in n-dimensionalen Mannigfaltigkeiten:

Eine isolierte Singularität eines solchen Feldes definiert nämlich eine Abbildung der $(n-1)$-Sphäre in sich, deren Abbildungsgrad per definitionem gleich dem Index der Singularität ist. Da der Abbildungsgrad die Homotopieklasse charakterisiert, verschwindet der Index genau dann, wenn sich die Singularität durch lokale stetige Veränderung des Vektorfeldes beseitigen läßt, eine erste Bemerkung für den Beweis des berühmten Hopfschen Satzes, wonach die Summe der Indices eines Vektorfeldes mit isolierten Singularitäten unabhängig von dem Feld, und zwar immer gleich der Euler-Poincaréschen Charakteristik der Mannigfaltigkeit ist. Die beiden fundamentalen Arbeiten über Abbildungen und Vektorfelder wurden am 11. August 1925 bei den Mathematischen Annalen (Bd. 96) eingereicht. Von diesen Arbeiten gehen mindestens drei Entwicklungslinien aus, die sich vielfältig überkreuzen und ohne die die algebraische Topologie nicht mehr denkbar wäre.

1. Der Hopfsche Satz über Vektorfelder gehört zur heutigen Hindernistheorie: Das erste Hindernis gegen einen Schnitt in einem Faserbündel ist unabhängig von dem Schnitt. Hopf hat sich immer wieder mit Schnitten in Faserbündeln beschäftigt, dazu gehört seine Frage: „Wie viele überall linear-unabhängige Vektorfelder gibt es auf einer vorgegebenen n-dimensionalen Mannigfaltigkeit, insbesondere auf der n-dimensionalen Sphäre?" Diese Frage führte zur Dissertation von Stiefel (1935), in der die Theorie der Stiefel-Whitneyschen Klassen begründet und das auch für Hopf überraschende Ergebnis erzielt wurde, daß jede dreidimensionale Mannigfaltigkeit drei linear-unabhängige Vektorfelder zuläßt, also parallelisierbar ist. In diese Entwicklungslinie „Hindernistheorie" gehören auch Hopfs Untersuchungen über die Existenz fastkomplexer Strukturen und über Felder von Ebenenelementen, wobei er die „zweiten Hindernisse" entdeckte (ungefähr 1947). Inzwischen benutzte er die neue Sprache: Ein Hindernis ist eine Kohomologieklasse mit Koeffizienten in einer Homotopiegruppe. Er bewies seine ersten großen Sätze aber zu einer Zeit, als weder Kohomologie- noch Homotopiegruppen bekannt waren. Trotzdem sind in ihnen schon die geometrischen Ideen der Hindernistheorie voll erkennbar.

In die Hindernistheorie kann man auch den Hopfschen Satz (1930) über die Homotopieklassen stetiger Abbildungen eines n-dimensionalen Polyeders in die n-dimensionale Sphäre einordnen, der heute so formuliert wird: Die Homotopieklassen entsprechen eindeutig den Elementen der n-dimensionalen Kohomologiegruppe des Polyeders mit ganzzahligen Koeffizienten. Dieser Satz ist sicher ein Vorläufer der Theorie der Eilenberg-MacLaneschen Räume.

Hopf erkannte klar, daß er die Abbildungen mittels algebraischer – wir würden heute sagen „homologie-theoretischer" – Invarianten klassifiziert hatte. Bereits sehr früh begann Hopf, Abbildungen zu suchen, die wesentlich (d. h. nicht homotop zur konstanten Abbildung) sind, aber trotzdem algebraisch trivial sind. Hier setzt die zweite Entwicklungslinie ein, über die wir sprechen wollen.

2. Abbildungen der Sphäre S^m in die Sphäre S^n sind für $m > n$ stets algebraisch trivial. Hopf entdeckte, daß die bekannten hyperkomplexen Systeme (komplexe Zahlen, Quaternionen, Cayleysche Zahlen) Abbildungen $S^3 \to S^2$, $S^7 \to S^4$, $S^{15} \to S^8$ liefern, eine einfache Bemerkung aus der linearen Algebra und der projektiven Geometrie und zugleich eine folgenreiche Erkenntnis über die Zusammenhänge zwischen Algebra und Topologie (insbesondere Homotopietheorie). Um nachzuweisen, daß diese Abbildungen wesentlich sind, erfand Hopf seine Hopfsche Invariante (Verschlingungszahl der Urbilder zweier allgemeiner Punkte

des Bildraumes) und zeigte, daß die Invariante für die genannten Abbildungen gleich 1 und für gewisse Abbildungen $S^{4k-1} \to S^{2k}$ gleich 2 ist.

Hopf beweist, daß zu jeder Abbildung $S^{2k-1} \times S^{2k-1} \to S^{2k-1}$ vom Doppelgrad (m, n) eine Abbildung $S^{4k-1} \to S^{2k}$ mit Hopfscher Invariante $m \cdot n$ gehört. Die charakteristische Abbildung des Tangentialbündels von S^{2k} liefert eine Abbildung $S^{2k-1} \times S^{2k-1} \to S^{2k-1}$ vom Doppelgrad (2, 1).

Für welche k gibt es eine Abbildung der Hopfschen Invariante 1? Diese Frage hat eine jüngere Generation fasziniert und zur Entwicklung ganz neuer Methoden geführt.

Für Hopf war eine Abbildung vom Doppelgrad (1, 1) eine Art Multiplikation auf S^{2k-1}. Sie existiert offensichtlich, wenn es ein hyperkomplexes System der Dimension $2k$ über den reellen Zahlen gibt. Wenn ein solches hyperkomplexes System existiert, dann ist die Sphäre S^{2k-1} parallelisierbar. Wir sind hier also an einem der Schnittpunkte der ersten mit der zweiten Entwicklungslinie.

Die Hopfschen Abbildungen $S^3 \to S^2$, $S^7 \to S^4$, $S^{15} \to S^8$ sind Faserungen. Deshalb ist Hopf auch Mitbegründer der Theorie der gefaserten Räume. Die Eckmannsche Dissertation (1942) ist hier einzuordnen. In ihr werden Homotopiegruppen verwandt und die exakte Homotopiesequenz von Faserungen aufgestellt. Die Hopfschen Untersuchungen über Abbildungen $S^3 \to S^2$ führen zu dem Satz, daß die dritte Homotopiegruppe von S^2 unendlich zyklisch ist und von der Hopfschen Faser-Abbildung $S^3 \to S^2$ erzeugt wird.

3. Die dritte Entwicklungslinie wollen wir so beginnen lassen: Hopf hat ein Vektorfeld auf einer Mannigfaltigkeit M immer auch als infinitesimale Abbildung $M \to M$ angesehen, wobei die Singularitäten des Feldes den Fixpunkten der Abbildung entsprechen. So kam er zu seinen Untersuchungen über den Lefschetzschen Fixpunktsatz, in denen die Hopfsche Spurformel eine entscheidende Rolle spielt. Diese Arbeit entstand in der Göttinger Zeit und wurde bereits erwähnt. Lefschetz betrachtete eine Abbildung $M \to M$, die auch mehrdeutig sein konnte, als Teilmenge T von $M \times M$ und betrachtete den Schnitt von T mit der Diagonalen von $M \times M$. In den Diskussionen mit Lefschetz während der Princetoner Zeit wollte Hopf herausfinden, welche homologischen Eigenschaften eine (eindeutige) Abbildung $M \to M$ von den mehrdeutigen Abbildungen Lefschetzs unterscheiden. Ergebnis dieser Überlegungen war der „Umkehrhomomorphismus" für Abbildungen $M \to N$ von Mannigfaltigkeiten. Es handelt sich um einen Homomorphismus des Homologie-Schnittringes von N in den von M; für den heutigen Topologen ist das einfach der Homomorphismus der Kohomologieringe (durch den Poincaréschen Isomorphismus auf die Homologieringe übertragen). Aber Kohomologietheorie war damals noch nicht bekannt. Zahlreiche An-

wendungen folgten, die uns noch heute begeistern. Beispiel: Ein hyperkomplexes System vom Grade n über $\boldsymbol{R}$ liefert eine Abbildung $P_{n-1} \times P_{n-1} \to P_{n-1}$, wo P_{n-1} der $(n-1)$-dimensionale reelle projektive Raum ist. Der Umkehrhomomorphismus zeigt, daß in Unbestimmten x, y die Gleichung $(x+y)^n = x^n + y^n \bmod 2$ gelten und deshalb n eine Potenz von 2 sein muß.

Die Dissertation von Gysin (1942) gehört in diese Entwicklungslinie: Kohomologische Methoden für Abbildungen (bei Gysin insbesondere Faserabbildungen).

Die Auswahl dieser drei Entwicklungslinien mag willkürlich sein. Ihre Überkreuzungen sind so zahlreich, daß man einen komplizierten Graphen erhält, in dem man auch andere Linien auszeichnen könnte. Nur ein Teil des Hopfschen Werkes wurde damit erfaßt. Eine Arbeit von Hopf, die in besonderer Weise die Schlagkraft der von ihm entwickelten Methoden zeigt, mit allen drei von uns erwähnten Entwicklungslinien zusammenhängt und Anwendungen auf die Topologie der Lieschen Gruppen bringt, soll noch besonders erwähnt werden. Es handelt sich um die Arbeit „Über die Topologie der Gruppen-Mannigfaltigkeiten und ihrer Verallgemeinerungen", die 1939 bei den Compositio Mathematica eingereicht und wegen der Kriegsverhältnisse an die Annals of Mathematics weitergeleitet wurde. Diese Arbeit hat Hopf besonders viel Freude gemacht. Eine orientierte kompakte Mannigfaltigkeit M wird von Hopf Γ-Mannigfaltigkeit genannt, wenn sie eine Abbildung $M \times M \to M$ von Doppelgrad (c, d) zuläßt, wobei $c > 0$ und $d > 0$ ist. Die Methoden des Umkehrhomomorphismus ergeben, daß der (rationale) Homologie-Schnittring von M isomorph dem Schnittring eines cartesischen Produktes von ungerade-dimensionalen Sphären ist. Für die vier großen Klassen von Lieschen Gruppen war dieser Satz vorher von mehreren Mathematikern bewiesen worden, es gab aber keine allgemeine Methode. Hopf benötigt noch nicht einmal das assoziative Gesetz. Mit den Γ-Mannigfaltigkeiten beginnt die Theorie der H-Räume und der Hopfschen Algebren. In der Dissertation von Samelson (1941) werden die Beziehungen des Schnittringes einer Gruppenmannigfaltigkeit G zum Pontrjaginschen Ring von G geklärt.

Die Pontrjaginsche Multiplikation von eindimensionalen Homologieklassen einer Gruppenmannigfaltigkeit hat ein Analogon bei einer geschlossenen Riemannschen Mannigfaltigkeit nirgends positiver Krümmung: Zwei geodätische Schleifen, die als Elemente der Fundamentalgruppe miteinander vertauschbar sind, spannen eine Torusfläche auf (Dissertation Preissmann). Hopf erkannte, daß beide Multiplikationen eindimensionaler Homologieklassen sich einem allgemeinen Prinzip unterordnen lassen „Einfluß der Fundamentalgruppe auf die zweite Bettische Gruppe eines Komplexes". Ausgehend von dieser konkreten

Fragestellung entwickelte er (1941–1945) die algebraischen und topologischen Ideen der Homologietheorie diskreter Gruppen und begründete damit die Homologische Algebra.

Auch in einem ganz kurzen Bericht über das mathematische Werk Hopfs muß seine Liebe zur Differentialgeometrie besonders erwähnt werden. Schon 1931 war seine gemeinsame Arbeit mit W. Rinow über den Begriff der vollständigen differentialgeometrischen Fläche erschienen. In der Zeit nach dem 2. Weltkrieg wandte er sich besonders häufig differential-geometrischen Fragen zu. Nachdem die Idee der Stiefel-Whitneyschen Klassen von Chern für komplexe Mannigfaltigkeiten verwendet worden war, interessierte er sich z. B. für die Darstellung der Chernschen charakteristischen Klassen durch Differentialformen und für Sätze im Sinne des klassischen Gauß-Bonnetschen Theorems.

Viele der von Hopf gestellten Probleme sind inzwischen gelöst. Die mannigfachen Beziehungen seines Werkes zur heutigen mathematischen Forschung wurden in diesem Bericht nur implizit erwähnt, da sonst der gesetzte Rahmen gesprengt worden wäre.

Dem von Eckmann in der Neuen Zürcher Zeitung veröffentlichten Artikel „Zum Gedenken an Heinz Hopf" wollen wir zum Schluß den folgenden Gedanken entnehmen:

„In einer Weise, die sicher schwer zu entwirren wäre – das gehört in das Gebiet der Heuristik –, hat er stets gleichzeitig die Lösung des Einzelproblems gegeben und die Methode zu seiner Bezwingung geschaffen, aus der die leitende Idee, der tiefere Grund, die weiteren Möglichkeiten klar wurden."

Professor H. Behnke
Mathematisches Institut der Universität
D-4400 Münster, Roxelerstr. 64
Deutschland

Professor F. Hirzebruch
Mathematisches Institut der Universität
D-5300 Bonn, Wegelerstr. 10
Deutschland

(Eingegangen am 12. Februar 1972)

50.

The Hilbert modular group and some algebraic surfaces

In: Proc. Int. Conf. Number Theory Moscow 1971. Proc. Steklov Institute of Mathematics *132* (1973), 59–72, und in: Trudy Mat. Inst. Steklov *122* (1973), 55–66

Dedicated to D. C. Spencer on his 60-th birthday

In my Moscow lecture I reported about the resolution of the cusp singularities and gave some applications. My Bourbaki talk on these resolutions has appeared [12]. It sketches the applications only very briefly. Therefore I shall concentrate here on the applications. This preliminary report was written after the Moscow symposium. To keep it to reasonable size only the modular groups for the quadratic fields $\mathbf{Q}(\sqrt{p})$ where p is a prime $\equiv 1 \bmod 4$ will be discussed in detail. In my Moscow lecture and also already in the Bourbaki talk I mentioned the calculation of arithmetic genera. The fact that certain surfaces with arithmetic genus 1 are actually rational was not known to me at the time of the Moscow meeting and was added later.

Detailed proofs and discussions of arbitrary real quadratic fields have to appear elsewhere.

§ 1. The Euler number

Let k be a real quadratic field over $\mathbf{Q}$ and o the ring of algebraic in tegers in k. The group $SL_2(o)$ acts on $\mathfrak{H}\times\mathfrak{H}$ where $\mathfrak{H}$ is the upper half plane of $\mathbf{C}$. The Hilbert modular group $G=SL_2(o)/\{1, -1\}$ acts effectively.

If $z_1=x_1+iy_1$, $z_2=x_2+iy_2$ and $\mathfrak{H}\times\mathfrak{H}$ is given by $y_1>0$, $y_2>0$, then the Chern—Euler form (second Chern class) for an invariant Riemannian metric of the homogeneous domain $\mathfrak{H}\times\mathfrak{H}$ equals

$$c_2=\frac{1}{4\pi^2}\frac{dx_1\wedge dy_1}{y_1^2}\wedge\frac{dx_2\wedge dy_2}{y_2^2}. \tag{1}$$

The c_2 — volume of $\mathfrak{H}\times\mathfrak{H}/G$ is* according to Siegel [19] (formula (19)) given by

$$c_2(\mathfrak{H}\times\mathfrak{H}/G)=\frac{1}{2}\pi^{-4}d^{3/2}\zeta_k(2), \tag{2}$$

* We will consistently write $\mathfrak{H}\times\mathfrak{H}/G$ to denote $(\mathfrak{H}\times\mathfrak{H})/G$.

where d is the discriminant of k and ζ_k the ζ-function of k which satisfies the well-known functional equation, namely, the expression

$$d^{s/2}\pi^{-s}\Gamma\left(\frac{s}{2}\right)^2\zeta_k(s)$$

remains unaltered under $s \to 1-s$. (Compare [13], p. 254). Therefore,

$$c_2(\mathfrak{H}\times\mathfrak{H}/G) = 2\zeta_k(-1). \tag{3}$$

I know this formula from G. Harder and J. P. Serre (see [17], p. 159). The number $2\zeta_k(-1)$ is the Euler number of the discrete group G in the sense of Wall [21] and therefore a rational number.

There exist beautiful formulas for $\zeta_k(-1)$. They can be taken from Siegel [20] (a little bit reformulated). We give an example.

Let p be a positive integer $\equiv 1 \bmod 4$ and $k = \mathbf{Q}(\sqrt{p})$. Then

$$2\zeta_k(-1) = \frac{1}{15}\sum_{1\leqslant b<\sqrt{p},\ b \text{ odd}} \sigma_1\left(\frac{p-b^2}{4}\right), \tag{4}$$

where $\sigma_1(n)$ is the sum of the divisors of n.

We wish to determine the ordinary Euler number of the space $\mathfrak{H}\times\mathfrak{H}/G$. This is from the topological point of view a four-dimensional non-compact V-manifold in the sense of Satake [16] with finitely many quotient singularities. Such a singularity is locally the quotient of $\mathbf{C}^2$ by a linear action of the group of r-th roots of unity acting freely outside the origin. We call r the order of the singularity. Prestel [14] has determined the number a_r of quotient singularities of order r.

T h e o r e m. *The Euler number* of $\mathfrak{H}\times\mathfrak{H}/G$ *is given by the formula*

$$e(\mathfrak{H}\times\mathfrak{H}/G) = 2\zeta_k(-1) + \sum_r \frac{r-1}{r}a_r, \tag{5}$$

where a_r is the number of quotient singularities of order r.

P r o o f. We compactify $\mathfrak{H}\times\mathfrak{H}/G$ by the finitely many cusps and get an algebraic surface $\overline{\mathfrak{H}\times\mathfrak{H}/G}$. We remove «nice» open neighborhoods of the cusp singularities and the quotient singularities and obtain a manifold Y with boundary.

Its Euler number is

$$e(Y) = e(\mathfrak{H}\times\mathfrak{H}/G) - \sum_r a_r. \tag{6}$$

By the Gauss—Bonnet theorem of Allendoerfer—Weil—Chern [2],

$$e(Y) = \int_Y c_2 + \int_{\partial Y} \Pi, \tag{7}$$

where Π is the 3-from defined on ∂Y induced by the field of unit outward normal vectors of ∂Y from a 3-from defined on the bundle of unit tangent vectors of Y. If we make the neighborhoods of the singularities smaller and smaller and change Y accordingly, then $\int_Y c_2$ converges to $2\zeta_k(-1)$. The boundary integral $\int_{\partial Y}\Pi$ is a sum of integrals over the various boundary components. For a quotient singularity the summand converges to $-1/r$

56

(see [2] formula (16)). For a cusp the corresponding summand converges to 0. This can be seen as follows. Up to an isometry of $\mathfrak{H}\times\mathfrak{H}$ we can assume that the boundary component is given by $y_1y_2=K$, where K is a sufficiently large positive constant. We denote this 3-dimensional compact manifold by B_K. It is locally homogeneous under the group of isometries of $\mathfrak{H}\times\mathfrak{H}$, and also any B_K can be carried in any other $B_{K'}$, by an isometry. Therefore there exists a number b independent of K such that

$$\int_{B_K} \Pi = b\,\text{volume}\,(B_K).$$

An invariant metric of $\mathfrak{H}\times\mathfrak{H}$ is

$$\frac{(dx_1)^2}{y_1^2}+\frac{(dx_2)^2}{y_2^2}+(d(\log y_1))^2+(d(\log y_2))^2.$$

For this metric we have

$$\text{volume}\,(B_K)=\frac{\sqrt{2}\log\varepsilon}{K}\int_T dx_1dx_2,$$

where ε is greater 1 and generates U_M^+ and $T=\mathbf{R}^2/M$, the cusp being given by the module $M\subset k$ and the group U_M^+ of totally positive units acting on M (compare [12]). Thus

$$\lim_{K\to\infty}\int_{B_K}\Pi=\lim_{K\to\infty}\text{volume}\,(B_K)=0. \tag{8}$$

Passing to the limit and applying formulas (6) and (7) yields (5).

R e m a r k. I know the above argument to prove (8) from Harder and Serre. There is a much more general result in [7]. The above theorem and its proof remain valid for the Hilbert modular group of any totally real algebraic number field of degree n over $\mathbf{Q}$. The Hilbert modular group acts on $\mathfrak{H}\times\ldots\times\mathfrak{H}$ (n factors) in this case.

§ 2. Euler number and arithmetic genus

We consider the field $k=\mathbf{Q}(\sqrt{p})$ where p is a prime $\equiv 1 \bmod 4$. There are also results (e. g. formulas for the arithmetic genus) for all real quadratic fields. Here we restrict ourselves for simplicity to some special cases with the hope to present a more complete treatment on some other occasion.

T h e o r e m. *Let p be a prime $\equiv 1 \bmod 4$ and G the Hilbert modular group for the field $k=\mathbf{Q}(\sqrt{p})$. The Euler number of $\mathfrak{H}\times\mathfrak{H}/G$ is given by the formula*

$$e(\mathfrak{H}\times\mathfrak{H}/G)=2\zeta_k(-1)+\frac{1}{2}a_2+\frac{2}{3}a_3+\frac{4}{5}a_5. \tag{9}$$

We have $a_r=0$ for $r\neq 2, 3, 5$ and any p.

For $p=5$: $a_2=a_3=a_5=2$.

For $p>5$: $a_5=0$.

For any p: $a_2=h(-p)$, $a_3=h(-3p)$,

where $h(-b)$ denotes the class number of the field $\mathbf{Q}(\sqrt{-b})$.

57

This is just a special case of the theorem in § 1 using the results of Prestel [14].

Examples. For $p=5$ formula (4) gives

$$2\zeta_k(-1)=\frac{1}{15}\sigma_1(1)=\frac{1}{15},\qquad e(\mathfrak{H}\times\mathfrak{H}/G)=\frac{1}{15}+1+\frac{4}{3}+\frac{8}{5}=4.$$

For $p=29$ we get

$$2\zeta_k(-1)=\frac{1}{15}(\sigma_1(7)+\sigma_1(5)+\sigma_1(1))=1,\qquad e(\mathfrak{H}\times\mathfrak{H}/G)=1+\frac{6}{2}+\frac{2}{3}\cdot 6=8.$$

Theorem. *As in the preceding theorem we assume $k=\mathbf{Q}(\sqrt{p})$ where p is a prime $\equiv 1 \bmod 4$. The Euler number $e(\mathfrak{H}\times\mathfrak{H}/G)$ is always divisible by 4. Let χ_p be the arithmetic genus of the field of modular functions, i. e. the arithmetic genus of an arbitrary non-singular model of the compactification of $\mathfrak{H}\times\mathfrak{H}/G$. Then*

$$\chi_p=\frac{1}{4}e(\mathfrak{H}\times\mathfrak{H}/G). \tag{10}$$

Before proving (10) we give a table for χ_p calculated by using (4), (9), (10). Don Zagier using the IBM 7090 computer of Bonn University calculated χ_p for $p<2000$.

p	χ_p	p	χ_p	p	χ_p
5	1	101	5	229	10
13	1	109	5	233	12
17	1	113	5	241	14
29	2	137	6	257	13
37	2	149	7	269	12
41	2	157	7	277	14
53	3	173	8	281	16
61	3	181	8	293	13
73	3	193	10	313	19
89	4	197	9	317	14
97	4				

Proof of the theorem. For a non-singular compact connected algebraic surface X the arithmetic genus is defined as

$$\chi(X)=1-g_1+g_2,$$

where g_j is the dimension of the space of holomorphic differential forms of degree j. The g_j are birational invariants. Therefore we can speak of the arithmetic genus of the function field of a (possibly singular) surface. We mean the arithmetic genus of some non-singular model. In terms of Chern numbers

$$\chi(X)=\frac{1}{12}(c_1^2+c_2)[X]=\frac{1}{4}\left(c_2[X]+\frac{1}{3}(c_1^2-2c_2)[X]\right).$$

Thus

$$\chi(X)=\frac{1}{4}(e(X)+\operatorname{sign}(X)), \tag{11}$$

where $e(X)$ is the Euler number and $\operatorname{sign}(X)$ the signature of X (see [9], where $\operatorname{sign}(X)$ is denoted by $\tau(X)$ and called index). Let $\overline{\mathfrak{H}\times\mathfrak{H}/G}$ be the

58

compactification. A non-singular model was constructed in [12]. Each cusp singularity has a cyclic resolution. See diagram

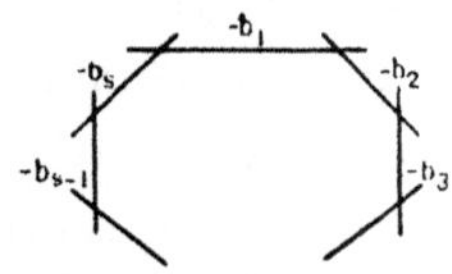

The lines indicate non-singular rational curves intersecting each other transversally. The $-b_j$ are the selfintersection numbers. Each quotient singularity has a linear resolution ([8], 3.4). For each singularity we consider a tubular neighborhood of the system of curves occuring in the resolution. This is a manifold with boundary. For such a manifold the Euler number and the signature are well defined. For a cusp the Euler number (as alternating sum of the Betti numbers) is $1-1+q=q$ where q is the number of curves in the resolution. The signature is $-q$ because the matrix of intersection numbers is negative definite for a singularity.

Thus

$$\text{Euler number} + \text{signature} = 0 \textit{ for a cusp.} \tag{12}$$

Clearly,

$$\text{Euler number} + \text{signature} = 1 \textit{ for a quotient singularity.} \tag{13}$$

For $\mathfrak{H}\times\mathfrak{H}/G$ the signature is well-defined since $\mathfrak{H}\times\mathfrak{H}/G$ is a (non-compact) rational homology manifold. If we remove from $\mathfrak{H}\times\mathfrak{H}/G$ «nice» open neighborhoods of the quotient singularities we obtain a manifold Y with boundary. Y and $\mathfrak{H}\times\mathfrak{H}/G$ have the same signature whereas the Euler number of Y equals the Euler number of $\mathfrak{H}\times\mathfrak{H}/G$ minus the number of quotient singularities. Our non-singular model X is obtained by pasting together Y and the tubular neighborhoods of the systems of curves belonging to the cusps and the quotient singularities. Since the Euler number and the signature behave additively under such pastings (compare [1], Prop. 7.1, and [10]) we have, by (11), (12) and (13),

$$\chi(X) = \frac{1}{4}\left(e(\mathfrak{H}\times\mathfrak{H}/G) + \operatorname{sign}(\mathfrak{H}\times\mathfrak{H}/G)\right). \tag{14}$$

We did not use yet our assumption that p is a prime $\equiv 1 \bmod 4$. We shall use it now.

There is a positive unit e with $N(e) = ee' = -1$. The bijection $(z_1, z_2) \to (ez_1, e'\bar{z}_2)$ of $\mathfrak{H}\times\mathfrak{H}$ induces an orientation-reversing map of $\mathfrak{H}\times\mathfrak{H}/G$ onto itself. Therefore $\operatorname{sign}(\mathfrak{H}\times\mathfrak{H}/G) = 0$, which proves (10).

Remark. For our non-singular model X the number g_1 equals 0; thus the first Betti number of X is zero ([3], Satz 8). We have

$$\chi_p - 1 = g_2 \geqslant 0.$$

g_2 equals the dimension of the space of cusp forms of weight 1 ([3a]).

We wish to determine the primes p with $\chi_p = 1$. According to (2), (3), (9) and (10),

$$\chi_p > \frac{\pi^{-4}}{8} p^{3/2} \zeta_k(2).$$

59

Since $\zeta_k(2) \geqslant \zeta(4)$ where ζ is the ordinary ζ-function, we have

$$\chi_p > \frac{\pi^{-4}}{8} p^{3/2} \frac{\pi^4}{90} = \frac{p^{3/2}}{720}.$$

Thus $\chi_p > 1$ for $p > 81$. The above table then shows

$$\chi_p = 1 \text{ if and only if } p = 5,\ 13,\ 17. \tag{15}$$

Thus the non-singular model X of $\mathfrak{H} \times \mathfrak{H}/G$ can be a rational surface only if $p=5$, 13 or 17. We shall show later that it is indeed rational in these cases.

§ 3. The symmetric Hilbert modular group

Let X be a compact connected non-singular algebraic surface. The fixed point set of a holomorphic involution T of X (different from the identity) consists of finitely many points $p_1, \ldots, p_r$ and a disjoint union of connected non-singular curves $D_1, \ldots, D_s$. To get a non-singular model for X/T we blow up $p_1, \ldots, p_r$ into rational curves $E_1, \ldots, E_r$ of self-intersection number -1. Then we have an involution $\tilde{T}$ on the new model $\tilde{X}$ which was obtained from X by blowing up. The fixed-point set of $\tilde{T}$ equals

$$\bigcup_{i=1}^{s} D_i \cup \bigcup_{j=1}^{r} E_j.$$

The space $\tilde{X}/\tilde{T}$ is non-singular. The Lefschetz fixed-point theorem in the form given in [11] (formula (11)) and the equivariant signature theorem of [1] (see also [10], (7) and (9)) imply, in virtue of (11),

$$2\chi(\tilde{X}/\tilde{T}) = \chi(X) + \frac{1}{4}\sum_{i=1}^{s}(e(D_i) + D_i \cdot D_i) + \frac{1}{4}\sum_{j=1}^{r}(e(E_j) + E_j \cdot E_j).$$

Here e denotes the Euler number. Clearly, $e(E_j) + E_j \cdot E_j = 2 - 1 = 1$. By the adjunction formula,

$$e(D_i) + D_i \cdot D_i = c_1[D_i],$$

where c_1 is the first Chern class of X. Therefore, the arithmetic genus of any non-singular model of X/T (which will also be denoted by $\chi(X/T)$) is given by the formula

$$2\chi(X/T) = \chi(X) + \frac{r}{4} + \frac{1}{4}\sum_{i=1}^{s} c_1[D_i], \tag{16}$$

where r is the number of isolated fixed points of T and $D_1, \ldots, D_s$ are the components of the one-dimensional fixed-point set.

As in § 1 we consider the Hilbert modular group G for a real quadratic field k. The involution $(z_1, z_2) \to (z_2, z_1)$ of $\mathfrak{H} \times \mathfrak{H}$ induces an involution T of $\mathfrak{H} \times \mathfrak{H}/G$ and also of the compactification $\overline{\mathfrak{H} \times \mathfrak{H}/G}$. It can be lifted to an involution of our non-singular model because this was obtained by the canonical minimal resolutions of all occurring singularities. The lifted involution will also be called T. In the beginning of this section we have seen how to construct a non-singular model of $\overline{(\mathfrak{H} \times \mathfrak{H}/G)}/T$ from the non-singular model of $\overline{(\mathfrak{H} \times \mathfrak{H}/G)}$. We wish to calculate the arithmetic genus of the field of symmetric Hilbert modular functions, i. e. the arithmetic genus of a non-singular model of $(\overline{\mathfrak{H}\times\mathfrak{H}/G})/T$. So far we succeeded only for $k=\mathbf{Q}(\sqrt{p})$, p a prime $\equiv 1 \bmod 4$. *We make this assumption in the following discussion.*

In $\mathfrak{H}\times\mathfrak{H}/G$ there are exactly two curves D_1, D_2 which are fixed pointwise under T. The first curve D_1 corresponds to the diagonal $z_1=z_2$ of $\mathfrak{H}\times\mathfrak{H}$, whereas D_2 comes from $z_1=e_0^2 z_2$. (Here e_0 is a fundamental unit with $N(e_0)=e_0e'_0=-1$.) The curve D_1 is isomorphic to $\mathfrak{H}$ divided by the ordinary modular group $SL_2(\mathbf{Z})$. The curve D_2 is isomorphic to $\mathfrak{H}$ divided by $\Gamma^*(p)$. This group was introduced by Fricke ([4], p. 357). It contains the matrix

$$\begin{pmatrix} 0 & -p^{1/2} \\ p^{-1/2} & 0 \end{pmatrix}$$

and is an extension of index 2 of $\Gamma^0(p)$:

$$\Gamma^0(p)=\left\{\begin{pmatrix} a & b \\ c & d \end{pmatrix}\in SL_2(\mathbf{Z}), \quad b\equiv 0 \bmod p\right\}.$$

In $\mathfrak{H}\times\mathfrak{H}$ there $h(-p)$ quotient singularities of order 2 and $h(-3p)$ of order 3. Half of those of order 3 have rotation numbers (ζ, ζ) for $\zeta^3=1$ (first kind) and half of them have rotation numbers (ζ, ζ^{-1}) for $\zeta^3=1$ (second kind), (see [14]). For $p=5$ there are in addition two quotient singularities of order 5. Of course, T acts on the set of quotient singularities. The description of this action is in Prestel [15]. It depends on the residue class of p mod 24. Therefore we define

$$\begin{aligned} &\varepsilon=1 \quad \text{for} \quad p\equiv 1 \bmod 3, \qquad \varepsilon=0 \quad \text{for} \quad p\equiv 2 \bmod 3, \\ &\delta=1 \quad \text{for} \quad p\equiv 1 \bmod 8, \qquad \delta=0 \quad \text{for} \quad p\equiv 5 \bmod 8. \end{aligned} \tag{17}$$

Theorem (Prestel [15]). *Let p be a prime$\equiv 1$ mod 4. Of the $h(-p)$ singularities of order 2, half of them lie on D_2 and not on D_1, and one of them (namely (i, i)) lies on D_1 and D_2 and is the only intersection point of D_1 and D_2 in $\mathfrak{H}\times\mathfrak{H}/G$. There are in addition δ quotient singularities of order 2 which are fixed under T. «They» lie neither on D_1 nor D_2. The remaining order 2 singularities are interchanged pairwise under T. The $h(-3p)/2$ singularities of order 3 and of second kind all lie on D_2. There is one singularity of order 3 and of first kind which lies on D_1 whereas ε such singularities lie on D_2. The remaining singularities of order 3 and of first kind are interchanged pairwise under T. For $p=5$, the two singularities of order 5 are interchanged under T. The involution T acts freely outside D_1, D_2, and the quotient singularities.*

We now look at our non-singular model X of $\overline{\mathfrak{H}\times\mathfrak{H}/G}$. The involution T and the curves D_1, D_2 lift to X. How do D_1 and D_2 pass through the resolved cusps? The following can be proved: D_1, D_2 only pass through the cusp at ∞. The remaining $h(p)-1$ cusps are interchanged pairwise under T. The cusp at ∞ is symmetric. It has a period (see [12])

$$\{2a+1, \ b_1, \ldots, b_s, \ b_s, \ldots, \ b_1\},$$

where $2a+1$ is the smallest odd number greater then $\sqrt{p}$. The curve D_1 intersects the curve with self-intersection number $-(2a+1)$ transversally. It does not intersect the other curves of the resolution. The curve D_2 passes

61

transversally through the intersection of two curves of self-intersection number $-b_s$ (see (18)).

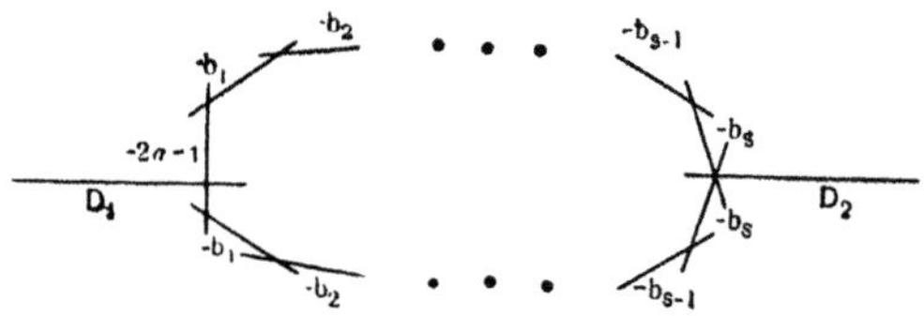

(18)

The involution T has one isolated fixed point on the curve with self-intersection number $-(2a+1)$. The curve D_1 passes through the resolution of one quotient singularity of order 3 and of first kind. On the single curve F_1 of self-intersection number -3 in the resolution there is one isolated fixed point of T. The same holds for D_2 when passing through the ε singularities of order 3 and of first kind (see (19)).

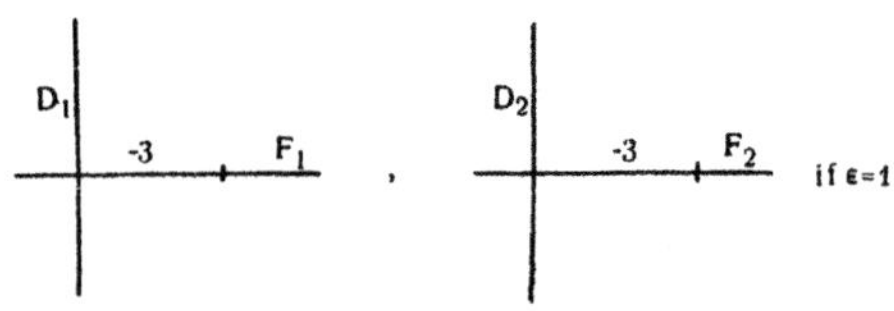

(19)

If we resolve the δ singularities of order 2, it can be shown that T has two isolated fixed points on the resulting curve with self-intersection number -2. Thus in our non-singular model X of $\overline{(\mathfrak{H}\times\mathfrak{H}/G)}/T$ the involution T has $2+2\delta+\varepsilon$ isolated fixed points and two fixed curves D_1 and D_2 which pass through the resolved singularity of order 2 at (i, i) in the way shown in the picture below.

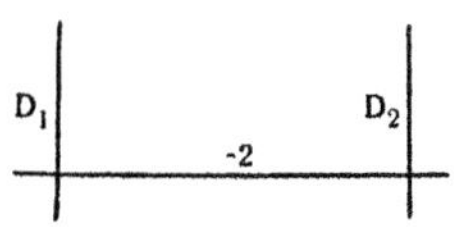

If c_1 is the first Chern class of X we have, according to (16),

$$2\hat{\chi}_p = \chi_p + \frac{1}{4}(2 + 2\delta + \varepsilon) + \frac{1}{4}(c_1[D_1] + c_1[D_2]). \tag{20}$$

Here $\hat{\chi}_p$ denotes the arithmetic genus of the function field of symmetric Hilbert modular functions ($p\equiv 1 \bmod 4$); in other words, it is the arithmetic genus of any non-singular model of $\overline{\mathfrak{H}\times\mathfrak{H}/G}/T$.

It remains to determine $c_1\,[D_j]$. We can only sketch this. The first Chern class c_1 (*with rational coefficients*) of our non-singular model X is a direct sum (à la Mayer—Vietoris) of the first Chern class of a neighborhood of the resolved cusps (whose Poincaré dual is simply *the sum of the curves in the resolution of each cusp*) *plus* the first Chern class of a neighborhood of the resolved quotient singularities *plus* the first Chern c_1 of $\mathfrak{H}\times\mathfrak{H}/G$ (with all quotient singularities removed). The adjunction formula shows that the first Chern class of a quotient singularity equals zero if only curves with self-intersection number -2 occur in its resolution. This happens for quotient singularities of order 2 and of order 3 (second kind). For order 3 and first kind the resolution is

$$\underline{D \quad -3} \quad (D \text{ non-singular rational curve}),$$

and by the adjunction formula the first Chern class is the Poincaré dual of $(1/3)D$.

The value of c_1 on a such a «diagonal» curve D_j equals twice the «volume» of D_j (normalized in the Euler sense, i. e. the volume of the fundamental domain of $SL_2(\mathbf{Z})$ on $\mathfrak{H}$ equals $-1/6$).

Therefore by (18) and (19)

$$c_1[D_1] = -\frac{1}{3} + \frac{1}{3} + 1 = 1, \qquad c_1[D_2] = -\frac{p+1}{6} + \frac{\varepsilon}{3} + 2. \tag{21}$$

Here we used that $\Gamma^0(p)$ has index $p+1$ in $SL_2(\mathbf{Z})$.

Therefore the «volume» of $\mathfrak{H}/\Gamma^*(p)$ equals $-(p+1)/12$. From (20) and (21) we finally get the theorem.

Theorem. *Let p be a prime $\equiv 1 \bmod 4$. By χ_p we denote the arithmetic genus of the field of Hilbert modular functions, by $\hat{\chi}_p$ the arithmetic genus of the field of symmetric Hilbert modular functions for $k = \mathbf{Q}(\sqrt{p})$. Then*

$$\hat{\chi}_p = \frac{1}{2}\chi_p + \frac{1}{8}\left(-\frac{p+1}{6} + \frac{4}{3}\varepsilon + 2\delta + 5\right) = \frac{1}{2}\left(\chi_p - \left[\frac{p-5}{24}\right] + 1\right). \tag{22}$$

Here $[\cdot]$ denotes the greatest integer function.

Since

$$\hat{\chi}_p > \frac{p^{3/2}}{1440} - \frac{p+1}{48}$$

(see the remark in § 2) there are only finitely many p for which $\hat{\chi}_p = 1$. The tables mentioned in § 2 contain also the values for $\hat{\chi}_p$ for $p < 2000$. Above that bound certainly $\hat{\chi}_p > 1$. It turns out that there are exactly 24 primes $\equiv 1 \bmod 4$ for which the arithmetic genus equals 1, namely all primes ($\equiv 1 \bmod 4$) smaller than the prime 193, and 197, 229, 269, 293, 317. This was already mentioned in [12]. The reader may check that in the tables in § 2

$$\chi_p - 1 = \left[\frac{p-5}{24}\right] \quad \text{for} \quad p < 193.$$

For later use we give here information on the self-intersection numbers of D_1, D_2 in our non-singular model (obtained by minimal resolutions of all singularities of $\overline{\mathfrak{H} \times \mathfrak{H}/G}$).

By the adjunction formula,

$$c_1[D_j] - D_j \cdot D_j = e(D_j),$$

where e is the Euler number. D_1 is rational, i. e. $e(D_1) = 2$. Thus we have by (21)

$$D_1 \cdot D_1 = -1. \tag{23}$$

Moreover,

$$\textit{If } D_2 \textit{ is rational, then } D_2 \cdot D_2 = -\frac{p+1}{6} + \frac{\varepsilon}{3}. \tag{24}$$

According to Fricke ([4], p. 367) the curve D_2 is rational for $p = 5, 13, 17, 29, 41$.

§ 4. Questions of rationality

We shall show that the field of Hilbert modular functions is rational, i. e. a purely transcendental extension of **C** of transcendence degree 2, for $k = \mathbf{Q}(\sqrt{p})$ and $p = 5$, 13, 17. (See the remark at the end of § 2.) For this purpose we study a configuration of non-singular curves on our non-singular model X of $\overline{\mathfrak{H}\times\mathfrak{H}/G}$ and try to blow down some curves in order to show that X is a rational surface. In the following diagrams of curves on X which can be drawn for any prime $p \equiv 1 \bmod 4$ we give sometimes names to the curves and indicate the self-intersection numbers. On the nonsingular model X, the curves D_1 and D_2 intersect the curve E of self-intersection number -2 coming from the quotient singularity of order 2 located at $(i, i) \in \mathfrak{H}\times\mathfrak{H}$.

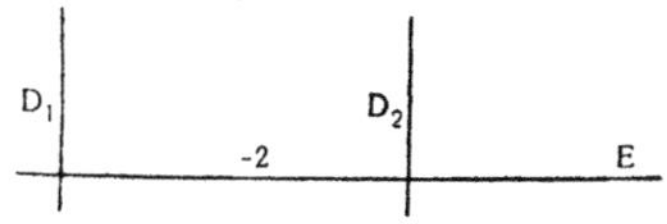

(25)

The other $h(-p)/2$ quotient singularities of order 2 on D_2 give rise to a configuration

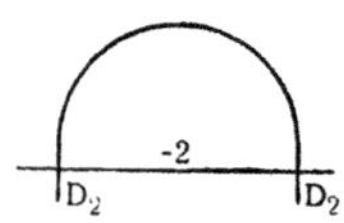

(26)

But we shall not need these $h(-p)/2$ curves. Important is however that we have a quotient singularity of order 3 and first kind on D_1 and sometimes on D_2 (see (19)). It can be shown that the $h(-3p)/2$ quotient singularities of order 3 and second kind on D_2 each give rise to a diagram

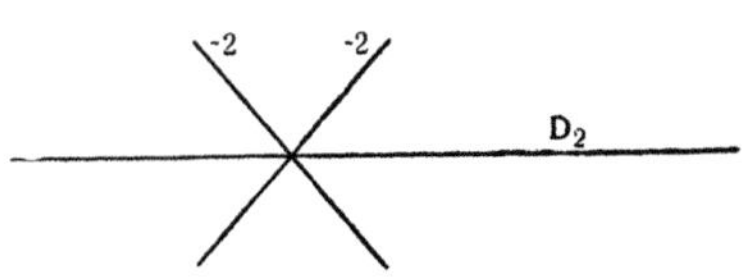

(27)

For $p=5$, 13, 17 there is only one cusp. The cycles in the sense of [12] are

$$\{3\} \text{ for } p=5,$$
$$\{5, 2, 2\} \text{ for } p=13,$$
$$\{5, 3, 2, 2, 3\} \text{ for } p=17.$$

In the following diagrams (fig. 1—fig. 3) we only draw the cusp curves and the curves needed for blowing down.

The diagrams show that many curves can be blown down. Van de Ven told me the following rationality criterion and proposed to apply it to these diagrams.

T h e o r e m. *Let X be a non-singular connected algebraic surface with vanishing first Betti number. If X has an irreducible non-singular rational curve D with non-negative self-intersection number, then X is rational.*

It suffices to prove this for $D \cdot D = 0$. It is not difficult to show in this case that $\dim H^0(X, \Omega(D)) = 2$. Then the rationality is a consequence of a theorem of M. Nöther (see for example [18] Proposition 3).

Theorem. *Let p be a prime $\equiv 1 \bmod 4$ and $k = \mathbf{Q}(\sqrt{p})$. Let G be the Hilbert modular group. The non-singular model for $\overline{\mathfrak{H} \times \mathfrak{H}/G}$ is a rational surface if and only if $p = 5, 13, 17$.*

Proof. By (15) we only have to show the «if»-part and prove rationality in these cases. The assumption on the first Betti number is satisfied (§ 2). Consider the preceding diagrams.

For $p = 5$, blow down D_1 and D_2 to get a nonsingular model in which E

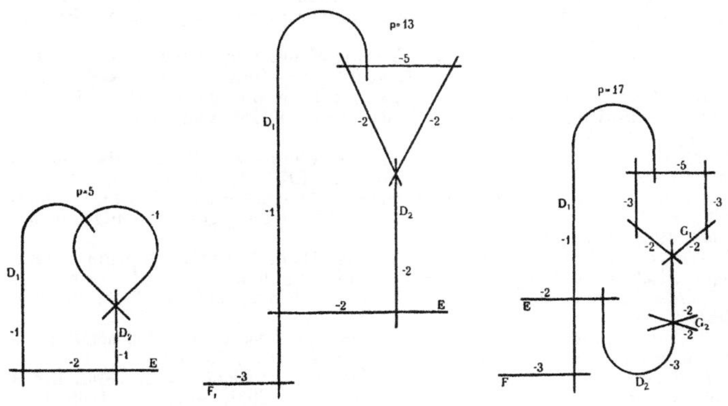

Fig. 1 Fig. 2 Fig. 3

is a rational non-singular curve with $E \cdot E = 0$.

For $p = 13$, blow down consecutively D_1, E, F_1 to get a non-singular model in which D_2 is a rational non-singular curve with $D_2 \cdot D_2 = 0$.

For $p = 17$, blow down consecutively D_1, E, F, D_2, G_1 to get a non-singular model in which G_2 is a rational curve with $G_2 \cdot G_2 = 0$.

Using the above rationality criterion it was possible to prove rationality also in some other cases. We state the following theorems without proof.

Theorem. *Let p be an arbitrary prime and G the Hilbert modular group for $k = \mathbf{Q}(\sqrt{p})$. Then the field of Hilbert modular functions is rational if and only if $p = 2, 3, 5, 7, 13, 17$.*

Theorem. *Let p be an arbitrary prime and G the Hilbert modular group as before. Then the field of symmetric Hilbert modular functions is rational if $p = 2, 3, 5, 7, 11, 13, 17, 19, 23, 29, 37$.*

For $p \equiv 1 \bmod 4$, according to § 3, only 24 primes have $\chi_p = 1$. For 19 of them it remains unsettled whether the field of symmetric Hilbert modular functions is rational or not.

Rationality was known up to now, as far as I know, only for $p = 2, 3, 5$ (H. Cohn, E. Freitag, Gundlach [5, 6], W. F. Hammond).

REFERENCES

1. *M. F. Atiyah, I. M. Singer.* The index of elliptic operators. III. — Ann. Math., 1968, **87**, 546.
2. *S. S. Chern.* On the curvatura integra in a Riemannian manifold. — Ann. Math., 1945, **46**, 674.
3. *E. Freitag.* Uber die Struktur der Funktionenkörper zu hyperabelschen Gruppen I. — J. reine und angew. Math., 1971, **247**, 97.

3a. *E. Freitag.* Lokale und globale Invarianten der Hilbertschen Modulgruppe. — Invent. Math., 1972, **17**, 106.

4. *R. Fricke.* Die elliptischen Funktionen und ihre Anwendungen, T. II. Leipzig und Berlin, 1922.
5. *K.-B. Gundlach.* Die Bestimmung der Funktionen zur Hilbertschen Modulgruppe des Zahlkörpers Q $(\sqrt{5})$. — Math. Ann., 1963, **152**, 226.
6. *K.-B. Gundlach.* Die Bestimmung der Funktionen zur einigen Hilbertschen Modulgruppen. — J. reine und angew. Math., 1965, **220**, 109.
7. *G. Harder.* A Gauss — Bonnet formula for discrete arithmetically defined groups. — Ann. scient. E. N. S., 1971, **4**, 409.
8. *F. Hirzebruch.* Uber vierdimensionale Riemannsche Flächen mehrdeutiger analytischer Funktionen von zwei komplexen Veränderlichen. — Math. Ann., 1953, **126**, 1.
9. *F. Hirzebruch.* Topological methods in algebraic geometry 3rd ed. Berlin—Heidelberg—N. Y., Springer-Verlag, 1966.
10. *F. Hirzebruch.* Involutionen auf Mannigfaltigkeiten. Proc. Conf. Transformation Groups. New Orleans, 1967. Springer-Verlag, Berlin—Heidelberg—N. Y., 1968.
11. *F. Hirzebruch.* Elliptische Differentialoperatoren auf Mannigfaltigkeiten, Festschrift zur Gedächtnisfeier für Karl Weierstrass. Köln und Opladen, Westdeutscher Verlag, 1966, S. 583.
12. *F. Hirzebruch.* The Hilbert modular group, resolution of the singularities at the cusps and related problems. Séminaire Bourbaki, 1970/71, Exposé 396, 275.
13. *S. Lang.* Algebraic number theory. Mass., Addison—Wesley Publ. Co. Reading, 1970.
14. *A. Prestel.* Die elliptischen Fixpunkte der Hilbertschen Modulgruppen. — Math. Ann., 1968, **177**, 181.
15. *A. Prestel.* Die Fixpunkte der symmetrischen Hilbertschen Modulgruppe zu einem reellquadratischen Zahlkörper mit Primzahldiskriminante. — Math. Ann. (to appear).
16. *I. Satake.* The Gauss—Bonnet theorem for V-manifolds. — J. Math. Soc. Japan, 1957, **9**, 464.
17. *J.-P. Serre.* Cohomologie des groupes discrets. Prospects in Mathematics, Annals of Mathematical Studies, Princeton Univ. Press, 1971, **70**, 77.
18. *J.-P. Serre.* Critère de rationalité pour les surfaces algébriques. Séminaire Bourbaki, 1956/57, Exposé 146. N. Y.—Amsterdam, W. A. Benjamin, Inc., 1966, 1.
19. *C. L. Siegel.* The volume of the fundamental domain for some infinite groups. — Trans. Amer. Math. Soc., 1936, **39**, 209. Gesammelte Abhandlungen. Berlin—Heidelberg—N. Y., Springer-Verlag, 1966, **1**, 459.
20. *C. L. Siegel.* Berechnung von Zetafunktionen an ganzzahligen Stellen. — Göttinger Nachrichten, 1969, **10**, 87.
21. *C. T. C. Wall.* Rational Euler characteristics. — Proc. Cambridge Philos. Soc., 1961, **57**, 182.

Added in proof. In the meantime, it has been proved that the field of symmetric Hilbert modular functions is rational for all the 24 primes $p \equiv 1 \pmod 4$ with $\chi_p = 1$. For further results on the Hilbert modular surfaces compare a paper by W. H. Hammond (Math. Ann., 1973, **200**, 25) a paper by Van de Ven and the author (in preparation) and the IMU—lectures of the author (Tokyo 1972, to be published in L'Enseignement Mathématique).

51.

Hilbert modular surfaces

Enseign. Math. *19* (1973), 183–281

*

Table of Contents

§ 0. Introduction and preparatory material

0.1. In my Tokyo IMU-lectures I began with a survey of the Hilbert modular group G of a totally real field of degree n over the rationals, or more generally of discontinuous groups Γ operating on $\mathfrak{H}^n$ where $\mathfrak{H}$ is the upper half plane. Then I concentrated on the case $n = 2$ and studied the non-singular algebraic surfaces (Hilbert modular surfaces) which arise by passing from $\mathfrak{H}^2/G$ to the compactification $\overline{\mathfrak{H}^2/G}$ and by resolving all singular points of the normal complex space $\overline{\mathfrak{H}^2/G}$. I gave the proof for the resolution of the cusp singularities, a result announced in my Bourbaki lecture [39]. Then I talked about the calculation of numerical invariants (arithmetic genus, signature) of the Hilbert modular surfaces and on the problem of deciding which of these surfaces are rational. This problem is studied in the present paper with much more detail than in the lectures. We construct certain curves on the Hilbert modular surfaces (arising from imbeddings of $\mathfrak{H}$ in $\mathfrak{H}^2$). Properties of the configuration of such curves together with the curves coming from the resolution of the cusp singularities imply in some cases that the surfaces are rational. In particular we take the field $K = \mathbf{Q}(\sqrt{p})$, where p is a prime $\equiv 1 \bmod 4$ and investigate the corresponding compact non-singular Hilbert modular surface $Y(p)$ and the surface obtained by dividing $Y(p)$ by the involution T coming from the permutation of the factors of $\mathfrak{H}^2$. The surface $Y(p)/T$ is rational for exactly 24 primes, a result which was not yet known completely when I lectured in Tokyo.

Up to now rationality of the Hilbert modular surface or of its quotient by the involution T was known only for the fields $\mathbf{Q}(\sqrt{2})$, $\mathbf{Q}(\sqrt{3})$, $\mathbf{Q}(\sqrt{5})$, (H. Cohn, E. Freitag ([14], part II), Gundlach [22], Hammond [25], [26]).

In the following section I shall say a few words about further classification results which were mostly proved only after the time of the Tokyo lectures.

0.2. I have learnt a lot from van de Ven concerning the classification of algebraic surfaces; in fact, the rationality for many of the 24 primes was proved jointly using somewhat different methods. The surfaces $Y(p)$ and $Y(p)/T$ are regular, i.e. their first Betti number vanishes. Van de Ven and I (see [41]) used the above mentioned curves to decide how the surfaces $Y(p)$ ($p \equiv 1 \bmod 4$, p prime) fit into the rough classification of algebraic surfaces (see Kodaira [46], part IV). The result is as follows: *the surface $Y(p)$ is rational for $p = 5, 13, 17$, a blown-up $K3$-surface for $p = 29, 37, 41$, a blown-up elliptic surface* (not rational, not $K3$) *for $p = 53, 61, 73$, and of general type for $p > 73$.*

Also the surfaces $Y(p)/T$ ($p \equiv 1 \bmod 4$, p prime) can be studied by the same methods, but here some refined estimates about certain numerical invariants are necessary.

A joint paper with D. Zagier [42] will show that the surfaces are blown-up $K3$-surfaces for the seven primes $p = 193, 233, 257, 277, 349, 389, 397$ and blown-up elliptic surfaces (not rational, not $K3$) for $p = 241, 281$. We do not know what happens for the eleven primes $p = 353, 373, 421, 461, 509, 557, 653, 677, 701, 773, 797$. As indicated before, there are 24 primes for which the surface is rational. Except for these 44 primes (eleven of them undecided) the surface $Y(p)/T$ is of general type.

Unfortunately a report on these classification problems could not be included in this paper. It is already too long. We must refer to [41], [42].

0.3. Our standard reference for the study of discontinuous groups operating on $\mathfrak{H}^n$ is Shimizu's paper [71] where other references are given.

For the general theory of compactification we refer to the paper of Baily and Borel [4] and the literature listed there. They mention in particular the earlier work on special cases by Baily, Pyatetskii-Shapiro [63], Satake and the Cartan seminar [67]. Compare also Christian [11], Gundlach [20]. Borel and Baily refer to similar general theorems found independently by Pyatetskii-Shapiro.

We cite from the introduction of the paper by Baily and Borel:

"This paper is chiefly concerned with a bounded symmetric domain X and an arithmetically defined discontinuous group Γ of automorphisms of X. Its main goals are to construct a compactification V^* of the quotient space $V = X/\Gamma$, in which V is open and everywhere dense, to show that V^* may be endowed with a structure of normal analytic space which extends the natural one on V, and to establish, using automorphic forms, an isomorphism of V^* onto a normally projective variety, which maps V onto a Zariski-open subset of the latter."

Of course, it suffices if X is equivalent to a bounded symmetric domain. We are concerned in this paper with the case $X = \mathfrak{H}^n$. We do not require that Γ be arithmetically defined, but assume that it satisfies Shimizu's condition (F), see 1.5 in the present paper. Also under this assumption the compactification of $\mathfrak{H}^n/\Gamma$ (which we call $\overline{\mathfrak{H}^n/\Gamma}$) is well-defined and is a normally projective variety. The projective imbedding is given again by automorphic forms in the usual manner. (Compare also Gundlach [20] and H. Cartan ([9], [66] Exp. XV). For $n = 2$ we are able to resolve the singularities and obtain from $\overline{\mathfrak{H}^2/\Gamma}$ a non-singular (projective) algebraic surface.

0.4. As far as I know, the resolution (which exists according to Hironaka [34]) of the singularities of V^* (see the above quotation from the paper of Baily and Borel) has been explicitly constructed only in a very few cases: by Hemperly [33], if $X = \{ z \in \mathbf{C}^2 : |z_1|^2 + |z_2|^2 < 1 \}$, in the present paper if $X = \mathfrak{H}^2$ (thus settling the only cases where the complex dimension of V^* equals 2) and by Igusa [43] for some groups Γ acting on the Siegel upper half plane of degree $g \leqq 3$. Two days before writing this introduction (Jan. 27, 1973) I heard that Mumford is working on the general case (Lecture at the Tata Institute, January 1973).

0.5. It is assumed that the reader is familiar with some basic concepts and results of algebraic number theory ([6], [30], [52]), the theory of differentiable manifolds and characteristic classes [36], the theory of algebraic surfaces ([45], [46], [64]) and the resolution of singularities in the 2-dimensional case ([35], [49]). The definitions and theorems needed can be found, for example, in the literature as indicated.

0.6. The "adjunction formula" ([45], Part I) will be used very often. We therefore state it here.

Let X be a (non-singular) complex surface, not necessarily compact. By $e \cdot f$ we denote the intersection number of the integral 2-dimensional homology classes e, f (one of them may have non-compact support). For two divisors E, F (at least one of them compact), $E \cdot F$ denotes the intersection number of the homology classes represented by E and F. Let $c_1 \in H^2(X, \mathbf{Z})$ be the first Chern class of X. The value of c_1 on every 2-dimensional integral homology class of X (with compact support) is well-defined, and for a compact curve D on X we let $c_1[D]$ be the value of c_1 on the homology class represented by D. By $\tilde{D}$ we denote the non-singular model of D and by $e(\tilde{D})$ its Euler number.

Adjunction formula.

Let D be a compact curve (not necessarily irreducible) on the complex surface X. Then

$$e(\tilde{D}) = c_1[D] - D \cdot D + \sum_{\mathfrak{p}} c_{\mathfrak{p}} \tag{1}$$

The sum extends over the singular points of D, and the summand $c_{\mathfrak{p}}$ is a positive even integer for every singular point $\mathfrak{p}$, depending only on the germ of D in $\mathfrak{p}$.

If K is a canonical divisor on X, then its cohomology class equals $-c_1$. We have

$$c_1[D] = -K \cdot D. \tag{2}$$

0.7. We shall use some basic facts on group actions [47].

Definition. A group G acts properly discontinuously on the locally compact Hausdorff space X if and only if for any $x, y \in X$ there exist neighborhoods U of x and V of y such that the set of all $g \in G$ with $gU \cap V \neq \emptyset$ is finite. An *equivalent condition is that, for any compact subsets* K_1, K_2 *of* X, *the set of all* $g \in G$ *with* $g(K_1) \cap K_2 \neq \emptyset$ *is finite.*

For a properly discontinuous action, the orbit space X/G is a Hausdorff space. For any $x \in X$, there exists a neighborhood U of x such that the (finite) set of all $g \in G$ with $gU \cap U \neq \emptyset$ equals the isotropy group $G_x = \{g \mid g \in G, g(x) = x\}$. If X is a normal complex space and G acts properly discontinuously by biholomorphic maps, then X/G is a normal complex space.

THEOREM. (H. Cartan [8], and [66] Exp. I). *If* X *is a bounded domain in* $\mathbf{C}^n$, *then the group* $\mathfrak{A}$ *of all biholomorphic maps* $X \to X$ *with the topology of compact convergence is a Lie group. For compact subsets* K_1, K_2 *of* X, *the set of all* $g \in \mathfrak{A}$ *such that* $gK_1 \cap K_2 \neq \emptyset$ *is a compact subset of* $\mathfrak{A}$. *A subgroup of* $\mathfrak{A}$ *is discrete if and only if it acts properly discontinuously.*

If X is a bounded symmetric domain, then a discrete subgroup Γ of $\mathfrak{A}$ operates freely if and only if it has no elements of finite order.

0.8. I wish to express my gratitude to M. Kreck and T. Yamazaki. Their notes of my lectures in Bonn (Summer 1971) and Tokyo (February-March 1972) were very useful when writing this paper. I should like to thank D. Zagier for mathematical and computational help. Conversations and correspondence with H. Cohn, E. Freitag, K.-B. Gundlach, W. F. Hammond, G. Harder, H. Helling, C. Meyer, W. Meyer, J.-P. Serre, A. V. Sokolovski, A. J. H. M. van de Ven (see 0.2) and A. Vinogradov were also of great help.

Last but not least, I have to thank Y. Kawada and K. Kodaira for inviting me to Japan. I am grateful to them and all the other Japanese colleagues for making my stay most enjoyable, mathematically stimulating, and profitable by many conversations and discussions.

§ 1. THE HILBERT MODULAR GROUP AND THE EULER NUMBER OF ITS ORBIT SPACE

1.1. Let $\mathfrak{H}$ be the upper half plane of all complex numbers with positive imaginary part. $\mathfrak{H}$ is embedded in the complex projective line $\mathbf{P}_1\mathbf{C}$. A complex matrix $\binom{a\ b}{c\ d}$ with $ad - bc \neq 0$ operates on $\mathbf{P}_1\mathbf{C}$ by

$$z \mapsto \frac{az + b}{cz + d}$$

The matrices with real coefficients and $ad - bc > 0$ carry $\mathfrak{H}$ over into itself and constitute a group $\mathbf{GL}_2^+(\mathbf{R})$. The group

(1) $$\mathbf{PL}_2^+(\mathbf{R}) = \mathbf{GL}_2^+(\mathbf{R}) / \{ \left(\begin{smallmatrix} a & 0 \\ 0 & a \end{smallmatrix}\right) \mid a \neq 0 \}$$

operates effectively on $\mathfrak{H}$. As is well known, this is the group of all biholomorphic maps of $\mathfrak{H}$ to itself.

Writing $z = x + iy$ $(x, y \in \mathbf{R}, y > 0)$ we have on $\mathfrak{H}$ the Riemannian metric

$$\frac{(dx)^2 + (dy)^2}{y^2}$$

which is invariant under the action of $\mathbf{PL}_2^+(\mathbf{R})$. The volume element equals $y^{-2}\, dx \wedge dy$.

We introduce the Gauß-Bonnet form

(2) $$\omega = -\frac{1}{2\pi} \cdot \frac{dx \wedge dy}{y^2}$$

If Γ is a discrete subgroup of $\mathbf{PL}_2^+(\mathbf{R})$ acting freely on $\mathfrak{H}$ and such that $\mathfrak{H}/\Gamma$ is compact, then $\mathfrak{H}/\Gamma$ is a compact Riemann surface of a certain genus p whose Euler number $e(\mathfrak{H}/\Gamma) = 2 - 2p$ is given by the formula

(3) $$e(\mathfrak{H}/\Gamma) = \int_{\mathfrak{H}/\Gamma} \omega$$

We recall that the discrete subgroup Γ acts freely if and only if Γ has no elements of finite order.

1.2. Consider the n-fold cartesian product $\mathfrak{H}^n = \mathfrak{H} \times \ldots \times \mathfrak{H}$. Let $\mathfrak{A}$ be the group of all biholomorphic maps $\mathfrak{H}^n \to \mathfrak{H}^n$. The connected component of the identity of $\mathfrak{A}$ equals the n-fold direct product of $\mathbf{PL}_2^+(\mathbf{R})$ with itself. We have an exact sequence

(4) $$1 \to \mathbf{PL}_2^+(\mathbf{R}) \times \ldots \times \mathbf{PL}_2^+(\mathbf{R}) \to \mathfrak{A} \to S_n \to 1,$$

where S_n is the group of permutations of n objects corresponding here to the permutations of the n factors of $\mathfrak{H}^n$. The sequence (4) presents $\mathfrak{A}$ as a semi-direct product. On $\mathfrak{H}^n$ we use coordinates $z_1, z_2, \ldots, z_n$ with $z_k = x_k + iy_k$ and $y_k > 0$. We have a metric invariant under $\mathfrak{A}$:

$$\sum_{j=1}^{n} \frac{(dx_j)^2 + (dy_j)^2}{y_j^2}$$

The corresponding Gauß-Bonnet form ω is obtained by multiplying the forms belonging to the individual factors; see (2). Therefore

(5) $$\omega = (-1)^n \cdot \frac{1}{(2\pi)^n} \frac{dx_1 \wedge dy_1}{{y_1}^2} \wedge \ldots \wedge \frac{dx_n \wedge dy_n}{{y_n}^2}$$

If Γ is a discrete subgroup of $\mathfrak{A}$ acting freely on $\mathfrak{H}^n$ and such that $\mathfrak{H}^n/\Gamma$ is compact, then $\mathfrak{H}^n/\Gamma$ is a compact complex manifold whose Euler number is given by

(6) $$e(\mathfrak{H}^n/\Gamma) = \int_{\mathfrak{H}^n/\Gamma} \omega.$$

$e(\mathfrak{H}^n/\Gamma)$ is always divisible by 2^n: for a compact complex n-dimensional manifold X we denote by $[X]$ the corresponding element in the complex cobordism group [58]. We have

(7) $$[\mathfrak{H}^n/\Gamma] = 2^{-n} e(\mathfrak{H}^n/\Gamma) \cdot [(\mathbf{P}_1\mathbf{C})^n].$$

This follows, because the Chern numbers of $\mathfrak{H}^n/\Gamma$ are proportional [37] to those of $(\mathbf{P}_1\mathbf{C})^n$. In particular, the Euler number and the arithmetic genus (Todd genus) of $(\mathbf{P}_1\mathbf{C})^n$ are 2^n and 1 respectively and thus $2^{-n} \cdot e(\mathfrak{H}^n/\Gamma)$ is the arithmetic genus of $\mathfrak{H}^n/\Gamma$.

1.3. We shall study special subgroups of the group of biholomorphic automorphisms of $\mathfrak{H}^n$. They are in fact discrete subgroups of $(\mathbf{PL}_2^+(\mathbf{R}))^n$. Let K be an algebraic number field of degree n over the field $\mathbf{Q}$ of rational numbers. We assume K to be totally real, i.e., there are n different embeddings of K into the reals. We denote them by

$$K \to \mathbf{R}, \; x \mapsto x^{(j)}, \; x \in K$$

We may assume $x = x^{(1)}$. The element x is called totally positive (in symbols, $x \gg 0$) if all $x^{(j)}$ are positive. The group

$$\mathbf{GL}_2^+(K) = \{ \left(\begin{smallmatrix} a & b \\ c & d \end{smallmatrix}\right) \mid a, b, c, d \in K, ad - bc \gg 0 \}$$

acts on $\mathfrak{H}^n$ as follows: for $z = (z_1, \ldots, z_n) \in \mathfrak{H}^n$ we have

$$z_j \mapsto \frac{a^{(j)} z_j + b^{(j)}}{c^{(j)} z_j + d^{(j)}}.$$

The corresponding projective group

$$\mathbf{PL}_2^+(K) = \mathbf{GL}_2^+(K) / \{ \left(\begin{smallmatrix} a & 0 \\ 0 & a \end{smallmatrix}\right), a \in K^* \}$$

acts effectively on $\mathfrak{H}^n$. Thus $\mathbf{PL}_2^+(K) \subset (\mathbf{PL}_2^+(\mathbf{R}))^n$.

Let $\mathfrak{o}_K$ be the ring of algebraic integers in K, then by considering only matrices with $a, b, c, d \in \mathfrak{o}_K$ and $ad - bc = 1$ we get the subgroup $\mathbf{SL}_2(\mathfrak{o}_K)$ of $\mathbf{GL}_2^+(K)$. The group $\mathbf{SL}_2(\mathfrak{o}_K) / \{1, -1\}$ is the famous Hilbert modular group. It is a discrete subgroup of $(\mathbf{PL}_2^+(\mathbf{R}))^n$. We shall denote it by $G(K)$ or simply by G, if no confusion can arise.

$$G = \mathbf{SL}_2(\mathfrak{o}_K) / \{1, -1\} \subset \mathbf{PL}_2^+(K) \subset (\mathbf{PL}_2^+(\mathbf{R}))^n$$

The Hilbert modular group was studied by Blumenthal [5]. An error of Blumenthal concerning the number of cusps was corrected by Maaß [53].

The quotient space $\mathfrak{H}^n/G$ is not compact, but it has a finite volume with respect to the invariant metric. It is natural to use the Euler volume given in (5). The quotient space $\mathfrak{H}^n/G$ is a complex space and not a manifold (for $n > 1$). We shall return to this point later. But the volume of $\mathfrak{H}^n/G$ is well-defined and was calculated by Siegel ([72], [74]). The ζ-function of the field K enters. It is defined by

$$\zeta_K(s) = \sum_{\substack{\mathfrak{a} \subset \mathfrak{o}_K \\ \mathfrak{a} \text{ an ideal}}} \frac{1}{N(\mathfrak{a})^s}.$$

This sum extends over all ideals in $\mathfrak{o}_K$, and $N(\mathfrak{a})$ denotes the norm of $\mathfrak{a}$. The series converges if the real part of the complex number s is greater than 1. It converges absolutely uniformly on any compact set contained in the half plane $\mathrm{Re}(s) > 1$. The function ζ_K can be holomorphically extended to $\mathbf{C} - \{1\}$. It has a pole of order 1 for $s = 1$. Let D_K denote the discriminant of the field K.

Then

$$D_K^{\frac{s}{2}} \cdot \pi^{-\frac{sn}{2}} \cdot \Gamma(s/2)^n \cdot \zeta_K(s) \tag{8}$$

is invariant under the substitution $s \to 1 - s$.

This is the well-known functional equation of $\zeta_K(s)$. It can be found in most books on algebraic number theory. See, for example, [52].

THEOREM (Siegel). *The Euler volume of* $\mathfrak{H}^n/G$ *relates to the zeta-function as follows*

(9) $$\int_{\mathfrak{H}^n/G} \omega = 2\zeta_K(-1).$$

The formula (19) of [72] uses the volume element $\dfrac{dx_1 \wedge dy_1}{{y_1}^2} \wedge \dots \wedge \dfrac{dx_n \wedge dy_n}{{y_n}^2}$ and gives for the volume the value $2\,\pi^{-n} \cdot D_K{}^{3/2}\,\zeta_K(2)$. If we multiply this value with $(-1)^n.(2\pi)^{-n}$, we get $\int_{\mathfrak{H}^n/G} \omega$.

Formula (9) follows from the functional equation. It was pointed out by J. P. Serre [69] that such Euler volume formulas may be written more conveniently using values of the zeta functions at negative odd integers. $2\zeta_K(-1)$ is a rational number, a result going back to Hecke, see Siegel ([73] Ges. Abh. I, p. 546, [76]) and Klingen [44]. The rational number $2\zeta_K(-1)$ is in fact the rational Euler number of G in the sense of Wall [77], as we shall see later.

1.4. We shall write down explicit formulas for $2\zeta_K(-1)$ in some cases. For $K = \mathbf{Q}$, the group G is the ordinary modular group acting on $\mathfrak{H}$. A fundamental domain is described by the famous picture (see, for example, [68] p. 128).

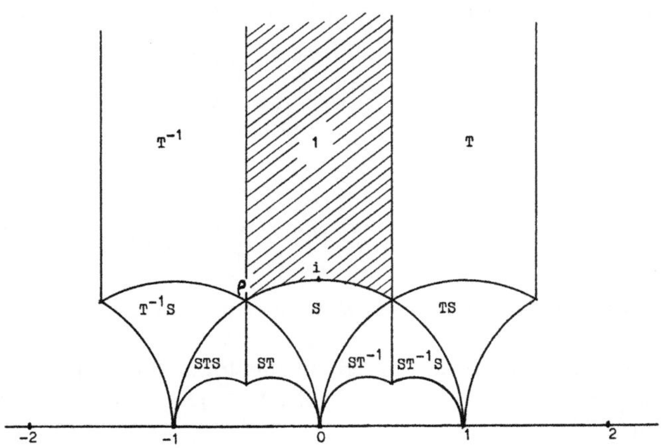

The volume of $\mathfrak{H}/G$ equals the volume of the shaded domain. By Siegel's general formula, the volume of the shaded domain with respect to $\dfrac{dx \wedge dy}{y^2}$ equals

$$2\pi^{-1}\sum_{n=1}^{\infty}\frac{1}{n^2}=\frac{\pi}{3}.$$

Therefore, we get for the Euler volume

$$\int_{\mathfrak{H}/G}\omega=-\frac{1}{6}=2\zeta_{\mathbf{Q}}(-1). \tag{10}$$

We consider the real quadratic fields $K=\mathbf{Q}(\sqrt{d})$ where d is a square-free natural number >1. We recall that the discriminant D of K is given by

$$D=4d \quad \text{for } d\equiv 2,3 \bmod 4$$
$$D=d \quad \text{for } d\equiv 1 \bmod 4.$$

The ring $\mathfrak{o}_K$ has additively the following **Z**-bases.

$$\mathfrak{o}_K=\mathbf{Z}+\mathbf{Z}\sqrt{d} \qquad \text{for } d\equiv 2,3 \bmod 4$$
$$\mathfrak{o}_K=\mathbf{Z}+\mathbf{Z}\frac{1+\sqrt{d}}{2} \qquad \text{for } d\equiv 1 \bmod 4$$

THEOREM. *Let* $K=\mathbf{Q}(\sqrt{d})$ *be as above. Then for* $d\equiv 1 \bmod 4$

$$2\zeta_K(-1)=\frac{1}{15}\sum_{\substack{1\leq b<\sqrt{d}\\ b\text{ odd}}}\sigma_1\left(\frac{d-b^2}{4}\right) \tag{11}$$

and for $d\equiv 2,3 \bmod 4$

$$2\zeta_K(-1)=\frac{1}{30}\Big(\sigma_1(d)+2\cdot\sum_{1\leq b<\sqrt{d}}\sigma_1(d-b^2)\Big) \tag{12}$$

where $\sigma_1(a)$ *equals the sum of the divisors of* a.

This theorem, though not exactly in this form, can be found in Siegel [76]. Compare also Gundlach [22], Zagier [78]. The κ_2 of Gundlach equals $4/\zeta_K(-1)$.

1.5. A reference for the following discussion is [71].

We always assume that Γ *is a discrete subgroup of* $(\mathbf{PL}^+(\mathbf{R}))^n$ *and that* $\mathfrak{H}^n/\Gamma$ *has finite volume.*

Γ is irreducible if it contains no element $\gamma = (\gamma^{(1)}, \dots, \gamma^{(n)})$ such that $\gamma^{(i)} = 1$ for some i and $\gamma^{(j)} \neq 1$ for some j. See [71], p. 40 Corollary.

An element of $\mathbf{PL}_2^+(\mathbf{R})$ is parabolic if and only if it has exactly one fixed point in $\mathbf{P}_1\mathbf{C}$. This point belongs to $\mathbf{P}_1\mathbf{R} = \mathbf{R} \cup \infty$. An element $\gamma = (\gamma^{(1)}, \dots, \gamma^{(n)})$ of $(\mathbf{PL}_2^+(\mathbf{R}))^n$ is called parabolic if and only if all $\gamma^{(i)}$ are parabolic. The parabolic element γ has exactly one fixed point in $(\mathbf{P}_1\mathbf{C})^n$. It belongs to $(\mathbf{P}_1\mathbf{R})^n$. The parabolic points of Γ are by definition fixed points of the parabolic elements of Γ.

The above notation, hopefully, will not confuse the reader. The $\gamma^{(i)}$ are simply the components of the element γ of $(\mathbf{PL}_2^+(\mathbf{R}))^n$. If $\gamma \in \mathbf{PL}_2^+(K) \subset (\mathbf{PL}_2^+(\mathbf{R}))^n$ (compare 1.3), then, for γ represented by $\left(\begin{smallmatrix} a & b \\ c & d \end{smallmatrix}\right)$, the element $\gamma^{(i)}$ is represented by $\left(\begin{smallmatrix} a^{(i)} & b^{(i)} \\ c^{(i)} & d^{(i)} \end{smallmatrix}\right)$ where $x \mapsto x^{(i)}$ is the i-th embedding of K in $\mathbf{R}$. For any group $\Gamma \subset (\mathbf{PL}_2^+(\mathbf{R}))^n$ we consider the orbits of parabolic points under the action of Γ on $(\mathbf{P}_1\mathbf{R})^n$. They are called parabolic orbits. Each such orbit consists only of parabolic points.

If Γ is irreducible, then there are only finitely many parabolic orbits. ([71], p. 46 Theorem 5).

Hereafter we shall assume in addition that Γ is irreducible.

If $x \in (\mathbf{P}_1\mathbf{R})^n$ is a parabolic point of Γ, we transform it to $\infty = (\infty, \dots, \infty)$ by an element ρ of $(\mathbf{PL}_2^+\mathbf{R})^n$, not necessarily belonging to Γ, of course. Thus $\rho x = \infty$.

Let Γ_x be the isotropy group of x.

$$\Gamma_x = \{\gamma \mid \gamma \in \Gamma, \gamma x = x\}.$$

Then any element of $\rho\Gamma_x\rho^{-1}$ is of the form

$$z_j \mapsto \lambda^{(j)} z_j + \mu^{(j)}, \lambda^{(j)} > 0. \tag{13}$$

Consider the following multiplicative group

$$\Lambda = \{t \mid t^{(i)} \in \mathbf{R}, t^{(i)} > 0, \prod_{j=1}^{n} t^{(j)} = 1\}. \tag{14}$$

It is isomorphic to $\mathbf{R}^{n-1}$ by taking logarithms. Each element of $\rho\Gamma_x\rho^{-1}$ (see (13)) satisfies $\lambda^{(1)} \cdot \lambda^{(2)} \dots \cdot \lambda^{(n)} = 1$, (compare [71], p. 43, Theorem 3). Therefore we have a natural homomorphism $\rho\Gamma_x\rho^{-1} \to \Lambda$ whose image is a discrete subgroup Λ_x of Λ of rank $n - 1$. The kernel consists of all the translations

$$z_j \mapsto z_j + \mu^{(j)}$$

where $\mu = (\mu^{(1)}, \ldots, \mu^{(n)})$ belongs to a certain discrete subgroup M_x of $\mathbf{R}^n$ of rank n. Thus we have an exact sequence

$$0 \to M_x \to \rho\,\Gamma_x \rho^{-1} \to \Lambda_x \to 1. \tag{15}$$

Using the inner automorphisms of $\rho\Gamma_x\rho^{-1}$, the group Λ_x acts on M_x by componentwise multiplication. However, in the general case, (15) does not present $\rho\Gamma_x\rho^{-1}$ as a semi-direct product. For $n = 1$, the group Λ_x is trivial. *For $n = 2$ it is infinite cyclic, $\rho\Gamma_x\rho^{-1}$ is a semi-direct product, and ρ can be chosen in such a way that $\rho\Gamma_x\rho^{-1}$ is exactly the group of all elements of the form* (13) *with $\lambda \in \Lambda_x$ and $\mu \in M_x$.*

For any positive number d, the group $\rho\Gamma_x\rho^{-1}$ acts freely on

$$W = \{ z \mid z \in \mathfrak{H}^n, \prod_{j=1}^{n} \operatorname{Im}(z_j) \geqq d \} \tag{16}$$

where Im denotes the imaginary part. The orbit space $W/\rho\Gamma_x\rho^{-1}$ is a (non-compact) manifold with compact boundary

$$N = \partial W \,/\, \rho\,\Gamma_x \rho^{-1}.$$

Since ∂W is a principal homogeneous space for the semi-direct product $E = \mathbf{R}^n \rtimes \Lambda$ of all transformations

$$z_j \mapsto t^{(j)} z_j + a^{(j)}, t \in \Lambda, a \in \mathbf{R}^n$$

we can consider N as the quotient space of the group E (homeomorphic to $\mathbf{R}^{2n-1}$) by the discrete subgroup $\rho\Gamma_x\rho^{-1}$. Thus N is an Eilenberg-MacLane space. The $(2n-1)$-dimensional manifold N is a torus bundle over the $(n-1)$-dimensional torus Λ/Λ_x. The fibre is the n-dimensional torus $\mathbf{R}^n/M_x$, and N is obtained by the action of Λ_x on $\mathbf{R}^n/M_x$ which is induced by the action $x_j \mapsto \lambda^{(j)} x_j + \mu^{(j)}$ of $\rho\Gamma_x\rho^{-1}$ on $\mathbf{R}^n$. Since, in general, $\mu^{(j)}$ is not necessarily an element of M_x, the action of Λ_x on $\mathbf{R}^n/M_x$ need not be the one given by componentwise multiplication.

Definition ([71], p. 48). *Let Γ be as before a discrete irreducible subgroup of $(\mathbf{PL}_2^+(\mathbf{R}))^n$ such that $\mathfrak{H}^n/\Gamma$ has finite volume. Let x_ν $(1 \leqq \nu \leqq t)$ be a complete set of Γ-inequivalent parabolic points of Γ. Choose elements $\rho_\nu \in (\mathbf{PL}_2^+(\mathbf{R}))^n$ with $\rho_\nu x_\nu = \infty$ and put $U_\nu = \rho_\nu^{-1}(W_\nu)$ where W_ν is defined as in* (16) *with some positive number d_ν instead of d. We say that Γ satisfies condition (F) if it admits (for some d_ν) a fundamental domain F of the form*

$$F = F_0 \cup V_1 \cup \ldots \cup V_t \qquad \text{(disjoint union)}$$

where F_0 is relatively compact in $\mathfrak{H}^n$ and V_ν is a fundamental domain of Γ_{x_ν} in U_ν.

The fundamental domain $F \subset \mathfrak{H}^n$ is by definition in one-to-one correspondence with $\mathfrak{H}^n/\Gamma$ and V_ν is in one-to-one correspondence with U_ν/Γ_{x_ν}.

The Hilbert modular group G of any totally real field K is a discrete irreducible subgroup of $(\mathbf{PL}_2^+(\mathbf{R}))^n$ with finite volume of $\mathfrak{H}^n/G$ which satisfies condition (F). The existence of a fundamental domain with the required properties was shown by Blumenthal [5] as corrected by Maaß [53]. See Siegel [75] for a detailed exposition.

Two subgroups of $(\mathbf{PL}_2^+(\mathbf{R}))^n$ are called commensurable if their intersection is of finite index in both of them.

Any subgroup Γ of $(\mathbf{PL}_2^+(\mathbf{R}))^n$ which is commensurable with the Hilbert modular group G also satisfies (F).

We define

$$[G:\Gamma] = [G:(G \cap \Gamma)]\,/\,[\Gamma:(G \cap \Gamma)] \tag{17}$$

Then we get for the Euler volume

$$\int_{\mathfrak{H}^n/\Gamma} \omega = [G:\Gamma]\,.\int_{\mathfrak{H}^n/\Gamma} \omega = [G:\Gamma]\cdot 2\zeta_K(-1) \tag{18}$$

Remark. It is not known whether every discrete irreducible subgroup Γ of $(\mathbf{PL}_2^+(\mathbf{R}))^n$ such that $\mathfrak{H}^n/\Gamma$ has finite volume satisfies Shimizu's condition (F).

Selberg has conjectured that any Γ satisfying (F) and having at least one parabolic point $(t \geqq 1)$ is conjugate in the group $\mathfrak{A}$ of all automorphism of $\mathfrak{H}^n$ to a group commensurable with the Hilbert modular group G of some totally real field K with $[K:\mathbf{Q}] = n$.

1.6. Harder [28] has proved a general theorem on the Euler number of not necessarily compact quotient spaces of finite volume. For the following result a direct proof can be given by the method used in [40].

THEOREM (Harder). *Let $\Gamma \subset (\mathbf{PL}_2^+(\mathbf{R}))^n$ be a discrete irreducible group satisfying condition (F) of the definition in* 1.5. *Suppose moreover* *that Γ operates freely on $\mathfrak{H}^n$. Then $\mathfrak{H}^n/\Gamma$ is a complex manifold whose Euler number is given by*

$$e(\mathfrak{H}^n/\Gamma) = \int_{\mathfrak{H}^n/\Gamma} \omega. \tag{19}$$

If Γ is commensurable with the Hilbert modular group G of K, (where K is a totally real field of degree n over $\mathbf{Q}$) then

$$e(\mathfrak{H}^n/\Gamma) = [G:\Gamma]\cdot 2\zeta_K(-1). \tag{20}$$

Proof. It follows from 1.5 that $\mathfrak{H}^n/\Gamma$ contains a compact manifold Y with t boundary components $B_\nu = \partial W_\nu/\rho\Gamma_x\rho^{-1}$ (which are T^n-bundles over T^{n-1}). We have to choose the numbers d_ν sufficiently large. By the Gauß-Bonnet theorem of Allendoerfer-Weil-Chern [10]

$$e(\mathfrak{H}^n/\Gamma) = \int_Y \omega + \sum_{\nu=1}^{t} \int_{B_\nu} \prod$$

where $\prod$ is a certain $(2n-1)$-form. By the argument explained in [40], one can show easily that

$$\lim_{d_\nu\to\infty} \int_{B_\nu} \prod = 0. \text{ Q.E.D.}$$

Since the Hilbert modular group G always contains a subgroup Γ of finite index which operates freely and since $\mathfrak{H}^n/\Gamma$ can be replaced up to homotopy by the compact manifold Y with boundary, $[G:\Gamma]\cdot 2\zeta_K(-1)$ is the Euler number of Γ in the sense of the rational cohomology theory of groups and thus $2\zeta_K(-1)$ is the Euler number of G in the sense of Wall [77].

THEOREM. *Let $\Gamma \subset (\mathbf{PL}_2^+(\mathbf{R}))^n$ be a discrete irreducible group such that $\mathfrak{H}^n/\Gamma$ has finite volume. Assume that Γ satisfies condition (F). The isotropy groups Γ_z ($z\in\mathfrak{H}^n$) are finite cyclic and the set of those z with $|\Gamma_z| > 1$ projects down to a finite set in $\mathfrak{H}^n/\Gamma$. Thus $\mathfrak{H}^n/\Gamma$ is a complex space with finitely many singularities.* (For $n = 1$, these "branching points" are actually not singularities.)

Let $a_r(\Gamma)$ be the number of points in $\mathfrak{H}^n/\Gamma$ which come from isotropy groups of order r. The Euler number of the space $\mathfrak{H}^n/\Gamma$ is well-defined, and we have

$$(21) \qquad e(\mathfrak{H}^n/\Gamma) = \int_{\mathfrak{H}^n/\Gamma} \omega + \sum_{r \geqq 2} a_r(\Gamma) \frac{r-1}{r}.$$

The proof is an easy consequence of the Allendoerfer-Weil-Chern formula (compare [40], [65]).

The easiest example of (21) is of course the ordinary modular group $G = G(\mathbf{Q})$. We have $a_2(G) = a_3(G) = 1$ whereas the other $a_r(G)$ vanish. Thus

$$e(\mathfrak{H}/G) = -\tfrac{1}{6} + \tfrac{1}{2} + \tfrac{2}{3} = 1.$$

This checks, since $\mathfrak{H}/G$ and $\mathbf{C}$ are biholomorphically equivalent.

1.7. We shall apply (21) to the Hilbert modular group G and the extended Hilbert modular $\hat{G}$ of a real quadratic field. $\hat{G}$ is defined for any totally real field K. To define it we must say a few words about the units of K. They are the units of the ring $\mathfrak{o}_K$ of algebraic integers. Let U be the group of these units. Its rank equals $n-1$ by Dirichlet's theorem [6]. Let U^+ be the group of all totally positive units (see 1.3). It also has rank $n-1$ because it contains $U^2 = \{\varepsilon^2 \mid \varepsilon \in U\}$.

The extended Hilbert modular group is defined as follows

$$\hat{G} = \{ \left(\begin{smallmatrix} a & b \\ c & d \end{smallmatrix}\right) \mid a, b, c, d \in \mathfrak{o}_K, ad - bc \in U^+ \} / \{ \left(\begin{smallmatrix} a & 0 \\ 0 & a \end{smallmatrix}\right) \mid a \in U \}$$

We have an exact sequence

$$1 \to G \to \hat{G} \to U^+ / U^2 \to 1.$$

obtained by associating to each element of $\hat{G}$ its determinant mod U^2.

If $K = \mathbf{Q}(\sqrt{d})$ with d as in 1.4., then U^+ and U^2 are infinite cyclic groups and U^+/U^2 is of order 2 or 1. The first case happens if and only if there is no unit in $\mathfrak{o}_K$ with negative norm. If d is a prime p, then

$$U^+ \neq U^2 \Leftrightarrow p \equiv 3 \bmod 4$$
$$U^+ = U^2 \Leftrightarrow p = 2 \text{ or } p \equiv 1 \bmod 4.$$

Compare [30], Satz 133.

To apply (21) to the groups G and $\hat{G}$ belonging to a real quadratic field we must know the numbers $a_r(G)$ and $a_r(\hat{G})$. They were determined by Gundlach [21] in some cases and in general by Prestel [61] using the idea that the isotropy groups G_z and $\hat{G}_z$ respectively ($z \in \mathfrak{H}^2$) determine orders in imaginary extensions of K, which by an additional step relates the $a_r(G)$ and $a_r(\hat{G})$ to ideal class numbers of quadratic imaginary fields over $\mathbf{Q}$. To write down Prestel's result we fix the following notation. A quadratic field k over $\mathbf{Q}$ (real or imaginary) is completely given by its discriminant D. The class number of the field will be denoted by $h(D)$ or by $h(k)$.

Prestel has very explicit results for the Hilbert modular group G of any real quadratic field K and for the extended group $\hat{G}$ in case the class number of K is odd. We shall indicate part of his result.

THEOREM. (Prestel). *Let d be squarefree, $d \geqq 7$ and $(d, 6) = 1$. Let $K = \mathbf{Q}(\sqrt{d})$. Then for the Hilbert modular group $G(K)$ we have for*

$d \equiv 1 \bmod 4$

$$a_2(G) = h(-4d), a_3(G) = h(-3d), a_r(G) = 0 \text{ for } r \neq 2, 3$$

and for $d \equiv 3 \bmod 8$

$$a_2(G) = 10 \cdot h(-d), a_3(G) = h(-12d), a_r(G) = 0 \text{ for } r \neq 2, 3$$

and for $d \equiv 7 \bmod 8$

$$a_2(G) = 4h(-d), a_3(G) = h(-12d), a_r(G) = 0 \text{ for } r \neq 2, 3$$

If d is a prime $\equiv 3 \bmod 4$ *and* $d \neq 3$ *we have for the extended group* $\hat{G}(K)$ *the following result:*

If $d \equiv 3 \bmod 8$, *then*

$$a_2(\hat{G}) = 3h(-d) + h(-8d), a_3(\hat{G}) = h(-12d)/2,$$
$$a_4(\hat{G}) = 4h(-d),$$
$$a_r(\hat{G}) = 0 \text{ for } r \neq 2, 3, 4.$$

If $d \equiv 7 \bmod 8$, *then*

$$a_2(\hat{G}) = h(-d) + h(-8d), a_3(\hat{G}) = h(-12d)/2,$$
$$a_4(\hat{G}) = 2h(-d),$$
$$a_r(\hat{G}) = 0 \text{ for } r \neq 2, 3, 4.$$

Prestel gives the numbers $a_r(G)$ and $a_r(\hat{G})$ also for $d = 2, 3, 5$. For $d = 3$ we have

$$a_2(\hat{G}) = 3,\ a_3(\hat{G}) = 1,\ a_4(\hat{G}) = 1,\ a_{12}(\hat{G}) = 1,$$

all other $a_r(\hat{G}) = 0$.

We apply (12), (20) and (21) for $K = \mathbf{Q}(\sqrt{3})$ as an example

$$2\zeta_K(-1) = \frac{1}{30}(4 + 2\sigma_1(2)) = \frac{10}{30} = \frac{1}{3},$$

$$[G:\hat{G}] = \frac{1}{2},$$

$$e(H^2/\hat{G}) = \frac{1}{6} + 3\cdot\frac{1}{2} + \frac{2}{3} + \frac{3}{4} + \frac{11}{12} = 4.$$

We shall copy Prestel's table [61] of the $a_r(G)$ and the $a_r(\hat{G})$ (if known) for $K = \mathbf{Q}(\sqrt{d})$ up to $d = 41$. In [61] the table contains an error which was corrected in [62].

We also tabulate the values of $2\zeta_K(-1)$, $e(\mathfrak{H}^2/G)$, and of $e(\mathfrak{H}^2/\hat{G})$ if known. In the columns before $2\zeta_K(-1)$ we find the values of the $a_r(G)$; the values of the $a_r(\hat{G})$ are written behind $2\zeta_K(-1)$. If there is no entry, then the value is zero.

If the $a_r(\hat{G})$ and $e(\mathfrak{H}^2/\hat{G})$ are not given in the table, this means that either there exists a unit of negative norm and thus $G = \hat{G}$ or that the values are not known. This is indicated in the last column.

By Prestel $a_r(G) = 0$ for $r > 3$ and $K = \mathbf{Q}(\sqrt{d})$ with $d > 5$, and we have for $d > 5$

$$e(\mathfrak{H}^n/G) = 2\zeta_K(-1) + \frac{a_2(G)}{2} + a_3(G)\,.\frac{2}{3} \tag{22}$$

Since the Euler number is an integer, we obtain by (11) and (12):

For $d > 5$, $d \equiv 1 \bmod 4$, d square-free,

$$\sum_{\substack{1 \leq b < \sqrt{d} \\ b \text{ odd}}} \sigma_1\left(\frac{d-b^2}{4}\right) \equiv 0 \bmod 5$$

For $d > 5$, $d \equiv 2, 3 \bmod 4$, d square-free

$$\sigma_1(d) + 2 \sum_{1 \leq b < \sqrt{d}} \sigma_1(d-b^2) \equiv 0 \bmod 5$$

Problem. Prove these congruences in the framework of elementary number theory.

1

d	2	3	4	5	6	$2\zeta_K(-1)$	2	3	4	6	12	$e(\mathfrak{H}^2/G)$	$e(\mathfrak{H}^2/\hat{G})$
2	2	2	2			1/6	—	—	—	—	—	4	$G = \hat{G}$
3	3	2			1	1/3	3	1	1		1	4	4
5	2	2		2		1/15	—	—	—	—	—	4	$G = \hat{G}$
6	6	3				1	5	1	2	1		6	6
7	4	4				4/3	5	2	2			6	6
10	6	4				7/3	—	—	—	—	—	8	$G = \hat{G}$
11	10	4				7/3	5	2	4			10	8
13	2	4				1/3	—	—	—	—	—	4	$G = \hat{G}$
14	12	4				10/3	8	2	4			12	10
15	8	6				4	8	3				12	8
17	4	2				2/3	—	—	—	—	—	4	$G = \hat{G}$
19	10	4				19/3	9	2	4			14	12
21	4	5				2/3	3	2		1		6	4
22	6	8				23/3	12	4	2			16	14
23	12	8				20/3	7	4	6			18	14
26	18	4				25/3	—	—	—	—	—	20	$G = \hat{G}$
29	6	6				1	—	—	—	—	—	8	$G = \hat{G}$
30	12	10				34/3	18	5				24	18
31	12	4				40/3	11	2	6			22	18
33	4	3				2	7	1		1		6	6
34	12	4				46/3	16	2	4			24	20
35	20	8				38/3	18	4				28	18
37	2	8				5/3	—	—	—	—	—	8	$G = \hat{G}$
38	18	8				41/3	16	4	6			28	22
39	16	10				52/3	14	4		2		32	20
41	8	2				8/3	—	—	—	—	—	8	$G = \hat{G}$

§ 2. THE CUSPS AND THEIR RESOLUTION FOR THE 2-DIMENSIONAL CASE

2.1. Let K be a totally real algebraic field of degree n over $\mathbf{Q}$ and M an additive subgroup of K which is a free abelian group of rank n. Such a group M is called a complete $\mathbf{Z}$-module of K. Let U_M^+ be the group of those units ε of K which are totally positive and satisfy $\varepsilon M = M$. Any $\alpha \in K$ with $\alpha M = M$ is automatically an algebraic integer and a unit.

The group U_M^+ is free of rank $n - 1$ (compare [6]).

Two modules M_1, M_2 are called (strictly) equivalent if there exists a (totally positive) number $\lambda \in K$ with $\lambda M_1 = M_2$. Of course, $U_{M_1}^+ = U_{M_2}^+$ for equivalent modules.

According to [71] p. 45, Theorem 4, for any parabolic point x of an irreducible discrete subgroup Γ of $(\mathbf{PL}^+(\mathbf{R}))^n$ with $\mathfrak{H}^n/\Gamma$ of finite volume the element $\rho \in (\mathbf{PL}^+(\mathbf{R}))^n$ with $\rho x - \infty$ can be chosen in such a way that the group $\rho\Gamma_x\rho^{-1}$ (see 1.5 (15)) is contained in $\mathbf{PL}^+(K) \subset (\mathbf{PL}^+(\mathbf{R}))^n$ where K is a suitable totally real field. Then we have an exact sequence

$$0 \to M \to \rho\,\Gamma_x\rho^{-1} \to V \to 1$$

where M is a complete $\mathbf{Z}$-module in K and V is a subgroup of U_M^+ of rank $n-1$. The field K, the strict equivalence class of M and the group V are completely determined by the parabolic orbit and do not depend on the choice of ρ.

It can be shown more generally ([71] p. 45, footnote 3) that there exists a $\rho \in (\mathbf{PL}_2^+(\mathbf{R}))^n$ such that $\rho\Gamma\rho^{-1} \subset \mathbf{PL}_2^+(K)$, provided there is at least one parabolic orbit. Therefore, the field K is the same for all parabolic orbits. The conjecture of Selberg (1.5 Remark) remains unsettled, because, if we represent the elements of $\rho\Gamma\rho^{-1}$ by matrices with coefficients in $\mathfrak{o}_K$, we have no information on the determinants of these matrices.

A parabolic orbit will be called a *cusp*. We say that the cusp is of *type* (M, V). If x is a point in the parabolic orbit, we often say that the cusp is at x. Sometimes the cusp will be denoted by x.

For a given pair (M, V) with $V \subset U_M^+$ (where V has rank $n-1$) we define

$$G(M, V) = \left\{ \begin{pmatrix} \varepsilon & \mu \\ 0 & 1 \end{pmatrix} \,\middle|\, \varepsilon \in V, \mu \in M \right\} = M \rtimes V \quad \text{(semi-direct product)}$$

For $n = 2$, the element $\rho \in \mathbf{PL}_2^+(\mathbf{R})^n$ can be chosen in a such a way that $\rho\Gamma_x\rho^{-1} = G(M, V)$.

Let K be a totally real field of degree n over $\mathbf{Q}$, let M be a complete $\mathbf{Z}$-module in K and V a subgroup of U_M^+ of finite index. Suppose $\mathfrak{G}$ is a group of matrices $\begin{pmatrix} \varepsilon & \mu \\ 0 & 1 \end{pmatrix}$ (with $\varepsilon \in V$, $\mu \in K$, and $\mu \in M$ for $\varepsilon = 1$) such that the sequence

$$(1) \qquad 0 \to M \to \mathfrak{G} \to V \to 1$$

is exact.

The group $\mathfrak{G}$ operates freely and properly discontinuously on $\mathfrak{H}^n$. We add one additional point ∞ to the complex manifold $\mathfrak{H}^n/\mathfrak{G}$. A complete system of open neighborhoods of ∞ in the new space $\overline{\mathfrak{H}^n/\mathfrak{G}} = \mathfrak{H}^n/\mathfrak{G} \cup \infty$ is given by the sets

$$(2) \qquad (\overset{\circ}{W}(d)/\mathfrak{G}) \cup \infty$$

where, for any positive d,

$$(3) \qquad \overset{\circ}{W}(d) = \{z \mid z \in \mathfrak{H}^n, \prod_{j=1}^{n} \operatorname{Im}(z_j) > d\}$$

The local ring $\mathfrak{O}(\mathfrak{G})$ at ∞ is defined as the ring of functions holomorphic in some neighborhood of ∞ (except ∞) and continuous in ∞. For $n > 1$ the condition "continuous in ∞" can be dropped ([71], p. 50, lemma 7).

If $\mathfrak{G} = G(M, V)$ we put $\mathfrak{O}(\mathfrak{G}) = \mathfrak{O}(M, V)$. We shall only give the structure of $\mathfrak{O}(M, V)$ explicitly. *For $n = 2$ this is no loss of generality.* The ring $\mathfrak{O}(M, V)$ has the following structure:

Let M^* be the complete module in K which is dual to M: An element $x \in K$ belongs to M^* if and only if the trace $\operatorname{tr}(xa)$ is an integer for all $a \in M$. We recall that

$$\operatorname{tr}(xa) = \sum_{j=1}^{n} x^{(j)} a^{(j)}$$

Let M^{*+} be the set of all totally positive elements of M. The local ring $\mathfrak{O}(M, V)$ is the ring of all Fourier series

$$(4) \qquad f = a_0 + \sum_{x \in M^{*+}} a_x \cdot e^{2\pi i (x^{(1)} z_1 + \ldots + x^{(n)} z_n)},$$

for which the coefficients a_x satisfy $a_{\varepsilon x} = a_x$ for all $\varepsilon \in V$, and which converge on $\overset{\circ}{W}(d)$ for some positive d depending on f.

Proposition. The space $\mathfrak{H}^n/\mathfrak{G}$ with the local ring $\mathfrak{O}(\mathfrak{G})$ at ∞ is a normal complex space.

This is known for $n = 1$, of course. For $n \geqq 2$ we have to check H. Cartan's condition ([67] Exposé 11, Théorème 1) that there is some neighbourhood U of ∞ such that for any two different points $p_1, p_2 \in U - \{\infty\}$ there exists a holomorphic function f in $U - \{\infty\}$ with $f(p_1) \neq f(p_2)$. If $\mathfrak{G}$ occurs as group $\rho \Gamma_x \rho^{-1}$ for some cusp of a group Γ satisfying condition (F) of 1.5, Cartan's condition is proved in the theory of compactification (0.3) by the use of Γ-automorphic forms. The group $G(M, U_M^+)$ occurs in such a way. Namely, M is strictly equivalent to an ideal in some order $\mathfrak{o}$ of K (see [6]) where $\mathfrak{o} = \{x \in K \mid x M \subset M\}$. Therefore, we may assume that M is such an ideal. The cusp at ∞ of the arithmetic group (commensurable with the Hilbert modular group)

$$\{ \left(\begin{smallmatrix} \alpha & \beta \\ \gamma & \delta \end{smallmatrix}\right) \mid \alpha, \beta, \gamma, \delta \in \mathfrak{o}, \beta \in M, \alpha\delta - \beta\gamma \in U_M^+ \}$$

has the isotropy group $G(M, U_M^+)$.

As W. Meyer pointed out to me, the group $H^2(V, M)$ —the set of all equivalence classes of extensions over V with kernel M and belonging to the action of V on M—is finite. (It vanishes for $n \leqq 2$.) This implies the existence of a translation $\rho \in \mathbf{PL}_2^+(K)$ with $\rho z = z + a$ such that $\rho \mathfrak{G} \rho^{-1} \subset G(\tilde{M}, V)$ where $\tilde{M} = \frac{1}{k} M$ and k is the order of the extension $\mathfrak{G}$ as element of $H^2(V, M)$. Therefore $\rho \mathfrak{G} \rho^{-1}$ is commensurable with $G(M, U_M^+)$, and it follows from general results on ramifications of complex spaces [18] that $\mathfrak{H}^n/\mathfrak{G}$ is a normal complex space. (See also 0.7 for quotients of normal complex spaces).

Remark. It would be interesting to check Cartan's condition directly using only the structure of the ring $\mathfrak{O}(\mathfrak{G})$. It seems to be unknown if every $\mathfrak{G}$ occurs for a cusp of a group Γ of type (F). We shall call the point ∞ of the normal complex space $\overline{\mathfrak{H}^n/\mathfrak{G}}$ a "cusp", even if it does not occur for a group Γ.

The point ∞ (with the local ring $\mathfrak{O}(\mathfrak{G})$) is non-singular for $n = 1$. Probably it is always singular for $n \geqq 2$. This was shown by Christian [11] to be true for the cusps of the Hilbert modular group of a totally real field of degree $n \geqq 2$. For $n = 2$, see [21].

Our aim is to resolve the point ∞ of $\overline{\mathfrak{H}^2/G(M, V)}$ in the sense of the theory of resolution of singularities in a normal complex space of dimension 2 (see, for example, [35], [49]). This will be done in 2.4 and 2.5. The resolution process shows that ∞ is always a singular point.

It remains an open problem to give explicit resolutions also for $n > 2$.

If Γ is a discrete irreducible subgroup of $(\mathbf{PL}_2^+(\mathbf{R}))^n$ satisfying the condition (F) of the definition in 1.5, then $\mathfrak{H}^n/\Gamma$ can be compactified by adding t points (cusps) where t is the number of Γ-inequivalent parabolic points of Γ. The resulting space is a compact normal complex space. It is even a projective algebraic variety (0.3).

2.2. In the next sections we shall consider the case $n = 2$, construct certain normal singularities of complex surfaces and show that they are cusps in the sense of 2.1. The construction will be very much related to continued fractions.

Consider a function $k \mapsto b_k$ from the integers to the natural numbers greater or equal 2. For each integer k take a copy R_k of $\mathbf{C}^2$ with coordinates u_k, v_k. We define R_k' to be the complement of the line $u_k = 0$ and R_k'' to be the complement of $v_k = 0$. The equations

$$(5) \qquad \begin{aligned} u_{k+1} &= u_k^{b_k} v_k \\ v_{k+1} &= {}^1/u_k \end{aligned}$$

give a biholomorphic map $\varphi_k : R_k' \to R_{k+1}''$

In the disjoint union $\cup R_k$ we make all the identifications (5). We get a set Y. We may now consider each R_k as a subset of Y. Each R_j is mapped by (u_j, v_j) bijectively onto $\mathbf{C}^2$. This defines an atlas of Y. A subset of Y is open if and only if its intersection with each R_j is an open subset of R_j.

Lemma. The topological space Y defined by (5) *satisfies the Hausdorff separation axiom.*

Proof. Denote the map $R_j \to \mathbf{C}^2$ by ψ_j. Let k be an integer. According to Bourbaki [7] p. 36, we have to show that the graph of

$$(6) \qquad \psi_{j+k} \circ \psi_j^{-1} : \psi_j(R_j \cap R_{j+k}) \to \psi_{j+k}(R_j \cap R_{j+k})$$

is closed in $\psi_j(R_j) \times \psi_{j+k}(R_{j+k}) = \mathbf{C}^2 \times \mathbf{C}^2$. Without loss of generality we may assume $j = 0$ and $k > 0$. The map $\psi_k \circ \psi_0^{-1}$ is given by

$$(7) \qquad \begin{aligned} u_k &= u_0^{p_k} \cdot v_0^{q_k} \\ v_k &= u_0^{-p_{k-1}} \cdot v_0^{-q_{k-1}} \end{aligned}$$

where

$$\begin{pmatrix} p_k & q_k \\ -p_{k-1} & -q_{k-1} \end{pmatrix} = \begin{pmatrix} b_{k-1} & 1 \\ -1 & 0 \end{pmatrix} \cdot \begin{pmatrix} b_{k-2} & 1 \\ -1 & 0 \end{pmatrix} \cdots \begin{pmatrix} b_0 & 1 \\ -1 & 0 \end{pmatrix}$$

and

$$\frac{p_k}{q_k} = b_0 - \frac{1}{b_1} - \cdots - \frac{1}{b_{k-1}} \,.$$

p_k, q_k are coprime. We define $p_0 = 1$, $q_0 = 0$ and have

$$p_{k+1} = b_k p_k - p_{k-1} \qquad \text{for } k \geqq 1\,,$$
$$q_{k+1} = b_k p_k - p_{k+1} \qquad \text{for } k \geqq 1\,,$$
$$p_k > q_k, p_{k+1} > p_k \geqq 1, q_{k+1} > q_k \geqq 0, \quad \text{for } k \geqq 0\,.$$

The intersection $R_0 \cap R_k$ as subset of R_0 is given by $u_0 \neq 0$, $v_0 \neq 0$ for $k \geqq 2$ and by $u_0 \neq 0$ for $k = 1$. The graph of $\psi_k \cdot \psi_0^{-1}$ (see (6)) is given by

$$\begin{aligned} &u_k = u_0^{pk} \cdot v_0^{qk}, \; v_k \cdot u_0^{pk-1} \cdot v_0^{qk-1} = 1 \\ &u_0 \neq 0, \quad v_0 \neq 0 \quad (k \geqq 2) \\ &u_0 \neq 0 \qquad\qquad\quad (k=1) \end{aligned}$$

But the inequalities follow from the equations. Therefore the graph is closed in $\mathbf{C}^2 \times \mathbf{C}^2$. This finishes the proof of the lemma. The negative exponents in the second line of (7) were essential.

The argument would break down, for example, if $k = 6$ and $b_i = 1$ for $0 \leqq i \leqq 5$, because $\left(\begin{smallmatrix} 1 & 1 \\ -1 & 0 \end{smallmatrix}\right)^6 = \left(\begin{smallmatrix} 1 & 0 \\ 0 & 1 \end{smallmatrix}\right)$.

The topological space Y obviously has a countable basis. For any function $k \mapsto b_k \geqq 2$ we have constructed a complex manifold Y of complex dimension 2. In Y we have a string of compact rational curves S_k non-singularly embedded ($k \in \mathbf{Z}$). The curve S_k is given by $u_{k+1} = 0$ in the $(k+1)$-th coordinate system and by $v_k = 0$ in the k-th coordinate system. S_k, S_{k+1} intersect in just one point transversally, namely in the origin of the $(k+1)$-th coordinate system. S_i, S_k $(i<k)$ do not intersect, if $k - i \neq 1$. The union of all the S_k is a closed subset of Y.

Lemma. The self-intersection number of the curve S_k equals $-\,b_k$.

Proof. The coordinate function u_{k+1} extends to a meromorphic function on Y. Its divisor is an infinite integral linear combination of the S_j which because of (5) contains S_{k-1} with multiplicity b_k, the curve S_k with multiplicity 1 and the curve S_{k+1} with multiplicity 0. The intersection number of S_k with this divisor is zero. Since it is also equal to $b_k + S_k \cdot S_k$, the result follows.

Remark. The construction of Y is analogous to the resolution of a quotient singularity in [35], 3.4. For technical reasons we have changed the notation by shifting the indices of S_k and b_k by 1. This should also be taken into account when comparing with [39], § 4.

2.3. Let us assume that the function $k \mapsto b_k \geqq 2$ of 2.2 is periodic, i.e. there exists a natural number $r \geqq 1$ such that

$$b_{k+r} = b_k.$$

Continued fractions of the form

$$a_0 - \cfrac{1}{a - \cdots - \cfrac{1}{a_s}}$$

shall be denoted by $[[a_0, \ldots, a_s]]$; similarly, $[[a_0, a_1, a_2, \ldots]]$ stands for infinite continued fractions of this kind. For our given function $k \mapsto b_k \geqq 2$ we consider the numbers

$$w_k = [[b_k, b_{k+1}, \ldots]], \quad k \in \mathbf{Z}. \tag{8}$$

The w_k are all equal to 1 if $b_j = 2$ for all j. *Therefore, we assume* $b_j \geqq 3$ *for at least one* j. Then all w_k are quadratic irrationalities which are greater than 1. They satisfy $w_{k+r} = w_k$ and all belong to the same real quadratic field K. We consider the complete $\mathbf{Z}$-module

$$M = \mathbf{Z}w_0 + \mathbf{Z}\,.\,1 \subset K$$

Let $x \mapsto x'$ be the non-trivial automorphism of K. Thus $x = x^{(1)}$ and $x' = x^{(2)}$ in the notation of 1.3. The module M acts freely on $\mathbf{C}^2$ by $(z_1, z_2) \mapsto (z_1 + a, z_2 + a')$ for $a \in M$. For our function $j \mapsto b_j \geqq 2$ we have constructed in 2.2 a complex manifold Y. We now define a biholomorphic map

$$\Phi : Y - \bigcup_{j \in z} S_j \to \mathbf{C}^2/M$$

$$\Phi : (u_0, v_0) \mapsto (z_1, z_2)$$

by

$$\begin{aligned} 2\pi i z_1 &= w_0 \log u_0 + \log v_0 \\ 2\pi i z_2 &= w_0' \log u_0 + \log v_0 \end{aligned} \tag{9}$$

The logarithms are defined modulo integral multiples of $2\pi i$, thus (z_1, z_2) is well-defined modulo M. Observe that

$$Y - \bigcup_{j \in \mathbf{Z}} S_j = \{(u_0, v_0) \mid u_0 \neq 0, v_0 \neq 0\} .$$

Since the determinant $\begin{vmatrix} w_0 & w_0' \\ 1 & 1 \end{vmatrix} \neq 0$, we can solve (9) for $\log u_0$ and $\log v_0$ and obviously have a biholomorphic map. The map Φ can be written down with respect to the k-th coordinate system ($k \in \mathbf{Z}$). The result is as follows.

Put $A_0 = 1$ and $A_{k+1} = w_{k+1}^{-1} \cdot A_k$. This defines A_k inductively for any *integer* k:

$$A_k = (w_1 w_2 \dots w_k)^{-1} \text{ for } k \geqq 1, \; A_{-k} = w_0 w_{-1} \dots w_{-k+1} \text{ for } k \geqq 1,$$
$$0 < A_{k+1} < A_k \text{ for } k \in \mathbf{Z}, \; A_k \neq 1 \text{ for } k \neq 0.$$

Formula (8) implies $w_k = b_k - \dfrac{1}{w_{k+1}}$ and

(10) $$b_k A_k = A_{k-1} + A_{k+1}$$

For any integer k, the numbers A_{k-1}, A_k are a basis for M. From the coordinate transformations (5) we get the expression for the map Φ in the k-th coordinate system

(11) $$\begin{aligned} 2\pi i z_1 &= A_{k-1} \cdot \log u_k + A_k \cdot \log v_k \\ 2\pi i z_2 &= A'_{k-1} \cdot \log u_k + A'_k \cdot \log v_k \end{aligned}$$

We had assumed that the b_j are periodic with period r which implies $w_{k+r} = w_k$ for any k. Therefore, A_r^{-1} equals the product of any r consecutive w_j which gives

(12) $$\begin{aligned} A_{k+r} &= A_r A_k \qquad &\text{for any } k \in \mathbf{Z} \\ (A_r)^n &= A_{nr} \qquad &\text{for any } n \in \mathbf{Z}. \end{aligned}$$

This implies that $A_r M = M$. *Therefore A_r is an algebraic integer and a unit* $\neq 1$.

If we apply the non-trivial automorphism of K to the equation $w_k = b_k - \dfrac{1}{w_{k+1}}$ and use the periodicity we get

(13) $$\begin{aligned} w'^{-1}_{k+1} &= b_k - \frac{1}{w'^{-1}_k} \\ w'^{-1}_{k+1} &= [[b_k, b_{k-1}, \dots]] > 1 \end{aligned}$$

Therefore,

$$(14) \qquad 0 < w_k' < 1 < w_k \qquad \text{for } k \in \mathbf{Z}.$$

Thus the w_k and the A_k are totally positive. Let V be the (infinite cyclic) subgroup of U_M^+ generated by A_r. Thus we have associated to our function $j \mapsto b_j \geqq 2$ (at least one $b_j \geqq 3$) and the given period r (which need not be the smallest one) a pair (M, V) and a group $G(M, V)$ (see 2.1) which determines a cusp singularity. We shall use the complex manifold Y constructed in 2.2 for a resolution of this cusp singularity.

We restrict Φ to the open subset $\Phi^{-1}(\mathfrak{H}^2/M)$ of Y. According to (11) this set is given by

$$A_{k-1} \cdot \log |u_k| + A_k \cdot \log |v_k| < 0$$
$$A'_{k-1} \cdot \log |u_k| + A'_k \cdot \log |v_k| < 0$$

Since $v_k = 0$ or $u_{k+1} = 0$ for a point on S_k and the above inequalities do not depend on the coordinate system, it follows that

$$Y^+ = \Phi^{-1}(\mathfrak{H}^2/M) \cup \bigcup_{k \in \mathbf{Z}} S_k$$

is an open subset of Y. The group

$$V = \{(A_r)^n \mid n \in \mathbf{Z}\}$$

acts on Y^+ as follows:

$(A_r)^n$ sends a point with coordinates u_k, v_k in the k-th coordinate system to the point with the same coordinates in the $(k+nr)$-th coordinate system. Because of the periodicity $b_{j+r} = b_j$, this is compatible with the identifications (5). Therefore the action of the infinite cyclic group V on the complex manifold Y^+ is well-defined. We have the exact sequence

$$0 \to M \to G(M, V) \to V \to 1$$

Thus V acts on $\mathfrak{H}^2/M$. On the other hand we have a biholomorphic map

$$\Phi : Y^+ - \bigcup_{k \in \mathbf{Z}} S_k \to \mathfrak{H}^2/M$$

Lemma. The actions of V on Y^+ and $\mathfrak{H}^2/M$ are compatible with Φ.

Proof. If a point p has coordinates u_k, v_k in the k-th system, its image point (z_1, z_2) under Φ is given by (11). If we let A_r act on p, its image point is mapped under Φ (use formula (11) for the $(k+r)$-th coordinate system and (12)) to $(A_r z_1, A_r' z_2)$.

Lemma. The action of V on Y^+ is free and properly discontinuous.

Proof. In view of the preceding lemma the action is free on $Y^+ - \bigcup_{k\in\mathbf{Z}} S_k$. By A_r^n (assume $n \neq 0$) a point on S_k is mapped to a point on S_{k+nr}. If it is fixed, it will be an intersection point $S_{j-1} \cap S_j$ of two consecutive curves, but this point is carried to $S_{j+nr-1} \cap S_{j+nr}$.

To prove that V is properly discontinuous we must show that for points p, q on Y^+ there exist neighborhoods U_1 and U_2 of p and q such that $gU_1 \cap U_2 \neq \emptyset$ only for finitely many $g \in V$. Since V acts properly discontinuously on $\mathfrak{H}^2/M$ and $\bigcup_{k\in\mathbf{Z}} S_k$ is closed in Y^+, this is clear if p and q both do not belong to $\bigcup_{k\in\mathbf{Z}} S_k$. If $p \in \bigcup_{k\in\mathbf{Z}} S_k$ and $q \notin \bigcup_{k\in\mathbf{Z}} S_k$ we use the function Φ.

For $(z_1, z_2) \in \mathfrak{H}^2$ put $\rho(z_1, z_2) = \operatorname{Im} z_1 \cdot \operatorname{Im} z_2$ and set

$$U_1 = \{u \mid u \in Y^+, \rho\,\Phi(u) < \rho\,\Phi(p) + 1\},$$

and let U_2 be the complement of $\overline{U}_1$ in Y^+.

Then $U_1 \cap U_2 = \emptyset$ and $gU_1 = U_1$ for $g \in V$.

Now suppose both points p and q lie on $\bigcup_{k\in\mathbf{Z}} S_k$. It is sufficient to prove the existence of neighborhoods U_1 and U_2 of p and q such that $gU_1 \cap U_2 \neq \emptyset$ for only finitely many $g = (A_r)^n$ with $n < 0$. Recall that A_r generates V. If q lies on S_j and in the j-th coordinate system and p on S_k and in the k-th system, then a neighborhood U_2 of q is given by

$$0 \leqq |u_j| < \frac{1}{\varepsilon}, |v_j| < \varepsilon \quad \text{(for } \varepsilon \text{ sufficiently small).}$$

A neighborhood U_1 of p is given by

$$0 \leqq |u_k| < \frac{1}{\varepsilon}, |v_k| < \varepsilon \quad \text{(for } \varepsilon \text{ sufficiently small).}$$

Suppose that $|n| \geqq k - j + 1$. Then a point (u_k, v_k) in the k-th system is mapped under $(A_r)^n$ $(n<0)$ to a point (u_j, v_j) in the j-th system if and only if

$$(15)\qquad \begin{aligned} u_j &= u_k^{\,a} \cdot v_k^{\,b} \\ u_j \cdot u_k^{\,c} \cdot v_k^{d} &= 1 \end{aligned}$$

where a, b, c, d are non-negative integers and $c > d$. In fact $\begin{pmatrix} a & b \\ -c & -d \end{pmatrix}$ is a matrix of type (7) depending on n, of course. If the points (u_j, v_j) and (u_k, v_k) lie in the chosen neighborhoods of p and q we obtain from (15) the inequality

$$\varepsilon^{d-c-1} < 1$$

which is not true for $\varepsilon \leqq 1$. Therefore, the image of U_1 under $(A_r)^n$ does not intersect U_2 for $n < 0$ and $|n| \geqq k - j + 1$.

Remark. The elements of $M = \mathbf{Z}w_0 + \mathbf{Z}$ can be written in the form $y - xw_0$ with $x, y \in \mathbf{Z}$. The number $y - xw_0$ is totally positive if and only if

$$y - xw_0 > 0 \quad \text{and} \quad y - xw_0' > 0$$

Since $w_0 > 1 > w_0' > 0$, the totally positive elements of M correspond exactly to the integral points in the (x, y)-plane which lie in the quadrant (angle $< 180°$) bounded by $y - xw_0 = 0$ $(x \geqq 0)$ and $y - xw_0' = 0$ $(x \leqq 0)$. If we write $A_k = p_k - q_k w_0$, then for $k \geqq 0$ these are the p_k, q_k of 2.2. We have

$$\lim_{k \to \infty} \frac{p_k}{q_k} = w_0, \qquad \lim_{k \to -\infty} \frac{p_k}{q_k} = w_0'$$

More precisely, it can be shown [12] that the A_k are exactly the lattice points of the support polygon, i.e. the polygon which bounds the convex hull of the lattice points in the above quadrant. It follows [12] that every totally positive number of M can be written uniquely as a linear combination of one or of two consecutive numbers A_k with positive integers as coefficients.

2.4. In section 2.3 we have constructed for a periodic function $k \to b_k \geqq 2$ (with $b_j \geqq 3$ for at least one j) a complex manifold Y^+ together with a free properly discontinuous action of an infinite cyclic group V on Y^+. The orbit space Y^+/V is a complex manifold. The curve S_k in Y^+ was mapped by the generator A_r of V onto the curve S_{k+r} where r was the period. Thus S_k and S_{k+r} become the same curve in Y^+/V. We shall denote the curves in Y^+/V again by S_k $(k \in \mathbf{Z})$ with the understanding that we have $S_k = S_{k+r}$. We have in Y^+/V for $r \geqq 3$ a cycle $S_0, S_1, \ldots, S_{r-1}$ of non-singular rational curves such that S_k and S_{k+1} intersect transversally in exactly one point ($k \in \mathbf{Z}/r\mathbf{Z}$) and the selfintersection number $S_k \cdot S_k$ equals $-b_k$. Otherwise there are no intersections. The configuration is illustrated by the diagram:

(16)

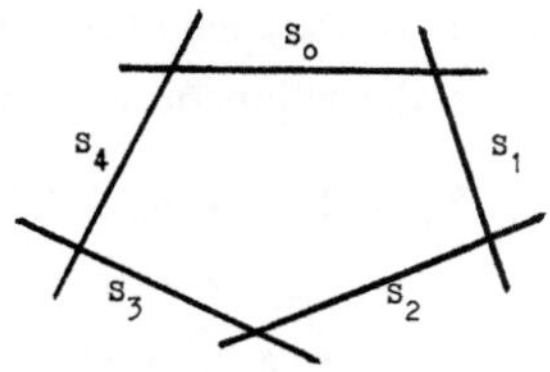

$r \geqq 3$,
$r = 5$ in this example

For $r = 2$ the configuration looks as follows:

(17)

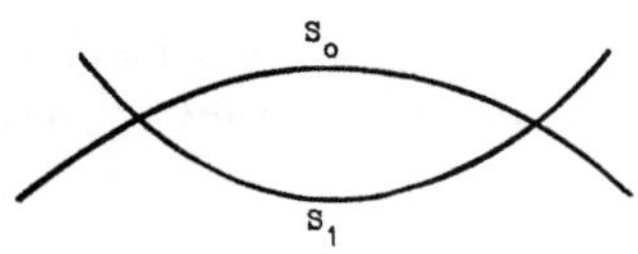

There are two transversal intersections of S_0 and S_1.

If $r = 1$, there is a special situation because the curves S_0 and S_1 of Y^+ intersect transversally in one point and S_0 and S_1 become identified under V. Thus under the map $Y^+ \to Y^+/V$ the string of rational curves S_k is mapped onto one rational curve $\tilde{S}_0$ in Y^+/V with one ordinary double point (which was previously also denoted by S_0, but must here be distinguished).

(18)

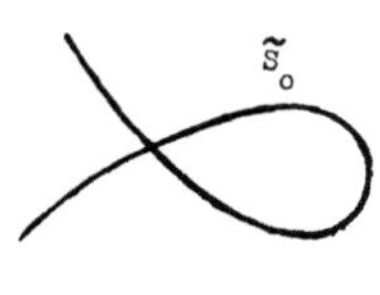

$r = 1$

Lemma. For $r = 1$ *we have in* Y^+/V

$$- \tilde{S}_0 \cdot \tilde{S}_0 = b_0 - 2$$

Proof. Let c_1 and $\tilde{c}_1$ denote the first Chern classes of Y^+ and Y^+/V respectively. Let π be the map $Y^+ \to Y^+/V$. Then $\pi^* \tilde{c}_1 = c_1$ and

$$\tilde{c}_1 (\tilde{S}_0) = c_1 (S_0)$$

where we evaluated the first Chern classes on the cycles $\tilde{S}_0$ and S_0. By the adjunction formula (0.6)

$$c_1(S_0) - S_0 \cdot S_0 = 2$$
$$c_1(\tilde{S}_0) - \tilde{S}_0 \cdot \tilde{S}_0 + 2 = 2.$$

The summand 2 on the left side of the second formula is the contribution of the double point of $\tilde{S}_0$ in the adjunction formula. We get

$$\tilde{S}_0 \cdot \tilde{S}_0 = S_0 \cdot S_0 + 2 = -b_0 + 2$$

which completes the proof.

By $((b_0, b_1, \ldots, b_{r-1}))$ we denote a *cycle* of numbers. (A cycle is given by an ordered set of r numbers. Two ordered sets are identified if they can be obtained from each other by a cyclic permutation.)

For any cycle $((b_0, b_1, \ldots, b_{r-1}))$ *of natural numbers* $\geqq 2$ *(at least one* $b_j \geqq 3$*) we have constructed a complex manifold* Y^+/V *which we shall denote now by* $Y((b_0, \ldots, b_{r-1}))$.

In this complex manifold of complex dimension 2 (we shall often say "complex surface") we have a configuration (16), (17) or (18) of rational curves. The corresponding matrices of intersection numbers are

$$\begin{bmatrix} -b_0 & 1 & 0 & \ldots & 0 & 1 \\ 1 & -b_1 & 1 & 0 & \ldots & 0 \\ 0 & 1 & \ldots & \ldots & \ldots & \ldots \\ \ldots & \ldots & \ldots & \ldots & \ldots & \ldots \\ 0 & \ldots & \ldots & 1 & -b_{r-2} & 1 \\ 1 & 0 & \ldots & 0 & 1 & -b_{r-1} \end{bmatrix} \qquad \text{for } r \geqq 3$$

and

$$\begin{pmatrix} -b_0 & 2 \\ 2 & -b_1 \end{pmatrix} \qquad \text{for } r = 2$$

By the lemma we have for $r = 1$ the 1×1-matrix $(-b_0+2)$. It is easy to show that these matrices are negative definite in all cases.

If all the b_i of a cycle equal 2, then the matrix is negative semi-definite with a null-space of dimension 1. Thus to get negative definiteness we do need the assumption $b_j \geqq 3$ for at least one j.

The negative definiteness implies, according to Grauert [17], that the configurations (16), (17) or (18) can be blown down to give an isolated normal point P in a complex space $\overline{Y}((b_0, ..., b_{r-1}))$. We have a holomorphic map

$$\sigma : Y((b_0, \ldots, b_{r-1})) \to \overline{Y}((b_0, \ldots, b_{r-1}))$$

with

$$\sigma(\bigcup_{k=0}^{r-1} S_k) = P$$

The map

$$\sigma : Y((b_0, \ldots, b_{r-1})) - \bigcup_{k=0}^{r-1} S_k \to \overline{Y}((b_0, \ldots, b_{r-1})) - \{P\}$$

is biholomorphic. The configurations (16), (17), (18) represent the unique minimal resolution of the point P, because they do not contain exceptional curves of the first kind, i.e. non-singular rational curves of selfintersection number -1. *Thus the point P is singular.*

The first lemma of 2.3 shows that we have a natural map

$$Y((b_0, \ldots, b_{r-1})) \to \overline{\mathfrak{H}^2/G(M, V)}$$

and a commutative diagram

$$\begin{array}{ccc} Y((b_0, \ldots, b_{r-1})) & \to & \overline{\mathfrak{H}^2/G(M, V)} \\ \downarrow \sigma & \nearrow \tilde{\sigma} & \\ \overline{Y}((b_0, \ldots, b_{r-1})) & & \end{array}$$

where $\tilde{\sigma}$ is biholomorphic and $\tilde{\sigma}(P) = \infty$ (in the notation of 2.1). The map $\tilde{\sigma}$ is biholomorphic also in P because one can introduce at most one normal complex structure in $\overline{\mathfrak{H}^2/G(M, V)}$ extending the complex structure of $\mathfrak{H}^2/G(M, V)$.

We have established the existence of the normal complex space $\overline{\mathfrak{H}^2/G(M, V)}$ directly without using the Proposition given in 2.1. We need only *define* $\tilde{\sigma}$ to be biholomorphic. Also we have given the resolution of the singular point ∞ which was added to $\mathfrak{H}^2/G(M, V)$. We summarize our results:

THEOREM. *Let* $((b_0, b_1, \ldots, b_{r-1}))$ *be a cycle of natural numbers* $\geqq 2$ *(at least one* $b_j \geqq 3$*). Put*

$$w_0 = [[b_0, \ldots, b_{r-1}, b_0, \ldots, b_{r-1}, \ldots]] = [[\overline{b_0, \ldots, b_{r-1}}]]$$

(infinite periodic continued fraction). Then $K = \mathbf{Q}(w_0)$ *is a real quadratic field and* $M = \mathbf{Z}w_0 + \mathbf{Z} \,.\, 1$ *a complete* $\mathbf{Z}$*-module of* K*. The cycle* $((b_0, \ldots, b_{r-1}))$ *determines a totally positive unit* A_r *of* K *with* $A_r M = M$*. The unit* A_r *generates an infinite cyclic subgroup* V *of* U_M^+*, the group of all totally positive units* ε *of* K *with* $\varepsilon M = M$*. The unique singular point* ∞ *of* $\overline{\mathfrak{H}^2/G(M, V)}$*, where* $G(M, V)$ *is the natural semi-direct product of* M *and* V*, admits a cyclic resolution by rational curves* S_k *(configuration* (16), (17) *or* (18)*) with selfintersection numbers* $S_k \cdot S_k = -b_k$ *(for* $r = 1$ *we have* $\tilde{S}_0 \cdot \tilde{S}_0 = -b_0 + 2$*). This resolution is given by the complex surface* $Y((b_0, \ldots, b_{r-1}))$ *which we canonically associated to a cycle.*

Remark 1. Laufer [50] has shown that two normal singular points (in complex dimension 2) which admit a resolution with a given cyclic configuration of rational curves of type (16), (17) or (18) and given self-intersection numbers are isomorphic. Hence the singularity P of $Y((b_0, \ldots, b_{r-1}))$ which we have constructed is up to isomorphism the unique singularity with the given cyclic configuration of rational curves and the given selfintersection numbers. (These singularities are called cyclic singularities.) Reversal of the cycle gives an isomorphic singularity.

Remark 2. The construction of Y in 2.2 applies also to the case where all b_k equal 2. Then we have $u_j \cdot v_j = u_k \cdot v_k$ (compare (5)) and hence obtain a holomorphic function $f \colon Y \to \mathbf{C}$. As in 2.3, we have a properly discontinuous action of an infinite cyclic group V on $Y^\varepsilon = \{p \mid p \in Y, |f(p)| < \varepsilon\}$, for ε positive and sufficiently small, whose generator maps the curve S_k to S_{k+r}. The period $r \geqq 1$ can be choosen arbitrarily.

The function f is invariant under V; thus we get a holomorphic map

$$f : Y^\varepsilon / V \to \{ z \mid |z| < \varepsilon \}$$

All fibres of f are non-singular elliptic curves except $f^{-1}(0)$ which is a configuration of rational curves of type (16), (17), (18) where now all b_k equal 2. The fibring we have constructed is of type ${}_1I_r$ in the sense of Kodaira [45], Part II. We have seen:

Cycles $((2, ..., 2))$ *give an infinite continued fraction of value* 1 *and correspond to an elliptic fibring. Cycles* $((b_0, ..., b_{r-1}))$, $(b_k \geqq 2$, *at least one* $b_j \geqq 3)$, *give an infinite continued fraction whose value is a quadratic irrationality. These cycles determine singular points.*

2.5. The theorem in 2.4 actually provides a *resolution* of the singular point of $\overline{\mathfrak{H}^2/G(M, V)}$ (see 2.1 with $n = 2$) for any complete **Z**-module M of a real quadratic field K and an infinite cyclic subgroup V of U_M^+ of any given index $a = [U_M^+ : V]$. We need a lemma.

Lemma. Consider the **Z**-*module* M *defined by a periodic function* $k \mapsto b_k \geqq 2$ *(with* $b_j \geqq 3$ *for at least one* j*). Let* $r \geqq 1$ *be the smallest period. Then* A_r *(see* 2.3*) is a generator of* U_M^+.

Proof. We shall denote ordinary continued fractions

$$a_0 + \cfrac{1}{a_1 + \cfrac{1}{a_2 + \cdots}}$$

by $[a_0, a_1, a_2, ...]$. The relation between the two types of continued fractions is as follows:

$$[a_0, a_1, z] = [[a_0 + 1, \underbrace{2, \ldots, 2}_{a_1 - 1}, z + 1]] \tag{19}$$

where z is an indeterminante and a_1 a natural number $\geqq 1$. Using (19) the lemma can be derived from similar results for ordinary continued fractions (compare [6], Kap. II, § 7). A proof is also given in [12]. Another proof was communicated to the author by J. Rohlfs.

Two complete **Z**-modules M_1, M_2 of the same real quadratic field K are *strictly equivalent* (2.1) if there exists a totally positive number $\alpha \in K$ with $\alpha M_1 = M_2$. We have $U_{M_1}^+ = U_{M_2}^+$.

The actions of $G(M_1, V)$ and $G(M_2, V)$ on $\mathfrak{H}^2$ are equivalent under the automorphism $(z_1, z_2) \mapsto (\alpha z_1, \alpha z_2)$ of $\mathfrak{H}^2$. Any module M_1 is strictly equivalent to a module of the form $M_2 = \mathbf{Z}w_0 + \mathbf{Z} \cdot 1$ where $w_0 \in K$ and $0 < w_0' < 1 < w_0$. (This is easy to prove, as was shown to me by H. Cohn.) Then the continued fraction $w_0 = [[b_0, b_1, ...]]$ is purely periodic, i.e. periodicity starts with b_0. This can be proved in the same way as an analogous result for ordinary continued fractions ([60], § 22). Let r be the smallest period. We can resolve the singularity of $\overline{\mathfrak{H}^2/G(M_2, U^+_{M_2})}$ by the method of 2.3 and 2.4, since by the preceding lemma $U^+_{M_2} = \{ (A_r)^n \mid n \in \mathbf{Z} \}$. The resolution is described by the primitive cycle $((b_0, \ldots, b_{r-1}))$ where primitive means that the cycle cannot be written as an "unramified covering" of degree > 1. The cycle $((2, 3, 5, 2, 3, 5)) = ((2, 3, 5))^2$ is not primitive, for example.

For any primitive cycle $((b_0, \ldots, b_{r-1}))$ we obtain a module $\mathbf{Z}w_0 + \mathbf{Z} \cdot 1$ with $w_0 = [[b_0, b_1, \ldots]]$. In the cycle we must allow cyclic permutations. This changes the module to a module $\mathbf{Z}w_k + \mathbf{Z} \cdot 1$ (see 2.3). But $\mathbf{Z}w_0 + \mathbf{Z} \cdot 1 = \mathbf{Z}A_{k-1} + \mathbf{Z}A_k$ and $A_{k-1}/A_k = w_k$, where A_k is totally positive (see 2.3). Therefore, the strict equivalence class of the module only depends on the cycle. *If one reverses the order (orientation) of the cycle, the associated equivalence class of modules is replaced by the conjugate one* (see (13)).

If we start from a strict equivalence class of modules, it determines, as explained above, an isomorphism class of singularities (represented by the singularity of $\overline{\mathfrak{H}^2/G(M_2, U^+_{M_2})}$).

But isomorphic singularities must give the same unoriented cycle in their canonical minimal resolutions. "Unoriented" means that we cannot distinguish between $((b_0, \ldots, b_{r-1}))$ and $((b_{r-1}, \ldots, b_0))$. But, in fact, if we represent the class of modules as above by $M_2 = \mathbf{Z}w_0 + \mathbf{Z} \cdot 1$, then the cycle of w_0 is uniquely determined including the orientation. If this were not the case, it would follow that M_2 and M_2' are strictly equivalent. Then the singularity and its resolution admit an involution showing that the cycles $((b_0, \ldots, b_{r-1}))$ and $((b_{r-1}, \ldots, b_0))$ are equal. (Details are left to the reader. The relation between strict equivalence classes of modules and primitive cycles can be derived, of course, also without using the resolution, compare 2.6.)

We have established a bijective map between primitive admissible cycles (all $b_k \geqq 2$ and at least one $b_j \geqq 3$) and the strict equivalence classes of complete **Z**-*modules (where the real quadratic field K varies).*

The preceding discussion yields the following theorem.

THEOREM. *Let K be a real quadratic field and M a complete* **Z**-*module in K. Let $((b_0, b_1, \ldots, b_{r-1}))$ be the primitive cycle belonging to M. Let V be the subgroup of U^+_M of index a. Then the resolution of the singular point of $\overline{\mathfrak{H}^2/G(M, V)}$ is given by the cycle $((b_0, b_1, \ldots, b_{r-1}))^a$.*

Remark. The structure of the local ring $\mathfrak{O}(M, V)$ at the point ∞ of $\mathfrak{H}^2/G(M, V)$ was described in 2.1. For any admissible cycle $((b_0, \ldots, b_{r-1}))$, not necessarily primitive, the functions $f \in \mathfrak{O}(M, V)$ can be written as power series' in u_0, v_0 where u_0, v_0 is the coordinate system of 2.3 (11) with $A_0 = 1$ and $A_{-1} = w_0 = [[b_0, \ldots, b_{r-1}]]$. We could use also any other coordinate system u_k, v_k.

Let $(u_0, v_0)^n = u_0^{n1} \cdot v_0^{n2}$ for $n = (n_1, n_2)$ and

$$Tn = \begin{pmatrix} -q_{r-1} & p_{r-1} \\ -q_r & p_r \end{pmatrix} \begin{pmatrix} n_1 \\ n_2 \end{pmatrix}, \text{ see 2.2 (7)},$$

then $\mathfrak{O}(M, V)$ is the ring of all power series'

$$f = a_0 + \sum_n a_n (u_0, v_0)^n$$

where the summation extends over all pairs $n = (n_1, n_2)$ of positive integers with $w_0' \leqq n_1/n_2 \leqq w_0$, the coefficients satisfy $a_{Tn} = a_n$, and the power series converges for

$$w_0 \log | u_0 | + \log | v_0 | < 0, \; w_0' \log | u_0 | + \log | v_0 | < 0$$

$$(w_0 \log | u_0 | + \log | v_0 |) \cdot (w_0' \log | u_0 | + \log | v_0 |) > \frac{1}{c},$$

(the positive constant c depending on f).

Observe that T (as fractional linear transformation) maps the intervall $[w_0', w_0]$ bijectively onto itself ($Tw_0' = w_0'$, $Tw_0 = w_0$). We have $Tx < x$ for $w_0' < x < w_0$ and therefore

$$\lim_{k \to \infty} T^k x = w_0' \text{ (for } w_0' \leqq x < w_0\text{) and } \lim_{k \to -\infty} T^k x = w_0 \text{ (for } w_0' < x \leqq w_0\text{)}$$

Example. Consider the Fibonacci numbers

$$\ldots, -8, 5, -3, 2, -1, 1, 0, 1, 1, 2, 3, 5, 8, 13$$

where $F_0 = 0$, $F_1 = 1$ and $F_{k+1} = F_k + F_{k-1}$ $(k \in \mathbf{Z})$. The numbers $G_k = F_{2k+1}$ $(k \in \mathbf{Z})$ are all positive and satisfy $G_{k+1} = 3G_k - G_{k-1}$. The function

$$f(u_0, v_0) = \sum_{k=-\infty}^{\infty} u_0^{G_{k-1}} \cdot v_0^{G_k}$$

represents an element of $\mathfrak{O}(M, U_M^+)$ where

$$M = \mathbf{Z}w_0 + \mathbf{Z} \quad \text{and} \quad w_0 = [[\overline{3}]] = \tfrac{1}{2}(3+\sqrt{5}).$$

2.6. The primitive cycle associated to a module M can be found also without using a base $w_0, 1$ of M with $0 < w_0' < 1 < w_0$: Real numbers x, y are called strictly equivalent if there exists an element $\left(\begin{smallmatrix} a & b \\ c & d \end{smallmatrix}\right) \in \mathbf{SL}_2(\mathbf{Z})$ such that

$$y = \frac{ax + b}{cx + d}.$$

Any irrational number x has a unique infinite continued fraction development

$$x = [[a_0, a_1, a_2, \ldots]]$$

where $a_i \in \mathbf{Z}$ and $a_i \geqq 2$ for $i \geqq 1$ and where $a_i \geqq 3$ for infinitely many indices i. Two irrational numbers are strictly equivalent if and only if their continued fractions $[[a_0, a_1, \ldots]]$ and $[[a_0', a_1', \ldots]]$ coincide from certain points on, i.e. $a_{j+i} = a_{k+i}'$ for some j and k and for all $i \geqq 0$. This is analogous to a classical result on ordinary continued fractions ([60], Satz 2.24).

A quadratic irrationality w admits a continued fraction which is periodic from a certain point on. It is purely periodic if and only if $0 < w' < 1 < w$ as mentioned before. The periodicity of the continued fraction of w determines a primitive cycle $((b_0, \ldots, b_{r-1}))$ which is admissible (all $b_i \geqq 2$, at least one $b_j \geqq 3$). Thus two quadratic irrationalities are strictly equivalent if and only if their cycles agree, and *we have a bijection between strict equivalence classes of quadratic irrationalities and admissible primitive cycles. The admissible primitive cycles are in one-to-one correspondence with the strict equivalence classes of complete* **Z**-*modules in real quadratic fields K where K varies* (see 2.5).

A complete **Z**-module M of a real quadratic field K will be oriented by using the admissible bases (β_1, β_2) of M with $\beta_1\beta_2' - \beta_2\beta_1' > 0$. By restricting the norm function ($N(x) = xx'$ for $x \in K$) to M we obtain an indefinite quadratic form f on M with rational values. The exists a unique positive rational number m such that $m \cdot f$ is integral and with respect to an admissible base of M can be written as

$$au^2 + buv + cv^2$$

where $a, b, c \in \mathbf{Z}$ and $(a, b, c) = 1$. The pairs (u, v) are in $\mathbf{Z} \oplus \mathbf{Z} \cong M$. The discriminant $D_M = b^2 - 4ac$ is positive and not a square number.

In this way, we get a *bijection between strict equivalence classes of complete* **Z**-*modules of real quadratic fields and the isomorphism classes under* $\mathbf{SL}_2(\mathbf{Z})$ *of integral indefinite primitive binary quadratic forms of non-square discriminant.*

Remark. The discriminant D of such a quadratic form can be written uniquely as

$$D = D_K \cdot f^2, \quad f \geqq 1,$$

where D_K is the discriminant of the real quadratic field $K = \mathbf{Q}(\sqrt{D})$. Then the corresponding strict equivalence class of modules can be represented by an ideal in the order (subring of $\mathfrak{o}_K$) which as an additive group has index f in $\mathfrak{o}_K$, and this is the smallest f such that the equivalence class of M can be represented in this way.

The strict equivalence class of the "first root"

$$\frac{-b + \sqrt{b^2 - 4ac}}{2a}, \quad \text{where} \quad \sqrt{b^2 - 4ac} > 0$$

depends only on the equivalence class of the quadratic form.

We obtain a bijection between $\mathbf{SL}_2(\mathbf{Z})$-*equivalence classes of integral indefinite primitive binary quadratic forms of non-square discriminant and strict equivalence classes of quadratic irrationalities.*

All the bijections are compatible with each other as can be checked easily. Let us collect the bijections:

strict equivalence classes of complete **Z**-modules in real quadratic fields $\leftrightarrow$

admissible primitive cycles of natural numbers $\leftrightarrow$

strict equivalence classes of quadratic irrationalities $\leftrightarrow$

$\mathbf{SL}_2(\mathbf{Z})$-equivalence classes of integral indefinite primitive binary quadratic forms of non-square discriminant $\leftrightarrow$

isomorphism classes of cyclic singularities with a primitive cycle and as additional structure a prefered orientation of the cycle (compare 2.4, Remark 1).

Example. Let d be a square-free number > 1 and suppose $d \equiv 2 \bmod 4$ or $d \equiv 3 \bmod 4$. The $(\sqrt{d}, 1)$ is an admissible $\mathbf{Z}$-base of the ideal (1) in $\mathfrak{o}_K$ for $K = \mathbf{Q}(\sqrt{d})$. The quadratic form is given by

$$-u^2 d + v^2$$

and has discriminant $4d$. The first root equals $\dfrac{-\sqrt{d}}{d} = -\dfrac{1}{\sqrt{d}}$ which is equivalent to $\sqrt{d}$. (Take always the positive square root). The admissible cycle of natural numbers is obtained by developing $\sqrt{d}$ in a continued fraction.

§ 3. Numerical invariants of singularities and of Hilbert modular surfaces

3.1. Let X be a compact oriented manifold of dimension $4k$ with or without boundary. Then $H^{2k}(X, \partial X; \mathbf{R})$ is a finite dimensional real vector space over which we have a bilinear symmetric form B with

$$B(x, y) = (x \cup y)[X, \partial X], \quad \text{for } x, y \in H^{2k}(X, \partial X; \mathbf{R}),$$

where $[X, \partial X]$ denotes the generator of $H_{4k}(X, \partial X; \mathbf{Z})$ defined by the orientation. The signature of B, i.e., the number of positive entries minus the number of negative entries in a diagonalized version, is called sign (X). If X has no boundary and is differentiable, then according to the signature theorem ([36], p. 86)

$$\text{(1)} \qquad \operatorname{sign}(X) = L_k(p_1, \ldots, p_k)[X],$$

where L_k is a certain polynomial of weight k in the Pontrjagin classes of X with rational coefficients $(p_j \in H^{4j}(X, \mathbf{Z}))$.

Let N be a compact oriented differentiable manifold without boundary of dimension $4k - 1$ together with a given trivialization α of its stable tangent bundle. (Such a trivialization need not exist). We shall associate to the pair (N, α) a rational number $\delta(N, \alpha)$. Since N has a trivial stable tangent bundle, all its Pontrjagin and Stiefel-Whitney numbers vanish. Therefore N bounds a $4k$-dimensional compact oriented differentiable manifold X. By the parallelization α we get from the stable tangent bundle of X an $\mathbf{SO}$-bundle over X/N. We denote its Pontrjagin classes by

$\bar{p}_j \in H^{4j}(X/N, \mathbf{Z})$. Then the element $L_k(\bar{p}_1, \ldots, \bar{p}_k) \in H^{4k}(X/N, \mathbf{Z}) = H^{4k}(X, \partial X; \mathbf{Z})$ is well-defined.

The number $\delta(N, \alpha)$ is defined by the following formula

$$\delta(N, \alpha) = L_k(\bar{p}_1, \ldots, \bar{p}_k)[X, \partial X] - \operatorname{sign}(X) \tag{2}$$

Thus $\delta(N, \alpha)$ is the deviation from the validity of the signature theorem. It follows from the Novikov additivity of the signature ([3], p. 588) that $\delta(N, \alpha)$ does not depend on the choice of X. If N is of dimension $2n - 1$ (n odd), then we put $\delta(N, \alpha) = 0$.

Remark. The invariant $\delta(N, \alpha)$ and similar invariants were studied also by other authors (Atiyah [1], Kreck [48], W. Meyer [57], S. Morita [59]). In [48] the invariant $\delta(N, \alpha)$ was calculated in several cases.

3.2. We now go back to 2.1. For a cusp of type (M, V) with isotropy group $\mathfrak{G}$ (see 2.1. (1)) we have a $(2n-1)$-dimensional manifold N which is a T^n-bundle over T^{n-1} (see 1.5). We can write (for a fixed positive d)

$$N = \partial X, \quad \text{where} \quad X = W(d) / \mathfrak{G}, \qquad \text{and}$$

$$W(d) = \{ z \mid z \in \mathfrak{H}^n, \prod_{j=1}^{n} \operatorname{Im}(z_j) \geqq d \}.$$

Here X is a (non-compact) complex manifold and is canonically parallelized. Namely, it inherits the standard parallelization of $\mathfrak{H}^n$ given by the coordinates $x_1, y_1, \ldots, x_n, y_n$ (with $z_k = x_k + iy_k$). This parallelization is respected by $\mathfrak{G}$ if we use unit vectors with respect to the invariant metric of $\mathfrak{H}^n$. Thus the stable tangent bundle of N has a canonical parallelization α. We orient N by the orientation induced by the orientation of X. The rational number $\delta(N, \alpha)$ is now defined. We associate it to the cusp and call it $\delta(\mathfrak{G})$ or $\delta(M, V)$ if $\mathfrak{G} = G(M, V)$. Observe that X cannot be used for the calculation of δ according to (2) because it is not compact. If one compactifies X by adding the point ∞, then one would get a compact manifold $\tilde{X}$ with $\partial \tilde{X} = N$ after resolving the singularity at ∞. This manifold $\tilde{X}$ could be used to calculate δ.

We have associated a rational number $\delta(\mathfrak{G})$ to any "cusp" of type (M, V) with isotropy group $\mathfrak{G}$ where M is a complete $\mathbf{Z}$-module of a totally real field K of degree n over $\mathbf{Q}$ and V a subgroup of finite index of U_M^+. If $V = U_M^+$, we write $\delta(M)$ instead of $\delta(M, U_M^+) = \delta(G(M, U_M^+))$.

By definition, $\delta(\mathfrak{G}) = 0$ if n is odd

If we multiply M by $\gamma \in K$, then

$$\delta(\gamma M, V) = \operatorname{sign} N(\gamma) \cdot \delta(M, V)$$

where $N(\gamma) = \gamma^{(1)} \cdot \gamma^{(2)} \cdot \ldots \cdot \gamma^{(n)}$. Namely, the map

$$z_j \mapsto \gamma^{(j)} z_j^{(\gamma)}$$

with $z_j^{(\gamma)} = z_j$ if $\gamma^{(j)} > 0$ and $z_j^{(\gamma)} = \overline{z_j}$ if $\gamma^{(j)} < 0$ induces a diffeomorphism of $W(d) / G(M, V)$ onto $W(|N(\gamma)| \cdot d) / G(\gamma M, V)$ of degree sign $N(\gamma)$ which is compatible with the parallelizations, and it follows from (2) that the invariant changes sign under orientation reversal.

In particular, $\delta(M, V) = 0$ *if there exist a unit* ε *of* K *with* $\varepsilon M = M$ *and* $N(\varepsilon) = -1$.

Problem. Give a number-theoretical formula for $\delta(M, V)$. This problem can be solved for $n = 2$:

THEOREM. *Let M be a complete* **Z***-module of a real quadratic field and* $[U_M^+ : V] = a$, *then*

$$\delta(M, V) = \frac{a}{3}\left[-(b_0 + b_1 + \ldots + b_{r-1}) + 3r\right] \tag{3}$$

where $((b_0, \ldots, b_{r-1}))$ *is the primitive cycle associated to* M, (see 2.5).

Proof. The torus bundle N bounds $\tilde{X}$ which is obtained by resolving the singularity ∞ of $X \cup \infty$ where $X = W(d)/G(M, V)$. The boundary of $W(d)$ is a principal homogeneous space (1.5). Therefore the normal unit vector field of the boundary (defined using the orthogonal structure of the tangent bundle of $\mathfrak{H}^2$ given by the invariant metric of $\mathfrak{H}^2$) has constant coefficients with respect to the parallelization of $\mathfrak{H}^2$. The same holds for the normal unit vector field of $N = \partial \tilde{X}$. By a classical result of H. Hopf we can extend the normal field to a section of the tangent bundle of $\tilde{X}$ admitting finitely many singularities whose number counted with the proper multiplicities equals the Euler number $e(\tilde{X})$. Because this section is constant on the boundary with respect to the parallelization, it can be pushed down to a section of the complex vector bundle ξ (fibre $\mathbf{C}^2$) over

$\tilde{X}/N$ induced from the parallelization of the tangent bundle of X. Therefore,

$$(4) \qquad e(\tilde{X}) = c_2(\xi)[\tilde{X}, N]$$

where $c_i(\xi) \in H^{2i}(\tilde{X}/N, \mathbf{Z})$ are the Chern classes. The equation (4) follows from the definition of $c_2(\xi)$ by obstruction theory.

We have ([36], Theorem 4.5.1)

$$p_1(\xi) = c_1(\xi)^2 - 2c_2(\xi)$$

and, since $L_1 = p_1/3$,

$$(5) \qquad \delta(M, V) = \frac{1}{3}p_1(\xi)[\tilde{X}, N] - \operatorname{sign}(\tilde{X})$$

$$= \frac{1}{3}\left(c_1(\xi)^2[\tilde{X}, N] - 2e(\tilde{X})\right) - \operatorname{sign}(\tilde{X})$$

By the theorem at the end of 2.5, the manifold $\tilde{X}$ is obtained from $X \cup \infty$ by blowing up ∞ into a cycle of ar rational curves. $\tilde{X}$ has the union of these curves as deformation retract. Thus

$$(6) \qquad e(\tilde{X}) = b_0(\tilde{X}) - b_1(\tilde{X}) + b_2(\tilde{X})$$

$$= 1 - 1 + ar = ar.$$

The intersection matrix of the curves is negative-definite:

$$(7) \qquad \operatorname{sign}(\tilde{X}) = -ar.$$

The cohomology class $c_1(\xi) \in H^2(\tilde{X}, N; \mathbf{Z})$ corresponds by Poincaré duality to an element $z \in H_2(\tilde{X}, \mathbf{Z})$. Let us denote the rational curves of the cycle by S_j $(j \in \mathbf{Z}/ar\mathbf{Z})$. Then z must be an integral linear combination of the S_j which satisfies

$$(8) \qquad z \cdot S_j - S_j \cdot S_j = 2 \qquad (\text{for } ar \geqq 2)$$

$$(8') \qquad z \cdot S_0 - S_0 \cdot S_0 + 2 = 2 \qquad (ar = 1).$$

This follows from the adjunction formula and the information given in 2.4. Since the intersection matrix of the curves of the resolution has non-vanishing determinant, the equations (8) are satisfied by exactly one element z. We obtain that *the first Chern class* $c_1(\xi)$ *corresponds by Poincaré duality to*

(9) $$z = \sum_{j=0}^{ar-1} S_j$$

Since $c_1(\xi)^2[X, N] = z \cdot z = -a \sum_{j=0}^{r-1} b_j + 2ar$, formula (3) follows from (5), (6), (7).

3.3. We shall define an invariant φ for certain isolated normal singularities of a complex space of dimension n. In my Tokyo lectures the invariant φ was introduced for $n = 2$ and then generalized to arbitrary n by Morita [59]. Let us first recall that the signature theorem (3.1 (1)) for a compact complex manifold X can be written in terms of the Chern classes

(10) $$\operatorname{sign}(X) = \bar{L}_n(c_1, \ldots, c_n)[X]$$

where $\bar{L}_n$ is a certain polynomical of weight n with rational coefficients in the Chern classes of X, $(c_i \in H^{2i}(X, \mathbf{Z}))$. It is identically zero if n is odd. Let β_n be the coefficient of c_n in $\bar{L}_n$. If n is even ($n = 2k$), then

(11) $$\beta_{2k} = (-1)^k \frac{2^{2k+1}(2^{2k-1} - 1) B_k}{(2k)!}, \quad k \geqq 1$$

where B_k is the k-th Bernoulli number ([36], 1.3 (7) and 1.5 (11)). For n odd, $\beta_n = 0$.

An isolated normal singularity P of a complex space of complex dimension n is called rationally parallelizable if there exists a compact neighborhood U of P containing no further singularities such that the Chern classes of $U - \{P\}$ are torsion classes, i.e. their images in the rational cohomology groups of $U - \{P\}$ vanish. We may assume that ∂U is a $(2n-1)$-dimensional manifold and U the cone over ∂U with P as center. According to Hironaka [34a] the point P can be "blown-up". We obtain a compact complex manifold $\tilde{U}$ which has a boundary as differentiable manifold, namely $\partial \tilde{U} = \partial U$. The Chern classes c_i of $\tilde{U}$ have vanishing images in the rational cohomology of $\partial \tilde{U}$, thus can be pulled back to classes $\tilde{c}_i \in H^{2i}(\tilde{U}, \partial \tilde{U}; \mathbf{Q})$. The Chern numbers $\tilde{c}_{j_1} \cdot \tilde{c}_{j_2} \ldots \tilde{c}_{j_s}[\tilde{U}, \partial \tilde{U}]$ where $j_1 + \ldots + j_s = n$ and $s \geqq 2$ are rational numbers not depending on the pull-back. Therefore, the rational number $\bar{L}_n(\tilde{c}_1, \ldots, \tilde{c}_n)[\tilde{U}, \partial \tilde{U}]$ is well-defined if we replace in this expression $\tilde{c}_n[\tilde{U}, \partial \tilde{U}]$ by the Euler number of $\tilde{U}$. The invariant φ of the isolated normal singular point P is now defined by

(12) $$\varphi(P) = L_n(\tilde{c}_1, \ldots, \tilde{c}_n)[\tilde{U}, \partial\tilde{U}] - \operatorname{sign}(\tilde{U})$$

It can be shown (compare [59]) that $\varphi(P)$ does not depend on the resolution. By definition $\varphi(P) = 0$ for n odd.

For a cusp singularity of type (M, V) *the invariants* δ *and* φ *coincide.* This follows from (4) with 2 replaced by n. The proof of (4) remains unchanged for arbitrary n. Of course, X and $\tilde{X}$ in 3.2 play the role of U and $\tilde{U}$ here.

How to calculate φ for a quotient singularity? Let G be the group of p-th roots of unity where p is a natural number. Let $q_1, \ldots, q_n$ be integers which are all prime to p. Then G operates on $\mathbf{C}^n$ by

(13) $$(z_1, \ldots, z_n) \mapsto (\zeta^{q_1} z_1, \ldots, \zeta^{q_n} z_n), \; \zeta^p = 1,$$

and $\mathbf{C}^n/G$ is a normal complex space with exactly one singular point coming from the origin of $\mathbf{C}^n$.

THEOREM. *Let* P *be the quotient singularity defined by* $(p; q_1, \ldots, q_n)$ *where* $(p, q_j) = 1$ *for all* j, *then*

(14) $$\varphi(P) = \frac{\operatorname{def}(p; q_1, \ldots, q_n)}{p} + \frac{\beta_n}{p}$$

where

(15) $$\operatorname{def}(p; q_1, \ldots, q_n) = i^n \sum_{j=1}^{p-1} \cot\frac{\pi q_1 j}{p} \ldots \cot\frac{\pi q_n j}{p}$$

is the cotangent sum arising from the equivariant signature theorem of Atiyah-Bott-Singer ([2], [3]) *and studied in* [38], [79]. Recall that for n odd the cotangent sum (15), the number β_n and the invariant $\varphi(P)$ all vanish.

The proof of (14) was given by Don Zagier and the author for $n = 2$ using the explicit resolution of the singularity ([35], 3.4). For arbitrary n see Morita [59] whose proof uses the equivariant signature theorem and is similar to a proof in [1] concerning a related invariant. It would be interesting to check (14) also for $n > 2$ by an explicit resolution. But, unfortunately, these are not known.

For a quotient singularity P we put

(16) $$\delta(P) = \varphi(P) - \frac{\beta_n}{p} = \frac{\operatorname{def}(p; q_1, \ldots, q_n)}{p}$$

Observe that the δ-invariant in the sense of 3.1 (2) is not defined for a quotient singularity because the boundary N of a neighborhood of such a singularity is a lens space which in general does not admit a parallelization of its stable tangent bundle. However, Atiyah [1] has defined $\delta(N, \alpha)$ by (2) if N is an arbitrary compact oriented differentiable $(4k-1)$-dimensional manifold without boundary and α an integrable connection of the stable tangent bundle of N:

The connection α is extended to a connection α for the stable tangent bundle of X (the extension being taken trivial in a collar of N). Then the Pontrjagin differential forms $\tilde{p}_i$ of $\tilde{\alpha}$ vanish near N and in (2) the value $L_k(\tilde{p}_1, \ldots, \tilde{p}_k)$ is an integral over a form with compact support in $\mathring{X}$. Again $\delta(N, \alpha)$ does not depend on the choice of X. If one takes in the special case of a quotient singularity for N the lens space and for α the connection inherited from the flat connection on the Euclidean space $\mathbf{R}^{4k} \supset \mathbf{S}^{4k-1}$ $(n = 2k)$ then $\delta(N, \alpha)$ equals the number $\delta(P)$ in (16), (see [1]).

As an example, we calculate $\delta(P)$ if P is the quotient singularity given by $(p; 1, p-1)$. Since $p/(p-1) = [[2, \ldots, 2]]$ with $p-1$ denominators 2 in the continued fraction, the resolution ([35], 3.4) looks as follows:

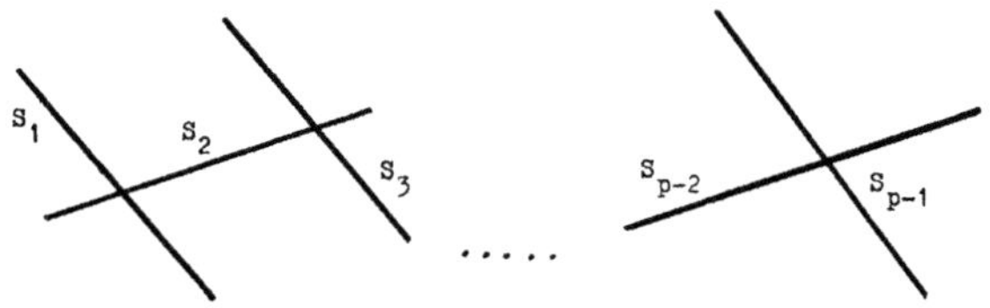

where $S_j \cdot S_j = -2$. The adjunction formula implies $\tilde{c}_1 = 0$.

Thus

$$\varphi(P) = \frac{\tilde{c}_1{}^2 [\tilde{U}, \partial\tilde{U}] - 2e(\tilde{U})}{3} - \operatorname{sign} U$$

$$= \frac{-2p}{3} + p - 1$$

$$\delta(P) = \varphi(P) + \frac{2/3}{p} = \frac{(p-1)\cdot(p-2)}{3p}$$

Therefore

$$\frac{\operatorname{def}(p; 1, p-1)}{p} = \frac{(p-1)\cdot(p-2)}{3p} \tag{17}$$

Let us recall

$$\text{(18)} \qquad \begin{aligned} \operatorname{def}(p; 1, q) &= -\operatorname{def}(p; 1, -q) \\ \operatorname{def}(p; 1, q) &= \operatorname{def}(p; 1, q') \text{ if } qq' \equiv 1 \bmod p \end{aligned}$$

To check the first equation (18) choose the quotient singularity $(p; 1, 1)$. The resolution consists of one curve S_1 with $S_1 \cdot S_1 = -p$. Therefore by the adjunction formula $\tilde{c}_1$ is represented by a homology class $a \cdot S_1$ with

$$a\, S_1 \cdot S_1 - S_1 \cdot S_1 = 2$$

Thus $a = \dfrac{p-2}{p}$ and $\tilde{c}_1{}^2 [\tilde{U}, \partial \tilde{U}] = -\dfrac{(p-2)^2}{p}$. We get

$$\begin{aligned} \frac{1}{p} \operatorname{def}(p; 1, 1) &= \frac{1}{3}\left(-\frac{(p-2)^2}{p} - 4\right) + 1 + \frac{2/3}{p} \\ &= -\frac{1}{3p}(p-1)(p-2) \end{aligned}$$

which checks with (17) and the first equation of (18).

3.4. If Γ is a discrete irreducible subgroup of $(\mathbf{PL}_2^+(\mathbf{R}))^n$ satisfying the condition (F) of the definition in 1.5, then $\mathfrak{H}^n/\Gamma$ has finitely many quotient singularities and no other singularities. It is a rational homology manifold, i.e. every point has a neighborhood which is a cone over a rational homology sphere (in our case a lens space). For $n = 2k$ the signature of $\mathfrak{H}^{2k}/\Gamma$ can be defined using the bilinear symmetric form over $H_{2k}(\mathfrak{H}^{2k}/\Gamma; \mathbf{R})$ given by the intersection number of two elements of this homology group.

In $\mathfrak{H}^{2k}$ we choose around each point z with $|\Gamma_z| > 1$ a closed disk with radius ε measured in the invariant metric and sufficiently small. Then the image of these disks in $\mathfrak{H}^{2k}/\Gamma$ is a finite disjoint union $\bigcup_{\nu=1}^{s} D_{z_\nu}$ where $z_1, \ldots, z_s$ are s points in $\mathfrak{H}^{2k}$ representing the s quotient singularities of $\mathfrak{H}^{2k}/\Gamma$, each D_{z_ν} can be identified with the quotient of the chosen disk around z_ν by the isotropy group Γ_{z_ν}.

Let $x_1, \ldots, x_t$ be a complete set of Γ-inequivalent parabolic points. Choose open sets U_ν as in the definition of 1.5 and denote their images in $\mathfrak{H}^{2k}/\Gamma$ by $D_{x_\nu} = U_\nu/\Gamma_{x_\nu}$. Then

$$\text{(19)} \qquad X = \mathfrak{H}^{2k}/\Gamma - \bigcup_{\nu=1}^{s} \mathring{D}_{z_\nu} - \bigcup_{\nu=1}^{t} \mathring{D}_{x_\nu}$$

is a compact manifold with boundary whose signature (as defined in 3.1) equals the signature of $\mathfrak{H}^{2k}/\Gamma$.

THEOREM. *Let Γ be a group of type (F) acting on $\mathfrak{H}^{2k}$. Then*

$$\text{sign}(\mathfrak{H}^{2k}/\Gamma) = \sum_{\nu=1}^{s} \delta(z_\nu) + \sum_{\nu=1}^{t} \delta(x_\nu) \tag{20}$$

where $z_1, \ldots, z_s$ are points of $\mathfrak{H}^{2k}$ representing the quotient singularities of $\mathfrak{H}^{2k}/\Gamma$ and $x_1, \ldots, x_t$ is a complete set of Γ-inequivalent parabolic points. For the invariants $\delta(z_\nu)$ see (16). *Recall that the structure of each cusp is determined by a group $\mathfrak{G} \cong \Gamma_{x_\nu}$ (see* 2.1 (1)). *The number $\delta(x_\nu)$ is defined as the number $\delta(\mathfrak{G})$ introduced in* 3.2.

Proof. We first remark that sign $(\mathfrak{H}^{2k}/\Gamma) = 0$ if Γ operates freely and $\mathfrak{H}^{2k}/\Gamma$ is compact. This is a special case of the proportionality of $\mathfrak{H}^{2k}/\Gamma$ and $(\mathbf{P}_1\mathbf{C})^{2k}$, see 1.2, and explains already why (20) does not involve a volume contribution.

Let c_i be the Chern classes of X and $\tilde{c}_i$ pull-backs to the rational cohomology of $X/\partial X$. Then the additivity of the signature and of the Euler number and the validity of the signature theorem for the manifold obtained by resolving all the singularities of the compactification of $\mathfrak{H}^{2k}/\Gamma$ imply

$$L_{2k}(\tilde{c}_1, \ldots, \tilde{c}_{2k})[X/\partial X] - \text{sign}\, X + \sum_{\nu=1}^{s} \varphi(z_\nu) + \sum_{\nu=1}^{t} \varphi(x_\nu) = 0 \tag{21}$$

where φ is defined as in 3.3. In $L_{2k}(c_1, \ldots, c_{2k})$ we have to interpret $c_{2k}[X/\partial X]$ as Euler number $e(X)$. By § 1 (21)

$$e(X) = \int_{\mathfrak{H}^{2k}/\Gamma} \omega - \sum_{r \geqq 2} a_r(\Gamma)/r$$

The coefficient of c_{2k} in L_{2k} equals β_{2k}. Therefore by (21), (16) and because $\varphi(x_\nu) = \delta(x_\nu)$, (see 3.3),

$$\begin{aligned} \text{sign}\, X &= \text{sign}\, \mathfrak{H}^{2k}/\Gamma \\ &= L_{2k}(\tilde{c}_1, \ldots, \tilde{c}_{2k-1}, \omega)[X/\partial X] + \sum_{\nu=1}^{s} \delta(z_\nu) + \sum_{\nu=1}^{t} \delta(x_\nu) \end{aligned} \tag{22}$$

where $\omega[X/\partial X]$ has to be interpreted as $\int_{\mathfrak{H}^{2k}/\Gamma} \omega$.

Let d_i be the invariant differential form on $\mathfrak{H}^{2k}$ representing the i-th Chern class in terms of the invariant metric of $\mathfrak{H}^{2k}$. In fact d_i is the

i-th elementary symmetric function of the forms $\omega_j = -\frac{1}{2\pi}\frac{dx_j \wedge dy_j}{y_j^2}$ (see 1.2). The form $\tilde{L}_{2k}(d_1, ..., d_{2k})$ is identically 0, because it is a symmetric function in the ω_j^2 which vanish. Recall that $d_{2k} = \omega$. By (22) it remains to show that

$$\tilde{c}_{j_1} \dots \tilde{c}_{j_s}[X/\partial X] = \int_{\mathfrak{H}^{2k}/\Gamma} d_{j_1} \dots d_{j_s} \tag{23}$$

for $j_1 + ... + j_s = 2k$ and $s \geqq 2$. In the neighborhood of a parabolic point (transformed to ∞) we write

$$\omega_j = d\alpha_j \quad \text{with} \quad \alpha_j = -\frac{1}{2\pi}\frac{dx_j}{y_j}$$

The form α_j is invariant under the isotropy group of the cusp. In the neighborhood of $z_\nu \in \mathfrak{H}^{2k}$ we introduce in each factor of $\mathfrak{H}^{2k}$ geodesic polar coordinates r_j, φ_j with

$$\omega_j = -\frac{1}{2\pi}\sinh(r_j)\, dr_j \wedge d\varphi_j \tag{24}$$

$$\omega_j = d\alpha_j, \quad \text{where} \quad \alpha_j = -\frac{1}{2\pi}(\cosh(r_j) - 1)\, d\varphi_j$$

The form α_j is invariant under the isotropy group Γ_{z_ν}. Take compact manifolds $X''' \subset X'' \subset X' \subset X$ all defined as in (19) and each a compact subset of the interior of the next larger one. We may assume that all the α_j are defined in $\mathfrak{H}^{2k}/\Gamma - X'''$. Choose a C^∞-function ρ which is 0 on X'' and 1 outside X'. Then $\rho\alpha_j$ is a form on $\mathfrak{H}^{2k}/\Gamma$ minus singular points. The form $\omega_j - d(\rho\alpha_j)$ has compact support in X. Thus the elementary symmetric functions in the $\omega_j - d(\rho\alpha_j)$ represent the $\tilde{c}_i$ and the left side of (23) becomes also an integral over $\mathfrak{H}^{2k}/\Gamma$. Recall that the d_i are the elementary symmetric function in the ω_j. By Stokes' theorem the difference of the two sides of (23) is a sum of expressions

$$\lim \int_{\partial D_{x_\nu}} \alpha_j \wedge \omega_1 \wedge \dots \wedge \hat{\omega}_j \wedge \dots \wedge \omega_{2k} \tag{25}$$

$$\lim \int_{\partial D_{z_\nu}} \alpha_j \wedge \omega_1 \wedge \dots \wedge \hat{\omega}_j \wedge \dots \wedge \omega_{2k} \tag{26}$$

where the limit means that the neighborhoods D_{x_ν} and D_{z_ν} become smaller and smaller, (the number d in 1.5 (16) converges to ∞, the radii of the discs converge to zero). The form in (25) is invariant under the isotropy group of x_v in the whole group $(\mathbf{PL}_2^+(\mathbf{R}))^{2k}$. Therefore, the integral equals a constant factor times the $(4k-1)$-dimensional volume of ∂D_{x_v}.

But this volume converges to zero. In (26) for the limit process the integral can be extended over the boundary of a cartesian product of $2k$ discs of radius r divided by Γ_{z_v}. Let W_r be this cartesian product divided by Γ_{z_v}. Then

$$|\Gamma_{z_v}| \cdot \int_{\partial W_r} \alpha_j \wedge \omega_1 \wedge \ldots \wedge \hat{\omega}_j \wedge \ldots \wedge \omega_{2k} = (\cosh(r) - 1)^{2k}$$

which converges to zero for $r \to 0$.

3.5. Suppose a cusp is of type (M, V), see 2.1. For $n > 1$ Shimizu ([71], p. 63) associates to the cusp a number $w(M, V)$ which depends only on the strict equivalence class M and the group $V \subset U_M^+$:

Let $(\beta_1, \ldots, \beta_n)$ be a base of M. We define

$$d(M) = |\det(\beta_i^{(j)})|.$$

Consider the function

$$(27) \qquad L(M, V, s) = \sum_{\mu \in M - \{0\}/V} \frac{\operatorname{sign} N(\mu)}{|N(\mu)|^s}$$

where $N(\mu) = \mu^{(1)} \cdot \mu^{(2)} \cdot \ldots \mu^{(n)}$. (The summand in (27) does not change if μ is multiplied with a totally-positive unit. Therefore, it makes sense to sum over the elements of $M - \{0\} / V$.) The function $L(M, V, s)$ can be extended to a holomorphic function in the whole s-plane $\mathbf{C}$. Shimizu defines

$$(28) \qquad w(M, V) = \frac{(-1)^{n/2}}{(2\pi)^n} d(M) \cdot L(M, V, 1)$$

We conjecture that also the invariant $\delta(\mathfrak{G})$ (see 3.2) depends only on the pair (M, V). This is clear for $n = 2$. In 3.2 we have defined $\delta(M, V) = \delta(\mathfrak{G})$ if $\mathfrak{G} = G(M, V)$.

The two invariants $\delta(M, V)$ and $w(M, V)$ have similar properties. For example, both vanish if there exists a unit ε of negative norm with $\varepsilon M = M$. Is there a relation between them? A guess would be, I hesitate to say conjecture,

$$(\,?\,) \qquad 2^n w(M, V) = \delta(M, V)$$

This would imply that $w(M, V)$ is always rational. Even this is not known in full generality. However, if M is an ideal in the ring of integers of K, the number $w(M, V)$ is rational. (As Gundlach told me this can be deduced from his paper [24].)

The equation (?) is true for $n = 2$ as we shall see. This was the motivation for Atiyah and Singer to try to relate the invariant δ to L-functions of differential geometry (Lecture of Atiyah at the Arbeitstagung, Bonn 1972). Compare the recent results of Atiyah, Patodi and Singer.

THEOREM. *Let K be a real-quadratic field, M a complete $\mathbf{Z}$-module in K and $V \subset U_M^+$. Then*

$$4\,w(M, V) = \delta(M, V). \tag{29}$$

"*Proof*". Curt Meyer [55] has already studied $w(M, V)$ in 1957. He expressed it in elementary number-theoretical terms using Dedekind sums. It turns out that $\delta(M, V)$ as given in (3) equals Meyer's expression. This will be shown in [42]. Meyer's formula can be found explicitly in [56] (see formulas (6) and (11)) and in Siegel [75] (see formula (120) on p. 183). For more information on the number theory involved we must refer to [42].

3.6. For a non-singular compact connected algebraic surface S the arithmetic genus is defined:

$$\chi(S) = 1 - g_1 + g_2,$$

where g_j is the dimension of the space of holomorphic differential forms of degree j on S. In classical notation $g_1 = q$ and $g_2 = p_g$. The first Betti number of S equals $2g_1$. The numbers g_j are birational invariants. Therefore we can speak of the invariants g_j and of the arithmetic genus of an arbitrary surface possibly with singularities meaning always the corresponding invariant of some non-singular model. We have ([36], 0.1, 0.3)

$$\chi(S) = \frac{1}{12}(c_1^2 + c_2)[S] \tag{30}$$

$$\frac{1}{4}\left(c_2[S] + \frac{1}{3}(c_1^2 - 2c_2)[S]\right),$$

$$\chi(S) = \frac{1}{4}(e(S) + \operatorname{sign}(S)), \tag{31}$$

where $e(S)$ is the Euler number and sign (S) the signature of S. Thus the arithmetic genus is expressed in topological terms, a fact which does not hold in dimensions > 2.

Let Γ be a discrete irreducible group of type (F) acting on $\mathfrak{H}^2$ (see 1.5). The compactification of $\mathfrak{H}^2/\Gamma$ is an algebraic surface. A non-singular model S is obtained by resolving the quotient singularities and the cusp singularities. Then S is a union (glueing along the boundaries) of a manifold X like (19) and of suitable neighborhoods of the configurations of curves into which the singularities were blown up. For every manifold in this union we consider the expression $\frac{1}{4}$ (Euler number + signature). A quotient singularity has a linear resolution ([35], 3.4) and therefore for the neighborhood $\frac{1}{4}(e + \text{sign}) = \frac{1}{4}$, a cusp singularity has a cyclic resolution and therefore $\frac{1}{4}(e + \text{sign}) = 0$ by (6) and (7). The signature and the Euler number behave additively and thus in the notation of (19)

$$\chi(S) = \frac{1}{4}\,(e(X) + \text{sign}(X)) + \frac{s}{4}.$$

Since $e(\mathfrak{H}^2/\Gamma) = e(X) + s$, we get

$$\chi\,(S) = \frac{1}{4}\,\left(e\,(\mathfrak{H}^2/\Gamma) + \text{sign}\,(\mathfrak{H}^2/\Gamma)\right) \tag{32}$$

Using the formulas for $e\,(\mathfrak{H}^2/\Gamma)$ (see § 1 (21)) and sign (H^2/Γ) (see 20)) we obtain

$$\chi(S) = \frac{1}{4}\int_{\mathfrak{H}^2/\Gamma}\omega + \sum_{\nu=1}^{s}\frac{1}{4}(\delta(z_\nu) + (|\Gamma_{z_\nu}| - 1) : |\Gamma_{z_\nu}|) + \sum_{\nu=1}^{t}\frac{1}{4}\delta(x_\nu) \tag{33}$$

We have proved the following theorem.

Theorem. *Let Γ be a discrete irreducible group of type (F) acting on $\mathfrak{H}^2$. Then the arithmetic genus of the compactification $\overline{\mathfrak{H}^2/\Gamma}$ can be expressed by topological invariants of $\mathfrak{H}^2/\Gamma$: Four times the arithmetic genus equals the sum of the Euler number and the signature of $\mathfrak{H}^2/\Gamma$. The arithmetic genus is also given by* (33) *in terms of the Euler volume and contributions coming from the quotient singularities and the cusps.*

Instead of $\chi(S)$ where S is a non-singular model for $\overline{\mathfrak{H}^2/\Gamma}$ we shall write $\chi(\overline{\mathfrak{H}^2/\Gamma})$ or simply $\chi(\Gamma)$. Shimizu ([71], Theorem 11) calculated the dimension of the space $\mathfrak{S}_\Gamma(r)$ of cusp forms of weight r. A cusp form of weight r is defined on $\mathfrak{H}^2$ by a holomorphic form $a(z)(dz_1 \wedge dz_2)^r$ invariant under Γ which vanishes in the cusps. If r is a multiple of all $|\Gamma_{z_\nu}|$, then the Shimizu contributions of the quotient singularities are independent of r and are exactly the contributions which enter in (33). By (29) Shimizu's cusp contributions are exactly the $\frac{\delta(x_\nu)}{4}$. Therefore, we can rewrite a special case of Shimizu's result in the following way.

THEOREM. *The assumptions are as in the preceding theorem. Let $r \geqq 2$ be a multiple of all the orders of the isotropy groups of the elliptic fixed points (quotient singularities). Then*

(34) $$\dim \mathfrak{S}_\Gamma(r) = (r^2 - r) \cdot \int_{\mathfrak{H}^2/\Gamma} \omega + \chi(\Gamma)$$

Hence the arithmetic genus of $\overline{\mathfrak{H}^2/\Gamma}$ appears as constant term of the Shimizu polynomial (compare [15], [26]).

Lemma. Let Γ be a discrete irreducible group of type (F) acting on $\mathfrak{H}^2$. The invariant g_1 of the algebraic surface $\overline{\mathfrak{H}^2/\Gamma}$ vanishes. The number $g_2(\overline{\mathfrak{H}^2/\Gamma})$ equals the dimension of the space $\mathfrak{S}_\Gamma(1)$ of cusp forms of weight 1.

"*Proof*". For g_1, see ([14] Teil I, Satz 8) and [26]. For the result on g_2, we have to show that any cusp form of weight 1 can be extended to a holomorphic form θ of degree 2 on the non-singular model obtained by resolving the singularities of $\overline{\mathfrak{H}^2/\Gamma}$. A priori, we have a holomorphic form θ of degree 2 only outside the singularities. It can be extended to the resolution of the quotient singularities ([14], Teil I, Satz 1).

For a cusp singularity the form $\frac{du_k \wedge dv_k}{u_k v_k}$ does not depend on the coordinate system (see 2.2 (5)). The form θ is a holomorphic function $f(u_k, v_k)$ multiplied with $\frac{du_k \wedge dv_k}{u_k v_k}$. This follows from 2.3 (9) and the remark in 2.5. It is a cusp form if and only if $f(u_k, v_k)$ is divisible by $u_k v_k$. Therefore, θ can be extended.

By the lemma we have

$$(35)\qquad \chi(\Gamma) = 1 + g_2\,\overline{(\mathfrak{H}^2/\Gamma)} = 1 + \dim \mathfrak{S}_\Gamma(1)$$

The group Γ operates also on $\mathfrak{H} \times \mathfrak{H}^-$ where $\mathfrak{H}^-$ is the lower half plane of all complex numbers with negative imaginary part. Since $\mathfrak{H}^2$ and $\mathfrak{H} \times \mathfrak{H}^-$ are equivalent domains, our results are applicable for the action of Γ on $\mathfrak{H} \times \mathfrak{H}^-$. The map $(z_1, z_2) \mapsto (z_1, \overline{z_2})$ induces a homeomorphism

$$(36)\qquad \kappa : \mathfrak{H}^2/\Gamma \to (\mathfrak{H} \times \mathfrak{H}^-)/\Gamma$$

It follows that Γ (as a group acting on $\mathfrak{H} \times \mathfrak{H}^-$) is also of type (F). Because κ is a homeomorphism, the Euler numbers of $(\mathfrak{H} \times \mathfrak{H}^-)/\Gamma$ and $\mathfrak{H}^2/\Gamma$ are equal. Since κ is orientation reversing, we have

$$(37)\qquad \operatorname{sign}(\mathfrak{H} \times \mathfrak{H}^-)/\Gamma = -\operatorname{sign}\mathfrak{H}^2/\Gamma$$

We have denoted the arithmetic genus of $\overline{\mathfrak{H}^2/\Gamma}$ by $\chi(\Gamma)$ and shall put $\chi^-(\Gamma)$ for the arithmetic genus of $\overline{(\mathfrak{H} \times \mathfrak{H}^-)/\Gamma}$. By (32), (35) and (37):

$$(38)\qquad \chi(\Gamma) - \chi^-(\Gamma) = \dim \mathfrak{S}_\Gamma(1) - \dim \mathfrak{S}_\Gamma^-(1) = \tfrac{1}{2}\operatorname{sign}\mathfrak{H}^2/\Gamma,$$

where $\mathfrak{S}_\Gamma^-(1)$ is the space of cusp forms of weight 1 for Γ on $\mathfrak{H} \times \mathfrak{H}^-$.

Remark. The quotient singularities of $\mathfrak{H}^2/\Gamma$ are of the form $(r; 1, q)$. Any such singularity corresponds under κ to a singularity $(r; 1, -q)$. A cusp singularity of type (M, V) goes over into one of type $(\gamma M, V)$ where $N(\gamma) = -1$. Therefore (37) agrees with (20): all contributions coming from the singularities change their sign.

3.7. Let G be the Hilbert modular group for a totally real field K of degree n over $\mathbf{Q}$. The parabolic points are exactly the points of $\mathbf{P}_1K$ where $\mathbf{P}_1K$ is regarded as a subset of $(\mathbf{P}_1\mathbf{R})^n$ by the embedding $x \mapsto (x^{(1)}, x^{(2)}, \ldots, x^{(n)})$. The group G acts on $\mathbf{P}_1K$. The orbits are in one-to-one correspondence with the wide ideal classes of $\mathfrak{o}_K$ (two ideals $\mathfrak{a}, \mathfrak{b}$ are equivalent if there exists an element $\gamma \in K\,(\gamma \neq 0)$ such that $\gamma\mathfrak{a} = \mathfrak{b}$). If $\frac{m}{n} \in \mathbf{P}_1K$ (with $m, n \in \mathfrak{o}_K$) represents an orbit, then $\mathfrak{a} = (m, n)$ represents the corresponding ideal class. *Thus the number of parabolic orbits (cusps) equals the class number h of K.* As in ([75], p. 244) we choose a matrix

$$(39)\qquad A = \begin{pmatrix} m & u \\ n & v \end{pmatrix},\ mv - nu = 1, u, v \in \mathfrak{a}^{-1}.$$

A simple calculation shows that

(40) $$A^{-1}\,\mathbf{SL}_2(\mathfrak{o}_K)\,A = \mathbf{SL}_2(\mathfrak{o}_K, \mathfrak{a}^2),$$

where, for any ideal $\mathfrak{b} \subset \mathfrak{o}_K$, we set (compare [31])

(41) $$\mathbf{SL}_2(\mathfrak{o}_K, \mathfrak{b}) = \{ \left(\begin{smallmatrix}\alpha & \beta \\ \gamma & \delta\end{smallmatrix}\right) \mid \alpha\delta - \mathfrak{b}\gamma = 1, \alpha \in \mathfrak{o}_K, \delta \in \mathfrak{o}_K, \beta \in \mathfrak{b}^{-1}, \gamma \in \mathfrak{b} \}$$

Instead of studying the cusp of G at $\frac{m}{n}$, we can consider the cusp of $\mathbf{SL}_2(\mathfrak{o}_K, \mathfrak{a}^2)/\{1, -1\}$ at ∞. Its isotropy group is

$$\{ \left(\begin{smallmatrix}\varepsilon & w \\ 0 & 1/\varepsilon\end{smallmatrix}\right) \mid \varepsilon \in U, w \in \mathfrak{a}^{-2} \} / \{1, -1\} =$$
$$\{ \left(\begin{smallmatrix}\varepsilon^2 & w \\ 0 & 1\end{smallmatrix}\right) \mid \varepsilon \in U, w \in \mathfrak{a}^{-2} \} = G(\mathfrak{a}^{-2}, U^2), \quad \text{see 2.1.}$$

Thus the cusp of G at $\frac{m}{n}$ with $m, n \in \mathfrak{o}_K$ and $(m, n) = \mathfrak{a}$ is given by the pair $(\mathfrak{a}^{-2}, U^2)$.

The extended Hilbert modular group $\hat{G}$ (see 1.7) has the same number of cusps (we have $(\mathbf{P}_1K)/G = (\mathbf{P}_1K)/\hat{G}$). They are given by $(\mathfrak{a}^{-2}, U^+)$.

Let C be the ordinary ideal class group (i.e., the group of wide ideal classes of $\mathfrak{o}_K$) and C^+ the group of narrow ideal classes of $\mathfrak{o}_K$ (with respect to strict equivalence: $\mathfrak{a}, \mathfrak{b}$ are strictly equivalent if there exists a totally positive $\gamma \in K$ with $\gamma\mathfrak{a} = \mathfrak{b}$). Then $\mathfrak{a} \mapsto \mathfrak{a}^{-2}$ induces a homomorphism

(42) $$Sq : C \to C^+.$$

Both G and $\hat{G}$ have h cusps ($h = |C| = h(K)$). The corresponding modules are the squares in C^+, each module occurs k times where k is the order of the kernel of Sq and is a power of 2.

3.8. We consider the Hilbert modular group G and the extended group $\hat{G}$ for $K = \mathbf{Q}(\sqrt{d})$ with d as in 1.4. The cusp singularities of $\overline{\mathfrak{H}^2/G}$ and $\overline{\mathfrak{H}^2/\hat{G}}$ are in one-to-one correspondence with the elements of C. They admit cyclic resolutions. To resolve the cusp belonging to $a \in C$ we take the primitive cycle $((b_0, b_1, \ldots, b_{r-1}))$ associated to $Sq(a) \in C^+$ (see 2.5). This is already the cycle of the resolution if we consider the group $\hat{G}$. For G the cycle of the resolution is $((b_0, b_1, \ldots, b_{r-1}))^c$ where $c = |U^+ : U^2|$.

The cusp at $\infty = \frac{1}{0} \in \mathbf{P}_1K$ has the module $\mathfrak{o}_K$. For $d \equiv 2$ or $3 \bmod 4$ the corresponding primitive cycle is the cycle of the continued fraction for $\sqrt{d}$ (see 2.6). For $d \equiv 1 \mod 4$ it is the cycle of $\frac{1+\sqrt{d}}{2}$. We list these primitive cycles for those d in the table of 1.7 for which K does not have a unit of negative norm. Also the values of $\delta(\mathfrak{o}_K)$ (see 3.2 (3)) and of the class numbers $h(K)$ are tabulated. If K has a unit of negative norm, then $\delta(\mathfrak{o}_K) = 0$.

d	cycle of $\mathfrak{o}_K$	$\delta(\mathfrak{o}_K)$	$h(K)$
3	((4))	$-\frac{1}{3}$	1
6	((2, 6))	$-\frac{2}{3}$	1
7	((3, 6))	-1	1
11	((2, 2, 8))	-1	1
14	((4, 8))	-2	1
15	((8))	$-\frac{5}{3}$	2
19	((2, 3, 2, 2, 3, 2, 10))	-1	1
21	((5))	$-\frac{2}{3}$	1
22	((4, 2, 2, 2, 4, 10))	-2	1
23	((5, 10))	-3	1
30	((2, 12))	$-\frac{8}{3}$	2
31	((3, 2, 2, 7, 2, 2, 3, 12))	-3	1
33	((2, 3, 2, 7))	$-\frac{2}{3}$	1
34	((6, 12))	-4	2
35	((12))	-3	2
38	((2, 2, 2, 2, 2, 14))	-2	1
39	((2, 2, 2, 14))	$-\frac{8}{3}$	2

3.9. In the next sections we study the signatures of $\mathfrak{H}^2/G$ and $\mathfrak{H}^2/\hat{G}$. Because of (32) this gives also the arithmetic genera $\chi(G)$ and $\chi(\hat{G})$.

THEOREM. *If $K = \mathbf{Q}(\sqrt{d})$ has a unit ε of negative norm, then*

$$\text{sign}\,\mathfrak{H}^2/G = 0, \quad \chi(G) = \frac{1}{4}e(\mathfrak{H}^2/G). \tag{43}$$

Proof. The actions of G on $\mathfrak{H}^2$ and $\mathfrak{H} \times \mathfrak{H}^-$ are equivalent under $(z_1, z_2) \mapsto (\varepsilon z_1, \varepsilon' z_2)$, (we choose ε positive). The formula (43) follows from (37) and (32).

The following lemma is a corollary of the theorem in 3.4.

Lemma. If K does not have a unit of negative norm, then

$$\text{sign}\,\mathfrak{H}^2/G = \sum_{\nu=1}^{s} \delta(z_\nu) + 2\sum_{a \in C} \delta(Sq(a)), \tag{44}$$

$$\text{sign}\,\mathfrak{H}^2/\hat{G} = \sum_{\nu=1}^{\hat{s}} \delta(\hat{z}_\nu) + \sum_{a \in C} \delta(Sq(a)), \tag{45}$$

Where the points z_ν and $\hat{z}_\nu$ represent the quotient singularities of $\mathfrak{H}^2/G$ and $\mathfrak{H}^2/\hat{G}$ respectively.

The contribution of the quotient singularities in (44) can be calculated using [61], (see 1.7). In [61] not only the orders of the quotient singularities of $\mathfrak{H}^2/G$ are given, but also their types $(r; q_1, q_2)$, see (13). Since $\text{def}(2; 1, 1) = 0$ (see (17)), we only have to consider the quotient singularities of order $r \geqq 3$. For $d \not\equiv 0\ (3)$ the singularities of order 3 occur in pairs, one of type $(3; 1, 1)$ together with one of type $(3; 1, -1)$. Therefore, their contributions cancel out.

If d is divisible by 3, but $d \neq 3$, we have

$$\begin{aligned} a_3(G) &= 5h\left(\mathbf{Q}(\sqrt{-d/3})\right) \quad \text{for } d \equiv 3 \bmod 9 \\ a_3(G) &= 3h\left(\mathbf{Q}(\sqrt{-d/3})\right) \quad \text{for } d \equiv 6 \bmod 9 \end{aligned} \tag{46}$$

In the first case $\frac{4}{5}$ of the singularities are of type $(3; 1, 1)$, the others of type $(3; 1, -1)$, in the second case all are of type $(3; 1, 1)$. Therefore, in both cases their contribution in (44) equals (see (17)):

$$3h(\mathbf{Q}(\sqrt{-d/3}))\cdot\frac{1}{3}\operatorname{def}(3;1,1) = -\frac{2}{3}h(\mathbf{Q}(\sqrt{-d/3}))$$

For $d = 3$ there are two singularities of type $(3; 1, 1)$ and one of type $(6; 1, -1)$:

$$d = 3 \Rightarrow \operatorname{sign}\mathfrak{H}^2/G = -2.\frac{2}{9} + \frac{10}{9} - 2.\frac{1}{3} = 0$$

We have proved:

THEOREM. *If $K = \mathbf{Q}(\sqrt{d})$ does not have a unit of negative norm, then*

(47) $\operatorname{sign}\mathfrak{H}^2/G = 2\sum_{a\in C}\delta(Sq(a))$ for $d \not\equiv 0 \bmod 3$

$\operatorname{sign}\mathfrak{H}^2/G = 0$ for $d = 3$

$\operatorname{sign}\mathfrak{H}^2/G = -\frac{2}{3}h(\mathbf{Q}(\sqrt{-d/3})) + 2\sum_{a\in C}\delta(Sq(a))$

for $d \equiv 0 \bmod 3$, $d > 3$.

The group C^+ of narrow ideal classes contains the ideal class θ represented by the principal ideals (γ) with $N(\gamma) < 0$. If θ is a square, then

(48) $$2\sum_{a\in C}\delta(Sq(a)) = \sum_{a\in C}\delta(Sq(a)) + \sum_{a\in C}\delta(Sq(a)\,\theta) = 0$$

θ is a square if and only if d is a sum of two squares [25] which happens if and only if d does not contain a prime $\equiv 3 \bmod 4$.

In the contrary case, $\sum_{a\in C}\delta(Sq(a)) < 0$, see [27].

THEOREM. *Let G be the Hilbert modular group for $K = \mathbf{Q}(\sqrt{d})$. Then* $\operatorname{sign}\mathfrak{H}^2/G = 0$ *if and only if $d = 3$ or d does not contain a prime* $\equiv 3 \bmod 4$. *In all other cases,* $\operatorname{sign}\mathfrak{H}^2/G < 0$.

If the class number of K equals 1, then $\sum_{a\in C}\delta(Sq(a)) = \delta(\mathfrak{o}_K)$. If the class number equals 2 and θ is not a square in C^+, then C^+ is a product of two cyclic groups of order 2 and $\sum_{a\in C}\delta(Sq(a)) = 2\delta(\mathfrak{o}_K)$. Using the tables in 1.7 and 3.8 we have now enough information to calculate the arithmetic genera $\chi(G)$ for $d \leqq 41$. The class numbers $h(\mathbf{Q}(\sqrt{-d/3}))$ which we need for $d = 3, 6, 15, 21, 30, 33, 39$ are 1, 1. 2, 1, 2, 1, 2.

d	$e(\mathfrak{H}^2/G)$	sign $\mathfrak{H}^2/G$	$\chi(G)$	d	$e(\mathfrak{H}^2/G)$	sign $(\mathfrak{H}^2/G)$	$\chi(G)$
2	4	0	1	22	16	−4	3
3	4	0	1	23	18	−6	3
5	4	0	1	26	20	0	5
6	6	−2	1	29	8	0	2
7	6	−2	1	30	24	−12	3
10	8	0	2	31	22	−6	4
11	10	−2	2	33	6	−2	1
13	4	0	1	34	24	0	6
14	12	−4	2	35	28	−12	4
15	12	−8	1	37	8	0	2
17	4	0	1	38	28	−4	6
19	14	−2	3	39	32	−12	5
21	6	−2	1	41	8	0	2

Estimates as in [40] and [42] show that $\chi(G) = 1$ only for finitely many d. Are those in the table the only ones? If d is a prime p, then $\chi(G) = 1$ if and only if $p = 2, 3, 5, 7, 13, 17$ (see 3.12).

The values for sign $\mathfrak{H}^2/G$ are also of interest because (see (38))

$$\dim \mathfrak{S}_G^-(1) - \dim \mathfrak{S}_G(1) = -\frac{1}{2} \operatorname{sign} \mathfrak{H}^2/G \tag{49}$$

Thus $\dim \mathfrak{S}_G^-(1) \geqq \dim \mathfrak{S}_G(1)$, where the inequality is true if and only if d is greater than 3 and divisible by a prime $p \equiv 3 \bmod 4$.

3.10. In view of the preceding theorems it is interesting to calculate $\sum_{a \in C} \delta(Sq(a))$. This was done in [27] for any d using the relation to L-series as explained in 3.5. If d is a prime $\equiv 3 \bmod 4$ the result is especially simple.

THEOREM. *Let p be a prime* $\equiv 3 \bmod 4$ *and* $p > 3$. *Then, for* $K = \mathbf{Q}(\sqrt{p})$, *we have*

$$\sum_{a \in C} \delta(Sq(a)) = -h(-p) \tag{50}$$

Proof. The formulas (27), (28) and (29) imply ([71], p. 69)

$$\sum_{a \in C} \delta(Sq(a)) = \frac{-2}{\pi^2} \sqrt{4p}\, L(1, \chi). \tag{51}$$

Here χ is the unique character with values in $\{1, -1\}$ which is defined for all ideals in $\mathfrak{o}_K$, depends only on the narrow ideal class and satisfies $\chi((\alpha)) = \operatorname{sign} N(\alpha)$ for principal ideals (α).

The function

$$L(s, \chi) = \sum_{\substack{\mathfrak{a} \text{ an ideal} \\ \text{in } \mathfrak{o}_K}} \frac{\chi(\mathfrak{a})}{|N(\mathfrak{a})|^s}$$

can be written as a product

$$L(s, \chi) = L_{-4}(s) L_{-p}(s), \tag{52}$$

where L_{-4} and L_{-p} are the L-functions of $\mathbf{Q}(\sqrt{-4})$ and $\mathbf{Q}(\sqrt{-p})$ over $\mathbf{Q}$. The product decomposition (52) belongs to a decomposition of the discrimant $4p$ of K, namely $4p = (-4)(-p)$, and χ is the genus character corresponding to it ([75], p. 79-80). Evaluating (52) for $s = 1$ implies by a classical formula ([6], V § 4, p. 369)

$$L(1, \chi) = \frac{2\pi}{4} 4^{-1/2} h(-4) \cdot \frac{2\pi}{2} p^{-1/2} h(-p),$$

and this gives (50).

The formula (50) establishes an amusing connection between continued fractions and class numbers. Ordinary continued fractions

$$a_0 + \cfrac{1}{a_1 + \cfrac{1}{a_2 + \cdots}}$$

will be denoted by $[a_0, a_1, a_2, \ldots]$. Let p be a prime $\equiv 3 \bmod 4$. Then ([60], § § 24-26)

$$\sqrt{p} = [a_0, \overline{a_1, a_2, \ldots a_{2s}}], \; a_i \geqq 1, \tag{53}$$

where $a_0 = [\sqrt{p}]$ and $a_{2s} = 2a_0$. The bar over $a_1, a_2, \ldots, a_{2s}$ indicates here the primitive period. The continued fraction development for $\sqrt{p}$ which we needed for the resolution is of the form

$$\sqrt{p} = a_0 + 1 - \cfrac{1}{b_0 - \cfrac{1}{b_1 \, .}} \qquad = [[a_0 + 1, \overline{b_0, \ldots, b_{r-1}}]],$$

where the bar indicates again the primitive period. The primitive cycle $((b_0, \ldots, b_{r-1}))$ looks as follows:

$$((\underbrace{2, \ldots, 2}_{a_1 - 1},\ a_2 + 2,\ \underbrace{2, \ldots, 2}_{a_3 - 1},\ a_4 + 2, \ldots, \underbrace{2, \ldots, 2}_{a_{2s-1} - 1},\ a_{2s} + 2))$$

This is shown by an easy calculation (see 2.5 (19)). For $K = \mathbf{Q}(\sqrt{p})$ the signature deviation invariant $\delta(\mathfrak{o}_K)$ is defined (see 3.2 (3)). We have

$$(54) \qquad -3\delta(\mathfrak{o}_K) = \sum_{i=0}^{r-1} (b_i - 3) = \sum_{j=1}^{2s} (-1)^j a_j$$

By (50) and (53) we get:

Proposition. Let p be a prime $\equiv 3 \bmod 4$ *and* $p > 3$. *Suppose that the class number of* $K = \mathbf{Q}(\sqrt{p})$ *equals* 1. *Then*

$$(55) \qquad \sum_{j=1}^{2s} (-1)^j a_j = 3h(-p)$$

where $(a_1, a_2, \ldots, a_{2s})$, *with* $a_{2s} = 2\left[\sqrt{p}\right]$, *is the primitive period for the ordinary contained fraction development* (53) *of* $\sqrt{p}$.

Example. $p = 163$, $h(K) = 1$

$$\sqrt{163} = [12, \overline{1, 3, 3, 2, 1, 1, 7, 1, 11, 1, 7, 1, 1, 2, 3, 3, 1, 24}]$$

$$3h(-163) = 3 \cdot 1 =$$
$$-1+3-3+2-1+1-7+1-11+1-7+1-1+2-3+3-1+24$$

For further information on these and more general number theoretical facts see [42].

3.11. The theorem in 3.10 enables us to give very explicit formulas for the signatures of $\mathfrak{H}^2/G$ and $\mathfrak{H}^2/\hat{G}$ in terms of class numbers of imaginary quadratic fields if $K = \mathbf{Q}(\sqrt{p})$ and p a prime $\equiv 3 \bmod 4$. (For the other primes the signatures vanish).

THEOREM. *Let p be a prime* $\equiv 3 \bmod 4$ *and G the Hilbert modular group* ($\hat{G}$ *the extended one*) *for* $K = \mathbf{Q}(\sqrt{p})$. *Then*

$$
\begin{aligned}
&\operatorname{sign} \mathfrak{H}^2/G = 0 && \text{for } p = 3\\
(56) \qquad &\operatorname{sign} \mathfrak{H}^2/G = -2h(-p) && \text{for } p > 3\\
&\operatorname{sign} \mathfrak{H}^2/\hat{G} = 0 && \text{for } p \equiv 3 \bmod 8\\
&\operatorname{sign} \mathfrak{H}^2/\hat{G} = -2h(-p) && \text{for } p \equiv 7 \bmod 8
\end{aligned}
$$

Proof. The first two equations follow from (47) and (50). For $p > 3$ the quotient singularities of order 3 in $\mathfrak{H}^2/\hat{G}$ occur again in pairs $(3; 1, 1)$, $(3; 1, -1)$ and cancel out in (45). For $p > 3$ and $p \equiv 3 \bmod 8$, there are $h(-p)$ singularities of type $(4; 1, 1)$ and $3h(-p)$ singularities of type $(4; 1, -1)$. For $p \equiv 7 \bmod 8$ there are $2h(-p)$ singularities of type $(4, 1, 1)$, see [61].

The sum of their contributions in (45) equals (see (17))

$$
2h(-p)\frac{\operatorname{def}(4; 1, -1)}{4} = h(-p) \qquad \text{for } p \equiv 3 \bmod 8
$$

$$
2h(-p)\frac{\operatorname{def}(4; 1, 1)}{4} = -h(-p) \qquad \text{for } p \equiv 7 \bmod 8
$$

By (45), $\operatorname{sign} \mathfrak{H}^2/\hat{G} = \pm h(-p) - h(-p)$.

It remains to consider the case $p = 3$. We have 3 quotient singularities of order 2, there are 3 others of type $(4; 1, -1)$, $(3; 1, 1)$, $(12; 1, 5)$. By Dedekind-Rademacher reciprocity ([38], (36)) and because $\operatorname{def}(5; 1, 12) = 0$ (see (18))

$$
\frac{\operatorname{def}(12; 1, 5)}{12} = 1 - \frac{144 + 1 + 25}{180} = \frac{1}{18}
$$

Therefore (see (17) and 3.8):

$$
p = 3 \Rightarrow \operatorname{sign} \mathfrak{H}^2/\hat{G} = \frac{1}{2} - \frac{2}{9} + \frac{1}{18} - \frac{1}{3} = 0
$$

3.12. For any prime p we know the Euler numbers and the signatures of $\mathfrak{H}^2/G$ and $\mathfrak{H}^2/\hat{G}$. Using 1.6 (21), 3.6 (32) and the theorem of 3.11 we can write down explicit formulas for the arithmetic genera $\chi(G)$ and $\chi(\hat{G})$.

THEOREM. *Let p be a prime $K = \mathbf{Q}(\sqrt{p})$. Let G be the Hilbert modular group for K and $\hat{G}$ the extended one. Then*

$$\chi(G) = 1 \qquad \text{for } p = 2, 3, 5$$
$$\chi(\hat{G}) = 1 \qquad \text{for } p = 3$$

For $p > 5$ we have

$$\chi(G) = \frac{1}{2}\zeta_K(-1) + \frac{h(-4p)}{8} + \frac{1}{6}h(-3p) \qquad \text{for } p \equiv 1 \bmod 4$$

$$\chi(G) = \frac{1}{2}\zeta_K(-1) + \frac{3}{4}h(-p) + \frac{1}{6}h(-12p) \qquad \text{for } p \equiv 3 \bmod 8$$

$$\chi(G) = \frac{1}{2}\zeta_K(-1) + \frac{1}{6}h(-12p) \qquad \text{for } p \equiv 7 \bmod 8$$

$$\chi(\hat{G}) = \frac{1}{4}\zeta_K(-1) + \frac{9}{8}h(-p) + \frac{1}{8}h(-8p) + \frac{1}{12}h(-12p) \quad \text{for } p \equiv 3 \bmod 8$$

$$\chi(\hat{G}) = \frac{1}{4}\zeta_K(-1) + \frac{1}{8}h(-8p) + \frac{1}{12}h(-12p) \qquad \text{for } p \equiv 7 \bmod 8$$

The formulas at the end of 1.3 imply

$$2\zeta_K(-1) = \frac{1}{2}\cdot\pi^{-4}D_K^{3/2}\zeta_K(2) > \frac{1}{2}\pi^{-4}D_K^{3/2}\zeta(4) = \frac{D_K^{3/2}}{180}.$$

It is easy to deduce from this estimate that $\chi(G) = 1$ if and only if $p = 2, 3, 5, 7, 13, 17$ and (for $p \equiv 3 \bmod 4$) $\chi(\hat{G}) = 1$ if and only if $p = 3, 7$. Because of (38) and (56) we also know the arithmetic genera of $\overline{(\mathfrak{H} \times \mathfrak{H}^-)/G}$ and $\overline{(\mathfrak{H} \times \mathfrak{H}^-)/\hat{G}}$ ($p \equiv 3 \bmod 4$). They are equal to 1 if $p = 3$, and both different from 1 if $p > 3$.

§ 4. CURVES ON THE HILBERT MODULAR SURFACES AND PROOFS OF RATIONALITY

We shall construct curves in the Hilbert modular surfaces. They can be used to show that these surfaces are rational in some cases and also for further investigations of the surfaces ([41], [42]). Such curves were studied earlier by Gundlach [23] and Hammond [25]. We need information about the decomposition of numbers into prime ideals in quadratic fields. (See [6], [30].)

4.1. Let K be a real quadratic field and $\mathfrak{o}_K$ its ring of integers. We often write $\mathfrak{o}$ instead of $\mathfrak{o}_K$. *Let* $\mathfrak{b}$ *be an ideal in* $\mathfrak{o}$ *which is not divisible by any natural number* > 1. We consider the group $\mathbf{SL}_2(\mathfrak{o}, \mathfrak{b})$, see § 3 (41). Let $\Gamma_{\mathfrak{b}}$ be the subgroup of those elements of $\mathbf{SL}_2(\mathfrak{o}, \mathfrak{b})$ which when acting on $\mathfrak{H}^2$ carry the diagonal $z_1 = z_2$ over into itself. An element $\left(\begin{smallmatrix}\alpha & \beta\\ \gamma & \delta\end{smallmatrix}\right)$ of $\mathbf{SL}_2(\mathfrak{o}, \mathfrak{b})$ belongs to $\Gamma_{\mathfrak{b}}$ if and only if

$$(1) \qquad \begin{pmatrix}\alpha & \beta\\ \gamma & \delta\end{pmatrix} = \begin{pmatrix}\alpha' & \beta'\\ \gamma' & \delta'\end{pmatrix} \quad \text{or} \quad \begin{pmatrix}\alpha & \beta\\ \gamma & \delta\end{pmatrix} = \begin{pmatrix}-\alpha' & -\beta'\\ -\gamma' & -\delta'\end{pmatrix}$$

The matrices satisfying the first condition of (1) are in $\mathbf{SL}_2(\mathbf{Q})$ with $\alpha, \delta \in \mathfrak{o}$, $\beta \in \mathfrak{b}^{-1}$, $\gamma \in \mathfrak{b}$. Thus α, δ, γ are integers. The ideal $\mathfrak{b}$ is not divisible by any natural number > 1. Therefore β is also an integer. A rational integer γ is contained in $\mathfrak{b}$ if and only if $\gamma \equiv 0 \bmod N(\mathfrak{b})$ where $N(\mathfrak{b})$ is the norm of the ideal $\mathfrak{b}$.

For any natural number N we let $\Gamma_0(N)$ be the group of those elements $\left(\begin{smallmatrix}\alpha & \beta\\ \gamma & \delta\end{smallmatrix}\right) \in \mathbf{SL}_2(\mathbf{Z})$ for which $\gamma \equiv 0 \bmod N$. This group was studied by Klein and Fricke ([16], p. 349; see [70], p. 24).

We have proved the following lemma:

Lemma. Let $\mathfrak{b}$ *be an ideal in* $\mathfrak{o}$ *which is not divisible by any natural number* > 1. *Then* $\Gamma_0(N(\mathfrak{b}))$ *is the subgroup of those elements of* $\Gamma_{\mathfrak{b}}$ *which satisfy the first condition of* (1). *The group* $\Gamma_{\mathfrak{b}}$ *equals* $\Gamma_0(N(\mathfrak{b}))$ *or is an extension of index* 2 *of* $\Gamma_0(N(\mathfrak{b}))$.

If $K = \mathbf{Q}(\sqrt{d})$ where d is square free, then a matrix of $\Gamma_{\mathfrak{b}}$ satisfying the second condition of (1) is of the form $\sqrt{d}\left(\begin{smallmatrix}\alpha_0 & \beta_0\\ \gamma_0 & \delta_0\end{smallmatrix}\right)$ where $\alpha_0, \gamma_0, \delta_0$ are rational integers, β_0 is a rational number, $\gamma_0\sqrt{d} \in \mathfrak{b}$, and $\beta_0\sqrt{d} \in \mathfrak{b}^{-1}$.

If $\mathfrak{b}$ is not divisible by $(\sqrt{d})$, then the fractional ideal $(\beta_0\sqrt{d})$ has in its numerator a prime ideal dividing the ideal $(\sqrt{d})$ and the determinant of our matrix would be divisible by this prime ideal, this is a contradiction. Thus a matrix satisfying the second condition of (1) does not exist in this case. If $\mathfrak{b}$ is divisible by $(\sqrt{d})$, then $[\Gamma_{\mathfrak{b}} : \Gamma_0(N(b))] = 2$.

In fact, $\mathfrak{b}$ is divisible by $(\sqrt{d})$ if and only if $N(\mathfrak{b})$ is divisible by d and the matrices satisfying the second condition of (1) are of the form

$$\begin{pmatrix} \alpha_0 \sqrt{d} & \beta_1 / \sqrt{d} \\ \gamma_0 \sqrt{d} & \delta_0 \sqrt{d} \end{pmatrix}$$

where $\alpha_0, \beta_1, \gamma_0, \delta_0$ are rational integers and $\gamma_0 \equiv 0 \bmod N(\mathfrak{b})/d$. Such matrices exist, because $(d, N(\mathfrak{b})/d) = 1$. If $\mathfrak{b} = (\sqrt{d})$, then $\Gamma_{\mathfrak{b}}$ is the extension of index 2 of $\Gamma_0(d)$ by the matrix

$$\begin{pmatrix} 0 & -1/\sqrt{d} \\ \sqrt{d} & 0 \end{pmatrix}$$

This group will be denoted by $\Gamma^*(d)$, see Fricke ([16], p. 357). We have proved:

Proposition: Let $K = \mathbf{Q}(\sqrt{d})$ be a real quadratic field (d square free). Let $\mathfrak{b}$ be an ideal in $\mathfrak{o}_K$ which is not divisible by any natural number > 1. If $N(\mathfrak{b})$ is not divisible by d, then the group $\Gamma_{\mathfrak{b}}$ of those elements of $\mathbf{SL}_2(\mathfrak{o}_K, \mathfrak{b})$ which carry the diagonal of $\mathfrak{H}^2$ into itself equals $\Gamma_0(N(\mathfrak{b}))$. If $N(\mathfrak{b})$ is divisible by d, then $\Gamma_{\mathfrak{b}}$ is an extension of index 2 of $\Gamma_0(N(\mathfrak{b}))$. In particular, if $\mathfrak{b} = (\sqrt{d})$, then $\Gamma_{\mathfrak{b}} = \Gamma^*(d)$.

We also consider the group $\widehat{\mathbf{SL}}_2(\mathfrak{o}_K, \mathfrak{b})$ of matrices $\begin{pmatrix} \alpha & \beta \\ \gamma & \delta \end{pmatrix}$ with $\alpha, \delta \in \mathfrak{o}_K$, $\beta \in \mathfrak{b}^{-1}$, $\gamma \in \mathfrak{b}$ and $\alpha\delta - \beta\gamma$ a totally positive unit.

The groups $\mathbf{SL}_2(\mathfrak{o}_K, \mathfrak{b})$ and $\widehat{\mathbf{SL}}_2(\mathfrak{o}_K, \mathfrak{b})$ do not act effectively on $\mathfrak{H}^2$. If we divide them by their subgroups of diagonal matrices, we get the groups $G(\mathfrak{o}_K, \mathfrak{b})$ and $\hat{G}(\mathfrak{o}_K, \mathfrak{b})$ which act effectively and generalize the Hilbert modular groups G and $\hat{G}$ (see 1.7). As in 1.7 we have an exact sequence

(2) $$0 \to G(\mathfrak{o}_K, \mathfrak{b}) \to \hat{G}(\mathfrak{o}_K, \mathfrak{b}) \to U^+/U^2 \to 0$$

The subgroup of those elements of $G(\mathfrak{o}_K, \mathfrak{b})$ which carry the diagonal over into itself is $\Gamma_{\mathfrak{b}}/\{1, -1\}$ which acts effectively on $\mathfrak{H}$. The subgroup of the elements of $\hat{G}(\mathfrak{o}_K, \mathfrak{b})$ which keep the diagonal invariant is an extension of index 1 or 2 of $\Gamma_{\mathfrak{b}}/\{1, -1\}$. We can write it in the form $\hat{\Gamma}_{\mathfrak{b}}/\{1, -1\}$ where $\hat{\Gamma}_{\mathfrak{b}} \subset \mathbf{SL}_2(\mathbf{R})$ is an extension of index 1 or 2 of $\Gamma_{\mathfrak{b}}$.

The embedding of the diagonal in $\mathfrak{H}^2$ induces maps π and $\hat{\pi}$ of $\mathfrak{H}/\Gamma_{\mathfrak{b}}$ and $\mathfrak{H}/\hat{\Gamma}_{\mathfrak{b}}$ in $\mathfrak{H}^2/G(\mathfrak{o}_K, \mathfrak{b})$ and $\mathfrak{H}^2/\hat{G}(\mathfrak{o}_K, \mathfrak{b})$ respectively. The maps π and $\hat{\pi}$ need not be injective. We have a commutative diagram

$$(3)\qquad \begin{array}{ccc} \mathfrak{H}/\Gamma_{\mathfrak{b}} & \xrightarrow{\ \pi\ } & \mathfrak{H}^2/G(\mathfrak{o}_K, \mathfrak{b}) \\ \sigma\downarrow & & \downarrow\rho \\ \mathfrak{H}/\hat{\Gamma}_{\mathfrak{b}} & \xrightarrow{\ \hat{\pi}\ } & \mathfrak{H}^2/\hat{G}(\mathfrak{o}_K, \mathfrak{b}) \end{array}$$

The maps π and $\hat{\pi}$ map $\mathfrak{H}/\Gamma_{\mathfrak{b}}$ and $\mathfrak{H}/\hat{\Gamma}_{\mathfrak{b}}$ with degree 1 onto their images.

If K has a unit of negative norm, then the two lines of diagram (3) can be identified. If there does not exist a unit of negative norm in K, then ρ has degree 2 and σ is bijective or has degree 2, depending on whether

$$\hat{\Gamma}_{\mathfrak{b}} = \Gamma_{\mathfrak{b}} \quad \text{or} \quad [\hat{\Gamma}_{\mathfrak{b}} : \Gamma_{\mathfrak{b}}] = 2.$$

If we compactify $\mathfrak{H}^2/G(\mathfrak{o}_K, \mathfrak{b})$ and $\mathfrak{H}^2/\hat{G}(\mathfrak{o}_K, \mathfrak{b})$ and resolve all quotient and cusp singularities by their minimal resolutions, then we get non-singular algebraic surfaces $Y(\mathfrak{o}_K, \mathfrak{b})$ and $\hat{Y}(\mathfrak{o}_K, \mathfrak{b})$. On $Y(\mathfrak{o}_K, \mathfrak{b})$ we have an involution α induced by $\left(\begin{smallmatrix} \varepsilon & 0 \\ 0 & 1 \end{smallmatrix}\right)$ where ε is a generator of U^+. We have a rational map $\rho : Y(\mathfrak{o}_K, \mathfrak{b}) \to \hat{Y}(\mathfrak{o}_K, \mathfrak{b})$ compatible with α. The map ρ is regular outside the isolated fixed points of α. The maps π and $\hat{\pi}$ induce maps of the compactifications $\overline{\mathfrak{H}/\Gamma_{\mathfrak{b}}}$ and $\overline{\mathfrak{H}/\hat{\Gamma}_{\mathfrak{b}}}$ into the non-singular algebraic surfaces. We have a commutative diagram

$$(4)\qquad \begin{array}{ccc} \overline{\mathfrak{H}/\Gamma_{\mathfrak{b}}} & \xrightarrow{\ \pi\ } & Y(\mathfrak{o}_K, \mathfrak{b}) \\ \sigma\downarrow & & \downarrow\rho \\ \overline{\mathfrak{H}/\hat{\Gamma}_{\mathfrak{b}}} & \xrightarrow{\ \hat{\pi}\ } & \hat{Y}(\mathfrak{o}_K, \mathfrak{b}) \end{array}$$

If K has a unit of negative norm, then the two lines of (4) can be identified, the vertical maps are bijective.

We denote the irreducible curve $\hat{\pi}(\overline{\mathfrak{H}/\hat{\Gamma}_{\mathfrak{b}}})$ *by* $C(\mathfrak{b})$. *It may have singularities.* $\overline{\mathfrak{H}/\hat{\Gamma}_{\mathfrak{b}}}$ *is its non-singular model which is mapped by* $\hat{\pi}$ *with degree* 1 *on* $C(\mathfrak{b})$.

We put $D(\mathfrak{b}) = \rho^{-1} C(\mathfrak{b})$. *If degree* $(\rho) = 2$ *and degree* $(\sigma) = 1$ *then* $D(\mathfrak{b})$ *is the union of two irreducible curves* $D_1(\mathfrak{b})$, $D_2(\mathfrak{b})$. *If degree* $(\sigma) = 2$, *then* $D(\mathfrak{b})$ *is irreducible. The involution* α *carries* $D(\mathfrak{b})$ *into itself, mapping* $D_1(\mathfrak{b})$ *to* $D_2(\mathfrak{b})$ *if* $D(\mathfrak{b})$ *is reducible.*

The resolution of the cusp at ∞ of $\overline{\mathfrak{H}^2/\hat{G}(\mathfrak{o}_K, \mathfrak{b})}$ is described by the primitive cycle $((b_0, \ldots, b_{r-1}))$ of $\mathfrak{b}^{-1}$ (see 2.6) It determines a (narrow) ideal class with respect to strict equivalence whose inverse we denote by $\mathfrak{B}$. A quadratic irrationality w is called reduced if $0 < w' < 1 < w$. The quadratic irrationality w is reduced if and only if its continued fraction is purely periodic. There are exactly r reduced quadratic irrationalities belonging to the cycle, namely the numbers

$$w_k = [[b_k, b_{k+1}, \ldots]], \quad \text{(see 2.3 (8))}. \tag{5}$$

After calling one of them w_0, the notation for the others is fixed. Then they correspond bijectively to $\mathbf{Z}/r\mathbf{Z}$.

If we speak of the curve S_k of the resolution (where $k \in \mathbf{Z}/r\mathbf{Z}$), this has an invariant meaning. It is the curve associated to the quadratic irrationality w_k.

The fractional ideals $\mathfrak{b}^{-1} \in \mathfrak{B}^{-1}$ (where $\mathfrak{b} \subset \mathfrak{o}_K$ and $\mathfrak{b}$ is not divisible by any natural number > 1) are exactly the $\mathbf{Z}$-modules $\mathbf{Z}w + \mathbf{Z} \cdot 1$ where w is a quadratic irrationality having the given primitive cycle in its continued fraction. (If we require that $0 < w' < 1$ and $w' < w$, then w is uniquely determined by $\mathfrak{b}^{-1}$.)

Since the module $\mathfrak{b}^{-1} = \mathbf{Z}w + \mathbf{Z} \cdot 1$ is strictly equivalent to $M = \mathbf{Z}w_0 + \mathbf{Z} \cdot 1$ (see 2.3), there exists a totally positive number λ in M (uniquely determined up to multiplication by a totally positive unit) such that

$$\mathfrak{b}^{-1} = \mathbf{Z}w + \mathbf{Z} \cdot 1 = \frac{1}{\lambda} M = \frac{1}{\lambda} \mathfrak{b}_0^{-1} \tag{6}$$

where we defined the ideal $\mathfrak{b}_0 \in \mathfrak{B}$ by $\mathfrak{b}_0^{-1} = \mathrm{M}$. We have

$$\widehat{SL}_2(\mathfrak{o}_K, \mathfrak{b}) = \begin{pmatrix} \lambda^{-1} & 0 \\ 0 & 1 \end{pmatrix} \widehat{SL}_2(\mathfrak{o}_K, \mathfrak{b}_0) \begin{pmatrix} \lambda & 0 \\ 0 & 1 \end{pmatrix} \tag{7}$$

Instead of looking at the diagonal and at the action of $\widehat{\mathbf{SL}}_2(\mathfrak{o}_K, \mathfrak{b})$ on $\mathfrak{H}^2$, we can consider the action of $\widehat{\mathbf{SL}}_2(\mathfrak{o}_K, \mathfrak{b}_0)$ on $\mathfrak{H}^2$ and the curve $z_1 = \lambda\zeta$, $z_2 = \lambda'\zeta$ in $\mathfrak{H}^2$, where $\zeta \in \mathfrak{H}$. Any totally positive number $\lambda \in M$ can be written uniquely as a linear combination of two consecutive numbers A_{k-1}, A_k with non-negative integers p and q as coefficients (see 2.3, Remark):

$$\lambda = p \cdot A_{k-1} + q \cdot A_k. \tag{8}$$

If we multiply λ by a totally positive unit, then p, q do not change and k only changes modulo r. See the lemma in 2.5 and 2.3 (12). The equation 2.3 (11) shows that the curve $C(\mathfrak{b})$ has in the k-th coordinate system (u_k, v_k) of the resolved cusp the equation

$$u_k = t^p, v_k = t^q, \tag{9}$$

where t can be restricted to some neighborhood of 0. Namely, we just want to study locally the intersection of our curve with the curves of the resolution. Observe, that p, q are relatively prime because λ is an element of a $\mathbf{Z}$-base of M. The fractional ideals $\mathfrak{b}^{-1} \in \mathfrak{B}^{-1}$ which satisfy our conditions ($\mathfrak{b} \subset \mathfrak{o}_K$ and $\mathfrak{b}$ not divisible by any natural number > 1) are in one-to-one correspondence with the triples $(k \mid p, q)$ where $k \in \mathbf{Z}/r\mathbf{Z}$ and p, q are relatively prime natural numbers and where $(k \mid 0, 1)$ is to be identified with $(k+1 \mid 1, 0)$.

We call $(k \mid p, q)$ *the characteristic of the ideal* $\mathfrak{b} \in \mathfrak{B}$. Actually, k does not stand for an element $k \in \mathbf{Z}/r\mathbf{Z}$, but rather for the corresponding quadratic irrationality w_k which has an invariant meaning. If as in (6)

$$\mathfrak{b}^{-1} = \mathbf{Z}w + \mathbf{Z} \cdot 1, \tag{10}$$

then (see (8))

$$w = \frac{\bar{p} A_{k-1} + \bar{q} A_k}{p A_{k-1} + q A_k} = \frac{\bar{p} w_k + \bar{q}}{p w_k + q} \tag{11}$$

where $\begin{pmatrix} \bar{p} & \bar{q} \\ p & q \end{pmatrix} \in \mathbf{SL}_2(\mathbf{Z})$ and $p \geqq 0$, $q \geqq 0$. Therefore, we can determine the characteristic of $\mathfrak{b}$ by writing w in the form (11).

In view of (7) the algebraic surface $\hat{Y}(\mathfrak{o}_K, \mathfrak{b})$ depends only on the ideal class $\mathfrak{B}$. The identification of $\hat{Y}(\mathfrak{o}_K, \mathfrak{b})$ and $\hat{Y}(\mathfrak{o}_K, \mathfrak{b}_0)$ is uniquely defined by (7). We shall denote the surface by $\hat{Y}(\mathfrak{o}_K, \mathfrak{B})$. In a similar way the algebraic surface $Y(\mathfrak{o}_K, \mathfrak{B})$ is defined. The preceding discussions (see in particular (9)) yields the following theorem.

THEOREM. *Let K be a real quadratic field and $\mathfrak{B}$ a narrow ideal class of $\mathfrak{o}_K$. For every ideal $\mathfrak{b} \subset \mathfrak{o}_K$ with $\mathfrak{b} \in \mathfrak{B}$ such that $\mathfrak{b}$ is not divisible by any natural number > 1, we have defined an irreducible curve $C(\mathfrak{b}) = \hat{\pi}(\overline{\mathfrak{H}/\hat{\Gamma}_{\mathfrak{b}}})$ in the non-singular algebraic surface $\hat{Y}(\mathfrak{o}_K, \mathfrak{B})$. The cusp at ∞ of $\overline{\mathfrak{H}/\hat{\Gamma}_{\mathfrak{b}}}$ is mapped by $\hat{\pi}$ to a point on the union of the curves $S_0, \ldots, S_{r-1}$ in $\hat{Y}(\mathfrak{o}_K, \mathfrak{B})$ which were obtained by the resolution of the cusp at ∞ of $\mathfrak{H}^2/\hat{G}(\mathfrak{o}_K, \mathfrak{b})$.*

If $\mathfrak{b}$ *has the characteristic* $(k \mid 0, 1)$, *then* $\mathfrak{b}^{-1} = \mathbf{Z}w_k + \mathbf{Z} \cdot 1$ *where* w_k *is the reduced quadratic irrationality belonging to* k, *and the curve* $C(\mathfrak{b})$ *intersects* S_k *transversally in* P *which is not a double point of* $\cup S_j$. *The curve* S_k *is given in the local coordinate system* (u_k, v_k) *by* $v_k = 0$ *and* $C(\mathfrak{b})$ *by* $u_k = 1$. *If* $\mathfrak{b}$ *has the characteristic* $(k \mid p, q)$ *where* $p > 0$ *and* $q > 0$, *then* P *is given in the k-th coordinate system by* $u_k = v_k = 0$, *the curve* S_k *by* $v_k = 0$, *the curve* S_{k-1} *by* $u_k = 0$, *and* $C(\mathfrak{b})$ *has the local equation* $u_k^q = v_k^p$.

If K *has a unit of negative norm, then* $Y(\mathfrak{o}_K, \mathfrak{B}) = \hat{Y}(\mathfrak{o}_K, \mathfrak{B})$. *If* K *does not have such a unit, then in the non-singular algebraic surface* $Y(\mathfrak{o}_K, \mathfrak{B})$ *we have a curve* $D(\mathfrak{b})$ *which in the neighborhood of the resolved cusp at* ∞ *is just the inverse image of* $C(\mathfrak{b})$, *the resolution of the cusp at* ∞ *being an unbranched double cover of the cycle of curves* $S_0, \ldots, S_{r-1}$. *(The fundamental group of a neighborhood of* $S_0 \cup \ldots \cup S_{r-1}$ *is infinite cyclic and we have to take the corresponding covering of degree 2.) The curve* $D(\mathfrak{b})$ *is irreducible or the union of two irreducible curves* $D_1(\mathfrak{b})$, $D_2(\mathfrak{b})$.

Remark. For different $\mathfrak{b}, \hat{\mathfrak{b}} \in \mathfrak{B}$ the curves $C(\mathfrak{b})$, $C(\hat{\mathfrak{b}})$ may coincide. The curve $C(\mathfrak{b}) = \hat{\pi}(\overline{\mathfrak{H}/\Gamma_{\mathfrak{b}}})$ may intersect $\cup S_j$ in other points than P which correspond to other cusps of $\overline{\mathfrak{H}/\hat{\Gamma}_{\mathfrak{b}}}$.

4.2. In view of the preceding proposition and the theorem it is important to have a simple method to calculate $N(\mathfrak{b})$ if $\mathfrak{b}^{-1} = \mathbf{Z}w + \mathbf{Z} \cdot 1$. Let D be the discriminant of K (see 1.4), then w can be written uniquely in the form

$$w = \frac{M + \sqrt{D}}{2N} \quad \text{(see 2.6)} \tag{12}$$

where $N > 0$ and $M^2 - D \equiv 0 \bmod 4N$. Then we have

$$N(\mathfrak{b}) = N \tag{13}$$

To prove (13), one checks

$$N \cdot \mathfrak{b}^{-1} \cdot (\mathfrak{b}^{-1})' = (1)$$

If we start with a reduced quadratic irrationality w_0 of the form (12), then the formula

$$w_k = b_k - \frac{1}{w_{k+1}}$$

where $b_k \in \mathbf{Z}$ and $w_{k+1} > 1$, determines inductively for $k \geqq 0$ the b_k and the w_k. We put

$$w_k = \frac{M_k + \sqrt{D}}{2N_k} \tag{14}$$

This is the process of calculating the continued fraction for w_0. If $\mathfrak{b}$ is the ideal of characteristic $(k \mid p, q)$, see (11), then

$$N(\mathfrak{b}) = p^2 N_{k-1} + pqM_k + q^2 N_k, \quad \text{where} \quad M_k^2 - 4N_{k-1}N_k = D, \tag{15}$$

as follows from (11), (13) and (14).

We shall tabulate the values of b_k, M_k, N_k for some w_0, namely for those quadratic irrationalities which are needed later to show that the Hilbert modular surfaces $\overline{\mathfrak{H}^2/G}$ are rational for $d = 2, 3, 5, 6, 7, 13, 15, 17, 21, 33$ (compare the table in 3.9). We also include $w_0 = \dfrac{3 + \sqrt{3}}{3}$ which is needed for $\overline{(\mathfrak{H} \times \mathfrak{H}^-)/G}$ in the case $d = 3$ (see 3.12).

If r is the length of the cycle of the quadratic irrationality, we tabulate b_k, M_k, N_k only for $0 \leqq k \leqq r-1$, because they are periodic with period r.

$w_0 = 2 + \sqrt{2}$

$D = 8$

k	0	1
b_k	4	2
M_k	4	4
N_k	1	2

$w_0 = 3 + \sqrt{7}$

$D = 28$

k	0	1
b_k	6	3
M_k	6	6
N_k	1	2

$w_0 = \dfrac{5 + \sqrt{21}}{2}$

$D = 21$

k	0
b_k	5
M_k	5
N_k	1

$w_0 = 2 + \sqrt{3}$

$D = 12$

k	0
b_k	4
M_k	4
N_k	1

$w_0 = \dfrac{5 + \sqrt{13}}{2}$

$D = 13$

k	0	1	2
b_k	5	2	2
M_k	5	5	7
N_k	1	3	3

$w_0 = \dfrac{7 + \sqrt{33}}{2}$

$D = 33$

k	0	1	2	3
b_k	7	2	3	2
M_k	7	7	9	9
N_k	1	4	3	4

$w_0 = \frac{3+\sqrt{5}}{2}$

$D = 5$

k	0
b_k	3
M_k	3
N_k	1

$w_0 = 4+\sqrt{15}$

$D = 60$

k	0
b_k	8
M_k	8
N_k	1

$w_0 = \frac{3+\sqrt{3}}{3}$

$D = 12$

k	0	1
b_k	2	3
M_k	6	6
N_k	3	2

$w_0 = 3+\sqrt{6}$

$D = 24$

k	0	1
b_k	6	2
M_k	6	6
N_k	1	3

$w_0 = \frac{5+\sqrt{17}}{2}$

$D = 17$

k	0	1	2	3	4
b_k	5	3	2	2	3
M_k	5	5	7	9	7
N_k	1	2	4	4	2

4.3. We consider the situation of the theorem in 4.1. Let F be one of the irreducible curves $C(\mathfrak{b})$, $D(\mathfrak{b})$, $D_1(\mathfrak{b})$ or $D_2(\mathfrak{b})$. The curve F has $\overline{\mathfrak{H}/\Gamma}$ as non-singular model where Γ acts effectively on $\mathfrak{H}$ and equals $\hat{\Gamma}_{\mathfrak{b}}/\{1, -1\}$ or $\Gamma_{\mathfrak{b}}/\{1, -1\}$. The curve F lies in a non-singular algebraic surface Y, namely $\hat{Y}(\mathfrak{o}_K, \mathfrak{B})$ or $Y(\mathfrak{o}_K, \mathfrak{B})$. We shall calculate the value of the first Chern class c_1 of Y on F which is up to sign the intersection number of a canonical divisor K of Y with F:

$$c_1[F] = -K \cdot F. \tag{16}$$

The surface Y is a disjoint union of a complex surface (4-dimensional manifold) X with boundary as in 3.4 (19) and open neighborhoods $N_\nu\,(1 \leqq \nu \leqq s+t)$ of the configurations of curves into which the s quotient singularities and the t cusp singularities were blown up (minimal resolutions). The first Chern class of X can be represented as in 3.4 by a differential form $\tilde{\gamma}_1$ with compact support in the interior of X and it follows as in 3.4 (25), (26) that

$$\int_F \tilde{\gamma} = \int_F (\omega_1 + \omega_2) \tag{17}$$

where $\omega_j = -\frac{1}{2\pi} y_j^{-2}\, dx_j \wedge dy_j$. Since F comes from the diagonal

$z_1 = z_2$ of $\mathfrak{H}^2$, we obtain that $\int_F \tilde{\gamma}_1$ equals twice the Euler volume of $\mathfrak{H}/\Gamma$. Thus by 1.4 (10)

$$\int_F \tilde{\gamma}_1 = 2\int_{\mathfrak{H}/\Gamma} \omega = -\frac{1}{3}[G:\Gamma], \tag{18}$$

where $G = \mathbf{SL}_2(\mathbf{Z})/\{1, -1\}$.

We have denoted the open neighborhoods of the resolved quotient singularities and cusps singularities by $N_\nu (1 \leqq \nu \leqq s+t)$ where s is the number of quotient singularities and t the number of cusp singularities in the surface $\overline{\mathfrak{H}^2/\hat{G}}(\mathfrak{o}_K, \mathfrak{B})$ or $\overline{\mathfrak{H}^2/G}(\mathfrak{o}_K, \mathfrak{B})$ which has Y as non-singular model. The first Chern class of N_ν can be represented by a differential form $\tilde{\gamma}_1{}^{(\nu)}$ with compact support in N_ν in such a way that $\tilde{\gamma}_1 + \sum \tilde{\gamma}_1{}^{(\nu)}$ represents the first Chern class of Y. By Poincaré duality in N_ν each $\tilde{\gamma}_1{}^{(\nu)}$ corresponds to a linear combination with rational coefficients of the curves into which the singularity was blown up. This linear combination will be called the Chern divisor of the singularity and denoted by $c_1{}^{(\nu)}$. It follows that

$$c_1[F] = 2\int_{\mathfrak{H}/\Gamma} \omega + \sum_{\nu=1}^{s+t} c_1^{(\nu)} \cdot F \tag{19}$$

We denote the curves of the minimal resolution of a singularity by S_j.

For a quotient singularity the Chern divisor equals $\sum a_j S_j$ where the rational numbers a_j are determined by the linear equations

$$\sum_j (S_i \cdot S_j)\, a_j = 2 + S_i \cdot S_i \tag{20}$$

This follows by the adjunction formula, since all the S_i are rational and non-singular. In some cases we have calculated the numbers a_j at the end of 3.3. For any quotient singularity of type $(p; 1, q)$ the matrix $(S_i \cdot S_j)$ equals

$$\begin{bmatrix} -b_1 & 1 & 0 & \cdots & & 0 \\ 1 & -b_2 & 1 & 0 & \cdots & \vdots \\ 0 & 1 & \ddots & & & \vdots \\ \vdots & & & \ddots & & \vdots \\ \vdots & & & & \ddots & 1 \\ 0 & \cdots & & & 1 & -b_r \end{bmatrix} \qquad \begin{aligned} & b_i \geqq 2 \\ & b_i = -S_i \cdot S_i \end{aligned}$$

where $p/q = [[b_1, \ldots, b_r]]$, (see [35], 3.4).

The inverse of this matrix has only non-positive entries. Since $2 + S_i \cdot S_i = 2 - b_i \leqq 0$, we have $a_j \geqq 0$.

For a cusp singularity the Chern divisor equals $\sum S_j$, (see 3.2 (9)). Therefore, in (19) all the terms $c_1^{(\nu)} \cdot F$ are non-negative.

Every cusp of $\mathfrak{H}/\Gamma$, the non-singular model of F, maps under $\overline{\mathfrak{H}/\Gamma} \to Y$ to a point on some curve in the Chern divisor of a cusp singularity. This intersection point gives at least the contribution 1 in (19).

Let $a_r(\Gamma)$ be defined as in 1.6. If an element γ of Γ has order r, then (since $\Gamma \subset \hat{G}(\mathfrak{o}_K, \mathfrak{b})$ or $\Gamma \subset G(\mathfrak{o}_K, \mathfrak{b})$) we have a quotient singularity of type $(r; 1, 1)$ whose Chern divisor intersects F in a point coming by $\mathfrak{H} \to \mathfrak{H}/\Gamma \to F$ from a point z of $\mathfrak{H}$ whose isotropy group is generated by γ. The Chern divisor contains in this case just one curve S and equals $\dfrac{r-2}{r} S$, (see the end of 3.3).

If we denote by $\sigma(\Gamma)$ the number of cusps of $\overline{\mathfrak{H}/\Gamma}$ we get by (19) the estimate

$$c_1[F] \geqq 2 \int_{\mathfrak{H}/\Gamma} \omega + \sum_{r \geqq 2} \frac{r-2}{r} a_r(\Gamma) + \sigma(\Gamma) \tag{20}$$

The Euler number of the non-singular model $\overline{\mathfrak{H}/\Gamma}$ of F is given by the classical formula

$$e(\overline{\mathfrak{H}/\Gamma}) = \int_{\mathfrak{H}/\Gamma} \omega + \sum_{r \geqq 2} \frac{r-1}{r} a_r(\Gamma) + \sigma(\Gamma), \tag{21}$$

which follows from 1.6 (21), because $\sigma(\Gamma)$ points are attached to $\mathfrak{H}/\Gamma$ by the compactification. By (20) and (21)

$$c_1[F] \geqq 2e(\overline{\mathfrak{H}/\Gamma}) - \sum_{r \geqq 2} a_r(\Gamma) - \sigma(\Gamma) \tag{22}$$

The right side of (20) is defined for any discrete subgroup of type (F) which is equivalent in this case to $\mathfrak{H}/\Gamma$ having a finite volume.

Definition:

$$\begin{aligned} c_1(\Gamma) &= 2 \int_{\mathfrak{H}/\Gamma} \omega + \sum_{r \geqq 2} \frac{r-2}{r} a_r(\Gamma) + \sigma(\Gamma) \\ &= 2e(\overline{\mathfrak{H}/\Gamma}) - \sum_{r \geqq 2} a_r(\Gamma) - \sigma(\Gamma). \end{aligned}$$

If Γ is the Klein-Fricke group $\Gamma_0(N)$ divided by $\{1, -1\}$ we shall write $c_1(N)$ for $c_1(\Gamma)$ and also $a_r(N)$ for $a_r(\Gamma)$ and $\sigma_0(N)$ for $\sigma(\Gamma)$. The numbers $a_r(N)$ vanish for $r > 3$. There are well-known formulas for $[\mathbf{SL}_2(\mathbf{Z}) : \Gamma_0(N)]$, for $a_r(N)$ and $\sigma_0(N)$, (see, for example, [70], p. 24). The Euler number $e(\overline{\mathfrak{H}/\Gamma_0(N)})$ will be written as $2 - 2g_0(N)$. By (21) there is a formula for $g_0(N)$ which implies (as Helling has shown recently [32])

$$g_0(N) = 0 \Leftrightarrow N = 1, 2, 3, 4, 5, 6, 7, 8, 9, 10, 12, 13, 16, 18, 25 \tag{23}$$

$$g_0(N) = 1 \Leftrightarrow N = 11, 14, 15, 17, 19, 20, 21, 24, 27, 32, 36, 49$$

Compare [13] where the values of $g_0(N)$, $a_r(N)$ and $\sigma_0(N)$ are tabulated for $N \leqq 1\,000$. Therefore, we can write down easily a list of $c_1(N)$ for the *rational and elliptic* curves $\mathfrak{H}/\Gamma_0(N)$ (see (23)):

(24)

$g_0(N) = 0$

N	1	2	3	4	5	6	7	8	9	10	12	13	16	18	25
$c_1(N)$	1	1	1	1	0	0	0	0	0	−2	−2	−2	−2	−4	−4

$g_0(N) = 1$

N	11	14	15	17	19	20	21	24	27	32	36	49
$c_1(N)$	−2	−4	−4	−4	−4	−6	−6	−8	−6	−8	−12	−10

4.4. We want to prove that the Hilbert modular surfaces are rational in some cases. An algebraic surface is rational if and only if it is birationally equivalent to the complex projective plane, or equivalently if the field of meromorphic functions on the surface is a purely transcendental extension of the field of complex numbers of degree 2.

Let S be a non-singular algebraic surface and K a canonical divisor of S. The "complete linear system" $|mK|$ of all non-negative divisors D which are linearly equivalent to mK is a complex projective space whose dimension is denoted by $P_m - 1$. The numbers $P_m\,(m \geqq 1)$ are the plurigenera of the surface S (see, for example, [64] and [36], p. 151).

We have $P_1 = g_2$ (see 3.6). The equality $P_m = 0$ means, that $|mK|$ is empty. The numbers $P_m\,(m \geqq 1)$ are birational invariants. They vanish for rational surfaces.

Castelnuovo's criterion ([46], Part IV):

A non-singular connected algebraic surface S is rational if and only if $g_1 = P_2 = 0$.

Remark. Clearly, $P_2 = 0$ implies $g_2 = 0$. There are algebraic surfaces with $g_1 = g_2 = 0$ which are not rational (Enriques' surfaces with $g_1 = g_2 = 0$ and $P_2 = 1$, see [64]). The condition $g_1 = g_2 = 0$ is equivalent to $g_1 = 0$ and $\chi(S) = 1$ (see 3.6). For Hilbert modular surfaces $g_1 = 0$ (see the lemma in 3.6). Up to now all Hilbert modular surfaces and similar surfaces (see § 5) with $\chi(S) = 1$ have turned out to be rational. The number P_m of a non-singular model of $\overline{\mathfrak{H}^2/\Gamma}$ equals the dimension of the vector space of those cusp forms of weight m which can be extended holomorphically to the non-singular model. Therefore $P_m \leqq \dim \mathfrak{S}_\Gamma(m)$. The calculation of P_m seems to be a very difficult problem.

We shall base everything on Castelnuovo's criterion, not worrying whether in a systematic exposition of the theory of algebraic surfaces some results would have to be presented before this criterion. The following theorem is an immediate consequence of Castelnuovo's criterion.

THEOREM. *Let S be a non-singular connected algebraic surface with* $g_1 = 0$. *Let* c_1 *be the first Chern class of S and K a canonical divisor of S. If D is an irreducible curve in S with* $c_1[D] = -K \cdot D > 0$ *and* $D \cdot D \geqq 0$, *then S is rational.*

Proof. We show that $P_m = 0$ for $m \geqq 1$.
If $A \in |mK|$, then

$$A = aD + R, \quad \text{where} \quad a \geqq 0,\ R \cdot D \geqq 0.$$

Therefore,

$$mK \cdot D = aD \cdot D + R \cdot D \geqq 0$$

which is a contradiction. Thus mK is empty.

COROLLARY I. *Let S be a non-singular connected algebraic surface with* $g_1 = 0$. *Let* c_1 *be the first Chern class of S and K a canonical divisor of S. If D is an irreducible curve on S with* $c_1[D] \geqq 2$, *then S is rational. If D is an irreducible curve on S with* $c_1[D] \geqq 1$ *which has at least one singular point or which is not a rational curve, then S is rational.*

Proof. By the adjunction formula (0.6)

$$c_1[D] - D \cdot D = - K \cdot D - D \cdot D$$

equals the Euler number $e(\tilde{D})$ of the non-singular model $\tilde{D}$ of D minus contributions coming from the singular points of D which are positive and even for each singular point. Thus

$$c_1[D] - D \cdot D \leqq e(\tilde{D}) \leqq 2$$

and

$$c_1[D] - D \cdot D \leqq 0,$$

if D has a singular point or is not rational. Therefore, the assumptions in the corollary imply $D \cdot D \geqq 0$.

COROLLARY II. *Let S be a non-singular connected algebraic surface with $g_1 = 0$. Let c_1 be the first Chern class of S. Suppose that S is not a rational surface. If D is an irreducible curve on S with $c_1[D] = - K \cdot D = 1$, then D is rational and does not have a singular point. Furthermore, $D \cdot D = - 1$.*

A non-singular rational curve E on a non-singular surface S which satisfies $E \cdot E = - 1$ (or equivalently $c_1[E] = 1$) is called an exceptional curve (of the first kind). It can be blown down to a point:

In a natural way, S/E is again an algebraic surface ([64], p. 32). The surfaces S and S/E are birationally equivalent.

If c_1 is the first Chern class of S and $\tilde{c}_1$ the first Chern class of S/E, then for any irreducible curve D in S and the image curve $\tilde{D}$ in S/E we have

$$\tilde{c}_1[\tilde{D}] = c_1[D] + D \cdot E \tag{25 a}$$

This is true because $c_1 = \pi^*\tilde{c}_1 - e$, where $\pi : S \to S/E$ is the natural map and $e \in H^2(S, \mathbf{Z})$ the cohomology class corresponding to E under Poincaré duality.

If D is non-singular and $D \cdot E = 1$, then $\tilde{D}$ is also non-singular and by (25 a) and the adjunction formula

$$D \cdot D = \tilde{D} \cdot \tilde{D} - 1 \tag{25 b}$$

COROLLARY III. *Let S be a non-singular algebraic surface with $g_1 = 0$ which is not rational. If E_1, E_2 are two different exceptional curves of the first kind, then E_1, E_2 do not intersect.*

Proof. We have $c_1 [E_1] = 1$. If we blow down E_2, then in S/E_2 (first Chern class $\tilde{c}_1$)

$$\tilde{c}_1(\tilde{E}_1) = 1 + E_1 \cdot E_2$$

Therefore, by Corollary I, $E_1 \cdot E_2 = 0$ and thus $E_1 \cap E_2 = \emptyset$.

4.5. Let G be the Hilbert modular group for $K = \mathbf{Q}(\sqrt{d})$, d square free. If we resolve all singularities in $\overline{\mathfrak{H}^2/G}$ (minimal resolutions) we get a non-singular algebraic surface $Y(d)$ which in 4.1 was denoted by $Y(\mathfrak{o}_K, \mathfrak{B})$ where $\mathfrak{B}$ is here the ideal class of principal ideals$(\lambda) \subset \mathfrak{o}_K$ with $\lambda > 0$, $\lambda' > 0$. If λ is not divisible by a natural number > 1, we can consider the curve

$$z_1 = \lambda\zeta, \; z_2 = \lambda'\zeta \quad (\zeta \in \mathfrak{H}) \tag{26}$$

which according to (7) gives one of the (one or two) irreducible components of the curve $D((\lambda))$ in $Y(d)$. If we replace λ by λ' we get the same curve. Namely, our curve can also be written as

$$z_1 = \lambda\left(-\frac{1}{\lambda\lambda'\zeta}\right), \quad z_2 = \lambda'\left(-\frac{1}{\lambda\lambda'\zeta}\right), \zeta \in \mathfrak{H}, \tag{27}$$

because $\zeta \mapsto -\dfrac{1}{\lambda\lambda'\zeta}$ is an automorphism of $\mathfrak{H}$.

If we apply the element $z_j \mapsto -\dfrac{1}{z_j}$ of G to (27) we get

$$z_1 = \lambda'\zeta, \quad z_2 = \lambda\zeta, \zeta \in \mathfrak{H}. \tag{28}$$

We consider the involution $(z_1, z_2) \mapsto (z_2, z_1)$ on $\mathfrak{H}^2$ which induces an involution T on $\overline{\mathfrak{H}^2/G}$ and hence on $Y(d)$, because the minimal resolutions are canonical. (26) and (28) show that our curve is carried over to itself by T.

The cusp at ∞ of $\overline{\mathfrak{H}^2/G}$ admits a resolution:

We have to take the primitive cycle or twice the primitive cycle of the reduced quadratic irrationality w_0 such that $\mathbf{Z}w_0 + \mathbf{Z} \cdot 1 = \mathfrak{o}_K$:

$$(29) \qquad w_0 = [\sqrt{d}] + 1 + \sqrt{d} \qquad \text{for } d \equiv 2, 3 \bmod 4$$
$$w_0 = \tfrac{1}{2}(\{\sqrt{d}\} + \sqrt{d}) \qquad \text{for } d \equiv 1 \bmod 4$$

where $\{\sqrt{d}\}$ denotes the smallest odd number greater than $\sqrt{d}$. We have $(w_1^{-1})' = w_0$, (see 4.2) and therefore (2.3 (13)) for the continued fraction of w_0:

$$(30) \quad w_{-k} = w_k,\ b_k = b_{-k},\ M_k = M_{-k},\ N_k = N_{-k},\ (w_k^{-1})' = w_{-k+1}$$

If r is the length of the cycle, then for w_k, b_k, M_k, N_k the index k can be taken mod r. However, for the curves S_k we have to consider k modulo r or modulo $2r$.

We note

$$(31) \quad b_0 = M_0 = 2([\sqrt{d}] + 1),\ N_0 = 1,\ N_1 = ([\sqrt{d}] + 1)^2 - d \qquad \text{for } d \equiv 2, 3 \bmod 4$$

$$(32) \quad b_0 = M_0 = \{\sqrt{D}\},\ N_0 = 1,\ N_1 = \frac{1}{4}(\{\sqrt{d}\}^2 - d) \qquad \text{for } d \equiv 1 \bmod 4$$

For any characteristic $(k \mid p, q)$ we have one or two curves (26) in the Hilbert modular surface $Y(d)$. Compare the theorem in 4.1. Let D be such a curve. Suppose

$$(33) \qquad N = N(\lambda) = p^2 N_{k-1} + pq\, M_k + q^2 N_k \not\equiv 0 \mod d,$$

then the non-singular model of D is $\mathfrak{H}/\Gamma_0(N)$. Suppose also $N > 1$. Then the curve D intersects the Chern divisor $\cup\, S_j$ of the resolution at least twice, the intersection points correspond to the cusp at ∞ and at 0 of $\mathfrak{H}/\Gamma_0(N)$ which are different cusps for $N > 1$. By applying the theorem in 4.1 to the curves (26) and (28) which both represent D we see by (11) that the two intersection points are of characteristic $(k \mid p, q)$ and $(-k+1 \mid q, p)$. The involution T maps S_k to S_{-k} and interchanges the two intersection points. If the characteristic is $(k \mid 0, 1)$, then the symmetric one is $(-k+1 \mid 1, 0) = (-k \mid 0, 1)$. If (33) is satisfied, then

$$c_1[D] \geqq c_1(N), \quad \text{see (24)},$$

because the non-singular model of D is $\overline{\mathfrak{H}/\Gamma_0(N)}$.

Since the intersection number of $u^q - v^p = 0$ and $uv = 0$ equals $p + q$, the intersection number of D and the Chern divisor $\sum S_j$ is $\geqq p + q$ in each of the two intersection points and therefore

$$c_1[D] \geqq c_1(N) + 2(p+q-1) \tag{34}$$

Because of 4.4 (Corollary I) we have the following theorem.

THEOREM. *Let $K = \mathbf{Q}(\sqrt{d})$, d square free, and G the Hilbert modular group. Consider the continued fraction for w_0 (see* (29)*) and the corresponding numbers M_k, N_k (see* 4.2*). We look at the following representations of natural numbers N:*

$$N = p^2 N_{k-1} + pq M_k + q^2 N_k \tag{35}$$

(for some k and for relative prime natural numbers p, q).

If N is represented as in (35), *if $N \not\equiv 0 \bmod d$ and $N > 1$, then*

$$c_1(N) + 2(p+q-1) < 2$$

or the Hilbert modular suface $\overline{\mathfrak{H}^2/G}$ is rational.

$N_{-1} + M_0 + N_0$ equals 7 for $d = 2{,}21$, it equals 8 for $d = 17$, it equals 9 for $d = 7{,}13$ (see 4.2 or recall that $N_{-1} = N_1$ and use (31), (32)). For $d = 3$, we have $13 = 4N_1 + 2M_0 + N_0$. For $d = 5$, we have $11 = 4N_1 + 2M_0 + N_0$. For these d we get $c_1(N) + 2(p+q-1) = 2$ (see (24)). Thus the Hilbert modular surface is rational in these cases.

For $d = 6, 15, 33$ a more refined argument is needed. Actually, the theorem throws away some information, because we have only used two cusps of $\overline{\mathfrak{H}/\Gamma_0(N)}$, $(N>1)$. If N is not a prime, then $\overline{\mathfrak{H}/\Gamma_0(N)}$ has more cusps. This is relevant for $d = 15$: There are two cusps of the Hilbert modular surface which are of equal type (3.9). We have $10 = N_{-1} + M_0 + N_0$. The curve $\overline{\mathfrak{H}/\Gamma_0(10)}$ has 4 cusps. One can prove that the intersection of D with the Chern cycles of the two cusps of the Hilbert modular surface looks as follows (in this case the curve $D(\mathfrak{b})$ of theorem 4.1 is irreducible)

(35)

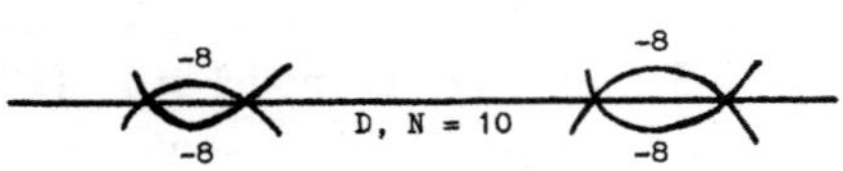

Therefore

$$c_1[D] \geqq c_1(10) + 4 = 2.$$

For $d = 6$ we have a diagram

(37)

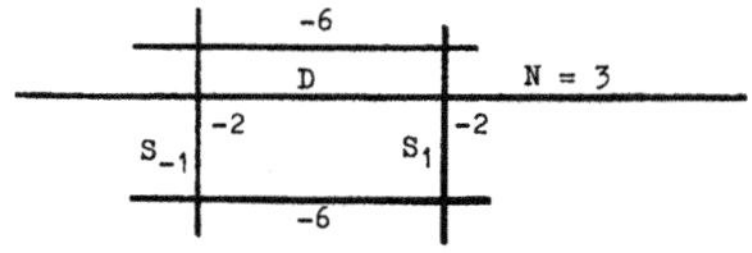

Again the curve $D = D(\mathfrak{b})$ of the theorem in 4.1 is irreducible.

For the curve D we have $c_1[D] \geqq c_1(N) = 1$. Thus the surface $Y(6)$ is rational or D is an exceptional curve of the first kind. If D is exceptional, then we blow it down. The images of S_1 and S_{-1} become exceptional curves which intersect each other. Thus $Y(6)$ is rational by Corollary III in 4.4. We could have also used $N = 10$. The corresponding curve goes through the 4 corners of diagram (37).

For $d = 33$, the same argument works using $N = 4$.

We have proved

THEOREM. *Let $K = \mathbf{Q}(\sqrt{d})$, d square free, and G the Hilbert modular group, then $\overline{\mathfrak{H}^2/G}$ is rational for $d = 2, 3, 5, 6, 7, 13, 15, 17, 21, 33$.*

For $d = 3$ we consider also $\overline{(\mathfrak{H} \times \mathfrak{H}^-)/G}$. The non-singular model is $Y(\mathfrak{o}_K, \mathfrak{B})$ where $\mathfrak{B}$ is now the ideal class of all ideals (λ) with $\lambda\lambda' < 0$. The resolution of the cusp at infinity is

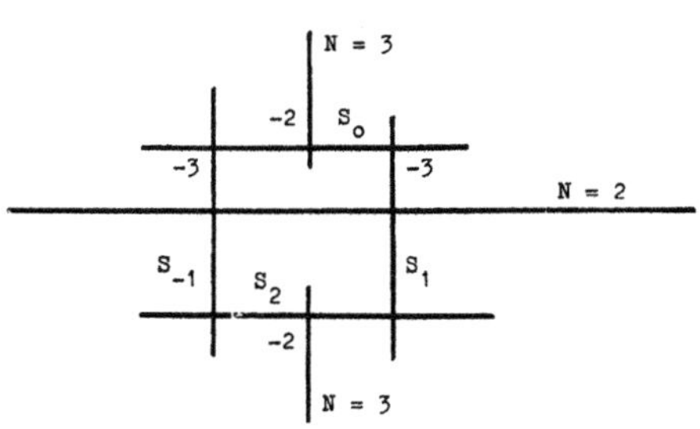

We have one curve with $N = 2$ (non-singular model $\mathfrak{H}/\Gamma_0(2)$) and two curves with $N = 3$ (non-singular model $\overline{\mathfrak{H}/\Gamma^*(3)}$).

If $\Gamma = \Gamma^*(3)/\{1, -1\}$, then $e(\overline{\mathfrak{H}^2/\Gamma}) = 2$, $a_2(\Gamma) = a_6(\Gamma) = 1$, all other $a_r(\Gamma) = 0$, $\sigma(\Gamma) = 1$. Thus

$$c_1(\Gamma^*(3)) = 4 - 2 - 1 = 1$$

Either the surface is rational, or the three curves with $N = 2, 3$ can be blown down. Then S_0 can be blown down and S_1 and S_{-1} give two exceptional curves which intersect in two points. Thus the surface is rational.

Observe that in general the rationality of $Y(\mathfrak{o}_K, \mathfrak{B})$ implies the rationality of $\hat{Y}(\mathfrak{o}_K, \mathfrak{B})$ (Lüroth's theorem [64], Chap. III, § 2). We could show this directly by using our curves in $\hat{Y}(\mathfrak{o}_K, \mathfrak{B})$.

Exercise. Let $K = \mathbf{Q}(\sqrt{69})$. Calculate the arithmetic genera of $\overline{\mathfrak{H}^2/G}$ and $\overline{\mathfrak{H}^2/\hat{G}}$. Prove that the surface $\overline{\mathfrak{H}^2/\hat{G}}$ is rational !

In all cases where we know that the arithmetic genus equals 1 *we have proved rationality.*

§ 5. The symmetric Hilbert modular group for primes $p \equiv 1 \bmod 4$

5.1. Let S be a compact connected non-singular algebraic surface. The fixed point set D of a holomorphic involution T of S (different from the identity) consist of finitely many isolated fixed points $P_1, \ldots, P_r$ and a disjoint union of connected non-singular curves $D_1, \ldots, D_s$.

If there are no isolated fixed points P_j, then S/T is non-singular and the arithmetic genera of S and S/T are related by the formula

$$\chi(S/T) = \frac{1}{2}\left(\chi(S) + \frac{1}{4}c_1[D]\right) \tag{1}$$

where $D = \sum D_i$ and c_1 is the first Chern class of S (see [40], § 3).

Furthermore, if F is a curve on S (not necessarily irreducible) with $T(F) = F$ and F not contained in D and if $\tilde{F}$ is the image curve on S/T, then

$$\tilde{c}_1[\tilde{F}] = \tfrac{1}{2}(c_1[F] + F \cdot D), \quad \text{where } \tilde{c}_1 = \text{first Chern class of } S/T. \tag{2}$$

Proof. If $\pi : S \to S/T$ is the natural projection, then $c_1 = \pi^* \tilde{c}_1 - d$ where $d \in H^2(S, \mathbf{Z})$ is the Poincaré dual of the branching divisor D. Thus

$$(c_1 + d)[F] = \tilde{c}_1[2\tilde{F}].$$

5.2. Let p be a prime $\equiv 1 \bmod 4$. We consider the field $K = \mathbf{Q}(\sqrt{p})$ and its Hilbert modular group G. We make these restrictions throughout § 5 though some of our results are valid more generally.

The involution $(z_1, z_2) \mapsto (z_2, z_1)$ induces an involution T of $\mathfrak{H}^2/G$ and of $\overline{\mathfrak{H}^2/G}$. As mentioned before (4.5), it can be lifted to an involution T of our non-singular model $Y(p)$ because this was obtained by the canonical minimal resolution of all singularities in $\overline{\mathfrak{H}^2/G}$.

We shall study the algebraic surface $Y(p)/T$ (the isolated fixed points of T give rise to quotient singularities of type $(2; 1, 1)$ of this surface), calculate its arithmetic genus and determine for which p the surface is rational (see [39], [40]).

Equivalently we can consider the *symmetric Hilbert modular* group G_T which is an extension of index 2 of G by the involution $(z_1, z_2) \mapsto (z_2, z_1)$ and study $\mathfrak{H}^2/G_T$:

The surface $Y(p)/T$ (with the quotient singularities resolved) is a non-singular model of the compactification of $\mathfrak{H}^2/G_T$.

5.3. The field K has a unit of negative norm. Therefore, the groups G and $\hat{G}$ coincide (1.7) .The class number of K is odd. The ideal class groups C and C^+ are equal and the homomorphism Sq in 3.7 (42) is an isomorphism. Therefore for any ideal $\mathfrak{b} \subset \mathfrak{o}_K$ we can find a matrix $A \in \mathbf{GL}_2^+(K)$ (see 1.3) such that

$$A^{-1}\,\mathbf{SL}_2(\mathfrak{o}_K)\,A = \mathbf{SL}_2(\mathfrak{o}_K, \mathfrak{b}) \tag{3}$$

(see 3.7 (40) and 4.1 (7)). If A_1, A_2 are matrices satisfying (3), then, for $B = A_1 A_2^{-1} = \left(\begin{smallmatrix} a & b \\ c & d \end{smallmatrix}\right)$, we have $B\mathbf{SL}_2(\mathfrak{o}_K)\,B^{-1} = \mathbf{SL}_2(\mathfrak{o}_K)$.

Proposition.

If $B \in \mathbf{GL}_2^+(K)$ *and* $B\,\mathbf{SL}_2(\mathfrak{o}_K)\,B^{-1} = \mathbf{SL}_2(\mathfrak{o}_K)$, *then*

$$\sqrt{\det B} \in K, \frac{1}{\sqrt{\det B}} \cdot B \in \mathbf{SL}_2(\mathfrak{o}_K) \tag{4}$$

Proof (compare Maaß [54]). Put $h^2 = \det B$. We may assume that B is an integral matrix. Since

$$\mathbf{SL}_2(\mathfrak{o}_K) \ni B\left(\begin{smallmatrix} 1 & 1 \\ 0 & 1 \end{smallmatrix}\right) B^{-1} = \begin{pmatrix} 1 - ac/h^2 & a^2/h^2 \\ -c^2/h^2 & 1 + ac/h^2 \end{pmatrix}$$

and a similar formula holds for $B\left(\begin{smallmatrix}1&0\\1&1\end{smallmatrix}\right)B^{-1}$, we see that $\frac{1}{h}B$ has coefficients which are algebraic integers. Thus the ideal (a, c) of $\mathfrak{o}_K$ consists exactly of those elements x in $\mathfrak{o}_K$ such that x/h is an algebraic integer. This implies that $(a, c)^2$ equals the principal ideal $(\det B)$. In our case, the ideal class group has odd order. Thus (a, c) is principal and $\det B$ multiplied with a totally positive unit is a square in $\mathfrak{o}_K$. But every totally positive unit is a square of a unit. Therefore $h \in \mathfrak{o}_K$. For the algebraic number theory needed, see [30], § 37.

An ideal is called *admissible* if it is not divisible by any natural number > 1. For any admissible ideal $\mathfrak{b} \subset \mathfrak{o}_K$ we have (4.1) a curve $C(\mathfrak{b})$ on $Y(\mathfrak{o}_K, \mathfrak{b}) = \hat{Y}(\mathfrak{o}_K, \mathfrak{b})$. In view of (3) we have a curve (which we also call $C(\mathfrak{b})$) on our Hilbert modular surface $Y(p)$. The curve is given in $\mathfrak{H}^2/G$ by

$$z_1 = A\zeta,\ z_2 = A'\zeta,\ \zeta \in \mathfrak{H}. \tag{5}$$

Because of (4) it does not depend on the choice of A. (Multiplication of A from the left by an element of $\mathbf{SL}_2(\mathfrak{o}_K)$ does not change the curve.)

We can also say that the surfaces $\mathfrak{H}^2/\mathbf{SL}_2(\mathfrak{o}_K, \mathfrak{b})$ are canonically identified and the curves $C(\mathfrak{b})$ are the diagonals in the different representations of $\mathfrak{H}^2/G$ as $\mathfrak{H}^2/\mathbf{SL}_2(\mathfrak{o}_K, \mathfrak{b})$. If we change A by multiplying from the right by a rational matrix with positive determinant, we get the same curve, because we make just a change of the parameter $\zeta \in \mathfrak{H}$. This implies that $C(\mathfrak{b}_1) = C(\mathfrak{b}_2)$ if there exists a matrix $A_0 \in \mathbf{GL}_2^+(\mathbf{Q})$ such that $A_0\,\mathbf{SL}_2(\mathfrak{o}_K, \mathfrak{b}_1)\,A_0^{-1} = \mathbf{SL}_2(\mathfrak{o}_K, \mathfrak{b}_2)$.

Lemma I. If $\mathfrak{b}_1, \mathfrak{b}_2$ are admissible ideals in $\mathfrak{o}_K$, then the curves $C(\mathfrak{b}_1), C(\mathfrak{b}_2)$ coincide if and only if $N(\mathfrak{b}_1) = N(\mathfrak{b}_2)$.

Proof. If $N(\mathfrak{b}_1) = N(\mathfrak{b}_2) = N$, then put $d = N/N((\mathfrak{b}_1, \mathfrak{b}_2))$. We have $(d, N/d) = 1$, because the ideals are admissible. Thus there exists a *rational* matrix of determinant d of the form

$$A_0 = \begin{pmatrix} \alpha_0 d & \beta_1 \\ \gamma_0 & \delta_0 d \end{pmatrix},\ \gamma_0 \equiv 0 \bmod N \tag{6}$$

where $\alpha_0, \beta_1, \gamma_0, \delta_0$ are integers. (Such a matrix occurred in a related context in 4.1). Then, for any A_0 with these properties,

$$A_0\,\mathbf{SL}_2(\mathfrak{o}_K, \mathfrak{b}_1)\,A_0^{-1} = \mathbf{SL}_2(\mathfrak{o}_K, \mathfrak{b}_2)$$

which shows that the curves coincide. If the curves coincide, then the norms are equal. (We leave the proof to the reader.)

A natural number $N \geqq 1$ is called admissible (with respect to p) if it is the norm of an admissible ideal. The prime ideal theory of quadratic fields which we always have used tacitly yields the following lemma.

Lemma II. The natural number $N \geqq 1$ is admissible with respect to p if and only if N is not divisible by p^2 and not by any prime $q \neq p$ with $\left(\frac{q}{p}\right) = -1.$

Definition.

In view of Lemma I we have a well-defined curve for any admissible natural number N. This curve on the surface $Y(p)$ will be called F_N.

Lemma III. For the involution T of $Y(p)$ and any admissible N we have $T(F_N) = F_N$.

Proof. If $N = N(\mathfrak{b})$, then $F_N = C(\mathfrak{b})$ is given in $\mathfrak{H}^2/G$ by (5) where A is as in (3). Therefore $T(F_N)$ is the curve $z_1 = A'\zeta$, $z_2 = A\zeta$. But his is $C(\mathfrak{b}')$ which equals $C(\mathfrak{b})$ by lemma I.

Remark. If $N \not\equiv 0 \bmod p$, then $N((\mathfrak{b}, \mathfrak{b}')) = 1$ and the involution T on F_N can be given by the matrix $A_0 = \left(\begin{smallmatrix} 0 & -1 \\ N & 0 \end{smallmatrix}\right)$ (see (6)) if we lift T to the non-singular model $\overline{\mathfrak{H}/\Gamma_0(N)}$ of F_N. Thus $\overline{\mathfrak{H}/\Gamma_*(N)}$ is the non-singular model of F_N/T. (see 4.1). In particular, T is not the identity on F_N if $N \not\equiv 0 \bmod p$ and $N > 1$.

5.4. The curves F_1 and F_p (*considered as curves in* $\mathfrak{H}^2/G$) are the only curves which are fixed pointwise under T, (see [14] Part II, [62]). The curve F_p belongs to the ideal $(\sqrt{p}\, e_0)$ where e_0 is a unit of negative norm and can be given by $z_1 = \sqrt{p}\, e_0\zeta$, $z_2 = -\sqrt{p}\, e_0'\zeta$ or by $z_1 = e_0^2 z_2$.

The involution T acts on the quotient singularities of $\mathfrak{H}^2/G$. The description of this action [62] depends on the residue class of p mod 24. Therefore we define

(7) $$\begin{aligned} \varepsilon &= 1 \text{ for } p \equiv 1 \bmod 3, \ \varepsilon = 0 \text{ for } p \equiv 2 \bmod 3 \\ \delta &= 1 \text{ for } p \equiv 1 \bmod 8, \ \delta = 0 \text{ for } p \equiv 5 \bmod 8 \end{aligned}$$

In $\mathfrak{H}^2/G$ the following holds [62]: Of the $h(-4p)$ quotient singularities of order 2, half of them lie on F_p and not on F_1, and one of them lies on F_1 and F_p and is the only intersection point of F_1 and F_p in $\mathfrak{H}^2/G$. There are in addition δ quotient singularities of order 2 which are fixed under T. "They" lie neither on F_1 nor on F_p. The remaining order 2 singularities are interchanged pairwise under T. Of the $h(-3p)$ quotient singularities of order 3, exactly half of them are of type (3; 1, 2). They lie on F_p. There is one singularity of type (3; 1, 1) which lies on F_1 whereas ε such singularities lie on F_p. The remaining singularities of type (3; 1, 1) are interchanged pairwise. For $p = 5$, the two singularities of order 5 are interchanged under T. The involution T acts freely outside F_1, F_p and the quotient singularities. If we pass to the non-singular model $Y(p)$ of $\overline{\mathfrak{H}^2/G}$, we get the following configuration of curves. We omit the curves coming from the quotient singularities which are pairwise interchanged and only show the intersection behaviour outside of the resolved cusp singularities.

(8)

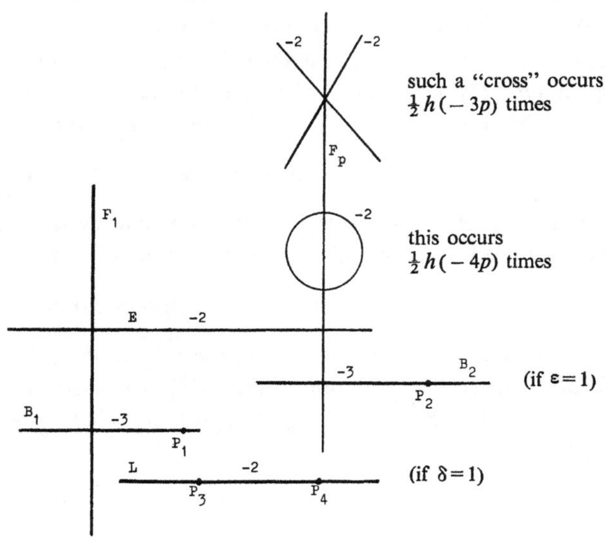

The curves F_1, F_p are pointwise fixed under the involution T of $Y(p)$, therefore they are non-singular curves on $Y(p)$. All curves in the diagram are non-singular and (except F_p) rational. F_p is rational if and only if $p = 5, 13, 17, 29, 41$ (see 5.7). The points P_1, and P_2 if $\varepsilon = 1$, and P_3, P_4

if $\delta = 1$ are the only isolated fixed points of T on $Y(p)$ outside the resolved cusp singularities.

The following lemma is easy to prove and very useful for deducing from Prestel's results [62] that the configuration on $Y(p)$ is as indicated in (8).

Lemma. If S is a compact complex manifold of dimension 2 and T an involution on S which carries the non-singular rational curve C over into itself, then T is the identity on C or T has exactly two fixed points P and Q on C. In the latter case the following holds:

If $C \cdot C$ is odd, then one of the points P, Q is an isolated fixed point of T, the other one is a transversal intersection point of C with one of the (non-singular) curves which are pointwise fixed under T. If $C \cdot C$ is even, then P and Q both are isolated fixed points of T or both are such transversal intersection points with a curve pointwise fixed under T.

The class number h of $K = \mathbf{Q}(\sqrt{p})$ is odd. There are h cusp singularities corresponding to the h ideal classes (see 3.7). The involution T on $\mathfrak{H}^2/G$ leaves one cusp fixed and interchanges the others pairwise. T maps the cusp of type (M, U^2) where M is a fractional ideal representing an ideal class to the cusp of type (M', U^2). If M is the $\mathbf{Z}$-module $\mathbf{Z} \cdot w + \mathbf{Z} \cdot 1$ (with $0 < w' < 1 < w$), then M' is strictly equivalent to $\mathbf{Z}\frac{1}{w'} + \mathbf{Z} \cdot 1$. The resolution of (M, U^2) is given by the primitive cycle of the purely periodic) continued fraction of w, the resolution of (M', U^2) by the primitive cycle of $\frac{1}{w'}$ which is the same cycle in opposite order. The involution on $Y(p)$ maps the cycle of curves in the resolution of (M, U^2) onto the cycle of curves in the resolution of (M', U^2). The fixed cusp is of type (M, U^2) where $M = \mathbf{Z}w_0 + \mathbf{Z} \cdot 1$ and where $w_0 = \frac{1}{2}(\{\sqrt{p}\} + \sqrt{p})$, see 4.5 (29). It is the cusp at ∞.

THEOREM. *The length r of the cycle of $w_0 = \frac{1}{2}(\{\sqrt{p}\} + \sqrt{p})$ is an odd number $r = 2t + 1$. The involution T on $Y(p)$ maps the curve S_k to the curve S_{-k}* (see 4.5). *The curve F_1 intersects S_0 transversally. It has the characteristic* $(0|\,0, 1)$. *The curve F_p intersects S_{-t} and S_t, it has the characteristic* $(-t|\,1, 1)$. *We put* $\{\sqrt{p}\} = 2a + 1$. *The intersection* *behaviour of the cycle of curves with F_1 and F_p is illustrated by the following diagram.*

(9)

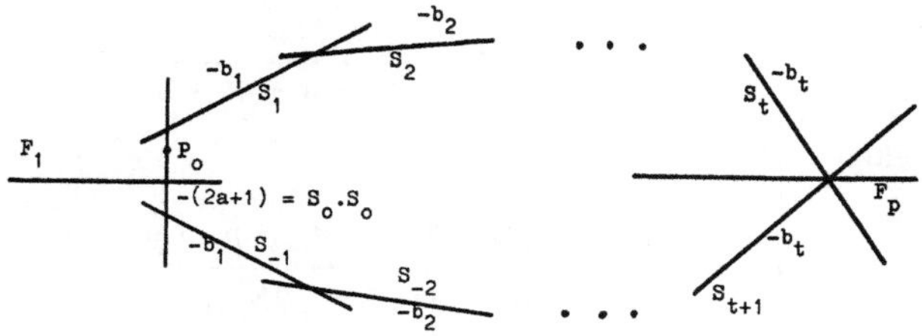

$$w_0 = [[2a+1, b_1, \ldots, b_t, b_t, \ldots, b_1]]$$

The point P_0 indicates an isolated fixed point of T. The points P_0, P_1, and P_2 (if $\varepsilon = 1$), and P_3, P_4 (if $\delta = 1$) are all the isolated fixed points of T. The curves F_1, F_p are the only one-dimensional components of the fixed point set.

Proof. As in 2.5 and 3.10 we denote ordinary continued fractions by $[a_0, a_1, a_2, \ldots]$. Then, since $a = \left[\frac{1+\sqrt{p}}{2}\right]$,

$$(10) \qquad w_0 = \frac{2a+1+\sqrt{p}}{2} = [2a, \overline{a_1, \ldots, a_m, a_m, \ldots, a_1, 2a-1}]$$

(See [60], § 30. Because there exists a unit of negative norm, the length of the primitive period in (10) is odd.)

If one applies the formula which transforms the continued fraction (10) into a continued fraction of our type (see 2.5 (19)) one has to go twice over the period in (10). We have

$$(11) \quad w_0 = [[\overline{2a+1, \underbrace{2, \ldots, 2}_{a_1-1}, \ldots, a_1+2, \underbrace{2, \ldots, 2}_{2a-2}, a_1+2, \ldots, \underbrace{2, \ldots, 2}_{a_1-1}}]]$$

Thus the length r of the primitive cycle of w_0 is odd ($r = 2t+1$). In fact, $t = a_1 + \ldots + a_m + a - 1$. Under the involution T only S_0 (self-intersection number $-(2a+1)$) is carried over into itself. *The only symmetric characteristics are* $(0|\,0, 1)$ *and* $(-t|\,1, 1)$. The existence of the isolated fixed point P_0 follows from the preceding lemma. Q.E.D.

For the number w_0 in (11) we wish to calculate w_{t+k} (where $k = 1, \ldots, a$), see 4.2. The continued fraction $[[\ldots]]$ of w_{t+k} begins with $a-k$ two's. Using again formula 2.5 (19) we obtain

$$0 - \frac{1}{w_{t+k}} = [-1, a-k+1, a_1, a_2, \ldots]$$

$$= \; -1 + \frac{1}{w_0 - a - k + 1}$$

which yields

$$w_{t+k} = \frac{\sqrt{p} - (2k-3)}{\sqrt{p} - (2k-1)} = \frac{M_{t+k} + \sqrt{p}}{2N_{t+k}}$$

where

(12) $$N_{t+k} = \frac{1}{4}(p - (2k-1)^2), \; M_{t+k} = 2N_{t+k} + (2k-1)$$

F_p has the characteristic $(-t|\,1, 1) = (t+1\,|\,1, 1)$ which was obtained in the above proof by a symmetry argument.

It follows also from the theorem in 4.1, because

$$N_{t+1} + N_t + M_t = N_{t+1} + N_{t+1} + M_{t+1} = 4N_{t+1} + 1 = p.$$

In view of (12) and the theorem in 4.1 we have the following proposition.

Proposition. On the Hilbert modular surface $Y(p)$ the cusp at ∞ gives the following configuration of curves $\left(a = \left[\frac{1+\sqrt{p}}{2}\right]\right)$

(13)

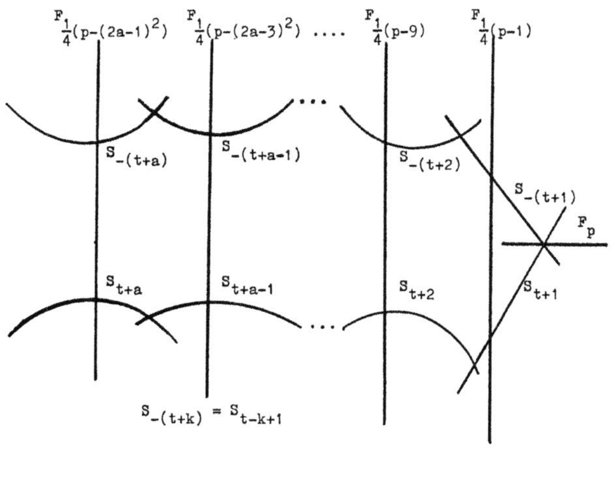

We have $S_{t+k} \cdot S_{t+k} = S_{-(t+k)} \cdot S_{-(t+k)} = -2$ *for* $1 \leqq k \leqq a-1$ *and* $S_{t+a} \cdot S_{-(t+a)} = -(a_1+2)$. *If* $p = (2a-1)^2 + 4$, *then* $S_{-(t+a)} = S_{t+a} = S_0$, *the curve* $F_{\frac{1}{4}(p-(2a-1)^2)}$ *equals* F_1 *and the diagram has to be changed accordingly. In this case we have*

$$w_0 = [2a, \overline{2a-1}] = [[\overline{2a+1, \underbrace{2, \dots, 2}_{2a-2}}]]$$

and

$$S_{t+a} \cdot S_{t+a} = S_0 \cdot S_0 = -(2a+1).$$

We do not claim that the F_N are non-singular and do not indicate their mutual intersections nor their intersections with F_p. The intersections indicated are transversal.

5.5. The curve F_1 on $Y(p)$ is non-singular. It follows from (8) and 4.3 that it is exceptional. In general, we do not know whether F_N is non-singular. In view of 4.3 (24) the curves F_2, F_3, F_4 are candidates for exceptional curves. In fact, it follows from Corollaries I, II in 4.4 that they are exceptional if $Y(p)$ is not rational. $Y(p)$ is rational if and only if $p = 5$, 13, 17. Thus we have

Lemma. If p is a prime $\equiv 1 \bmod 4$ *and* > 17, *then the curves* F_N *on the Hilbert modular surface* $Y(p)$ *are exceptional for* $N = 1, 2, 3, 4$ *provided* N *is admissible (see* 5.3*):*

We always have the curve F_1. *The curves* F_2, F_4 *exist for* $p \equiv 1 \bmod 8$. *The curve* F_3 *exists for* $p \equiv 1 \bmod 3$.

For the following discussion we assume $p > 17$. The curves F_1, E, B_1 in diagram (8) can be blown down successively. In view of corollary III in 4.4, the curves F_2, F_3, F_4 are disjoint and do not intersect any of the curves F_1, E, B_1. According to the lemma in 5.4 the curves F_2, F_3, F_4 pass through exactly one of the isolated fixed points of the involution T.

For F_3 the value $c_1\,[F_3]$ equals 1, therefore by 4.3 it meets in $\overline{\mathfrak{H}^2/G}$ exactly one quotient singularity of type (3; 1, 1), thus it must be the one which is fixed under T. It intersects B_2 (see (8)) only in P_2 and transversally because otherwise we would have $c_1\,[F_3] > 1$. The curve F_4 has the model $\overline{\mathfrak{H}/\Gamma_0(4)}$ which has three cusps. Therefore F_4 must intersect the curves of the resolved cusps of $\overline{\mathfrak{H}^2/G}$ in three points. One of them is fixed under T. Thus F_4 passes through P_0.

The curve F_2 passes through P_3 or P_4 in diagram (8), say P_3. It intersects L transversally in P_3 and does not intersect L in any other point, because otherwise L would give in the surface with F_2 blown down a curve $\hat{L}$ with $c_1[\hat{L}] \geqq 2$. The curves F_2, L can be blown down successively. Therefore L is disjoint to any exceptional curve different from F_2.

We have found an exceptional curve passing through P_0 only for $p \equiv 1 \bmod 8$. But there exists such a curve F for any $p > 17$.

For the cusp at ∞ we put as before $w_0 = \frac{1}{2}(\{\sqrt{p}\} + \sqrt{p}) = \frac{1}{2}(2a+1 + \sqrt{p})$. The involution T is given in the coordinate system (u_0, v_0) by

$$(u_0, v_0) \mapsto (u_0^{-1}, u_0^{-(2a+1)} \cdot v_0), \tag{14}$$

as follows from 2.3 (9). The isolated fixed point P_0 of T has the coordinates $(-1, 0)$. Thus it lies on the curve $F \subset Y(p)$ given by $u_0 = -1$ which can be presented in $\mathfrak{H} \times \mathfrak{H}$ by

$$z_1 = \zeta + \frac{w_0}{2}, \quad z_2 = \zeta + \frac{w_0'}{2}, \quad (\zeta \in \mathfrak{H}). \tag{15}$$

Let Γ be the subgroup of those matrices $\begin{pmatrix} \alpha & \beta \\ \gamma & \delta \end{pmatrix}$ of

$$\begin{pmatrix} 1 & -w_0/2 \\ 0 & 1 \end{pmatrix} \mathbf{SL}_2(\mathfrak{o}_K) \begin{pmatrix} 1 & w_0/2 \\ 0 & 1 \end{pmatrix}$$

which, when acting on $\mathfrak{H}^2$ carry the diagonal into itself. The curve $\overline{\mathfrak{H}/\Gamma}$ is a non-singular model of F. The group Γ is characterized by 4.1 (1), but the second condition is impossible. Thus Γ is the subgroup of $\mathbf{SL}_2(\mathbf{Q})$ of matrices $\begin{pmatrix} \alpha & \beta \\ \gamma & \delta \end{pmatrix}$ for which

$$\begin{pmatrix} \alpha + \gamma w_0/2 & -\alpha w_0/2 + \beta - \gamma w_0^2/4 + \delta w_0/2 \\ \gamma & \delta - \gamma w_0/2 \end{pmatrix}$$

is integral. Since $w_0, 1$ is a $\mathbf{Z}$-base of $\mathfrak{o}_K$, we get that α, δ are integers and γ is an even integer. We have

$$\begin{aligned} &-\alpha w_0/2 + \beta - \gamma w_0^2/4 + \delta w_0/2 = \\ &(-\alpha/2 - \gamma(2a+1)/4 + \delta/2)\, w_0 + \beta + \gamma((2a+1)^2 - p)/16 \end{aligned} \tag{16}$$

If $p \equiv 1 \bmod 8$, then β is an integer and $\alpha\delta - \beta\gamma = 1$ implies $\alpha \equiv \delta \bmod 2$ and $\gamma \equiv 0 \bmod 4$, because the coefficient of w_0 in (16) must be integral. Thus $\Gamma = \Gamma_0(4)$ in this case.

If $p \equiv 5 \bmod 8$, then $\Gamma_0(4) \subset \Gamma$. We put $\gamma = 2\gamma^*$ and $\beta = \beta^*/2$. Then γ^*, β^* are integers which are congruent modulo 2. We have $\alpha + \delta \equiv \gamma^* \bmod 2$.

The matrix $\left(\begin{smallmatrix} 1 & -\frac{1}{2} \\ 2 & 0 \end{smallmatrix}\right)$, whose third power is $\left(\begin{smallmatrix} -1 & 0 \\ 0 & -1 \end{smallmatrix}\right)$, satisfies these conditions. Γ is a normal extension of index 3 of $\Gamma_0(4)$. The three cusp of $\mathfrak{H}/\Gamma_0(4)$ are identified. $\overline{\mathfrak{H}/\Gamma}$ is a rational curve. Put $\tilde{\Gamma} = \Gamma/\{1, -1\}$. We have $a_3(\tilde{\Gamma}) = 2$ ($a_r(\tilde{\Gamma}) = 0$ otherwise) and $\sigma(\tilde{\Gamma}) = 1$.

Therefore $c_1(\tilde{\Gamma}) = 1$ (see the definition in 4.3), and the curve F is exceptional. It passes through the isolated fixed point P_0 of T. For $p \equiv 1 \bmod 8$, the curve F equals F_4 because two different exceptional curves do not intersect. We have $T(F) = F$.

We can now state the following proposition.

Proposition. If we blow down the curves F_1, E, B_1, F, and F_2, L (for $\delta = 1$), and F_3 (for $\varepsilon = 1$) on the surface $Y(p)$ for $p > 17$, then we obtain a non-singular algebraic surface $Y^0(p)$. The involution T is also defined on $Y^0(p)$. It does not have any isolated fixed point. The curve F_p has a non-singular image F_p^0 in $Y^0(p)$ which is the complete fixed point set of T.

5.6. If c_1 is again the first Chern class of $Y(p)$, then

$$c_1[F_p] = -\frac{p+1}{6} + \frac{\varepsilon}{3} + 2 \tag{17}$$

This follows from 4.3 (19), because $[\mathbf{SL}_2(\mathbf{Z}) : \Gamma_0(p)] = p + 1$ and $[\Gamma^*(p) : \Gamma_0(p)] = 2$. We further use (8) and (9).

Let us now assume that $Y(p)$ is not rational which is the case for $p > 17$. In $Y(p)$ we have blown down $3 + 1 + 2\delta + \varepsilon$ curves and obtained the surface $Y^0(p)$ on which T has the fixed point set F_p^0. Let c_1^0 be the first Chern class of $Y^0(p)$. Then

$$c_1^0[F_p^0] = -\frac{p+1}{6} + \frac{\varepsilon}{3} + 2 + 2 + 1 + 2\delta + \varepsilon. \tag{18}$$

This follows from 4.4 (25a) using that F, F_2, F_3 intersect F_p transversally in exactly one point (see the lemma in 5.4). By 5.1 (1) the number $c_1^0[F_p^0]$ must be divisible by 4. We have

$$\frac{1}{4}c_1^0[F_p^0] = -\left[\frac{p-29}{24}\right], \tag{19}$$

since $\frac{1}{4}\left(\frac{\varepsilon}{3} + 2\delta + \varepsilon\right) < 1$. The surface $Y^0(p)/T$ is a non singular model for the compactification of $\mathfrak{H}^2/G_T$ (see 5.2). The arithmetic genus of $Y^0(p)/T$ will be denoted by $\chi_T(p)$. In 3.12 we have given a formula for the arithmetic genus of $Y(p)$ which we shall call here $\chi(p)$. Then

$$\chi(p) = \frac{1}{2}\zeta_K(-1) + \frac{h(-4p)}{8} + \frac{1}{6}h(-3p), \tag{20}$$

where $K = \mathbf{Q}(\sqrt{p})$. By 5.1 (1) and (19) the arithmetic genera $\chi(p)$ and $\chi_T(p)$ are related by the formula [40]

$$\chi_T(p) = \frac{1}{2}\left(\chi(p) - \left[\frac{p-29}{24}\right]\right), \tag{21}$$

(compare [14], Part II, Satz 2).

This formula is also valid for $p = 5, 13, 17$. In these cases the surface $Y(p)$ and therefore also $Y^0(p)/T$ are rational and (21) reduces to $1 = \frac{1}{2}(1+1)$. It was shown in [40] that

$$\chi_T(p) > \frac{p^{3/2}}{1440} - \frac{p+1}{48} \qquad \text{(compare 3.12)},$$

and explicit calculations gave the result that $\chi_T(p) = 1$ for exactly 24 primes, namely for all primes ($\equiv 1 \bmod 4$) smaller than the prime 193 and for $p = 197, 229, 269, 293, 317$.

We wish to show in the next sections that the surfaces $Y^0(p)/T$ are rational for these primes. Since the rationality is already known for $p = 5, 13, 17$ it remains to consider 21 *primes.* Since the first Betti number of $Y(p)$ vanishes (3.6), the same holds for $Y^0(p)/T$. Thus the rationality criteria of 4.4 (Corollaries I, II, III) can be applied.

5.7. The curve F_N in $Y(p)$ (for an admissible natural number $N > 4$) projects down to a curve F_N^0 in $Y^0(p)$ and to a curve $F_N^* = F_N^0/T$ in $Y^0(p)/T$. If N is not divisible by p, then F_N^* has $\overline{\mathfrak{H}/\Gamma^*(N)}$ as non-singular model (see the remark in 5.3). We have a commutative diagram:

$$\begin{array}{ccccc} \overline{H/\Gamma_0(N)} & \to & F_N^0 & \subset & Y_0(p) \\ \downarrow & & \downarrow & & \downarrow \\ \overline{H/\Gamma_*(N)} & \to & F_N^* & \subset & Y_0(p)/T \end{array}$$

There is an involution τ on $\overline{\mathfrak{H}/\Gamma_0(N)}$ compatible with T and having $\overline{\mathfrak{H}/\Gamma_*(N)}$ as orbit space. Recall that F_p^0 is the fixed point set of T on $Y^0(p)$. Thus the intersection number $F_N^0 \cdot F_p^0$ is greater or equal to the number $\text{fix}(\tau)$ of fixed points of τ on $\overline{\mathfrak{H}/\Gamma_0(N)}$:

$$F_N^0 \cdot F_p^0 \geqq \text{fix}(\tau) = 2e(\overline{\mathfrak{H}/\Gamma_*(N)}) - e(\overline{\mathfrak{H}/\Gamma_0(N)}) \tag{22}$$

Let c_1^* be the first Chern class of $Y^0(p)/T$. By 5.1 (2) we get

$$c_1^*[F_N] = \tfrac{1}{2}(c_1^0[F_N^0] + F_N^0 \cdot F_p^0)$$

Since $c_1^0[F_N^0] \geqq c_1[F_N] \geqq c_1(N)$, see 4.3 and 4.4 (25a), the following estimate is obtained:

$$c_1^*[F_N^*] \geqq \tfrac{1}{2}c_1(N) + e(\overline{H/\Gamma_*(N)}) - \tfrac{1}{2}e(\overline{H/\Gamma_0(N)}) \tag{23}$$

The right side of (23) only depends on N. We shall denote it by $c_1^*(N)$ and have

$$c_1^*[F_N^*] \geqq c_1^*(N). \tag{24}$$

There are explicit formulas for the Euler numbers or equivalently the genera of the curves $\overline{\mathfrak{H}/\Gamma_*(N)}$, see [16], p. 357, and [13]. Helling [32] has shown that there are exactly 37 values $N \geqq 2$ for which $\overline{\mathfrak{H}/\Gamma_*(N)}$ is rational. (In [16], p. 367, Fricke omits the value $N = 59$). We shall give a list of the $c_1^*(N)$ for the 34 values $\geqq 5$.

By the definition of $c_1(N)$ we get:

If $\overline{\mathfrak{H}/\Gamma_*(N)}$ is rational, then (for $N \geqq 5$)

$$c_1^*(N) = 3 - g_0(N) - \tfrac{1}{2}(a_2(N) + a_3(N) + \sigma_0(N)). \tag{25}$$

Using [13] we obtain the following list:

$$e(\overline{\mathfrak{H}/\Gamma_*(N)}) = 2$$

(26)

N	5	6	7	8	9	10	11	12	13	14	15	16	17	18	19	20	21
$c_1^*(N)$	1	1	1	1	1	0	1	0	0	0	0	0	0	−1	0	−1	−1

N	23	24	25	26	27	29	31	32	35	36	39	41	47	49	50	59	71
$c_1^*(N)$	0	−2	−1	−2	−1	−1	−1	−2	−2	−4	−3	−2	−2	−3	−6	−3	−4

5.8. The curves F_N will be used for rationality proofs. Consider the diagram (13) for $p > 17$. We have $\frac{1}{4}(p-(2a-3)^2) \geqq 5$. It follows from 4.2 (15) that the exceptional curves F_1, F, F_2, F_3 do not intersect S_{t+k} and $S_{-(t+k)}$ for $1 \leqq k \leqq a-1$. These exceptional curves also do not meet S_{t+a} and $S_{-(t+a)}$ if $\frac{1}{4}(p-(2a-1)^2) \geqq 5$. In this case, the configuration (13) is not changed by passing to $Y^0(p)$. If we apply the involution T we get the following configuration on $Y^0(p)/T$.

(27)

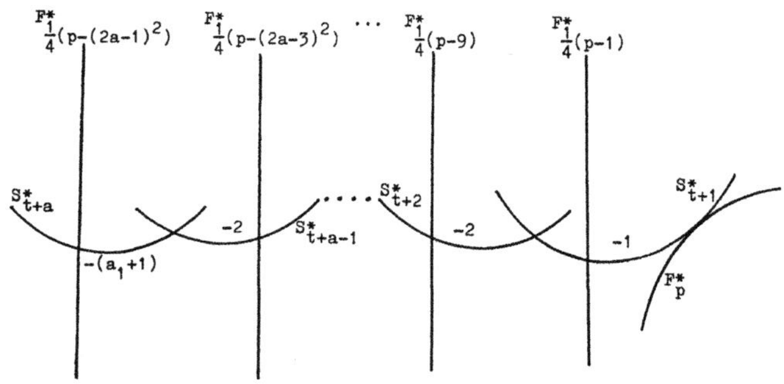

If $\frac{1}{4}(p-(2a-1)^2) < 5$, the diagram has to be changed. But the sub-diagram of (27) obtained by not showing $F^*_{\frac{1}{4}(p-(2a-1)^2)}$ and S^*_{t+a} exists on the surface $Y^0(p)/T$ for any $p > 17$.

We do not know whether the curves $F^*_{\frac{1}{4}(p-(2k-1)^2)}$ are non-singular and do not claim anything about their mutual intersection behaviour. The S^*_{t+k} are the image of S_{t+k} and $S_{-(t+k)}$. They are non-singular. The equation $S^*_{t+1} \cdot S^*_{t+1} = -1$ or equivalently $c_1^*[S^*_{t+1}] = 1$ follows from 5.1 (2). The curves S^*_{t+k} $(1 \leqq k \leqq a-1)$ can be blown down successively. Then $F^*_{(p-(2k-1)^2)/4}$ gives in the resulting surface a curve for which the value of the first Chern class of the new surface on this curve is greater or equal to $c_1^*(p-(2k-1)^2)/4) + a - k$.

Proposition. Let p be a prime $\equiv 1 \bmod 4$ *(and* $p > 17$*). The non-singular model* $Y^0(p)/T$ *for the symmetric Hilbert modular group is rational if there exists a natural number k with* $1 \leqq k \leqq a-1 = \left[\frac{\sqrt{p}-1}{2}\right]$ *such that*

$$c_1^*((p-(2k-1)^2)/4) + a - k \geqq 2$$

This is a consequence of corollary I in 4.4. For the above proposition one does not need any assumption about the genus of F_N where $N = \frac{1}{4}(p-(2k-1)^2)$. However, we shall try to get through using the N listed in 5.7 for which the curves F_N are rational.

The tables in 5.7 give immediately

$$c_1^*\left(\frac{p-1}{4}\right) + a - 1 \geqq 2$$

for $p = 29, 37, 41, 53, 61, 73, 97, 101, 109, 197$.

We find

$$c_1^*\left(\frac{p-9}{4}\right) + a - 2 \geqq 2$$

for $p = 89, 137, 293$.

For $p = 173$ we have

$$c_1^*\left(\frac{p-81}{4}\right) + a - 5 = c_1^*(23) + 7 - 5 = 2$$

For the remaining 7 primes 113, 149, 157, 181, 229, 269, 317 we shall try to use the following lemma.

Lemma. We keep the notations of the preceding proposition. Suppose there exist two natural numbers k_1, k_2 *with* $1 \leqq k_1 < k_2 \leqq a-1$ *such that*

$$c_1^*\left(\frac{p-(2k_i-1)^2}{4}\right) + a - k_i = 1 \qquad \textit{for } i = 1,2$$

Then $Y^0(p)/T$ *is rational.*

Proof. Blowing down $S_{t+1}^*, \ldots, S_{t+a-1}^*$ in $Y^0(p)/T$ gives a surface in which the images of $F_{N_i}^*$ $(N_i = (p-(2k_i-1)^2)/4,\ i = 1, 2)$ are exceptional curves or the surface is rational (4.4, Corollary II). If we have the two exceptional curves, then they intersect and the surface is rational by Corollary III in 4.4.

The assumptions of the lemma are true for $p = 113$ and $k_1 = 2$, $k_2 = 4$, for $p = 149$ and $k_1 = 4$, $k_2 = 5$, for $p = 157$ and $k_1 = 4$ and $k_2 = 5$, for $p = 181$ and $k_1 = 5$, $k_2 = 6$, for $p = 229$ and $k_1 = 6$, $k_2 = 7$, for $p = 317$ and $k_1 = 5$, $k_2 = 8$.

For $p = 269$ we have $a = 8$. The curve S^*_{t+8} has self-intersection number -3. It intersects F^*_{11}, since $11 = \frac{269 - 15^2}{4}$. Either the surface is rational or F^*_{11} is exceptional. If F^*_{11} is exceptional, then we blow down $F^*_{11}, S^*_{t+1}, \ldots, S^*_{t+8}$. The curve F^*_{47} $(k = 5)$ gives in the resulting surface $\tilde{Y}$ a curve $\tilde{D}$ with $\tilde{c}_1 [D] \geqq 2$ where $\tilde{c}_1$ is the first Chern class of $\tilde{Y}$.

We have proved the desired result.

THEOREM. *Let p be a prime $\equiv 1 \bmod 4$. Let G_T be the symmetric Hilbert modular group for $K = \mathbf{Q}(\sqrt{p})$. Then the surface $\overline{\mathfrak{H}^2/G_T}$ is rational, (or equivalently the field of meromorphic automorphic functions with respect to G_T is a purely transcendental extension of* $\mathbf{C}$*), if and only if $p < 193$ or $p = 197, 229, 269, 293, 317$.*

5.9. Example. If the prime $p \equiv 1 \bmod 4$ is of the form

$$p = (2a-1)^2 + 4,$$

then

$$w_0 = \frac{2a + 1 + \sqrt{p}}{2} = [[\overline{2a+1, \underbrace{2, \ldots, 2}_{2a-2}}]]$$

and we have in diagram (13) that $S_{t+a} = S_{-(t+a)} = S_0$. Since $(p - (2a-3)^2)/4 = 2a - 1$, the smallest admissible $N > 1$ which can be written in the form $x^2 N_k + xy M_k + y^2 N_{k-1}$ (with integers $x, y \geqslant 0$) equals $2a - 1$ (see 4.2 and 5.4 (12)). Any divisor d of $2a - 1$ is admissible. If d is a prime dividing $2a - 1$ and $1 < d < 2a - 1$, then the curve F_d has two cusps and does not pass through the cusp at ∞ of $\overline{\mathfrak{H}^2/G}$. Thus there must be other cusps of $\overline{\mathfrak{H}^2/G}$. We have proved

Proposition. If $p = (2a-1)^2 + 4$ (p prime) and if $2a - 1$ is not a prime, then $h(p) > 1$. (See [29], [51]).

The first example is $p = 229 = 15^2 + 4$. We have $h(p) = 3$. The number 229 is the only one of our 24 primes in the preceding theorem with class number greater than one. (If $(2a-1) \equiv \pm 2 \bmod 7$, then 7 is admissible for p. Thus, also in this case $h(p) > 1$ provided $2a - 1 > 7$. Example: $p = 1373 = 37^2 + 4$, $h(p) = 3$.)

The cycles for the 2 cusps not at ∞ of $Y(229)$ look as follows

(28)

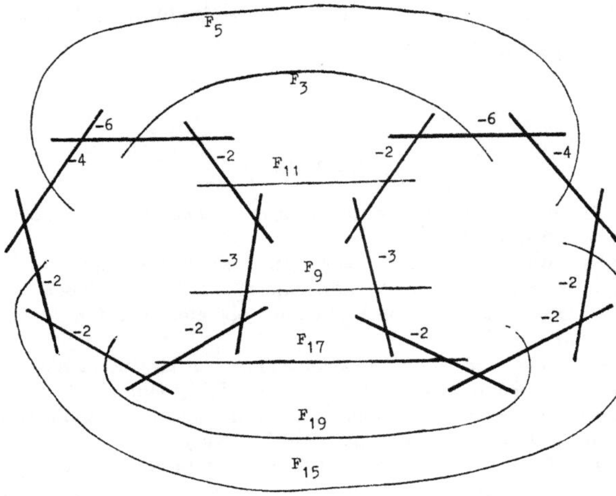

We also have drawn some curves. The curve F_{15} has $\overline{\mathfrak{H}/\Gamma_0(15)}$ as non-singular model. This has 4 cusps corresponding to the fact that F_{15} also passes through the cusp at ∞ of $Y(p)$, namely through the curves S_1 and S_{-1} of this cusp. One can show that F_9 passes through S_0 of the cusp at ∞ in two points ($\overline{\mathfrak{H}/\Gamma_0(9)}$ has 4 cusps).

If N is admissible and is a product of k different primes ($\neq p$), then $\overline{\mathfrak{H}/\Gamma_0(N)}$ has 2^k cusps. The 2^k intersections of F_N with the resolved cusps in $Y(p)$ correspond to 2^k admissible ideals $\mathfrak{b}$ with $N(\mathfrak{b}) = N$ (see 5.3).

In general, it is possible to give a complete description of the intersection of F_N with the resolved cusps of $Y(p)$. The corresponding theory can be developed for any Hilbert modular surface.

ADDED IN PROOF:

A. Selberg has informed me that he has proved the following result. If Γ is a discrete irreducible subgroup of $(\mathbf{PL}_2^+(\mathbf{R}))^n$ such that $\mathfrak{H}^n/\Gamma$ has finite volume, but is not compact, then Γ is conjugate in $(\mathbf{PL}_2^+(\mathbf{R}))^n$ to a group commensurable with the Hilbert modular group of some totally real field K with $[K:\mathbf{Q}] = n$.

Thus Selberg's conjecture mentioned in the remark at the end of 1.5 is true. Actually, Selberg's results are more general. The proof has not been published yet. There is a sketch (still involving additional assumptions which could be eliminated later) in the Proceedings of the 15th Scandinavian congress, Oslo 1968, Lecture Notes in Mathematics, Springer Verlag, vol. 118, in particular pp. 106-113.

REFERENCES

[1] Atiyah, M. F. *Elliptic operators and compact groups.* Lectures, The Institute for Advanced Study (1971).

[2] —— and R. Bott. A Lefschetz fixed point formula for elliptic complexes: I, II. *Ann. of Math. 86*, pp. 374-407 (1967) and *88*, pp. 451-491 (1968).

[3] —— and I. M. Singer. The index of elliptic operators III. *Ann. of Math. 87*, 546-604 (1968).

[4] Baily, W. L. and A. Borel. Compactification of arithmetic quotients of bounded symmetric domains. *Ann. of Math. 84*, 442-528 (1966).

[5] Blumenthal, O. Über Modulfunktionen von mehreren Veränderlichen. *Math. Ann. 56*, 509-548 (1903) und *58*, 497-527 (1904).

[6] Borewicz, S. I. und I. R. Šafarevič. *Zahlentheorie.* Birkhäuser Verlag, Basel (1966).

[7] Bourbaki, N. *Variétés différentielles et analytiques, Fascicule de résultats*, Hermann, Paris (1967).

[8] Cartan, H. *Sur les groupes de transformations analytiques.* Act. Sc. Ind. *198*, Hermann, Paris (1935).

[9] —— Quotient d'un espace analytique par un groupe d'automorphismes. *Algebraic Geometry and Topology, Symposium S. Lefschetz*, pp. 90-102, Princeton University Press (1957).

[10] Chern, S. S. On the curvatura integra in a Riemannian manifold. *Ann. of Math. 46*, 674-684 (1945).

[11] Christian, U. Zur Theorie der Hilbert-Siegelschen Modulfunktionen. *Math. Ann. 152*, 275-341 (1963).

[12] Cohn, H. Support polygons and the resolution of modular functional singularities *(submitted to Acta Arithmetica).*

[13] Fell, H., M. Newman and E. Ordman. Tables of genera of groups of linear fractional transformations. *J. of Research of the Nat. Bureau of Standards. 67B*, 61-68 (1963).

[14] Freitag, E. Über die Struktur der Funktionenkörper zu hyperabelschen Gruppen I, II. *Journal f. d. r. u. a. Math. (Crelle) 247*, 97-117 (1971) und *254*, 1-16 (1972).

[15] —— Lokale und globale Invarianten der Hilbertschen Modulgruppe. *Invent. Math. 17*, 106-134 (1972).

[16] Fricke, R. *Die elliptischen Funktionen und ihre Anwendungen. Zweiter Teil.* B. G. Teubner, Leipzig und Berlin (1922).

[17] Grauert, H. Über Modifikationen und exzeptionelle analytische Mengen. *Math. Ann. 146*, 331-368 (1962).

[18] —— und R. Remmert. Komplexe Räume. *Math. Ann. 136*, 245-318 (1958).

[19] Gundlach, K.-B. Über die Darstellung der ganzen Spitzenformen zu den Idealstufen der Hilbertschen Modulgruppe und die Abschätzung ihrer Fourierkoeffizienten. *Acta math. 92*, 309-345 (1954).

[20] —— Quotientenraum und meromorphe Funktionen zur Hilbertschen Modulgruppe. *Nachr. Akad. Wiss. Göttingen, Nr. 3*, pp. 77-85 (1960).

[21] —— Some new results in the theory of Hilbert's modular group, *Contribution to function theory, Tata Institute*, pp. 165-180, Bombay (1960).

[22] —— Die Bestimmung der Funktionen zu einigen Hilbertschen Modulgruppen. *Journal f. d. r. u. a. Math. (Crelle) 220*, 109-153 (1965).

[23] —— Zusammenhänge zwischen Modulformen in einer und in zwei Variablen. *Nachr. Akad. Wiss. Göttingen, Nr. 5*, pp. 47-88 (1965).

[24] —— Die Berechnung von Zetafunktionen mit Vorzeichencharakter an der Stelle 1. *(Erscheint demnächst)*.

[25] HAMMOND, W. F. The modular groups of Hilbert and Siegel. *Amer. J. of Math. 88*, 497-516 (1966).

[26] —— The Hilbert modular surface of a real quadratic field. *Math. Ann. 200*, pp. 25-45 (1973).

[27] —— and F. HIRZEBRUCH. *L*-series, Modular embeddings, and signatures. *Math. Ann. (to appear)*.

[28] HARDER, G. A Gauss-Bonnet formula for discrete arithmetically defined groups, *Ann. Sc. E. N. S., Paris, 4*, pp. 409-455 (1971).

[29] HASSE, H. Über mehrklassige, aber eingeschlechtige reellquadratische Zahlkörper. *Elemente der Mathematik 20*, 49-59 (1965).

[30] HECKE, E. *Vorlesungen über die Theorie der algebraischen Zahlen.* Chelsea Publishing Company (1948).

[31] HELLING, H. Bestimmung der Kommensurabilitätsklasse der Hilbertschen Modulgruppe. *Math. Z. 92*, 269-280 (1966).

[32] —— Note über das Geschlecht gewisser arithmetischer Gruppen. *Math. Ann. (erscheint demnächst)*.

[33] HEMPERLY, John C. The parabolic contribution to the number of linearly independent automorphic forms on a certain bounded domain. *Amer. J. 94*, pp. 1078-1100 (1972).

[34] HIRONAKA, H. Resolution of singularities of an algebraic variety over a field of characteristic zero I, II. *Ann. of Math. 79*, 109-326 (1964).

[34a] —— Desingularization of complex-analytic varieties, *Congrès intern. Math. 1970, Tome 2*, pp. 627-631, Gauthier-Villars Paris (1971).

[35] HIRZEBRUCH, F. Über vierdimensionale Riemannsche Flächen mehrdeutiger analytischer Funktionen von zwei komplexen Veränderlichen. *Math. Ann. 126*, 1-22 (1953).

[36] —— *Topological methods in algebraic geometry.* Third Edition. Springer-Verlag Berlin-Heidelberg-New York (1966).

[37] —— Automorphe Formen und der Satz von Riemann-Roch. *Symp. Intern. Top. Alg. 1956*, pp. 129-144. Universidad de Mexico (1958).

[38] —— The signature theorem: Reminiscences and Recreation. Prospects of Mathematics. *Ann. of Math. Studies Nr. 70*, pp. 3-31. Princeton University Press (1971).

[39] —— The Hilbert modular group, resolution of the singularities at the cusps and related problems. *Séminaire Bourbaki 1970/71, Exposé 396*, pp. 275-288. (Lecture Notes in Mathematics, Springer-Verlag, Berlin-Heidelberg-New York 1971).

[40] —— The Hilbert modular group and some algebraic surfaces. *Intern. Symp. Number Theory Moscow 1970 (to appear)*.

[41] —— and A. J. H. M. VAN DE VEN. Hilbert modular surfaces and their classification *(in preparation)*.

[42] —— and D. ZAGIER. Class numbers, continued fractions, and the Hilbert modular group *(in preparation)*.

[43] IGUSA, I. A desingularisation problem in the theory of Siegel modular functions. *Math. Ann. 168*, 228-260 (1967).

[44] KLINGEN, H. Über die Werte der Dedekindschen Zetafunktion *Math. Ann. 145*, 165-272 (1962).

[45] KODAIRA, K. On compact complex analytic surfaces I, II, III. *Ann. of Math. 71*, 111-152 (1960) and *77*, 563-626 (1963) and *78*, 1-40 (1963).

[46] —— On the structure of compact complex analytic surfaces I, II, III, IV. *Amer. J. of Math. 86*, 751-798 (1964), and *88*, 682-721 (1966), and *90*, 55-83 (1968), and *90*, 1048-1066 (1968).

[47] Koszul, J. L. *Lectures on groups of transformations.* Tata Institute, Bombay (1965).

[48] Kreck, M. Eine Invariante für stabil parallelisierte Mannigfaltigkeiten, Dissertation Bonn (1972) (erscheint in Bonner Mathematische Schriften).

[49] Laufer, H. B. Normal two-dimensional singularities. *Ann. of Math. Studies Nr. 71*, Princeton University Press (1971).

[50] —— Taut two-dimensional singularities. *(to appear in Math. Ann.).*

[51] Lang, H. Über eine Gattung elementar-arithmetischer Klasseninvarianten reell-quadratischer Zahlkörper. *Journal f. d. r. u. a. Math. (Crelle) 233*, 123-175 (1968).

[52] Lang, S. *Algebraic number theory.* Addison-Wesley Publishing Company, Reading, Mass. (1970).

[53] Maass, H. Über Gruppen von hyperabelschen Transformationen. *Sitzungsber. Heidelb. Akad. Wiss.*, pp. 3-26 (1940).

[54] —— Über die Erweiterungsfähigkeit der Hilbertschen Modulgruppe. *Math. Z. 51*, 255-261 (1948).

[55] Meyer, C. *Die Berechnung der Klassenzahl abelscher Körper über quadratischen Zahlkörpern.* Berlin (1957).

[56] —— Über die Bildung von elementar arithmetischen Klasseninvarianten in reell-quadratischen Zahlkörper. *Algebraische Zahlentheorie, Oberwolfach*, pp. 165-215, Bibliogr. Institut Mannheim (1966).

[57] Meyer, W. Die Signatur von lokalen Koeffizientensystemen und Faserbündeln. *Bonner Mathematische Schriften Nr. 53* (1972). Die Signatur von Flächenbündeln. *Math. Ann. 201*, pp. 239-264 (1973).

[58] Milnor, J. On the cobordism ring Ω^* and a complex analogue. *Amer. J. of Math. 82*, 505-521 (1960).

[59] Morita, S. Almost complex manifolds and Hirzebruch invariant for isolated singularities in complex spaces. *(University of Tokyo, preprint).*

[60] Perron, O. *Die Lehre von den Kettenbrüchen.* B. G. Teubner, Leipzig und Berlin, 1913.

[61] Prestel, A. Die elliptischen Fixpunkte der Hilbertschen Modulgruppen. *Math. Ann. 177*, 181-209 (1968).

[62] —— Die Fixpunkte der symmetrischen Hilbertschen Modulgruppe zu einem reell-quadratischen Zahlkörper mit Primzahldiskriminante. *Math. Ann. 200*, 123-139 (1973).

[63] Pyatetskii-Shapiro, I. I. *Automorphic functions and the geometry of classical domains* (translated from the Russian). Gordon and Breach, New York (1969).

[64] Šafarevič, I. R. *Algebraic surfaces.* Proc. Steklov Institute of Math. *75* (1965), Amer. Math. Soc., Providence (1967).

[65] Satake, I. The Gauss-Bonnet theorem for *V*-manifolds. *J. Math. Soc. Japan 9*, 464-492 (1957).

[66] *Séminaire E. N. S.* Paris, 6e année, (1953-54).

[67] —— Paris, 10e année, (1957-58).

[68] Serre, J.-P. *Cours d'arithmétique.* Hermann, Paris (1970).

[69] —— Cohomologie des groupes discrets. *Prospects in Mathematics, Annals of Math. Studies Nr. 70*, pp. 77-169, Princeton University Press (1971).

[70] Shimura, G. *Introduction to the arithmetic theory of automorphic functions.* Publ. Math. Soc. Japan Nr. 11, Princeton University Press (1971).

[71] Shimizu, H. On discontinuous groups operating on the product of upper half planes. *Ann. of Math. 77*, 33-71 (1963).

[72] Siegel, C. L. The volume of the fundamental domain for some infinite groups. *Trans. Amer. Math. Soc. 39*, 209-218 (1936), Gesammelte Abhandlungen Band I, pp. 459-468, Springer-Verlag Berlin-Heidelberg-New York (1966).

[73] —— Über die analytische Theorie der quadratischen Formen III. *Ann. of Math. 38*, 212-291 (1937), Gesammelte Abhandlungen Band I, pp. 469-548.

[74] —— Zur Bestimmung des Fundamentalbereichs der unimodularen Gruppe. *Math. Ann. 137*, 427-432 (1959), Gesammelte Abhandlungen Band III, pp. 328-333.

[75] —— *Lectures on advanced analytic number theory*. Tata Institute, Bombay (1961) (reissued 1965).

[76] —— Berechnung von Zetafunktionen an ganzzahligen Stellen. *Nachr. Akad. Wiss. Göttingen. Nr. 10*, pp. 87-102 (1969).

[77] Wall, C. T. C. Rational Euler characteristics. *Proc. Cambridge Phil. Soc. 57*, 182-183 (1961).

[78] Zagier, D. On the values at negative integers of the zeta-function of a real quadratic field *(in preparation)*.

[79] —— Higher dimensional Dedekind sums. *Math. Ann. 202*, pp. 149-172 (1973).

(Reçu le 5 mars 1973)

F. Hirzebruch (SFB Theoretische Mathematik)
Mathematisches Institut der Universität
Wegelerstr. 10
D-53-Bonn.

52.

(mit W. F. Hammond)

L-series, modular imbeddings and signatures

Math. Ann. *204* (1973), 263–270

*

Introduction

For each cusp singularity of the Hilbert modular variety of a totally real algebraic number field there is associated an L-series which determines the corresponding "parabolic contribution" to the version of Selberg's trace formula worked out by Shimizu.

For a real quadratic field Meyer [9, 10] has given an elementary algorithm by Dedekind sums for the computation of the parabolic contribution (see also Siegel [14]) from which a simple formula for the parabolic contribution in terms of the continued fraction associated with the cyclic resolution of the corresponding cusp singularity can be derived ([5, 7, 8]). In fact, the parabolic contribution equals $\frac{1}{12}(3r - b_0 - b_1 - \cdots - b_{r-1})$ where $b_0, \ldots, b_{r-1}$ are the characteristic numbers of the dual normal bundles of the rational curves which form the exceptional fibre of the cyclic resolution.

The first purpose of this note is to give a simple formula for the total parabolic contribution, i.e., the sum of the parabolic contributions for the different cusps. This formula is deduced from a general identity satisfied by certain L-series in any real algebraic number field. In the quadratic case one obtains an expression for the total parabolic contribution in terms of the class numbers of imaginary quadratic fields. Further, in the quadratic case the total parabolic contribution vanishes if and only if the discriminant of the field is the sum of two squares and is negative otherwise.

The total parabolic contribution is of additional interest in the quadratic case for two reasons: first, it is one-fourth the signature (adjusted for defects coming from quotient singularities in certain special cases) of the open rational homology 4-manifold obtained as the quotient of the product of two upper-half planes by the non-symmetric Hilbert modular group. This result, announced to some extent in [5], will be proved here. Thus, from [2] the vanishing of this (adjusted) signature is a necessary and sufficient condition for the existence of modular imbeddings. Second, it will be shown that this signature is twice the difference of the arithmetic genera for the ordinary and mixed Hilbert modular groups.

1. A Relation between L-Series

Let K be a real algebraic number field, i.e., an extension of finite degree of the field of rational numbers which is isomorphic to a subfield of the real field. Let G stand for the group of ideal classes of K, and let Gn denote the *norm class group* of K: the quotient of the group of fractional ideals by the subgroup of principal ideals generated by elements of positive norm. A norm class character (being any character of Gn) is said to be of *norm-signature type* if it induces a non-trivial character on the multiplicative group of K. Such characters of Gn exist if and only if K has no unit of norm -1. If norm-signature characters exist, then the kernel Pn of the canonical homomorphism $Gn \to G$ is a group of order 2 since K contains elements of negative norm (which follows, as Igusa has pointed out to the authors, from the "approximation theorem" for a finite number of inequivalent valuations – in this case the archimedean valuations of the field K), and conversely. In this case let θ denote the unique non-trivial element of the group Pn; then norm-signature characters are those norm class characters satisfying $\chi(\theta) = -1$. Following traditional notation, for any norm class character χ the symbol $L(s, \chi)$ denotes the L-series

$$\Sigma \chi(a)(Nma)^{-s} \qquad (*)$$

in which the summation is taken over all non-zero integral ideals a of K. Further, for a class A in G the symbol $L(s, \chi, A)$ denotes the series of type $(*)$ in which the summation is taken over the integral ideals in A. Note that the square of an element of G is a well-defined element of Gn; if A is in G, $A^{(2)}$ will denote its square in Gn. For any character χ the complex-conjugate character will be denoted by χ^*.

Lemma 1.1. *For any ideal class A the expression $\chi^*(A^{(2)})\, L(s, \chi, A^2)$ does not depend on the choice of the norm-signature character χ.*

The proof is obvious; the statement is recorded only for ease of reference.

Theorem 1.2. *Let χ be any character of norm-signature type, and let $\chi_1, \ldots, \chi_r$ denote the real characters of norm-signature type. Then*

$$\sum_{A \in G} \chi^*(A^{(2)})\, L(s, \chi, A^2) = \sum_{j=1}^{r} L(s, \chi_j).$$

When $r = 0$, the right-hand side is understood to be zero.

Proof. The argument is given in two cases according to whether or not $r = 0$. First suppose $r = 0$. Then $\chi(\theta) = 1$ for every real character χ of Gn. For any finite abelian group the real characters are precisely the characters of order 2. Hence, by the duality theory of finite abelian groups θ must be an element of the group Sqn of squares of elements of Gn. Letting Sq denote the group of squares in G, the left-hand side of the formula to be proved may be written

$$\sum_{B\in Sq} L(s,\chi,B) \sum_{AA=B} \chi^*(A^{(2)}).$$

The inner sum may be re-written as

$$\chi^*(A_0^{(2)})\sum_C \chi^*(C^{(2)}),$$

where A_0 is a fixed element of G whose square is B and where the summation is taken over the group of elements C of order 2 in G. This latter group is mapped surjectively to Pn by the homomorphism $C\mapsto C^{(2)}$ since θ is in Sqn. Hence, the sum is zero, as required.

Next suppose that r is positive. Then one may take χ real in the left-hand side by the lemma, and the left-hand side becomes

$$r\sum_{B\in Sq} L(s,\chi,B)$$

since r is easily seen to be the order of the group of elements of order 2 in G. The right-hand side of the formula to be proved is

$$\sum_{A\in G}\sum_{j=1}^{r} L(s,\chi_j,A),$$

and this sum may be split according to whether or not A lies in the group Sq of squares in G. If A is a square, then the fact that χ_j is real yields $L(s,\chi_j,A)=L(s,\chi,A)$ by the lemma, so that the part of the latter sum involving A in Sq agrees with the left-hand side. It remains to be seen that

$$\sum_{j=1}^{r} L(s,\chi_j,A)=0$$

when A is not a square. This follows from the assertion that

$$\sum_{j=1}^{r} \chi_j(a)=0$$

for every ideal a in A. To see this last fact let $\chi_{r+1},\ldots,\chi_{2r}$ be the remaining real characters of Gn. Then these are the real characters of the group G, and, therefore, the sum of $\chi_j(a)$ as j varies from $r+1$ to $2r$ is zero since A is not a square. The proof is completed by the similar observation that the sum of $\chi_j(a)$ as j varies from 1 to $2r$ is also zero since the norm class of a is also not a square.

Supplement 1.3. The number r of real norm-signature characters vanishes if and only if the non-trivial element θ of the group Pn is the square of an element of Gn.

2. The Total Parabolic Contribution

In the case where K is a totally real number field of degree n with discriminant d the ideal classes are in bijective correspondence with the cusp singularities of the Hilbert modular variety, and the parabolic contribution, according to Shimizu [13], for a given cusp has the value

$$w_A = (-1)^{n/2} \pi^{-n} d^{\frac{1}{2}} \chi^*(A^{(2)})\, L(1, \chi, A^2)$$

whenever norm-signature characters χ exist (and the value zero otherwise). Consequently, in view of Theorem 1, the total parabolic contribution is given by

$$w = (-1)^{n/2} \pi^{-n} d^{\frac{1}{2}} \sum_{j=1}^{r} L(1, \chi_j),$$

which generalizes the formula given by Shimizu for the case where the ideal class group G has odd order (hence $r=1$).

In the quadratic case the real norm-signature characters are given in a very explicit form (see Siegel [14]). Precisely, the real norm-signature characters χ correspond bijectively to factorizations $d = d_1 d_2$ of the discriminant d into the product of two *negative discriminants* d_1, d_2. For such χ

$$L(1, \chi) = 4\pi^2 d^{-\frac{1}{2}} h(d_1)\, h(d_2)\, u(d_1)^{-1} u(d_2)^{-1},$$

where $h(m)$ denotes the ideal class number and $u(m)$ the order of the unit group for the quadratic field of discriminant m. Thus,

Theorem 2.1. *The total parabolic contribution for the real quadratic field of discriminant d is given by the formula:*

$$w = -4 \sum h(d_1)\, h(d_2)\, u(d_1)^{-1} u(d_2)^{-1}$$

with the summation taken over all decompositions $d = d_1 d_2$ in which d_1, d_2 are the discriminants of imaginary quadratic fields. (The decomposition $d = d_2 d_1$ is identified with $d = d_1 d_2$.)

Corollary 2.2. *The total parabolic contribution for the real quadratic field of discriminant d vanishes if and only if d is the sum of two squares, i.e., d contains no prime $\equiv 3 \bmod 4$. Otherwise it is negative.*

Proof. In the first place, the norm class group Gn coincides with the *narrow class group*, which is defined for any totally real field as the quotient of the group of fractional ideals by the subgroup of principal ideals generated by totally positive elements. Secondly the different of K, which is the principal ideal generated by $d^{\frac{1}{2}}$, defines the non-trivial norm ideal class θ. Thus, from the supplement (1.3), the number r of real norm-signature characters vanishes if and only if the narrow ideal class of the different is a square. By a result of Igusa (see [2]) this is equivalent to the condition that the discriminant d should be the sum of two squares. For the convenience of the reader a special case available from Shimizu [13] and Siegel [14] is stated:

Corollary 2.3. *For the field* $Q(\sqrt{p})$, *p prime* $p \equiv 3 \pmod 4$ *one has:*

$$w = \begin{cases} -1/6, & p=3. \\ -\frac{1}{2}h(-p), & p>3. \end{cases}$$

3. Signatures

In earlier articles [3, 6] the authors have obtained two expressions for the arithmetic genus χ of the minimal desingularization of the normal projective surface which compactifies the quotient $H \times H/\Gamma$ of the product $H \times H$ of two copies of the upper-half plane by the Hilbert modular group Γ of a real quadratic field K. Combining these two expressions enables one to prove quickly the following theorem:

Theorem 3.1. *Let d be the square-free part of the discriminant of the real quadratic field K. Then the signature of the rational homology 4-manifold* $H \times H/\Gamma$ *is given by*

$$\operatorname{sgn}(H \times H/\Gamma) = \begin{cases} 0, & d<6, \\ 4w - \frac{2}{3}h(-d/3), & d \geqq 6, \quad d \equiv 0 \pmod 3, \\ 4w, & d \geqq 6, \quad d \not\equiv 0 \pmod 3, \end{cases}$$

where w is the total parabolic contribution and $h(-d/3)$ *denotes the ideal class number of the field* $Q(\sqrt{-d/3})$.

Proof. Denoting by $e(\;)$ the Euler number, one has from [6]

$$\operatorname{sgn}(H \times H/\Gamma) = 4\chi - e(H \times H/\Gamma),$$

where

$$e(H \times H/\Gamma) = 2\zeta_K(-1) + \sum_{(r,q)} a(r,q)\frac{r-1}{r},$$

with $a(r,q)$ denoting the number of quotient singularities of type (r,q), i.e., arising from the cyclic group action on the complex plane with eigenvalues λ, λ^q, $(\lambda^r = 1)$. From [3] (see also [1])

$$4\chi = 2\zeta_K(-1) + 4\sum_{(r,q)} a(r,q)\,c(r,q) + 4w,$$

where $c(r,q)$ is the contribution to Shimizu's formula for a quotient singularity of type (r,q). From Shimizu [13] one has

$$c(r,q) = r^{-1}\Sigma g_q(\lambda),$$

where the summation is extended over the non-trivial r^{th} roots of unity λ: $\lambda^r = 1$, $\lambda \neq 1$, and g_q denotes the rational function of one variable

$$g_q(z) = (1-z)^{-1}(1-z^q)^{-1}.$$

The $c(r, q)$ are very close to Dedekind sums and to the signature defects $\operatorname{def}(r; q, 1)$ introduced in [4], formula (27). We have

$$\operatorname{def}(r; q, 1) = \Sigma(1+\lambda)(1+\lambda^q)\, g_q(\lambda)$$

where the summation is extended as before. The following trivial formula holds:

$$4\Sigma g_q(\lambda) = r - 1 + \operatorname{def}(r; q, 1).$$

Therefore we get

Theorem 3.2. $\operatorname{sgn}(H \times H/\Gamma) = 4w + \sum_{(r,q)} a(r, q)\, r^{-1} \operatorname{def}(r; q, 1)$.

The calculation of signature defects can be done by the following classical formulas ([12], compare also [4], p. 16–17): For any real x let $[x]$ denote the greatest integer not larger than x, and let $((x))$ be defined by

$$((x)) = \begin{cases} 0, & \text{if } x \text{ is an integer} \\ x - [x] - \frac{1}{2}, & \text{otherwise}. \end{cases}$$

For r, q coprime integers with r positive let

$$s(q, r) = \sum_{k=1}^{r-1} \left(\left(\frac{k}{r}\right)\right)\left(\left(\frac{kq}{r}\right)\right); \tag{3.1.1}$$

then

$$\operatorname{def}(r; q, 1) = -4r\, s(q, r). \tag{3.1.2}$$

To finish the proof of (3.1) it is sufficient to apply the formulae (3.1.1) and (3.1.2) together with the results of Prestel [11] on the computation of the $a(r, q)$. When $d < 6$, one must also compute w using, for example, (2.1). (It vanishes for $d = 2$ and $d = 5$.) For $d \geqq 6$ the only values of r are 2 and 3. One may forget the case $r = 2$ since $s(1, 2) = 0$, while for $r = 3$ one has $s(1, 3) = -s(2, 3) = 1/18$. From Prestel

$$a(3, 1) - a(3, 2) = \begin{cases} 3h(-d/3), & d \equiv 0 \pmod 3. \\ 0, & d \not\equiv 0 \pmod 3. \end{cases}$$

As a consequence of (3.1) and (2.3) one has immediately:

Corollary 3.3. *If $d = p$, a prime, with $p \equiv 3 \pmod 4$ and $p > 3$, then*

$$\operatorname{sgn}(H \times H/\Gamma) = -2h(-p).$$

4. Application to the Mixed Hilbert Modular Group

The Hilbert modular group Γ of a real quadratic field K acts also on the product $H \times H'$ of the upper-half plane and the lower-half plane.

The rational homology manifolds $H \times H'/\Gamma$ and $H \times H/\Gamma$ are homeomorphic with opposite orientation, and, therefore,

$$e(H \times H'/\Gamma) = e(H \times H/\Gamma)$$

and

$$\operatorname{sgn}(H \times H'/\Gamma) = -\operatorname{sgn}(H \times H/\Gamma).$$

Denoting by χ' the arithmetic genus of a smooth model for the field of modular functions associated to $H \times H'/\Gamma$, one has as in Section 3:

$$4\chi' = e(H \times H'/\Gamma) + \operatorname{sgn}(H \times H'/\Gamma).$$

If n and n' denote the dimensions of the spaces of cusp forms of lowest weight, then one knows from Freitag [1] that $n = \chi - 1$ and $n' = \chi' - 1$. Thus,

1 **Theorem 4.1.** *The difference of the arithmetic genera or, equivalently, the difference of the dimensions of the spaces of cusp forms is given by the formula:*

$$\chi' - \chi = n' - n = -\tfrac{1}{2}\operatorname{sgn}(H \times H/\Gamma) \geqq 0.$$

Moreover, this difference vanishes if and only if $d = 3$ or d is not divisible by a prime $\equiv 3 \bmod 4$.

Finally, one has the special case:

Corollary 4.2. *If $d = p$, a prime, with $p \equiv 3 \pmod 4$ and $p > 3$, then*

$$\chi' - \chi = n' - n = h(-p).$$

References

1. Freitag, E.: Lokale und globale Invarianten der Hilbertschen Modulgruppe. Invent. Math. **17**, 106—134 (1972).
2. Hammond, W. F.: The modular groups of Hilbert and Siegel. Amer. J. Math. **88**, 497—516 (1966).
3. Hammond, W. F.: The Hilbert modular surface of a real quadratic field. Math. Ann. **200**, 25—45 (1973).
4. Hirzebruch, F.: The signature theorem: reminiscences and recreation. Prospects in Mathematics, Ann. Math. Stud., no. 70, Princeton, 1971.
5. Hirzebruch, F.: The Hilbert modular group, resolution of the singularities at the cusps and related problems. Séminaire Bourbaki, exp. 396 (1971).
6. Hirzebruch, F.: The Hilbert modular group and some algebraic surfaces, International Symposium in Number Theory, Moscow, 1971 (to appear).
7. Hirzebruch, F.: Hilbert modular surfaces. IMU-lectures, Tokyo, 1972 (to appear in L'Enseignement Mathématique).
8. Hirzebruch, F., Zagier, D.: Class numbers, continued fractions and the Hilbert modular group (in preparation).
9. Meyer, C.: Die Berechnung der Klassenzahl abelscher Körper über quadratischen Zahlkörpern. Berlin 1957.
10. Meyer, C.: Über die Bildung von elementar-arithmetischen Klasseninvarianten in reell-quadratischen Zahlkörpern. Algebraische Zahlentheorie, Oberwolfach, pp. 165—215. Mannheim: Bibliogr. Institut 1966.

11. Prestel, A.: Die elliptischen Fixpunkte der Hilbertschen Modulgruppen. Math. Ann. **177**, 181—209 (1968).
12. Rademacher, H., Grosswald, E.: Dedekind Sums. Math. Assoc. of America, 1972.
13. Shimizu, H.: On discontinuous groups operating on the product of the upper half planes. Ann. of Math. **77**, 33—71 (1963).
14. Siegel, C. L.: Lectures on advanced analytic number theory. Tata Inst., Bombay, 1961 (re-issued 1965).

W. F. Hammond
Dept. of Mathematics
State Univ. of N.Y. at Albany
1400 Washington Ave.
Albany, N.Y. 12222, USA

F. Hirzebruch
Mathematisches Institut
Universität Bonn, Wegelerstraße 10
D-5300 Bonn
Federal Repulic of Germany

(Received January 9, 1973)

53.

(mit A. Van de Ven)

Hilbert modular surfaces and the classification of algebraic surfaces

Invent. Math. *23* (1974), 1–29

1 Herrn K. Stein zum 60. Geburtstag gewidmet

Introduction

Around 1900 Hilbert, Hecke ([7]), Blumenthal ([2]) and others started the study of certain 2-dimensional complex spaces, which are closely related to the classification of special types of 2-dimensional abelian varieties. These complex spaces can easily be described. In fact, let n be a natural number, $n>1$, which is square free and let $K=\mathbf{Q}(\sqrt{n})$. Then, if $\mathfrak{o}_K$ is the ring of algebraic integers of K, the group $\mathrm{SL}_2(\mathfrak{o}_K)$ operates in a natural way on $\mathscr{H}\times\mathscr{H}$ and on $\mathscr{H}\times\mathscr{H}^-$ where $\mathscr{H}$ is the upper and $\mathscr{H}^-$ the lower half plane of $\mathbf{C}$. The quotients of $\mathscr{H}\times\mathscr{H}$ and $\mathscr{H}\times\mathscr{H}^-$ by the action of $\mathrm{SL}_2(\mathfrak{o}_K)$ are the 2-dimensional complex spaces mentioned above. If the field K has a unit of negative norm, then the two actions on $\mathscr{H}\times\mathscr{H}$ and $\mathscr{H}\times\mathscr{H}^-$ are isomorphic. This is true if n is a prime congruent 1 mod 4, the only case we shall consider in this paper. Therefore, from now on we assume that $K=\mathbf{Q}(\sqrt{p})$, where p is a prime congruent 1 mod 4.

The complex space $\mathscr{H}\times\mathscr{H}/\mathrm{SL}_2(\mathfrak{o}_K)$ can be compactified by means of a finite number of points, called the cusps, to a compact 2-dimensional complex space. After resolving the cusps and also the quotient singularities on $\mathscr{H}\times\mathscr{H}/\mathrm{SL}_2(\mathfrak{o}_K)$, both in a canonical, explicit way, a non-singular compact complex surface $Y(p)$ is obtained, which in fact is an algebraic surface. The field of meromorphic (i.e. rational) functions on $Y(p)$ is isomorphic to the field of meromorphic functions of $\mathscr{H}\times\mathscr{H}/\mathrm{SL}_2(\mathfrak{o}_K)$.

On the other hand, although no complete classification of algebraic surfaces is known, there exists a rough classification in several classes (for most of which the surfaces contained in that class can be classified completely, at least in principle). In big outline this classification was already known to the italian school, but its precise formulation (this time also covering the non-algebraic case) and many of the proofs involved are due to Kodaira. Now the question considered in this paper is the following: *where are the surfaces $Y(p)$ to be placed in the rough classification of algebraic surfaces?*

Restricting ourselves to the case mentioned, where n is a prime congruent 1 mod 4, we are able to answer this question completely. This answer is embodied in Theorem III.1, which is our main result.

This paper is composed in the following way. Chapter I starts with generalities about surfaces, after which the rough classification of algebraic surfaces is explained (Theorem ROC). Chapter I contains furthermore a number of specific propositions, which are either used in Chapter III, or will be used in subsequent papers and are stated here for convenience. Some of the results proved here are already in the literature, or are even well known. They are included here for the reader's convenience, thus enabling him to understand many of the results of Chapter III without any further knowledge of the more refined parts of the theory of algebraic surfaces.

In Chapter II we collect some of the results of [12] which we need in Chapter III. Again for the readers convenience, we present them at some length and in a form suitable for our purposes, referring for details and general background always to [12], which paper also contains a more complete list of references.

As already said, the final Chapter III contains the statement and the proof of our results.

I. Algebraic Surfaces

Generalities. We shall consider divisors on a non-singular algebraic surface X, which is always supposed to be connected. Such a divisor is a finite sum $\sum n_i C_i$, $n_i \in \mathbf{Z}$, where C_i is an irreducible algebraic curve on X. The divisor is called non-negative if all n_i are non-negative, and it is called positive if it is non-negative and not zero. For any pair of divisors D and E on X, the symbol DE will denote the intersection number of their homology classes, the surface being provided with its natural orientation. Sometimes we shall denote the homology class of a divisor D also by D. The projective space of non-negative divisors linearly equivalent to D will be denoted by $|D|$. Furthermore, K_X or simply K will stand for any canonical divisor, i.e. a divisor of a meromorphic section of $\overset{2}{\wedge}\,\theta^*$, where θ^* is the covariant tangent bundle of X. As usual, we write $\mathcal{O}_X$ for the structure sheaf of X, and then set

$$\dim H^1(X, \mathcal{O}_X) = q(X), \quad \text{the } \textit{irregularity} \text{ of } X$$

(since X is algebraic, $2q(X) = b_1(X)$, the first betti number of X);

$$\dim H^2(X, \mathcal{O}_X) = p_g(X), \quad \text{the } \textit{geometric genus} \text{ of } X;$$

$$\dim |n K_X| + 1 = P_n(X), \quad \text{the } n\text{-th } \textit{plurigenus} \text{ of } X$$

(by Serre duality, we have $p_g(X) = P_1(X)$).

The *arithmetic genus* $\chi(X)$ of X is the Euler-Poincaré characteristic of X with coefficients in $\mathcal{O}_X$ ([10], p. 151)

Thus by the Riemann-Roch theorem ([10], §20) we have

$$\chi(X)=1-q(X)+p_g(X).$$

The arithmetic genus is a birational invariant.

An exceptional curve on a non-singular complex surface is a non-singular rational curve E with $E^2=-1$. *Blowing up a point* means replacing that point by an exceptional curve, the result being another non-singular complex surface. Conversely, an exceptional curve can always be blown down, i.e. replaced by a point such that the result is again a non-singular complex surface ([16], p. 563). Blowing up or down (in) an algebraic surface gives again an algebraic surface ([15], p. 125).

Let X be a non-singular compact complex surface, Y the surface obtained by blowing up $p\in X$, ρ: $Y\to X$ the natural projection and $E=\rho^{-1}(p)$ the exceptional curve obtained.

Proposition I.1. *With the notation just introduced, we have for every irreducible curve C on Y with $C\neq E$:*

$$K_Y C=K_X\,\rho(C)+CE.$$

Proof. If ρ^*: $H_*(X,\mathbf{Z})\to H_*(Y,\mathbf{Z})$ denotes the Umkehr-homomorphism, then ([14], p. 31)

$$K_Y=\rho^*(K_X)+E.$$

From this and

$$\rho^*(K_X)\,C=K_X\,\rho(C)$$

the result follows.

For an irreducible curve C on the non-singular compact complex surface X one defines the *virtual genus* $\pi(C)$, in such a way that the *adjunction formula*

$$K_X\,C=-C^2+2\pi(C)-2$$

holds ([15], p. 119). The virtual genus is always a non-negative integer. It is equal to the genus of C if C is non-singular, and strictly greater than the genus of the desingularisation of C if C is singular. Thus $\pi(C)$ vanishes if and only if C is a non-singular rational curve. Also, $\pi(C)=1$ if and only if C is a non-singular elliptic curve or a rational curve with exactly one cusp or ordinary double point.

Every non-singular algebraic surface X can be obtained from a non-singular algebraic surface X_0 without exceptional curves by a finite number of blowing-ups, i.e. there exists a finite number of non-singular algebraic surfaces $X_0,\dots,X_k=X$ and points $p_i\in X_i$, such that for $i=1,\dots,k$ the surface X_i is obtained from X_{i-1} by blowing up p_{i-1}. The surface X_0 is called a relatively minimal model of the surface X. In this paper we shall simply speak of a minimal model instead of a relatively minimal model, and surfaces without exceptional curves we shall call minimal surfaces. Minimal surfaces are classified by the following "rough classification" theorem ([19], Theorem 55).

Theorem ROC. *Every algebraic surface without exceptional curves belongs to exactly one of the following classes:*

1) *the projective plane* $\mathbf{P}_2$ $(K^2=9)$,

2) *the surfaces* Σ_n, $n \geqq 0$, $n \neq 1$ $(K^2=8)$,

3) *the algebraic* $\mathbf{P}_1$*-bundles over a non-singular algebraic curve of genus* $\geqq 1$ $(K^2 \leqq 0)$,

4) *the algebraic* K_3*-surfaces* $(K^2=0)$,

5) *the 2-dimensional algebraic tori* $(K^2=0)$,

6) *the honestly elliptic surfaces without exceptional curves* $(K^2=0)$,

7) *the surfaces of general type without exceptional curves* $(K^2 \geqq 1)$.

We now explain the terminology used in this theorem.

Let ξ be the algebraic line bundle on $\mathbf{P}_1$ of degree 1 (i.e. the line bundle admitting holomorphic sections with exactly one simple zero). Then, for $n \geqq 0$, the surface Σ_n is defined as the total space of the projective bundle of $\xi \oplus \xi^{n+1}$. This bundle has a section with self-intersection $-n$. (If it is blown down in Σ_1, the resulting surface is $\mathbf{P}_2$.) The surfaces of the classes 1) and 2) are exactly the *rational surfaces* without exceptional curves. (A surface is called rational if it is birationally equivalent to $\mathbf{P}_2$.) A K_3*-surface* is by definition a surface X with $q(X)=0$ and with trivial canonical bundle, i.e. $K_X=0$.

An *elliptic surface* is a surface which admits at least one elliptic fibring, i.e. a holomorphic map onto a non-singular curve such that all but a finite number of fibres are non-singular elliptic curves. Some of the surfaces in the classes 1)–5) and of their blow-ups admit elliptic fibrings. By an *honestly elliptic* surface we mean an elliptic surface not birationally equivalent to a surface from any of the classes 1)–5).

Finally, a *surface of general type* is a surface for which at least one n-canonical system $|nK|$, $n \geqq 1$, provides a birational equivalence onto a (possibly singular) algebraic surface. If such a surface contains no exceptional curves, it is known ([3]) that, for n large enough, $|nK|$ gives an everywhere defined map onto the image. Furthermore, on X there exists only a finite number of non-singular rational curves with self-intersection -2. Let A be the set of points through which passes at least one of these curves, and let $A_1, \ldots, A_l$ be the connected components of A. Then $|nK|$, $n \geqq 5$, provides a biregular map from $X - A$ onto its image, and each set A_i is mapped into a normal singular point of the image, with different A_i's going to different points.

If a surface has a minimal model in class 1) or in class 2), it may have more minimal models, but these are all contained in classes 1) and 2). The surfaces of this sort are exactly the rational surfaces. If a surface has a minimal model in class 3), it may have more minimal models, but they are all contained in class 3). The surfaces of this sort are the ruled surfaces of genus $\geqq 1$.

If a surface has a minimal model in class 4), it has exactly one minimal model. So for such a surface we can speak of *the* minimal model. The same holds for surfaces which have a minimal model in either one of the classes 5), 6), and 7). The surfaces which have their minimal model in class 6) are exactly the honestly elliptic surfaces, and the surfaces with their minimal model in class 7) are exactly the surfaces of general type.

Remark. The finer classification of the surfaces within classes 1), 2), ..., 6) is in principle known. For the "large" class 7) only some general facts are known.

The following results will be used in Chapter III to obtain the main result of this paper.

Rational Surfaces

Since the arithmetic genus is a birational invariant, all rational surfaces have arithmetic genus equal to 1.

The following result is in essence due to M. Noether (see for example [19], p. 1053). We include an elementary proof of this well known fact, since only this result is needed for the proof of the rationality of $Y(5)$, $Y(13)$ and $Y(17)$ (see the proof of Theorem III.1).

Proposition I.2. *Let X be a non-singular algebraic surface with $q(X)=0$. If X contains a non-singular rational curve C with $C^2 \geqq 0$, then X is a rational surface.*

Proof. From Proposition I.1 and the adjunction formula it follows that the self-intersection of a non-singular curve "goes down by one" if we blow up a point on the curve. Consequently, we can restrict ourselves to the case $C^2=0$. Let γ be the line bundle on X corresponding to C. Then there is an exact sequence of sheaves on X ([10], p. 130)

$$0 \to \mathcal{O}_X \to \Omega(\gamma) \to \Omega'(\gamma \mid C) \to 0$$

where $\Omega(\gamma)$ is the sheaf of local holomorphic sections of γ and $\Omega'(\gamma \mid C)$ the sheaf of local holomorphic sections of the restriction $\gamma \mid C$, extended by 0 outside C. Since the degree (first Chern number) of $\gamma \mid C$ is the self-intersection of C ([15], p. 117) the line bundle $\gamma \mid C$ is trivial, so

$$\dim H^0(X, \Omega'(\gamma \mid C)) = 1.$$

Because $\dim H^1(X,\mathcal{O}_X)=q(X)=0$, we find $\dim H^0(X,\Omega(\gamma))=2$. The projective space of $H^0(X,\Omega(\gamma))$ can be identified with the set of zero divisors of holomorphic sections of γ. If we take two of these divisors, C_1 and C_2, with $C_1 \neq C_2$, then two sections of γ vanishing (with proper multiplicities) on C_1 and C_2 respectively, form a base of $H^0(X,\Omega(\gamma))$. Therefore, if C_1 and C_2 would have a strictly positive divisor D in common, all sections of γ would vanish on D, i.e. D would be equal to C, which is impossible, since on C there vanishes only a 1-dimensional space of sections of γ. Furthermore, from $C^2=0$ we deduce that two zero divisors never have any points in common. Hence the zero divisors of holomorphic sections of γ are the fibres of a surjective holomorphic map $\rho: X\to \mathbf{P}_1$. From Bertini's theorem ([23], p. 24) it follows that – except for a finite number of them – the fibres of ρ are non-singular curves. The adjunction formula then implies that – except for a finite number of exceptions – the fibres are non-singular rational curves, the exceptions being exactly the reducible fibres. Again by the adjunction formula, these must have at least two different components. Let $\sum a_i C_i$ be such a fibre, where a_i is the multiplicity of the component C_i. By an elementary case of Stein factorisation ([23], p. 23) the fibre is connected. Therefore, from $(\sum a_j C_j)C_i=0$ we find that for all components C_i the self-intersection is strictly negative. Also, from $\sum a_i KC_i=-2$ we conclude that there is at least one C_i, say C_{i_0}, with $KC_{i_0}<0$. The adjunction formula now gives $C_{i_0}^2=-1$, $\pi(C_{i_0})=0$, i.e. C_{i_0} is an exceptional curve. Repeating the argument, if necessary, for the surface which results from blowing down C_{i_0}, we find that X is obtained by blowing up a surface Y which admits a holomorphic map onto $\mathbf{P}_1$, everywhere of maximal rank, such that all the fibres on Y are non-singular and rational. By an elementary argument ([1], p. 68) the surface Y is an analytic $\mathbf{P}_1$-bundle over $\mathbf{P}_1$, and by another elementary argument the surface Y is an algebraic $\mathbf{P}_1$-bundle over $\mathbf{P}_1$. Since every algebraic $\mathbf{P}_1$-bundle over $\mathbf{C}$ is algebraically trivial, Y is birationally equivalent to $\mathbf{P}_2$. Hence also X is a rational surface.

Theorem I.3 (Castelnuovo's Criterion). *An algebraic surface X is rational if and only if $q(X)=P_2(X)=0$.*

For a proof see [19], p. 1052.

Proposition I.4. *If on the non-singular algebraic surface X with $q(X)=0$ there exists an irreducible curve C with $KC<0$ and $C^2\geqq 0$, then X is a rational surface.*

Proof. Let $D\in|2K|$. We set $D=aC+R$, with $a\geqq 0$ and $RC\geqq 0$. Then $2KC=aC^2+RC\geqq 0$, which is a contradiction. Hence $|2K|$ is empty, i.e. $P_2(X)=0$, and X is rational by Castelnuovo's criterion.

Proposition I.5. *Let X be a non-singular algebraic surface with $q(X)=0$. If there exists on X an irreducible curve C with $KC<0$ and which has at least one singular point or which is not rational, then X is rational. If there exists on X an irreducible curve C with $KC \leqq -2$, then again X is a rational surface.*

Proof. In both cases, the adjunction formula implies $C^2 \geqq 0$. Hence X is rational by Proposition I.4.

Proposition I.6. *If on a non-singular algebraic surface X with $q(X)=0$ there exist two intersecting exceptional curves, then X is rational.*

Proof. Let E_1 and E_2 be the exceptional curves with $E_1 E_2 > 0$. If we blow down E_1, then on the blow-down surface $\tilde{X}$ the image $\tilde{E}_2$ of E_2 satisfies by Proposition I.1 the relation:

$$\begin{aligned} K_{\tilde{X}} \tilde{E}_2 &= K_X E_2 - E_1 E_2 \\ &= -1 - E_1 E_2 . \end{aligned}$$

Therefore, $\tilde{X}$ and hence X is rational by Proposition I.5.

Elliptic Surfaces. Let $\rho: X \to R$ be an elliptic fibring of the non-singular algebraic surface X, and let $m_1 F_1, \ldots, m_l F_l$ be the multiple fibres of ρ ([16, 17]). Then, if X is free of exceptional curves, the canonical divisor class on X is given by

$$K_X = \rho^*(A) + \sum_{i=1}^{l} (m_i - 1) F_i$$

where A is a divisor class on R of degree $\chi(X) - e(R)$, the number $e(R)$ being the Euler number of the curve R (see [18], Theorem 12).

Proposition I.7. *Let X be a non-singular algebraic surface with $q(X)=0$ and $\chi(X)=2$. Suppose that on X there exist irreducible curves C and D with $KC = C^2 = 0$, $KD \leqq 0$ and $CD = 1$. Then X is a blown up elliptic K_3-surface.*

Proof. The curve C cannot intersect any exceptional curve E on X, for after blowing down E the image of C would satisfy the conditions of Proposition I.4 and hence X would be rational, contrary to the assumption that $\chi(X)=2$. In particular, D is not an exceptional curve. Also C itself is not an exceptional curve because $C^2=0$. Using Proposition I.1 we find therefore that after blowing down an exceptional curve on X, the resulting surface together with the images of C and D satisfies again our assumptions. So it is sufficient to prove the theorem for a surface X' containing no exceptional curves.

From the Riemann-Roch formula we find

$$\dim |C| + \dim |K - C| \geqq 0 .$$

Let $A \in |K-C|$. Then $AD<0$, and in particular $A \neq 0$. If we set $A = dD + R$, with $d \geqq 1$ and $RD \geqq 0$ we have $RC<0$. Consequently, if we set $R = eC + S$, with $e \geqq 1$ and $SC \geqq 0$, we find $(K-C)\,C = (dD + eC + S)\,C > 0$, contrary to our assumptions. It follows that $\dim |K-C| = -1$ and $\dim |C| \geqq 1$. In the same way as in the proof of Proposition I.2 we find that a 1-dimensional linear subspace of $|C|$, containing C, gives a holomorphic map ρ: $X' \to \mathbf{P}_1$. By construction C is an irreducible non-multiple fibre of ρ. From Stein factorisation it follows that all but a finite number of fibres of ρ are irreducible. By Bertini's theorem all but a finite number of fibres are non-singular, and by the adjunction formula therefore all but a finite number of fibres are non-singular elliptic. It follows that ρ is an elliptic fibring of X'. The curve D intersects the irreducible fibre C in one point transversally, hence ρ has no multiple fibres. From the formula given above for the canonical class it follows that $K_{X'} = 0$, hence X' is an elliptic K_3-surface, and X is a blown up elliptic K_3-surface.

(-2)-Configurations. Let X be a complex surface. By a (-2)-configuration on X we mean a configuration formed by a finite number of non-singular rational curves $C_1, \ldots, C_k$, all of them with self-intersection -2, such that $C_1 \cup \cdots \cup C_k$ is a connected subset of X. The configuration formed by $C_1, \ldots, C_k$ will be denoted by $\{C_1, \ldots, C_k\}$ (any ordering). We shall not describe completely which (-2)-configurations can exist on the (blown up) surfaces of the classes 1), ..., 7) of Theorem ROC, but we shall prove a few facts about (-2)-configurations which will be used in Chapter III, and in forthcoming papers.

Let X be a surface of general type without exceptional curves. As was mentioned before (after Theorem ROC) the holomorphic map, provided by $|nK|$, n sufficiently large, maps each (-2)-configuration on X into a single point, with different configurations going to different points. The singularities thus obtainable are known: these are exactly the rational double points A_k, D_k, E_6, E_7, E_8 (see for example [4]). From this fact it follows which types of (-2)-configurations can exist on surfaces of general type without exceptional curves, and thus also which (-2)-configurations can exist on any surface of general type.

Using only the facts about surfaces of general type mentioned after Theorem ROC, we shall prove the following special result.

Proposition I.8. *Let X be a non-singular algebraic surface with $q(X)=0$. If on X there exists a (-2)-configuration $\{D_1, \ldots, D_k\}$ such that the matrix $(D_i D_j)_{1 \leqq i,j \leqq k}$ is not negative definite, for example if*

$$\sum_{1 \leqq i < j \leqq k} D_i D_j \geqq k$$

then X is not a surface of general type, and hence, by Theorem ROC, X is *either rational, or a (blown up)* K_3*-surface, or a (blown up) honestly elliptic surface.*

Proof. To begin with, we shall prove: if some exceptional curve on X intersects any of the curves $D_1, \ldots, D_k$, then X is a rational surface. Indeed, if for any i the intersection number $ED_i \geqq 2$, then after blowing down E, we find that X is rational by Propositions I.1 and I.5. If E intersects two of the curves $D_1, \ldots, D_k$, say D_1 and D_2, with $ED_1 = ED_2 = 1$, then after blowing down E we see that X is rational by Proposition I.6. If for exactly one curve D_i, say D_1, we have $ED_1 = 1$, then after blowing down E the image of D_1 is an exceptional curve. If X is not rational, this curve intersects exactly one of the remaining curves $D_2, \ldots, D_k$. If X is not rational, we can go on with the image of D_1 as we did before with E, and so on. This however implies that for a suitable ordering of the curves $D_1, \ldots, D_k$ we have $D_1 D_2 = \cdots = D_{k-1} D_k = 1$, with all other $D_i D_j = 0$. But this is contrary to the assumption that the matrix $(D_i D_j)_{1 \leqq i,j \leqq k}$ is not negative definite. Hence, if X is not rational, then on a surface Y, without exceptional curves, from which X is obtained by blowing up, there exists a (-2)-configuration with an intersection matrix which is not negative definite. Then, if X and thus Y were of general type, by what is said about surfaces of general type after Theorem ROC, there would be a (-2)-configuration $\{D_1, \ldots, D_k, D_{k+1}, \ldots, D_l\}$ on Y, a neighbourhood U of $\bigcup_{i=1}^{l} D_i$, a complex surface V with exactly one normal singularity p, a holomorphic map $\rho\colon U \to V$ with $\rho\left(\bigcup_{i=1}^{l} D_i\right) = p$, such that ρ would map $U - \bigcup_{i=1}^{l} D_i$ biregularly onto $V - p$. But then, according to a classical theorem of DuVal (see for example [20]) the matrix $(D_i D_j)_{1 \leqq i,j \leqq k}$ would be negative definite, contrary to the assumption.

Let us consider elliptic fibrings $\rho\colon X \to R$ of compact complex surfaces X without exceptional curves. In [16] (p. 565) Kodaira has described all possible types of fibres of such fibrings. From Kodaira's results it follows in particular which (-2)-configurations occur as (set theoretic) fibres in elliptic fibrings of such surfaces X. Below we give a list of these configurations, using Kodaira's notation. We point out that in this list we consider only the underlying (-2)-configurations, thus forgetting about the multiplicities of the components.

In the following enumeration C_i always denotes a non-singular rational curve with $C_i^2 = -2$. By $C_i \circ C_j = \sum_{i=1}^{m} \alpha_i p_i$ we indicate that the curves C_i and C_j intersect precisely in points $p_1, \ldots, p_m$ ($p_i \neq p_j$ for $i \neq j$) with multiplicity $\alpha_1, \ldots, \alpha_m$ respectively. If an intersection $C_i \circ C_j$ does not occur it is understood to be empty.

Fibre type	Curves	Intersection behaviour
$m\mathrm{I}_2$	C_1, C_2	$C_1 \circ C_2 = p_1 \dot{+} p_2$
III	C_1, C_2	$C_1 \circ C_2 = 2p_1$
IV	C_1, C_2, C_3	$C_1 \circ C_2 = C_1 \circ C_3 = C_2 \circ C_3 = p_1$
$m\mathrm{I}_k$	$C_1, \ldots, C_k$ $(k \geqq 3)$	$C_i \circ C_{i+1} = p_i$ $(i=1, \ldots, k-1)$, $C_k \circ C_1 = p_0$
I_k^*	$C_1, C_2, C_3, C_4, C_5, \ldots, C_{k+5}$	$C_1 \circ C_5 = p_1$, $C_2 \circ C_5 = p_2$, $C_3 \circ C_{k+5} = p_3$, $C_4 \circ C_{k+5} = p_4$, $C_5 \circ C_6 = p_5, \ldots, C_{k+4} \circ C_{k+5} = p_{k+4}$
II*	$C_1, \ldots, C_9$	$C_1 \circ C_2 = p_1, \ldots, C_5 \circ C_6 = p_5$, $C_6 \circ C_7 = p_6$, $C_6 \circ C_8 = q_6$, $C_7 \circ C_9 = p_7$
III*	$C_1, \ldots, C_8$	$C_1 \circ C_2 = p_1$, $C_2 \circ C_3 = p_2$, $C_3 \circ C_4 = p_3$, $C_4 \circ C_5 = p_4$, $C_4 \circ C_6 = q_4$, $C_5 \circ C_7 = p_5$, $C_7 \circ C_8 = p_7$
IV*	$C_1, \ldots, C_7$	$C_1 \circ C_2 = p_1$, $C_2 \circ C_3 = p_2$, $C_3 \circ C_4 = p_3$, $C_3 \circ C_5 = q_3$, $C_4 \circ C_6 = p_4$, $C_5 \circ C_7 = p_5$

The (-2)-configurations occurring in this list will be called the *elliptic (-2)-configurations.*

Proposition I.9. *Let X be a non-singular algebraic surface with $q(X)=0$ and $\chi(X) \geqq 2$. Suppose that on X there exists a (-2)-configuration $\{C_1, \ldots, C_k, C\}$, such that $\{C_1, \ldots, C_k\}$ is an elliptic (-2)-configuration, but the whole configuration $\{C_1, \ldots, C_k, C\}$ is not. Then X is a (blown up) elliptic K_3-surface.*

Proof. From $\chi(X) \geqq 2$ it follows that X is not rational. Using this fact we find in a way quite similar to the first part of the proof of Proposition I.8 that no exceptional curve on X intersects any of the curves $C_1, \ldots, C_k, C$. Consequently, it is sufficient to consider the case that X contains no exceptional curves. By the definition of an elliptic (-2)-configuration there exist strictly positive integers $a_1, \ldots, a_k$, such that $(\sum a_i C_i)^2 = 0$. (Since we shall use it later on, we shall assume—as of course we may—that $\mathrm{GCD}(a_1, \ldots, a_k) = 1$.) Therefore, by the theorem of DuVal (loc. cit.), X is not a surface of general type, and hence X is either honestly elliptic or a K_3-surface.

Now let $\rho: X \to \mathbf{P}_1$ be an elliptic fibring of X, and let $m \sum_{j=1}^{l} m_j F_j$, with $\mathrm{GCD}(m_1, \ldots, m_l) = 1$, be a fibre of ρ. According to a theorem of Zariski ([23], p. 165) we have for all integers $c_1, \ldots, c_l$ the inequality $\left(\sum_{j=1}^{l} c_j F_j\right)^2 \leqq 0$, and the equality $\left(\sum_{j=1}^{l} c_j F_j\right)^2 = 0$ holds if and only if there exists an integer p such that $c_j = p\, m_j$, $j = 1, \ldots, l$. Since there exist strictly positive integers $a_1, \ldots, a_l$ such that $(\sum a_i C_i)^2 = 0$ it follows that at least one of the curves $C_1, \ldots, C_k, C$ has a strictly positive intersection with the fibres of ρ. From $\chi(X) \geqq 2$, combined with $K_X C_1 = \cdots = K_X C_k = K_X C = 0$ and with the formula for K_X given earlier, it follows that $K_X = 0$. Hence in any case X is a K_3-surface. To finish the proof we still have to show that X is elliptic. In fact, from the Riemann-Roch formula we derive that $\dim |\sum a_i C_i| \geqq 1$. From the theorem of Zariski just used it follows that no 1-dimensional linear subspace of $|\sum a_i C_i|$, containing $\sum a_i C_i$ has a fixed component. Finally, in the same way as in the proof of Proposition I.7 we conclude that such a linear subspace gives an elliptic fibring of X.

II. Curves on the Hilbert Modular Surfaces

The Quotient Singularities. As has been announced already in the introduction, we recall in this Chapter only the facts we shall need later on. For more details we refer to [12].

Let K be the real quadratic field $\mathbf{Q}(\sqrt{p})$, where p is a prime congruent 1 mod 4, and let $\mathfrak{o}$ be its ring of integers. If $\mathcal{H}$ is the upper half plane in $\mathbf{C}$, then $SL_2(\mathfrak{o})$ acts on $\mathcal{H}^2 = \mathcal{H} \times \mathcal{H}$ by

$$\begin{pmatrix} a & b \\ c & d \end{pmatrix} (z_1, z_2) = \left(\frac{a z_1 + b}{c z_1 + d}, \frac{a' z_2 + b'}{c' z_2 + d'} \right)$$

where a′, b′, ... are the conjugates of a, b, ... over $\mathbf{Q}$. The Hilbert modular group $G = SL_2(\mathfrak{o})/\{+1, -1\}$ acts effectively on $\mathcal{H}^2$. The orbit space $\mathcal{H}^2/G$ is a complex space of dimension 2 with finitely many quotient singularities. For a suitable r, such a singularity is locally the quotient of $\mathbf{C}^2$ by a linear action of the group of r-th roots of unity, acting freely outside the origin. If for $(z_1, z_2) \in \mathbf{C}^2$ and $\xi^r = 1$ this action is of the form

$$\xi(z_1, z_2) = (\xi z_1, \xi^q z_2)$$

where q and r are relatively prime, we shall say that the quotient singularity is of order r and of type (r; 1, q).

Prestel ([21]) has proved the following proposition.

Proposition II.1. *Let* a_r *be the number of quotient singularities of order* r *in* $\mathcal{H}^2/G$, *where* G *is the Hilbert modular group for the field* $K = \mathbf{Q}(\sqrt{p})$ *and where* p *is a prime congruent* 1 mod 4. *Then we have*

for $p = 5$: $a_2 = a_3 = a_5 = 2$, $a_r = 0$ *for* $r > 5$,

for $p > 5$: $a_2 = h(-p)$, $a_3 = h(-3p)$, $a_r = 0$ *for* $r \geqq 5$.

Here h(b) denotes the class number of the field $\mathbf{Q}(\sqrt{b})$. The numbers a_r are even. Half of the singularities of order 3 are of type (3; 1, 1) (the first kind) and half of them are of type (3; 1, 2) (the second kind). For p = 5, the quotient singularities of order 5 are of type (5; 1, 3).

The minimal resolutions of the quotient singularities of $\mathscr{H}^2/G$ can be described by the following diagrams. In these diagrams the lines indicate non-singular rational curves, and the numbers are their self-intersection numbers. The intersection of different curves is transversal.

Quotient singularity of order 2:

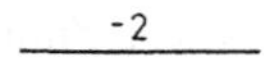

Quotient singularity of order 3 and of the first kind:

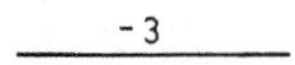

Quotient singularity of order 3 and of the second kind:

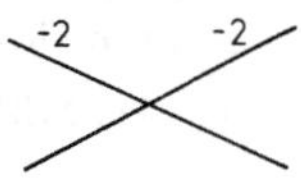

Quotient singularity of type (5; 1,3):

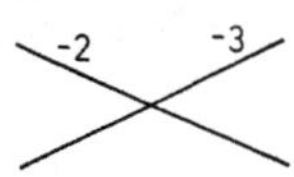

The Euler number of $\mathscr{H}^2/G$ is given by

$$e(\mathscr{H}^2/G)=2\zeta_K(-1)+\sum_{r\geqq 2} a_r \frac{r-1}{r} \tag{1}$$

where ζ_K is the ζ-function of the field K. If we resolve the singularities of $\mathscr{H}^2/G$ by way of a minimal resolution we obtain from $\mathscr{H}^2/G$ a (non-compact) non-singular complex surface $X(p)$. Blowing up a quotient singularity increases the Euler number by the number of curves occuring in the resolution. Therefore, by Proposition II.1 and formula (1) we obtain

Proposition II.2. *If* G *is the Hilbert modular group for the field* $K=\mathbf{Q}(\sqrt{p})$, *then the minimal desingularisation* $X(p)$ *of* $\mathscr{H}^2/G$ *has the following Euler number*

$$e(X(5))=13$$
$$e(X(p))=2\zeta_K(-1)+\tfrac{3}{2}h(-p)+\tfrac{13}{6}h(-3p), \quad \textit{for } p>5.$$

The Cusps. The manifold $X(p)$ can be compactified by finitely many "cusps", which are in one-to-one correspondence with the ideal classes of the ring of algebraic integers in the field $K=\mathbf{Q}(\sqrt{p})$. The compactified space $\overline{X(p)}$ has h(p) singular points, corresponding to the cusps. If we replace each of these singular points by a minimal resolution, we obtain a non-singular algebraic surface $Y(p)$. These surfaces are the Hilbert modular surfaces as they appear in the Introduction.

It has been shown in [12] that the singular points of $\overline{X(p)}$ admit a cyclic resolution. Since in our case (p prime congruent 1 mod 4) the ring $\mathfrak{o}$ has a unit of negative norm, in $\mathfrak{o}$ the groups $\mathfrak{C}$ of wide ideal classes and $\mathfrak{C}^+$ of narrow ideal classes coincide. The squaring operation Sq: $\mathfrak{n}\to\mathfrak{n}^{-2}$ from $\mathfrak{C}$ to $\mathfrak{C}^+$ is bijective, because $h(p)=|\mathfrak{C}|=|\mathfrak{C}^+|$ is odd ([12], 3.7). Therefore the cusps are of type $(\mathfrak{M}, \mathfrak{U}^2)$, where $\mathfrak{U}$ is the group of units of $\mathfrak{o}$ and $\mathfrak{M}$ runs through a complete system of representatives of the ideal classes of $\mathfrak{o}$. The group $\mathfrak{U}^2$ equals the infinite cyclic group $\mathfrak{U}^+$ of totally positive units. Thus the result on the desingularisation of the h(p) singular points of $\overline{X(p)}$ can be formulated in the following way.

A real quadratic irrationality w is called reduced if

$$0<w'<1<w \tag{2}$$

where w′ is again the conjugate of w over $\mathbf{Q}$. A real quadratic irrationality w is reduced if and only if its continued fraction of the form

$$w=a_0-\cfrac{1}{a_1-\cfrac{1}{\cdots}} \qquad (a_i\in\mathbf{Z},\ a_i\geqq 2 \text{ for } i\geqq 1) \tag{3}$$

is purely periodic, i.e. there exists a natural number $r>1$, such that that $a_i=a_{i+r}$ for $i\geqq 0$. A quadratic irrationaliy w has discriminant p if

$$w=\frac{M+\sqrt{p}}{2N} \tag{4}$$

where M, N are integers, $N>0$ and M^2-p congruent 0 mod 4N. Let L(p) be the set of all reduced quadratic irrationalities of discriminant p. The set L(p) is finite, and its cardinality will be denoted by $\ell(p)$. If $w\in L(p)$ and

$$w=[w]+1-\frac{1}{w_1}=b-\frac{1}{w_1} \tag{5}$$

then $w_1\in L(p)$. Thus for each $w\in L(p)$ we have a successor $w_1\in L(p)$. In this way, the finite set L(p) is arranged in finitely many cycles, which are disjoint. Alternatively, we can say that $\mathbf{Z}$ acts on L(p) with finitely many orbits. Formula (5) is the beginning of the continued fraction for w. The a_0 of (3) equals b, and we have $b\geqq 2$. The following proposition is a reformulation of results in [12], § 2 and § 3.

Proposition II.3. *The number of cycles in* L(p) *equals the class number* h(p). *There is a natural correspondence between the singular points of* $\overline{X(p)}$ *and the cycles in* L(p). *To each* $w \in L(p)$ *one can associate a rational curve* S_w *occurring in the minimal resolution of that singular point of* $\overline{X(p)}$ *which corresponds to the cycle of* w. *The relationship thus established between the curves of the minimal resolution of a singular point of* $\overline{X(p)}$ *and the elements of the corresponding cycle in* L(p) *is one to one.*

For $p=5$, *we have* $\ell(p)=1$, *and the unique reduced quadratic irrationality is* $w=\frac{3+\sqrt{5}}{2}=3-\frac{1}{w}$. *In this case the curve* S_w *is a rational curve with one singularity, an ordinary double point, and* $S_w^2=-1$.

For $p>5$, *the curves* S_w *are all non-singular and their self-intersection number is* $S_w^2=-[w]-1$. *Furthermore, we have* $\ell(p)\geqq 3$, *and in fact each cycle has a length* $\geqq 3$. *Each curve* S_w *intersects only its successor and its predecessor, each of them transversally in exactly one point.*

Let $w_0=\frac{\{\sqrt{p}\}+\sqrt{p}}{2}$, where $\{\sqrt{p}\}=2a+1$ is the smallest odd integer greater than $\sqrt{p}$. The cycle of w_0 corresponds to the ideal class of the principal ideals of $\mathfrak{o}$. The successor of w_0 will be called w_1, its predecessor w_{-1}, and so on, until for a certain t the curves S_{w_t} and $S_{w_{-t}}$ intersect. The curves S_{w_i} will simply be denoted by S_i. If we put

$$b_i=[w_i]+1,$$

then we have

$$S_i^2=S_{-i}^2=-b_i=-b_{-i}.$$

In particular,

$$S_0^2=-b_0=-\{\sqrt{p}\}=-(2a+1).$$

As observed before, the resolution of the cusp, corresponding to the cycle of w_0 looks as follows

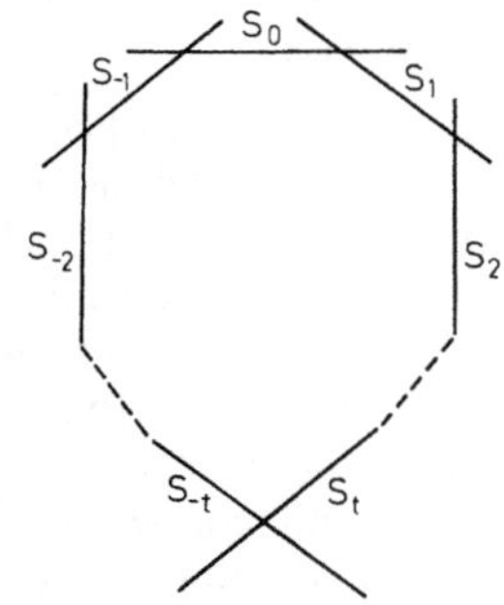

(6)

If we denote continued fractions of the form (3) by

$$[[a_0, a_1, a_2, \ldots]]$$

we have

$$w_0 = [[\overline{b_0, b_1, \ldots, b_t, b_t, \ldots, b_1}]]$$

where the bar indicates the period. Observe that $b_{t+1} = b_{-t} = b_t$, etc.

The first prime p congruent 1 mod 4 with $h(p) > 1$ is $p = 229$. If we want to tabulate all elements of $L(p)$ for $p < 229$, we only have to consider the cycle of w_0. We put

$$w_i = \frac{M_i + \sqrt{p}}{2N_i}.$$

It is easy to show that $N_{-i} = N_i$. Therefore, we shall tabulate b_i and N_i only for $0 \leqq i \leqq t$. The M_i we do not need. Table 1 (p. 22) gives the b_i and N_i for $p \leqq 73$, whereas in Table 2 the numbers $\ell(p)$ can be found for $29 \leqq p \leqq 317$.

The boundary V of a suitable compact neighbourhood U in $Y(p)$ of the union S of all curves S_w is a 3-dimensional manifold with $h(p)$ connectedness components, each of which is a torusbundle over a circle. The neighbourhood U has S as a deformation retract. Therefore, the betti numbers of U are given by: $b_0(U) = b_1(U) = h(p)$; $b_2(U) = \ell(p)$, $b_i(U) = 0$ for $i \geqq 3$. The Euler number $e(U)$ equals $\ell(p)$. The complement in $Y(p)$ of the interior of U is a compact manifold, with boundary V, which is a deformation retract of $X(p)$. A simple additivity property of the Euler number $\big(e(A \cup B) = e(A) + e(B) - e(A \cap B)\big)$ implies in virtue of $e(V) = 0$ the formula

$$e(Y(p)) = e(X(p)) + \ell(p). \tag{7}$$

Since $b_1(Y(p)) = 0$, formula (7) enables us to calculate the second betti number of the surface $Y(p)$. For the sake of completeness we indicate a proof of the fact that $b_1(Y(p))$ vanishes; for more details we refer to [6] (see also [5], Teil I, Satz 8).

Proposition II.4. *The Hilbert modular surfaces are regular, i.e. their first betti number $b_1(Y(p))$ vanishes.*

Proof. We remove from $\mathscr{H}^2$ suitable open balls around the points with non trivial isotropy groups. The resulting space $(\mathscr{H}^2)'$ is simply-connected, and $(\mathscr{H}^2)'/G$ is a (non compact) manifold with a boundary consisting of finitely many lens spaces. According to Serre ([24]) the abelianised group $G/[G,G]$ is finite. Therefore, the first betti number of $(\mathscr{H}^2)'/G$ and also of $X(p)$ vanishes. The last fact follows because the tubular neighbourhoods of the configuration of curves into which a quotient singularity is blown up, are simply connected. Therefore, $b_1(\overline{Y(p) - U})$ vanishes. Each one-dimensional homology class of U can be represented by a cycle in $U-S$, and thus by a cycle in $\partial U = V$. The van Kampen-Mayer-Vietoris theorem applied to $Y(p) = \overline{(Y(p)-U)} \cup U$ gives the desired result.

The Curves F_N. Next we recall some facts about the curves F_N on the surfaces $Y(p)$ ([12], § 4).

A natural number N is called admissible with respect to p if N is not congruent 0 mod p^2 and if N does not contain any prime number $q \neq p$ with $\left(\frac{q}{p}\right) = -1$, i.e. all the primes contained in N are quadratic residues mod p. Thus in $\mathfrak{o} \subset \mathbf{Q}(\sqrt{p})$ all these primes are equal to a product of two different prime ideals $\mathfrak{q}, \mathfrak{q}'$, where $x \to x'$ denotes as before the non-trivial automorphism of the field $K = \mathbf{Q}(\sqrt{p})$.

For every admissible N there is defined an algebraic curve F_N on the surface $Y(p)$. It is always irreducible, but may have singularities. For different admissible numbers N_1, N_2 the corresponding curves F_{N_1} and F_{N_2} are also different. We do not recall the definition of the curves F_N in full generality, but restrict ourselves to the following special case.

If $N = jj'$, where j is a totally positive integer in K which is not divisible by any natural number $\neq 1$, then N is admissible, and the curve

$$\begin{aligned} z_1 &= jt \\ z_2 &= j't, \end{aligned} \qquad t \in \mathscr{H} \tag{8}$$

on $\mathscr{H}^2$ projects down to a curve in $\mathscr{H}^2/G$. The closure in $\mathscr{H}^2/G$ of this last curve is an algebraic curve on $Y(p)$, and this curve is precisely F_N.

If the class number h(p) of the field K equals 1, then any admissible N can be written in the form $N = jj'$, where j has the properties mentioned above.

The curve F_N has a non-singular model $\overline{\mathscr{H}/\Gamma}$, where Γ is a discrete group acting on $\mathscr{H}$ and where the bar indicates the compactification of $\mathscr{H}/\Gamma$ by the finitely many cusps of Γ. If N is not congruent 0 mod p, then $\Gamma = \Gamma_0(N)$, where

$$\Gamma_0(N) = \left\{ \begin{pmatrix} a & b \\ c & d \end{pmatrix} \in SL_2(\mathbf{Z});\ c \text{ congruent } 0 \bmod N \right\}.$$

If $N=1$, then $\Gamma = SL_2(\mathbf{Z})$, and the curve F_1 comes from the ordinary diagonal $z_1 = z_2$ in $\mathscr{H}^2$.

If $N = p$, then $\Gamma = \Gamma_*(p)$ which group is the extension of index 2 of $\Gamma_0(p)$ by the element

$$\begin{pmatrix} 0 & p^{\frac{1}{2}} \\ p^{-\frac{1}{2}} & 0 \end{pmatrix}.$$

The curve F_p can be given in the form (8) with $j=\sqrt{p}\,e_0$, where e_0 is a positive unit of negative norm ($e_0'<0$). In our case such a unit always exists, as was already mentioned before. Also the equations $z_1=e_0^2 z_2$ or $z_1 z_2=-1$ give rise to the curve F_p.

There is a natural map

$$\overline{\mathcal{H}/\Gamma}-\mathcal{H}/\Gamma \to S \tag{9}$$

which indicates where the curve F_N passes through the curves S_w. The (finite) number of points in $\overline{\mathcal{H}/\Gamma}-\mathcal{H}/\Gamma$, i.e. the number of cusps of Γ will be denoted by $\sigma(\Gamma)$. There are well known formulae for $\sigma(\Gamma)$. The number $\sigma(\Gamma)$ equals 2^r if N is a product of r different primes ($\neq p$), it equals 1 if $N=1$ or $N=p$. Some information about the map (9) is contained in the following proposition.

Proposition II.5. *If the reduced quadratic irrationality* $w\in L(p)$ *is of the form*

$$w=\frac{M+\sqrt{p}}{2N}$$

then the curve F_N intersects S_w transversally in a point which is not a double point of S.

The curve F_1 intersects S_0 transversally and this is the only intersection of F_1 with S.

The curve F_p passes through the intersection point of S_ι and $S_{-\iota}$, intersecting S_ι and $S_{-\iota}$ transversally. This is the only intersection of F_p and S.

To describe the *basic configuration* of curves on $Y(p)$ as we need it for our results on classification we have to recall the properties of the involution ι on $\mathcal{H}^2/G$, induced by the involution $(z_1, z_2)\to(z_2, z_1)$ of $\mathcal{H}^2$ (compare [12], 5.4, where this involution is called T). The involution ι acts on the quotient sigularities of $\mathcal{H}^2/G$. The description of this action ([22]) depends on the residue class of p mod 24. Therefore we define:

$\varepsilon=1$ for p congruent 1 mod 3, $\varepsilon=0$ for p congruent 2 mod 3

$\delta=1$ for p congruent 1 mod 8, $\delta=0$ for p congruent 5 mod 8.

Now consider F_1 and F_p as curves on $\mathcal{H}^2/G$. Then the following holds on $\mathcal{H}^2/G$:

F_1 and F_p are both pointwise fixed under ι.

Of the $h(-p)$ quotient singularities of order 2, half of them lie on F_p, and not on F_1, and one of them (represented by $(i,i)\in\mathcal{H}^2$) lies on F_1 and F_p, and is the only intersection point of F_1 and F_p in $\mathcal{H}^2/G$. There are in addition δ quotient singularities of order 2 which are fixed under ι. "They" lie neither on F_1 nor on F_p. The remaining order 2 singularities are interchanged pairwise under ι. Of the $h(-3p)$ quotient singularities of order 3, exactly half of them are of type (3; 1, 2). They lie on F_p. There is one singularity of type (3; 1, 1), represented by (r, r), where $\mathrm{r} = -\frac{1}{2} + \frac{1}{2}\mathrm{i}\sqrt{3}$, which lies on F_1, whereas ε such singularities lie on F_p. The remaining singularities of type (3; 1, 1) are interchanged pairwise. The involution acts freely outside F_1 and F_p and the quotient singularities of order 2 and 3.

The involution ι can be carried over (lifted and extended) to $Y(p)$. Since F_1 and F_p are pointwise fixed under ι it follows from general theorems about involutions on complex surfaces that F_1 and F_p are non-singular curves on $Y(p)$, which do not intersect on $Y(p)$.

On $Y(p)$ we have the following basic configuration. (In this diagram we omit the curves coming from the cusps belonging to non principal ideal classes, and also the curves coming from quotient singularities which are pairwise interchanged.)

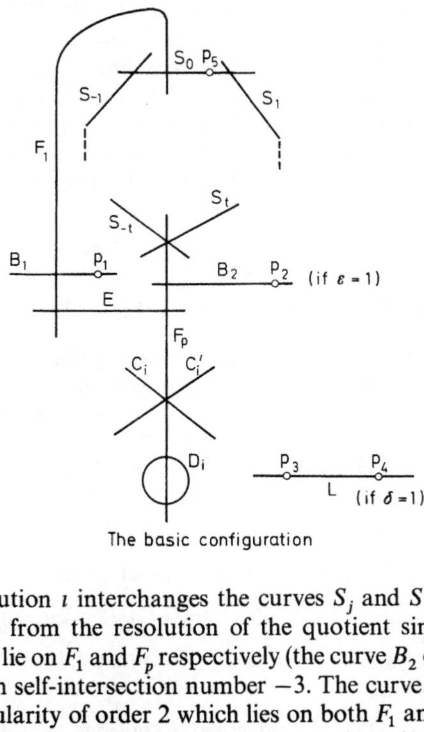

The basic configuration

The involution ι interchanges the curves S_j and S_{-j}. The curves B_1 and B_2 come from the resolution of the quotient singularities of type (3; 1, 1) which lie on F_1 and F_p respectively (the curve B_2 exists only if $\varepsilon = 1$), and have both self-intersection number -3. The curve E comes from the quotient singularity of order 2 which lies on both F_1 and F_p. The curve L (which exists only if $\delta = 1$) comes from the quotient singularity of order 2 which is fixed under ι. The curves C_i, C_i' represent the resolutions of the $\frac{\mathrm{h}(-3\mathrm{p})}{2}$ quotient singularities of type (3; 1, 2); they are interchanged by ι. The curves D_i are the resolutions of the $\frac{h(-p)}{2}$ quotient singularities of order 2 which lie on F_p. The curves E, L, C_i, C_i' and D_i all have self-intersection number -2. The curves B_1, B_2, E, D_i and L are mapped to themselves by ι. The points p_1, p_2, p_3, p_4 and p_5 are isolated fixed points of ι. On $Y(p)$ the involution ι has exactly $2+\varepsilon+2\delta$ isolated fixed points.

To every normal isolated singular point of a 2-dimensional complex space one can attach a Chern divisor. In extenso ([12], 4.2), if the union of the curves $A_1, \ldots, A_k$ is a minimal resolution of the singular point p, then the Chern divisor of p is a sum $\sum_{i=1}^{k} a_i A_i$ where the a_i are *rational* numbers (the usual divisors, as introduced in Chapter I, have always *integer* coefficients). Thus the Chern divisor of a cusp singularity is equal to the sum of the curves in the resolution, and the Chern divisor of a quotient singularity of type $(3;1,1)$ equals $\frac{1}{3}$ times the only curve in the resolution. The Chern divisor vanishes if only non-singular rational curves with self-intersection number -2 occur in the resolution.

Let $c_1 \in H^2(Y(p), \mathbf{Z})$ be the first Chern class of $Y(p)$. If K is a canonical divisor on $Y(p)$, then its cohomology class under Poincaré duality equals $-c_1$. For a curve F_N we need information on $c_1[F_N] = -KF_N$. If F_N has $\overline{\mathscr{H}/\Gamma}$ as non-singular model, then

$$c_1[F_N] = 2 \int_{\mathscr{H}/\Gamma} \omega + \sum_{\nu} C_1^{(\nu)} F_N \tag{10}$$

where $\int_{\mathscr{H}/\Gamma} \omega$ is the Euler-Gauß-Bonnet volume of $\mathscr{H}/\Gamma$ and $C_1^{(\nu)}$ runs through the Chern divisors of all the singular points in the compactification of $\mathscr{H}^2/G$ (compare [12], 4.3). Taking into account that $\Gamma = \Gamma_*(p)$, that $[\mathrm{SL}_2(\mathbf{Z})\colon \Gamma_0(p)] = p+1$ and that $\int_{\mathscr{H}/\mathrm{SL}_2(\mathbf{Z})} \omega = -\frac{1}{6}$ we derive from (10) and Proposition II.5 the following formula for $N = p$:

$$c_1[F_p] = -\frac{p+1}{6} + \frac{\varepsilon}{3} + 2. \tag{11}$$

Since F_p is non-singular, we have by the adjunction formula

$$c_1[F_p] - F_p^2 = 2 - 2\pi(F_p) = e(F_p) = 2 - 2g_*(p) \tag{12}$$

where $e(F_p)$ is the Euler number of F_p. Formulas (11) and (12) imply the following proposition.

Proposition II.6. *The self-intersection number of the non-singular curve F_p on the Hilbert modular surface $Y(p)$ is given by the formula*

$$F_p^2 = -\left[\frac{p+1}{6}\right] + 2g_*(p).$$

From a classical formula for the genus $g_*(p)$ it follows that $g_*(p)=0$ for $p=5, 13, 17, 29, 41$, that $g_*(p)=1$ for $p=37, 53, 61, 89, 101$, that $g_*(p)=2$ for $p=73$, and $g_*(p)=3$ for $p=97$. This information covers all the values of $g_*(p)$ for $p \leqq 101$. Using suitable estimates, Helling has shown recently ([8]) that for the primes p congruent 1 mod 4 the above are the only values of p for which $g_*(p)=0$ or $g_*(p)=1$.

Formula (10) implies for the curves F_N (N not congruent 0 mod p) the following result ([12], 4.3).

Proposition II.7. *Let* N *be admissible with respect to* p *and* N *not congruent* 0 *mod* p. *Then for the curve* F_N *on the Hilbert modular surface* $Y(p)$ *the number* $c_1[F_N]=-KF_N$ *can be bounded from below by a number* $c_1(N)$ *depending only on* N:

$$c_1[F_N] \geqq c_1(N).$$

For the values of N occurring below in (13) the curve F_N is rational and the corresponding numbers $c_1(N)$ are as indicated.

N	1	2	3	4	5	6	7	8	9	10	12	13	16	18	25
c_1	1	1	1	1	0	0	0	0	0	−2	−2	−2	−2	−4	−4

(13)

For N=1, the basic configuration shows that $c_1[F_1]=1$. Hence F_1 is an exceptional curve on $Y(p)$.

The curves F_N are mapped to themselves by ι.

Before continuing the study of the curves F_N on the Hilbert modular surfaces $Y(p)$, we have to recall the formulas for the arithmetic genus of $Y(p)$ and of $Y(p)/\iota$ (with the quotient singularities coming from the isolated fixed points of ι resolved, see the basic configuration). It was shown in [11] and [12] that

$$\chi(Y(p))=\tfrac{1}{4}e(\mathscr{H}^2/G). \tag{14}$$

Formula (1) and the estimate $\zeta_K(-1)>\frac{1}{360}p^{\frac{3}{2}}$ imply:

$$\chi(Y(p))>\tfrac{1}{720}p^{\frac{3}{2}}$$

and explicit calculations (tables by D. Zagier) show:

$$\begin{aligned} \chi(Y(p))=1 &\Leftrightarrow p=5, 13, 17\\ \chi(Y(p))=2 &\Leftrightarrow p=29, 37, 41\\ \chi(Y(p))=3 &\Leftrightarrow p=53, 61, 73. \end{aligned} \tag{15}$$

The information contained in the basic configuration and formulas for branched coverings imply

$$\chi(Y(p)/\iota)=\frac{1}{2}\left(\chi(Y(p))-\left[\frac{p-29}{24}\right]\right). \tag{16}$$

Estimates and explicit calculations give ([11, 12])

$$\chi(Y(p)/\iota) \geqq 2 \qquad \text{for } p > 317. \tag{17}$$

According to (15) the surface $Y(p)$ is not rational for $p > 17$.

In the following we assume $p > 17$.

Then Propositions I.5, II.4, II.7 together with the adjunction formula imply that F_1, F_2, F_3, F_4 are exceptional curves. The curves F_2, F_4 exist only if 2 is admissible with respect to p, i.e. if $\delta = 1$. The curve F_3 exists only if 3 is admissible with respect to p, i.e. if $\varepsilon = 1$.

It was shown in [12] that F_3 passes through the point p_2 in the basic configuration, intersecting B_2 transversally. The curve F_2 goes through exactly one of the points p_3, p_4, intersecting L transversally. The curve F_4 passes through p_5, intersecting S_0 transversally. In $\mathscr{H}^2$ the curve F_4 can be given by

$$\begin{aligned} z_1 &= t + \tfrac{1}{2} w_0 \\ z_2 &= t + \tfrac{1}{2} w_0 \end{aligned} \qquad w_0 = \frac{\{\sqrt{p}\} + \sqrt{p}}{2}. \tag{18}$$

In the case that the number 2 is not admissible the Eqs. (18) still determine a curve F on $Y(p)$, which passes through p_5. We have $\iota(F) = F$, and it can be shown that F is always exceptional on $Y(p)$. Thus for any p we have an exceptional curve F which coincides with F_4 if 2 is admissible.

In the sequel the following terminology will be used. Let X be a complex surface, and $C, D, \ldots$ curves on X. If an exceptional curve E on X is blown down, then, in as far as they are different from E, we shall speak of the images of $C, D, \ldots$ on the new surface as of $C, D, \ldots$. Thus if we say: we blow down $E, F, \ldots$ successively, we mean that first we blow down E, then on the new surface the image of F, and so on. The basic configuration shows that we can blow down on $Y(p)$ successively the curves F_1, E, B_1. In view of Proposition I.6, the curves F, F_2, F_3 are disjoint and do not intersect any of the curves F_1, E, B. So we can also blow down the curve F; the curve F_2, then L if $\delta = 1$; and the curve F_3 if $\varepsilon = 1$. The non-singular algebraic surface thus obtained will be denoted by $Y^0(p)$. It is obtained from $Y(p)$ by blowing down $4 + 2\delta + \varepsilon$ times.

We conjecture that (always for $p \geqq 29$) *$Y^0(p)$ is a minimal model, i.e. that it does not contain any exceptional curves* (see Chapter III, Remark 1).

Let c_1^0 be the first Chern class of $Y^0(p)$ and K^0 a canonical divisor of $Y^0(p)$. For the investigation of the surfaces $Y^0(p)$ it is important to know the number $(c_1^0)^2[Y^0(p)] = (K^0)^2$ (see Theorem ROC). This number can be calculated in the following way. Using the second Todd polynomial, we have

$$\begin{aligned} \chi(Y(p)) &= \chi(Y^0(p)) = \tfrac{1}{12}((c_1^0)^2 + e(Y^0(p))) \\ (c_1^0)^2 &= 12\chi(Y(p)) - e(Y^0(p)) \\ &= 12\chi(Y(p)) - e(Y(p)) + 4 + 2\delta + \varepsilon. \end{aligned}$$

By Propositions II.1 and II.2 and the formulas (1), (7), (14) we get for $p \geqq 29$

$$(c_1^0)^2[Y^0(p)] = 4\zeta_K(-1) - \frac{h(-3p)}{6} - \ell(p) + 4 + 2\delta + \varepsilon. \qquad (19)$$

It is interesting to observe that $h(-p)$ drops out. In Table 2 we list for $29 \leqq p \leqq 317$ the values of $\zeta_K(-1)$, $h(-p)$, $h(-3p)$, $\ell(p)$ and $(K^0)^2$. It can be proved that $(c_1^0)^2[Y^0(p)] > 0$ for $p \geqq 89$. This involves estimates concerning $\ell(p)$ which will be carried out in [13]. But we shall be able to prove our classification result in the next Chapter without using this fact. We shall only need $(c_1^0)^2[Y^0(p)] > 0$ for $89 \leqq p \leqq 317$, a fact that follows immediately from Table 2.

Table 1

p = 5

i	0
b_i	3
N_i	1

p = 13

i	0	1
b_i	5	2
N_i	1	3

p = 17

i	0	1	2
b_i	5	3	2
N_i	1	2	4

p = 29

i	0	1	2
b_i	7	2	2
N_i	1	5	7

p = 37

i	0	1	2	3
b_i	7	3	2	2
N_i	1	3	7	9

p = 41

i	0	1	2	3	4	5
b_i	7	4	2	3	2	2
N_i	1	2	5	4	8	10

p = 53

i	0	1	2	3
b_i	9	2	2	2
N_i	1	7	11	13

p = 61

i	0	1	2	3	4	5
b_i	9	2	4	2	2	2
N_i	1	5	3	9	13	15

p = 73

i	0	1	2	3	4	5	6	7	8	9	10
b_i	9	5	2	3	4	2	2	3	2	2	2
N_i	1	2	6	4	3	8	9	6	12	16	18

Table 2

p	$6\zeta_K(-1)$	$h(-p)$	$h(-3p)$	$\ell(p)$	$(c_1^0)^2[Y^0(p)]$
29	3	6	6	5	0
37	5	2	8	7	0
41	8	8	2	11	0
53	7	6	10	7	0
61	11	6	8	11	0
73	22	4	4	21	0
89	26	12	2	21	2
97	34	4	4	27	2
101	19	14	10	11	4
109	27	6	12	17	4
113	36	8	6	23	6
137	48	8	6	27	10
149	35	14	14	15	10
157	43	6	16	19	12
173	39	14	18	13	14
181	57	10	12	25	16
193	98	4	8	47	24
197	49	10	22	15	18
229	81	10	12	29	28
233	106	12	10	39	36
241	142	12	4	59	42
257	120	16	6	39	46
269	83	22	14	21	36
277	103	6	28	29	40
281	150	20	6	49	56
293	85	18	22	17	40
313	200	8	8	65	74
317	101	10	26	21	46

III. The Structure of the Surfaces $Y^0(p)$

In this Chapter we shall prove the main result of this paper, as it is contained in the following theorem.

Theorem III.1. *The surfaces* $Y(p)$ *are*

rational surfaces for $p=5, 13, 17$;
blown up elliptic K_3*-surfaces for* $p=29, 37, 41$;
honestly elliptic surfaces for $p=53, 61, 73$;
surfaces of general type for $p \geqq 89$.

In the course of the proof we shall use the following auxiliary result.

Proposition III.2. *Let* X *be a non-singular algebraic surface with* $q(X)=0$ *and with* $\chi(X) \geqq 3$. *Let* $\rho: X \to \mathbf{P}_1$ *be an elliptic fibring of* X, *and let* C *be an irreducible curve on* X *with* $\rho(C)=\mathbf{P}_1$. *If there exists a holo-*

morphic involution ι: $X \to X$ *without isolated fixed points and leaving* C *pointwise fixed, then the quotient of* X *by* ι *is a rational algebraic surface.*

Proof. Since $\chi(X) \geqq 3$, X is neither a rational surface nor a blown up K_3-surface. Therefore X is obtained by blowing up an honestly elliptic surface Y without exceptional curves (Theorem ROC and the remarks thereafter). Let σ: $X \to \mathbf{P}_1$ be an elliptic fibring of X, induced by an elliptic fibring of Y. We shall identify two elliptic fibrings of X if they have set theoretically the same fibres. Then we claim: σ is the only elliptic fibring of X (and therefore is equal to the given fibring ρ). For let τ: $X \to \mathbf{P}_1$ be another elliptic fibring of X (the base of any elliptic fibring of X is $\mathbf{P}_1$ since $q(X)=0$). Suppose, there is a fibre G_0 of τ, which is set theoretically different from all the fibres of σ. Then G_0 cannot be contained in a fibre of σ because of the theorem of Zariski (loc. cit. in the proof of Proposition I.9). Therefore $\sigma(G_0)=\mathbf{P}_1$, hence there is a neighbourhood U of G_0 on X such that for all the fibres G of τ contained in U, we have $\sigma(G)=\mathbf{P}_1$. Since there is only a finite number of reducible fibres of τ, we can find an irreducible fibre G of τ with $\sigma(G)=\mathbf{P}_1$, i.e. G intersects all the components of all fibres of σ in a non-negative number of points. Using for the canonical class of Y a formula mentioned in Chapter I, and taking into account that at each blowing up the canonical class of the new surface is the pull back of the canonical class of the original surface plus the exceptional curve obtained, we find that

$$K_X = \sigma^*(A) + \sum a_i C_i, \qquad a_i > 0.$$

In this formula A is a divisor class of strictly positive degree on $\mathbf{P}_1$ (because $\chi(X) \geqq 3$) and the curves C_i are components of fibres of σ. This formula implies that $K_X G$ is strictly positive, a contradiction. Hence ρ is the only elliptic fibring of X. Since the involution ι transforms the fibres of an elliptic fibring of X into the fibres of an elliptic fibring of X, we find that ι permutes the fibres of ρ. Now the curve C, left fixed pointwise by ι, intersects all fibres of ρ, hence ι transforms every fibre of ρ into itself. Also the restriction of ι to a fibre has at least one fixed point. Hence the quotient of any non-singular elliptic fibre of ρ by ι is a non-singular rational curve, which has self-intersection 0 on the non-singular quotient surface $Y = X/\iota$. Since Y is algebraic (for example by [14], Theorem 3.3) and $q(Y)=0$, the proposition now follows from Proposition I.2.

Proof of Theorem III.1. In Chapter II, we have introduced the basic configuration on the surface $Y(p)$.

As was already observed in [11], the information contained in the basic configuration suffices to prove Theorem III.1 for p = 5, 13 and 17. In fact, for p = 5, after the blowing down of F_1 and E, the curve F_5

becomes a non-singular rational curve with $F_5^2=0$ (Propositions I.1 and II.6). Thus Proposition I.2 yields that $Y(5)$ is a rational surface. Similarly, for p = 13, after the blowing down of F_1, E and B_1, the curve F_{13} becomes a non-singular rational curve with $F_{13}^2=0$, and for p = 17 the same holds for the curve S_2 after the blowing down of F_1, E, B_1, F_{17} and C_1 (by Table 1 the self-intersection $S_2^2=-2$ on $Y(17)$).

From Chapter II we know about the existence and part of the intersection properties of the curves F_N – not only for N = 1 and N = p, but for all N = 1, 2, 3, ... – and the curve F, which is sometimes identical with F_4. To prove Theorem III.1 for p ≧ 29 we shall use the structure of the configuration formed by the curves of the basic configuration and (some of) the curves F_N and F. From now we assume that p ≧ 29. By the results of Chapter II (see (15)), the arithmetic genus $\chi(Y(p))$ is greater or equal to 2, in particular $Y(p)$ is not a rational surface. Now let p = 29. After blowing down F_1, E and B_1 we get $S_0^2=-1$ and $KS_0=+1$. (After the second blowing down we have $B_1 S_0=2$.) We know from Chapter II that $FS_0=1$, hence after blowing down F we find $KS_0=S_0^2=0$. Furthermore F does intersect neither S_1 nor S_{-1}. For if F would intersect either one of these curves, F would intersect both of them, since $\iota(F)=F$ and $\iota(S_1)=S_{-1}$. But on $Y(29)$ we have by Table 1: $S_1^2=S_{-1}^2=-2$, so if F would intersect S_1 and S_{-1}, after blowing down we would get a violation of Proposition I.6. Hence, if after blowing down F we set $S_0=C$ and $S_1=D$, then all the assumptions of Proposition I.7 are satisfied and as a consequence $Y(29)$ is a blown up elliptic K_3-surface. For p = 37 and p = 41 the argument is similar. On $Y(37)$ we have $S_1 F_3=S_{-1}F_3=1$. Since $S_1^2=-3$ we find that after blowing down F_3 we have $S_1^2=-2$ and can conclude again $S_1 F=S_{-1}F=0$ on $Y(37)$. After blowing down F_1, E, B_1 and F on $Y(37)$ we can apply again Proposition I.7 with $S_0=C$ and $S_1=D$ to obtain the required result. Similarly, in the case p = 41 the curves F_1, E, B_1, F_2, $F_4(=F)$ and L are blown down, after which Proposition I.7 again yields that $Y(41)$ is a blown up elliptic K_3-surface [1].

---

[1] It can be seen directly that F does not intersect S_1 and S_{-1} on any surface $Y(p)$. The intersection of F with S can be described as follows (compare [12], § 4). If $\overline{\mathscr{H}/\Gamma}$ is the non-singular model for F, then $\overline{\mathscr{H}/\Gamma}-\mathscr{H}/\Gamma$ has 3 or 1 points depending on whether 2 is admissible or not. If 2 is not admissible, then the only intersection of F with S is the point p_5 of the basic configuration. If 2 is admissible, then the three points of intersection are p_5 and transversal intersections with S_w for the two reduced quadratic irrationalities w of the form

$$w=\frac{M+\sqrt{p}}{16}, \quad w\in L(p)$$

which always exist.

Since $N_1=\frac{b_0^2-p}{4}\neq 4$, the curve F does not intersect S_1 and S_{-1} (compare Proposition II.5).

Now we come to the case p≧53. Taking into account that for these values of p the arithmetic genus $\chi(Y(p))$ is greater than 2, we find from Theorem ROC that $Y(p)$ is either honestly elliptic or a surface of general type. Let p=53. In this case the curve F_7 intersects S_1 and S_{-1} (Table 1). Since on $Y(53)$ we have $S_1^2=S_{-1}^2=-2$, it follows from Proposition I.6, I.1, and I.5 that F_7 is not an exceptional curve. From Proposition II.7 we know that $KF_7 \leqq 0$. If KF_7 would be strictly negative, it would follow from Proposition I.4 and the adjunction formula that F_7 is an exceptional curve which is impossible by the remark above. Hence $KF_7=0$. Let $Y(53)$ be obtained by blowing up from a surface Y without exceptional curves. Then F_7 is not blown down to a point, because otherwise the curves S_1, S_{-1} would again give a contradiction with Proposition I.5 or I.6. It also follows in the same way that none of the curves in the configuration $\{S_1, F_7, S_{-1}, S_{-2}, S_{-3}, S_3, S_2\}$ (compare Table 1) intersects a curve on $Y(53)$ which is blown down to get Y. By the adjunction formula $F_7^2=0$ or $F_7^2=-2$ on $Y(53)$ and on Y. Therefore, Y is not of general type, because all the curves in the configuration have intersection number 0 with K_Y and would be mapped to a point under the map belonging to $|nK_Y|$, n large. But the configuration is connected and not negative definite. This is clear if $F_7^2=0$. If $F_7^2=-2$, we have an elliptic (-2)-configuration.

For p=61 and p=73 the argument is similar. In the first case one uses the (-2)-configuration $\{S_3, F_9, S_{-3}, S_{-4}, S_{-5}, S_5, S_4\}$ and in the second case the (-2)-configuration $\{S_5, F_8, S_{-5}, S_{-6}, F_9, S_6\}$ (see Table 1).

Next, let 89≦p≦317, and let $Y^0(p)$ be defined as in Chapter II. Then $(c_1^0)^2[Y^0(p)] \geqq 1$ for all these values of p (see Table 2). It follows from Proposition I.1 that $Y^0(p)$ cannot be obtained by blowing up a surface $Z(p)$ without exceptional curves for which $(c_1^0)^2(Z(p)) \geqq 0$. Since $Y(p)$ is not rational we derive from Theorem ROC that $Y^0(p)$ and hence $Y(p)$ is of general type.

In fact, it can be proved that for *all* p≧89 the inequality $c_1^2(Y^0(p)) \geqq 1$ holds, but this requires some estimates ([13]). For p>317 we therefore apply the following argument. The involution ι on $Y(p)$ induces an involution $\iota^{(0)}$ on $Y^0(p)$, which has no isolated fixpoints. $\iota^{(0)}$ leaves the curve F_p pointwise fixed. By Chapter II, formula (15), we have $\chi(Y^0(p)) \geqq 4$, therefore by Theorem ROC $Y^0(p)$ is either honestly elliptic or of general type. Now we know from Chapter II that $Y^0(p)/\iota^{(0)}$ is not rational since the arithmetic genus $\chi(Y^0(p)) \geqq 2$. Therefore, by Proposition III.2, if $Y^0(p)$ were an honestly elliptic surface, F_p would be contained in a fibre of an elliptic fibring of $Y^0(p)$, which would be induced by an elliptic fibring of an honestly elliptic surface Y without exceptional curves. Certainly this is not possible in case the genus of F_p is at least 2. For then also a fibre of an elliptic fibring of Y would contain a curve of virtual genus at least 2, which is impossible, either by Kodaira's classification of fibres in elliptic fibrings, or by the adjunction formula and Zariski's theorem (loc. cit. in Chapter I). Now by Hellings recent result, cited after Proposition II.6, for $p \geqq 317$ the curve F_p is always of genus at least two. Therefore, we can finish our proof by applying Hellings result. However, it is also possible to exclude the remaining cases, i.e. the cases for which the genus of F_p is 0 or 1, in the following way. If $Y^0(p)$ would be honestly elliptic, $Y^0(p)$ would be obtained from a minimal honestly elliptic surface Y by blowing up. All we have to show is that the image of F_p on Y (either curve or point) cannot be included in a fibre of the elliptic fibring of Y. Suppose F_p is an elliptic curve. Since $h(-p)$ and $h(-3p)$ are strictly positive, the curve D_1 and the curves C_1, C_1' are always present on $Y(p)$, and none of these curves has been touched by the blowing down from $Y(p)$ to $Y^0(p)$. From the formula for K_Y, given in Chapter I, and the fact that if the non-singular surface Z is obtained from the non-singular surface X by blowing up a point to the curve E, then K_Z is the inverse image of K_X plus E, it follows that for every irreducible curve A on $Y^0(p)$, not contained in a fibre, we have that $K_{Y^0(p)}A \geqq 1$. So if on the surface $Y^0(p)$ the curve F_p would be contained in a fibre, the curves D_1, C_1 and C_1' would be contained in the same fibre. Furthermore, Kodaira's classification ([16], p. 565) or the adjunction formula combined with Zariski's theorem yield that if F_p would be elliptic, and contained in a fibre, this curve would be the only component of the corresponding fibre on Y, necessarily nonsingular. In particular, the curve D_1 would be blown down to a point. Since on $Y^0(p)$ the curves F_p and D_1 intersect in two points this would imply that on Y the curve F_p would be singular. This contradiction concludes the proof for the case that F_p is elliptic. Finally, we come to the case that F_p is rational. (The facts used about the structure of fibres in elliptic fibrings follow again from Kodaira's classification or alternatively from the adjunction formula combined with Zariski's theorem). We consider several cases separately. Let us first assume that F_p is not blown down to a point on Y. Then either there is a fibre on Y consisting of F_p only, or not. In the first case this fibre has one singular point, either an ordinary double point or a cusp. The curve D_1 goes to a point on Y, as do C_1 and C_1'. But this leads to a contradiction: since $D_1 \cap F_p$ consists of two points on $Y^0(p)$, the only singularity of F_p on Y has to be the image point of D_1. But then the curves C_1 and C_1' can never meet on F_p. In the second case, F_p has to be non-singular on Y, and D_1 therefore has to go to a curve on Y. But then the fibre of Y, containing F_p and D_1 can only exist of these two curves, necessarily non-singular. Hence C_1 and C_1' go to a non-singular point of F_p on Y, but then on $Y^0(p)$ they cannot meet on F_p. Finally, suppose F_p is blown down to a point on Y. Since $F_p \cap D_1$ consists of two points, D_1 does not go to a point on Y. But then the image of D_1 is singular and the only component of a fibre on Y. Hence also C_1 and C_1'

are blown down to a point on Y. This gives the last contradiction, since three curves going down to a point can never meet as F_p, C_1 and C_1' do on $Y^0(p)$.

Remark 1. If we calculate for $29 \leqq p \leqq 73$ the number $(c_1^0)^2(Y^0(p))$, we find it to be 0. Thus for all these cases $Y^0(p)$ is a minimal surface, in accordance with the conjecture stated at the end of Chapter II. In fact, the conjecture can also be proved for some values of $p \geqq 89$, see [25].

Remark 2. The reader can easily convince himself of the fact that for $p \leqq 73$ the propositions of Chapter I can be used to give several alternative proofs of the statement of Theorem III.1.

2 *Remark 3.* Since all K_3-surfaces are homeomorphic ([18], Theorem 13) and hence simply connected, and since all rational surfaces are simply connected we have that $Y(p)$ is simply connected for p = 5, 13, 17, 29, 37 and 41. Recently, A. Kas has proved that also the honestly elliptic Hilbert surfaces $Y(53)$, $Y(61)$ and $Y(73)$ are simply connected.

References

1. Andreotti, A.: On the complex structures of a class of simply connected manifolds. In: Algebraic geometry and Topology. A symposium in honour of S. Lefschetz. Princeton, N.J.: Princeton University Press 1957
2. Blumenthal, O.: Über Modulfunktionen von mehreren Veränderlichen. Math. Ann. **56**, 509–548 (1903) and **58**, 497–527 (1904)
3. Bombieri, E.: The pluricanonical map of a complex surface. In: Several Complex Variables I, Maryland 1970. Lecture Notes in Mathematics 155. Berlin-Heidelberg-New York: Springer 1970
4. Brieskorn, E.: Über die Auflösung gewisser Singularitäten von holomorphen Abbildungen. Math. Ann. **166**, 76–102 (1966)
5. Freitag, E.: Über die Struktur der Funktionenkörper zu hyperabelschen Gruppen I, II. Journal f. d. r. u. a. Math. (Crelle) **247**, 97–117 (1971) and **254**, 1–16 (1972)
6. Hammond, W.F.: The Hilbert modular surface of a real quadratic field. Math. Ann. **200**, 25–45 (1973)
7. Hecke, E.: Höhere Modulfunktionen und ihre Anwendungen auf die Zahlentheorie. Math. Ann. **71**, 1–37 (1912) (= Mathematische Werke, 21–57)
8. Helling, H.: Note über das Geschlecht gewisser arithmetischer Gruppen. Math. Ann. **205**, 173–179 (1973)
9. Hirzebruch, F.: Über vierdimensionale Riemannsche Flächen mehrdeutiger analytischer Funktionen von zwei komplexen Veränderlichen. Math. Ann. **126**, 1–22 (1953)
10. Hirzebruch, F.: Topological methods in algebraic geometry. Grundl. Math. Wissensch. Band 131. Third edition. Berlin-Heidelberg-New York: Springer 1966
11. Hirzebruch, F.: The Hilbert modular group and some algebraic surfaces. Intern. Symp. Number Theory Moscow 1971. To appear
12. Hirzebruch, F.: Hilbert modular surfaces. L'Enseignement Mathématique **19**, 183–281 (1973)
13. Hirzebruch, F., Zagier, D.: The rough classification of Hilbert modular surfaces. In preparation

14. Kodaira, K.: On Kähler varieties of restricted type. Ann. of Math. **60**, 28-48 (1954)
15. Kodaira, K.: On compact complex analytic surfaces I. Ann. of Math. **71**, 111-152 (1960)
16. Kodaira, K.: On compact complex analytic surfaces II. Ann. of Math. **77**, 563-626 (1963)
17. Kodaira, K.: On compact complex analytic surfaces III. Ann. of Math. **78**, 1-40 (1963)
18. Kodaira, K.: On the structure of compact complex analytic surfaces I. Am. J. of Math. **86**, 751-798 (1964)
19. Kodaira, K.: On the structure of complex analytic surfaces, IV. Am. J. of Math. **90**, 1048-1066 (1968)
20. Mumford, D.: The topology of normal singularities of an algebraic surface and a criterion for simplicity. Publ. Math. de l'Institut des Hautes Études Scientifiques 9 (1961)
21. Prestel, A.: Die elliptischen Fixpunkte der Hilbertschen Modulgruppen. Math. Ann. **177**, 181-209 (1968)
22. Prestel, A.: Die Fixpunkte der symmetrischen Hilbertschen Modulgruppe zu einem reell-quadratischen Zahlkörper mit Primzahldiskriminante. Math. Ann. **200**, 123-139 (1973)
23. Šafarevič, I., *et al.*: Algebraic surfaces. Proc. Steklov Inst. of Math., Am. Math. Soc., Providence, R. I. (1967)
24. Serre, J.-P.: Le problème des groupes de congruence pour SL_2. Ann. of Math. **92**, 489-527 (1970)
25. Van de Ven, A.: Some remarks on Hilbert modular surfaces of general type. To appear

F. Hirzebruch
Mathematisches Institut der Universität
Wegelerstraße 10
D-5300 Bonn
Federal Republic of Germany

A. Van de Ven
Mathematisch Instituut
Rijksuniversiteit te Leiden
Wassenaarseweg 80
Leiden/The Netherlands

(Received September 2, 1973)

55.

Kurven auf den Hilbertschen Modulflächen und Klassenzahlrelationen

In: Classification of algebraic varieties and compact complex manifolds. Lecture Notes in Math. *412*, S. 75–93, Berlin-Heidelberg-New York: Springer 1974

In meinem Mannheimer Vortrag habe ich die Kurven auf den Hilbertschen Modulflächen betrachtet, die durch schief-hermitesche Matrizen definiert werden (siehe § 3 (11)) und die zum Teil bereits für Klassifikationsfragen ([4], [5]) verwendet wurden. Homologiebeziehungen zwischen den Kurven führen zu Klassenzahlrelationen, da die Schnittzahl zweier Kurven durch eine Summe von Klassenzahlen gegeben werden kann. Die berühmte Hurwitzsche Klassenzahlrelation [6] kann durch eine solche Schnittzahlbetrachtung bewiesen werden, das ist sicher wohlbekannt. Dieser Beweis zeigt, wie man entsprechende Beweise für Kurven auf den Hilbertschen Modulflächen führen und zu neuen Klassenzahlrelationen kommen kann.

Während meines Aufenthalts am Collège de France und am Institut des
1 Hautes Études Scientifiques im März und April 1974 konnte ich diese Kurven auf den Hilbertschen Modulflächen viel systematischer untersuchen. Von grosser Hilfe waren Diskussionen mit den Mathematikern am IHES, insbesondere mit G. Harder und D. Zagier. Manche der Ergebnisse und der Vermutungen wurden gemeinsam mit D. Zagier erarbeitet. Sie schliessen sich an den Mannheimer Vortrag an und wurden deshalb hier mit aufgenommen. Dabei musste ich mich auf Beweisandeutungen beschränken oder auch die Beweise weglassen: "Informal report" im Sinne der lecture notes.

Hinweis auf weitere Arbeiten:

Die Kurven F_N und T_N (vgl. § 3) hatte ich für Zwecke der Klassifikation der Hilbertschen Modulflächen auch bereits während meines Aufenthalts in Berkeley (Sommer 1973) studiert. Man kann zum Beispiel feststellen, welche Kurven F_N in den singularitätenfreien Modellen der Hilbertschen Modulflächen $\overline{\mathfrak{H}^2/SL_2(\mathfrak{o})}$ und $(\overline{\mathfrak{H}^2/SL_2(\mathfrak{o})})/\tau$ (vgl. § 3) exzeptionelle Kurven werden. Mit Hilfe dieser Kurven konnte das Klassifikationsproblem für Primzahldiskriminanten, das noch unerledigt geblieben war (vgl. [4] § 0.2), abgeschlossen werden. Da ich bisher noch keine Gelegenheit hatte, das Ergebnis anzukündigen, soll das hier geschehen, um zugleich die Nützlichkeit der Kurven F_N zu illustrieren.

Es sei p eine Primzahl $\equiv 1 \bmod 4$ und $\mathfrak{o}$ der Ring der ganzen Zahlen in $\mathbb{Q}(\sqrt{p})$. Die singularitätenfreien Modelle von $\overline{\mathfrak{H}^2/SL_2(\mathfrak{o})/\tau}$, wo $\tau : (z_1,z_2) \longrightarrow (z_2,z_1)$ die Involution ist, sind algebraische Flächen folgenden Typs.

Rational für $p < 193$ und $p = 197,229,269,293,317$.

Aufgeblasene K3-Flächen für $p = 193,233,257,277,349,389,397,461,509$.

Aufgeblasene (echt, "honestly") elliptische Flächen für $p = 241,281,353,373,421,557$.

Allgemeiner Typ für alle anderen $p \equiv 1 \bmod 4$.

Hierüber ist eine Arbeit geplant. Das Klassifikationsproblem kann auch für beliebige Körper-Diskriminanten $D > 0$ und die Hilbertschen Modulflächen, die zu $\mathbb{Q}(\sqrt{D})$ gehören, studiert werden. Darüber sind gemeinsame Arbeiten mit D. Zagier in Vorbereitung.

§ 1. Quadratische Formen und Klassenzahlen.

Es sei M ein freier orientierter $\mathbb{Z}$-Modul vom Range 2. Bezüglich einer (mit der Orientierung verträglichen) $\mathbb{Z}$-Basis von M lassen sich die Elemente von M durch Paare (x,y) ganzer Zahlen geben, und eine quadratische Form $S : M \longrightarrow \mathbb{Z}$ lässt sich schreiben als

$$S(x,y) = ax^2 + bxy + cy^2,$$

wo a,b,c ganze Zahlen sind.

Die Diskriminante $\Delta = b^2-4ac$ von S hängt nicht von der Wahl der Basis ab. Als Diskriminanten quadratischer Formen treten die durch 4 teilbaren ganzen Zahlen sowie die Zahlen $\equiv 1 \bmod 4$ auf.

Die Form S ist primitiv, dann und nur dann, wenn $(a,b,c) = 1$.

Die Form S ist positiv-definit, dann und nur dann, wenn $\Delta < 0$ und $a > 0$.

Für gegebenes $\Delta < 0$ bezeichnen wir mit $h(\Delta)$ die Anzahl der Isomorphieklassen primitiver positiv-definiter quadratischer Formen der Diskriminante Δ. (Falls Δ keine Diskriminante ist, wird $h(\Delta)$ gleich 0 gesetzt.) Dabei heissen die Moduln M und M' mit den Formen S und S' isomorph, wenn es einen orientierungstreuen Isomorphismus $M \longrightarrow M'$ gibt, der S und S' ineinander überführt.

Für $\Delta < 0$ setzen wir (vgl. Hurwitz [6])

$$(1) \qquad H(-\Delta) = \sum_{\substack{f \in \mathbb{N} \\ f^2 | \Delta}} \hat{h}(\Delta/f^2) ,$$

wobei $\hat{h}(-3) = \frac{1}{3}$, $\hat{h}(-4) = \frac{1}{2}$ und sonst $\hat{h}(\Delta) = h(\Delta)$.

Für eine Form $S(x,y) = ax^2 + bxy + cy^2$ mit $\Delta = b^2-4ac < 0$ bestimmen wir die komplexe Zahl z in der oberen Halbebene $\mathfrak{H}$ durch $az^2 + bz + c = 0$, d.h.

$$z = \frac{-b + i\sqrt{|\Delta|}}{2a} \in \mathfrak{H} .$$

Die Gruppe $SL_2(\mathbb{Z})$ ist die übliche Modulgruppe. Sie operiert auf $\mathfrak{H}$. Die Isomorphieklassen positiv-definiter quadratischer Formen gegebener negativer Diskriminante stehen in eineindeutiger Korrespondenz zu den Orbiten derartiger Punkte z unter $SL_2(\mathbb{Z})$. Deshalb kann man annehmen, dass z in dem Fundamentalbereich

$$\left\{ z = x + iy \;\middle|\; -\tfrac{1}{2} < x \leqslant \tfrac{1}{2},\ |z| \geqslant 1,\ |z| > 1 \text{ für } x < 0 \right\}$$

liegt. Daher gilt für jede natürliche Zahl N die folgende Gleichung

$$H(N) = \#\left\{ (a,b,c) \in \mathbb{Z}^3 \;\middle|\; \begin{array}{l} -a \leq b < a,\ c \geq a \\ c > a \text{ falls } b > 0 \\ N = 4ac-b^2 \end{array} \right\}$$

In dieser Anzahlformel ist ein Tripel (a,-a,a) mit der Vielfachheit $\frac{1}{3}$, ein Tripel (a,0,a) mit der Vielfachheit $\frac{1}{2}$ zu zählen. Diese Tripel entsprechen dem Punkt $z = \frac{1}{2}(1 + i\sqrt{3})$ bzw. $z = i$ im Fundamentalbereich. In diesen Punkten ist die Isotropiegruppe der Aktion von $SL_2(\mathbb{Z})/\{1,-1\}$ auf $\mathfrak{H}$ nicht-trivial. Sie hat die Ordnung 3 bzw. 2. Die obige Anzahlformel für H(N) gilt auch, wenn -N keine Diskriminante ist (d.h. $N \equiv 2 \bmod 4$ oder $N \equiv 1 \bmod 4$). Dann ist $H(N) = 0$.

Wenn p = 1 oder eine Primzahl $\equiv 1 \bmod 4$ ist, dann führen wir folgende zahlentheoretische Funktion ein.

(2) $$H_p(N) = \sum_{\substack{s \in \mathbb{Z} \\ 4N-s^2 > 0 \\ 4N-s^2 \equiv 0 \bmod p}} H\left(\frac{4N-s^2}{p}\right) \quad .$$

Die Hurwitzsche Klassenzahlrelation besagt [6]:

Wenn N keine Quadratzahl ist, dann gilt

(3) $$H_1(N) = 2 \sum_{\substack{d \mid N \\ d > \sqrt{N}}} d \quad .$$

Insbesondere ist für eine Primzahl q

(4) $$H_1(q) = 2q \quad .$$

Beispiel:

$$\begin{aligned} H_1(5) &= H(20) + 2H(19) + 2H(16) + 2H(11) + 2H(4) \\ &= h(-20) + 2h(-19) + 2h(-16) + 2\hat{h}(-4) + 2h(-11) \\ &\qquad + 2\hat{h}(-4) \\ &= 2 + 2 + 2 + 1 + 2 + 1 = 10 \quad . \end{aligned}$$

§ 2. Ein Beweis der Hurwitzschen Klassenzahlrelation.

Wir betrachten in der (singularitätenfreien) komplexen Fläche

$$X = \mathfrak{H}/SL_2(\mathbb{Z}) \times \mathfrak{H}/SL_2(\mathbb{Z})$$

die Kurve T_N $(N>0)$, welche durch alle Gleichungen $z_2 = \frac{az_1+b}{cz_1+d}$ mit $a,b,c,d \in \mathbb{Z}$ und $ad-bc = N$ gegeben wird. (Hier ist $(z_1,z_2) \in \mathfrak{H}\times\mathfrak{H}$.) Die Kurve T_1 ist die Diagonale von X, während die (im allgemeinen reduzible) Kurve T_N eine Hecke-Korrespondenz ist. Wenn N keine Quadratzahl ist, dann besteht $T_N \cap T_1 \subset X$ aus endlich vielen Punkten. Was ist die Schnittzahl $T_N \cdot T_1$ der beiden Kurven?

Satz. Die Schnittzahl $T_N \cdot T_1$ in X ist gleich $H_1(N)$.

Beweisandeutung: Ein Punkt $(z,z) \in \mathfrak{H}\times\mathfrak{H}$ kann nur dann einen Schnittpunkt liefern, wenn er einer ganzzahligen quadratischen Gleichung

(5) $$\alpha z^2 + \beta z + \gamma = 0, \quad (\alpha,\beta,\gamma) = 1, \quad \beta^2 - 4\alpha\gamma = \Delta < 0$$

genügt. Bis auf $SL_2(\mathbb{Z})$ - Äquivalenz gibt es genau $h(\Delta)$ solche Punkte. Falls wir noch $\alpha > 0$ verlangen, dann ist die Gleichung (5) eindeutig bestimmt. Wir betrachten den $\mathbb{Z}$-Modul $\mathfrak{M}$ aller ganzzahligen Matrizen $\begin{pmatrix} a & b \\ c & d \end{pmatrix}$, sodass die Gleichung $z_2 = \frac{az_1+b}{cz_1+d}$ von (z,z) erfüllt wird.

$$\mathfrak{M} = \left\{ \begin{pmatrix} a & b \\ c & d \end{pmatrix} \;\middle|\; cz^2 - az + dz - b = 0 \right\}.$$

Da (5) die primitive Gleichung für z ist, gilt

$$c = x\alpha , \quad d - a = x\beta , \quad -b = x\gamma \quad \text{mit } x \in \mathbb{Z}$$

Für jede Wahl von x sind c und b sowie d-a bestimmt, während a noch frei ist; wir setzen a = y und erhalten

$$ad - bc = y^2 + \beta xy + \alpha\gamma x^2 .$$

Also ist $\begin{pmatrix} a & b \\ c & d \end{pmatrix} \longrightarrow ad-bc$ eine quadratische Form auf $\mathfrak{M}$, nämlich

(6) $$(x,y) \longrightarrow \alpha\gamma x^2 + \beta xy + y^2 \quad .$$

Die Werte der Form (6) geben an, welche Kurven T_N durch (z,z) gehen. Die Form (6) hat die Diskriminante Δ, stellt die 1 dar und ist deshalb äquivalent zu der durch die Norm gegebenen Form auf der Ordnung M der Diskriminante Δ im Körper $\mathbb{Q}(\sqrt{\Delta})$. Wir können deshalb $\mathfrak{M}$ mit M identifizieren. (Bekanntlich ist M im Sinne der komplexen Multiplikation der Endomorphismenring des Torus $\mathbb{C}^2/\mathbb{Z}\cdot 1+\mathbb{Z}\cdot z$.) Die auf $\mathfrak{H}\times\mathfrak{H}$ effektiv operierende Gruppe mit unserer komplexen Fläche X als Orbitraum ist

$$G = SL_2(\mathbb{Z})/\{1,-1\} \times SL_2(\mathbb{Z})/\{1,-1\} \quad .$$

Nehmen wir zunächst an, dass G im Punkte (z,z) triviale Isotropiegruppe hat. Dies gilt dann und nur dann, wenn z nicht $SL_2(\mathbb{Z})$ - äquivalent zu i oder zu $\frac{1}{2}(1 + i\sqrt{3})$ ist, d.h. $\Delta \neq -4$ und $\Delta \neq -3$. Jedes Element ξ aus der Ordnung M definiert einen Zweig von T_N mit $N =$ Norm(ξ), der die Diagonale T_1 in (z,z) transversal schneidet. Die Zweige von T_N, die durch den durch (z,z) repräsentierten Punkt von T_1 gehen, entsprechen eineindeutig den Elementen ξ aus M mit Norm$(\xi) = N$ und $\mathrm{Im}(\xi) > 0$, wo Im den Imaginärteil der komplexen Zahl $\xi \in M \subset \mathbb{Q}(\sqrt{\Delta})$ bezeichnet. (Man beachte, dass ξ und $-\xi$ den gleichen Zweig liefern und deshalb $\mathrm{Im}(\xi) > 0$ angenommen werden darf.) Die ganze algebraische Zahl ξ mit $\mathrm{Im}(\xi) > 0$ wird eindeutig festgelegt durch ihre Norm N und ihre Spur s. Sie liegt in der Ordnung M dann und nur dann, wenn $s^2 - 4N = f^2$ mit einer natürlichen Zahl f gilt.

Falls die Diskriminante Δ der Gleichung (5) gleich -3 oder -4 ist, dann ist die Isotropiegruppe von G zu berücksichtigen. Die Zahlen ξ_1 und ξ_2 aus M bestimmen dann und nur dann den gleichen Zweig, wenn sie durch Multiplikation mit einer Einheit von M auseinander hervorgehen. Jetzt ist es leicht, den Beweis für die Gleichung $T_N \cdot T_1 = H_1(N)$ zu beenden. Wir kompaktifizieren in bekannter Weise $\mathfrak{H}/SL_2(\mathbb{Z})$ durch Hinzufügung eines Punktes ∞. Wir setzen $\overline{\mathfrak{H}/SL_2(\mathbb{Z})} = \mathfrak{H}/SL_2(\mathbb{Z}) \cup \{\infty\}$. Dies ist eine komplexe projektive Gerade. Die Fläche X wird kompaktifiziert zu

$$\overline{X} = \overline{\mathfrak{H}/SL_2(\mathbb{Z})} \times \overline{\mathfrak{H}/SL_2(\mathbb{Z})} .$$

Es sei $S_1 = \{\infty\} \times \overline{\mathfrak{H}/SL_2(\mathbb{Z})}$ und $S_2 = \overline{\mathfrak{H}/SL_2(\mathbb{Z})} \times \{\infty\}$.

Die Kurven T_N lassen sich abschliessen zu Kurven in $\overline{X}$, die wir ebenfalls mit T_N bezeichnen. Die Kurve T_N schneidet $S_1 \cup S_2$ nur in (∞,∞), und zwar werden ihre Zweige in (∞,∞) durch

$$z_2 = \frac{az_1 + b}{d} \tag{7}$$

mit $a > 0$ und $ad = N$ und $0 \leq b < (a,d)$ gegeben. In (∞,∞) haben wir die lokalen holomorphen Koordinaten

$$u = e^{2\pi i z_1} , \quad v = e^{2\pi i z_2} .$$

Dann werden für feste Zahlen a,d die durch (7) gegebenen Zweige (ihre Anzahl ist gleich dem grössten gemeinsamen Teiler von a und d) durch die Gleichung

$$u^a = v^d \tag{8}$$

zusammengefasst. Da S_1 und S_2 durch $u = 0$ bzw. $v = 0$ gegeben werden, gilt für den Schnitt in $\overline{X}$

$$T_N \cdot S_1 = T_N \cdot S_2 = \sum_{d|N} d .$$

Es folgt der Satz

Satz. In $\overline{X}$ gilt die Homologiebeziehung

$$T_N \sim \left(\sum_{d|N} d\right)(S_1 + S_2) . \tag{9}$$

Die Schnittzahl von T_N (jetzt sei N wieder keine Quadratzahl) mit T_1 im Punkte (∞,∞) ist wegen (8) gleich

$$\sum_{d|N} \min(d,\tfrac{N}{d}) = 2 \sum_{\substack{d|N \\ d<\sqrt{N}}} d .$$

Da die Schnittzahl von T_N und T_1 in X gleich $H_1(N)$ ist, gilt für die Schnittzahl von $\bar{T}_N$ und T_1 in $\bar{X}$ die Beziehung

$$(10) \qquad (T_N \cdot T_1)_{\bar{X}} = H_1(N) + 2 \sum_{\substack{d|N \\ d<\sqrt{N}}} d .$$

Andererseits ist wegen (9)

$$(T_N \cdot T_1)_{\bar{X}} = 2 \sum_{d|N} d .$$

Damit ist die in § 1 angegebene Hurwitzsche Klassenzahlrelation bewiesen.

§ 3. Kurven in den Hilbertschen Modulflächen.

Es sei p eine Primzahl $\equiv 1 \bmod 4$, die festgewählt wird. Wir betrachten den Körper $\mathbb{Q}(\sqrt{p})$ und in ihm den Ring $\mathfrak{o}$ der ganzen algebraischen Zahlen

$$\mathfrak{o} = \mathbb{Z}\cdot 1 + \mathbb{Z}\cdot \frac{1+\sqrt{p}}{2} .$$

Die Gruppe $SL_2(\mathfrak{o})$ operiert in bekannter Weise auf $\mathfrak{H}\times\mathfrak{H} = \mathfrak{H}^2$ (vgl. z.B. [4]). Die (nichtkompakte) Hilbertsche Modulfläche

$$X = \mathfrak{H}^2/SL_2(\mathfrak{o})$$

hat endlich viele Quotientensingularitäten, die von den Punkten auf $\mathfrak{H}^2$ herrühren, in denen $SL_2(\mathfrak{o})/\{1,-1\}$ eine nicht-triviale Isotropiegruppe hat. Die Fläche X ist eine rationale Homologiemannigfaltigkeit.

Mit $x \longrightarrow x'$ werde der nicht-triviale Automorphismus des Körpers $\mathbb{Q}(\sqrt{p})$

bezeichnet. Für $a,b \in \mathbb{Z}$ und $\lambda \in \mathfrak{o}$ betrachten wir die "schief-hermitesche" Matrix

$$A = \begin{pmatrix} a\sqrt{p} & \lambda \\ -\lambda' & b\sqrt{p} \end{pmatrix}$$

und die zugehörige Kurve

$$(11) \qquad a\sqrt{p}\, z_1 z_2 - \lambda' z_1 + \lambda\, z_2 + b\sqrt{p} = 0$$

in $\mathfrak{H}^2$, welche für $\det A = abp + \lambda\lambda' > 0$ nicht leer ist. Die Gleichung (11) ist nämlich äquivalent zu

$$(12) \qquad z_2 = \frac{\lambda' z_1 - b\sqrt{p}}{a\sqrt{p}\, z_1 + \lambda} .$$

Die Kurve ist also für $\det A > 0$ der Graph einer gebrochen linearen Abbildung $\mathfrak{H} \longrightarrow \mathfrak{H}$. Eine positive natürliche Zahl N lässt sich genau dann als $\det A = abp + \lambda\lambda' = N$ schreiben, wenn N quadratischer Rest mod p ist. Wir bezeichnen in diesem Fall mit T_N die Menge aller Punkte in $X = \mathfrak{H}^2/SL_2(\mathfrak{o})$, deren Repräsentanten (z_1, z_2) in $\mathfrak{H}^2$ wenigstens einer Gleichung (11) mit $\det A = N$ genügen. Man kann zeigen, dass T_N wirklich eine komplexe Kurve in der komplexen Fläche X ist. Die Kurve T_N ist im allgemeinen nicht irreduzibel. Betrachten wir in X nur diejenigen Punkte, die einer Gleichung (11) mit $\det A = N$ genügen, wobei A primitiv ist (d.h. es gibt keine natürliche Zahl $f > 1$, sodass $\frac{a}{f}, \frac{b}{f} \in \mathbb{Z}$ und
2 $\frac{\lambda}{f} \in \mathfrak{o}$), dann erhalten wir eine Kurve F_N in X, welche man als irreduzibel nachweisen kann. Es ist

$$(13) \qquad T_N = \sum_{\substack{f \geq 1 \\ f^2 | N}} F_{N/f^2} .$$

Die Kurve T_N ist analog zu der in § 2 "für p = 1" betrachteten Kurve T_N.

Wir beschränken uns jetzt auf den Fall $N \not\equiv 0 \bmod p$, d.h. $\left(\frac{N}{p}\right) = 1$. Die

Zahl N schreiben wir dann in der Form

$$(14) \qquad N = N_1 \cdot N_2 \quad ,$$

wo N_1 nur durch Primzahlen q mit $(\frac{q}{p}) = 1$ und N_2 nur durch Primzahlen q mit $(\frac{q}{p}) = -1$ teilbar ist. Die Zahl N_2 ist gleich einer Quadratzahl multipliziert mit dem Produkt einer geraden Anzahl verschiedener Primzahlen

$$N_2 = m^2 q_1 q_2 \cdots q_{2r} \quad .$$

Die Kurve $F_N \subset X$ ist dann Bild von $\mathfrak{H}/\Gamma$ unter einer Abbildung vom Grade 1, wo Γ eine diskrete Untergruppe von $SL_2(\mathbb{R})/\{1,-1\}$ ist, welche zur Einheitengruppe einer Ordnung in der (indefiniten) Quaternionenalgebra über $\mathbb{Q}$ isomorph ist, welche genau an den Primstellen $q_1, q_2, \ldots, q_{2r}$ verzweigt ist. Hieraus kann man schliessen:

<u>Satz.</u> <u>Die Kurve</u> T_N <u>(mit</u> $N = N_1 N_2$) <u>ist dann und nur dann kompakt</u> (als <u>Teilmenge von</u> $\mathfrak{H}^2/SL_2(\mathcal{O})$), <u>wenn</u> N_2 <u>keine Quadratzahl ist</u>, (<u>d.h.</u> $r > 0$).

In $\mathfrak{H}$ (mit der komplexen Koordinate $z = x + iy$) haben wir das invariante Volumenelement

$$\omega = -\frac{1}{2\pi} \frac{dx \wedge dy}{y^2} \quad ,$$

das im Sinne des Gauß-Bonnetschen Satzes normiert ist, d.h. $\int_{\mathfrak{H}/\Gamma} \omega$ ist gleich der Eulerschen Zahl von $\mathfrak{H}/\Gamma$, falls Γ irgendeine diskrete Untergruppe von $SL_2(\mathbb{R})/\{1,-1\}$ ist, <u>welche frei auf</u> $\mathfrak{H}$ <u>operiert und kompakten Quotienten</u> $\mathfrak{H}/\Gamma$ <u>hat</u>. Da F_N Bild eines Quotienten $\mathfrak{H}/\Gamma$ ist (Γ diskret, Γ operiert aber im allgemeinen nicht frei und $\mathfrak{H}/\Gamma$ ist im allgemeinen nicht kompakt), können wir im Sinne der Form ω von dem Volumen von F_N und auch von den Volumen von T_N sprechen, was wir mit $\mathrm{vol}(T_N)$ bezeichnen.

Mit Hilfe einer von Eichler [2] durchgeführten Volumenbestimmung kann man mit einiger Mühe beweisen (für $N \not\equiv 0 \mod p$)

(15) $$\mathrm{vol}(T_N) = -\frac{1}{6}\sum_{d|N}\left(\frac{d}{p}\right)d \quad .$$

Führt man in $\mathfrak{H}^2$ die Chernsche Form

$$c_1 = -\frac{1}{2\pi}\left(\frac{dx_1 \wedge dy_1}{y_1^2} + \frac{dx_2 \wedge dy_2}{y_2^2}\right)$$

ein, dann ist 2 $\mathrm{vol}(T_N)$ gleich dem Integral von c_1 über T_N.

Bemerkung: Für "p = 1" entspricht (15) der Formel (9) in § 2, denn $\mathrm{vol}(T_1) = \mathrm{vol}(\mathfrak{H}/SL_2(\mathbb{Z})) = -\frac{1}{6}$ und T_N ist (in § 2) in $\overline{X}$ homolog zu einem Vielfachen von T_1, das in (9) angegeben wird, woraus man schliessen kann, dass für "p = 1"

$$\mathrm{vol}(T_N) = -\frac{1}{6}\sum_{d|N} d \quad .$$

Falls N keine Quadratzahl ist, dann schneiden sich T_N und T_1 in $X = \mathfrak{H}^2/SL_2(\mathfrak{o})$ in endlich vielen Punkten. Die Kurve T_1 ist Bild der Diagonalen von $\mathfrak{H}^2$ und $\mathfrak{H}/SL_2(\mathbb{Z}) \longrightarrow T_1$ ist bijektiv. Auf T_1 liegen zwei Quotientensingularitäten von X (der Ordnungen 2 und 3). Sie gehören zu den bekannten endlichen Untergruppen von $SL_2(\mathbb{Z})/\{1,-1\} \subset SL_2(\mathfrak{o})/\{1,-1\}$ und lassen sich durch die Punkte (i,i) bzw. $(\frac{1}{2}(1 + i\sqrt{3}), \frac{1}{2}(1 + i\sqrt{3}))$ von $\mathfrak{H}^2$ repräsentieren. Die Zweige der Kurven T_N und T_1 schneiden sich überall transversal. In den Quotientensingularitäten ist jeder Schnitt (im Sinne der Schnitt-Theorie auf rationalen Homologie-Mannigfaltigkeiten) mit der Vielfachheit $\frac{1}{2}$ bzw. $\frac{1}{3}$ zu zählen. In diesem Sinne ist die Schnittzahl $T_N \cdot T_1$ zu verstehen. Das folgende Resultat wird genauso wie der entsprechende Satz in § 2 bewiesen.

Satz. Die Schnittzahl $T_N \cdot T_1$ in der zur Primzahl $p \equiv 1 \bmod 4$ gehörigen Hilbertschen Modulfläche X ist gleich $H_p(N)$.

Die Definition von $H_p(N)$ wurde in (2) angegeben. Im Gegensatz zu p = 1 ist $H_p(N)$ im allgemeinen nicht ganzzahlig, aber $6H_p(N)$ ist eine ganze Zahl.

Die Hilbertsche Modulfläche $X = \mathfrak{H}^2/SL_2(\mathfrak{o})$ lässt eine natürliche Involution $\tau : X \longrightarrow X$ zu, welche durch $(z_1,z_2) \longrightarrow (z_2,z_1)$ induziert wird. Offensichtlich ist $\tau(T_N) = T_N$. Wenn T_N kompakt ist, dann repräsentiert T_N eine Homologieklasse

$$[T_N] \in H_2(X;\mathbb{Q}) ,$$

welche unter τ invariant ist. Es bezeichne $\mathfrak{F}$ den Unterraum von $H_2(X;\mathbb{Q})$, der von den Homologieklassen $[T_N]$ der kompakten Kurven T_N erzeugt wird. Es gilt

(16) $$\mathfrak{F} \subset H_2(X;\mathbb{Q})^{\tau} \cong H_2(X/\tau;\mathbb{Q}) .$$

Die zweite Bettische Zahl von X/τ, d.h. der Rang von $H_2(X/\tau;\mathbb{Q})$, kann mit den Methoden von [4] berechnet werden. Wir geben hier zunächst nur an, dass

(17) $$\dim_{\mathbb{Q}} H_2(X/\tau;\mathbb{Q}) = \left[\frac{p-5}{24}\right] + 1 \qquad \text{für } p < 193 .$$

Die einzigen Primzahlen mit $\dim_{\mathbb{Q}} H_2(X/\tau;\mathbb{Q}) = 1$ sind 5,13,17. In diesen drei Fällen ist also auch $\dim_{\mathbb{Q}} \mathfrak{F} = 1$,und deshalb muss (für kompaktes T_N) die Schnittzahl $T_N \cdot T_1$ ein konstantes Vielfaches des Volumens von T_N sein. Durch Berechnung eines Beispiels lässt sich dieses Vielfache leicht bestimmen, und man erhält:

<u>Satz.</u> <u>Es sei</u> $p = 5$, 13 <u>oder</u> 17 <u>und</u> N <u>eine natürliche Zahl mit</u> $(\frac{N}{p}) = 1$, <u>für die in der Zerlegung</u> (14) <u>die Zahl</u> N_2 <u>kein Quadrat ist, dann gilt:</u>

$$6\, H_5(N) = 5 \sum_{d|N} \left(\frac{d}{5}\right) d$$

$$6\, H_{13}(N) = \sum_{d|N} \left(\frac{d}{13}\right) d$$

$$6\, H_{17}(N) = \frac{1}{2} \sum_{d|N} \left(\frac{d}{17}\right) d$$

Beispiel: $p = 17, \quad N = 42, \quad N_1 = 2, \quad N_2 = 21$

$$H_{17}(42) = 2\,H(\frac{4\cdot 42 - 10^2}{17}) + 2\,H(\frac{4\cdot 42 - 7^2}{17})$$

$$= 2\,H(4) + 2\,H(7) = 3$$

$$\sum_{d|42} (\frac{d}{17})d = (1+2)(1-3)(1-7) = 36 \quad .$$

Die Klassenzahlrelationen in dem vorstehenden Satz können auf nichtkompaktes T_N erweitert werden, wenn man den Durchgang der kompaktifizierten Kurve durch die Auflösung der Spitze von $\overline{\mathfrak{H}^2/SL_2(\mathfrak{o})}$ berücksichtigt. Für $p = 5$ wird die Spitze nur in eine einzige Kurve aufgeblasen [4] . In diesem Fall lässt sich das Ergebnis besonders einfach formulieren.

Satz. Es sei $N > 0$ und keine Quadratzahl. Dann gilt für $(\frac{N}{p}) = 1$

$$6\,H_5(N) = 5 \sum_{d|N} (\frac{d}{5})d - 6 \sum_{\substack{x \geq 0 \\ y \geq 0 \\ x^2+3xy+y^2=N}} (x+y) \quad . \tag{18}$$

Hierbei durchlaufen x,y alle Paare ganzer Zahlen mit den angegebenen Bedingungen. (Wenn T_N kompakt ist, dann lässt sich die Gleichung $x^2 + 3xy + y^2 = N$ nicht lösen, es handelt sich dann um die Formel des vorstehenden Satzes.)

Wenn die natürlichen Zahlen N und M teilerfremd sind, dann lässt sich die angegebene Formel für die Schnittzahl von T_N und T_1 verallgemeinern zu einer Formel für die Schnittzahl $T_N \cdot T_M$. Wir setzen dabei ferner voraus, dass N und M nicht beide Quadratzahlen sind (dann ist $T_N \cap T_M$ eine endliche Menge) und dass N und M zu p teilerfremd sind. Es gilt dann

$$T_N \cdot T_M = T_{NM} \cdot T_1 = H_p(NM) \quad . \tag{19}$$

Die Voraussetzung, dass N und M zu p teilerfremd sind, ist wahrscheinlich überflüssig. Mit Hilfe von (19) lässt sich die Dimension von $\mathfrak{F}$ in einigen Fällen bestimmen.

Beispiel: Für p = 89 schneiden wir die kompakten Kurven T_{21}, T_{39}, T_{57}, T_{69}, T_{91} mit den nicht-kompakten Kurven T_1, T_2, T_5, T_{11}, T_{17} und fassen die Schnittzahlen in der folgenden Matrix zusammen.

6 x Schnittzahl:

	T_{21}	T_{39}	T_{57}	T_{69}	T_{91}
T_1	0	0	0	4	0
T_2	0	0	6	6	12
T_5	6	0	6	6	12
T_{11}	0	12	24	24	48
T_{17}	18	12	12	24	24

Da die Determinante der (4×4)-Matrix in der linken oberen Ecke nicht verschwindet und $\dim_{\mathbb{Q}} \mathfrak{F} \leqslant \left[\frac{p-5}{24}\right] + 1 = 4$ ist (vgl. (16), (17)), gilt $\dim_{\mathbb{Q}} \mathfrak{F} = 4$. Die Homologieklassen $[T_{21}]$, $[T_{39}]$, $[T_{57}]$, $[T_{69}]$ bilden eine Basis des Vektorraums $\mathfrak{F}$. Aus der Schnittmatrix liest man ferner die Homologiebeziehung

$$[T_{91}] = 2\,[T_{57}]$$

ab. Man kontrolliere, dass $\mathrm{vol}(T_{91}) = 2\,\mathrm{vol}(T_{57})$ und z.B.

$$T_{91}\cdot T_{71} = 2\,T_{57}\cdot T_{71}, \text{ d.h. } H_{89}(6461) = 2\,H_{89}(4047).$$

§ 4. Bemerkungen über weitere Resultate und Vermutungen.

Wir betrachten wie in § 3 die Hilbertsche Modulfläche $X = \mathfrak{H}^2/SL_2(\mathfrak{o})$ für die Primzahl $p \equiv 1 \bmod 4$. Sie kann kompaktifiziert werden durch Hinzufügung endlich vieler Spitzen zu einer komplexen Fläche $\overline{X}$ mit endlich vielen Singularitäten (vgl. [4]). Auch auf $\overline{X}$ operiert die Involution τ. Der Quotient $\overline{X}/\tau$ ist eine Fläche mit endlich vielen Singularitäten, die alle in minimaler Weise aufgelöst werden sollen. Wir erhalten dann eine reguläre singularitätenfreie algebraische Fläche, die hier mit V bezeichnet werden soll. In [4] wurde ein etwas anderes singularitätenfreies Modell für $\overline{X}/\tau$ benutzt und $Y^o(p)/\tau$ genannt.

Es sei n die Anzahl der irreduziblen Kurven auf V, in die die Singularitäten von $\overline{X}/\tau$ aufgeblasen wurden. Für die 2-dimensionale Cohomologie von V betrachten wir die Hodge-Zerlegung

$$H^2(V;\mathbb{C}) = H^{2,0}(V) \oplus H^{1,1}(V) \oplus H^{0,2}(V) \quad .$$

Mit Hilfe der Methoden von [4] kann man ausrechnen, dass

$$(20) \qquad \dim_{\mathbb{C}} H^{1,1}(V) = n + \chi(p),$$

wo $\chi(p)$ das arithmetische Geschlecht von $\overline{X}$ ist (vgl. [4] § 5.6 (20)).

Es sei Υ der $\mathbb{C}$-Vektorraum der holomorphen Spitzenformen $a(z_1,z_2)dz_1 \wedge dz_2$ für die Gruppe $SL_2(\mathfrak{o})$. Es sei ε die Grundeinheit für den Körper $\mathbb{Q}(\sqrt{p})$ mit $\varepsilon > 0$, $\varepsilon' < 0$. Dann ist

$$(21) \qquad a(\varepsilon z_1,\varepsilon'\bar{z}_2)dz_1 \wedge d\bar{z}_2 + a(\varepsilon z_2,\varepsilon'\bar{z}_1)dz_2 \wedge d\bar{z}_1$$

eine Form vom Typ (1,1) in $\mathfrak{H}\times\mathfrak{H}$, invariant unter der um die Involution τ erweiterten Gruppe $SL_2(\mathfrak{o})$. Mit $\Upsilon^{1,1}$ werde der komplexe Vektorraum bezeichnet, der von den Formen (21) sowie von der Chernschen Form c_1 (siehe § 3) aufgespannt wird. Nach einer Mitteilung von Harder kann $\mathcal{Y}^{1,1}$ in natürlicher Weise mit dem Unterraum von $H^{1,1}(V)$ identifiziert werden, der aus allen Cohomologieklassen besteht, die auf sämtlichen Kurven, die durch die Auflösung entstanden sind, verschwinden. Es ist

$$\dim_{\mathbb{C}} \mathcal{Y}^{1,1} = \dim_{\mathbb{C}} \mathcal{Y} + 1 = \chi(p) \quad .$$

Dies erklärt (20). Der Poincarésche Isomorphismus bildet $\mathfrak{F} \otimes \mathbb{C}$ (vgl. (16)) auf einen Unterraum von $\mathcal{Y}^{1,1}$ ab, der ebenfalls mit $\mathfrak{F} \otimes \mathbb{C}$ bezeichnet werde.

Auf $\mathfrak{H}^2$ haben wir die komplexe Konjugation

$$\varkappa : (z_1, z_2) \longrightarrow (-\bar{z}_1, -\bar{z}_2) \; .$$

Der Raum $\mathcal{Y}^{1,1}$ zerfällt bezüglich $\varkappa$ in die Unterräume zu den Eigenwerten +1, -1.

(22) $$\mathcal{Y}^{1,1} = \mathcal{Y}^{1,1}_{+} \oplus \mathcal{Y}^{1,1}_{-} \; .$$

Der Raum $\mathfrak{F} \otimes \mathbb{C}$ ist offensichtlich in $\mathcal{Y}^{1,1}_{-}$ enthalten. Auch die Form c_1 gehört zu $\mathcal{Y}^{1,1}_{-}$. Vermöge (21) ist $\mathcal{Y}$ als Unterraum von $\mathcal{Y}^{1,1}$ anzusehen. Die Involution $\varkappa$ operiert auf $\mathcal{Y}$ (als Unterraum von $\mathcal{Y}^{1,1}$) in gleicher Weise wie $\tau : (z_1, z_2) \longrightarrow (z_2, z_1)$ auf $\mathcal{Y}$ operiert. Deshalb ist

$$\dim_{\mathbb{C}} \mathcal{Y}^{1,1}_{+} = \dim_{\mathbb{C}} \mathcal{Y}_{+} = \chi_{\tau}(p) - 1.$$

Hier bezeichnet $\chi_{\tau}(p)$ das arithmetische Geschlecht von V. Nach [4] (§ 5.6 (21)) ist

$$\chi_{\tau}(p) = \frac{1}{2} \left(\chi(p) - \left[\frac{p-29}{24}\right]\right) ,$$

woraus folgt

(23) $$\dim_{\mathbb{C}} \mathcal{Y}^{1,1}_{-} = \dim_{\mathbb{C}} \mathcal{Y}^{1,1}_{+} + \left[\frac{p-5}{24}\right] + 1 \quad .$$

Unterhaltungen mit G. Harder und D. Zagier am IHES glaube ich entnehmen zu können, dass es für die Hilbertsche Modulfläche für jedes Ideal $\mathfrak{a} \subset \mathfrak{o}$ eine Hecke-Korrespondenz $\mathcal{T}_{\mathfrak{a}}$ gibt und man in $\gamma^{1,1}$ einen Unterraum U definieren kann, der aus allen Elementen besteht, die unter $\mathcal{T}_{\mathfrak{a}} - \mathcal{T}_{\mathfrak{a}'}$ für alle $\mathfrak{a}$ verschwinden. Es ist $U \subset \gamma_{-}^{1,1}$ und $\gamma_{-}^{1,1}/U = \gamma_{+}^{1,1}$. Dies erklärt (23) und beweist zugleich als Folge von (23), dass

$$\dim_{\mathbb{C}} U = \left[\frac{p-5}{24}\right] + 1 \quad .$$

Man kann ferner zeigen, dass $\mathfrak{F} \otimes \mathbb{C} \subset U$ und kommt so zu dem Satz.

<u>Satz.</u> <u>Die Dimension des $\mathbb{Q}$-Vektorraumes $\mathfrak{F}$, der von den Homologieklassen der kompakten Kurven T_N erzeugt wird, ist kleiner oder gleich</u> $\left[\frac{p-5}{24}\right] + 1$.

<u>Vermutung:</u> $\dim_{\mathbb{Q}} \mathfrak{F} = \left[\frac{p-5}{24}\right] + 1$.

Diese Vermutung konnte für viele p mit Hilfe von Schnittzahlberechnungen (vgl. § 3) bestätigt werden. So liessen sich für p = 193 in der Tat 8 linear unabhängige kompakte Kurven finden, nämlich T_{55}, T_{65}, T_{85}, T_{95}, T_{143}, T_{185}, T_{187}, T_{209}.

Für jedes Element $K \in \mathfrak{F} \otimes \mathbb{C}$ und jede Kurve T_N (kompakt oder nichtkompakt) ist die Schnittzahl $T_N \cdot K \in \mathbb{C}$ in $X = \mathfrak{H}^2/SL_2(\mathfrak{o})$ im homologischen Sinne erklärt. (Das Symbol "K" soll hier an <u>kompakter</u> Zyklus erinnern.) Auch das Volumen von K ist durch lineare Erweiterung wohldefiniert.

Wie üblich ist $\Gamma_0(p)$ die Untergruppe derjenigen Elemente $\begin{pmatrix} a & b \\ c & d \end{pmatrix}$ von $SL_2(\mathbb{Z})$, für die $c \equiv 0 \mod p$.

<u>Vermutung.</u> <u>Es sei</u> $K \in \mathfrak{F} \otimes \mathbb{C}$. <u>Dann ist</u>

$$(24) \qquad f(z) = \frac{1}{2}\operatorname{vol}(K) + \sum_{\substack{N=1 \\ (\frac{N}{p}) \neq -1}}^{\infty} (T_N \cdot K)\, e^{2\pi i N z}$$

<u>die Fourier-Entwicklung einer Modulform für die Gruppe</u> $\Gamma_o(p)$ <u>vom Gewicht</u> 2 <u>und "Nebentypus", d.h.</u>

$$f\left(\frac{az+b}{cz+d}\right) = \left(\frac{a}{p}\right)\cdot(cz+d)^2\cdot f(z)$$

<u>für</u> $\begin{pmatrix} a & b \\ c & d \end{pmatrix} \in \Gamma_o(p)$.

Nach Hecke hat der Raum der Modulformen für $\Gamma_o(p)$ vom Gewicht 2 und Nebentypus die Dimension $2(\left[\frac{p-5}{24}\right]+1)$. Der Unterraum der Formen, deren Fourierreihen $\sum_{n=o}^{\infty} a_n e^{2\pi inz}$ verschwindende Koeffizienten a_n haben für alle n mit $\left(\frac{n}{p}\right) = -1$, hat die halbe Dimension. Es wird auch vermutet, dass die Zuordnung $K \longrightarrow f$ (siehe (24)) ein Isomorphismus von $\mathfrak{F} \otimes \mathbb{C}$ auf diesen Unterraum ist.

Ein Zusammenhang zwischen Modulformen für $\Gamma_o(p)$ und Hilbertschen Modulformen ist wohlbekannt (vgl. [1]). Die Ergebnisse von D. Zagier [7] werden es vielleicht ermöglichen, die vorstehende Vermutung zu beweisen.

<u>Bemerkung.</u> Die Chernsche Differentialform c_1 ist Poincaré-Dual eines Elementes $K \in \mathfrak{F} \otimes \mathbb{C}$. Wendet man hierauf (24) an, dann erhält man (bis auf einen konstanten Faktor) die Summe der von Hecke ([3] S. 818) angegebenen Eisenstein-Reihen E_1 und E_2.

Literatur

[1] K. Doi and H. Naganuma, On the functional equation of certain Dirichlet series, Inventiones Math. 9, 1-14 (1969).

[2] M. Eichler, Über die Einheiten der Divisionsalgebren, Math. Ann. 114, 635-654 (1937).

[3] E. Hecke, Mathematische Werke, Göttingen 1970.

[4] F. Hirzebruch, Hilbert modular surfaces, L'Enseignement mathématique 19, 183-281 (1973).

[5] F. Hirzebruch and A. Van de Ven, Hilbert modular surfaces and the classification of algebraic surfaces, Inventiones Math. 23, 1-29 (1974).

[6] A. Hurwitz, Mathematische Werke, Bd. II, Basel und Stuttgart 1963. Siehe: Über Relationen zwischen Klassenzahlen binärer quadratischer Formen von negativer Determinante (Math. Ann. 25 (1885)).

[7] D. Zagier, erscheint in C.R. Acad. Sci. Paris.

56.

Hilbert modular surfaces and class numbers

Astérisque *32–33* (1976), 151–164

To a real quadratic field is associated a theory of modular forms in two variables We want to discuss how this theory leads to

- interesting examples of algebraic and non-algebraic surfaces
- results in number theory
- theorems and conjectures relating to modular forms in <u>one</u> variable.

1. Surfaces

A connected, compact complex surface X has a certain number of invariants :

<u>Topological invariants</u>

<u>Euler characteristic</u> $e(X) = 2 - 2b_1 + b_2$

$(b_i = \dim_{\mathbb{C}} H^i(X\,;\mathbb{C}) = i^{\text{th}}$ Betti number)

<u>Signature</u> $\operatorname{Sign}(X) = b^+ - b^-$

($b^{\pm}$ = number of $\pm$ signs in a diagonalized version of the intersection form on $H_2(X\,;\mathbb{R})$)

<u>Analytic invariants</u>

<u>Arithmetic genus</u> $\chi(X) = 1 - q + p_g$

$(q = \dim_{\mathbb{C}} H^1(X, \mathcal{O}_X)$, $p_g = \dim_{\mathbb{C}} H^2(X, \mathcal{O}_X)$)

$K^2 = K\cdot K$ (K any canonical divisor) .

These invariants are related by

$$\chi(X) = \frac{e(X) + \operatorname{Sign}(X)}{4}$$

$$\chi(X) = \frac{1}{12}(K^2 + e(X))$$

$$\operatorname{Sign}(X) = \frac{1}{3}(K^2 - 2e(X))$$

(thus $\chi(X)$ and K^2 are in fact topological invariants of X). One also has :

b_1 even $\Rightarrow$ $b_1 = 2q$ and $b^+ = 2p_g + 1$,

b_1 odd $\Rightarrow$ $b_1 = 2q - 1$ and $b^+ = 2p_g$,

(the second case cannot occur for algebraic surfaces X).

Kodaira in his program of classifying surfaces studies surfaces with first Betti number $b_1 = 1$ and shows that then $p_g = 0$. Since $q = 1$, we have also $\chi = 0$. We give examples of such surfaces later.

2. Modules in quadratic fields

Let K be a real quadratic field, $K = \mathbb{Q}(\sqrt{D})$,

$$M \subset K \text{ a module } (= \text{free } \mathbb{Z}\text{-module of rank } 2) ,$$

and let $U_M^+ = \{\varepsilon \mid \varepsilon \text{ a unit of } K, \ \varepsilon M = M, \ \varepsilon \gg 0\}$ be the group of totally positive units preserving M (the sign $x \gg 0$ means that x and its conjugate x' are positive). The group U_M^+ is infinite cyclic. Let

$$G(M) = \{\begin{pmatrix} \varepsilon & \mu \\ 0 & 1 \end{pmatrix} \mid \varepsilon \in U_M^+ , \mu \in M\} \subset GL_2(K) .$$

The group $G(M)$ acts freely on $\underline{H} \times \underline{H}$ ($\underline{H}$ denotes the upper half-plane $\{z \in \mathbb{C} \mid \operatorname{Im} z > 0\}$) via

$$\begin{pmatrix} \varepsilon & \mu \\ 0 & 1 \end{pmatrix} \circ (z_1, z_2) = (\varepsilon z_1 + \mu , \varepsilon' z_2 + \mu') .$$

The orbit space $\underline{H}^2/G(M)$ is a non-compact complex surface. We shall not compactify it, but shall "make it a little more compact" by adding a single point as follows :

Since $\varepsilon\varepsilon' = 1$ for $\begin{pmatrix} \varepsilon & \mu \\ 0 & 1 \end{pmatrix} \in G(M)$, the function $\underline{H} \times \underline{H} \to \mathbb{R}_+$ defined by $(z_1, z_2) \longmapsto y_1 y_2$ (where $z_j = x_j + iy_j$, $x_j , y_j \in \mathbb{R}$) is invariant under the operation of $G(M)$. We add a point ∞^+ to $\underline{H}^2/G(M)$ and topologize $\underline{H}^2/G(M) \cup \{\infty^+\}$ by taking the sets

$$\{(z_1, z_2) \in \underline{H} \mid y_1 y_2 > C\}/G(M) \cup \{\infty^+\}$$

(C large) as neighbourhoods of the point ∞^+ . This point ∞^+ is in a natural way a singularity. We can introduce the local ring of holomorphic functions at ∞^+ and find that ∞^+ is a normal complex singularity. This singularity can then be resolved by a finite number of curves. It turns out that these curves are all

152

non-singular rational and intersect one another in a cyclic configuration, i.e. we can number the curves $S_1, \dots, S_r$ such that

$$S_1 \circ S_2 = S_2 \circ S_3 = \dots = S_{r-1} \circ S_r = S_r \circ S_1 = 1 \ ,$$

all other intersection numbers $S_i \circ S_j$ $(i \neq j)$ equal 0. (If $r = 1$, then S_1 has a double point.)

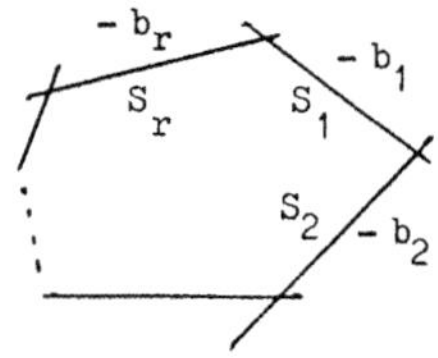

Let $S_i \circ S_i = -b_i$; then $b_1, \dots, b_r$ are integers ≥ 2, not all equal to 2. In this way we have associated to the module $M \subset K$ a cycle $((b_1, \dots, b_r))$ of integers. It turns out that this gives a <u>bijection</u>

$$\left\{\begin{matrix}\text{all classes of modules}\\ \text{in all real quadratic}\\ \text{fields}\end{matrix}\right\} \longleftrightarrow \left\{\begin{matrix}\text{primitive cycles}\\ ((b_1, \dots, b_r)) \ ,\\ b_i \in \mathbb{Z} \ , \ b_i \geq 2 \ , \ \text{some } b_i \geq 3\end{matrix}\right\} ,$$

where "equivalence" of modules is defined by $M_1 \sim M_2$ if $M_1, M_2 \subset K$ and $M_2 = \lambda M_1$ for some $\lambda \in K$, $\lambda \gg 0$, a "primitive" cycle is one where we only run through the smallest period once (e.g. $((3,5,2,3,5,2))$ is not primitive), and the notation $((b_1, \dots, b_r))$ indicates that a cycle is only considered up to cyclic permutation (e.g. $((3,5,2)) = ((5,2,3)) = ((2,3,5))$).

By a result of Laufer, the analytic type of the singularity having the given resolution is completely determined by the cycle $((b_1, \dots, b_r))$.

1 3. <u>Inoue's surfaces</u> (cf. Inoue's lecture at the Vancouver International Congress). Let $G(M)$ act on $\underline{H} \times \mathbb{C}$, the action being given by the same formula as before. We now have a map

$$(\underline{H} \times \mathbb{C})/G(M) \rightarrow \mathbb{R} \ ,$$

$$(z_1, z_2) \bmod G(M) \mapsto y_1 y_2 \ ,$$

so we compactify by adding <u>two</u> points ∞^+ and ∞^- with the obvious neighbourhoods. The map $(z_1, z_2) \rightarrow (\sqrt{D}\, z_1, -\sqrt{D}\, z_2)$ interchanges $\underline{H} \times \underline{H}$ and $\underline{H} \times \underline{H}^-$ where H^-

is the lower half-plane of C . Therefore ∞^+ has the resolution given above but ∞^- is resolved by the cycle $((c_1,\dots,c_s))$ corresponding to the equivalence class of the module $\sqrt{D}\,M$, which is in general not equivalent to M because $\sqrt{D}$ is not totally positive.

Thus the resolution of $\{\infty^-\} \cup (\underline{H} \times C)/G(M) \cup \{\infty^+\}$ is a compact non-singular complex surface X containing two cycles of curves, and having a natural projection π onto $\{\infty^-\} \cup R \cup \{\infty^+\} = I$ (closed interval) which over R is a fibre bundle with a certain 3-manifold as fibre. (This 3-manifold is a torus bundle over a circle.) The exceptional "fibres" $\pi^{-1}(\infty^+)$ and $\pi^{-1}(\infty^-)$ are cycles of rational curves $S_1,S_2,\dots,S_r$ and $T_1,\dots,T_s$ belonging to $((b_1,\dots,b_r))$ and $((c_1,\dots,c_s))$ respectively.

For this surface X one can show :

$$\begin{aligned} q &= 1 \\ b_1 &= 1 \\ b^+ &= 0 \\ b_2 = b^- &= r + s \\ \mathrm{Sign} &= -(r + s) \\ e &= r + s \ . \end{aligned}$$

The r + s curves $S_1,\dots,S_r$ and $T_1,\dots,T_s$ occuring in the cycles of the resolutions of ∞^+ and ∞^- are linearly independent and give all of $H_2(X, R)$ (and they have negative definite intersection matrix, which explains why $b^+ = 0$). In fact, these r + s curves are the only curves on X . In particular, there are no meromorphic functions on X except constants (a meromorphic function f would give infinitely many level curves $f^{-1}(t)$ on X).

By the signature theorem,

$$\frac{1}{3}\,(K^2 - 2e(X)) - \mathrm{Sign}(X) = 0 \ .$$

We calculate this expression separately for the neighbourhoods U^+ and U^- of $\pi^{-1}(\infty^+)$ and $\pi^{-1}(\infty^-)$ given by $y_1y_2 \geq 0$ or $y_1y_2 \leq 0$ respectively and check whether the sum gives 0 :

One can easily calculate that

$$-(\text{sum of all curves on } X) = -(S_1 + \dots + S_r) - (T_1 + \dots + T_s)$$

is a canonical divisor on X (in fact, $dz_1 \wedge dz_2$ is a differential form on $(\underline{H} \times C)/G(M)$ which extends meromorphically to X and gives the above canonical divisor). So for U^+ (i.e. "near" the resolution cycle of ∞^+) we have

$$K^2 = (S_1 + \dots + S_r)^2 = \Sigma(S_i \circ S_i) + 2 \sum_{i<j} S_i \circ S_j$$
$$= -(b_1 + \dots + b_r) + 2r$$

$e(U^+) =$	1	$-$	1	$+$	r	$= r$
	$\cup S_i$ is connected		$\cup S_i$ contains one 1-cycle		the curves $S_1, \dots, S_r$ yield r 2-cycles	

$\mathrm{Sign}(U^+) = -r$ (because the cycle has negative definite intersection matrix)

so

$$\frac{1}{3}(K^2 - 2e) - \mathrm{Sign} = \frac{1}{3}(-\Sigma b_i + 2r - 2r) + r = -\frac{1}{3}\sum_{i=1}^{r}(b_i - 3) \qquad \text{for } U^+ .$$

Similarly the other cycle $\sum_{j=1}^{s} T_j$ gives $-\frac{1}{3}\sum_{j=1}^{s}(c_j - 3)$. Therefore we deduce from the signature theorem that

$$\left(-\frac{1}{3}\sum_{1}^{r}(b_i - 3)\right) + \left(-\frac{1}{3}\sum_{1}^{s}(c_j - 3)\right) = 0 .$$

That is, we are naturally led to associate to M a numerical invariant

$$M \mapsto \delta(M) = -\frac{1}{3}\sum_{i=1}^{r}(b_i - 3) ,$$

where $((b_1, \dots, b_r))$ is the cycle associated to M, and the signature theorem then implies that this invariant changes sign when you replace M by $\sqrt{D}M$ (this can also be checked directly).

The invariant $\delta(M)$ is the same one as you get from the Atiyah-Patodi-Singer theory on spectral asymmetry.

4. Hilbert modular surfaces

Let $\mathfrak{o} \subset K$ be the ring of integers of K. The group $SL_2(\mathfrak{o})$ acts on $\underline{H}\times\underline{H}$ by

$$\begin{pmatrix} a & b \\ c & d \end{pmatrix}(z_1,z_2) = \left(\frac{az_1+b}{cz_1+d}, \frac{a'z_2+b'}{c'z_2+d'}\right)$$

$(a, b, c, d \in \mathfrak{o}, \quad ad - bc = 1, \quad z_1, z_2 \in \underline{H})$.

The group $G = SL_2(\mathfrak{o})/\{\pm 1\}$ acts effectively. The quotient $(\underline{H} \times \underline{H})/SL_2(\mathfrak{o})$ is a (non-compact) complex surface with some quotient singularities coming from those points in $\underline{H} \times \underline{H}$ with non-trivial isotropy groups (the isotropy group of G will always be finite cyclic, and indeed always of order ≤ 6). We can also replace $SL_2(\mathfrak{o})$ by any congruence subgroup $\Gamma \subset G$; if we choose a which acts freely, then the quotient $\underline{H}^2/\Gamma$ will have no singularities. The surface $\underline{H}^2/\Gamma$ can be compactified by adding finitely many points which are all normal singular ties ; the number of such points ("cusps") is the class number of K if $\Gamma = G = SL_2(\mathfrak{o})/\{\pm 1\}$. Each of the singularities can be resolved by a cycle $((b_1,\ldots,b_r))$ as above (but now possibly non-primitive, i.e. finite covers of t primitive cycles can occur). Resolving the quotient singularities and the cusps, you get a unique desingularisation

$$Y \rightarrow \overline{\underline{H}^2/\Gamma}$$

($\overline{\underline{H}^2/\Gamma}$ denotes the compactification of $\underline{H}^2/\Gamma$: $\overline{\underline{H}^2/\Gamma} = \underline{H}^2/\Gamma \cup \{\text{cusps}\}$).

The surface Y is non-singular algebraic. It is simply-connected (O. V. Švarčman

The non-compact "manifold" $\underline{H}^2/\Gamma$ has a well-defined signature (the quotient singularities do not matter since $\underline{H}^2/\Gamma$ is still a rational homology manifold ; the effect of the non-compactness is to make the intersection form degenerate, s that there are zeros in its diagonalized version, but one can still define the signature as the number of positive entries minus the number of negative ones). If Γ operates freely, then

$$(*) \qquad \operatorname{Sign} \underline{H}^2/\Gamma = \sum_{\alpha} \delta(\gamma_\alpha) \quad ,$$

where γ_α denote the various cusps and $\delta(\gamma_\alpha)$ the invariant of the cusp define in 3, i.e. $\delta(\gamma_\alpha) = -\frac{1}{3}\sum_{i=1}^{r}(b_i - 3)$ if $((b_1,\ldots,b_r))$ represents the resolution of the cusp. Indeed, for the closed surface Y , the expression

$\frac{1}{3}(K^2 - 2e) - \text{Sign}$ is 0 by the signature theorem, and we can calculate this expression by calculating the contribution from neighbourhoods of the cusps and from the "interior" of Y. Each cusp γ_α gives $\delta(\gamma_\alpha)$, and the interior piece gives $-\text{Sign}(\underline{H}^2/\Gamma)$, because the integral representing $\frac{1}{3}(K^2 - 2e)$ has an integrand which vanishes identically. The sum of these contributions adds up to 0 and gives the above formula $(*)$ for $\text{Sign}\,\underline{H}^2/\Gamma$. This formula holds also if $\Gamma = G = SL_2(\sigma)/\{\pm 1\}$ and the discriminant D is not divisible by 3. In this case there are contributions from the quotient singularities, but they cancel out.

Example. $K = \mathbb{Q}(\sqrt{p})$, $p \equiv 3 \pmod 4$, $p > 3$. Then

$$\text{Sign}\,\underline{H}^2/SL_2(\sigma) = -2h(-p) \qquad (\ h(-p) = \text{class number of } \mathbb{Q}(\sqrt{-p})\ ).$$

Why is this ? The δ-invariants are related to the values of certain L-series at $s = 1$, and their sum is a class number.

The whole story of the cycles associated to modules is related to continued fractions (the process of writing down the cycle associated to M is related to the classical procedure for calculating the fundamental unit by continued fractions). If you analyze this connection and combine it with the above, you find interesting number-theoretical relations between class numbers and continued fractions, e.g. :

THEOREM.- Suppose $3 < p \equiv 3 \pmod 4$ prime, $h(4p) = \text{class number of } \mathbb{Q}(\sqrt{p}) = 1$, and

$$\sqrt{p} = a_0 + \cfrac{1}{\underbrace{a_1 + \cfrac{1}{a_2 + \cdots + \cfrac{1}{a_{2t}}}}_{\text{primitive period}} + \cfrac{1}{a_1 + \cdots}}$$

(the period always starts at a_1 and has even length). Then

$$3h(-p) = \sum_{i=1}^{2t} (-1)^i a_i .$$

Example.

$$\sqrt{23} = 4 + \cfrac{1}{1 + \cfrac{1}{3 + \cfrac{1}{1 + \cfrac{1}{8 + \cfrac{1}{1 + \ddots}}}}}$$

period

$$-1 + 3 - 1 + 8 = 9 = 3h(-23) \ .$$

5. Example (Modular surfaces for $\sqrt{5}$)

Take $K = \mathbb{Q}(\sqrt{5})$

$$\Gamma = \{A \in SL_2(\mathfrak{o}) \mid A \equiv \begin{pmatrix} 1 & 0 \\ 0 & 1 \end{pmatrix} (\text{mod } 2)\}/\{\pm 1\}$$

(principal congruence subgroup associated to the ideal $(2) \subset \mathfrak{o}$).

Γ acts freely on $\underline{H}^2$. There are five cusps, so we have to compactify $\underline{H}^2/\Gamma$ by 5 points.

Each one has a resolution

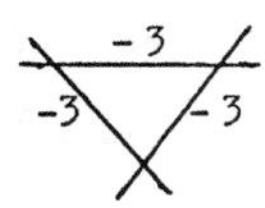

(i.e. given by the non-primitive cycle $((3,3,3))$).

What is the Euler number of $\underline{H}^2/\Gamma$? This is the same as the Euler number of Γ in the sense of cohomology of groups (since $\underline{H}^2$ is contractible and Γ acts freely). We put again $G = SL_2(\mathfrak{o})/\{\pm 1\}$ and first calculate

$e(G)$ (Euler number in the sense of Wall = normalized volume of $\underline{H}^2/G$)

$= 2\zeta_K(-1)$ ($\zeta_K(s)$ = zeta-function of K)

$= \frac{1}{15}$.

Since $G/\Gamma = SL_2(\mathbb{F}_4) \simeq \mathfrak{A}_5$ (alternating group in five objects) we have $|G:\Gamma| = 60$ and

$$e(\Gamma) = \frac{1}{15} \cdot 60 = 4 \ .$$

Now for the resolved compactification Y of $\underline{H}^2/\Gamma$ we have

$$Y = \underline{H}^2/\Gamma \cup 15 \text{ curves} ,$$

with the 15 curves lying in 5 configurations 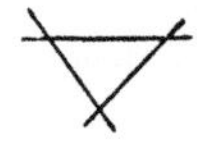 of Euler number 3 ,

158

so

$$e(Y) = e(\underline{H}^2/\Gamma) + 15 = 4 + 15 = 19 .$$

The group $\mathfrak{A}_5$ operates on Y permuting these 5 "triangles" . Also

$$\mathrm{Sign}(\underline{H}^2/\Gamma) = \Sigma\, \delta(Y_\alpha) = 0$$

since $\Sigma(b_i - 3) = 0$ for each cusp (indeed, all $b_i = 3$) . Therefore

$$\mathrm{Sign}(Y) = -15$$

($Y = \underline{H}^2/\Gamma \cup 15$ curves with negative definite intersection matrix), so

$$\chi(Y) = \frac{e(Y) + \mathrm{Sign}(Y)}{4} = \frac{19 - 15}{4} = 1 .$$

Consider the diagonal $z_1 = z_2$ in $\underline{H} \times \underline{H}$. This gives rise to a curve in $\underline{H}^2/\Gamma$. This curve is isomorphic to $\underline{H}/\Gamma'$, where Γ' is the subgroup of Γ carrying the diagonal to itself and is isomorphic to the ordinary congruence subgroup $\Gamma(2) \subset SL_2(\mathbb{Z})$ divided by $\{\pm 1\}$. The index of $\Gamma(2)$ in $SL_2(\mathbb{Z})$ is 6 . Thus there are $\frac{60}{6} = 10$ "diagonals" in Y (i.e. the transforms of $z_1 = z_2$ in $\underline{H} \times \underline{H}$ under $SL_2(\mathfrak{o})$ fall into 10 equivalence classes modulo Γ , and the images of these are 10 irreducible curves in $\underline{H}^2/\Gamma$, each isomorphic to $\underline{H}/\Gamma(2)$). The curve $\underline{H}/\Gamma(2)$ is known to be compactified by 3 points to a curve of genus 0 . The 10 "diagonals" in Y are all exceptional curves (non-singular, rational, selfintersection number -1). How do they go through the cusps ? We number the diagonals from 1 to 10 ; then the picture of the cusps looks like this :

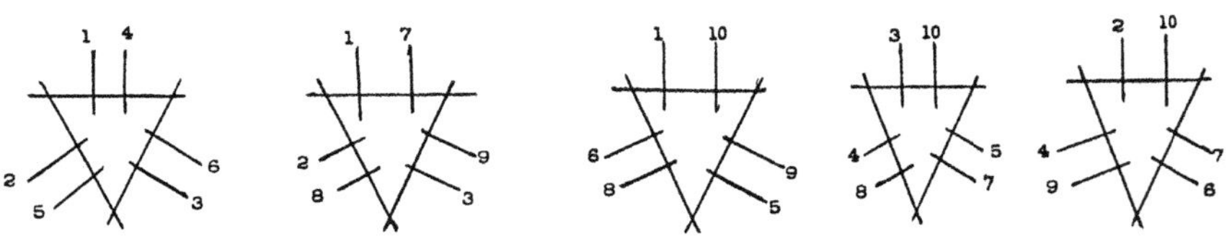

(Each curve has 3 cusps and so must occur 3 times in the diagram).

We now blow down each of the ten diagonals to a point. Since they are exceptional curves and do not intersect one another, this transformation to a new non-singular surface is possible.

On it lie 15 curves (the images of the cusp resolutions), intersecting in a rather complex way. They are exceptional curves on the new surface. Since they intersect each other, the surface is rational. The new surface has Euler number

$$e = 19 - 10 = 9 .$$

This is the same as for a cubic surface. The surface is in fact a cubic surface, namely one introduced by Clebsch in 1871 and given by

$$x_0 + x_1 + x_2 + x_3 + x_4 = 0$$

$$x_0^3 + x_1^3 + x_2^3 + x_3^3 + x_4^3 = 0$$

(x_i = homogeneous coordinates in P^4). Of the 27 lines on this cubic surface, the 15 lines we have drawn are those given by $x_i = 0$ (each hyperplane $x_i = 0$ in P^4 cuts the cubic surface in a degenerate cubic curve consisting of 3 lines) Under this identification, the functions $y_i = x_i^{-1}$ $(i = 0,\dots,4)$ correspond to modular forms of weight 2 for Γ (because for a cubic surface the hyperplane section is minus the canonical divisor). These modular forms in fact generate the graded algebra of modular forms for Γ of even weight. This algebra is isomorphic to

$$\mathbf{C}[y_0, y_1, y_2, y_3, y_4] / (\sigma_2, \sigma_4)$$

where σ_i is the ith-elementary symmetric function of the y_j. The graded algebra of modular forms of even weight for $G = SL_2(\mathfrak{o})/\{\pm 1\}$ is the subalgebra of elements invariant under the alternating group $\mathfrak{A}_5$.

6. Curves, class numbers, conjectures

We turn now to something new. Suppose the field has prime discriminant :

$$K = \mathbb{Q}(\sqrt{p}) , \qquad p \equiv 1 \pmod 4 \text{ prime.}$$

On $\underline{H}^2/SL_2(\mathfrak{o})$ we shall study a certain curve T_N ($N \geq 1$ an integer). Consider all matrices

$$\begin{pmatrix} a\sqrt{p} & \lambda \\ -\lambda' & b\sqrt{p} \end{pmatrix} \qquad (a , b \in \mathbb{Z} , \lambda \in \mathfrak{o})$$

with determinant N . For each such matrix consider the curve

$$a\sqrt{p}\cdot z_1 z_2 + \lambda z_1 - \lambda' z_2 + b\sqrt{p} = 0$$

in $\underline{H}\times\underline{H}$. (This curve is just the graph of a certain fractional linear transformation $\underline{H}\to\underline{H}$.) These various curves are mapped to one another by $SL_2(\mathfrak{o})$. Let T_N be their image in $\underline{H}^2/SL_2(\mathfrak{o})$. Then T_N has only finitely many components (i.e. there are only finitely many $SL_2(\mathfrak{o})$-equivalence classes of matrices as above). If $(\frac{N}{p}) = -1$, then $T_N = \emptyset$ since $N = abp + \lambda\lambda'$ has no solutions.

We want to study the intersection behaviour. Consider the curve

$$T_1 = \text{diagonal} \qquad (\text{image of } z_1 = z_2).$$

If N is not a square, then T_N and T_1 meet transversally in finitely many points (for N a square, T_N contains T_1 as a component). If T_N and T_1 happen to meet in a quotient singularity of order 2 or 3 (no other case can arise since $T_1 \cong \underline{H}/SL_2(\mathbb{Z})$ only has points of these orders), then we count the intersection as $\frac{1}{2}$ or $\frac{1}{3}$ (this is compatible with the homological definition of intersection on the rational homology manifold $\underline{H}^2/SL_2(\mathfrak{o})$).

THEOREM. $$T_N \circ T_1 = \sum_{\substack{x\in\mathbb{Z} \\ 0<4N-x^2\equiv 0 \ (\mathrm{mod}\ p)}} H\left(\frac{4N-x^2}{p}\right)$$ <u>if</u> N <u>is not a square,</u>

<u>where</u>

$H(M)$ = number of $SL_2(\mathbb{Z})$-equivalence classes of points in $\underline{H}$ which satisfy a quadratic equation over $\mathbb{Z}$ with discriminant $-M$, $\alpha z^2 + \beta z + \gamma = 0$, $\beta^2 - 4\alpha\gamma = -M$ (as usual, a point equivalent to i or $e^{\pi i/3}$ is counted $\frac{1}{2}$ or $\frac{1}{3}$, respectively).

$H(M)$ is essentially a class number ; thus the intersection number of T_N and T_1 on $\underline{H}^2/SL_2(\mathfrak{o})$ is given by a sum of class numbers.

What can one do with these numbers ?

In general $T_N \subset \underline{H}^2/SL_2(\mathfrak{o})$ is not compact. But in Y_0 = desingularisation of $\underline{H}^2/SL_2(\mathfrak{o})$ in the cusps (quotient singularities not resolved), the curve T_N will meet the curves S_j of the resolution with some multiplicities. Since

$\det(S_j \circ S_k) \neq 0$ (the matrix $S_j \circ S_k$ is negative definite !), we can find

$$T_N^c = T_N + \text{linear combination of the } S_j$$

such that $T_N^c \circ S_j = 0$ for all j ; that is, we can modify T_N by a linear combination of the S_j so that it is homologous to a "compact cycle" (i.e. one in the image of $H_2(\underline{H}^2/SL_2(\mathfrak{o})) \rightarrow H_2(Y_o)$). Here we use complex coefficients for homology. Let $\underline{T}$ be the subspace of $H_2(Y_o)$ spanned by the cycles T_N^c . The volume $\mathrm{vol}(K)$ for $K \in \underline{T}$ equals $\frac{1}{2}\int_K \omega$ where

$$\omega = -\frac{1}{2\pi}\left(\frac{dx_1 \wedge dy_1}{y_1^2} + \frac{dx_2 \wedge dy_2}{y_2^2}\right) .$$

By $K \circ T_N = K \circ T_N^c$ we denote the intersection number in $\underline{H}^2/SL_2(\mathfrak{o})$.

Conjectures

(1.) $\dim \underline{T} = \left[\frac{p-5}{24}\right] + 1$.

(2.) For $K \in \underline{T}$ a homology class, the function

$$\varphi_K(z) = \tfrac{1}{2}\,\mathrm{vol}(K) + \sum_{N=1}^{\infty} (K \circ T_N)\, e^{2\pi i N z} \qquad (z \in \underline{H})$$

is a modular form for $\Gamma_o(p)$ of weight 2 and "Nebentypus", i.e.

$$\varphi_K\left(\frac{az+b}{cz+d}\right) = \left(\frac{a}{p}\right)(cz+d)^2\, \varphi_K(z)$$

for $z \in \underline{H}$, a , b , c , $d \in \mathbb{Z}$, $ad - bc = 1$, $c \equiv 0 \pmod p$.

(3.) $K \rightarrow \varphi_K$ is an isomorphism between $\underline{T}$ and the space of all modular forms for $\Gamma_o(p)$ of weight 2 and "Nebentypus" whose N^{th} Fourier coefficient $= 0$ whenever $\left(\frac{N}{p}\right) = -1$. (This would imply (1.) since the space of modular forms with these properties has dimension $\left[\frac{p-5}{24}\right] + 1$.)

Of these, (1.) is proved for some p (all $p < 200$) , with $\dim \leq \left[\frac{p-5}{24}\right] + 1$ proved for all primes. Conjecture (2.) has been almost completely proved by Zagier (proved for $K = T_1^c$).

The curves T_N were introduced and their intersection behaviour studied for quite other reasons, namely to classify the Hilbert modular surfaces in the sense of the "rough classification scheme" of Kodaira (this has been completely done, for $K = \mathbb{Q}(\sqrt{p})$ with $p \equiv 1 \pmod 4$ prime by Hirzebruch - van de Ven, for arbitrary K by Hirzebruch-Zagier).

One needs the intersection behaviour to find configurations of curves of special forms which imply that the surface is of some particular type.

If we consider the Hilbert modular surfaces again for prime discriminant ($p \equiv 1 \bmod 4$) but divide also by the involution $(z_1, z_2) \mapsto (z_2, z_1)$, then quite a few of the T_N become exceptional curves when regarded as curves in these modular surfaces for the symmetric Hilbert modular group. If two such exceptional T_N meet, then the surface is rational. For the symmetric modular group rationality happens for exactly 24 prime discriminants.

If a surface is of some particular type, this in turn implies something about the field of modular forms - e.g. if the surface is rational, the function field is a purely transcendental extension of $\mathbb{C}$ of degree 2. Such facts would be very hard to establish by direct analytic means.

7. Final remarks

The preceding pages represent the complete text of my lecture at the Cartan Colloque. The notes were taken by Don Zagier during the lecture. For references to the literature on the Hilbert modular group and on algebraic surfaces see the bibliographies in

F. Hirzebruch, Hilbert modular surfaces, (L'Enseignement Mathématique, 19 (1973), 183-281).

F. Hirzebruch and D. Zagier, Classification of Hilbert modular surfaces (to appear; preprints available at the Bonn Mathematical Institute).

The study of the example in section 5 was begun by Rosselli, a student in Bonn, and continued in discussions with several mathematicians. I shall write a paper "The Hilbert modular surface for $\mathbb{Q}(\sqrt{5})$ and the icosahedron" which will also give references to the many papers concerning $\mathbb{Q}(\sqrt{5})$ which exist already in the literature.

More information concerning the conjectures in section 6 can be found in my lecture at the Mannheim conference (Kurven auf den Hilbertschen Modulflächen und Klassenzahlrelationen, in Lecture Notes in Mathematics 412, Springer Verlag, 1974). A joint paper with Don Zagier is in preparation.

F. HIRZEBRUCH
Mathematisches Institut der Universität
5300 BONN
Wegelerstrasse 10
Bundesrepublik Deutschland

57.

Hilbert's modular group of the field $\mathbb{Q}(\sqrt{5})$ and the cubic diagonal surface of Clebsch and Klein

Russ. Math. Surv. *31:5* (1976), 96–110 (russ. in: Usp. Mat. Nauk *31:5* (1976), 153–166)

Dedicated to P. S. Aleksandrov

In this paper we establish an isomorphism between a certain model of the modular surface belonging to a congruence subgroup Γ of Hilbert's modular group of the field $Q(\sqrt{5})$ on the one hand, and the famous cubic surface which Clebsch [1] called diagonal and which Klein [9] described by means of the icosahaedron. From this isomorphism there follow theorems on the structure of the ring of Hilbert's modular forms for Γ and for the whole Hilbert modular group of $Q(\sqrt{5})$, which are then compared with the results of Gundlach [4] and Resnikoff [10]. For the general theory of the Hilbert modular surfaces the reader is referred to [6] and the references quoted there.

The author would like to thank D. Zagier for his help in writing down this paper and in some mathematical points.

§ 1. Hilbert's modular surface Y_0

In the field $K = Q(\sqrt{5})$ the ring O of integers consists of all linear combinations $a + b\,(1 + \sqrt{5})/2$ with $a, b \in \mathbf{Z}$. The formulae

$$(z_1, z_2) \mapsto \left(\frac{\alpha z_1+\beta}{\gamma z_1+\delta}, \frac{\alpha' z_2+\beta'}{\gamma' z_2+\delta'}\right) \quad (z_1, z_2 \in H, \text{ the upper half-plane})$$

define the action of Hilbert's modular group $SL_2(\mathrm{O})$ on H^2; here $x \mapsto x'$ is the non-trivial automorphism of K. To the prime ideal generated in O by 2 there belongs a principal congruence subgroup of $SL_2(\mathrm{O})$, which we denote by Γ:

$$\Gamma = \left\{ \begin{pmatrix} \alpha & \beta \\ \gamma & \delta \end{pmatrix} \in SL_2(0) \mid \alpha \equiv \delta \equiv 1 \pmod 2, \quad \beta \equiv \gamma \equiv 0 \pmod 2 \right\}.$$

The group $\Gamma/\{\pm 1\}$ acts freely on H^2 and H^2/Γ is a non-compact surface of finite volume relative to the volume element

$$\omega = \left(\frac{1}{2\pi}\right)^2 \frac{dx_1\, dy_1}{y_1^2} \frac{dx_2\, dy_2}{y_2^2} \qquad (z_j = x_j + iy_j),$$

which is normalized so that this volume is equal to the Euler–Poincaré characteristic:

$$e(H^2/\Gamma) = \int_{H^2/\Gamma} \omega$$

(Here $e(A)$ denotes the Euler–Poincaré characteristic of a space A). The volume of $H^2/SL_2(\mathrm{O})$ is equal to $2\zeta_K(-1) = 1/15$. The factor group $SL_2(\mathrm{O})/\Gamma$ is isomorphic to $SL_2(\mathbf{F}_4)$ because $\mathrm{O}/2\mathrm{O} \simeq \mathbf{F}_4$. In its turn, $SL_2(\mathbf{F}_4)$ is isomorphic to the alternating group A_5. This isomorphism is established by means of the action of $SL_2(\mathbf{F}_4) = PGL_2(\mathbf{F}_4)$ on the projective line over $\mathbf{F}_4$, which has five points. Thus,

$$\text{(1)} \qquad e(H^2/\Gamma) = [SL_2(0) : \Gamma] \int_{H^2/SL_2(0)} \omega = |A_5| \cdot \frac{1}{15} = 4.$$

The space H^2/Γ is compactified by adding 5 cusps. Since the class number of $\mathrm{Q}(\sqrt{5})$ is 1, the action of $SL_2(\mathrm{O})$ on $\mathbf{P}_1(K) = K \cup \{\infty\}$ has only one orbit, while the action of Γ on $\mathbf{P}_1(K)$ has five. Two points α/β and γ/δ in $\mathbf{P}_1(K)$ with $\alpha, \beta, \gamma, \delta \in 0$ and $(\alpha, \beta) = (\gamma, \delta) = 1$ belong to the same orbit precisely when $\alpha \equiv \gamma \pmod 2$ and $\beta \equiv \delta \pmod 2$, that is, when α/β and γ/δ represent the same point of $\mathbf{P}_1(\mathbf{F}_4)$.

The surface H^2/Γ, compactified by five points, is denoted by $\overline{H^2/\Gamma}$. This is an algebraic surface with five singular points corresponding to the five cusps. Since the action of $SL_2(\mathrm{O})$ on H^2 induces an action of $A_5 \simeq SL_2(0)/\Gamma$ on $\overline{H^2/\Gamma}$, which permutes the five cusps, these five singularities have the same structure, and it is sufficient to investigate the structure of the singularity at $\infty = 1/0$. The isotropy subgroup of this point has the form

$$\text{(2)} \qquad \Gamma_\infty = \left\{ \begin{pmatrix} \varepsilon & \mu \\ 0 & \varepsilon^{-1} \end{pmatrix} \middle| \, \varepsilon \text{ unit in O},\ \varepsilon \equiv 1 \pmod 2,\ \mu \equiv 0 \pmod 2 \right\}.$$

A fundamental unit of O is $\varepsilon_0 = (1 + \sqrt{5})/2$. This number represents a generating element of $(\mathrm{O}/2\mathrm{O})^* \simeq \mathbf{F}_4^*$, which is a cyclic group of order 3. Therefore,

$$\text{(3)} \qquad \Gamma_\infty = \left\{ \pm \begin{pmatrix} \varepsilon_0^a & \mu \\ 0 & \varepsilon_0^{-a} \end{pmatrix} \middle| \, \mu \equiv 0 \pmod 2,\ a \equiv 0 \pmod 3 \right\}.$$

The structure of an arbitrary cusp is described by a group

$$G(M, V) = \left\{ \begin{pmatrix} \varepsilon & \mu \\ 0 & 1 \end{pmatrix} \middle| \, \varepsilon \in V,\ \mu \in M \right\}$$

(see [6], §2), where M is a **Z**-modul in K of rank 2, and V an infinite cyclic group of totally positive units of O, which by multiplication carry the module into itself. Instead of Γ_∞ we can use the group $G(2O, (U^2)^3)$, which has the same image in $PGL_2(K)$; here U is the group of all units of O, so that U^2 is the group of all totally positive units. The group $G(2O, (U^2)^3)$ is conjugate to $G(O, (U^2)^3)$ under the matrix $\begin{pmatrix} 2 & 0 \\ 0 & 1 \end{pmatrix}$. Therefore, the cusp with the isotropy group Γ_∞ is isomorphic to the three-fold covering of the cusp of $H^2/SL_2(O)$, and it follows that the five singular points of $\overline{H_2/\Gamma}$ each admit as a resolution a cyclic configuration of non-singular rational curves with the self-intersection index -3 (see [6], §2):

(4)

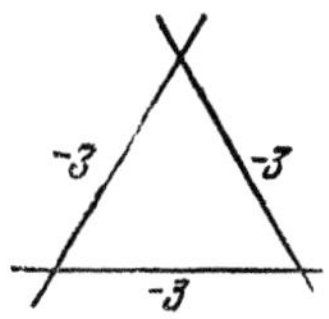

On the surface Y_0 that arises from $\overline{H^2/\Gamma}$ by resolution of the five singular points there are then five pairwise disjoint configurations like (4). As a 4-dimensional manifold, Y_0 can be obtained as follows: H^2/Γ has as deformation retract a compact manifold X whose boundary has five components. Each boundary component is a torus bundle over a circle. All boundary components are isomorphic. Every configuration (4) in Y_0 has a tubular neighbourhood having as boundary such a torus bundle. The manifold Y_0 arises by glueing to X the tubular neighbourhood of these five configurations (4). Since the Euler–Poincaré characteristic of each tubular neighbourhood is 3, it follows from (1) and the additivity of e that

(5) $$e(Y_0) = e(X) + 5 \cdot 3 = e(H^2/\Gamma) + 15 = 19.$$

We now indicate further curves in Y_0. The diagonal $z_1 = z_2$ of H^2 yields a curve in H^2/Γ, which can be compactified to a curve D in Y_0. The subgroup of Γ carrying the diagonal into itself is the ordinary principal congruence subgroup $\Gamma(2)$ of $SL_2(\mathbf{Z})$. The factor group $SL_2(\mathbf{Z})/\Gamma(2) \simeq SL_2(\mathbf{F}_2)$ is isomorphic to the symmetric group S_3 of the permutations of the three points of the projective line over $\mathbf{F}_2$. The factor space $H/\Gamma(2)$ has the cusps $1/0 = \infty$, $0/1 = 0$, $1/1 = 1$, corresponding to the three points of $\mathbf{P}_1(\mathbf{F}_2)$. Therefore, the curve D must pass through the three cusps ∞, 0, 1 of $\overline{H^2/\Gamma}$, in other words, it cuts exactly three of the configurations (4) in one point each.

The action of A_5 on $\overline{H^2/\Gamma}$ described above induces an action on Y_0. The subgroup $S_3 = SL_2(\mathbf{Z})/\Gamma(2) \subset SL_2(O)/\Gamma = A_5$ carrying D into itself is of index 10; thus, on Y_0 there are 10 curves (among them D itself) arising from D under the action of A_5. We call these 10 curves on Y_0 "diagonals". For reasons of symmetry, each diagonal is determined by the three cusps through which it passes or, of course, by the two cusps through which it does not pass. We label the cusps $\infty, 0, 1, (1+\sqrt{5}/2), (1-\sqrt{5}/2)$ in this order by 0, 1, 2, 3, 4. Let D_{ij} $(0 \leqslant i, j \leqslant 4, i \neq j)$ be the diagonal that does not pass through the cusps labelled i and j (so that $D_{ij} = D_{ji}$). We now describe how the curve D_{ij} cuts the resolution (4), by reducing the question to the corresponding question for the diagonal in $H^2/SL_2(\mathrm{O}) = (H^2/\Gamma)/A_5$. Since A_5 permutes the five configurations (4) transitively, on each such configuration there acts a group isomorphic to A_4. Now A_4 has Klein's four-group V as a normal subgroup. To understand the formation of the quotient of the configuration (4) by A_4, we begin by choosing a non-trivial involution $\tau \in V$. We check that τ acts on the configuration as follows: one of the three lines is pointwise fixed, and the point opposite is an isolated fixed point. By blowing it up we come to the following configuration:

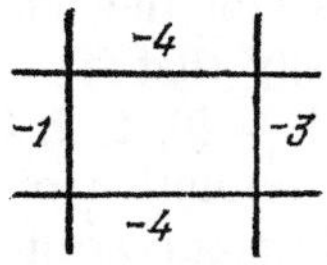

(the verticals are fixed lines for τ).

After factorizing by τ we obtain

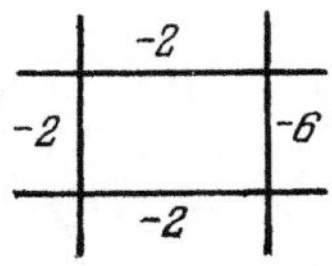

(the horizontals are fixed lines for $V/\{1, \tau\}$).

A further factorization by $V/\{1, \tau\}$ leads to

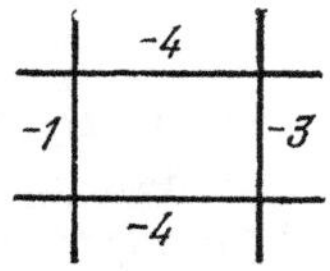

and after blowing down the (-1)-curve we have again a configuration (4). In other words, when we factorize the original singularity by V we obtain another singularity, which is also resolved by a configuration (4). The group $A_4/V \simeq \mathbf{Z}/3\mathbf{Z}$ acts on this configuration in the obvious fashion, and the quotient is a rational curve with a double point. This is the resolution of the cusp of $\overline{H^2/SL_2(0)}$. The curve representing the diagonal $z_1 = z_2$ in the desingularized compactification of $H^2/SL_2(0)$ passes transversally through the resolved cusp as follows:

(6)

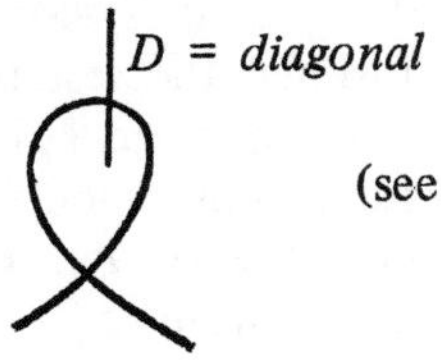

(see [6], §4).

The configuration (4) is a 12-fold covering of (6). There are six diagonals passing through the curves of each configuration (4):

The group A_4 acts on this extended configuration, transitively on the set of the six diagonals. The involution τ having a line of (4) as fixed line carries the two diagonals that intersect this line into themselves; on the other hand, τ is a fixed-point-free involution on the set of the remaining four cusps. For reasons of symmetry it follows generally that if i, j, k, l, m are distinct indices, so that $\{i, j, k, l, m\} = \{0, 1, 2, 3, 4\}$, then D_{ij} and D_{kl} pass through the *same* curve of the resolution of the cusp labelled m, while D_{ij} and D_{ik} pass through *distinct* curves of the resolution of the cusp labelled l and the same for m. The total configuration of diagonals and resolutions of cusps looks as follows:

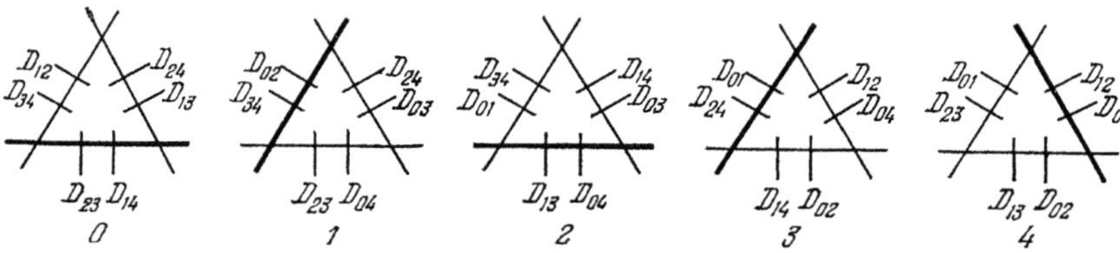

(7) (10 non-singular rational curves D_{ij} with self-intersection numbers -1, pairwise disjoint; 15 non-singular rational curves with self-intersection numbers -3, arranged in five triangles and each intersecting transversally two of the D_{ij} according to the diagram above).

The lines drawn heavily will later play a special role. We still have to provide proofs of some of the facts noted in (7). Each diagonal is free of singularities in H^2/Γ, and two distinct diagonals do not intersect. For it is easy to check that two curves equivalent to the diagonal $z_1 = z_2$ under $SL_2(\mathrm{O})$ cannot intersect on H^2 (see [7], 3.4 oder [8]). The Euler–Poincaré characteristic of $H/\Gamma(2)$ is equal to the normalized volume, that is, -1, because the volume of $H/SL_2(\mathbf{Z})$ is $-1/6$. For $D_{ij} \simeq H/\Gamma(2) \cup \{3 \text{ points}\}$ we have $e(D_{ij}) = 2$. Therefore, D_{ij} is a rational curve. It is also free of singularities in Y_0, because it passes transversally through the resolutions of the cusps. Its self-intersection number is -1, as follows from [6], 4.3 (19), because this formula can be applied to our case without modification and yields $c_1[D_{ij}] = 1$, where c_1 is the first Chern class of Y_0. The self-intersection number then follows from the adjunction formula.

In conclusion of this section we mention that Y_0 is regular, that is, its first Betti number is 0 (see [11]). This fact will be used in §2, to identify Y_0 with certain other algebraic surfaces.

§2. Klein's icosahedral surface Y_1 and Clebsch's diagonal surface Y_2

Let $I \subset \mathbf{R}^3$ be an icosahedron whose 12 vertices lie on the unit sphere S^2. These 12 points determine 6 points on $S^2/\{\pm 1\} = \mathbf{P}_2(\mathbf{R})$. Next, the 20 mid-points of the faces of I (that is, the 20 vertices of the dodecahedron I^* dual to I) determine 10 points on $\mathbf{P}_2(\mathbf{R})$. Altogether, this gives 16 points on $\mathbf{P}_2(\mathbf{R}) \subset \mathbf{P}_2(\mathbf{C})$. We denote by Y_1 the surface obtained from $\mathbf{P}_2(\mathbf{C})$ by blowing up these points. Evidently, the Euler characteristic of Y_1 is $e(\mathbf{P}_2(\mathbf{C})) + 16 = 19$.

Every antipodal pair of edges of I determines a great circle on S^2, hence
a line on $\mathbf{P}_2(\mathbf{R})$. The corresponding line on $\mathbf{P}_2(\mathbf{C})$ determines a curve on
Y_1; we denote by L_α ($\alpha = 1, \ldots, 15$) the 15 curves on Y_1 so obtained.
If two curves L_α and L_β arise from edges of Y that pass through the *same*
vertex of I, then L_α and L_β are disjoint on Y_1, because this vertex has
been blown up. For L_α and L_β to intersect on Y_1, the corresponding edges
1 of I must have perpendicular directions in $\mathbf{R}^3$. The 15 curves L_α split into
5 groups of 3 each, which intersect pairwise in precisely one point. This is
equivalent to the fact, which was already known to the ancient Greeks,
that there are 5 different ways of circumscribing a cube to an icosahedron:

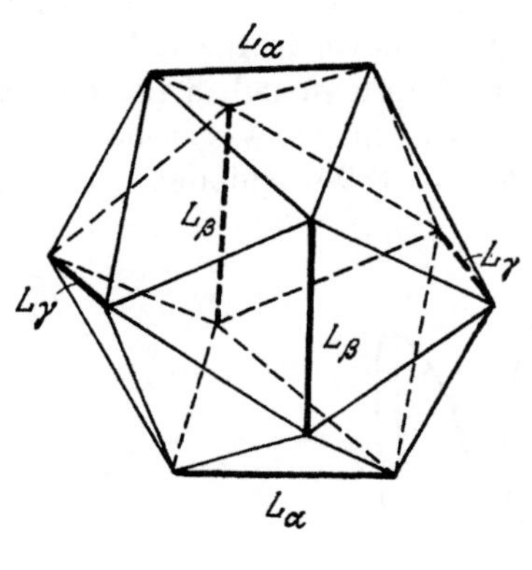

(The figure shows three pairs of edges of I, corresponding to a group of intersecting curves L_α, L_β, L_γ on Y_1. The three points of intersection of L_α, L_β, L_γ correspond in the figure to the six mid-points of the six edges drawn heavily.)

It follows that the 15 curves L_α form a configuration consisting of 5 disjoint "triangles"; they are all rational curves with self-intersection number -3 (each L_α arises from a line in the projective plane; four points on this line have been blown up). Finally, each of the 10 curves on Y_1 arising from blowing up the vertices of I^* intersects precisely three of the curves L_α, namely, three belonging to *distinct* 'triangles'. For there are three (continuations of) edges of I passing through the mid-point of each face of I:

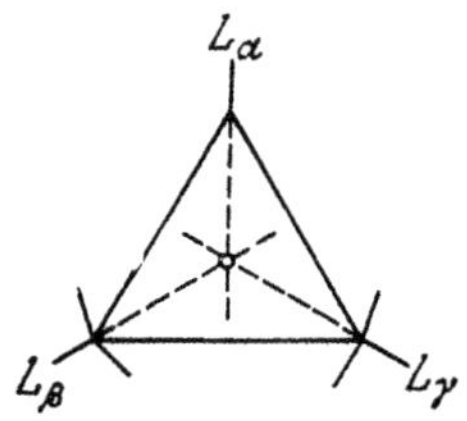

It is now easy to verify that the 10 curves with self-intersection number -1 and the 15 curves L_α with self-intersection number -3 form a configuration as in (7).

Thus, we have constructed a compact surface Y_1 having the same Euler number as Hilbert's modular surface Y_0, on which there is the same rather complicated configuration of curves as we have found on Y_0. It is natural to ask whether perhaps the surfaces Y_0 and Y_1 are isomorphic. Before answering this question, we describe yet another classical construction, which leads to a surface with the same properties. The starting point is a cubic surface introduced by Clebsch [1], which on account of the particular form of its defining equations is frequently called the "diagonal surface":

(8) $$F=\{x=(x_0:x_1:x_2:x_3:x_4)\in \mathbf{P}_4(\mathbf{C})\mid \sum_{i=0}^{4} x_i=0,\ \sum_{i=0}^{4} x_i^3=0\}\,.$$

A model of this surface in $\mathbf{R}^3$ (more accurately, an affine model of its real points), with the 27 straight lines on it, is shown in the following picture, which was produced from a plaster of Paris model in the collection of the Mathematical Institute of Heidelberg. This model was made on the initiative of Clebsch, and it is said that Klein in 1894 exhibited a copy at the World Fair in Chicago [5].

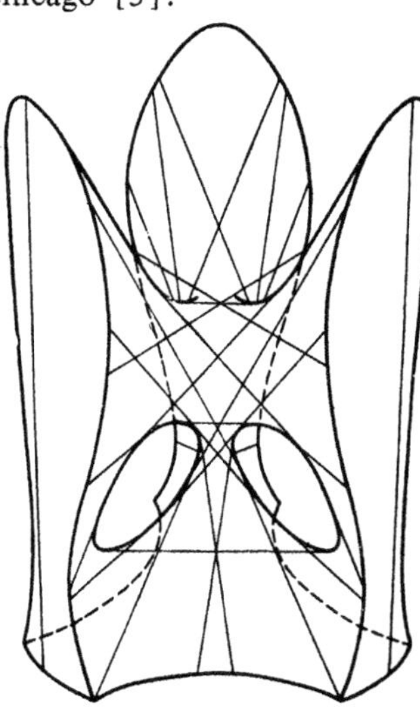

The section of F with the hypersurface $x_0 = 0$ consists of three lines:

$$(9)\qquad \begin{cases} \{x \in \mathbf{P}_4(\mathbf{C}) \mid x_0 = 0,\ x_1 + x_2 = 0,\ x_3 + x_4 = 0\}, \\ \{x \in \mathbf{P}_4(\mathbf{C}) \mid x_0 = 0,\ x_1 + x_3 = 0,\ x_2 + x_4 = 0\}, \\ \{x \in \mathbf{P}_4(\mathbf{C}) \mid x_0 = 0,\ x_1 + x_4 = 0,\ x_2 + x_3 = 0\}, \end{cases}$$

of which each pair intersects in a point (for example, the first two in the point $(0{:}1{:}-1{:}-1{:}1)$), and similarly for every hypersurface $x_j = 0$. In this way we obtain 15 lines on F (of the total of 27), which are arranged in a natural way in five groups of three each intersecting pairwise. But these 15 lines have other points of intersection, namely, the 10 points P_{ij} $(0 \leqslant i, j \leqslant 4; i \neq j)$, given by $x_i = -x_j$, $x_k = 0$ $(k \neq i, j;\ P_{ij} = P_{ji})$. Through each point P_{ij} there pass exactly three of these lines. Now let Y_2 be the surface that arises from blowing up the ten points P_{ij} on F. Since F, as a cubic surface, has the Euler number 9, we have $e(Y_2) = 9 + 10 = 19$. We use the name diagonal surface for Y_2 as well. On Y_2 there are ten curves of the self-intersection number -3 (each line as in (9) has the self-intersection number -1 on F and passes through two of the points P_{ij}), which form a configuration of five triangles, and a further ten curves D_{ij} of the self-intersection number -1, which have arisen by blowing up the points D_{ij} and which intersect the fifteen other curves according to the diagram (7). So we have found a further surface having the same properties as Y_0 and Y_1.

THEOREM 1. *To within isomorphism, there is one and only one non-singular regular algebraic surface with the Euler number* 19, *having a configuration of curves as in* (7). *In particular, Hilbert's modular surface* Y_0, *Klein's icosahedral surface* Y_1, *and Clebsch's diagonal surface* Y_2 *are isomorphic.*

The proof will be conducted as follows: Let Y be a surface with the properties listed in the theorem, Y' the surface that arises by blowing down the ten disjoint exceptional curves D_{ij}, and Y'' the surface obtained by a subsequent blowing down of the curves drawn heavily in (7) (which remain disjoint after blowing down the D_{ij} and get the self-intersection number -1). We shall then establish the following facts:

a) the surface Y'' is isomorphic to $\mathbf{P}_1(\mathbf{C}) \times \mathbf{P}_1(\mathbf{C})$.

b) This isomorphism can be chosen so that the five points of Y'' arising from blowing down the "heavily drawn" curves on Y' are mapped to the points

$$(10)\quad (0,0),\ (1,1),\ (\infty,\infty),\ (-\varepsilon_0',\ -\varepsilon_0),\ (\varepsilon_0,\ \varepsilon_0') \qquad \left(\varepsilon_0 = (1+\sqrt{5})/2\right)$$

on $\mathbf{P}_1(\mathbf{C}) \times \mathbf{P}_1(\mathbf{C})$.

The surface Y', which is, of course, uniquely determined by these properties, is a cubic surface with ten "Eckardt points" (that is, points of intersection of three lines on the surface).

c) The surface Y is obtained from Y' by blowing up the Eckardt points.

On account of c) it is immaterial whether we consider Y or Y', because these surfaces can be obtained from one another. In fact, Clebsch has studied the surface $Y_2' = F$ and Klein the surface Y_1' (= $\mathbf{P}_2(\mathbf{C})$ with only the six points corresponding to the vertices of I blown up), and Klein [9] has established the isomorphism between Y_1' and Y_2'.

In (7) we denote the three lines of the m-th cusp with A_m, B_m, C_m in accordance with the following diagram in which m has to be taken modulo 5:

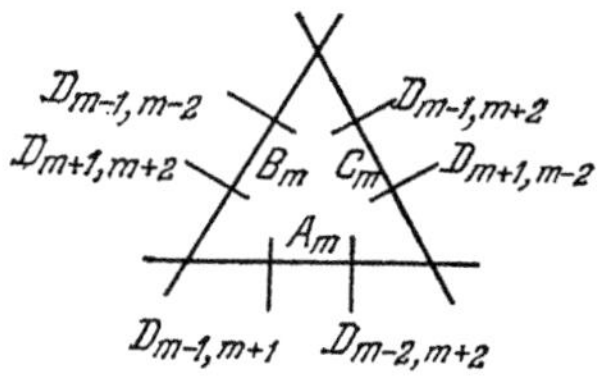

The A_m are our former "heavily drawn" curves. After blowing down all the curves D_{ij} and A_m, the remaining ten curves B_m and C_m exhibit the following intersection behaviour:

i) their self-intersection number is +2;

ii) in the point $\bar{A}_m \in Y''$ that arises by blowing down A_m six curves intersect in the following configuration:

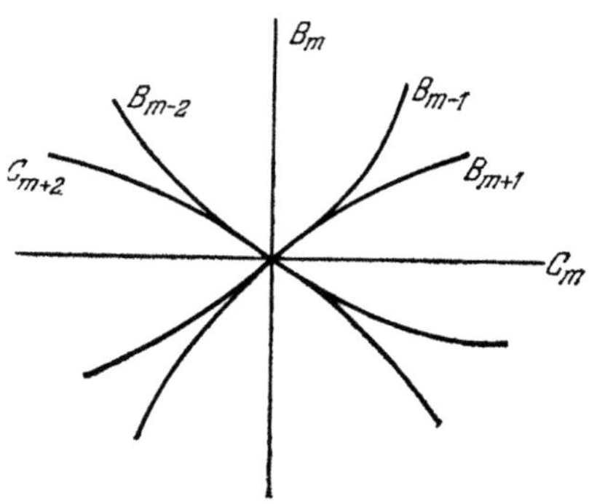

(B_{m-1} and B_{m+1}, as well as C_{m-2} and C_{m+2} touch with the multiplicity 2, the remaining intersections are transversal);

iii) B_m and C_m intersect in one further point.

Let us suppose now that we have proved a): $Y'' \simeq \mathbf{P}_1(\mathbf{C}) \times \mathbf{P}_1(\mathbf{C})$. The curves B_m and C_m have the same self-intersection number +2, hence are "circles" on $\mathbf{P}_1(\mathbf{C}) \times \mathbf{P}_1(\mathbf{C})$, that is, graphs of fractional linear transformations $\mathbf{P}_1(\mathbf{C}) \to \mathbf{P}_1(\mathbf{C})$. We are concerned here with precisely the ten circles passing through three each of the points $\bar{A}_m$. In particular, the five points

$\bar{A}_m \in \mathbf{P}_1(\mathbf{C}) \times \mathbf{P}_1(\mathbf{C})$ have the following property: if B_m $(m \in \mathbf{Z}/5\mathbf{Z})$ denotes the uniquely determined circle through $\bar{A}_{m-1}, \bar{A}_m, \bar{A}_{m+1}$, then for all m the circles B_{m-1} and B_{m+1} touch at $\bar{A}_m$. After a projective transformation in each factor of $\mathbf{P}_1(\mathbf{C}) \times \mathbf{P}_1(\mathbf{C})$ we can choose $\bar{A}_0 = (0, 0)$, $\bar{A}_1 = (1, 1)$, and $\bar{A}_2 = (\infty, \infty)$; then a short calculation shows that we must have $\bar{A}_3 = (-\varepsilon_0', -\varepsilon_0)$ and $\bar{A}_4 = (\varepsilon_0, \varepsilon_0')$ or $\bar{A}_3 = (-\varepsilon_0, -\varepsilon_0')$ $\bar{A}_4 = (\varepsilon_0', \varepsilon_0)$. This proves b) and the uniqueness of the surface Y' to within an isomorphism. Hence we must have $Y' = Y_2' = F$, and the ten points Y' to be blown up are, therefore, the ten Eckardt points, because this was the case on F. Thus, c) is also proved.

Now we turn to the proof of a). Since Y' is a regular surface on which exceptional curves (B_0 and C_0, say) intersect, we see that Y', hence also Y'', is rational. Since $e(Y'') = 4$, in accordance with the rough classification of algebraic surfaces, Y'' must be one of the ruled surfaces $\Sigma_k (k \geqslant 0)$. We recall that Σ_k is a $\mathbf{P}_1(\mathbf{C})$-bundle over $\mathbf{P}_1(\mathbf{C})$ with the structure group $\mathbf{C}^*$, which has two natural disjoint sections S_0 and S_∞ with the self-intersection numbers k and $-k$. Let E be the fibre of Σ_k. The homology classes of S_0 and E form a basis for $H_2(\Sigma_k, \mathbf{Z})$, and we have

$$E^2 = 0, \; ES_0 = 1, \; S_0^2 = k, \; S_\infty \sim S_0 - kE.$$

From the existence on Y'' of an irreducible curve with the self-intersection number 2 (for example, B_0) it follows easily that $k = 0$ or 2. For let

$$B_0 \sim \alpha S_0 + \beta E \quad (\alpha, \beta \in \mathbf{Z}).$$

The curve B_0 must be distinct from S_∞ and E, hence $\alpha = B_0 E \geqslant 0$ and $\beta = B_0 S_\infty \geqslant 0$. But the Diophantine equation

$$2 = B_0^2 = k\alpha^2 + 2\alpha\beta$$

has solutions $\alpha \geqslant 0$, $\beta \geqslant 0$ only for $k = 0$ and $k = 2$, and the only solution for $k = 2$ is $\alpha = 1$, $\beta = 0$. The surface Σ_0 is isomorphic to $\mathbf{P}_1(\mathbf{C}) \times \mathbf{P}_1(\mathbf{C})$. Therefore, it now only remains to exclude the case $Y'' \simeq \Sigma_2$. But we know that in this case all the curves B_m and C_m are homologous to S_0 and hence disjoint to S_∞.

We remark that this already implies the isomorphism $Y_0 \simeq Y_2$, because for these surfaces the possibility $Y'' \simeq \Sigma_2$ is certainly excluded. For since then S_∞ would be disjoint to all B_m and C_m, S_∞ would lie on Y in the complement of the configuration (7). This is impossible for $Y = Y_2$, because this complement is contained in an affine space. For $Y = Y_0$ the complement to (7) is contained in H^2/Γ. This also leads to a contradiction, because S_∞ is simply-connected and can therefore be lifted to the universal covering H^2.

The fact that $Y'' \not\simeq \Sigma_2$, can be proved as follows: $\Sigma_2 - S_\infty$ is a line bundle over $\mathbf{P}_1(\mathbf{C})$ with the characteristic number 2, whose sections are given by homogeneous polynomials of degree 2 in two variables. But the curves B_m ($m \in \mathbf{Z}/5\mathbf{Z}$) determine five such sections. Just as in the case $\mathbf{P}_1(\mathbf{C}) \times \mathbf{P}_1(\mathbf{C})$, we can find out the consequences of the known intersection behaviour of the B_m for the coordinates of the points of intersection $\bar{A}_m$. Here the calculations, which in the other case determined essentially the points $\bar{A}_m$, lead to a contradiction.

The configuration of the ten curves B_m and C_m on $Y'' = \mathbf{P}_1(\mathbf{C}) \times \mathbf{P}_1(\mathbf{C})$ is illustrated in the real model of $\mathbf{P}_1(\mathbf{R}) \times \mathbf{P}_1(\mathbf{R})$ as follows:

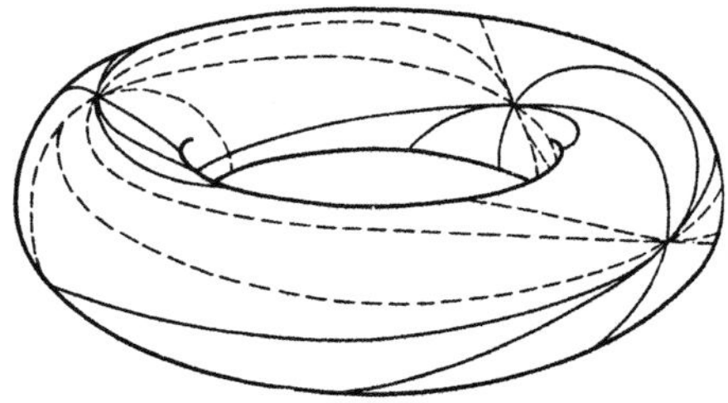

§3. The ring of modular forms

In §2 we have identified the modular surface Y_0 with the surface Y_2 that arises from the cubic surface F by blowing up the ten Eckardt points P_{ij}. We shall utilize this now to gain information on the modular forms relative to Γ. For the modular forms of weight 2 correspond to sections of the canonical line bundle of Y_0. To begin with we consider sections of the canonical line bundle K of F. This bundle K is isomorphic to the restriction to F of the Hopf bundle

$$H = ((\mathbf{C}^5 - \{0\}) \times \mathbf{C})/\mathbf{C}^* \to \mathbf{P}_4(\mathbf{C}). \tag{11}$$

Here $t \in \mathbf{C}^*$ acts on $\mathbf{C}^5$ as multiplication by t and on $\mathbf{C}$ as multiplication by t^{-1}. This is a special case of the known fact that the canonical bundle of a hypersurface of degree d in $\mathbf{P}_n(\mathbf{C})$ is isomorphic to H^{n+1-d} (in our case $n = 3$, $d = 3$). For $k = 0, \ldots, 4$ the map

$$\mathbf{C}^5 \to (\mathbf{C}^5 - \{0\}) \times \mathbf{C}, \quad (x_0; \ldots; x_4) \to ((x_0, \ldots, x_4), x_k^{-1}),$$

which is defined on the complement to the hypersurface $x_k = 0$, is compatible with the $\mathbf{C}^*$-action in (11), and we obtain a meromorphic section of H whose restriction to F we denote by u_k. A homogeneous polynomial of degree r in the u_k is then a section of K^r. From the defining equations (8) of F it follows that

(12) $$\sigma_4(u_0, \ldots, u_4) = 0, \quad \sigma_2(u_0, \ldots, u_4) = 0,$$

where σ_j is the j-th elementary symmetric function.

The vector space of meromorphic sections of $H_{|F}$ is isomorphic to the vector space of meromorphic differential forms of degree 2 on F. The isomorphism is given naturally to within a non-zero constant factor. We fix such an isomorphism. Then the sections u_k are differential forms on F and, as such, can be lifted to differential forms on Y_2, therefore, to sections of the canonical bundle K' of Y_2; in this way we obtain sections of K', which we denote, as before, by u_k. They also satisfy the relation (12). The divisor U'_k of u_k on Y_2 is given by

(13) $$U'_k = \pi^* U_k + \sum_{0 \leq i < j \leq 4} D_{ij},$$

where U_k is the divisor of u_k on F, π: $Y_2 \to F$ is the natural map, and D_{ij} the curve obtained by blowing up P_{ij} (which corresponds to the "diagonal" D_{ij} on Y_0, see (7)). The divisor U_k on F is the hyperplane section $x_k = 0$ on F, to be counted with the multiplicity -1, which consists of three lines (see (9)). The curves on Y_2 corresponding to these lines are three curves of a "triangle" in the diagram (7); we denote them, as in §2, by A_k, B_k, C_k. Since the Eckardt points P_{ij} $(i, j \neq k)$ belong to the hyperplane section $x_k = 0$, it follows that

$$\pi^* U_k = -(A_k + B_k + C_k) - \sum_{\substack{0 \leq i < j \leq 4 \\ i, j \neq k}} D_{ij}$$

and by (13)

(14) $$U'_k = -(A_k + B_k + C_k) + \sum_{\substack{0 \leq i \leq 4 \\ i \neq k}} D_{ik}.$$

We can regard u_k also as meromorphic section of the canonical bundle of Y_0 or as a meromorphic differential form of degree 2, which is holomorphic outside the resolution of the k-th cusp and vanishes on the union of the four diagonals that do not pass through this cusp. On H^2/Γ, which is contained in Y_0 being the complement to $\cup (A_i \cup B_i \cup C_i)$, u_k determines a holomorphic differential form whose divisor of zeros passes through four cusps, or a Hilbert modular form of weight 2 relative to Γ that vanishes at four of the cusps. But at the remaining k-th cusp this modular form is holomorphic and non-zero, because the curves of the resolution occur in U'_k with the multiplicity -1 (see [6], 3.6, proof of the lemma). On the other hand, we have five Eisenstein series E_k, which have the value 1 at the k-th cusp and vanish at the other cusps; for example,

$$E_0(z_1, z_2) = \sum_{\substack{c,\, d \in \mathfrak{O} \\ (c,\, d) = 1 \\ c \equiv 0 (\mathrm{mod}\ 2),\ d \equiv 1 (\mathrm{mod}\ 2)}}' \frac{1}{(cz_1 + d)^2 (c' z_2 + d')^2},$$

where the dash indicates that the summation is modulo the group U^3 of units $\varepsilon \equiv 1 \pmod 2$; the series is not absolutely convergent, and the summation is performed by the standard Hecke method. Since Y_0, as a rational surface, has the geometric genus 0, there are no cusp forms of weight 2 relative to Γ (see the lemma in [6] just quoted). It follows that the five Hilbert modular forms corresponding to the sections u_k are proportional to the Eisenstein series E_k. We can now prove the following theorem.

THEOREM 2. *The graded ring of Hilbert modular forms of even weight relative to the group Γ is the ring of polynomials in the five Eisenstein series $E_0, \ldots, E_4$, with the relations*

$$\sigma_2(E_0, \ldots, E_4) = 0, \quad \sigma_4(E_0, \ldots, E_4) = 0 \tag{15}$$

and their consequences, but no other relations.

PROOF. Let $M(\Gamma) = \oplus M_{2r}(\Gamma)$ be this ring of modular forms. From the preceding arguments it is clear that the Eisenstein series $E_k \in M_2(\Gamma)$ satisfy the relations (15) and their consequences, but no other relations, because these correspond precisely to the defining relations (8) of the Clebsch surface F. On the other hand, according to Shimizu, the dimension of $M_{2r}(\Gamma)$ is given by

$$\dim M_{2r}(\Gamma) = \begin{cases} 5 & \text{for } r=1, \\ 4r^2-4r+6 & \text{for } r \geqslant 2 \end{cases}$$

(see [6], 3.6, Theorem), and since this agrees with $\dim (\mathbf{C}[E_0, \ldots, E_4]/\sigma_2 = \sigma_4 = 0)$, our result follows.

As a corollary of the theorem we have also determined the structure of the graded ring $M(SL_2(\mathrm{O}))$ of modular forms of even weight relative to the whole Hilbert modular group. For $SL_2(\mathrm{O})/\Gamma \simeq A_5$, where A_5 under the identification $Y_0 \simeq Y_2$ acts by even permutations on the coordinates x_i, so that

$$M(SL_2(\mathrm{O})) = M(\Gamma)^{A_5} = (\mathbf{C}[E_0, \ldots, E_4]/\sigma_2 = \sigma_4 = 0)^{A_5},$$

where A_5 permutes the E_k. But

$$\mathbf{C}[E_0, \ldots, E_4]^{A_5} = \mathbf{C}[\sigma_1, \sigma_2, \sigma_3, \sigma_4, \sigma_5, \Delta]/\Delta^2 = F(\sigma_1, \ldots, \sigma_5),$$

where $\Delta = \prod_{i<j} (E_i - E_j)$ and F is a certain polynomial. (In these formulae the E_k must be regarded as indeterminates, and σ_j is the j-th elementary symmetric function of the E_k.) It follows that

$$M(SL_2(\mathrm{O})) = \mathbf{C}[\sigma_1, \sigma_3, \sigma_5, \Delta]/\Delta^2 = F(\sigma_1, 0, \sigma_3, 0, \sigma_5).$$

The polynomial $F(\sigma_1, 0, \sigma_3, 0, \sigma_5)$ is computed in [2], p.378, footnote.

COROLLARY 1. *The ring $M(SL_2(\mathrm{O}))$ is generated by the four modular forms*

$$\sigma_1 = \sum_{0\leq i\leq 4} E_i, \quad \sigma_3 = \sum_{0\leq i<j<k\leq 4} E_iE_jE_k, \quad \sigma_5 = \prod_{0 \leq i<j \leq 4} E_i, \quad \Delta = \prod_{0\leq i<j\leq 4} (E_i - E_j)$$

of weight 2, 6, 10, *and* 20, *respectively, subject to the single relation*

$$(16)\qquad \Delta^2 = \sigma_5(3125\sigma_5^3 + 2000\sigma_5^2\sigma_3\sigma_1^2 + 256\sigma_5^2\sigma_1^5 - 900\sigma_5\sigma_3^3\sigma_1 - 128\sigma_5\sigma_3^2\sigma_1^4 + 16\sigma_3^4\sigma_1^3 + 108\sigma_3^5).$$

Similarly the computation of the structure of the ring

$$M_2(\Gamma)^{S_5} = \mathbf{C}[E_0, \ldots, E_4]^{S_5}/(\sigma_2 = \sigma_4 = 0) = \mathbf{C}[\sigma_1, \sigma_3, \sigma_5]$$

can be interpreted as the statement that the ring of symmetric modular forms relative to Γ of even weight (that is, those for which $f(z_1, z_2) = f(z_2, z_1)$) is freely generated by the modular forms $\sigma_1, \sigma_3, \sigma_5$, a result of Gundlach ([4], Theorem 5).

In conclusion we make a few remarks on modular forms of odd weight relative to Γ and to $SL_2(\mathrm{O})$. On the Clebsch surface the divisor of $x_i + x_j$ consists of the three lines passing through the Eckardt point P_{ij}. Arguments as in the beginning of this section show that on Y the divisor of $E_i + E_j$ $(= (x_i + x_j)x_ix_j)$ is equal to $4D_{ij}$ plus a linear combination of the 15 curves of the resolutions of cusps (more accurately, the six curves of the i-th and j-th cusp, each with multiplicity -1, and the three curves of the other three cusps through which D_{ij} passes, each with multiplicity $+1$). The function $E_i(z_1, z_2) + E_j(z_1, z_2)$ on H^2 is, therefore, the fourth power of a function θ_{ij}, which behaves under Γ like a modular form of weight $1/2$ and has as zero divisor the inverse image of the diagonal curve D_{ij} with the multiplicity 1. These functions θ_{ij} are identical with the theta-series of Götzky [3] and Gundlach [4]. From the formal identity

$$(17)\qquad \prod_{\substack{0\leq i\leq 4\\ i\neq k}} (E_k + E_i) = E_k^4 + \sigma_2 E_k^2 + \sigma_4$$

it follows, for example, that $\theta_{01}\theta_{02}\theta_{03}\theta_{04} = E_0$. By multiplying the equations (17) for $k = 0, 1, 2, 3, 4$, reducing modulo (σ_2, σ_4), and extracting the square root, we obtain

$$\prod_{0\leq i<j\leq 4} (E_i + E_j) \equiv -\sigma_5^2 \bmod (\sigma_2, \sigma_4).$$

Therefore, the product $\theta = \prod_{0\leqslant i<j\leqslant 4} \theta_{ij}$ satisfies the relation $\theta^2 = \pm i\sigma_5$. The function θ is a cusp form of weight 5 for $SL_2(0)$, which is treated in [4]. On account of (16) Δ is divisible by θ, and Δ/θ is, apart from a factor, the cusp form of weight 15 for $SL_2(\mathrm{O})$, which in [4] is denoted by H and in [10] by χ_{15}. According to Gundlach [4] (Theorems 5, 8, 9, 10), the ring of modular forms for $SL_2(\mathrm{O})$ is generated by $\sigma_1, \sigma_3, \theta, \Delta/\theta$, with a single defining relation, which was determined by Resnikoff and must agree with our relation (16) after division by θ^2. In fact, Resnikoff's relation (see [10], Theorem 3) goes over into (16) if we identify his functions $\varphi_2, \chi_5^-, \chi_6, \chi_{15}$ with ours as follows:

$$\sigma_1 = \varphi_2, \quad \sigma_3 = -2^7\chi_6, \quad \sigma_5 = 2^{12}(\chi_5^-)^2, \quad \Delta = \pm 2^{24}\chi_5^-\chi_{15}.$$

References

[1] A. Clebsch, Über die Anwendung der quadratischen Substitution auf die Gleichungen 5ten Grades und die geometrische Theorie des ebenen Fünfseits, Math. Ann. **4** (1871), 284–345.

[2] H. Cohn, Numerical study of quintics of small discriminant, Comm. Pure Appl. Math. 8 (1955), 377–385.

[3] F. Götzky, Über eine zahlentheoretische Anwendung von Modulfunktionen zweier Veränderlicher, Math. Ann. **100** (1928), 411–437.

[4] K.-B. Gundlach, Die Bestimmung der Funktionen zur Hilbertschen Modulgruppe des Zahlkörpers Q($\sqrt{5}$), Math. Ann. **152** (1963), 226–256.

[5] A. Henderson, The twenty-seven lines upon the cubic surface, Hafner Publishing Co., New York 1911.

[6] F. Hirzebruch, Hilbert modular surfaces, L'Enseignement Math. **19** (1973), 183–281.

[7] F. Hirzebruch and D. Zagier, Classification of Hilbert modular surfaces, in. Complex analysis and algebraic geometry, Iwanami Shoten, Tokyo, and University Press, Cambridge 1977, 43–77.

[8] F. Hirzebruch and D. Zagier, Intersection numbers of curves on Hilbert modular surfaces and modular forms of Nebentypus, Inventiones Math. **36** (1976), 57–113.

[9] F. Klein, Zusatz II zu der Arbeit: Über Flächen dritter Ordnung, (Math. Ann. **6** (1873)) in: Gesamm. Math. Abh., vol. II, Springer–Verlag, Berlin 1922 (reprint 1973), 56–62.

[10] H. L. Resnikoff, On the graded ring of Hilbert modular forms associated with Q($\sqrt{5}$), Math. Ann. **208** (1974), 161–170.

[11] O. V. Shvartsman, Simple-connectedness of the factor space of the Hilbert modular group, Funktsional. Analiz. i Prilozhen. **8**:2 (1974), 99–100.
= Functional Anal. Appl. **8** (1974), 188–189.

Received by the Editors 25 May 1976

60.

(mit D. Zagier)

Intersection numbers of curves on Hilbert modular surfaces and modular forms of Nebentypus

Invent. Math. *36* (1976), 57–113

To Jean-Pierre Serre

Contents

Introduction

Let $p \equiv 1 \pmod 4$ be a prime, $\mathcal{O}$ the ring of integers of $\mathbb{Q}(\sqrt{p})$. The group $SL_2(\mathcal{O})$ operates on the product of the upper half-plane with itself by

$$\begin{pmatrix} \alpha & \beta \\ \gamma & \delta \end{pmatrix} (z_1, z_2) = \left(\frac{\alpha z_1 + \beta}{\gamma z_1 + \delta}, \frac{\alpha' z_2 + \beta'}{\gamma' z_2 + \delta'} \right) \qquad (z_1, z_2 \in \mathfrak{H}). \tag{1}$$

The quotient $X = \mathfrak{H}^2 / SL_2(\mathcal{O})$ is a non-compact complex surface with finitely many singularities. On X we define a series of curves $T_1, T_2, \dots$ as follows:

given N, we consider all points $(z_1, z_2) \in \mathfrak{H}^2$ satisfying some equation of the form

$$a\sqrt{p}\, z_1 z_2 + \lambda z_2 - \lambda' z_1 + b\sqrt{p} = 0 \tag{2}$$

with $a, b \in \mathbb{Z}$, $\lambda \in \mathcal{O}$, $\lambda\lambda' + abp = N$; this set is invariant under $SL_2(\mathcal{O})$, and T_N denotes its image in X. Then T_N has finitely many components, is non-empty if $\left(\frac{N}{p}\right) \neq -1$, and is compact if N is not the norm of an ideal of $\mathcal{O}$. The curves T_M and T_N meet transversally if MN is not a square, and (because X is a rational homology manifold) have a well-defined intersection number $T_M T_N \in \mathbb{Q}$. This number is evaluated in Chapter 1. We find for example $T_1 T_N = H_p(N)$ if N is not a square, where $H_p(N)$ is the arithmetical function

$$H_p(N) = \sum_{\substack{x^2 \leqq 4N \\ x^2 \equiv 4N \pmod p}} H((4N - x^2)/p), \tag{3}$$

$H(k)$ being the class number of positive definite binary quadratic forms of discriminant $-k$ (precise definitions are given in the paper). We also consider the compact surface $\tilde{X}$ obtained by adding to X the "cusps" and resolving the singularities thus created (cf. [4]). The compactification of the curve T_N represents a cycle in the middle homology group $H_2(\tilde{X})$. This group decomposes canonically as the direct sum of the image of $H_2(X)$ and the subspace generated by the homology cycles of the curves of the cusp resolution; we denote by T_N^c the component of T_N in the first summand. Then the intersection number of T_1^c and T_N^c on $\tilde{X}$ is the sum of $H_p(N)$ and a contribution $I_p(N)$ from the cusps given by

$$I_p(N) = \frac{1}{\sqrt{p}} \sum_{\substack{\lambda \in \mathcal{O} \\ \lambda \gg 0 \\ \lambda\lambda' = N}} \min(\lambda, \lambda') \tag{4}$$

(this is a convergent series). The calculation of $T_M^c T_N^c$ on $\tilde{X}$ in general is more complicated, especially if $(M, N) > 1$; we find for example

$$(T_M^c T_N^c)_{\tilde{X}} = \sum_{d \mid (M,N)} \left(\frac{d}{p}\right) d \left(H_p\left(\frac{MN}{d^2}\right) + I_p\left(\frac{MN}{d^2}\right)\right)$$

if $\left(\frac{M}{p}\right) = 1$ (if MN is a square, then T_M and T_N have components in common and we must calculate self-intersection numbers, but the formula remains valid).

In Chapter 2 we prove that the function

$$\varphi_p(z) = -\frac{1}{12} + \sum_{N=1}^{\infty} (H_p(N) + I_p(N))\, e^{2\pi i N z} \qquad (z \in \mathfrak{H})$$

is a modular form of weight 2, level p, and "Nebentypus" (in Hecke's terminology), i.e.

$$\varphi_p\left(\frac{az+b}{cz+d}\right) = \left(\frac{a}{p}\right)(cz+d)^2\, \varphi_p(z)$$

for all $z\in\mathfrak{H}$ and all $\begin{pmatrix} a & b \\ c & d \end{pmatrix}\in\Gamma_0(p)$. (Indeed, this is proved for p the discriminant of any real quadratic field, not necessarily prime.) Thus the intersection numbers $(T_1^c T_N^c)_{\tilde{X}}$ are the Fourier coefficients of a modular form. The above formula for $(T_M^c T_N^c)_{\tilde{X}}$ shows that this number (if $p\nmid M$) is precisely the N-th Fourier coefficient of the modular form $\varphi_p | T(M)$, where $T(M)$ denotes a Hecke operator on the space $M_2\left(\Gamma_0(p), \left(\frac{}{p}\right)\right)$ of modular forms of weight 2, level p and Nebentypus. In this way we obtain a map from the part of $H_2(\tilde{X};\mathbb{C})$ generated by the T_M^c into this space of modular forms, and indeed into the subspace $M_2^+\left(\Gamma_0(p), \left(\frac{}{p}\right)\right)$ (of half the dimension) of modular forms having the property that the N-th Fourier coefficient is zero whenever $\left(\frac{N}{p}\right)=-1$. We conjecture that this map is always an isomorphism (this has been verified for $p<200$). This conjecture, as well as the significance of the mapping and its relationship to the Doi-Naganuma lifting ([37, 38]), is discussed in Chapter 3.

The starting point for this paper was a letter of Serre (December 8, 1971), in which he pointed out that the number $\left[\frac{p+19}{24}\right]$ ([ ] = greatest-integer function), which had occurred in a formula for the arithmetic genus of a surface related to X, is precisely the dimension of the space $M_2^+\left(\Gamma_0(p), \left(\frac{}{p}\right)\right)$ as calculated by Hecke. To explain this coincidence, we calculated $(T_M^c T_N^c)_{\tilde{X}}$ in hundreds of cases on the Hewlett-Packard calculator at the I.H.E.S. – at the time we knew the formula for these intersection numbers only under the hypotheses $(M,N)=1$ and T_N compact – and found empirically that these were Fourier coefficients of modular forms. Later we were able to prove this, as well as to extend the formulas for $T_M T_N$ to the general case $(M,N)>1$ and to determine the contribution of the cusps. Part of this work was done during visits to the University of California at Berkeley, the Collège de France, and the Institut des Hautes Etudes Scientifiques. The authors enjoyed the stimulating atmosphere at these institutions and would like to thank them for their hospitality.

The results concerning modular forms (Chapter 2) are due to the second author and were announced in [35]. Some of the results concerning the intersection numbers of the T_N were announced in [5].

Notation. K denotes a fixed real quadratic field, $\mathcal{O}$ its ring of integers, x', $\mathrm{N}(x)=xx'$ and $\mathrm{Tr}(x)=x+x'$ $(x\in K)$ the conjugate, norm and trace of x, respectively; $x\gg 0$ means that x is totally positive (i.e. $x>0$ and $x'>0$). In Chapters 1 and 3 we assume that the discriminant of K is a prime $p\equiv 1 \pmod 4$; in Chapter 2, K is arbitrary. We write $\chi_d(n)$ for the character associated to a quadratic field of discriminant d, $L(s,\chi_d)=\sum \chi_d(n)\,n^{-s}$ for the associated L-series. Thus $\chi_p(n)=\left(\frac{n}{p}\right)$.

$\mathfrak{H}$ denotes the upper half-plane $\{z \in \mathbb{C} \mid \mathrm{Im}(z) > 0\}$, $SL_2(\mathbb{Z})$ the group of 2×2 integral matrices of determinant 1, acting on $\mathfrak{H}$ in the usual way, $\Gamma_0(N)$ the subgroup of matrices $\begin{pmatrix} a & b \\ c & d \end{pmatrix}$ with $N \mid c$, $SL_2(\mathcal{O})$ the group of 2×2 matrices with entries in $\mathcal{O}$ and determinant 1, acting on $\mathfrak{H}\times\mathfrak{H}$ as in (1) above.

Chapter 1: The Intersection Behaviour of the Curves T_N

In this chapter we evaluate the intersection number of the curves T_M and T_N defined in the Introduction for all values of M and N. We have

$$T_N = \bigcup_{n^2 \mid N} F_{N/n^2},$$

where $F_N \subset X = \mathfrak{H}^2/SL_2(\mathcal{O})$ is defined as in (2) of the Introduction but with the additional requirement that only triples $(a, b, \lambda) \in \mathbb{Z}\times\mathbb{Z}\times\mathcal{O}$ are allowed which are not divisible by any natural number >1. All intersections of F_M and F_N $(M \neq N)$ are transversal and occur at certain distinguished points of X which we call "special". To each special point $\mathfrak{z} \in X$ is associated a positive definite binary quadratic form $\varphi_{\mathfrak{z}}$, and T_M and T_N meet in $\mathfrak{z}$ if and only if the form $\varphi_{\mathfrak{z}}$ represents both M and N. In Section 1.1 we study the special points and determine how often any given positive definite form φ occurs as the form $\varphi_{\mathfrak{z}}$ associated to some special $\mathfrak{z}$. This result, together with some results on representation by quadratic forms given in 1.2, permits the evaluation of the number of intersections of T_M and T_N on X (Section 1.3). In the last sections we study how the curves $T_N \subset \tilde{X}$ meet the curves of the cusp resolution and evaluate the self-intersection numbers of the curves T_N on $\tilde{X}$ for all N, thus obtaining in all cases a formula for the intersection number of the homology classes $[T_M]$ and $[T_N^c]$ on the compact suface $\tilde{X}$.

We remark that curves defined by skew-hermitian matrices have been previously used by Hammond [2].

1.1. Special Points

We fix a prime $p \equiv 1 \pmod 4$ and consider the field $K = \mathbb{Q}(\sqrt{p})$ and the quaternary lattice $\mathfrak{M}$ of all skew-hermitian matrices

$$A = \begin{pmatrix} a\sqrt{p} & \lambda \\ -\lambda' & b\sqrt{p} \end{pmatrix} \quad (a, b \in \mathbb{Z},\ \lambda \in \mathcal{O}), \tag{1}$$

where $\mathcal{O}$ is the ring of algebraic integers contained in K. On $\mathfrak{M}$ we have the quadratic form

$$\mathfrak{M} \ni A \mapsto \det A = a\,b\,p + \lambda\,\lambda' \tag{2}$$

of discriminant p^3. Over $\mathbb{R}$ this form is of type $(+, -, +, -)$. For a point $z = (z_1, z_2) \in \mathfrak{H}\times\mathfrak{H}$ let $\mathfrak{M}_z$ be the sublattice of $\mathfrak{M}$ consisting of all $A \in \mathfrak{M}$ such that

$$a\sqrt{p}\, z_1 z_2 + \lambda z_2 - \lambda' z_1 + b\sqrt{p} = 0. \tag{3}$$

Equation (3) is equivalent for $A \neq 0$ to

$$z_2 = \frac{\lambda' z_1 - b\sqrt{p}}{a\sqrt{p}\, z_1 + \lambda}.$$

Thus $\det A > 0$ if $A \neq 0$, and $\mathfrak{M}_z$ is a sublattice of $\mathfrak{M}$ of rank 0, 1 or 2 on which the function det is positive definite.

We can also introduce the 4-dimensional real vector space $\mathfrak{M} \otimes \mathbb{R}$ and associate to every point $z \in \mathfrak{H} \times \mathfrak{H}$ the 2-dimensional subspace $(\mathfrak{M} \otimes \mathbb{R})_z$ of $\mathfrak{M} \otimes \mathbb{R}$ consisting of all matrices A satisfying (3) where a, b, λ, λ' are now four arbitrary real numbers. Then we get an embedding of $\mathfrak{H} \times \mathfrak{H}$ as an open subset of the Grassmannian $\mathfrak{G}$ of all 2-dimensional subspaces of $\mathfrak{M} \otimes \mathbb{R}$. It has the Grassmannian $\hat{\mathfrak{G}}$ of all *oriented* 2-dimensional subspaces of $\mathfrak{M} \otimes \mathbb{R}$ as a twofold cover. Since $\mathfrak{H} \times \mathfrak{H}$ is simply connected, we have two embeddings of $\mathfrak{H} \times \mathfrak{H}$ in $\hat{\mathfrak{G}}$ covering the embedding in $\mathfrak{G}$. One such embedding we choose once for all.

The lattice $\mathfrak{M}_z$ is contained in the oriented 2-dimensional real vector space $(\mathfrak{M} \otimes \mathbb{R})_z$. We call the point z *special* if $\operatorname{rk} \mathfrak{M}_z = 2$. Then $\varphi_z = \det | \mathfrak{M}_z$ is a *positive definite binary integral quadratic form* defined over an *oriented* lattice. Clearly, $\mathfrak{M}/\mathfrak{M}_z$ is torsion-free and $\mathfrak{M}_z$ is a direct summand of $\mathfrak{M}$. Therefore, for every prime q, the 2-dimensional vector space $\mathfrak{M}_z \otimes \mathbb{Z}/q\mathbb{Z}$ over $\mathbb{Z}/q\mathbb{Z}$ is a direct summand of $\mathfrak{M} \otimes \mathbb{Z}/q\mathbb{Z}$. In the next lemma, we will state exactly which binary quadratic forms can occur as forms φ_z. First we introduce some terminology concerning binary quadratic forms.

For an oriented $\mathbb{Z}$-lattice L of rank 2 we use only bases e_1, e_2 of L compatible with the orientation. A quadratic form $\varphi: L \to \mathbb{Z}$ can be written as

$$\varphi(u e_1 + v e_2) = \alpha u^2 + \beta u v + \gamma v^2, \tag{4}$$

where $\alpha = \varphi(e_1)$, $\gamma = \varphi(e_2)$, $\beta = \varphi(e_1 + e_2) - \varphi(e_1) - \varphi(e_2)$. Such a quadratic form will sometimes be denoted by $[\alpha, \beta, \gamma]$. The *discriminant* of φ is $\beta^2 - 4\alpha\gamma$. The *content* of φ is defined as the greatest common divisor (α, β, γ). It is the greatest common divisor of all integers represented by φ. A form of content 1 is called *primitive.* Isomorphisms (equivalences) between quadratic forms are always supposed to be *orientation preserving.* Thus $[\alpha_1, \beta_1, \gamma_1]$ and $[\alpha_2, \beta_2, \gamma_2]$ are equivalent if and only if one can be transformed into the other by an element of $SL_2(\mathbb{Z})$. We sometimes speak of $SL_2(\mathbb{Z})$-equivalence.

Lemma 1. *Let z be special. Then the discriminant of φ_z: $\mathfrak{M}_z \to \mathbb{Z}$ is divisible by p and φ_z represents only quadratic residues modulo p. The content m of φ_z is not divisible by p^2 or by any prime q with $\left(\frac{q}{p}\right) = -1$. If m is divisible by p and the discriminant of $\frac{1}{p}\varphi_z$ is also divisible by p, then $\frac{1}{p}\varphi_z$ represents only quadratic residues* mod p.

Proof. Since $\mathfrak{M}_z \otimes \mathbb{Z}/p\mathbb{Z}$ is a direct summand of $\mathfrak{M} \otimes \mathbb{Z}/p\mathbb{Z}$ and the quadratic form det has a 3-dimensional nullspace on the latter space, the discriminant of $\varphi_z = \det | \mathfrak{M}_z$ must be divisible by p; that φ_z represents only quadratic residues mod p is clear from the definition and Equation (2). If the odd prime q divides m, then, choosing a basis for the vector space $\mathfrak{M} \otimes \mathbb{Z}/q\mathbb{Z}$ whose first two elements span $\mathfrak{M}_z \otimes \mathbb{Z}/q\mathbb{Z}$, we see that the form 2 det on $\mathfrak{M} \otimes \mathbb{Z}/q\mathbb{Z}$ can be given by a symmetric integral matrix $\left(\begin{array}{c|c} 0 & C \\ \hline C^t & B \end{array}\right)$, where B and C are 2×2 matrices. Thus, because the form det on $\mathfrak{M}$ has discriminant p^3,

$$p^3 \equiv (\det C)^2 \pmod{q},$$

so $\left(\frac{q}{p}\right) \neq -1$.

We now prove that $m \not\equiv 0 \pmod 2$ if $p \equiv 5 \pmod 8$ and that $m \equiv 0 \pmod{p^2}$ is not possible. Let A_1, A_2 be a base of $\mathfrak{M}_z$, with A_i a matrix (1) given by (a_i, b_i, λ_i). Then φ_z has content divisible by r if and only if

$$\det A_1 \equiv \det A_2 \equiv \det(A_1 + A_2) \equiv 0 \pmod r$$

or

(i) $a_1 b_1 p + \lambda_1 \lambda_1' \equiv 0 \pmod r$,

(ii) $a_2 b_2 p + \lambda_2 \lambda_2' \equiv 0 \pmod r$,

(iii) $(a_1 b_2 + a_2 b_1) p + (\lambda_1 \lambda_2' + \lambda_2 \lambda_1') \equiv 0 \pmod r$.

Suppose $r=2$ and $p \equiv 5 \pmod 8$. Write $\lambda_i = c_i + d_i \frac{1+\sqrt{p}}{2}$. Then (i), (ii) and (iii) become (since $(1-p)/4 \equiv 1 \pmod 2$)

(i)′ $a_1 b_1 \equiv c_1 + d_1 + c_1 d_1 \pmod 2$,

(ii)′ $a_2 b_2 \equiv c_2 + d_2 + c_2 d_2 \pmod 2$,

(iii)′ $a_1 b_2 + a_2 b_1 \equiv c_1 d_2 + c_2 d_1 \pmod 2$.

Equation (i)′ has five non-zero solutions

$$(a_1, b_1, c_1, d_1) \equiv (1,0,0,0),\ (0,1,0,0),\ (1,1,1,0),\ (1,1,0,1),\ (1,1,1,1)$$

modulo 2 and similarly for (ii)′. Since (a_i, b_i, c_i, d_i) $(i=1,2)$ must span a 2-dimensional vector space over $\mathbb{Z}/2\mathbb{Z}$, the two vectors must be different from each other and from 0. This is not compatible with (iii)′.

Now suppose $r=p^2$. Write $\lambda_i = \frac{1}{2}(c_i + d_i\sqrt{p})$. Then $c_i \equiv 0 \pmod p$ and so (i)–(iii) become

(i)″ $a_1 b_1 \equiv \frac{1}{4} d_1^2 \pmod p$,

(ii)″ $a_2 b_2 \equiv \frac{1}{4} d_2^2 \pmod p$,

(iii)″ $a_1 b_2 + a_2 b_1 \equiv \frac{1}{2} d_1 d_2 \pmod p$.

Since (a_1, b_1, d_1) and (a_2, b_2, d_2) are not proportional mod p, we have a two-dimensional subspace of $(\mathbb{Z}/p\mathbb{Z})^3$ on which the non-degenerate form $ab - d^2/4$ vanishes identically. This is impossible.

Finally, suppose that $p \mid m$ and that $\frac{1}{p}\varphi_z$ has a discriminant divisible by p. If, as before, A_1, A_2 is a base of $\mathfrak{M}_z$ and $\lambda_i = \frac{1}{2}(c_i + d_i\sqrt{p})$, then $c_i \equiv 0 \pmod p$ and (a_1, b_1, d_1) and (a_2, b_2, d_2) span a direct summand $\mathfrak{N}$ of $(\mathbb{Z}/p\mathbb{Z})^3$. On the 3-dimensional vector space $(\mathbb{Z}/p\mathbb{Z})^3$ we have the non degenerate form $\psi(a,b,d) = ab - d^2/4$ of discriminant $1/2$ $\left(= \text{determinant of the matrix } \begin{pmatrix} 0 & 1 & 0 \\ 1 & 0 & 0 \\ 0 & 0 & -\frac{1}{2} \end{pmatrix}\right)$

with $\psi|\mathfrak{N}=\frac{1}{p}\varphi_z$. We use a splitting $(\mathbb{Z}/p\mathbb{Z})^3\cong\mathfrak{N}\oplus\mathbb{Z}/p\mathbb{Z}$ and diagonalize $2\psi|\mathfrak{N}$. Then the form $2\psi \pmod p$ is represented by a matrix

$$\left(\begin{array}{cc|c} 0 & 0 & u \\ 0 & 2\alpha & v \\ \hline u & v & w \end{array}\right)$$

(the upper left 2×2 matrix represents $2\psi|\mathfrak{N}$, which has vanishing determinant $\bmod p$ and therefore a zero on the diagonal). Thus

$$\tfrac{1}{2}\equiv -2\alpha u^2 \pmod p$$

and α is a quadratic residue $\bmod p$, so the form $\frac{1}{p}\varphi_z\equiv\psi|\mathfrak{N}\equiv[0,0,\alpha] \pmod p$ represents only quadratic residues. This completes the proof of the lemma.

The Hilbert modular group $SL_2(\mathcal{O})$ operates on $\mathfrak{H}\times\mathfrak{H}$. Every $B\in SL_2(\mathcal{O})$ induces an automorphism of $\mathfrak{M}$:

$$A\mapsto (B')^t AB \tag{5}$$

which carries $\mathfrak{M}_{Bz}$ to $\mathfrak{M}_z$ preserving the orientation of these lattices and giving an equivalence of the quadratic forms φ_{Bz} and φ_z. Thus we can speak of special points on the Hilbert modular surface $\mathfrak{H}^2/SL_2(\mathcal{O})$. They are represented by special points of $\mathfrak{H}^2$. For $\mathfrak{z}\in\mathfrak{H}^2/SL_2(\mathcal{O})$ represented by $z\in\mathfrak{H}^2$ write $\varphi_\mathfrak{z}$ instead of φ_z, where, however, the form $\varphi_\mathfrak{z}$ is defined only up to equivalence. We wish to count the number of special points of $\mathfrak{H}^2/SL_2(\mathcal{O})$ for which $\varphi_\mathfrak{z}$ is (equivalent to) a given form φ. As *number of special points* $\mathfrak{z}$ *with* $\varphi_\mathfrak{z}\cong\varphi$ we define

$$s(\varphi)=w_\varphi \sum_{\substack{\mathfrak{z}\in\mathfrak{H}^2/SL_2(\mathcal{O})\\ \varphi_\mathfrak{z}\cong\varphi}} \frac{1}{v_\mathfrak{z}}, \tag{6}$$

where $v_\mathfrak{z}$ is the order of the isotropy group of $SL_2(\mathcal{O})$ at a point $z\in\mathfrak{H}^2$ representing $\mathfrak{z}$ and w_φ the order of the group $\operatorname{Aut}(\varphi)$ of orientation-preserving automorphisms of φ. Of course, $v_\mathfrak{z}/2$ is the order of the isotropy group of the effectively acting group $SL_2(\mathcal{O})/\{\pm 1\}$. The possible values of $v_\mathfrak{z}/2$ are 1, 2 and 3 (and 5 for $p=5$). The possible values of $w_\varphi/2$ are 1, 2 and 3.

The main result of this section is the following theorem. We first recall that $h(\Delta)$ denotes the number of equivalence classes of *primitive* positive definite binary integral quadratic forms with discriminant Δ (for $\Delta<0$ with $\Delta\equiv 0$ or $1 \pmod 4$). By $h'(\Delta)$ we denote the modified class number where the class of a form φ is counted with multiplicity $2/w_\varphi$. Thus $h'(-3)=\frac{1}{3}$, $h'(-4)=\frac{1}{2}$ and $h'(\Delta)=h(\Delta)$ otherwise.

Theorem 1. *Let φ be a positive definite quadratic form of discriminant $\Delta\equiv 0 \pmod p$ and content m. Let $\varphi_0=\frac{1}{m}\varphi$ be the corresponding primitive form, $\Delta_0=\Delta/m^2$ its discriminant. Then*

$$s(\varphi)=\tfrac{1}{2}(1+\chi_p(\varphi_0))\,\beta_p(m)\,h'(\Delta/p), \tag{7}$$

where

$$\chi_p(\varphi_0)=\begin{cases} 0 & \text{if } p\nmid \Delta_0, \\ 1 & \text{if } p\mid\Delta_0 \text{ and } \varphi_0 \text{ represents only quadratic residues } (\operatorname{mod} p), \\ -1 & \text{otherwise} \end{cases}$$

and

$$\beta_p(m)=\begin{cases} \prod_{q\mid m}(1+\chi_p(q)) & \text{if } p^2\nmid m, \\ 0 & \text{if } p^2\mid m. \end{cases}$$

The cases where $s(\varphi)=0$ by (7) are already proved in Lemma 1. The proof of Theorem 1 will be preceded by a lemma concerning the $\Gamma_0(N)$-classification of quadratic forms.

1 **Lemma 2.** *Let* $N>0$, $\Delta<0$, $m>0$ *be given with* $\Delta\equiv 0$ *or* $1 \pmod 4$, $m\mid N$, $m^2\mid\Delta$, N/m *square-free and prime to* m. *Then the number of* $\Gamma_0(N)$*-equivalence classes of positive definite quadratic forms* $[aN,b,c]$ *with*

$$(a,b,c)=1, \qquad b^2-4acN=\Delta, \qquad (N,b,ac)=m, \tag{8}$$

each form φ *being counted with multiplicity* $2/|\operatorname{Aut}(\varphi)\cap\Gamma_0(N)|$, *is given by*

$$h'(\Delta)\,2^\nu\prod_q\left(1+\left(\frac{\Delta}{q}\right)\right),$$

where ν *is the number of distinct prime factors of* m *and the product is taken over all primes* q *dividing* N/m.

Proof. By (8), any prime dividing m divides a or c but not both. Hence the numbers (N,b,a) and (N,b,c), which are easily seen to be $\Gamma_0(N)$-invariants of the form $[aN,b,c]$, are relatively prime and have product m. A further $\Gamma_0(N)$-invariant is the value of $b \pmod{2N}$. By (8), this value is of the form mx with x a residue class $(\operatorname{mod} 2N/m)$ satisfying $x^2\equiv\Delta/m^2 \pmod{4N/m}$. There are precisely $\prod_q\left(1+\left(\frac{\Delta}{q}\right)\right)$ such residue classes $x \pmod{2N/m}$ and 2^ν decompositions $m=m_1m_2$ with $(m_1,m_2)=1$. Hence the lemma will be proved if we show that, for each decomposition $m=m_1m_2$ and each value of x there are $h'(\Delta)$ $\Gamma_0(N)$-equivalence classes of forms $[aN,b,c]$ satisfying (8) and

$$(N,b,a)=m_1, \qquad (N,b,c)=m_2, \qquad b\equiv mx \pmod{2N}. \tag{9}$$

To do this, we define a map from the set of such forms to the set of primitive forms of discriminant Δ by

$$\varphi=[aN,b,c]\mapsto\tilde\varphi=[aN_1,b,cN_2],$$

where we have written $N=N_1N_2$ with $(N_1,N_2)=1$ and N_2 containing exactly those prime divisors of N which divide m_2. Acting on φ with $\begin{pmatrix}\alpha & \beta\\ \gamma N & \delta\end{pmatrix}$ corresponds to acting on $\tilde\varphi$ with $\begin{pmatrix}\alpha & \beta N_2\\ \gamma N_1 & \delta\end{pmatrix}$; in particular, the $\Gamma_0(N)$-equivalence class of φ determines the $SL_2(\mathbb{Z})$-equivalence class of $\tilde\varphi$. Conversely, if

φ_1, φ_2 are two forms satisfying (8) and (9), and $\begin{pmatrix} A & B \\ C & D \end{pmatrix} \in SL_2(\mathbb{Z})$ transforms $\tilde{\varphi}_1$ to $\tilde{\varphi}_2$, then an easy calculation shows that $N_1 \mid C$ and $N_2 \mid B$, so φ_1 is transformed to φ_2 by the matrix $\begin{pmatrix} A & B/N_2 \\ CN_2 & D \end{pmatrix} \in \Gamma_0(N)$. Finally, any primitive form of discriminant Δ is equivalent under $SL_2(\mathbb{Z})$ to $\tilde{\varphi}$ for some φ satisfying (8) and (9) (this is just a matter of checking congruences modulo the various prime powers dividing N). Therefore $\varphi \mapsto \tilde{\varphi}$ is a $1:1$ correspondence between $\Gamma_0(N)$-equivalence classes of forms $[aN, b, c]$ satisfying (8) and (9) and $SL_2(\mathbb{Z})$-equivalence classes of primitive forms of discriminant Δ, with $|\mathrm{Aut}(\varphi) \cap \Gamma_0(N)| = |\mathrm{Aut}(\tilde{\varphi})|$. This proves the lemma.

Proof of Theorem 1. By Lemma 1, we may suppose that m is not divisible by p^2 or by any prime q with $\left(\frac{q}{p}\right) = -1$ and that $\chi_p(\varphi_0) = 0$ or 1. Then φ_0 is a primitive form which represents quadratic residues (mod p), so by a classical theorem [11, 14] it represents a *prime* q_0 with $q_0 \nmid \Delta$, $\left(\frac{q_0}{p}\right) = 1$. Then φ represents the number $N = m q_0$ primitively, so all special points $\mathfrak{z}$ with $\varphi_{\mathfrak{z}} \cong \varphi$ lie on the curve F_N defined at the beginning of the chapter. The curve F_N in $\mathfrak{H}^2/SL_2(\mathcal{O})$ is irreducible [7] and can be described as follows:

The number N is the norm of a primitive ideal $\mathfrak{b}$ in $\mathcal{O}$ (i.e. one which is not divisible by any natural number >1). Consider the group $SL_2(\mathcal{O}, \mathfrak{b})$ of matrices of determinant 1 belonging to $\begin{pmatrix} \mathcal{O} & \mathfrak{b}^{-1} \\ \mathfrak{b} & \mathcal{O} \end{pmatrix}$. This is the group of automorphisms of $\mathcal{O} \oplus \mathfrak{b}$. Since the class number of $K = \mathbb{Q}(\sqrt{p})$ is odd, every ideal class is a square, so $\mathcal{O} \oplus \mathfrak{b}$ is $GL_2^+(K)$-equivalent to $\mathcal{O} \oplus \mathcal{O}$. This sets up a canonical isomorphism

$$\rho\colon \mathfrak{H}^2/SL_2(\mathcal{O}, \mathfrak{b}) \to \mathfrak{H}^2/SL_2(\mathcal{O})$$

([4] 5.3), and F_N is the image under ρ of the curve in $\mathfrak{H}^2/SL_2(\mathcal{O}, \mathfrak{b})$ given by the diagonal in $\mathfrak{H}^2$. For $t \in \mathfrak{H}$, we sometimes write simply t for the image $\rho(t, t)$) of (t, t) in F_N. The subgroup Γ of $SL_2(\mathcal{O}, \mathfrak{b})$ carrying the diagonal to itself is $\Gamma_0(N)$ if $p \nmid N$ and an extension of $\Gamma_0(N)$ of index 2 if $p \mid N$. We have a map $\mathfrak{H}/\Gamma \twoheadrightarrow F_N$ of degree one.

On the other hand, $\mathfrak{M}$ is the lattice of skew-hermitian forms taking integral values on $\mathcal{O} \oplus \mathcal{O}$, so it corresponds under the above equivalence to the lattice of all skew-hermitian forms taking integral values on $\mathcal{O} \oplus \mathfrak{b}$, i.e. to the lattice of all matrices

$$A = \begin{pmatrix} a\sqrt{p} & \lambda \\ -\lambda' & \frac{c}{N}\sqrt{p} \end{pmatrix} \quad (a, c \in \mathbb{Z},\ \lambda \in \mathfrak{b}^{-1}), \tag{10}$$

where for technical reasons we have replaced b in (1) by c. The quadratic form (2) on $\mathfrak{M}$ is transformed to

$$\mathrm{A} \mapsto N(\mathfrak{b}) \det A = acp + N\lambda\lambda'. \tag{11}$$

A point $t \in \mathfrak{H}$ corresponds to a special point of F_N if and only if it satisfies a quadratic equation

$$a_0 N t^2 + b_0 t + c_0 = 0, \quad (a_0, b_0, c_0) = 1. \tag{12}$$

Then a matrix A as in (10) belongs to the lattice $\mathfrak{M}_t$ if and only if

$$a N t^2 + N \frac{\lambda - \lambda'}{\sqrt{p}} t + c = 0,$$

and this is equivalent to

$$a = x a_0, \quad N \frac{\lambda - \lambda'}{\sqrt{p}} = x b_0, \quad c = x c_0 \quad (x \in \mathbb{Z}).$$

Also, $\lambda' \in \mathfrak{b}'^{-1} = N^{-1} \mathfrak{b}$, and the ideal $\mathfrak{b}$ can be written as

$$\mathfrak{b} = \mathbb{Z} \frac{M - \sqrt{p}}{2} + \mathbb{Z} N$$

for some integer M with $M^2 \equiv p \pmod{4N}$. Therefore

$$N \lambda = x b_0 \frac{M + \sqrt{p}}{2} + y N$$

with $y \in \mathbb{Z}$ and

$$a c p + N \lambda \lambda' = x^2 \left(a_0 c_0 p + b_0^2 \frac{M^2 - p}{4N}\right) + x y b_0 M + y^2 N.$$

This means that the quadratic form φ_t of a special point t as in (12) is given by

$$\left[a_0 c_0 p + b_0^2 \frac{M^2 - p}{4N}, b_0 M, N\right]. \tag{13}$$

The discriminant of this form is $p \Delta_1$, where $\Delta_1 = b_0^2 - 4 a_0 c_0 N$ is the discriminant of the quadratic polynomial (12). We have to look for those points $t \in \mathfrak{H}$ satisfying an Equation (12) for which the form (13) is equivalent to our given form φ.

To simplify the exposition, we suppose first that the form φ has no non-trivial automorphisms and is not the form $\varphi_{\mathfrak{z}}$ for any of the finitely many quotient singularities $\mathfrak{z} \in X$, i.e. that $w_\varphi = v_{\mathfrak{z}} = 2$ in Equation (6). We consider first the case $p \nmid m$. Then $p \nmid N$ and $(N, M) = 1$, so the content of the form (13) is $(N, b_0, a_0 c_0)$. Also, $\Gamma = \Gamma_0(N)$ in this case. By Lemma 2, there are $h'(\Delta) 2^\nu \left(1 + \left(\frac{\Delta_1}{q_0}\right)\right)$ $\Gamma_0(N)$-equivalence classes of forms $[a_0 N, b_0, c_0]$ with $(a_0, b_0, c_0) = 1$, $(N, b_0, a_0 c_0) = m$, $b_0^2 - 4 a_0 c_0 N = \Delta_1 = \Delta / p$, where ν is the number of distinct prime factors of m. We have $\left(\frac{\Delta_1}{q_0}\right) = \left(\frac{\Delta}{q_0}\right) = 1$, so there are two $SL_2(\mathbb{Z})$-inequivalent representations of q_0 by primitive forms of discriminant Δ / m^2. Thus one of two cases occurs:

(a) The form φ chosen originally is the only form (up to $SL_2(\mathbb{Z})$-equivalence) of discriminant Δ and content m which represents $N = m q_0$, and φ represents N twice; or

(b) There are two forms of discriminant Δ and content m which represent N, namely the form φ and a form improperly equivalent to φ (i.e. $GL_2(\mathbb{Z})$- but not $SL_2(\mathbb{Z})$-equivalent), and each represents N exactly once.

In case (a), the $2h'(\Delta_1)\,2^\nu$ points $t\in\mathfrak{H}/\Gamma$ given by (12) are mapped in pairs to $h'(\Delta_1)\,2^\nu$ points of F_N, because the fact that φ represents N twice means that each point $\mathfrak{z}\in X$ with $\varphi_\mathfrak{z}\cong\varphi$ is a double point of F_N. In case (b) the $2h'(\Delta_1)\,2^\nu$ points t are mapped to distinct points of F_N, but for only half of these points is the corresponding form $\varphi_\mathfrak{z}$ equivalent to φ. Thus in both cases we find $2^\nu h'(\Delta_1)=\beta_p(m)\,h'(\Delta/p)$ points $\mathfrak{z}\in F_N$ with $\varphi_\mathfrak{z}\cong\varphi$, in accordance with (7).

If $p\,|\,m$, then $(N,M)=p$ and $p\nmid\dfrac{M^2-p}{4N}$. Also $p^2\,|\,\Delta$, so $p\,|\,\Delta_1$. The content of the form (13) is either (N,b_0,a_0c_0) or $p(N,b_0,a_0c_0)$, according as p does or does not divide the number $\Delta_0=\Delta/m^2$. By Lemma 2, there are $h'(\Delta_1)\,2^\nu\left(1+\left(\frac{\Delta_1}{q_0}\right)\right)$ $\Gamma_0(N)$-equivalence classes of forms $[a_0N,b_0,c_0]$ with this value of (N,b_0,a_0c_0), where ν is now the number of prime factors of (N,b_0,a_0c_0). Clearly $2^\nu=(1+\chi_p(\varphi_0))\,\beta_p(m)$. The rest of the argument is as in the case $p\nmid m$, except that we must divide the final result by $|\Gamma:\Gamma_0(N)|=2$. This proves formula (7) in this case, too.

It remains to discuss the isotropy and automorphism groups. In the definition of $s(\varphi)$ (Eq. (6)), we count each point $\mathfrak{z}$ with $\varphi_\mathfrak{z}\cong\varphi$ with multiplicity $w_\varphi/v_\mathfrak{z}$, where $w_\varphi=|\mathrm{Aut}(\varphi)|$ and $v_\mathfrak{z}=|SL_2(\mathcal{O})_\mathfrak{z}|$. There is an obvious map π: $SL_2(\mathcal{O})_\mathfrak{z}\to\mathrm{Aut}(\varphi)$ (compare (5)), and

$$\frac{w_\varphi}{v_\mathfrak{z}}=\frac{|\mathrm{Aut}(\varphi)|}{|\mathrm{Im}(\pi)|}\cdot\frac{1}{|\mathrm{Ker}(\pi)|}.$$

The first factor represents the number of *distinct* $t\in\mathfrak{H}/\Gamma$ mapping onto $\mathfrak{z}$, i.e. the number of branches of F_N passing through $\mathfrak{z}$ (or rather, of those branches corresponding to a given $SL_2(\mathbb{Z})$-equivalence class of representations of N by φ). The second factor $1/|\mathrm{Ker}(\pi)|$ is just $2/|\Gamma_t|$, where Γ_t is the isotropy group of t in Γ. But in Lemma 2, which we used for our proof of Theorem 1, each $\Gamma_0(N)$-equivalence class of forms was counted in precisely this way, and the same applies to the passage from $\Gamma_0(N)$ to Γ in case $p\,|\,m$. Thus the proof given above counts each point $\mathfrak{z}$ in just the way required by (6).

Example. Prestel [8] found that there are $h(-3p)$ quotient singularities of order 3 on X, $h(-4p)$ of order 2 and two of order 5 if $p=5$. Consider a form φ with discriminant $\Delta=-3p$ (respectively $-4p$) and content 1 which represents quadratic residues (mod p). There are $\frac{1}{2}h(-3p)$ (resp. $\frac{1}{2}h(-4p)$) such forms. By Theorem 1, $s(\varphi)=\frac{1}{3}$ (resp. $\frac{1}{2}$), and since $w_\varphi=2$ (because $\Delta<-4$) this can only mean that $v_\mathfrak{z}=6$ (resp. 4). Thus we have found *half* of the fixed points of order 3 (resp. 2). Now consider the form $\varphi=[p,p,p]$ of discriminant $-3p^2$ and content p (resp. $\varphi=[p,0,p]$ of discriminant $-4p^2$ and content p). Here Theorem 1 gives $s(\varphi)=\frac{1}{2}\beta_p(p)\,h'(-3p)=\frac{1}{2}h(-3p)$ (resp. $\frac{1}{2}h(-4p)$). Here $w_\varphi=6$ (resp. 4) and one can check that $v_\mathfrak{z}=w_\varphi$, so $s(\varphi)$ is the actual number of special points $\mathfrak{z}$ with $\varphi_\mathfrak{z}\cong\varphi$, and these points are all quotient singularities of order 3 (resp. 2). We have thus found the remaining fixed points of order 2 or 3.

The two fixed points of order 5 when $p=5$ are *not* special.

1.2. Modules in Imaginary Quadratic Fields[1]

Let k be an imaginary quadratic field and M a module in k, i.e. a free $\mathbb{Z}$-module of rank 2 contained in k. Two modules M_1, M_2 are called *equivalent* if there exists an element α of k such that $\alpha M_1 = M_2$. For a module M the *norm* $\mathrm{N}(M)$ can be characterized as the unique rational number such that the quadratic form

$$x \mapsto \frac{x\bar{x}}{\mathrm{N}(M)} \qquad (x \in M,\ \bar{x} = \text{conjugate of } x) \tag{14}$$

is integral and primitive. An *order* of k is a module which is a subring of the ring $\mathfrak{o}$ of all algebraic integers in k and contains 1. For every natural number f there is a unique order $\mathfrak{o}_f$ with $|\mathfrak{o}:\mathfrak{o}_f| = f$. The number f is called the *conductor* of the order. For a module M the set of all $\alpha \in k$ with $\alpha M \subset M$ is an order $\mathfrak{o}(M)$. The conductor f of this order is also called the conductor of M. Thus $\mathfrak{o}(M) = \mathfrak{o}_f$. The quadratic form given in (14) has discriminant Df^2 where D is the discriminant of k. Every module is oriented by the bases z, w with $z/w \in \mathfrak{H}$. We have a bijection (using (14)) between the set of equivalence classes of modules of discriminant Δ and the set of isomorphism classes of *primitive* positive definite integral quadratic forms of discriminant Δ. We have $\Delta = Df^2$ where D is the discriminant of a field k (discriminants of fields are called fundamental discriminants). The number of equivalence classes of modules of discriminant Δ is the class number $h(\Delta)$. Every module is equivalent to a module admitting a base z, 1 with $z \in \mathfrak{H}$. In this way we get a bijection between the set of equivalence classes of all modules in all imaginary quadratic fields and the set of $SL_2(\mathbb{Z})$-equivalence classes of points in $\mathfrak{H}$ which satisfy a quadratic equation over $\mathbb{Q}$. If φ is a primitive form, M a corresponding module having the $\mathbb{Z}$-base z, 1 $(z \in \mathfrak{H})$, then the group $\mathrm{Aut}(\varphi)$, the group $\mathrm{Aut}(M)$ of units of $\mathfrak{o}(M)$ and the isotropy group of z in $SL_2(\mathbb{Z})$ are isomorphic. Of course, for a form of content m we have $\mathrm{Aut}(\varphi) = \mathrm{Aut}\left(\frac{1}{m}\varphi\right)$.

Of fundamental importance for this paper is the function $H(n)$ defined for $n>0$ as the number of equivalence classes of all positive definite forms of discriminant $-n$, where the equivalence classes of $m[1,0,1]$ and $m[1,1,1]$ are counted with multiplicity $\frac{1}{2}$ and $\frac{1}{3}$ respectively. Of course, $H(n)=0$ if $-n$ is not a discriminant. For reasons which will become apparent later, we define $H(0) = -\frac{1}{12}$. The function $H(n)$ occurs in the work of Kronecker and Hurwitz. We can also define $H(n)$ as the number of $SL_2(\mathbb{Z})$-equivalence classes of points $z \in \mathfrak{H}$ which satisfy a quadratic equation over $\mathbb{Z}$ with discriminant $-n$,

$$\alpha z^2 + \beta z + \gamma = 0, \qquad \beta^2 - 4\alpha\gamma = -n,$$

[1] A general reference for modules in quadratic fields is [9]. Results related to Propositions 2 and 3 below are given in [13] and [10]

where (α, β, γ) is arbitrary and where a point equivalent to i or to $e^{\pi i/3}$ is counted $\frac{1}{2}$ or $\frac{1}{3}$, respectively. We have

$$H(n)=\sum_{d^2|n} h'(-n/d^2), \tag{15}$$

where d runs through those natural numbers such that $-n/d^2$ is a discriminant.

Two modules $M_1, M_2 \subset k$ can be multiplied. If f_1 is the conductor of M_1 and f_2 of M_2, then $f=(f_1, f_2)$ is the conductor of $M_1 M_2$. We have $\mathrm{N}(M_1 M_2)=\mathrm{N}(M_1)\,\mathrm{N}(M_2)$. The equivalence classes of modules of fixed conductor f constitute a group $G(Df^2)$ of order $h(Df^2)$, where D is again the discriminant of k. For every divisor d of f the map

$$M \mapsto \mathfrak{o}_d M \tag{16}$$

induces a homomorphism of $G(Df^2)$ *onto* $G(Dd^2)$ which can be used to prove the following well-known proposition.

Proposition 1. *Let D be a fundamental discriminant. Then*

$$h'(Df^2)=h'(D)\,\gamma_D(f), \tag{17}$$

where

$$\gamma_D(f)=f\prod_{q|f}\left(1-\left(\frac{D}{q}\right)\Big/q\right) \tag{18}$$

and q runs through all primes dividing f.

Let $r_\Delta(n)$ denote the number of $SL_2(\mathbb{Z})$-inequivalent representations of the natural number n by all primitive forms of discriminant Δ. For $\Delta=D$ a fundamental discriminant, the following formula is well-known ([9, 12]):

$$r_D(n)=\sum_{d|n}\left(\frac{D}{d}\right). \tag{19}$$

However, we need the formula for general discriminant $\Delta=Df^2$; for convenience of notation we write $r_D(f, n)$ instead of $r_{Df^2}(n)$ and $\chi_D(n)$ instead of $\left(\frac{D}{n}\right)$.

Proposition 2. *Let D be a fundamental discriminant. Then $r_D(f, n)$ is given as follows:*

(a) *$r_D(f, n)$ is simultaneously multiplicative, i.e. if $f=\prod q_i^{\alpha_i}$ and $n=\prod q_i^{\beta_i}$ (where the q_i are distinct primes), then*

$$r_D(f, n)=\prod r_D(q_i^{\alpha_i}, q_i^{\beta_i}).$$

(b) *For q prime, introduce the generating series*

$$R_{D,q}(t, u)=\sum_{\alpha=0}^{\infty}\sum_{\beta=0}^{\infty} r_D(q^\alpha, q^\beta)\, t^\alpha u^\beta$$

in indeterminates t, u. Then we have

$$R_{D,q}(t, u)=\frac{(1-tu)(1-\chi_D(q)\,tu)}{(1-t)(1-u)(1-qtu^2)(1-\chi_D(q)\,u)}.$$

Equivalently,

$$r_D(q^\alpha, q^\beta) = \begin{cases} q^{\beta/2} & \text{if } \beta < 2\alpha,\ \beta \text{ even},\\ 0 & \text{if } \beta < 2\alpha,\ \beta \text{ odd},\\ \gamma_D(q^\alpha) \sum\limits_{r=0}^{\beta-2\alpha} \chi_D(q)^r & \text{if } \beta \geqq 2\alpha. \end{cases}$$

Proof. Let $r_D^*(f,n)$ denote the number of $SL_2(\mathbb{Z})$-inequivalent *primitive* representations of n by *all* forms of discriminant Df^2, i.e. we now count representations $n = ax^2 + bxy + cy^2$ (where $b^2 - 4ac = Df^2$) with $(x,y)=1$, whereas for $r_D(f,n)$ we count those with $(a,b,c)=1$. Clearly

$$\sum_{d|(f,n)} r_D(f/d, n/d) = \sum_{c^2|n} r_D^*(f, n/c^2), \tag{20}$$

since both sides count the total number of representations of n by forms of discriminant Df^2, with no condition of primitivity on the form or on the representation. But it is well-known [12] that

$$r_D^*(f,n) = \#\{k \pmod{2n} \mid k^2 \equiv Df^2 \pmod{4n}\}, \tag{21}$$

and from this formula it follows easily that $r_D^*(f,n)$ is simultaneously multiplicative in f, n in the sense of (a), which together with (20) implies the multiplicativity of r_D. It remains to determine $r_D(q^\alpha, q^\beta)$ for q prime.

We introduce the generating series

$$R_{D,q}^*(t,u) = \sum_{\alpha=0}^{\infty} \sum_{\beta=0}^{\infty} r_D^*(q^\alpha, q^\beta)\, t^\alpha u^\beta.$$

Then formula (20) is equivalent to the identity

$$(1-tu)^{-1} R_{D,q}(t,u) = (1-u^2)^{-1} R_{D,q}^*(t,u). \tag{22}$$

From (21) we see that $r_D^*(q^\alpha, q^\beta) = q\, r_D^*(q^{\alpha-1}, q^{\beta-2})$ if $\alpha \geqq 1$ and $\beta \geqq 2$. By (19),

$$r_D(1, q^\beta) = \sum_{r=0}^{\beta} \chi_D(q)^r,$$

whence

$$R_{D,q}(0,u) = (1-u)^{-1}(1-\chi_D(q)\,u)^{-1}$$

and (by (22))

$$R_{D,q}^*(0,u) = (1+u)/(1-\chi_D(q)\,u),$$

whereas (21) implies $r_D^*(q^\alpha, 1) = r_D^*(q^\alpha, q) = 1$. Hence

$$\begin{aligned} R_{D,q}^*(t,u) &= \frac{1+u}{1-\chi_D(q)\,u} + \frac{t(1+u)}{1-t} + \sum_{\alpha=1}^{\infty} \sum_{\beta=2}^{\infty} r_D^*(q^\alpha, q^\beta)\, t^\alpha u^\beta \\ &= \frac{(1+u)(1-\chi_D(q)\,u\,t)}{(1-\chi_D(q)\,u)(1-t)} + q\,t\,u^2 R_{D,q}^*(t,u). \end{aligned}$$

Thus

$$R^*_{D,q}(t,u)=\frac{(1+u)(1-\chi_D(q)\,u\,t)}{(1-\chi_D(q)\,u)(1-t)(1-q\,t\,u^2)}, \tag{23}$$

and the formula for $R_{D,q}$ in (b) follows by (22).

Remark. The contents of Proposition 2 can be summarized by the formula

$$\sum_{f=1}^{\infty}\sum_{n=1}^{\infty}\frac{r_D(f,n)}{f^a\,n^s}=\prod_{q\text{ prime}} R_{D,q}(q^{-a},q^{-s})=\frac{\zeta(s)\,\zeta(a)\,\zeta(2s+a-1)\,L(s,\chi_D)}{\zeta(s+a)\,L(s+a,\chi_D)}.$$

We also have to study the representation of forms by forms. We therefore introduce for modules M_1, M_2 in k of conductors f_1, f_2 the module

$$\mathrm{Hom}(M_1,M_2)=\{\alpha\in k\mid \alpha M_1\subset M_2\}$$

on which we have the quadratic form

$$\varphi_{M_1,M_2}(\alpha)=|M_2:\alpha M_1|.$$

Lemma 3. *The content of the quadratic form* φ_{M_1,M_2} *equals*

$$m=f_1\,f_2/f^2,$$

where $f=(f_1,f_2)$. *The primitive quadratic form* $\frac{1}{m}\varphi_{M_1,M_2}$ *belongs to the module* $\overline{M}_1\,M_2$ (see (14)).

Proof. We can check easily that

$$\mathrm{Hom}(M_1,M_2)=\frac{f_2}{f}\,\frac{1}{\mathrm{N}(M_1)}\,\overline{M}_1\,M_2$$

and

$$\varphi_{M_1,M_2}(\alpha)=\frac{\mathrm{N}(M_1)\,f_1}{\mathrm{N}(M_2)\,f_2}\,\alpha\bar{\alpha}.$$

Let ψ be a quadratic form of discriminant $D\,f_1^2\,m_1^2$ and content m_1 (where D is a fundamental discriminant). Define $r_D(\psi;\,m_2,f_2)$ as the number of $SL_2(\mathbb{Z})$-inequivalent representations of ψ by forms of discriminant $D\,f_2^2\,m_2^2$ and content m_2. If ψ is the quadratic form

$$x\mapsto\psi(x)=m_1\,\frac{x\,\bar{x}}{\mathrm{N}(M_1)}\qquad(x\in M_1),$$

then such a representation of ψ is given by a module $M_2\subset k=\mathbb{Q}(\sqrt{D})$ of conductor f_2 and an element $\alpha\in\mathrm{Hom}(M_1,M_2)$ with

$$|M_2:\alpha M_1|=\varphi_{M_1,M_2}(\alpha)=\frac{m_1\,f_1}{m_2\,f_2}. \tag{24}$$

Thus $r_D(\psi;\,m_2,f_2)$ is the number of pairs (M_2,α) with $\alpha\in\mathrm{Hom}(M_1,M_2)$ satisfying (24), where (M_2,α) and $(\tilde{M}_2,\tilde{\alpha})$ are considered equal if there exists an element $\gamma\in k$ such that $\gamma\,M_2=\tilde{M}_2$ and $\tilde{\alpha}=\gamma\,\alpha$.

Proposition 3. *The number* $r_D(\psi; m_2, f_2)$ *depends only on* m_1, f_1, *where* $D f_1^2 m_1^2$ *is the discriminant and* m_1 *the content of* ψ. *We write* $r_D(m_1, f_1; m_2, f_2)$ *instead of* $r_D(\psi; m_2 f_2)$. *Then*

$$r_D(m_1, f_1; m_2, f_2) = r_D\left(f, \frac{m_1}{m_2}\frac{f^2}{f_2^2}\right)\frac{\gamma_D(f_2)}{\gamma_D(f)}.$$

where $f=(f_1, f_2)$ *and* $r_D(f, n)=0$ *if* n *is not an integer.*

Proof. By $M_2 \mapsto \overline{M}_1 M_2$ with fixed M_1 we get a map $G(D f_2^2) \to G(D f^2)$. Since $\overline{M}_1 M_2 = \mathfrak{o}_f \overline{M}_1 \cdot \mathfrak{o}_f M_2$, we can conclude from (16) that the inverse image of any element of $G(D f^2)$ has $|G(D f_2^2)|/|G(D f^2)|$ elements. By (17) and (18),

$$|G(D f_2^2)|/|G(D f^2)| = \frac{\gamma_D(f_2)}{\gamma_D(f)}\frac{|\mathrm{Aut}(M_2)|}{|\mathrm{Aut}(\overline{M}_1 M_2)|}. \tag{25}$$

We have to count the "number" of pairs (M_2, α) with $\alpha \in \mathrm{Hom}(M_1, M_2)$ such that (24) holds. By Lemma 3 this is just the number of pairs (M_2, α) with $\alpha \in \overline{M}_1 M_2$ such that

$$\frac{\alpha\bar{\alpha}}{\mathrm{N}(M_1)\,\mathrm{N}(M_2)} = \frac{m_1}{m_2}\frac{f^2}{f_2^2}.$$

The "number" of possible α equals $r_D\left(f, \frac{m_1}{m_2}\frac{f^2}{f_2^2}\right) \cdot \mathrm{Aut}(\overline{M}_1 M_2)$. To get the "number" of pairs (M_2, α) we have to multiply this with the expression in (25) and divide by $|\mathrm{Aut}(M_2)|$.

For the application of Propositions 2 and 3 to Hilbert modular surfaces we will need some additional information concerning the behaviour of quadratic forms at our fixed prime p. If M is a module in an imaginary quadratic field k and φ_0 the corresponding primitive quadratic form, we set $\chi_p(M)=\chi_p(\varphi_0)$, where $\chi_p(\varphi_0)$ was defined in Theorem 1. Thus $\chi_p(M)=0$ if the discriminant Δ of M is not divisible by p and $\chi_p(M)=\pm 1$ if $p|\Delta$. The character χ_p is multiplicative on the modules of k.

Now consider a discriminant $\Delta = D f^2$ which is divisible by p and write $\Delta/p = D_0 g^2$ (here D, D_0 are fundamental discriminants, $D_0 = D/p$ or Dp). We define $r_D^+(f, n)$, $r_D^-(f, n)$ as the number of $SL_2(\mathbb{Z})$-inequivalent representations of n by primitive forms of discriminant Δ and character χ_p equal to $+1$ or -1, respectively. We write

$$r_D^+(f, n) - r_D^-(f, n) = r_D^{(p)}(g, n).$$

The function $r_D^{(p)}$ is simultaneously multiplicative in g, n (*not* in f, n). For each prime q we define the generating series $R_{D,q}^{(p)}(t, u) = \sum r_D^{(p)}(q^\alpha, q^\beta)\, t^\alpha u^\beta$. Obviously

$$R_{D,q}^{(p)}(t, u) = R_{D,q}(t, \chi_p(q)\, u) \qquad \text{if } q \neq p.$$

For $p=q$ one has

$$R_{D,p}^{(p)}(t, u) = \frac{1-\chi_{D_0}(p)\, t u}{(1-t)(1-\chi_{D_0}(p)\, u)(1-p t u^2)}. \tag{26}$$

The proof of these assertions is analogous to that of Proposition 2.

Let ψ be a quadratic form of discriminant $D f_1^2 m_1^2$ and content m_1 with $p|D f_1^2$. We define $r_D^{(p)}(\psi; m_2, f_2)$ as the number of $SL_2(\mathbb{Z})$-inequivalent representations of ψ by quadratic forms φ of discriminant $D m_2^2 f_2^2$ and content m_2, where each φ is counted with multiplicity $\chi_p(\psi/m_1)\chi_p(\varphi/m_2)$ (note that this is zero unless $p|D f_2^2$).

Proposition 3'. *The number $r_D^{(p)}(\psi; m_2, f_2)$ depends only on m_1, f_1 where $D f_1^2 m_1^2$ is the discriminant and m_1 the content of ψ. It is 0 (by definition) if $D f_1^2$ and $D f_2^2$ are not both divisible by p. If $p|D f_1^2$ and $p|D f_2^2$, write $Df_1^2 = D_0 g_1^2 p$ and $Df_2^2 = D_0 g_2^2 p$ and also $r_D^{(p)}(m_1, g_1; m_2, g_2)$ instead of $r_D^{(p)}(\psi; m_2, f_2)$. Then*

$$r_D^{(p)}(m_1, g_1; m_2, g_2) = r_D^{(p)}\left(g, \frac{m_1}{m_2}\frac{g^2}{g_2^2}\right)\frac{\gamma_D(f_2)}{\gamma_D(f)},$$

where $g = (g_1, g_2)$.

The proof is the same as for Proposition 3. We use the multiplicativity of χ_p on modules.

Let ψ be a quadratic form of discriminant $D f_1^2 m_1^2$ and content m_1. Define $\rho_D(\psi; m_2, f_2)$ as the number of $SL_2(\mathbb{Z})$-inequivalent representations of ψ by forms of discriminant $Df_2^2 m_2^2$ and content m_2, where now each φ is counted with multiplicity $\frac{1}{2}(1+\chi_p(\varphi/m_2))$. Then

$$\rho_D(\psi; m_2, f_2) = \begin{cases} \frac{1}{2} r_D(m_1, f_1; m_2, f_2) & \text{unless } p|D f_1^2,\ p|D f_2^2, \\ \frac{1}{2}(r_D(m_1, f_1; m_2, f_2) + \chi_p(\psi/m_1)\, r_D^{(p)}(m_1, g_1; m_2, g_2)) & \\ \qquad \text{if } D f_1^2 = D_0 g_1^2 p,\ D f_2^2 = D_0 g_2^2 p. \end{cases} \tag{27}$$

These equations follow easily from the definitions and from the proof of Proposition 3. In the case $p \nmid D f_1^2$, but $p|D f_2^2$, we have to use that in the kernel of $G(D f_2^2) \to G(D f^2)$ the elements with $\chi_p = 1$ form a subgroup of index 2.

For the calculations concerning Hilbert modular surfaces it is convenient to give the simultaneously multiplicative functions $r_D(m_1, f_1; m_2, f_2)$ and $r_D^{(p)}(m_1, g_1; m_2, g_2)$ by generating series. These functions depend only on the ratio m_1/m_2 (and of course f_1, f_2 or g_1, g_2). For each prime q we write

$$T_q(x, y, z) = \sum_{r,s,l} r_D(q^r, q^s; 1, q^l)\, x^r y^s z^l.$$

Since by Proposition 3

$$r_D(q^r, q^s; 1, q^l) = \begin{cases} r_D(q^l, q^r) & \text{for } s \geqq l, \\ r_D(q^s, q^{r+2s-2l})\, q^{l-s} & \text{for } 0 < s < l, \\ r_D(1, q^{r-2l})\, q^l (1 - \chi_D(q)/q) & \text{for } 0 = s < l, \end{cases}$$

we have

$$T_q(x, y, z) = T_q'(x, y, z) + T_q''(x, y, z) - T_q'''(x, y, z),$$

where

$$T_q'(x, y, z) = \sum_{\substack{r,s,l \\ s \geqq l}} r_D(q^l, q^r)\, x^r y^s z^l = \frac{1}{1-y} R_{D,q}(y z, x)$$

(compare Proposition 2(b)),

$$T_q''(x,y,z)=\sum_{\substack{r,s,l\\ 0\leq s<l}} r_D(q^s, q^{r+2s-2l})\, q^{l-s} x^r y^s z^l,$$

$$T_q'''(x,y,z)=\chi_D(q)\sum_{\substack{r,l\\ l>0}} r_D(1, q^{r-2l})\, q^{l-1} x^r z^l.$$

To evaluate T_q'' we put $l-s=j$ and $r-2j=k$ and obtain

$$T_q''(x,y,z)=\sum_{\substack{j,k,s\\ j>0}} r_D(q^s,q^k)\, q^j x^{k+2j} y^s z^{j+s}=R_{D,q}(yz,x)\frac{q x^2 z}{1-q x^2 z}.$$

Similarly,

$$T_q'''(x,y,z)=\chi_D(q)\, R_{D,q}(0,x)\frac{x^2 z}{1-q x^2 z}.$$

Thus we have

$$T_q(x,y,z)=R_{D,q}(yz,x)\frac{1-q x^2 y z}{(1-y)(1-q x^2 z)}-\chi_D(q)\, R_{D,q}(0,x)\frac{x^2 z}{1-q x^2 z} \tag{28}$$

where $R_{D,q}$ is given in Proposition 2. In the same way we calculate the generating series $T_p^{(p)}(x,y,z)=\sum r_D^{(p)}(p^r,p^s;1,p^l)\,x^r y^s z^l$ and obtain from Proposition 3′ and (26)

$$\begin{aligned}T_p^{(p)}(x,y,z)&=R_{D,p}^{(p)}(yz,x)\frac{1-p x^2 y z}{(1-y)(1-p x^2 z)}\\ &=\frac{1-\chi_{D_0}(p)\, x y z}{(1-z y)(1-\chi_{D_0}(p)\, x)(1-y)(1-p x^2 z)}.\end{aligned} \tag{28'}$$

1.3. The Transversal Intersections of the Curves T_N

Let ψ be a positive definite form defined over the oriented lattice $\mathbb{Z}\oplus\mathbb{Z}$ and let $s_0(\psi)$ be the number of orientation-preserving embeddings $j\colon \mathbb{Z}\oplus\mathbb{Z}\to\mathfrak{M}_z$ with $z\in\mathfrak{H}^2$ special and $\varphi_z\circ j=\psi$, where $SL_2(\mathcal{O})$-equivalent embeddings are identified (cf. (5)). Each such embedding is counted with multiplicity $\frac{1}{|\mathrm{Ker}(\pi)|}$, where $\pi\colon SL_2(\mathcal{O})_z\to \mathrm{Aut}(\varphi_z)$ as in the proof of Theorem 1 is the map given by (5).

Theorem 2. *Let ψ be a positive definite quadratic form of discriminant $\Delta\equiv 0 \pmod p$ and content m and $\psi_0=\frac{1}{m}\psi$ the corresponding primitive form. Then*

$$s_0(\psi)=\sum_{d\mid m}\frac{1}{2}\left(\chi_p(d)+\chi_p\left(\frac{m}{d}\right)\chi_p(\psi_0)\right) d\, H(-\Delta/p d^2), \tag{29}$$

where H is defined in (15). (We put $H(n)=0$ if n is not integral.)

Proof. We write m_1 instead of m and $\Delta=Df_1^2 m_1^2$, where D is a fundamental discriminant, and again write D_0 for the discriminant of $\mathbb{Q}(\sqrt{Dp})$. Theorem 1 implies

$$s_0(\psi)=\sum_{m_2,f_2}\rho_D(m_1,f_1;m_2,f_2)\,\beta_p(m_2)\,h'(Dm_2^2 f_2^2/p), \tag{30}$$

where ρ_D was given in (27). We put $h'(n)=0$ if n is not integral. The reader may check that isotropy and automorphism groups are counted in the correct way. It suffices to prove

$$\sum_{d\mid m_1}\chi_p(d)\,dH(-Df_1^2 m_1^2/p\,d^2)=\sum_{m_2,f_2} r_D(m_1,f_1;m_2,f_2)\,\beta_p(m_2)\,h'(Dm_2^2 f_2^2/p) \tag{31}$$

and, for $Df_1^2=D_0\,g_1^2\,p$,

$$\begin{aligned}&\sum_{d\mid m_1}\chi_p(m_1/d)\,dH(-D_0\,g_1^2\,m_1^2/d^2)\\&\quad=\sum_{m_2,g_2} r_D^{(p)}(m_1,g_1;m_2,g_2)\,\beta_p(m_2)\,h'(D_0\,g_2^2\,m_2^2).\end{aligned} \tag{31'}$$

Substituting for H from (15) we can rewrite the left-hand sides of (31) and (31′) as sums where all summands have a factor $h'(D_0 a^2)$ which we substitute by $h'(D_0)\gamma_{D_0}(a)$ (Proposition 1). The same can be done for $h'(Dm_2^2 f_2^2/p)$ and $h'(D_0 g_2^2 m_2^2)$ on the right. We divide both sides of (31) and (31′) by $h'(D_0)$. Then both sides of (31) become simultaneously multiplicative in m_1, u_1, where $Df_1^2 m_1^2=D_0 u_1^2 p$, and both sides of (31′) simultaneously multiplicative in m_1, g_1. Thus we can treat both equations at each prime q separately. We first prove (31) for the case $q\neq p$ or $q=p$, $p\nmid D_0$ (i.e. $p\mid D$). Then $p\mid Df_1^2$ and we can write $m_1=q^r$, $g_1=q^s$ in (31), where $Df_1^2=D_0\,g_1^2\,p$. We then write $a(r,s)$ for the left-hand side of (31) divided by $h'(D_0)$. We put $\varepsilon=\chi_p(q)$ and $\alpha=\chi_{D_0}(q)$. We have

$$a(r,s)=\sum_{k=0}^{r}\varepsilon^k q^k\sum_{n=0}^{r+s-k}\gamma_{D_0}(q^n)$$

and therefore the generating series $A(x,y)=\sum a(r,s)\,x^r y^s$ is given by

$$\begin{aligned}A(x,y)&=\sum_{k,h,s\geqq 0}\varepsilon^k q^k\left(\sum_{n=0}^{h+s}\gamma_{D_0}(q^n)\right)x^{k+h}y^s\\&=\frac{1}{1-\varepsilon q x}\sum_{h,s\geqq 0}\left(1+\left(1-\frac{\alpha}{q}\right)\,(q+q^2+\cdots+q^{h+s})\right)x^h y^s\\&=\frac{1}{1-\varepsilon q x}\sum_{h,s\geqq 0}\left(\frac{1-q^{h+s+1}}{1-q}-\alpha\frac{1-q^{h+s}}{1-q}\right)x^h y^s\\&=\frac{1-\alpha x-\alpha y-q x y+\alpha x y+q\alpha x y}{(1-\varepsilon q x)(1-x)(1-y)(1-q x)(1-q y)}.\end{aligned} \tag{32}$$

On the right-hand side of (31) the summation runs over all $m_2=q^k$, $g_2=q^l$ with $Df_2^2=D_0\,g_2^2\,p$. For the coefficient $\beta_p(m_2)\,h'(D_0\,g_2^2\,m_2^2)$ appearing in (31) we introduce the generating series $B(x,y)=\sum\beta_p(q^k)\,\gamma_{D_0}(q^{k+l})\,x^k y^l$ and obtain

$$B(x,y)=\frac{\alpha}{q}+\left(1-\frac{\alpha}{q}\right)\frac{1+q x}{1-\varepsilon q x}\,\frac{1}{1-q y}. \tag{33}$$

The numbers $r_D(q^r, q^s; q^k, q^l)$ occurring in (31) can be regarded as the coefficients of an infinite matrix M giving an endomorphism of the $\mathbb{Q}$-vector space $\mathbb{Q}[[x, y]]$ which is $\mathbb{Q}[[x]]$-linear. We must prove $A = MB$. In view of (28) (noting also that $r_D(q^r, pq^s; 1, pq^l) = r_D(q^r, q^s; 1, q^l)$ for $p \neq q$ and $p \nmid D$) we have to prove the identity

$$A(x, y) = \frac{\alpha}{q} T_q(x, y, 0) + \left(1 - \frac{\alpha}{q}\right) \frac{1 + q x}{1 - \varepsilon q x} T_q(x, y, q). \tag{34}$$

In the definition of T_q enters $\delta = \chi_D(q)$, whereas the numbers $\varepsilon = \chi_p(q)$ and $\alpha = \chi_{D_0}(q)$ enter in (32) and (33). The reader may check that (34) is a formal identity in $x, y, q, \varepsilon, \alpha, \delta$ provided $\delta = \varepsilon \alpha$. This finishes the proof of (31) except in the case $p \nmid D$ (i.e. $D_0 = Dp$) and $p = q$, where we have to prove (31) for $m_1 = p^r$, $f_1 = p^s$ with $r + s > 0$. The summation runs over all $m_2 = p^k$, $f_2 = p^l$ with $k + l > 0$. If we define $a_0(r, s)$ as the left-hand side of (31) (for $m_1 = p^r$, $f_1 = p^s$) divided by $h'(D_0)$ and $A_0(x, y)$ as the corresponding generating series we have

$$A_0(x, y) = \frac{y + x - x y - p x y}{(1 - x)(1 - y)(1 - p x)(1 - p y)}.$$

The generating series $B_0(x, y) = \sum \beta_p(p^k)\, \gamma_{D_0}(p^{k+l-1})\, x^k y^l$ is given by

$$p B_0(x, y) = \frac{1 + p x}{1 - p y} - 1,$$

and we must show that $A_0 = M B_0$, i.e. we must check the identity

$$p A_0(x, y) = (1 + p x)\, T_p(x, y, p) - T_p(x, y, 0)$$

(compare (34)), which is indeed true.

We now prove (31'). If $p \nmid m_1$, then $p \mid D f_1^2$ and (31') is equivalent to (31). We consider (31') for $m_1 = p^r$, $g_1 = p^s$ and define $a'(r, s)$ as the left-hand side divided by $h'(D_0)$. Then the corresponding generating series $A'(x, y)$ is given by

$$A'(x, y) = \frac{1 - \alpha y}{(1 - y)(1 - p x)(1 - p y)}.$$

We have $B(x, y)$ as in (33) and must check the equality

$$A'(x, y) = \frac{\alpha}{p} T_p^{(p)}(x, y, 0) + \left(1 - \frac{\alpha}{p}\right)(1 + p x)\, T_p^{(p)}(x, y, p)$$

in place of the previous (34). Using (28') this is a formal identity. Thus Theorem 2 is proved in all cases.

We are now finally able to evaluate the number of transversal intersections of the curves T_M and T_N on the Hilbert modular surface X. The curves T_M, T_N have a common component if and only if MN is a square. We do not exclude this case. A transversal intersection of T_M and T_N in a point $\mathfrak{z} \in X$ represented by $z \in \mathfrak{H}^2$ is given by an ordered pair (A, B) of linearly independent elements of $\mathfrak{M}_z$ (cf. 1.1) with $\det A = M$, $\det B = N$. Thus we have transversal intersections only in special points. Each ordered pair (A, B) determines an orientation of $\mathfrak{M}_z$.

On the other hand, in 1.1 an orientation of $\mathfrak{M}_z$ was chosen once for all. Let $(T_M T_N)_{\mathfrak{z}}$ be the transversal intersection number of T_M and T_N in $\mathfrak{z}$ in the sense of rational homology manifolds. Then $(T_M T_N)_{\mathfrak{z}}$ is $\frac{1}{v_{\mathfrak{z}}}$ times the number of ordered pairs (A, B) with A, B linearly independent elements of $\mathfrak{M}_z$ determining the given orientation and with $\varphi_z(A)=M$, $\varphi_z(B)=N$. (Note that the orientation convention allows only the sign change from A, B to $-A$, $-B$ and that each $v_{\mathfrak{z}}$ contains the factor 2, with $v_{\mathfrak{z}}/2$ the order of the isotropy group of $SL_2(\mathcal{O})/\{\pm 1\}$ at z. Because $SL_2(\mathcal{O})/\{\pm 1\}$ acts effectively on $\mathfrak{H}^2$, the intersection theory on rational homology manifolds requires division by $v_{\mathfrak{z}}/2$.) For each such pair we get a quadratic form by restricting φ_z to $\mathbb{Z}A \oplus \mathbb{Z}B$. This quadratic form has the form $[M, b, N]$. Also, it is positive definite and has discriminant divisible by p (Lemma 1), so the integer b must satisfy $4MN-b^2>0$, $4MN-b^2 \equiv 0 \pmod p$. Conversely, for any integer b satisfying these two conditions we can consider the quadratic form $\psi=[M, b, N]$ over $\mathbb{Z}\oplus\mathbb{Z}$ and the number of $SL_2(\mathcal{O})_z$-inequivalent orientation-preserving embeddings $j\colon \mathbb{Z}\oplus\mathbb{Z}\to\mathfrak{M}_z$ with $\varphi_z \circ j=\psi$ (where each such embedding is counted with multiplicity $1/|\mathrm{Ker}(\pi)|$ as explained at the beginning of this section). Clearly $(T_M T_N)_{\mathfrak{z}}$ is the sum of these numbers for all b. The transversal intersection number

$$(T_M T_N)_X^{\mathrm{tr}} = \sum_{\substack{\mathfrak{z}\in X\\ \mathfrak{z}\ \text{special}}} (T_M T_N)_{\mathfrak{z}}$$

of T_M and T_N on X is therefore given by the formula

$$(T_M T_N)_X^{\mathrm{tr}} = \sum_{\substack{b\in\mathbb{Z}\\ b^2<4MN\\ b^2\equiv 4MN \pmod p}} s_0([M, b, N]), \tag{35}$$

where s_0 is given by Theorem 2. If MN is not a square (so that T_M, T_N have no common components), we write $(T_M T_N)_X=(T_M T_N)_X^{\mathrm{tr}}$. If one of the curves is compact in X, then $(T_M T_N)_X$ is the intersection number in the sense of homology theory.

Theorem 3. *Let M, N be positive integers, $v_p(N)\leqq v_p(M)$ (v_p denotes the exponent of p). Then the number of transversal intersections of the curves T_M and T_N on the Hilbert modular surface X is given by*

$$(T_M T_N)_X^{\mathrm{tr}} = \frac{1}{2}\sum_{d|(M,N)} \left(d\chi_p(d)+d\chi_p\left(\frac{N}{d}\right)\right) H_p^0(MN/d^2),$$

where

$$H_p^0(N) = \sum_{\substack{x\in\mathbb{Z}\\ x^2<4N\\ x^2\equiv 4N \pmod p}} H\left(\frac{4N-x^2}{p}\right),$$

$H(n)$ being the class-number function defined in (15).

Proof. By (35) and Theorem 2,

$$2(T_M T_N)_X^{\mathrm{tr}} = \sum_{\substack{b^2<4MN \\ b^2\equiv 4MN \,(\mathrm{mod}\, p)}} \sum_{d|(M,b,N)} \chi_p(d)\, d\, H\left(\frac{4MN-b^2}{p\,d^2}\right)$$

$$+ \sum_{\substack{b^2<4MN \\ b^2\equiv 4MN \,(\mathrm{mod}\, p)}} \chi_p\left(\frac{[M,b,N]}{(M,b,N)}\right) \sum_{d|(M,b,N)} \chi_p\left(\frac{(M,b,N)}{d}\right) d\, H\left(\frac{4MN-b^2}{p\,d^2}\right).$$

In the first sum, we write $b=dx$ and may assume that $x^2\equiv 4MN/d^2 \pmod p$ since the only terms contributing are those with $p \nmid d$. Thus the first sum equals

$$\sum_{d|(M,N)} \chi_p(d)\, d \sum_{\substack{x^2<4MN/d^2 \\ x^2\equiv 4MN/d^2 \,(\mathrm{mod}\, p)}} H((4MN/d^2-x^2)/p) = \sum_{d|(M,N)} \chi_p(d)\, d H_p^0(MN/d^2).$$

Similarly, in the second sum in the formula for $2(T_M T_N)_X^{\mathrm{tr}}$ we only have to sum over those b for which $(4MN-b^2)/(M,b,N)^2\equiv 0 \pmod p$. Then $N/(M,b,N)\not\equiv 0 \pmod p$ and hence

$$\chi_p\left(\frac{[M,b,N]}{(M,b,N)}\right) = \chi_p\left(\frac{N}{(M,b,N)}\right).$$

Therefore

$$\chi_p\left(\frac{[M,b,N]}{(M,b,N)}\right) \chi_p\left(\frac{(M,b,N)}{d}\right) = \chi_p\left(\frac{N}{d}\right)$$

and we see by the same calculation as before that the second sum equals

$$\sum_{d|(M,N)} d\chi_p\left(\frac{N}{d}\right) H_p^0\left(\frac{MN}{d^2}\right).$$

This completes the proof of the theorem.

1.4. Contributions from the Cusps

As before, X denotes the Hilbert modular surface $\mathfrak{H}^2/SL_2(\mathcal{O})$ for a fixed prime $p\equiv 1 \pmod 4$. We consider the compact surface $\tilde{X}$ obtained by adding to X the "cusps" and resolving the singularities thus created. Then $\tilde{X} = X \cup \bigcup_k S_k$, where each S_k is a rational curve and the S_k are arranged in finitely many cycles corresponding to the $h(p)$ different cusps ([4, 6, 7]). The index k runs through a finite indexing set I which is this union of cycles. To each k corresponds a reduced quadratic irrationality

$$w_k = \frac{M_k+\sqrt{p}}{2N_k}, \qquad 0<w_k'<1<w_k,$$

where M_k and N_k are natural numbers, and these are all reduced quadratic irrationalities of discriminant p. Each w_k determines a primitive ideal $\mathfrak{a}_k$ (i.e. one not divisible by any natural number >1) with $\mathfrak{a}_k^{-1} = \mathbb{Z}\, w_k + \mathbb{Z}$, $\mathrm{N}(\mathfrak{a}_k) = N_k$

(see [4], 4.1). The ideal $\mathfrak{a}_k$ has characteristic $(k|0, 1)$ in the terminology of [4]. We have

$$\mathfrak{a}'_k = \left(N_k, \frac{M_k+\sqrt{p}}{2}\right) = \mathbb{Z} N_k + \mathbb{Z}\frac{M_k+\sqrt{p}}{2}.$$

The integers operate on the indexing set. The result of the operation of $n \in \mathbb{Z}$ on $k \in I$ will be denoted by $k+n$. Thus w_{k+1}, for example, is defined, and in fact

$$w_k = b_k - \frac{1}{w_{k+1}} \quad \text{with } b_k \in \mathbb{Z},\ b_k = [w_k]+1 \geqq 2,$$

and this leads to the continued fraction for w_k. The quadratic form associated to the ideal $\mathfrak{a}_k$ is

$$(x, y) \mapsto \frac{1}{\mathrm{N}(\mathfrak{a}_k)} \mathrm{N}\left(x N_k + y \frac{M_k - \sqrt{p}}{2}\right) = x^2 N_k + x y M_k + y^2 N_{k-1}.$$

The intersection matrix $S_k \circ S_l$ $(k, l \in I)$ has the form (at least in the case when each cycle has length >2)

$$S_k \circ S_l = \begin{cases} 1 & \text{if } k = l \pm 1, \\ -b_k & \text{if } k = l, \\ 0 & \text{otherwise}. \end{cases}$$

The curve T_N defined in X can be extended to a curve in $\tilde{X}$, also denoted by T_N. It meets each curve S_k of the resolution with some multiplicity $T_N \circ S_k$. Since $\det(S_k \circ S_l) \neq 0$, we can introduce a divisor (with rational coefficients)

$$T_N^c = T_N + \sum_k \alpha(N, k)\, S_k$$

such that $T_N^c \circ S_j = 0$ for all j. In order to calculate the rational coefficients $\alpha(N, k)$ we have to invert the intersection matrix $(S_k \circ S_l)$. First we introduce the following notation. Let $\mathfrak{a}$ be an ideal in $\mathcal{O}$. We put

$$f(\mathfrak{a}) = \frac{1}{\sqrt{p}} \sum_{\substack{(\lambda)=\mathfrak{a} \\ \lambda \gg 0}} \min(\lambda, \lambda'). \tag{36}$$

Thus $f(\mathfrak{a}) = 0$ if $\mathfrak{a}$ is not principal. For $\mathfrak{a}$ principal, $\mathfrak{a} = (\mu)$, the sum in (36) is infinite but converges. Let ε be the generator of the infinite cyclic group U^+ of totally positive units of $\mathcal{O}$ which satisfies $\varepsilon < 1$ and $\varepsilon' > 1$ and suppose $\mu \gg 0$ and

$$\varepsilon^2 \leqq \mu/\mu' \leqq 1. \tag{37}$$

Then, writing $f(\mu)$ instead of $f((\mu))$, we find

$$f(\mu) = \frac{1}{\sqrt{p}} \left(\sum_{j=0}^{\infty} \mu \varepsilon^j + \sum_{j=1}^{\infty} \mu' \varepsilon'^j\right) = \frac{1}{\sqrt{p}} \left(\frac{\mu}{1-\varepsilon} + \frac{\mu' \varepsilon}{1-\varepsilon}\right) = \frac{1}{\mathrm{Tr}\, \varepsilon_0} \mathrm{Tr}\left(\frac{\mu \varepsilon'_0}{\sqrt{p}}\right),$$

where ε_0 is the unit (determined up to sign) satisfying $\varepsilon_0^2 = \varepsilon$. After multiplying any totally positive number $\mu \in \mathcal{O}$ with a suitable power of ε it will satisfy (37).

Therefore $f(\mathfrak{a})$ is always a rational number such that $\mathrm{Tr}(\varepsilon_0)f(\mathfrak{a})$ is an integer. We put $g(\mu)=(\mathrm{Tr}\,\varepsilon_0)^{-1}\mathrm{Tr}(\mu\,\varepsilon_0'/\sqrt{p})$ and have $f(\mu)=g(\mu)$ if (37) is satisfied. We check easily:

$$\text{if } 1\leqq\mu/\mu'\leqq\varepsilon^{-2}, \quad \text{then } f(\mu)=g(\mu)-\mathrm{Tr}(\mu/\sqrt{p}). \tag{38}$$

Proposition 4. *The inverse matrix of the intersection matrix* $(S_k\circ S_l)$ *is the matrix* $(-f(\mathfrak{a}_k\,\mathfrak{a}_l'))$.

Proof. We first observe that $f(\mathfrak{a}_k\,\mathfrak{a}_l')=0$ if $\mathfrak{a}_k,\mathfrak{a}_l$ are not in the same ideal class. Therefore the matrix $(-f(\mathfrak{a}_k\,\mathfrak{a}_l'))$ decomposes into blocks corresponding to the various cycles. Obviously the matrix $(S_k S_l)$ has the same property. Thus we may consider just one cycle. We shall use without further comment the notation of [4] 2.3. The ideals of the cycle are indexed by a number $k\in\mathbb{Z}/r\mathbb{Z}$, where r is the length of the cycle. The indexing can be chosen in such a way that any given ideal $\mathfrak{a}_l$ becomes $\mathfrak{a}_0$. Therefore we only have to check that

$$-f(\mathfrak{a}_{-1}\,\mathfrak{a}_0')+b_0\,f(\mathfrak{a}_0\,\mathfrak{a}_0')-f(\mathfrak{a}_1\,\mathfrak{a}_0')=1,$$

$$-f(\mathfrak{a}_{k-1}\,\mathfrak{a}_0')+b_k\,f(\mathfrak{a}_k\,\mathfrak{a}_0')-f(\mathfrak{a}_{k+1}\,\mathfrak{a}_0')=0 \quad \text{for } k\neq 0$$

(the matrix $(S_k S_l)$ was given above only for $r>2$, but these are the equations to be checked also if $r=1$ or 2; cf. [4] 2.4). The module $M=\mathfrak{a}_0^{-1}$ admits bases (A_{k-1},A_k) $(k\in\mathbb{Z})$ which are given by two consecutive points of the support polygon which bounds the convex hull of $M\cap(\mathbb{R}_+)^2$, where M is embedded in $\mathbb{R}^2$ in the usual way. We have

$$-A_{k-1}+b_k A_k-A_{k+1}=0.$$

The A_l are totally positive numbers which are monotonely decreasing $(A_{-1}=w_0$, $A_0=1, 0<A_{l+1}<A_l)$ whereas the A_l' are increasing. We have $A_r=\varepsilon$ and $A_{k+r}=A_k\,\varepsilon$. In the following equations w_k, $\mathfrak{a}_k$ depend only on $k\ (\mathrm{mod}\, r)$ whereas A_k depends on $k\in\mathbb{Z}$. We have

$$w_k A_k=A_{k-1}, \quad \mathfrak{a}_k^{-1}=A_k^{-1}M, \quad \mathfrak{a}_k=A_k\,\mathfrak{a}_0,$$

$$\mathfrak{a}_k\,\mathfrak{a}_l'=(A_k A_l'\,\mathrm{N}(\mathfrak{a}_0))=(A_k A_l' N_0).$$

Since $N_0=\mathrm{N}(\mathfrak{a}_0)=\mathrm{Tr}(w_0/\sqrt{p})^{-1}$ we have to prove

$$\begin{aligned}&-f(A_{-1})+b_0\,f(A_0)-f(A_1)=\mathrm{Tr}(w_0/\sqrt{p}),\\ &-f(A_{k-1})+b_k\,f(A_k)-f(A_{k+1})=0 \quad \text{for } k=1,\dots,r-1.\end{aligned} \tag{39}$$

Since $A_r=\varepsilon$, the A_l with $0\leqq l\leqq r$ satisfy (37). Therefore $f=g$ in the second equation of (39), and the equation holds because g is a linear function. On the other hand,

$$1<w_0/w_0'=A_{-1}/A'_{-1}\leqq A_{-r}/A'_{-r}=\varepsilon^{-2},$$

so (38) applies to A_{-1} and the first equation of (39) also follows from the linearity of g. This finishes the proof.

The coefficient $\alpha(N,k)$ of S_k in the formula for T_N^c can now be written down using the symmetric matrix $(f(\mathfrak{a}_k\,\mathfrak{a}_l'))$. We have

$$\alpha(N,k)=\sum_l f(\mathfrak{a}_k\,\mathfrak{a}_l')(S_l\,T_N) \tag{40}$$

and for the intersection numbers in the sense of rational homology

$$(T_M T_N^c)_{\tilde{X}} = (T_M^c T_N)_{\tilde{X}} = (T_M^c T_N^c)_{\tilde{X}} = (T_M T_N)_{\tilde{X}} + \sum_{k,l} f(\mathfrak{a}_k \mathfrak{a}_l')(S_k T_M)(S_l T_N).$$

If MN is not a square, then T_M, T_N have no common components. The two curves meet in finitely many points of the compact surface $\tilde{X}$. Therefore $(T_M T_N)_{\tilde{X}}$ can be broken up into the intersection number $(T_M T_N)_X$ calculated in 1.3 and the sum of the intersection multiplicities of T_M and T_N in points of $\bigcup S_k = \tilde{X} - X$. The latter sum will be denoted by $(T_M T_N)_{\tilde{X}-X}$. We put

$$(T_M T_N)_\infty = (T_M T_N)_{\tilde{X}-X} + \sum_{k,l} f(\mathfrak{a}_k \mathfrak{a}_l')(S_k T_M)(S_l T_N) \tag{41}$$

and have

$$T_M T_N^c = (T_M T_N)_X + (T_M T_N)_\infty .$$

For given M the intersection of T_M with a small neighbourhood of $\bigcup S_k$ is the union of all the curves

$$u_k^q = v_k^p, \quad p \geqq 0, \quad q \geqq 0, \quad p^2 N_{k-1} + pq M_k + q^2 N_k = M, \tag{42}$$

where (u_k, v_k) is the local coordinate system in which S_k is given by $v_k = 0$ and S_{k-1} by $u_k = 0$. The "characteristic" $(k|p,q)$ determines an ideal $\mathfrak{a}$ with $\mathrm{N}(\mathfrak{a}) = M$ and in this way the curves given in (42) correspond bijectively to the ideals $\mathfrak{a}$ in $\mathcal{O}$ with $\mathrm{N}(\mathfrak{a}) = M$. (See [4] 4.1 and [7] 3.3.) Contrary to [4] we do not assume $(p,q) = 1$. The ideal $\mathfrak{a}$ need not be primitive. The ideal $\mathfrak{a}/(p,q)$ is primitive.

In the same way, T_N near $\bigcup S_k$ is just the union of all curves

$$u_l^t = v_l^s, \quad s \geqq 0, \quad t \geqq 0, \quad s^2 N_{l-1} + st M_l + t^2 N_l = N, \tag{43}$$

and these correspond bijectively to the ideals $\mathfrak{b}$ with $\mathrm{N}(\mathfrak{b}) = N$. The curve $u_k^q = v_k^p$ intersects S_k with multiplicity q and S_{k-1} with multiplicity p, and similarly the curve $u_l^t = v_l^s$ intersects S_l with multiplicity t and S_{l-1} with multiplicity s; other intersections with curves S_j do not occur. Similarly, in a sufficiently small neighbourhood of $\bigcup S_j$ the curves (42) and (43) intersect only if $k = l$, their intersection point then being the origin of the k-th coordinate system (u_k, v_k). Since the intersection number of the affine curves $u^q - v^p = 0$, $u^t - v^s = 0$ at the origin (for $pt - qs \neq 0$) is $\min(pt, qs)$, the intersection number of the curves (42) and (43) near $\bigcup S_j$ is $\delta_{kl} \min(pt, qs)$.

Proposition 5. *Assume that MN is not a square. Then*

$$(T_M T_N)_\infty = \sum_{\substack{\mathrm{N}(\mathfrak{a}) = M \\ \mathrm{N}(\mathfrak{b}) = N}} f(\mathfrak{a}\mathfrak{b}').$$

(The sum is taken over all ideals $\mathfrak{a}, \mathfrak{b}$ in $\mathcal{O}$ with $\mathrm{N}(\mathfrak{a}) = M$ and $\mathrm{N}(\mathfrak{b}) = N$ and is of course finite. It can also be written as $\sum f(\mathfrak{a}\mathfrak{b})$.)

Proof. The ideals $\mathfrak{a}, \mathfrak{b}$ correspond to curves (42) and (43), respectively. Each pair of such curves contributes to $(T_M T_N)_\infty$ as defined by (41) the following expression:

$$\delta_{kl} \min(pt,\ qs) + f(\mathfrak{a}_{k-1} \mathfrak{a}_{l-1}') ps + f(\mathfrak{a}_{k-1} \mathfrak{a}_l') pt + f(\mathfrak{a}_k \mathfrak{a}_{l-1}') qs + f(\mathfrak{a}_k \mathfrak{a}_l') qt,$$

and we have to show that this equals $f(\mathfrak{a}\,\mathfrak{b}')$. Interchanging the roles of T_M and T_N if necessary, we may assume that $p\,t \leqq q\,s$ if $k=l$.

As in the proof of the preceding proposition, we may suppose that k, l belong to the same cycle and (after re-indexing) that $l=0$ and $0 \leqq k \leqq r-1$, where r is the length of the cycle. Then $\mathfrak{a}_k = A_k\,\mathfrak{a}_0$, $\mathfrak{a}_{-1} = A_{-1}\,\mathfrak{a}_0 = w_0\,\mathfrak{a}_0$. By [4] 4.1(6), (8),

$$\mathfrak{a} = \lambda\,\mathfrak{a}_0 \quad \text{with } \lambda = p\,A_{k-1} + q\,A_k,$$

$$\mathfrak{b} = \mu\,\mathfrak{a}_0 \quad \text{with } \mu = s\,A_{-1} + t\,A_0 = s\,w_0 + t.$$

If $k \geqq 1$ we have to show

$$f(A_{k-1}\,w_0')\,p\,s + f(A_{k-1})\,p\,t + f(A_k\,w_0')\,q\,s + f(A_k)\,q\,t = f(\lambda\,\mu'). \tag{44}$$

Since the sequence $\{A_j\}$ is monotonely decreasing and $\{A_j'\}$ is monotonely increasing, and $A_{j+r} = A_j\,\varepsilon$ for all j, we have

$$1 = A_0/A_0' \geqq A_{k-1}/A_{k-1}' \geqq A_k/A_k' \geqq A_r/A_r' = \varepsilon^2$$

and

$$1 \geqq A_{k-1}\,A_{-1}'/A_{k-1}'\,A_{-1} \geqq A_k\,A_{-1}'/A_k'\,A_{-1} \geqq A_{r-1}\,A_{-1}'/A_{r-1}'\,A_{-1} = \varepsilon^2,$$

so all four numbers $A_{k-1}\,w_0'$, A_{k-1}, $A_k\,w_0'$, A_k satisfy (37). The number $\lambda\,\mu'$ is a linear combination of these four numbers with nonnegative coefficients, so it also satisfies (37). Thus for all five of these numbers f can be replaced by g and (44) follows from the linearity of g. If $k=0$, $p\,t \leqq q\,s$, we must show

$$\frac{p\,t}{\mathrm{N}(\mathfrak{a}_0)} + f(w_0\,w_0')\,p\,s + f(w_0)\,p\,t + f(w_0')\,q\,s + f(1)\,q\,t = f(\lambda\,\mu'). \tag{45}$$

The numbers $w_0\,w_0'$, w_0' and 1 all satisfy (37), and therefore

$$\lambda\,\mu' = (p\,w_0 + q)(s\,w_0' + t) = (p\,s\,w_0\,w_0' + p\,t(w_0 + w_0') + q\,t) + (q\,s - p\,t)\,w_0'$$

also does, so for these four numbers $f = g$; on the other hand, w_0 satisfies the assumption of (38) and therefore

$$f(w_0) = g(w_0) - \mathrm{Tr}(w_0/\sqrt{p}) = g(w_0) - \frac{1}{\mathrm{N}(\mathfrak{a}_0)},$$

so (45) also follows from the linearity of g. This completes the proof.

1.5. Self-Intersections

The curve T_N in $X = \mathfrak{H}^2/SL_2(\mathcal{O})$ is a union of irreducible curves each of which has a non-singular model $\mathfrak{H}/\Gamma$, where Γ is a discrete subgroup of $SL_2(\mathbb{R})$. In $\mathfrak{H}$ we have the $SL_2(\mathbb{R})$-invariant volume form which we normalize in such a way that the volume of the fundamental domain of $SL_2(\mathbb{Z})$ becomes $-\frac{1}{6}$ (see [4] §1). The above mentioned curves $\mathfrak{H}/\Gamma$ all have finite volumes and thus the volume of T_N is well-defined. We have

$$\mathrm{vol}(T_N) = -\tfrac{1}{12} \sum_{d \mid N} (\chi_p(d) + \chi_p(N/d))\,d. \tag{46}$$

This result was mentioned in [5] (15) for $p \nmid N$. It is a consequence of a volume calculation due to Eichler [1]. The proof of (46) will be contained in a forthcoming Bonn dissertation by H.G. Franke.

For positive integers M, N we define

$$(T_M T_N)_X = (T_M T_N)_X^{\mathrm{tr}} + \mathrm{vol}((T_M \cap T_N)^1), \tag{47}$$

where $(T_M \cap T_N)^1$ is the one-dimensional part of the intersection of T_M and T_N, which is empty if MN is not a square and equals $T_{(M,N)}$ if MN is a square. For $(T_M T_N)_X^{\mathrm{tr}}$ see 1.3.

Let us now consider the case that MN is a square. Assume $v_p(N) \leqq v_p(M)$. Then $v_p((M,N)) = v_p(N)$ and $N/(M,N)$ is a square prime to p. Hence $\chi_p(N/d) = \chi_p((M,N)/d)$ and by (46)

$$\mathrm{vol}(T_{(M,N)}) = \sum_{d|(M,N)} (d\chi_p(d) + d\chi_p(N/d))\, H(0), \tag{48}$$

where $H(0) = -1/12$ by definition. In 1.4 (Theorem 3) we defined a function H_p^0. It is more natural to introduce the function

$$H_p(n) = \sum_{\substack{x \in \mathbb{Z} \\ x^2 \leqq n \\ x^2 \equiv 4n (\mathrm{mod}\, p)}} H\left(\frac{4n - x^2}{p}\right). \tag{49}$$

If n is not a square, then $H_p(n) = H_p^0(n)$. If $n > 0$ is a square, then $H_p(n) - H_p^0(n) = 2H(0)$. Therefore by (47), (48) and Theorem 3

$$(T_M T_N)_X = \tfrac{1}{2} \sum_{d|(M,N)} (d\chi_p(d) + d\chi_p(N/d))\, H_p(MN/d^2) \quad \text{if } v_p(N) \leqq v_p(M), \tag{50}$$

and this formula holds for all values of M and N.

If MN is not a square we have

$$(T_M T_N^c)_{\tilde{X}} = (T_M T_N)_X + (T_M T_N)_\infty,$$

with $(T_M T_N)_\infty$ given by Proposition 5. We want to show that the same formula holds if MN is a square.

Proposition 6. *For the curves T_N, T_N of the Hilbert modular surface $\tilde{X}$ we have*

$$T_M T_N^c = T_M^c T_N = (T_M T_N)_X + (T_M T_N)_\infty$$

with

$$(T_M T_N)_\infty = \sum f(\mathfrak{a}\,\mathfrak{b}'),$$

where the sum is taken over all ideals $\mathfrak{a}, \mathfrak{b}$ in $\mathcal{O}$ with $\mathrm{N}(\mathfrak{a}) = M$ *and* $\mathrm{N}(\mathfrak{b}) = N$.

We have to calculate $(T_M T_N)_{\tilde{X}}$ and this involves $(T_{(M,N)} T_{(M,N)})_{\tilde{X}}$ if MN is a square. Self-intersection numbers can be evaluated by the adjunction formula (compare [4] 0.6). Therefore the proof of Proposition 6 will be preceded by a discussion of the adjunction formula for curves in complex surfaces (Plücker formula) and its generalization to surfaces with isolated quotient singularities.

Let D be a compact curve (not necessarily irreducible) on the non-singular complex surface Y. Then the Euler number of the non-singular model $\tilde{D}$ of D

is given by the formula

$$e(\tilde{D}) = c_1[D] - DD + \sum_{x \in Y} \mu_x(D),$$

where c_1 is the first Chern class of Y and the Plücker number $\mu_x(D)$ is a non-negative even integer depending only on the germ of D in x which is positive if and only if x is a singular point of D. For example, if r non-singular branches of D intersect pairwise transversally in x, then $\mu_x(D) = r(r-1)$. Now we consider a complex surface Y which is allowed to have isolated quotient singularities. For each $x \in Y$ we can choose a sufficiently small neighbourhood U_x of x in Y, an open ball V_x around the origin of $\mathbb{C}^2$ with a linear action of a finite group G_x on V_x which is free on $V_x - \{0\}$, and a map $\pi\colon V_x \to U_x$ with $\pi^{-1}(x) = 0$ which induces an isomorphism $V_x/G_x \to U_x$. If D is a compact curve in Y passing through x, we consider $\pi^{-1}(D \cap U_x)$ and define $\mu_x(D) = \frac{1}{|G_x|}\mu_0(\pi^{-1}(D \cap U_x))$. For every irreducible branch $D_{x,j}$ of D in x the inverse image under π consists of $\nu_{x,j}$ irreducible branches, each covering $D_{x,j}$ with multiplicity $r_{x,j} = |G_x|/\nu_{x,j}$. We define a modified Euler number $e'(\tilde{D})$ by

$$e'(\tilde{D}) = e(\tilde{D}) - \sum_{x,j} \frac{r_{x,j} - 1}{r_{x,j}}, \tag{51}$$

where $\tilde{D}$ is the non-singular model of D and the sum extends over all irreducible branches of D in quotient singularities of Y. Let Y' be the non-singular surface obtained from Y by removing the quotient singularities. Then $H^2(Y'; \mathbb{Q}) \cong H^2(Y; \mathbb{Q})$ (by Mayer-Vietoris), so the first Chern class of Y' defines a class $c_1 \in H^2(Y; \mathbb{Q})$ which we will call the first Chern class of Y.

Lemma 4. *Let Y be a complex surface with isolated quotient singularities, c_1 the first Chern class of Y, and D a compact curve on Y. Then*

$$e'(\tilde{D}) = c_1[D] - DD + \sum_{x \in Y} \mu_x(D).$$

We omit the proof of this lemma. It uses the fact that for a non-singular point x the number $\mu_x(D)$ equals the Milnor number of D in x (which Milnor introduced in his study of isolated singularities of hypersurfaces) plus the number of branches of D in x minus one.

Let D_1, D_2 be compact curves on Y and D the one-dimensional part of $D_1 \cap D_2$. Write $D_1' = D_1 - D$, $D_2' = D_2 - D$. Then by Lemma 4

$$D_1 D_2 = D(D_1' + D_2') + D_1' D_2' + \sum_{x \in Y} \mu_x(D) + c_1[D] - e'(\tilde{D}).$$

In other words, we have

$$D_1 D_2 = \sum_{x \in Y} \mu_x(D_1, D_2) + c_1[D] - e'(\tilde{D}) \tag{52}$$

where

$$\mu_x(D_1, D_2) = (D(D_1' + D_2'))_x + (D_1' D_2')_x + \mu_x(D), \tag{53}$$

$(D(D_1' + D_2'))_x$ and $(D_1' D_2')_x$ being local intersection numbers.

We now come to the proof of Proposition 6. We assume MN is a square. For $\mathfrak{z}\in X$ with $|SL_2(\mathcal{O})_z|=v_{\mathfrak{z}}$ and such that r branches of the inverse image of $T_{(M,N)}$ in $\mathfrak{H}^2$ pass through a representative z of $\mathfrak{z}$ in $\mathfrak{H}^2$ we have

$$\mu_{\mathfrak{z}}(T_{(M,N)})=\frac{2r(r-1)}{v_{\mathfrak{z}}}=(T_{(M,N)}\,T_{(M,N)})_{\mathfrak{z}}^{\mathrm{tr}},$$

and therefore

$$\mu_{\mathfrak{z}}(T_M,T_N)=(T_M\,T_N)_{\mathfrak{z}}^{\mathrm{tr}}. \tag{54}$$

As explained in 1.4, the curve $T_{(M,N)}$ near $\bigcup S_j$ is given by local equations $u_k^b-v_k^a=0$ corresponding to the ideals $\mathfrak{c}$ in $\mathcal{O}$ with $\mathrm{N}(\mathfrak{c})=(M,N)$, the characteristic of $\mathfrak{c}$ being $(k|a,b)$. Locally such a curve has (a,b) branches and hence the number of cusps of $T_{(M,N)}$ in the sense of the one-dimensional theory is $\sum_{\mathfrak{c}}(a,b)$, where the sum extends over all ideals $\mathfrak{c}$ with norm (M,N). By [4] 4.3 (21) we have for the non-singular model $\tilde{T}_{(M,N)}$ of $T_{(M,N)}$

$$e'(\tilde{T}_{(M,N)})=\mathrm{vol}(T_{(M,N)})+\sum_{\mathfrak{c}}(a,b). \tag{55}$$

It follows from [4] 4.3 (19) that

$$\tilde{c}_1[T_{(M,N)}]=2\,\mathrm{vol}(T_{(M,N)})+T_{(M,N)}\cdot(\textstyle\sum S_k)=2\,\mathrm{vol}(T_{(M,N)})+\sum_{\mathfrak{c}}(a+b), \tag{56}$$

where $\tilde{c}_1\in H^2(\tilde{X};\mathbb{Q})$ is the first Chern class of $\tilde{X}$. By (47), (52), (54), (55) and (56) we obtain

$$(T_M\,T_N)_{\tilde{X}}=(T_M\,T_N)_X+\sum_{\mathfrak{c}}(a+b-(a,b))+\sum_{x\in X}\mu_x(T_M,T_N), \tag{57}$$

where the second sum runs over $x\in T_M\cap T_N\cap\bigcup S_j$. The intersection of T_M or T_N, respectively, with a small neighbourhood of $\bigcup S_j$ is described in (42) and (43). We must calculate $\mu_x(A,B)$ where A is the curve $u_k^q=v_k^p$, B the curve $u_k^t=v_k^s$ and x the origin of the coordinate system (u_k,v_k). If $pt-qs\neq 0$, then A and B have no common branch in x and $\mu_x(A,B)$ is just the local intersection number $\min(pt,qs)$ of A and B in x. If $pt-qs=0$, then we write $\frac{p}{s}=\frac{q}{t}=\frac{\alpha}{\beta}$ with $(\alpha,\beta)=1$ and put $\frac{p}{\alpha}=\frac{s}{\beta}=a$ and $\frac{q}{\alpha}=\frac{t}{\beta}=b$. Then $A\cap B$ is the curve $u_k^b=v_k^a$ with

$$\mu_x(A\cap B)=(a-1)(b-1)+(a,b)-1=ab-(a+b)+(a,b)$$

($(a-1)(b-1)$ is the Milnor number, (a,b) the number of branches). The curve A is the union of $A\cap B$ and the curves $u_k^b=\xi\,v_k^a$ ($\xi^\alpha=1$, $\xi\neq 1$) and B is the union of $A\cap B$ and the curves $u_k^b=\eta\,v_k^a$ ($\eta^\beta=1$, $\eta\neq 1$). Each pair of curves $u_k^b=\xi\,v_k^a$, $u_k^b=\eta\,v_k^a$ with $(\xi,\eta)\neq(1,1)$ has the intersection number (a,b). Therefore, since $\alpha\beta ab=pt=qs$, we have $\mu_x(A,B)=\min(pt,qs)-(a+b)+(a,b)$. The ideal $\mathfrak{a}$ with characteristic $(k|p,q)$ has norm M, the ideal $\mathfrak{b}$ with characteristic $(k|s,t)$ has norm N. Then $\mathfrak{a}/\alpha=\mathfrak{b}/\beta$ and this is an ideal $\mathfrak{c}$ with norm (M,N) and characteristic $(k|a,b)$. We have $\alpha^2=M/(M,N)$ and $\beta^2=N/(M,N)$. Every ideal $\mathfrak{c}$ with

$\mathrm{N}(\mathfrak{c})=(M, N)$ is obtained in this way. Therefore (57) yields

$$(T_M T_N)_{\tilde{X}}=(T_M T_N)_X+\sum_{\substack{\mathrm{N}(\mathfrak{a})=M\\ \mathrm{N}(\mathfrak{b})=N}} \delta_{kl} \min(p t, q s), \tag{58}$$

where the sum is over all ideals $\mathfrak{a}, \mathfrak{b}$ with $\mathrm{N}(\mathfrak{a})=M$, $\mathrm{N}(\mathfrak{b})=N$ and $(k|p, q)$, $(l|s, t)$ are the characteristics of $\mathfrak{a}$ and $\mathfrak{b}$. Since

$$T_M T_N^c=(T_M T_N)_{\tilde{X}}+\sum_{k,l} f(\mathfrak{a}_k \mathfrak{a}_l')(S_k T_M)(S_l T_N),$$

the proof of Proposition 6 is now identical with the proof of Proposition 5.

The number $(T_1 T_N)_\infty=\sum_{\mathrm{N}(\mathfrak{a})=N} f(\mathfrak{a})$ equals the number $I_p(N)$ defined in (4) of the Introduction. We have

$$(T_M T_N)_\infty=\sum_{\substack{\mathrm{N}(\mathfrak{a})=M\\ \mathrm{N}(\mathfrak{b})=N}} f(\mathfrak{a}\,\mathfrak{b}')=\sum_{d|(M,N)} d\chi_p(d) I_p(MN/d^2). \tag{59}$$

This is a consequence of the following lemma applied to the function f.

Lemma 5. *Let g be a function on integral ideals of a real quadratic field K of discriminant D satisfying $g(d\mathfrak{a})=d^r g(\mathfrak{a})$ for some fixed r and for all ideals $\mathfrak{a}$ and natural numbers d. Let $G(N)=\sum_{\mathrm{N}(\mathfrak{a})=N} g(\mathfrak{a})$. Then*

$$\sum_{\substack{\mathrm{N}(\mathfrak{a})=M\\ \mathrm{N}(\mathfrak{b})=N}} g(\mathfrak{a}\,\mathfrak{b})=\sum_{d|(M,N)} d^r \chi_D(d)\, G(MN/d^2). \tag{60}$$

Proof. We denote the left-hand side of (60) by $G(M, N)$ and calculate the corresponding generating (Dirichlet) series:

$$\begin{aligned}\sum_{M=1}^{\infty}\sum_{N=1}^{\infty} G(M,N) M^{-s} N^{-t} &= \sum_{\mathfrak{a},\mathfrak{b}} g(\mathfrak{a}\,\mathfrak{b})\,\mathrm{N}(\mathfrak{a})^{-s}\,\mathrm{N}(\mathfrak{b})^{-t}\\ &=\sum_{\mathfrak{c}} g(\mathfrak{c}) \sum_{\mathfrak{a}|\mathfrak{c}} \mathrm{N}(\mathfrak{a})^{-s}\,\mathrm{N}(\mathfrak{c}/\mathfrak{a})^{-t}\\ &=\sum_{\mathfrak{c}} g(\mathfrak{c})\,\sigma_{t-s}(\mathfrak{c})\,\mathrm{N}(\mathfrak{c})^{-t},\end{aligned}$$

where $\mathfrak{a}, \mathfrak{b}, \mathfrak{c}$ run through the integral ideals of K and $\sigma_k(\mathfrak{c})$ is defined in analogy with the standard function $\sigma_k(n)=\sum_{d|n} d^k$ ($n \in \mathbb{Z}$, $n>0$) as the sum of the k-th powers of the *norms* of all ideals dividing $\mathfrak{c}$. By the Lemma in §3 of [15],

$$\sigma_k(\mathfrak{c})=\sum_{d|\mathfrak{c}} d^k \chi_D(d)\, \sigma_k(\mathrm{N}(\mathfrak{c})/d^2)$$

for any k, where the sum is over all natural numbers d dividing the ideal $\mathfrak{c}$. Hence

$$\begin{aligned}\sum_{M,N} G(M,N) M^{-s} N^{-t} &= \sum_{\mathfrak{c}} g(\mathfrak{c})\,\mathrm{N}(\mathfrak{c})^{-t} \sum_{d|\mathfrak{c}} d^{t-s} \chi_D(d)\,\sigma_{t-s}(\mathrm{N}(\mathfrak{c})/d^2)\\ &=\sum_{d=1}^{\infty}\sum_{\mathfrak{a}} g(d\mathfrak{a})\,\mathrm{N}(d\mathfrak{a})^{-t} d^{t-s} \chi_D(d)\,\sigma_{t-s}(\mathrm{N}(\mathfrak{a}))\\ &=\sum_{d=1}^{\infty}\sum_{\mathfrak{a}} d^r g(\mathfrak{a})\, d^{-2t}\,\mathrm{N}(\mathfrak{a})^{-t} d^{t-s} \chi_D(d)\,\sigma_{t-s}(\mathrm{N}(\mathfrak{a}))\end{aligned}$$

$$= \left(\sum_{d=1}^{\infty} \chi_D(d)\, d^{r-t-s}\right) \left(\sum_{N=1}^{\infty} G(N)\, \sigma_{t-s}(N)\, N^{-t}\right)$$

$$= \left(\sum_{d=1}^{\infty} \chi_D(d)\, d^{r-t-s}\right) \left(\sum_{m=1}^{\infty} \sum_{n=1}^{\infty} G(m\,n)\, m^{-s} n^{-t}\right)$$

$$= \sum_{M=1}^{\infty} \sum_{N=1}^{\infty} \Big(\sum_{d|(M,N)} \chi_D(d)\, d^r\, G(MN/d^2)\Big) M^{-s} N^{-t},$$

and this proves the lemma.

We have now completed the calculation of $(T_M T_N^c)_{\tilde{X}}$ in all cases. Before stating the final result, we rewrite (59) in a form similar to (50):

$$(T_M T_N)_\infty = \tfrac{1}{2} \sum_{d|(M,N)} (d\chi_p(d) + d\chi_p(N/d))\, I_p(MN/d^2) \quad \text{if } \nu_p(N) \leqq \nu_p(M). \tag{61}$$

To see that this holds, write $N = p^\nu N_0$, $M = p^\nu M_0$ with $p \nmid N_0$. Then

$$\sum_{d|(M,N)} d\chi_p(d)\, I_p(MN/d^2) = \sum_{d_0|(M_0, N_0)} d_0\, \chi_p(d_0)\, I_p(p^{2\nu} M_0 N_0/d_0^2),$$

$$\sum_{d|(M,N)} d\chi_p(N/d)\, I_p(MN/d^2) = \sum_{d_0|(M_0, N_0)} d_0\, p^\nu\, \chi_p(N_0/d_0)\, I_p(M_0 N_0/d_0^2).$$

These expressions differ only by a factor $\chi_p(N_0)$, since clearly $I_p(p^{2\nu} n) = p^\nu I_p(n)$ for any n. Thus if $\chi_p(N_0) = 1$, (61) reduces to (59), while if $\chi_p(N_0) = -1$ both sides of (61) are zero (the left-hand side because N is not a norm).

Summing up, we have proved:

Theorem 4. *Let M, N be positive integers, $\nu_p(N) \leqq \nu_p(M)$. Then the intersection number of the homology classes T_M^c and T_N^c on the compact surface $\tilde{X}$ is given by*

$$T_M T_N^c = \tfrac{1}{2} \sum_{d|(M,N)} (d\chi_p(d) + d\chi_p(N/d))(H_p(MN/d^2) + I_p(MN/d^2)),$$

where H_p and I_p are the functions defined in Equations (3) *and* (4) *of the Introduction.*

Chapter 2: Modular Forms Whose Fourier Coefficients Involve Class Numbers

Notation. We again fix a real quadratic field K. The discriminant of K is denoted D; the other notations concerning K ($\mathcal{O}$, x', $x \gg 0$, $\mathrm{N}(x)$, $\mathrm{Tr}(x)$) are the same as in Chapter 1. As before, $\mathfrak{H}$ denotes the upper half-plane; $\mathbb{R}_+$ and $\mathbb{R}_-$ denote the sets of real numbers $\geqq 0$ and $\leqq 0$, respectively, $\mathbb{N}$ the set of integers $\geqq 0$. For $z \in \mathbb{C}$, $n \in \mathbb{Z}$, we write $\mathrm{e}(z)$ for $e^{2\pi i z}$ and $z^{n/2}$ for $|z|^{n/2}\, e^{in \arg(z)/2}$ with $-\pi < \arg(z) \leqq \pi$.

For $k > 0$ even, $M_k(\Gamma_0(D), \chi_D)$ denotes the vector space of modular forms of weight k, level D and "Nebentypus" χ_D, i.e. of functions $f\colon \mathfrak{H} \to \mathbb{C}$ satisfying

$$f\left(\frac{az+b}{cz+d}\right) = \chi_D(a)(cz+d)^k f(z) \qquad \left(z \in \mathfrak{H},\ \begin{pmatrix} a & b \\ c & d \end{pmatrix} \in \Gamma_0(D)\right) \tag{1}$$

and which are holomorphic on $\mathfrak{H}$ and at the cusps of $\Gamma_0(D)$. The (infinite-dimensional) vector space of functions $f\colon \mathfrak{H} \to \mathbb{C}$ satisfying (1), with no holomorphy conditions, is denoted $M_k^*(\Gamma_0(D), \chi_D)$; such functions will be called "non-analytic modular forms" (of weight k, level D and Nebentypus).

2.1. The Modular Form $\varphi_D(z)$

Let D be the discriminant of a real quadratic field. For $N \in \mathbb{N}$, set

$$c(N) = H_D(N) + I_D(N),$$

where

$$H_D(N) = \sum_{\substack{t \in \mathbb{Z} \\ t^2 \leqq 4N \\ t^2 \equiv 4N \pmod{D}}} H\left(\frac{4N - t^2}{D}\right)$$

($H(n)$ being the class number function defined in 1.2) and

$$I_D(N) = \frac{1}{\sqrt{D}} \sum_{\substack{\lambda \in \mathcal{O},\, \lambda \gg 0 \\ \lambda\lambda' = N}} \min(\lambda, \lambda').$$

We saw in Chapter 1 that, at least if D is prime, $c(N)$ $(N > 0)$ represents the intersection number $T_1 T_N^c$ on an appropriate compactification of the Hilbert modular surface $\mathfrak{H}^2/SL_2(\mathcal{O})$, $H_D(N)$ being the actual intersection number of the curves T_1 and T_N on this surface and $I_D(N)$ the contribution from the cusps. For $N = 0$, $c(N) = -1/12$ is half the volume of the curve T_1. The main result of this chapter is that the numbers $c(N)$ are the Fourier coefficients of a modular form in $M_2(\Gamma_0(D), \chi_D)$.

Theorem 1. *The function*

$$\varphi_D(z) = \sum_{N=0}^{\infty} c(N)\, e^{2\pi i N z} \qquad (z \in \mathfrak{H})$$

is a modular form of weight 2 and Nebentypus χ_D for $\Gamma_0(D)$.

This theorem is similar to various classical class number identities of Kronecker, Hurwitz and others (see bibliography) in which various expressions involving class numbers are shown to be equal to Fourier coefficients of modular forms. One such result, for example, due to Hurwitz [17], says that the expression $c(N)$ in the case $D = 1$, i.e. the number

$$H_1(N) + \sum_{\substack{\lambda = (\lambda_1, \lambda_2) \in \mathbb{Z} \times \mathbb{Z} \\ \lambda_1, \lambda_2 > 0 \\ \lambda_1 \lambda_2 = N}} \min(\lambda_1, \lambda_2),$$

is equal to $2\sigma_1(N)$ if $N > 0$, where $\sigma_1(N)$ as usual denotes the sum of the positive divisors of N; thus $\varphi_1(z)$ is $-\frac{1}{12}$ times the normalized Eisenstein series

$$E_2(z) = 1 - 24 \sum_{N=1}^{\infty} \sigma_1(N)\, e^{2\pi i N z}.$$

(This is of course not a special case of Theorem 1.) We now describe briefly some other related results and generalizations of Theorem 1.

For any positive even integer k, we set

$$c_k(N)=\sum_t p_k(t,N)\,H\left(\frac{4N-t^2}{D}\right)+\frac{1}{\sqrt{D}}\sum_\lambda \min(\lambda,\lambda')^{k-1},$$

where the summations are the same as in the definition of $c(N)$ and $p_k(t,N)$ is the polynomial defined by

$$p_k(t,N)=(\rho_+^{k-1}-\rho_-^{k-1})/(\rho_+-\rho_-),\qquad \rho_\pm=\tfrac{1}{2}(t\pm\sqrt{t^2-4N}).$$

Then the function $\varphi_{D,k}(z)=\sum c_k(N)\,e^{2\pi iNz}$ is a modular form of weight k for the group $\Gamma_0(D)$ and character χ_D and in fact a cusp form for $k>2$. If $k>2$ and $D=1$, then the Selberg-Eichler trace formula [32] tells us that

$$c_k(N)=-2\operatorname{Tr}(T(N),S_k(SL_2\mathbb{Z})),$$

where $T(N)$ is a Hecke operator on the space of cusp forms of weight k for the full modular group, so the function $\varphi_{1,k}(z)$ is -2 times the sum of all normalized Hecke eigenfunctions in this space. The proofs of these results, as well as new proofs of the results of Cohen mentioned below and various generalizations, will be given in [36].

The other result related to Theorem 1 which we would like to discuss is due to Cohen [23]. Let r be an odd positive integer, and define an arithmetical function $H(r,N)$ $(N\in\mathbb{N})$ by $H(r,0)=\zeta(1-2r)$, $H(r,N)=0$ for $N\equiv 1$ or $2 \pmod 4$, and

$$H(r,N)=L(1-r,\chi_\Delta)\sum_{d\mid f} d^{2r-1}\prod_{p\mid d}(1-\chi_\Delta(p)\,p^{-r})$$

for $N>0$, $N\equiv 0$ or $3 \pmod 4$, where $\Delta<0$ is the discriminant of $\mathbb{Q}(\sqrt{-N})$ and f is defined by $-N=\Delta f^2$. This function generalizes the class number function $H(N)=H(1,N)$ (cf. Eq. (15) and Proposition 1 of 1.2). We set

$$H_D(r,N)=\sum_t H\left(r,\frac{4N-t^2}{D}\right),$$

the summation being the same as before. Then Cohen shows that, for $r>1$, the function $\sum_{N=0}^{\infty} H_D(r,N)\,e^{2\pi iNz}$ belongs to $M_{r+1}(\Gamma_0(D),\chi_D)$. Thus for $r>1$ no corrective term like our $\sum\min(\lambda,\lambda')$ is needed. As with the case $r=1$, there is a generalization in which the terms $H\left(r,\frac{4N-t^2}{D}\right)$ in the sum above are weighted with a certain homogeneous polynomial in t and N, leading to modular forms (in fact cusp forms) of higher weight. Unfortunately, Cohen's proof does not work for $r=1$, although the starting point for both proofs, as we shall see, is the same.

The basic idea is to express the numbers $H(N)$ as Fourier coefficients of a modular form of half-integral weight. This suggestion was already made by Hecke [20] as a way of explaining the classical class number relations like the above-mentioned theorem of Hurwitz concerning $H_1(N)$. Hecke pointed out that, by the formula of Gauss and Hermite, the number $r_3(N)$ of representations of N as a sum of three squares can be expressed in terms of class numbers:

$$r_3(N)=\begin{cases}12H(N) & \text{if } N\equiv 1 \text{ or } 2 \pmod 4,\\ 24H(4N) & \text{if } N\equiv 3 \pmod 8,\\ 0 & \text{if } N\equiv 7 \pmod 8,\\ r_3(N/4) & \text{if } N\equiv 0 \pmod 4.\end{cases}$$

On the other hand, $r_3(N)$ is the N-th Fourier coefficient of $\theta(z)^3$, where

$$\theta(z)=\sum_{t\in\mathbb{Z}} q^{t^2} \qquad (q=e^{2\pi i z})$$

is a modular form of weight one-half; thus one should expect that the function

$$\mathscr{H}(z)=\sum_{N=0}^{\infty} H(N)\,q^N \qquad (z\in\mathfrak{H})$$

is a modular form of weight 3/2, and then the number $H_1(N)$ would be the $4N$-th Fourier coefficient of the modular form $\mathscr{H}(z)\,\theta(z)$ of weight 2.

At the time of appearance of Hecke's paper, no satisfactory theory of modular forms of half-integral weight was known; such a theory has now been provided by Shimura ([33, 34]). However, one still cannot carry out Hecke's suggestion directly because, as we shall see, the function $\mathscr{H}(z)$ does *not* in fact transform like a modular form of weight 3/2. For $r>1$ odd, on the other hand, Cohen proves that the function $\sum_{N=0}^{\infty} H(r,N)\,q^N$ is a modular form of weight $r+\frac{1}{2}$ (for $\Gamma_0(4)$) in the sense of Shimura, namely equal to the linear combination

$$\frac{\zeta(1-2r)}{2^{2r+1}}\{(1-i)\,E_{r+1/2}(z)-i\,F_{r+1/2}(z)\}$$

of the two Eisenstein series

$$E_{r+1/2}(z)=\sum_{\substack{m=1\\ m\,\text{odd}}}^{\infty}\;\sum_{\substack{n=-\infty\\ (n,m)=1}}^{\infty}\frac{\left(\frac{n}{m}\right)\left(\frac{-1}{m}\right)^{1/2}}{(mz+n)^{r+1/2}},$$

$$F_{r+1/2}(z)=z^{-r-1/2}\,E_{r+1/2}\left(\frac{-1}{4z}\right),$$

whose Fourier coefficients were calculated by Shimura in the papers cited.

For $r=1$ we should like to apply the same idea and show that $\mathscr{H}(z)$ is equal to the linear combination

$$\mathscr{F}(z)=-\tfrac{1}{96}\{(1-i)\,E_{3/2}(z)-i\,F_{3/2}(z)\} \tag{1}$$

of the two Eisenstein series of weight 3/2. However, the series defining $E_{r+1/2}(z)$ diverges for $r=1$. To overcome this difficulty, we use the well-known device of Hecke [25]: we introduce the series

$$E_{3/2,s}(z)=\sum_{\substack{m>0\\(m,2n)=1}}\sum\frac{\left(\frac{n}{m}\right)\left(\frac{-1}{m}\right)^{1/2}}{(mz+n)^{3/2}\,|mz+n|^{2s}}\qquad(z\in\mathfrak{H},\ s\in\mathbb{C}),\tag{2}$$

which converges absolutely for $\mathrm{Re}(s)>\frac{1}{4}$ and transforms by

$$E_{3/2,s}\left(\frac{az+b}{cz+d}\right)=\left(\frac{c}{d}\right)\left(\frac{-1}{d}\right)^{1/2}(cz+d)^{3/2}\,|cz+d|^{2s}E_{3/2,s}(z)$$

for $\begin{pmatrix}a & b\\ c & d\end{pmatrix}\in\Gamma_0(4)$ $\left(\text{for the definitions of } \left(\frac{c}{d}\right), \left(\frac{-1}{d}\right)^{1/2} \text{ etc. cf. [33]}\right)$. This function is analytic in s, and by analytic continuation we obtain a function $E_{3/2}(z)=E_{3/2,0}(z)$ which is possibly not holomorphic in z but a least satisfies the transformation equation of a modular form of weight 3/2. We proceed similarly for $F_{3/2}(z)$ and then define $\mathscr{F}(z)$ by (1). The function $\mathscr{F}(z)$ is periodic of period 1 and hence has a Fourier expansion $\sum f_N e^{2\pi i N z}$, the coefficients f_N possibly being functions of $y=\mathrm{Im}(z)$. We will calculate these Fourier coefficients in the next section, finding that the N-th coefficient is equal to $H(N)$ (independent of y) for N positive and to 0 for N negative except for $N=-u^2$, $u\in\mathbb{Z}$. Thus $\mathscr{F}(z)$ is the sum of $\mathscr{H}(z)$ and a certain non-analytic expression involving the powers q^{-u^2}. In Section 2.3 we construct a theta series of weight 2 which will cancel the contribution from this non-analytic piece and create the term $\sum\min(\lambda,\lambda')$ in the formula for $c(N)$. The proof of Theorem 1 will be completed in Section 2.4.

2.2. *The Eisenstein Series of Weight $\frac{3}{2}$*

At the end of the last section we defined a function $\mathscr{F}(z)$ which transforms under $\Gamma_0(4)$ like a modular form of weight $\frac{3}{2}$, and explained a reason for expecting a relationship between $\mathscr{F}(z)$ and the function $\mathscr{H}(z)=\sum H(N)\,q^N$. In this section we will prove the following result.

Theorem 2. *For $z\in\mathfrak{H}$, we have*

$$\mathscr{F}(z)=\mathscr{H}(z)+y^{-1/2}\sum_{f=-\infty}^{\infty}\beta(4\pi f^2 y)\,q^{-f^2},$$

where $y=\mathrm{Im}(z)$, $q=\mathrm{e}(z)$ and $\beta(x)$ is defined by

$$\beta(x)=\frac{1}{16\pi}\int_1^{\infty}u^{-3/2}\,e^{-xu}\,du\qquad(x\geqq 0).$$

Before proving this, we mention two corollaries. The first is a description of the way $\mathscr{H}(z)$ transforms under $\Gamma_0(4)$.

Corollary. *For* $\begin{pmatrix} a & b \\ c & d \end{pmatrix} \in \Gamma_0(4)$, $c \neq 0$,

$$\left(\frac{c}{d}\right)\left(\frac{-1}{d}\right)^{-1/2}(cz+d)^{3/2}\mathscr{H}\left(\frac{az+b}{cz+d}\right)-\mathscr{H}(z)=\frac{1+i}{16\pi}\int_{d/c}^{i\infty}\frac{\theta(t)\,dt}{(t+z)^{3/2}},$$

where $\theta(t)=\sum_{f\in\mathbb{Z}} \mathrm{e}(f^2 t)$ *and the integral is taken along a vertical path in the upper half-plane.*

Indeed, by the theorem,

$$\mathscr{F}(z)-\mathscr{H}(z)=\frac{1}{16\pi}y^{-1/2}\int_1^{\infty}u^{-3/2}\theta(2iuy-z)\,du=\frac{1+i}{16\pi}\int_{-\bar z}^{i\infty}(z+v)^{-3/2}\theta(v)\,dv,$$

the integral being taken along the vertical path $v=2iuy-z$, $1\leqq u<\infty$. Denote the latter integral by $\psi(z)$; then, substituting $v=\dfrac{at-b}{-ct+d}$, we find

$$\begin{aligned}\psi\left(\frac{az+b}{cz+d}\right)&=\int_{-\bar z}^{d/c}\left(\frac{az+b}{cz+d}+\frac{at-b}{-ct+d}\right)^{-3/2}\theta\left(\frac{at-b}{-ct+d}\right)\frac{dt}{(ct-d)^2}\\&=\left(\frac{-c}{d}\right)\left(\frac{-1}{d}\right)^{-1/2}(cz+d)^{3/2}\int_{-\bar z}^{d/c}(z+t)^{-3/2}\theta(t)dt,\end{aligned}$$

where in the second line we have used our knowledge of the behaviour of $\theta(t)$ under $\Gamma_0(4)$. Thus

$$\left(\frac{c}{d}\right)\left(\frac{-1}{d}\right)^{-1/2}(cz+d)^{-3/2}\psi\left(\frac{az+b}{cz+d}\right)-\psi(z)=-\int_{d/c}^{i\infty}(z+t)^{-3/2}\theta(t)\,dt.$$

The expression on the left, with ψ replaced by $\mathscr{F}$, is zero because $\mathscr{F}$ transforms under $\Gamma_0(4)$ like a modular form of weight 3/2. The Corollary now follows from the identity $\mathscr{F}-\mathscr{H}=\dfrac{1+i}{16\pi}\psi$.

We should mention that one result concerning the behaviour of $\mathscr{H}$ under modular transformations was already known, namely the identity

$$(2z/i)^{-3/2}\mathscr{H}\left(\frac{-1}{4z}\right)+\mathscr{H}(z)=-\tfrac{1}{24}\theta(z)^3-\sqrt{\frac{z}{8i}}\int_{-\infty}^{\infty}\mathrm{e}(\xi^2 z)\frac{1+\mathrm{e}(2\xi z)}{1-\mathrm{e}(2\xi z)}\xi\,d\xi,$$

found by Eichler [21].

The other consequence of Theorem 2 was pointed out to us by H. Cohen, namely, a "modular" proof of the Gauss-Hermite formula quoted in Section 2.1. To see that $r_3(8N+3)=24H(8N+3)$, for example, we observe that

$$\sum H(8N+3)q^N=\tfrac{1}{8}\sum_{r \pmod 8}\mathrm{e}(-3r/8)\mathscr{H}\left(\frac{z+r}{8}\right)=\tfrac{1}{8}\sum_{r \pmod 8}\mathrm{e}(-3r/8)\mathscr{F}\left(\frac{z+r}{8}\right),$$

the terms involving q^{-f^2} all dropping out because $-f^2$ is never congruent to 3 modulo 8. Therefore the function $\sum H(8N+3)q^N$ is a (holomorphic) modular form of weight 3/2 for some congruence group (in fact for $\Gamma_0(2)$), and since

$\frac{1}{24}\sum r_3(8N+3)\,q^N$ is also such a form, one can prove the equality of the two functions by comparing finitely many of their coefficients. A similar argument works for coefficients belonging to the sequence $4N+2$ or $4N+3$ or to any other arithmetical progression not containing the negatives of any squares.

We now give the proof of Theorem 2. Set

$$\mathscr{F}_s(z) = -\tfrac{1}{96}\{(1-i)\,E_{3/2,s}(z) - i\,F_{3/2,s}(z)\} \qquad (\mathrm{Re}(s) > \tfrac{1}{4}),$$

where $E_{3/2,s}(z)$ is the function defined by Eq. (2) of 2.1 and

$$F_{3/2,s}(z) = z^{-3/2}\,|z|^{-2s}\,E_{3/2,s}(-1/4z).$$

Then $\mathscr{F}_s(z)$ has an analytic continuation to the whole s-plane with $\mathscr{F}_0(z) = \mathscr{F}(z)$, and on the other hand $\mathscr{F}_s$ is periodic in z with period 1 and therefore has a Fourier development of the form

$$\mathscr{F}_s(z) = \sum_{N=-\infty}^{\infty} f_N(s, y)\, q^N$$

with $f_N(s, y)$ analytic in s. Theorem 2 will follow if we show

$$f_N(0, y) = \begin{cases} H(N) & \text{if } N > 0, \\ -\dfrac{1}{12} + \dfrac{1}{8\pi}\,y^{-1/2} & \text{if } N = 0, \\ 2y^{-1/2}\,\beta(4\pi f^2 y) & \text{if } N = -f^2,\ f > 0, \\ 0 & \text{if } N < 0,\ -N \neq \text{square}. \end{cases}$$

We begin by finding the Fourier expansion of $E_{3/2,s}(z)$. Write

$$E_{3/2,s}(z) = \sum_{\substack{m=1 \\ m \text{ odd}}}^{\infty} \left(\frac{-1}{m}\right)^{1/2} m^{-3/2-2s} \sum_{n \,(\mathrm{mod}\, m)} \left(\frac{n}{m}\right) \sum_{h \in \mathbb{Z}} \left(z + \frac{n}{m} + h\right)^{-3/2} \left|z + \frac{n}{m} + h\right|^{-2s}.$$

By the Poisson summation formula,

$$\sum_{h \in \mathbb{Z}} (z+h)^{-3/2}\,|z+h|^{-2s} = \sum_{N=-\infty}^{\infty} \alpha_N(s, y)\, e(Nz) \qquad (z \in \mathfrak{H})$$

with

$$\begin{aligned} \alpha_N(s, y) &= \int_{iy-\infty}^{iy+\infty} z^{-3/2}\,|z|^{-2s}\, e(-Nz)\, dz \\ &= y^{-1/2-2s}\, e^{2\pi N y} \int_{-\infty}^{\infty} (v+i)^{-3/2} (v^2+1)^{-s}\, e(-Nyv)\, dv \end{aligned}$$

(the last formula is obtained by the substitution $z = (v+i)\,y$), and inserting this into the formula for $E_{3/2,s}$ we find

$$\begin{aligned} E_{3/2,s}(z) &= \sum_{\substack{m=1 \\ m \text{ odd}}}^{\infty} m^{-1-2s} \sum_{N=-\infty}^{\infty} \gamma_m(-N)\, \alpha_N(s, y)\, e(Nz) \\ &= \sum_{N=-\infty}^{\infty} E_{-N}^{\mathrm{odd}}(1+2s)\, \alpha_N(s, y)\, e^{2\pi i N z}, \end{aligned}$$

where $\gamma_m(-N)$ denotes the Gauss sum

$$\gamma_m(-N)=\left(\frac{-1}{m}\right)^{1/2} m^{-1/2} \sum_{n \,(\mathrm{mod}\, m)} \left(\frac{n}{m}\right) \mathrm{e}(nN/m) \qquad (m \text{ odd})$$

and $E^{\mathrm{odd}}_{-N}(s)$ the Dirichlet series

$$E^{\mathrm{odd}}_{-N}(s)=\sum_{\substack{m=1\\ m \text{ odd}}}^{\infty} \gamma_m(-N)\, m^{-s}.$$

A similar calculation for $F_{3/2,s}(z)$ gives

$$F_{3/2,s}(z)=2^{2s+3}\, i+(1+i) \sum_{N=-\infty}^{\infty} E^{\mathrm{even}}_{-N}(1+2s)\, \alpha_N(s,y)\, e^{2\pi i N z}$$

with

$$E^{\mathrm{even}}_{-N}(s)=\sum_{\substack{m=1\\ m \text{ even}}}^{\infty} \gamma_m(-N)\,(m/2)^{-s},$$

the Gauss sum $\gamma_m(-N)$ now being defined by

$$\gamma_m(-N)=m^{-1/2} \sum_{n \,(\mathrm{mod}\, 2m)} \left(\frac{m}{n}\right) i^{n/2}\, \mathrm{e}(Nn/2m) \qquad (m \text{ even}).$$

(The constant term $2^{2s+3}i$ comes from the term $m=1$, $n=0$ in (2).) Thus the Fourier expansion of $\mathscr{F}_s(z)$ is

$$\mathscr{F}_s(z)=-\frac{2^{2s}}{12}-\frac{1-i}{48} \sum_{N=-\infty}^{\infty} E_{-N}(1+2s)\, \alpha_N(s,y)\, q^N$$

with

$$E_{-N}(s)=\tfrac{1}{2}\left(E^{\mathrm{odd}}_{-N}(s)+E^{\mathrm{even}}_{-N}(s)\right).$$

The Gauss sums $\gamma_m(-N)$ and the Dirichlet series E^{odd}_{-N}, E^{even}_{-N} and E_{-N} are evaluated in [15], §4, Theorems 2 and 3. It turns out that $E_{-N}(s)=0$ identically if N is congruent to 1 or 2 (mod 4), while if $N \neq 0$ is congruent to 0 or 3 (mod 4), then

$$E_{-N}(s)=\zeta(2s)^{-1} L(s,\chi_d) \sum_{\substack{a,c>0\\ ac \mid f}} \mu(a)\, \chi_d(a)\, c^{-2s+1} a^{-s}, \tag{3}$$

where d is the discriminant of $\mathbb{Q}(\sqrt{-N})$, χ_d the associated character, and f the number defined by $-N=df^2$. Finally, for $N=0$ we have

$$E_0(s)=\zeta(2s-1)/\zeta(2s).$$

We are interested in finding the value of the Fourier coefficients

$$f_N(s,y)=-\frac{1-i}{48} E_{-N}(1+2s)\, \alpha_N(s,y)+\begin{cases} -2^{2s}/12 & \text{if } N=0\\ 0 & \text{if } N \neq 0\end{cases}$$

at $s=0$.

The integral defining $\alpha_N(s, y)$ can be evaluated easily at $s=0$:

$$\alpha_N(0, y)=\begin{cases}-4\pi(1+i)N^{1/2} & \text{if } N>0,\\ 0 & \text{if } N\leqq 0.\end{cases}$$

If N is positive, formula (3) shows that $E_{-N}(s)$ is holomorphic at $s=1$ with

$$\begin{aligned} E_{-N}(1) &= \frac{6}{\pi^2} L(1, \chi_d) \sum_{ac|f} \mu(a)\, \chi_d(a)/a\, c \\ &= \frac{6}{\pi} N^{-1/2} L(0, \chi_d) \sum_{k|f} k \prod_{p|k} (1-\chi_d(p)/p) \\ &= \frac{6}{\pi} N^{-1/2} H(N) \end{aligned}$$

(we have used the functional equation of $L(s, \chi_d)$), so $f_N(0, y)=H(N)$ as claimed. If N is negative but $-N$ is not a square, then the number d in (3) is the discriminant of a real quadratic field and so $L(s, \chi_d)$ and hence $E_{-N}(s)$ are holomorphic at $s=1$; this, together with $\alpha_N(0, y)=0$, implies that $f_N(0, y)=0$. It remains to treat the case $N=-f^2$.

First, if $N=-f^2$, $f>0$, then

$$E_{-N}(s)=\zeta(2s)^{-1}\zeta(s)\sum_{ac|f}\mu(a)\, c^{-2s+1}\, a^{-s}$$

has a pole of residue $\zeta(2)^{-1}$ at $s=1$, so

$$f_N(0, y)=-\frac{1-i}{16\pi^2}\alpha'_N(0, y),$$

where

$$\begin{aligned} \alpha'_N(0, y) &= \frac{\partial}{\partial s}\alpha_N(s, y)\Big|_{s=0} \\ &= -y^{-1/2} e^{2\pi N y} \int_{-\infty}^{\infty} (v+i)^{-3/2} \log(v^2+1)\, e(-N y v)\, dv \\ &= -(2 i y)^{-1/2} \int_{1/2-i\infty}^{1/2+i\infty} u^{-3/2} e^{4\pi N y u} \log\{4u(1-u)\}\, du \end{aligned}$$

(the last equation is obtained by substituting $v=2iu-i$). We deform the path of integration in the last integral to a path in the cut plane $\mathbb{C}-[1, \infty)$ which circles the cut clockwise from $i\varepsilon+\infty$ to $\frac{1}{2}$ to $i\varepsilon-\infty$. Across the cut, $\log\{4u(1-u)\}$ jumps by $2\pi i$ and the other terms in the integrand are continuous. Therefore

$$\alpha'_N(0, y)=-2\pi i(2 i y)^{-1/2}\int_1^{\infty} u^{-3/2} e^{-4\pi|N| y u}\, du=-16\pi^2(1+i)\, y^{-1/2}\beta(4\pi|N|\, y)$$

and hence

$$f_N(0, y)=2y^{-1/2}\beta(4\pi f^2 y) \quad (N=-f^2<0)$$

as claimed. Finally, for $N=0$ we have

$$f_0(0,y) = -\frac{1}{12} - \frac{1-i}{32\pi^2}\alpha_0'(0,y) = -\frac{1}{12} - \frac{1}{8\pi}y^{-1/2},$$

because $E_0(s) = \zeta(2s-1)/\zeta(2s)$ has a pole of residue $3/\pi^2$ at $s=1$. This completes the proof of Theorem 2.

2 *2.3. A Theta-Series Attached to an Indefinite Quadratic Form*

If F is a positive definite quadratic form in $2k$ variables, and $L \subset \mathbb{R}^{2k}$ some lattice on which F takes integral values, then the associated theta-series $\sum_{\lambda \in L} e^{2\pi i z F(\lambda)}$ $(z \in \mathfrak{H})$ is a modular form of weight k (of some level and for some quadratic character depending on F and L); similarly, the series $\sum p(\lambda)\, e^{2\pi i z F(\lambda)}$, where $p(\lambda)$ is a homogeneous polynomial of degree m which is spherical with respect to F, is a modular form of weight $k+m$ (for precise statements and proofs see [30] or [24]). If, on the other hand, F is an *indefinite* form, then these series diverge because $|e^{2\pi i z F(\lambda)}|$ grows exponentially in $|\lambda^2|$ in the cone $F(\lambda)<0$. To obtain a convergent series, we can either allow the coefficient $p(\lambda)$ to be a non-analytic (or piecewise analytic) homogeneous function of λ which is identically zero for $F(\lambda)<0$, or allow $p(\lambda) = p_z(\lambda)$ to depend on z in such a way that $p_z(\lambda)$ is much smaller than $e^{-2\pi i z F(\lambda)}$ as $|\lambda| \to \infty$. If the function $p_z(\lambda)$ is chosen in such a way that the Fourier transform (with respect to λ) of $p_z(\lambda)\, e^{2\pi i z F(\lambda)}$ equals $z^{-r} p_{-1/z}(\lambda)\, e^{-2\pi i F(\lambda)/z}$ for some r, then the same proof as in the classical case (namely, by application of the Poisson summation formula) shows that $\sum p_z(\lambda)\, e^{2\pi i z F(\lambda)}$ is a modular form of weight r. In this section we shall construct such a modular form, of weight 2, associated to the norm form of the quadratic field K, i.e. F will be the indefinite form $F(\lambda_1,\lambda_2) = \lambda_1\lambda_2$ on $\mathbb{R}^2$ and L will be the lattice $\mathcal{O}$, embedded in $\mathbb{R}^2$ by $x \mapsto (x, x')$. Our coefficient function $p_z(\lambda_1,\lambda_2)$ will be

$$\frac{2}{\sqrt{y}}\beta(\pi y(\lambda_1-\lambda_2)^2) - \begin{cases} \frac{1}{2}\min(|\lambda_1|,|\lambda_2|) & \text{if } \lambda_1\lambda_2 > 0, \\ 0 & \text{if } \lambda_1\lambda_2 \leqq 0, \end{cases}$$

where

$$\beta(x) = \frac{1}{16\pi}\int_1^\infty u^{-3/2} e^{-xu}\, du \qquad (\operatorname{Re} x \geqq 0)$$

is the function defined in Theorem 2.

We will need some properties of the function $\beta(x)$ and of the related function

$$f(a,x) = \int_x^\infty e^{-u^2 + 2\pi i a u}\frac{du}{u} \qquad (a \in \mathbb{C},\ x \in \mathbb{C} - \mathbb{R}_-).$$

These functions are related to the standard "complementary error function"

$$\operatorname{erfc}(x) = \frac{2}{\sqrt{\pi}}\int_x^\infty e^{-u^2}\, du \qquad (x \in \mathbb{C})$$

by the formulas

$$\beta(x)=\frac{1}{8\pi}(e^{-x}-\sqrt{\pi x}\operatorname{erfc}(\sqrt{x})) \tag{4}$$

(which also gives the analytic continuation of $\beta(x)$ to $\mathbb{C}-\mathbb{R}_-$) and

$$\frac{\partial f(a,x)}{\partial a}=i\pi^{3/2}e^{-\pi^2a^2}\operatorname{erfc}(x+i\pi a).$$

The properties we need are summarized in the following lemma.

Lemma 1. *The functions* β, f *and* erfc *satisfy the identities*

a) $\int_{-\infty}^{\infty}\beta(ct^2)e^{2\pi itx}dt=\frac{1}{16}\pi^{-5/2}c^{1/2}\frac{1-e^{-\pi^2x^2/c}}{x^2}$,

b) $\int_{-\infty}^{\infty}\frac{1-e^{-\alpha x^2}}{x^2}e^{2\pi itx}dx=16\pi^{3/2}\alpha^{1/2}\beta(\pi^2t^2/\alpha)$,

c) $\operatorname{erfc}(x)+\operatorname{erfc}(-x)=2$,

d) $f(-a,-x)-f(a,x)=i\pi\operatorname{erfc}(\pi a)\ (x\in\mathfrak{H})$.

Proof. a) is obtained easily by substituting the definition of β into the integral and inverting the order of integration, and b) by differentiating both sides of the identity with respect to α; alternatively, b) can be considered as the inverse Fourier transform formula to a). Formula c) is standard and easy: one sees by differentiating the left-hand side that it is a constant, and the constant is found by setting $x=0$. Finally, the function $f(-a,-x)-f(a,x)$ is defined for $a\in\mathbb{C}$, $x\in\mathbb{C}-\mathbb{R}=\mathfrak{H}\cup-\mathfrak{H}$, and its derivative with respect to x is identically zero, so for fixed a this function has a constant value $\varphi_+(a)$ for x in the upper half-plane and a constant value $\varphi_-(a)$ for x in the lower half-plane. Differentiating with respect to a, we find

$$\frac{d}{da}\varphi_\pm(a)=-2i\pi^{3/2}e^{-\pi^2a^2},$$

so

$$\varphi_\pm(a)=i\pi\operatorname{erfc}(\pi a)+c_\pm$$

for some complex constants c_+ and c_-. Interchanging the roles of (a,x) and $(-a,-x)$ in the definition of $\varphi_\pm(a)$ leads to

$$\varphi_\pm(-a)=-\varphi_\mp(a),$$

which, together with c) of the lemma, implies $c_++c_-=-2\pi i$. Finally, it follows by the calculus of residues that

$$\lim_{\varepsilon\searrow 0}(f(a,x-i\varepsilon)-f(a,x+i\varepsilon))=2\pi i$$

for x real and negative, and this implies $c_+-c_-=2\pi i$. Hence $c_+=0$ and $c_-=-2\pi i$, so $\varphi_\pm(a)=\pm i\pi\operatorname{erfc}(\pm\pi a)$.

We are now in a position to construct our non-analytic theta-series.

Proposition 1. *For $z \in \mathfrak{H}$, define continuous complex-valued functions U_z, V_z and W_z on $\mathbb{R}^2$ by*

$$U_z(\lambda, \lambda') = 2y^{-1/2}\beta(\pi y(\lambda-\lambda')^2)\,\mathrm{e}(\lambda\lambda' z),$$

$$V_z(\lambda,\lambda') = \begin{cases} \tfrac{1}{2}\min(|\lambda|, |\lambda'|)\,\mathrm{e}(\lambda\lambda' z) & \text{if } \lambda\lambda' > 0,\\ 0 & \text{if } \lambda\lambda' \leqq 0,\end{cases}$$

$$W_z(\lambda,\lambda') = U_z(\lambda,\lambda') - V_z(\lambda,\lambda'),$$

where $y = \mathrm{Im}(z)$. Let $\tilde{W}$ denote the Fourier transform of W:

$$\tilde{W}_z(\mu,\mu') = \int_{-\infty}^{\infty}\int_{-\infty}^{\infty} W_z(\lambda,\lambda')\,\mathrm{e}(-\lambda\mu - \lambda'\mu')\,d\lambda\,d\lambda'.$$

Then

$$\tilde{W}_z(\mu,\mu') = z^{-2}\,W_{-1/z}(\mu,\mu'). \tag{5}$$

Corollary. *The function*

$$\mathscr{W}(z) = \sum_{\lambda\in\mathcal{O}} W_z(\lambda,\lambda') \qquad (z\in\mathfrak{H})$$

is a non-analytic modular form of weight 2, level D and Nebentypus χ_D.

Proof. We calculate the Fourier transforms of U_z and V_z separately. First, in the integral defining $\tilde{U}_z$ we substitute $\lambda' = \lambda + t$ and use a) of Lemma 1:

$$\begin{aligned}\tilde{U}_z(\mu,\mu') &= \int_{-\infty}^{\infty}\int_{-\infty}^{\infty} \mathrm{e}(-\lambda\mu-\lambda'\mu')\,U_z(\lambda,\lambda')\,d\lambda'\,d\lambda\\ &= 2y^{-1/2}\int_{-\infty}^{\infty}\mathrm{e}(\lambda(z\lambda-\mu-\mu'))\int_{-\infty}^{\infty}\beta(\pi y t^2)\,\mathrm{e}((z\lambda-\mu')t)\,dt\,d\lambda\\ &= \frac{1}{8\pi^2}\int_{-\infty}^{\infty}\frac{1-e^{-\pi(z\lambda-\mu')^2/y}}{(z\lambda-\mu')^2}\,\mathrm{e}(z\lambda^2-\mu\lambda-\mu'\lambda)\,d\lambda.\end{aligned}$$

Substituting $\lambda = u + \mu'/z$ and applying b) of Lemma 1, we find

$$\begin{aligned}\tilde{U}_z(\mu,\mu') &= \frac{1}{8\pi^2 z^2}\,\mathrm{e}(-\mu\mu'/z)\int_{-\infty}^{\infty}\frac{e^{2\pi i z u^2} - e^{-\pi|z|^2u^2/y}}{u^2}\,\mathrm{e}((\mu'-\mu)u)\,du\\ &= 2z^{-2}\,\mathrm{e}(-\mu\mu'/z)\{|z|y^{-1/2}\beta(\pi y(\mu-\mu')^2/|z|^2) - w^{1/2}\beta(\pi(\mu-\mu')^2/w)\}\\ &= z^{-2}U_{-1/z}(\mu,\mu') + 8w^{-3/2}\,\mathrm{e}(-\mu\mu'/z)\,\beta(\pi(\mu-\mu')^2/w),\end{aligned}$$

where in the last two lines we have set $w = 2z/i$, so $|\arg(w)| < \frac{\pi}{2}$. For $\tilde{V}_z$ we find

$$\tilde{V}_z(\mu,\mu') = T(\mu,\mu') + T(-\mu,-\mu') + T(\mu',\mu) + T(-\mu',-\mu),$$

where

$$T(\mu,\mu') = \tfrac{1}{2}\iint_{0\leqq\lambda\leqq\lambda'} \lambda\,\mathrm{e}(z\lambda\lambda' - \lambda\mu - \lambda'\mu')\,d\lambda'\,d\lambda.$$

In this expression we perform the λ'-integration and substitute $\lambda=u+\mu'/z$ to obtain

$$\begin{aligned}T(\mu,\mu') &= \frac{i}{4\pi}\int_0^\infty \frac{\lambda}{z\lambda-\mu'}\, e(z\lambda^2-\mu\lambda-\mu'\lambda)\,d\lambda\\ &= \frac{i}{4\pi z} e(-\mu\mu'/z) \int_{-\mu'/z}^{\infty} \frac{u+\mu'/z}{u} e(zu^2-u\mu+u\mu')\,du\\ &= \frac{1}{4\pi} w^{-3/2} e(-(\mu-\mu')^2/4z)\,\mathrm{erfc}\left(i(\mu'+\mu)\sqrt{\frac{\pi}{w}}\right)\\ &\quad+\frac{i\mu'}{4\pi} z^{-2} e(-\mu\mu'/z)\, f\left(\frac{\mu'-\mu}{\sqrt{\pi w}}, 2i\mu'\sqrt{\frac{\pi}{w}}\right).\end{aligned}$$

Adding to this the corresponding formula for $T(-\mu,-\mu')$ and using c) and d) of Lemma 1, we find

$$\begin{aligned}&T(\mu,\mu')+T(-\mu,-\mu')\\ &=\frac{1}{2\pi} w^{-3/2} e(-(\mu-\mu')^2/4z)+\tfrac{1}{4}|\mu'|\, z^{-2} e(-\mu\mu'/z)\,\mathrm{erfc}\left(\mathrm{sign}(\mu')(\mu'-\mu)\sqrt{\frac{\pi}{w}}\right).\end{aligned}$$

Adding to this the formula obtained by interchanging μ and μ', and using again c) of the lemma as well as Equation (4), we find after a short calculation

$$\tilde{V}_z(\mu,\mu')=z^{-2} V_{-1/z}(\mu,\mu')+8w^{-3/2} e(-\mu\mu'/z)\,\beta(\pi(\mu-\mu')^2/w).$$

Comparing this with the result for $\tilde{U}_z$ we obtain Equation (5).

The proof of the corollary is now essentially the same as the standard proof that theta-series associated to definite quadratic forms are modular forms, as given in [30], Chapter VI or [24], pages 81–87. We recall briefly how the argument goes. As well as the series $\mathscr{W}(z)$, one must consider the sums

$$\mathscr{W}_\nu(z)=\sum_{\lambda\in\mathcal{O}} W_z(\lambda+\nu,\lambda'+\nu')$$

over the translated lattices $\mathcal{O}+\nu$, where ν belongs to the inverse different $\mathfrak{d}^{-1}=(1/\sqrt{D})$. Clearly $\mathscr{W}_\nu$ depends only on the residue class of ν (mod $\mathcal{O}$), so there are only D distinct functions $\mathscr{W}_\nu$, with $\mathscr{W}_0=\mathscr{W}$. Then

$$\mathscr{W}_\nu(z+1)=\sum_{\lambda\in\mathcal{O}} W_z(\lambda+\nu,\lambda'+\nu')\,e(\mathrm{N}(\lambda+\nu))=e(\mathrm{N}\nu)\,\mathscr{W}_\nu(z),$$

since $\mathrm{N}(\lambda+\nu)-\mathrm{N}(\nu)\in\mathbb{Z}$ for $\lambda\in\mathcal{O}$, $\nu\in\mathfrak{d}^{-1}$. On the other hand, by the Poisson summation formula

$$\mathscr{W}_\nu(z)=D^{-1/2}\sum_{\mu\in\mathfrak{d}^{-1}} \tilde{W}_z(\mu,\mu')\,e(\mathrm{Tr}\,\mu\nu),$$

and combining this with (5) we find

$$z^{-2}\mathscr{W}_\nu(-1/z)=D^{-1/2}\sum_{\mu\in\mathfrak{d}^{-1}} e(\mathrm{Tr}\,\mu\nu)\,W_z(\mu,\mu')=D^{-1/2}\sum_{\mu\in\mathfrak{d}^{-1}/\mathcal{O}} e(\mathrm{Tr}\,\mu\nu)\,\mathscr{W}_\mu(z).$$

Thus we have

$$\mathscr{W}_\nu|T=e(\mathrm{N}\nu)\,\mathscr{W}_\nu,\qquad \mathscr{W}_\nu|J=D^{-1/2}\sum_{\mu} e(\mathrm{Tr}\,\mu\nu)\,\mathscr{W}_\mu, \tag{6}$$

where T and J are the matrices $\begin{pmatrix}1&1\\0&1\end{pmatrix}$ and $\begin{pmatrix}0&1\\-1&0\end{pmatrix}$ in $\Gamma=SL_2(\mathbb{Z})/\{\pm 1\}$ and $\mathscr{W}_\nu\Big|\begin{pmatrix}a&b\\c&d\end{pmatrix}$ denotes the function $(cz+d)^{-2}\mathscr{W}_\nu\left(\frac{az+b}{cz+d}\right)$. Since T and J generate Γ, we obtain a representation of Γ in the space generated by the D functions $\mathscr{W}_\nu$. The first step in the proof of the Corollary is to show that the Equations (6) imply $\mathscr{W}_\nu|A=\mathscr{W}_\nu$ für A in the principal congruence group $\Gamma(D)$. The argument is given in [24], pages 85–87. Now to show that $\mathscr{W}_0$ transforms under $\Gamma_0(D)$ like a modular form of Nebentypus, we take $A=\begin{pmatrix}a&b\\c&d\end{pmatrix}\in\Gamma_0(D)$ and set $R=T^aJT^dJT^aJ$. Then $R\equiv\begin{pmatrix}a&0\\0&d\end{pmatrix}\pmod D$, so, choosing $x\in\mathbb{Z}$ with $dx\equiv b\pmod D$, we find $A=A'T^xR$ with $A'\in\Gamma(D)$ and hence $\mathscr{W}_0|A=\mathscr{W}_0|R$. But from (6) we find

$$\mathscr{W}_\nu|T^aJ=D^{-1/2}\,\mathrm{e}(a\,\mathrm{N}(\nu))\sum_\mu \mathscr{W}_\mu\,\mathrm{e}(\mathrm{Tr}\,\mu\nu)$$

and hence

$$\begin{aligned}\mathscr{W}_\nu|R&=((\mathscr{W}_\nu|T^aJ)|T^dJ)|T^aJ\\&=D^{-3/2}\sum_\mu\sum_\lambda\sum_\kappa \mathrm{e}(a\mathrm{N}\nu+d\mathrm{N}\mu+a\mathrm{N}\lambda+\mathrm{Tr}(\mu\nu+\lambda\mu+\kappa\lambda))\,\mathscr{W}_\kappa\\&=D^{-3/2}\sum_\kappa \mathscr{W}_\kappa\sum_\lambda \mathrm{e}(\mathrm{Tr}\,\lambda'(\kappa-a\nu'))\sum_\mu \mathrm{e}(d\,\mathrm{N}(\mu+a\lambda'+a\nu')).\end{aligned}$$

Replacing $\mu+a\lambda'+a\nu'$ by μ in the inner sum, we see that this sum is equal to the standard Gauss sum

$$\sum_{\mu\in\mathfrak{d}^{-1}/\mathcal{O}}\mathrm{e}(d\,\mathrm{N}\mu)=D^{1/2}\chi_D(d).$$

Hence

$$\mathscr{W}_\nu|R=D^{-1}\chi_D(d)\sum_\kappa \mathscr{W}_\kappa\sum_\lambda \mathrm{e}(\mathrm{Tr}\,\lambda'(\kappa-a\nu'))=\chi_D(d)\,\mathscr{W}_{a\nu'}$$

(the inner sum is zero if $\kappa\neq a\nu'$). In particular, taking $\nu=0$ we find $\mathscr{W}_0|R=\chi_D(d)\mathscr{W}_0$, and this completes the proof that $\mathscr{W}_0|A=\chi_D(d)\mathscr{W}_0$ for $A=\begin{pmatrix}a&b\\c&d\end{pmatrix}\in\Gamma_0(D)$.

2.4. *Proof of Theorem 1*

We proved in Section 2.2 the identity

$$\mathscr{F}(z)=\sum_{N=0}^{\infty}H(N)\,q^N+y^{-1/2}\sum_{u\in\mathbb{Z}}\beta(4\pi u^2y)\,q^{-u^2},$$

where as usual $q=\mathrm{e}(z)$ and $y=\mathrm{Im}(z)$ and $\mathscr{F}$ is a function satisfying

$$\mathscr{F}\left(\frac{az+b}{cz+d}\right)=\left(\frac{-1}{d}\right)^{1/2}\left(\frac{c}{d}\right)(cz+d)^{3/2}\mathscr{F}(z)$$

for $\begin{pmatrix} a & b \\ c & d \end{pmatrix} \in \Gamma_0(4)$ (and of course $c \neq 0$). The function $\theta(z) = \sum_{t \in \mathbb{Z}} q^{t^2}$, on the other hand, satisfies

$$\theta\left(\frac{az+b}{cz+d}\right) = \left(\frac{-1}{d}\right)^{-1/2} \left(\frac{c}{d}\right) (cz+d)^{1/2} \theta(z)$$

for $\begin{pmatrix} a & b \\ c & d \end{pmatrix} \in \Gamma_0(4)$. It follows immediately that

$$\begin{aligned}
&\mathscr{F}\left(D\frac{az+b}{cz+d}\right) \theta\left(\frac{az+b}{cz+d}\right) \\
&= \mathscr{F}\left(\frac{aDz+bD}{(c/D)Dz+d}\right) \theta\left(\frac{az+b}{cz+d}\right) \\
&= \left(\frac{-1}{d}\right)^{1/2} \left(\frac{c/D}{d}\right) (cz+d)^{3/2} \mathscr{F}(Dz) \left(\frac{-1}{d}\right)^{-1/2} \left(\frac{c}{d}\right) (cz+d)^{1/2} \theta(z) \\
&= \left(\frac{D}{d}\right) (cz+d)^2 \mathscr{F}(Dz)\, \theta(z)
\end{aligned}$$

for $\begin{pmatrix} a & b \\ c & d \end{pmatrix} \in \Gamma_0(4D)$, i.e. the function

$$\mathscr{F}(Dz)\, \theta(z) = \sum_{N=-\infty}^{\infty} c_N(y)\, q^N,$$

$$c_N(y) = \sum_{\substack{t^2 \leq N \\ t^2 \equiv N \,(\mathrm{mod}\, D)}} H\left(\frac{N-t^2}{D}\right) + D^{-1/2} y^{-1/2} \sum_{\substack{t,u \in \mathbb{Z} \\ t^2 - Du^2 = N}} \beta(4\pi u^2 y),$$

belongs to $M_2^*(\Gamma_0(4D), \chi_D)$. We claim that the function $\sum c_{4N}(\frac{1}{4}y)\, q^N$ belongs to $M_2^*(\Gamma_0(D), \chi_D)$. The corresponding statement in [23] (Proposition 5.1) is proved by appealing to Lemmas 1 and 4 of [29]; however, since this latter paper treats only analytic modular forms, we give the proof of the special assertion we need:

Lemma 2. *If* $f(z) = \sum_{n \in \mathbb{Z}} a_n(y)\, q^n$ *is in* $M_k^*(\Gamma_0(4D), \chi_D)$, *and* $a_n(y) = 0$ *for all* $n \equiv 2 \pmod 4$, *then the function*

$$h(z) = \tfrac{1}{4} \sum_{r=1}^{4} f\left(\frac{z+r}{4}\right) = \sum_{n \in \mathbb{Z}} a_{4n}(\tfrac{1}{4}y)\, q^n$$

is in $M_k^*(\Gamma_0(D), \chi_D)$.

Proof. We prove the lemma in two steps, first showing that the function

$$g(z) = \tfrac{1}{2}\left(f\left(\frac{z}{2}\right) + f\left(\frac{z+1}{2}\right)\right) = \sum a_{2n}(\tfrac{1}{2}y)\, q^n$$

is in $M_k^*(\Gamma_0(2D), \chi_D)$. Set $X_0=\begin{pmatrix}1&0\\0&2\end{pmatrix}$, $X_1=\begin{pmatrix}1&1\\0&2\end{pmatrix}$ and let $A=\begin{pmatrix}a&b\\c&d\end{pmatrix}$ be any matrix in $\Gamma_0(2D)$. If b is even, then the matrices

$$X_0AX_0^{-1}=\begin{pmatrix}a&\frac{1}{2}b\\2c&d\end{pmatrix},\qquad X_1AX_1^{-1}=\begin{pmatrix}a+c&\frac{1}{2}(b+d-a-c)\\2c&d-c\end{pmatrix}$$

are in $\Gamma_0(4D)$, so

$$\begin{aligned}g(Az)&=\tfrac{1}{2}f(X_0AX_0^{-1}(X_0z))+\tfrac{1}{2}f(X_1AX_1^{-1}(X_1z))\\&=\tfrac{1}{2}\chi_D(d)(cz+d)^kf(X_0z)+\tfrac{1}{2}\chi_D(d-c)(cz+d)^kf(X_1z)\\&=\chi_D(d)(cz+d)^kg(z),\end{aligned}$$

the last equality holding because $\chi_D(d-c)=\chi_D(d)$. If b is odd, then the matrices

$$X_0AX_1^{-1}=\begin{pmatrix}a&\frac{1}{2}(b-a)\\2c&d-c\end{pmatrix},\qquad X_1AX_0^{-1}=\begin{pmatrix}a+c&\frac{1}{2}(b+d)\\2c&d\end{pmatrix}$$

are in $\Gamma_0(4D)$, so

$$\begin{aligned}g(Az)&=\tfrac{1}{2}f(X_0AX_1^{-1}(X_1z))+\tfrac{1}{2}f(X_1AX_0^{-1}(X_0z))\\&=\tfrac{1}{2}\chi_D(d-c)(cz+d)^kf(X_1z)+\tfrac{1}{2}\chi_D(d)(cz+d)^kf(X_0z)\\&=\chi_D(d)(cz+d)^kg(z).\end{aligned}$$

This proves the assertion concerning g. Under the assumptions made on f, $a_{2n}(\frac{1}{2}y)=0$ for n odd, so

$$g(z)=g(z+\tfrac{1}{2})=\sum a_{4n}(\tfrac{1}{2}y)\,q^{2n}=h(2z).$$

Let $A=\begin{pmatrix}a&b\\c&d\end{pmatrix}\in\Gamma_0(D)$. The formulas just given for the four matrices $X_\alpha AX_\beta^{-1}$ ($\alpha, \beta=0, 1$) show that at least one of these matrices lies in $\Gamma_0(2D)$; then

$$h(Az)=g(X_\alpha AX_\beta^{-1}(X_\beta z))=\chi_D(d)(cz+d)^kg(X_\beta z)=\chi_D(d)(cz+d)^kh(z).$$

We now apply this lemma with $f(z)=\mathscr{F}(z)\,\theta(z)$, $a_n(y)=c_n(y)$. The fact that $c_N(y)=0$ for $N\equiv 2 \pmod 4$ follows from the fact $H(n)=0$ unless $n\equiv 0$ or $3 \pmod 4$ and from $D\equiv 0$ or $1 \pmod 4$. Thus $\sum c_{4N}(\frac{1}{4}y)q^N$ is in $M_{\frac{3}{2}}^*(\Gamma_0(D), \chi_D)$. But

$$\begin{aligned}c_{4N}(\tfrac{1}{4}y)&=\sum_{\substack{t^2\leq 4N\\ t^2\equiv 4N \,(\mathrm{mod}\, D)}}H\left(\frac{4N-t^2}{D}\right)+2D^{-1/2}y^{-1/2}\sum_{\substack{t,\,u\in\mathbb{Z}\\ N=(t^2-Du^2)/4}}\beta(\pi Du^2y)\\&=H_D(N)+2D^{-1/2}y^{-1/2}\sum_{\substack{\lambda\in\mathcal{O}\\ \lambda\lambda'=N}}\beta(\pi(\lambda-\lambda')^2y),\end{aligned}$$

so this means that the function

$$\sum_{N=0}^{\infty}H_D(N)\,q^N+2D^{-1/2}y^{-1/2}\sum_{\lambda\in\mathcal{O}}\beta(\pi(\lambda-\lambda')^2y)\,q^{\lambda\lambda'}$$

is in $M_2^*(\Gamma_0(D), \chi_D)$. On the other hand, by the Corollary to Proposition 1, we know that the function

$$-D^{-1/2}\mathscr{W}(z) = D^{-1/2} \sum_{\substack{\lambda\in\mathcal{O}\\ \lambda \gg 0}} \min(\lambda, \lambda')\, q^{\lambda\lambda'} - 2D^{-1/2} y^{-1/2} \sum_{\lambda\in\mathcal{O}} \beta(\pi(\lambda-\lambda')^2 y)\, q^{\lambda\lambda'}$$

is also in $M_2^*(\Gamma_0(D), \chi_D)$. Adding these two functions, we find that the function

$$\varphi_D(z) = \sum_{N=0}^{\infty} H_D(N)\, q^N + D^{-1/2} \sum_{\substack{\lambda\in\mathcal{O}\\ \lambda\gg 0}} \min(\lambda, \lambda')\, q^{\lambda\lambda'}$$

is in $M_2^*(\Gamma_0(D), \chi_D)$. Since the N-th Fourier coefficient of $\varphi_D(z)$ is independent of y and is $O(N^r)$ for some r (in fact, for $r=1$), the function $\varphi_D(z)$ is analytic in the upper half-plane and is $O(y^{-r})$ as $y \to 0$, which implies that $\varphi_D(z)$ is holomorphic at the cusps of $\Gamma_0(D)$. Hence $\varphi_D \in M_2(\Gamma_0(D), \chi_D)$.

Chapter 3: Modular Forms with Intersection Numbers as Fourier Coefficients

3.1. Modular Forms of Nebentypus and the Homology of the Hilbert Modular Surface

In Chapter 3 we return to our Hilbert modular surface $X = \mathfrak{H}^2/SL_2(\mathcal{O})$, again supposing that the discriminant of the quadratic field K is a prime $p \equiv 1 \pmod 4$. The middle homology group $H_2(\tilde{X})$ (all homology and cohomology is with coefficients in $\mathbb{Q}$ unless otherwise stated) of the compactification $\tilde{X} = X \cup \bigcup S_k$ of X is the direct sum of $\operatorname{Im}(H_2(X) \to H_2(\tilde{X}))$ and the subspace generated by the homology classes of the curves S_k, the two subspaces being orthogonal complements of one another with respect to the intersection form. In the first component lie the homology classes T_N^c $(N = 1, 2, \ldots)$ defined in 1.4 and one further important class which we now describe.

On $\mathfrak{H} \times \mathfrak{H}$ we have two differential forms $\omega_j = -\dfrac{1}{2\pi} y_j^{-2}\, dx_j \wedge dy_j$ $(j = 1, 2)$, where $z_j = x_j + i y_j$ $(j = 1, 2)$ are the coordinates. Each ω_j is an $SL_2(\mathbb{R})$-invariant form on $\mathfrak{H}$, so ω_1 and ω_2 are $SL_2(\mathcal{O})$-invariant; they can therefore be considered as differential forms on the smooth non-compact surface X' obtained from X by removing the finitely many singular points (quotient singularities). The sum $\omega_1 + \omega_2$ is the first Chern form c_1 on X', while the product $\omega = \omega_1 \wedge \omega_2$ is the second Chern form (Gauss-Bonnet form) c_2; clearly $c_1 \wedge c_1 = 2c_2$. Then ([4], 1.3, Eq. (9))

$$\int_{X'} c_1 \wedge c_1 = 2 \int_{X'} \omega = 4\zeta_K(-1), \tag{1}$$

where $\zeta_K(s)$ $(s \in \mathbb{C})$ denotes the Dedekind zeta-function of K. On the other hand, in ([4], p. 229) it is shown how the forms ω_j can be modified by coboundaries to obtain differential forms *with compact support* in X'; extending these forms to $\tilde{X} \supset X'$ by 0 on the complement of X', we obtain differential forms on $\tilde{X}$ representing cohomology classes in $\operatorname{Im}(H_c^2(X') \to H^2(\tilde{X}))$, or equivalently (by

Poincaré duality), in $\mathrm{Im}(H_2(X')\to H_2(\tilde{X}))$. We denote the homology class corresponding to $\frac{1}{4}(\omega_1+\omega_2)$ by T_0^c. This seemingly strange notation is easily justified: the restriction of ω_1 or ω_2 to any T_N is just the standard volume form, so by (46) of 1.5

$$T_0^c\, T_N=\tfrac{1}{2}\,\mathrm{vol}(T_N)=-\tfrac{1}{24}\sum_{d\mid N}(\chi_p(d)+\chi_p(N/d))\,d \qquad (N>0), \tag{2}$$

whereas in Theorem 4 of Chapter 1 we proved that

$$T_M^c\, T_N=\tfrac{1}{2}\sum_{d\mid(M,N)}(\chi_p(d)+\chi_p(N/d))\,d\left(H_p\left(\frac{MN}{d^2}\right)+I_p\left(\frac{MN}{d^2}\right)\right) \qquad (M,N>0,\ \nu_p(N)\leqq\nu_p(M)). \tag{3}$$

Since $H_p(0)=-\frac{1}{12}$ and $I_p(0)=0$, Equation (2) is formally the special case $M=0$ of Equation (3). By (1), we have the formula

$$T_0^c\, T_0^c=\tfrac{1}{4}\zeta_K(-1) \tag{4}$$

for the self-intersection number of T_0^c. We can now state the main result of this paper.

Theorem 1. *For each homology class K in the subspace of $H_2(\tilde{X})$ generated by the T_N^c ($N\in\mathbb{N}$), the function*

$$\Phi_K(z)=\sum_{N=0}^{\infty} T_N^c K\, e^{2\pi i N z} \qquad (z\in\mathfrak{H}),$$

given by a Fourier expansion whose N-th coefficient is the intersection number of K with T_N^c, is a modular form of weight 2, level p and Nebentypus χ_p. It is an Eisenstein series for $K=T_0^c$ and a cusp form for K orthogonal to T_0^c. The map $K\mapsto\Phi_K$ from the space generated by the T_N^c to the space $M_2(\Gamma_0(p),\chi_p)$ is injective.

3 *Proof*[2]. We begin by recalling the structure of $M_2(\Gamma_0(p),\chi_p)$. The group $\Gamma_0(p)$ has two cusps, ∞ and 0, and correspondingly two Eisenstein series E_1 and E_2, and $M_2(\Gamma_0(p),\chi_p)$ is the direct sum of the space of cusp forms $S_2(\Gamma_0(p),\chi_p)$ and the two-dimensional space generated by E_1 and E_2. The Eisenstein series have the Fourier expansions

$$\begin{aligned} E_1(z)&=\sum_{N=1}^{\infty}\Big(\sum_{d\mid N}\chi_p(N/d)\,d\Big)q^N,\\ E_2(z)&=-\frac{p^{3/2}}{4\pi^2}L(2,\chi_p)+\sum_{N=1}^{\infty}\Big(\sum_{d\mid N}\chi_p(d)\,d\Big)q^N \end{aligned} \tag{5}$$

([28], p. 818, Satz 12), where as usual $q=e^{2\pi i z}$. The Hecke operators $T(1)=\mathrm{id}$, $T(2)$, ... act on $M_2(\Gamma_0(p),\chi_p)$ as follows: if $f=\sum_{n=0}^{\infty}a(n)\,q^n$ is in $M_2(\Gamma_0(p),\chi_p)$, then

$$f\mid T(m)=\sum_{n=0}^{\infty}\Big(\sum_{d\mid(n,m)}\chi_p(d)\,d\,a(mn/d^2)\Big)q^n. \tag{6}$$

---

[2] Eichler (in a letter of May 7, 1974) has proposed a different possible method of showing that Φ_K is a modular form, based on Siegel's work on indefinite quadratic forms and not requiring explicit knowledge of the intersection numbers, but a proof along these lines has not yet been given

The Eisenstein series E_1 and E_2 are eigenfunctions of all $T(m)$, the eigenvalue being in each case simply the m-th Fourier coefficient. The space $S_2(\Gamma_0(p), \chi_p)$ has a basis of normalized Hecke eigenfunctions. Each such eigenfunction has a Fourier expansion $f(z)=\sum_{n=1}^{\infty} a(n)\, q^n$ with $a(1)=1$ and $f\,|\,T(n)=a(n).f$ for all n, so Equation (6) implies the identity

$$a(n)\, a(m)=\sum_{d|(m,n)} \chi_p(d)\, d a(m n/d^2) \qquad (m, n>0) \tag{7}$$

for the Fourier coefficients of f. In particular,

$$a(p^\nu n)=a(p)^\nu a(n) \tag{8}$$

for all $n>0$, $\nu \geqq 0$. Finally, the coefficients $a(n)$ of a normalized eigenfunction satisfy

$$\overline{a(n)}=\chi_p(n)\, a(n) \quad \text{if } p \nmid n \tag{9}$$

$\left(\text{i.e. the } n\text{-th coefficient is real if } \left(\frac{n}{p}\right)=1 \text{ and pure imaginary if } \left(\frac{n}{p}\right)=-1\right)$ and

$$|a(p)|^2=p \tag{10}$$

([27], p. 785). Therefore, if $f(z)=\sum a(n)\, q^n$ is a normalized eigenfunction, $\overline{f(-\bar{z})}=\sum \overline{a(n)}\, q^n$ the normalized eigenfunction with eigenvalues $\overline{a(n)}$, the function

$$f_+(z)=\tfrac{1}{2}(f(z)+\overline{f(-\bar{z})})=\sum \operatorname{Re}(a(n))\, q^n$$

is a modular form having the property that its n-th Fourier coefficient vanishes for all n with $\left(\frac{n}{p}\right)=-1$. Denote the space of *all* modular forms with this property by $M_2^+(\Gamma_0(p), \chi_p)$ and its intersection with the space of cusp forms by $S_2^+(\Gamma_0(p), \chi_p)$. Then the map $f \mapsto f_+$ extends by linearity to a projection map

$$\pi_+ :\ S_2(\Gamma_0(p), \chi_p) \to S_2^+(\Gamma_0(p), \chi_p),$$

and similarly the map

$$f(z) \mapsto f_-(z)=\tfrac{1}{2}(f(z)-\overline{f(\bar{z})})=i \sum \operatorname{Im}(a(n))\, q^n$$

extends to a projection π_- from $S_2(\Gamma_0(p), \chi_p)$ to the space $S_2^-(\Gamma_0(p), \chi_p)$ of cusp forms whose n-th Fourier coefficient is 0 whenever $\left(\frac{n}{p}\right)=1$. Clearly $\pi_+ + \pi_- = \mathrm{id}$. The spaces $S_2^+(\Gamma_0(p), \chi_p)$ and $S_2^-(\Gamma_0(p), \chi_p)$ are disjoint, since a modular form in their intersection would have the form $\sum c_n q^{pn}$ and hence vanish by virtue of a lemma of Hecke (cf. Ogg [31], Lemma 6, p. 32). Therefore $S_2(\Gamma_0(p), \chi_p)$ is the direct sum of $S_2^+(\Gamma_0(p), \chi_p)$ and $S_2^-(\Gamma_0(p), \chi_p)$, both summands having the same dimension. From (5) we see that $E_1 \pm E_2 \in M_2^{\pm}(\Gamma_0(p), \chi_p)$, so the same statements apply to the whole space $M_2(\Gamma_0(p), \chi_p)$, with $\pi_\pm$ extended to this space by

$$\pi_\pm(E_1)=\pm\pi_\pm(E_2)=\tfrac{1}{2}(E_1 \pm E_2).$$

In particular,

$$\dim M_2^+(\Gamma_0(p), \chi_p) = \dim S_2^+(\Gamma_0(p), \chi_p) + 1. \tag{11}$$

We can now prove Theorem 1. For the first assertion it suffices to consider $K = T_M^c$ $(M \in \mathbb{N})$. By (2) and (4) we have

$$\Phi_{T_0^c}(z) = \tfrac{1}{4}\zeta_K(-1) - \tfrac{1}{24}\sum_{N=1}^{\infty}\sum_{d|N}(\chi_p(d) + \chi_p(N/d))\, d\, q^N.$$

By the functional equation of $\zeta_K(s)$ and the decomposition $\zeta_K(s) = \zeta(s) L(s, \chi_p)$ we have

$$\tfrac{1}{4}\zeta_K(-1) = \frac{p^{3/2}}{16\pi^4}\zeta_K(2) = \frac{p^{3/2}}{96\pi^2} L(2, \chi_p),$$

and comparing with (5) we find that

$$\Phi_{T_0^c} = -\tfrac{1}{24}(E_1 + E_2). \tag{12}$$

For $M > 0$, we claim that

$$\Phi_{T_M^c} = \pi_+(\varphi_p | T(M)), \tag{13}$$

where

$$\varphi_p(z) = \sum_{N=0}^{\infty}(H_p(N) + I_p(N))\, q^N \in M_2^+(\Gamma_0(p), \chi_p) \tag{14}$$

is the modular form constructed in Chapter 2. If $\left(\frac{M}{p}\right) = 1$, then the Hecke operator $T(M)$ maps $M_2^+(\Gamma_0(p), \chi_p)$ to itself, so (13) reduces to $\Phi_{T_M^c} = \varphi_p | T(M)$, which is an immediate consequence of (2), (3), (14), (6) and the definition of Φ_K. If $\left(\frac{M}{p}\right) = -1$, then $T(M)$ interchanges $M_2^+(\Gamma_0(p), \chi_p)$ and $M_2^-(\Gamma_0(p), \chi_p)$, so the right-hand side of (13) is zero, in accordance with the fact that the curve T_M is empty in this case. Finally, if $p|M$ then (13) follows from (2), (3), (14) and the following lemma.

Lemma 1. *Let*

$$g(z) = \sum_{n=0}^{\infty} c(n)\, q^n \in M_2^+(\Gamma_0(p), \chi_p), \qquad m > 0.$$

Then

$$\pi_+(g(z) | T(m)) = \sum_{n=0}^{\infty} c_+(m, n)\, q^n,$$

where $c_+(m, n)$ is determined by $c_+(m, n) = c_+(n, m)$ and

$$c_+(m, n) = \tfrac{1}{2}\sum_{d|(m,n)}(\chi_p(d) + \chi_p(n/d))\, d\, c(nm/d^2) \qquad (\nu_p(n) \leqq \nu_p(m)).$$

Proof. It suffices to treat the two cases $g(z) = \frac{1}{2}(E_1(z) + E_2(z))$, $g(z) = f_+(z)$ (f a normalized Hecke eigenfunction), since these functions generate $M_2^+(\Gamma_0(p), \chi_p)$.

For $g=f_+$, $f=\sum a(n)\,q^n$, we have

$$\begin{aligned}\pi_+(g(z)|\,T(m)) &= \pi_+(\tfrac{1}{2}(f(z)+\overline{f(-\bar z)})|\,T(m))\\ &= \pi_+(\tfrac{1}{2}a(m)\,f(z)+\tfrac{1}{2}\overline{a(m)}\,\overline{f(-\bar z)})\\ &= \tfrac{1}{4}(a(m)+\overline{a(m)})\,(f(z)+\overline{f(-\bar z)}),\end{aligned}$$

so we must show that

$$(a(m)+\overline{a(m)})\,(a(n)+\overline{a(n)})=\sum_{d|(m,n)}(\chi_p(d)+\chi_p(n/d))\,d\left(a\left(\frac{mn}{d^2}\right)+\overline{a\left(\frac{mn}{d^2}\right)}\right) \tag{15}$$

if $v_p(n)\leqq v_p(m)$. Write $n=p^\nu n_0$, $m=p^\nu m_0$ with $p\nmid n_0$. Then

$$\begin{aligned}\sum_{d|(m,n)}\chi_p(n/d)\,d\,a(mn/d^2) &= \sum_{d_0|(m_0,n_0)}\chi_p(n_0/d_0)\cdot d_0\,p^\nu\cdot a(m_0\,n_0/d_0^2)\\ &= p^\nu\,\chi_p(n_0)\sum_{d_0|(m_0,n_0)}\chi_p(d_0)\,d_0\,a(m_0\,n_0/d_0^2)\\ &= p^\nu\,\chi_p(n_0)\,a(m_0)\,a(n_0) \qquad \text{(by (7))}\\ &= a(p)^\nu\,\overline{a(p)}^\nu\,a(m_0)\,\overline{a(n_0)} \qquad \text{(by (9), (10))}\\ &= a(m)\,\overline{a(n)} \qquad \text{(by (8))}.\end{aligned}$$

Adding this equation to (7) and adding the equation obtained to its complex conjugate, we obtain (15). The proof of Lemma 1 in the case of Eisenstein series is similar and will be left to the reader.

We have thus proved the first statement of Theorem 1. The second is easy: Equation (12) shows that $\Phi_{T_0^c}$ is an Eisenstein series, and Φ_K for a cycle K with $T_0^c K=0$ is a cusp form because, by (11), *any* form in $M_2^+(\Gamma_0(p),\chi_p)$ with zero constant term is a cusp form. Finally, the injectivity of $K\to\Phi_K$ follows from the Hodge index theorem, which says that for any compact algebraic surface Y the restriction of the intersection form to the subspace of $H_2(Y)$ generated by algebraic cycles has signature $(1,n-1)$ for some n (i.e. it is non-degenerate and a diagonalized version of the intersection matrix has one positive entry and otherwise only negative entries on the diagonal). Applying this to $\tilde X$, we see that, since $(T_0^c)^2>0$ by (4), the intersection form restricted to the space of algebraic cycles orthogonal to T_0^c is negative definite. The classes T_N^c are all algebraic. If K is in the space they generate and $T_N^c K=0$ for all $N\geqq 0$, then in particular $T_0^c K=0$ and $KK=0$, so $K=0$. This completes the proof of Theorem 1.

Theorem 1 was stated as a conjecture in [5]. In view of our new information we can improve some of the discussion given in [5]. Let us write $\mathbf{H}$ for $H^2(\tilde X;\mathbb{C})$, $\mathbf{F}$ for the subspace of $\mathbf{H}$ generated by the Poincaré duals of the homology classes T_N^c $(N=0,1,2,\ldots)$, $\mathbf{M}$ for the space $M_2^+(\Gamma_0(p),\chi_p)$ (the letters are meant to suggest "homology", "curves F_N" and "modular forms", respectively). The content of Theorem 1 is the existence of an injective map

$$\Phi\colon \mathbf{F}\to\mathbf{M},\qquad K\mapsto\sum T_N^c K\,q^N.$$

In the proof of the injectivity we showed that a class $K\in\mathbf{F}$ which is orthogonal to all of the T_N^c is zero, i.e. the space $\mathbf{F}$ is disjoint from its orthogonal complement $\mathbf{F}^\perp$ in $\mathbf{H}$. Hence $\mathbf{H}=\mathbf{F}\oplus\mathbf{F}^\perp$. It follows immediately that $\Phi_\alpha(z)=\sum\alpha[T_N^c]\,e^{2\pi iNz}$

belongs to $\mathbf{M}$ for any cohomology class $\alpha\in\mathbf{H}$, i.e. *the map Φ extends to a map Φ: $\mathbf{H}\to\mathbf{M}$.* This map is injective on $\mathbf{F}$ and zero on $\mathbf{F}^{\perp}$, so we have $\dim(\operatorname{Im}\Phi)=\dim\mathbf{F}$. We now give a conjectural description of the subspace $\mathbf{F}$ of $\mathbf{H}$ in purely homological terms: we will define a certain subspace $\mathbf{U}$ of $\mathbf{H}$ which contains all the T_N^c and conjecture that this "upper bound" $\mathbf{U}$ for $\mathbf{F}$ in fact coincides with $\mathbf{F}$.

The Poincaré duals of the classes T_N^c have the following properties:

(i) They are of type (1, 1) in the Hodge decomposition of $H^2(\tilde{X};\mathbb{C})$;

(ii) They are invariant under the involution τ of $\tilde{X}$ induced by the involution $(z_1, z_2)\mapsto(z_2, z_1)$ of $\mathfrak{H}^2$;

(iii) They are orthogonal to the curves S_j of the resolution of the cusp, i.e. they lie in $\operatorname{Im}(H_c^2(X;\mathbb{C})\to H^2(\tilde{X};\mathbb{C}))$;

(iv) They are in the kernel of $\mathfrak{t}_{\mathfrak{n}}^*-\mathfrak{t}_{\mathfrak{n}'}^*$ for all ideals $\mathfrak{n}\subset\mathcal{O}$, where $\mathfrak{t}_{\mathfrak{n}}$ is the Hecke correspondence on X.

We take for $\mathbf{U}$ the space of all cohomology classes satisfying (i)–(iv). Since $H^*(X/\tau)\cong H^*(X)^{\tau}$, one can identify the (bigger) space of all cohomology classes satisfying (i)–(iii) with the subspace

$$\mathfrak{S}^{1,1}=\operatorname{Im}(H_c^2(X/\tau;\mathbb{C})\to H^2(V;\mathbb{C}))\cap H^{1,1}(V)$$

of $H^2(V)$, where V is the minimal resolution of $\bar{X}/\tau$ ($\bar{X}=X\cup\{\text{cusps}\}$). Thus $\mathbf{U}$ can be considered as a subspace of $\mathfrak{S}^{1,1}$. The notations $\mathbf{U}$, V, $\mathfrak{S}^{1,1}$ are the same as in [5], where it was deduced from the formulas for the arithmetic genera of $\bar{X}$ and V that

$$\dim\mathbf{U}=\left[\frac{p-5}{24}\right]+1.$$

On the other hand, Hecke [28] has shown that the dimension of $\mathbf{M}=M_2^+(\Gamma_0(p),\chi_p)$ is also given by $\left[\frac{p-5}{24}\right]+1$. (As mentioned in the Introduction, it was this coincidence of dimensions which formed the original motivation for the present investigation.) Summarizing, we have $\mathbf{F}\subset\mathbf{U}\subset\mathbf{H}$ and a map Φ: $\mathbf{H}\to\mathbf{M}$ with $\dim(\operatorname{Im}\Phi)=\dim\mathbf{F}$ and $\dim\mathbf{U}=\dim\mathbf{M}$. The only reasonable way to explain this is to assume the truth of the following conjecture:

4 **Conjecture 1.** *We have $\mathbf{F}=\mathbf{U}$ and the map Φ: $\mathbf{U}\to\mathbf{M}$ is an isomorphism.*

By Theorem 1, it would suffice to show that Φ: $\mathbf{F}\to\mathbf{M}$ is surjective, and by (13) this can be expressed purely in terms of modular forms, with no reference to the Hilbert modular surface:

Conjecture 1′. *The modular forms $\pi_+(\varphi_p|T(M))$ span $M_2^+(\Gamma_0(p),\chi_p)$.*

3.2. The Relationship to the Doi-Naganuma Mapping

Let $\mathfrak{S}=S_2(SL_2(\mathcal{O}))$ be the space of cusp forms for the Hilbert modular group. To each such cusp form $F(z_1, z_2)$ we associate the differential form

$$\frac{i}{2}(F(\varepsilon_0 z_1,\varepsilon_0'\bar{z}_2)\,dz_1\wedge d\bar{z}_2+F(\varepsilon_0 z_2,\varepsilon_0'\bar{z}_1)\,dz_2\wedge d\bar{z}_1) \qquad (16)$$

on $X' = X - \{\text{quotient singularities}\}$, where $\varepsilon_0 > 0 > \varepsilon_0'$ is a fundamental unit for K. This form is cohomologous to a form with compact support and thus leads to a cohomology class on $\tilde{X}$ satisfying the properties (i), (ii), (iii) listed above. This gives an injective map j: $\mathfrak{S} \to \mathfrak{S}^{1,1}$, and in fact $\mathfrak{S}^{1,1}$ is the direct sum of $j(\mathfrak{S})$ and the one-dimensional space generated by the Poincaré dual of T_0^c. Since this latter class comes from the differential form

$$\frac{1}{16\pi i}(y_1^{-2}\, dz_1 \wedge d\bar{z}_1 + y_2^{-2}\, dz_2 \wedge d\bar{z}_2)$$

whose exterior product with the form (16) vanishes identically, we see that $j(\mathfrak{S})$ is orthogonal to T_0^c and hence by Theorem 1 the image of $j(\mathfrak{S})$ under Φ is contained in the space of cusp forms. In this way the map Φ constructed in 3.1 leads to a map

$$\Phi \circ j\colon\ \mathfrak{S} = S_2(SL_2(\mathcal{O})) \to S_2^+(\Gamma_0(p), \chi_p)$$

involving only cusp forms, and it is natural to ask for a description of this map purely in terms of the theory of modular forms.

A non-degenerate scalar product (Petersson product) is defined on $S_2(\Gamma_0(p), \chi_p)$ by

$$(f, g) = \int_{\mathfrak{H}/\Gamma_0(p)} f(z)\, \overline{g(z)}\, dx\, dy \qquad (z = x + iy),$$

and similarly on $\mathfrak{S}$ by

$$(F, G) = \iint_{\mathfrak{H}^2/SL_2(\mathcal{O})} F(z_1, z_2)\, \overline{G(z_1, z_2)}\, dx_1\, dy_1\, dx_2\, dy_2.$$

The Petersson product on $\mathfrak{S}$ corresponds under j roughly to the cup product pairing in chomology; more precisely, for $F, G \in \mathfrak{S}$,

$$(j(F) \cup j(G))[\tilde{X}] = -2(F, \tilde{G}), \tag{17}$$

where $\tilde{G}$ is the cusp form defined by $\tilde{G}(z_1, z_2) = \overline{G(-\bar{z}_2, -\bar{z}_1)}$.

In [37], Doi and Naganuma defined a method of "lifting" cusp forms in one variable (for $SL_2(\mathbb{Z})$) to Hilbert cusp forms for $SL_2(\mathcal{O})$, and later Naganuma [38] carried over the construction to the case of forms of Nebentypus, constructing for each even $k \geqq 2$ a map

$$\iota\colon\ S_k(\Gamma_0(p), \chi_p) \to S_k(SL_2(\mathcal{O}))$$

(in fact, Naganuma assumes that $k > 2$ and that the class number of K is 1, but these restrictions can be lifted). This map sends Hecke eigenfunctions to Hecke eigenfunctions, it factors through the projection $\pi_+\colon S_k(\Gamma_0(p), \chi_p) \to S_k^+(\Gamma_0(p), \chi_p)$, and its image lies in the subspace $\bigcap_{\mathfrak{n}} \operatorname{Ker}(T(\mathfrak{n}) - T(\mathfrak{n}'))$ of $\mathfrak{S}$, where $\mathfrak{n}$ runs through the ideals of $\mathcal{O}$ and the $T(\mathfrak{n})$ are Hecke operators in $\mathfrak{S}$ (this subspace is just $j^{-1}\mathbf{U}$, with $\mathbf{U}$ as in 3.1). The purpose of this section is to motivate the following conjecture.

4 **Conjecture 2.** *The map $\Phi \circ j$ form $S_2(SL_2(\mathcal{O}))$ to $S_2(\Gamma_0(p), \chi_p)$ is, up to a factor, the adjoint of ι with respect to the Petersson product.*

Notice that this conjecture would imply Conjecture 1, since ι is known to be injective on $S_2^+(\Gamma_0(p), \chi_p)$.

In [40] a series of cusp forms $\omega_1^{(k)}, \omega_2^{(k)}, \ldots \in S_k(SL_2(\mathcal{O}))$ was constructed for any even $k \geqq 2$, and it was shown that the function

$$\Omega(z_1, z_2; z) = \sum_{N=1}^{\infty} N^{k-1} \omega_N^{(k)}(z_1, z_2) e^{2\pi i N z} \qquad (z_1, z_2, z \in \mathfrak{H})$$

considered as a function of z, belongs to $S_k(\Gamma_0(p), \chi_p)$ and that this function of three variables is the "kernel" of the Doi-Naganuma mapping in the sense that

$$\iota(f)(z_1, z_2) = \frac{1}{C_k} \int_{\mathfrak{H}/\Gamma_0(p)} \Omega(z_1, z_2; -\bar{z}) f(z) y^{k-2} dx\, dy$$

(with $C_k = 8\pi(2i)^{-k}/(k-1)$) for all $f \in S_k(\Gamma_0(p), \chi_p)$. The definition of $\omega_N^{(k)}$ if $k > 2$ is

$$\omega_N^{(k)}(z_1, z_2) = p^{k/2} \sum_{a, b, \lambda} (a\sqrt{p}\, z_1 z_2 + \lambda z_2 - \lambda' z_1 + b\sqrt{p})^{-k},$$

where the summation runs over all $a, b \in \mathbb{Z}$, $\lambda \in \mathcal{O}$ satisfying $\lambda\lambda' + abp = -N$ (for $k = 2$ this series diverges and the definition is more complicated); the similarity with the definition of the curve T_N springs at once to the eye. Now the fact that ι is given by the Petersson product in z with $C_k^{-1}\Omega(-\bar{z}_1, -\bar{z}_2; z)$ is equivalent to the statement that the adjoint map ι^* is given by the Petersson product in (z_1, z_2) with the complex conjugate of the same function, i.e. that

$$\iota^*(F)(z) = C_k^{-1} \sum_{N=1}^{\infty} N^{k-1} (F, \omega_N^{(k)}) e^{2\pi i N z}$$

for any $F \in S_k(SL_2(\mathcal{O}))$. For $k = 2$ this says (using (17) and the fact that $\tilde{\omega}_N^{(2)} = \omega_N^{(2)}$)

$$\iota^*(F)(z) = -\frac{1}{4\pi} \sum_{N=1}^{\infty} N (j(\omega_N^{(2)}) \cup j(F)) [\tilde{X}] e^{2\pi i N z},$$

whereas by definition

$$\Phi \circ j(F)(z) = \sum_{N=1}^{\infty} j(F) [T_N^c] e^{2\pi i N z}.$$

Therefore Conjecture 2 is equivalent to

Conjecture 2'. *The images under j of the Hilbert cusp forms $N\omega_N^{(2)}(z_1, z_2)$ $(N = 1, 2, \ldots)$ are, up to a constant factor, the Poincaré duals of the homology classes T_N^c.*

In particular, this would imply that

$$H_p(N) + I_p(N) = (\text{const.}) \cdot N \cdot \int_{\mathfrak{H}/SL_2(\mathbb{Z})} \omega_N^{(2)}(\varepsilon_0 z, \varepsilon_0' \bar{z})\, dx\, dy,$$

since the expression on the left equals $T_N^c T_1$ and the integral on the right equals $\frac{1}{2} j(\omega_N^{(2)}) [T_1]$. The justification for making Conjectures 2 and 2' is that the corresponding equation for the forms of higher weight is true: if $k>2$, then

$$c_k(N)=(\text{const.})\cdot N^{k-1}\cdot \int_{\mathfrak{H}/SL_2(\mathbb{Z})} \omega_N^{(k)}(\varepsilon_0 z, \varepsilon_0' \bar{z})\, y^{k-2}\, dx\, dy, \tag{18}$$

where $c_k(N)$ is the arithmetical function defined in 2.1, with $c_2(N)=H_p(N)+I_p(N)$. This will be proved in [36]. Unfortunately, the proof breaks down for $k=2$ because some of the sums and integrals involved no longer converge absolutely. Note that (18) together with the fact that $\Omega(z_1, z_2; z)$ is a modular form in z immediately imply the result that $\varphi_{p,k}(z)=\sum c_k(N)\, e^{2\pi i N z}$ is a modular form, so a proof of (18) in the case $k=2$ would give another proof of the main result of Chapter 2.

We mention one other result for higher weights, also to be proved in [36], which if true for $k=2$ would imply Conjecture 1′, namely the following characterization of the function $\varphi_{p,k}$ in terms of the Petersson product:

Let $k>2$. Then for $f(z)=\sum a(n)\, e^{2\pi i n z} \in S_k^+(\Gamma_0(p), \chi_p)$, the Petersson product of $\varphi_{p,k}$ and f is given by

$$(f, \varphi_{p,k})=(\text{const.})\cdot \sum_{n=1}^{\infty} \frac{\varepsilon(n)\, a(n^2)}{n^k},$$

where $\varepsilon(n)=1$ or 2 according as $p\nmid n$ or $p\mid n$.

It is not hard to deduce from this result that the functions $\pi_+(\varphi_{p,k}|T(M))$ $(M=1, 2, \ldots)$ generate $M_k^+(\Gamma_0(p), \chi_p)$; thus the analogue of Conjecture 1′ for higher weights is true.

References

Hilbert Modular Surfaces

1. Eichler, M.: Über die Einheiten der Divisionsalgebren. Math. Ann. **114**, 635–654 (1937)
2. Hammond, W.F.: The modular groups of Hilbert and Siegel. Amer. J. of Math. **88**, 497–516 (1966)
3. Herrmann, O.: Über Hilbertsche Modulfunktionen und die Dirichletschen Reihen mit Eulerscher Produktentwicklung. Math. Ann. **127**, 357–400 (1954)
4. Hirzebruch, F.: Hilbert modular surfaces. L'Ens. Math. **19**, 183–281 (1973)
5. Hirzebruch, F.: Kurven auf den Hilbertschen Modulflächen und Klassenzahlrelationen. Classification of algebraic varieties and compact complex manifolds. Lecture Notes in Math. **412**, pp. 75–93. Berlin-Heidelberg-New York: Springer 1974
6. Hirzebruch, F., Van de Ven, A.: Hilbert modular surfaces and the classification of algebraic surfaces. Inventiones math. **23**, 1–29 (1974)
7. Hirzebruch, F., Zagier, D.: Classification of Hilbert modular surfaces. To appear
8. Prestel, A.: Die elliptischen Fixpunkte der Hilbertschen Modulgruppen. Math. Ann. **177**, 181–209 (1968)

Number Theory, Especially Binary Quadratic Forms

9. Borewicz, S., Šafarevič, I. R.: Zahlentheorie. Basel-Stuttgart: Birkhäuser 1966
10. Butts, H.S., Pall, G.: Modules and binary quadratic forms. Acta Arithm. **15**, 23–44 (1968)
11. Dirichlet, G.L.: Über eine Eigenschaft der quadratischen Formen, Ber. d. Königl. Preuss. Akad. d. Wiss. (1840). Gesammelte Werke, Bd. I, 497–502. Berlin: Reimer 1889

12. Landau, E.: Vorlesungen über Zahlentheorie (Aus der elementaren Zahlentheorie). Leipzig: Hirzel 1927
13. Pall, G.: The structure of the number of representations function in a positive binary quadratic form. Math. Z. **36**, 321–343 (1933)
14. Weber, H.: Beweis des Satzes, daß jede eigentliche primitive quadratische Form unendlich viele Primzahlen darzustellen fähig ist. Math. Ann. **20**, 301–329 (1882)
15. Zagier, D.: On the values at negative integers of the zeta-function of a real quadratic field. To appear in L'Ens. Math. (1976)

Class Number Relations

The literature concerning class number relations is very extensive. We give a brief selection only (in chronological order). For further references up to 1923 see Chapter VI (written by G. Cresse) of Dickson's History of the Theory of Numbers, Vol. III, Carnegie, Washington, 1919 (reprinted by Chelsea, New York, 1971).

16. Kronecker, L.: Über quadratische Formen von negativer Determinante. Monatsber. d. Königl. Preuss. Akad. d. Wiss., Berlin (1875). Gesammelte Werke, Bd. IV, 245–259. Leipzig: Teubner 1929
17. Hurwitz, A.: Über Relationen zwischen Klassenzahlen binärer quadratischer Formen von negativer Determinante. Math. Ann. **25** (1885). Mathematische Werke, Bd. II, 8–50. Basel-Stuttgart: Birkhäuser 1963
18. Klein, F., Fricke, R.: Vorlesungen über die Theorie der elliptischen Modulformen, Bd. II, Abschnitt 4, Kap. 6 (204–236) and Abschnitt 6, Kap. 5 (637–667). Leipzig: Teubner 1892
19. Mordell, L. J.: On the generating function of the series $\sum F(n) q^n$ where $F(n)$ is the number of uneven classes of binary quadratics of determinant $-n$. Mess. of Math. **50**, 113–128 (1920)
20. Hecke, E.: Neue Herleitung der Klassenzahlrelationen von Hurwitz und Kronecker. Nachr. d. Königl. Ges. d. Wiss. zu Göttingen, Math.-phys. Kl. (1926). Mathematische Werke, pp. 499–504. Göttingen: Vandenhoeck & Ruprecht 1970
21. Eichler, M.: On the class number of imaginary quadratic fields and the sums of divisors of natural numbers. J. Ind. Math. Soc. **19**, 153–180 (1955)
22. Mordell, L. J.: On recurrence formulas for the number of classes of definite binary quadratic forms. J. Ind. Math. Soc. **24**, 367–378 (1960)

Modular Forms of One Variable

23. Cohen, H.: Sums involving the values at negative integers of L functions of quadratic characters. Math. Ann. **217**, 271–285 (1975)
24. Eichler, M.: The basis problem for modular forms and the traces of the Hecke operators. Modular Functions of One Variable I, Lecture Notes in Math. **320**, pp. 75–152. Berlin-Heidelberg-New York: Springer 1973
25. Hecke, E.: Theorie der Eisensteinschen Reihen höherer Stufe und ihre Anwendung auf Funktionentheorie und Arithmetik, Abh. Math. Sem. Hamburg Univ. **5** (1927). Werke, 461–486
26. Hecke, E.: Über Modulfunktionen und die Dirichletschen Reihen mit Eulerscher Produktentwicklung. II. Math. Ann. **114** (1937). Werke, 672–707
27. Hecke, E.: Über die Darstellung der Determinante einer positiven quadratischen Form durch die Form. Vierteljahrschrift d. Naturforschenden Gesellschaft in Zürich **85** (1940). Werke, 782–788
28. Hecke, E.: Analytische Arithmetik der positiven quadratischen Formen. Kgl. Danske Vid. Selskab. Math.-fys. Med. XIII, **12** (1940). Werke, 789–918
29. Li, W. W.: Newforms and functional equations. Math. Ann. **212**, 285–315 (1975)
30. Ogg, A.: Modular forms and Dirichlet series. Benjamin, New York-Amsterdam (1969)
31. Ogg, A.: Survey of modular functions of one variable. Modular functions of one variable I. Lecture Notes in Math. **320**, pp. 1–36. Berlin-Heidelberg-New York: Springer 1973
32. Selberg, A.: Harmonic analysis and discontinuous groups in weakly symmetric Riemannian spaces with applications to Dirichlet series. J. Ind. Math. Soc. **20**, 47–87 (1956)

33. Shimura, G.: Modular forms of half-integral weight. Modular functions of one variable I. Lecture Notes in Math. **320**, pp. 57–74. Berlin-Heidelberg-New York: Springer 1973
34. Shimura, G.: Modular forms of half integral weight. Ann. of Math. **97**, 440–481 (1973)
35. Zagier, D.: Nombres de classes et formes modulaires de poids 3/2, C. R. Acad. Sc. Paris **281** (Sér. A), 883–886 (1975)
36. Zagier, D.: Modular forms whose Fourier coefficients involve zeta-functions of quadratic fields. To appear

The Doi-Naganuma Map

37. Doi, K., Naganuma, H.: On the functional equation of certain Dirichlet series. Inventiones math. **9**, 1–14 (1969)
38. Naganuma, H.: On the coincidence of two Dirichlet series associated with cusp forms of Hecke's "Neben"-type and Hilbert modular forms over a real quadratic field. J. Math. Soc. Japan **25**, 547–555 (1973)
39. Saito, H.: Algebraic extensions of number fields and automorphic forms. Kyoto Univ. Lectures in Math. **8**, Tokyo: Kinokuniya 1973
40. Zagier, D.: Modular forms associated to real quadratic fields. Inventiones math. **30**, 1–46 (1975)

Received March 4, 1976

F. Hirzebruch
D. Zagier
Mathematisches Institut der Universität
Wegelerstr. 10
D-5300 Bonn
Federal Republic of Germany

61.
(mit D. Zagier)

Classification of Hilbert modular surfaces

In: Complex analysis and algebraic geometry, S. 43 – 77, Cambridge: University Press and Iwanami Shoten 1977

I. Introduction and Statement of Results

1. 1 In the paper [6] non-singular models for the Hilbert modular surfaces were constructed. In [9] it was investigated how these algebraic surfaces fit into the Enriques-Kodaira rough classification of surfaces ([11], [12]). But this was only done for the surfaces $Y(p)$ belonging to a real quadratic field of prime discriminant. We shall solve the corresponding problem for real quadratic fields of arbitrary discriminant. We shall use the notation of [6] and [9] and refer to these papers very often.

1. 2 Let K be the real quadratic field of discriminant D and $\mathfrak{o}$ its ring of integers. The Hilbert modular group $G=\boldsymbol{SL}_2(\mathfrak{o})/\{1, -1\}$ acts on $\mathfrak{H}\times\mathfrak{H}$ where $\mathfrak{H}$ is the upper half plane. The complex space $\mathfrak{H}^2/G$ can be compactified by finitely many cusps. This gives a compact normal complex space of dimension 2 denoted by $\overline{\mathfrak{H}^2/G}$ which has finitely many singularities (resulting from the cusps and the elliptic fixed points of G). If one resolves these singularities in the canonical minimal way, one gets a non-singular algebraic surface $Y(D)$. Thus for any discriminant D of a real quadratic field (i. e. $D\equiv 1$ mod 4 or $D\equiv 0$ mod 4, where $D\geqq 5$ and D or $D/4$ respectively is square free) an algebraic surface $Y(D)$ is defined. (Here we have changed the notation of [6] § 4. 5. There $Y(D)$ was called $Y(d)$ where d is the square free part of D.)

1. 3 The rough classification of algebraic surfaces without exceptional curves was recalled in [9] (Chap. I, Theorem ROC). Since the surface $Y(D)$ is regular (see [1] Part I, [2] or [9] Prop. II. 4), it is either *rational* or admits a unique minimal model which is a *K*3-*surface*, an *honestly elliptic surface* (fibred over the projective line) or a surface of *general type*. Thus there are four distinct possibilities, and we wish to decide for every D which of these four cases happens. It was proved recently that $Y(D)$ is simply-connected ([17] and A. Kas, unpublished). Therefore, the Enriques surface (which is an honestly elliptic surface) cannot occur as minimal model of any $Y(D)$ and the class (rational, blown-up $K3$ surface, blown-up honestly elliptic surface, general type) of $Y(D)$ can be characterized by the Kodaira dimension $\kappa(Y(D))$ (defined as the maximal dimension of the images of $Y(D)$

under the pluricanonical mappings). *Thus* $Y(D)$ *is*

rational	*if and only if*	$\kappa(Y(D)) = -1,$
a blown-up K3 surface	*if and only if*	$\kappa(Y(D)) = 0,$
a blown-up honestly elliptic surface	*if and only if*	$\kappa(Y(D)) = 1,$
of general type	*if and only if*	$\kappa(Y(D)) = 2.$

In Chap. II we shall recall the formulas for the arithmetic genus of $Y(D)$. Since $Y(D)$ is regular, we have $\chi(Y(D))=1+p_g \geqq 1$. It is easy to see that $\chi(Y(D))$ tends to ∞ for $D \to \infty$ and certain estimates (Chap. IV) and explicit calculations will show that

$$(1) \qquad \chi(Y(D)) = 1 \Leftrightarrow D = 5, 8, 12, 13, 17, 21, 24, 28, 33, 60.$$

It was proved in [6] § 4. 5 that $Y(D)$ is rational for these values of D. Since the arithmetic genus of any rational surface equals 1, the ten values of D given in (1) are exactly the values for which $Y(D)$ is rational.

The following result was proved in [9]. For convenience we express it in terms of the Kodaira dimension.

If p is a prime congruent to 1 mod 4, *then*

$$(2) \qquad \begin{aligned} \kappa(Y(p)) &= -1 \Leftrightarrow \chi(Y(p)) = 1 \Leftrightarrow p = 5, 13, 17, \\ \kappa(Y(p)) &= 0 \Leftrightarrow \chi(Y(p)) = 2 \Leftrightarrow p = 29, 37, 41, \\ \kappa(Y(p)) &= 1 \Leftrightarrow \chi(Y(p)) = 3 \Leftrightarrow p = 53, 61, 73, \\ \kappa(Y(p)) &= 2 \Leftrightarrow \chi(Y(p)) \geqq 4 \Leftrightarrow p > 73. \end{aligned}$$

To generalize such results to any discriminant we have to calculate $c_1^2(Y(D))$ which equals $K \cdot K$ where K is a canonical divisor of $Y(D)$. Namely, if $Y(D)$ *is not rational and* $c_1^2(Y(D))>0$, *then* $Y(D)$ *is of general type*. This follows from the rough classification theorem : For the unique minimal model $Y_{\min}(D)$ of $Y(D)$ we have

$$c_1^2(Y_{\min}(D)) \geqq c_1^2(Y(D)) > 0.$$

Therefore, $Y_{\min}(D)$ cannot be a $K3$-surface or an honestly elliptic surface, because for such a surface $c_1^2=K^2=0$. Since $c_1^2(Y(D))$ tends to ∞ for $D \to \infty$, we can reduce the classification to a finite list. This requires certain estimates. In Chap. IV we will prove :

Theorem 1. *If* $D>285$, *then* $c_1^2(Y(D))>0$.

(The proof depends on computer calculations.) There are exactly 50 discriminants with $c_1^2(Y(D)) \leqq 0$; they are listed in Chap. IV. We consider these cases by hand and can settle all of them using the methods of [9] (in particular, Proposition I. 8 and I. 9). Many cases are already covered by (1) and (2) above. The result is the following theorem (Chap. V).

1 **Theorem 2.** *The Hilbert modular surface* $Y(D)$ *is*

rational	*for*	$D = 5, 8, 12, 13, 17, 21, 24, 28, 33, 60,$
blown-up K3	*for*	$D = 29, 37, 40, 41, 44, 56, 57, 69, 105,$

blown-up honestly elliptic for $D = 53, 61, 65, 73, 76, 77, 85, 88, 92, 93, 120, 140, 165,$

of general type otherwise (i. e. $D = 89$ or $D \geqq 97$, but $D \neq 105, 120, 140, 165$).

1. 4 The Hilbert modular group G belonging to $\boldsymbol{Q}(\sqrt{D})$ acts also on $\mathfrak{H} \times \mathfrak{H}^-$ where $\mathfrak{H}^-$ is the lower half plane. Compactifying $(\mathfrak{H} \times \mathfrak{H}^-)/G$ and resolving all singularities of the compactification $\overline{(\mathfrak{H} \times \mathfrak{H}^-)/G}$ in the minimal way lead to an algebraic surface $Y_-(D)$. Here we get

Theorem 3. *The Hilbert modular surface* $Y_-(D)$ *is*

rational *for* $D = 5, 8, 12, 13, 17,$

blown-up $K3$ *for* $D = 21, 24, 28, 29, 33, 37, 40, 41,$

blown-up honestly elliptic for $D = 44, 53, 57, 61, 65, 73, 85,$

of general type otherwise (i.e. $D = 56, 60, 69, 76, 77$ or $D \geqq 88$).

1. 5 Let $\mathfrak{b}$ be an ideal in the ring $\mathfrak{o}$ of integers of K. We introduce the group $\boldsymbol{SL}_2(\mathfrak{o}, \mathfrak{b})$ consisting of all matrices $\begin{bmatrix}\alpha & \beta \\ \gamma & \delta\end{bmatrix} \in \boldsymbol{SL}_2(K)$ such that $\alpha, \delta \in \mathfrak{o}$ and $\beta \in \mathfrak{b}^{-1}, \gamma \in \mathfrak{b}$. The actions of $\boldsymbol{SL}_2(\mathfrak{o}, \mathfrak{b})$ and $\boldsymbol{SL}_2(\mathfrak{o})$ on $\mathfrak{H}^2$ are equivalent (i. e. the groups are conjugate in $\boldsymbol{GL}_2^+(K)$) if $\mathfrak{b} = \lambda \mathfrak{a}^2$ where λ is a totally positive element of K and $\mathfrak{a}$ an ideal in $\mathfrak{o}$ (see [6], 3. 7 (40)). The action of $\boldsymbol{SL}_2(\mathfrak{o})$ on $\mathfrak{H} \times \mathfrak{H}^-$ and the action of $\boldsymbol{SL}_2(\mathfrak{o}, \mathfrak{b})$ on $\mathfrak{H}^2$ are equivalent if $\mathfrak{b} = (\Delta)$ where Δ is an element of $\mathfrak{o}$ of negative norm. The following four conditions on the field K are equivalent:

i) There exists an element Δ of negative norm and an ideal $\mathfrak{a}$ in $\mathfrak{o}$ with $(\Delta) = \mathfrak{a}^2$.

ii) The number -1 is the norm of an element of K.

iii) The discriminant D is a sum of two natural square numbers.

iv) The discriminant D has no prime factor $\equiv 3 \bmod 4$.

If one of these conditions is satisfied, then the actions of $\boldsymbol{SL}_2(\mathfrak{o})$ *on* $\mathfrak{H}^2$ *and* $\mathfrak{H} \times \mathfrak{H}^-$ *are equivalent* under an isomorphism of $\mathfrak{H}^2$ and $\mathfrak{H} \times \mathfrak{H}^-$ given by an element of $\boldsymbol{GL}_2(K)$ whose determinant is positive but has negative norm. The converse is also true (compare 2. 2). For this whole section 1.5 we refer the reader to Hammond [3].

For the group $\boldsymbol{SL}_2(\mathfrak{o}, \mathfrak{b})$ we consider $\mathfrak{H}^2/\boldsymbol{SL}_2(\mathfrak{o},\mathfrak{b})$, its compactification $\overline{\mathfrak{H}^2/\boldsymbol{SL}_2(\mathfrak{o},\mathfrak{b})}$ and the algebraic surface $Y(D, \mathfrak{b})$ obtained by resolving all singularities (cusps and quotient singularities) of $\overline{\mathfrak{H}^2/\boldsymbol{SL}_2(\mathfrak{o}, \mathfrak{b})}$ in the minimal way. The surface $Y(D,\mathfrak{b})$ is also simply-connected [17]. The surfaces $Y_-(D)$ and $Y(D, \mathfrak{b})$ are isomorphic if $\mathfrak{b} = (\Delta)$, where Δ is an element of $\mathfrak{o}$ of negative norm. *The surfaces* $Y(D)$ *and* $Y_-(D)$ *are isomorphic if one of the above conditions* i)–iv) *is satisfied.*

1. 6 We consider the involution T on $\overline{\mathfrak{H}^2/G}$ induced by $(z_1, z_2) \mapsto (z_2, z_1)$ and study the minimal resolution of $(\overline{\mathfrak{H}^2/G})/T$. Here we cannot calculate the invariants c_1^2 and χ, because we do not have complete information on the fixed points of $G \cup G \cdot T$ in general. However, if $D = p$ is a prime, the fixed points are known [16].

The question, for which primes the surface $\overline{(\mathfrak{H}^2/G)}/T$ is rational, was completely answered in [6]; there are 24 such primes, the largest being 317. For $p>17$ we define in Chap. II a certain non-singular model $Y_T(p)$ of this surface and give its numerical invariants; this is needed to determine how the surface fits into the rough classification scheme. In particular, we need to estimate $c_1^2(Y_T(p))$. In Chap. IV, we prove

Theorem 4. $c_1^2(Y_T(p))>0$ *for* $p>821$.

This reduces the classification question to a finite list. In fact, all cases can be settled here, too, but for this we must refer to [8]. The result was announced in [7].

1. 7 For the surfaces $Y(p)$ (and also for the $Y_T(p)$) the arithmetic genus χ surprisingly determines the Kodaira dimension:

$$\kappa = \min\,[2, \chi-2].$$

For arbitrary D this is no longer true:
for $D=85$, 140 and 165 we have $\chi(Y(D))=4$, but the surface is nevertheless a blown-up honestly elliptic surface ($\kappa=1$). In all cases studied up to now, however,

$\chi = 1 \Leftrightarrow \kappa = -1$ (rational)
$\chi = 2 \Leftrightarrow \kappa = 0$ (blown-up $K3$)
$\chi = 3 \Rightarrow \kappa = 1$ (blown-up honestly elliptic)
$\chi \geqq 5 \Rightarrow \kappa = 2$ (general type).

It would be interesting to know whether this is an accident or whether there is some general property of simply-connected algebraic surfaces, valid for all Hilbert modular surfaces, which ensures, for example, that the surface is rational if $\chi=1$ and that it is $K3$ if it is minimal and $\chi=2$. It is known that there exist simply-connected algebraic surfaces with arithmetic genus one which are not rational (I. V. Dolgacev, Dokl. 7(1966)).

II. Numerical Invariants of Hilbert Modular Surfaces

2. 1 The basic term for the calculation of invariants of Hilbert modular surfaces is the volume of $\mathfrak{H}^2/G$ with respect to the normalized Euler volume form ([6] § 1 (5))

(1) $$\omega = (2\pi)^{-2} y_1^{-2} y_2^{-2}\, dx_1 \wedge dy_1 \wedge dx_2 \wedge dy_2.$$

If $K=\boldsymbol{Q}(\sqrt{D})$ is the underlying field and G the Hilbert modular group, then

(2) $$\int_{\mathfrak{H}^2/G} \omega = 2\zeta_K(-1),$$

where $\zeta_K(s)$ is the ζ-function of K. We have

(3) $$\zeta_K(-1) = \frac{1}{60} \sum_{\substack{|k|<\sqrt{D} \\ k^2 \equiv D \bmod 4}} \sigma_1\left(\frac{D-k^2}{4}\right)$$

(compare [6], § 1 (11), (12)). Here $\sigma_1(n)$ is the sum of the divisors of n.

Let $a_r(G)$ be the number of points in $\mathfrak{H}^2/G$ for which the corresponding points in $\mathfrak{H}^2$ have isotropy groups of order r. Then the Euler number of $\mathfrak{H}^2/G$ is given by the formula ([6] § 1 (21))

$$(4) \qquad e(\mathfrak{H}^2/G) = \int_{\mathfrak{H}^2/G} \omega + \sum_{r\geq 2} a_r(G) \frac{r-1}{r}.$$

We restrict ourselves to discriminants $\geqq 13$. Thus we exclude $D=5, 8, 12$. *Then the $a_r(G)$ vanish for $r>3$.*

We write

$$(5) \qquad a_3(G) = a_3^+(G) + a_3^-(G).$$

Here $a_3^+(G)$ is the number of quotient singularities of $\mathfrak{H}^2/G$ of type $(3\,;\,1,1)$ whereas $a_3^-(G)$ is the number of quotient singularities of type $(3\,;\,1,-1)$. Compare [6] § 3 (13). We have complete information [15] on $a_2(G)$, $a_3^+(G)$, $a_3^-(G)$. We will state the result in terms of the discriminant D. It is convenient to introduce also the square free part d of D:

$$D = d \quad \text{if} \quad d \equiv 1 \mod 4$$
$$D = 4d \quad \text{if} \quad d \equiv 2 \mod 4 \text{ or } d \equiv 3 \mod 4.$$

By $h(-N)$ we denote the class number of the imaginary quadratic number field of discriminant $-N$.

We have

$$(6) \qquad a_2(G) = \begin{cases} h(-4d) & \text{if} \quad d \equiv 1 \mod 4 \\ 3h(-4d) & \text{if} \quad d \equiv 2 \mod 4 \\ 10h(-d) & \text{if} \quad d \equiv 3 \mod 8 \\ 4h(-d) & \text{if} \quad d \equiv 7 \mod 8 \end{cases}$$

$$(7) \qquad a_3^+(G) = \begin{cases} \frac{1}{2}h(-3D) & \text{if} \quad D \not\equiv 0 \mod 3 \\ 4h(-D/3) & \text{if} \quad D \equiv 3 \mod 9 \\ 3h(-D/3) & \text{if} \quad D \equiv 6 \mod 9 \end{cases}$$

$$(8) \qquad a_3^-(G) = \begin{cases} \frac{1}{2}h(-3D) & \text{if} \quad D \not\equiv 0 \mod 3 \\ h(-D/3) & \text{if} \quad D \equiv 3 \mod 9 \\ 0 & \text{if} \quad D \equiv 6 \mod 9. \end{cases}$$

The Euler number of $\mathfrak{H}^2/G$ is now calculable. It is not difficult to write a computer program for $\zeta_K(-1)$ as given by formula (3), for the class numbers $h(-N)$ and finally for the Euler number of $\mathfrak{H}^2/G$.

$$(9) \qquad \textit{For } D \geqq 13, \qquad e(\mathfrak{H}^2/G) = 2\zeta_K(-1) + \frac{1}{2}a_2(G) + \frac{2}{3}a_3(G).$$

The second important invariant of the 4-dimensional rational homology manifold $\mathfrak{H}^2/G$ is the signature. It has no volume contribution. In the formula for sign $\mathfrak{H}^2/G$ only contributions from the quotient singularities of order 3 and from the cusps enter (compare [6] § 3 (43), (44)).

(10) *For* $D \geqq 13$, *we have* $\operatorname{sign} \mathfrak{H}^2/G = 4w - \frac{2}{9} a_3^+(G) + \frac{2}{9} a_3^-(G)$.

Here w is the total parabolic contribution in the sense of Shimizu. According to [4] Theorem 2. 1, it can be expressed in the following form:

(11) $$w = -4 \sum h(D_1)h(D_2)u(D_1)^{-1}u(D_2)^{-1}$$

with the summation taken over all decompositions $D = D_1 \cdot D_2$ *with* $D_1 < D_2$ *in which* D_1, D_2 *are discriminants of imaginary quadratic fields.* $u(D_1)$ *and* $u(D_2)$ *respectively are the orders of the groups of units in the corresponding fields.* The parabolic contribution vanishes if and only if D is the sum of two squares, i.e. D contains no prime $\equiv 3 \bmod 4$. Otherwise it is negative ([4] Corollary 2. 2). In particular, it vanishes if the fundamental unit of $K = \boldsymbol{Q}(\sqrt{D})$ has negative norm. (Compare 1. 5.)

As was shown in [6] § 3.6, the arithmetic genus $\chi(Y(D))$ of the non-singular model $Y(D)$ of the compactification $\overline{\mathfrak{H}^2/G}$ of $\mathfrak{H}^2/G$ can be calculated in terms of the topological invariants of the non-compact rational homology manifold $\mathfrak{H}^2/G$. We have

(12) $$\chi(Y(D)) = \frac{1}{4}(e(\mathfrak{H}^2/G) + \operatorname{sign}(\mathfrak{H}^2/G)).$$

2. 2 We now consider the action of G on $\mathfrak{H} \times \mathfrak{H}^-$. The rational homology manifold $(\mathfrak{H} \times \mathfrak{H}^-)/G$ admits an orientation reversing homeomorphism onto $\mathfrak{H}^2/G$. Therefore

(13) $$\begin{aligned} e(\mathfrak{H}^2/G) &= e((\mathfrak{H} \times \mathfrak{H}^-)/G), \\ \operatorname{sign}(\mathfrak{H}^2/G) &= -\operatorname{sign}((\mathfrak{H} \times \mathfrak{H}^-)/G). \end{aligned}$$

For the non-singular model $Y_-(D)$ mentioned in the introduction we have

(14) $$\chi(Y_-(D)) = \frac{1}{4}(e(\mathfrak{H}^2/G) - \operatorname{sign}(\mathfrak{H}^2/G)).$$

The formulas (7), (8), (10) imply that $\operatorname{sign}(\mathfrak{H}^2/G)$ is always non-positive. Therefore,

(15) $$\chi(Y_-(D)) \geqq \chi(Y(D)).$$

If we exclude $D=12$, then sign $(\mathfrak{H}^2/G) = 0$ if and only if D is not divisible by a prime $\equiv 3 \bmod 4$. For $D=12$ the signature vanishes ([6] § 3. 9). As Hammond showed (see 1. 5), the signature of $\mathfrak{H}^2/G$ vanishes ($D=12$ again excluded) if and only if the actions of G on $\mathfrak{H}^2$ and on $\mathfrak{H} \times \mathfrak{H}^-$ are equivalent, one direction of this equivalence being clear by the second formula of (13).

2. 3 A "cusp" is described by a pair (M, V) where M is a complete $\boldsymbol{Z}$-module in the real quadratic field K and V a subgroup of finite index in the (infinite cyclic) group of all totally positive units ε with $\varepsilon M = M$. To such a pair (M, V) we associate in a topological way ([6] § 3) a rational number $\delta(M, V)$. Then

(16) $$4w(M, V) = \delta(M, V),$$

where $w(M, V)$ is the Shimizu number of a cusp given by evaluating the L-function

$L(M, V, s)$ for $s=1$ (see [6] 3. 5). The sum of the $w(M, V)$ for all cusps of the Hilbert modular group of the real quadratic field with discriminant D is the number w given in (11). We wish to recall here the expression ([6] 3. 2 Theorem) for $\delta(M, V)$ using the continued fraction describing the resolution of the "cusp singularity" of type (M, V):

There exists a totally positive number α in K such that

$$\alpha M = \boldsymbol{Z}w_0 + \boldsymbol{Z}\cdot 1,$$

where w_0 is reduced, i.e.

$$0 < w_0' < 1 < w_0.$$

Here $x \mapsto x'$ denotes the non-trivial automorphism of K. The number w_0 has a purely periodic continued fraction development

$$w_0 = b_0 - \cfrac{1}{b_1 - \ddots - \cfrac{1}{b_{r-1} - \cfrac{1}{b_0 - \ddots}}} \qquad (b_i \in \boldsymbol{Z}, b_i \geqq 2)$$

where $((b_0, \ldots, b_{r-1}))$ is the primitive period which (up to cyclic permutations) depends only on the strict equivalence class of the module and conversely determines this strict equivalence class. (We recall that by definition the modules M and $\tilde{M}$ are strictly equivalent if and only if there exists an element β of K of positive norm such that $\tilde{M}=\beta M$. They are called equivalent if there exists an element β of K such that $\tilde{M}=\beta M$.) We define

$$\delta(M) = -\frac{1}{3}\sum_{i=0}^{r-1}(b_i - 3) \tag{17}$$

and

$$l(M) = r. \tag{18}$$

Thus $l(M)$ is the length of the period which we shall also call the length of the module.

If γ is an element of K with negative norm, then

$$\begin{aligned} \delta(\gamma M) &= -\delta(M), \\ 3\delta(M) &= l(M) - l(\gamma M). \end{aligned} \tag{19}$$

In particular, $\delta(M)=0$ if there exists a unit ε of K with negative norm such that $\varepsilon M = M$.

To prove (19) we observe that w_0 (see above) admits an ordinary continued fraction

$$w_0 = c_0 + \cfrac{1}{c_1 + \cfrac{1}{c_2 + \ddots}} \qquad (c_i \in \boldsymbol{Z},\ c_i \geqq 1 \text{ for } i > 0) \tag{20}$$

which is not necessarily purely periodic.

We denote the shortest period of even length by

(21) $$(a_1, \cdots, a_{2s}).$$

Thus it is either the primitive period or twice the primitive period, the latter if and only if the primitive period has odd length. The period $(a_1,\cdots,a_{2s})$ (up to cyclic permutations) depends only on the equivalence class of M and also determines this equivalence class.

A period (21) determines two periods in the sense of continued fractions with minus signs, namely

(22) $$((\underbrace{2,\cdots,2}_{a_1-1}, a_2+2, \underbrace{2,\cdots,2}_{a_3-1}, a_4+2, \cdots, \underbrace{2,\cdots,2}_{a_{2s-1}-1}, a_{2s}+2))$$

and

(23) $$((\underbrace{2,\cdots,2}_{a_2-1}, a_3+2, \underbrace{2,\cdots,2}_{a_4-1}, a_5+2,\cdots, \underbrace{2,\cdots,2}_{a_{2s}-1}, a_1+2))$$

(compare [6] 2. 5 (19) and 3. 10). These two periods coincide (up to cyclic permutation) if and only if the period (21) is twice the primitive period of (20), i. e. if the primitive period has odd length. The periods (22), (23) determine the strict equivalence classes contained in the equivalence class of M. There is only one such equivalence class if and only if the primitive period of (20) is odd because this happens if and only if (22) and (23) coincide. Therefore the primitive period of (20) is odd if and only if there exists a unit ε of negative norm with $\varepsilon M=M$. The formulas (19) are an easy consequence of (22), (23). We also observe that $\delta(M)$ is up to sign the alternating sum of the a_i.

If we have a cusp of type (M, V), then V is a subgroup of finite index in the infinite cyclic group U_M^+ of all totally positive units ε with $\varepsilon M=M$, and we have

(24) $$\begin{aligned}\delta(M, V) &= [U_M^+ : V]\cdot\delta(M),\\ l(M, V) &= [U_M^+ : V]\cdot l(M).\end{aligned}$$

For the cusps of the Hilbert modular group the modules M are always strictly equivalent to ideals in the ring $\mathfrak{o}$ of all integers of K. The strict equivalence classes mentioned above correspond to narrow ideal classes, the equivalence classes to ordinary ideal classes. Let C^+ be the group of narrow and C the group of ordinary ideal classes of $\mathfrak{o}$. Then $\mathfrak{a}\mapsto\mathfrak{a}^{-2}$ (where $\mathfrak{a}$ is an ideal in $\mathfrak{o}$) induces homomorphisms $Sq: C\to C^+$ and $Sq: C^+\to C^+$ (see [6] 3. 7 (42)). There are h cusps for the Hilbert modular group $\boldsymbol{SL}_2(\mathfrak{o})/\{1, -1\}$ where h equals $|C|$ and is the class number of K. These cusps are of type $(\mathfrak{a}^{-2}, U^2)$ where U denotes the group of units of $\mathfrak{o}$. Let U^+ be the group of all totally positive units; then $U^+=U^2$ if and only if there exists a unit of negative norm, otherwise $[U^+ : U^2]=2$. In the first case $|C|=|C^+|=h$, in the latter $|C^+|=2\cdot|C|=2h$. Let $\varepsilon_0\in U$ be the fundamental unit ($\varepsilon_0>1$). Then

(25) $$\begin{aligned}\delta(\mathfrak{a}^{-2}, U^2) &= 2\delta(\mathfrak{a}^{-2}) && \text{if } N(\varepsilon_0)=1,\\ \delta(\mathfrak{a}^{-2}, U^2) &= \delta(\mathfrak{a}^{-2})=0 && \text{if } N(\varepsilon_0)=-1,\\ l(\mathfrak{a}^{-2}, U^2) &= 2l(\mathfrak{a}^{-2}) && \text{if } N(\varepsilon_0)=1,\\ l(\mathfrak{a}^{-2}, U^2) &= l(\mathfrak{a}^{-2}) && \text{if } N(\varepsilon_0)=-1.\end{aligned}$$

The numbers δ and l depend only on the strict module *class*. Therefore, δ and l can be regarded as functions on C^+. For the total parabolic contribution we have in view of (16) and (25)

$$w = \frac{1}{2}\sum_{\mathfrak{a}\in C}\delta(Sq(\mathfrak{a})), \quad (Sq\colon C\to C^+)$$
$$(26) \qquad = \frac{1}{4}\sum_{\mathfrak{a}\in C^+}\delta(Sq(\mathfrak{a})), \quad (Sq\colon C^+\to C^+)$$

which because of (11) is a relation between continued fractions and class numbers of imaginary quadratic fields. (Compare [6] 3. 10 (55)).

The pair (M, V) determines a singularity whose minimal resolution is cyclic. The number of curves in this resolution equals $l(M, V)$ (see [6] 2. 5 Theorem). The Hilbert modular surface $\mathfrak{H}^2/G$ for the field K of discriminant D is compactified by h points. They are singularities in the compactification $\overline{\mathfrak{H}^2/G}$ which when resolved minimally give rise to h cycles of curves. The number of all these curves will be denoted by $l_0(D)$. We have

$$(27) \qquad l_0(D) = \begin{cases} \sum_{\mathfrak{a}\in C} l(Sq(\mathfrak{a})) & \text{if } \; N\varepsilon_0 = -1 \\ 2\sum_{\mathfrak{a}\in C} l(Sq(\mathfrak{a})) & \text{if } \; N\varepsilon_0 = 1 \end{cases}$$

or equivalently

$$(28) \qquad l_0(D) = \sum_{\mathfrak{a}\in C^+} l(Sq(\mathfrak{a})) \qquad (Sq : C^+\to C^+).$$

The Hilbert modular surface $(\mathfrak{H}\times\mathfrak{H}^-)/G$ is also compactified by h points. These cusps are of type $(\gamma\mathfrak{a}^{-2}, U^2)$ where γ is an element of K of negative norm. We denote by $l_0^-(D)$ the number of curves needed to resolve all these cusp singularities minimally. Then

$$l_0^-(D) = \sum_{\mathfrak{a}\in C^+} l(\gamma Sq(\mathfrak{a}))$$

and by (19) and (26)

$$(29) \qquad l_0(D) - l_0^-(D) = 12w.$$

2. 4 Let $Y(D)$ be the surface obtained from $\overline{\mathfrak{H}^2/G}$ by minimal resolutions of all the singular points (see Chap. I). If we assume $D \geqq 13$, we have only quotient singularities of order 2 or 3. Those of order 2 are resolved by one curve ; those of order 3 by one or two curves depending on whether the type is (3 ; 1, 1) or (3 ; 1, -1). As in [9] (Proposition II. 2 and (7)) we conclude

$$(30) \qquad \begin{aligned} e(Y(D)) &= e(\mathfrak{H}^2/G) + a_2(G) + a_3^+(G) + 2a_3^-(G) + l_0(D) \\ &= 2\zeta_K(-1) + \frac{3}{2}a_2(G) + \frac{5}{3}a_3^+(G) + \frac{8}{3}a_3^-(G) + l_0(D) \end{aligned}$$

for $D \geqq 13$.

Noether's formula states that $c_1^2(Y(D)) + e(Y(D)) = 12\chi(Y(D))$. Using (9), (10), (12), (29), (30) we obtain

$$c_1^2(Y(D)) = 4\zeta_K(-1) - l_0^-(D) - \frac{a_3^+(G)}{3}. \tag{31}$$

If we consider the action of G on $\mathfrak{H}\times\mathfrak{H}^-$ instead of $\mathfrak{H}\times\mathfrak{H}$, then $a_3^+(G)$, $a_3^-(G)$ interchange their role. The same is true for $l_0(D)$, $l_0^-(D)$. This implies

$$c_1^2(Y_-(D)) = 4\zeta_K(-1) - l_0(D) - \frac{a_3^-(G)}{3}. \tag{32}$$

We have

$$c_1^2(Y_-(D)) \geqq c_1^2(Y(D)), \qquad e(Y_-(D)) \geqq e(Y(D)) \tag{33}$$

and in fact

$$\begin{aligned} c_1^2(Y_-(D)) - c_1^2(Y(D)) &= l_0^-(D) - l_0(D) && \text{if } D \not\equiv 0(3) \\ &= l_0^-(D) - l_0(D) + h\left(-\frac{D}{3}\right) && \text{if } D \equiv 0(3) \\ e(Y_-(D)) - e(Y(D)) &= l_0^-(D) - l_0(D) && \text{if } D \not\equiv 0(3) \\ &= l_0^-(D) - l_0(D) + 3h\left(-\frac{D}{3}\right) && \text{if } D \equiv 0(3). \end{aligned}$$

The corresponding inequality for the arithmetic genus was mentioned before (15).

2. 5 As mentioned in Chapter I, the surfaces $Y(D)/T$ will be investigated for prime discriminants in a later paper [8]. However the necessary estimates for c_1^2 will be done in this paper.

Let p be a prime $\equiv 1$ mod 4. The surface $Y(p)$ has some exceptional curves which can be blown down to give a surface $Y^0(p)$. We always assume $p > 17$ to ensure that $Y(p)$ is not rational and exceptional curves do not meet. (For details see [6] § 5 and [9]). The involution $(z_1, z_2) \mapsto (z_2, z_1)$ induces an involution T on $Y^0(p)$ which has no isolated fixed points. The fixed point set is a non-singular curve F_p^0. We have

$$e(Y^0(p)/T) = \frac{1}{2}\left(e(Y^0(p)) + e(F_p^0)\right). \tag{34}$$

The Euler number $e(F_p^0)$ is given by a classical formula. Namely, the curve F_p^0 is the compact non-singular model of $\mathfrak{H}/\Gamma_0^*(p)$ where $\Gamma_0^*(p)$ is the normal extension of $\Gamma_0(p)$ by the element $\begin{bmatrix} 0 & -1/\sqrt{p} \\ \sqrt{p} & 0 \end{bmatrix}$. This element induces an involution on $\overline{\mathfrak{H}/\Gamma_0(p)}$ which has $h(-4p)$ fixed points according to Fricke (loc. cit in [6]). Put $\varepsilon = 1$ if $p \equiv 1$ mod 3 and $\varepsilon = 0$ if $p \equiv 2$ mod 3. Then $\Gamma_0(p)$ has 2ε fixed points of order 3 and 2 fixed points of order 2 and two cusps. Therefore

$$e(\overline{\mathfrak{H}/\Gamma_0(p)}) = -\frac{p+1}{6} + \frac{4}{3}\varepsilon + 3$$

and

$$e(F_p^0) = \frac{1}{2}\left(-\frac{p+1}{6} + \frac{4}{3}\varepsilon + 3 + h(-4p)\right). \tag{35}$$

Put $\delta=1$ if $p\equiv 1 \bmod 8$ and $\delta=0$ if $p\equiv 5 \bmod 8$. Then $Y^0(p)$ was obtained from $Y(p)$ by blowing down $4+2\delta+\varepsilon$ curves. By (30) we get

$$(36)\quad e(Y^0(p)) = 2\zeta_K(-1)+\frac{3}{2}h(-4p)+\frac{13}{6}h(-3p)+l_0(p)-4-2\delta-\varepsilon$$

and by (34) and (35)

$$e(Y^0(p)/T) = \zeta_K(-1)+h(-4p)+\frac{13}{12}h(-3p)+\frac{1}{2}l_0(p) -\frac{p+1}{24}-\frac{5}{4}-\frac{\varepsilon}{6}-\delta.$$

For the arithmetic genera of $Y^0(p)$ and $Y^0(p)/T$ we have the following formulas (cf. [6] 5. 6 (20), (21))

$$(37)\qquad \chi(Y^0(p)) = \frac{1}{2}\zeta_K(-1)+\frac{h(-4p)}{8}+\frac{1}{6}h(-3p)$$

$$(38)\qquad \chi(Y^0(p)/T) = \frac{1}{2}\left(\chi(Y^0(p))-\frac{p+1}{24}+\frac{\varepsilon}{3}+\frac{5}{4}+\frac{\delta}{2}\right).$$

By Noether's formula

$$c_1^2(Y^0(p)/T) = 12\chi(Y^0(p)/T)-e(Y^0(p)/T)$$

which yields

$$(39)\qquad c_1^2(Y^0(p)/T) = 2\zeta_K(-1)-\frac{h(-4p)}{4}-\frac{1}{12}h(-3p)-\frac{1}{2}l_0(p) -\frac{5p}{24}+\frac{13}{6}\varepsilon+4\delta+8+\frac{13}{24}.$$

Since $K=\boldsymbol{Q}(\sqrt{p})$ has a unit of negative norm, $l_0(p)$ and $l_0^-(p)$ coincide. The class number $h(p)$ is odd. Thus $Sq: C\to C$ is bijective and $l_0(p)$ equals the number of *all* reduced quadratic irrationalities of discriminant p which was denoted in [9] by $l(p)$. In [6] it was shown that many curves on $Y^0(p)/T$ can be blown down. The "tail" of the resolution of the principal cusp (see [6] 5. 8) admits $\left[\frac{\sqrt{p}-1}{2}\right]$ blow-downs (for $p>17$). If we use the basic configuration of curves on $Y^0(p)$ (see [6] 5. 4 (8)) we get on $Y^0(p)/T$ exceptional curves which come from the $h(-3p)/2$ "crosses" and the $h(-4p)/2$ curves of self-intersection number -2 on $Y^0(p)$. (The "crosses" were denoted in [9] p. 18 by C_i, C_i', the (-2)-curves by D_i.) We have $T(C_i)=C_i'$ and $T(D_i)=D_i$. The images of C_i and D_i are the exceptional curves in $Y^0(p)/T$ we are looking for.

The surface obtained from $Y^0(p)/T$ by these blow-downs will be denoted by $Y_T(p)$. We have (for $p>17$)

$$(40)\qquad c_1^2(Y_T(p)) = 2\zeta_K(-1)+\frac{h(-4p)}{4}+\frac{5}{12}h(-3p)-\frac{1}{2}l_0(p)-\frac{5p}{24} +\left[\frac{\sqrt{p}-1}{2}\right]+\frac{13}{6}\varepsilon+4\delta+8+\frac{13}{24}.$$

III. The Hurwitz-Maaß Extension of the Hilbert Modular Group, Skew-Hermitian Curves on $Y(D)$

3. 1 Let $K=\boldsymbol{Q}(\sqrt{D})$ be as before a real quadratic field and $\mathfrak{o}$ its ring of integers. We consider the matrices $\begin{bmatrix} a & b \\ c & d \end{bmatrix}$ with entries in $\mathfrak{o}$ such that $ad-bc$ is a totally positive unit of $\mathfrak{o}$. These matrices constitute a group which we divide by its center $\left\{\begin{bmatrix} a & 0 \\ 0 & a \end{bmatrix} \middle| a \in U\right\}$ where U is again the group of all units of $\mathfrak{o}$ (cf. introduction). We get the extended Hilbert modular group G_e. We have $G_e/G \simeq U^+/U^2$. It is a group of order 1 or 2.

Now we take the matrices $\begin{bmatrix} a & b \\ c & d \end{bmatrix}$ with entries in K such that $w=ad-bc$ is totally positive and $a/\sqrt{w}$, $b/\sqrt{w}$, $c/\sqrt{w}$, $d/\sqrt{w}$ are algebraic integers not necessarily in $\mathfrak{o}$. The group of all these matrices has to be divided by its center $\left\{\begin{bmatrix} a & 0 \\ 0 & a \end{bmatrix} \middle| a \in K^*\right\}$. We get a group G_m which is a normal extension of G. It was introduced and studied by Hurwitz [10] § 3 and Maaß [13]. Obviously, the square of every element of G_m/G is the identity element. If we associate to $\begin{bmatrix} a & b \\ c & d \end{bmatrix}$ the ideal $(\sqrt{w})$ of $\mathfrak{o}$ (consisting of all elements $x \in K$ such that $x/\sqrt{w}$ is an algebraic integer) we get a homomorphism π : $G_m/G \to C$ which maps G_m/G onto the kernel of $Sq : C \to C^+$. The group G_e/G is the kernel of π. Thus $[G_m : G]$ equals the order of the kernel of $Sq : C^+ \to C^+$ which is 2^{t-1} where t is the number of primes dividing the discriminant D.

We remark that every line and column of $\begin{bmatrix} a & b \\ c & d \end{bmatrix}$ generates the ideal $(\sqrt{w})$.

3. 2 The group G_m/G operates on $\mathfrak{H}^2/G$ and also on the compactification $\overline{\mathfrak{H}^2/G}$. The cusps (considered as singular points of $\overline{\mathfrak{H}^2/G}$) are in one-to-one correspondence with C if one associates to a point $m/n \in \boldsymbol{P}_1(K)$ with $m, n \in \mathfrak{o}$ the ideal (m, n), see [6] 3. 7. Then $g \in G_m/G$ operates on C by multiplication with $\pi(g)$. This is easy to check. Two cusps represented by ideals $\mathfrak{a}$, $\mathfrak{b}$ are in the same orbit of the G_m/G-action if and only if $\mathfrak{a}^{-2}$, $\mathfrak{b}^{-2}$ represent the same element of C^+. This is true if and only if they have the same cycle of curves in their resolution. The group G_m/G operates also on $Y(D)$. The subgroup G_e/G keeps the cusps invariant, but is on each cycle the identity or the "covering translation" of order 2 depending on whether $|G_e/G| = |U^+/U^2|$ equals 1 or 2. The latter case is true if and only if there is no unit of negative norm. In this case the resolution cycle is twice the primitive cycle belonging to the module $\mathfrak{a}^{-2}$. Thus the group G_m/G of order 2^{t-1} operates freely on the union of the h cuspidal cycles of curves of $Y(D)$ (where $h=|C|$). *Each primitive cycle belonging to an element in the image of $Sq : C \to C^+$ occurs in $Y(D)$ exactly 2^{t-1} times (a twofold cycle counts as twice the primitive cycle).* The union of these 2^{t-1} primitive cycles is an orbit of the G_m/G action on $Y(D)$.

3. 3 We shall discuss the curves on the Hilbert modular surfaces defined by skew-hermitian matrices. By a *skew-hermitian matrix* we mean a matrix of the form

(1) $$\begin{bmatrix} a_1\sqrt{D} & \lambda \\ -\lambda' & a_2\sqrt{D} \end{bmatrix} \quad \text{where } \lambda\in\mathfrak{o} \text{ and } a_1, a_2 \in \boldsymbol{Z}.$$

Its determinant is

(2) $$N = a_1a_2D+\lambda\lambda'.$$

The matrix (1) is called primitive if there is no natural number >1 dividing a_1, a_2, λ. For a given natural number N the curve F_N in $\mathfrak{H}^2/G$ is defined to be the set of all points of $\mathfrak{H}^2/G$ which have representatives $(z_1, z_2)\in\mathfrak{H}^2$ for which there exists a primitive skew-hermitian matrix of determinant N such that

(3) $$a_1\sqrt{D}z_1z_2-\lambda' z_1+\lambda z_2+a_2\sqrt{D} = 0.$$

It can be shown that F_N defines a curve in $\overline{\mathfrak{H}^2/G}$ and in $Y(D)$, also to be denoted by F_N. The curve F_N is not necessarily irreducible. By (2) *the curve F_N is non-empty if and only if the residue class of N modulo D can be represented by a norm in* $\mathfrak{o}$. If N is prime to D, this condition can be expressed in terms of values of "genus characters" of N; see [5] Satz 141. The group G_m/G operates on F_N and on the set of its irreducible components. The component of F_N defined by (3) passes through a cusp if and only if there exists an element $x\in K\cup\infty=\boldsymbol{P}_1(K)$ such that

(4) $$a_1\sqrt{D}xx'-\lambda' x+\lambda x'+a_2\sqrt{D} = 0.$$

Since the matrix (1) can be diagonalized over the field K, this holds if and only if N is a norm in K. This is a condition only on N, so either all components of F_N pass through a cusp or none of them do.

The reduced quadratic irrationalities of discriminant D are of the form

$$w = \frac{M+\sqrt{D}}{2N}$$

where M and N are natural numbers, $0<w'<1<w$, and $M^2-D\equiv 0 \pmod{4N}$. There are only finitely many. Their continued fractions are *purely periodic*. Thus the reduced quadratic irrationalities of discriminant D are arranged in cycles which correspond bijectively to the elements of C^+ (see [6] 2. 6 and 4. 1 (5)). For a given cycle we index the reduced quadratic irrationalities as $w_k=\dfrac{M_k+\sqrt{D}}{2N_k}$ where k runs through $\boldsymbol{Z}/l\boldsymbol{Z}$ with l being the length of the cycle. We illustrate such a cycle as follows:

(5)

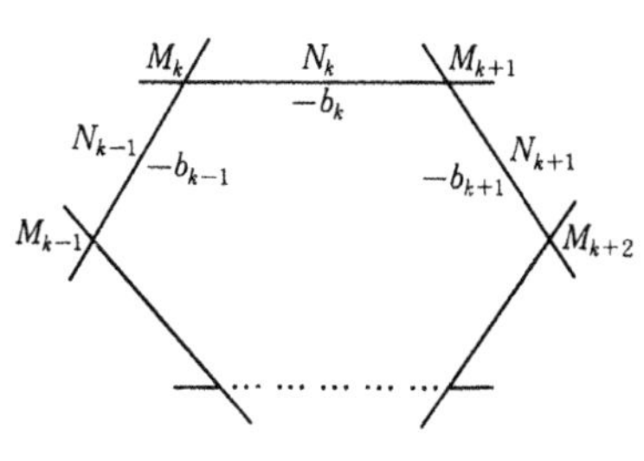

$$\left(w_k = b_k - \frac{1}{w_{k+1}},\quad b_k = (M_k + M_{k+1})/2N_k\right).$$

The k-th line of (5) represents the rational curve S_k of self-intersection number $-b_k$ in the resolution of the corresponding cyclic singularity. To the kth corner of (5) we associate the quadratic form $p^2N_{k-1}+pqM_k+q^2N_k$ of discriminant D. In the resolution of the cusps of $\overline{\mathfrak{H}^2/G}$ we have exactly the cycles associated to the squares in C^+, i.e. to the image of $Sq: C^+ \rightarrow C^+$. In $Y(D)$ there are 2^{t-1} cycles of curves (see 3. 2) belonging to a given element of $Sq(C^+)$; in each cycle we have a local coordinate system (u_k, v_k) centered at the kth corner of the cycle. (The curve S_k is given by $v_k=0$ and S_{k-1} by $u_k=0$.) To relate this coordinate system as in [6] 2. 3 (11) to the coordinates (z_1, z_2) of $\mathfrak{H}^2$ by equations

$$2\pi i z_1 = A_{k-1}\log u_k + A_k \log v_k$$
$$2\pi i z_2 = A'_{k-1}\log u_k + A'_k \log v_k$$

we must transform the cusp to ∞. This is done by an isomorphism between $Y(D)$ and $Y(D, \mathfrak{b}_0)$ (see 1. 5) where $\mathfrak{b}_0$ is an ideal in $\mathfrak{o}$ such that $\mathfrak{b}_0^{-1}$ represents the element of $Sq(C^+)$ corresponding to the cycle (compare [6] 3. 7). Two such isomorphisms differ by an element of G_m/G. For integers $p, q \geqq 0$ (not both 0) we consider the local curve $u_k^q = v_k^p$. It has (p, q) branches

$$u_k^{q/(p,q)} = \zeta v_k^{p/(p,q)} \quad \text{with} \quad \zeta^{(p,q)} = 1 \tag{6}$$

of which $\varphi((p, q))$ are primitive, i.e. ζ is a (p, q)-th primitive root of unity.

As can be checked, the $\varphi((p, q))$ primitive branches (6) belong to F_N, where

$$N = p^2N_{k-1}+pqM_k+q^2N_k. \tag{7}$$

We identify the triples $(k|0, 1)$ and $(k+1|1, 0)$. For any triple $(k|p, q)$ belonging to an element of $Sq(C^+)$ we have 2^{t-1} local curves $u_k^p = v_k^q$ in $Y(D)$. They are transformed to each other under G_m/G. It is not difficult to prove the following lemma.

Lemma. *For given N the union of all the primitive branches* (6) *satisfying* (7) (*restricted to a sufficiently small neighborhood of all the resolved cusps of $Y(D)$*) *equals the intersection of F_N with this neighborhood.*

The equation (3) defines a curve in $\mathfrak{H}^2$ which is the graph of the fractional linear transformation

$$z_1 \rightarrow z_2 = \frac{\lambda' z_1 - a_2\sqrt{D}}{a_1\sqrt{D}z_1 + \lambda} \tag{8}$$

from $\mathfrak{H}$ to $\mathfrak{H}$. Thus the curve (3) can be identified in a specific way with $\mathfrak{H}$. Then the irreducible component of F_N (given by (3)) has $\overline{\mathfrak{H}/\Gamma}$ as its non-singular model where Γ is the subgroup of the Hilbert modular group G consisting of all elements of G which map the curve (3) to itself. The non-singular compact curve $\overline{\mathfrak{H}/\Gamma}$ is obtained from $\mathfrak{H}/\Gamma$ by "adding" finitely many cusps. Their number will be denoted by $\sigma(\Gamma)$. The non-singular model of F_N is a disjoint union of finitely many curves $\overline{\mathfrak{H}/\Gamma_j}$. The sum of the $\sigma(\Gamma_j)$ is by definition the number $\sigma(F_N)$ of cusps of F_N. For given

$\mathfrak{B} \in C^+$ ($\mathfrak{B}^{-1}$ representing a cycle (5)) the triples $(k|p, q)$, where $(k|0, 1)$ is to be identified with $(k+1|1, 0)$, are in one-to-one correspondence with the (integral) ideals $\mathfrak{b} \in \mathfrak{B}$ (see [6] 4. 1). We have $\mathfrak{b}\mathfrak{b}' = (N)$ with N as in (7) and $(p, q) = n(\mathfrak{b})$ where $n(\mathfrak{b})$ is the greatest natural number such that $\mathfrak{b}/n(\mathfrak{b})$ is an integral ideal. The set of all ideals $\mathfrak{b} \subset \mathfrak{o}$ which belong to an ideal class $\mathfrak{B} \in Sq(C^+)$ is the principal genus $\mathfrak{P}$. By the lemma we have

$$\sigma(F_N) = 2^{t-1} \sum_{\substack{\mathfrak{b} \in \mathfrak{P} \\ \mathfrak{b}\mathfrak{b}' = (N)}} \varphi(n(\mathfrak{b})). \tag{9}$$

The curve F_N has a cusp ($\sigma(F_N) \geqq 1$) if and only if N is a norm in K (see (4)). Thus (9) is in agreement with the well-known fact that a natural number is a norm in K if and only if it is the norm of an ideal in the principal genus. If N is a norm in K, then the sum in (9) can be taken over all integral ideals $\mathfrak{b}$ with $\mathfrak{b}\mathfrak{b}' = (N)$. They are automatically in the principal genus. In some cases (9) gives information on the number of components of F_N.

First we need a definition. N is called *admissible* if it is the norm of an ideal $\mathfrak{b}$ in the principal genus which is primitive, i.e. $n(\mathfrak{b}) = 1$. This happens if and only if N is a norm in K and every prime factor of N decomposes or ramifies in $\mathfrak{o}$, the ramifying prime factors having exponent 1 in N.

Proposition. *If N is admissible and not divisible by the square free part d of D, then F_N has 2^{t-1-r} components where r is the number of primes dividing (D, N). If N is admissible and divisible by d, then F_N has 2^{t-r} (thus 1 or 2) components. The group G_m/G operates transitively on the set of components.*

We indicate the proof. If $(p, q) = 1$ then (6) can be represented by the "diagonal" in $\mathfrak{H}^2/\boldsymbol{SL}_2(\mathfrak{o}, \mathfrak{b})$ where $\mathfrak{b}$ is the primitive ideal with norm N corresponding to $(k|p, q)$. Compare [6] 4. 1. Therefore, in this case, the non-singular model of the component of F_N represented by (6) is $\overline{\mathfrak{H}/\Gamma}$ where $\Gamma = \Gamma_0(N)/\{1, -1\}$ or where Γ is a certain extension of index 2 of $\Gamma_0(N)/\{1, -1\}$. The latter case happens if and only if N is divisible by d. As is well-known, the cusps of $\overline{\mathfrak{H}/\Gamma}$ can be represented by rational numbers a/c with $(a, c) = 1$, $c > 0$ and $c|N$. For any divisor c of N we have $\varphi((c, N/c))$ cusps. If $d|N$ and Γ is an extension of index 2 of $\Gamma_0(N)/\{1, -1\}$, then a cusp with denominator c is identified with a cusp of denominator $cd/(c, d)^2$. The given equation (6) from which we started is a description of the embedding of $\overline{\mathfrak{H}/\Gamma}$ in $Y(D)$ near the cusp of $\overline{\mathfrak{H}/\Gamma}$ given by $c = N$. For a given divisor c of N it can be shown that $\overline{\mathfrak{H}/\Gamma}$ near a cusp with denominator c is imbedded in $Y(D)$ by an equation (6) where $(k|p, q)$ corresponds to the ideal $\tilde{\mathfrak{b}} = (\mathfrak{b} \cdot c)/(\mathfrak{b}, c)^2$ which has norm N and for which $(p, q) = n(\tilde{\mathfrak{b}}) = (c, N/c)$. All ideals with norm N are obtained in this way. As can be checked, we get for given c for the various cusps with denominator c all the $\varphi((p, q))$ primitive roots of unity in (6). We conclude that all components of F_N are equivalent under G_m/G. The number of cusps of $\overline{\mathfrak{H}/\Gamma_0(N)}$ equals

$$\sigma(\Gamma_0(N)) = \sum_{c|N} \varphi((c, N/c)).$$

Formula (9) now implies the proposition if N is not divisible by d. If N is divisible by d, then all components have $\frac{1}{2}\sigma(\Gamma_0(N))$ cusps. Again (9) implies the result.

3. 4 Suppose we have two different skew-hermitian curves in $\mathfrak{H}^2$, one given by (3) with determinant N and the second one by

$$b_1\sqrt{D}z_1z_2-\mu' z_1+\mu z_2+b_2\sqrt{D}=0$$

with determinant M. They intersect in $\mathfrak{H}^2$ if and only if the matrix

$$B=\begin{bmatrix}\mu & b_2\sqrt{D}\\ -b_1\sqrt{D} & \mu'\end{bmatrix}\begin{bmatrix}\lambda' & -a_2\sqrt{D}\\ a_1\sqrt{D} & \lambda\end{bmatrix}$$

has a fixed point in $\mathfrak{H}$ (compare (8)) which happens if and only if

$$4NM-\mathrm{tr}(B)^2>0.$$

It is easy to check that $\mathrm{tr}(B)^2-4NM$ is divisible by D and its quotient by D is a discriminant (i.e. $\equiv 0$ or 1 mod 4). *Therefore, if the two curves intersect in* $\mathfrak{H}^2$, *then the following condition holds.*

(10) There exists $x\in\boldsymbol{Z}$ such that $|x|<\sqrt{4NM}$ and $4NM-x^2\equiv 0 \bmod D$ with $(x^2-4NM)/D\equiv 0$ or $1 \bmod 4$.

If (10) *is not satisfied for* $N\neq M$, *then* F_N *and* F_M *do not intersect in* $\mathfrak{H}^2/G$.

Lemma. *If* (10) *is not satisfied for* $M=N$, *then two different components of* F_N *do not intersect in* $\mathfrak{H}^2/G$ *and moreover* F_N *is non-singular in* $Y(D)$ *outside the resolved cusps.*

Proof. Assume that (10) is not satisfied for $M=N$. If a component of F_N is given by (8) with $\overline{\mathfrak{H}/\Gamma}$ as its non-singular model, then the isotropy group of the Hilbert modular group G at a point x of $\mathfrak{H}^2$ satisfying (8) is contained in Γ. It also follows that there is only one skew-hermitian curve of determinant N in $\mathfrak{H}^2$ passing through x. If the isotropy group of G at x is trivial, then F_N is non-singular in the point of $Y(D)$ represented by x. If the isotropy group is of order r, then it is of type $(r; 1, 1)$. This follows from (8). (For $D>12$ we have $r=2$ or 3 ; see [15].) The curve F_N passes in $Y(D)$ transversally through the curve of self-intersection number $-r$ which gives the resolution of the quotient singularity. (Condition (10) and the lemma were suggested to us by P. Hahnel and H.-P. Kraft.)

The necessary and sufficient condition that F_N be non-singular in the neighborhood of a resolved cusp given by a cycle (5) is that for all p, q satisfying (7) one of the exponents $p/(p, q)$ or $q/(p, q)$ in (6) be equal to 1. Thus :

If (10) *is not satisfied for* $M=N$ *and if in the lemma in* 3. 3 *all pairs* p, q *are such that* $p|q$ *or* $q|p$, *then* F_N *is non-singular in* $Y(D)$.

In particular F_1 is non-singular in $Y(D)$ and has 2^{t-1} components.

3. 5 If N is a prime, then the curve F_N is non-empty if and only if N is a norm in K, and N is a norm in K if and only if the t characters χ_i $(i=1,\cdots,t)$ do not take a value -1 at N. Here we define the χ_i as follows. We write D as product of prime discriminants

$$D=\prod_{i=1}^{t} D_i,$$

for example $60=(-3)\cdot(-4)\cdot 5$. Then

$$\chi_i(N)=\left(\frac{D_i}{N}\right) \qquad \text{for } N \text{ odd}$$

and

$$\chi_i(2)=\left(\frac{D_i}{2}\right)=\begin{cases} 0 & \text{for } D_i\equiv 0 \quad (4)\\ 1 & \text{for } D_i\equiv 1 \quad (8)\\ -1 & \text{for } D_i\equiv 5 \quad (8).\end{cases}$$

Using the proposition in 3. 3, we get

Proposition. *If N is a prime and $D\neq N$, $4N$, then the number of components of F_N equals*

(11) $$\frac{1}{2}\prod_{i=1}^{t}(1+\chi_i(N)).$$

3. 6 Let N be a prime. We wish to study the curve F_{N^2} in $Y(D)$. If N decomposes in $\mathfrak{o}$, i.e. $(D/N)=1$, then N^2 is admissible and we have the proposition in 3. 3 ; the curve F_{N^2} has 2^{t-1} components. By (9), F_{N^2} has $2^{t-1}(N-1)$ cusps if $(D/N)\neq 1$ and $2^{t-1}(N+1)$ cusps if $(D/N)=1$.

If $\mathfrak{o}=\boldsymbol{Z}w_0+\boldsymbol{Z}$ where w_0 is reduced, then one of the local coordinate systems for the cusp at ∞ is given by

(12) $$\begin{aligned} 2\pi i z_1 &= w_0 \log u_0+\log v_0\\ 2\pi i z_2 &= w_0' \log u_0+\log v_0. \end{aligned}$$

There are $N-1$ cusps of F_{N^2} corresponding to

(13) $$u_0=\zeta \quad \text{where} \quad \zeta^N=1, \quad \zeta\neq 1$$

(compare (6), (7) ; we have $N_0=1, p=0, q=N$, and the N in (7) has to be replaced here by N^2) or to skew-hermitian forms

(14) $$Nz_1-Nz_2=r(w_0-w_0') \text{ where } (r, N)=1, \ (w_0-w_0'=\sqrt{D}).$$

The curve S_0 (given by $v_0=0$) intersects the $N-1$ branches (13) of F_{N^2} transversally.

The component of F_{N^2} given by (14) has $\overline{\mathfrak{H}/\Gamma}$ as model where the subgroup Γ of G carrying (14) to itself has to be determined. The result is independent of r. We list it and give also the number of cusps $\sigma(\Gamma)$ which is well-known for the groups in question :

(15) $$\text{If}\left(\frac{D}{N}\right)=-1, \text{ then } \Gamma=\Gamma'(N)/\{1,-1\} \text{ and } \sigma(\Gamma)=N-1.$$

Here $\Gamma'(N)$ is defined as follows. Consider the multiplicative group of the field $\boldsymbol{F}_{N^2}$

as subgroup of $\boldsymbol{GL}_2(\boldsymbol{F}_N)$, take the intersection with $\boldsymbol{SL}_2(\boldsymbol{F}_N)$. Its inverse image in $\boldsymbol{SL}_2(\boldsymbol{Z})$ is $\Gamma'(N)$.

(16)
If $N|D$, $N \neq 2$ and $D \neq N, 4N$, then $\Gamma = \Gamma_1(N)/\{1, -1\}$ and $\sigma(\Gamma) = N-1$.
If D even, $N=2$, $D \neq 8$, then $\Gamma = \Gamma_1(2)/\{1, -1\} = \Gamma_0(2)/\{1, -1\}$ and $\sigma(\Gamma) = 2$.
If D $= N$ or $D = 4N$ $(N \neq 2)$, then $\Gamma = \Gamma_1^*(N)/\{1, -1\}$ and $\sigma(\Gamma) = \frac{N-1}{2}$.
If $D = 8$, $N = 2$, then $\Gamma = \Gamma_1^*(2)/\{1,-1\}$ and $\sigma(\Gamma) = 1$.

The group $\Gamma_1(N)$ consists of those matrices in $\boldsymbol{SL}_2(\boldsymbol{Z})$ which are of the form $\pm\begin{bmatrix}1 & *\\ 0 & 1\end{bmatrix}$ modulo N and $\Gamma_1^*(N)$ is an extension of index 2 of $\Gamma_1(N)$. The proof of (15) and (16) is carried out by applying the method of [6] p. 270 to equation (14). To bring Γ into the above form one must conjugate in $\boldsymbol{GL}_2(K)$. Using (9), (15), (16) (and the Proposition in 3. 3 for the case $(D/N)=1$) we get

Proposition. *If N is an odd prime, then the curve F_{N^2} has 2^{t-1} components, except in the case $D=N$ or $D=4N$ where it has 2 or 4 components respectively. If $N = 2$, then F_4 has 2^{t-1} components if D is odd or if $D=8$. If D is even $(D\neq 8)$ then F_4 has 2^{t-2} components.*

Remark. For $N\nmid D$ the skew-hermitian curves (14) all belong to the same component of F_{N^2} and G_m/G operates transitively on the set of components. If $N|D$ $(N\neq 2)$, then two skew-hermitian curves (14) belong to the same component if and only if the two values of (r/N) are both equal to $+1$ or both equal to -1. In [7] § 3 it was stated that the curve $F_N((N/p)\neq -1)$ on $Y(p)$ (p prime) is irreducible. This has to be corrected as pointed out by Hammond. It will be shown in a forthcoming dissertation by Hans-Georg Franke (Bonn) that F_N is irreducible if $N\not\equiv 0\ (p^2)$. If $N\equiv 0\ (p^2)$ then F_N has exactly two components.

3. 7 An exceptional curve on an algebraic surface is a non-singular rational curve of self-intersection number -1. If the surface is regular and not rational, then any two exceptional curves are disjoint and can be blown down simultaneously. *In this section we assume that $Y(D)$ is not rational.* Thus we exclude 10 discriminants (Chap. I (1)). How many exceptional curves can be found on $Y(D)$ using skew-hermitian curves ?

For a discrete subgroup Γ of $\boldsymbol{PL}_2^+(\boldsymbol{R})$ with $\mathfrak{H}/\Gamma$ of finite volume the number

$$c_1(\Gamma) = 2e(\overline{\mathfrak{H}/\Gamma}) - \sum_{r\geq 2} a_r(\Gamma) - \sigma(\Gamma) \tag{17}$$

was introduced in [6] 4. 3. We recall that e denotes the Euler number, $a_r(\Gamma)$ the number of Γ-equivalence classes of fixed points of order r of Γ and $\sigma(\Gamma)$ the number of cusps. If a component E of a skew-hermitian curve in $Y(D)$ has the non-singular model $\overline{\mathfrak{H}/\Gamma}$, then

$$c_1 \cdot E \geqq c_1(\Gamma)$$

where $c_1 \cdot E$ denotes the value of the first Chern class of $Y(D)$ on E. Since $Y(D)$ is not rational, $c_1 \cdot E \geqq 1$ implies that $c_1 \cdot E = 1$ and E is an exceptional curve (see [6] 4. 4 Corollary I). The curve F_1 has 2^{t-1} components (see the Proposition in 3. 3). Each component passes through a quotient singularity of order 2 and one of order 3 on $\mathfrak{H}^2/G$ and is on $Y(D)$ an exceptional curve which gives rise to a configuration

(18)

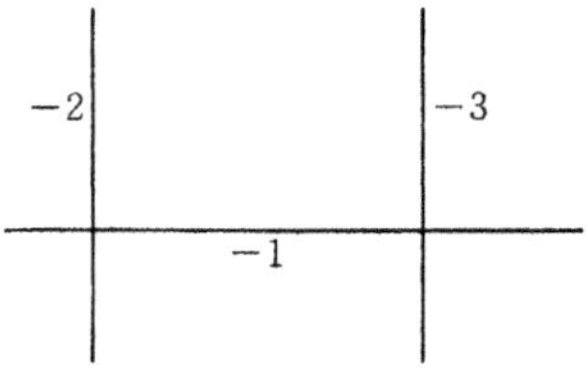

of non singular rational curves. These configurations are disjoint to each other. *Using F_1 we have found on $Y(D)$ in this way $3 \cdot 2^{t-1}$ curves which can be blown down.*

The groups Γ which occur for the components of F_2, F_3 are $\Gamma_0(2)$ and $\Gamma_0(3)$ respectively (to be divided by $\{1, -1\}$). For the components of F_4 we have $\Gamma = \Gamma_0(4)$ or $\Gamma = \Gamma''(2)$ if D is odd (to be divided by $\{1, -1\}$). (These groups were treated in [6] 5. 5 if D is a prime.) If D is even, the group for F_4 is $\Gamma_0(2)/\{1, -1\}$. If $3|D$ $(D \neq 12)$, then the components of F_9 have the group $\Gamma_1(3) = \Gamma_0(3)$ (to be divided by $\{1, -1\}$). For these groups Γ (namely $\Gamma_0(2)$, $\Gamma_0(3)$, $\Gamma''(2)$, $\Gamma_0(4)$, always divided by $\{1, -1\}$) the value of $c_1(\Gamma)$ equals 1. Since $Y(D)$ is supposed to be not rational, *all components of F_2, F_3, F_4 and* (if $3|D$) *F_9 give exceptional curves.* Each component of F_2 passes through a quotient singularity of order 2 on $\mathfrak{H}^2/G$ and gives on $Y(D)$ a configuration.

(19)

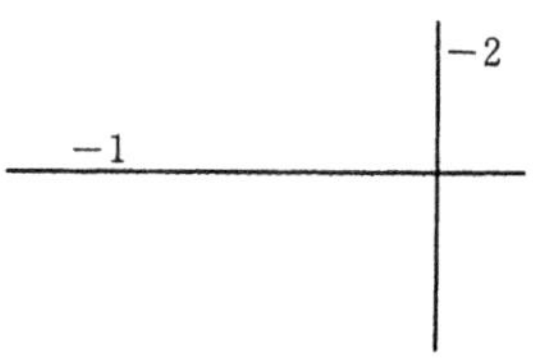

Every component of F_2 gives two curves which can be blown down. The curve F_4 has 2^{t-1} or 2^{t-2} components. In the latter case we have a configuration (19) for each component because the group is $\Gamma_0(2)$ (see (16)). Therefore F_4 gives always 2^{t-1} curves to blow down, *F_1 and F_4 together give 2^{t+1} curves to blow down.* For F_3 and F_9 the corresponding group has no fixed point of order 2. There is no configuration (19). No additional blow-downs occur in this way. For $D = 105$ a special situation occurs. We have

$$\frac{4\cdot 9\cdot 9-3^2}{105}=3.$$

Thus condition (10) is satisfied. In fact, it can be checked that the 4 components of F_9 meet in quotient singularities of order 3 on $\mathfrak{H}^2/G$ and this leads on $Y(105)$ to a configuration like this

(20)

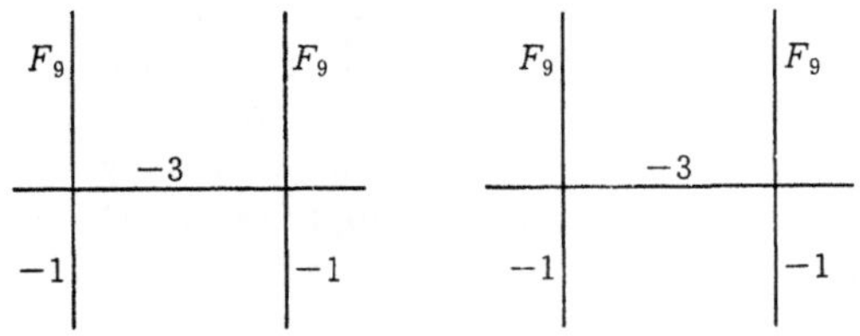

$D=105$

which gives two extra curves to blow down. In fact, for $D=105$ there are six quotient singularities of order 3 on $\mathfrak{H}^2/G$, all of type $(3\,;\,1,\,1)$. Four of them lie on the 4 components of F_1. The two others give rise to the two curves of self-intersection number -3 in (20). Two intersecting components of F_9 never occur for other D (with $3|D$) as can be checked by condition (10).

By the propositions in 3. 5 and 3. 6 we know the number of components of F_2, F_3, F_4, F_9, hence we can collect the information on exceptional curves in the following theorem.

Theorem. *Suppose $Y(D)$ is not rational. Then $\beta(D)$ curves on $Y(D)$ can be blown down where*

$$\beta(D)=2^{t+1}+\prod_{i=1}^{t}(1+\chi_i(2))+\frac{1}{2}\prod_{i=1}^{t}(1+\chi_i(3)) +2^{t-1}\left(1-\left(\frac{D}{3}\right)^2\right)+\begin{cases}2 & \text{for } D=105\\ 0 & \text{for } D\neq 105.\end{cases} \tag{21}$$

We call $Y^0(D)$ the surface obtained from $Y(D)$ by blowing down these $\beta(D)$ curves. We define $Y^0(D)$ only if $Y(D)$ is not rational. Clearly

$$c_1^2(Y^0(D))=c_1^2(Y(D))+\beta(D). \tag{22}$$

We conjecture that $Y^0(D)$ is the minimal model. For D equal to a prime, this was conjectured in [9]. In fact, van der Geer and van de Ven have checked the conjecture for several prime values of D where $Y^0(D)$ is of general type. When $Y^0(D)$ is not of general type, then the conjecture holds because $c_1^2(Y^0(D))=0$ as we shall see.

3. 8 For the surface $Y_-(D)$ introduced in Chapter I similar considerations hold. We have a curve F_N given by all primitive equations (3) with $a_1a_2D+\lambda\lambda'=-N$. This curve passes through a cusp if and only if $-N$ is a norm in K. If -1 is a norm in K, then $Y(D)$ and $Y_-(D)$ are isomorphic. In this case (provided $Y(D)$

is not rational) we can blow down $\beta(D)$ curves on $Y_-(D)$; the resulting surface $Y^0_-(D)$ is then isomorphic to $Y^0(D)$. If condition (10) is not satisfied for N, M $(N\neq M)$, then F_N and F_M do not meet on $(\mathfrak{H}\times\mathfrak{H}^-)/G$. If condition (10) is not satisfied for $M=N$, then F_N is non-singular on $Y_-(D)$ outside the resolved cusps. The lemma in 3. 3 holds in the same way except that one has to take the triples $(k|p,q)$ belonging to an element of $(\sqrt{D})Sq(C^+)$ where $(\sqrt{D})$ denotes here the element of C^+ represented by the ideal $(\sqrt{D})$. The natural number N is called *admissible* for $Y_-(D)$ if $-N$ is a norm in K and all primes dividing N decompose or ramify in $\mathfrak{o}$, but where a prime which ramifies occurs in N only with exponent 1. The number of components of F_N(N admissible for $Y_-(D)$) is as in the proposition in 3. 3. If -1 is not a norm in K, then F_1, F_4, F_9 are empty on $Y_-(D)$, so we can only blow down F_2 and F_3, and this gives (*if* $Y_-(D)$ *is not rational*)

$$\beta_-(D) = \prod_{i=1}^{t}(1+\chi_i(-2))+\frac{1}{2}\prod_{i=1}^{t}(1+\chi_i(-3)) \tag{23}$$

blow-downs. (Note that $\chi_i(-N)=(\text{sign } D_i)\ \chi_i(N)$.) Again we conjecture that the surface $Y^0_-(D)$ obtained by these blow-downs is minimal.

IV. Estimates of the Numerical Invariants

4. 1 The purpose of this chapter is to prove the facts

$$\begin{aligned}
&\chi(Y(D)) = 1 \Leftrightarrow D = 5, 8, 12, 13, 17, 21, 24, 28, 33, 60,\\
&\chi(Y_-(D)) = 1 \Leftrightarrow D = 5, 8, 12, 13, 17,\\
&c_1^2(Y(D)) \leq 0 \Rightarrow D \leq 285,\\
&c_1^2(Y_-(D)) \leq 0 \Rightarrow D \leq 136,\\
&c_1^2(Y_T(p)) \leq 0 \Rightarrow p \leq 821 \qquad (p\equiv 1 (\text{mod } 4) \text{ prime})
\end{aligned}$$

(compare Chapter I), thus reducing the problem of classifying all Hilbert modular surfaces to the consideration of a finite list. Since all of the invariants have been calculated (by computer) up to at least $D=1500$, it will suffice to prove

(1) $D>1500 \Rightarrow \chi(Y(D))>1,\ \chi(Y_-(D))>1,\ c_1^2(Y(D))>0,\ c_1^2(Y_-(D))>0,$
(2) $p>1500 \Rightarrow c_1^2(Y_T(p))>0.$

There are precisely 50 discriminants for which the four inequalities of (1) are not all satisfied; complete numerical data on these discriminants is given in section 4. 5.

4. 2 As explained in 2. 1, the dominant term in the formula for all of these numerical invariants is

$$\zeta_K(-1) = \frac{1}{60}\sum_{\substack{k^2<D\\ k^2\equiv D (\text{mod } 4)}} \sigma_1\left(\frac{D-k^2}{4}\right). \tag{3}$$

From $\sigma_1(n)\geq n+1$ we deduce easily that

$$\zeta_K(-1) > D^{3/2}/360\,; \tag{4}$$

this result can also be obtained by writing

$$\zeta_K(2)=\zeta(2)\prod\left(1-\left(\frac{D}{p}\right)p^{-2}\right)^{-1}>\zeta(2)\prod(1+p^{-2})^{-1}=\zeta(4)=\frac{\pi^4}{90}$$

and applying the functional equation of $\zeta_K(s)$.

From 2. 4 (31) and 2. 1 (9), (10), (12) we have

$$c_1^2(Y(D))=4\zeta_K(-1)-l_0^-(D)-\frac{1}{3}a_3^+(G)$$

and

$$\chi(Y(D))=\frac{1}{2}\zeta_K(-1)+\frac{1}{8}a_2(G)+\frac{1}{9}a_3^+(G)+\frac{2}{9}a_3^-(G)+w\,;$$

moreover, by 2. 3 (29),

$$w=\frac{1}{12}(l_0(D)-l_0^-(D))>-\frac{1}{12}l_0^-(D),$$

and hence

$$\chi(Y(D))>\frac{1}{2}\zeta_K(-1)+w>\frac{1}{6}\zeta_K(-1)+\frac{1}{12}(4\zeta_K(-1)-l_0^-(D))$$

$$>\frac{1}{2160}D^{3/2}+\frac{1}{12}c_1^2(Y(D))>\frac{c_1^2(Y(D))}{12}+1\qquad(D>200).$$

Hence the inequality $\chi(Y(D))>1$ in (1) will follow once we have proved that $c_1^2(Y(D))$ is positive; since (by 2. 2 (15) and 2. 4 (33)) the values of χ and c_1^2 for $Y_-(D)$ are at least as large as for $Y(D)$, the remaining two inequalities in (1) will also follow. Thus to prove (1) we have to show

(5) $$4\zeta_K(-1)-l_0^-(D)-a_3^+(G)/3>0\qquad(D>1500),$$

while for (2) the inequality

(6) $$2\zeta_K(-1)-\frac{1}{2}l_0(p)-\frac{5p}{24}+\frac{\sqrt{p}}{2}>0\qquad(p>1500)$$

will certainly suffice (equation 2. 5 (40)).

We introduce a new invariant

(7) $$l(D)=\sum_{\mathfrak{a}\in C^+}l(\mathfrak{a})$$

(notation as in 2. 3). If $D=p$ is a prime, then $Sq: C^+\to C^+$ is an isomorphism and

(8) $$l_0(p)=l_0^-(p)=l(p)\,;$$

if, however, D has t distinct prime factors, then Sq has a kernel of order 2^{t-1} and so

(9) $$l_0^-(D)=\sum_{\mathfrak{a}\in C^+}l(\gamma Sq(\mathfrak{a}))=2^{t-1}\sum_{\substack{\mathfrak{b}\in C^+\\ \gamma\mathfrak{b}\in\operatorname{Im}(Sq)}}l(\mathfrak{b})\le 2^{t-1}l(D)$$

The advantage of working with $l(D)$ rather than $l_0^-(D)$ is that it can be evaluated by a formula analogous to formula (3) for $\zeta_K(-1)$. Indeed, $l(D)$ is the sum of the lengths of all cycles occurring as the primitive period of the continued fraction of some quadratic irrationality w of discriminant D (the discriminant of w is defined as b^2-4ac, where $aw^2+bw+c=0$, $(a, b, c)=1$). This is simply the number of *reduced* quadratic irrationalities w of discriminant D (i.e. w satisfying $w>1>w'>0$), since, as discussed in 2.3, such w have purely periodic continued fractions, and a cycle $((b_0,\cdots,b_{r-1}))$ of length r gives rise to precisely r reduced numbers

$$b_i-\cfrac{1}{b_{i+1}-\ddots} \qquad (i=0, 1,\cdots, r-1).$$

If $aw^2+bw+c=0$, $b^2-4ac=D$, then the condition $(a, b, c)=1$ is automatically satisfied since D is the discriminant of a quadratic field. Therefore

$$l(D)=\#\left\{(a, b, c)\in \boldsymbol{Z}^3 \mid b^2-4ac=D,\ \frac{-b+\sqrt{D}}{2a}>1>\frac{-b-\sqrt{D}}{2a}>0\right\}.$$

The inequalities are equivalent to

$$a>0, \qquad |-b-2a|<\sqrt{D}, \qquad -b>\sqrt{D};$$

therefore replacing b by $k=-b-2a$ gives

$$l(D)=\#\{(a, k)\in \boldsymbol{Z}^2 \mid a>0,\ k^2<D,\ k^2\equiv D \pmod{4a},\ k+2a>\sqrt{D}\}.$$

We claim that this is precisely half of

$$\#\{(a, k)\in \boldsymbol{Z}^2 \mid a>0,\ k^2<D,\ k^2\equiv D \pmod{4a}\}.$$

Indeed, $(a, k)\mapsto (a', k')=((D-k^2)/4a,\ -k)$ is an involution on this latter set with

$$\frac{2a'+k'-\sqrt{D}}{2a+k-\sqrt{D}}=-\frac{k+\sqrt{D}}{2a}<0,$$

so precisely half of the elements (a, k) satisfy $2a+k>\sqrt{D}$. Therefore

$$l(D)=\frac{1}{2}\sum_{\substack{k^2<D\\ k^2\equiv D \pmod 4}}\ \sum_{\substack{a>0\\ a\mid\frac{D-k^2}{4}}}1=\frac{1}{2}\sum_{\substack{k^2<D\\ k^2\equiv D \pmod 4}}\sigma_0\left(\frac{D-k^2}{4}\right). \tag{10}$$

This formula will be the basis for our estimates of c_1^2.

4.3 In this section we prove the estimate (6); this case is easier than estimate (5) for composite D because of (8). We will prove (for all D, prime or composite) that

$$2\zeta_K(-1)-\frac{1}{2}l(D)\geq\frac{D+15}{180}\sqrt{D-200}-3.6 \qquad (D\geq 730); \tag{11}$$

since the right-hand side is $>\frac{5D}{24}-\frac{\sqrt{D}}{2}$ for $D>1500$, this implies (6).

By (3) and (10), the left-hand side of (11) equals

$$\sum_{\substack{k^2<D\\ k^2\equiv D \pmod 4}}\psi\left(\frac{D-k^2}{4}\right) \tag{12}$$

with

$$\psi(n)=\frac{1}{30}\sigma_1(n)-\frac{1}{4}\sigma_0(n).$$

We have

$$(13)\qquad \begin{aligned} &\psi(n) \geq -0.6 && \text{for} \quad n < 50, \\ &\psi(n) \geq \frac{n-14}{30} && \text{for} \quad n \geq 50. \end{aligned}$$

Indeed, for $n \leq 56$ we can check this by hand, while, for $n > 56\frac{1}{4} = \left(7\frac{1}{2}\right)^2$,

$$\begin{aligned} \psi(n) &= \frac{1}{30}\sum_{d|n}\left(d-7\frac{1}{2}\right) \\ &= \frac{1}{30}\left[\left(n-7\frac{1}{2}\right)+\left(1-7\frac{1}{2}\right)+\frac{1}{2}\sum_{\substack{d|n \\ 1<d<n}}\left(d+\frac{n}{d}-15\right)\right] \\ &\geq \frac{n-14}{30} \end{aligned}$$

(each term $d+n/d-15$ is ≥ 0). For $D > 729$ there are at most 4 values of k (two positive and two negative) for which $k \equiv D \pmod 2$ and $0 < (D-k^2)/4 < 50$ (because the interval $(\sqrt{D-200}, \sqrt{D})$ has length < 4), so the first line of (13) is used at most four times in (12) ; the second estimate in (13) now gives

$$\begin{aligned} \sum_{\substack{k^2<D \\ k^2 \equiv D \pmod 4}} \psi\left(\frac{D-k^2}{4}\right) &\geq -2.4 + \sum_{\substack{k^2<D-200 \\ k^2 \equiv D \pmod 4}} \left(\frac{D-k^2}{120} - \frac{14}{30}\right) \\ &\geq -3.6 + \sqrt{D-200}\left(\frac{D-201}{180} + \frac{200}{120} - \frac{14}{30}\right), \end{aligned}$$

where we have used the easy estimates (valid for any positive A and integer D)

$$\sum_{\substack{k^2<A \\ k \equiv D \pmod 2}} 1 \geq \sqrt{A}-1, \quad \sum_{\substack{k^2<A \\ k \equiv D \pmod 2}} (A-k^2) \geq \frac{2\sqrt{A}}{3}(A-1)$$

with $A = D-200$. This proves the inequality (11).

4. 4 We now want to prove the estimate (5). The number $l_0^-(D)$ in that equation will be estimated using (9) and (10) ; for the number $a_3^+(G)$, given exactly by 2. 1 (7), we use the estimate

2 $$h(-N) < \frac{\sqrt{N}}{2\pi}(2+\log N) \qquad (N > 4)$$

(cf. [14]) to obtain

$$\frac{1}{3}a_3^+(G) < 0.13\, D^{1/2}(\log D + 1).$$

The formula to be proved then becomes

$$(14)\quad 4\zeta_K(-1) - 0.13\sqrt{D}(\log D + 1) > 2^{t-2} \sum_{\substack{k^2<D \\ k^2 \equiv D \pmod 4}} \sigma_0\left(\frac{D-k^2}{4}\right) \qquad (D > 1500).$$

Because of the factor 2^{t-2}, the method of 4. 3 does not work here and we must have recourse to far cruder estimates. We would like to thank Henri Cohen, who suggested the method for estimating the right-hand side of (14) and carried out the necessary computer calculations.

Lemma. *Set* $\varepsilon=\log 2/\log 11=0.289064826\cdots$. *Then for all* n

(15) $$\sigma_0(n) < 5.1039782\, n^{\varepsilon}.$$

Proof. The function $\sigma_0(n)/n^{\varepsilon}$ is multiplicative and $(a+1)/p^{a\varepsilon}\leq 1$ for $p\geq 11$, $a\geq 1$ by the choice of ε. Hence

$$\frac{\sigma_0(n)}{n^{\varepsilon}}\leq \prod_p \max_{a\geq 0}\left(\frac{a+1}{p^{a\varepsilon}}\right)=\frac{5}{2^{4\varepsilon}}\cdot\frac{3}{3^{2\varepsilon}}\cdot\frac{2}{5^{\varepsilon}}\cdot\frac{2}{7^{\varepsilon}}=5.103978196\cdots$$

If we now estimate $\zeta_K(-1)$ by (4), and the right-hand side of (14) by the product of the number of terms in the sum with the estimate of the individual terms given by equation (15), we find as a sufficient condition for (14) the inequality

(16) $$\frac{D^{3/2}}{90}-0.13\, D^{1/2}(\log D+1) > 2^{t-2}(\sqrt{D}+1)\cdot 5.1039782\cdot (D/4)^{\varepsilon}$$

with $\varepsilon=0.289064826\cdots$ as before. A desk calculator computation now shows that (16) holds if

(17)
$$\begin{array}{rlll} & t\leq 3 & \textit{and} & D> 9{,}000\\ \textit{or} & t=4 & \textit{and} & D> 23{,}000\\ \textit{or} & t=5 & \textit{and} & D> 60{,}000\\ \textit{or} & t=6 & \textit{and} & D> 157{,}000\\ \textit{or} & t=7 & \textit{and} & D> 420{,}000. \end{array}$$

But the smallest discriminant with $t=7$ is 4. 3. 5. 7. 11. 13. 17$=1{,}021{,}020>420{,}000$, so (17) implies that (16) holds for all D with $t=7$. A similar argument holds for any $t\geq 7$, since a D with $t\geq 7$ distinct prime factors is greater than

$$4.\ 3.\ 5.\ 7.\ 11.\ 13.\ 16^{t-6}=\frac{60060}{65536}(2^{t-2})^4,$$

so $2^{t-2}<\sqrt[4]{1.1D}$, more than sufficient to prove (16) for $D>420{,}000$. Therefore (17) implies that (16) (and hence (14)) holds for all $D>157{,}000$, and a computer calculation showed that (14) holds for all D up to this point.

4. 5 As already stated, the calculation of the various invariants for $D<1500$ showed that $c_1^2(Y(D))\leq 0$ for just 50 discriminants, the largest being $D=285$. We have tabulated all numerical invariants of $Y(D)$ and $Y_-(D)$ for these discriminants. The following notation is used :

Topological Invariants :

$Z=6\zeta_K(-1)$ (this is an integer for $D>8$)

$l_0, l_0^-=l_0(D), l_0^-(D)$ (§§ 2. 3, 2. 4)

$a_2, a_3^+, a_3^-=a_2(G), a_3^+(G), a_3^-(G)$ (§ 2. 1 ; for $D=5$, 8 and 12 there are also fixed points of order 5, 4 and 6 respectively)

$e=e(\mathfrak{H}^2/G)=e(\mathfrak{H}\times\mathfrak{H}^-/G)$ (2. 1 (9), 2. 2 (13))

$\tau=-\text{sign}\,(\mathfrak{H}^2/G)=\text{sign}\,(\mathfrak{H}\times\mathfrak{H}^-/G)$ (2. 1 (10), 2. 2 (13))

Invariants of $Y(D)$:

$\chi = \frac{1}{4}(e-\tau) = \chi(Y(D))$ (2. 1 (12))

$c = c_1^2(Y(D))$ (2. 4 (31))

$c^0 = c_1^2(Y^0(D)) = c+\beta(D)$ (3. 7 (22) ; c^0 is not listed if $Y(D)$ is rational, since $Y^0(D)$ was not defined in this case)

Invariants of $Y_-(D)$ (not given if D is a sum of two squares since then $Y_-(D)$ is isomorphic to $Y(D)$) :

$\chi_- = \frac{1}{4}(e+\tau) = \chi(Y_-(D))$ (2. 2 (14))

$c_- = c_1^2(Y_-(D))$ (2. 4 (32))

$c_-^0 = c_1^2(Y_-^0(D)) = c_-+\beta_-(D)$ (§ 3. 8).

D	Z	l_0	l_0^-	a_2	a_3^+	a_3^-	e	τ	χ	c	c^0	χ_-	c_-	c_-^0
5	1/5	1	1	2	1	1	4	0	1	− 2	•			
8	1/2	2	2	2	1	1	4	0	1	− 3	•			
12	1	2	4	3	2	0	4	0	1	− 4	•	1	−4	•
13	1	3	3	2	2	2	4	0	1	− 3	•			
17	2	5	5	4	1	1	4	0	1	− 4	•			
21	2	2	6	4	4	1	6	2	1	− 6	•	2	−1	0
24	3	4	8	6	3	0	6	2	1	− 7	•	2	−2	0
28	4	4	10	4	2	2	6	2	1	− 8	•	2	−2	0
29	3	5	5	6	3	3	8	0	2	− 4	0			
33	6	8	12	4	3	0	6	2	1	− 9	•	2	−4	0
37	5	7	7	2	4	4	8	0	2	− 5	0			
40	7	12	12	6	2	2	8	0	2	− 8	0			
41	8	11	11	8	1	1	8	0	2	− 6	0			
44	7	6	12	10	2	2	10	2	2	− 8	0	3	−2	0
53	7	7	7	6	5	5	12	0	3	− 4	0			
56	10	4	16	12	2	2	12	4	2	−10	0	4	2	2
57	14	14	18	4	4	1	10	2	2	−10	0	3	−5	0
60	12	4	24	8	6	0	12	8	1	−18	•	5	4	4
61	11	11	11	6	4	4	12	0	3	− 5	0			
65	16	18	18	8	2	2	12	0	3	− 8	0			
69	12	4	16	8	9	0	14	6	2	−11	0	5	4	4
73	22	21	21	4	2	2	12	0	3	− 7	0			
76	19	14	20	10	2	2	14	2	3	− 8	0	4	−2	2
77	12	2	14	8	6	6	16	4	3	− 8	0	5	4	4
85	18	18	18	4	6	6	16	0	4	− 8	0			
88	23	12	24	6	4	4	16	4	3	−10	0	5	2	4
89	26	21	21	12	1	1	16	0	4	− 4	2			
92	20	4	22	12	4	4	18	6	3	−10	0	6	8	8
93	18	6	18	4	12	3	18	6	3	−10	0	6	5	6
97	34	27	27	4	2	2	16	0	4	− 5	2			
101	19	11	11	14	5	5	20	0	5	0	4			
104	25	20	20	18	2	2	20	0	5	− 4	4			
105	36	12	44	8	6	0	20	12	2	−22	0	8	12	12
109	27	17	17	6	6	6	20	0	5	− 1	4			
113	36	23	23	8	3	3	20	0	5	0	6			
120	34	8	40	12	8	2	24	12	3	−20	0	9	14	14
124	40	16	34	12	2	2	22	6	4	− 8	2	7	10	12

D	Z	l_0	l_0^-	a_2	a_3^+	a_3^-	e	τ	χ	c	c^0	χ_-	c_-	c_-^0
129	50	30	34	12	4	1	26	2	6	−2	8	7	3	8
133	34	12	24	4	8	8	24	4	5	−4	4	7	8	10
136	46	32	32	12	2	2	24	0	6	−2	8			
140	38	4	40	20	4	4	28	12	4	−16	0	10	20	20
141	36	8	28	8	15	0	26	10	4	−9	2	9	16	16
156	52	16	48	16	8	2	32	12	5	−16	4	11	18	20
161	64	14	50	16	2	2	32	12	5	−8	4	11	28	28
165	44	4	44	8	16	4	32	16	4	−20	0	12	24	24
168	54	8	48	12	12	0	32	16	4	−16	4	12	28	28
184	74	16	52	12	4	4	36	12	6	−4	8	12	32	32
204	78	28	56	20	12	0	44	12	8	−8	12	14	24	28
220	92	16	64	16	4	4	44	16	7	−4	12	15	44	44
285	96	4	60	16	24	0	56	24	8	−4	16	20	60	60

V. The Rough Classification of Hilbert Modular Surfaces

5.1 In this chapter we prove Theorems 2 and 3 of the introduction (Chap. I). Our basic reference for the classification is the joint paper [9] with Van de Ven. In the proposition below we state the main classification principle. A (-2)-curve is a non-singular rational curve with self-intersection number -2. An elliptic configuration on an algebraic surface X is a finite set of irreducible curves on X having the same genera and intersection numbers as the configurations occurring as fibres (without exceptional curves) in an elliptic fibration of some surface ([11] Part II). We give a complete list of the elliptic configurations:

A non-singular curve E of genus 1 with $EE=0$; a rational curve E having exactly one singular point (a cusp or a double point) with $EE=0$; a configuration of (-2)-curves with one of the following intersection diagrams

A_1'

intersection number 2

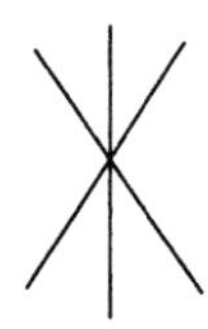

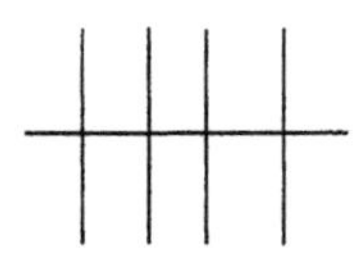

D_4'

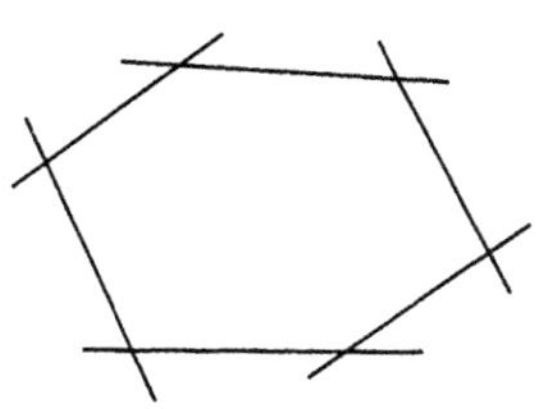

A_{k-1}' (cycle of any length $k \geqq 3$)

or of the diagrams, better indicated by their dual graphs (a dot indicates a (-2)-curve and a line a transversal intersection):

D'_{k-1} (k curves, $k-1 \geqq 5$)

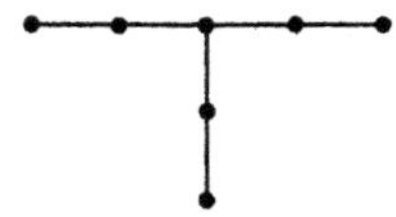

E'_6

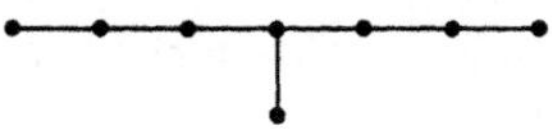

E'_7

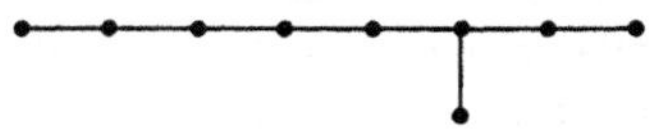

E'_8

Proposition. *Let X be a simply-connected non-rational algebraic surface. If X contains an elliptic configuration, then X is a blown-up $K3$-surface or a blown-up honestly elliptic surface. If X contains an elliptic configuration which intersects a (-2)-curve on X not belonging to the configuration, then X is a blown-up $K3$-surface. If X is simply-connected, not rational, and not a blown-up $K3$-surface and E is an irreducible curve on X such that $c_1 \cdot E \geqq 0$ (where $c_1 \in H^2(X, \boldsymbol{Z})$ is the first Chern class), then either $c_1 \cdot E = 1$ and E is an exceptional curve or $c_1 \cdot E = 0$ and E is either a (-2)-curve or a curve of genus 1 or 0 with $EE = 0$.*

The proof is obtained as in [9] (compare Proposition I. 9). For the second part of the proposition we use [9] (Propositions I. 1 and I. 5) and in particular the fact that $c_1 \cdot E \geqq 2$ implies the rationality of X. When passing to the minimal model X' of X, a certain configuration L of rational curves on X is blown down. If $c_1 \cdot E \geq 0$, then either E belongs to L and is an exceptional curve or a (-2)-curve on X, or E and L are disjoint, $c_1 \cdot E = 0$, and E is a component of the unique elliptic fibration of X' or a (-2)-curve on the surface X' of general type.

5. 2 The results and the tables of the preceding chapter have shown that $c_1^2(Y(D)) > 0$ except for 50 discriminants. The arithmetic genus equals 1 for 10 discriminants (5, 8, 12, 13, 17, 21, 24, 28, 33, 60) ; they are among those 50. The corresponding 10 surfaces $Y(D)$ are known to be rational ([6] 4. 5 Theorem). For the remaining 40 discriminants we calculated $c_1^2(Y^0(D))$ (table in Chap. IV) using 3. 7 (21), (22) and obtained $c_1^2(Y^0(D)) > 0$ (which implies general type !) except for the 22 discriminants

(1) 29, 37, 40, 41, 44, 53, 56, 57, 61, 65, 69
73, 76, 77, 85, 88, 92, 93, 105, 120, 140, 165,

for which we get $c_1^2(Y^0(D)) = 0$. These 22 have to be investigated by hand.

The surface $Y_-(D)$ has arithmetic genus 1 for 5 discriminants (5, 8, 12, 13, 17). These surfaces are rational. Namely, except for $D = 12$ they are isomorphic to $Y(D)$, and for $D = 12$ it was shown in [6] 4. 5 that $Y_-(D)$ is rational. For $D \neq 5$, 8, 12, 13, 17 (i.e. $D > 17$) there are 23 discriminants for which $c_1^2(Y_-(D)) \leqq 0$. For these we consider $Y_-^0(D)$ (see 3. 8) and obtain $c_1^2(Y_-^0(D)) > 0$ except for 15 discriminants (see table in Chap. IV)

(2) 21, 24, 28, 29, 33, 37, 40, 41
44, 53, 57, 61, 65, 73, 85

for which we get $c_1^2(Y_-^0(D))=0$. These 15 surfaces have to be investigated by hand. All other $Y_-(D)$ are rational (5 cases) or of general type.

5. 3 The components of the curves F_N in $Y(D)$ or $Y_-(D)$ all have the same non-singular model if N is admissible (3. 3 and 3. 8). This model is $\overline{\mathfrak{H}/\Gamma_0(N)}$ if N is not divisible by the square free part d of D.

The values of $c_1(\Gamma_0(N)/\{1, -1\})$ (see 3. 7 (17)) are denoted by $c_1(N)$ and were listed in [6] 4. 3 for the case that the genus of $\overline{\mathfrak{H}/\Gamma_0(N)}$ is 0 or 1.

Let c_1 be the first Chern class of $Y(D)$ or $Y_-(D)$ respectively. Then

$$c_1 \cdot E \geqq c_1(N) + \sum\left(\frac{p+q}{(p, q)} - 1\right) \tag{3}$$

for any component E of F_N (N admissible, $N \not\equiv 0 \bmod d$) where the sum is over all the branches of F_N belonging to E near the cusps (see 3. 3 (6)). For (3) compare [6] 4. 5 (34). The sum in (3) equals the intersection number of E with the Chern divisors of the cusps minus $\sigma(\Gamma_0(N))$.

For $N=5, 6, 7, 8, 9$ the curve $\overline{\mathfrak{H}/\Gamma_0(N)}$ is rational and $c_1(N)=0$. In these cases $c_1 \cdot E \geqq 0$ for all components E of F_N. If $c_1 \cdot E=0$ and E is non-singular, then E is a (-2)-curve.

5. 4 In this section we settle the rough classification of the surfaces $Y_-(D)$ using the proposition in 5. 1.

The principal cusp of $Y_-(D)$ has the resolution cycle belonging to the strict ideal class of $(\sqrt{D})$. We consider the reduced quadratic irrationalities

$$w_{(b)} = \frac{b+2+\sqrt{D}}{b+\sqrt{D}}, \qquad b \in \boldsymbol{Z},\ b \equiv D \bmod 2,\ -\sqrt{D} < b < \sqrt{D}-2. \tag{4}$$

The module $\boldsymbol{Z}w_{(b)}+\boldsymbol{Z}$ is strictly equivalent to the ideal $(\sqrt{D})$. We have $w_{(b)}=2-\dfrac{1}{w_{(b-2)}}$ for $|b|<\sqrt{D}-2$. Furthermore $w_{(b)}$ is of the form $\dfrac{1}{2N}(M+\sqrt{D})$ with $N=\dfrac{1}{4}(D-b^2)$. Hence we have on $Y_-(D)$ a configuration

(5)

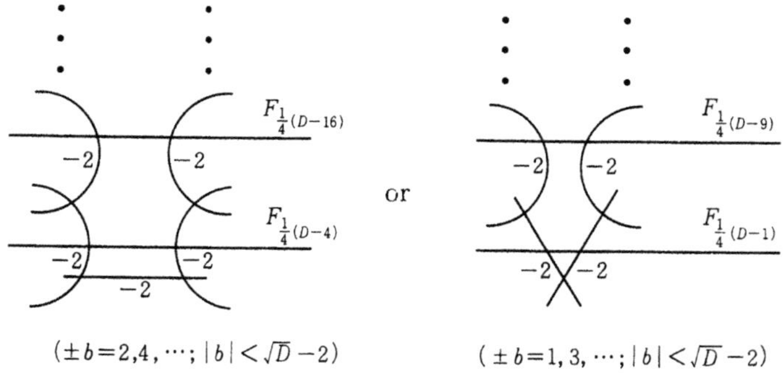

$(\pm b=2,4,\cdots;\ |b|<\sqrt{D}-2)$ $(\pm b=1, 3, \cdots;\ |b|<\sqrt{D}-2)$

depending on whether D is even or odd. The (-2)-curves belong to the resolution of the cusp. The symmetry in the configutation comes from the canonical involution on $Y_-(D)$ induced by $(z_1, z_2) \mapsto (-z_2, -z_1)$. Two b's differing only up to sign give the same component of $F_{(D-b^2)/4}$. It is carried to itself by the involution ([6] § 4. 5).

For the rest of this section 5. 4 we suppose that $D>17$ so that $Y_-(D)$ is *not rational*. Then we can use (5) for the rough classification as follows.

If in (5) *any of the* $F_{(D-b^2)/4}$ (*with* $|b|<\sqrt{D}-2$) *is* F_5, F_6, F_7, F_8 *or* F_9, *then* $Y_-(D)$ *is a blown-up K*3 *or an honestly elliptic surface.*

Namely, let E be the component drawn in (5) of such an $F_{(D-b^2)/4}$. Then $c_1 \cdot E \geqq 0$, but E is not an exceptional curve, because blowing it down would give by (5) two intersecting exceptional curves which is not possible on a non-rational regular surface. The proposition in 5. 1 and diagram (5) now show: If $Y_-(D)$ is not a blown-up K3-surface, then E is a (-2)-curve (in fact it has to belong to the largest $|b|$ in (5)) and E and the (-2)-curves of the resolved cusp indicated in (5) give a cyclic elliptic configuration proving that the surface is blown-up honestly elliptic.

Let us first consider the values D in (2) for which $\chi(Y_-(D))\geqq 3$. These are certainly not blown-up K3-surfaces. For $D=44$, 53, 57, 61, 85 we get on $Y_-(D)$ a cycle of non-singular rational curves of self-intersection number -2 using F_7, F_7, F_8, F_9, F_9 respectively. For $D=65$ we have a configuration

(6)

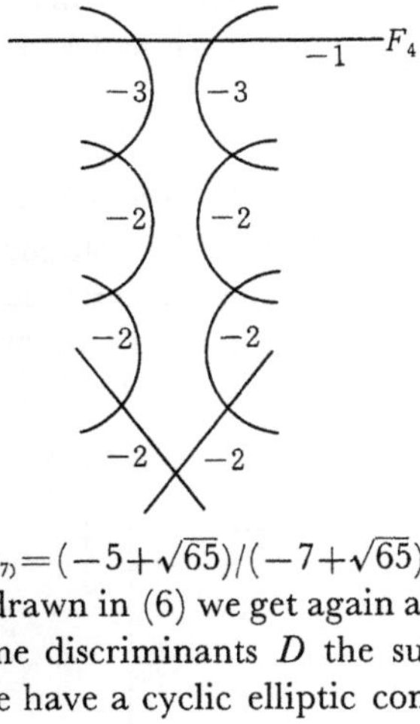

where the F_4 belongs to $w_{(-7)}=(-5+\sqrt{65})/(-7+\sqrt{65})$ and $[w_{(-7)}+1]=3$. Blowing down the component of F_4 drawn in (6) we get again a cyclic elliptic configuration. For $D=73$ see [9] (for prime discriminants D the surfaces $Y(D)$ and $Y_-(D)$ are isomorphic). In all cases we have a cyclic elliptic configuration. The surfaces are blown-up honestly elliptic.

Now we study the eight values in (2) for which $\chi(Y_-(D))=2$. These are 21, 24, 28, 29, 33, 37, 40, 41.

We wish to prove that the corresponding surfaces are blown-up K3-surfaces. We may assume that the components of F_5, F_6, F_7, F_8, F_9 occurring in (5) are (-2)-curves, since if they are not, the surfaces are certainly blown-up K3-surfaces (Proposition 5. 1). For $D=21, 24, 29$ the curve F_5 occurs in configuration (5). Every component of F_5 passes through a curve A of self-intersection number -2 coming from the resolution of a quotient singularity of order 2, because $\Gamma_0(5)$ has fixed points of order 2 in $\mathfrak{H}$. Thus (5) leads to an elliptic configuration which intersects A, so the surface is a blown-up $K3$-surface. For $D=33, 37, 40$ we have in (5) two different values of b for which $(D-b^2)/4=6, 7, 8, 9$. Hence the surfaces are blown-up $K3$-surfaces.

For $D=28$ we have a configuration

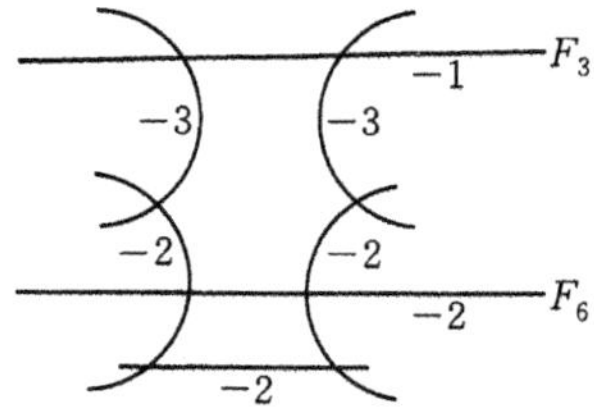

which proves by blowing down F_3 that $Y_-(28)$ is blown-up $K3$. For $D=41$ the same argument works: The curve F_8 occurs and one has to blow down F_4.

Theorem 3 in Chapter I is now completely proved.

5. 5 In this section and in the following one we shall do the rough classification of the surfaces $Y(D)$ and prove Theorem 2 of Chap. I. Since $Y(D)$ is equivalent to $Y_-(D)$ if D is not divisible by a prime $\equiv 3 \bmod 4$, it remains to study the following 13 discriminants from the list (1)

$$\begin{aligned} &D = 44, 56, 57, 69, 105 && (\chi(Y(D)) = 2) \\ &D = 76, 77, 88, 92, 93, 120, 140, 165 && (\chi(Y(D)) \geqq 3). \end{aligned} \tag{7}$$

For these 13 discriminants we indicate the resolution of the cusps with the notation of 3. 3 (5). The reader should consult these diagrams, which are printed at the end of the paper, during the course of the proofs.

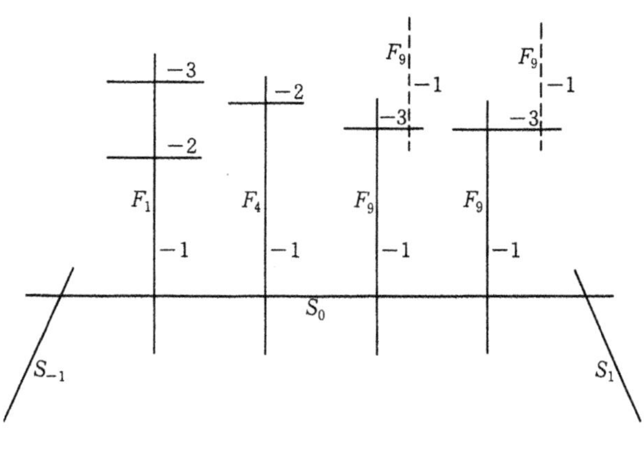

For $D=44$, 56, 57, 69, 105 we consider the curve S_0 in the resolution of the principal cusp (see 3. 6).

The exceptional curves F_1, F_4 and F_9 (for $3|D$) give on $Y(D)$ the configuration in the previous page. The curve of self-intersection -2 intersecting F_4 exists if and only if D is even. The exceptional curves F_9 exist if and only if $3|D$. The dotted components of F_9 intersect the (-3)-curves if and only if $D=105$ (see 3. 7). (It has to be checked for $D=105$ that the two components of F_9 intersecting S_0 do not meet in $\mathfrak{H}^2/G$.) We have $S_0\cdot S_0=-b_0=-[w_0]-1$ and $c_1\cdot S_0=-b_0+2$. On passing to $Y^0(D)$ the exceptional curves in the above diagram are blown down successively and we get on $Y^0(D)$ (whose first Chern class we denote by $\tilde{c}_1$) an image curve $\tilde{S}_0$ which has exactly one singular point (a cusp) and for which

$$\tilde{c}_1\cdot\tilde{S}_0 = -b_0+7+1(\text{if } D \text{ is even})+2(\text{if } 3|D)+2(\text{if } D=105).$$

For $D=44$, 56, 57, 69, 105 the values of b_0 are 8, 8, 9, 9, 11 and we get $\tilde{c}_1\cdot\tilde{S}_0=0$ and hence $\tilde{S}_0\cdot\tilde{S}_0=0$. Thus the single curve $\tilde{S}_0$ is an elliptic configuration.

The curve S_1 has for $D=44$, 57 the self-intersection number -2. For $D=69$, 105 the curve S_1 has self-intersection number -3 and intersects F_3, F_4 respectively; therefore in $Y^0(D)$ the image curve $\tilde{S}_1$ has self-intersection number -2. For $D=56$ we have $S_1\cdot S_1=-4$, but the curve S_1 meets the exceptional curve F_2 which by 3. 7 (19) leads to two blow-downs, so the image curve $\tilde{S}_1$ on $Y^0(56)$ has the self-intersection number -2. Thus by the proposition in 5. 1 (and because $c_1^2(Y^0(D))=0$), the surfaces $Y^0(D)$ are $K3$-surfaces for $D=44$, 56, 57, 69, 105.

5. 6 We now study the discriminants in the second line of (7). In all cases we shall find an elliptic configuration on $Y(D)$ which proves that $Y(D)$ is blown-up honestly elliptic and finishes the proof of Theorem 2 in Chapter I.

For $D=76$ consider the curve F_6. It has one component which meets four curves of the resolution of the cusp. This gives rise to an elliptic configuration:

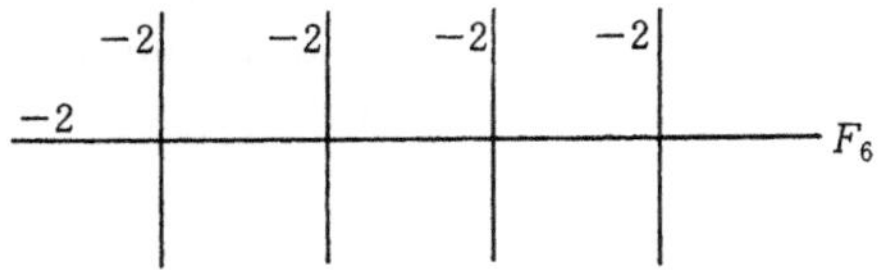

(The proposition in 5. 1 implies that F_6 is a (-2)-curve.)

For $D=77$ the irreducible curve F_{11} passes through the two corners of the resolution of the cusp. The genus of F_{11} is 1. We have $c_1(11)=-2$ and $c_1\cdot F_{11}\geqq 0$ by (3). By the proposition in 5. 1 the curve F_{11} is an elliptic configuration ($c_1\cdot F_{11}=F_{11}\cdot F_{11}=0$).

For $D=88$ the two components of F_9 together with 6 curves of the resolved cusp give a cyclic elliptic configuration of length 8.

For $D=92$ the two components of F_{13} pass through the four corners of the resolution of the cusp. We have $c_1(13)=-2$, but (3) implies that $c_1\cdot E\geqq 0$ for each component E of F_{13}. Since E is a rational curve and meets two (-2)-curves (coming from two quotient singularities of order 2), it follows from the proposition in 5. 1 that E is a (-2)-curve. The curve F_9 was considered in 3. 6. Here 9 is not admissible ; the group Γ in 3. 6 (15) is $\Gamma'(3)/\{1, -1\}$ for which $a_2(\Gamma)=2$, $a_3(\Gamma)=0$, $\sigma(\Gamma)=2$, $e(\overline{\mathfrak{H}/\Gamma})=2$ and $c_1(\Gamma)=0$. The curve F_9 has two components. It follows as before that each component of F_9 is a (-2)-curve. As can be checked, F_9 and F_{13} intersect in $\mathfrak{H}^2/G$ in quotient singularities of order 2. (Condition 3. 3 (10) is satisfied : $(4\cdot 9\cdot 13-10^2)/92=4$.) We have on $Y(D)$ the following elliptic configurations :

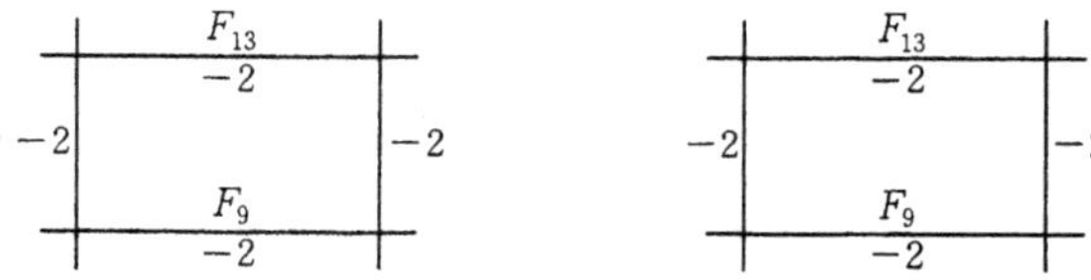

where the "vertical" curves come from the resolution of quotient singularities of order 2.

For $D=93$ the two components of F_7 together with 4 curves of the resolved cusp give a cyclic elliptic configuration of length 6.

For $D=120$ the curve F_6 has one component. It passes through both cusps and gives rise to the elliptic configuration :

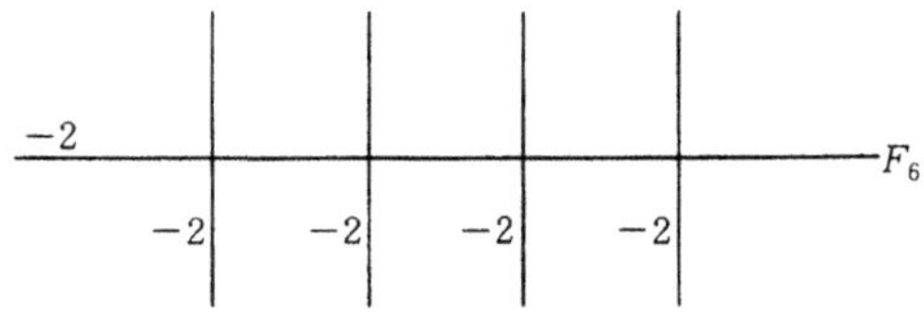

For $D=140$ the curve F_{14} passes through the four corners of the 2 resolved cusps. It has one component. The genus of F_{14} is 1. We have $c_1(14)=-4$, and $c_1\cdot F_{14}=0$ by (3). By proposition 5. 1 the curve F_{14} is an elliptic configuration.

For $D=165$ the same argument works with F_{15}.

$D=44$

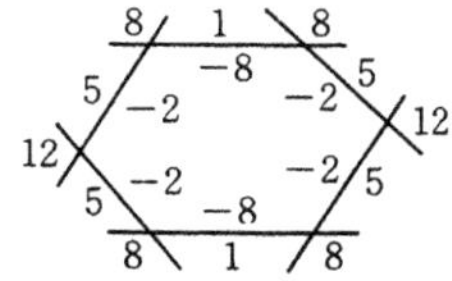

$D=56$

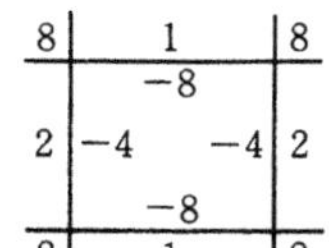

D=57
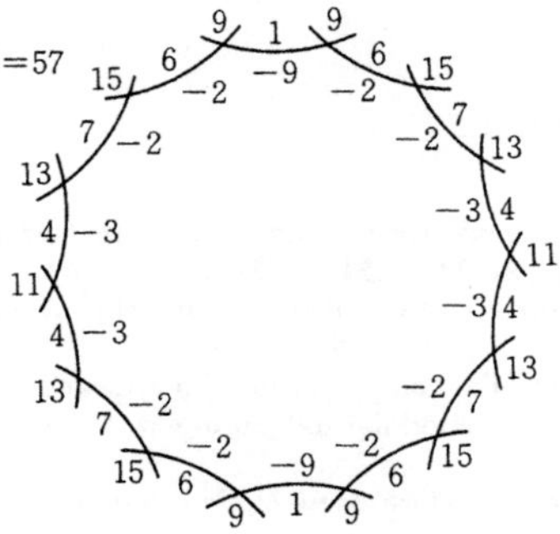

D=69
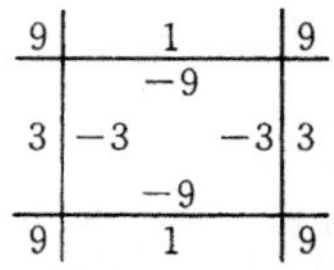

D=77
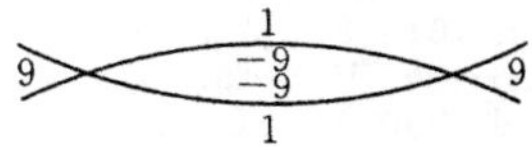

D=76
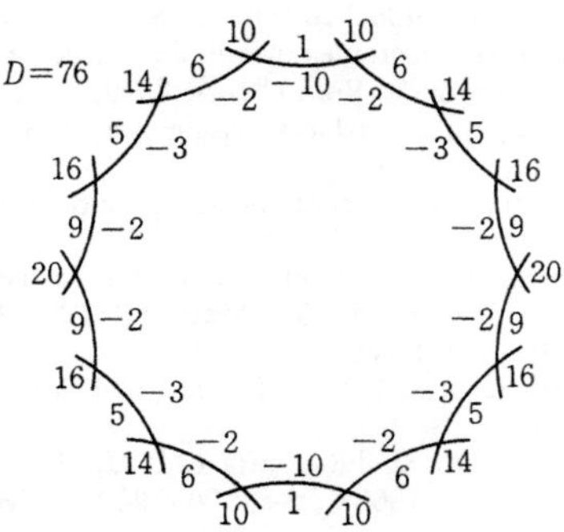

D=88
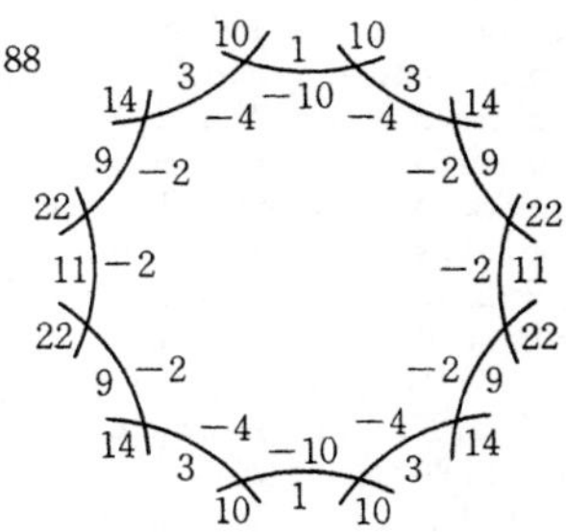

D=92
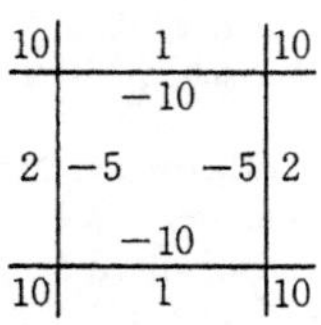

D=93
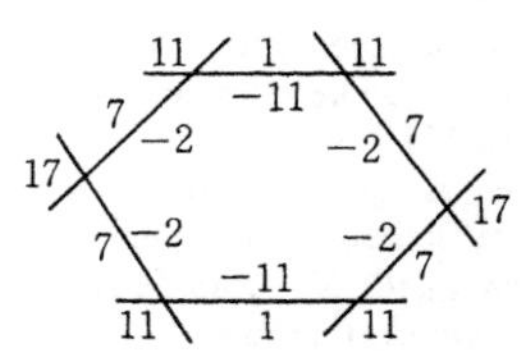

D=105
(two cusps)
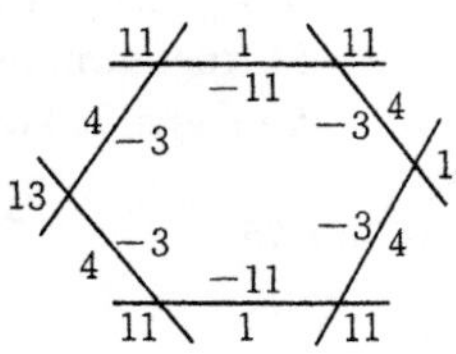

D=120
(two cusps)
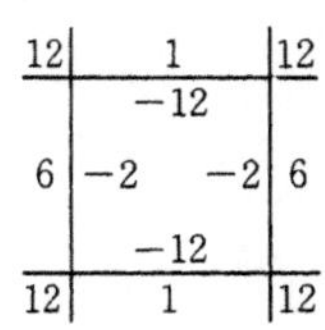

D=140
(two cusps)
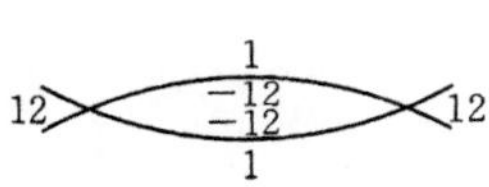

D=165
(two cusps)
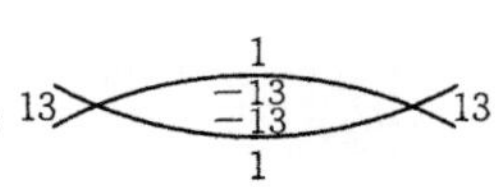

References

[1] Freitag, E. : Über die Struktur der Funktionenkörper zu hyperabelschen Gruppen I. II. J. Reine Angew. Math. (Crelle) **247** (1971), 97–117, **254** (1972), 1–16.
[2] Hammond, W. F. : The Hilbert modular surface of a real quadratic field. Math. Ann. **200** (1973), 25–45.
[3] Hammond, W. F. : The two actions of Hilbert's modular group (to appear).
[4] Hammond, W. F. and Hirzebruch, F. : *L*-Series, modular imbeddings and signatures. Math. Ann. **204** (1973), 263–270.
[5] Hecke, E. : Vorlesungen über die Theorie der algebraischen Zahlen. Akademische Verlagsgesellschaft, Leipzig 1923.
[6] Hirzebruch, F. : Hilbert modular surfaces. Enseignement Math. **29** (1973), 183–281.
[7] Hirzebruch, F. : Kurven auf den Hilbertschen Modulflächen und Klassenzahlrelationen, in Classification of Algebraic Varieties and Compact Complex Manifolds. Lecture Notes in Mathematics, Springer-Verlag, Berlin-Heidelberg-New York (1974), 75–93.
[8] Hirzebruch, F. : Rough classification of the algebraic surfaces arising from the symmetric Hilbert modular group (in preparation).
[9] Hirzebruch, F. and Van de Ven A. : Hilbert modular surfaces and the classification of algebraic surfaces. Inventiones math. **23** (1974), 1–29.
[10] Hurwitz, A. : Die unimodularen Substitutionen in einem algebraischen Zahlkörper. Nachr. Akad. Wiss. Göttingen, Math. Physik Klasse, 332–356 (1895). (Mathematische Werke Bd. II, Birkhäuser Verlag, Basel und Stuttgart 1963, 244–268.)
[11] Kodaira, K. : On compact complex analytic surfaces I, II, III. Ann. of Math. **71** (1960) 111–152, **77** (1963) 563–626, **78** (1963), 1–40.
[12] Kodaira, K. : On the structure of compact complex analytic surfaces I, II, III, IV. Amer. J. Math. **86** (1964), 751–798, **88** (1966), 682–721, **90** (1968), 55–83, **90** (1968), 1048–1066.
[13] Maass, H. : Über die Erweiterungsfähigkeit der Hilbertschen Modulgruppe, Math. Z. **51** (1948), 255–261.
[14] Newman, M. : Bounds for Class Numbers, in Theory of Numbers, Proceedings of Symposia in Pure Mathematics, Vol. VIII, A. M. S., Providence, 1965, 70–77.
[15] Prestel, A. : Die elliptischen Fixpunkte der Hilbertschen Modulgruppen. Math. Ann. **177** (1968), 181–209.
[16] Prestel, A. : Die Fixpunkte der symmetrischen Hilbertschen Modulgruppe zu einem reell-quadratischen Zahlkörper mit Primzahldiskriminante. Math. Ann. **200** (1973), 123–139.
[17] Švarčman, O. V. : Simply-connectedness of the factor space of the Hilbert modular group (in Russian), Functional Analysis and its Applications (2) **8** (1974), 99–100.

SFB Theoretische Mathematik
Mathematisches Institut der
Universität Bonn

(Received October 11, 1975)

62.

The ring of Hilbert modular forms for real quadratic fields of small discriminant

In: Lecture Notes in Math. *627*, S. 288 – 323, Berlin-Heidelberg-New York: Springer 1977

In this lecture we shall show how the resolution of the singularities at the cusps of the Hilbert modular surfaces [7] can be used for a detailed study of these surfaces which makes it possible in some cases to determine the structure of the ring of Hilbert modular forms.

§1. CUSP SINGULARITIES AND INVOLUTIONS.

Let K be a real quadratic field, $M \subset K$ a module (free $\mathbb{Z}$-module of rank 2) and U_M^+ the group of the totally positive units ε of K with $\varepsilon M = M$. The group U_M^+ is infinite cyclic. Let $V \subset U_M^+$ be a subgroup of finite index. The semi-direct product

$$G(M,V) = \{\begin{pmatrix} \varepsilon & \mu \\ 0 & 1 \end{pmatrix} | \varepsilon \in V, \mu \in M\}$$

acts freely on H^2 by

$$(z_1,z_2) \mapsto (\varepsilon z_1 + \mu, \varepsilon' z_2 + \mu'),$$

where $x \mapsto x'$ is the non-trivial automorphism of K. We add a point to $H^2/G(M,V)$ and topologize $H^2/G(M,V) \cup \{\infty\}$ by taking

$$\{(z_1,z_2) \in H^2 | y_1 y_2 > C\}/G(M,V) \cup \{\infty\}$$

(for $C > 0$) as neighborhoods of ∞. (Notation : $z_j = x_j + i\, y_j$ with

$x_j, y_j \in \mathbb{R}$ and $y_j > 0$). Then $H^2/G(M,V) \cup \{\infty\}$ is a normal complex space with ∞ as the only singular point. This is the "cusp singularity" defined by M,V. The local ring at ∞ is denoted by $\mathcal{O}(M,V)$. It is the ring of all Fourier series f convergent in some neighborhood of ∞ of the form

$$f = a_0 + \sum_{\substack{\lambda \in M^* \\ \lambda \gg 0 \\ a_\lambda = a_{\varepsilon\lambda} \text{ for } \varepsilon \in V}} a_\lambda . e^{2\pi i(\lambda z_1 + \lambda' z_2)} \tag{1}$$

where M^* is the dual module of M, i.e.

$$M^* = \{\lambda \in K \mid \mathrm{Tr}(\lambda\mu) \in \mathbb{Z} \quad \text{for all } \mu \in M\}.$$

The singular point ∞ can be resolved [7]. Under the process of minimal desingularisation it is blown up into a cycle of r non-singular rational curves ($r \geqq 2$) or into one rational curve with a double point ($r = 1$). Such a cycle is indicated by a diagram

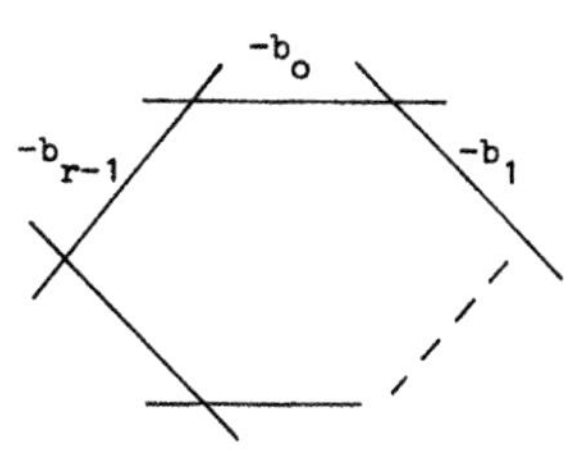

where $-b_0$, $-b_1$,... are the selfintersection-numbers (for $r \geqq 2$). We have $b_i \geqq 2$. This cycle of numbers is denoted by $((b_0, b_1, \ldots, b_{r-1}))$. It is determined by the denominators of a periodic continued fraction associated to M, see [7].

The non-singular surface obtained from $H^2/G(M,V) \cup \{\infty\}$ by resolving the singular point will be called X(M,V). Of course, it is not compact. For the intersection point of two consecutive curves of the cycle we have a natural coordinate system (u,v) centered at that point [7]. Any $f \in \mathcal{O}(M,V)$ can be written as a power series in u,v (this is analogous to the q-expansion in one variable.)

If $M = M'$, then the cusp is called symmetric. The involution $\tau : (z_1,z_2) \mapsto (z_2,z_1)$ operates on $H^2/G(M,V) \cup \{\infty\}$ with $\tau(\infty) = \infty$. The fixed point set of τ in $H^2/G(M,V)$ is a non-singular curve C consisting of 2,3 or 4 components. Therefore, the quotient of $H^2/G(M,V) \cup \{\infty\}$ by τ has no singular point except possibly ∞_τ, the image of ∞. The involution τ acts on $\mathcal{O}(M,V)$, and $\mathcal{O}(M,V)^\tau$ (consisting of all f in (1) with $a_\lambda = a_{\lambda'}$ for $\lambda \in M$) is the local ring at ∞_τ. The involution τ can be lifted to X(M,V). The curve C extends to a non-singular curve in X(M,V), also denoted by C. If the number of curves in the cycle is even, then τ maps none or two of the curves in the cycle, say S and T, to themselves and interchanges the others. If the number of curves in the cycle is odd, then τ maps one curve S in the cycle to itself and interchanges the others. The curve C intersects each curve S and T transversally in two points or in one point depending on whether the selfintersection number of S or T respectively is even or odd. The fixed point set of τ in X(M,V) consists of C and an isolated fixed point on each of the curves S and T which have odd selfintersection-number. Blowing up the isolated fixed points of τ gives a surface $\widetilde{X}(M,V)$ on which τ operates having no isolated fixed points. The exceptional curves on $\widetilde{X}(M,V)$ obtained by this blowing up belong to the fixed point set of τ. The surface $\widetilde{X}(M,V)/\tau$ is non-singular. On it we have a chain of rational curves mapping to ∞_τ. This is a resolution of ∞_τ. It need not be minimal. In fact, ∞_τ could be a regular point. In any case, the existence of this resolution by a chain of rational curves proves that ∞_τ is a quotient singularity [6], [1]. The above investigation of X(M,V) for $M = M'$ is due to Karras [12] (Lemma 3.3). The fact that ∞_τ is a quotient singularity was proved earlier by H. Cohn and E. Freitag (see the literature quoted in [12]). Gundlach [5] has given necessary and sufficient conditions that ∞_τ is regular. Such symmetric cusps are called quasi regular.

<u>THEOREM</u> (Karras). <u>A cusp given by</u> (M,V) <u>with</u> M = M' <u>is quasi regular if and only if its cycle</u> $((b_0,b_1,\ldots,b_{r-1}))$ <u>is equal to one of the following cycles</u>

i) $((3,\underbrace{2,\ldots,2}_{m}))$ with $m \geqq 0$

ii) $((4,\underbrace{2,\ldots,2}_{m}))$ with $m \geqq 0$

iii) $((\underbrace{2,\ldots,2}_{n},3,\underbrace{2,\ldots,2}_{m},3))$ with $m \geqq n$

<u>and if in</u> iii) <u>the two curves of selfintersection number</u> -3 <u>are interchanged under</u> τ (<u>which is automatic for</u> $m > n$).

Consider the following curves in $\mathbb{C}^2$ (coordinates X,Y)

i) $(X+Y^2)(X^2+Y^{m+5}) = 0$ with $m \geqq 0$

ii) $(X^2+Y^2)(X^2+Y^{m+3}) = 0$ with $m \geqq 0$

iii) $(X^{n+3}+Y^2)(X^2+Y^{m+3}) = 0$ with $m \geqq n \geqq 0$

Let F(X,Y) = 0 be one of these curves. The double cover of $\mathbb{C}^2$ branched along F(X,Y) = 0 has the point above $(0,0) \in \mathbb{C}^2$ as isolated singular point whose minimal resolution is a cycle of rational curves with self-intersection numbers as given in the preceding theorem of Karras. This can be checked directly. By a theorem of Laufer [15] (see also [13]) a singularity whose resolution is a cycle of rational curves is determined up to biholomorphic equivalence by its cycle of selfintersection numbers. Therefore, the structure of the local rings $\mathcal{O}(M,V)$ of quasi regular cusps is now known ([12], Satz 3), namely

(2) $$\mathcal{O}(M,V) \cong \mathbb{C}[X,Y,Z]/(Z^2 = F(X,Y))$$

where F(X,Y) is the polynomial given in i), ii), iii) above and where τ corresponds to the natural involution of the double cover. See also H. Cohn as quoted in [12].

In the following examples a), b), c) of quasi regular cusps we indicate the fixed point set C of τ on X(M,V) by heavily drawn lines. Isolated fixed points of τ on X(M,V) do not occur in examples a), b), c).

a)

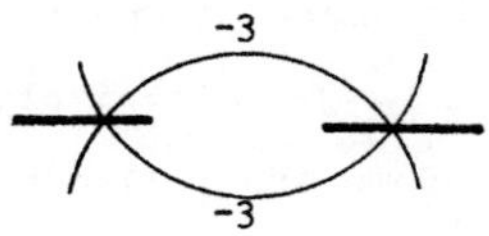

b)

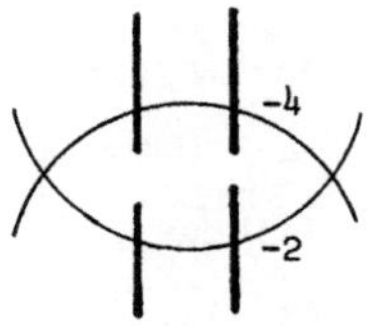

c)

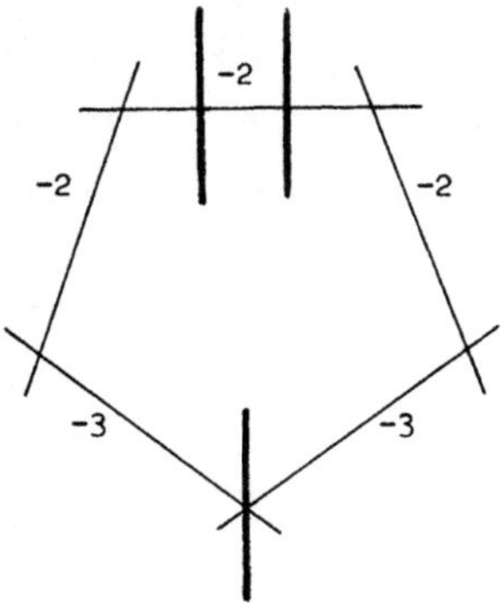

In example a) we have $K = \mathbb{Q}(\sqrt{5})$ with $M = \sqrt{5}.\mathcal{O}$ and $[U_M^+ : V] = 2$. (For a field K we denote its ring of integers by $\mathcal{O}$.) After dividing by τ (which interchanges the two (-3)-curves) we have in $X(M,V)/\tau$ the following situation

a)

The non-singular rational (-1)-curve is the image of the two (-3)-curves. The image curve of C will also be denoted by C. It simply touches the (-1)-curve in two points. If we blow down the (-1)-curve we get $(H^2/G(M,V))/\tau \cup \{\infty_\tau\}$ which shows that ∞_τ is regular. After blowing down the (-1)-curve, the two components of C become singular. Each has a cusp (in the sense of curve singularities). The two cusps have separate tangents which checks with iii) $(m = n = 0)$. The structure of $\mathcal{O}(M,V)$ is given by (2). Therefore, there must exist three Fourier series f, g, h as in (1) generating $\mathcal{O}(M,V)$ and satisfying
$h^2 = (f^3+g^2)(f^2+g^3)$.

In example b) we have $K = \mathbb{Q}(\sqrt{2})$ with $M = \mathcal{O}$ and $V = U_M^+$

b)

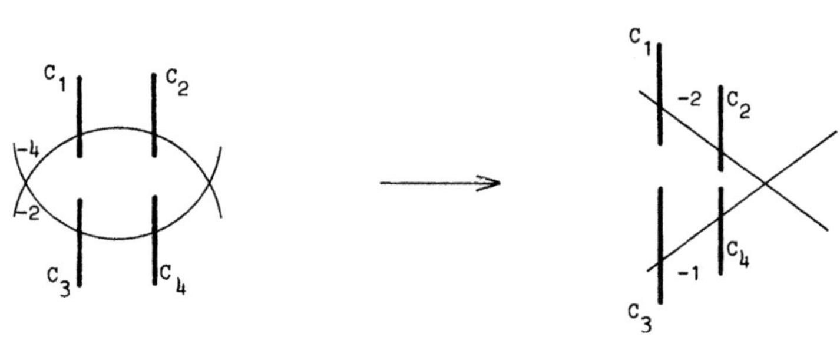

in X(M,V) in X(M,V)/τ

We have numbered the four branches of C.
In $X(M,V)/\tau$ we blow down the (-1)-curve, the (-2)-curve becomes a (-1)-curve and can be blown down also. The image of the two curves is ∞_τ, which is therefore a regular point. In $(H^2/G(M,V))/\tau \cup \{\infty\}$ the four branches of C in a neighborhood of ∞_τ behave as follows :

b)

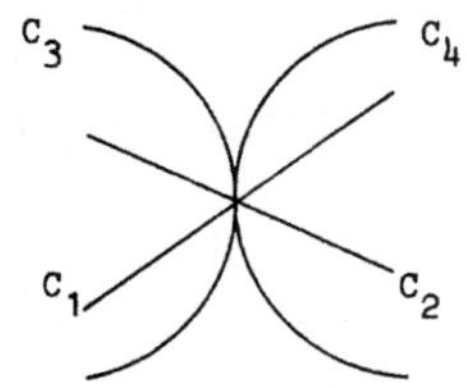

c_3, c_4 touch simply, all other intersections are transversal. This checks with ii) (m = 1).
In example c) we have $K = \mathbb{Q}(\sqrt{7})$ with $M = \sqrt{7}.\mathcal{O}$ and $V = U_M^+$.

c)

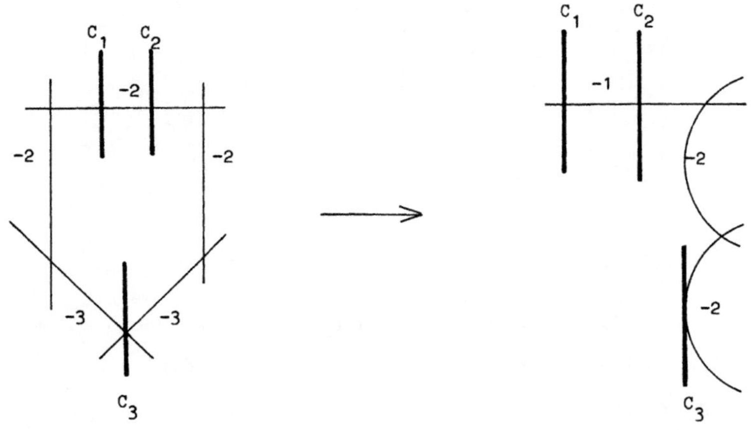

in X(M,V) in X(M,V)/τ

In $X(M,V)/\tau$ the (-2)-curve touches the component C_3 of C simply. Blowing down 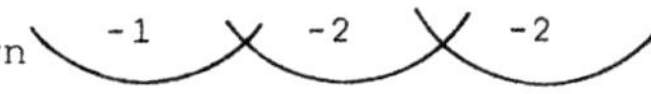

gives the regular point ∞_τ where C_1, C_2, C_3 behave locally like

$$(X^3 + Y^2)(X^2 + Y^6) = 0$$

with $X^3 + Y^2 = 0$ corresponding to C_3, and $X \pm i.Y^3 = 0$ to C_1 and C_2 respectively (compare iii), $n = 0$, $m = 3$).

The following symmetric cusp is not quasi regular.

d)

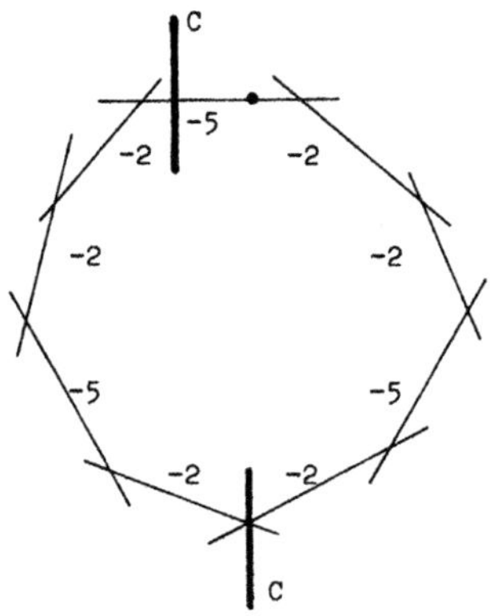

• = isolated fixed point of τ

We have $K = \mathbb{Q}(\sqrt{13})$ with $M = \mathcal{O}$ and $[U_M^+ : V] = 3$. Before dividing by τ we blow up the isolated fixed point. Then we divide by τ and obtain a configuration

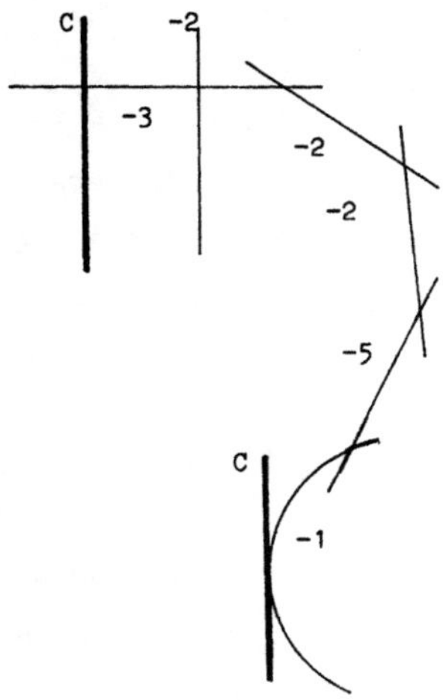

which after blowing down the (-1)-curve shows that ∞_τ is a quotient singularity admitting the minimal resolution

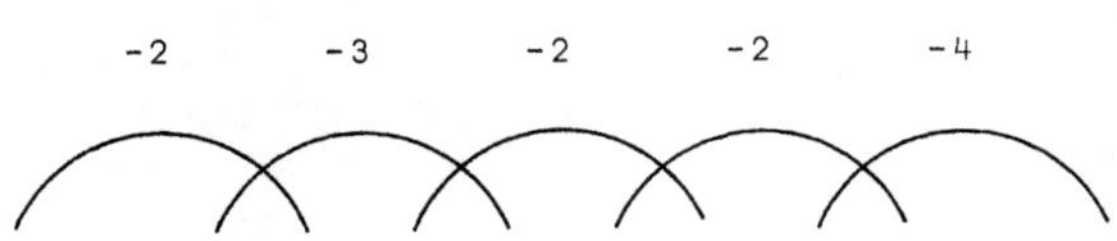

Thus it is the quotient singularity of type (36; 11,1), see [6].

§2. THE DIMENSION FORMULA FOR HILBERT CUSP FORMS.

Let K be a real quadratic field and $\mathcal{O}$ the ring of integers of K. The Hilbert modular group $SL_2(\mathcal{O})/\{\pm 1\}$ operates effectively on H^2. According to Siegel the volume of $H^2/SL_2(\mathcal{O})$ equals $2\zeta_K(-1)$. The volume is normalized such that if Γ is a subgroup of $SL_2(\mathcal{O})/\{\pm 1\}$ of finite index a which acts freely on H^2, then

$$\text{(3)} \qquad \mathrm{vol}(H^2/\Gamma) = 2\zeta_K(-1).a = e(H^2/\Gamma)$$

where $e(A)$ denotes the Euler number of the space A. (Though H^2/Γ is non-compact, the Euler number can be calculated by the volume, this is a special case of a result of Harder, see [7] and the literature quoted there.)

Let $S_k(\Gamma)$ be the complex vector space of cusp forms of weight k for Γ where Γ is a subgroup of $SL_2(\mathcal{O})/\{\pm 1\}$ of finite index.

The weight k of a form f is defined by the transformation law

$$f\left(\frac{az_1+b}{cz_1+d}, \frac{a'z_2+b'}{c'z_2+d'}\right) = (cz_1+d)^k(c'z_2+d')^k f(z_1,z_2)$$

his is well-defined also for k odd, because the expression $cz_1+d)^k(c'z_2+d')^k$ does not change if $\begin{pmatrix} a & b \\ c & d \end{pmatrix}$ is replaced by $\begin{pmatrix} -a & -b \\ -c & -d \end{pmatrix}$.

HEOREM. *If Γ has index a in $SL_2(\mathcal{O})/\{\pm 1\}$ and acts freely on H^2, then or $k \geq 3$*

$$\text{+)} \qquad \dim S_k(\Gamma) = \frac{k(k-2)}{2}\zeta_K(-1).a + \chi = \frac{k(k-2)}{4} e(H^2/\Gamma) + \chi,$$

where $\chi = 1 + \dim S_2(\Gamma)$.

The formula (4) is found in the literature only for k even. But it seems to be known also for odd k (see Shimizu [17], p. 63, footnote 11). On my request, H. Saito has checked that (4) can be proved for odd k in the same way as Shimizu does it.

If Γ acts freely, then H^2/Γ is a non-singular complex surface which can be compactified by finitely many points, the cusps, to give a compact surface $\overline{H^2/\Gamma}$. The isotropy groups of the cusps are of the form $G(M,V)$. The cusps are singular points of $\overline{H^2/\Gamma}$ and can be resolved in the minimal canonical way as recalled in §1. The resulting surface is a non-singular algebraic surface $Y(\Gamma)$. It is a regular surface, i.e. its first Betti number vanishes, but it is not necessarily simply-connecte The cusp forms of weight 2 can be extended to holomorphic differential forms on $Y(\Gamma)$ (sections of the canonical bundle of $Y(\Gamma)$). Therefore, $\dim S_2(\Gamma)$ is the geometric genus p_g of $Y(\Gamma)$ and χ the arithmetic genus The fact that the constant term in the Shimizu polynomial (4) is the arithmetic genus of $Y(\Gamma)$ was discovered by Freitag (compare [7], 3.6.)

§3. THE FIELD $K = \mathbb{Q}(\sqrt{5})$.

In the field $K = \mathbb{Q}(\sqrt{5})$ the ring $\mathcal{O}$ of integers consists of all linea combinations $a + b(1+\sqrt{5})/2$ with $a,b \in \mathbb{Z}$. To the prime ideal generated in $\mathcal{O}$ by $\sqrt{5}$ there belongs a principal congruence subgroup of $SL_2(\mathcal{O})$, whic we denote by Γ.

$$\Gamma = \{\begin{pmatrix}\alpha & \beta\\ \gamma & \delta\end{pmatrix} \in SL_2(\mathcal{O}) \mid \alpha \equiv \delta \equiv 1 (\text{mod } \sqrt{5}), \beta \equiv \gamma \equiv 0 (\text{mod } \sqrt{5})\}.$$

Because $\begin{pmatrix}-1 & 0\\ 0 & -1\end{pmatrix} \notin \Gamma$, the group Γ can be regarded as a subgroup of the Hilbert modular group $G = SL_2(\mathcal{O})/\{\pm 1\} = PSL_2(\mathcal{O})$. The group Γ acts freely on H^2. The volume of H^2/G is equal to $2\zeta_K(-1) = 1/15$. The factor group G/Γ is isomorphic to $PSL_2(\mathbb{F}_5)$ because $\mathcal{O}/\sqrt{5}.\mathcal{O} \cong \mathbb{F}_5$. In its turn, $PSL_2(\mathbb{F}_5)$ is isomorphic to the alternating group A_5. Namely, A_5 is the group of automorphisms of the icosahedron and acts on the six axes of the icosahedron through its vertices in the same way as $PSL_2(\mathbb{F}_5)$ acts on the six points of the projective line $P_1(\mathbb{F}_5)$. We have

$$(5) \qquad e(H^2/\Gamma) = |A_5|.2\zeta_K(-1) = 60.\tfrac{1}{15} = 4$$

The space H^2/Γ is compactified by adding six cusps. Since the class number of $\mathbb{Q}(\sqrt{5})$ is 1, the action of G on $P_1(K) = K \cup \{\infty\}$ has only one orbit, while the action of Γ on $P_1(K)$ has six. This follows, because the isotropy **groups of** G and Γ at ∞ satisfy $|G_\infty/\Gamma_\infty| = 10$. In fact, G_∞/Γ_∞ is the dihedral group of order 10, this will be used later. Two points α/δ and γ/δ in $P_1(K)$ with $\alpha,\beta,\gamma,\delta \in \mathcal{O}$ and $(\alpha,\beta) = (\gamma,\delta) = 1$ belong to the same orbit precisely when $\alpha \equiv \gamma \pmod{\sqrt{5}}$ and $\beta \equiv \delta \pmod{\sqrt{5}}$, that is when α/β and γ/δ represent the same point of $P_1(\mathbb{F}_5)$. The surface H^2/Γ, compactified by six points, is denoted by $\overline{H^2/\Gamma}$. This is an algebraic surface with **six** singular points corresponding to the six cusps. Since the action of G on H^2 induces an action of $A_5 \cong G/\Gamma$ on $\overline{H^2/\Gamma}$ which acts transitively on the cusps, these six singular points have the same structure, and it is sufficient to investigate the structure of the singularity at $\infty = 1/0$. The isotropy group of Γ at this point has the form

$$(6) \qquad \Gamma_\infty = \{\begin{pmatrix} \varepsilon & \mu \\ 0 & \varepsilon^{-1} \end{pmatrix} \mid \varepsilon \text{ unit in } \mathcal{O}, \varepsilon \equiv 1 \pmod{\sqrt{5}}, \mu \equiv 0 \pmod{\sqrt{5}}\}.$$

The fundamental unit of $\mathcal{O}$ is $\varepsilon_0 = (1+\sqrt{5})/2$. The condition $\varepsilon \equiv 1 \pmod{\sqrt{5}}$ means that ε must be a power of $-\varepsilon_0^2$. The group Γ_∞ can also be written as $G(M,V)$ where $M = \sqrt{5}.\mathcal{O}$ and V is generated by ε_0^4. Thus $[U_M^+ : V] = 2$ and $G(M,V)$ is as in example a) of §1.

On the surface $Y = Y(\Gamma)$ that arises from $\overline{H^2/\Gamma}$ by resolution of the six singular points there are six pairwise disjoint configurations

(7) 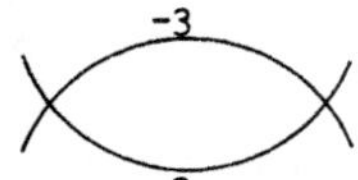

As a 4-dimensional manifold, Y can be obtained as follows : H^2/Γ has as deformation retract a compact manifold X whose boundary has six components. Each boundary component is a torus bundle over a circle. All boundary components are isomorphic. Every configuration (7) in Y has a tubular neighborhood having as boundary such a torus bundle. The manifold Y arises by glueing to X the tubular neighborhoods of these six configurations (7). Since the Euler number of each tubular neighborhood is 2, it follows from (5) and the additivity of e that

(8) $$e(Y) = e(X) + 6.2 = e(H^2/\Gamma) + 12 = 16$$

The action of A_5 on H^2/Γ described above induces an action on Y. The diagonal $z_1 = z_2$ of H^2 yields a curve in H^2/Γ, which can be compactified to a curve C in Y. The subgroup of Γ carrying the diagonal into itself is the ordinary principal congruence subgroup $\Gamma(5)$ of $SL_2(\mathbb{Z})$, which can also be regarded as subgroup of $SL_2(\mathbb{Z})/\{\pm 1\}$, the quotient group being A_5 again.
Therefore, each element of A_5 when acting on Y carries C to itself. The curve $H/\Gamma(5)$ has normalized Euler volume $-\frac{1}{6}.60 = -10$ and twelve cusps. The compactified curve $\overline{H/\Gamma(5)}$ has Euler number $-10 + 12 = 2$, thus is a rational curve which maps onto C. For reasons of symmetry, the curve C must pass through each of the six configurations (7) exactly twice. We now describe how the curve cuts a resolution (7) by reducing the question to the corresponding question for the diagonal in $H^2/G = (H^2/\Gamma)/A_5$. There is an exact sequence

(9) $$0 \to \mathcal{O}/\sqrt{5}.\mathcal{O} \to G_\infty/\Gamma_\infty \to U_M^+/V \to 1$$

The groups $\mathcal{O}/\sqrt{5}.\mathcal{O}$ and U_M^+/V are cyclic of order 5 and 2 respectively, and G_∞/Γ_∞ is a semi-direct product, namely the dihedral group of order 10.

To understand the formation of the quotient of the configuration (7) by this dihedral group, we check first that any non-trivial element g of $\mathcal{O}/\sqrt{5}.\mathcal{O}$ carries each of the two (-3)-curves to itself and has their intersection points as isolated fixed points. By blowing up these two points we come to the following configuration :

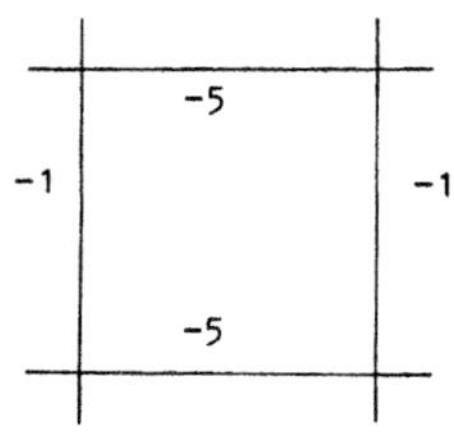

(the verticals are fixed lines for g)

After factorizing by $\mathcal{O}/\sqrt{5}.\mathcal{O}$ we obtain

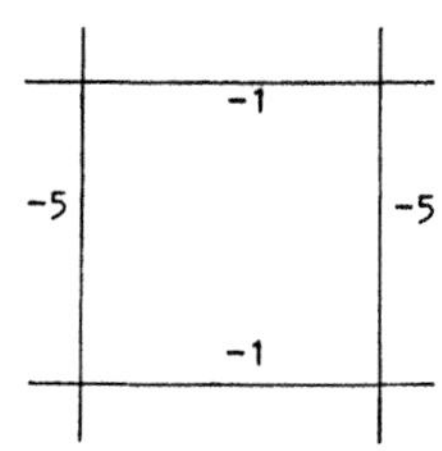

The group $U_M^+/V \cong \mathbb{Z}/2\mathbb{Z}$ acts on this quotient by "rotation", carrying each (-1)-curve to the other one, each (-5)-curve to the other one. Factorization leads to

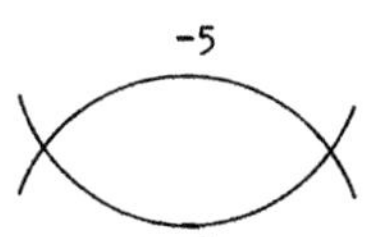

and blowing down the (-1)-curve gives a configuration consisting of a rational curve with a double point. This is the resolution of the cusp of $\overline{H^2/G}$. The curve in the desingularized compactification of H^2/G represented by $z_1 = z_2$ is usually called F_1 (see [10]). It passes transversally through the resolved cusp as follows

(10) 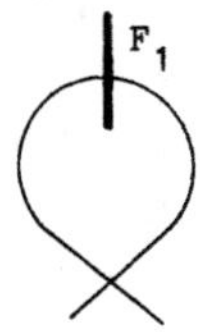

(see [7], §4.)

As explained the configuration (7) is a ten-fold covering of (10). We conclude that C passes through each configuration (7) in the two "corners" and meets in these two points each (-3)-curve of the configuration (7) transversally. This is illustrated in the following diagram

(11) 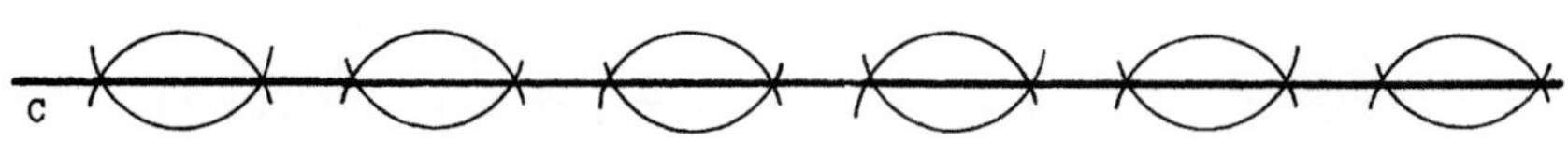

The curve C is non-singular, because of the described behaviour at the cusps of $\overline{H^2/\Gamma}$ and because two curves on H^2 equivalent to the diagonal $z_1 = z_2$ under $SL_2(\mathcal{O})$ cannot intersect in H^2 (see [11], 3.4. or [10]). Therefore $\overline{H/\Gamma(5)} \to C$ is bijective. The value of the first Chern class c_1 of Y on C equals twice the Euler volume of $H/\Gamma(5)$ (which is -10) plus 24 (see [7], 4.3. (19)). Thus we have in Y

(12) $c_1[C] = 4$ and $C.C = 2$ (by the adjunction formula).

Because Y is regular, this implies that Y <u>is a rational surface</u> (compare [9], [7]).

The curve $\lambda z_2 - \lambda' z_1 = 0$ in H^2 with $\lambda = \sqrt{5}.\varepsilon_0$ is a skew-hermitian curve which determines the curve F_5 in H^2/G (see [10]). The inverse image D of F_5 in H^2/Γ consists of 15 connected components. Namely as can be checked, the subgroup of $A_5 = G/\Gamma$ which carries the curve in H^2/Γ given by $\lambda z_2 - \lambda' z_1 = 0$ to itself is of order 4. The curve F_5 passes through the resolved cusp of H^2/G as follows

Therefore D intersects each configuration (7) in the following way

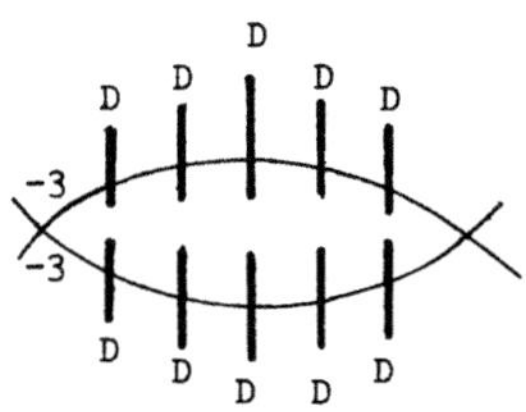

A component of D intersects exactly two of the configurations (7) and each in two points, one intersection point on each (-3)-curve. It is easy to see that each component of D is a non-singular rational curve.

The involution $(z_1,z_2) \to (z_2,z_1)$ on H^2 induces an involution τ on H^2/Γ, because $A' \in \Gamma$ if $A \in \Gamma$. The involution τ keeps every cusp of H^2/Γ fixed, because it operates on $P_1(K)$ by conjugation $(x \mapsto x')$ and the cusps can be represented by rational points. Each cusp is symmetric, Γ operates on each of the configurations (7) by interchanging the two (-3)-curves. The curve C is pointwise fixed under τ. In fact, C is the complete fixed point set. This can be seen as follows. The involution $(z_1,z_2) \mapsto (z_2,z_1)$ induces an involution on H^2/G which has $F_1 \cup F_5$ as fixed point set ([7], §4.).
Therefore, the fixed point set of τ on H^2/Γ is at most $C \cup D$. The intersection behaviour of such a component D_j with a configuration (7) shows that D_j is carried to itself under τ, but is not pointwise fixed.

The quotient Y/τ is a non-singular algebraic surface. We have

(13) $$e(Y/\tau) = \frac{1}{2}(e(Y) + e(C)) = \frac{1}{2}(16+2) = 9$$

By example a) in §1, the surface Y/τ has six exceptional curves. If we blow them down, we get an algebraic surface Y_0 with $e(Y_0) = 3$ and six distinguished points $P_1,\ldots,P_6$ resulting from the exceptional curves. Since Y is rational, Y/τ and Y_0 are rational. Thus Y_0 is the complex projective plane, and the image of C on Y_0 is a rational curve with a double cusp in each point P_j $(j = 1,\ldots,6)$ and is otherwise non-singular. "Double cusp in P_j" means that the curve has two branches in P_j, each with a cusp, the two cusps having separate tangents. We denote the image of C in Y_0 also by C. Each double cusp reduces the genus in the Plücker formula by 6. Thus the degree n of C in $Y_0 = P_2(\mathbb{C})$ satisfies

$$\frac{(n-1)(n-2)}{2} - 6.6 = 0.$$

Therefore C is a curve of degree 10 in $P_2(\mathbb{C})$, as can also be infered from (12). The image of D in $Y_0 = P_2(\mathbb{C})$ (also denoted by D) is the union of the 15 lines joining $P_1,\ldots,P_6$, as can be proved in a similar way.

The involution τ operating on Y commutes with each element of $G/\Gamma \cong A_5$. This follows from the fact that matrices $A,A' \in SL_2(\mathcal{O})$ are equivalent mod $\sqrt{5}$. Therefore, A_5 acts effectively on Y/τ and on $Y_0 = P_2(\mathbb{C})$.

Every action of A_5 on $P_2(\mathbb{C})$ can be lifted to a 3-dimensional linear representation, because $H^2(A_5,\mathbb{Z}_3) = 0$.
[I. Naruki has shown me a proof that $H^2(G,\mathbb{Z}_3) = 0$ for a non abelian, finite simple group G whose order is not divisible by 9. Such results essentially can be found in Schur's papers.]

The lifting is unique, because A_5 is simple. The character table shows that there are exactly two equivalence classes of non-trivial 3-dimensional representations of A_5. They are related by an outer automorphism of A_5. Hence the action of A_5 on $P_2(\mathbb{C})$ which we have found is essentially the one whose invariant theory was studied by F. Klein [14]. We recall some of Klein's results.

The group A_5 is isomorphic to the finite group I of those elements of $SO(3)$ which carry a given icosahedron centered at the origin of the standard Euclidean space $\mathbb{R}^3$ to itself. The group I operates linearly on $\mathbb{R}^3$ (standard coordinates x_0,x_1,x_2) and thus also on $P_2(\mathbb{R})$ and $P_2(\mathbb{C})$. We are concerned with the action on $P_2(\mathbb{C})$. A curve in $P_2(\mathbb{C})$ which is mapped to itself by all elements of I is given by a homogeneous polynomial in x_0,x_1,x_2 which is I-invariant up to constant factors and hence I-invariant, because I is a simple group. The graded ring of all I-invariant polynomials in x_0,x_1,x_2 is generated by homogeneous polynomials A,B,C,D of degrees 2,6,10,15 with $A = x_0^2 + x_1^2 + x_2^2$. The action of I on $P_2(\mathbb{C})$ has exactly one minimal orbit where "minimal" means that the number of points in the orbit is minimal. This orbit has six points, called poles. These are the points of $P_2(\mathbb{R}) \subset P_2(\mathbb{C})$ which are represented by the six axes through the vertices of the icosahedron. Klein uses coordinates

$$A_0 = x_0, \quad A_1 = x_1 + ix_2, \quad A_2 = x_1 - ix_2$$

and puts the icosahedron in such a position that the six poles are given by

$$(A_0,A_1,A_2) = (\sqrt{5}/2,0,0)$$
$$(A_0,A_1,A_2) = (\tfrac{1}{2},\varepsilon^{\nu},\varepsilon^{-\nu})$$

with $\varepsilon = \exp(2\pi i/5)$ and $0 \leq \nu \leq 4$.

The invariant curve A = 0 does not pass through the poles. There is exactly one invariant curve B = 0 of degree 6 which passes through the poles, exactly one invariant curve C = 0 of degree 10 which has higher multiplicity than the curve B = 0 in the poles and exactly one invariant curve D = 0 of degree 15. In fact, B = 0 has an ordinary double point (multiplicity 2) in each pole, C = 0 has a double cusp (multiplicity 4) in each pole and D = 0 is the union of the 15 lines connecting the six poles. Klein gives formulas for the homogeneous polynomials A,B,C,D (determined up to constant factors). They generate the ring of all I-invariant polynomials. We list Klein's formulas :

$$A = A_0^2 + A_1A_2$$

$$B = 8A_0^4A_1A_2 - 2A_0^2A_1^2A_2^2 + A_1^3A_2^3 - A_0(A_1^5+A_2^5)$$

$$C = 320A_0^6A_1^2A_2^2 - 160A_0^4A_1^3A_2^3 + 20A_0^2A_1^4A_2^4 + 6A_1^5A_2^5$$
$$- 4A_0(A_1^5+A_2^5)(32A_0^4-20A_0^2A_1A_2+5A_1^2A_2^2) + A_1^{10} + A_2^{10}$$

$$12D = (A_1^5-A_2^5)(-1024A_0^{10}+3840A_0^8A_1A_2$$
$$-3840A_0^6A_1^2A_2^2 + 1200A_0^4A_1^3A_2^3$$
$$-100A_0^2A_1^4A_2^4 + A_1^5A_2^5)$$
$$+ A_0(A_1^{10}-A_2^{10})(352A_0^4-160A_0^2A_1A_2+10A_1^2A_2^2)$$
$$+ (A_1^{15}-A_2^{15})$$

According to Klein the ring of I-invariant polynomials is given as follows

(14) $$\mathbb{C}[A_0,A_1,A_1]^I = \mathbb{C}[A,B,C,D]/(R(A,B,C,D) = 0)$$

The relation R(A,B,C,D) = 0 is of degree 30.

We have

(15) $$R(A,B,C,D) =$$
$$-144D^2 - 1728B^5 + 720ACB^3 - 80A^2C^2B$$
$$+64A^3(5B^2-AC)^2 + C^3 .$$

The equations for B and C show that the two tangents of $B = 0$ in the pole $(\sqrt{5}/2,0,0)$ are given by $A_1 = 0$, $A_2 = 0$. They coincide with the tangents of $C = 0$ in that pole. Therefore the curves $B = 0$ and $C = 0$ have in each pole the intersection multiplicity 10. Thus they intersect only in the poles.
When we restrict the action of I to the conic $A = 0$, we get the well-known action of I on $P_1(\mathbb{C})$ (which can also be obtained via the isomorphism $SO(3) \cong PSU(2)$). The curves $B = 0$, $C = 0$, $D = 0$ intersect $A = 0$ tranversally in 12; 20, 30 points respectively. If one uses a suitable conformal map $S^2 \to P_1(\mathbb{C}) \cong \{A = 0\}$ these points correspond to the 12 vertices, 20 center points of the faces, 30 center points of the edges of the icosahedron (always projected from the origin of $\mathbb{R}^3$ to S^2). Putting $A = 0$, the relation $R(A,B,C,D) = 0$ gives a famous icosahedral identity.

We consider the uniquely determined double cover W of $P_2(\mathbb{C})$ branched along $C = 0$. The action of I can be lifted to the double cover.

The study of the Hilbert modular surface H^2/Γ led to an action of G/Γ ($\cong A_5$) on the complex projective plane. We also found the invariant curve $C = 0$. We use an isomorphism $G/\Gamma \cong I$ to identify G/Γ and the icosahedral group. Since the action of I on the projective plane is essentially unique and the invariant curve $C = 0$ well determined as curve of degree 10 with double cusps in the poles, we have proved the following result.

1 THEOREM. Let Γ be the principal congruence subgroup of $SL_2(\mathcal{O})$ for the ideal $(\sqrt{5})$ in the ring $\mathcal{O}$ of integers of the field $\mathbb{Q}(\sqrt{5})$. Then the Hilbert modular surface H^2/Γ can be compactified by six points (cusps in the sense of modular surfaces) to give a surface $\overline{H^2/\Gamma}$ with these cusps as the only singular points. The surface $\overline{H^2/\Gamma}$ admits an action

of the icosahedral group I. It is I-equivariantly isomorphic to the double cover W of $P_2(\mathbb{C})$ branched along the Klein curve $C = 0$. This curve has singularities ("double cusps") in the six poles of the action I and otherwise no singularities. The double cover W has a singular point above each double cusp of C and no further singular points. Under the isomorphism these singular points correspond to the six singular points of $\overline{H^2/\Gamma}$. The involution of the double cover W corresponds to the involution of $\overline{H^2/\Gamma}$ induced by $(z_1,z_2) \to (z_2,z_1)$ on H^2. The surface W is rational.

We use this theorem to gain information on the modular forms relative to Γ. A modular form of weight k is a holomorphic function $f(z_1,z_2)$ on H^2 transforming under elements of Γ as recalled in §2. The form f is a cusp form if it vanishes in the cusps. The forms of weight 2r correspond bijectively to the holomorphic sections of K^r where K is the canonical bundle of H^2/Γ. A form is symmetric if $f(z_1,z_2) = f(z_2,z_1)$, skew-symmetric if $f(z_1,z_2) = -f(z_2,z_1)$. Let W' be the double cover W of $P_2(\mathbb{C})$ with the six singular points removed and $P_2'(\mathbb{C})$ the projective plane with the six poles removed. Let $\pi : W' \to P_2'(\mathbb{C})$ be the covering map, $\tilde{\gamma}$ the divisor in W' represented by the branching locus $C = 0$ and γ the divisor in $P_2'(\mathbb{C})$ given by $C = 0$. If L is a line in $P_2'(\mathbb{C})$, then $\tilde{\gamma} + \pi^*(-3L)$ is a canonical divisor of W'. Because $\pi^*\gamma = 2\tilde{\gamma}$, we conclude that $\pi^*(\gamma-6L)$ is twice a canonical divisor and also $\pi^*(4L)$ is twice a canonical divisor on W'. Therefore, under the isomorphism $H^2/\Gamma \to W'$, a homogeneous polynomial of degree 4r in A_0,A_1,A_2 defines a section of K^{2r} and thus a modular form relative to Γ of weight 4r. It can be proved, that the abelian group $\Gamma/[\Gamma,\Gamma]$ has a trivial 2-primary component. This implies that a homogeneous polynomial of degree k in A_0,A_1,A_2 defines a modular form relative to Γ of weight k. In fact, these modular forms are symmetric. There is a skew-symmetric form of weight 5, whose divisor is $\tilde{\gamma}$ (under the isomorphism $H^2/\Gamma \to W'$). We denote it by c. Thus we have obtained a graded subring

$$M'(\Gamma) = \sum_{k \geq 0} M'_k(\Gamma) = \mathbb{C}[A_0, A_1, A_2, c]/(c^2 = C)$$

of the full graded ring $M(\Gamma) = \sum M_k(\Gamma)$ of modular forms for Γ. (Here C is the Klein polynomial of degree 10.) We have

$$\dim M'_k(\Gamma) = \binom{k+2}{2} + \binom{k-3}{2} = k^2 - 2k + 7 \qquad \text{for } k \geq 3$$

$$\dim M'_2(\Gamma) = 6$$

$$\dim M'_1(\Gamma) = 3$$

The arithmetic genus χ of the non-singular model Y of $\overline{H^2/\Gamma}$ equals 1, because Y is rational. The dimension formula (§2 (4)) and §3 (5) imply that $M'_k(\Gamma) = M_k(\Gamma)$ for $k \geq 2$. We have to use that there exist six Eisenstein series of weight k (for $k \geq 2$) belonging to the six cusps which shows $\dim M_k(\Gamma) - \dim S_k(\Gamma) = 6$ for $k \geq 2$. Because the square of a modular form f of weight one belongs to $M_2(\Gamma) = M'_2(\Gamma)$, the zero divisor of f gives a line in $P_2(\mathbb{C})$. Thus $M_1(\Gamma) = M'_1(\Gamma)$. Of course, there are no modular forms of negative weight.

THEOREM. The ring of modular forms for the group Γ is isomorphic to

$$\mathbb{C}[A_0, A_1, A_2, c]/(c^2 = C).$$

The ring of symmetric modular forms for Γ is

$$\mathbb{C}[A_0, A_1, A_2]$$

The vector space of skew-symmetric forms is

$$c.\mathbb{C}[A_0, A_1, A_2]$$

The group $G/\Gamma = I$ = icosahedral group operates on these spaces by the

Klein representation of I *of degree* 3 *in terms of the coordinates* A_0, A_1, A_2 *of* $\mathbb{C}^3$.

We now consider the full Hilbert modular group $G = SL_2(\mathcal{O})/\{\pm 1\}$ for $\mathbb{Q}(\sqrt{5})$ and obtain in view of (14) and (15).

THEOREM. *The ring of modular forms for the group* G *is isomorphic to*

$$\mathbb{C}[A,B,c,D]/(144D^2=-1728B^5+720Ac^2B^3-80A^2c^4B + 64A^3(5B^2-Ac^2)^2+c^6)$$

The ring of symmetric modular forms for G is isomorphic to

$$\mathbb{C}[A,B,C,D]/(R(A,B,C,D) = 0) \tag{16}$$

For the preceding theorems compare the papers of Gundlach [3] and Resnikoff [16] and also [8] where results on $\mathbb{Q}(\sqrt{5})$ where derived using the principal congruence subgroup of $SL_2(\mathcal{O})$ for the prime ideal (2). In [8] the relation $R(A,B,C,D) = 0$ was obtained in a different form connected to the discriminant of a polynomial of degree 5. The modular form D occurs in Grundlach's paper [3] as a product of 15 modular forms for Γ of weight 1 each cuspidal at 2 cusps and vanishing along the "line" between these 2 cusps. The zero divisors of the six Eisenstein series for Γ of weight 2 correspond to the six conics passing through 5 of the six poles. (Each Eisenstein series is cuspidal in five cusps.) In H^2/G the curve $C = 0$ becomses F_1 (given by $z_1 = z_2$). The restriction of B to F_1 gives a cusp form of weight 12 on $H/SL_2(\mathbb{Z})$, therefore must be Δ (up to a factor). The curves $B = 0$, $C = 0$ intersect only in the six poles of the action of I, in agreement with the fact that Δ does not vanish on H.

Remark. I. Naruki has given a geometric interpretation of the curve

$B = 0$. Let $S(5)$ be the elliptic modular surface in the sense of T. Shioda associated to the principal congruence subgroup $\Gamma(5)$ of $SL_2(\mathbb{Z})$. Choose a "zero section" σ of $S(5)$, then each regular fibre of $S(5)$ becomes a group (1-dim. complex torus). The binary icosahedral group $I' = SL_2(\mathbb{F}_5)$ is the group of automorphisms of $S(5)$ which carry σ to itself. The element $-1 \in I'$ acts as the involution which is $x \to -x$ on each regular fibre. Dividing $S(5)$ by this involution and blowing down 24 exceptional curves which come from the 12 singular fibres of $S(5)$ gives $P_1(\mathbb{C}) \times P_1(\mathbb{C})$ on which $I = I'/\{\pm 1\}$ operates. Dividing $P_1(\mathbb{C}) \times P_1(\mathbb{C})$ by the natural involution interchanging components yields $P_2(\mathbb{C})$ on which I acts by the Klein representation. Under this procedure $B = 0$ is the image of the curve in $S(5)$ containing all the points of the regular fibres of $S(5)$ which have precisely the order 4. A paper of Naruki (über die Kleinsche Ikosaeder-Kurve sechsten grades) will appear in Mathematische Annalen.

§4. THE FIELD $K = \mathbb{Q}(\sqrt{2})$.

In this field the ring $\mathcal{O}$ of integers consists of all linear combinations $a + b\sqrt{2}$ with $a,b \in \mathbb{Z}$. The fundamental unit is $\varepsilon_0 = 1 + \sqrt{2}$. We consider the principal subgroup $\tilde{\Gamma}(2)$ of $SL_2(\mathcal{O})$ for the ideal (2). The group $\tilde{\Gamma}(2)/\{\pm 1\}$ is a subgroup $\Gamma(2)$ of the Hilbert modular group $G = SL_2(\mathcal{O})/\{\pm 1\}$. The group $G/\Gamma(2)$ is an extension of the symmetric group S_4 by a group of order 2 (which is the center of $G/\Gamma(2)$). The non-trivial element in the center is represented by the matrix

$$\begin{pmatrix} \varepsilon_0 & 0 \\ 0 & \varepsilon_0^{-1} \end{pmatrix} = D_{\varepsilon_0}$$

of $SL_2(\mathcal{O})$. Let Γ be the subgroup of G obtained by extending $\Gamma(2)$ by

D_{ε_0}. Then $G/\Gamma \cong S_4$. The group Γ acts freely on H^2. We shall investigate Γ similarly as we treated the congruence subgroup with respect to $(\sqrt{5})$ in §3. Often details will be omitted an proofs only skecthed.

The Hilbert modular surface $\overline{H^2/\Gamma(2)}$ has six cusps, each resolved by a cycle of type ((4,2,4,2)). The non-singular surface thus obtained will be called Y_2. The curve F_1 in $\overline{H^2/G}$ is given by $z_1 = z_2$, the curve F_2 by $\lambda z_2 - \lambda' z_1 = 0$ with $\lambda = \sqrt{2}.\varepsilon_0$. The inverse images of F_1 and F_2 in Y_2 are also denoted by F_1 and F_2 respectively. F_1 has 8 and F_2 has 6 components in Y_2. The curves F_1 and F_2 in Y_2 pass through each of the six resolved cusps as follows

(17)

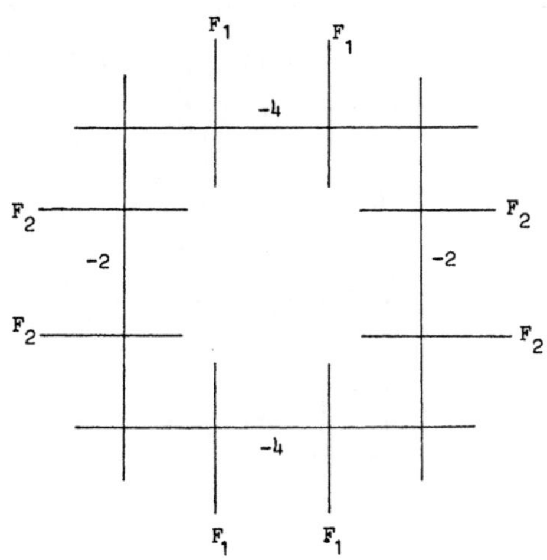

The 14 components of $F_1 \cup F_2$ are disjoint, non-singular rational curves. Each component of F_1 has selfintersection number -1, hence is an

exceptional curve. Each component of F_2 has selfintersection number -2. Because $2\zeta_K(-1) = \frac{1}{6}$, the Euler number of $H^2/\Gamma(2)$ is 48/6 = 8, and we have (as in §3 (8))

$$e(Y_2) = 8 + 6.4 = 32$$

In fact, Y_2 <u>is a</u> K3-<u>surface with</u> 8 <u>points blown up</u>. This can be shown by the methods of [9], see [2]. The involution on Y_2 given by D_{ε_0} will be denoted by δ. It operates freely on Y_2. The non-singular model Y for $\overline{H^2/\Gamma}$ (obtained by resolving the six cusps) equals Y_2/δ. Therefore, Y has Euler number 16, <u>it is an Enriques surface with</u> 4 <u>points blown up</u>. (An Enrique surface can be defined as a surface with fundamental group of order 2 whose universal covering is a K3-surface.) Each cusp of $\overline{H^2/\Gamma}$ is resolved by a cycle of type ((4,2)) (type ((4,2,4,2 divided by δ). The inverse image of F_1 and F_2 in Y are also called F_1, F_2. They have 4 or 3 components respectively, the four components of F_1 being exceptional curves. The curves F_1 and F_2 in Y pass through each of the six resolved cusps as follows

(18)

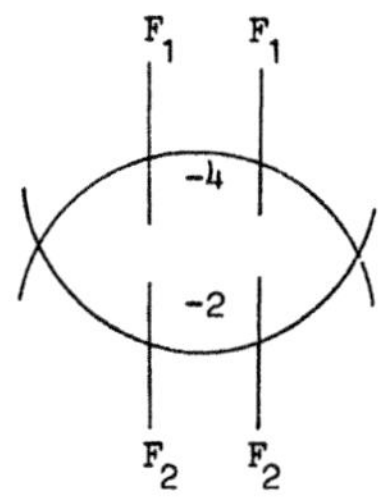

The involution $\tau : (z_1,z_2) \to (z_2,z_1)$ on H^2 induces an involution τ on Y, because $A \in \Gamma \leftrightarrow A' \in \Gamma$. It commutes with the action of every element of $G/\Gamma \cong S_4$ on Y, because A,A' are equivalent mod 2. The fixed point set of τ on Y is $F_1 \cup F_2$. We have $e(F_1) = 8$ and $e(F_2) = 6$.

Therefore

$$e(Y/\tau) = \frac{1}{2}(e(Y) + e(F_1) + e(F_2)) = \frac{1}{2}(16+8+6) = 15$$

We now look at example b) of §1 and see that, from each cusp, Y/τ has 2 curves to blow down successively. We blow down these 12 curves and obtain a surface Y_0 with $e(Y_0) = 3$. If A is a component of F_1 on Y_0 and B a component of F_2 on Y_0, then a simple calculation shows $c_1(A) = 3$ and $c_1(B) = 6$ where c_1 is the first Chern class of Y_0. Therefore Y_0 is rational and is in fact the projective plane $P_2(\mathbb{C})$, on which F_1 becomes a union of 4 lines intersecting in 6 points and F_2 a union of 3 conics with a contact point in each of the six points (compare example b) in §1). The group $G/\Gamma \cong S_4$ operates on $Y_0 = P_2(\mathbb{C})$ with $F_1 \cup F_2$ as an invariant curve of degree 10. The isomorphism $G/\Gamma \cong S_4$ is established by the permutation of the four components of F_1. There is up to projective equivalence only one projective representation of S_4 permuting four lines in general position. It can be lifted in 2 ways to a linear representation :
Embed $\mathbb{C}^3$ in $\mathbb{C}^4$ by

$$x_1 + x_2 + x_3 + x_4 = 0 \tag{19}$$

Take the permutations of x_1,x_2,x_3,x_4 (representation ρ_1 of S_4) or the permutations followed by multiplication with their signs (representation ρ_1 of S_4).

Consider the projective plane with homogeneous coordinates x_1,x_2,x_3,x_4 subject to (19). Then

$$F_1 \text{ is given by } x_1.x_2.x_3.x_4 = 0,$$

because this is the only invariant curve of degree 4 which has 4 lines as components. The six cusps of $\overline{H/\Gamma}$ correspond to the six intersection points (0,0,1,-1) (and permutations) of the 4 lines. Furthermore,

F_2 is given by $(x_1x_2+x_3x_4)(x_1x_3+x_2x_4)(x_1x_4+x_2x_3) = 0$

because this is the only invariant curve of degree 6 passing through $(0,0,1,-1)$ with 3 irreducible conics as components. Let σ_k be the kth elementary symmetric function of x_1,x_2,x_3,x_4 ($\sigma_1=0$). The polynomial

(20) $$C = x_1x_2x_3x_4(x_1x_2+x_3x_4)(x_1x_3+x_2x_4)(x_1x_4+x_2x_3) = \sigma_4(\sigma_3^2-4\sigma_2\sigma_4)$$

of degree 10 describes the branch locus $F_1 \cup F_2$.

THEOREM. *Let* Γ *be the extended principal congruence subgroup of* $G = SL_2(\mathcal{O})/\{\pm 1\}$ *for the ideal* (2) *in the ring* $\mathcal{O}$ *of integers of the field* $\mathbb{Q}(\sqrt{2})$. *Then* $\overline{H^2/\Gamma}$ *is isomorphic to the double cover* W *of* $P_2(\mathbb{C})$ *along the curve* $C = 0$ *of degree* 10. *This curve has exactly* 6 *singular points which give singular points of* W *corresponding to the six cusps of* $\overline{H^2/\Gamma}$. *Desingularizing* W *in the canonical way gives a surface* Y *which is an Enriques surface with* 4 *points blown up*. (*The exceptional points in* Y *come from the* 4 *linear components of* $C = 0$.)

To gain information for the modular forms relative to Γ, one has to deal with difficulties arising from the fact that Γ has a non-trivial character $\Gamma \to \{1,-1\}$. If one compares with the result of Gundlach [4] where these "sign questions" were treated, one can prove as in §3 that the ring of modular forms for the group Γ is isormorphic to

(21) $$\mathbb{C}[x_1,x_2,x_3,x_4,c]/(\sigma_1=0,c^2=C)$$

This checks with the dimension formula (§2 (4)), because as in §3 we have $e(H^2/\Gamma) = 4$ and $\chi = 1$ (since Y is an Enriques surface). Comparing with Gundlach [4] shows in addition that $G/\Gamma \cong S_4$ operates on the ring (21) by the representation ρ_2. The ring of invariant polynomials for this representation is generated by $\sigma_2, \sigma_4, \sigma_3^2, \sigma_3\Delta$ where $\Delta = \prod_{i<j} (x_i - x_j)$ is the discriminant. We have a relation $R(\sigma_2, \sigma_4, \sigma_3^2, \sigma_3\Delta) = 0$ for these generators, namely

$$R(\sigma_2, \sigma_4, \sigma_3^2, \sigma_3\Delta) = 27(\sigma_3\Delta)^2 + [-4(\sigma_2^2+12\sigma_4)^3 + (27\sigma_3^2+2\sigma_2^3-72\sigma_2\sigma_4)^2]\sigma_3^2 \tag{22}$$

which can be taken from the formula for the discriminant of a polynomial of degree 4. It follows

3 THEOREM. The ring of symmetric modular forms for the Hilbert modular group $G = SL_2(\mathcal{O})/\{\pm 1\}$ of the field $\mathbb{Q}(\sqrt{2})$ is isomorphic to

$$\mathbb{C}[\sigma_2, \sigma_4, \sigma_3^2, \sigma_3\Delta]/(R(\sigma_2, \sigma_4, \sigma_3^2, \sigma_3\Delta) = 0).$$

This agrees with Gundlach [4], Satz 1. But there the relation was not determined. The ring of modular forms for G is obtained attaching the skew-symmetric form c of weight 5 satisfying

$$c^2 = C = \sigma_4(\sigma_3^2 - 4\sigma_2\sigma_4)$$

The modular forms $G, \tilde{H}, H, \theta$ (belonging to various characters of $SL_2(\mathcal{O})/\{\pm 1\}$) which Gundlach [4] mentions in his Theorem 1 find the following description in our set up (up to a factor). We also give the zero divisors.

$G = \Delta$	,	(six lines)
$\tilde{H} = \sigma_3$	,	(three lines)
$H = \sqrt{\sigma_3^2 - 4\sigma_2\sigma_4}$	,	(part of the branching locus; three conics)
$\theta = \sqrt{\sigma_4}$	,	(part of the branching locus; four lines)

The theory we have developed for $\mathbb{Q}(\sqrt{2})$ involves the symmetry group S_4 of a cube. Similar considerations for $\mathbb{Q}(\sqrt{3})$ are possible, but more complicated. Here the group A_4 (symmetry group of a tetrahedron) enters. Gundlach [4] has also investigated $\mathbb{Q}(\sqrt{3})$, but the translation into our geometric method must be done at some other occasion.

§5. ON THE FIELDS $\mathbb{Q}(\sqrt{7})$ AND $\mathbb{Q}(\sqrt{13})$.

In $\mathbb{Q}(\sqrt{7})$ there is no unit of negative norm. Therefore, we consider the extended group $GL_2^+(\mathcal{O})$ of all matrices $\begin{pmatrix}\alpha & \beta\\ \gamma & \delta\end{pmatrix}$ with $\alpha,\beta,\gamma,\delta \in \mathcal{O}$ and determinant a totally positive unit. For the prime ideal $(\sqrt{7})$ let $\Gamma^+(\sqrt{7})$ consist of all matrices of $GL_2^+(\mathcal{O})$ which are congruent to $\pm\begin{pmatrix}1 & 0\\ 0 & 1\end{pmatrix}$ mod $(\sqrt{7})$. Let D be the group of diagonal matrices $\begin{pmatrix}\varepsilon & 0\\ 0 & \varepsilon\end{pmatrix}$ with ε a unit. Since the fundamental unit ε_0 equals $8 + 3\sqrt{7}$, this diagonal group is contained in $\Gamma^+(\sqrt{7})$. The groups $GL_2^+(\mathcal{O})/D$ and $\Gamma^+(\sqrt{7})/D$ operate effectively on H^2. We denote them by G^+ and Γ respectively. G^+ is the extended Hilbert modular group with $[G^+ : G] = 2$ where $G = SL_2(\mathcal{O})/\{\pm 1\}$. We have

$$G^+/\Gamma \cong PSL_2(\mathbb{F}_7) = G_{168}$$

This is the famous simple group of order 168. The group Γ operates freely on H^2. The surface H^2/Γ is compactified by 24 points (cusps). Each cusp is resolved as in §1 (example c)). This gives a non-singular surface Y. Because $\zeta_{\mathbb{Q}(\sqrt{7})}(-1) = \frac{2}{3}$, we have

$$e(Y) = \frac{2}{3}.168 + 5.24 = 232$$

We consider the curves F_1, F_2, F_4 in $\overline{H^2/G^+}$. They are given by $z_1 = z_2$, $(3+\sqrt{7})z_2 - (3-\sqrt{7})z_1 = 0$ and $z_1 - z_2 = \sqrt{7}$ respectively. Their inverse images in Y will also be denoted by F_1, F_2, F_4. These are non-singular disjoint curves in Y. They pass through each of the 24 cusps as follows

(23)

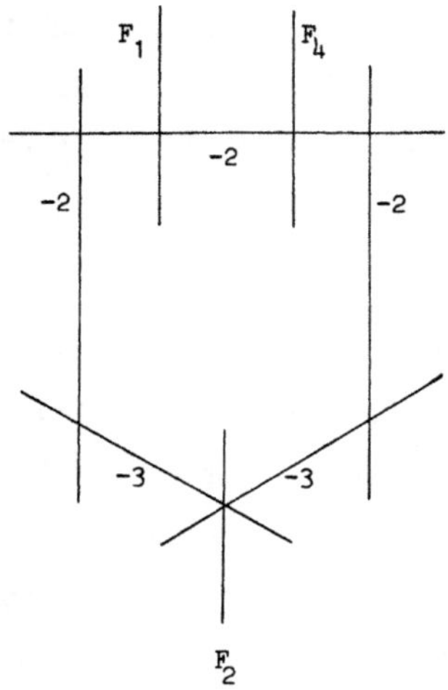

The Euler numbers of F_1, F_4, F_2 in Y are given by

$$e(F_1) = -\tfrac{1}{6}.168 + 24 = -4$$

$$e(F_4) = -\tfrac{1}{4}.168 + 24 = -18$$

$$e(F_2) = -\tfrac{1}{4}.168 + 24 = -18,$$

because $-\frac{1}{6}, -\frac{1}{4}, -\frac{1}{4}$ are the normalized Euler volumes of the curves F_1, F_4, F_2 in H^2/G^+.

The involution $(z_1, z_2) \to (z_2, z_1)$ of H^2 induces an involution τ of Y commuting with each element of $G^+/\Gamma \cong G_{168}$. The fixed point set of τ in Y is $F_1 \cup F_4 \cup F_2$. Therefore,

(24) $$e(Y/\tau) = \tfrac{1}{2}(232-4-18-18) = 96.$$

The example c) in §1 shows that each cusp gives rise to three curves which can be blown down successively. We obtain a surface Y_0 with

$$e(Y_0) = 96 - 3.24 = 24$$

The group G_{168} acts on Y_0. One can proof that Y_0 is rational. There is a famous action of G_{168} on $P_2(\mathbb{C})$, see [18], §88, §133-140. This action has an orbit consisting of 21 points. Up to an equivariant isomorphism

Y_0 is obtained from $P_2(\mathbb{C})$ by blowing up these 21 points. The curves F_1, F_4, F_2 become invariant curves of degrees 4,18,12.
This result has to be proved in some other paper. It should be used to investigate the structure of the ring of Hilbert modular forms relative to Γ and G^+.

Our last example concerns the field $\mathbb{Q}(\sqrt{13})$. It is due to van der Geer [2] who has proved many interesting results on the Hilbert modular surfaces of principal congruence subgroups. Let $\mathcal{O}$ be the ring of integers in $\mathbb{Q}(\sqrt{13})$. Let $\tilde{\Gamma}$ be the congruence subgroup of $SL_2(\mathcal{O})$ for the prime ideal 2 of $\mathcal{O}$. Then $\Gamma = \tilde{\Gamma}/\{\pm 1\}$ is a normal subgroup of $G = SL_2(\mathcal{O})/\{\pm 1\}$. The quotient group is $SL_2(\mathbb{F}_4) \cong A_5$. We consider the Hilbert modular surface $\overline{H^2/\Gamma}$. It has 5 cusps. Each is resolved as in §1, example d). Let Y be the non-singular surface obtained in this way. Since

$$2\zeta_{\mathbb{Q}(\sqrt{13})}(-1) = \frac{1}{3} ,$$

we have

$$e(Y) = \frac{1}{3}.60 + 5.9 = 65.$$

The inverse image in Y of the curve F_1 on $\overline{H^2/G}$ has 10 disjoint components which are non-singular rational curves of selfintersection number -1. (Proof as in [8]). The inverse image will also be denoted by F_1. It passes through each of the five cusps as follows

(25)

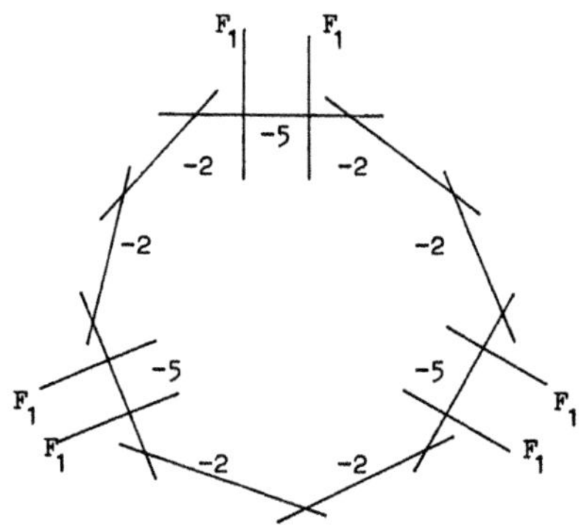

Each component of F_1 goes through 3 of the 5 cusps and is determined by these three cusps. We blow down the ten components of F_1 and obtain a surface Y_1 of Euler number 55. It has arithmetic genus $5 = \frac{1}{4}\, e(H^2/\Gamma)$, see [7]. Therefore $p_g = 4$. The surface Y_1 is a minimal surface of general type. The space of sections of the canonical bundle K of Y_1 is isomorphic to the space of cusp forms $S_2(\Gamma)$. The cusp forms define a "map"

$$\phi_K : Y_1 \to P_3(\mathbb{C}).$$

The action of $G/\Gamma \cong A_5$ on $S_2(\Gamma)$ is the standard action on $\mathbb{C}^4$ represented in $\mathbb{C}^5$ by

$$x_1 + x_2 + x_3 + x_4 + x_5 = 0$$

It turns out that ϕ_K is holomorphic of degree 1 and $\phi_K(Y_1)$ is given in $P_4(\mathbb{C})$ by

(26) $$\sigma_1 = 0, \quad \sigma_2\sigma_3 - 2\sigma_5 = 0,$$

where σ_k is the kth elementary symmetric function of $x_1,\ldots,x_5$. The surface (26) has 15 double points which are images under ϕ_K of the 15 configurations 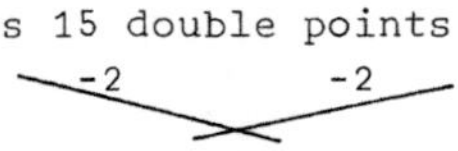

on Y_1 (see (25)). Otherwise ϕ_K is bijective. Because (26) gives a relation between the cusp forms of weight 2, it can be used to gain more information on the ring of modular forms for Γ (see [2]).

The ideal (2) does not divide the discriminant of $\mathbb{Q}(\sqrt{13})$. Therefore, we do not have an involution τ on Y commuting with G/Γ.

Remarks.

1) The surface Y_1 is diffeomorphic to the general quintic hypersurface in $P_3(\mathbb{C})$.
2) Consider a subgroup of A_5 of order 5. It operates freely on Y_1. The quotient is a minimal surface of general type with arithmetic genus 1, Euler number 11 and Chern number $c_1^2 = 1$. We recall that

Godeaux has studied free actions of groups of order 5 on quintic surfaces and considered the corresponding quotients (L. Godeaux, Les surfaces algébriques non rationelles de genres arithmétique et géometrique nuls, Paris 1934).

REFERENCES

[1] E. BRIESKORN, Rationale Singularitäten komplexer Flächen. Invent. Math. 4, 336-358 (1968).

[2] G.B.M. VAN DER GEER, On Hilbert modular surfaces of principal congruence subgroups. Dissertation, Rijksuniversiteit te Leiden, 1977.

[3] K.-B. GUNDLACH, Die Bestimmung der Funktionen zur Hilbertschen Modulgruppe des Zahlkörpers $Q(\sqrt{5})$. Math. Ann. 152, 226-256 (1963).

[4] K.-B. GUNDLACH, Die Bestimmung der Funktionen zu einigen Hilbertschen Modulgruppen. Journal f.d.r.u.a. Math. 220, 109-153 (1965).

[5] K.-B. GUNDLACH, Some new results in the theory of Hilbert's modular group. "Contributions to function theory", Tata Institute, pp. 165-180, Bombay (1960).

[6] F. HIRZEBRUCH, Über vierdimensionale Riemannsche Flächen mehrdeutiger analytischer Funktionen von zwei komplexen Veränderlichen. Math. Ann. 126, 1-22 (1953).

[7] F. HIRZEBRUCH, Hilbert modular surfaces. L'Enseignement Math. 19, 183-281 (1973).

[8] F. HIRZEBRUCH, Hilbert's modular group of the field $Q(\sqrt{5})$ and the cubic diagonal surface of Clebsch and Klein. Russian Math. Surveys 31:5, 96-110 (1976), from Uspekki Mat. Nauk 31:5, 153-166 (1976).

[9] F. HIRZEBRUCH and A. VAN DE VEN, Hilbert modular surfaces and the classification of algebraic surfaces. Invent. Math. 23, 1-29 (1974).

[10] F. HIRZEBRUCH and D. ZAGIER, Intersection numbers of curves on Hilbert modular surfaces and modular forms of Nebentypus. Invent. Math. 36, 57-113 (1976).

[11] F. HIRZEBRUCH and D. ZAGIER, Classification of Hilbert modular surfaces.
"Complex Analysis and Algebraic Geometry", Iwanami Shoten und Cambridge Univ. Press 1977, p. 43-77.

[12] U. KARRAS, Eigenschaften der lokalen Ringe in zweidimensionalen Spitzen,
Math. Ann. 215, 117-129 (1975).

[13] U. KARRAS, Klassifikation 2-dimensionaler Singularitäten mit auflösbaren lokalen Fundamentalgruppen.
Math. Ann. 213, 231-255 (1975).

[14] F. KLEIN, Weitere Untersuchungen über das Ikosaeder.
Gesammelte mathematische Abhandlungen Bd. II, Springer-Verlag, Berlin 1922 (Reprint 1973), pp. 321-380 (Math. Ann. 12, (1877)), see in particular pp. 339, 347, 354.

[15] H. LAUFER, Taut two-dimensional singularities,
Math. Ann. 205, 131-164 (1973).

[16] H.L. RESNIKOFF, On the graded ring of Hilbert modular forms associated with $Q(\sqrt{5})$,
Math. Ann. 208, 161-170 (1974).

[17] H. SHIMIZU, On discontinuous groups operating on the product of upper half planes,
Ann. of Math. 77, 33-71 (1963).

[18] H. WEBER, Lehrbuch der Algebra, 2. Aufl. Bd. II,
Friedrich Vieweg & Sohn, Braunschweig 1899.

63.

Modulflächen und Modulkurven zur symmetrischen Hilbertschen Modulgruppe

Ann. Sci. Ec. Norm. Supér. IV Ser. *11* (1978), 101 – 165

INHALT

Einleitung

Es sei p eine Primzahl $\equiv 1 \pmod 4$ und $\mathcal{O}$ der Ring der ganzen Zahlen des Körpers $\mathbf{Q}(\sqrt{p})$. Die Gruppe $SL_2(\mathcal{O})$ operiert auf H^2, dem Produkt der oberen Halbebene H der komplexen Ebene mit sich. Der Quotient $X(p) = H^2/SL_2(\mathcal{O})$ ist eine nicht kompakte komplexe Fläche mit endlich vielen Quotientensingularitäten, die Hilbertsche Modulfläche genannt wird und um 1900 von Hilbert, Hecke und Blumenthal eingeführt wurde. Die Punkte von $X(p)$ repräsentieren abelsche Varietäten der Dimension 2, die $\mathcal{O}$ als Endomorphismenring zulassen, jedoch wird dieser Gesichtspunkt in der vorliegenden Arbeit keine Rolle spielen. Das Studium der Hilbertschen Modulflächen wurde von Gundlach und Freitag intensiv weitergeführt (vgl. [7] und die dort angegebene Literatur).

In [7] wurde die Kompaktifizierung $\overline{X(p)}$ von $X(p)$ durch $h(p)$ Spitzen untersucht : Die Spitzen sind singuläre Punkte von $\overline{X(p)}$, welche in Zyklen von rationalen Kurven aufgeblasen und dadurch als singuläre Punkte aufgelöst werden können. Da die Quotientensingularitäten leicht aufzulösen sind, kann man durch minimale Desingularisierung aller Singularitäten von $\overline{X(p)}$ zu einem singularitätenfreien Modell $Y(p)$ von $\overline{X(p)}$ übergehen. Die kompakte Fläche $Y(p)$ ist algebraisch. Sie hat einige exzeptionelle Kurven, die niedergeblasen werden können, was zu der Fläche $Y^0(p)$ führt, die jedenfalls fur $p > 5$ wohldefiniert ist. Auf H^2 operiert die Involution $(z_1, z_2) \mapsto (z_2, z_1)$, die eine Involution T von $Y^0(p)$ induziert, deren Fixpunktmenge eine singularitätenfreie Kurve von $Y^0(p)$ ist. Die algebraische Fläche $Y^0(p)/T$ ist deshalb auch singularitätenfrei. Die Flächen $Y^0(p)$ und $Y^0(p)/T$ sind einfach-zusammenhängend [18].

Die einfach-zusammenhängenden algebraischen Flächen lassen sich im Sinne der Klassifikation von Enriques und Kodaira in vier grosse Klassen einteilen (I. Rationale Flächen. II. Flächen, die birational äquivalent zu K 3-Flächen sind. III. Flächen, die birational äquivalent zu echt elliptischen Flächen sind. IV. Flächen vom allgemeinen Typ.) (*siehe* § 4.1). In einer gemeinsamen Arbeit mit van de Ven [8] wurde bewiesen, dass $Y(p)$ für $p = 5, 13, 17$ zur Klasse I, für $p = 29, 37, 41$ zur Klasse II, für $p = 53, 61, 73$ zur Klasse III and für $p > 73$ zur Klasse IV gehört. Das Hauptergebnis der vorliegenden Arbeit ist die »grobe« Klassifikation der Flächen $Y^0(p)/T$ (*siehe* 4.6) :

Für 24 *Primzahlen gehört* $Y^0(p)/T$ *zur Klasse* I, *für* 9 *Primzahlen zur Klasse* II, *für* 6 *Primzahlen zu Klasse* III *und für alle anderen Primzahlen zur Klasse* IV.

Die Rationalität von $Y^0(p)/T$ für 24 Primzahlen wurde bereits in [7] bewiesen. Die grobe Klassifikation der Hilbertschen Modulflächen Y (D) für einen reell-quadratischen Körper beliebiger Diskriminante D wurde in [9] durchgeführt, während die Flächen Y (D)/T noch nicht behandelt wurden.

Bei der Untersuchung der Hilbertschen Modulflächen spielen die Modulkurven F_N eine grosse Rolle [10] : Für gegebenes N betrachten wir alle Punkte $(z_1, z_2) \in H^2$, die einer Gleichung der Form

$$a\sqrt{p}\,z_1 z_2 + \lambda z_2 - \lambda' z_1 + b\sqrt{p} = 0,$$

genügen, wo $a, b \in Z$, $\lambda \in \mathcal{O}$, $abp + \lambda\lambda' = N$ und das Tripel (a, b, λ) primitiv ist, also durch keine natürliche Zahl > 1 teilbar sein soll. Diese Menge ist $SL_2(\mathcal{O})$-invariant. Ihr Bild ist eine Kurve in $X(p)$, die für $\left(\frac{N}{p}\right) \neq -1$ nicht leer und für $N \equiv 0 \pmod{p^2}$ irreduzibel ist (vgl. § 1). Die Kurve kann zu einer kompakten Kurve in $Y(p)$ erweitert werden. Sie definiert für $N \geqq 5$ eine Kurve F_N in $Y^0(p)$ und eine Bildkurve F_N^* in $Y^0(p)/T$. Es werde von nun an $\left(\frac{N}{p}\right) = 1$ vorausgesetzt ($N \geqq 5$) und $N = N_1 N_2$ gesetzt, wo N_1 nur durch Primzahlen, die quadratische Reste mod p sind, und N_2 nur durch Primzahlen, die quadratische Nichtreste mod p sind, teilbar ist. Die Kurve F_N hat ein singularitätenfreies Modell $\overline{H/\Gamma}$, wo Γ eine diskrete Untergruppe von $PSL_2(R)$ ist, deren Urbild in $SL_2(R)$ konjugiert zur Gruppe der Einheiten positiver Norm einer Ordnung einer über Q definierten indefiniten Quaternionenalgebra ist, und $\overline{H/\Gamma}$ die Kompaktifizierung von H/Γ durch endlich viele Spitzen ist. Entsprechend hat F_N^* ein singularitätenfreies Modell $\overline{H/\Gamma_*}$, wo Γ_* eine Erweiterung vom Index 2 von Γ ist. Die Gruppe Γ ist Untergruppe der Hilbertschen Modulgruppe $G = SL_2(\mathcal{O})/\{\pm 1\}$, während Γ_* Untergruppe der symmetrischen Hilbertschen Modulgruppe $G \cup G.T$ ist. In § 1 bestimmen wir allein in Abhängigkeit von dem Zahlenpaar N_1, N_2 die Anzahlen der inäquivalenten elliptischen Fixpunkte der Ordnung m von Γ^* und Γ, wobei nur Fixpunkte mit $m = 2$ oder 3 vorkommen, die Anzahl der Spitzen von Γ und die Geschlechter von $\overline{H/\Gamma}$ und $\overline{H/\Gamma^*}$. Es gibt mindestens 120 Paare N_1, N_2 mit $N = N_1 N_2 \geqq 5$, für die das Geschlecht von $\overline{H/\Gamma_*}$ gleich 0 ist, die Kurve also rational ist (vgl. 2.4 Tabelle 3). Jeder elliptische Fixpunkt von Γ entspricht einem Durchgang von F_N durch einen elliptischen Fixpunkt von G, ähnliches gilt für Γ_* und die symmetrische Gruppe $G \cup G.T$. Eine Spitze von Γ wird auf eine Spitze von G abgebildet, man kann dies genau verfolgen und angeben, wie die Kurve F_N in $Y(p)$ die rationalen Kurven schneidet, die durch die Auflösung der Spitzen von G als singuläre Punkte von $\overline{X(p)}$ entstanden sind. Auf Grund von [10] sind die Schnittpunkte von F_N und F_M in $Y^0(p)$ (für $N \neq M$) und die Doppelpunkte einer Kurve F_N bekannt. Daraus lässt sich auf das Schnittverhalten der F_N^* in $Y^0(p)/T$ schliessen.

Für die Anwendungen muss man den Wert der ersten Chernschen Klasse c_1 von $Y^0(p)$ auf F_N kennen, der mit $c_1[F_N]$ bezeichnet wird und gleich $-K.F_N$ ist, wenn K ein kanonischen Divisor von $Y^0(p)$ ist. Entsprechend ist $c_1^*[F_N^*]$ zu berechnen, wo c_1^* die erste Chernsche Klasse von $Y^0(p)/T$ ist. Dies wird in Paragraph 2 durchgeführt. Jedem Paar N_1, N_2 lässt sich eine Zahl $c_1^*(N_1, N_2)$ zuordnen, so dass stets $c_1^*[F_N^*] \geqq c_1^*(N_1, N_2)$ ist und das Gleichheitszeichen jedenfalls dann gilt, wenn p verglichen mit $N = N_1 N_2$ hinreichend gross ist. In Paragraph 2 schreiben wir $c_1^*(N)$ statt $c_1^*(N_1, N_2)$, da die Aufspaltung $N = N_1 N_2$ durch die gegebene Primzahl p festgelegt ist. Man kann übrigens leicht nachrechnen, dass $-c_1^*(N_1, N_2)+1-g^*$ gleich der Dimension des Raumes der Spitzenformen vom Gewicht 4 für die zu N_1, N_2 gehörige Gruppe Γ_* bezüglich des nicht-trivialen Charakters der zweielementigen Gruppe Γ_*/Γ ist (g^* sei das Geschlecht von $\overline{H/\Gamma_*}$). Diese Tatsache werden wir aber nicht benutzen. Es ist also $c_1^*(N_1, N_2) \leqq 1-g^*$. Für $p \gg N$ ist F_N^* singularitätenfrei. Wenn F_N^* singularitätenfrei ist, dann gilt nach der Adjunktionsformel $F_N^* F_N^* = c_1^*[F_N^*]-(2-2g^*)$. Wir können bei vorgegebenem p entscheiden, welche F_N^* singularitätenfreie rationale Kurven der Selbstschnittzahl a, kurz a-Kurven genannt, sind. Von besonderem Interesse sind die (-1)-Kurven (exzeptionelle Kurven) und die (-2)-Kurven. Für $p \gg N$ liefern die 17 Paare N_1, N_2 der Tabelle 3 in Paragraph 2 mit $c_1^*(N_1, N_2) = 1$ und die 30 Paare N_1, N_2 mit $c_1^*(N_1, N_2) = 0$ exzeptionelle Kurven F_N^* bzw. (-2)-Kurven F_N^* auf den Flächen $Y^0(p)/T$, für die $\left(\frac{N}{p}\right) = 1$ und N die Zerlegung $N = N_1 N_2$ hat.

Das arithmetische Geschlecht von $Y^0(p)/T$ wurde in [7] berechnet. Es hat für genau 24 Primzahlen den Wert 1, nur für diese Primzahlen kann $Y^0(p)/T$ rational sein. Diese 24 Flächen sind in der Tat rational, wie in [7] bewiesen wurde und in Paragraph 2 erneut gezeigt wird. Für die nicht-rationalen Flächen $Y^0(p)/T$ und die Flächen, die aus ihnen durch Niederblasen bekannter exzeptioneller Kurven entstehen, kann das Quadrat der ersten Chernschen Klasse (Selbstschnittzahl eines kanonischen Divisors) berechnet werden. Sobald diese Selbstschnittzahl positiv ausfällt, ist die Fläche vom allgemeinen Typ. In Paragraph 3 ergibt sich auf diese Weise, dass $Y^0(p)/T$ für $p > 557$ vom allgemeinen Typ ist und für höchstens 15 Primzahlen zur Klasse II oder III gehört.

Die Untersuchung dieser 15 Flächen erfolgt in Paragraph 4, wo mit Hilfe von Kurven F_N^*, die (-2)-Kurven sind, und von Kurven der Spitzenauflösungen, die in bestimmten Fällen ebenfalls (-2)-Kurven auf $Y^0(p)/T$ liefern, elliptische Konfigurationen konstruiert werden, die als Ausnahmefasern elliptischer Faserungen auftreten. Die Existenz einer solchen Konfiguration garantiert, dass $Y^0(p)/T$ zur Klasse II oder III gehört. Für diese 15 Flächen können wir minimale Modelle angeben – die Selbstschnittzahl des kanonischen Divisors ist dann gleich 0 – und nachweisen, dass man in 9 Fällen ein K 3-Fläche und in 6 Fällen eine elliptische Fläche erhält, wo die Fasern kanonische Divisoren sind.

Die Ergebnisse dieser Arbeit wurden zum grossen Teil während meines Gastaufenthalts am Department of Mathematics der University of California in Berkeley während des Sommers 1973 gefunden. Dem Department in Berkeley danke ich ganz herzlich fur eine anregende Zeit konzentrierten Arbeitens. In Berkeley hatte ich Computer-Unterstützung durch D. Lehmer und E. Lehmer, denen herzlich gedankt sei. Profitiert habe ich während diese Zeit auch durch einen Briefwechsel mit M. Eichler. Nach 1973 hatte ich nur wenig Zeit, die Überlegungen weiterzuverfolgen. Jedoch wurden in den gemeinsamen Arbeiten mit D. Zagier ([9], [10]) auch manche Dinge geklärt, die für die vorliegende Arbeit wesentlich sind und die Darstellung erleichtert haben. D. Zagier muss ich für viele Diskussionen und umfangreiche Hilfe durch die Erstellung von Computerprogrammen danken. Ruhe und Konzentration für abschliessende Überlegungen und das Aufschreiben fand ich erst während meines Gastaufenthalts am »Institut des Hautes Études Scientifiques« während der Monate November, Dezember 1977 und Januar 1978. Dem I.H.E.S. vielen Dank! In diesen Dank eingeschlossen ist Mme J. Martin vom I.H.E.S., die mit Geduld und Sorgfalt und unter Zeitdruck das Manuskript geschrieben hat.

1. Die Hilbertsche Modulfläche $X(p)$ und die Kurven F_N

1.1. Es sei p eine Primzahl mit $p \equiv 1 \pmod 4$ und $\mathcal{O}$ der Ring der ganzen Zahlen in $Q(\sqrt{p})$. Die Gruppe $SL_2(\mathcal{O})$ operiert auf H^2, dem Produkt der oberen Halbebene von C mit sich, und $H^2/SL_2(\mathcal{O})$ ist die Hilbertsche Modulfläche $X(p)$. Der Einfachheit wegen deuten die Bezeichnungen die fest gegebene Primzahl p nicht immer an. Die Fläche $X(p)$ ist nicht kompakt. Sie hat eine endliche Anzahl von Quotientensingularitäten, die von den Punkten $z \in H^2$ herrühren, wo die Isotropiegruppe der Aktion von $SL_2(\mathcal{O})/\{\pm 1\}$ nicht trivial ist. Für jede natürliche Zahl $N \geqq 1$ soll nun eine Kurve F_N in $X(p)$ erklärt werden. Wir betrachten dazu alle Punkte $(z_1, z_2) \in H^2$, die einer Gleichung der Form

$$(1) \qquad a\sqrt{p}\, z_1 z_2 + \lambda z_2 - \lambda' z_1 + b\sqrt{p} = 0,$$

genügen mit $a, b \in Z$, $\lambda \in \mathcal{O}$ und $\lambda\lambda' + abp = N$, wobei ferner verlangt werden soll, dass das Tripel (a, b, λ) primitiv, d. h. durch keine natürliche Zahl > 1 teilbar sei. Die Menge der Punkte (z_1, z_2), die eine solche Gleichung erfüllen, ist invariant unter $SL_2(\mathcal{O})$, und F_N bezeichnet ihr Bild in $X(p)$. Die Kurve F_N ist offenbar genau dann nicht leer, wenn $\left(\frac{N}{p}\right) \neq -1$ Die Gleichung (1) kann auch in der Form

$$(2) \qquad (z_2, 1)\, A \begin{pmatrix} z_1 \\ 1 \end{pmatrix} = 0,$$

geschrieben werden, wo A die Matrix $\begin{pmatrix} a\sqrt{p} & \lambda \\ -\lambda' & b\sqrt{p} \end{pmatrix}$ ist, welche primitiv, ganzzahlig und schief-hermitesch ist, d. h. der Beziehung $A' = -A^t$ genügt. Es ist $N = \det A$. Die Anzahl der irreduziblen Komponenten der Kurve F_N in $X(p)$ ist gleich der Anzahl der

$SL_2(\mathcal{O})$-Äquivalenzklassen primitiver ganzzahliger schief-hermitescher Matrizen der Determinate N, wobei A_1, A_2 äquivalent heissen sollen, wenn ein $T \in SL_2(\mathcal{O})$ mit $A_2 = \pm {}^tT' A_1 T$ existiert. Wir zitieren zunächst den folgenden Satz von G. Franke [3], der durch Anwendung von Resultaten von Shimura [17] erhalten wurde.

SATZ 1. – *Es sei* $\left(\frac{N}{p}\right) \neq -1$. *Die Kurve* F_N *ist irreduzibel, wenn* $N \not\equiv 0 \pmod{p^2}$. *Sie hat genau zwei Komponenten, wenn* $N \equiv 0 \pmod{p^2}$.

Die durch (2) definierte Kurve in H^2 ist der Graph der durch die Matrix $\begin{pmatrix} \lambda' & -b\sqrt{p} \\ a\sqrt{p} & \lambda \end{pmatrix}$ gegebenen gebrochen linearen Transformation von H in H und kann deshalb mit H identifiziert werden (Koordinate z_1). Für gegebene Matrix A soll die Standgruppe G_A aller $X \in SL_2(\mathcal{O})$ mit $A = \pm {}^tX' AX$ bestimmt werden. Für A werde die Algebra $\mathcal{Q}_A$ aller (2×2)-Matrizen X mit Koeffizienten in $Q(\sqrt{p})$ betrachtet, für die

$$ {}^tX' A = AX^*, \tag{3}$$

dabei ist $X^* = (\det X).X^{-1}$. Es lässt sich dann leicht zeigen, dass $\mathcal{Q}_A$ eine indefinite Quaternionenalgebra über Q ist, und zwar gilt

$$\mathcal{Q}_A \cong \left(\frac{p, -N/p}{Q}\right), \qquad (N = \det A), \tag{4}$$

(für die Bezeichnung von Quaternionenalgebren vgl. z. B. [14]).

Die Isomorphie (4) beweist man, indem man A über $Q(\sqrt{p})$ in die Normalform $\pm\begin{pmatrix} \sqrt{p} & 0 \\ 0 & (N/p)\sqrt{p} \end{pmatrix}$ bringt. Die Grundzahl einer indefiniten Quaternionenalgebra über Q ist Produkt einer geraden Anzahl verschiedener Primzahlen und zwar derjenigen Primzahlen r, so dass die Algebra über den r-adischen Zahlen Q_r ein Schiefkörper ist. Durch die Grundzahl ist die Algebra bis auf Isomorphie festgelegt.

Es werde gesetzt

$$N = p^k N_1 N_2 \quad \text{mit} \quad (N_1 N_2, p) = 1 \quad \text{und} \quad (N_1, N_2) = 1, \tag{5}$$

wo alle Primzahlen, die N_1 teilen, quadratische Reste mod p und alle Primzahlen, die N_2 teilen, quadratische Nichtreste mod p sind. Es sei N_2' der quadratfreie Teil von N_2. Für $\left(\frac{N}{p}\right) \neq -1$ lässt sich dann die Grundzahl d der Quaternionenalgebra $\left(\frac{p, -N/p}{Q}\right)$ wie folgt angeben :

$$\begin{cases} d = N_2', & \text{falls } N \not\equiv 0 \pmod{p}, \\ d = N_2', & \text{falls } N \equiv 0 \pmod{p} \text{ und } \left(\frac{N_2'}{p}\right) = 1, \\ d = pN_2', & \text{falls } N \equiv 0 \pmod{p} \text{ und } \left(\frac{N_2'}{p}\right) = -1. \end{cases} \tag{6}$$

In der Algebra $\mathcal{Q}_A$ werde die Ordnung $\mathcal{O}_A$ derjenigen Matrizen X betrachtet, die (3) erfüllen und deren Koeffizienten im Ring $\mathcal{O}$ der ganzen Zahlen von $Q(\sqrt{p})$ liegen. Jede Ordnung hat eine Diskriminante, nämlich die Diskriminante der Normenform der Quaternionenalgebra beschränkt auf die Ordnung. (Für $X \in \mathcal{Q}_A$ ist die Norm gleich det X.) Die Diskriminante ist stets eine Quadratzahl, für $\mathcal{O}_A$ ist sie gleich N^2, für jede Maximalordnung von $\mathcal{Q}_A$ ist sie gleich d^2.

Es sei $\mathcal{E}_A$ die Gruppe der Einheiten von $\mathcal{O}_A$ mit Norm gleich $+1$. Die oben erwähnte Standgruppe G_A der primitiven ganzzahligen schief-hermiteschen Matrix A ist offensichtlich gleich $\mathcal{E}_A$ oder eine Erweiterung von $\mathcal{E}_A$ vom Index 2. Franke [3] beweist, dass $\mathcal{E}_A = G_A$, wenn $N \not\equiv 0 \pmod{p}$, und $|G_A : \mathcal{E}_A| = 2$ sonst.

Es sei $\mathcal{O}_{max}$ eine Maximalordnung von $\mathcal{Q}_A$, die $\mathcal{O}_A$ enthält, und $\mathcal{E}_{max}$ die Gruppe der Einheiten von $\mathcal{O}_{max}$ der Norm $+1$. Um mehr Informationen über die Standgruppe G_A zu erhalten, muss der Index von $\mathcal{E}_A$ in $\mathcal{E}_{max}$ bestimmt werden. Er wird von Franke [3] berechnet. Kennt man diesen Index, dann kann man leicht eine Formel für das Volumen von H/G_A angeben. (In H wird dabei die $SL_2(R)$-invariante Volumenform $-(2\pi)^{-1}(dxdy/y^2)$ benutzt, welche für frei operierende diskrete Untergruppen von $SL_2(R)$ mit kompakten Quotienten die Eulersche Zahl des Quotienten liefert.)

Nach Eichler [1] ist nämlich das Volumen von $H/\mathcal{E}_{max} = -(1/6)\varphi(d)$, wo d die Grundzahl der Quaternionenalgebra ist. Das Volumen von H/G_A ist dann (man beachte, dass $-1 \in \mathcal{E}_A$) :

$$\mathrm{vol}\,(H/G_A) = -\frac{1}{6}\varphi(d).|\mathcal{E}_{max} : \mathcal{E}_A|/|G_A : \mathcal{E}_A|.$$

Die natürliche Abbildung $H/G_A \to F_N$ ($N = \det A$) ist vom Grad 1; sie ist surjektiv nach Satz 1, wenn $N \not\equiv 0 \pmod{p}$. Wenn $N \equiv 0 \pmod{p^2}$, dann muss man zwei inäquivalente Matrizen A_1, A_2 der Determinante N wählen, und F_N ist dann die Vereinigung der Bilder von H/G_{A_1} und H/G_{A_2}. Unter $\mathrm{vol}\,(F_N)$ ist natürlich das Volumen von H/G_A bzw. die Summe der Volumina von H/G_{A_1} und H/G_{A_2} zu verstehen. Das Endergebnis der Index-und damit der Voluminabestimmung lautet wie folgt (*siehe* [3]).

SATZ 2. — *Das Volumen der Kurve* F_N *in der Hilbertschen Modulfläche* $X(p)$ *wird* $\left(\text{für } \left(\frac{N}{p}\right) \neq -1\right)$ *durch folgende Formeln gegeben.*

(i) für $N \not\equiv 0 \pmod{p}$:

$$\mathrm{vol}\,(F_N) = -\frac{1}{6}N.\prod_{q|N_1}\left(1+\frac{1}{q}\right)\prod_{q|N_2}\left(1-\frac{1}{q}\right);$$

(ii) für $N \equiv 0 \pmod{p}$, $N \not\equiv 0 \pmod{p^2}$:

$$\mathrm{vol}\,(F_N) = -\frac{1}{12}N\left(1+\left(\frac{N_2}{p}\right)\frac{1}{p}\right)\prod_{q|N_1}\left(1+\frac{1}{q}\right)\prod_{q|N_2}\left(1-\frac{1}{q}\right);$$

(iii) für $N \equiv 0 \pmod{p^2}$:

$$\mathrm{vol}\,(F_N) = -\frac{1}{12}N\left(1-\frac{1}{p^2}\right)\prod_{q|N_1}\left(1+\frac{1}{q}\right)\prod_{q|N_2}\left(1-\frac{1}{q}\right).$$

In den vorstehenden Formeln ist das Produkt über alle Primzahlen q zu nehmen, die N_1 bzw. N_2 teilen.

Wenn $N_2 = 1$ ist, dann ist in den Fällen (i) und (ii) von Satz 2 die Gruppe $\mathcal{E}_A$ konjugiert in $SL_2(R)$ zu $\Gamma_0(N)$, vgl. hierzu [7], Paragraph 4.1. Der Fall (i) von Satz 2 wird im folgenden eine besondere Rolle spielen. Wir können die Formel (i) auch in der Form schreiben :

$$\text{(7)} \qquad \operatorname{vol}(F_N) = -\frac{1}{6} N \prod_{q \mid N} (1 + \chi_p(q)/q) \qquad \text{für} \quad \left(\frac{N}{p}\right) = 1,$$

wo χ_p der zum Körper $Q(\sqrt{p})$ gehörige Charakter ist, also

$$\chi_p(n) = \left(\frac{n}{p}\right).$$

In [10] wird die Kurve T_N betrachtet. Sie ist das Bild in $X(p)$ von allen Punkten $(z_1, z_2) \in H^2$, die einer Gleichung (1) mit $\lambda\lambda' + abp = N$ genügen, wobei nicht mehr verlangt wird, dass das Tripel (a, b, λ) primitiv ist. Natürlich ist

$$\text{(8)} \qquad T_N = \bigcup_{\substack{n \geq 1 \\ n^2 \mid N}} F_{N \mid n^2}.$$

Aus Satz 2 folgt die für alle $N \geqq 1$ gültige Formel (vgl. [3] und [10] 1.5 (46))

$$\text{(9)} \qquad \operatorname{vol}(T_N) = -\frac{1}{12} \sum_{\substack{d \geq 1 \\ d \mid N}} (\chi_p(d) + \chi_p(N/d))\, d.$$

1.2. Bevor wir die Untersuchung der Kurven F_N weiterführen, müssen wir an die Theorie der speziellen Punkte von H^2 erinnern ([10] Chap. 1). Hierfür sind einige einfache Begriffe über quadratische Formen nötig.

Für ein orientiertes Gitter (freier Z-Modul) L vom Rang 2 kann eine ganzzahlige quadratische Form $\varphi : L \to Z$ bezüglich einer mit der Orientierung verträglichen Z-Basis e_1, e_2 von L in der Gestalt

$$\varphi(ue_1 + ve_2) = \alpha u^2 + \beta uv + \gamma v^2 \; (\alpha, \beta, \gamma \in Z),$$

geschrieben werden. Die Form wird dann mit $[\alpha, \beta, \gamma]$ bezeichnet. Ihre Diskriminante ist $\beta^2 - 4\alpha\gamma$. Sie heisst primitiv, wenn $(\alpha, \beta, \gamma) = 1$. Quadratische Formen sollen stets über orientierten Gittern erklärt sein. Zwei quadratische Formen heissen äquivalent ($\cong$), wenn es einen orientierungserhaltenden Isomorphismus der Gitter gibt, bei dem die beiden Formen ineinander übergeführt werden. Da jede Äquivalenzklasse durch eine Form $[\alpha, \beta, \gamma]$ über dem kanonisch orientierten Gitter $Z \oplus Z$ repräsentiert werden kann, sprechen wir auch von $SL_2(Z)$-Äquivalenz. Zwei Darstellungen einer Zahl N durch Formen $\varphi_1 : L_1 \to Z$ und $\varphi_2 : L_2 \to Z$ mit $\varphi_1(\xi) = N$ und $\varphi_2(\eta) = N$ heissen entsprechend $SL_2(Z)$-äquivalent, wenn es einen orientierungserhaltenden Isomorphismus der Gitter L_1, L_2 gibt, der φ_1 in φ_2 und ξ in η überführt. Eine Darstellung $\varphi(\xi) = N$ (für $\varphi : L \to Z$) heisst primitiv, wenn ξ in L durch keine natürliche Zahl > 1 teilbar ist.

Ein Punkt $z = (z_1, z_2) \in H^2$ wird *speziell* genannt, wenn das Gitter $\mathcal{M}_z$ aller ganzzahligen, schief-hermiteschen Matrizen $\begin{pmatrix} a\sqrt{p} & \lambda \\ -\lambda' & b\sqrt{p} \end{pmatrix}$ mit

$$a\sqrt{p}\, z_1 z_2 + \lambda z_2 - \lambda' z_1 + b\sqrt{p} = 0,$$

den Rang 2 hat. Die Gitter $\mathcal{M}_z$ werden für alle speziellen Punkte z in kohärenter Weise orientiert ([10], 1.1). Dann ist $\varphi_z = \det \mid \mathcal{M}_z$ eine positiv-definite ganzzahlige quadratische Form mit einer durch p teilbaren Diskriminante. Damit ist den Punkten $\mathbf{z} \in X(p)$, die von speziellen Punkten $z \in H^2$ herrühren, eine $SL_2(Z)$-Äquivalenzklasse $\varphi_{\mathbf{z}}$ von ganzzahligen positiv-definiten quadratischen Formen zugeordnet. (Es ist dann klar, was die Aussage $\varphi_{\mathbf{z}} \cong [\alpha, \beta, \gamma]$ bedeuten soll.) Die Kurve T_M [*siehe* (8)] geht durch $\mathbf{z}$ (repräsentiert durch den speziellen Punkt z) genau dann, wenn $\varphi_{\mathbf{z}}$ die Zahl M darstellt, die Kurve F_M geht durch $\mathbf{z}$ genau dann, wenn $\varphi_{\mathbf{z}}$ die Zahl M primitiv darstellt.

Es sei φ eine positiv-definite ganzzahlige quadratische Form (definiert über einem orientierten Gitter vom Rang 2). In [10] 1.1, Theorem 1 wurde die »Anzahl« $s(\varphi)$ der Punkte $\mathbf{z} \in X(p)$ bestimmt, die von speziellen Punkten $z \in H^2$ herrühren, so dass φ_z und φ zueinander $SL_2(Z)$-äquivalent sind. Wir geben $s(\varphi)$ hier nur in einem Spezialfall an. Zunächst eine Bezeichnung. Wenn eine Form ψ primitiv ist und durch p teilbare Diskriminante hat, dann stellt ψ entweder nur quadratische Reste mod p dar (darunter auch zu p teilerfremde) oder die durch ψ dargestellten zu p teilerfremden Zahlen sind alle quadratische Nichtreste mod p. Im ersten Fall definiert man $\chi_p(\psi) = 1$, im zweiten $\chi_p(\psi) = -1$.

Wenn φ primitiv und positiv-definit ist, eine durch p teilbare Diskriminante Δ hat ($\Delta < 0$) *und* $\chi_p(\varphi) = 1$, *dann ist*

$$s(\varphi) = h'(\Delta/p). \tag{10}$$

Hier ist h' die modifizierte Klassenzahl ($h'(-3) = 1/3$, $h'(-4) = 1/2$, $h'(n) = h(n)$ sonst, wo $h(n)$ für $n < 0$ die Anzahl der $SL_2(Z)$-Äquivalenzklassen primitiver positiv-definiter quadratischer Formen der Diskriminante n ist. Es ist damit $h(n) = 0$, wenn n keine Diskriminante ist.) In der Formel (10) werden Punkte $\mathbf{z}$, die eine Quotientensingularität der Ordnung 2 bzw. 3 sind, 1/2 mal bzw. 1/3 mal gezählt.

Es sei ψ eine positiv-definite ganzzahlige quadratische Form definiert über dem orientierten Gitter $Z \oplus Z$. Mit $s_0(\psi)$ wurde in [10], 1.3 die »Anzahl« der orientierungserhaltenden Einbettungen $j : Z \oplus Z \to \mathcal{M}_z$ mit $\psi = \varphi_z \circ j$ bezeichnet, wo z die speziellen Punkte durchläuft. Die Gruppe $SL_2(\mathcal{O})$ operiert auf H^2. Jedes Element $B \in SL_2(\mathcal{O})$ liefert auch einen orientierungserhaltenden Isomorphismus von $\mathcal{M}_z$ auf $\mathcal{M}_{Bz}$, der φ_z in φ_{Bz} überführt (und sich nicht ändert, wenn B durch $-B$ ersetzt). Bei der Definition der Anzahl $s_0(\psi)$ werden Einbettungen, die bei der erwähnten $SL_2(\mathcal{O})$-Aktion ineinander übergehen identifiziert und ausserdem jede Einbettung mit der Multiplizität $1/|\text{Kern}\,\pi|$ gezählt, wo π der natürliche Homomorphismus von der Isotropiegruppe $SL_2(\mathcal{O})_z$ in $\text{Aut}(\varphi_z)$ ist. Wenn der durch z bestimmte Punkt $\mathbf{z} \in X(p)$ keine Quotientensingularität ist (d. h. $SL_2(\mathcal{O})_z = \{\pm 1\}$), dann werden zwei Einbettungen in $\mathcal{M}_z$, die sich nur um das Vorzeichen unterscheiden jeweils 1/2 mal gezählt, und ein Paar solcher Einbettungen gibt für $s_0(\psi)$ den Beitrag 1. Wir geben $s_0(\psi)$ wieder nur in einem Spezialfall an (vgl. [10], 1.3, Theorem 2 für die allgemeine Formel).

Wenn die Form ψ *primitiv und positiv-definit ist, eine durch p teilbare Diskriminante* Δ *hat und* $\chi_p(\psi) = 1$, *dann ist*

$$s_0(\psi) = H(-\Delta/p). \tag{11}$$

Dabei ist für $n > 0$ per definitionem

$$H(n) = \sum_{\substack{d \geq 1 \\ d^2 \mid n}} h'(-n/d^2). \tag{12}$$

Bei den obigen speziellen Voraussetzungen über ψ ist übrigens bei allen Einbettungen $j : Z \oplus Z \to \mathcal{M}_z$ stets $\text{Kern}\,\pi = SL_2(\mathcal{O})_z$ (vgl. die in 1.1 erwähnte Tatsache : $\varepsilon_A = G_A$, wenn $\det A \not\equiv 0 \pmod p$), in Uebereinstimmung mit dem Zählen der speziellen Punkte in (10).

Die Kurven T_M, T_N [*siehe* (8)] haben gemeinsame Komponenten genau dann, wenn MN eine Quadratzahl ist. Die Schnitte einer Komponente von T_M mit einer davon verschiedenen Komponente von T_N sind jedoch stets transversal. In [10], 1.3, Theorem 3 wird die Anzahl dieser transversalen Schnittpunkte von T_M, T_N in $X(p)$ bestimmt : Jeder orientierungserhaltenden Einbettung der quadratischen Form $[M, b, N]$, wo $b \in Z$ mit $b^2 < 4\,MN$ und $b^2 \equiv 4\,MN \pmod p$, in ein Gitter $\mathcal{M}_z$ (mit $z \in H^2$ und z speziell) entspricht ein transversaler Schnitt von T_M und T_N in dem Punkte $\mathbf{z} \in X(p)$, der durch z gegeben wird. Für die transversale Schnittzahl von T_M und T_N in $X(p)$ hat man deshalb die Formel ([10], 1.3 (35)) :

$$(T_M T_N)^{tr}_{X(p)} = \sum_{\substack{b \in Z \\ b^2 < 4MN \\ b^2 \equiv 4MN \pmod p}} s_0([M, b, N]). \tag{13}$$

Wenn $(M, N) = 1$ *und* M, N *quadratische Reste* mod p *sind, dann kann* (11) *angewandt werden, und man bekommt*

$$(T_M T_N)^{tr}_{X(p)} = \sum_{\substack{b \in Z \\ b^2 < 4MN \\ b^2 \equiv 4MN \pmod p}} H\left(\frac{4\,MN - b^2}{p}\right). \tag{14}$$

1.3. Wir beschränken uns im folgenden auf die Untersuchung der Kurven F_N für $\left(\frac{N}{p}\right) = \chi_p(N) = 1$. Die Kurve F_N ist nach Satz 1 irreduzibel. Sie möge wie in (1) und (2) durch eine primitive ganzzahlige schief-hermitesche Matrix A der Determinante N gegeben sein, d. h. F_N ist das Bild in $X(p)$ der durch (1) in H^2 gegebenen Kurve. Die Standgruppe G_A ist eine Untergruppe von $SL_2(\mathcal{O})$, sie enthält das Element -1. Die projektiv gemachte Standgruppe $\Gamma_A = G_A/\{\pm 1\}$ ist Untergruppe der Hilbertschen Modulgruppe $SL_2(\mathcal{O})/\{\pm 1\}$. Um die Kurve H/Γ_A näher untersuchen zu können, ist es erforderlich, die Konjugationsklassen von Elementen endlicher Ordnung in Γ_A zu bestimmen. Ein Element γ der Ordnung $n \geqq 2$ von $SL_2(\mathcal{O})/\{\pm 1\}$ hat genau einen Fixpunkt $z \in H^2$.

Bezüglich geeigneter Koordinaten (u, v) im Tangentialraum von z operiert γ in der Weise, dass $\gamma(u, v) = (\zeta u, \zeta^r v)$, wo ζ eine n-te Einheitswurzel ist, sowie $1 \leqq r < n$ und $(n, r) = 1$. Da Γ_A die Standgruppe des Graphen

$$z_2 = \frac{\lambda' z_1 - b\sqrt{p}}{a\sqrt{p}z_1 + \lambda} \quad \text{mit} \quad A = \begin{pmatrix} a\sqrt{p} & \lambda \\ -\lambda' & b\sqrt{p} \end{pmatrix}$$

ist, folgt für $\gamma \in \Gamma_A$, dass $r = 1$. Die Hilbertsche Modulgruppe $SL_2(\mathcal{O})/\{\pm 1\}$ hat nur Elemente der endlichen Ordnung n mit $n = 2$ oder $n = 3$ (und für $p = 5$ auch $n = 5$, aber dann ist $r = 2$); siehe [15]. Deshalb hat Γ_A nur Elemente endlicher Ordnung mit $n = 2$ oder 3. Die Anzahl der Konjugationsklassen von Elementen der Ordnung 2 bzw. 3 in Γ_A hängt wegen Satz 1 nur von N (und der fest vorgegebenen Primzahl $p \equiv 1 \pmod 4$) ab. Wir bezeichnen diese Anzahlen mit $a_2(N)$ bzw. $a_3(N)$ und werden folgenden Satz beweisen.

SATZ 3. — *Es sei* $\left(\frac{N}{p}\right) = 1$. *Die Anzahl der Konjugationsklassen von Elementen der Ordnung* 2 *bzw.* 3 *in einer zu* F_N *gehörigen Standgruppe* Γ_A *ist gegeben durch*

$$(15) \quad \begin{cases} a_2(N) = 0, & \textit{wenn } N \equiv 0 \pmod 4. \ \textit{Sonst gilt,} \\ a_2(N) = \prod\limits_{\substack{q \mid N \\ q \text{ Primzahl}}} (1 + \chi_{-4p}(q)); \end{cases}$$

$$(16) \quad \begin{cases} a_3(N) = 0, & \textit{wenn } N \equiv 0 \pmod 9. \ \textit{Sonst gilt,} \\ a_3(N) = \prod\limits_{\substack{q \mid N \\ q \text{ Primzahl}}} (1 + \chi_{-3p}(q)). \end{cases}$$

Mit χ_D *wird dabei der Charakter des quadratischen Zahlkörpers der Diskriminante* D *bezeichnet.*

Beweis. — Die Fixpunkte in H der Elemente der Ordnung 2, die zu einer bestimmten Konjugationsklasse von Γ_A gehören, bilden das Urbild in H eines Punktes x von H/Γ_A. Der Punkt x geht bei der Abbildung $H/\Gamma_A \to X(p)$ in eine Quotientensingularität von $X(p)$ der Ordnung 2 über. Es gibt $h(-4p)$ Quotientensigularitäten der Ordnung 2 in $X(p)$ (vgl. [15]). Die Hälfte davon kommt von speziellen Punkten von H^2, wo die zugehörige quadratische Form äquivalent zu $[p, 0, p]$ ist, also N nicht darstellen kann (vgl. [10] Example am Schluss von 1.1). Also geht F_N nicht durch einen solchen Punkt hindurch. Die andere Hälfte der Quotientensingularitäten der Ordnung 2 kommt von den speziellen Punkten in H^2, wo die zugehörige quadratische Form φ die Diskriminante $-4p$ hat und $\chi_p(\varphi) = 1$ ist. Die Anzahl der $SL_2(\mathbb{Z})$-Äquivalenzklassen solcher (positiv-definiter) quadratischer Formen ist $(1/2)\,h(-4p)$. Diese $SL_2(Z)$-Äquivalenzklassen entsprechen so bijektiv den übrigen $(1/2)\,h(-4p)$ Quotientensingularitäten der Ordnung 2 von $X(p)$ [vgl. (10)]. Das Bild von H/Γ_A in $X(p)$, d. h. die Kurve F_N, geht also nur durch diese Quotientensingularitäten hindurch und zwar folgt jetzt aus Satz 1 und den Ueberlegungen von [10] Chap. 1, die in 1.2 wiederholt wurden, dass $a_2(N)$ gleich der Anzahl der $SL_2(Z)$-inäquivalenten *primitiven* Darstellungen von N durch positiv-definite quadratische Formen der Diskriminante $-4p$ ist. Also ist $a_2(N)$ gleich der Anzahl der ganzen Ideale von $Q(\sqrt{-4p})$, die primitiv sind, d h. durch keine natürliche Zahl > 1 teilbar sind, und deren Norm gleich N ist. Damit ist (15) bewiesen. Der Beweis von (16) geht genauso : Es gibt $h(-3p)$ Quotientensingularitäten der Ordnung 3 in $X(p)$. Die Hälfte davon kommt von speziellen Punkten mit quadratischer Form $[p, p, p]$ (und hat die oben angegebene tangentielle Darstellung mit $r = 2$). Also geht F_N nicht durch einen solchen Punkt hindurch. Die übrigen $(1/2)\,h(-3p)$ Quotientensingularitäten der Ordnung 3 entsprechen bijektiv den $SL_2(Z)$-Aquivalenzklassen von positiv-definiten quadratischen Formen φ der Diskriminante $-3p$ mit $\chi_p(\varphi) = 1$. Es ist $a_3(N)$ gleich der Anzahl der $SL_2(Z)$-inäquivalenten *primitiven* Darstellungen von N durch Formen der Diskriminante $-3p$.

Bemerkung. — Da $\chi_{-4p}(2) = \chi_{-3p}(3) = 0$ und

$$\chi_{-4p}(q) = \left(\frac{-1}{q}\right)\left(\frac{p}{q}\right) = \left(\frac{-1}{q}\right)\left(\frac{q}{p}\right) \quad \text{für } q \text{ ungerade } (q \neq p),$$

$$\chi_{-3p}(q) = \left(\frac{-3}{q}\right)\left(\frac{q}{p}\right) \quad \text{für } q \neq 3 \text{ und } q \neq p,$$

kann man unter Verwendung der Darstellung von N als Produkt von N_1 und N_2 [*siehe* (5)] den Satz 3 auch so formulieren.

1) *Wenn* $N \equiv 0 \pmod 4$ *oder* N_1 *durch eine Primzahl* $q \equiv 3 \pmod 4$ *oder* N_2 *durch eine Primzahl* $q \equiv 1 \pmod 4$ *teilbar ist, dann* $a_2(N) = 0$. *Anderenfalls*

$$a_2(N) = 2^{\nu},$$

wo ν *die Anzahl der ungeraden* N *teilenden Primzahlen ist.*

2) *Wenn* $N \equiv 0 \pmod 9$ *oder* N_1 *durch eine Primzahl* $q \equiv 2 \pmod 3$ *oder* N_2 *durch eine Primzahl* $q \equiv 1 \pmod 3$ *teilbar ist, dann* $a_3(N) = 0$. *Anderenfalls*

$$a_3(N) = 2^{\mu},$$

wo μ *die Anzahl der* N *teilenden von* 3 *verschiedenen Primzahlen ist.*

1.4. Wir betrachten wieder den Fall $\left(\frac{N}{p}\right) = 1$. Die Matrix A sei wie in 1.3 gewählt. Die Abbildung $H/\Gamma_A \to F_N$ ist also surjektiv vom Grad 1. Die Kurve F_N kann Doppelpunkte in $X(p)$ haben. Sie kommen her von speziellen Punkten in H^2, wo die zugehörige quadratische Form mehrere ($SL_2(Z)$-inäquivalente) Darstellungen von N besitzt. Die Kurve H/Γ_A ist singularitätenfreies Modell von F_N. Wir wollen jetzt die Anzahl der

Spitzen von Γ_A bestimmen, d. h. die Anzahl der Punkte, durch die H/Γ_A zu einer kompakten Kurve $\overline{H/\Gamma_A}$ kompaktifiziert wird. Diese Zahl, die wiederum nur von N und der gegebenen Primzahl p abhängt, werde mit $\sigma(N)$ bezeichnet und auch Anzahl der Spitzen von F_N genannt. Um $\sigma(N)$ zu bestimmen, betrachten wir die Kompaktifizierung $\overline{X(p)}$ von $X(p)$ durch $h(p)$ Spitzen [7]. Die Fläche, die entsteht, wenn wir diese Spitzen von $\overline{X(p)}$, welche alle singuläre Punkte von $\overline{X(p)}$ sind, auflösen, soll mit $\tilde{X}(p)$ bezeichnet werden. Die Kurve F_N kann zu einer Kurve in $\tilde{X}(p)$ erweitert werden, welche auch F_N genannt werden möge. Die Kurve $\overline{H/\Gamma_A}$ ist singularitätenfreies Modell für die erweiterte Kurve F_N. Offensichtlich ist $\sigma(N)$ gleich der Anzahl der irreduziblen Zweige (irreduziblen Kurvenkeime) von F_N in Punkten des Kurvensystems $\tilde{X}(p)-X(p) = \bigcup S_k$. Die Kurven S_k sind zyklisch angeordnet in $h(p)$ Zyklen [7]. Dem Schnittpunkt von S_{k-1} und S_k ist ein in diesem Punkt zentriertes lokales Koordinatensystem u_k, v_k zugeordnet, sowie eine quadratische Form $[N_{k-1}, M_k, N_k]$ der Diskriminante p. In diesem Koordinatensystem wird S_{k-1} durch $u_k = 0$ und S_k durch $v_k = 0$ gegeben. Den ganzen Idealen b von $Q(\sqrt{p})$, deren Norm $N(b)$ gleich N ist, entsprechen Tripel $(k \mid s, t)$ mit $s \geqq 0$, $t \geqq 0$ und

$$s^2 N_{k-1} + st M_k + t^2 N_k = N.$$

Ein solches Tripel wiederum liefert eine lokale Kurve $u_k^t = v_k^s$, die in T_N enthalten ist (vgl. [7] 4.1, [9] 3.3 und [10] 1.4 (43)). Dabei ist $(s, t) = n(b)$, wo $n(b)$ per definitionem die natürliche Zahl sein soll, so dass b durch $n(b)$ teilbar und $b/n(b)$ ein primitives Ideal ist, also durch keine natürliche Zahl > 1 teilbar ist. Es sind dann

$$u_k^{t/n(b)} = \zeta v_k^{s/n(b)},$$

wo ζ eine primitive $n(b)$-te Einheitswurzel ist, irreduzible Kurvenzweige von F_N und alle irreduziblen Kurvenzweige von F_N in Punkten von $\tilde{X}(p)-X(p)$ können so erhalten werden. Also ist

$$\sigma(N) = \sum_{N(b)=N} \varphi(n(b)). \tag{17}$$

Die Summation ist über alle ganzen Ideale von $Q(\sqrt{p})$ mit Norm N.

Es folgt, dass $\sigma(N) \neq 0$ genau dann, wenn N_2 ein Quadrat ist, d. h. wenn die Grundzahl der Quaternionenalgebra $\mathcal{Q}_A$ gleich 1 ist. Wenn N_2 kein Quadrat ist, dann ist H/Γ_A kompakt und F_N eine kompakte Kurve in der nichtkompakten Fläche $X(p)$. Das Ergebnis (17) lässt sich so umformulieren.

SATZ 4. — *Es sei* $\left(\frac{N}{p}\right) = 1$. *Wie in* (5) *sei* $N = N_1 N_2$, *wo* N_1 *nur durch Primzahlen, die quadratische Reste, und* N_2 *nur durch Primzahlen, die quadratische Nichtreste* mod p *sind, teilbar ist. Die Kurve* F_N *ist in* $X(p)$ *kompakt (d. h.* F_N *hat keine Spitzen), wenn* N_2 *kein Quadrat ist. Wenn* N_2 *ein Quadrat ist, dann gilt für die Anzahl der Spitzen*

$$\sigma(N) = \sum_{d \mid N_1} \varphi((d, N_1/d)) \cdot \varphi(\sqrt{N_2}). \tag{18}$$

Beweis. — Die durch (17) gegebene zahlentheoretische Funktion $\sigma(N)$ ist multiplikativ, ebenso die rechte Seite von (18). Es genügt deshalb (18) zu beweisen, wenn $N = N_1 = q^r$ mit $\left(\frac{q}{p}\right) = 1$ oder $N = N_2 = q^{2r}$ mit $\left(\frac{q}{p}\right) = -1$. Im ersten Fall sei $(q) = \mathfrak{q}\mathfrak{q}'$. Die Ideale b in (17) sind dann $\mathfrak{q}^i(\mathfrak{q}')^j$ mit $i+j = r$. Es ist aber $n(\mathfrak{q}^i(\mathfrak{q}')^j) = q^{\min(i,j)} = (q^i, q^j)$. Damit folgt (18) für $N = N_1 = q^r$. Wenn $N = N_2 = q^{2r}$, dann ist $b = (q^r)$ das einzig mögliche Ideal in (17), was wiederum (18) ergibt.

1.5. Wir haben in 1.4 die kompakte Fläche $\tilde{X}(p)$ betrachtet, die übrigens noch nicht singularitätenfrei ist, da die Quotientensingularitäten nicht aufgelöst wurden. Für $\left(\frac{N}{p}\right) = 1$ wurde die irreduzible Kurve F_N in $\tilde{X}(p)$ und ihr singularitätenfreies Modell $\overline{H/\Gamma_A}$ untersucht. Auf Grund der Sätze 2, 3, 4 kann die Eulersche Zahl des singularitätenfreien Modells, die wir mit $e(N)$ bezeichnen wollen ($e(N) = 2-2g(N)$, wo $g(N)$ das Geschlecht ist), mit Hilfe einer klassischen Formel (vgl. z. B. [7], 4.3, (21)) berechnet werden.

SATZ 5. — *Es sei* $\left(\frac{N}{p}\right) = 1$. *Die Eulersche Zahl* $e(N)$ *des singularitätenfreien Modells der (kompakten) irreduziblen Kurve* F_N *auf der Modulflache* $\tilde{X}(p)$ *wird durch folgende Formel gegeben*

$$e(N) = \operatorname{vol}(F_N) + \frac{a_2(N)}{2} + \frac{2}{3}a_3(N) + \sigma(N), \tag{19}$$

wo $\operatorname{vol}(F_N)$, $a_2(N)$, $a_3(N)$, $\sigma(N)$ *in Satz* 2 (i), *Satz* 3 *und Satz* 4 *bestimmt wurden.*

In der Bezeichnung $\operatorname{vol}(F_N)$, $a_2(N)$, $a_3(N)$, $\sigma(N)$, $e(N)$ ist die Abhängigkeit von p nicht mehr zum Ausdruck gebracht. Durch die Primzahl p wird die Darstellung von N als Produkt $N_1 N_2$ geregelt, in der Tat hängen dann $\operatorname{vol}(F_N), \ldots, e(N)$ nur von dem Zahlenpaar N_1, N_2 ab. Wir geben jetzt in zwei Tabellen einige Werte von vol, a_2, a_3, σ, e in Abhängigkeit von N_1, N_2 an. Für die Rechnung ist es nützlich festzustellen, dass

$$\operatorname{vol}(F_N) = -\frac{1}{6}\mu(N_1).\varphi(N_2),$$

wo $\mu(N_1)$ der Index von $\Gamma_0(N_1)$ in $SL_2(\mathbb{Z})$ ist, und

$$\sigma(N) = \sigma_0(N_1).\varphi(\sqrt{N_2}),$$

wo $\sigma_0(N_1)$ die Anzahl der Spitzen von $H/\Gamma_0(N_1)$ ist und $\varphi(\sqrt{N_2})$ gleich 0 gesetzt wird, wenn N_2 kein Quadrat ist. Die Werte von μ und σ_0 wurden nämlich in [2] tabelliert. In den beiden folgenden Tabellen werden in vier zusätzlichen Spalten weitere Werte angegeben. Diese werden später erläutert. In den Tabellen sind Paare N_1, N_2 ausgewählt, die eine besondere Rolle spielen werden.

1.6. Die Involution $T : (z_1, z_2) \to (z_2, z_1)$ von H^2 induziert Involutionen von $X(p)$, $\overline{X(p)}$ und $\tilde{X}(p)$, die auch mit T bezeichnet werden sollen. Dabei geht die Kurve F_N in sich über. Nach [16] und [7] 5.4 besteht die Fixpunktmenge von T auf $\tilde{X}(p)$ aus $F_1 \cup F_p$, einem isolierten Fixpunkt l auf $X(p)$, falls $p \equiv 1 \pmod 8$, und einem isolierten

TABELLE 1

N_1	N_2	-6 vol	a_2	a_3	σ	e	c_1	f	e^*	c_1^*
1	1	1	1	1	1	2	1			
2	1	3	1	0	2	2	1	2	2	
3	1	4	0	1	2	2	1	2	2	
4	1	6	0	0	3	2	1	2	2	
1	4	2	0	2	1	2	1	2	2	
5	1	6	2	0	2	2	0	2	2	1
1	6	2	2	2	0	2	0	2	2	1
6	1	12	0	0	4	2	0	2	2	1
7	1	8	0	2	2	2	0	2	2	1
8	1	12	0	0	4	2	0	2	2	1
1	9	6	2	0	2	2	0	2	2	1
9	1	12	0	0	4	2	0	2	2	1
1	10	4	0	4	0	2	0	2	2	1
11	1	12	0	0	2	0	−2	4	2	1
3	4	8	0	2	2	2	0	2	2	1
1	14	6	2	0	0	0	−2	4	2	1
1	15	8	0	2	0	0	−2	4	2	1
1	16	8	0	2	2	2	0	2	2	1
5	4	12	0	0	2	0	−2	4	2	1
1	24	8	0	2	0	0	−2	4	2	1
1	26	12	0	0	0	−2	−4	6	2	1
1	36	12	0	0	2	0	−2	4	2	1

Fixpunkt P_0 auf derjenigen Kurve $S_0 \subset \tilde{X}(p) - X(p)$, für die $T(S_0) = S_0$. Die Kurve F_4 (und keine andere Kurve F_N) geht durch P_0. Vgl. hierzu 1.4 und [7] 5.5. Der Punkt l ist eine Quotientensingularität der Ordnung 2. Bläst man diese auf in eine rationale Kurve L der Selbstschnittzahl -2, dann hat das auf die Auflösung angehobene T zwei isolierte Fixpunkte auf L, die in [7] 5.4 (8) mit P_3 und P_4 bezeichnet wurden. Man beachte jedoch, dass wir hier in $\tilde{X}(p)$ arbeiten, wo die Quotientensingularitäten noch nicht aufgelöst wurden. Die Involution T induziert für jeden speziellen Punkt z einen Isomorphismus $\mathcal{M}_z \to \mathcal{M}_{Tz}$, der die Orientierung *umkehrt* und φ in φ_{Tz} überführt. Wenn z einen Fixpunkt von T in $X(p)$ repräsentiert und B ein Element von $SL_2(\mathcal{O})$ ist mit $B(Tz) = z$, dann induziert BT einen orientierungsumkehrenden Automorphismus t von $\mathcal{M}_z$ mit $\varphi_z \circ t = \varphi_z$.

Zu einer quadratischen Form φ definiert auf dem orientierten Gitter M kann man die Form φ' betrachten, die auf dem umgekehrt orientierten Gitter M erklärt ist, aber mit φ als Funktion $M \to Z$ übereinstimmt. Die Form φ (und auch ihre Klasse) heisst ambig, wenn φ und φ' orientierungserhaltend äquivalent sind, d. h. wenn es einen orientierungsumkehrenden Automorphismus t von M gibt, der die Funktion $\varphi : M \to Z$ in sich überführt. Wenn $\mathrm{Aut}(\varphi) = \{\pm 1\}$, dann ist t bis auf Multiplikation mit -1 eindeutig bestimmt.

Wenn der spezielle Punkt $z \in H^2$ einen Fixpunkt von T in $X(p)$ repräsentiert, dann ist φ_z ambig und $t : \mathcal{M}_z \to \mathcal{M}_z$ ist (bis auf Multiplikation mit -1) jedenfalls dann

TABELLE 2

N_1	N_2	-6 vol	a_2	a_3	σ	e	c_1	f	e^*	c_1^*
10	1	18	2	0	4	2	−2	2	2	0
12	1	24	0	0	6	2	−2	2	2	0
13	1	14	2	2	2	2	−2	2	2	0
14	1	24	0	0	4	0	−4	4	2	0
15	1	24	0	0	4	0	−4	4	2	0
16	1	24	0	0	6	2	−2	2	2	0
17	1	18	2	0	2	0	−4	4	2	0
2	9	18	2	0	4	2	−2	2	2	0
19	1	20	0	2	2	0	−4	4	2	0
1	21	12	4	0	0	0	−4	4	2	0
1	22	10	2	4	0	2	−2	2	2	0
23	1	24	0	0	2	−2	−6	6	2	0
1	25	20	0	2	4	2	−2	2	2	0
7	4	16	0	4	2	2	−2	2	2	0
3	10	16	0	4	0	0	−4	4	2	0
5	6	12	4	0	0	0	−4	4	2	0
1	34	16	0	4	0	0	−4	4	2	0
1	35	24	0	0	0	−4	−8	8	2	0
9	4	24	0	0	4	0	−4	4	2	0
1	38	18	2	0	0	−2	−6	6	2	0
1	39	24	0	0	0	−4	−8	8	2	0
1	40	16	0	4	0	0	−4	4	2	0
7	6	16	0	4	0	0	−4	4	2	0
11	4	24	0	0	2	−2	−6	6	2	0
1	54	18	2	0	0	−2	−6	6	2	0
1	56	24	0	0	0	−4	−8	8	2	0
1	60	16	0	4	0	0	−4	4	2	0
11	6	24	0	0	0	−4	−8	8	2	0
1	84	24	0	0	0	−4	−8	8	2	0
1	90	24	0	0	0	−4	−8	8	2	0

eindeutig bestimmt, wenn φ_z eine zu p teilerfremde Zahl darstellt. (Die Diskriminante von φ_z ist durch p teilbar.)

Wir wollen jetzt an das Verhalten der Quotientensingularitäten der Ordnung 2 und 3 unter T erinnern. Der Hälfte der Quotientensingularitäten der Ordnung 2 ist die Form $[p, 0, p]$ zugeordnet (*siehe* 1.3, Beweis von Satz 3). Sie ist ambig. Eine solche Quotientensingularität liegt auf F_p, ist also ein Fixpunkt von T. Die andere Hälfte der Quotientensingularitäten der Ordnung 2 entspricht bijektiv den $SL_2(Z)$-Aequivalenzklassen positiv-definiter quadratischer Formen der Diskriminante $-4p$ mit $\chi_p(\varphi) = 1$. Hiervon ist die Klasse von $[1, 0, p]$ ambig, sie ist die einzige ambige Klasse mit $\chi_p(\varphi) = 1$, wenn $p \equiv 5 \pmod 8$. Die entsprechende Quotientensingularität **e** ist der Schnittpunkt von F_1 und F_p in $X(p)$, also Fixpunkt von T. Für $p \equiv 1 \pmod 8$ kommt noch eine ambige Klasse hinzu, nämlich die von $[2, 2, (1/2)(1+p)]$. Diese Form stellt weder 1 noch p dar. Die entsprechende Quotientensingularität ist der oben erwähnte isolierte Fixpunkt l von T in $X(p)$. Die Kurve F_2 geht durch l. Die übrigen Quotientensingularitäten der Ordnung 2 mit $\chi_p(\varphi_z) = 1$ werden durch T paarweise miteinander vertauscht. Für die quadratischen Formen entspricht dies der Isomorphie $\varphi_{Tz} \simeq \varphi_z'$. Sie sind alle nicht ambig.

Zur Hälfte der Quotientensingularitäten der Ordnung 3 gehört die Form $[p, p, p]$. Sie ist ambig. Eine solche Quotientensingularität liegt auf F_p, ist also ein Fixpunkt von T. Die andere Hälfte der Quotientensingularitäten der Ordnung 3 entspricht bijektiv den $SL_2(Z)$-Äquivalenzklassen positiv-definiter quadratischer Formen φ der Diskriminante $-3p$ mit $\chi_p(\varphi) = 1$. Die Klasse von $[1, 1, (1/4)(3p+1)]$ ist ambig, und sie ist die einzige ambige Klasse, wenn $p \equiv 2 \pmod 3$. Die entsprechende Quotientensingularität b_1 liegt auf F_1, ist also ein Fixpunkt von T. Für $p \equiv 1 \pmod 3$ kommt noch eine ambige Klasse hinzu, nämlich die von $[3, 3, (1/4)(p+3)]$. Diese Form stellt p dar. Die entsprechende Quotientensingularität b_2 liegt also auf F_p und ist ein Fixpunkt von T.

Der Punkt b_2 ist ein Schnittpunkt von F_3 und F_p in $X(p)$. Die übrigen Quotientensingularitäten der Ordnung 3 mit $\chi_p(\varphi) = 1$ werden durch T paarweise miteinander vertauscht.

Die erwähnten ambigen Klassen, welche die 1 darstellen, entsprechen den Hauptidealklassen von $Q(\sqrt{-4p})$ und $Q(\sqrt{-3p})$, während die zusätzlichen ambigen Klassen Idealklassen entsprechen, die in $Q(\sqrt{-4p})$ bzw. $Q(\sqrt{-3p})$ durch ein ganzen Ideal der Norm 2 bzw. 3 repräsentiert werden können.

Die Kurve F_N auf $\tilde{X}(p)$ wird durch die Involution T von $\tilde{X}(p)$ in sich übergeführt. Es gibt nur endlich viele Fixpunkte auf F_N, sofern $N \neq 1$ und $N \neq p$. Wir beschränken uns wieder auf den Fall $\left(\frac{N}{p}\right) = 1$ mit $N > 1$ und betrachten ein singularitätenfreies Modell $\overline{H/\Gamma_A}$ von F_N. Die Involution T lässt sich auf $\overline{H/\Gamma_A}$ anheben. Es sei $f(N)$ die Anzahl der Fixpunkte auf $\overline{H/\Gamma_A}$. Ihre Anzahl wird durch folgenden Satz bestimmt.

SATZ 6. — *Es sei* $\left(\frac{N}{p}\right) = 1$ *und* $N \geqq 5$. *Für die Involution* T *auf einem singularitätenfreien Modell* $\overline{H/\Gamma_A}$ *von* F_N *gilt dann*

(i) T *vertauscht paarweise die Spitzen, d. h. die Punkte von* $\overline{H/\Gamma_A} - H/\Gamma_A$;

(ii) T *vertauscht paarweise die Punkte von* H/Γ_A, *die von Punkten in* H *mit nichttrivialer Isotropiegruppe von* Γ_A *herrühren;*

(iii) *die Anzahl der Fixpunkte* $f(N)$ *von* T *auf* $\overline{H/\Gamma_A}$ *ist gegeben durch*

$$(20)\qquad \begin{cases} f(N) = h(-4N), & \textit{wenn}\quad N \not\equiv 3 \pmod 4, \\ f(N) = h(-4N) + h(-N), & \textit{wenn}\quad N \equiv 3 \pmod 4, \end{cases}$$

[*in diesem Fall ist* $h(-4N) = h(-N)$, *wenn* $N \equiv 7 \pmod 8$, *und* $h(-4N) = 3h(-N)$, *wenn* $N \equiv 3 \pmod 8$];

(iv) *bei der Abbildung* $H/\Gamma_A \to X(p)$ *gehen die Fixpunkte von* T *auf* H/Γ_A *in* $f(N)$ *Schnittpunkte von* F_N *mit* F_p *über und zwar in die* $h(-4N)$ *Punkte von* $X(p)$, *die von speziellen*

Punkten $z \in \mathrm{H}^2$ *mit* $\varphi_z \simeq [p, 0, \mathrm{N}]$ *herrühren und darüberhinaus für* $\mathrm{N} \equiv 3 \pmod 4$ *in die* $h(-\mathrm{N})$ *Punkte von* $\mathrm{X}(p)$, *die von speziellen Punkten* $z \in \mathrm{H}^2$ *mit* $\varphi_z \simeq [p, p, (1/4)(p+\mathrm{N})]$ *herrühren.*

Beweis. — Die in 1.4 angegebenen Kurvenzweige $u_k^{t/n(b)} = \zeta\, v_k^{s/n(b)}$ entsprechen den Paaren (b, ζ) bestehend aus einem Ideal positiver Norm von $\mathrm{Q}(\sqrt{p})$ und einer primitiven $n(b)$-ten Einheitswurzel. Bei der Involution geht b in b' uber. Wenn $b = b'$, dann $b = (n)$ oder $b = (n\sqrt{p})$, wo n eine natürliche Zahl ist. In diesem Fall geht die primitive n-te Einheitszurzel ζ bei der Involution in ζ^{-1} über. Nur die Paare $((1), 1)$, $((2), -1)$, $((\sqrt{p}), 1)$, $((\sqrt{p}), -1)$ bleiben fest. Es folgt, dass unter allen $\mathrm{F_N}$ nur F_1, F_4, F_p, F_{4p} eine Spitze haben, die bei T invariant ist. Damit ist (i) bewiesen.

Die folgende triviale Bemerkung über quadratische Formen wird nützlich sein. Es sei $\varphi : \mathrm{M} \rightarrow \mathrm{Z}$ eine positiv-definite ganzzahlige quadratische Form. Die Elemente $e_1, e_2 \in \mathrm{M}$ seien Z-linear unabhängig. Es sei t ein Automorphismus von M, der die Orientierung ändert, mit $\varphi \circ t = \varphi$ und $t(e_1) = \pm e_1$. Dann gilt $t(e_2) = \mp e_2$ genau dann, wenn $\varphi \mid \mathrm{Z}e_1 + \mathrm{Z}e_2$ gegeben wird durch $[\varphi(e_1), 0, \varphi(e_2)]$.

Wir betrachten jetzt die gegebene Kurve $\mathrm{F_N}$ mit $\left(\frac{\mathrm{N}}{p}\right) = 1$ und $\mathrm{N} \geqq 5$ und eine weitere Kurve $\mathrm{F_M}$. (Es sei $\mathrm{M} \neq \mathrm{N}$; die Zahl M braucht nicht zu p teilerfremd zu sein.) Auf den singularitätenfreien Modellen von $\mathrm{F_M}$ und $\mathrm{F_N}$ möge es Fixpunkte von T geben, die in $\mathrm{X}(p)$ in ein und denselben Punkt $\mathbf{z}$ übergehen. (Dabei sind die Fixkurven F_1 und F_p als $\mathrm{F_M}$ zugelassen.) Der Punkt $\mathbf{z}$ kommt dann von einem speziellen Punkt $z \in \mathrm{H}^2$, und es gibt Elemente $e_1, e_2 \in \mathscr{M}_z$ mit $\varphi_z(e_1) = \mathrm{M}$, $\varphi_z(e_2) = \mathrm{N}$, so dass für den (bis auf Multiplikation mit -1 wohlbestimmten) orientierungsumkehrenden Automorphismus t von $\mathscr{M}_z$ gilt : $t(e_1) = \pm e_1$ und $t(e_2) = \mp e_2$. Die Form $\varphi_z \mid \mathrm{Z}e_1 + \mathrm{Z}e_2$ wird dann nach vorstehender trivialer Bemerkung gegeben durch $[\mathrm{M}, 0, \mathrm{N}]$. Sie hat Diskriminante $-4\,\mathrm{MN}$. Da die Diskriminante von φ_z durch p teilbar ist, folgt $\mathrm{M} \equiv 0 \pmod p$. Deshalb kann ein Fixpunkt der Involution T des singularitätenfreien Modells $\mathrm{H}/\Gamma_\mathrm{A}$ von $\mathrm{F_N}$ bei der natürlichen Abbildung $\mathrm{H}/\Gamma_\mathrm{A} \rightarrow \mathrm{X}(p)$ nicht in $\mathrm{F}_1 \cup \{l\} \cup \{b_2\}$ abgebildet werden, da sonst $\mathrm{M} = 1$ bzw. 2 bzw. 3 genommen werden könnte. Also wird ein solcher Fixpunkt in F_p abgebildet und zwar auf einen regulären Punkt von $\mathrm{X}(p)$, da den auf F_p liegenden Quotientensingularitäten (abgesehen von $\mathbf{e} = \mathrm{F}_1 \cup \mathrm{F}_p$ und b_2) als speziellen Punkten die Form $[p, 0, p]$ bzw. $[p, p, p]$ zugeordnet ist, die N nicht darstellt. Es folgt, dass die in (ii) angegebenen Punkte von $\mathrm{H}/\Gamma_\mathrm{A}$ nicht Fixpunkte der Involution T von $\mathrm{H}/\Gamma_\mathrm{A}$ sein können.

Der Beweis von (iii) lässt sich jetzt zu Ende führen. Wir betrachten die Form $\psi = [p, 0, \mathrm{N}]$ definiert auf $\mathrm{Z} \oplus \mathrm{Z}$ und die in 1.2 besprochenen Einbettungen $j : \mathrm{Z} \oplus \mathrm{Z} \rightarrow \mathscr{M}_z$ mit $\varphi_z \cdot j = \psi$. Wenn eine solche Einbettung gegeben ist, dann repräsentiert z in $\mathrm{X}(p)$ einen Punkt von F_p, also einen Fixpunkt der Involution T von $\mathrm{X}(p)$. Setzt man $j(1, 0) = e_1$ und $j(0, 1) = e_2$, dann gilt für den (bis auf Multiplikation mit -1) wohlbestimmten orientierungsumkehrenden Automorphismus t von $\mathscr{M}_z$ die Gleichung $t(e_1) = \pm e_1$, da F_p Fixkurve ist, und nach der trivialen Bemerkung auch $t(e_2) = \mp e_2$.

Die Einbettung j liefert deshalb einen Fixpunkt von T auf dem singularitätenfreien Modell von F_N, sofern e_2 ein primitives Element von $\mathcal{M}_z$ ist, und jeder Fixpunkt kann so erhalten werden. Also gilt nach 1.2 :

$$f(N) = h(-4N), \qquad \text{wenn } N \equiv 0 (\text{mod } 4),$$

$$f(N) = h(-4N)+h(-N), \qquad \text{wenn } N \not\equiv 0 (\text{mod } 4),$$

wie zu beweisen war [vgl. 1.2 (11), (12)]. Die in (iii) angegebene Beziehung zwischen $h(-4N)$ und $h(-N)$ folgt aus einer klassischen Formel (vgl. [10], 1.2, Prop. 1). Zu (iv) ist nur festzustellen, dass nach 1.2 (10) :

$$s([p, 0, N]) = h(-4N) \quad \text{und} \quad s\left(\left[p, p, \frac{1}{4}(p+N)\right]\right) = h(-N)$$

und dass $[p, p, (1/4)(p+N)]$ die Form $[p, 0, N]$ darstellt. Es ist übrigens $[p, p, (1/4)(p+N)] \simeq [N, N, (1/4)(p+N)]$.

Bemerkungen : 1) Die Zahl $f(N)$ ist unabhängig von der Aufspaltung $N = N_1 N_2$, also auch unabhängig von der Quaternionenalgebra $\mathcal{Q}_A$ der Grundzahl N'_2 (*siehe* 1.1). Es hat sich für alle Fälle die Zahl ergeben, die von der Erweiterung der Gruppe

$$\Gamma_0(N) \quad \text{zu} \quad \Gamma_*(N) = \Gamma_0(N) \cup \Gamma_0(N) \begin{pmatrix} 0 & -N^{-1/2} \\ N^{1/2} & 0 \end{pmatrix}$$

bekannt ist [4]. Dieses Ergebnis von Fricke entspricht $N_2 = 1$ (vgl. [7], 5.3, Remark). Die Werte von $h(-4N)$ wurden in [2] tabelliert für die Berechnung des Geschlechts von $\overline{H/\Gamma_*(N)}$.

2) Da F_2, F_3, F_4 das Geschlecht 0 haben (vgl. Tabelle 1) ist $f(2) = f(3) = f(4) = 2$. Für das singularitätenfreie Modell von F_2 wird einer der Fixpunkte von T auf l abgebildet, der andere auf denjenigen Punkt $\mathbf{z}_2$ in $X(p)$ mit $\varphi_{\mathbf{z}_2} \simeq [p, 0, 2]$. Für F_3 wird einer der Fixpunkte auf b_2 abgebildet, der andere auf denjenigen Punkt $\mathbf{z}_3$ in $X(p)$ mit $\varphi_{\mathbf{z}_3} \simeq [p, 0, 3]$. Für F_4 bleibt eine Spitze fest, der andere Fixpunkt wird auf denjenigen Punkt $\mathbf{z}_4$ in $X(p)$ abgebildet mit $\varphi_{\mathbf{z}_4} \simeq [p, 0, 4]$. Man beachte, dass $s([p, 0, 2]) = h(-8)$, $s([p, 0, 3]) = h(-12)$, $s([p, 0, 4]) = h(-16)$ und dass diese Klassenzahlen gleich 1 sind.

Für die Kurve F_N von $\tilde{X}(p)$ mit $\left(\frac{N}{p}\right) = 1$ und $N > 1$ haben wir ein singularitätenfreies Modell $\overline{H/\Gamma_A}$ benutzt. In der Fläche $\tilde{X}(p)/T$ sind Kurven F_N^* als Bilder der F_N definiert. Die Kurve F_N^* hat das singularitätenfreie Modell $(\overline{H/\Gamma_A})/T$, dessen Eulerzahl wir mit $e^*(N)$ bezeichnen wollen. Es ist dann

$$e^*(N) = \frac{1}{2}(e(N)+f(N)). \tag{21}$$

In den Tabellen 1, 2 von 1.6 wurden in einigen Fällen die Werte von f(N) und e^* (N) angegeben. In diesen Beispielen ist stets $e^* = 2$. Wie wir sehen werden, gibt es noch viele andere Fälle mit $e^* = 2$. Es ist aber $\lim e^*(N) = -\infty$ für $N \to \infty$.

2. Die Kurven F_N und F_N^* auf den desingularisierten Hilbertschen Modulflächen

2.1. Aus der Hilbertschen Modulfläche $X(p) = H^2/SL_2(\mathcal{O})$ entsteht durch Hinzufügung von $h(p)$ Spitzen die kompakte Fläche $\overline{X(p)}$, die endlich viele singuläre Punkte hat, nämlich die erwähnten Spitzen und die Quotientensingularitäten von $X(p)$. Löst man die Spitzen auf, dann erhält man die in 1.4 eingeführte Fläche $\tilde{X}(p)$. Die singularitätenfreie algebraische Fläche, die aus $\tilde{X}(p)$ durch Auflösung der Quotientensingularitäten in der kanonischen minimalen Weise entsteht, soll $Y(p)$ genannt werden ([7], [8]). Die Kurven F_N und T_N lassen sich auch als Kurven in $Y(p)$ auffassen.

In 1.6 wurden die Quotientensingularitäten und ihr Verhalten unter der Involution T beschrieben. Auf der Fläche $Y(p)$ operiert T ebenfalls. Auf $Y(p)$ hat man die folgende grundlegende T-symmetrische Konfiguration von Kurven ([7], 5.3, (8) und [8], II). Bei der Beschreibung spielt die Restklasse von p modulo 24 eine Rolle. Es werde deshalb wie in [7] gesetzt :

$$\varepsilon = 1 \quad \text{für} \quad p \equiv 1 \pmod 3 \quad \text{und} \quad \varepsilon = 0 \quad \text{für} \quad p \equiv 2 \pmod 3,$$

$$\delta = 1 \quad \text{für} \quad p \equiv 1 \pmod 8 \quad \text{und} \quad \delta = 0 \quad \text{für} \quad p \equiv 5 \pmod 8.$$

In dieser Konfiguration sind alle irreduziblen Kurven singularitätenfrei (bis auf $p = 5$, wo $t = 0$ und S_0 einen Doppelpunkt hat und auch F_4 einen Doppelpunkt hat). Alle Kurven bis auf F_p sind rational. Im einzelnen entsteht diese Konfiguration so :

Die Auflösung der Hauptspitze wurde eingezeichnet. Die Kurven sind mit S_k bezeichnet (k mod $(2t+1)$) mit $T(S_k) = S_{-k}$. Die zugehörigen Ideale b, siehe 1.4, sind genau die Hauptideale. Die Zyklen von Kurven S_k, die zu den anderen Spitzen gehören, werden durch T paarweise vertauscht. Sie sind nicht in die Konfiguration eingetragen. Die Kurven F_2, F_3 treffen die Zyklen der Spitzenauflösungen in jeweils 2 Punkten, da $\sigma(2) = \sigma(3) = 2$. Diese Schnittpunkte wurden nicht eingezeichnet. Auch die weiteren Schnittpunkte von F_4 mit den Zyklen (für $\delta = 1$ und $\sigma(4) = 3$) und mit V_j, V_j' für $\delta = 0$ sind nicht berücksichtigt. Für die folgenden Ausführungen vergleiche 1.6.

Jede Quotientensingularität der Ordnung 2 mit zugehöriger quadratischer Form $[p, 0, p]$ wird aufgeblasen in eine Kurve D_i der Selbstschnittzahl -2 mit $T(D_i) = D_i$. Jede Quotientensingularität der Ordnung 3 mit zugehöriger quadratischer Form $[p, p, p]$ wird aufgeblasen in zwei Kurven C_j, C_j' der Selbstschnittzahl -2, die unter der Involution T vertauscht werden $(T(C_j) = C_j')$. Man beachte, dass in diesem Fall $r = 2$ ist (vgl. 1.3). Die Quotientensingularität **e** der Ordnung 2 (quadratische Form $[1, 0, p]$) wird aufgeblasen in eine Kurve E der Selbstschnittzahl $EE = -2$. Die Quotientensingularität l der Ordnung 2 wird aufgeblasen in eine Kurve L mit $LL = -2$, auf der T die

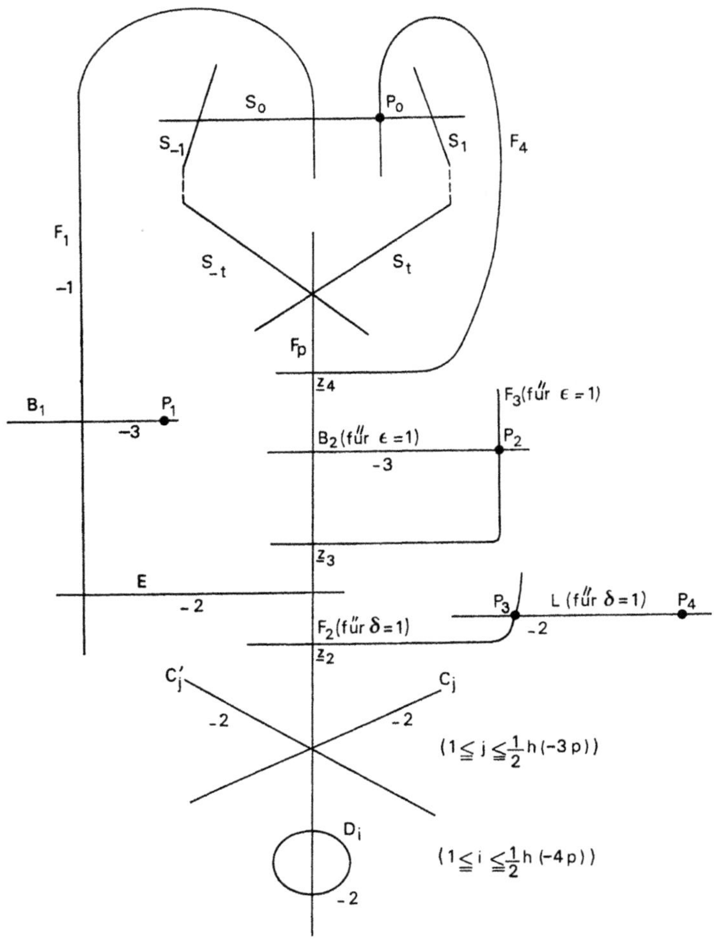

$$\frac{-2}{U_i\ \ (1 \leqq i \leqq ((1/2)\,h(-4\,p)-1-\delta)/2)}, \qquad \frac{-2}{U'_i}$$

$$\frac{-3}{V_j\ \ (1 \leqq j \leqq ((1/2)\,h(-3\,p)-1-\varepsilon)/2)}, \qquad \frac{-3}{V'_j}$$

isolierten Fixpunkte P_3, P_4 hat. Durch P_3 geht die Kurve F_2. Die Quotientensingularitäten b_1, b_2 der Ordnung 3 werden aufgeblasen in Kurven B_1, B_2 der Selbstschnittzahl -3, auf denen T jeweils einen isolierten Fixpunkt P_1 bzw. P_2 hat. Durch P_2 geht die Kurve F_3. Die übrigen Quotientensingularitäten der Ordnung 2 bzw. 3 tretten in Paaren auf. Sie werden aufgelöst in Kurven U_i, U'_i bzw. V_j, V'_j der Selbstschnittzahl -2

bzw. -3, die unter T paarweise miteinander vertauscht werden ($T(U_i) = U'_i$ und $T(V_j) = V'_j$).

2.2. Es soll der Wert der ersten Chernschen Klasse c_1 von $Y(p)$ auf F_N berechnet werden. Das wurde im wesentlichen in [7] 4.3 durchgeführt, allerdings waren dort nur Kurven F_N mit $N_2 = 1$ betrachtet worden.

Die duale Homologieklasse von c_1 kann als Element γ von $H_2(Y(p), R)$ aufgefasst werden. Dann gilt ([7], 3.2, (9), 4.3) :

$$\gamma = \gamma_0 + \frac{1}{3}(B_1 + B_2) + \frac{1}{3}\sum_j (V_j + V'_j) + \sum S_k, \tag{1}$$

wo k alle Zyklen durchläuft, die auftretenden Kurven als Homologieklassen aufgefasst werden und γ_0 eine Homologieklasse des regulären Ortes X_0 von $X(p)$ ist, deren duale Kohomologieklasse in X_0 durch eine geschlossene Differentialform $\tilde{\gamma}_0$ mit kompaktem Träger repräsentiert werden kann. Die Form $\tilde{\gamma}_0$ wird durch »Abschneiden« aus

$$\omega = -\frac{1}{2\pi}(y_1^{-2}\, dx_1\, dy_1 + y_2^{-2}\, dx_2\, dy_2), \qquad z_j = x_j + i y_j,$$

erhalten ([7], 3.4). Die Form ω ist die $SL_2(R) \times SL_2(R)$-invariante Chernsche Form. Da die Kurven F_N von Graphen gebrochener linearer Transformationen (1.3) herrühren, ist

$$\int_{F_N} \omega = 2\,\mathrm{vol}(F_N), \tag{2}$$

und die Form $\tilde{\gamma}_0$ ist so beschaffen, dass

$$\gamma_0 \cdot F_N = \int_{F_N} \tilde{\gamma}_0 = \int_{F_N} \omega = 2\,\mathrm{vol}(F_N). \tag{3}$$

Der Wert von c_1 auf der Kurve $F_N \subset Y(p)$ werde mit $c_1[F_N]$ bezeichnet. Der Einfachkeit halber werde wieder $\left(\frac{N}{p}\right) = 1$ vorausgesetzt. Dem Beweis des Satzes 3 im 1.3 entnimmt man, dass

$$a_3(N) = F_N \cdot (B_1 + B_2 + \sum (V_j + V'_j)).$$

Aus (1) und (3) folgt

$$c_1[F_N] = 2\,\mathrm{vol}(F_N) + \frac{1}{3} a_3(N) + F_N \sum S_k. \tag{4}$$

Die Schnittzahlsumme $\sum F_N S_k$ kann nach 1.4 bestimmt werden : Jede Spitze von F_N mit dem Kurvenkeim

$$u_k^{t/n(b)} = \zeta\, v_k^{s/n(b)},$$

liefert für diese Summe den Beitrag $(s+t)/n(b)$, der stets $\geqq 1$ ist. Für das ganze Ideal b von $Q(\sqrt{p})$ mit $N(b) = N$ definieren wir die nicht negative Zahl

(5) $$\rho(b) = (s+t)/n(b) - 1$$

und erhalten

$$F_N \sum S_k = \sigma(N) + \sum_{\substack{b \\ N(b)=N}} \varphi(n(b))\,\rho(b).$$

Aus 1.5 (19) folgt

(6) $$c_1[F_N] = 2e(N) - a_2(N) - a_3(N) - \sigma(N) + \rho(N),$$

wo per definitionem

$$\rho(N) = \sum_{\substack{b \\ N(b)=N}} \varphi(n(b))\,\rho(b).$$

Wir definieren

(7) $$c_1(N) = 2e(N) - a_2(N) - a_3(N) - \sigma(N).$$

Für eine Spitze von F_N mit dem oben angegebenen Kurvenkeim ist bei der üblichen Aufspaltung $N = N_1 N_2$ die Zahl N_2 eine Quadratzahl ($N_2 = r^2$). Wir haben

$$N = s^2 N_{k-1} + st\,M_k + t^2 N_k \qquad \text{mit} \quad r \mid s \quad \text{und} \quad r \mid t.$$

(Der Leser möge die Faktoren N_1, N_2 der Aufspaltung von N nicht mit den N_k der Spitzenauflösungen verwechseln.) Da $M_k^2 - 4N_{k-1}N_k = p$, gilt $M_k \geqq \sqrt{p+4}$; deshalb verschwindet s oder t, wenn $N_1 < \sqrt{p+4}+2$. Der Kurvenkeim ist dann regulär, schneidet S_k transversal und geht nicht durch einen Schnittpunkt $S_{j-1} \cap S_j$.

Definition. — *Die Kurve* F_N *heisst transversal in den Spitzen, wenn* F_N *die Kurve* $\cup S_k$ *(k durchläuft alle Zyklen) transversal schneidet, d. h.* F_N *in jedem Punkt von* $\cup S_k$ *regulär ist, nicht durch die Doppelpunkte von* $\cup S_k$ *geht und jedes* S_k *in endlich vielen Punkten transversal schneidet.*

Die vorstehenden Ueberlegungen ergeben

Satz 1. — *Es sei* $\left(\frac{N}{p}\right) = 1$. *Für die Kurve* F_N *auf der Fläche* $Y(p)$ *gilt*

$$c_1[F_N] \geqq c_1[N] \underset{\text{Def}}{=} 2e(N) - a_2(N) - a_2(N) - a_3(N) - \sigma(N).$$

Die Kurve F_N *ist transversal in den Spitzen genau dann, wenn für jedes ganze Ideal b von* $Q(\sqrt{p})$ *mit* $N(b) = N$ *gilt :* $\rho(b) = 0$. *Dies ist dann und nur dann der Fall, wenn* $c_1[F_N] = c_1(N)$. *Wenn* N_2 *kein Quadrat ist oder* $N_1 < \sqrt{p}+4+2$, *dann ist* F_N *transversal in den Spitzen und somit* $c_1[F_N] = c_1(N)$.

Die Tabellen 1, 2 in 1.6 geben den Wert von $c_1(N)$ in einigen Fällen an ($N = N_1 N_2$).

2.3. Aus 1.2 (13) folgt, dass die Kurven F_M, F_N in $X(p)$ die transversale Schnittzahl 0 haben, wenn kein $b \in Z$ existiert mit $b^2 < 4MN$ und $b^2 \equiv 4MN \pmod{p}$. Da $(1/p)(b^2 - 4MN)$ eine Diskriminante ist, ergibt sich, dass die transversale Schnittzahl in $X(p)$ verschwindet, wenn $MN < 3p/4$. Im folgenden sei $\left(\frac{N}{p}\right) = 1$. Wenn $4MN - b^2 = 3p$, dann ist $[M, b, N]$ bis auf Aequivalenz die einer wohlbestimmten Quotientensingularität $\mathbf{z}$ der Ordnung 3 zugeordnete quadratische Form und F_M, F_N schneiden sich in $\mathbf{z}$ transversal. Entsprechendes gilt, wenn $4MN - b^2 = 4p$, dann schreiben sich F_M, F_N in einer Quotientensingularität $\mathbf{z}$ der Ordnung 2 : Bläst man $\mathbf{z}$ auf in eine Kurve der Selbstschnittzahl -3 bzw. -2, dann zeigen F_M, F_N auf $Y(p)$ folgendes Verhalten

(8) $F_M \,|\, -3 \,|\, F_N$ bzw. $F_M \,|\, -2 \,|\, F_N$.

Die transversale Schnittzahl in $Y(p) - \cup S_k$ ist also bereits 0, wenn $MN < 7p/4$. Wenn $a_3(N) = 0$ bzw. $a_2(N) = 0$, dann kann eine Situation (8) nicht auftreten. Wir bemerken auch noch, dass F_M und F_N sich in $X(p)$ nicht in einer Quotientensingularität der Ordnung 2 schneiden können, wenn $MN < p$; sie können sich dann in $X(p)$ höchstens in einer Quotientensingularität der Ordnung 3 schneiden. Bei diesen Uberlegungen war $M = N$ zugelassen.

Wenn $M \neq N$ und $M < \sqrt{p}$, $N < \sqrt{p}$, dann sind F_M und F_N in $Y(p)$ disjunkt. Die Kurven treffen sich nämlich auch in Punkten von $\cup S_k$ nicht (vgl. 2.2 Satz 1) : Schneiden sie die gleiche Kurve S_k, dann ist $M = t_1^2 N_k$ und $N = t_2^2 N_k$. Die Kurve S_k (gegeben durch $v_k = 0$) hat die laufende Koordinate u_k, und $F_M \cap S_k$ bzw. $F_N \cap S_k$ entspricht vermöge u_k der Menge der t_1-ten bzw. t_2-ten primitiven Einheitswurzeln.

Die Kurve F_N hat keine Doppelpunkte in $X(p)$, wenn $N < p/4$. Die Bedingung $0 < 4N^2 - x^2 \equiv 0 \pmod{p}$ ist nämlich unter der Annahme $N < p/4$ nicht erfüllbar. Insbesonders geht F_N dann durch $a_2(N)$ verschiedene Quotientensingularitäten der Ordnung 2 und $a_3(N)$ verschiedene Quotientensingularitäten der Ordnung 3 (vgl. 1.3). Für $N \geqq 4$ bedeutet dies, dass genau $a_2(N)/2$ verschiedene Kurvenpaare U_i, U_i' von F_N transversal geschnitten werden und entsprechendes für $a_3(N)/2$ Kurvenpaare V_j, V_j' gilt. Wir werden diese Kurvenpaare oft auch U_N, U_N' und V_N, V_N' nennen (versehen mit einem Index, der von 1 bis $a_2(N)/2$) bzw. $a_3(N)/2$ läuft).

Wenn $N > p/4$ und $\left(\frac{N}{p}\right) = 1$, dann hat F_N Doppelpunkte in $X(p)$. Man betrachte nämlich die quadratische Form $[N, 2N-p, N]$ der Diskriminante $-(4N-p)p$. Diese Form ist ambig, sie ist äquivalent zu $[N, p, p]$. Da $s_0([N, p, p]) = H(4N-p)$ [*siehe* 1.2, (11)] erhält man auf diese Weise $H(4N-p)$ Doppelpunkte von F_N in $X(p)$, die auf F_p liegen. Wenn $H(4N-p)$ keine ganze Zahl ist, bedeutet dies, dass einer der Doppelpunkte der Punkt b_2 ist (*siehe* 1.6). In $Y(p)$ hat man $[H(4N-p)]$ Doppelpunkte mit jeweils einer Konfiguration

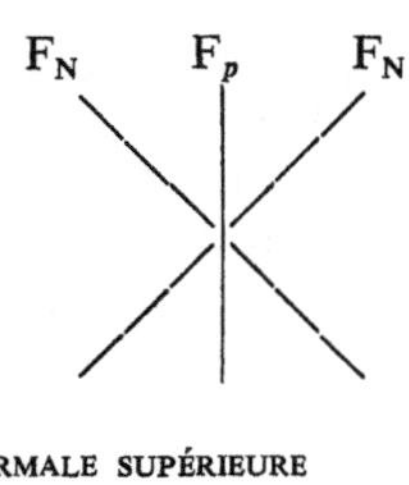

Wenn $H(4N-p)$ nicht ganz ist, kommt eine Konfiguration hinzu.

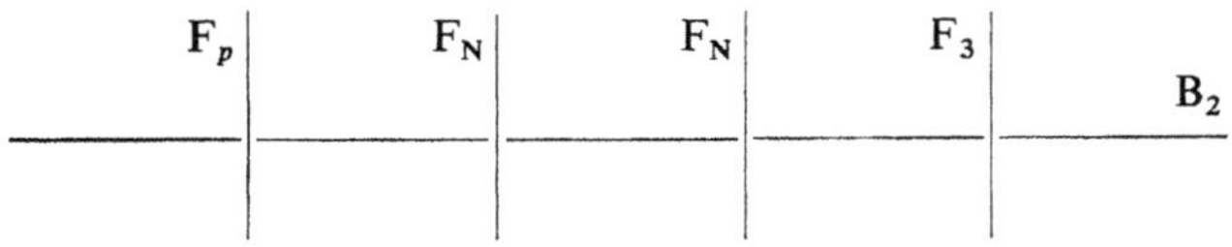

Wenn $p/4 < N < p/2$, dann hat F_N keine weiteren Doppelpunkte in $X(p)$ bzw. $Y(p)$.

2.4. Es sei Y eine singularitätenfreie algebraische Fläche. Die auf Y liegende Kurve D heisst *exzeptionell*, wenn sie singularitätenfrei, irreduzibel und rational ist und wenn $DD = -1$. Für jede singularitätenfreie Kurve D gilt die Adjunktionsformel

$$c_1[D] - DD = e(D),$$

wo c_1 die erste Chernsche Klasse von Y und $e(D)$ die Eulersche Zahl ist. Deshalb kann die Bedingung $DD = -1$ in der Definition einer exzeptionellen Kurve durch $c_1[D] = 1$ ersetzt werden.

Auf Grund von 1.6 Tabelle 1 und 2.2 Satz 1, sowie 2.3 sind F_1, F_2 ($\delta = 1$), F_3 ($\varepsilon = 1$) exzeptionelle Kurven auf $Y(p)$, und F_4 ist eine exzeptionelle Kurve auf $Y(p)$ für $p \neq 5$. In $Y(5)$ hat F_4 genau einen Doppelpunkt. Für $p \geqq 13$ sind die reduziblen Kurven $F_1 \cup E \cup B_1$, $F_2 \cup L$, F_3, F_4 disjunkt in $Y(p)$. Dies folgt aus 2.3. Die Kurven F_1, E, B_1, F_2, L, F_3, F_4 (es handelt sich um $4+2\delta+\varepsilon$ Kurven) können sukzessive niedergeblasen werden. Die so erhaltene algebraische Fläche wird $Y^0(p)$ genannt (vgl. [7], 5.5. Dort wurde $Y^0(p)$ nur für $p \geqq 29$ einegeführt. Wir haben die Fläche $Y^0(p)$ hier für $p \geqq 13$ definiert). Für $p \geqq 13$ sind die Kurven F_1, F_2, F_3, F_4 auch in $X(p)$ disjunkt, mit einer Ausnahme für $p = 13$: Die Kurven F_3 und F_4 schneiden sich in der Quotientensingularität b_2 (vgl. 2.3), wo F_4 einen Doppelpunk hat. Auf $Y^0(13)$ hat deshalb B_2 einen Doppelpunkt. Es sei im folgenden stets $p \geqq 13$.

Die Involution T operiert auch auf $Y^0(p)$. Das Bild der Kurve F_N ($N \geqq 5$) in $Y^0(p)$ soll mit F_N^0 bezeichnet werden. Die (singularitätenfreie) Fixpunktmenge von T auf $Y^0(p)$ ist F_p^0. Es gibt keine isolierten Fixpunkte. Deshalb ist $Y^0(p)/T$ eine *singularitätenfreie* algebraische Fläche. Die erste Chernsche Klasse von $Y^0(p)$ werde mit c_1^0, die von $Y^0(p)/T$ mit c_1^* bezeichnet. Das Bild von F_N^0 in $Y^0(p)/T$ soll F_N^* heissen. (Eine Konfusion mit dem Schluss von 1.6, wo wir das Bild von F_N in $\tilde{X}(p)/T$ ebenfalls F_N^* genannt haben, ist nicht zu befürchten.) Für $N \neq p$ gilt (vgl. [7] 5.1 und 5.7) :

$$c_1^*[F_N^*] = \frac{1}{2}(c_1^0[F_N^0] + F_N^0 . F_p^0). \tag{9}$$

Wir wollen $c_1^*[F_N^*]$ für $N \geqq 5$ und $\left(\frac{N}{p}\right) = 1$ berechnen. Wenn die Schnittzahlen von F_N mit F_1 und F_2 in $X(p)$ verschwinden und sich F_N mit F_3 und F_4 in $X(p)$ höchstens in Quotientensingularitäten der Ordnung 3 schneidet, dann ist $c_1^0[F_N^0] = c_1(F_N]$, da F_N in $Y(p)$ die beim Uebergang zu $Y^0(p)$ niederzublasenden Kurven nicht schneidet. Nach 2.3 sind diese Bedingungen erfüllt, wenn $N < 7p/16$. In jedem Fall ist

$c_1^0[F_N^0] \geqq c_1[F_N]$. Die Schnittzahl $F_N^0 F_p^0$ ist grösser oder gleich der in 1.6 Satz 6 angegebenen Zahl $f(N)$. Wir können jetzt folgenden Satz beweisen.

SATZ. 2. — *Es sei* $\left(\frac{N}{p}\right) = 1$ *und* $N \geqq 5$. *Fur die Kurve* F_N^* *auf der Hilbertschen Modulfläche* $Y^0(p)/T$ *(mit* $p \geqq 13$*) gilt*

$$c_1^*[F_N^*] \geqq \frac{1}{2}(c_1[F_N] + f(N)), \tag{10}$$

wo die Zahl $f(N)$ *in* 1.6 (20) *angegeben ist. Wenn* $N < p/4$, *dann ist*

$$c_1^*[F_N^*] = \frac{1}{2}(c_1[F_N] + f(N)).$$

Beweis. — Die Ungleichung (10) folgt aus (9). Die Schnittzahl von F_N und F_p in $X(p)$ kann nach Formel 1.2 (14) berechnet werden. Wenn $4Np - b^2$ durch p teilbar sein soll, dann muss $b = rp$ sein ($r \in Z$). Aber $4N - r^2 p$ ($r^2 \geqq 1$) ist negativ für $N < p/4$. Also tragen zur Schnittzahl von F_N und F_p in $X(p)$ nur die in 1.6 besprochenen Schnittpunkte bei, welche den Fixpunkten von T auf dem singularitätenfreien Modell von F_N entsprechen. Da F_N (für $N < 7p/16$) die auf $Y(p)$ niederzublasenden Kurven nicht schneidet, ist die Schnittzahl von F_N und F_p auf $Y(p)$ gleich der von F_N^0 und F_p^0 auf $Y^0(p)$. Die Kurven F_N und F_p schneiden sich in Punkten von $\cup S_k$ höchstens in $S_t \cap S_{-t}$ (*siehe* 2.1, *Fig.* 1). Zu diesem Eckpunkt gehört die quadratische Form $[N_t, M_{t+1}, N_t]$ (vgl. 1.4) der Diskriminante p, für die $2N_t + M_{t+1} = p$. Es handelt sich also um die Form $[(p-1)/4, (p+1)/2, (p-1)/4]$. Die Kurve T_M mit minimalem M, die durch diesen Eckpunkt hindurchgeht, ist F_p. Deshalb ist $F_N^0 . F_p^0 = f(N)$ für $N < p/4$.

DEFINITION :

$$c_1^*(N) = \frac{1}{2}(c_1(N) + f(N)). \tag{11}$$

Die Zahl $c_1(N)$ wurde in 2.2 (7) definiert. In die Tabellen 1, 2 von 1.6 wurde auch c_1^* aufgenommen. Wegen 2.2 Satz 1 und 2.3 erhalten wir :

KOROLLAR. — *Es sei* $\left(\frac{N}{p}\right) = 1$ *und* $N \geqq 5$ *und wie üblich* $N = N_1 N_2$. *Für die Kurve* F_N^* *auf der Fläche* $Y^0(p)/T$ *(mit* $p \geqq 13$*) gilt*

$$c_1^*[F_N^*] \geqq c_1^*(N).$$

Wenn N_2 *kein Quadrat ist oder* $N_1 < \sqrt{p+4}+2$ *und wenn ferner* $N < p/4$, *dann ist* F_N^* *singularitätenfrei in* $Y^0(p)/T$ *und*

$$c_1^*[F_N^*] = c_1^*(N).$$

Wenn $N > p/4$, *dann*

$$c_1^*[F_N^*] \geqq c_1^*(N) + [H(4N-p)]. \tag{12}$$

Wenn N_2 *kein Quadrat ist oder* $N_1 < \sqrt{p+4}+2$ *und wenn ferner* $p/4 < N < 7\,p/16$, *dann ist* F_N^* *singularitätenfrei in* $Y^0(p)/T$ *und*

$$c_1^*[F_N] = c_1^*(N) + [H(4N-p)]. \tag{13}$$

Beweis. – Es muss nur noch zu (12) und (13) etwas gesagt werden. Die Formel (12) folgt aus der Existenz der in 2.3 erwähnten auf F_p liegenden Doppelpunkte von F_N. Die Voraussetzungen zu (13) implizieren, dass F_N transversal durch die Spitzen geht und also $c_1[F_N] = c_1(N)$. Wegen $N < 7\,p/16$ ist $c_1[F_N] = c_1^0[F_N^0]$ und wegen $N < p/2$ gibt es keine weiteren Doppelpunkte von F_N und auch keine weiteren Schnittpunkte von F_N mit F_p als die in 2.3 erwähnten, also ist $F_N^0 F_p^0 = f(N)+2[H(4N-p)]$ und (9) impliziert (13). Jeder der Doppelpunkte von F_N^0 ergibt nach Teilung durch T einen regulären Punkt von F_N^*. Die Kurve F_N^* berührt F_p^* in $[H(4N-p)]$ Punkten.

2.5. Die Kurve $F_N^*\left(\text{mit}\left(\frac{N}{p}\right)=1\right)$ hat das am Schluss von 1.6 besprochen singularitätenfreie Modell mit der Eulerzahl $e^*(N)$. Es ist nicht schwer zu zeigen, dass $e^*(N)$ und $c_1^*(N)$ nach $-\infty$ streben, wenn $N \to \infty$. Die Werte von $e^*(N)$, $c_1^*(N)$ hängen von dem Zahlenpaar N_1, N_2 mit $N = N_1 N_2$ ab, wo die Aufspaltung von N in diese beiden Faktoren durch p bestimmt wird. Es wäre nützlich alle Paare N_1, N_2 zu kennen, für die $e^* = 2$ oder $e^* = 0$. D. Zagier hat vor einigen Jahren auf meinen Wunsch mit Hilfe des Hewlett-Packard Computers am I.H.E.S. die Paare (N_1, N_2) mit $e^* = 2$ oder $e^* = 0$ für $N \leqq 809$ bestimmt. In den folgenden Tabellen geben wir diese Paare an nach den Werten von c_1^* geordnet (und zwar nur für $N \geqq 5$, da die Kurven F_N mit $N \leqq 4$ in $Y(p)$ niedergeblasen wurden). In jeder c_1^*-Spalte stehen die zugehörigen Paare N_1, N_2. In die Tabellen 1, 2 von 1.6 wurden die Paare N_1, N_2 mit $e^* = 2$ und $c_1^* = 1$ bzw. $c_1^* = 0$ aufgenommen.

Die Fälle $e^* = 2$ mit $N = N_1$ (also $N_2 = 1$) sind wohlbekannt. Das singularitätenfreie Modell ist hier $\overline{H/\Gamma_*(N)}$ (vgl. 1.6 Bemerkung 1). Die in der Tabelle 3 angegebenen 34 Fälle sind die einzigen N mit $N \geqq 5$ und $e(\overline{H/\Gamma_*(N)}) = 2$ (vgl. [7], 5.7; die Abschätzungen in [6] wurden durch Kluit [12] ergänzt). Ebenso enthält Tabelle 4 alle Fälle mit $e^* = 0$ und $N_2 = 1$.

Vermutlich sind die Tabellen 3, 4 vollständig, d. h. enthalten alle Paare N_1, N_2 mit $e^* = 2$ oder 0. Um dies zu beweisen sind jedoch weitere Abschätzungen erforderlich.

2.6. In der Hilbertschen Modulfläche $Y^0(p)/T$ (mit $p \geqq 13$) sind die Kurven F_N^* $(N = N_1 N_2)$ exzeptionell (2.4), wenn das Paar N_1, N_2 zu den in der ersten Spalte von Tabelle 3 angegebenen 17 Fällen gehört und wenn ferner F_N^* singularitätenfrei und $c_1^*(F_N^*) = c_1^*(N) = 1$. Nach 2.4 Korollar treffen diese Bedingungen zu, wenn p hinreichend gross ist.

Die Hilbertsche Modulfläche $Y(p)$ ist einfach-zusammenhängend [18], also auch $Y^0(p)$ und ebenfalls $Y^0(p)/T$, da die Involution T auf $Y^0(p)$ nicht frei operiert.

Eine einfach-zusammenhängende algebraische Fläche Y ist rational, d. h. birational äquivalent zur projektiven Ebene, wenn es eine irreduzible Kurve D auf Y gibt mit $c_1[D] \geqq 1$, die nicht exzeptionell ist. Hierbei bezeichnet c_1 die erste Chernsche Klasse von Y. Dieses Rationalitätskriterium wurde in [7], [8] und [9] häufig benutzt. Ein

TABELLE 3

$e^* = 2$ (Geschlecht 0)

$c_1^* = 1$		$c_1^* = 0$		$c_1^* = -1$		$c_1^* = -2$		$c_1^* = -3$		$c_1^* = -4$		$c_1^* = -5$		$c_1^* = -6$		$c_1^* = -7$	
5	1	10	1	18	1	24	1	39	1	36	1	3	25	50	1	1	159
1	6	12	1	20	1	26	1	49	1	71	1	41	4	1	119	1	206
6	1	13	1	21	1	32	1	2	25	21	4			1	194		
7	1	14	1	25	1	35	1	59	1	1	95			37	6		
8	1	15	1	27	1	41	1	1	69	5	22			23	10		
1	9	16	1	29	1	5	9	1	81	1	111			1	276		
9	1	17	1	31	1	47	1	1	87	1	134						
1	10	2	9	1	33	1	49	1	94	1	146						
11	1	19	1	4	9	1	55	29	4	29	6						
3	4	1	21	1	46	7	9			31	6						
1	14	1	22	3	16	3	22			1	204						
1	15	23	1	1	51	7	10										
1	16	1	25	13	4	19	4										
5	4	7	4	1	62	13	6										
1	24	3	10	1	64	5	16										
1	26	5	6	17	4	1	86										
1	36	1	34	1	74	1	100										
		1	35	1	96	1	104										
		9	4			11	10										
		1	38			19	6										
		1	39			1	126										
		1	40			1	132										
		7	6			1	140										
		11	4			1	144										
		1	54			1	150										
		1	56														
		1	60														
		11	6														
		1	84														
		1	90														

ähnliches Kriterium besagt, dass die einfach-zusammenhängende Fläche Y rational ist, wenn es zwei verschiedene exzeptionelle Kurven auf Y gibt, die sich schneiden. In [7] wurden alle Primzahlen $p \equiv 1 \pmod 4$ bestimmt, für die $Y^0(p)/T$ rational sind. Man kann Rationalitätsbeweise in mannigfacher Weise mit Hilfe der angegebenen Kriterien führen. Zum Beispiel gilt.

SATZ 3. — *Es sei p eine Primzahl* $\equiv 1 \pmod 4$ *und* $p \geqq 13$. *Es sei* N *eine natürliche Zahl* $\geqq 5$ *mit* $\left(\frac{N}{p}\right) = 1$ *und* $N = N_1 N_2$, *wo* N_1 *nur durch quadratische Reste* mod p *und* N_2 *nur durch Primzahlen, welche quadratische Nichtreste* mod p *sind, teilbar ist. Wenn* $p < 4N$ *und*

$$c_1^*(N) + H(4N - p) > 1,$$

TABELLE 4

$e^* = 0$ (Geschlecht 1)

$c_1^* = -2$		$c_1^* = -3$		$c_1^* = -4$		$c_1^* = -5$		$c_1^* = -6$		$c_1^* = -7$		$c_1^* = -8$		$c_1^* = -9$		$c_1^* = -10$	
2	15	22	1	28	1	34	1	30	1	79	1	48	1	54	1	75	1
3	14	1	58	33	1	38	1	40	1	83	1	56	1	81	1	10	9
				37	1	53	1	44	1	1	196	63	1	101	1	95	1
				2	21	25	4	45	1			64	1	1	324	1	121
				43	1	1	106	51	1			65	1			1	143
				1	57	1	122	55	1			89	1			19	9
				15	4			61	1			5	21			13	15
				1	65			2	33			13	9			49	4
				5	14			8	9			1	129			59	4
				1	82			1	77			35	4			19	14
				1	88			11	9			9	16			29	10
				9	10			7	15			7	22				
				23	4			27	4			1	166				
				17	6			7	16			11	16				
				5	24			1	118			13	14				
				23	6			3	40			1	220				
				1	156			31	4			1	224				
				1	210			13	10			41	6				
								1	135			1	260				
								1	136			11	24				
								25	6			1	294				
								1	152			1	306				
								1	160			1	330				
								7	24			1	336				
								17	10			1	360				
								5	36			1	390				
								1	198								
								1	216								
								1	234								
								1	240								

$c_1^* = -11$		$c_1^* = -12$		$c_1^* = -13$		$c_1^* = -14$		$c_1^* = -15$		$c_1^* = -16$	
2	49	119	1	1	314	1	215			17	22
131	1	5	46			7	33				
		11	21								
		17	15								
		7	60								
		71	6								
		1	510								
		1	546								

dann ist die algebraische Fläche $Y^0(p)/T$ *rational. Wenn* $e^*(N) \neq 2$, *dann kann man bereits aus der Ungleichung* $c_1^*(N) + H(4N - p) > 0$ *auf die Rationalität von* $Y^0(p)/T$ *schliessen.*

Beweis. – Wenn $H(4N-p)$ eine ganze Zahl ist, dann folgt die Behauptung nach dem Rationalitätskriterium wegen 2.4 (12). Wenn $H(4N-p)$ nicht ganz ist, dann gibt es nach 2.3 die Konfiguration

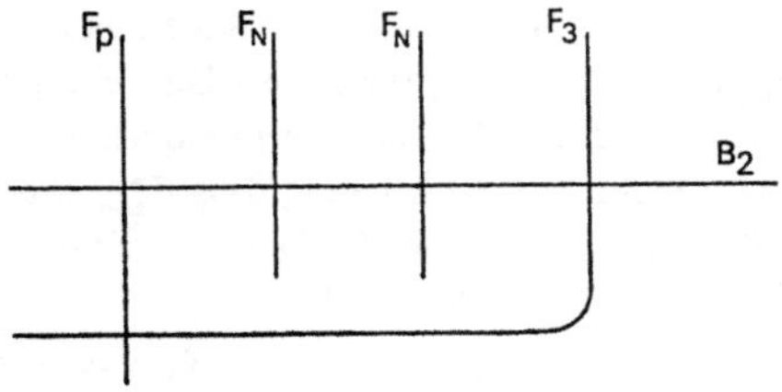

Auf $Y^0(p)$ wird B_2 eine singularitätenfreie Kurve der Selbstschnittzahl -2 (auf $Y^0(13)$ hat sie einen Doppelpunkt, und es ist $c_1^0[B_2]=2$, woraus die Rationalität von $Y^0(13)$ und $Y^0(13)/T$ ohnehin folgt). Auf $Y^0(p)/T$ hat man die Konfiguration

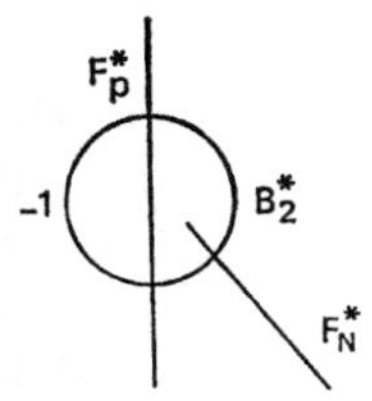

Dabei ist das Bild B_2^* eine exzeptionelle Kurve in $Y^0(p)/T$. Wird B_2^* niedergeblasen, dann wird F_N^* eine Kurve auf einer neuen Fläche, so dass der Wert der ersten Chernschen Klasse dieser Fläche auf der Kurve *grösser* als $c_1^*(N)+[H(4N-p)]$ ist. Das Rationalitätskriterium kann wieder angewandt werden.

2.7. Es sei p eine Primzahl $\equiv 1 \pmod 8$. Wir wollen Satz 3 auf F_N^* mit $N=64$ (d. h. hier $N_1=64$, $N_2=1$) anwenden. Es ist $e^*(N)=0$ und $c_1^*(N)=-8$ (*siehe* Tabelle 4). Für die Primzahlen $p=17, 41, 73, 89, 97, 113, 137$ ist $H(256-p)=15, 14, 8, 11, 10, 10, 10$. Also sind die Flächen $Y^0(p)/T$ für diese sieben Primzahlen, abgesehen von vielleicht $p=73$, rational. Für $p=73$ schneidet F_{64}^* die exzeptionelle Kurve F_9^* dreifach, da $4.9.64-25^2=73.23$ und $h(-23)=3$. Daraus folgt die Rationalität von $Y^0(73)/T$.

Es sei jetzt p eine Primzahl $\equiv 5 \pmod 8$. Wir wenden Satz 3 auf F_N^* mit $N=64$ an ($N_1=1$, $N_2=64$). Es ist $e^*(N)=2$ und $c_1^*(N)=-1$.

Für die Primzahlen $p=13, 29, 37, 53, 61, 101, 109, 149, 157, 173, 181, 197, 229$ ist $H(256-p)=4\,1/3, 5, 4, 4, 4, 4, 2\,1/3, 3, 3, 3, 2\,1/3, 3, 1\,1/3$. Also sind diese Flächen $Y^0(p)/T$ rational, algesehen vielleicht im Falle von $p=229$. Aber F_{64}^* und F_{20}^* schneiden sich in $Y(229)$, da $4.64.20-51^2=229.11$. Daraus folgt die Rationalität von $Y^0(229/T$, da F_{20}^* ($N_1=5$, $N_2=4$) und F_{64}^* nach 2.4 Korollar und dem Beweis von Satz 3 exzeptionelle Kurven auf derjenigen Fläche sind, die sich aus $Y^0(229)/T$ durch Niederblasen von B_2^* ergibt.

Für $p = 269, 293, 317$ betrachten wir die Kurve F_{144}^* mit $N_1 = 1$, $N_2 = 144$ und $e^* = 2$, $c_1^* = -2$. Es ist $H(576-p) = 3$, bzw. 3 bzw. 4. Also ist die Fläche $Y^0(317)/T$ rational. Da $[64, 77, 144]$ die Diskriminante -269.115 hat und $h(-115) = 2$, schneiden sich F_{64}^* und F_{144}^* auf $Y^0(269)/T$ in 2 Punkten; wenn F_{144}^* exzeptionell ist, dann kann es niedergeblasen werden und F_{64}^* ($c_1^*(64) = -1$) wird eine Kurve mit Doppelpunkt auf einer neuen Fläche Y' mit $c_1'[F_{64}^*] = 1$, wo c_1' die erste Chernsche Klasse von Y' ist. Also ist dann $Y^0(269)/T$ rational. (Wenn F_{144}^* nicht exzeptionell wäre, würde die Rationalität sofort folgen. Aber es ist leicht zu kontrollieren, dass F_{144}^* exzeptionell ist.) Das gleiche Argument ergibt die Rationalität von $Y^0(293)/T$. Nämlich, die Diskriminante von $[64, 101, 144]$ ist -293.91 und $h(-91) = 2$.

Die Hilbertschen Modulflächen $Y(p)$ sind genau für $p = 5, 13, 17$ rational ([7], [8]). (Die Rationalität von $Y(5)$ folgt zum Beispiel aus der Tatsache dass F_4 auf $Y(5)$ einen Doppelpunkt hat.) Also sind auch schon deshalb $Y(5)/T$, $Y^0(13)/T$ und $Y^0(17)/T$ rational. Die vorstehenden Rationalitätsbeweise wurden gebracht als Anwendungsbeispiele für das Schnittverhalten der F_N in den Hilbertschen Modulflächen. Dabei wurde $p = 5$ nur deshalb ausgeschlossen, weil $Y^0(5)$ nicht definiert werden konnte. Wir erhalten erneut folgenden Satz (vgl. [7], 5.8).

SATZ 4. — *Es sei p eine Primzahl* $\equiv 1 \pmod 4$. *Es sei* G_T *die symmetrische Hilbertsche Modulgruppe für* $Q(\sqrt{p})$, *d. h.* $G_T = G \cup G.T$, *wo* $G = SL_2(\mathcal{O})/\{\pm 1\}$. *Dann ist die Fläche* $\overline{H^2/G_T}$ *genau dann rational, wenn* $p < 193$ *oder* $p = 197, 229, 269, 293, 317$.

Die Fläche $\overline{H^2/G_T}$ ist natürlich als $\overline{H^2/G}/T$ definiert. Sie hat Singularitäten. Für $p \geqq 13$ ist $Y^0(p)/T$ ein singularitätenfreies Modell dieser Fläche.

Rationalität ist auch für singuläre Flächen wohldefiniert. Die Rationalität von $\overline{H^2/G_T}$ ist äquivalent dazu, dass der Körper der meromorphen Funktionen auf H^2, die automorph bezüglich G_T sind, eine rein transzendente Erweiterung von C ist. Die Rationalität wurde für die in Satz 4 erwähnten 24 Primzahlen vorstehend erneut nachgewiesen. Diese sind die einzigen Primzahlen $p \equiv 1 \pmod 4$ mit rationaler Hilbertscher Modulfläche $\overline{H^2/G_T}$, weil für alle anderen p das arithmetische Geschlecht $\chi(Y_0(p)/T)$ grösser als 1 ist (vgl. § 3).

Es ist amüsant, weitere Rationalitätsbeweise zu finden. Zum Beispiel ist $Y^0(197)/T$ rational, weil

$$4.26.36-1^2 = 19.197,$$

und sich deshalb die exzeptionellen Kurven F_{26}^* und F_{36}^* auf $Y^0(197)/T$ schneiden.

3. Numerische Invarianten, exzeptionelle Kurven

3.1. Die Berechnung der numerischen Invarianten der Hilbertschen Modulflächen $X(p)$, $\tilde{X}(p)$, $Y(p)$, $Y^0(p)$, $Y^0(p)/T$ wurde in [7] durchgeführt (vgl. auch [9]). Es soll dabei p weiterhin eine Primzahl $\equiv 1 \pmod 4$ sein. Es sei $K = Q(\sqrt{p})$. Die ζ-Funktion von K wird mit ζ_K bezeichnet. Mit e wird die Eulersche Zahl angedeutet. Wir erinnern kurz an die Berechnung der Eulerschen Zahl für die verschiedenen Flächen. Es ist (für $p \geqq 13$, was stets vorausgesetzt wird)

(1) $$e(X(p)) = 2\zeta_K(-1) + \frac{1}{2}h(-4p) + \frac{2}{3}h(-3p),$$

(2) $$e(\tilde{X}(p)) = e(X(p)) + l(p).$$

In (1) ist $2\zeta_K(-1)$ das Volumen von $X(p)$ normiert im Sinne des Gauss-Bonnetschen Satzes. Ferner sind $(1/2)\,h(-4p)$ und $(2/3)\,h(-3p)$ die Beiträge der Quotientensingularitäten von $X(p)$. Die Zahl $l(p)$ gibt die Anzahl der Kurven in der Auflösung der Spitzen an, d. h. die Anzahl der irreduziblen Komponenten von $\tilde{X}(p) - X(p) = \cup S_k$. Von der Konstruktion der Auflösungen her weiss man, dass $l(p)$ gleich der Anzahl der reduzierten quadratischen Irrationalitäten w der Diskriminante p ist (»reduziert« bedeutet : $0 < w' < 1 < w$). Diese reduzierten Irrationalitäten sind in Zyklen angeordnet, den Auflösungszyklen entsprechend. Es ist

(3) $$w_k = \frac{M_k + \sqrt{p}}{2N_k}, \qquad w_k = b_k - \frac{1}{w_{k+1}} \qquad (b_k = [w_k] + 1).$$

Die natürlichen Zahlen M_k, N_k wurden bereits in 1.4 benutzt. Die Selbstschnittzahl der Kurve S_k ist $-b_k$.

Für $l(p)$ wurde in [9] 4.2 (10) eine Formel angegeben

(4) $$l(p) = \sum_{\substack{1 \leqq k < \sqrt{p} \\ k \text{ ungerade}}} \sigma_0\left(\frac{p-k^2}{4}\right).$$

Hierbei ist $\sigma_r(n)$ die Summe der r-ten Potenzen der Teiler von n. Die Formel (4) ist analog zur Siegelschen Formel (vgl. [7] 1.4 (11)) :

(5) $$2\zeta_K(-1) = \frac{1}{15} \sum_{\substack{1 \leqq k < \sqrt{p} \\ k \text{ ungerade}}} \sigma_1\left(\frac{p-k^2}{4}\right).$$

Die Auflösung der Quotientensingularitäten ergibt

(6) $$e(Y(p)) = e(\tilde{X}(p)) + h(-4p) + \frac{3}{2}h(-3p),$$

und das Niederblasen von F_1, E, B_1, F_2, L, F_3, F_4 (*siehe* 2.4 und die Figur in 2.1) impliziert

(7) $$e(Y^0(p)) = e(Y(p)) - 4 - 2\delta - \varepsilon.$$

Die Involution T operiert auf $Y^0(p)$ mit F_p^0 als Fixkurve und keinen weiteren Fixpunkten (2.4). Es ist deshalb

(8) $$e(Y^0(p)/T) = \frac{1}{2}(e(Y^0(p)) + e(F_p^0)).$$

Die Kurve F_p^0 ist isomorph zu $\overline{H/\Gamma_*(p)}$. Man hat

(9)
$$\begin{cases} e(\overline{H/\Gamma_0(p)}) = -\dfrac{p+1}{6}+\dfrac{4}{3}\varepsilon+3, \\ e(\overline{H/\Gamma_*(p)}) = \dfrac{1}{2}(e(\overline{H/\Gamma_0(p)})+h(-4p)). \end{cases}$$

Die in (9) angegebenen Wete sind e und e^* (vgl. 1.5 (19) und (1.6 (21)) für das Zahlenpaar $N_1 = p$, $N_2 = 1$). Jedoch kommt $\Gamma_*(p)$ hier anders zustande als im Falle einer Zahl N mit $\left(\dfrac{N}{p}\right) = 1$. Die Standgruppe G_A einer schief-hermiteschen Matrix A der Determinante p ist eine Erweiterung von $\mathscr{E}_A$ von Index 2 (*siehe* 1.1). Dies entspricht dem Uebergang von $\Gamma_0(p) \simeq \mathscr{E}_A$ zu $\Gamma_*(p) \simeq G_A$. Die $h(-4p)$ Fixpunkte von $\Gamma_*(p)/\Gamma_0(p)$ auf $H/\Gamma_0(p)$ werden abgebildet auf die $h(-4p)/2$ Quotientensingularitäten von $X(p)$ der Ordnung 2, die auf F_p liegen.

Sie haben alle die quadratische Form $[p, 0, p]$ [und sind Doppelpunkte von F_p in $X(p)$]. Sie werden aufgelöst durch die Kurven D_i (Figur in 2.1). Aus den vorstehenden Formeln (1), (2), (6)-(9) folgt

(10)
$$e(Y^0(p)/T) = \zeta_K(-1)+h(-4p)+\frac{13}{12}h(-3p)+\frac{1}{2}l(p) -\frac{p+1}{24}-\frac{5}{4}-\frac{\varepsilon}{6}-\delta.$$

Das arithmetische Geschlecht $\chi(Y)$ einer singularitätenfrein algebraischen Fläche Y ist per definitionem $1-q+p_g$, wo q die Irregularität (halbe erste Bettische Zahl) und p_g das geometrische Geschlecht (Dimension des Raumes der holomorphen 2-Formen) ist.

Die Hilbertschen Modulflächen $Y^0(p)$, $Y^0(p)/T$ sind einfach-zusammenhängend. Ihr arithmetisches Geschlecht $\chi = 1+p_g$ wurde in [7] berechnet.

(11)
$$\chi(Y^0(p)) = \frac{1}{4}e(X(p)),$$

(12)
$$\chi(Y^0(p)/T) = \frac{1}{2}\left(\chi(Y^0(p))+\frac{1}{4}c_1^0[F_p^0]\right),$$

wobei
$$c_1^0[F_p^0] = -\frac{p+1}{6}+\frac{4}{3}\varepsilon+2\delta+5.$$

Für die Berechnung von $c_1^0[F_p^0]$ kann man die Methoden von 2.2 verwenden, muss aber beim Uebergang von $c_1[F_p]$ in $Y(p)$ zu $c_1^0[F_p^0]$ in $Y^0(p)$ genau beachten, wie die niederzublasenden Kurven F_p schneiden (*siehe* Figur in 2.1).

Für eine algebraische Fläche Y mit erster Chernscher Klasse c_1 hat man die Noethersche Formel

$$(13) \qquad \chi(\mathrm{Y}) = \frac{1}{12}(c_1^2[\mathrm{Y}] + e(\mathrm{Y})).$$

Das arithmetische Geschlecht ist eine birationale Invariante (q, p_g sind sogar birational invariant), während e (Y) beim Aufblasen um 1 steigt und c_1^2 [Y] um 1 abnimmt.

Aus (10), (12) und (13) ergibt sich (wir schreiben c_1^2 statt $(c_1^*)^2$, obwohl die erste Chernsche Klasse von $\mathrm{Y}^0(p)/\mathrm{T}$ in 2.4 mit c_1^* bezeichnet wurde) :

$$(14) \qquad c_1^2(\mathrm{Y}^0(p)/\mathrm{T}) = 2\zeta_{\mathrm{K}}(-1) - \frac{h(-4p)}{4} - \frac{1}{12}h(-3p) - \frac{1}{2}l(p) - \frac{5p}{24} + \frac{13}{6}\varepsilon + 4\delta + 8 + \frac{13}{24}.$$

Dies ist die Formel 2.5 (39) von [9].

3.2. Es werde daran erinnert, dass wir eine feste Primzahl $p \equiv 1 \pmod 4$ gewählt haben und stets $p \geqq 13$ voraussetzen, da $\mathrm{Y}^0(p)$ für $p = 5$ nicht gebildet werden kann. Die Konfiguration der Figur in 2.1 liegt auf Y (p). Wir betrachten ihr Bild in $\mathrm{Y}^0(p)/\mathrm{T}$. Dabei haben S_j, S_{-j} dieselbe Bildkurve, die wir S_j^* nennen. Ebenso haben C_j, C_j' die gleiche Bildkurve. Sie soll C_j^* heissen. Entsprechend sind U_i^* und V_j^* definiert, wobei wir auch wie in 2.3 die Bezeichnung $\mathrm{U}_{\mathrm{N}}^*$ bzw. $\mathrm{V}_{\mathrm{N}}^*$ verwenden wollen. Schliesslich sollen natürlich D_i^* und B_2^* die Bildkurven von D_i und B_2 sein. Die übrigen in der Figur angedeuteten Kurven wurden beim Uebergang von Y (p) zu $\mathrm{Y}^0(p)$ niedergeblasen. Zunächst stellen wir fest, dass C_j^* eine exzeptionelle Kurve ist, die F_p^* berührt, und dass D_i^* eine exzeptionelle Kurve ist, die F_p^* in zwei Punkten transversal schneidet. Damit können in $\mathrm{Y}^0(p)/\mathrm{T}$ jedenfalls $(1/2)(h(-4p)+h(-3p))$ Kurven niedergeblasen werden. Die so entstehende Fläche heisse $(\mathrm{Y}^0(p)/\mathrm{T})'$.

Wir wollen $(\mathrm{Y}^0(p)/\mathrm{T})'$ für $p = 13$ und $p = 17$ genauer ansehen.

p	$6\zeta_{\mathrm{K}}(-1)$	$h(-4p)$	$h(-3p)$	l	$e(\mathrm{Y}^0(p))$	$e(\mathrm{F}_p^0)$	$e(\mathrm{Y}^0(p)/\mathrm{T}$	$e((\mathrm{Y}^0(p)/\mathrm{T})')$
13.............	1	2	4	3	10	2	6	3
17.............	2	4	2	5	10	2	6	3

Wir wissen, dass $\mathrm{Y}^0(p)$ und $\mathrm{Y}^0(p)/\mathrm{T}$ in diesen beiden Fällen rational sind. Die einzige rationale Fläche mit Eulerscher Zahl 3 is aber die projektive Ebene P_2 (C). Also ist $(\mathrm{Y}^0(p)/\mathrm{T})'$ für $p = 13$, 17 isomorph zu P_2 (C). Die Fläche Y^0 (13) ist die minimal desingularisierte doppelte Ueberlagerung von P_2 (C) entlang einer Kurve 4-ter Ordnung mit einem Doppelpunkt und zwei Spitzen. Dasgleiche trifft zu für Y^0 (17), nur dass hier der Verzweigungsort einer Kurve 4-ter Ordnung mit zwei Doppelpunkten und einer Spitze ist.

Jetzt wieder zurück zur allgemeinen Situation. Der Zykel der Hauptspitze (*siehe* Figur in 2.1) hat $2t+1$ Kurven, die mit S_k bezeichnet werden, wo k mod $2t+1$ zu betrachten ist. Es ist also $S_{t+i} = S_{-t+i-1}$ und $S^*_{t+i} = S^*_{t-i+1}$. Auf $Y(p)$ haben die Kurven $S_{t+1}, S_{t+2}, \ldots, S_{t+a-1}$ die Selbstschnittzahl -2, wo $a = [(1+\sqrt{p})/2]$. Man hat also die folgende Konfiguration auf $Y(p)$:

(15)

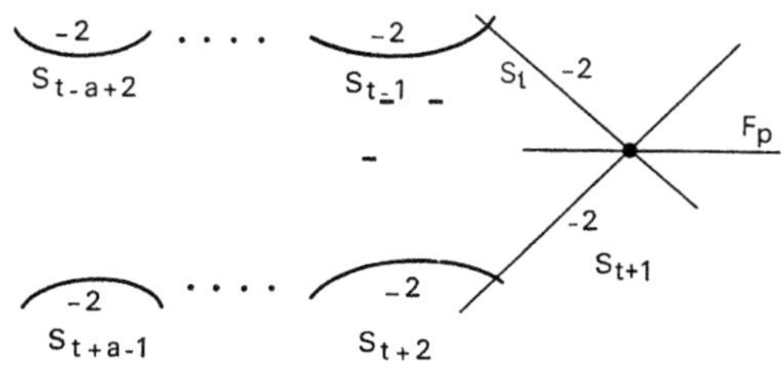

Diese Teilkonfiguration der Figur nennt man den »Schwanz« der Hauptspitze (vgl. [7] 5.4 (9), (13) und [9] 5.4). Dem Schnittpunkt von S_{t+k} und S_{t+k-1} ist die quadratische Form $[N_{t+k-1}, M_{t+k}, N_{t+k}]$ zugeordnet mit

$$N_{t+k} = \frac{1}{4}(p-(2k-1)^2), \qquad M_{t+k} = 2N_{t+k}+(2k-1) \qquad (1 \leqq k \leqq a-1).$$

Die Kurve S_{t+k} und die dazu symmetrische Kurve $T(S_{t+k}) = S_{t-k+1}$ werden von $F_{(p-(2k-1)^2)/4}$ transversal geschnitten (vgl. 1.4). Für $p = 13$ und $p = 17$ ist $a = 2$ und $(p-1)/4 = 3$ bzw. $= 4$. Dies führt beim Uebergang zu $Y^0(p)$ zu einem Rationalitätsbeweis für $Y^0(13)$ und $Y^0(17)$, da S_{t+1} und S_t exzeptionelle Kurven von $Y^0(13)$ bzw. $Y^0(17)$ werden, die sich schneiden. Für $p \geqq 29$, was wir im folgenden voraussetzen wollen, schneiden die Kurven, welche beim Uebergang von $Y(p)$ zu $Y^0(p)$ niedergeblasen werden, die Kurven S_i der Konfiguration (15) nicht, weil $(p-(2a-3)^2)/4 \geqq 5$. Also existiert die Konfiguration (15) in unveränderter Weise auch auf $Y^0(p)$. Man hat deshalb auf $Y^0(p)/T$ folgende Konfiguration

(16)

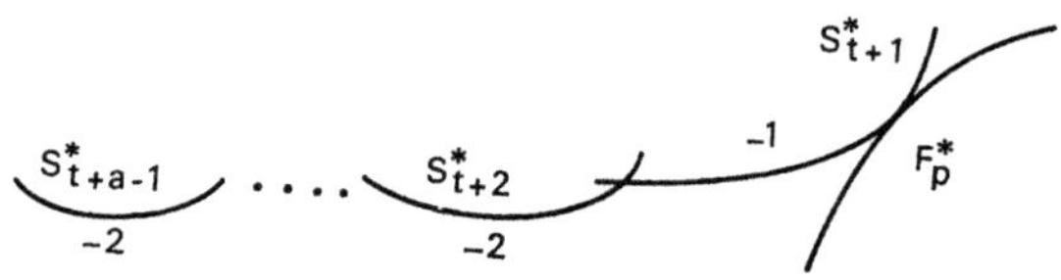

Die Konfiguration (16) bleibt auch in $(Y^0(p)/T)'$ bestehen. Die Kurven $S^*_{t+1}, \ldots, S^*_{t+a-1}$ können in $(Y^0(p)/T)'$ sukzessive wiedergeblasen werden, das Resultat ist eine algebraische Fläche, die wir $Y_T(p)$ nennen wollen. Dieses singularitätenfreie Modell von $\overline{H^2/G_T}$ (vgl. 2.7, Satz 4) ist also für $p \geqq 29$ wohldefiniert. Es entstand aus $Y^0(p)/T$ durch Niederblasen von $(1/2)(h(-4p)+h(-3p))+a-1$ Kurven. Formel (14) impliziert für

$p \geqq 29$ (*siehe* [9], 2.5 (40)).

$$c_1^2(Y_T(p)) = 2\zeta_K(-1) + \frac{h(-4p)}{4} + \frac{5}{12}h(-3p) - \frac{1}{2}l(p) - \frac{5p}{24} + \left[\frac{\sqrt{p}-1}{2}\right] + \frac{13}{6}\varepsilon + 4\delta + 8 + \frac{13}{24}, \tag{17}$$

$$c_1^2(Y_T(p)) > 2\zeta_K(-1) - \frac{1}{2}l(p) - \frac{5p}{24} + \frac{\sqrt{p}}{2}. \tag{18}$$

3.3. Für die grobe Klassifikation der Flächen $Y_T(p)$ ist es entscheidend festzustellen, für welche p die Chernsche Zahl $c_1^2(Y_T(p))$ positiv ist. Da

$$2\zeta_K(-1) > p^{3/2}/180, \tag{19}$$

$$l(p) = O(p), \tag{20}$$

wie leicht aus (4) und (5) folgt (vgl. [9], 4.2, (4) und 4.4, Lemma), ist es wegen (18) klar, dass $c_1^2(Y_T(p))$ für fast alle p positiv ist. Genauere Abschätzungen ([9], 4.3) zeigen, dass die rechte Seite für $p > 1\,500$ positiv ist. Durch Computer hergestellte Tafeln [19] ergeben dann.

SATZ 1. — *Für die Hilbertsche Modulfläche* $Y_T(p)$ (*definiert für* $p \equiv 1 \pmod 4$ *und* $p \geqq 29$) *ist die Chernsche Zahl* $c_1^2(Y_T(p))$ *für* $p > 821$ *positiv und für* $p = 821$ *gleich null.*

1 Das arithmetische Geschlecht von $Y_T(p)$ ist als birationale Invariante gleich dem von $Y^0(p)/T$ [*siehe* (12)]. Aus (19) folgt

$$\chi(Y_T(p)) > \frac{p^{3/2}}{1\,440} - \frac{p+1}{48}. \tag{21}$$

Da Computertafeln [19] für $p < 10\,000$ vorliegen, ist leicht festzustellen :

SATZ 2. — *Für das arithmetische Geschlecht der Hilbertschen Modulfläche* $Y_T(p)$ *gilt*

$$\chi(Y_T(p)) = 1 \Leftrightarrow p < 193 \quad \text{oder} \quad p = 197, 229, 269, 293, 317,$$

$$\chi(Y_T(p)) = 2 \Leftrightarrow p = 193, 233, 257, 277, 349, 389, 397, 461, 509,$$

$$\chi(Y_T(p)) = 3 \Leftrightarrow p = 241, 281, 353, 373, 421, 557,$$

$$\chi(Y_T(p)) = 4 \Leftrightarrow p = 313, 653, 677, 773.$$

Nur die Flächen mit $\chi(Y_T(p)) = 1$ können rational sein. Sie sind in der Tat rational (2.7, Satz 4).

In der folgenden Tabelle befinden sich einige Angaben über die Primzahlen $p \geqq 29$ mit $\chi(Y_T(p)) = 1$, insbesondere wird $c_1^2(Y_T(p))$ angegeben. Für eine rationale Fläche ist der höchste Wert von c_1^2 gleich 9. Er wird angenommen genau dann, wenn die Fläche isomorph zum $P_2(C)$ ist. In der Tabelle wird $c_1^2 = 9$ nie erreicht. Es entsteht die Frage, welche Kurven noch niedergeblasen werden können. Darauf gehen wir später ein.

TABELLE 5

$\chi(Y_T(p)) = 1$

p	$6\zeta_K(-1)$	$h(-4p)$	$h(-3p)$	$l(p)$	$e(Y_0(p))$	$e(F_p^0(p))$	$c_1^2(Y_T(p))$
29..........	3	6	6	5	24	2	7
37..........	5	2	8	7	24	0	7
41..........	8	8	2	11	24	2	6
53..........	7	6	10	7	36	0	5
61..........	11	6	8	11	36	0	4
73..........	22	4	4	21	36	− 2	2
89..........	26	12	2	21	46	0	0
97..........	34	4	4	27	46	− 4	− 1
101..........	19	14	10	11	56	0	0
109..........	27	6	12	17	56	− 4	− 1
113..........	36	8	6	23	54	− 4	− 2
137..........	48	8	6	27	62	− 6	− 4
149..........	35	14	14	15	74	− 4	− 4
157..........	43	6	16	19	72	− 8	− 4
173..........	39	14	18	13	82	− 6	− 4
181..........	57	10	12	25	80	− 8	− 7
197..........	49	10	22	15	90	−10	− 6
229..........	81	10	12	29	92	−12	−10
269..........	83	22	14	21	108	−10	−12
293..........	85	18	22	17	116	−14	−11
317..........	101	10	26	21	122	−20	−13

3.4. Wir betrachten jetzt nur Primzahlen $p \equiv 1 \pmod 4$, für welche die Hilbertsche Modulfläche nicht rational ist. Die Primzahlen mit $\chi(Y_T(p)) = 1$ werden also ausgeschlossen. Es sei F_N^* mit $\left(\frac{N}{p}\right) = 1$ eine Kurve auf $Y^0(p)/T$, so dass das Paar (N_1, N_2) mit $N = N_1 N_2$ zur ersten Spalte der Tabelle 3 in 2.6 gehört [d. h. $c_1^*(N) = 1$]. Dann ist $c_1^*[F_N^*] \geqq c_1^*(N) = 1$ (*siehe* 2.4). Aber in der Tat ist F_N^* exzeptionell, insbesonders $c_1^*[F_N^*] = 1$, weil sonst $Y^0(p)/T$ rational wäre. Die Kurve F_N ist also transversal in den Spitzen und schneidet auf $Y(p)$ keine der Kurven, die beim Uebergang zu $Y^0(p)$ niedergeblasen wurden, weil sonst $c_1^*[F_N^*] > 1$ wäre. Es folgt auch, dass zwei derartige exzeptionelle Kurven F_M^*, F_N^* sich in $Y^0(p)/T$ nicht schneiden. Die exzeptionelle Kurve F_N^* schneidet keine der Kurven von $Y^0(p)/T$, die beim Uebergang zu $Y_T(p)$ niedergeblasen wurden, weil sonst in $Y_T(p)$ der Wert der ersten Chernschen Klasse auf dem Bild von F_N^* grösser als 1 wäre und man wieder auf die Rationalität von $Y_T(p)$ schliessen könnte. Die Bilder von Kurven F_N^* (N beliebig) in $Y_T(p)$ wollen wir auch F_N^* nennen. Wir erhalten so für die Zahlen N mit $c_1^*(N) = 1$ exzeptionelle Kurven auf der Fläche $Y_T(p)$, die zueinander disjunkt sind.

Für die Kurven F_N mit $c_1^*(N) = 1$ gilt

(22) $a_2(N) = 2, \quad a_3(N) = 0 \quad$ für $(N_1, N_2) = (5,1), (1,9), (1,14)$

(vgl. 1.6, Tabelle 1). Jede dieser Kurven F_N gibt also in Y (p) Anlass zu einer Konfiguration

(22')

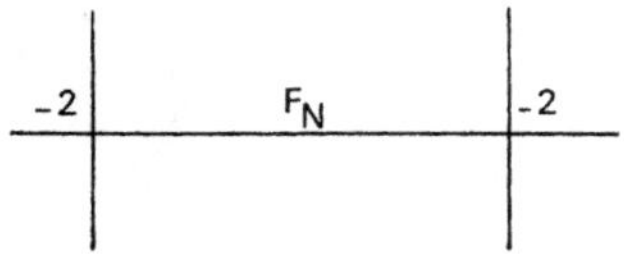

Die Kurve F_N schneidet nämlich Auflösungskurven der Quotientensingularitäten der Ordnung 2, die auf F_N liegen, genau zweimal transversal (*siehe* 1.3, Beweis von Satz 3, und 2.3). Die beiden (-2)-Kurven in (22') können nicht zusammenfallen, sie sind ein Paar U_i, U'_i (*siehe* Figur in 2.1).

Man hat ferner

(23) $\qquad a_2(6)=2, \qquad a_3(6)=2 \qquad$ für $\quad (N_1, N_2)=(1,6)$

und auf Y (p) die Konfiguration [für $p \equiv 5 \pmod{24}$] :

(23')

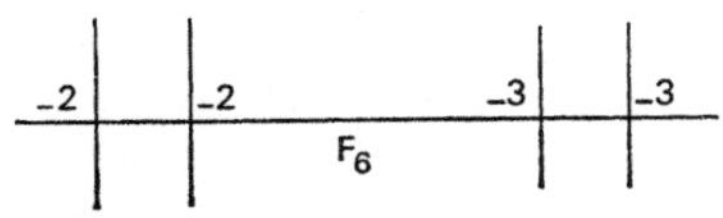

Die (-2)-Kurven bilden wie vorhin ein Paar U_i, U'_i. Die (-3)-Kurven sind ein Paar V_j, V'_j. Sie können nicht zusammenfallen (2.3). In $Y^0(p)/T$ und dann auch in $Y_T(p)$ bilden sich (22') und (23') auf eine Konfiguration

(24)

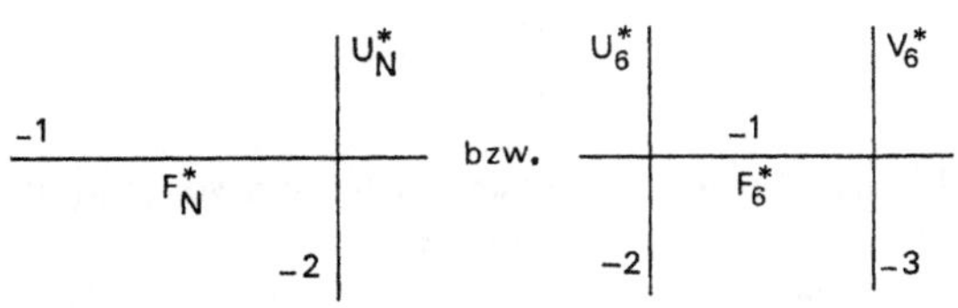

ab. Wir haben uns wie früher (vgl. 2.3) erlaubt, das Bild des Paares U_i, U'_i von (22') bzw. (23') mit U_N^* zu bezeichnen, ebenso ist V_6^* erklärt.

Wir können noch weitere exzeptionelle Kurven in $Y_T(p)$ angeben.

Für $\varepsilon = 1$ [d. h. $p \equiv 1 \pmod 3$] wird das Bild von B_2 in $Y_T(p)$ exzeptionell

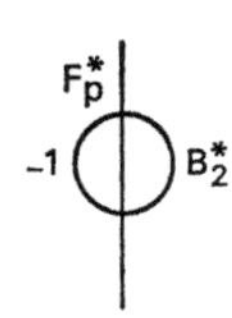

Dies entnimmt man wieder der Figur in 2.1. Die Tatsache wurde schon in 2.6 (Beweis von Satz 3) erwähnt. Für $\delta = 0$, d. h. $p \equiv 5 \pmod 8$, ist $a_2(4) = 0$, $a_3(4) = 2$. (vgl. 1.6, Tabelle 1). Man erhält in $Y(p)$ die Konfiguration

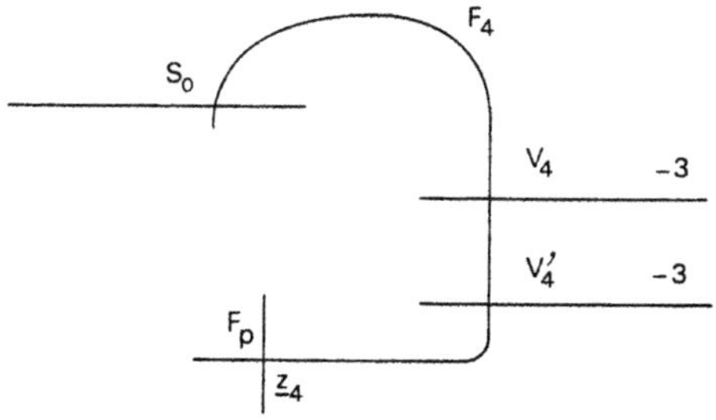

Man beachte, dass F_4 die Kurven F_1 und F_3 in $X(p)$ nur für $p = 5,13$ schneidet. Diese Primzahlen wurden aber ausgeschlossen. Also hat man in $Y^0(p)$ eine Konfiguration

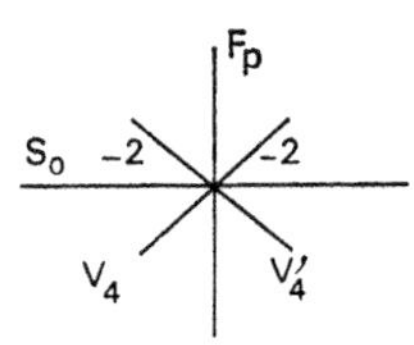

Dies ergibt in $Y^0(p)/T$ und damit auch in $Y_T(p)$ die Konfiguration

(25)

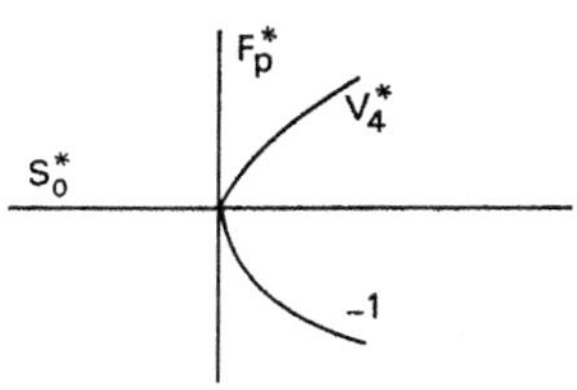

Wir geben eine Uebersicht der niederzublasenden Kurven von $Y_T(p)$.

TABELLE 6

N_1	N_2	Niederblasen
3	1	B_2^*
1	4	V_4^*
5	1	F_5^*, U_5^*
1	6	F_6^*, U_6^*, V_6^*
6	1	F_6^*
7	1	F_7^*
8	1	F_8^*
1	9	F_9^*, U_9^*
9	1	F_9^*
1	10	F_{10}^*

N_1	N_2	Niederblasen
11	1	F_{11}^*
3	4	F_{12}^*
1	14	F_{14}^*, U_{14}^*
1	15	F_{15}^*
1	16	F_{16}^*
5	4	F_{20}^*
1	24	F_{24}^*
1	26	F_{26}^*
1	36	F_{36}^*

Welche Ausnahmekurven für ein gegebenes p wirklich existieren, hängt von der Restklasse von p modulo 8.3.5.7.11.13 ab. Alle Niederblasungen lassen sich unabhängig von einander durchführen, weil sonst $Y_T(p)$ rational wäre.

3.5. Wir bleiben weiterhin bei den Primzahlen p, für die $Y_T(p)$ nicht rational ist. In 3.2 (17) wurde eine Formel für $c_1^2(Y_T(p))$ angegeben. Berücksichtigt man in Tabelle 6 nur die sieben Paare mit $N_2 = 1$, so ergibt dies

$$A(p) = \varepsilon + \left(1 + \left(\frac{p}{5}\right)\right) + \varepsilon\delta + \frac{1}{2}\left(1 + \left(\frac{p}{7}\right)\right) + \delta + \varepsilon + \frac{1}{2}\left(1 + \left(\frac{p}{11}\right)\right),$$

niederzublasende Kurven. Die so erhaltene Fläche soll $Y'_T(p)$ heissen. Für sie ist $c_1^2[Y'_T(p)] = c_1^2[Y_T(p)] + A(p)$. Sie wird nur deshalb eingeführt, weil zu einem bestimmten Zeitpunkt nur diese exzeptionellen Kurven bekannt waren (vgl. auch [7], 5.7) und nur sie in das Computerprogramm [19] aufgenommen wurden. Wir werden in Tabelle 7 diejenigen Primzahlen auflisten, für die $Y_T(p)$ nicht rational und $c_1^2(Y'_T(p))$ nicht positiv ist. Nach 3.3 Satz 1 kommen nur Primzahlen $\leqq 821$ in Betracht. Bläst man die weiteren Ausnahmekurven der Tabelle 6 herunter, so erhält man eine Fläche $Y_T^0(p)$. Wir wollen den Uebergang zu $Y_T^0(p)$ jedoch in zwei Schritten machen. Zunächst nehmen wir nur die Paare (N_1, N_2) mit $N_2 \neq 1$ für die $N_1 N_2$ nur durch die Primzahlen 2

TABELLE 7

p	$\hat{\chi}$	ε	δ	$c_1^2(Y'_T(p))$	$c_1^2(Y''_T(p))$	Niederblasen	$c_1^2(Y_T^0(p))$
193.........	2	1	1	−1	−1		−1
233.........	2	0	1	−4	−2	F_{15}^*	−1
241.........	3	1	1	0	0		0
257.........	2	0	1	−5	−3	F_{15}^*	−2
277.........	2	1	0	−4	−1	F_{10}^*	0
281.........	3	0	1	−2	0		0
349.........	2	1	0	−8	−5	$F_{14}^*, U_{14}^*, F_{20}^*, F_{26}^*$	−1
353.........	3	0	1	−4	−2	F_{15}^*	−1
373.........	3	1	0	−4	−1	F_{10}^*	0
389.........	2	0	0	−10	−1	F_{20}^*	0
397.........	2	1	0	−9	−6	$F_{10}^*, F_{14}^*, U_{14}^*, F_{26}^*$	−2
421.........	3	1	0	−5	−2	F_{20}^*, F_{26}^*	0
461.........	2	0	0	−14	−5	$F_{14}^*, U_{14}^*, F_{20}^*, F_{26}^*$	−1
509.........	2	0	0	−15	−6	$F_{14}^*, U_{14}^*, F_{20}^*, F_{26}^*$	−2
557.........	3	0	0	−12	−3	$F_{10}^*, F_{15}^*, F_{26}^*$	0
653.........	4	0	0	−9	0	F_{10}^*, F_{15}^*	2
677.........	4	0	0	−11	−2	$F_{10}^*, F_{14}^*, U_{14}^*, F_{15}^*$	2
701.........	6	0	0	−1	8		8
773.........	4	0	0	−12	−3	$F_{10}^*, F_{14}^*, U_{14}^*, F_{15}^*, F_{26}^*$	2
797.........	5	0	0	−8	1	$F_{10}^*, F_{14}^*, U_{14}^*, F_{15}^*$	5

oder 3 teilbar ist. Man erhält dann eine Fläche $Y''_T(p)$. Beim Uebergang von $Y'_T(p)$ nach $Y''_T(p)$ sind also niederzublasen :

für $\varepsilon = 1$, $\delta = 1$ keine Kurve,
für $\varepsilon = 0$, $\delta = 1$ die 2 Kurven F_9^*, U_9^*,
für $\varepsilon = 1$, $\delta = 0$ die 3 Kurven V_4^*, F_{12}^*, F_{16}^*,
für $\varepsilon = 0$, $\delta = 0$ die 9 Kurven V_4^*, F_6^*, U_6^*, V_6^*, F_9^*, U_9^*, F_{16}^*, F_{24}^*, F_{30}^*.

In die Tabelle tragen wir die Werte von $c_1^2(Y'_T(p))$, $c_1^2(Y''_T(p))$ ein, sowie die in $Y''_T(p)$ niederzublasenden Kurven und den Wert von $c_1^2(Y_T^0(p))$. Wir nehmen auch das arithmetische Geschlecht $\chi(Y_T(p))$, abgekürzt durch $\hat{\chi}$, mit auf.

3.6. Die Tabelle 7 zeigt, dass $c_1^2(Y_T^0(p))$ genau dann nicht positiv ist, wenn das arithmetische Geschlecht von $Y_T(p)$ gleich 2 oder 3 ist (vgl. 3.3, Satz 2).

Von den vier Primzahlen mit $\chi(Y_T(p)) = 4$ kommt $p = 313$ nicht in Tabelle 7 vor, da $c_1^2(Y'_T(p)) = 2$. Es ist aber $Y'_T(313) = Y_T^0(313)$, weil $\varepsilon = \delta = 1$; somit ist für alle vier Primzahlen mit $\chi(Y_T(p)) = 4$ der Wert von $c_1^2(Y_T^0(p))$ gleich 2.

Für die Primzahlen mit $\chi(Y_T(p)) = 2,3,4$ wird es nützlich sein, Angaben wie die von Tabelle 5 zur Verfügung zu haben. Das soll jetzt geschehen. Wir verzichten jedoch auf die Angabe von $e(Y^0(p))$ und $e(F_p^0)$. Diese Werte, sowie $\chi(Y^0(p))$, $c_1^2(Y^0(p))$, $c_1^2(Y^0(p)/T)$ können bei Bedarf leicht auf Grund der Formeln von 3.1 berechnet werden.

TABELLE 8

p	$6\zeta_K(-1)$	$h(-4p)$	$h(-3p)$	$l(p)$	$c_1^2(Y_T^0(p))$
		$\chi(Y_T(p)) = 2$			
193.........	98	4	8	47	−1
233.........	106	12	10	39	−1
257.........	120	16	6	39	−2
277.........	103	6	28	29	0
349.........	151	14	16	37	−1
389.........	151	22	22	31	0
397.........	171	6	24	35	−2
461.........	183	30	18	29	−1
509.........	215	30	14	31	−2
		$\chi(Y_T(p)) = 3$			
241.........	142	12	4	59	0
281.........	150	20	6	49	0
353.........	192	16	6	47	−1
373.........	161	10	32	37	0
421.........	209	10	20	47	0
557.........	233	18	38	29	0
		$\chi(Y_T(p)) = 4$			
313.........	200	8	8	65	2
653.........	303	14	42	35	2
677.........	299	30	38	27	2
773.........	369	26	30	31	2

Für die weitere Untersuchung der Flächen $Y_T^0(p)$ der vorstehenden Tabelle muss die Auflösung der Spitzen von $\overline{X(p)}$ näher angegeben werden. Zunächst ist die Hauptspitze zu betrachten, die zur Hauptidealklasse von $Q(\sqrt{p})$ gehört, d. h. die Tripel $(k \mid s, t)$, die in 1.4 erwähnt wurden, entsprechen den ganzen Hauptidealen, wenn k den Zyklus durch-

Liste der Spitzenauflösungen

$$\chi(Y_T(p)) = 2$$

$p = 193$

15	2	6	2	2	2	2	2	3	2	3	3	4	8	2	2	2	4	2	2	2	2	2	2
1	8	3	14	21	24	23	18	9	12	7	6	4	2	12	16	14	6	18	28	36	42	46	48
15	17	19	37	47	49	43	29	25	23	19	17	15	17	31	33	23	25	47	65	79	85	95	97

$p = 233$

17	2	2	2	2	2	2	3	5	2	2	3	9	2	2	2	2	2	2	2
1	14	23	28	29	26	19	8	4	13	14	7	2	16	28	38	46	52	56	58
17	39	53	59	57	47	29	19	21	31	25	17	19	45	67	85	99	109	115	117

$p = 257$

17	3	2	2	2	2	2	2	2
1	8	22	34	44	52	58	62	64
17	31	57	79	97	111	121	127	129

weiterer Zyklus; Ende der Periode →

9	2	2	3	2	2	2	2	2	2	5	9
2	13	16	11	22	29	32	31	26	17	4	2
19	33	31	35	53	63	65	59	45	23	17	

$p = 277$

17	6	3	3	2	2	2	3	2	2	2	2	2	2	2
1	3	7	9	19	23	21	13	27	39	49	57	63	67	69
17	19	23	31	45	47	37	41	67	89	107	121	131	137	139

$p = 349$

19	7	2	2	3	5	2	2	2	2	3	2	2	2	2	2	2	2	2
1	3	15	17	9	5	19	27	29	25	15	31	45	57	67	75	81	85	87
19	23	37	31	23	27	49	59	57	43	47	77	103	125	143	157	167	173	175

$p = 389$

21	2	3	2	2	5	4	2	2	2	2	2	2	2	2	2
1	13	11	19	17	5	7	25	41	55	67	77	85	91	95	97
21	31	35	41	27	23	33	67	97	123	145	163	177	187	193	195

$p = 397$

21	2	8	2	2	2	2	2	4	2	2	2	2	2	2	2	2	2
1	11	3	19	29	33	31	23	9	27	43	57	69	79	87	93	97	99
21	23	25	51	65	67	57	35	37	71	101	127	149	167	181	191	197	199

$p = 461$

23	2	2	2	6	2	2	2	2	2	2	2	2	2	2
1	17	23	19	5	25	43	59	73	85	95	103	109	113	115
23	45	47	29	31	69	103	133	159	181	199	213	223	229	231

$p = 509$

23	5	3	2	2	3	2	2	2	2	2	2	2	2	2	2
1	5	11	23	25	17	37	55	71	85	97	107	115	121	125	127
23	27	39	53	47	55	93	127	157	183	205	223	237	247	253	255

Liste der Spitzenauflösungen

$\chi(Y_T(p)) = 3$

Wir verzichten auf die Angabe der M_k und schreiben die b_k und N_k vertikal ($0 \leq k \leq t$)

	$p = 241$		$p = 281$		$p = 353$		$p = 373$		$p = 421$		$p = 557$	
k	b_k	N_k	b_k	N_k	b_k	N_k	b_k	N_k	b_k	N_k	b_k	N_k
0.........	17	1	17	1	19	1	21	1	21	1	25	1
1.........	2	12	9	2	10	2	2	17	5	5	2	17
2.........	2	15	2	10	2	11	2	27	2	21	2	19
3.........	3	10	5	4	6	4	2	31	2	31	5	7
4.........	2	18	4	5	2	17	2	29	2	35	2	29
5.........	2	20	3	8	2	22	2	21	2	33	2	49
6.........	2	16	2	14	2	19	4	7	2	25	2	67
7.........	4	6	3	10	4	8	3	9	3	11	2	83
8.........	2	12	2	17	2	23	2	13	4	7	2	97
9.........	3	8	2	16	2	34	8	3	2	15	2	109
10.........	3	9	4	7	2	41	2	21	3	9	2	119
11.........	2	20	2	20	2	44	2	37	8	3	2	127
12.........	2	27	2	29	2	43	2	51	2	17	2	133
13.........	2	30	2	34	2	38	2	63	2	21	2	137
14.........	2	29	2	35	2	29	2	73	3	15	2	139
15.........	2	24	2	32	3	16	2	81	2	33		
16.........	2	15	2	25	2	32	2	87	2	49		
17.........	9	2	3	14	2	46	2	91	2	63		
18.........	3	6	2	28	2	58	2	93	2	75		
19.........	4	5	2	40	2	68			2	85		
20.........	2	10	2	50	2	76			2	93		
21.........	6	3	2	58	2	82			2	99		
22.........	5	4	2	64	2	86			2	103		
23.........	2	18	2	68	2	88			2	105		
24.........	2	30	2	70								
25.........	2	40										
26.........	2	48										
27.........	2	54										
28.........	2	58										
29.........	2	60										

läuft. Der Zyklus hat ungerade Länge $2t+1$ (vgl. 2.1, Figur). Er ist symmetrisch unter T. Die Selbstschnittzahlen $-b_k$ der Kurven S_k ergeben sich aus der Kettenbruchentwicklung von

$$w_0 = \frac{2a+1+\sqrt{p}}{2} \quad \text{mit} \quad a = \left[\frac{1+\sqrt{p}}{2}\right].$$

Es ist

$$w_k = b_k - \frac{1}{w_{k+1}}, \qquad b_k = [w_k]+1,$$

$$w_k = \frac{M_k+\sqrt{p}}{2N_k}.$$

Ueberall ist k mod $2t+1$ zu nehmen. Wegen der Symmetrie unter T ist $w_{-k} = (w_{k+1}^{-1})'$, $b_{-k} = b_k$, $N_{-k} = N_k$ und $M_{-k} = M_{k+1}$. Es ist $T(S_k) = S_{-k}$.

Dem Schnittpunkt von S_{k-1} und S_k ist die quadratische Form $[N_{k-1}, M_k, N_k]$ der Diskriminante p zugeordnet (vgl. 1.4). Mann kann diesen symmetrischen Zyklus in folgender Weise andeuten

$$\begin{array}{l} | \\ b_0 \quad b_1 \quad b_2 \ldots \quad b_t \quad | \\ N_0 \quad N_1 \quad N_2 \quad\quad N_t \quad | \\ | \; M_1 \quad M_2 \quad \ldots M_t \quad M_{t+1} \end{array} \tag{26}$$

Die Striche sollen andeuten, dass nur der halbe Zyklus dargestellt wird und man den ganzen erhält, wenn man an den Strichen spiegelt. Es ist $b_0 = 2a+1$, $N_0 = 1$, $M_0 = M_1 = 2a+1$. Die letzten $a-1$ Kurven in (26) von rechts und ihre Bilder unter T bilden den »Schwanz« [3.2, (15)].

Die Klassenzahl $h(p)$ ist genau dann gleich 1, wenn $2t+1 = l(p)$. Für die Primzahlen der Tabelle 8 ist $h(p) = 1$, wenn $p \neq 257$. Dagegen ist $h(257) = 3$. Für $p = 257$ sind also zwei weitere Zyklen vorhanden. Sie werden durch T aufeinander abgebildet und sind bis auf den Durchlaufungssinn isomorph.

Wir haben die Spitzenauflösungen vorstehend nur für die 15 Primzahlen mit arithmetischem Geschlecht $\chi(Y_T(p)) = 2$ oder 3 aufgelistet.

4. Klassifikation

4.1. Da die Hilbertschen Modulflächen $Y(p)$ und $Y_T(p)$ einfach-zusammenhängend sind (vgl. 2.6) und dieser Paragraph die Flächen $Y_T(p)$ betrifft, genügt es, an die grobe Klassifikation im Sinne von Enriques-Kodaira der einfach-zusammenhängenden algebraischen Flächen zu erinnern (vgl. [8]). Es werde deshalb in diesem Abschnitt 4.1 immer vorausgesetzt, dass *es sich um einfach-zusammenhängende algebraische Flächen handelt.*

Wenn die Fläche Y nicht rational ist, dann hat sie ein eindeutig bestimmtes minimales Modell Y_0, das man so bekommt : Die exzeptionellen Kurven auf Y sind disjunkt (vgl. 2.4, 2.6), und ihre Anzahl ist deshalb endlich. Sie können niedergeblasen werden. Man erhält eine Fläche Y'. Die exzeptionellen Kurven auf Y' können wieder alle niedergeblasen werden usw. Nach endlich vielen Schritten bricht der Prozess ab, man hat Y_0 erhalten. Die Fläche Y heisst minimal, wenn sie keine exzeptionellen Kurven hat. Wenn Y nicht rational ist, dann ist Y minimal genau dann, wenn $Y = Y_0$. Eine minimale nicht rationale Fläche ist entweder eine K 3-Fläche (d. h. ihre erste Chernsche Klasse verschwindet), eine echt elliptische Fläche über $P_1(C)$, d. h. eine elliptische Fläche über $P_1(C)$ mit nichtverschwindender erster Chernscher Klasse c_1 und $c_1^2 = 0$, oder eine Fläche vom allegemeinen Typ. Wir sagen, dass die nicht rationale Fläche Y von K 3-Typ, vom echt elliptischen Typ oder vom allgemeinen Typ ist, wenn Y_0 die entsprechende Eigenschaft hat. Damit sind die einfach-zusammenhängenden algebraischen Flächen in vier Klassen eingeteilt :

I. Rationale Flächen.

II. Flächen vom K 3-Typ.

III. Flächen vom echt elliptischen Typ.

IV. Flächen vom allgemeinen Typ.

Natürlich gehört mit einer Fläche auch jede zu ihr birational äquivalente in die gleiche Klasse. Eine nicht-rationale Fläche Y ist vom allgemeinen Typ genau dann, wenn $c_1^2 (Y_0] > 0$; da $c_1^2 (Y]$ beim Niederblasen exzeptioneller Kurven zunimmt, impliziert $c_1^2 [Y] > 0$, dass Y vom allgemeinen Typ ist.

Für rationale Flächen ist das arithmetische Geschlecht $\chi = 1 + p_g$ gleich 1, für Flächen vom K 3-Typ ist χ gleich 2.

Eine elliptische Konfiguration auf einer Fläche Y (mit Chernscher Klasse c_1) ist ein endliches System von irreduziblen Kurven E_i mit $c_1 [E_i] = 0$, welches eine Schnittmatrix $E_i E_j$ hat, die mit der Schnittmatrix einer Faser einer elliptischen »Faserung» übereinstimmt ([13], vgl. auch [8], [9]). Zum Beispiel ist ein Zykel von singularitätenfreien rationalen Kurven der Selbstschnittzahl -2 eine elliptische Konfiguration :

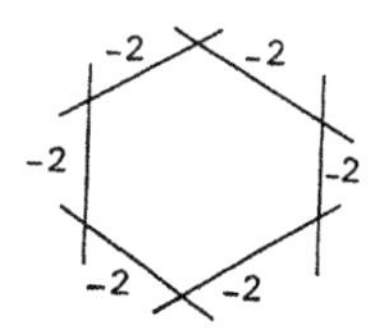

Bei Kodaira [13] heisst diese Konfiguration I_k, wenn es k Kurven im Zykel gibt.

Wir werden das folgende Klassifikationsprinzip verwenden (vgl. [8], [9]).

SATZ 1. — *Wenn eine Fläche eine elliptische Konfiguration besitzt, dann ist sie nicht vom allgemeinen Typ; wenn sie eine elliptische Konfiguration besitzt, die von einer nicht zu ihr gehörenden singularitätenfreien rationalen Kurve der Selbstschnittzahl -2 geschnitten wird, dann ist sie rational oder vom* K 3-*Typ.*

Eine Fläche Y vom Typ II oder III ist minimal genau dann, wenn $c_1^2 [Y] = 0$.

Wenn Y minimal und von Typ III ist, dann ist die elliptische Faserung eindeutig bestimmt, jede elliptische Konfiguration ist eine Faser, die Kohomologieklasse $-c_1$ ist dual zu einem Vielfachen der durch eine reguläre Faser repräsentierten Homologieklasse und zwar ist dieses Vielfache grösser oder gleich $\chi(Y)-2$ und genau dann gleich $\chi(Y)-2$, wenn Y keine multiplen Fasern hat. Es sei S eine singularitätenfreie rationale Kurve der Selbstschnittzahl $-\chi(Y)$ auf der minimalen Fläche Y vom Typ III mit $\chi(Y) \geqq 3$. Nach der Adjunktionsformel ist dann $-c_1 [S] = \chi(Y)-2$. Es folgt, dass S ein Schnitt ist und keine multiplen Fasern vorhanden sind. Umgekehrt ist auch jeder Schnitt eine singularitätenfreie rationale Kurve der Selbstschnittzahl $-\chi(Y)$.

4.2. Für eine Primzahl $p \equiv 1 \pmod 4$ haben wir die Hilbertsche Modulgruppe $G = SL_2(\mathcal{O})/\{\pm 1\}$, sowie die symmetrische Hilbertsche Modulgruppe $G_T = G \cup G.T$

betrachtet. Es wurden dann mehrere singularitätenfreie Modelle für $\overline{H^2/G_T}$ angegeben, die alle zueinander birational äquivalent sind. Für gegebenes p ist es also sinnvoll zu fragen, in welche der Klassen I-IV die Fläche $\overline{H^2/G_T}$ gehört. Wir sagen auch kurz, dass die Primzahl p zur Klasse I, II, III bzw. IV gehört. *Nach* 2.7 *Satz* 4 *gehören genau* 24 *Primzahlen zur Klasse* I. Nach 3.3 Satz 2 können höchstens die 9 Primzahlen 193, 233, 257, 277, 349, 389, 397, 461, 509 zur Klasse II gehören. *Es soll nachgewiesen werden, dass sie in der Tat alle zur Klasse* II *gehören.* Nach 3.5 gehören alle Primzahlen bis auf die 24 Primzahlen der Klasse I, die neun gerade erwähnten Primzahlen und die sechs Primzahlen 241, 281, 353, 373, 421, 557 mit $\chi(Y_T(p)) = 3$ zur Klasse IV (allgemeiner Typ). *Es soll nachgewiesen werden, dass die sechs Primzahlen mit* $\chi(Y_T(p)) = 3$ *zur Klasse* III *gehören.* Es sind also insgesamt 15 Primzahlen zu betrachten und ihre Zugehörigkeit zur Klasse II bzw. III zu beweisen. Danach ist dann die Aufteilung der Primzahlen $p \equiv 1 \pmod 4$ in die vier Klassen vollständig erledigt.

Bei den folgenden Ueberlegungen werden singularitätenfreie rationale Kurven der Selbstschnittzahl a häufig einfach a-Kurven gennant.

4.3. Wir setzen stets voraus, dass p nicht zur Klasse I gehört. Auf $Y^0(p)/T$ hat man eine Konfiguration von singularitätenfrein Kurven, die aus der Auflösung

(1)

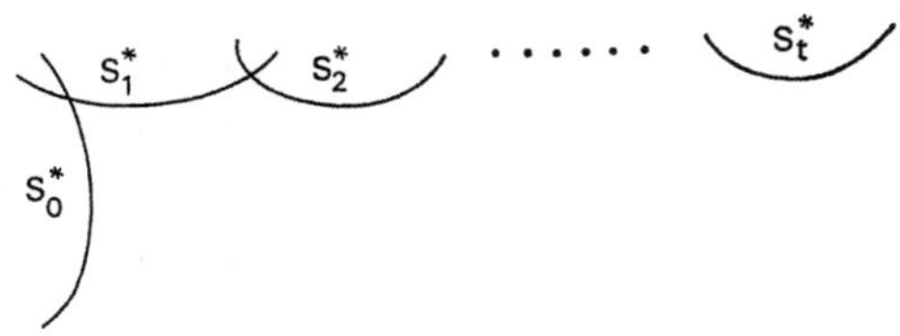

der Hauptspitze entsteht (vgl. 2.1, Figur, und 3.2) und eventuell zyklische Konfigurationen, die jeweils von einem Spitzenpaar (Spitze und ihr Bild unter T) herrühren. Für $\delta = 1$ schneidet S_0^* auch noch die Kurve S_k^* mit $N_k = 4$, die jedoch nicht der Konfiguration (1) anzugehören braucht, sondern Bestandteil eines anderen Zyklus sein kann. Im allgemeinen ist [vgl. 3.1, (3)] :

$$S_k^* . S_k^* = -b_k \quad \text{in } Y^0(p)/T.$$

Es gelten jedoch *Ausnahmen*. Es ist in (1) :

$$S_{t+1}^* . S_{t+1}^* = S_t^* . S_t^* = -b_t + 1 = -1 \qquad \text{[vgl. 3.2, (15), (16)]}.$$

Der Figur in 2.1 entnimmt man leicht, dass S_0 in $Y^0(p)$ eine Spitze hat, aber S_0^* in $Y^0(p)/T$ singularitätenfrei ist mit

$$\text{(2)} \qquad S_0^* . S_0^* = -a + 3 \quad \text{in } Y^0(p)/T \qquad (b_0 = 2a + 1).$$

Wenn $p \equiv 1 \pmod 3$, dann schneidet F_3 in $Y(p)$ genau das Kurvenpaar S_k, $T(S_k)$ mit $N_k = 3$ transversal. Es gehört sicherlich nicht zum »Schwanz« [3.2, (15)]; es braucht nicht in der Hauptzpitze vorzukommen, sondern kann einem anderen Zyklus angehören.

In $Y^0(p)$ hat man die Konfiguration

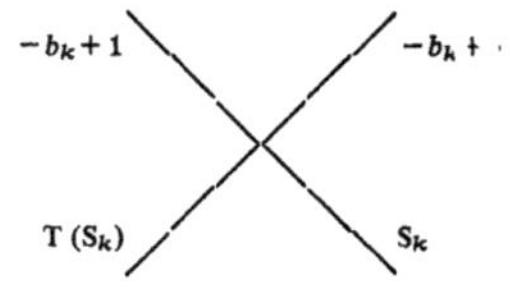

Es ist $S_k^*.S_k^* = (1/2)(S_k+T(S_k))(S_k+T(S_k))$, also gilt

(3) $$S_k^*.S_k^* = -b_k+2, \qquad \text{falls } N_k = 3.$$

Analog gilt für $p \equiv 1 \pmod 8$

(4) $$\begin{cases} S_k^*.S_k^* = -b_k+4, & \text{falls } N_k = 2, \\ S_k^*.S_k^* = -b_k+2, & \text{falls } N_k = 4. \end{cases}$$

Beim Uebergang zu $Y_T^0(p)$ ändern sich die Schnittzahlen erneut. Wir betrachten zunächst S_0^* in $Y_T^0(p)$ und erhalten (für ε, δ, *siehe* 2.1) :

(5) $$\begin{cases} S_0^* S_0^* = -a+4, & \text{falls } \varepsilon = 1,\ \delta = 1 \quad (F_9^*), \\ S_0^* S_0^* = -a+5, & \text{falls } \varepsilon = 0,\ \delta = 1 \quad (F_9^*, U_9^*), \\ S_0^* S_0^* = -a+6, & \text{falls } \varepsilon = 1,\ \delta = 0 \quad (F_9^*, V_4^*, F_{16}^*), \\ S_0^* S_0^* = -a+8, & \text{falls } \varepsilon = 0,\ \delta = 0 \quad (F_9^*, U_9^*, V_4^*, F_{16}^*, F_{36}^*). \end{cases}$$

In Klammern wurden die exzeptionellen Kurven von 3.4 Tabelle 6 angegeben, die für die Erhöhung der Selbstschnittzahl im Vergleich zu (2) verantwortlich sind. Benutzt wird hier, dass F_{m^2} die Kurve S_0 in $Y(p)$ in $\varphi(m)$ Punkten transversal schneidet [$b = (m)$, $n(b) = m$ in 1.4], für $m \neq 2$ diese Schnittpunkte unter T paarweise miteinander vertauscht werden und somit $F_{m^2}^*$ die Kurve S_0^* in $(1/2)\varphi(m)$ Punkten transversal trifft. Es ist $(1/2)\varphi(m) = 1$ genau für $m = 3, 4, 6$.

Beim Uebergang zu $Y_T^0(p)$ wurde auch die Konfiguration 3.2 (16) niedergeblasen. Es ist im allgemeinen in $Y_T^0(p)$:

(6) $$S_{t+a}^*.S_{t+a}^* = S_{t-a+1}^*.S_{t-a+1}^* = -b_{t-a+1}+1,$$

aber die Selbstschnittzahl erhöht sich, falls eine der exzeptionellen Kurven der Tabelle 6 in 3.4 die Kurve S_{t-a+1}^* schneidet. Ueberhaupt ist der Durchgang der exzeptionellen Kurven der Tabelle 6 durch die Spitzen noch zu betrachten, die eine von S_0^* verschiedene Kurve S_k^* schneiden.

Es müssen deshalb folgende Kurven berücksichtigt werden :

$$B_2^*, F_5^*, U_5^*, F_6^*, F_7^*, F_8^*, F_9^*, F_{11}^* \qquad (\text{alle mit } N_2 = 1),$$

$$F_{12}^*, F_{20}^* \qquad (\text{mit } N_2 = 4).$$

Man beachte, dass F_8^*, F_{12}^* bzw. F_{20}^* auch die Kurve S_k^* mit $N_k = 2{,}3$ bzw. 5 transversal schneidet (1.4). Das Endergebnis besagt :

LEMMA. – *In* $Y_T^0(p)$ *gilt* $S_k^* S_k^* = -b_k$ *bis auf folgende Fälle :*

$$\begin{aligned}
&S_0^* S_0^* \text{ wird durch (5) gegeben,} \\
&S_k^* S_k^* = -b_k+5, \quad \text{falls} \quad N_k = 2, \\
&S_k^* S_k^* = -b_k+2, \quad \text{falls} \quad N_k = 4, \\
&S_k^* S_k^* = -b_k+3, \quad \text{falls} \quad N_k = 3, \quad \delta = 1, \\
&S_k^* S_k^* = -b_k+4, \quad \text{falls} \quad N_k = 3, \quad \delta = 0, \\
&S_k^* S_k^* = -b_k+2, \quad \text{falls} \quad N_k = 5, \quad \delta = 1, \\
&S_k^* S_k^* = -b_k+3, \quad \text{falls} \quad N_k = 5, \quad \delta = 0, \\
&S_k^* S_k^* = -b_k+1, \quad \text{falls} \quad N_k = 6, 7, 8, 9, 11.
\end{aligned}$$

Falls $k = t-a+1$ [*in Konfiguration* 3.2, (16)], *dann erhöht sich die vorstehend angegebene Selbstschnittzahl um* 1.

In $Y_T^0(p)$ *schneidet* S_0^* *die Kurven* S_k^* *mit* $N_k = 4$ *oder* 9 (*falls* $\delta = 1$ *bzw.* $\varepsilon = 1$). *Es schneiden sich auch die Kurven* S_k^* *und* S_l^* *mit* $N_k = 2$ *und* $N_l = 8$ (*falls* $\delta = 1$). *Wenn* $\varepsilon = \delta = 1$, *dann gibt es zwei Kurven* $S_{k_1}^*$, $S_{k_2}^*$ *mit* $N_{k_1}^* = N_{k_2}^* = 6$. *Sie schneiden sich. Alle diese Schnitte sind transversal. Weitere Schnitte gibt es nicht. Die Schnittkonfiguration* (*einschliesslich Selbstschnittzahlen*) *der Kurven* S_k^* *auf* $Y_T^0(p)$, *wobei k einem beliebigen Zyklus angehört, ist jetzt vollständig beschrieben.*

4.4. Wir betrachten die 9 Primzahlen, von denen nachgewiesen werden soll, dass sie zur Klasse II gehören (*siehe* 4.2).

Für eine K 3-Fläche ist $c_1^2 = 0$. Nach 3.6 Tabelle 8 erwarten wir deshalb, dass in 7 Fällen noch 1 bzw. 2 Kurven in $Y_T^0(p)$ niedergeblasen werden können, um das gewünschte minimale Modell, nämlich eine K 3-Fläche, zu bekommen. Es wird uns immer gelingen, diese Kurven zu finden. Auf einer K 3-Fläche hat jede singularitätenfreie rationale Kurve die Selbstschnittzahl -2. Wir erwarten deshalb, dass wir die Selbstschnittzahlen $-b_k$ in unseren 9 Fällen durch Anwendung des Lemmas in 4.3 und der zusätzlichen Niederblasungen auf -2 bringen können. Bei dem Beweis, dass es sich wirklich um eine K 3-Fläche handelt, wird 4.1 Satz 1 benutzt. Nach Möglichkeit werden wir nur die Kurven S_k^* verwenden. Man konsultiere dazu stets die Liste der Spitzenauflösungen in 3.6. Wir behandeln die 9 Primzahlen getrennt ihrer Restklasse mod 24 entsprechend.

$$\varepsilon = \delta = 1: \quad p = 193, \qquad c_1^2(Y_T^0(193)) = -1.$$

Die Konfiguration der S_k^* auf $Y_T^0(p)$ sieht so aus :

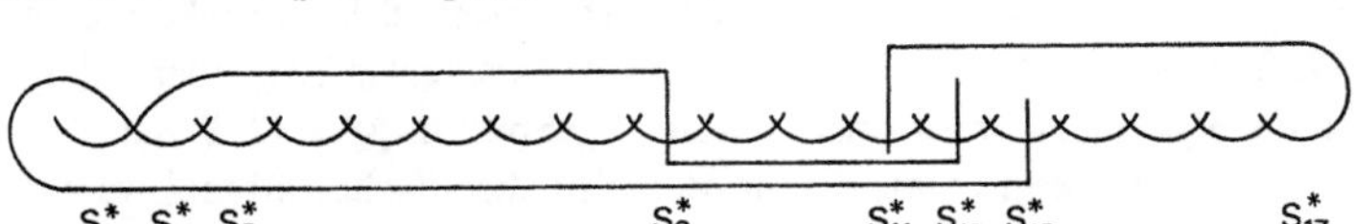

Die S_k^* sind von links nach rechts fortlaufend durch  angedeutet, aber nicht alle gekennzeichnet. Alle Kurven haben Selbstschnittzahl -2 bis auf

$$S_1^* S_1^* = -1, \qquad S_0^* S_0^* = S_2^* S_2^* = S_{13}^* S_{13}^* = -3.$$

Blasen wir S_1^* nieder, so ergibt sich eine Fläche Y_T^{00} (193), die nach 4.1 Satz 1 eine K 3-Fläche ist (Verwendung einer zyklischen elliptischen Konfiguration) :

$$\varepsilon = 0, \quad \delta = 1, \qquad p = 233, 257,$$

$$p = 233, \qquad c_1^2(Y_T^0(233)) = -1.$$

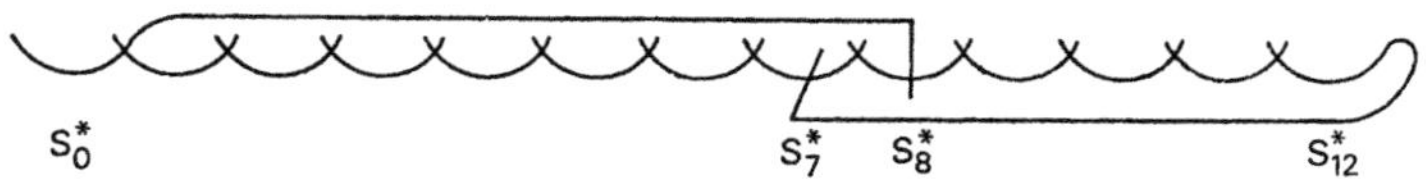

Alle S_k^* haben Selbstschnittzahl -2 bis auf

$$S_0^* S_0^* = S_8^* S_8^* = S_{12}^* S_{12}^* = -3.$$

Für die Kurve F_{16}^* gilt $c_1^*(16) = 0$ (*siehe* 2.6, Tabelle 3). Sie schneidet in Y^0 (233)/T die Schwanzkurve S_{13}^*. Deshalb ist auf Y_T^0 (233) die Zahl $c_1^*[F_{16}^*]$ gleich 1 und die Kurve F_{16}^* exzeptionell. Die Kurve F_{16}^* schneidet S_0^*, S_8^*, S_{12}^* transversal. Bläst man sie herunter, dann erhält man eine K 3-Fläche Y_T^{00} (233). Der Beweis erfolgt wieder mit einer zyklischen elliptischen Konfiguration.

$$p = 257, \qquad c_1^2(Y_T^0(p)) = -2, \qquad h(257) = 3$$

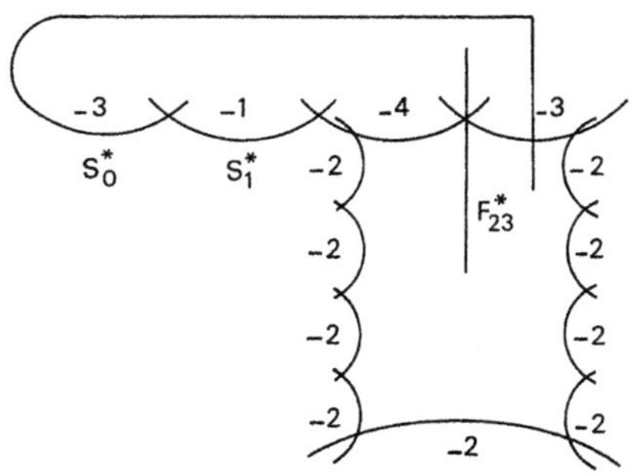

Der weitere Zyklus ist eingezeichnet. Diese Kurven sind nicht besonders benannt, nur mit ihren Selbstschnittzahlen versehen. Durch den Schnittpunkt der (-4)-Kurve mit der (-3)-Kurve geht »diagonal« die Kurve F_{23}^*, da diesem Schnittpunkt die quadratische Form [4, 17, 2] zugeordnet ist. Es ist $c_1^*(23) = 0$ (Tabelle 3 in 2.6), aber $c_1[F_{23}] > c_1(23)$ in $Y^0(p)$, da F_{23} nicht transversal durch die Spitzen geht (2.2 Satz 1). Also ist $c_1^*[F_{32}^*] = 1$; grösser kann es nicht sein, da sonst die Fläche rational wäre. Damit ist F_{23}^* exzeptionell. Bläst man S_1^* und F_{23}^* nieder, dann erhält man eine K 3-Fläche Y_T^{00} (257).

Beim Beweis wird die elliptische Konfiguration

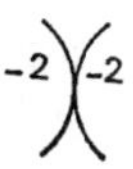

(Konfiguration III bei Kodaira [13])
benutzt, die aus der (−4)-Kurve und der (−3)-Kurve entsteht.

$$\varepsilon = 1, \quad \delta = 0, \qquad p = 277,\ 349,\ 397,$$

$$p = 277, \qquad c_1^2\,[Y_T^0(277)] = 0$$

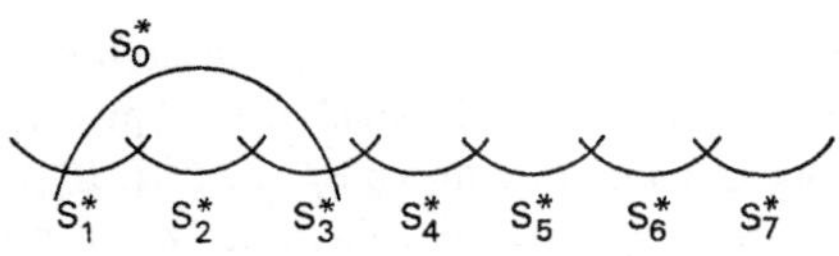

Alle Kurven haben die Selbstschnittzahl −2. Also ist Y_T^0 (277) eine K 3-Fläche. (Eine zyklische elliptische Konfiguration wird benutzt.)

$$p = 349, \qquad c_1^2\,[Y_T^0(349)] = -1$$

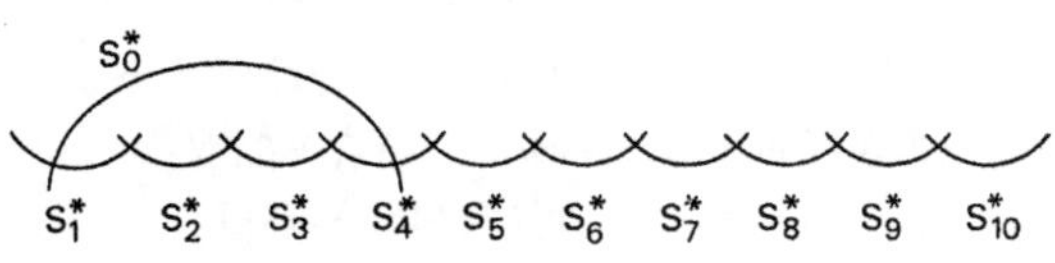

Alle Kurven haben die Selbstschnittzahl −2 bis auf $S_0^* S_0^* = S_1^* S_1^* = -3$. Durch den Schnittpunkt von S_0^* und S_1^* geht F_{23}^*. Die Kurve ist exzeptionell. Bläst man sie nieder erhält man die K 3-Fläche Y_T^{00} (349). (Eine elliptische Konfiguration III wird benutzt.)

$$p = 397, \qquad c_1^2\,[Y_T^0(397)] = -2$$

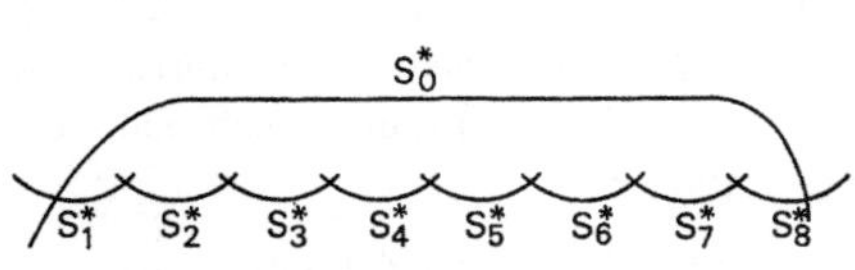

Alle Selbstschnittzahlen sind −2 bis auf

$$S_0^* S_0^* = S_2^* S_2^* = -4, \qquad S_1^* . S_1^* = -1.$$

Die Kurve S_1^* wird von F_{44}^* ($N_1 = 11$, $N_2 = 4$) transversal geschnitten. Für sie ist $c_1^*\,[F_{44}^*] = 0$ (*siehe* 2.6 Tabelle 3). Also ist F_{44}^* eine (−2)-Kurve. Bläst man S_1^* und F_{44}^*

nieder, so ergibt sich die K 3-Fläche Y_T^{00} (397). Beim Beweis wird wieder eine elliptische Konfiguration III benutzt, die aus S_0^* und S_2^* entsteht.

$$e = \delta = 0, \qquad p = 389, 461, 509$$

$$p = 389, \qquad c_1^2[Y_T^0(389)] = 0$$

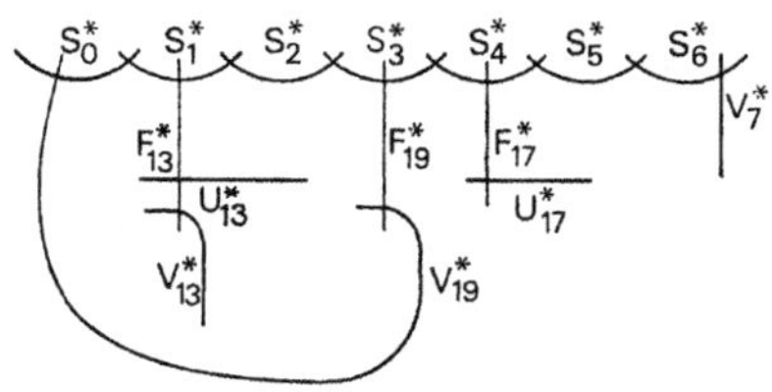

Die Kurven S_i^* und F_{13}^*, F_{19}^*, F_{17}^* haben alle die Selbstschnittzahl -2, also ist Y_T^0 (389) eine K 3-Fläche. Man verwende zum Beispiel die elliptische Konfiguration, die bei Kodaira [13] mit I_2^* bezeichnet und hier durch $S_0^*, \ldots, S_4^*$, F_{13}^*, F_{19}^* realisiert wird. Die weiteren Kurven, die wir eingetragen haben, rühren her von den Quotientensingularitäten, durch die F_{13}, F_{19}, F_{17}, F_7 in $X(p)$ hindurchgehen. Die Bezeichnung ist wie in 2.3 und 3.2 verabredet. Die Selbstschnittzahl von U_{13}^*, U_{17}^* ist -2, das gilt aber auch für V_7^*, V_{13}^*, V_{19}^*, was an den exzeptionellen Kurven F_7^*, F_{24}^*, F_{16}^* liegt. Weil $4.24.13-9^2 = 3.389$ bzw. $4.16.19-7^2 = 3.389$, ist $V_{24}^* = V_{13}^*$ und $V_{16}^* = V_{19}^*$. Um dieses Beispiel noch weiter zu erläutern, sei erwähnt, dass $h(-4.389) = h(-3.389) = 22$. Es muss also 5 Paare U_i, U_i' und 5 Paare V_j, V_j' in der Figur von 2.1 geben. Diese sind repräsentiert durch

$$U_5^*,\ U_6^*,\ U_9^*(\text{niedergeblasen}), \qquad U_{13}^*,\ U_{17}^* \text{ bzw.}$$

$$V_4^*,\ V_6^*(\text{niedergeblasen}), \qquad V_7^*,\ V_{13}^*,\ V_{19}^*.$$

$$p = 461, \qquad c_1^2(Y_T(461)) = -1$$

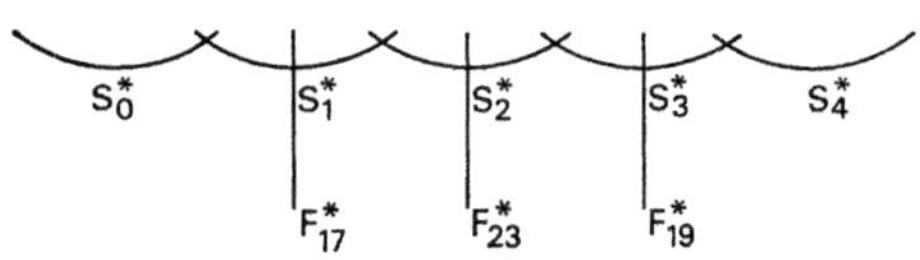

Alle Kurven haben die Selbstschnittzahl -2 bis auf $S_0^* S_0^* = -3$. Da $4.9.54-10^2 = 4.461$, schneidet F_{54}^* die Kurve U_9^* in $Y^0(461)/T$, d. h. $U_{54}^* = U_9^*$. In Y_T^0 (461) ist U_9^* bereits niedergeblasen und deshalb F_{54}^* exzeptionell in Y_T^0 (461). Diese exzeptionelle Kurve schneidet S_0^* transversal. Nach Niederblasung erhielt man die K 3-Fläche Y_T^{00} (461). (Verwendung einer Konfiguration I_2^*.)

$$p = 509, \qquad c_1^2[Y_T^0(509)] = -2$$

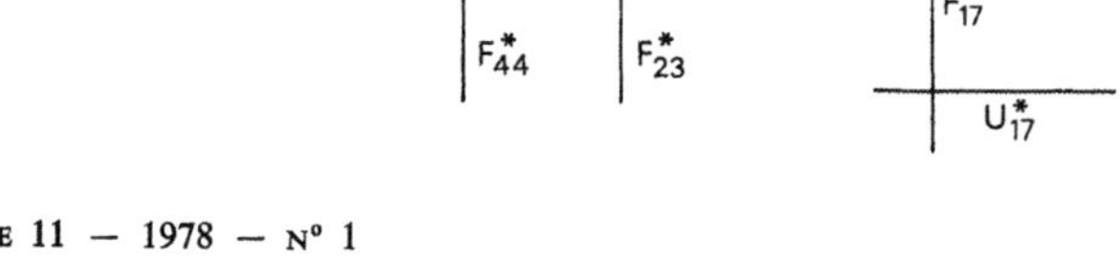

Alle Kurven haben die Selbstschnittzahl -2 bis auf $S_0^* S_0^* = -3$. Wegen $4.16.24-3^2=3.509$, gilt für die exzeptionellen Kurven F_{16}^*, F_{24}^*, dass $V_{16}^* = V_{24}^*$. Deshalb ist V_{16}^* exzeptionell in $Y_T^0(509)$. Diese exzeptionelle Kurve schneidet S_0^* transversal. Ferner ist F_{56}^* exzeptionell. Wegen $4.56.26-15^2 = 11.509$ schneidet nämlich die (-2)-Kurve F_{56}^* auf $Y^0(509)/T$ die exzeptionelle Kurve F_{26}^*. Nach Niederblasung erhält man die K 3-Fläche $Y_T^{00}(509)$. Man benutze z. B. die elliptische Konfiguration E_9, bei Kodaira mit IV* bezeichnet.

4.5. Wir kommen jetzt zu den 6 Primzahlen, von denen nachgewiesen werden soll, dass sie zur Klasse III gehören (4.2). Nach Tabelle 8 in 3.6 ist $c_1^2[Y_T^0(p)] = 0$ für alle 6 Fälle bis auf $p = 353$. Da $c_1^2[Y_T^0(353)] = -1$ ist, erwarten wir, dass in $Y_T^0(353)$ noch eine Kurve niedergeblasen werden kann. Wir betrachten zunächst diese Fläche. Für diesen Fall und alle weiteren ziehe man die Liste der Spitzenauflösungen in 3.6 heran. Es wird immer das Lemma in 4.3 benutzt.

$$p = 353, \qquad \varepsilon = 0, \quad \delta = 1.$$

Es ist $b_2 = 2$ und $N_2 = 11$ und deshalb $S_2^* S_2^* = -1$ in $Y_T^0(353)$. Durch Niederblasung von S_2^* erhält man eine Fläche $Y_T^{00}(353)$ mit $c_1^2 = 0$. Auf $Y_T^{00}(353)$ gibt es folgende Konfiguration (die Kurven S_0^*, S_1^* wurden nicht eingezeichnet).

(7)

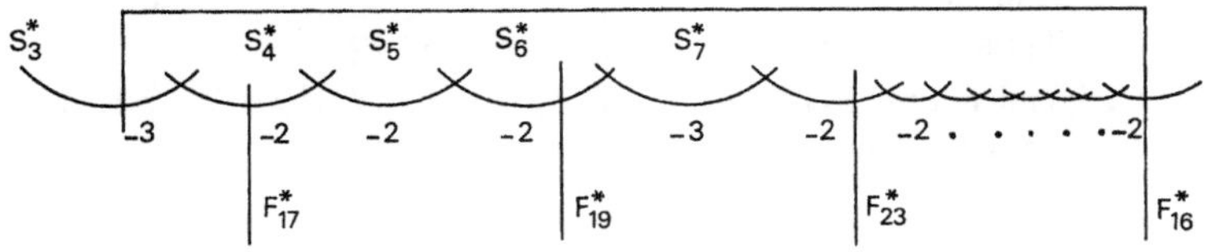

Nach 2.5 Tabelle 3 ist $c_1^*(17) = c_1^*(19) = c_1^*(23) = c_1^*(16) = 0$. Daraus folgt, dass F_{17}^*, F_{19}^*, F_{23}^*, F_{16}^* singularitätenfreie rationale Kurven der Selbstschnittzahl -2 sind. Wir werden jetzt F_{17}^* und F_{19}^* durch eine Kette von weiteren (-2)-Kurven verbinden und betrachten dazu die folgende Kette quadratischer Formen :

Form	*Diskriminante*
[17, 4, 21]	−4.353
[21, 10, 18]	−4.353
[18, 7, 35]	−7.353
[35, 26, 25]	−8.353
[25, 21, 15]	−3.353
[15, 9, 19]	−3.353

Nach 2.6 Tabelle 3 ist für 21 ($N_1 = 1$), 18 ($N_1 = 2$, $N_2 = 9$), 35 ($N_1 = 1$) und 25 ($N_1 = 1$) der Wert von c_1^* gleich 0. Ferner war F_{15}^* eine exzeptionelle Kurve in $Y^0(p)/T$. Beim Niederblasen wurde die zugehörige (-3)-Kurve eine (-2)-Kurve (und zwar ist $V_{25}^* = V_{15}^* = V_{19}^*$, wie die beiden letzten quadratischen Formen zeigen. Für die Kurve F_{21}^* gibt es zwei Kurven U^* der Selbstschnittzahl -2, die $U_{21}^{*(1)}$ und $U_{21}^{*(2)}$ heissen mögen. Die beiden ersten quadratischen Formen besagen, dass $U_{21}^{*(1)} = U_{17}^*$ und $U_{21}^{*(2)} = U_{18}^*$. Für

die quadratischen Formen $\varphi = [18, \pm 7, 35]$ bzw. $[35, \pm 26, 25]$ gilt $s(\varphi) = 1$, da $h(-7) = h(-8) = 1$ (vgl. 1.2). Es wird also ein eindeutig bestimmter Schnittpunkt von F_{18}^* und F_{35}^* bzw. F_{35}^* und F_{25}^* durch die entsprechenden speziellen Punkte festgelegt. Wir haben eine elliptische Konfiguration gefunden, die *aus einem Zyklus von* 12 *rationalen singularitätenfreien Kurven der Selbstschnittzahl* -2 *besteht*, nämlich S_6^*, S_5^*, S_4^*, F_{17}^*, U_{17}^*, F_{21}^*, U_{18}^*, F_{18}^*, F_{35}^*, F_{25}^*, V_{15}^*, F_{19}^*. Also gehört 353 zur Klasse III. Der Zyklus ist eine Faser der eindeutig bestimmten elliptischen Faserung. Wir möchten noch einen Zyklus angeben, nämlich den der F_{32}^* und F_{16}^* enthält. Er wird uns gegeben durch folgende Kette von quadratischen Formen :

Form	*Diskriminante*
[23, 21, 47]	−11.353
[47, 25, 39]	−19.353
[39, 5, 16]	− 7.353

Es ist $c_1^*(23) = c_1^*(39) = c_1^*(16) = 0$ und $h(-11) = h(-19) = h(-7) = 1$. Ferner ist $c_1^*(47) = -2$. Jedoch geht F_{47} nicht transversal durch die Spitzen. Dem Schnittpunkt von S_0 und S_1 ist die quadratische Form $[N_0, M_1, N_1] = [1, 19, 2]$ zugeordnet mit $N_0 t^2 + M_1 ts + N_1 s^2 = 47$ für $(t, s) = (1,2)$. Deshalb ist $c_1^*[F_{47}^*] = 0$, und wir erhalten in der Tat einen weiteren *Zyklus von* 12 *singularitätenfreien rationalen Kurven der Selbstschnittzahl* -2, nämlich F_{23}^*, F_{47}^*, F_{39}^*, F_{16}^*, S_{15}^*, ..., S_8^*. Das Diagramm (7) zeigt zwei *Schnitte* der elliptischen Faserung, die (-3)-Kurven S_3^*, S_7^*.

In den folgenden fünf Fallen ist $c_1^2[Y_T^0(p)] = 0$. Wir werden zeigen, dass immer $Y_T^0(p)$ vom elliptischen Typ ist. Es ist dann auch nachgewiesen, dass diese Fläche minimal ist

$$p = 281, \quad \varepsilon = 0, \quad \delta = 1.$$

Es sollen zunächst die folgenden (-2)-Kurven benutzt werden : F_{16}^*, F_{39}^*, F_{18}^*, F_{17}^* (Tabelle 3 in 2.6) :

Form	*Diskriminante*
[16, 23, 39]	(−7).281
[39, 29, 18]	(−7).281
[18, 10, 17]	(−4).281

Zyklus der Länge 7 *von* (-2)-*Kurven* : S_8^*, S_9^*, F_{16}^*, F_{39}^*, F_{18}^*, U_{17}^*, F_{17}^*. Damit ist bereits nachgewiesen, dass 281 zur Klasse III gehört. Die (-3)-Kurven S_7^*, S_{10}^* sind *Schnitte*. Wir geben weitere Zyklen von (-2)-Kurven an und verwenden dafür : F_{10}^*, F_{14}^*, F_{20}^*, F_{31}^*, F_{33}^*. Es ist $c_1^*(10) = c_1^*(14) = 0$, $c_1^*(20) = c_1^*(31) = c_1^*(33) = -1$. Aber F_{20}^*, F_{31}^* gehen nicht transversal durch die Spitzen. Dem Schnittpunkt von S_0^* und S_1^* ist die Form [1, 17, 2], dem Schnittpunkt von S_1^* und S_2^* die Form [2, 19, 10] zugeordnet. Diese Formen stellen 20 bzw. 31 für $s = t = 1$ dar. Also haben wir auch die (-2)-Kurven F_{20}^*, F_{31}^*. Zur Kurve F_{33}^* gehören zwei Kurven $U_{33}^{*(1)}$ und $U_{33}^{*(2)}$. Da [33, 8, 9] die Diskriminante -4.281 hat, ist eine der beiden, sagen wir $U_{33}^{*(2)}$, gleich U_9^* und wurde also niedergeblasen. Also ist F_{33}^* eine (-2)-Kurve.

Zyklus der Länge 12 *von* (-2)-*Kurven* : F_{14}^*, S_6^*, S_5^*, S_4^*, F_{20}^*, S_{11}^*, S_{12}^*, ... S_{17}^* |, F_{14}^* schliesslich gibt es einen *Zyklus der Länge* 6, nämlich

$$F_{31}^*,\ V_7^*,\ F_{33}^*,\ U_{10}^*,\ F_{10}^*,\ S_2^*\,|,\ F_{31}^*.$$

Die zugehörige Kette quadratischer Formen ist :

Form	*Diskriminante*
[31, 5, 7]	-3.281 ($V_{31}^* = V_7^*$)
[7, 9, 33]	-3.281 ($V_7^* = V_{33}^*$)
[33, 14, 10]	-4.281 ($U_{33}^{*(1)} = U_{10}^*$)

$$p = 241, \qquad \varepsilon = \delta = 1.$$

Wir verwenden die (-2)-Kurven F_{12}^*, F_{15}^*, F_{16}^*, F_{18}^*, F_{25}^*. Es ist $c_1^*(18) = -1$, jedoch schneidet F_{18}^* in $Y^0(241)/T$ die Kurve S_{23}^*, welche niedergeblasen wird. Für F_{25}^* ist zu beachten, dass $c_1^*(25) = -1$, jedoch F_{25}^* nicht transversal durch die Spitzen geht : Dem Schnittpunkt von S_{17}^* und S_{18}^* ist die Form [2, 17, 6] zugeordnet, die 25 für $s = t = 1$ darstellt.

Zyklus der Länge 13 *von* (-2)-*Kurven* : F_{12}^*, S_1^*, S_2^*, F_{15}^*, S_{16}^*, S_{15}^*, S_{14}^*, S_{13}^*, S_{12}^*, S_{11}^*, S_{10}^*, S_9^*, S_8^* |, F_{12}^*.

Zyklus der Länge 6 *von* (-2)-*Kurven* : F_{16}^*, S_6^*, S_5^*, S_4^*, F_{18}^*, S_{22}^* |, F_{16}^*

Zyklus der Länge 6 *von* (-2)-*Kurven* : F_{25}^*, U_{10}^*, F_{10}^*, S_{20}^*, S_{19}^*, S_{18}^* |, F_{25}^*.

Hier benutzt man, dass [25, 6, 10] die Diskriminante -4.241 hat und deshalb $U_{25}^* = U_{10}^*$.

Schnitte sind S_3^*, S_7^*, S_{21}^*.

$$p = 373, \qquad \varepsilon = 1, \quad \delta = 0.$$

Wir verwenden die (-2)-Kurven F_{13}^*, F_{17}^*, F_{21}^*, F_{22}^*, F_{25}^*, F_{28}^*, F_{30}^*, F_{36}^*, F_{38}^*, F_{40}^*, F_{100}^*. Es ist $c_1^* = 0$ (Tabelle 3 in 2.6) bis auf $c_1^*(21) = -1$ und $c_1^*(100) = -2$. Die Kurve F_{21}^* schneidet S_{10}^* transversal. Aber S_{10}^* wird beim Uebergang zu $Y_T^0(373)$ niedergeblasen.

Da $H(4.100-373) = H(27) = 4/3$, hat man auf $Y^0(373)$ eine Konfiguration

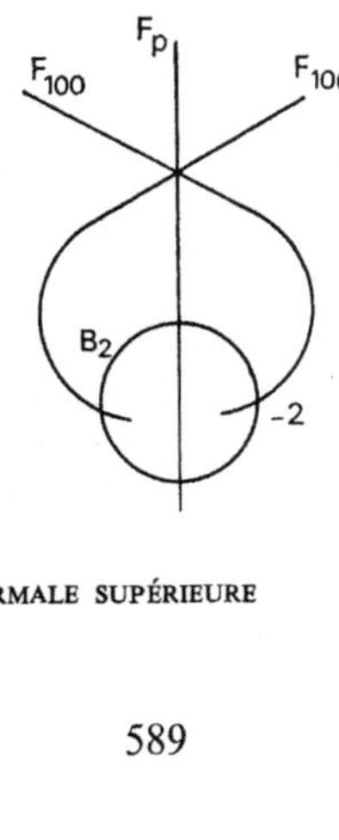

[vgl. 2.4 (13) und 2.6, Beweis von Satz 3] und auf Y^0 (373)/T :

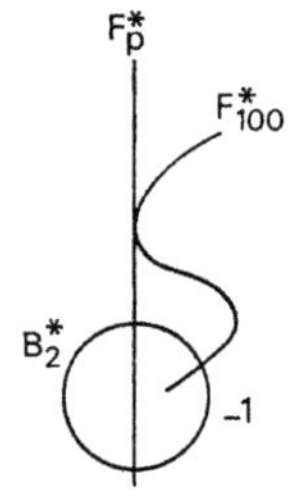

Es folgt $c_1^* [F_{100}^*] = 0$ auf Y_T^0 (373).

1) *Zyklus der Länge* 10 *von* (−2)-*Kurven* : $F_{17}^*, S_1^*, S_2^*, S_3^*, S_4^*, S_5^*, F_{21}^*, V_{16}^*, F_{22}^*, U_{17}^* |, F_{17}^*$:

Form	*Diskriminante*
[21, 15, 16]	−3.373 ($V_{21}^* = V_{16}^*$)
[16, 17, 22]	−3.373 ($V_{16}^* = V_{22}^{*(1)}$)
[22, 2, 17]	−4.373 ($U_{22}^* = U_{17}^*$)

2) *Zyklus der Länge* 6 *von* (−2)-*Kurven* : $F_{13}^*, S_8^*, S_7^*, F_{36}^*, F_{38}^*, U_{13}^* |, F_{13}^*$:

Quadratische Form	*Diskriminante*
[36, 37, 38]	−11.373
[38, 22, 13]	− 4.373 ($U_{38}^* = U_{13}^*$)

3) *Zyklus der Länge* 3 *von* (−2)-*Kurven* : $F_{40}^*, V_7^*, F_{100}^* |, F_{40}^*$:

Quadratische Form	*Diskriminante*
[40, 1, 7]	− 3.373 ($V_{40}^{*(1)} = V_7^*$)
[7, 41, 100]	− 3.373 ($V_{100}^* = V_7^*$)
[100, 77, 40]	−27.373 ($h(-27) = 1$)

4) *Zyklus der Länge* 6 *von* (−2)-*Kurven* : $F_{28}^*, V_{10}^{*(1)}, V_{10}^{*(2)}, F_{30}^*, F_{25}^*, V_{12}^* |, F_{28}^*$:

Quadratische Form	*Diskriminante*
[28, 1, 10]	−3.373 ($V_{28}^{*(1)} = V_{10}^{*(1)}$)
[10, 9, 30]	−3.373 ($V_{10}^{*(2)} = V_{30}^{*(1)}$)
[30, 4, 25]	−8.373
[25, 9, 12]	−3.373 ($V_{25}^* = V_{12}^*$)
[12, 15, 28]	−3.373 ($V_{12}^* = V_{28}^{*(2)}$)

Da F_{12}^* niedergeblasen wurde, ist V_{12}^* eine (−2)-Kurve. Da F_{10}^* niedergeblasen wurde, sind $V_{10}^{*(1)}$ und $V_{10}^{*(2)}$ auch (−2)-Kurven. Sie schneiden sich transversal. Es ist leicht zu kontrollieren, dass F_{28} und F_{30} sich in X (373) nicht schneiden und deshalb $V_{28}^{*(i)} \neq V_{30}^{*(j)}$. Da $h(-3.373) = 32$ gibt es 7 Paare V_i, V_i' in der Figur von 2.1. Sie werden repräsentiert durch V_4^* (niedergeblasen), V_{16}^*, V_7^*, V_{12}^*, $V_{10}^{*(1)}$, $V_{10}^{*(2)}$ und die Kurve $V_{22}^{*(2)}$, die mit V_{13}^*, $V_{40}^{*(2)}$ und $V_{30}^{*(2)}$ übereinstimmt (spezieller Punkt mit der Form [22, 39, 30], welche 13, 22, 30, 40 primitiv darstellt).

Schnitte der elliptischen Faserung : S_6^*, S_9^*, $V_{22}^{*(2)}$.

$$p = 421, \qquad \varepsilon = 1, \quad \delta = 0.$$

Benutzt werden die (-2)-Kurven F_{15}^*, F_{17}^*, F_{27}^*, F_{28}^*, F_{36}^*, F_{38}^*, F_{44}^*, F_{64}^*, F_{104}^*. In allen Fällen ist $c_1^* = 0$, bis auf $c_1^*(27) = c_1^*(48) = c_1^*(64) = -1$ und $c_1^*(104) = -2$. Jedoch ist F_{27} nicht transversal in den Spitzen. Dem Schnittpunkt von S_0^* und S_1^* ist die Form [1, 21, 5] zugeordnet, welche 27 für $s = t = 1$ darstellt. In $Y^0(p)/T$ schneiden F_{48}^* und F_{64}^* die exzeptionelle Kurve F_{26}^* und F_{104}^* die exzeptionellen Kurven F_{12}^* und F_{16}^* (vgl. unten angegebene Ketten von quadratischen Formen).

1) *Zyklus der Länge* 9 *von* (-2)*-Kurven :* F_{27}^*, S_1^*, S_2^*, S_3^*, S_4^*, S_5^*, S_6^*, S_7^*, F_{44}^* |, F_{27}^* :

Form	*Diskriminante*
[44, 11, 27]	−11.421

2) *Zyklus der Länge* 10 *von* (-2)*-Kurven :* F_{17}^*, S_{12}^*, S_{13}^*, S_{14}^*, F_{15}^*, S_9^*, S_{10}^*, F_{36}^*, F_{38}^*, U_{17}^* |, F_{17}^* :

Form	*Diskriminante*
[36, 29, 38]	−11.421
[38, 30, 17]	− 4.421 ($U_{38}^* = U_{17}^*$)

3) *Zyklus der Länge* 3 *von* (-2)*-Kurven :* F_{64}^*, V_7^*, F_{48}^* |, F_{64}^* :

Form	*Diskriminante*
[64, 23, 7]	− 3.421 ($V_{64}^* = V_7^*$)
[7, 9, 48]	− 3.421 ($V_{48}^* = V_7^*$)
[48, 19, 26]	−11.421
[26, 45, 64]	−11.421

4) *Zyklus der Länge* 4 *von* (-2)*-Kurven :* F_{28}^*, V_{16}^*, F_{104}^*, V_{12}^* |, F_{28}^* :

Form	*Diskriminante*
[28, 23, 16]	− 3.421 ($V_{28}^{*(1)} = V_{16}^*$)
[16, 45, 104]	−11.421
[104, 19, 12]	−11.421
[12, 9, 28]	− 3.421 ($V_{28}^{*(2)} = V_{12}^*$)

Schnitt : S_8^*.

$$p = 557, \qquad \varepsilon = 0, \quad \delta = 0.$$

Die folgenden (-2)-Kurven sollen benutzt werden : F_{17}^*, F_{19}^*, F_{22}^*, F_{25}^*, F_{28}^*, F_{29}^*, F_{39}^*, F_{40}^*, F_{42}^*, F_{54}^*, F_{60}^*, F_{62}^*, F_{64}^*, F_{150}^*, In allen Fällen ist $c_1^* = 0$ in Tabelle 3 von 2.6 bis auf F_{29}^*, F_{62}^*, F_{64}^*, F_{150}^*, wo $c_1^*(29) = c_1^*(62) = c_1^*(64) = -1$ und $c_1^*(150) = -2$. Aber F_{29}^*

schneidet in $Y^0(557)/T$ die Kurve S_4^*, welche niedergeblasen wird, und F_{62}^* und F_{64}^* schneiden U_9^* bzw. F_{26}^*, welche niedergeblasen werden ($4.62.9-2^2 = 4.557$ bzw. $4.64.26-23^2=11.557$). Die Kurve F_{150}^* schneidet die exzeptionelle Kurve V_4^* in $Y^0(p)/T$, d. h. $V_4^*=V_{150}^{*(1)}$, wegen $4.150.4-27^2=3.557$, und ausserdem ist $H(4.150-557)=H(43)=1$, was eine Situation wie für die Kurve F_{100}^* bei $p = 373$ bewirkt (abgesehen von B_2).

1) *Zyklus der Länge* 7 *von* (-2)-*Kurven* : $F_{17}^*, U_{17}^*, F_{54}^*, F_{62}^*, F_{19}^*, S_2^*, S_1^* |, F_{17}^*$

Form	*Diskriminante*
[17, 38, 54]	-4.557 ($U_{17}^* = U_{54}^*$)
[54, 53, 62]	-19.557
[62, 16, 19]	-8.557

2) *Zyklus der Länge* 5 *von* (-2)-*Kurven* : $F_{40}^*, V_{15}^*, F_{28}^*, V_{16}^*, F_{150}^* |, F_{40}^*$

Form	*Diskriminante*
[40, 27, 15]	-3.557 ($V_{40}^{*(1)} = V_{15}^*$)
[15, 3, 28]	-3.557 ($V_{15}^* = V_{28}^{*(1)}$)
[28, 11, 16]	-3.557 ($V_{28}^{*(2)} = V_{16}^*$)
[16, 54, 150]	-12.557 ($V_{16}^* = V_{150}^{*(2)}$)
[150, 7, 40]	-43.557

Aus $4.16.150-54^2 = 12.557$ kann nicht ohne weiteres auf $V_{16}^* = V_{150}^{*(2)}$ geschlossen werden, da die Form [16, 54, 150] nicht primitiv ist und deshalb 1.2 (10) oder (11) nicht angewandt werden kann. In der Tat ist s([16, 54, 150]) = 0 (*siehe* [10], Chap. I, Th. 1). Nach [10], Chap. I, Theorem 2 ist jedoch s_0([16, 54, 150]) = 1. Dies entspricht der Tatsache, dass [28, 11, 16] die Zahl 150 primitiv darstellt ($150 = 28.2^2+2.11+16$). In $Y^0(557)/T$ wird V_{16}^* transversal von F_{16}^* (exzeptionelle Kurve), F_{28}^* und F_{150}^* geschnitten.

3) *Zyklus der Lange* 6 *von* (-2)-*Kurven* : $F_{42}^*, V_{10}^{*(1)}, V_{10}^{*(2)}, F_{60}^*, V_7^*, F_{64}^* |, F_{42}^*$

Form	*Diskriminante*
[42, 3, 10]	-3.557 ($V_{42}^{*(1)} = V_{10}^{*(1)}$)
[10, 27, 60]	-3.357 ($V_{10}^{*(2)} = V_{60}^{*(1)}$)
[60, 3, 7]	-3.557 ($V_{60}^{*(2)} = V_7^*$)
[7, 11, 64]	-3.557 ($V_7^* = V_{64}^*$)
[64, 13, 42]	-19.557

4) *Zyklus der Länge* 6 *von* (-2)-*Kurven* : $F_{29}^*, F_{39}^*, F_{25}^*, V_{24}^*, F_{22}^*, U_{22}^* |, F_{29}^*$

Form	*Diskriminante*
[29, 25, 39]	-7.557
[39, 1, 25]	-7.557
[25, 27, 24]	-3.557 ($V_{25}^* = V_{24}^*$)
[24, 21, 22]	-3.557 ($V_{24}^* = V_{22}^{*(1)}$)
[22, 18, 29]	-4.557 ($U_{22}^* = U_{29}^*$)

F_{24}^* war exzeptionell in $Y^0(557)/T$. Deshalb ist V_{24}^* eine (-2)-Kurve.

Schnitte : S_3^*, $V_{22}^{*(2)}$.

Bemerkung. – Es ist $h(-4.557) = 18$. Es gibt also 4 Paare U_i, U_i' in Figur 1 von 2.1. Diese werden repräsentiert durch U_5^*, U_6^*, U_9^* (niedergeblasen), U_{17}^*. Es ist $h(-3.557) = 38$. Es gibt 9 Paare V_i, V_i'. Diese werden repräsentiert durch V_4^*, V_6^* (niedergeblasen), V_{15}^*, V_{16}^*, $V_{10}^{*(1)}$, $V_{10}^{*(2)}$, V_7^*, V_{24}^* (Bestandteile der Zyklen), sowie $V_{22}^{*(2)}$, welches übereinstimmt mit V_{19}^*, $V_{40}^{*(2)}$, $V_{42}^{*(2)}$ und somit jeden Zyklus schneidet, wie es sein muss, da $V_{22}^{*(2)}$ als (-3)-Kurve ein Schnitt ist. Die Kurve F_{90}^* ist auch eine (-2)-Kurve. Da $c_1^*[F_{90}^*] = 0$ ist, muss F_{90}^* Komponente einer Ausnahmefaser sein. Es ist unmöglich, diese Ausnahmefaser mit Hilfe der F_N^* und S_k^* anzugeben. Der Schnitt S_3^* schneidet nämlich jede der vier explizit konstruierten Ausnahmefasern in genau einem Punkt (Schnittpunkt mit S_2^* bzw. F_{28}^* bzw. V_7^* bzw. F_{29}^*; bezüglich der laufenden Koordinate u_3 auf S_3^* sind dies die Punkte 0, -1, 1, ∞), und es gibt keine Kurve F_N^* oder S_k^*, die S_3^* transversal in genau einem Punkt schneidet, der von diesen vier Punkten verschieden ist.

4.6. Die Klassifikation im Sinne von 4.1 und 4.2 wurde durch die Angabe der elliptischen Konfiguration in 4.5 abgeschlossen. Wir fassen zusammen.

2 SATZ. – *Es sei p eine Primzahl* $\equiv 1 \pmod 4$ *und* $\mathcal{O}$ *der Ring der ganzen Zahlen von* $\mathbf{Q}(\sqrt{p})$. *Es sei ferner* $G = SL_2(\mathcal{O})/\{\pm 1\}$ *die Hilbertsche Modulgruppe und* $G_T = G \cup G.T$ *die symmetrische Hilbertsche Modulgruppe.*

Die Fläche $\overline{H^2/G_T}$ *ist rational für* 24 *Primzahlen, nämlich für alle* $p < 193$ *und* $p = 197$, 229, 269, 293, 317.

Die Fläche $\overline{H^2/G_T}$ *ist von* K 3-*Typ für* 9 *Primzahlen, nämlich für* $p = 193$, 233, 257, 277, 349, 389, 397, 461, 509.

Die Fläche $\overline{H^2/G_T}$ *ist vom echt elliptischen Typ für* 6 *Primzahlen, nämlich für* $p = 241$, 281, 353, 373, 421, 557.

Die Fläche $\overline{H^2/G_T}$ *ist für alle anderen Primzahlen* $p \equiv 1 \pmod 4$ *vom allgemeinen Typ.*

5. Weitere Beispiele

5.1. In 3.3 Tabelle 5 wurden die rationalen Flächen $Y_T(p)$ gelistet (für $p \geqq 29$) und die Werte $c_1^2(Y_T(p))$ angegeben. Es entsteht die Frage, welche Kurven niedergeblasen werden können ? Bei rationalen Flächen ist der Prozess des Niederblasens nicht eindeutig bestimmt. *Man muss immer kontrollieren, dass zwei exzeptionelle Kurven, die niedergeblasen werden sollen, sich nicht schneiden.*

Die minimalen rationalen Flächen sind wohlbekannt. Es sind die projektive Ebene $P_2(\mathbf{C})$, das cartesische Produkt $\Sigma_0 = P_1(\mathbf{C}) \times P_1(\mathbf{C})$ und die Regelflächen Σ_m $(m \geqq 2)$. Für jedes $m \geqq 0$ ist dabei Σ_m das komplex-analytische Faserbündel über $P_1(\mathbf{C})$ mit $P_1(\mathbf{C})$ als Faser, $\mathbf{C}^*$ als Strukturgruppe und m als charakteristischer Zahl des $\mathbf{C}^*$-Bündels. Für $m > 0$ hat Σ_m genau eine irreduzible Kurve mit negativer Selbstschnittzahl und diese ist gleich $-m$. Die Fläche Σ_1 ist $P_2(\mathbf{C})$ mit einem aufgeblasenen Punkt. Jede rationale Fläche mit Eulerzahl 3 (d. h. $c_1^2 = 9$) ist isomorph zu $P_2(\mathbf{C})$ und jede mit Eulerzahl 4 (d. h. $c_1^2 = 8$)

isomorph zu einer Fläche Σ_m ($m \geqq 0$). Jede beliebige rationale Fläche entsteht aus einer minimalen [P_2 (C) oder Σ_m ($m = 0$, $m \geqq 2$)] durch sukzessives Aufblasen.

In $Y_T(p)$ haben wir die Kurven B_2^*, F_N^*, S_k^*, U_i^*, V_i^* zur Veıfügung.

SATZ 1. — *Für jede der 21 rationalen Flächen $Y_T(p)$ mit $p \geqq 29$ kann man durch sukzessives Niederblasen unter alleiniger Verwendung von Kurven B_2^*, F_N^*, S_k^*, U_i^*, V_i^* zu einer minimalen rationalen Fläche gelangen.*

Wir deuten den Beweis nur in einigen Beispielen an. Der Prozess des Niederblasens ist nicht eindeutig. Für $p = 29, 37, 41, 53, 61, 73, 89, 97, 101, 109$ geben wir in einer Tabelle Kurven an, die niedergeblasen werden können, um ein minimales Modell zu erreichen. Anschliessend soll $p = 229$ noch erläutert werden. Unter unseren 21 Primzahlen ist 229 die einzige mit $h(p) \neq 1$. Es ist $h(229) = 3$.

Man beachte, dass wegen des möglichen Schneidens von exzeptionellen Kurven die Fläche $Y_T^0(p)$ (*siehe* 3.5) nicht eingeführt werden kann. Mit F_N^* werden Kurven auf $Y_T(p)$, bzw. auf Flächen die durch den jeweilligen Prozess des Niederblasens entstehen, bezeichnet. Eine Liste der Spitzenauflösungen ist für einige Fälle erforderlich. Es wird auch benutzt, dass $S_0^* S_0^* = -a+3$ in $Y_T(p)$, falls $p \neq (2a-1)^2+4$. Wenn $p = (2a-1)^2+4$, dann beeinflusst das Niederblasen der Konfiguration 3.2 (16) die Selbstschnittzahl von S_0^*. In diesem Fall ist $S_{t+a-1}^* = S_1^*$ und $S_0^* S_0^* = -a+4$ in $Y_T(p)$.

Liste von Spitzenauflösungen

	$p = 41$		$p = 73$		$p = 89$		$p = 97$		$p = 101$		$p = 109$	
k	b_k	N_k	b_k	N_k	b_k	N_k	b_k	N_k	b_k	N_k	b_k	N_k
0	7	1	9	1	11	1	11	1	11	1	11	1
1	4	2	5	2	2	8	2	6	3	5	4	3
2	2	5	2	6	2	11	4	3	2	13	3	5
3	3	4	3	4	2	10	6	2	2	19	2	9
4	2	8	4	3	3	5	2	9	2	23	3	7
5	2	10	2	8	3	4	2	12	2	25	2	15
6			2	9	6	2	2	11			2	21
7			3	6	2	10	3	6			2	25
8			2	12	2	16	2	8			2	27
9			2	16	2	20	4	4				
10			2	18	2	22	2	12				
11							2	18				
12							2	22				
13							2	24				

Für diese Primzahlen ist $h(p) = 1$

Die Kurve S_0^* wird für $p = 29, 37, 41, 53, 97$ eine Gerade, für $p = 89$ ein Kegelschnitt von P_2 (C). Für $p = 101$ werden S_1^* und F_{13}^* in Σ_0 Kurven der Selbstschnittzahl 0 mit $S_1^* . F_{13}^* = 1$. Analoges gilt im Falle $p = 109$ für S_1^* und S_2^*. Für $p = 101, 109$ wird S_0^* eine Kurve der Selbstschnittzahl 2.

TABELLE 9

Niederblasen zu minimalen rationalen Flächen

p	Niederblasen	Min. Modell
29........	F_6^*, U_6^*	$P_2(C)$
37........	$B_2^*; V_4^*$	$P_2(C)$
41........	$F_5^*, S_2^*; F_9^*$	$P_2(C)$
53........	$F_6^*, U_6^*, V_6^*; V_4^*$	$P_2(C)$
61........	$F_5^*, U_5^*; B_2^*; F_{12}^*; S_0^*$	$P_2(C)$
73........	$F_6^*, S_2^*; B_2^*; F_8^*, S_5^*, S_6^*; S_0^*$	$P_2(C)$
89........	$F_8^*, S_1^*, S_2^*, S_3^*; F_5^*, U_5^*; S_5^*; F_9^*, U_9^*$	$P_2(C)$
97........	$F_6^*, S_1^*; B_2^*; F_9^*, S_4^*, S_5^*, S_6^*; F_8^*, S_8^*; F_{16}^*$	$P_2(C)$
101........	$F_5^*, U_5^*; V_4^*; F_6^*, U_6^*; F_9^*, U_9^*; F_{16}^*$	Σ_0
109........	$B_2^*; F_5^*, U_5^*; F_9^*, S_3^*; F_7^*; V_4^*; F_{16}^* ;F_{12}^*$	Σ_0

Beachte, dass für $p = 97$ die Kurve F_{16}^* durch den Schnittpunkt von S_2^* und S_3^* geht und deshalb exzeptionell ist.

Als letztes Beispiel für Satz 1 betrachten wir $p = 229$. Da $c_1^2(Y_T(229)) = -10$, werden wir versuchen 19 Kurven niederzublasen, um $P_2(C)$ zu erhalten. Es ist $h(p) = 3$ und $p = 15^2+4$ mit $a = 8$. Die Konfiguration 3.2 (15) ist also (bis auf S_0) die ganze Hauptspitze, aber es gibt ein Paar zusätzlicher Zyklen in Y (229) (vgl. [7], 5.9, (28)), von denen jeder so aussieht :

Ende der Periode ↓

(1)

b_k	6	2	3	2	2	2	4	6
N_k	3	11	9	17	19	15	5	3

In $Y_T(229)$ werden zunächst folgende 15 Kurven niedergeblasen :

(2) $V_4^*; B_2^*; F_{12}^*, F_{16}^*, V_{12}^*, F_{19}^*; F_{11}^*; F_9^*; F_{14}^*, U_{14}^*, F_{17}^*; F_{15}^*; F_5^*, U_5^*; F_{20}^*$.

Dabei ist zu beachten, dass $4.12.16-9^2 = 3.229$ und $4.12.19-15^2 = 3.229$. Deshalb ist $V_{12}^* = V_{16}^* = V_{19}^*$. Nach Niederblasen der exzeptionellen Kurven F_{12}^*, F_{16}^* (vgl. 3.4, Tabelle 6) kann deshalb auch V_{12}^* niedergeblasen werden. Danach wird die ursprüngliche (-2)-Kurve F_{19}^* (vgl. 2.5, Tabelle 3 mit $c_1^*(19) = 0$) exzeptionell :

(3)

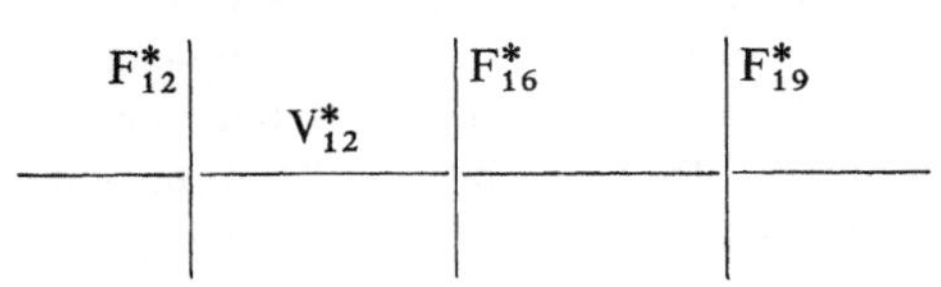

Ferner ist $4.14.17-6^2 = 4.229$, d. h. $U_{14}^* = U_{17}^*$. Nach Niederblasen von F_{14}^*, U_{14}^* wird F_{17}^* exzeptionell ($c_1^*(17) = 0$). Schliesslich ist F_{15}^* (eine (-2)-Kurve in $Y^0(229)/T$) exzeptionell in $Y_T(229)$, weil F_{15}^* wegen $(229-13^2)/4 = 15$ die Kurve S_1^* transversal schneidet, welche beim Uebergang zu Y_T (229) niedergeblasen wurde. Nach den Niederblasungen (2) nimmt der Extrazyklus (1) folgende Gestalt an (vgl. auch 4.3, Lemma) :

(4)

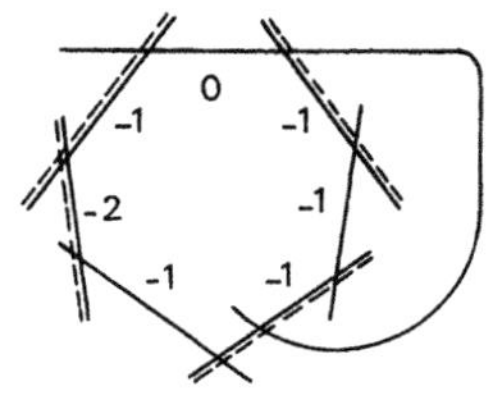

Die Kurven mit $N_k = 3$ bzw. $N_k = 19$ schneiden sich wegen (3). Die gestrichelten 4 Kurven können niedergeblasen werden, und man erhält die projektive Ebene. Von den Kurven der Spitzenauflösungen sind in der projektive Ebene nur noch S_0^* und drei Kurven des Extrazyklus (*siehe* 4) übriggeblieben. Es handelt sich um zwei Kegelschnitte und zwei Geraden. Die beiden Kegelschnitte schneiden sich in 2 Punkten (Multiplizität 3 bzw. 1). Die Kurve F_{26}^* ist exzeptionell in $Y_T(p)$. Sie schneidet F_{19}^*, weil $4.19.26-12^2 = 8.229$. Deshalb wird F_{26}^* eine Gerade von P_2 (C) und zwar die gemeinsame Tangente der beiden Kegelschnitte.

5.2. Die Hilbertsche Modulfläche $Y^0(p)$ ist rational für $p = 5, 13, 17$. Für $29 \leqq p < 89$ ist $Y^0(p)$ eine K 3-Fläche oder eine echt elliptische Fläche ($c_1^2[Y^0(p)] = 0$) und deshalb minimal. Für $p \geqq 89$ ist $Y^0(p)$ vom allgemeinen Typ. Diese Ergebnisse finden sich in [8], wo die Vermutung ausgesprochen wurde (*siehe* [8], S. 21), dass $Y^0(p)$ auch für $p \geqq 89$ eine minimale algebraische Fläche ist, was van der Geer und van de Ven [5] in vielen Fällen bestätigt haben. Wir können die Minimalität leicht beweisen für den Fall, dass $Y^0(p)/T$ nicht rational und nicht vom allgemeinen Typ ist (vgl. 4.6). Dabei wird das minimale Modell von $Y^0(p)/T$ benutzt, das wir in 4.4, 4.5 besprochen haben.

SATZ 2. — *Die Hilbertsche Modulfläche* $Y^0(p)$ *ist minimal für die* 9 *Primzahlen p, für die* $Y^0(p)/T$ *vom* K 3-*Typ ist, und für die* 6 *Primzahlen p, für die* $Y^0(p)/T$ *vom echt elliptischen Typ ist* (*vgl.* 4.6).

Beweis. — Es sei p eine der angegebenen Primzahlen und C eine exzeptionelle Kurve auf $Y^0(p)$. Diese Annahme soll zum Widerspruch geführt werden. Wäre T (C) = C, dann müsste T auf C einen in $Y^0(p)$ isolierten Fixpunkt haben (vgl. [7], 5.4, Lemma). Ein solcher existiert aber nicht. Daher sind C und T (C) verschiedene exzeptionelle Kurven, die sich nicht schneiden, weil $Y^0(p)$ nicht rational ist. Die Kurven C, T (C) und F_p^0 (Fixkurve von T) sind also disjunkt. Das Bild von C und T (C) in $Y^0(p)/T$ ist eine exzeptionelle Kurve C*. Da das Urbild in $Y^0(p)$ der beim Uebergang von $Y^0(p)/T$ zum minimalen Modell niedergeblasenen Kurven keine exzeptionellen Kurven enthält, kann C* keine dieser niederzublasenden Kurven sein, muss aber wenigstens eine dieser Kurven schneiden, da es sonst als exzeptionelle Kurve auf dem minimalen Modell verbliebe. Auf dem minimalen Modell wäre dann $c_1[C^*] \geqq 2$, und das ist ein Widerspruch (vgl. 2.6). weil $Y^0(p)/T$ nicht rational ist.

Bemerkungen :

1) Der vorstehende Beweis kann nach leichter Modifikation auch in einigen Fällen verwandt werden, wo $Y^0(p)/T$ rational ist. So besteht zum Beispiel für $p = 89, 97, 101, 109$ das Urbild in $Y^0(p)$ der beim Uebergang zu $Y_T(p)$ (*siehe* 3.2) und dann zum minimalen Modell (5.1) niedergeblasenen Kurven aus mehreren zueinander disjunkten Ketten (A_n-Konfiguration) von (-2)-Kurven :

(5) 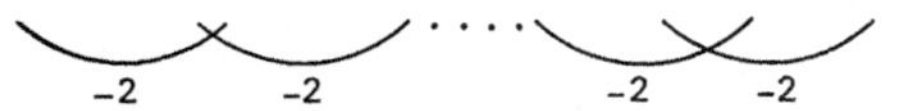

(Konfiguration A_n)

Jede dieser A_n-Konfiguration wird durch T in sich übergeführt. Wenigstens eine dieser Ketten würde von C und T (C) geschnitten, was die Rationalität von $Y^0(p)$ ergäbe.

2) Nach [5] ist $Y^0(p)$ minimal für $29 \leqq p \leqq 317$.

5.3. In den Fällen der Tabelle 9 kann die Art des Niederblasens von $Y^0(p)/T$ auf $Y_T(p)$ und dann auf das minimale Modell durch die besondere Struktur der Flächen $Y^0(p)$ motiviert werden. Bekanntlich [8] ist $Y^0(p)$ für $p = 29, 37, 41$ eine K 3-Fläche, die (mehrere) elliptische Faserungen zulässt. Wir zeichnen diejenige Faserung aus, für die der Schwanz [3.2, (15)] in einer Ausnahmefaser enthalten ist. Für $p = 53, 61, 73$ ist $Y^0(p)$ echt elliptisch [8], die elliptische Faserung ist eindeutig bestimmt und der Schwanz ist automatisch Bestandteil einer Ausnahmefaser. Die Involution T ist fasertreu, die Fixkurve F_p schneidet eine reguläre Faser transversal in 4 Punkten. Deshalb hat $Y^0(p)/T$ beinahe die Struktur einer Regelfläche. Die durch T geteilten Ausnahmefasern können bis auf eine Kurve niedergeblasen werden. Dann erhält man eine Regelfläche Σ_m. Man kann dieses Niederblasen so einrichten, dass sich Σ_1 ergibt und die exzeptionelle Kurve von Σ_1 wie folgt entsteht : Sie ist das Bild einer (eventuell reduziblen) Kurve C von $Y^0(p)$, welche mit jeder Faser der elliptischen Faserung die Schnittzahl 2 hat. Von Σ_1 geht man dann durch einmaliges Niederblasen zu P_2 (C) über. Für $p = 29, 37, 41, 53, 61, 73$ ist in Tabelle 9 jeweils $U_6^*, V_4^*, F_9^*, V_6^*, S_0^*, S_0^*$ das Bild von C.

Wir betrachten das Beispiel $p = 53$ etwas genauer (vgl. auch [8]). Es ist $h(-4.53) = 6$ und $h(-3.53) = 10$. Die echt elliptische Fläche $Y^0(53)$ hat folgende 4 Ausnahmefasern (alle zyklisch) :

1) V_4, V_4', F_{10} ($V_4^* = V_{10}^{*(1)}$, wegen $4.4.10 - 1^2 = 3.53$);

2) $F_7, S_1, S_2, S_3, S_{-3}, S_{-2}, S_{-1}$;

3) F_6, U_6', F_9, U_6 ($U_6^* = U_9^*$, wegen $4.6.9 - 2^2 = 4.53$);

4) F_{16} (F_{16} hat einen auf F_p liegenden Doppelpunkt, wegen $4.16 - 53 = 11$; *siehe* 2.3).

Darüberhinaus sind 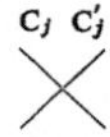

$(1 \leqq j \leqq 5)$ und $\overset{D_i}{\bigcirc}$ $(1 \leqq i \leqq 3)$ Bestandteile von Ausnahmefasern (*siehe* 2.1). Aber es ist nicht bekannt, wie sie sich zu Ausnahmefasern schliessen. Vermutlich ergeben sich 8 *verschiedene* Ausnahmefasern durch Hinzufügung von jeweils einer Kurve. Die Kurven V_6 und V_6' sind Schnitte, da $V_6^* = V_{10}^{*(2)} = V_7^* = V_{16}^*$. Für C wählen wir $V_6 + V_6'$. Beim Uebergang von $Y^0(53)/T$ zu $Y_T(53)$ wurden S_3^*, S_2^*, S_1^* und alle C_j^* und D_i^* niedergeblasen, danach müssen nur noch die Ausnahmefasern 1), 3) berücksichtigt werden, zum Beispiel

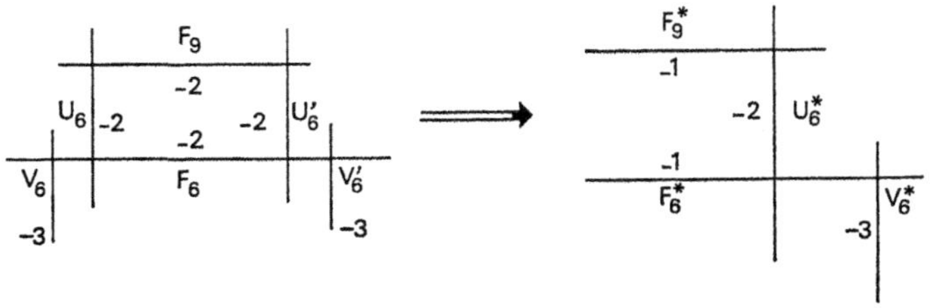

(F_p wurde gestrichelt eingetragen).

In der Regelfläche Σ_1 ist F_9^* eine Faser und V_6^* ein Schnitt der Selbstschnittzahl -1.

5.4. Nach Horikawa [11] ist eine minimale algebraische Fläche X mit $p_g = 3$ und $c_1^2 = 2$ die minimale Desingularisierung einer doppelten verzweigten Ueberlagerung der projektiven Ebene mit einer Kurve der Ordnung 8 als Verzweigungsort. Die Ueberlagerungsabbildung $X \to P_2(C)$ ist dabei die »kanonische« Abbildung, die durch eine Basis des 3-dimensionalen Vektorraumes V der holomorphen 2-Formen gegeben wird. Für $p = 89,97$ ist $Y^0(p)$ minimal mit $p_g = 3$ und $c_1^2 = 2$. Wir haben bereits eine 2-fache Ueberlagerung von $P_2(C)$ konstruiert, da wir $Y^0(p)/T$ durch Niederblasen auf $P_2(C)$ gebraucht haben. Dies muss die Horikawasche Ueberlagerung sein, da T auf V als »minus Identität« operiert und das Urbild der in $Y^0(p)/T$ niedergeblasenen Kurven in $Y^0(p)$ nur aus (-2)-Kurven besteht. Wir geben jetzt für $p = 89,97$ die in 5.2 (5) erwähnten A_n-Konfigurationen auf $Y^0(p)$ an (vgl. die Liste der Spitzenauflösungen und Tabelle 9 in 5.1).

$p = 89 \quad (h(-4.89) = 12,\ h(-3.89) = 2)$

$S_7, S_8, S_9, S_{10}, S_{-10}, S_{-9}, S_{-8}, S_{-7}$	A_8
C_1, C_1'	A_2
$D_i, \quad 1 \leqq i \leqq 6,$	6 mal A_1
$S_3, S_2, S_1, F_8, S_{-1}, S_{-2}, S_{-3}$	A_7
U_5, F_5, U_5'	A_3
S_5, S_{-5}	A_2
U_9, F_9, U_9'	A_3

$p = 97 \quad (h(-4.97) = h(-3.97) = 4)$

$S_{10}, S_{11}, S_{12}, S_{13}, S_{-13}, S_{-12}, S_{-11}, S_{-10}$	A_8
$C_j, C_j', \quad 1 \leqq j \leqq 2,$	2 mal A_2
$D_i, \quad 1 \leqq i \leqq 2,$	2 mal A_1
S_1, F_6, S_{-1}	A_3

B_2	A_1
$S_6, S_5, S_4, F_9, S_{-4}, S_{-5}, S_{-6}$	A_7
S_8, F_8, S_{-8}	A_3
F_{16}	A_1

Bläst man eine Konfiguration A_n auf einen Punkt, dann erhält man eine Singularität vom Typ $x^{n+1}+y^2+z^2 = 0$. Dies entspricht der Tatsache, dass die Verzweigungskurve eine Singularität vom Typ $x^{n+1}+y^2 = 0$ hat; eine Kurvensingularität dieses Typs wollen wir a_n nennen. Damit ist beweisen :

3 Satz 3. — *Der Verzweigungsort von* Y^0 (89), *d. h. das Bild von* $F_{89}^0 \simeq \overline{H/\Gamma_*(89)}$ *in der projektiven Ebene, ist eine Kurve der Ordnung* 8 *mit sechs singulären Punkten* a_1, *zwei singulären Punkten* a_2, *zwei singulären Punkten* a_3, *einem singulären Punkt* a_7 *und einem singulären Punkt* a_8. *Entsprechendes gilt für* Y^0 (97). *Hier ist der Verzweigungsort eine Kurve der Ordnung* 8 *mit vier singulären Punkten* a_1, *zwei singulären Punkten* a_2, *zwei singulären Punkten* a_3, *einem singulären Punkt* a_7 *und einem singulären Punkt* a_8.

Bemerkungen :

1) Die Singularität a_k hat die Plückerzahl (Reduktion des Geschlechts) $[(k+1)/2]$. Die Summe der Plückerzahlen für die Singularitäten der Kurven der Ordnung 8 bei $p = 89$ bzw. 97 ist 20 bzw. 18. Eine singularitätenfreie Kurve der Ordnung 8 hat das Geschlecht 21, deshalb haben die beiden Kurven das Geschlecht 1 bzw. 3, in Uebereinstimmung mit den in 3.3 Tabelle 5 angegebenen Werten für die Eulersche Zahl von $\overline{H/\Gamma_*(p)} \simeq F_p^0$.

2) Es wäre schön, explizite Gleichungen für die beiden Kurven zu kennen.

3) Van der Geer und Van de Ven haben ebenfalls diese Flächen untersucht (vgl. [5], § 4).

5.5. Nach [11] kann man eine minimale algebraische Fläche X mit $p_g = c_1^2 = 4$ mit Hilfe der kanonischen Abbildung als verzweigte doppelte Ueberlagerung einer Regelfläche Σ_m erhalten. Für $p = 101$, 109 ist $Y^0(p)$ minimal mit $p_g = c_1^2 = 4$. Die Regelfläche ist $\Sigma_0 = P_1(C) \times P_1(C)$ (*siehe* Tabelle 9), und die Verzweigungskurve hat nach [11] den Doppelgrad (6, 6). Wir geben wieder die A_n-Konfigurationen von $Y^0(p)$ an.

$p = 101 \quad (h(-4.101) = 14,\ h(-3.101) = 10)$

$S_2, S_3, S_4, S_5, S_{-5}, S_{-4}, S_{-3}, S_{-2}$		A_8
$C_j, C'_j, \quad 1 \leqq j \leqq 5,$	5 mal	A_2
$D_i, \quad 1 \leqq i \leqq 7$	7 mal	A_1
U_5, F_5, U'_5		A_3
V_4, V'_4		A_2
U_6, F_6, U'_6		A_3
U_9, F_9, U'_9		A_3
F_{16}		A_1

$p = 109 \quad (h(-4.109) = 6,\ h(-3.109) = 12)$

$S_5, S_6, S_7, S_8, S_{-8}, S_{-7}, S_{-6}, S_{-5}$	A_8
$C_j,\ C'_j,\ 1 \leqq j \leqq 6$	6 mal A_2
$D_i,\ 1 \leqq i \leqq 3$	3 mal A_1
B_2	A_1
U_5, F_5, U'_5	A_3
S_3, F_9, S_{-3}	A_3
F_7	A_1
V_4, V'_4	A_2
F_{16}	A_1
F_{12}	A_1

Eine singularitätenfreie Kurve vom Doppelgrad (6, 6) in $P_1(C) \times P_1(C)$ hat das Geschlecht 25. Die Summe der Plückerzahlen ist 24 für $p = 101$ und 22 für $p = 109$, in Uebereinstimmung damit, dass $\overline{H/\Gamma_*(101)}$ bzw. $\overline{H/\Gamma_*(109)}$ das Geschlecht 1 bzw. 3 hat. Analog zu Satz 3 kennen wir die Singularitäten der beiden Kurven vom Doppelgrad (6, 6). Wie lauten explizite Gleichungen für die beiden Kurven ?

4 5.6. Man kann vermuten, dass die Hilbertschen Modulflächen $Y^0_T(p)$, sofern vom allgemeinen Typ, minimale Flächen sind. Diese Vermutung ist bisher noch in keinem einzigen Fall bewiesen worden. Insbesondere sollte man feststellen, ob die vier Flächen $Y^0_T(p)$ mit $p_g = 3$ (*siehe* 3.6, Tabelle 8) minimal sind. Wenn ja, dann wären sie Horikawasche Flächen (5.4), da $c_1^2(Y^0_T(p)) = 2$ für diese 4 Primzahlen, und man hätte eine Involution auf $Y^0_T(p)$, die nicht von einem Automorphismus von $H \times H$ induziert werden kann.

LITERATUR

[1] M. EICHLER, *Ueber die Einheiten der Divisionsalgebren* (*Math. Ann.*, Bd 114, 1937, p. 635-654).

[2] H. FELL, M. NEWMAN and E. ORDMAN, *Tables of Genera of Groups of Linear Fractional Transformations* (*J. Res. Nat. Bur. Stand.*, Bd 67 B, 1963, p. 61-68).

[3] H. G. FRANKE, *Kurven in Hilbertschen Modulflächen und Humbertsche Flächen im Siegel-Raum* (*Dissertation*, Bonn, 1977, Erscheint in Bonner Mathematischen Schriften).

[4] R. FRICKE, *Die elliptischen Funktionen und ihre Anwendungen. Zweiter Teil.*, B. G. TEUBNER, éd., Leipzig und Berlin, 1922.

[5] G. VAN DER GEER and A. VAN DE VEN, *On the Minimality of Certain Hilbert Modular Surfaces, in Complex Analysis and Algebraic Geometry*, p. 137-150, Iwanami Shoten, Publishers, and Cambridge University Press, 1977.

[6] H. HELLING, *Note über das Geschlecht gewisser arithmetischer Gruppen* (*Math. Ann.*, Bd 205, 1973, p. 173-179).

[7] F. HIRZEBRUCH, *Hilbert Modular Surfaces* (*Ens. Math.*, Bd 19, 1973, p. 183-281).

[8] F. HIRZEBRUCH and A. VAN DE VEN, *Hilbert Modular Surfaces and the Classification of Algebraic Surfaces* (*Inventiones math.*, Bd 23, 1974, p. 1-29).

[9] F. HIRZEBRUCH and D. ZAGIER, *Classification of Hilbert Modular Surfaces, in Complex Analysis and Algebraic Geometry*, p. 43-77, Iwanami Shoten, Publishers, and Cambridge University Press, 1977.

[10] F. HIRZEBRUCH and D. ZAGIER, *Intersection Numbers of Curves on Hilbert Modular Surfaces and Modular Forms of Nebentypus* (*Inventiones math.*, Bd 36, 1976, p. 57-113).

[11] E. HORIKAWA, *Algebraic Surfaces of General Type with small* c_1^2, I (*Annals Math.*, Bd 104, 1976, p. 357-387).

[12] P. G. KLUIT, *On the Normalizer of* Γ_0 (N), p. 239-246, *In Modular Functions of One Variable* V, Bonn, 1976 (*Lecture Notes in Mathematics*, Nr. 601, Springer-Verlag, 1977).

[13] K. KODAIRA, *On Compact Analytic Surfaces*, II (*Ann. Math.*, Bd 77, 1963, p. 563-626).

[14] O. T. O'MEARA, *Introduction to Quadratic Forms*, Springer-Verlag, 1963.

[15] A. PRESTEL, *Die elliptischen Fixpunkte der Hilbertschen Modulgruppen* (*Math. Ann.*, Bd 177, 1968, p. 181-209).

[16] A. PRESTEL, *Die Fixpunkte der symmetrischen Hilbertschen Modulgruppe zu einem reell-quadratischen Zahlkörper mit Primzahldiskriminante* (*Math. Ann.*, Bd 200, 1973, p. 123-139).

[17] G. SHIMURA, *Arithmetic of Unitary Groups* (*Ann. Math.*, Bd 79, 1964, p. 369-409).

[18] O. V. ŠVARČMAN, *Simply-Connectedness of the Factor Space of the Hilbert Modular Group* (in Russian) [*Funct. Anal. and Appl.*, Bd (8), Nr. 2, 1974, p. 99-100].

[19] D. ZAGIER, *Tafeln über numerische Invarianten der Hilbertschen Modulflächen mit Primzahldiskriminante* p ($1 < p < 10\,000$), U. NM. 306, Universität Bonn, 5 September 1972 (nicht veröffentlicht).

(Manuscrit reçu le 30 janvier 1978.)

F. HIRZEBRUCH,
Mathematisches Institut der Universität Bonn,
10 Wegelerstrasse,
5300 Bonn,
R.F.A.,
und
Institut des Hautes Études scientifiques,
35, route de Chartres,
91440 Bures-sur-Yvette,
France.

64.

Überlagerungen der projektiven Ebene und Hilbertsche Modulflächen

Enseign. Math. *24* (1978), 63 – 78
1 Vorgetragen im Kolloquium für Topologie und Algebra, Zürich, April 1977

Wir werden in diesem Vortrag einige verzweigte Überlagerungen der projektiven Ebene als Beispiele von regulären algebraischen Flächen angeben, sie in die Enriques-Kodaira Klassifikation (gemäß der Kodaira-Dimension) einordnen und diese Beispiele, wenn möglich, mit Hilbertschen Modulflächen identifizieren. Beweise werden fortgelassen oder nur skizziert.

Für algebraische Flächen allgemein siehe [8], [10]. Zur Klassifikation Hilbertscher Modulflächen vergleiche [3], [4], [5], [1], [6].

§ 1. Eine grobe Klassifikation der kompakten komplexen Mannigfaltigkeiten geschieht mit Hilfe der Kodaira-Dimension. Es sei X eine kompakte komplexe Mannigfaltigkeit der Dimension n und K das kanonische Bündel von X. Die Dimension des **C**-Vektorraumes $H^0(X, \Omega(K^r))$ der holomorphen Schnitte von K^r $(r \geqq 1)$ wird mit P_r bezeichnet (r-tes Plurigeschlecht, $P_1 = p_g$ ist das geometrische Geschlecht). Man hat eine „meromorphe Abbildung" von X in den komplexen projektiven Raum der Dimension $P_r - 1$ definiert mit Hilfe einer Basis von $H^0(X, \Omega(K^r))$. Die Kodaira-Dimension $\kappa(X)$ ist das Maximum der Dimensionen der Bilder aller dieser r-fach kanonischen Abbildungen. Sie kann die Werte $-1, 0, \ldots, n$ annehmen, wobei $\kappa(X) = -1$ genau dann, wenn alle $P_r = 0$. Die Kodaira-Dimension ist eine bimeromorphe Invariante.

Wir betrachten *reguläre* algebraische Flächen X, wobei regulär bedeutet, daß die erste Bettische Zahl von X verschwindet. Eine solche Fläche X ist rational genau dann, wenn $\kappa(X) = -1$. In den Fällen $\kappa(X) \geqq 0$ gibt es in der birationalen Äquivalenzklasse von X ein bis auf biholomorphe Äquivalenz eindeutig bestimmtes minimales Modell X_0, das heißt eine algebraische Fläche, die keine exzeptionellen Kurven (singularitätenfreie rationale Kurven der Selbstschnittzahl -1) enthält. Von X ausgehend kann man X_0 erreichen, indem man in X alle exzeptionellen Kurven niederbläst (sie sind automatisch disjunkt), in der dann erhaltenen Fläche alle exzeptionellen Kurven niederbläst usw. bis man nach endlich vielen Schritten zu X_0 kommt.

Die erste Chernsche Klasse $c_1 \in H^2(X, \mathbf{Z})$ ist bis auf das Vorzeichen gleich der charakteristischen Klasse von K. Die Zahl $c_1^2[X]$, auch kurz mit c_1^2 bezeichnet, ist eine wichtige Invariante. Die Klassifikation von Enriques-Kodaira (für *minimale* reguläre Flächen X mit $\kappa(X) \geqq 0$) besagt:

$\kappa = 0 \Leftrightarrow X$ ist eine $K3$-Fläche ($c_1 = 0$) oder eine Enriques-Fläche ($c_1 \neq 0$, $2c_1 = 0$)

$\kappa = 1 \Leftrightarrow X$ läßt eine eindeutig bestimmte elliptische Faserung über der projektiven Geraden $\mathbf{P}_1(\mathbf{C})$ zu. Die Chernsche Klasse c_1 ist als rationale Kohomologieklasse $\neq 0$ und wird bis auf einen Faktor durch eine Faser repräsentiert. Es ist $c_1^2 = 0$

$\kappa = 2 \Leftrightarrow c_1^2 > 0$

(Flächen mit $\kappa = 2$ nennt man vom allgemeinen Typ).

Alle $K3$-Flächen sind zueinander diffeomorph. Ein Standardbeispiel ist die Fläche $x_0^4 + x_1^4 + x_2^4 + x_3^4 = 0$ in $\mathbf{P}_3(\mathbf{C})$. Die Fundamentalgruppe einer Enriques-Fläche hat die Ordnung 2. Die universelle Überlagerung ist eine $K3$-Fläche.

§ 2. Wir betrachten die folgende Konfiguration in der reellen projektiven Ebene, bei deren Deutung mir I. Naruki geholfen hat.

Man wähle 4 Geraden in allgemeiner Lage und bezeichne die 6 Schnittpunkte mit $p_1, \ldots, p_6$. Verbindet man jeden Punkt p_i mit demjenigen Punkt p_j, mit dem p_i noch nicht verbunden ist, dann erhält man drei Geraden (die Diagonalen des vollständigen Vierseits) mit drei Schnittpunkten q_1, q_2, q_3. Danach verbindet man jeden Punkt p_i mit demjenigen q_j, mit dem p_i noch nicht verbunden ist. Man erhält sechs Geraden, von denen sich zwei in jedem q_i und drei in jeweils 4 weiteren Punkten r_1, r_2, r_3, r_4 schneiden. Es gibt genau eine projektive Transformation der projektiven Ebene, welche eine vorgegebene Vertauschung der 4 Geraden bewirkt. Deshalb ist die Gruppe der projektiven Automorphismen unserer Konfiguration isomorph zur symmetrischen Gruppe S_4. Die p_i, die q_i, die r_i bilden jeweils einen Orbit.

Man kann die Konfiguration auch so erhalten. Es sei W ein Würfel im $\mathbf{R}^3$ mit dem Ursprung 0 als Mittelpunkt. Die Eckpunkte des Würfels, die Mittelpunkte der Kanten, die Mittelpunkte der Seiten verbunden mit

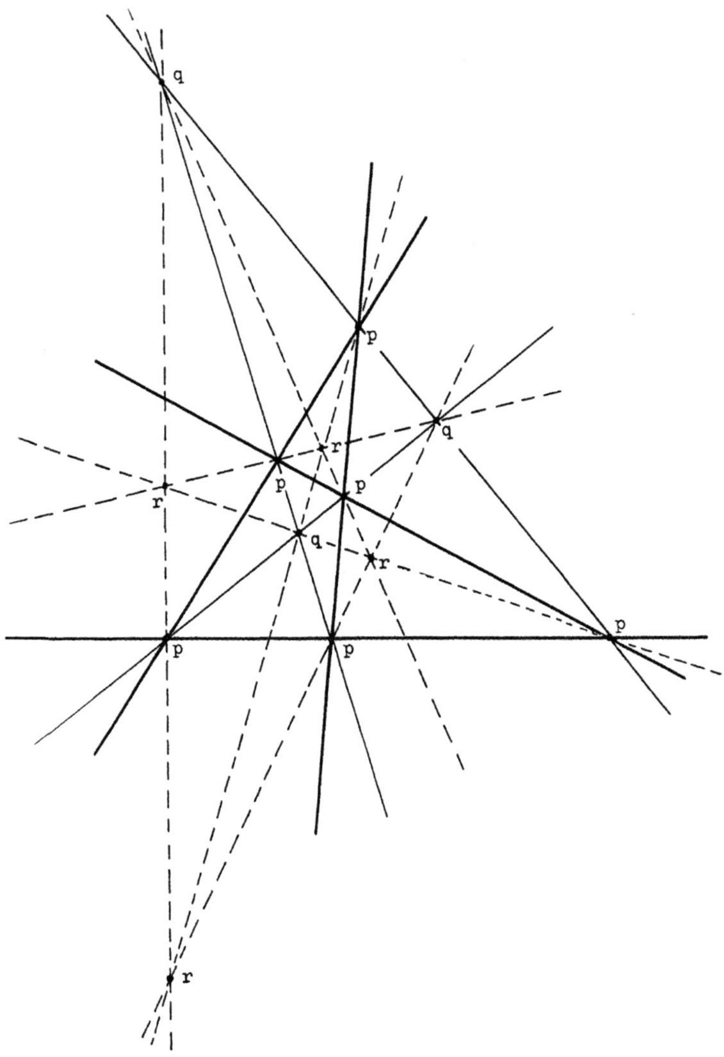

0 definieren 4 bzw. 6 bzw. 3 eindimensionale Teilräume des $\mathbf{R}^3$ und damit Punkte von $\mathbf{P}^2(\mathbf{R})$. Dies sind die Punkte r_i, p_i, q_i; die Gruppe S_4 wird als Automorphismengruppe von W in $\mathbf{SO}(3)$ eingebettet. Es seien ξ_1, ξ_2, ξ_3 die Standardkoordinaten des $\mathbf{R}^3$. Die quadratische Form $\xi_1^2 + \xi_2^2 + \xi_3^2$

bleibt also bei den Operationen von S_4 invariant. Wir erweitern die relle projektive Ebene zur komplexen projektiven Ebene $\mathbf{P}_2(\mathbf{C})$, homogene Koordinaten ξ_1, ξ_2, ξ_3. Der Kegelschnitt $\xi_1^2 + \xi_2^2 + \xi_3^2 = 0$ bleibt unter S_4 invariant. Er heißt Fundamentalkegelschnitt. Zu jedem Element A $A \in \mathbf{SO}(3)$ kann man den Kegelschnitt

$$< \xi, (A + A^t)\, \xi > \; = 0$$

einführen. Von besonderem Interesse sind die Kegelschnitte, die zu den Elementen von $S_4 \subset \mathbf{SO}(3)$ gehören. Wir betrachten die drei Kegelschnitte E_1, E_2, E_3, die zu den drei Involutionen der alternierenden Gruppe A_4 und die vier Kegelschnitte F_1, F_2, F_3, F_4 die zu den 4 Zyklen der Länge 3 von A_4 gehören. (Zu jedem Zyklus gehören zwei nicht triviale Elemente von A_4, sie sind invers zueinander und definieren deshalb denselben Kegelschnitt). Die Kegelschnitte E_i, F_j sind nicht ausgeartet. Rechnerisch läßt sich die Konfiguration der oben angegebenen Geraden zusammen mit den Kegelschnitten besser behandeln, wenn man im $\mathbf{C}^4$ (Koordinaten x_1, x_2, x_3, x_4) den Unterraum $x_1 + x_2 + x_3 + x_4 = 0$ einführt und dafür die projektive Ebene betrachtet. Die Gruppe S_4 operiert auf

$$\mathbf{P}_2(\mathbf{C}) = \{ x \in \mathbf{P}_3(\mathbf{C}) \mid x_1 + x_2 + x_3 + x_4 = 0 \}$$

durch Permutation der homogenen Koordinaten. Es sei σ_i die i-te elementarsymmetrische Funktion der x_j.

Dann gilt

$\sigma_1 \equiv 0$

$\sigma_2 = 0$ ist der Fundamentalkegelschnitt.

$\sigma_3 = 0$ ist die Vereinigung der 3 Diagonalen.

$\sigma_4 = 0$ ist die Vereinigung der 4 ursprünglich gegebenen Geraden unserer Konfiguration (vollständiges Vierseit).

$\Delta = \prod_{i<j} (x_i - x_j) = 0$ ist die Vereinigung der im letzten Schritt durch Verbindung von p_i mit q_j konstruierten sechs Geraden.

Die Kegelschnitte E_1, E_2, E_3 sind gegeben durch

(1) $x_1 x_2 + x_3 x_4 = 0, \quad x_1 x_3 + x_2 x_4 = 0, \quad x_1 x_4 + x_2 x_3 = 0.$

Der Kegelschnitt F_4, der zum Zyklus (123) (4) gehören möge, hat die Gleichung

(2) $$x_1x_2 + x_2x_3 + x_3x_1 + x_4^2 = 0\,,$$

entsprechend für F_1, F_2, F_3.

Die Kegelschnitte E_1, E_2, E_3 schneiden sich nur in den Punkten $p_i\,(i=1, \ldots, 6)$ gegeben durch $(0, 0, 1, -1)$ und Permutationen, und zwar berühren sich in jedem p_i genau zwei dieser Kegelschnitte.

Die Kegelschnitte F_1, F_2, F_3, F_4 schneiden sich nur in den Punkten $q_i\,(i=1, 2, 3)$ gegeben durch $(1, 1, -1, -1)$ und Permutationen, und zwar geht jeder Kegelschnitt F_j durch jeden Punkt q_i, wobei das Schnittverhalten in jedem q_i wie folgt ist

(3) 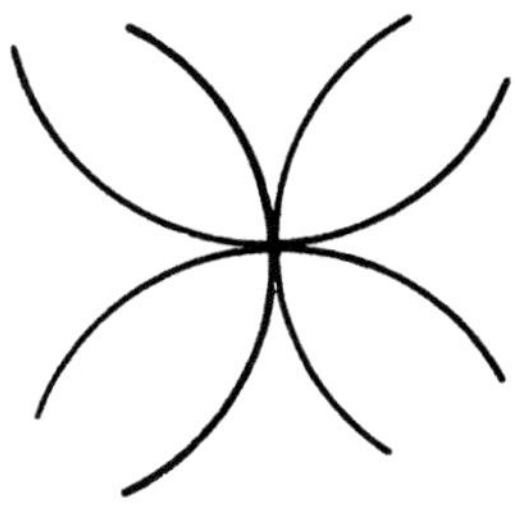

(zwei einfache Berührungen, sonst transversale Schnitte).

Neben dem Fundamentalkegelschnitt gibt es noch zwei Kegelschnitte B_1, B_2, die bei der Gruppe A_4 in sich übergehen, während sie durch ein Element von S_4 ungeradem Signums vertauscht werden. (Es sei $\rho = \exp(2\pi i/3)$).

(4) $$\begin{aligned} B_1:\ & (x_1+x_2)(x_3+x_4) + \rho\,(x_1+x_3)(x_2+x_4) \\ & + \rho^2\,(x_1+x_4)(x_2+x_3) = 0 \\ B_2:\ & (x_1+x_2)(x_3+x_4) + \rho^2\,(x_1+x_3)(x_2+x_4) \\ & + \rho\,(x_1+x_4)(x_2+x_3) = 0 \end{aligned}$$

Diese quadratischen Ausdrücke kommen als Lagrangesche Resolventen in der Theorie der Gleichung 4. Grades vor. Sie sind Semi-Invarianten für A_4 bezüglich der beiden nicht-trivialen Charaktere von A_4, die wegen des Isomorphismus $A_4/V_4 \cong \mathbf{Z}/3\mathbf{Z}$ existieren, wobei V_4 die Kleinsche Vierergruppe ist. Die Kegelschnitte B_1, B_2 gehen durch die 4 Punkte $r_1, \ldots, r_4$ gegeben durch $(1, 1, 1, -3)$ und Permutationen. Sie bilden eine Basis des Büschels der durch r_1, r_2, r_3, r_4 gehenden Kegelschnitte. Schließlich werden wir noch eine irreduzible Kurve der Ordnung 6 benutzen, nämlich die Kurve

(5) $$C: 8\sigma_2^3 + 27\sigma_3^2 = 0$$

Diese Kurve hat in den 4 Punkten r_i einen gewöhnlichen Doppelpunkt und in den 6 Schnittpunkten von $\sigma_3 = 0$ mit dem Fundamentalkegelschnitt $\sigma_2 = 0$ eine Spitze. Nach der Plückerschen Formel hat C das Geschlecht 0.

§ 3. Zu jeder Kurve L geraden Grades in $\mathbf{P}_2(\mathbf{C})$ gibt es eine wohldefinierte doppelte Überlagerung $X(L)$ von $\mathbf{P}_2(\mathbf{C})$ mit L als Verzweigungskurve. Die Fläche $X(L)$ hat singuläre Punkte über den singulären Punkten von L. Löst man die Singularitäten von $X(L)$ in der kanonischen minimalen Weise auf, dann erhält man eine singularitätenfreie algebraische Fläche $Y(L)$, die wir in Beispielen untersuchen wollen. Es kommt vor, daß $Y(L)$ nicht regulär ist (vgl. [10] Chap. VIII); in allen unseren Beispielen kann man nachweisen, daß $Y(L)$ regulär ist.

Bsp. 1. Die Verzweigungskurve L sei $\Delta = 0$. Dies ist eine Kurve 6. Ordnung (zerfallend in 6 Geraden) mit q_1, q_2, q_3 als Doppelpunkten, $r_1, \ldots, r_4$ als Tripelpunkten und keinen weiteren Singularitäten. Entsprechend hat $X(L)$ sieben singuläre Punkte $\tilde{q}_i, \tilde{r}_j$. Die Punkte $\tilde{q}_i$ werden bei der Auflösung aufgeblasen in eine singularitätenfreie rationale Kurve der Selbstschnittzahl -2, während $\tilde{r}_j$ aufgeblasen wird zu einer Konfiguration singularitätenfreier rationaler Kurven mit folgendem Schnittverhalten

(6)

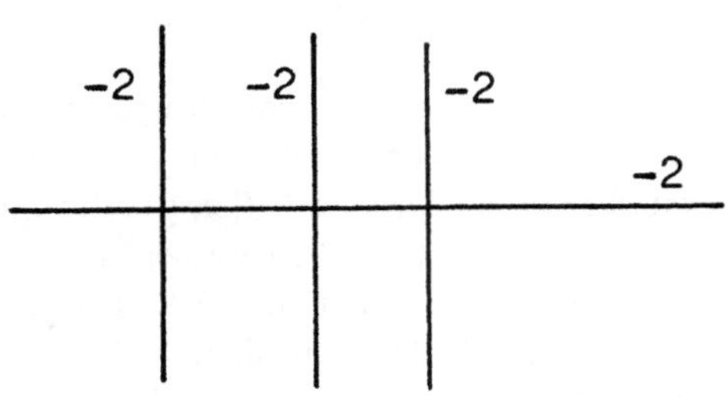

Die Fläche $Y(L)$ ist eine $K3$-Fläche. Durch die Auflösung der singulären Punkte $\tilde{q}_i, \tilde{r}_j$ hat man $3 + 4 \cdot 4 = 19$ algebraische Zyklen auf $Y(L)$, die als rationale Homologieklassen linear-unabhängig sind bei negativdefiniter Schnittform. Da jede algebraische Fläche einen „Hyperebenenschnitt" mit positiver Selbstschnittzahl besitzt, ist die Picardsche Zahl

(Maximalzahl algebraischer Zyklen, die als rationale Homologieklassen linear unabhängig sind) mindestens 20 und deshalb genau gleich 20, weil für eine $K3$-Fläche $h^{1,1} = 20$ ist. Für $K3$-Flächen mit maximaler Picardzahl siehe [9].

Bsp. 2. Die Verzweigungskurve L bestehe aus den 4 Geraden $\sigma_4 = 0$ und den drei Kegelschnitten E_1, E_2, E_3. Dies ist eine Kurve L der Ordnung 10 mit genau 6 singulären Punkten, nämlich den Punkten $p_1, \ldots, p_6$. In jedem p_i sieht die Verzweigungskurve so aus

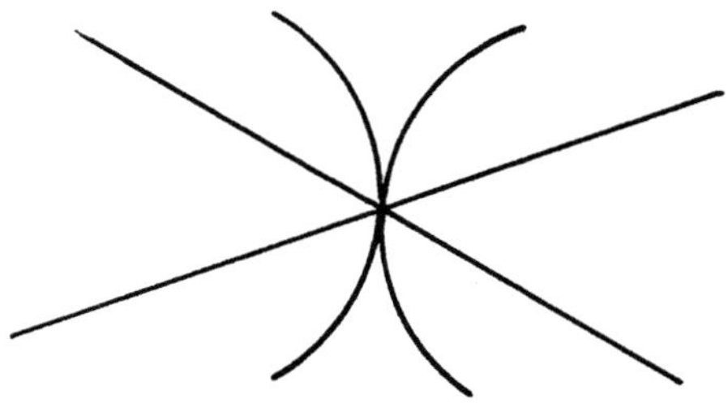

Entsprechend gibt es in $X(L)$ sechs singuläre Punkte $\tilde{p}_1, \ldots, \tilde{p}_6$. Die Auflösung jedes dieser singulären Punkte wird durch ein Diagram

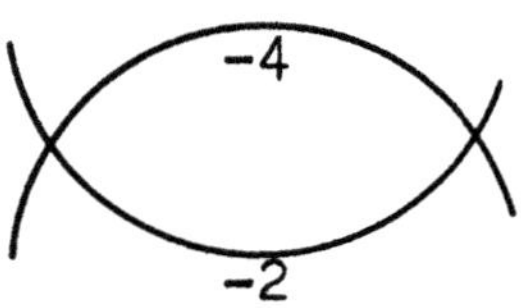

dargestellt (zwei singularitätenfreie rationale Kurven mit Selbstschnittzahl -4, -2). Solche zyklischen Konfigurationen kommen als Auflösungen der Spitzen Hilbertscher Modulflächen vor ([3], vgl. auch [6], wo Singularitäten der Form $Z^2 = F(X, Y)$ betrachtet werden) und immer, wenn eine zyklische Konfiguration auftritt, kann der Verdacht entstehen, daß es sich um eine Hilbertsche Modulfläche handelt.

Man kann beweisen, daß $Y(L)$ vier disjunkte exzeptionelle Kurven enthält, nämlich die Urbilder der vier Geraden $\sigma_4 = 0$, und $Y(L)$ nach Niederblasen dieser 4 Kurven eine Enriques-Fläche als minimales Modell $Y_0(L)$ ergibt.

Bsp. 3. Hier handelt es sich um eine vierblättrige Überlagerung von $\mathbf{P}_2(\mathbf{C})$. Wir nehmen zunächst die 2-blättrige Überlagerung entlang des

Fundamentalkegelschnitts. Das Ergebnis ist isomorph zu $\mathbf{P}_1(C) \times \mathbf{P}_1(C)$, wobei der Fundamentalkegelschnitt der Diagonale entspricht.

In dieser Fläche betrachten wir als Verzweigungskurve L das Urbild der Vereinigungsmenge der 4 Kegelschnitte F_1, F_2, F_3, F_4. Da jedes F_i den Fundamentalkegelschnitt in 2 Punkten berührt, besteht L aus 8 Komponenten (jede einzelne Komponente kann als Graph einer gebrochenen linearen Transformation $\mathbf{P}_1(\mathbf{C}) \rightarrow \mathbf{P}_1(\mathbf{C})$ angesehen werden). Die Kurve L in $\mathbf{P}_1(\mathbf{C}) \times \mathbf{P}_1(\mathbf{C})$ hat die folgenden Singularitäten:

a) 6 singuläre Punkte vom Typ (3), die in $\mathbf{P}_1(\mathbf{C}) \times \mathbf{P}_1(\mathbf{C})$ über $q_1, q_2, q_3 \in \mathbf{P}_2(\mathbf{C})$ liegen

b) 8 Doppelpunkte, die aus den Berührungspunkten der F_i mit dem Fundamentalkegelschnitt entstehen.

Wir bezeichnen die doppelte Überlagerung von $\mathbf{P}_1(\mathbf{C}) \times \mathbf{P}_1(\mathbf{C})$ entlang L mit $X(L)$. Sie hat 14 singuläre Punkte. Die unter b) angegebenen acht Singularitäten von L liefern singuläre Punkte von $X(L)$, die alle in eine singularitätenfreie rationale Kurve der Selbstschnittzahl -2 aufgeblasen werden, während die unter a) angegebenen sechs singulären Punkte von L zu singulären Punkten von $X(L)$ führen, die in eine Konfiguration

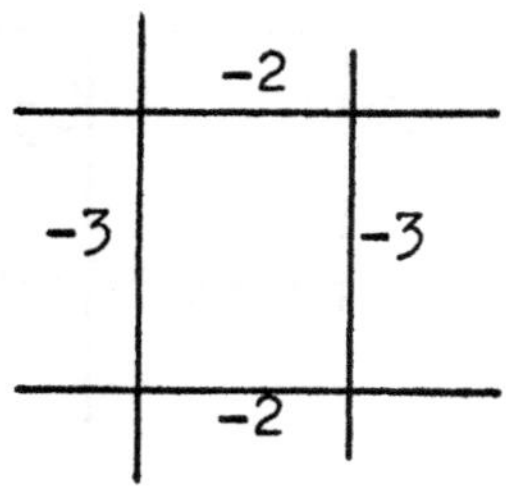

augeblasen werden. Man erhält so eine algebraische Fläche $Y(L)$, von der man nachweisen kann, daß sie regulär ist und Kodaira-Dimension 2 hat (allgemeiner Typ). Sie ist fernerhin minimal. Man kann ausrechnen, daß $Y(L)$ die Eulerzahl 44 und das geometrische Geschlecht $p_g = 3$ hat. Es folgt $h^{1,1} = 36$. Die Picardsche Zahl ρ von $Y(L)$ ist nicht bekannt, doch liefern die Kurven, die von der Auflösung der Singularitäten herrühren, und ein „Hyperebenenschnitt" die Abschätzung

$$33 \leqq \rho \leqq 36 .$$

Der Vektorraum der homogenen Polynome für die Schar der Kegelschnitte, die durch q_1, q_2, q_3 gehen, läßt sich mit $H^0(Y(L), \Omega(K))$ identifizieren in Übereinstimmung mit $p_g = 3$. Zu diesen Polynomen gehören F_1, F_2, F_3, F_4. (Beachte, daß die Summe der zugehörigen Polynome (2) gleich 0 ist.) Die einfach-kanonische Abbildung $Y \to \mathbf{P}_2(\mathbf{C})$ ist gleich der Überlagerungsabbildung $Y \to \mathbf{P}_2(\mathbf{C})$ vom Grade 4 gefolgt von einer Cremona-Transformation.

Bsp. 4. Wir betrachten nunmehr als Verzweigungskurve L die Vereinigungsmenge $C \cup B_1 \cup B_2$ (siehe (4) und (5)). Dies ist wieder eine Kurve der Ordnung 10. Man kann leicht ausrechnen, daß $B_1 \cup B_2$ durch die Gleichung $\sigma_2^2 + 12\,\sigma_4 = 0$ gegeben wird. Also ist L die Kurve

$$(\sigma_2^2 + 12\,\sigma_4)(8\,\sigma_2^3 + 27\,\sigma_3^2) = 0\,.$$

Zunächst müssen die singulären Punkte von L bestimmt werden. Die Kurven $B_1 \cup B_2$ und C schneiden sich nur in $r_1, \ldots, r_4$ und zwar stimmen die beiden Tangenten von $B_1 \cup B_2$ in r_i mit den beiden Tangenten von C in r_i überein. Die Kurve L hat also in r_i eine Singularität vom Typ (3). Deshalb hat die doppelte Überlagerung $X(L)$ über r_i eine Singularität mit der Auflösung

(7)

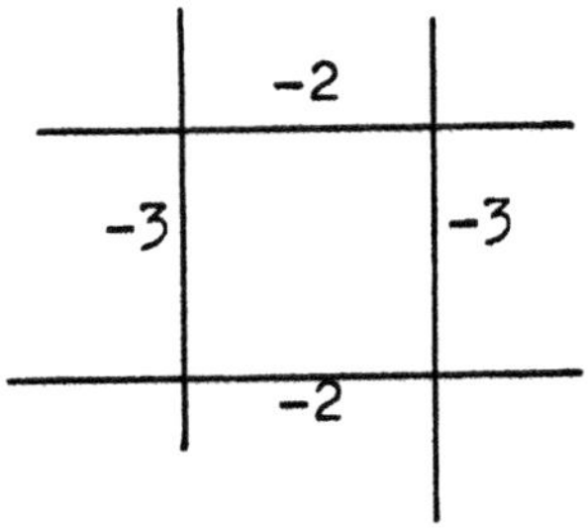

die auch schon in Beispiel 3 vorkam. Ferner hat C und damit L jeweils eine Spitze in den sechs Schnittpunkten von $\sigma_2 = 0$ und $\sigma_3 = 0$. Die entsprechenden 6 Singularitäten von $X(L)$ werden aufgelöst durch je eine Konfiguration

(8)

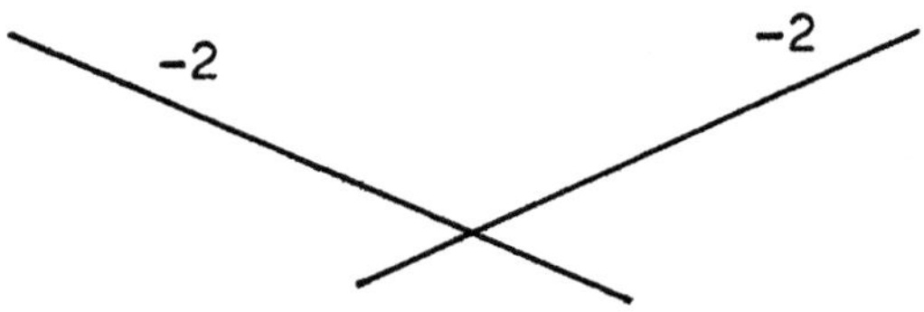

Die so erhaltene algebraische Fläche $Y(L)$ hat Kodaira-Dimension 1, sie ist minimal. Sie hat Eulerzahl 36, das geometrische Geschlecht p_g ist gleich 2. Wir werden die elliptische Faserung angeben. Ein von B_1, B_2 verschiedener Kegelschnitt B des durch B_1, B_2 aufgespannten Büschels hat die Schnittzahl 2 mit C in jedem Punkt r_i. Die Summe der Schnittzahlen von B mit C außerhalb der r_i ist deshalb gleich 4. In $Y(L)$ ist also die Überlagerung eines allgemeinen Kegelschnitts des Büschels eine elliptische Kurve. Damit ist die elliptische Faserung beschrieben. Wir werden noch die Ausnahmefasern angeben. Für die verschiedenen Typen von Ausnahmefasern siehe [7]. Die Kurve B_1 bildet mit je einer (-2)-Kurve aus jeder der 4 Konfigurationen (7) eine Ausnahmefaser vom Typ

(9)

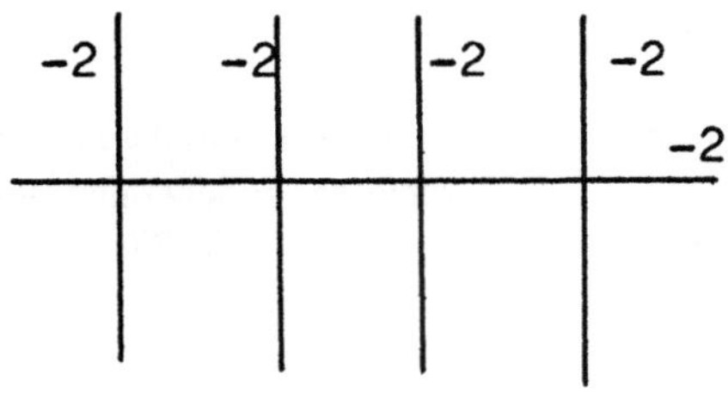

Das entsprechende gilt für B_2. Die Kurve $\Delta = 0$ zerfällt in drei ausgeartete Kegelschnitte des Büschels, jeder bestehend aus zwei Geraden. Jeder dieser ausgearteten Kegelschnitte liefert eine Ausnahmefaser vom Typ

(10)

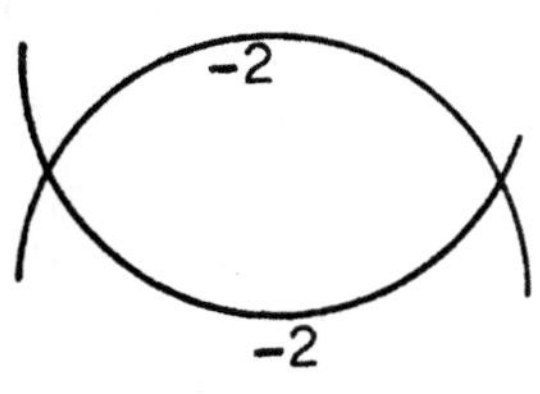

Schließlich müssen noch die Kegelschnitte des Büschels betrachtet werden, welche durch die sechs Schnittpunkte von $\sigma_2 = 0$ und $\sigma_3 = 0$ gehen. Es handelt sich um drei Kegelschnitte. Jeder berührt $\sigma_2 = 0$ in zwei Punkten (nämlich in den Schnittpunkten einer der Komponenten von $\sigma_3 = 0$ mit $\sigma_2 = 0$). Die Schnittzahl des Kegelschnitts mit C in diesen beiden Punkten ist jeweils gleich 2, da C in diesen Punkten eine Spitze hat. Die 2-blättrige Überlagerung eines solchen Kegelschnittes hat deshalb 2 Komponenten, die zusammen mit zwei der Konfigurationen (8) eine Ausnahmefaser vom Typ

(11)

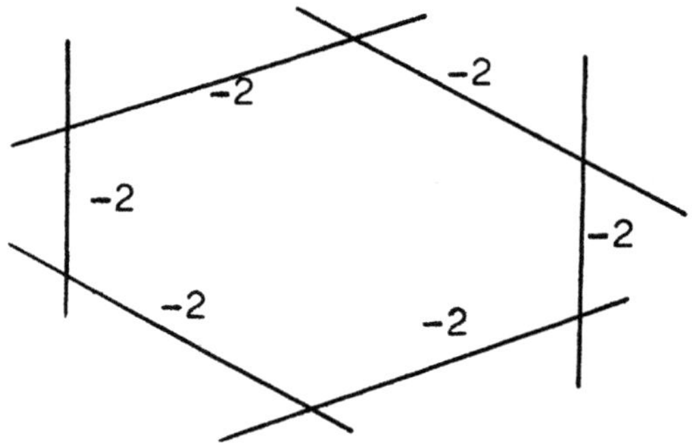

bilden. Es gibt also zwei Ausnahmefasern vom Typ (9), drei vom Typ (10) und drei vom Typ (11). Die Summe der Eulerzahlen der Ausnahmefasern ist in der Tat $2 \cdot 6 + 3 \cdot 2 + 3 \cdot 6 = 36$. Die Picardsche Zahl von $Y(L)$ ist 29 oder $30 = h^{1,1}$.

§ 4. Es sei $\mathcal{O}$ der Ring der ganzen Zahlen des reell-quadratischen Zahlkörpers K. Die Gruppe $G = \mathbf{SL}_2(\mathcal{O})/\{\pm 1\}$ nennt man die Hilbertsche Modulgruppe des Körpers. Die erweiterte Hilbertsche Modulgruppe $\hat{G}$ wird so erklärt: Es seien U die Gruppe der Einheiten und U^+ die Gruppe der total-positiven Einheiten von $\mathcal{O}$. Es ist

$$\hat{G} = \{ \left(\begin{smallmatrix} a & b \\ c & d \end{smallmatrix}\right) \mid a, b, c, d \in \mathcal{O}, ad - bc \in U^+ \} / \{ \left(\begin{smallmatrix} a & 0 \\ 0 & a \end{smallmatrix}\right) \mid a \in U \}$$

Die Gruppe $\hat{G}$ ist eine Erweiterung von G vom Index 2, wenn $\mathcal{O}$ keine Einheit negativer Norm besitzt. Sonst ist $\hat{G} = G$. Die Gruppe $\hat{G}$ operiert auf H^2 und auf $H \times H^-$, wo H die obere und H^- die untere Halbebene von $\mathbf{C}$ ist. Es sei τ die Involution $(z_1, z_2) \mapsto (z_2, z_1)$ von H^2 bzw. $(z_1, z_2) \mapsto (-z_2, -z_1)$ von $H \times H^-$. Die auf $H \times H$ bzw. $H \times H^-$ operierende Gruppe $\hat{G} \cup \hat{G}\tau$ wird mit $\hat{G}_\tau$ (symmetrische Hilbertsche Modulgruppe) bezeichnet. Wenn Γ eine Untergruppe von $\hat{G}$ von endlichem Index ist, dann sind H^2/Γ und $(H \times H^-)/\Gamma$ wohldefiniert. Sie lassen sich durch endlich viele Punkte kompaktifizieren (Hinzufügung der Spitzen).

Auf den so erhaltenen kompakten Flächen $\overline{H^2/\Gamma}$ und $\overline{(H \times H^-)/\Gamma}$ operiert die Involution τ, wenn im Falle H^2 der nicht triviale Automorphismus $x \mapsto x'$ des Körpers K die Gruppe Γ in sich überführt und wenn im Falle $H \times H^-$ für $A \in \Gamma$ auch $\pm \left(\begin{smallmatrix}-1 & 0\\ 0 & 1\end{smallmatrix}\right) A' \left(\begin{smallmatrix}-1 & 0\\ 0 & 1\end{smallmatrix}\right)$ zu Γ gehört.

Die Quotientenräume $\overline{(H^2/\Gamma)}/\tau$ und $\overline{((H \times H^-)/\Gamma)}/\tau$ lassen sich auch als Kompaktifizierung von H^2/Γ_τ bzw. $(H \times H^-)/\Gamma_\tau$ interpretieren, wo $\Gamma_\tau = \Gamma \cup \Gamma\tau$ ist. Diese Quotienten nach τ werden mit $\overline{H^2/\Gamma_\tau}$ bzw. $\overline{(H \times H^-)/\Gamma_\tau}$ bezeichnet.

Die Fläche $\overline{H^2/\Gamma}$ hat Singularitäten, nämlich die hinzugefügten Spitzen und Quotientensingularitäten, das sind Punkte von H^2/Γ, die von Punkten in H^2 herrühren, wo Γ eine nicht triviale Isotropiegruppe hat. Löst man alle Singularitäten in kanonischer minimaler Weise auf, dann erhält man eine singularitätenfreie algebraische Fläche Y_Γ, die Hilbertsche Modulfläche zu Γ. Entsprechendes gilt für die Aktion of $H \times H^-$. Wir gelangen so zu einer Fläche Y_Γ^-.

Die in § 2 angegebenen Beispiele sind Hilbertsche Modulflächen Y_Γ oder Y_Γ^-, abgesehen von Beispiel 1. Für die Beispiele 2, 3, 4 werden wir jetzt die Gruppe Γ angeben. Die Identifizierung von Y_Γ oder Y_Γ^- mit $Y(L)$ geschieht, indem man in Y_Γ bzw. Y_Γ^- Kurven findet (z.B. gegeben durch die Diagonale $z_1 = z_2$ von H^2 bzw. $z_1 = -z_2$ von $H \times H^-$), die Geraden oder Kegelschnitten unserer Konfiguration entsprechen. Einzelheiten zu Bsp. 2 findet man in [6].

Bsp. 2. Der Körper K ist $\mathbf{Q}(\sqrt{2})$. In $\mathbf{SL}_2(\mathcal{O})$ betrachte man die Hauptkongruenz-Untergruppe $\tilde{\Gamma}(2)$ zum Ideal (2). Dann ist $\tilde{\Gamma}(2)/\{\pm 1\}$ ein Normalteiler $\Gamma(2)$ vom $G = \mathbf{SL}_2(\mathcal{O})/\{\pm 1\}$ vom Index 48. Die Gruppe Γ sei definiert als die Untergruppe von G, die von $\Gamma(2)$ und dem Element $\gamma \in G$ erzeugt wird, das durch die Matrix

$$\begin{pmatrix} 1+\sqrt{2} & 0 \\ 0 & -1+\sqrt{2} \end{pmatrix}$$

repräsentiert wird:

$$\Gamma = \Gamma(2) \cup \Gamma(2)\gamma$$

Die Gruppe Γ ist eine Erweiterung von $\Gamma(2)$ vom Index 2. Sie operiert frei auf H^2.

Die Fläche $X(L)$ kann mit $\overline{H^2/\Gamma}$ identifiziert werden. Die Spitzen von $\overline{H^2/\Gamma}$ entsprechen den sechs singulären Punkten von $X(L)$. Die Fläche $Y(L)$ ist isomorph zu Y_Γ.

Die Gruppe G/Γ ist isomorph zu S_4. Sie operiert auf $\overline{H^2/\Gamma}$ und auf Y_Γ. Die durch die Involution $(z_1, z_2) \mapsto (z_2, z_1)$ von H^2 auf $\overline{H^2/\Gamma}$ und auf

Y_Γ induzierte Involution τ ist mit jedem Element von G/Γ vertauschbar. Sie entspricht der Decktransformation von $X(L)$. Man erhält so die Operation von $G/\Gamma \cong S_4$ auf $\overline{H^2/\Gamma_\tau} \cong \mathbf{P}_2(\mathbf{C})$, von der wir ausgegangen waren. Außerdem folgt, daß der *komplexe Raum* $\overline{H^2/G_\tau}$ *isomorph ist zum Orbitraum* $\mathbf{P}_2(\mathbf{C})/S_4$.

Die Hilbertsche Modulfläche $Y_{\Gamma(2)}$ ist eine unverzweigte 2-blättrige Überlagerung von Y_Γ und zwar ist $Y_{\Gamma(2)}$ eine $K3$-Fläche mit 8 aufgeblasenen Punkten (vgl. [1]).

Bsp. 3. Der Körper K ist $\mathbf{Q}(\sqrt{3})$. Die Gruppe G hat den Normalteiler $\Gamma(2)$, womit wir auch in diesem Fall die Hauptkongruenz-Untergruppe von $\mathbf{SL}_2(\mathcal{O})$ zum Ideal (2) modulo $\{\pm 1\}$ bezeichnen. Wie erweitern $\Gamma(2)$ mit Hilfe des durch die Matrix

$$\begin{pmatrix} 2+\sqrt{3} & 0 \\ 0 & 2-\sqrt{3} \end{pmatrix}$$

gegebenen Elements $\gamma \in G$ und definieren wieder

$$\Gamma = \Gamma(2) \cup \Gamma(2)\gamma$$

Die Fläche $X(L)$ *kann mit* $\overline{(H \times H^-)/\Gamma}$ *identifiziert werden.* Dabei entsprechen die 6 singulären Punkte von $X(L)$, die durch eine Konfiguration

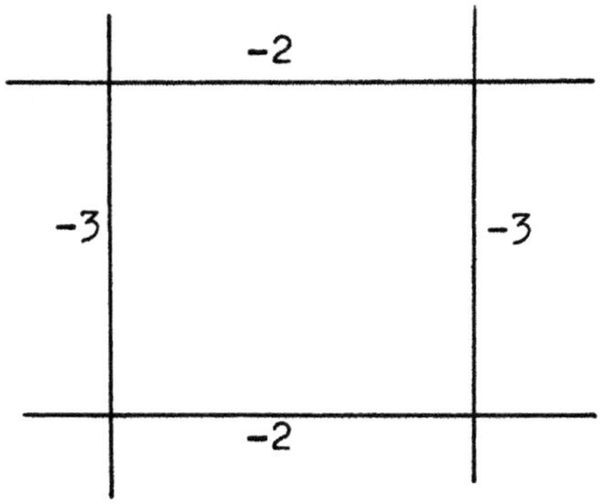

aufgelöst wurden, den Spitzen von $\overline{(H \times H^-)/\Gamma}$, während die übrigen acht Singularitäten den acht Γ-Äquivalenzklassen in $H \times H^-$ von Punkten mit Isotropiegruppe der Ordnung 2 zugeordnet sind. *Die Fläche* $Y(L)$ *ist isomorph zu* Y_Γ^-. Wie in Beispiel 2 können wir die Involution τ auf $\overline{(H \times H^-)/\Gamma}$ und auf Y_Γ einführen, die wieder mit jedem Element von

G/Γ vertauschbar ist und der Decktransformation von $X(L)$ entspricht. Es gilt

$$\overline{(H \times H^-)/\Gamma_\tau} \cong \mathbf{P}_1(\mathbf{C}) \times \mathbf{P}_1(\mathbf{C}), \tag{12}$$

wobei G/Γ isomorph ist zu S_4, und (12) eine äquivariante Isomorphie ist. Die Operation von S_4 auf $\mathbf{P}_1(\mathbf{C}) \times \mathbf{P}_1(\mathbf{C})$ ist dabei so zu beschreiben: S_4 operiert auf $\mathbf{P}_1(\mathbf{C}) \cong$ Fundamentalkegelschnitt $\subset \mathbf{P}_2(\mathbf{C})$ durch Einschränkung der Aktion auf $\mathbf{P}_2(\mathbf{C})$ auf den Fundamentalkegelschnitt, und S_4 operiert auf $\mathbf{P}_1(\mathbf{C}) \times \mathbf{P}_1(\mathbf{C})$ durch $g(u, v) = (g(u), g(v))$ für $g \in S_4$ und $u, v \in \mathbf{P}_1(\mathbf{C})$. Es folgt

$$\overline{(H \times H^-)/G_\tau} \cong (\mathbf{P}_1(\mathbf{C}) \times \mathbf{P}_1(\mathbf{C}))/S_4 \tag{13}$$

Wir führen nun die erweiterte Hilbertsche Modulgruppe $\hat{G}$ ein. Es ist $[\hat{G} : G] = 2$. Die Gruppe $\hat{G}/\Gamma$ ist eine Erweiterung von G/Γ vom Index 2, in der Tat ist $\hat{G}/\Gamma$ das direkte Produkt von G/Γ und einer Gruppe der Ordnung 2, deren nicht triviales Element σ durch ein Element der Ordnung 4 von $\hat{G}$ gegeben wird, dessen Quadrat in Γ liegt, und das bis auf einen Faktor durch die Matrix

$$\begin{pmatrix} 1+\sqrt{3} & 2 \\ -2 & 1-\sqrt{3} \end{pmatrix}$$

repräsentiert wird. Das Element σ operiert auf $\overline{(H \times H^-)/\Gamma_\tau}$ und bei der Isomorphie (12) geht diese Operation in die Vertauschung der Faktoren von $\mathbf{P}_1(\mathbf{C}) \times \mathbf{P}_1(\mathbf{C})$ über. Deshalb folgt

$$\overline{(H \times H^-/\hat{G}_\tau} \cong \mathbf{P}_2(\mathbf{C})/S_4 \tag{14}$$

Bsp. 4. Der Körper K ist $\mathbf{Q}(\sqrt{3})$. Die Gruppe Γ ist die Hauptkongruenz-Untergruppe von $\mathbf{SL}_2(\mathcal{O})$ zum Ideal $(\sqrt{3})$, die auch als Untergruppe von G angesehen werden kann.

Die Fläche $X(L)$ kann mit $\overline{H^2/\Gamma}$ identifiziert werden. Dabei entsprechen die vier Singularitäten von $X(L)$, die in eine Konfiguration (7) aufgelöst wurden, den Spitzen von $\overline{H^2/\Gamma}$, während die 6 Singularitäten von $X(L)$, die in eine Konfiguration (8) aufgelöst wurden, den sechs Quotientensingularitäten von $\overline{H^2/\Gamma}$ der Ordnung 3 entsprechen. *Die Fläche $Y(L)$ ist mit Y_Γ zu identifizieren,* in [1] wurde diese Fläche mit $Y(12, \sqrt{3})$ bezeichnet. Die Gruppe G/Γ ist isomorph zu A_4, während $\hat{G}/\Gamma$ isomorph zu S_4 ist.

Es folgt wieder

$$(15) \qquad \overline{H^2/G_\tau} \cong \mathbf{P}_2(\mathbf{C})/A_4$$

$$\overline{H^2/\hat{G}_\tau} \cong \mathbf{P}_2(\mathbf{C})/S_4$$

Bemerkung: In den Beispielen 2, 3, 4 ist die Verzweigungskurve in $\mathbf{P}_2(\mathbf{C})$ von der Ordnung 10, das hat zur Folge, daß homogene Polynome vom Grad r in den $x_i\,(i=1, \ldots, 4)$ (mit $\sigma_1 \equiv 0$) als Modulformen vom Gewicht r für Γ aufgefaßt werden können (vgl. [6]). Daraus können insbesondere die graduierten Ringe M der Modulformen für G_τ bzw. $\hat{G}_\tau$ in den Beispielen 2, 3, 4 bestimmt werden. Die Ringe M sind so erklärt wie bei Gundlach [2]. Es gilt (vgl. [2], Sätze 1, 3, 2): Wenn $K = \mathbf{Q}(\sqrt{2})$ und G_τ auf H^2 operiert, dann

2 $$M \cong \mathbf{C}[\sigma_2, \sigma_4, \sigma_3^2, \sigma_3 \Delta]$$

modulo einer Relation, die sich aus der Darstellung von Δ^2 als Polynom in σ_2, σ_3, σ_4 ergibt.

Wenn $K = \mathbf{Q}(\sqrt{3})$ und $\hat{G}_\tau$ auf $H \times H^-$ operiert dann

$$M \cong \mathbf{C}[\sqrt{\sigma_2}, \sigma_4, \sigma_3^2]$$

Wenn $K = \mathbf{Q}(\sqrt{3})$ und $\hat{G}_\tau$ auf H^2 operiert, dann

$$M \cong \mathbf{C}[\sigma_2, \sigma_3, \sigma_4]$$

§ 5. Bei den Überlegungen in § 4 spielten die Symmetriegruppen A_4 des Tetraeders und S_4 des Oktaeders eine Rolle. Wichtig war, daß das betrachtete Ideal, bezüglich dessen die Kongruenz-Untergruppe Γ gebildet wurde, die Diskriminante teilt. Daraus folgte, daß die Involution τ mit jedem Element von $\hat{G}/\Gamma$ vertauschbar ist. Diese Bemerkung ist in vielen anderen Fällen nützlich. Hier soll nur noch ein Beispiel erwähnt werden, das in [6] ausführlich besprochen wurde. Es handelt sich um die Symmetriegruppe A_5 des Ikosaeders. Sie operiert auf $\mathbf{P}_2(\mathbf{C})$, die Aktion kommt von einer 3-dimensionalen Darstellung von A_5. Der Ring der invarianten Polynome (vgl. [6]) wird nach Felix Klein von Polynomen A, B, C, D der Grade 2, 6, 10 bzw. 15 erzeugt. Klein gibt eine ganz bestimmte Kurve $C = 0$ an. Sie ist irreduzibel, hat sechs Doppelspitzen und ist deshalb nach der Plückerschen Formel rational. Die 2-blättrige Überlagerung entlang der Kleinschen Kurve L (gegeben durch $C = 0$) ergibt eine Fläche $X(L)$ mit sechs singulären Punkten. Nach Auflösung der Singularitäten ergibt sich eine algebraische Fläche $Y(L)$, die man als *rational* nachweisen kann.

Es sei nun $K = \mathbf{Q}(\sqrt{5})$ und Γ die Hauptkongruenz-Untergruppe von $G = \mathbf{SL}_2(\mathcal{O})/\{\pm 1\}$ zum Ideal $(\sqrt{5})$. *Dann ist* $\overline{H^2/\Gamma}$ *isomorph zu* $X(L)$, wobei die sechs singulären Punkte von $X(L)$ den Spitzen von $\overline{H^2/\Gamma}$ entsprechen. Ferner ist Y_Γ mit $Y(L)$ zu identifizieren. Es ist

$$\text{(16)} \qquad \overline{H^2/\Gamma_\tau} \cong \mathbf{P}_2(\mathbf{C})$$

$$\overline{H^2/G_\tau} \cong \mathbf{P}_2(\mathbf{C})/A_5$$

und der Ring M der Modulformen zu G_τ ist gegeben durch

$$\text{(17)} \qquad M \cong \mathbf{C}[A, B, C, D]$$

modulo einer von Klein angegebenen Relation, die D^2 als Polynom in A, B, C ausdrückt.

LITERATUR

[1] Van der Geer, G. B. M. *On Hilbert modular surfaces of principal congruence subgroups*. Dissertation, Rijksuniversiteit te Leiden, 1977.

[2] Gundlach, K.-B. Die Bestimmung der Funktionen zu einigen Hilbertschen Modulgruppen. *Journal f.d.r.u.a. Math. 220* (1965), pp. 109-153.

[3] Hirzebruch, F. Hilbert modular surfaces. *L'Enseignement Math. 19* (1973), pp. 183-281.

[4] Hirzebruch, F. and A. Van de Ven. Hilbert modular surfaces and the classification of algebraic surfaces. *Invent. Math. 23* (1974), pp. 1-29.

[5] Hirzebruch, F. and D. Zagier. Classification of Hilbert modular surfaces, in "*Complex Analysis and Algebraic Geometry*", Iwanami Shoten und Cambridge Univ. Press 1977, pp. 43-77.

[6] Hirzebruch, F. The ring of Hilbert modular forms for real quadratic fields of small discriminant, in *Modular Functions of One Variable VI* (Bonn 1976), Lecture Notes in Mathematics, vol. 627 (1977), pp. 287-323. Springer-Verlag, Berlin-Heidelberg-New York.

[7] Kodaira, K. On compact analytic surfaces II. *Ann. of Math. 77* (1963), pp. 563-626.

[8] Šafarevič, I. R. Algebraic surfaces. *Proceedings Steklov Institute Math. 75* (1965); ins Englische übersetzt: *Amer. Math. Soc. Providence*, Rhode Island, 1967.

[9] Shioda, T. and H. Inose. On singular K3 surfaces, in "*Complex Analysis and Algebraic Geometry*", Iwanami Shoten und Cambridge Univ. Press 1977, pp. 119-136.

[10] Zariski, O. Algebraic surfaces. *Ergebnisse der Mathematik Bd. 61*, Second supplemented edition, Springer-Verlag, Berlin-Heidelberg-New York, 1971.

(Reçu le 4 août 1977)

F. Hirzebruch
Mathematisches Institut
der Universität Bonn
Bundesrepublik Deutschland

65.

(mit A. Van de Ven)

Minimal Hilbert modular surfaces with $p_g = 3$ and $K^2 = 2$

Am. J. Math. *101* (1979), 132–148

* **I. Introduction.** In this paper we deal again with certain Hilbert modular surfaces, namely with the four surfaces $Y_T{}^{\circ}(p)$ ($p = 313$, 653, 677 and 773) for the symmetric Hilbert modular group.

Let p be a prime with $p \equiv 1(4)$. The non-compact Hilbert modular surface $X(p)$ can be compactified and the result desingularised to obtain an algebraic surface $Y(p)$. On this surface certain curves—all of them explicitly given—can be (successively) blown down. It is conjectured that the resulting algebraic surface $Y^{\circ}(p)$ is minimal for $p \geq 29$, that is, if the surface is not rational. The conjecture has been proved for many primes, in particular for all p with $29 \leq p \leq 317$ (see [2]). However, the general case still appears to be very difficult.

The surface $X(p)$ is a quotient of the product of the upper half plane with itself, and the interchange of the two factors in this product gives rise to an involution on $X(p)$. This involution can be extended to an involution T of $Y^{\circ}(p)$. The quotient is another smooth algebraic surface $Y^{\circ}(p)/T$. Once again, a number of curves can be blown down on $Y^{\circ}(p)/T$, and also in this case the resulting surface $Y_T{}^{\circ}(p)$ is conjectured to be minimal for almost all p, namely for those p, for which $Y_T{}^{\circ}(p)$ is a surface of general type. But ([3], 5.6): "Diese Vermutung ist bisher noch in keinem einzigen Fall bewiesen worden. Insbesondere sollte man feststellen, ob die vier Flächen $Y_T{}^{\circ}(p)$ mit $p_g = 3$ ... minimal sind."

It is the main purpose of this paper to show that indeed the surfaces $Y_T{}^{\circ}(p)$ are minimal for $p = 313$, 653, 677 and 773.

In general, let $X_{\min}$ be the minimal model of a simply-connected surface X of general type with $c_1{}^2(X) = 2$ and $p_g(X) = 3$. A priori, $c_1{}^2(X_{\min})$ can assume any of the values 2, 3, ..., 36 (not more, because of the inequality $c_1{}^2(Y) \leq 3c_2(Y)$ due to Y. Miyaoka [8], holding for every surface of general type; compare [11]). In our case, the only other information readily available consists of the existence of many curves together with much of their intersection behaviour.

However, this information suffices to construct in the four cases under consideration a positive divisor D with $D^2 = DK = K^2$, which does not contain any exceptional curve. From the existence of such a divisor, together with the fact that the surfaces $Y_T{}^\circ(p)$ are simply-connected, the minimality follows. This will be explained at the beginning of Section II (Proposition II.1).

In Section II we shall also prove a more general statement about canonical divisors on surfaces of general type (Lemma II.6). Though this general result is not needed for the minimality of the four surfaces $Y_T{}^\circ(p)$ we consider, it seems nevertheless natural to include it here. Finally, in the last part of Section II and in Section III we describe how to obtain on $Y_T{}^\circ(p)$ ($p = 353, 653, 677, 773$) a positive divisor D with $D^2 = DK = K^2 = 2$.

This paper should be seen as an appendix to [3], which therefore will serve as a general reference. We are much indebted to Y.Miyaoka, whose remarks have been most helpful to us.

II. A criterion for minimality.

By a *surface* we shall always mean a compact, connected complex manifold of complex dimension 2. As usual, we shall denote by K_X either the *canonical divisior class* of X or one canonical divisor, and by $p_g(X)$ ($= \dim|K_X| + 1$) the *geometric genus* of X.

A *surface of general type* is by definition a surface of Kodaira dimension 2. Such surfaces are always algebraic.

A surface is called *minimal* if it does not contain any exceptional curves. Starting from any surface X a minimal surface is obtained by blowing down a finite number of times. If X is a surface of general type, then such a minimal model is again a surface $X_{\min}$ of general type, which is uniquely determined by X up to algebraic isomorphisms.

PROPOSITION II.1. *Let X be a surface with $K_X{}^2 > 0$, on which there exists a positive divisor D with $D^2 = KD = K^2$. Suppose that at least one of the following conditions is satisfied:*

(i) $H_1(X, Z) = 0$;

(ii) *there is a (positive) canonical divisor, containing D.*

Then X is a surface of general type and D a canonical divisor on X.

Furthermore, if D does not contain any exceptional curve, then X is a minimal surface.

Proof. By Enriques-Kodaira classification X is an algebraic surface, either rational or of general type. Since $K(D - K) = (D - K)^2 = 0$, we have by the Hodge algebraic index theorem (compare [7], Lemma 3) that $D - K$ is homologous to zero mod torsion. In case (i) this means that $D - K$ is homologous to zero over the integers and by the vanishing of the Picard variety it is linearly equivalent to zero, i.e. D is a canonical divisor. In case (ii) we have that $K - D$ can be represented by a non-negative divisor, which must be zero (a strictly positive divisor cannot represent a torsion class in homology), hence also in this case D is a canonical divisor. Since $p_g(X) \geq 1$ we have that X is of general type. The last statement of the proposition now follows from the fact that every (positive) canonical divisor contains every exceptional curve.

The next part of Section II is dedicated to the proof of Lemma II.6, which generalizes the preceding proposition.

Let D be a positive divisor on same surface. A *splitting* of D consists of two positive divisors D_1 and D_2 with $D = D_1 + D_2$ (it is *not* required that D_1 and D_2 have no irreducible components in common). If $D = \Sigma\, c_i C_i$, then we shall say that an irreducible component C_i is *totally contained* in D_1 if C_i appears in D_1 with multiplicity c_i (and hence not at all, i.e. with multiplicity 0, in D_2).

A positive divisor D is called *numerically connected* if for every splitting $D = D_1 + D_2$ the inequality $D_1 D_2 \geq 1$ holds.

THEOREM II.2 *Positive canonical divisors on a minimal surface of general type are numerically connected.*

For a proof of this theorem we refer to [7], Lemma 4, or [1], p. 181. Let on some surface $T = \{E_1, \ldots, E_m\}$ be a σ-tree, i.e. a connected configuration of (smooth, rational) curves $E_1, \ldots, E_m$, obtained by successive blowing-up. (The curves are not taken in any particular ordering.) Then we can speak of the canonical divisor

$$K_T = \sum_{i=1}^{m} k_i E_i$$

of the tree T, where the integers k_i are uniquely determined by the condition that

$$K_T E_i = -E_i^2 - 2$$

for $i = 1, \ldots, m$. The numbers $k_1, \ldots, k_m$ depend only on the structure of the tree, not on the surface, and they are all strictly positive.

PROPOSITION II.3. *Let $f: X \to Y$ be the blowing-down of an exceptional curve E on X. Then*

$$K_X = f^*(K_Y) + E$$

and $f^*(D)E = 0$ for any divisor D of Y.

More generally, if $f: X \to Y$ is the blowing-down of the disjoint σ-trees $T_1, \ldots, T_m$, then

$$K_X = f^*(K_Y) + \sum_{i=1}^{m} K_{T_i}$$

PROPOSITION II.4. *Let $T = \{E_1, \ldots, E_m\}$ be a σ-tree on a surface X.*

(i) *If $D = \Sigma\, e_i E_i$ with $e_i \in Z$, then $D(K_T - D) \geq 0$.*

(ii) *If in addition D is positive, and if none of its components contains an exceptional curve, then $D(K_T - D) \geq 1$.*

Proof. (i) By the definition of a σ-tree and because of Proposition II.3, there exist elements $h_1, \ldots, h_m \in H_2(X, Z)$ with $h_i h_j = -\delta_{ij}$, such that K_T is homologous to $\Sigma_{i=1}{}^m\, h_i$, and D is homologous to a sum $\Sigma_{i=1}{}^m\, a_i h_i$. Hence

$$D(K_T - D) = \sum_{i=1}^{m} a_i(a_i - 1) \geq 0.$$

(ii) Here we use a different argument. The fact that the intersection matrix $(E_i E_j)$ is negative definite implies that if E_i is not an exceptional curve, then $E_i^2 \leq -2$, and hence $K_T E_i \geq 0$. So if D is positive and if it does not contain any exceptional curve, we have $D(K_T - D) > DK_T \geq 0$.

Now let X be any surface of general type, and let $f: X \to X_{\min}$ be the projection from X into its minimal model. Then f is the blowing down of a certain number of σ-trees T_i ($i = 1, \ldots, N$). If K is any positive canonical divisor on X, then $K_{\min} = f_*(K)$ is a positive canonical divisor on $X_{\min}$, and K can be written as

$$K = f^*(K_{\min}) + \sum_{i=1}^{N} K_{T_i}$$

Let $p_i = f(T_i)$, and suppose that $p_1, \ldots, p_n$ are points of $K_{\min}$, but $p_{n+1}, \ldots, p_N$ are not. Then the underlying point set of K consists of exactly $N - n + 1$ connected components. A *trivial splitting* $K = K_1 + K_2$ will be any splitting of K, for which K_1 consists of all the curves in some of these components, taken with their total multiplicity in K, and K_2 consists of all the curves in the other components, also taken with their total multiplicity in K.

PROPOSITION II.5. *Let $K = K_1 + K_2$ be a non-trivial splitting with $K_1 \cdot K_2 \leq 0$. Then both K_1 and K_2 have at least one component which is an exceptional curve.*

Proof. It is sufficient to show that if $K_1 \cdot K_2 \leq 0$ for a splitting $K_T = K_1 + K_2$ of a σ-tree, or for a splitting $f^*(K_{\min}) + \Sigma_{i=1}{}^n K_{T_i} = K_1 + K_2$, then both K_1 and K_2 contain at least one exceptional curve (with some positive multiplicity). For the case of a tree this follows from Proposition II.4 (ii).

In the case of $f^*(K_{\min}) + \Sigma_{i=1}{}^n K_{T_i}$ we start by observing that for any splitting we have $K_1 \cdot K_2 \geq 0$. Indeed, $K_1 = f^*(K_1{}') + D_1$ and $K_2 = f^*(K_2{}') + D_2$ where $D_1 + D_2 = \Sigma_{i=1}{}^n K_{T_i}$ and where $K_1{}' + K_2{}' = K_{\min}$ is a splitting unless $K_1{}'$ or $K_2{}'$ is the zero divisor. Since $f^*(K_1{}') \cdot D_2 = f^*(K_2{}') \cdot D_1 = 0$, the inequality $K_1 \cdot K_2 \geq 0$ follows from Theorem II.2 and Proposition II.4 (i).

Now we can prove by induction on the total number of irreducible curves in the union of $T_1, \ldots, T_n$ the following statement: If for a splitting of $K = f^*(K_{\min}) + \Sigma_{i=1}{}^n K_{T_i}$ with $K = K_1 + K_2$ all exceptional curves are totally contained in K_1, then $K_1 \cdot K_2 \geq 1$. The induction can start because of Theorem II.2. We put $K = \Sigma_{i=1}{}^k a_i A_i$ (so some of the A_i are irreducible curves in the trees $T_1, \ldots, T_n$, and some of them are proper transforms of irreducible curves of $X_{\min}$) and assume—as we may—that A_1 is an exceptional curve. If $K_1 = a_1 A_1$, then $K_1 K_2 \geq 1$. So from this point on we exclude this case.

Let $g: X \to X'$ be the blowing down of A_1, and $g_*(K_1) = K_1{}'$,

$g_*(K_2) = K_2'$. Then $K_1' + K_2'$ is a splitting of the canonical divisor $g_*(K)$ of X'. We have

$$K_1 = g^*K_1' - b_1A_1, \qquad K_2 = g^*K_2' - b_2A_1,$$

where the integers b_1, b_2 are determined by $g^*K_1' \cdot A_1 = g^*K_2' \cdot A_1 = 0$. Therefore, $b_1 = K_1A_1$ and $b_2 = K_2A_1$. Because A_1 is not contained in K_2, we have $b_2 \geq 0$. By Proposition II.3

$$b_1 + b_2 + 1 = 0.$$

Thus

$$K_1K_2 = K_1'K_2' - b_1b_2 = K_1'K_2' + b_2^2 + b_2$$

Since $K_1'K_2' \geq 0$, we have $K_1K_2 \geq 1$ unless $b_2 = 0$. If $b_2 = 0$, then all exceptional curves in g_*K are totally contained in K_1', hence $K_1K_2 = K_1'K_2' \geq 1$ by induction. This concludes the proof of Proposition II.5.

Let D be a divisor on $X_{\min}$. If the blowing up from $X_{\min}$ to X starts in points outside of D only, then D is a divisor on X in a natural way. Such a divisor on X will be called an *untouched* divisor from $X_{\min}$.

LEMMA II.6. *Let X be a surface of general type and $D = \Sigma\, d_iD_i$ a positive divisor on X, such that*

(i) *no D_i is an exceptional curve;*
(ii) *there is at least one positive canonical divisor on X, containing D;*
(iii) $K_XD = D^2$.

Then D is an untouched canonical divisor from $X_{\min}$. Furthermore, $X = X_{\min}$ if and only if $D^2 = K_X{}^2$.

Proof. The first statement is an immediate consequence of Proposition II.5. As to the second statement, we have $D^2 = K_{\min}{}^2 = K_X{}^2$ if and only if $X = X_{\min}$.

Next we define certain types of configurations formed by curves on a surface. As is customary, we shall simply call a smooth rational curve C with $C^2 = -2$ (and therefore $KC = 0$) a *(-2)-curve*. A *chain* of (-2)-curves is an ordered set of (-2)-curves $C_1, \ldots, C_k$ with $C_iC_j = 1$ if $j = i \pm 1$, and $C_iC_j = 0$ otherwise ($i \neq j$).

Definition. A *configuration of type* I consists of a smooth elliptic curve A with $KA = 2$ (and $AA = -2$), and two disjoint chains of (-2)-curves $B_1, \ldots, B_k$ and $C_1, \ldots, C_l$, such that $AB_1 = AB_k = AC_1 = AC_l = 1$, but $AB_i = AC_i = 0$ for all other indices i.

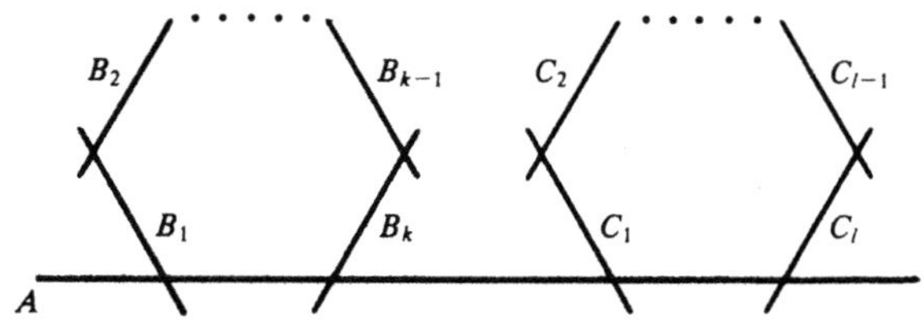

Type I

By the corresponding divisor we shall mean the divisor

$$D_I = A + \sum_{i=1}^{k} B_i + \sum_{i=1}^{l} C_i, \quad \text{for which} \quad D_I^2 = K_X D_I = 2.$$

A configuration of type II consists of two disjoint smooth rational curves A_1, A_2 with $KA_1 = KA_2 = 1$ and thus $A_1^2 = A_2^2 = -3$, and four disjoint (-2)-chains $B_1^{(i)}, \ldots, B_{k_i}^{(i)}$, $i = 1, \ldots, 4$, with $A_1 B_1^{(i)} = A_2 B_{k_i}^{(i)} = 1$, but all other $A_j B_k^{(i)} = 0$.

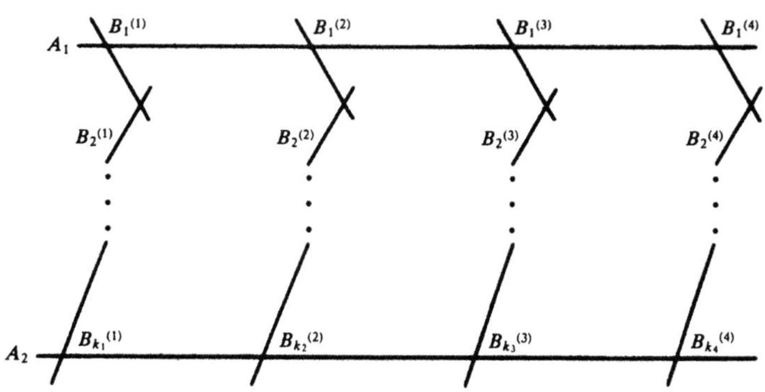

Type II

In this case the corresponding divisor is $D_{II} = A_1 + A_2 + \sum_{i,j} B_j^{(i)}$, which again satifies $D_{II}^2 = K_X D_{II} = 2$.

A configuration of type III consists of a smooth rational curve A with $A^2 = -3$, and a number (at least one, at most seven) of *disjoint*

(−2)-*chains*

$$B_j^{(i)}, \qquad |j| < r_i,$$

with $\Sigma\, r_i = 7$ and

$$B_j^{(i)}A = 1 \quad \text{if} \quad j = 0, \qquad \text{but } B_j^{(i)}A = 0 \quad \text{if} \quad j \neq 0.$$

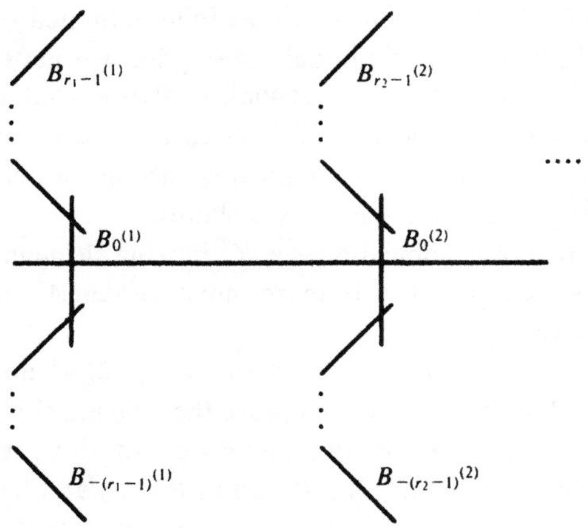

Type III

In this case the corresponding divisor is the divisor

$$D_{\text{III}} = 2A + \sum_i \sum_{|j|<r_i} (r_i - |j|)B_j^{(i)}$$

which again satisfies $D_{\text{III}}{}^2 = K_X D_{\text{III}} = 2$.

A *Moishezon surface* is by definition a minimal surface of general type X with $K_X{}^2 = 2$ and $p_g(X) = 3$. These surfaces are extreme with respect to the Noether inequalities for minimal surfaces of general type (compare [1], p. 208):

$$p_g(X) \leq \begin{cases} \tfrac{1}{2}K_X{}^2 + 2 & (K_X{}^2 \text{ even}) \\ \tfrac{1}{2}K_X{}^2 + \tfrac{3}{2} & (K_X{}^2 \text{ odd}) \end{cases}$$

They have been studied by Moishezon ([9], p. 140) and they appear as a special case in Horikawa's extensive study of all surfaces which are extreme with respect to the Noether inequalities (e.g. [5], [6]). Every Moishezon surface is known to be the minimal desingularisation of a double covering of the projective plane, ramified over a curve of degree 8.

THEOREM II.7. *Let X be a surface with* $K_X{}^2 = 2$ *and* $p_g(X) = 3$, *on which there exists at least one configuration of type* I, II *or* III. *Then X is a Moishezon surface, and the corresponding divisor is a canonical divisor.*

Proof. If $H_1(X, Z) = 0$, then the result follows immediately from Proposition II.1. Without this additional assumption we have to show (Proposition II.1 (iii)) that there is a canonical divisor containing the corresponding divisor $D_{\rm I}$, $D_{\rm II}$ or $D_{\rm III}$. This is clear for a configuration of type I or II (take a canonical divisor passing through a point of the first chain and through a point of the second chain).

In case III we take a canonical divisor K, passing through two different points of A. Since $KA = 1$, this divisor must contain A, and consequently all of the curves $B_j{}^{(i)}$.

If we have a (-2)-chain B_j with $|j| < r$ and $r \geq 2$, where we have omitted the upper index, then we have to prove that the multiplicity μ_j of B_j in K is at least $r - |j|$. We assume inductively that this is true for the smaller chain obtained by omitting B_{r-1} and $B_{-(r-1)}$ and hence have $\mu_j \geq r - 1 - |j|$ for $|j| < r$. If $\mu_j \geq r - j$ for some $j \geq 2$, then the inequality $2\mu_{j-1} \geq \mu_j + \mu_{j-2}$ implies that also $\mu_{j-1} \geq r - j + 1$. Since $\mu_{r-1} \geq 1$, we obtain successively $\mu_j \geq r - j$ for $j = r - 1, r - 2, \ldots, 1$, and in the same way $\mu_j \geq r - |j|$ for $-(r - 1) \leq j < 0$. But μ_0 must satisfy

$$2\mu_0 \geq \mu_1 + \mu_{-1} + \mu \geq 2(r - 1) + 1 = 2r - 1,$$

where μ is the multiplicity of A in K, so we also have $\mu_0 \geq r$. Finally,

$$1 = KA \geq \mu AA + \Sigma r_i = -3\mu + 7,$$

so $\mu \geq 2$. Hence $D_{\rm III}$ is contained in K.

Remark. The mapping of a Moishezon surface X on the projective plane is defined by $x \mapsto g(x) = (W_1(x){:}W_2(x){:}W_3(x))$ where W_1, W_2, W_3 is a base of the vector space of all holomorphic 2-forms on X. This map g is defined everywhere. It is of degree 2, the branching locus in the plane being a curve B of degree 8 without multiple components. If L is a line in the plane, then $g^*(L)$ is a positive canonical divisor on X and all positive canonical divisors are thus obtained. If we have a canonical divisor D_{I} on a Moishezon surface, then $D_{\text{I}} = g^*(L)$ where L is a line intersecting B four times transversally (intersection multiplicity 1) and two times with multiplicity 2 in two singular points of B of type a_k and a_l respectively (a_n has the local equation $x^{n+1} + y^2 = 0$). In the case of type II, we have $D_{\text{II}} = g^*(L)$ where L is a line intersecting B four times with multiplicity 2 in four singular points of B of type $a_{k_1}, \ldots, a_{k_4}$. Finally, for type III we have $D_{\text{III}} = g^*(L)$ where L is contained in B. Then $B = L + C$ where C has degree 7 and L intersects C with multiplicities $r_1, r_2, \ldots, (\Sigma r_i = 7)$ in singular points of B which are of type a_{2r_i-1} and have locally the form $x^{2r_i} - y^2 = 0$ where C is given by $y - x^{r_i} = 0$ and L by $y + x^{r_i} = 0$.

We could just as well consider the configurations arising from a line L intersecting B with multiplicity 2 in one or three points of type a_k and transversally otherwise. Also other singularities of B could be used. But these configurations are not needed in the sequel.

III. The four Hilbert modular surfaces $Y_T{}^\circ(p)$ with geometric genus 3. We shall use the results of [3] very freely. The four primes in question are $p = 313, 653, 677$ and 773. In these cases the geometric genus is 3 and $c_1{}^2[Y_T{}^\circ(p)]$, the selfintersection number of a canonical divisor, equals 2. The class number $h(p)$ equals 1 for these four primes. Thus there is only one cusp in each case, and we shall list the cusp resolutions as in [3], p. 142. Using the curves introduced in [3] we shall find a configuration of type I (with $k = 6$ and $l = 3$) for $p = 313$, a configuration of type I (with $k = 3$, $l = 4$) for $p = 653$, a configuration of type III (with $r_1 = r_2 = 2$, $r_3 = r_4 = r_5 = 1$) for $p = 677$, and, finally, a configuration of type II (with $k_1 = k_2 = 4$, $k_3 = 5$, $k_4 = 2$) for $p = 773$.

The prime $p = 313$. We first note that 2, 3, 11 are quadratic residues, 5 and 7 quadratic non-residues mod 313. Consider the curves $F_{35}{}^*, F_{16}{}^*, F_{25}{}^*, F_{27}{}^*$. They are rational according to Tabelle 3 in [3], p. 127. As in [3] we use the notation involving the first Chern class which produces a sign change when comparing with the canonical divisor. By Tabelle 3 in [3] we have $c_1{}^*(35) = c_1{}^*(16) = c_1{}^*(25) = 0$, whereas $c_1{}^*(27) = -1$. But $F_{27}{}^*$ passes through the intersection of the curves $S_{23}{}^*$ and $S_{24}{}^*$ of the cusp resolution, because the quadratic form of discriminant 313 associated to this intersection point is [2, 19, 6] which represents 27. It follows that the value of the first Chern class of $Y_T{}^\circ(313)$ on $F_{27}{}^*$ is zero ([3], 2.2, 2.4). All the four curves $F_{35}{}^*, F_{16}{}^*, F_{25}{}^*, F_{27}{}^*$ are (-2)-curves.

List of cusp resolutions

	$p = 313$		$p = 653$		$p = 677$		$p = 773$	
k	b_k	N_k	b_k	N_k	b_k	N_k	b_k	N_k
0	19	1	27	1	27	1	29	1
1	2	12	2	19	3	13	2	17
2	3	11	2	23	2	37	4	11
3	2	24	3	13	2	59	2	37
4	2	33	3	11	2	79	2	61
5	2	38	5	7	2	97	2	83
6	2	39	2	31	2	113	2	103
7	2	36	2	53	2	127	2	121
8	2	29	2	73	2	139	2	137
9	2	18	2	91	2	149	2	151
10	7	3	2	107	2	157	2	163
11	5	4	2	121	2	163	2	173
12	3	8	2	133	2	167	2	181
13	2	13	2	143	2	169	2	187
14	4	6	2	151			2	191
15	3	9	2	157			2	193
16	2	18	2	161				
17	2	19	2	163				
18	3	12						
19	2	22						
20	2	26						
21	2	24						
22	2	16						
23	10	2						
24	4	6						
25	2	22						
26	2	36						
27	2	48						
28	2	58						
29	2	66						
30	2	72						
31	2	76						
32	2	78						

We also consider the curve F_{22}^*. It is elliptic and $c_1^*(22) = -3$ (see Tabelle 4 in [3], p. 128). But F_{22}^* intersects S_{25}^* transversally which is blown down when passing to $Y_T{}^\circ(313)$, (see [3], 3.2). Therefore $c_1^*[F_{22}^*] = -2$ on $Y_T{}^\circ(313)$.

We now give a list of four quadratic forms which determine exactly four special points on our surface $Y_T^\circ(313)$, (see [4]; [3], 1.2).

form	*discriminant*	
[22, 24, 35]	$-8 \cdot 313$	$h(-8) = 1$
[35, 7, 16]	$-7 \cdot 313$	$h(-7) = 1$
[22, 3, 25]	$-7 \cdot 313$	$h(-7) = 1$
[25, 14, 27]	$-8 \cdot 313$	$h(-8) = 1$

If a special point has the form $[a, b, c]$, then F_a^*, F_c^* intersect transversally in this point. Using also the curves S_j^* of the cusp resolution, we get the following configuration of type I.

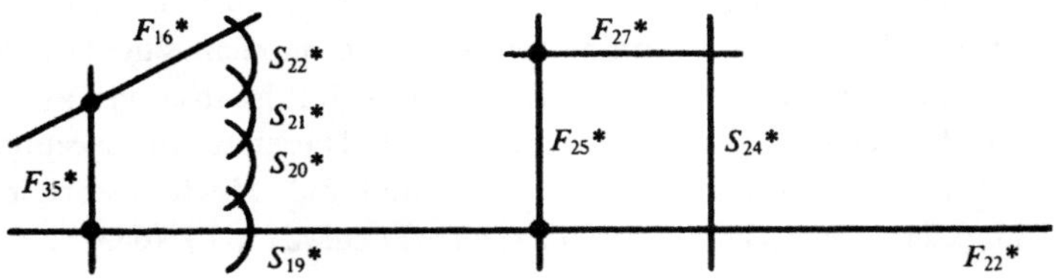

The curves $S_{19}^*, \ldots, S_{22}^*$ are (-2)-curves according to the list of the cusp resolutions. Originally, S_{24}^* has selfintersection number -4, but S_{25}^* and F_6^*, which intersect S_{24}^* on $Y^\circ(313)/T$ where blown down when passing to $Y_T^\circ(313)$. Compare [3], 4.3 Lemma. Hence also S_{24}^* is a (-2)-curve on $Y_T^\circ(313)$. By the intersection theory of modular curves [4] it follows that the four special points mentioned above and marked by a dot in the diagram are the only intersections of the curves F_N^* considered.

The prime $p = 653$. Note that 7, 11, 13 are quadratic residues and 2, 3, 5 quadratic non-residues mod 653. Consider the curves F_{25}^*, F_{28}^*, F_{13}^*, F_{54}^*, F_{66}^*, F_{216}^* on $Y_T^\circ(653)$. The first five curves mentioned are (-2)-curves ([3], in particular Tabelle 3 on p. 127). According to Tabelle 4 in [3] the curve F_{216}^* is elliptic and $c_1^*(216) = -6$, but $H(4 \cdot 216 - 653) = H(211) = h(-211) = 3$ and therefore $c_1^*[F_{216}^*] = -3$ on $Y^\circ(653)/T$, ([3], 2.4 (13)). Moreover, the form [216, 35, 36] has discriminant $-43 \cdot 653$ with $h(-43) = 1$. The exceptional curve F_{36}^* intersects F_{216}^* on $Y^\circ(653)/T$, and F_{216}^* is a curve on $Y_T^\circ(653)$ with $c_1^*[F_{216}] = -2$.

We now give a list of seven quadratic forms:

	form	*discriminant*	
1)	[216, 63, 25]	$-27 \cdot 653$	$h(-27) = 1$
2)	[25, 29, 28]	$-3 \cdot 653$	$h'(-3) = 1/3$
3)	[28, 81, 216]	$-27 \cdot 653$	$h(-27) = 1$
4)	[216, 28, 13]	$-16 \cdot 653$	$h(-16) = 1$
5)	[13, 14, 54]	$-4 \cdot 653$	$h'(-4) = 1/2$
6)	[54, 43, 66]	$-19 \cdot 653$	$h(-19) = 1$
7)	[66, 109, 92]	$-19 \cdot 653$	$h(-19) = 1$

The forms 1), 3), 4), 6), 7) define a special point on $Y_T{}^\circ(653)$. These points are distinct. The curves $F_{66}{}^*$ and $F_{216}{}^*$ intersect transversally in the special point belonging to the form 7), because this form represents 216 primitively. The forms 2) and 5) correspond to quotient singularities of order 3 and 2 respectively which when resolved give rise to curves $V_{25}{}^*$ and $U_{13}{}^*$ on $Y_T{}^\circ(653)$. The form 2) represents 24. Therefore, the exceptional curve $F_{24}{}^*$ on $Y^\circ(653)/T$ intersects $V_{25}{}^*$, and $V_{25}{}^*$ which has originally selfintersection number -3, becomes a (-2)-curve on $Y_T{}^\circ(653)$.

We recall that in the notation of [3]

$$V_{25}{}^* = V_{28}{}^{*(1)} = V_{24}{}^*, \qquad U_{13}{}^* = U_{54}{}^*.$$

We get the following configuration of type I

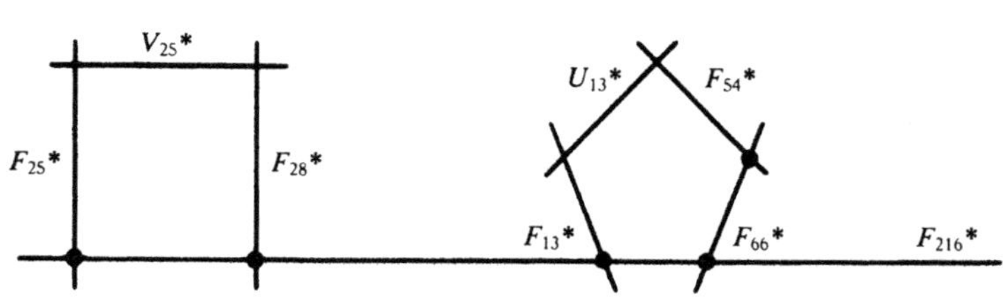

The special points belonging to the forms 1), 3), 4), 6), 7) are marked by a dot. It can be checked [4] that there are no other intersections of the curves considered.

The prime $p = 677$. Note that 2, 3, 5, 7, 11, 17 are quadratic non-residues mod 677. Consider the curves F_{22}^*, F_{34}^*, F_{56}^*, F_{25}^*, F_{60}^*, F_{96}^* on $Y_T{}^\circ(677)$. The first 5 curves are (-2)-curves, but $c_1^*(96) = -1$. Since $[96, 31, 36]$ has discriminant $-19 \cdot 677$ and F_{36}^* is exceptional on $Y^\circ(677)/T$, it follows that F_{96}^* is a (-2)-curve on $Y_T{}^\circ(677)$.

The quadratic form $[22, 31, 34]$ of discriminant $-3 \cdot 677$ represents primitively 22, 34, 25, 60, 96. It corresponds to a quotient singularity of order 3 and defines a curve V^* of selfintersection number -3 on $Y_T{}^\circ(677)$ with

$$V^* = V_{22}^{*(1)} = V_{34}^{*(1)} = V_{25}^* = V_{60}^{*(1)} = V_{96}^*$$

We get the following diagram of type III

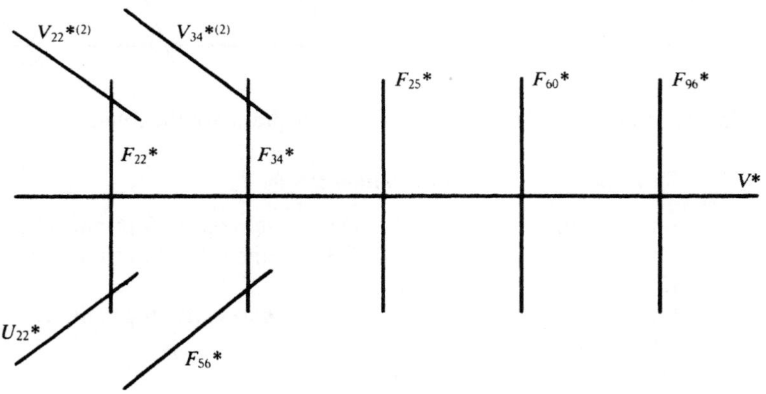

The form $[22, 9, 24]$ of discriminant $-3 \cdot 677$ belongs to the quotient singularity of order 3 which gives rise to $V_{22}^{*(2)}$. Since F_{24}^* is exceptional on $Y^\circ(677)/T$, the curve $V_{22}^{*(2)}$ is a (-2)-curve on $Y_T{}^\circ(677)$. The same holds for $V_{34}^{*(2)}$ because $[34, 3, 15]$ has discriminant $-3 \cdot 677$ and F_{15}^* is exceptional on $Y^\circ(677)/T$. The curves F_{56}^* and F_{34}^* intersect in the special point with quadratic form $[34, 13, 56]$ of discriminant $-11 \cdot 677$.

The prime $p = 773$. Note that 11, 17 are quadratic residues and 2, 3, 5, 7, 13, 23 quadratic non-residues mod 773. The curves F_{40}^*, F_{25}^*, F_{60}^*, F_{17}^*, F_{44}^*, F_{35}^*, F_{39}^* are (-2)-curves (Tabelle 3 in [3], p. 127), whereas F_{46}^*, F_{96}^* are smooth rational curves of selfintersection number -3. We have the following diagram of type II

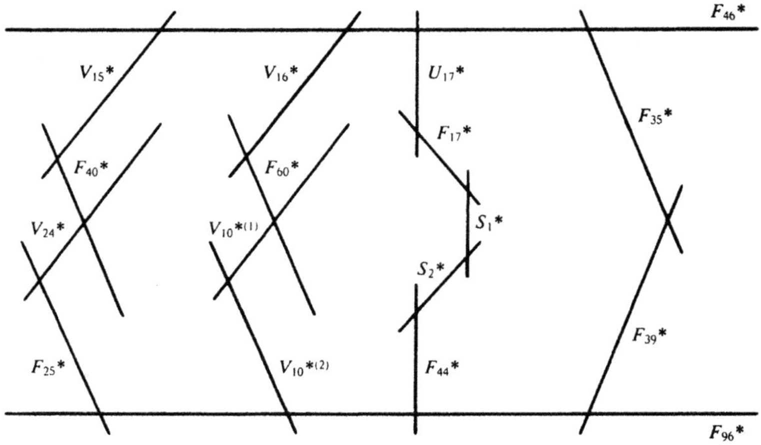

The quadratic forms which establish this diagram are the following

form	*discriminant*	
[46, 71, 40]	$-3 \cdot 773$	represents 15 primitively
[40, 41, 25]	$-3 \cdot 773$	represents 24 primitively
[25, 18, 96]	$-12 \cdot 773$	
[46, 25, 16]	$-3 \cdot 773$	represents 60 primitively
[60, 9, 10]	$-3 \cdot 773$	
[10, 39, 96]	$-3 \cdot 773$	
[46, 6, 17]	$-4 \cdot 773$	
[44, 47, 96]	$-19 \cdot 773$	
[46, 16, 35]	$-8 \cdot 773$	
[35, 7, 39]	$-7 \cdot 773$	
[39, 17, 96]	$-19 \cdot 773$	

By the list of cusp resolutions, originally S_2^* has selfintersection number -4, but F_{11}^* and S_3^* were blown down when passing to $Y_T^\circ(773)$.

By the preceding calculations (where details have been omitted) we have proved in virtue of Theorem II.7 the following result.

THEOREM III.1. *The modular surface for the symmetric Hilbert modular group of the field* $Q(\sqrt{p})$ (*p prime* $\equiv$ 1 mod 4) *has geometric genus* 3 *if and only if* $p = 313, 653, 677, 773$. *The non-singular model* $Y_T{}^\circ(p)$ *for each of these surfaces is minimal. The canonical map of* $Y_T{}^\circ(p)$ *to the projective plane is well-defined and of degree* 2. *The surfaces are Moishezon surfaces. They are minimal desingularisations of double branched covers of the projective plane along curves of degree* 8.

Remarks:

1. The preceding theorem implies that (for the four primes considered) the surface $Y_T{}^\circ(p)$ admits an involution which cannot be induced from an automorphism of $H \times H$; probably this involution is the only nontrivial automorphism of $Y_T{}^\circ(p)$. It has many interesting properties, for example for $p = 773$ it maps the curve $F_{17}{}^*$ to the curve $S_2{}^*$ of the cusp resolution. A similar phenomenon is known in the theory of modular curves: The curve $\overline{H/\Gamma_0(37)}$ has genus 2 and hence is hyperelliptic, and the hyperelliptic involution carries the cusps to "finite" points (see, for example, [10]).

2. Let p be a prime $\equiv 1 \bmod 4$, and $\mathcal{O}$ the ring of integers in $Q(\sqrt{p})$. The cusp forms f for $SL_2(\mathcal{O})$ of weight 2 satisfying $f(z_1, z_2) = -f(z_2, z_1)$ are in bijective correspondence with the holomorphic sections of the canonical line bundle of $Y_T{}^\circ(p)$. Such a cusp form has a zero-divisor (f) on $X(p) = H^2/SL_2(\mathcal{O})$ which contains the curves F_1 and F_p, because these curves are pointwise fixed under the involution of $X(p)$ induced by $(z_1, z_2) \mapsto (z_2, z_1)$. The divisor (f) also contains all curves which were blown down when passing from $Y(p)$ to $Y^\circ(p)$ and from $Y^\circ(p)/T$ to $Y_T{}^\circ(p)$. For the four primes 313, 653, 677, 773 we have described a specific positive canonical divisor on $Y_T{}^\circ(p)$ which determines a cusp form f of weight 2 up to a non-zero factor. This cusp form f is "modular" in the sense that (f) consists of modular curves F_N only. Taking into account the blow-downs and the branching locus F_p of the covering $Y^\circ(p) \to Y^\circ(p)/T$ we have proved the existence of certain "modular" cusp forms f of weight 2 where (f) is the sum of the curves F_N which are listed in the following table

p	Curves F_N contained in (f). List of the numbers N
313	1, 2, 3, 4; 6, 8, 9, 11; 16, 22, 25, 27, 35; 313
653	1, 4; 6, 7, 9, 10, 11, 15, 16, 24, 36; 13, 25, 28, 54, 66, 216; 653
677	1, 4; 6, 9, 10, 14, 15, 16, 24, 36; 22, 25, 34, 56, 60, 96; 677
773	1, 4; 6, 9, 10, 11, 14, 15, 16, 24, 26, 36; 17, 25, 35, 39, 40, 44, 46, 60, 96; 773

Each curve occurs with multiplicity 1, except F_{22}, F_{34} for $p = 677$ which have multiplicity 2.

We have first listed the curves blown down in $Y(p)$, then those blown down in $Y^\circ(p)/T$, then the curves occurring in the positive canonical divisor of $Y_T{}^\circ(p)$ and finally F_p.

3. *Problems*:

a) Write down polynomials for the branch curves of degree eight belonging to our four primes.

b) Write down the Fourier series of the "modular" cusp forms (see the preceding table).

UNIVERSITY OF BONN
UNIVERSITY OF LEIDEN

REFERENCES

[1] E. Bombieri, "Canonical models of surfaces of general type," *Publ. Math. I.H.E.S.*, **42** (1973), pp. 171-219.

[2] G. van der Geer and A. Van de Ven, "On the minimality of certain Hilbert modular surfaces." In *Complex Analysis and Algebraic Geometry*. Iwanami Shoten and Cambridge University Press 1977; pp. 137-150.

[3] F. Hirzebruch, "Modulflächen und Modulkurven zur symmetrischen Hilbertschen Modulgruppe," *Ann. Scient. Ec. Norm. Sup.*, **11** (1978), pp. 101-166.

[4] F. Hirzebruch and D. Zagier, "Intersection numbers of curves on Hilbert modular surfaces and modular forms of Nebentypus," *Inventiones Math.*, **36** (1976), pp. 57-113.

[5] E. Horikawa, "Algebraic surfaces of general type with small $c_1{}^2$, I.," *Ann. Math.* **104** (1976), pp. 357-387.

[6] E. Horikawa, "Algebraic surfaces of general type with small $c_1{}^2$, II.," *Inventiones Math.* **31** (1976), pp. 43-85.

[7] K. Kodaira, "Pluricanonical systems on algebraic surfaces of general type," *J. Math. Soc. Japan*, **20** (1968), pp. 170-192.

[8] Y. Miyaoka, "On the Chern numbers of surfaces of general type," *Inventiones Math.* **42** (1977), pp. 225-237.

[9] B. Moishezon, "Surfaces of fundamental type," Chap. VI in: *Algebraic surfaces by the members of the seminar of I. R. Šafarevič, Proceedings of the Steklov Institute* **75** (1965); AMS Providence, Rhode Island, 1967.

[10] A. P. Ogg, "Über die Automorphismengruppe von $X_0(N)$," *Math. Ann.* **228** (1977), pp. 279-292.

[11] A. Van de Ven, "Some recent results on surfaces of general type," Séminaire Bourbaki 1976/77, no 500; *Lecture Notes in Mathematics* **677**, Springer-Verlag 1978, pp. 155-165.

66.

The canonical map for certain Hilbert modular surfaces

In: The Chern Symposium 1979, S. 75–95, New York: Springer 1980

It was a great pleasure for me to participate in the symposium in honor of Shiing-shen Chern. In my lecture I intended to give a survey on Hilbert modular surfaces. But actually I discussed examples of such Hilbert modular surfaces for which specific information is available on their structure as algebraic surfaces. The paper presented here is an extended version of the talk.

Algebraic surfaces are often investigated by means of their pluricanonical maps (see for example Bombieri [2]). The properties of the canonical map itself (given by the sections of the canonical bundle or in the case of Hilbert modular surfaces by the cusp forms of weight 2) are relatively complicated (compare Beauville [1]). In a certain range, namely for minimal surfaces of general type with $2p_g - 4 \leqslant K^2 \leqslant 2p_g - 2$, Horikawa's results are available [21–25]. To apply them, one has to prove that the surface being studied is minimal. For Hilbert modular surfaces this is a difficult problem, which was attacked first by van der Geer and Van de Ven [10]. Van der Geer has obtained many results on the structure of special Hilbert modular surfaces [8, 9] including some of the surfaces studied here.

The rough classification of Hilbert modular surfaces according to rational, $K3$, elliptic, and general type was considered by Hirzebruch, Van de Ven, and Zagier [17, 19, 16]. The present paper tries to show that in some cases a finer classification of the surfaces of general type can be obtained.

1. Some Examples of Canonical Maps

Let X be a nonsingular n-dimensional compact algebraic manifold and $H^0(X, \Omega^n)$ the complex vector space of holomorphic n-forms. An element $\omega \in H^0(X, \Omega^n)$ can be written with respect to a local coordinate system in the form

$$\omega = a(u_1, u_2, \ldots, u_n)\, du_1\, du_2 \cdots du_n,$$

where a is holomorphic. The dimension of $H^0(X, \Omega^n)$ is the geometric genus p_g. We shall sometimes write g instead of p_g. If $\omega_1, \omega_2, \ldots, \omega_g$ is a base of

$H^0(X, \Omega^n)$, then we have the canonical "map"

$$\iota_K : X \to P_{g-1}(C),$$
$$p \in X \mapsto \omega_1(p) : \omega_2(p) : \cdots : \omega_g(p) \in P_{g-1}(C),$$

which is not necessarily everywhere defined.

The vector space $H^0(X, \Omega^n)$ is the space of holomorphic sections of the canonical bundle $\mathcal{K}$ of X. The complete linear system $|\mathcal{K}|$ consists of all canonical divisors (i.e. divisors of elements $\omega \in H^0(X, \Omega^n)$). These are exactly the inverse images under ι_K of the hyperplanes of $P_{g-1}(C)$. (*Canonical divisors are always assumed to be nonnegative if nothing is mentioned to the contrary.*)

If $n = 1$, then X is a compact Riemann surface (algebraic curve) of genus g. If $g = 0$, then ι_K is not defined. For $g = 1$ the image $\iota_K(X)$ is a point. For $g = 2$, the map ι_K realizes X as double cover of $P_1(C)$ with 6 ramification points. For $g = 3$ the following holds (see Griffiths and Harris [12, p. 247]): The canonical map ι_K is a biholomorphic map of X onto a nonsingular curve of degree $2g - 2$ in $P_{g-1}(C)$ (generic case), or the curve X is hyperelliptic and ι_K realizes X as a double cover of the rational normal curve of degree $g - 1$ in $P_{g-1}(C)$ with $2g + 2$ ramification points. The normal curve mentioned is the image of $P_1(C)$ under the map given by the homogeneous polynomials of degree $g - 1$.

For $n = 2$ not much is known about the canonical map. For algebraic surfaces ($n = 2$) recent investigations are due to Beauville [1], but for specific surfaces (e.g. Hilbert modular surfaces) it is difficult to obtain information on ι_K. We now restrict to the case $n = 2$. Let us first recall some basic facts on algebraic surfaces. By $\mathcal{K}$ we denote the canonical bundle, and by K a canonical divisor. For a nonsingular curve S on X we have the adjunction formula

$$KS + SS = -e(S), \tag{1}$$

where KS and SS are intersection numbers and $e(S)$ is the Euler number of S, which equals $2 - 2g(S)$ if S is irreducible. The formula (1) is true also if K is negative.

The irreducible nonsingular curve S is called exceptional (of the first kind) if $g(S) = 0$ and $SS = -1$ (or equivalently $g(S) = 0$ and $KS = -1$). The surface X is called minimal if it does not contain any exceptional curves.

An exceptional curve S is contained in every (nonnegative) canonical divisor (because $KS = -1$). Therefore ι_K is not defined on an exceptional curve. The exceptional curve S on X can be blown down to a point, the resulting surface Y being nonsingular again. The vector spaces $H^0(X, \Omega^n_X)$ and $H^0(Y, \Omega^n_Y)$ are isomorphic. Let $\pi : X \to Y$ be the natural map; then every canonical divisor on X is of the form $\pi^* K_Y + S$, where K_Y is a canonical divisor on Y. For a nonsingular rational curve S with $SS = -2$ we have $KS = 0$; therefore for every canonical divisor K, the curve S either is contained in K or does not meet K. If S is not contained in all canonical divisors, then ι_K maps S to a point.

Let us now assume that the nonsingular irreducible surface X is of *general type*. Then X contains finitely many exceptional curves mutually disjoint. They can be blown down. The resulting surface again may contain exceptional curves. They are mutually disjoint and can be blown down. After a finite number of such blowing-down processes we reach a minimal algebraic surface, the unique (nonsingular) minimal model in the birational equivalence class of X (see for example Griffiths and Harris [12, pp. 510, 573], Bombieri [2], and Hirzebruch and Van de Ven [17]).

The self-intersection number $K^2 = KK$ is an important invariant. Since the characteristic class of the canonical bundle equals $-c_1$, where $c_1 \in H^2(X, Z)$ is the first Chern class of X, we have

$$K^2 = c_1^2[X].$$

Let $e(X)$ denote the Euler number. M. Noether's formula gives the relation

$$e(X) + K^2 = 12\chi(X), \tag{2}$$

where

$$\chi(X) = 1 - q + p_g$$

(q = irregularity = half first Betti number of X) is the arithmetic genus of X (in the terminology of [14]). If an exceptional curve is blown down, then $e(X)$ decreases by one and K^2 increases by one, whereas $\chi(X)$ remains invariant. It is a birational invariant; in fact q and p_g are birational invariants.

For a minimal algebraic surface X of general type, K^2 and $\chi(X)$ are positive. The number K^2 of X is the maximal K^2 of all nonsingular surfaces in the birational equivalence class of X. By (1), the number $K^2 + 1$ equals the genus of a nonsingular irreducible curve C if C is a canonical divisor. We have the inequality due to M. Noether (compare Bombieri [2, p. 208]),

$$K^2 \geqslant 2p_g - 4, \tag{3}$$

and also the Bogomolov–Miyaoka inequality (Miyaoka [28])

$$K^2 \leqslant 3e(X),$$

for which, of course, minimality is not needed.

We shall now give a few classical examples of minimal algebraic surfaces of general type where the canonical map ι_K is well known from the nature of the example.

Example 1. Let X be the double cover of $P_2(C)$ ramified along a nonsingular curve of degree 8. We have $p_g = 3$ and $K^2 = 2$. The natural map $X \to P_2(C)$ is the canonical map ι_K. The complete linear system $|\mathcal{K}|$ consists of the lines in $P_2(C)$ lifted to X. Observe that a (negative) canonical divisor of $P_2(C)$ is given by $-3L$ where L is a line and

$$-3L + \tfrac{1}{2} \cdot 8L = L.$$

The surface X is simply connected. The Euler number equals 46 by Noether's formula (2).

Example 2. Consider two nonsingular quartic curves A and B in $P_2(C)$ intersecting transversally. Let X be the fourfold cover of the plane obtained by first taking the double cover Y of the plane ramified along A and then the double cover of Y ramified along the lift of B to Y. This construction is actually symmetric in A and B. The surface X admits an action of $Z/2 \times Z/2$ with the plane as orbit space. We may denote the nontrivial elements of $Z/2 \times Z/2$ by α, β, γ in such a way that X/α and X/β are the double planes ramified along A and B respectively, whereas X/γ is the double cover of the plane ramified along $A \cup B$ (with 16 ordinary rational double points as singularities). The surfaces X/α and X/β are rational (Euler number = 10, $K^2 = 2$; they are isomorphic to a plane with 7 points blown up). Each of them contains 56 exceptional curves coming in pairs which are the lifts of the 28 double tangents of A or B respectively. The surfaces X/α and X/β are double covers of the plane by their anticanonical maps (i.e., the lifts of the lines of the plane are exactly the elements of $|\mathcal{K}^{-1}|$). The branching locus of X over X/α (the lift of B to X/α) is a fourfold anticanonical divisor of X/α. The lifts of the anticanonical divisor of X/α to X are the canonical divisors of X. Observe $K + \frac{1}{2}(-4K) = -K$ (on X/α). The map from X to $P_2(C)$ (degree 4) is the canonical map. For X we have $p_g = 3$ and $K^2 = 4$. It is simply connected and has Euler number 44. The elements α, β, γ operate on $H^0(X, \Omega^2)$ by multiplication with $-1, -1, 1$. Thus $H^0(X, \Omega^2)$ can be identified with the space of holomorphic 2-forms on the nonsingular model X_γ of X/γ (obtained by blowing up each of the 16 singularities in a nonsingular rational curve of self-intersection number -2). The natural map of X_γ to $P_2(C)$ is the canonical map (in fact X_γ belongs to the family of surfaces in Example 1; see later remarks).

EXAMPLE 3. Consider a nonsingular quadric Q in $P_3(C)$. The quadric is isomorphic to $P_1(C) \times P_1(C)$ by the two systems of lines on Q. Let X be the double cover of Q ramified along a nonsingular curve of bidegree (6, 6). We have $p_g = 4$ and $K^2 = 4$. The natural map of X onto Q followed by the embedding of Q in $P_3(C)$ is the canonical map ι_K. The complete linear system $|\mathcal{K}|$ consists of the planes in $P_3(C)$ intersected with Q and lifted to X. The planes intersected with Q are exactly the curves of bidegree (1, 1). Observe that a (negative) canonical divisor on Q is given by $-2L_1 - 2L_2$, where L_1, L_2 are lines on Q in different systems and

$$-2L_1 - 2L_2 + \tfrac{1}{2}(6L_1 + 6L_2) = L_1 + L_2.$$

The surface X is simply connected. The Euler number equals 56.

EXAMPLE 4. Let X be a nonsingular quintic surface in $P_3(C)$. We have $p_g = 4$ and $K^2 = 5$. The embedding of X in $P_3(C)$ is the canonical map ι_K. The complete linear system $|\mathcal{K}|$ consists of the planes in $P_3(C)$ intersected with X. The surface X is simply connected. The Euler number equals 55.

EXAMPLE 5. Consider a nonsingular cubic surface W in $P_3(C)$. For such a surface the complete linear system $|\mathcal{K}^{-1}|$ consists of all hyperplane sections. (These hyperplane sections are the nonnegative anticanonical divisors.) A nonnegative divisor on W is anticanonical if and only if it has intersection number 1 with each of the 27 lines on W. The 27 lines are exactly the exceptional curves on W. Let C be a nonsingular curve on W with $C \in |\mathcal{K}^{-4}|$, i.e., C has intersection number 4 with each of the 27 lines. If we realize W as $P_2(C)$ with six points $p_1, \ldots, p_6$ blown up (Griffiths and Harris [12, p. 489]), then C corresponds to a curve of degree 12 in the plane with $p_1, \ldots, p_6$ as quadruple points and no other singularities. Let X be the double cover of W ramified along C; then the complete linear system $|\mathcal{K}|$ of X consists of the *nonnegative anticanonical divisors of W lifted to X*. Observe $K + \frac{1}{2}(-4K) = -K$ (on W). Thus $|\mathcal{K}|$ consists of all lifted hyperplane sections of W. The canonical map of X is the map onto W followed by the embedding of W in the projective space $P_3(C)$. For X we have $p_g = 4$ and $K^2 = 6$. It is simply connected and has Euler number 54.

Example 6. Let X be the double cover of $P_2(C)$ ramified along a nonsingular curve of degree 10. We have $p_g = 6$ and $K^2 = 8$. The natural map $X \to P_2(C)$ followed by the Veronese embedding of $P_2(C)$ in $P_5(C)$ is the canonical map. The canonical divisors of X are the quadrics in $P_2(C)$ (i.e. the hyperplane sections of the Veronese surface) lifted to X. The surface X is simply connected and has Euler number 76.

Remark. Examples 2 and 5 can be regarded as special cases of the following construction. A del Pezzo surface (see Manin [27]) of degree $g - 1$ in $P_{g-1}(C)$ is obtained as follows ($4 \leqslant g \leqslant 10$). In the plane $P_2(C)$ we blow up 10-g points. The dimension of the space of sections of the anticanonical bundle of this surface is g. The complete linear system $|\mathcal{K}^{-1}|$ consists of all cubics of $P_2(C)$ passing through the 10-g points. The image of $P_2(C)$ under the anticanonical map is a del Pezzo surface W in $P_{g-1}(C)$. In W we take a nonsingular curve representing a fourfold anticanonical divisor and the double cover of W ramified along this curve. This is an algebraic surface X with geometric genus g and $K^2 = 2g - 2$. The canonical map for X is the map of degree 2 to the del Pezzo surface W followed by the embedding of W in $P_{g-1}(C)$. If $g = 3$, the del Pezzo surface can still be introduced, but its anticanonical map realizes it as double cover of the plane; therefore the canonical map of X is of degree 4 (Example 2).

In Examples 1–6 certain "degenerations" may be admitted. In Examples 3, 4, 5 we admit that the quadric, quintic, or cubic surface has rational double points (sometimes called Kleinian singularities; see Brieskorn [3, 5]). These are the singularities which resolve minimally into a configuration of type A_k, D_k, E_6, E_7, E_8 of nonsingular rational curves of self-intersection number -2. For a quadric we can have only one singularity A_1 (quadric cone). Some examples of quintics with rational double points occur in van der Geer and Zagier [11]. For cubics the complete list of possibilities is given by Schäfli [29]; see also Griffiths and Harris [12, p. 640]. A report on singular cubics was given recently by Bruce and Wall [6]. They list the possible combinations of singularities as A_1, $2A_1$, A_2, $3A_1$, A_1A_2, A_3, $4A_1$, A_22A_1, A_3A_1, $2A_2$, A_4, D_4, A_32A_1, $2A_2A_1$, A_4A_1, A_5, D_5, $3A_2$, A_5A_1, E_6.

For the ramification curve on the desingularized quadric (cubic) surface in Examples 3 and 5 we require that it represent a threefold (fourfold) anticanonical divisor. The ramification curve in Examples 1, 3, 5, 6 may have singularities, but they are restricted to the condition that the double cover acquires only rational double points. The admissible curve singularities are, with respect to suitable local coordinates,

$$x^2 + y^{k+1} = 0 \qquad (a_k),$$

$$x(y^2 + x^{k-2}) = 0 \qquad (d_k;\quad k \geqslant 4),$$

$$x^3 + y^4 = 0 \qquad (e_6),$$

$$x(x^2 + y^3) = 0 \qquad (e_7),$$

$$x^3 + y^5 = 0 \qquad (e_8).$$

The double cover has singularities of type A_k, D_k, E_6, E_7, E_8 respectively. They are resolved to give our modified examples of algebraic surfaces and canonical maps. In Example 2 we admit that A has singularities a_k, d_k, e_6, e_7, e_8, and we then take on the desingularized model of the double cover branched along A a ramification curve B which represents a fourfold anticanonical divisor. Also B is required to have only singularities a_k, d_k, e_6, e_7, e_8.

By Brieskorn's theory [3–5], we know that the algebraic surfaces thus obtained still belong to the same family (up to deformation). They are, in particular, of the same diffeomorphism type.

Minimal algebraic surfaces with $p_g = 3$ and $K^2 = 2$ are called Moishezon surfaces. They are all of the type studied in Example 1. The surfaces of Examples 1, 3, 6 satisfy $K^2 = 2p_g - 4$, i.e., K^2 is for given p_g as small as possible (by Noether's inequality (3)). For $K^2 = 4$ such a surface belongs to Example 3 by a result of Horikawa [22], who has classified surfaces with $K^2 = 2p_g - 4$. For $K^2 = 8$ our Example 6 is only one of several possibilities. In Example 4 we have $K^2 = 2p_g - 3$. Surfaces satisfying this relation are studied by Horikawa in [21] and [23]. In Examples 2 and 5 we have $K^2 = 2p_g - 2$ with $p_g = 3$ or 4 respectively. For these surfaces see [24] and [25]. In [24] Horikawa considers the case $p_g = 4$. In Section 2 of [25] we find the case $p_g = 3$.

2. Minimality Criterion

How to decide whether a given algebraic surface is minimal? Essentially the following criterion was used by Hirzebruch and Van de Ven [18].

Proposition. *Let X be a nonsingular algebraic surface with $K^2 > 0$, on which there exists a nonnegative divisor D with*

$$D^2 = KD = K^2. \tag{1}$$

Then the homology class of $D - K$ is a torsion class. Every exceptional curve of X is contained in D.

Proof. Since $K(D - K) = (D - K)^2 = 0$ and $K^2 > 0$, we have by the Hodge index theorem for divisors (Griffiths and Harris [12, p. 472]) that $D - K$ is homologous to zero mod torsion. For an exceptional curve S we have $DS = KS = -1$; therefore S is contained in D. □

If a nonnegative divisor D on the surface X satisfies (1), if $K^2 > 0$, and if no exceptional curve is contained in D, then X is minimal.

If a nonnegative divisor D on a simply connected surface satisfies (1), then D is a canonical divisor. It is often difficult to give a nonnegative canonical divisor explicitly, just as it is difficult to prove minimality. One could think that it would be easiest to get one's hands on a nonsingular irreducible curve C with $C^2 = KC = K^2$, which then would have genus $K^2 + 1$. A generic canonical divisor on a minimal surface of general type is such a curve C. However, one often does not succeed in finding such a C; rather one gets complicated configurations D of curves with $D^2 = KD = K^2$. In a way, D is a degenerate curve of genus $K^2 + 1$.

The proposition can be generalized. Let m be a positive integer. Instead of (1) we assume $DK = mK^2$, $D^2 = m^2K^2$. Then the homology class of $D - mK$ is a torsion class, and every exceptional curve of X is contained in D.

We shall now indicate configurations of curves which lead to a divisor D satisfying (1).

Assume that we have in Example 1 of Section 1 a line L in the plane which passes through three double points of types a_{k_1}, a_{k_2}, a_{k_3} of the ramification curve C of degree 8 and intersects C in two points transversally. Then the lift of L in the Moishezon surface is a rational curve $\tilde{L}$ with $K\tilde{L} = 2$ together with a configuration of nonsingular rational curves of self-intersection -2 arising from the resolution of the singularities of types A_{k_1}, A_{k_2}, A_{k_3}. The result looks like Figure 1. All curves are nonsingular and rational. All intersections are transversal. We have $\tilde{L}\tilde{L} = -4$. There are three chains of (-2)-curves of lengths k_1, k_2, k_3. This is a configuration D satisfying (1) with $K^2 = 2$ (each component S has multiplicity $m_S = 1$ in D).

To check (1) in this case and all further cases we look at each component S of the configuration $D = \sum m_S S$ and prove

$$DS = KS,$$

$$\sum_S m_S KS = K^2.$$

The number KS is known from the adjunction formula if the genus and self-intersection of S are given, whereas DS can be read off from the configuration.

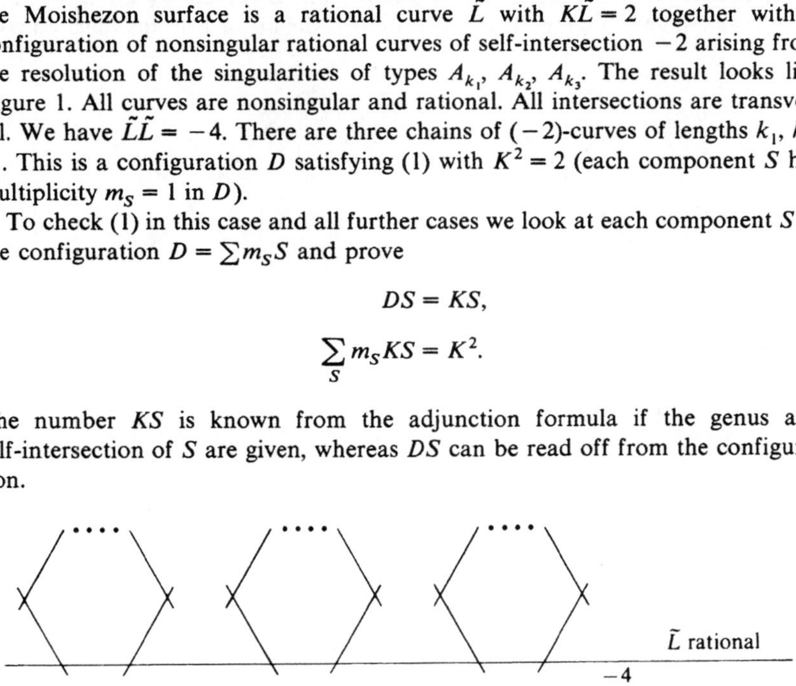

Figure 1. Configuration (I′). $D^2 = KD = 2$.

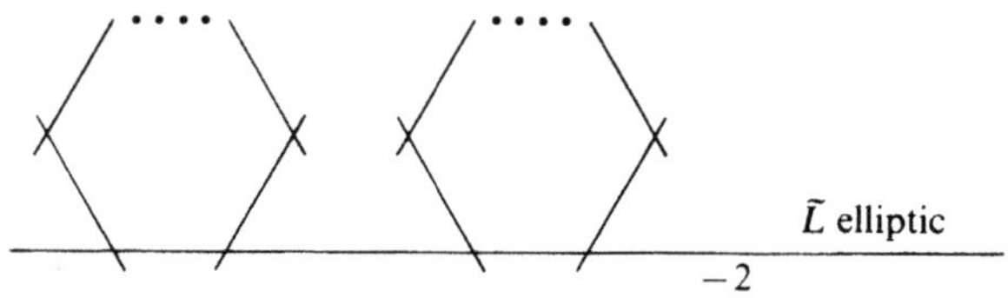

Figure 2. Configuration (I″). $D^2 = KD = 2$.

A second configuration D satisfying (1) with $K^2 = 2$ is the following. Assume that we have in Example 1 a line L in the plane which passes through two double points of types a_{k_1} a_{k_2} of the ramification curve C of degree 8 and intersects C in four points transversally. Then the lift of L in the Moishezon surface is an elliptic curve $\tilde{L}$ with $K\tilde{L} = 2$ together with two chains of (-2)-curves. The result looks like Figure 2 (all multiplicities 1). In [18] the configuration (I″) and two other configurations were used.

Consider the configuration D in Figure 3 of nonsingular rational curves (four (-3)-curves and twelve (-2)-curves). The four (-3)-curves are joined by (-2)-curves. The divisor D is obtained by taking each curve with multiplicity 1, except the (-2)-curves drawn in boldface, which have multiplicity 2.

A configuration (II) occurs in Example 2 if each of the quartic curves A, B has a double point of type a_3 and if there is a line L tangent to A and B in these two double points (Figure 4). The divisor D is the lift of L to the fourfold cover

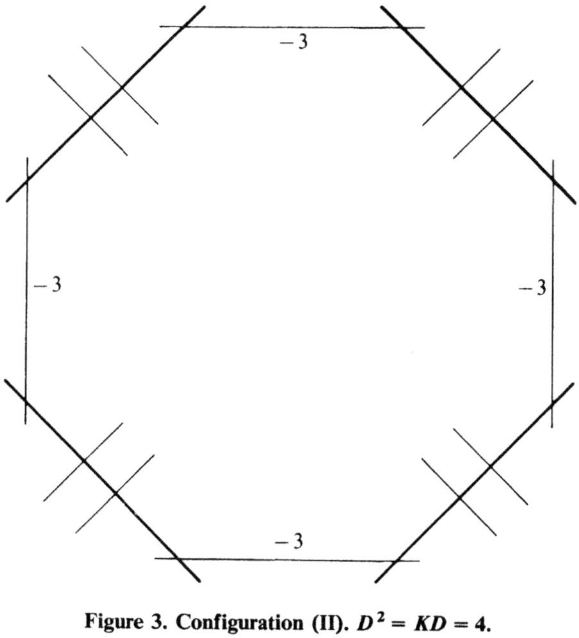

Figure 3. Configuration (II). $D^2 = KD = 4$.

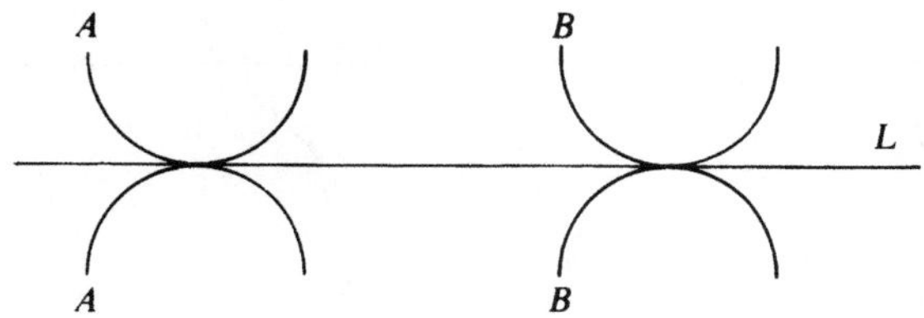

Figure 4

of the plane. The configuration (II) is a degeneration of the case when the two quartics have a common double tangent and we take the lift of the double tangent to the fourfold cover.

Many configurations can be constructed which are motivated by Example 3. Consider Figure 5. All curves are rational, except one which is elliptic. The

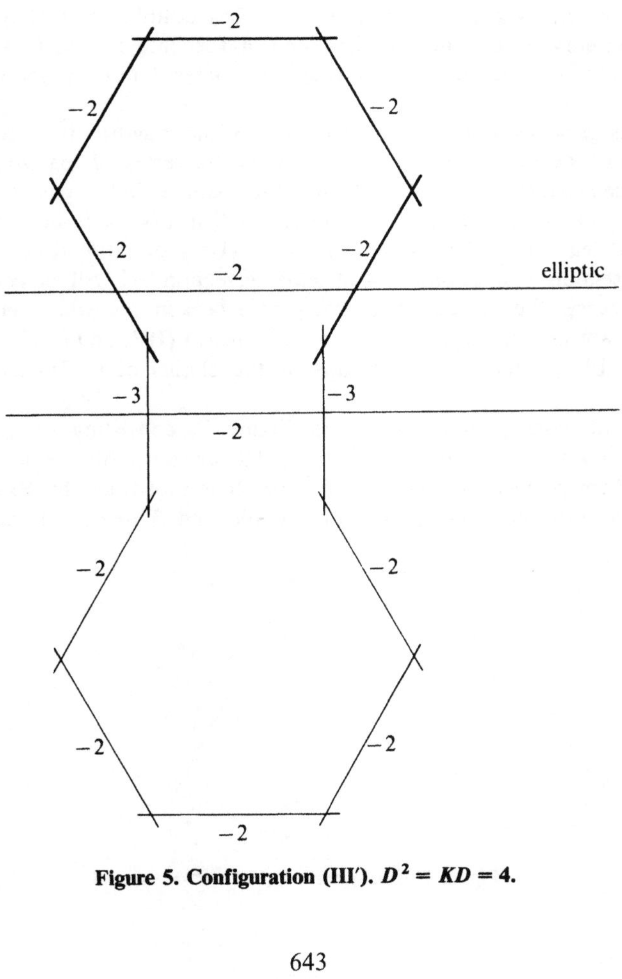

Figure 5. Configuration (III′). $D^2 = KD = 4$.

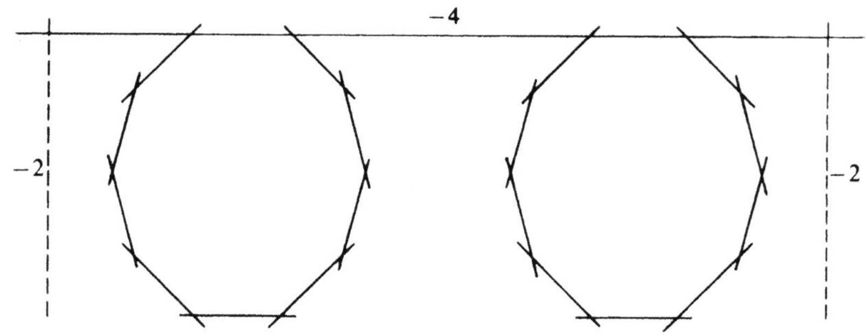

Figure 6. Configuration (III″). $D^2 = KD = 4$.

divisor D contains all curves with multiplicity 1, except the (-2)-curves drawn in boldface, which have multiplicity 2. Such a configuration arises if we take in Example 3 two lines L_1, L_2 on a nonsingular quadric belonging to different families of lines and assume that $L_1 \cap L_2$ is a double point of type a_5 of the branching curve C of bidegree (6, 6), and that L_1 intersects C in 4 other points transversally, whereas L_2 passes through two other double points of C (of types a_1, a_5).

Let us now assume that in Example 3 the quadric is a cone and the ramification curve C does not pass through the vertex of the cone (Figure 6). Take a generating line L of the cone, and assume that it passes through two double points of type a_9 of C and intersects C transversally in two points. The lift of $2L$ leads to the above configuration (III″) of rational curves, one with self-intersection -4, all others with self-intersection -2. All curves have multiplicity 2 except the two curves indicated by a broken line, which have multiplicity 1 and are mapped to the vertex of the cone. In (III′) and (III″) we could use other double points, i.e. the lengths of the chains of (-2)-curves could be changed.

Take the configuration shown in Figure 7, consisting of 4 nonsingular rational curves (each with multiplicity 1). The existence of such a configuration on a surface proves minimality if $K^2 = 5$. It is motivated by Example 4 if a hyperplane intersects the quintic in a conic and 3 lines. All the transversal

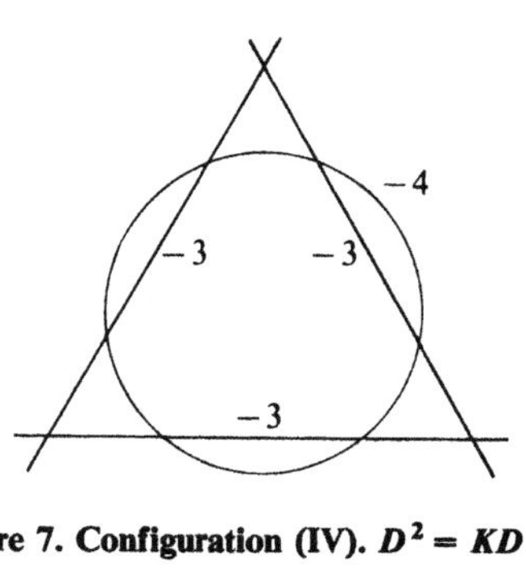

Figure 7. Configuration (IV). $D^2 = KD = 5$.

Figure 8

intersections may be replaced by chains of (-2)-curves, as shown in Figure 8. The modified configuration still satisfies $D^2 = KD = 5$.

There are cubic surfaces W for which the intersection of some plane with W consists of three lines L_1, L_2, L_3 which go through one point (Eckardt point). The three lines define an anticanonical divisor $L_1 + L_2 + L_3$ of W whose lift in the double cover (Example 5 of Section 1) is a configuration (V) (Figure 9) of three elliptic curves (with multiplicity 1). On a surface with $K^2 = 6$ the existence of a configuration of type (V) proves minimality.

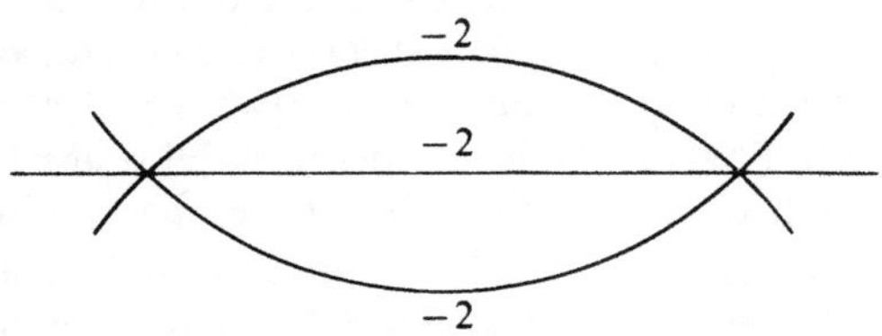

Figure 9. Configuration (V). $D^2 = KD = 6$.

Finally we consider Example 6 (Figure 10). The divisor D is of the form

$$D = 2C + \sum_{i=1}^{24} L_i,$$

where C is a nonsingular curve of genus 3 and there are twenty-four (-2)-curves intersecting C transversally. We have

$$D^2 = 2DK = 32.$$

The existence of a configuration (VI) on a surface with $K^2 = 8$ proves minimality. The divisor D and a double canonical divisor are homologous mod torsion. If the ramification curve in Example 6 is of the form $A + B$ where A and B are

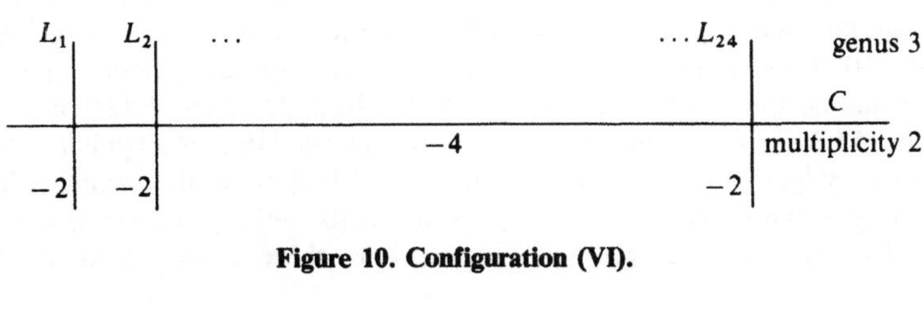

Figure 10. Configuration (VI).

nonsingular curves of degrees 4 and 6 intersecting transversally, then the lift of A gives a configuration (VI).

3. Hilbert Modular Surfaces

Let K be the real quadratic field of discriminant D over Q, and $\mathcal{O}$ its ring of integers. The Hilbert modular group $G = SL_2(\mathcal{O})/\{\pm 1\}$ operates on $H \times H$, where H is the upper half plane of C. The orbit space $H^2/SL_2(\mathcal{O})$ can be compactified by finitely many cusps. The resulting surface $\overline{H^2/SL_2(\mathcal{O})}$ has finitely many singularities, namely quotient singularities coming from elliptic fixed points and the cusps. Minimal desingularization gives the simply connected algebraic surface $Y(D)$. (For an introduction to Hilbert modular surfaces see [15] and [19].) The surface $Y(D)$ is rational for exactly 10 discriminants [19]; for all other discriminants it has a unique minimal model $Y_{\min}(D)$. On a nonrational $Y(D)$ certain curves can be blown down successively; they are described in [19]. The resulting surface $Y^0(D)$ is conjectured to be equal to $Y_{\min}(D)$. This has been proved in many cases (van der Geer and Van de Ven [10], Hirzebruch [16]). Freitag [7] and van der Geer [9] showed that for congruence subgroups Γ of G of sufficiently high level (Γ operates freely on H^2), the minimal resolution of the cusps of $\overline{H^2/\Gamma}$ leads to a minimal algebraic surface. The vector space of cusp forms of weight 2 for G is naturally isomorphic to $H^0(X, \Omega^2)$ if X is any nonsingular model for the algebraic surface $\overline{H^2/G}$. The same holds for a congruence subgroup Γ of G. (This result is due to Freitag; compare Hirzebruch [15, Section 3.5, Lemma]). Thus the canonical map of X in $P_{g-1}(C)$ (where $g = \dim H^0(X, \Omega^2)$) is induced by the "map" of H^2/G in $P_{g-1}(C)$ given by g linearly independent cusp forms of weight 2. Therefore the canonical map is especially interesting from the point of view of modular form theory as well. A cusp form of weight $2m$ with $m > 1$, in general, cannot be extended to the nonsingular model. The complete linear system of nonnegative m-fold canonical divisors is a birational invariant, but for $m > 1$, in general, it is smaller than the system of divisors of cusp forms of weight $2m$ (such a divisor can have components with negative multiplicities on the nonsingular model).

If the Hilbert modular surface $Y^0(D)$ is of general type, then $K^2 > 0$. (See Hirzebruch and Zagier [19].) Because it is simply connected (Švarčman [30]), a divisor D satisfying (1) in the Proposition of Section 2 is a canonical divisor. It is a nice program to write down such a divisor D in terms of explicitly known curves, to prove minimality in this way, and to get information on the canonical map by special properties of D. (Compare van der Geer and Zagier [8, 9, 11] for very similar studies.) As mentioned before, the surface $Y(D)$ is rational for exactly 10 discriminants; it is not rational and not of general type for 22 discriminants, the largest one being 165. In these 22 cases $Y^0(D)$ is minimal, namely a $K3$-surface or an honestly elliptic surface [19]. In all other cases, the surface is of general type. The calculations of [19] show that among those of general type there are exactly five discriminants with geometric genus 3 and seven discriminants with geometric genus 4. In these cases minimality can be proved and the nature of the canonical map determined:

Theorem. *The Hilbert modular surfaces $Y^0(D)$ of general type with $p_g = 3, 4$ and their values of K^2 are given by the following lists.*

$p_g = 3$:

D	89	97	124	141	168
K^2	2	2	2	2	4

$p_g = 4$:

D	101	104	109	113	133	156	161
K^2	4	4	4	6	4	4	4

In these cases $Y^0(D)$ is minimal. The canonical map is everywhere defined. For $p_g = 3$ and $D \neq 168$ it is a map of degree 2 on the projective plane ramified along a curve of degree 8 having as singularities only double points of type a_k (Moishezon surface, Example 1 of Section 1). For $D = 168$ the canonical map is of degree 4 (Example 2 in Section 1: the quartic A is reducible and consists of two conics; the quartic B is irreducible). For $p_g = 4$ and $D \neq 113$ the canonical map is of degree 2 onto a quadric surface in $P_3(C)$ which is nonsingular for $D \neq 104$ and is a cone for $D = 104$ (Example 3 in Section 1). For $D = 113$ the surface $Y^0(D)$ is mapped with degree 2 onto a cubic surface (Example 5 in Section 1) which has one singularity (of type A_3). On this cubic surface there are three lines passing through one point (Eckardt point). The cubic surface is uniquely determined by these two properties: One singularity (of type A_3), one Eckardt point.

We cannot give complete proofs here. Every case has to be studied individually. The following remarks will make it possible for the reader to check the results.

The Hilbert modular group G admits the Hurwitz–Maass extension G_m (see [19]). We take the matrices $\left(\begin{smallmatrix} a & b \\ c & d \end{smallmatrix}\right)$ with entries in K such that $w = ad - bc$ is totally positive and $a/\sqrt{w}$, $b/\sqrt{w}$, $c/\sqrt{w}$, $d/\sqrt{w}$ are algebraic integers not necessarily in $\mathcal{O}$. The group G_m is the group of all these matrices divided by its center

$$\left\{ \begin{pmatrix} a & 0 \\ 0 & a \end{pmatrix} \middle| \, a \in K^* \right\}.$$

The group G_m/G is abelian of type $(2, \ldots, 2)$ with $t-1$ factors $Z/2$, where t is the number of primes dividing the discriminant D. The group G_m/G acts on $Y^0(D)$. It can be extended by the involution induced by the involution $\tau : (z_1, z_2) \to (z_2, z_1)$ of $H \times H$. This gives an abelian group M of type $(2, \ldots, 2)$ of order 2^t acting on $Y^0(D)$. Using results of Koll [26] and Hausmann [13] it is possible to determine the representation of M on $H^0(Y^0(D), \Omega^2)$, i.e. on the space of cusp forms of weight 2. Let M^0 be the subgroup of M consisting of the elements which operate on the cusps forms by $\pm$identity. Then the canonical map factors through $Y^0(D)/M^0$. For the discriminants in the theorem M^0 has order 2 except for $D = 168$, where it has order 4. The nontrivial element of M^0 ($D \neq 168$) is τ except for $D = 156$, where it is $\tau\alpha$. (Here α is the element of G_m/G represented by a matrix of determinant 13.) For $D = 168$ we have

$M^0 = \{1, \beta, \tau, \beta\tau\}$, where β is the element of G_m/G representable by a matrix of determinant 84.

The "explicitly known" curves which we use to construct canonical divisors are the curves coming from the resolution of the quotient singularities and the singularities at the cusps together with the modular curves F_N, also called skew-Hermitian curves. By a skew-Hermitian matrix we mean a matrix of the form

$$\begin{bmatrix} a_1\sqrt{D} & \lambda \\ -\lambda' & a_2\sqrt{D} \end{bmatrix} \qquad \text{where } \lambda \in \mathcal{O} \text{ and } a_1, a_2 \in Z.$$

The matrix is called primitive if there is no natural number >1 dividing a_1, a_2, λ. For given $N = a_1a_2D + \lambda\lambda'$ the curve F_n in H^2/G is defined to be the set of all points of H^2/G which have representatives $(z_1, z_2) \in H^2$ for which there exists a primitive skew-Hermitian matrix of determinant N such that

$$a_1\sqrt{D}\, z_1z_2 - \lambda' z_1 + \lambda z_2 + a_2\sqrt{D} = 0.$$

It can be shown that F_N defines a curve in $\overline{H^2/G}$ and also in $Y(D)$ and $Y^0(D)$. The curve F_N is nonempty if and only if none of the character values (D_q/N) equal -1 where D is the product of the t prime discriminants D_q.

The group M leaves F_N invariant and permutes the connectedness components of F_N. The surface $Y^0(D)$ is obtained by blowing down all components of F_1, F_2, F_3, F_4, and F_9 (if $3 \mid D$), provided these curves are not empty, together with the curves into which the quotient singularities lying on F_1 and F_2 were resolved. The intersection hehavior of the curves F_N is completely known (see Hirzebruch and Zagier [20] for D a prime, Hausmann [13] in general). It is also known how the F_N pass through the curves of the resolution of the cusps. The number of connectedness components of F_N was determined in [13]. Also the genus $g(C)$ and the value KC can be calculated for each connectedness component C of F_N (Hirzebruch and Zagier [15, 19]), at least if N satisfies certain number-theoretical conditions which are always fulfilled in the cases we need. Therefore all the information needed to construct canonical divisors is available.

If an element α of G_m/G can be represented by a primitive matrix

$$\begin{bmatrix} \lambda' & -a_2\sqrt{D} \\ a_1\sqrt{D} & \lambda \end{bmatrix}$$

with determinant N dividing D, then the curve F_N is pointwise fixed under $\alpha\tau$. Using this remark, one can determine the ramification curve C in the above cases. For $D \equiv 1 \bmod 4$ the curve C equals F_D. For $D \equiv 0 \bmod 4$ ($D \neq 156$, $D \neq 168$) the curve C is the union of F_D and $F_{D/4}$. For $D = 156$ the ramification curve is $F_{13} \cup F_{52}$. For $D = 168$ the curve $F_{168} \cup F_{42}$ is pointwise fixed under τ, and F_{84} pointwise fixed under $\beta\tau$.

We now give some examples. All canonical divisors constructed will be invariant under M with one exception, and all of them arise in the way indicated in Section 2. They not only help to prove minimality, but are also important to determine the nature of the canonical map.

$D = 124$

We construct a configuration of type (I′) involving F_{10} (as curve $\tilde{L}$), F_8, F_9, F_{16}, and curves coming from the singularities of H^2/G. We have $k_1 = k_2 = 5$ and $k_3 = 7$.

$D = 141$

We construct a configuration of type (I″) involving F_{21} as curve $\tilde{L}$, using F_7 and curves coming from the singularity at the unique cusp. We have $k_1 = k_2 = 3$.

$D = 168$

We get a configuration of type (II) involving F_7 and F_{18}. The two conics are the images of F_{42} and F_{168}; the quartic B is the image of of F_{84}. The two conics touch each other (double point a_3 of A); the quartic B touches each conic (double point a_3 of $A \cup B$) and has itself a double point a_3.

$D = 133$

We obtain a configuration of type (III′) involving F_7, F_9, F_{11} where one component of F_{11} is the elliptic curve. This divisor is not invariant under the nontrivial element of G_m/G.

$D = 104$

The configuration is of type (III″). The curve with self-intersection -4 is F_{10}. The chains of (-2)-curves come from the two cusp singularities. The two (-2)-curves which map to the vertex of the cone are the resolutions of the two quotient singularities of order 2 lying on F_{10}.

$D = 113$

The curves F_{15}, F_{16}, F_{18} are the three elliptic curves of configuration (V). The two intersection points are special points (Hirzebruch and Zagier [20]) with the quadratic form $15u^2 + 16uv + 13v^2$ of discriminant -7×113, which represents 15, 16, and 18. The A_3-singularity of the cubic comes from 2 chains of (-2)-curves of length 3 interchanged under the involution τ, which occur in the resolution of the unique cusp of $\overline{H^2/G}$. As Wall pointed out to me, there is a one-parameter family of cubics with exactly one singular point (of type A_3), and in this family there is a unique cubic with an Eckardt point. In fact this cubic can be written down with respect to suitable homogeneous coordinates as

$$xyw + x^3 - xz^2 - yz^2 + y^3 = 0.$$

The cubic has 10 lines. They are the images of $F_{11}, F_{13}, F_{14}, F_{15}, F_{16}, F_{18}, F_{25}$, of two pairs of (-3)-curves of the cusp resolution, and of the pair of (-3)-curves which arise from the two quotient singularities of order 3 lying on F_7.

The singular point of the cubic surface is $(x, y, z, w) = (0, 0, 0, 1)$. The plane $w = 3(x + y)$ intersects the cubic surface in the three lines given by $x + y = 0$, $z = x + y$, $z = -(x + y)$, which pass through the Eckardt point $(1, -1, 0, 0)$.

The ramification curve C (corresponding to F_{113}) has on the cubic surface 5 singularities of type a_1, 3 of type a_2, 2 of type a_3, 1 of type a_8. The genus of C equals 3.

4. More Examples

It is interesting to study the canonical map for all Hilbert modular surfaces $Y^0(D)$ which fall into the range of Horikawa's classification $(2p_g - 4 \leq K^2 \leq 2p_g - 2)$. These are only finitely many. For large D we have $K^2 \sim 8p_g$. Since K^2 is even for $Y^0(D)$, we should investigate the discriminants with $K^2 = 2p_g - 4$ or $K^2 = 2p_g - 2$. It turns out that $K^2 = 2p_g - 4$ happens only if $p_g = 3$ or 4. These discriminants were treated in Section 3. We have $K^2 = 2p_g - 2$ for $D = 168$ $(p_g = 3)$ and $D = 113$ $(p_g = 4)$. Also these cases were studied in Section 3. Otherwise $K^2 = 2p_g - 2$ if and only if $D = 129$, 136, 184 $(p_g = 5)$, $D = 145$, 149 $(p_g = 6)$, $D = 204$ $(p_g = 7)$.

We only consider the prime discriminant $D = 149$. It turns out that $Y^0(149)$ is minimal. It is the double cover of a del Pezzo surface W of degree 5 in $P_5(C)$ ramified along a 4-fold anticanonical curve C of W corresponding to F_{149}. The curve C on W has 9 singularities of type a_1, 8 singularities of type a_2, 3 of type a_3, and 1 of type a_{10}. It has genus 3.

The surface W contains 10 lines (exceptional curves). They are the images of $F_{19}, F_{20}, F_{22}, F_{24}, F_{28}, F_{36}$, of two pairs of (-3)-curves coming from the resolution of the cusp, and of the two pairs of (-3)-curves coming from resolving the four quotient singularities of order 3 lying on F_6 and F_{16}.

The surface $Y^0(149)$ has exactly 44 nonsingular rational curves of self-intersection -2 which, together with the above-mentioned 14 irreducible curves (mapped to the 10 lines of the del Pezzo surface), generate a vector space of algebraic cycles of dimension 53. This vector space coincides with the space of algebraic cycles generated by the curves F_N on $Y^0(149)$ and the curves coming from resolving the singularities of $\overline{H^2/G}$. In fact, the Picard number of $Y^0(149)$ is greater than or equal to 54. We have $h^{1,1} = 60$.

We now consider two examples of congruence subgroups.

Let G be the Hilbert modular group for $D = 13$ and Γ the principal congruence subgroup for the ideal (2) of $K = Q(\sqrt{13})$. Let Y be the surface obtained by resolving the 5 cusps of $\overline{H^2/\Gamma}$. For Y we have $p_g = 4$ and $K^2 = -5$. However, on Y the curve F_1 has 10 components, all of which are exceptional curves. Blowing down these ten curves, we obtain a new surface with $K^2 = 5$. For each of the five cusps van der Geer and Zagier construct in [11] a configuration (IV) (with the three transversal intersections of the three lines in (IV) replaced by a chain of two (-2)-curves in each case). The 3 lines and the (-2)-curves correspond to the resolution of the cusp; the conic is one of the five components of F_4. In this way the authors of [11] obtain 5 cusp forms $s_0, s_1, \ldots, s_4$ of weight 2 satisfying $s_0 + s_1 + \cdots + s_4 = 0$ and prove that the canonical map ι_K is a holomorphic mapping of degree 1 of Y onto the quintic surface in $P_4(C)$ defined by the equations $\sigma_1 = 0$, $2\sigma_5 - \sigma_2\sigma_3 = 0$, where the 15 singularities of the quintic are of type A_2. They are images of the 15 chains of (-2)-curves of length 2 mentioned before. Otherwise ι_K is biholomorphic. (σ_i is the ith elementary symmetric function in the s_j.)

Let G be the Hilbert modular group for $D = 8$. The prime 7 splits in $K = Q(\sqrt{2})$. We have $(7) = \mathfrak{g}\mathfrak{g}'$. Consider the principal congruence subgroup Γ of G for the ideal $\mathfrak{g} = (3 + \sqrt{7})$. The group G/Γ is isomorphic to $PSL_2(F_7)$, the famous simple group G_{168} of order 168. The group Γ acts freely on H^2. The surface H^2/Γ has to be compactified by eight cusps corresponding to the points of $P_1(F_7)$. The resolution of each of the eight cusps of $\overline{H^2/\Gamma}$ consists of a cycle of six rational nonsingular curves with self-intersection number -4, -2, -4, -2, -4, -2. We denote the algebraic surface obtained by resolving the 5 cusps by Y. The normalized Euler volume of H^2/G equals $2\zeta_K(-1) = \frac{1}{6}$. Therefore the Euler number of H^2/Γ is $168/6 = 28$. For the Euler number of Y we get

$$e(Y) = 28 + 8 \times 6 = 76.$$

Since $Q(\sqrt{2})$ has a unit of negative norm, the arithmetic genus of Y equals $\frac{1}{4}e(H^2/\Gamma) = 7$. (See Hirzebruch [15, Section 3.6].)

The curve F_1 of Y is irreducible, nonsingular, and isomorphic to $\overline{H/\Gamma(7)}$ where $\Gamma(7)$ is the principal congruence subgroup of $SL_2(Z)/\{\pm 1\}$ of level 7. It has 24 cusps. The Euler number is given by the formula

$$e(F_1) = -\tfrac{1}{6} \cdot 168 + 24 = -4.$$

Here $-\frac{1}{6}$ is the normalized Euler volume of $H/SL_2(Z)$. Hence F_1 has genus 3. We also consider the curve F_2 of Y. It is irreducible and nonsingular. The quotient of F_2 by $G_{168} = G/\Gamma$ is the curve F_2 in $\overline{H^2/G}$ whose nonsingular model is $\overline{H/\Gamma_0^*(2)}$; see [15, Section 4.1]. Therefore

$$e(F_2) = -\tfrac{1}{6} \cdot \tfrac{3}{2} \cdot 168 + 24 = -18.$$

Thus F_2 has genus 10. It can be shown that F_1 and F_2 pass through each of the eight resolved cusps of Y as shown in Figure 11. The intersection of a canonical divisor K of Y with F_1 or F_2 can be calculated [15, Section 4.3, (19)]. This intersection number equals the normalized Euler volume of the curve multiplied by -2 decreased by the sum of the intersection numbers with the curves in the resolutions of the cusps.

We have

$$KF_1 = +\tfrac{1}{3} \cdot 168 - 48 = 8,$$

$$KF_2 = +\tfrac{1}{2} \cdot 168 - 72 = 12,$$

$$F_1F_1 = -4 \quad \text{and} \quad F_2F_2 = 6.$$

The curve F_1 (multiplicity 2) and the twenty-four (-2)-curves of the eight cusps of Y constitute a configuration (VI) of Section 2.

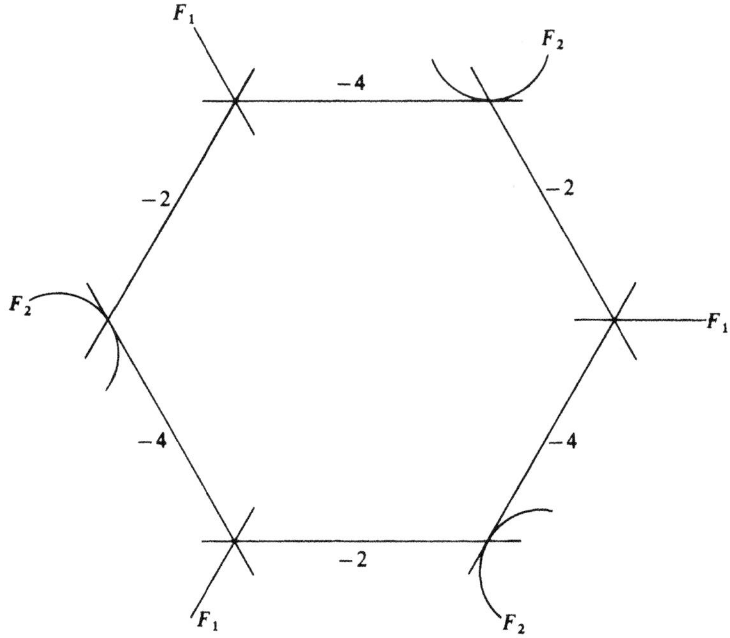

Figure 11

We have proved that Y is a minimal algebraic surface with $\chi = 7$ and Euler number 76. By Noether's formula $K^2 = 8$. We know that Y is simply connected. Hence $p_g = 6$. According to Horikawa's result [22] on minimal algebraic surfaces with $K^2 = 2p_g - 4$, the canonical map is of degree 2 onto a surface of degree 4 in $P_5(C)$. This is either the Veronese surface (projective plane) or a ruled surface. Since G_{168} acts on Y, it also acts on the image surface in $P_5(C)$. But a ruled surface does not admit such an action. Therefore Y is a double cover of the projective plane branched along a curve of degree 10 (Example 6 in Section 1).

We have seen that

$$D_1 = 2F_1 + \sum_{i=1}^{24} L_i$$

is a twofold canonical divisor of Y (where the L_i are the twenty-four (-2)-curves occuring in the cusps). We can show in the same way that

$$D_2 = 2F_2 + \sum_{i=1}^{24} L_i$$

is a threefold canonical divisor. Under the canonical map $\iota_K : Y \to P_5(C)$, where $\iota_K(Y) \simeq P_2(C)$, the image of $D_1 \cup D_2$ must be contained in the curve of ramification, because D_1, D_2 are not divisible by 2, but have F_1 and F_2 as components of multiplicity 2.

The group G_{168} acts on Y and also on $\iota_K(Y) \simeq P_2(C)$. This is the well-known action of G_{168} on $P_2(C)$, because this action, which is described by Weber [31, 15. Abschnitt] is essentially unique.

The action of G_{168} on the projective plane has a unique invariant curve A of degree 4 and a unique invariant curve B of degree 6. These must be the images of F_1 and F_2. The curve A is the famous curve of genus 3 studied by Felix Klein, which has G_{168} as automorphism group. The curves A and B are nonsingular. They intersect transversally in 24 points which are the flexes of A. The 24 tangents of inflexion of A are arranged in 8 "triangles": The tangent T_1 of A in a flex p_1 of A intersects A in a flex p_2 transversally; the tangent T_2 of A in p_2 intersects A in a flex p_3; the tangent T_3 of A in p_3 intersects A in p_1. The line T_1 is tangent to B in p_2 with intersection multiplicity 5; the same holds for T_2 in p_3 and for T_3 in p_1.

Under the canonical map the (-4)-curves of a resolution cycle of a cusp go to such a triangle T_1, T_2, T_3. The (-2)-curves are mapped to the flexes p_1, p_2, p_3.

The canonical involution σ on Y carries a (-4)-curve to another (-4)-curve which does not belong to any cuspidal resolution. This shows that σ is not modular, i.e., it is not induced by an automorphism of H^2. Because G_{168} is a maximal finite automorphism group of $P_2(C)$, the automorphism group of Y is the direct product $G_{168} \times Z/2$, where σ is the nontrivial element of $Z/2$. We collect the above information in the following theorem.

Theorem. *The (desingularized) Hilbert modular surface Y for the field $Q(\sqrt{2})$ and the principal congruence subgroup of the Hilbert modular group with respect to an ideal of norm 7 is a minimal algebraic surface with $p_g = 6$ and $K^2 = 8$. Under the canonical map it can be realized as the desingularized double cover of the Veronese surface (identified with $P_2(C)$) ramified along the curve $A \cup B$ of degree* 10, *where A and B are the unique invariant curves of degree* 4 *and* 6 *respectively for the action of G_{168} on $P_2(C)$. The full automorphism group of Y is $G_{168} \times Z/2$, where the canonical involution of Y is the nontrivial element of $Z/2$. This involution is not modular.*

5. Remarks on the Symmetric Hilbert Modular Group and on "Modular" Modular Forms

As mentioned in Section 3, the surface $Y^0(D)$ admits an action of the group M of order 2^t. If D is a prime p $(p \equiv 1 \bmod 4)$, then M consists only of the involution τ induced by $(z_1, z_2) \to (z_2, z_1)$. It would be interesting to study the canonical map for the surfaces $Y^0(D)/M$. If, for example, the minimal model of such a surface is a Moishezon surface, then the involution on it is nonmodular. However, only some results on $Y^0(p)/\tau$ (p prime) are known (Hirzebruch and Van de Ven [18]). The surface $Y^0(p)/\tau$ is rational for exactly 24 primes. If it is not rational, then the surface $Y_\tau^0(p)$ is defined by blowing down on $Y^0(p)/\tau$

certain curves F_N and curves coming from the resolution of cusp and quotient singularities (Hirzebruch [16]).

It is conjectured that $Y_\tau^0(p)$ is minimal.

1 The geometric genus of $Y_\tau^0(p)$ equals 3 if and only if $p = 313, 653, 677, 773$. In these cases $K^2 = 2$, the surface is minimal and is a Moishezon surface [18].

The geometric genus of $Y_\tau^0(p)$ equals 4 if and only if $p = 337, 401, 541, 797$. In these cases $K^2 = 5, 6, 6, 5$. Are these surfaces minimal? If yes, is the canonical map holomorphic of degree 1 onto a quintic surface for $p = 337$, 797 and a double cover of a cubic surface for $p = 401, 541$?

The construction of a canonical divisor on $Y^0(D)$ by curves F_N and curves coming from the singularities gives a cusp form f of weight 2 for the Hilbert modular group G of $Q(\sqrt{D})$ whose zero divisor (f) on H^2/G consists only of modular curves F_N. Such a cusp form could be called "modular". The same remark applies to $Y_\tau^0(p)$, where such canonical divisors give "modular" cusps forms of weight 2 satisfying $f(z_1, z_2) = -f(z_2, z_1)$. (See [18, p. 147, Remark 2].) If one had a general theorem which guarantees the existence of a "modular" cusp form f of weight 2 (which is supposed to be skew-symmetric if one considers $Y_\tau^0(p)$), then the problem of minimality would be solved, because then all exceptional curves of a desingularization Y of $\overline{H^2/G}$ or $\overline{(H^2/G)}/\tau$ must be contained in the canonical divisor defined by f on Y, and this canonical divisor consists only of curves F_N and curves coming from singularities.

References

[1] A. Beauville, L'application canonique pour les surfaces de type general. *Inventiones Math.* **55**, 121–140 (1979).

[2] E. Bombieri, Canonical maps of surfaces of general type. *Publ. Math. IHES* **42**, 171–219 (1973).

[3] E. Brieskorn, Über die Auflösung gewisser Singularitäten von holomorphen Abbildungen. *Math. Ann.* **166**, 76–102 (1966).

[4] E. Brieskorn, Die Auflösung der rationalen Singuliaritäten holomorpher Abbildungen. *Math. Ann.* **178**, 255–270 (1968).

[5] E. Brieskorn, Singular elements of semi-simple algebraic groups. In *Actes, Congrès Intern. Math.*, 1970, Tome 2, pp. 279–284.

[6] J. W. Bruce and C. T. C. Wall, On the classification of cubic surfaces. Preprint Liverpool 1978.

[7] E. Freitag, Eine Bemerkung zur Theorie der Hilbertschen Modulmannigfaltigkeiten hoher Stufe. *Math. Z.* **171**, 27–35 (1980).

[8] G. van der Geer, Hilbert modular forms for the field $Q(\sqrt{6})$. *Math. Ann.* **233**, 163–179 (1978).

[9] G. van der Geer, Minimal models for Hilbert modular surfaces of principal congruence subgroups. *Topology* **18**, 29–39 (1979).

[10] G. van der Geer and A. Van de Ven, On the minimality of certain Hilbert modular surfaces. In *Complex Analysis and Algebraic Geometry.* Iwanami Shoten and Cambridge U. P., 1977, pp. 137–150.

[11] G. van der Geer and D. Zagier, The Hilbert modular group for the field $Q(\sqrt{13})$. *Inventiones Math.* **42**, 93–133 (1977).

[12] P. Griffiths and J. Harris, *Principles of Algebraic Geometry.* Wiley, New York, 1978.

[13] W. Hausmann, Kurven auf Hilbertschen Modulflächen. Dissertation, Bonn, 1979.

[14] F. Hirzebruch, *Topological Methods in Algebraic Geomery*, 3rd ed. Springer, New York, 1966.

[15] F. Hirzebruch, Hilbert modular surfaces. *Ens. Math.* **19**, 183–281 (1973).

[16] F. Hirzebruch, Modulflächen und Modulkurven zur symmetrischen Hilbertschen Modulgruppe. *Ann. Scient. Ec. Norm. Sup.* **11**, 101–166 (1978).

[17] F. Hirzebruch and A. Van de Ven, Hilbert modular surfaces and the classification of algebraic surfaces. *Inventiones Math.* **23**, 1–29 (1974).

[18] F. Hirzebruch and A. Van de Ven, Minimal Hilbert modular surfaces with $p_g = 3$ and $K^2 = 2$. *Amer. J. Math.* **101**, 132–148 (1979).

[19] F. Hirzebruch and D. Zagier, Classification of Hilbert modular surfaces. In *Complex Analysis and Algebraic Geometry*. Iwanami Shoten and Cambridge U. P., 1977, pp. 43–77.

[20] F. Hirzebruch and D. Zagier, Intersection numbers of curves on Hilbert modular surfaces and modular forms of Nebentypus. *Inventiones Math.* **36**, 57–113 (1976).

[21] E. Horikawa, On deformations of quintic surfaces. *Inventiones Math.* **31**, 43–85 (1975).

[22] E. Horikawa, Algebraic surfaces of general type with small c_1^2. I. *Annals Math.* **104**, 357–387 (1976).

[23] E. Horikawa, Algebraic surfaces of general type with small c_1^2. II. *Inventiones Math.* **37**, 121–155 (1976).

[24] E. Horikawa, Algebraic surfaces of general type with small c_1^2. III. *Inventiones Math.* **47**, 209–248 (1978).

[25] E. Horikawa, Algebraic surfaces of general type with small c_1^2. IV. *Inventiones Math.* **50**, 103–128 (1979).

[26] F. J. Koll, *Die elliptischen Fixpunkte und die Spitzen der diskreten Erweiterungen der Hilbertschen Modulgruppe.* Bonner Math. Schriften 84, 1976.

[27] Yu. I. Manin, *Cubic forms. Algebra, Geometry, Arithmetic.* North-Holland, Amsterdam, 1974.

[28] Y. Miyaoka, On the Chern numbers of surfaces of general type. *Inventiones Math.* **42**, 225–237 (1977).

[29] L. Schläfli, On the distribution of surfaces of the third order into species. *Phil. Trans. Roy. Soc.* **153**, 193–247 (1864).

[30] O. V. Švarčman, Simply-connectedness of the factor space of the Hilbert modular group (in Russian). *Funct. Anal. and Appl.* **8** (2) 99–100 (1974).

[31] H. Weber, *Lehrbuch der Algebra*, 2. Band, 2. Auflage. Vieweg, Braunschweig, 1899.

67.

The icosahedron

Raymond and Beverly Sackler Distinguished Lect. in Maths. Tel Aviv University, 50-81, März 1981

* The five regular polyhedra are described in Euclid's thirteenth book. A face of such a polyhedron consists of congruent regular p-gons ($p \geqq 3$), in each vertex q faces come together ($q \geqq 3$). Each angle of a face equals $(p-2)\,\pi/p$ and $q \cdot (p-2)\,\pi/p < 2\pi$ implies

$$\frac{1}{p} + \frac{1}{q} > \frac{1}{2}.$$

The only possibilities for $\{p, q\}$ are

$\{3, 3\}$ tetrahedron	$\{3, 4\}$ octahedron	$\{4, 3\}$ cube
	$\{3, 5\}$ icosahedron	$\{5, 3\}$. dodecahedron

By Euler's theorem

$$e - k + f = 2,$$

where e is the number of vertices (Ecken), k the number of edges (Kanten) and f the number of faces (Flächen). Since $k = \frac{f \cdot p}{2} = \frac{e \cdot q}{2}$, it follows

$$\frac{1}{p} + \frac{1}{q} - \frac{1}{2} = \frac{1}{k}.$$

If we put a sphere S around the midpoint of the regular polyhedron, we can project the centers of gravity of the vertices, edges and faces from the midpoint to the sphere and obtain the vertex-points, the edge-points and the face-points on the sphere. Under duality p and q are interchanged, vertex-points and face-points are interchanged, whereas the edge-points remain the same.

The group G of proper rotations of the sphere S which carry the regular polyhedron to itself is called the automorphism group of the regular polyhedron. Its order N is finite, in fact $N = 2k$. When G operates on S, each orbit has N elements, except three exceptional orbits consisting of the vertex-points, the edge-points and the face-points respectively. The orbit space S/G is again a sphere. The map $S \to S/G$ is a branched covering of the sphere over the sphere. The isotropy group of G at a vertex-point has order q, we have $N/q = e$. The isotropy group of G at an edge-point has order 2 and at a face-point order p. We have $N/2 = k$ and $N/p = f$.

Because of the duality we only have to study $G = T$ (tetrahedral group), $G = O$ (octahedral group), $G = I$ (icosahedral group). We have $|T| = 12$,

$|O|=24$, $|I|=60$. These groups are isomorphic to the alternating group A_4, the symmetric group S_4, the alternating group A_5 respectively.

The 30 edge-points of the icosahedron can be subdivided into five sets of 6 points each, where each set is the set of face-points of a cube (or the set of edge-points of the two tetrahedra inscribed in the cube). The group I permutes these five sets alternatingly.

Consider the sphere S for the icosahedron and assume that north and south pole are opposite vertex-points

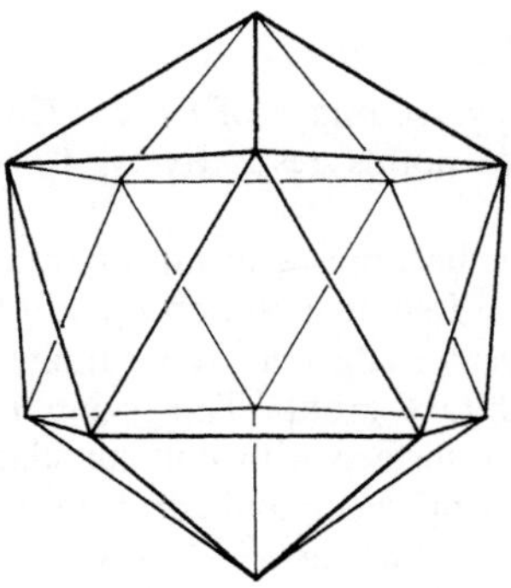

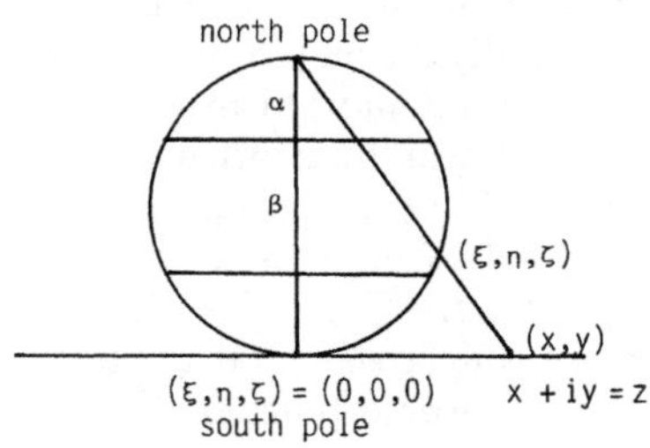

The remaining 10 vertex-points lie on two levels satisfying $\alpha:\beta=\beta:(\alpha+\beta)$ (golden rule, see Euclid's thirteenth book). Assuming that the diameter of the sphere is 1, the 12 vertex-points are mapped under stereographic projection to the twelve complex numbers

$$z=\frac{z_1}{z_2}=0,\ \infty,\left(-\frac{1}{2}\pm\frac{\sqrt{5}}{2}\right)\varepsilon^j,$$

where $\varepsilon=e^{2\pi i/5}$. These are the zeros of the polynomial

$$f=z_1 z_2(z_1^{10}+11\, z_1^5 z_2^5-z_2^{10})\,.$$

The determinant of the Hessian matrix $\left(\dfrac{\partial^2 f}{\partial z_i \partial z_j}\right)$ (where $1\leqq i\leqq 2$, $1\leqq j\leqq 2$) is a polynomial of degree 20, which has the 20 face-points as zeros (after stereographic projection).

$$H \underset{\text{Def}}{=} \frac{1}{121}\operatorname{Det}(\operatorname{Hesse}(f))\,.$$

The determinant of the Jacobian matrix

$$\begin{pmatrix} \partial f/\partial z_1 & \partial f/\partial z_2 \\ \partial H/\partial z_1 & \partial H/\partial z_2 \end{pmatrix}$$

has degree 30. Its zeros are the 30 edge-points.

$$T \underset{\text{Def}}{=} \frac{1}{20}\operatorname{Det}(\operatorname{Jacobi}(f,H))\,.$$

Then we have the famous icosahedral equation

$$T^2+H^3=1728 f^5 .$$

All this is very classical. We refer to Felix Klein's book on the icosahedron and to the presentation in the second volume of Weber's Lehrbuch der Algebra.

The complex plane $\mathbb{C}$ together with the point ∞ is the complex projective line $P_1(\mathbb{C})$ (in bijective correspondence to the sphere S under stereographic projection). The map

$$z \mapsto u=H^3/f^5$$

is a map $P_1(\mathbb{C}) \rightarrow P_1(\mathbb{C})$ of degree 60, where the inverse image of $u=0$, 1728, ∞ consists of the face-points, edge-points, vertex-points respectively. It is essentially the map $S \rightarrow S/G$ considered before.

The automorphism group I of the icosahedron becomes a group of fractional linear transformations of $P_1(\mathbb{C})$. It can be lifted to a subgroup I' of order 120 of the group of automorphisms of the vector space $\mathbb{C}^2$ (coordinates z_1, z_2). In fact, I' is a subgroup of the special unitary group. The group I' operates freely on $\mathbb{C}^2-\{0\}$ and $\mathbb{C}^2/I'$ is a complex surface with one singular point, the icosahedral quotient singularity, which (by the icosahedral equation) is isomorphic to the singularity of the affine surface $u^2+v^3+w^5=0$. By the work of Brieskorn (see his lecture at the Nice congress 1970) this singularity has become a most fascinating object to study (see also my Bourbaki lecture (November 1966) with references to Brieskorn's work on exotic spheres).

As mentioned before, the 30 edge-points of the icosahedron are divided in 5 sets of 6 points. Each set is the set of zeros of a polynomial of degree 6. One of the polynomials is

$$t_1=z_1^6+z_2^6+2 z_1 z_2(z_1^4-z_2^4)-5 z_1^2 z_2^2(z_1^2+z_2^2) .$$

The others t_2, t_3, t_4, t_5 are obtained from t_1 by the action of I'. We denote the elementary symmetric functions of $t_1, \ldots, t_5$ by $\sigma_1, \sigma_2, \sigma_3, \sigma_4, \sigma_5$. Since the ring of invariants of I' is generated by f, T and H, we must have that $\sigma_1=\sigma_3=0$. It turns out that $\sigma_2=-10 f$, $\sigma_4=45 f^2$. Consider $x_1, \ldots, x_5$ as homogeneous coordinates for the complex projective space $P_4(\mathbb{C})$. In $P_4(\mathbb{C})$ we have the cubic surface ("diagonal surface")

$$\begin{aligned} & x_1+x_2+x_3+x_4+x_5=0 \\ & x_1^3+x_2^3+x_3^3+x_4^3+x_5^3=0 \end{aligned}$$

studied by Clebsch and Klein in connection with the icosahedron. The surface can also be written in the form $\tilde{\sigma}_1=\tilde{\sigma}_3=0$, where $\tilde{\sigma}_i$ is the i-th symmetric function of $x_1, \ldots, x_5$. Putting $x_j=t_j(z_1, z_2)$ we obtain a map of $P_1(\mathbb{C})$ onto one of the two components of the curve $9 \tilde{\sigma}_2^2=20 \tilde{\sigma}_4$ lying in the cubic surface. The symmetric group S_5 acts on the cubic surface, the odd permutations interchange the two components of the above curve, A_5 maps each component to itself and this corresponds to the action of the icosahedral group on $P_1(\mathbb{C})$.

If we take the Hessian determinant w_j of t_j, we obtain a homogeneous polynomial of degree 8 in z_1, z_2 whose zeros are the vertex-points of the cube which has the zeros of t_j as face-points. In the homogeneous coordinates $x_1, \ldots, x_5$ of $P_4(\mathbb{C})$, we consider the quadric surface

$$x_1 + x_2 + x_3 + x_4 + x_5 = 0$$
$$x_1^2 + x_2^2 + x_3^2 + x_4^2 + x_5^2 = 0\,.$$

For each fixed $z_1 : z_2 \in P_1(\mathbb{C})$ the set of points

$$x_i = \alpha\, w_i(z_1, z_2) + \beta\, w_i(z_1, z_2)\, t_i(z_1, z_2) \quad \text{with} \quad \alpha, \beta \in \mathbb{C}$$

is a line on the quadric, because I' does not have invariants of degrees 8, 14, 16, 22, 28. On the quadric there are two families of lines. The group S_5 operates on the quadric, the odd permutations interchange the two families, the alternating group A_5 maps each family to itself. The family is parametrized by $P_1(\mathbb{C})$ and this gives again the action of the icosahedral group.

The above discussions show the intimate relationship between the icosahedron and equations of degree 5, a favourite topic in Felix Klein's work which we cannot further discuss here; see Weber's Lehrbuch der Algebra.

The icosahedral group was introduced as a subgroup of the special orthogonal group $SO(3)$ (group of proper rotations in the three-dimensional real space $\mathbb{R}^3$, coordinates ξ_1, ξ_2, ξ_3). The complex extension of this 3-dimensional representation of I gives an action of I on the complex projective plane $P_2(\mathbb{C})$ (coordinates $\xi_2 : \xi_2 : \xi_3$, where the ξ_i now take complex values). Felix Klein has studied the invariant theory of the 3-dimensional complex representation. He introduces invariant homogeneous polynomials A, B, C, D in ξ_1, ξ_2, ξ_3 of degree 2, 6, 10, 15 respectively. They generate the ring of invariants. There is only one relation, namely D^2 is a polynomial in A, B, C. Compare my lecture at the Bonn modular form meeting in 1976 (Springer Lecture Notes 627). The invariant A equals $\xi_1^2 + \xi_2^2 + \xi_3^2$. There are six points (called poles) in $P_2(\mathbb{C})$, where the isotropy group of the action of I has order 10. They correspond to the six pairs of opposite vertex-points on the sphere S. Observe that S modulo antipodal identification is the real projective plane contained in $P_2(\mathbb{C})$. The six poles are real points, they do not lie on the conic $A = 0$. The curve $B = 0$ is characterized by the property that it passes through the poles, the curve $C = 0$ by the property that it has higher multiplicity in the poles than the curve $B = 0$. In fact, B has double points and C double cusps in the poles. The curve $D = 0$ is the union of the 15 lines passing through the six poles. These 15 lines contain the projections of the 15 pairs of edges of the icosahedron to S and then to $P_2(\mathbb{R})$. On S they generate the barycentrical subdivision of the icosahedral triangulation of S. In the plane 15 lines in general position intersect in 105 points. Through each vertex-point (pole) in $P_2(\mathbb{R})$ pass 5 lines, through each edge-point two lines, through each face-point three lines. We check

$$105 = 6 \cdot 10 + 15 \cdot 1 + 10 \cdot 3\,.$$

We can subdivide the 15 lines in 5 sets of 3 lines each corresponding to our subdivision of the 30 edges in 5 sets of 6 edges. Through each pole passes exactly one line of each of the 5 sets. Let g_1 be the homogeneous polynomial of degree 3 in ξ_1, ξ_2, ξ_3 (determined up to a factor) such that $g_1=0$ is the union of the three lines of one of the 5 sets (corresponding to $t_1=0$). Let g_2, g_3, g_4, g_5 be obtained from g_1 by the action of I on $\mathbb{C}^3$. Consider the "map"

$$\xi_1 : \xi_2 : \xi_3 \rightarrow g_1 : g_2 : g_3 : g_4 : g_5$$

from $P_2(\mathbb{C})$ in $P_4(\mathbb{C})$. The six poles are exactly the points, where all g_i vanish. We have

$$g_1+g_2+g_3+g_4+g_5=0$$
$$g_1^3+g_2^3+g_3^3+g_4^3+g_5^3=0\,,$$

because I has no invariants of degree 3 and 9. The projective plane $P_2(\mathbb{C})$ (with the six poles blown up) is mapped biholomorphically to the diagonal cubic surface $\sum x_i=0$, $\sum x_i^3=0$. (The three lines given by $g_1=0$ are the lines $x_1=x_2+x_3=x_4+x_5=0$, $x_1=x_2+x_4=x_3+x_5=0$, $x_1=x_2+x_5=x_3+x_4=0$ on the cubic surface.) The 15 lines have 10 Eckardt points; these are points through which 3 lines pass, namely the images in $P_2(\mathbb{R})$ of the 20 face-points. The cubic surface has 27 lines, 15 lines have been mentioned, six further lines are the images of the blown-up poles, six further lines are the images of the six conics passing through 5 poles. The conic $A=0$ is as a complex curve isomorphic to $P_1(\mathbb{C})$ and the action of I on this conic reproduces the original icosahedral action. Thus we can speak of the 12 vertex-points, the 30 edge-points, the 20 face-points on this conic. They are the intersection of the curves $B=0$, $D=0$, $C=0$ with the conic.

As before let $\tilde{\sigma}_i$ be the i-th elementary symmetric function in the x_j. Under the "map" of $P_2(\mathbb{C})$ to the diagonal cubic surface the conic $A=0$ is mapped onto one component of the curve $9\tilde{\sigma}_2^2-20\tilde{\sigma}_4=0$, in fact, $C=0$ is mapped onto the other component of this curve. If we denote the elementary symmetric functions of the g_i by σ_i, then (up to a factor) $\sigma_2=B$, $9\sigma_2^2-20\sigma_4=A\cdot C$, $\sigma_5=D$.

The symmetry between A and C is explained as follows. Each of the six conics mentioned above touches the conic $A=0$ in two points, namely a pair of opposite vertex-points. The six blown-up points and the six conics are a double six of lines on the cubic surface. Blowing down the six conics (after having blown up the poles) gives again the projective plane and the conic $A=0$ is transformed into a curve with six double cusps.

This is essentially the curve $C=0$. On the cubic surface, this birational transformation is an odd permutation of the variables.

The double cover of the projective plane branched along a non-singular conic is the algebraic surface $P_1(\mathbb{C})\times P_1(\mathbb{C})$. We formulate it in the other way; the natural involution τ on $P_1(\mathbb{C})\times P_1(\mathbb{C})$ has the diagonal as fixed point set. The quotient of $P_1(\mathbb{C}) \times P_1(\mathbb{C})$ modulo τ is the projective plane $P_2(\mathbb{C})$, the diagonal being mapped to a conic. Therefore, by the above birational transformation also the double cover of $P_2(\mathbb{C})$ branched along the curve $C=0$ of degree 10 is a rational surface, the function field $\mathbb{C}[\xi_2/\xi_1, \xi_3/\xi_1]$ extended by $\sqrt{C/\xi_1^5}$ is purely transcendental. The double cover of $P_2(\mathbb{C})$ branched along $C=0$ was identified with a certain Hilbert modular surface (see my lecture in the Bonn modular form meeting, loc. cit.). By studying Hilbert modular surfaces for congruence subgroups for ideals of norm 4 or 5, I was led to the icosahedral group via the isomorphisms $A_5 \cong PSL_2(F_4) \cong PSL_2(F_5)$.

One result can be stated as follows. Remove from $P_2(\mathbb{C})$ the six poles to get a non-compact surface $\tilde{P}_2$ in which $C=0$ is non-singular. The double cover of $\tilde{P}_2$ along $C=0$ is a (non-compact) surface X whose universal cover is $\mathbb{H} \times \mathbb{H}$, where $\mathbb{H}$ is the upper half plane of $\mathbb{C}$. The group Γ of covering transformations of $\mathbb{H} \times \mathbb{H}$ over X is the following Hilbert modular group. Let $\mathcal{O}$ be the ring of integers of the field $\mathbb{Q}(\sqrt{5})$. Then Γ is the principal congruence subgroup of $SL_2(\mathcal{O})$ with respect to the ideal $(\sqrt{5})$. This is, of course, related to the following. Remove from $P_1(\mathbb{C})$ the twelve vertex-points of the icosahedron to get a non-compact curve $\tilde{P}_1$. The universal cover of $\tilde{P}_1$ is $\mathbb{H}$. The group of covering transformations of $\mathbb{H}$ over $\tilde{P}_1$ is the principal congruence subgroup of $SL_2(\mathbb{Z})$ with respect to the ideal (5). Indeed, $\tilde{P}_1$ is embedded in X as the rational curve $C=0$ with the six double cusps removed.

68.

Some examples of algebraic surfaces

Contemp. Math. 9 (1982), 55–71

ABSTRACT. In five lectures in Hobart I talked about algebraic curves and surfaces with modular curves and Hilbert modular surfaces as main examples. I mentioned examples of algebraic surfaces with maximal Picard number. This is related to the "orchard problem". I shall give an example of a surface of general type with $K^2 = 3e$ which is obtained as a branched covering of the projective plane of degree 125.

INTRODUCTION. During my five lectures in Hobart I talked on algebraic curves and surfaces with modular curves and Hilbert modular surfaces as main examples. There is no need to write up a report on Hilbert modular surfaces, because notes of lectures by van der Geer and myself will be published by the Canadian Summer School (Montreal 1980). In Hobart I mentioned examples of algebraic surfaces with maximal Picard number. Ulf Persson [7] worked on such surfaces taking up some questions which I had formulated in the Problem Session of the Montreal Summer School. I shall describe some of his examples. In this context the "orchard problem" occurs. I arrived at this problem by studying double covers of the plane branched along lines without knowing that it exists in the literature at least since 1821 (Jackson, J., Rational Amusement for Winter Evenings, Longman, Hurst, Rees, Orm and Brown, London 1821). After the Summer Research Institute Alf van der Poorten told me about the paper of Burr, Grünbaum and Sloane [1]. In my last lecture I talked about a construction of algebraic surfaces of general type with $K^2 = 3e$ which is due independently to Livne (Harvard University) and Inoue (Bonn, now again Tokyo). Here K^2 is the selfintersection number of a canonical divisor and e the Euler-Poincaré characteristic. For their construction Livne and Inoue use elliptic modular surfaces. I shall not include their construction here, but will give an example of a surface of general type with $K^2 = 3e$ which is obtained as a branched covering of the projective plane of degree 125. This construction
1 stems from results of Mostow [6] who rediscovered a paper of Picard and using it was able to construct compact quotients of the ball
$B = \{z \in \mathbb{C}^2 : |z_1|^2 + |z_2|^2 < 1\}$. By a theorem of S.T. Yau any surface of

---

1980 Mathematics Subject Classification: 14J05, 14J17, 14J25.

general type with $K^2 = 3e$ has the ball as universal cover, provided the canonical divisor class is ample. Y. Miyaoka has shown that the last assumption on the canonical divisor class is not needed (unpublished).

Following the style of the lectures the exposition is for the non-expert. Many classical results will be explained without reference to the literature. Basic references are [3], [4], [9].

1. A smooth algebraic surface is a compact complex manifold of complex dimension 2 which can be imbedded in a complex projective space of sufficiently high dimension. Topologically it is an oriented 4-dimensional manifold. Our examples of algebraic surfaces will be ramified coverings of the complex projective plane. Before dealing with them we shall look at some *algebraic curves* (Riemann surfaces, topological dimension 2) as ramified coverings of the complex projective line $P_1(\mathbb{C}) = \mathbb{C} \cup \{\infty\}$.

Let n be an even number and $a_i (1 \le i \le n)$ distinct complex numbers. The two-valued function

$$\sqrt[2]{(z-a_1)\dots(z-a_n)}$$

defines a 2-fold covering of $P_1(\mathbb{C})$ branched in the points a_i. The point ∞ is not a branch point because the polynomial under the square root has a pole of even order at ∞. We get a hyperelliptic curve (Riemann surface). The double covers of the projective plane which we shall study in Section 2 are a higher dimensional analogue of the hyperelliptic curves.

The Euler-Poincaré characteristic of a topological space which admits a finite triangulation can be defined as the alternating sum $\sum(-1)^i c_i$ where c_i is the number of i-dimensional simplices of such a triangulation. This is a topological invariant, briefly called the Euler number of the space. Many formulas indicate that the Euler number of spaces behaves in a similar way as the cardinality of sets. For Riemann surfaces these are the Hurwitz formulas.

A Riemann surface has a genus g (number of handles of the underlying topological surface). The Euler number is $e = 2 - 2g$. The Euler number of $P_1(\mathbb{C})$ (topologically the 2-dimensional sphere) equals 2. Therefore, by the cardinality properties (Hurwitz), we have for the Euler number of the above hyperelliptic curve

$$e = 2 - 2g = 2.2 - n = 4 - n .$$

As a second example consider a smooth curve C of degree n in the complex projective plane $P_2(\mathbb{C})$, (homogeneous coordinates $z_0 : z_1 : z_2$). The curve C is given by $f = 0$ where f is a homogeneous polynomial of degree n in z_0, z_1, z_2 whose partial derivatives nowhere vanish simultaneously. How to calculate the Euler number e(C)? From a general point p of the plane, the curve C can be projected onto a line such that the following holds. There are n(n-1) lines through p which are tangents of C and otherwise intersect C in n - 2 points. The number n(n-1) is the class of the curve. All other lines intersect C in n points. Thus C is a n-fold ramified cover of $P_1(\mathbb{C})$. There are n(n-1) points in $P_1(\mathbb{C})$, for which 2 of the n points in the inverse image come together as one branch point of order 2 (where the ramification map looks locally like $w = z^2$). By the cardinality properties of the Euler number we have

$$e(C) = 2n - n(n-1) = -n^2 + 3n \quad ,$$
$$e(C) = 2 - 2g \text{ with } g = \tfrac{1}{2}(n-1)(n-2) \quad .$$

2. We now begin with the discussion of some *algebraic surfaces*. Let C be a smooth curve of degreee n in the complex projective plane given as before by a homogeneous polynomial f of degree n. Let n be even. The two-valued function

$$\sqrt[2]{f/z_0^n}$$

defines a 2-fold cover of $P_2(\mathbb{C})$ branched along C. There is no branching along the line $z_0 = 0$ at infinity because n is even. We obtain an algebraic surface X_f which is smooth: The map $X_f \to P_2(\mathbb{C})$ looks over a point of C in local coordinates like $w_1 = u^2$, $w_2 = v$, with C given by $w_1 = 0$. The Euler number of X_f is easy to calculate once we know that $e(P_2(\mathbb{C})) = 3$. We obtain by the cardinality property

$$e(X_f) = 2.3 - e(C) = 6 - (-n^2+3n)$$
$$= n^2 - 3n + 6 \quad .$$

3. Before continuing with the discussion of the preceding example some remarks on the topological and complex-analytical invariants of an algebraic surface X are needed. As a 4-dimensional manifold, the surface X has Betti numbers b_0, b_1, b_2, b_3, b_4 which are the ranks of the homology groups $H_i(X,\mathbb{Z})$. An element of $H_i(X,\mathbb{Z})$ is represented by an i-dimensional cycle c. If we use a triangulation, a cycle c can be defined as a formal integral linear combination of i-dimensional simplices such that the boundary ∂c equals 0. The cycles c_1, c_2 are homologous (define the same element of $H_i(X,\mathbb{Z})$) if $c_1 - c_2$ is the boundary of a formal integral linear combination of (i+1)-dimensional simplices. The Euler number e(X) equals $b_0 - b_1 + b_2 - b_3 + b_4$. By Poincaré duality $b_1 = b_3$. If we assume X to be connected, we have $b_0 = b_4 = 1$ and thus

$$e(X) = 2 - 2b_1 + b_2 \; .$$

Let T be the torsion subgroup of $H_2(X,\mathbb{Z})$. The quotient $H_2(X,\mathbb{Z})/T$ is a free abelian group V of rank b_2. For a,b $\in$ V, the intersection number $a \circ b \in \mathbb{Z}$ is defined. We get an integral bilinear symmetric form over V of determinant ±1 which over $\mathbb{R}$ can be split into a positive definite part of dimension b^+ and a negative definite part of dimension b^- with

$$b_2 = b^+ + b^- \quad .$$

We now introduce the geometric genus, a complex-analytic invariant. A holomorphic differential form w of degree 2 on X is given with respect to local coordinates u,v in the form

$$w = a(u,v)du \wedge dv \quad ,$$

where the local function a(u,v) is holomorphic. The dimension of the complex vector space of all holomorphic differential forms of degree 2 is the geometric genus p_g. In the same way we can consider holomorphic forms of degree 1 on X. Their dimension is the irregularity q which equals $b_1/2$.

The arithmetic genus $\chi(X)$ for a connected algebraic surface X is defined as a complex analytic Euler number, namely

$$\chi(X) = 1 - \frac{b_1}{2} + p_g \ .$$

For an algebraic surface there may not exist any non-zero holomorphic 2-forms. This happens if and only if $p_g = 0$. However, meromorphic 2-foms, where the local coefficients a(u,v) are allowed to be meromorphic, always exist. Let w be a meromorphic 2-form. Its divisor (w) is the locus of zeros and poles of the local coefficients a(u,v) counted with the proper multiplicities. In this way (w) becomes a formal integral linear combination of irreducible curves on X. In general, such a combination is called a divisor, and (w) is called a canonical divisor. The difference of two canonical divisors is the divisor of a meromorphic function. Two divisors are in the same divisor class if their difference is the divisor of a meromorphic function. Thus we can speak of the canonical divisor class K. A divisor class determines an element of $H_2(X,\mathbb{Z})$. Therefore the intersection number of two divisor classes is well-defined, in particular the intersection number $K.K = K^2$ is defined. The Euler number e and the selfintersection number K^2 are also called the Chern characteristic numbers of X, because K and e are esentially the Chern classes of X. There is a famous formula of Max Noether expressing the arithmetic genus in terms of e and K^2:

$$\chi(X) = \frac{e+K^2}{12} \ .$$

The signature theorem (a special case of the signature theorem proved by the author [4] for 4n-dimensional differentiable manifolds) states

$$b^+ - b^- = \frac{1}{3}(K^2-2e) \ .$$

The preceding formulas imply

$$\chi = \frac{1}{4}(e+b^+-b^-)$$

and

$$1 + 2p_g = b^+ \ .$$

The numbers K^2 and p_g are topological invariants (depending only on the oriented manifold).

4. We now come back to the example of section 2. Using the homogeneous coordinates $z_0 : z_1 : z_2$ of the complex projective plane it is easy to check that

$$w = \frac{g.z_0^3 \, d(\frac{z_1}{z_0}) d(\frac{z_2}{z_0})}{\sqrt{f}}$$

is a holomorphic 2-form on X_f if g is an arbitrary homogeneous polynomial of degree $\frac{n}{2} - 3$ in z_0, z_1, z_2. In fact, all holomorphic 2-forms can be obtained this way. We have $p_g = 0$ for n = 2 and 4. For $n \geqq 6$ the geometric genus p_g is the dimension of the vector space of homogeneous polynomials of degree $\frac{n}{2} - 3$ in z_0, z_1, z_2. Therefore,

$$p_g = \frac{1}{2}(\frac{n}{2}-1)(\frac{n}{2}-2) \text{ for all even } n .$$

The fundamental group of $P_2(\mathbb{C}) - C$ is cyclic of order n. It follows easily that X_f is simply-connected. Thus $b_1 = 0$ and $\chi(X_f) = 1 + p_g$. The Euler number $e(X_f)$ was already calculated in section 2. The characteristic number K^2 is obtained as follows. The holomorphic canonical divisors on X_f are the lifts of the divisors g = 0 from $P_2(\mathbb{C})$ to X_f. Therefore (for $n \geqq 6$)

$$K^2 = 2(\frac{n}{2} - 3)^2.$$

This holds also for n = 2 and n = 4. We check Noether's formula

$$\frac{1}{12}(n^2-3n+6+2(\frac{n}{2}-3)^2) = 1 + \frac{1}{2}(\frac{n}{2}-1)(\frac{n}{2}-2) \quad .$$

Since $b_2 = n^2 - 3n + 4$ and $b^+ = 2p_g + 1$ we get

$$b^- = \frac{3}{4}n^2 - \frac{3}{2}n + 1$$

n	2	4	6	8	10
b^-	1	7	19	37	61

5. How do we have to change the considerations in sections 2 and 4 if we admit curves f = 0 which are not smooth? In this case the surface X_f has singularities. They can be resolved in the minimal way, but in general the surface obtained by resolving the singularities will be different even as a topological manifold from the surface obtained by using a smooth curve of the same degree. If, however, the curve f = 0 has only so-called simple
2 singularities, then by Brieskorn's theory (see [8] and the references given there) we stay in the same family of surfaces.

Definition of simple curve singularities.

A singular point p of a curve f = 0 is simple if, with respect to a local coordinate system (x,y) with p = (0,0), the curve f = 0 can be given as follows.

A_k $(k \geq 1)$	$x^2 + y^{k+1} = 0$
D_k $(k \geq 4)$	$y(x^2+y^{k-2}) = 0$
E_6	$x^3 + y^4 = 0$
E_7	$x(x^2+y^3) = 0$
E_8	$x^3 + y^5 = 0$.

Let us now assume that f = 0 is a curve of even degree (not necessarily irreducible, but each irreducible factor of f should have multiplicity 1) and that all singularities of the curve are simple. Then the algebraic surface X_f has a finite number of singularities each of which looks locally like the covering space of $\mathbb{C}^2$ given by $\sqrt{g(x,y)}$ where g(x,y) is one of the polynomials in the above list. The only singularity of this covering space over $\mathbb{C}^2$ is the point over the origin. These surface singularities are called rational double points or also simple singularities. They have a long history (Felix Klein, P. Du Val) and can be characterized in many different ways ([2], [8]). The surface X_f can be desingularized: Let sing X_f be the finite set of singular points. There exists a smooth algebraic surface Y_f and a holomorphic map

$$\pi : Y_f \to X_f$$

such that for $x_0 \in \text{sing } X_f$ the inverse image $\pi^{-1}(x_0)$ is a configuration of curves in Y_f, whereas

$$\pi : Y_f - \pi^{-1}(\text{sing } X_f) \to X_f - \text{sing } X_f$$

is biholomorphic. The surface Y_f can be chosen in a minimal way. Then $\pi^{-1}(x_0)$ $(x_0 \in \text{sing } X_f)$ is a famous configuration of smooth curves of genus 0 with selfintersection number -2 and mutual intersections given by the following diagrams.

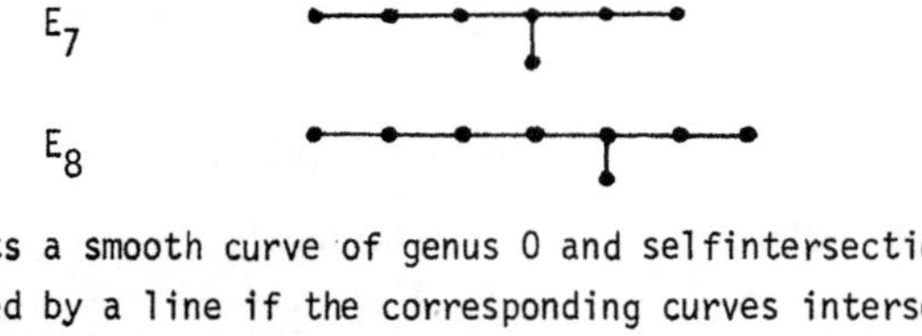

Each dot represents a smooth curve of genus 0 and selfintersection number -2. Two dots are joined by a line if the corresponding curves intersect transversally in exactly one point, if they are not joined by a line the corresponding curves do not intersect. These diagrams are called Coxeter diagrams or Dynkin diagrams. They belong to the simple Lie algebras which have root systems with all roots of equal length.

We consider the smooth algebraic surface Y_f (minimal resolution of X_f). Then Brieskorn's results imply that Y_f belongs to the same family of complex surfaces as X_{f_0} where f_0 is smooth of the same degree as f. Two compact complex surfaces X and X_0 belong to the same family (are deformations from each other) if there exists a 3-dimensional complex manifold Z and a holomorphic proper map π of Z onto the unit disc D of maximal rank everywhere such that X and X_0 are $\pi^{-1}(p)$ and $\pi^{-1}(p_0)$ respectively where $p, p_0 \in D$. In particular X and X_0 are diffeomorphic, but in general they are not biholomorphically equivalent. On the surface Y_f we can "see" many 2-dimensional homology classes, namely those represented by the curves in $\pi^{-1}(x_0)$ with $x_0 \in \operatorname{sing} X_f$. To a configuration C_k with $C_k = A_k$, D_k or $E_k (k=6,7,8)$ belongs a symmetric k x k matrix (m_{ij}) which represents the intersection behaviour of the k curves. (All diagonal entries are -2 and m_{ij} $(i \neq j)$ equals 1 or 0 depending on whether the ith and the jth curve meet or do not meet). This matrix is negative definite. Thus the curves in π^{-1} (sing X_f) have a negative definite intersection behaviour. We count each simple singularity C_k with its index k. We calculated the number b^- in section 4. Since Y_f and X_{f_0} are homeomorphic (orientation preserved), they have the same b^-. As a *corollary* we have:

Let f = 0 be a curve of even degree n in the complex projective plane $P_2(\mathbb{C})$. (All irreducible factors of f are supposed to have multiplicity 1.) Assume that f = 0 has only simple singularities. Then the "number" of simple singularities is less or equal $b^- = \frac{3}{4} n^2 - \frac{3}{2} n + 1$.

6. We would like to construct curves with a large number of simple singularities. Let us first assume that the curve C is a union of n distinct lines (n may be odd) and has only simple singularities. The only simple singularities which can occur are A_1 (intersection point of two lines) and D_4 (intersection of three lines in one point). Let $\sigma_2(c)$ be the number of points of type A_1 and $\sigma_3(c)$ the number of points of type D_4. Then

$$\sigma_2(c) + 3\sigma_3(c) = \frac{1}{2} n(n-1) \quad .$$

Therefore the "number" of simple singularities (A_1 counted once, D_4 four times) equals

$$\frac{1}{2} n(n-1) + \sigma_3(c) \quad .$$

Let $s_3(n)$ be the maximum of all $\sigma_3(c)$. Obviously

$$\sigma_3(c) \leqq [\frac{1}{6} n(n-1)] \, ,$$

whereas the corollary in 5. gives (for even n)

$$\sigma_3(C) \leqq (\frac{n}{2}-1)^2 .$$

This estimate is much worse than the preceding one except for n = 4 and 6 where we get $\sigma_3(C) \leqq 1$ and $\sigma_3(C) \leqq 4$ respectively. Of course, there is a configuration of 4 lines with $\sigma_3(C) = 1$ and a configuration of 6 lines with $\sigma_3(C) = 4$ (the complete quadrilateral). Therefore $s_3(4) = 1$, $s_3(6) = 4$.

The problem of finding configurations C of lines with large $\sigma_3(C)$ can be dualized. Consider n points in the complex projective plane such that no 4 points lie on a line. For such a configuration $\tilde{C}$ of n points let $\sigma_3(\tilde{C})$ be the number of lines in the plane containing three points of $\tilde{C}$. Of course, $s_3(n)$ is the maximum of $\sigma_3(\tilde{C})$. The same problem can be formulated for the real projective plane [1]. This is the *orchard problem*: Plant n trees in a garden, such that four trees are never on a line, but as often as possible three trees stand on a line. Let $t_3(n)$ be the maximum of such lines one can get. There is a lot of information on $t_3(n)$ in [1]. (In [1] the number $t_3(n)$ is defined differently in as far as 4 trees on a line are permitted.) Clearly $t_3(n) \leqq s_3(n)$.

The authors [1] consider a real cubic curve (e.g. $y^2=4x^3-1$) with one flex (point of inflection) at infinity. The group structure identifies the cubic with $\mathbb{R}|\mathbb{Z}$, the origin being the flex at infinity. Take the n points $\frac{k}{n}$ (k = 0,...,n-1). Then $\frac{k_1}{n}, \frac{k_2}{n}, \frac{k_3}{n}$ are in a line if and only if $k_1 + k_2 + k_3 \equiv 0 \mod n$. In this way, the authors get a configuration $\tilde{C}$ with $\sigma_3(\tilde{C}) = 1 + [n(n-3)/6]$. This is then a lower estimate of $t_3(n)$ which is conjectured to give the correct value of $t_3(n)$ for $n \neq 7, 11, 16, 19$. For n = 9 we have $t_3(9) = 10$ (see [1]), whereas $s_3(9) = 12$ (take the 9 flexes of a smooth cubic curve in the complex projective plane). For n = 8 we have $t_3(8) = 7$, but $s_3(8) = 8$ (take 8 of the nine flexes of a smooth complex cubic). For n = 10 we have $t_3(10) = 12$ and $s_3(10) = 12$. Orchards for n = 8 and n = 10 with the maximum number of lines are illustrated by the following diagrams [1]

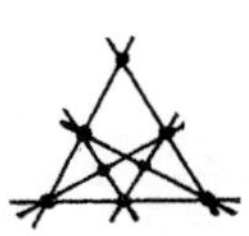

8 trees, 7 lines

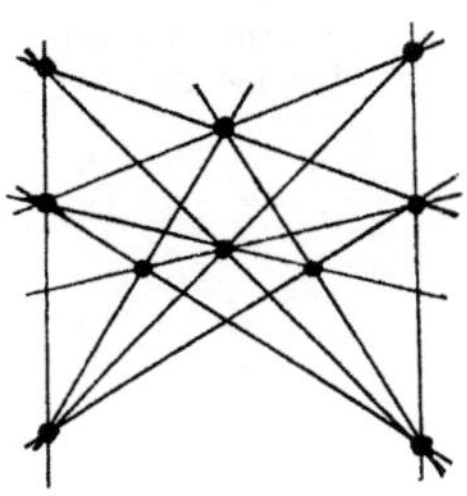

10 trees, 12 lines

An investigation of the orchard problem in the complex projective plane might be worthwhile.

7. Let C be a curve of even degree n in the complex projective plane having only simple singularities. The curve C is called maximizing if the "number" of simple singularities equals $b^- = \frac{3}{4}n^2 - \frac{3}{2}n + 1$. Maximizing curves are only known for $n = 2,4,6,8$, where $b^- = 1,7,19,37$. For $n \geqq 10$ one should try to get information on $\mu(n)$ where $\mu(n)$ is the maximum number of simple singularities a curve of degree n (with only simple singularities) can have. The orchard with 10 trees in section 6 shows that

$$57 = 45 + t_3(10) \leqq \mu(10) \leqq 61 \quad .$$

For $n > 6$ it is not possible to find maximizing curves consisting of lines. Can configurations of conics and lines do a better job? In any case, the investigation of $\mu(n)$ can be regarded as a generalization of the complex orchard problem.

3 Persson [7] has constructed a number of maximizing curves. For n = 2 and 4 he gives the complete list.

$n = 2$

$b^- = 1$

two distinct intersecting lines

$n = 4$

$b^- = 7$

1)

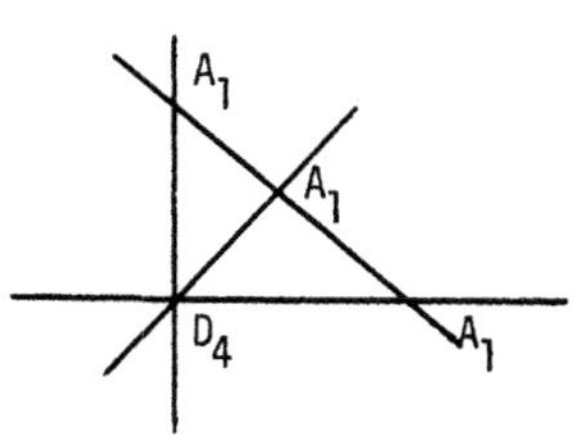

three lines through a point and a generic fourth line

2)

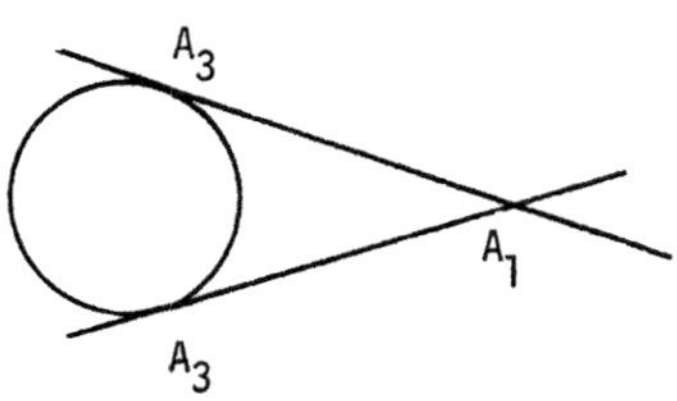

a smooth conic and two tangents

3) two conics touching eachy other with multiplicity 4 (one A_7 singularity)

4) a cubic with a cusp together with its cuspidal tangent (one E_7 singularity)

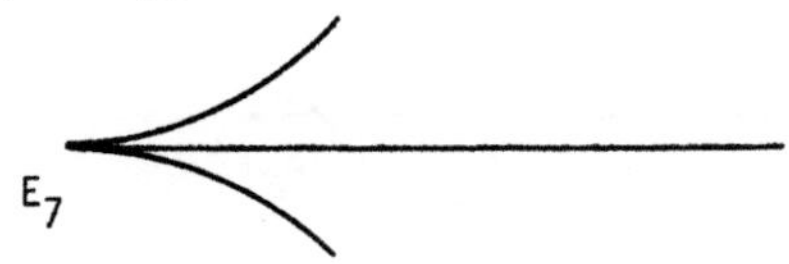

4 Two examples of maximizing curves of degree 6

$n = 6$ $b^- = 19$

1) The complete quadrilateral ([5])

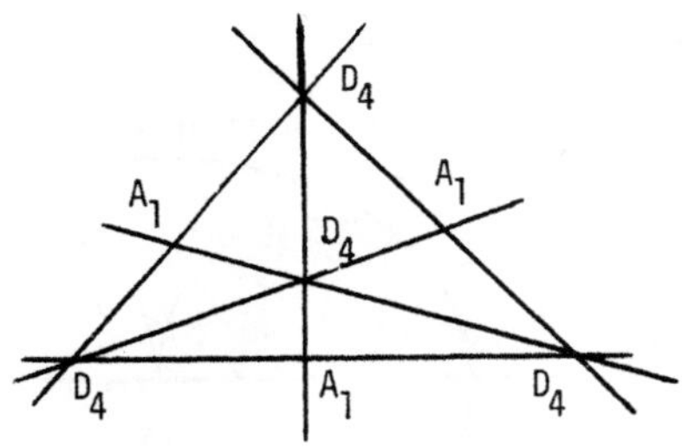

2) In the projective plane $P_2(C)$ with homogeneous coordinates $z_0 : z_1 : z_2$ and affine coordinates $x = \frac{z_1}{z_0}$, $y = \frac{z_2}{z_0}$ we consider an ellipse $\frac{x^2}{a^2} + \frac{y^2}{b^2} = 1$ with $b^2 = e^2 = a^2 - b^2$ and the two circles $(x - \frac{a}{2})^2 + y^2 = \frac{a^2}{4}$ and $(x + \frac{a}{2})^2 + y^2 = \frac{a^2}{4}$.

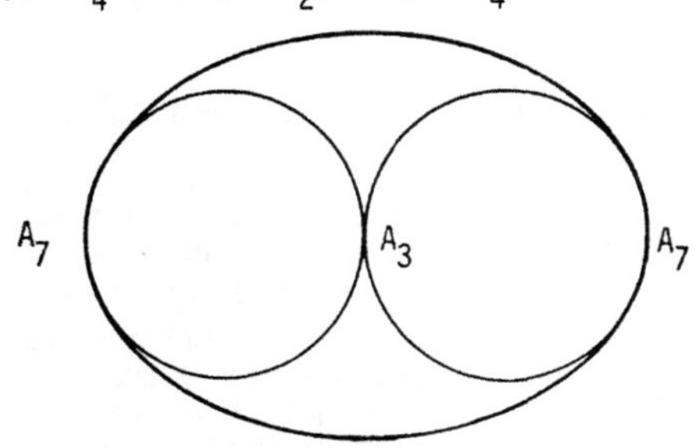

The circles touch each other. Each circle touches the ellipse with multiplicity 4. The curve of degree 6 consisting of the ellipse and the two circles has two A_7 and one A_3 singularity in the real plane. The two circles intersect each other in $0 : 1 : \pm i$ ("circular points at infinity"). This gives two A_1 singularities. Up to projective equivalence there is only one configuration of three smooth conics C_0, C_1, C_2 with $C_0C_1 = 4P_1$, $C_0C_2 = 4P_2$, $C_1C_2 = 2Q + R_1 + R_2$ (see [7]).

Three examples of maximizing octics

$n = 8$ $b^- = 37$

1)

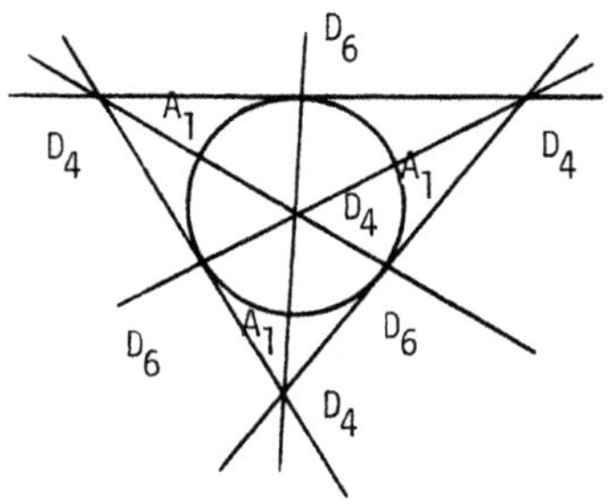

This example was shown to me by Looijenga.

2) We take the maximizing sextic consisting of three conics, add the line $y=0$ and the line at infinity.

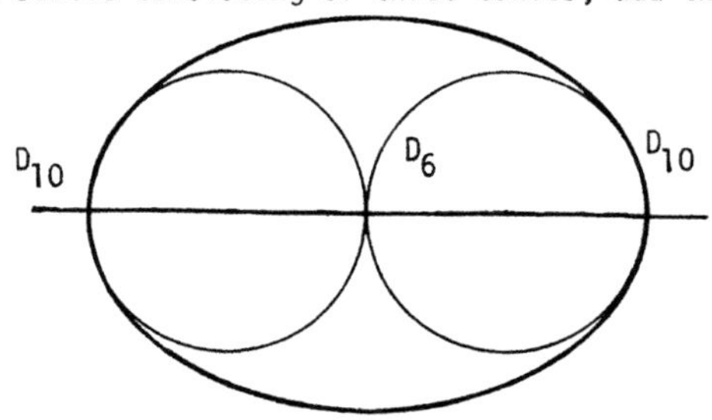

In addition to the two D_{10} and one D_6 singularity we have two D_4 singularities in the "circular points at infinity" and three A_1 singularities where the ellipse and the line $y = 0$ intersect the line at infinity.

3) Take the Steiner curve of degree 4: Hypocycloïde à trois rebroussements

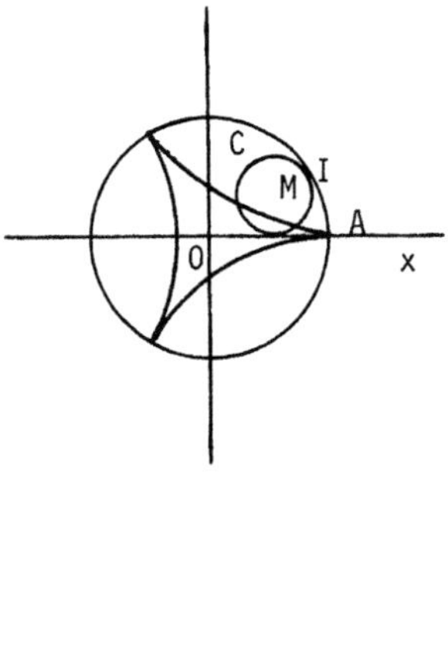

Faisons rouler un cercle C à l'intérieur d'un cercle Γ de rayon trois fois plus grand. Le point A vient ainsi en I les arcs IA et IM étant égaux.

Le lieu géométrique du point M est une hypocycloïde à trois rebroussements. C'est une quartique unicursale dont l'equation cartésienne est, en posant OA = a:

$$3(x^2+y^2)^2 + 8ax(y^2-x^2)+6a^2(x^2+y^2)-a^4=0$$

Sous forme paramétrique on peut écrire pour les coordonnées de M:

$3x=a(2\cos\psi+\cos 2\psi)$ $3y=a(2\sin\psi-\sin 2\psi)$.

En 1745 EULER en étudiant un problème de réflexion de rayons lumineux a rencontré cette courbe qui a été retrouvée plus tard par STEINER (1845).

(Revue du Palais de la Découverte, Paris, N° special 8, 1976). The three cuspidal tangents intersect in one point. The line at infinity touches the Steiner curve in two points. The curve of degree 8 consists of the Steiner curve, the three cuspidal tangents and the line at infinity. On the line at infinity we have two A_3 and three A_1 singularities (the intersections of the cuspidal tangents with the infinite line). The other singularities can be seen in the following picture.

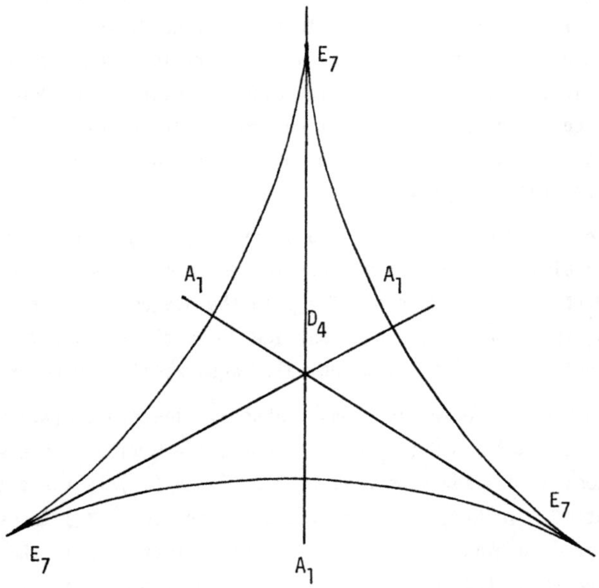

The Steiner curve is the dual of the cubic curve with one A_1 singularity. As such it is uniquely determined up to projective equivalence. The examples 2) and 3) can be found in [7].

Remark: If one omits in the above picture one of the cuspidal tangents, one gets another example of a maximizing sextic.

8. Let X be a smooth algebraic surface. Each divisor on X determines an element of $H_2(X,\mathbb{Z})$. The group of divisors is mapped to a subgroup A(X) of $H_2(X,\mathbb{Z})$ which we call the group of algebraic cycles (or more precisely, the group of algebraic homology classes). The rank of A(X) is the Picard number ρ Every holomorphic 2-form w is closed. Therefore the integral of w over $c \in H_2(X,\mathbb{Z})$ is well-defined. It vanishes for all w if and only if $c \in A(X)$. We have $\rho \leqq b_2 - 2p_g = b^- + 1$. For every algebraic surface $\rho \geqq 1$. The hyperplane section E with respect to an embedding is an algebraic cycle with EE > 0. The selfintersection number EE is the degree of the embedding. By the Hodge index theorem, the intersection form on $A(X) \otimes \mathbb{R}$ is non-degenerate and it can be split into a positive-definite and a negative-definite part, the positive-definite part having dimension one. As mentioned before $\rho \leqq b^- + 1$. The maximum $b^- + 1$ is certainly obtained if we can find b^- irreducible curves with negative definite intersection behaviour. This was achieved in the preceding sections for double covers of the plane branched along maximizing curves of degrees 2,4,6,8. Let us make a few remarks concerning these degrees.

For n = 2, the surface X_f is a quadric $P_1(\mathbb{C}) \times P_1(\mathbb{C})$ if f is smooth. The natural involution on X_f corresponds to the permutation of the factors of $P_1(\mathbb{C}) \times P_1(\mathbb{C})$, the branch curve f = 0 to the diagonal. If f = 0 is a union of two lines, then the non-singular surface Y_f is the ruled surface Σ_2 which is diffeomorphic, but not biholomorphically equivalent to $P_1(\mathbb{C}) \times P_1(\mathbb{C})$.

For n = 4 the geometric genus vanishes. Therefore $A(X_f) = H_2(X_f,\mathbb{Z})$ if f is smooth, and $A(Y_f) = H_2(Y_f,\mathbb{Z})$ for a curve f = 0 with simple singularities. For a canonical divisor K we have $K^2 = 2$. If $A^-(Y_f)$ is the orthogonal complement of K in $A(Y_f)$, the intersection form on $A^-(Y_f)$ is negative definite of determinant -2. It is well-known that this is the form E_7. This is illustrated by the fourth example of maximizing quartics in section 7. The curves in the resolution of the singular point generate $A^-(Y_f)$. In the examples 1), 2), 3) of maximizing quartics the group generated by the curves coming from the resolution of the singular points of X_f has index 4, 4, 2 in $A^-(Y_f)$. The surfaces X_f and Y_f are rational. If f = 0 is smooth, then X_f is isomorphic to a Del Pezzo surface (a complex projective plane with 7 points blown up).

For n = 6, our surfaces X_f and Y_f are simply-connected with vanishing canonical divisor class. Such surfaces are called K3-surfaces. Maximizing sextics give K3-surfaces with maximal Picard number $\rho = 20$. It would be interesting to find all maximizing sextics (probably finitely many up to projective equivalence) and see, how the resulting K3 surfaces fit into the classification of K3 surfaces with $\rho = 20$. (Compare T. Shioda and N. Mitani,

Singular abelian surfaces and binary quadratic forms in Classification of Algebraic Varieties and Compact Complex Manifolds, Lecture Notes in Mathematics 412, Springer-Verlag 1974). Let us make one more remark concerning K3-surfaces: The dual curve of a smooth cubic curve is a sextic curve C with 9 singularities of type A_2 (corresponding to the nine flexes of the cubic). We get (up to projective equivalence) a one-parameter family of K3-surfaces with $\rho = 19$. (Compare the remarks in [7] concerning K3-surfaces.)

Remark. The 3-fold branched cover of the plane $P_2(\mathbb{C})$ along a smooth sextic gives a surface with $b^- = 36$. The 3-fold branched cover of $P_2(\mathbb{C})$ along the curve C with 9 cusps is a surface with 9 singularities of type D_4. Minimal resolution gives a surface with maximal Picard number $\rho = b^- + 1 = 37$.

For $n = 8$, the surfaces X_f and Y_f are Horikawa surfaces satisfying $K^2 = 2p_g - 4$. The aim of [7] is to find in all families of Horikawa surfaces members with maximal Picard number. In our case ($K^2 = 2$, $p_g = 3$) the surfaces are called Moishezon surfaces. By taking maximizing octics we can reach the maximal Picard number $\rho = 38$. It would be interesting to find all maximizing octics.

9. We now come to the construction of an algebraic surface with $K^2 = 3e$. We consider again the complete quadrilateral in the form which shows its 3-fold symmetry.

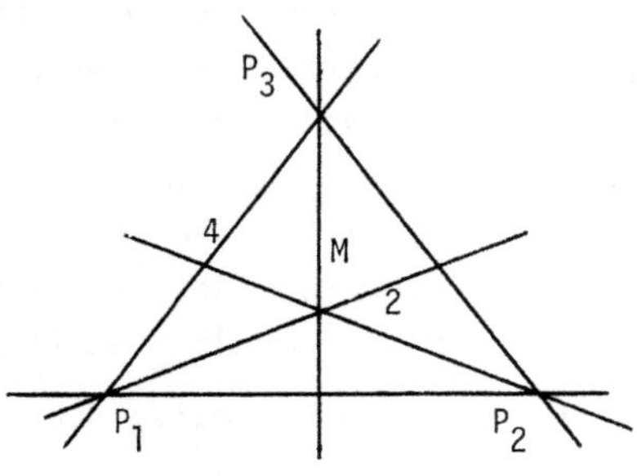

Let f_1 be the (up to a factor unique) homogeneous polynomial of degree 10 in z_0, z_1, z_2 which splits into linear factors corresponding to the six lines of the quadrilateral, one line (as marked) with multiplicity 4, another line (as marked) with multiplicity 2, the four remaining lines with multiplicity 1. (The affine plane in which the above picture is drawn is the (x,y)-plane with $x = \frac{z_1}{z_0}$, $y = \frac{z_2}{z_0}$). We now apply the rotations of 120° and 240° around the centre M of the triangle and get two other homogeneous polynomials f_2 and f_3 of degree 10. The field of meromorphic functions on the complex projective plane is $\mathbb{C}(\frac{z_1}{z_0}, \frac{z_2}{z_0})$. We consider the extension of this field by

$\sqrt[5]{f_1/z_0^{10}}$, $\sqrt[5]{f_2/z_0^{10}}$, $\sqrt[5]{f_3/z_0^{10}}$. This extension is of degree 125 and is the function field of the algebraic surface satisfying $K^2 = 3e$ which we are going to construct. In $P_2(\mathbb{C})$ we blow up the 4 triple points P_1, P_2, P_3, M of the quadrilateral (i.e. each point is replaced by the complex projective line of complex directions through the point). We obtain a Del Pezzo surface X with $e = 7$ on which 10 rational curves are defined (the six original lines and the 4 lines in which the 4 triple points were blown up). These 10 curves are smooth. Each has selfintersection number -1. Each curve intersects exactly 3 others. We have 15 intersection points. The three functions f_j/z_0^{10} can be lifted to X. The function f_j/z_0^{10} $(j = 1,2,3)$ vanishes on each of the 10 curves with a certain multiplicity not divisible by 5. In the neighbourhood of each of the 15 intersection points the function f_j/z_0^{10} can be written with respect to local coordinates (up to a unit of the local ring) as $u^{\lambda_j} v^{\mu_j}$ where $u = 0$, $v = 0$ are the two intersecting curves, the λ_j, μ_j depending on the intersection point. We claim that one of the 2 x 2-subdeterminants of the matrix

$$\begin{pmatrix} \lambda_1 \mu_1 \\ \lambda_2 \mu_2 \\ \lambda_3 \mu_3 \end{pmatrix}$$

is not divisible by 5. The rotation group of order 3 acting on the fifteen intersection points has 5 orbits of 3 points each. We list λ_1, μ_1 for these intersection points in each orbit. First we consider the three orbits represented by the three intersection points lying on the curve obtained by blowing up P_1, next we take the orbit of the centres of the three edges of the triangle and finally the orbit consisting of the three intersection points on the curve obtained by blowing up M. The result is as follows.

6,1	6,1	6,1	4,2	4,2
4,1	4,2	4,1	1,1	4,1
6,1	6,1	6,4	1,1	4,1

Since the three functions are obtained from each other by rotation, the statement on the subdeterminants has to be checked for these 5 matrices only.

Let E be the divisor on the Del Pezzo surface X consisting of the ten curves each with multiplicity 1. The 5-fold branched cover Y_1 of X belonging to $\sqrt[5]{f_1/z_0^{10}}$ is branched along E. The surface Y_1 has 15 singular points coming from the 15 intersection points. The function $\sqrt[5]{f_2/z_0^{10}}$ lifted to Y_1 has no branch curves, it is branched in 10 of the 15 singular points: branching takes place if $\lambda_1\mu_2 - \lambda_2\mu_1 \neq 0(5)$. The resulting surface Y_2 is non-singular in these points where 25 "leaves" come together. The other 5 singular points of Y_1 remain singular, each one has 5 points in Y_2 above it. Now let Y be the 5 fold cover of Y_2 belonging to $\sqrt[5]{f_3/z_0^{10}}$. It is branched in the 25 singular points of Y_2. The surface Y is non-singular. This 125-fold cover of the Del Pezzo surface X is the surface we are looking for.

We calculate the Euler number e(Y) by the "cardinality principle". The Euler number of the Del Pezzo surface X equals 7. From X we remove E. We have $e(X - E) = 7 - 15 - 10(-1) = 2$. (We first remove the fifteen intersection points, then the 10 curves. Each curve has Euler number -1, because it is a 2-sphere minus 3 points). Over each component of E - {15 intersection points} lies a 25-fold unbranched covering of the 2-sphere minus 3 points. Over each intersection point lie 5 points in Y. Therefore

$$\begin{aligned} e(Y) &= 125.2 + 25.10.(-1) + 15.5 \\ &= 75. \end{aligned}$$

We now look at K^2. If we admit rational coefficients for the divisor class groups, then $-\frac{1}{2}E$ is a canonical divisor for X and $-\frac{1}{2}E + \frac{4}{5}E$ lifted to Y is a canonical divisor of Y. Therefore, for the surface Y,

$$K_Y^2 = 125\left(-\frac{1}{2} + \frac{4}{5}\right)^2 E_X^2 ,$$

where K_Y^2 and E_X^2 are selfintersection numbers in Y and X respectively. Since $E_X^2 = 20$, we get

$$K_Y^2 = 225 .$$

Thus Y is an example of a surface with $K^2 = 3e$. It is of general type, because it has effective pluricanonical divisors.

It must be possible to construct more examples of this kind following Mostow's work [6].

The author has also checked that the surface of Inoue and Livne (5-fold cover of the elliptic modular surface for the level 5 congruence subgroup of $SL_2(\mathbb{Z})$) can be obtained by modifying f_1, f_2, f_3 in the above construction. This seems to give a connection between the work of Inoue and Livne and the results of Mostow.

REFERENCES

[1] Stefan A. Burr, Branko Grünbaum, N.J.A. Sloane, The Orchard Problem, Geometriae Dedicata 2, 397-424 (1974).

[2] Alan H. Durfee, Fifteen characterizations of rational double points and simple critical points, L'Enseignement mathématique 25, 131-163 (1979).

[3] Phillip Griffiths and Joseph Harris, Principles of Algebraic Geometry, John Wiley and Sons, Inc., New York 1978.

[4] Friedrich Hirzebruch, Topological Methods in Algebraic Geometry, Springer-Verlag Berlin, Heidelberg, New York 1966, 1978.

[5] Friedrich Hirzebruch, Überlagerungen der projektiven Ebene und Hilbertsche Modulflächen, in: Topologie und Algebra, Monographie No. 26 de L'Enseignement Mathématique, p. 139-154, Genève 1978.

[6] George D. Mostow, Complex Reflection Groups and Non-arithmetic Monodromy, lecture at the Bonn Arbeitstagung June 1981.

[7] Ulf Persson, Horikawa Surfaces with Maximal Picard Numbers, Math. Ann. 259, 287-312 (1982)

[8] Peter Slodowy, Simple Singularities and Simple Algebraic Groups, Lecture Notes in Mathematics Vol. 815, Springer-Verlag Berlin, Heidelberg, New York 1980.

[9] Oscar Zariski, Algebraic Surfaces, Second Supplemented Edition, Springer-Verlag Berlin-Heidelberg-New York 1971.

MATHEMATISCHES INSTITUT
UNIVERSITÄT BONN
D-5300 BONN, GERMANY

69.

Arrangements of lines and algebraic surfaces

In: Arithmetic and Geometry, vol. II, Prog. Math. *36*, S. 113–140,
Boston-Basel-Stuttgart: Birkhäuser 1983

To I. R. Shafarevich

Introduction

In recent years the Chern numbers c_1^2 and c_2 of algebraic surfaces have aroused special interest. For a minimal surface of general type they are positive and satisfy the inequality $c_1^2 \leq 3c_2$ (see Miyaoka [22] and Yau [31]) where the equality sign holds if and only if the universal cover of the surface is the unit ball $|z_1|^2 + |z_2|^2 < 1$ (see Yau [31] and [23] §2 for the difficult and [11] for the easy direction of this equivalence). It is interesting to know which positive rational numbers ≤ 3 occur as c_1^2/c_2 for a minimal surface of general type. For a long time (before 1955) it was believed that $c_1^2/c_2 \leq 2$, in other words that the signature of a surface of general type is nonpositive. It is interesting to find surfaces with $2 < c_1^2/c_2 \leq 3$. Some were found by Kodaira [19]. Other authors constructed more surfaces of this kind (Holzapfel [13], [14], Inoue [16], Livné [21], Mostow-Siu [25], Miyaoka [23]). Recently Mostow [24] and Deligne-Mostow [5] used a paper of E. Picard of 1885 to construct discrete groups of automorphisms of the unit ball leading to interesting surfaces. In fact, the author was stimulated by Mostow's lecture at the Arbeitstagung 1981 to study the surface Y_1 (see §3.2) which is related to one of the surfaces of Mostow.

For a surface of general type there is a unique minimal model in its birational equivalence class. The Chern numbers of the minimal model are therefore invariants of the birational equivalence class, i.e., they are invariants of the field of meromorphic functions on the surface. In the present paper we study surfaces whose function fields are Kummer extensions $K(a_1^{1/n}, a_2^{1/n}, \ldots, a_{k-1}^{1/n})$ of exponent n of the rational function field, i.e., of the function field $K = \mathbb{C}(z_1/z_0, z_2/z_0)$ of the complex projective plane $(a_i \in K)$. We consider the following Kummer extensions: For k distinct lines $l_1 = 0, l_2 = 0, \ldots, l_k = 0$ in the plane (where l_i is a linear form in z_0, z_1, z_2) we take $a_1 = l_2/l_1, a_2 = l_3/l_1, \ldots, a_{k-1} = l_k/l_1$. Under some assumptions on the arrangement of lines these Kummer extensions ($n \geq 2$) determine surfaces of general type. For three special arrangements of lines we obtain a minimal surface of general type with $c_1^2/c_2 = 3$. Therefore the unit ball appears as an infinite branched cover of the projective plane (with points blown up), the branching locus consisting of lines and the exceptional curves coming from the blown-up points. We also get surfaces with c_1^2/c_2 near to 3, but not arbitrarily close to 3. We show for example that 5/2 is an accumulation point of accumulation points of the values c_1^2/c_2 for the minimal models of our Kummer extensions.

The topology of the complement of an arrangement of lines in the projective plane is very interesting ([1], [3], [26]), the investigation of the fundamental group of the complement very difficult. We need very little information on the complement (the Euler number is sufficient), because the unramified coverings of the complement occuring in this paper are always abelian. The real simplicial arrangements play an important role in the present paper and it should be mentioned that the complement in the complex projective plane of the complexification of such an arrangement is an Eilenberg-MacLane space [4]. There exists much work on real simplicial arrangements (see Grünbaum [7], [8]), but the classification of these arrangements does not seem to be known.

The inequality $c_1^2 \leq 3c_2$ gives theorems on arrangements of lines (see §3.1) which up to now could not be proved directly.

§1 Arrangements of Lines

We consider the complex projective plane $P_2(\mathbb{C})$ with homogeneous coordinates $z_0 : z_1 : z_2$. An arrangement of k lines is a set of k distinct lines in $P_2(\mathbb{C})$. They can be given by linear forms $l_1, \ldots, l_k$ in z_0, z_1, z_2. The union of the lines is the reducible curve

$$l_1 l_2 \ldots l_k = 0.$$

Let $t_r (r \geq 2)$ be the number of r-fold points of this curve, i.e., the number of points lying on exactly r lines of the arrangement. Then we have

$$\frac{k(k-1)}{2} = \sum t_r \frac{r(r-1)}{2}$$

For the whole paper *we shall always assume that $k \geq 3$ and $t_k = 0$.* (The arrangement should not be a "pencil", i.e., not all lines should pass through one point.)

1.1 Real arrangements

If all linear forms $l_1, \ldots, l_k$ have real coefficients, then $l_1 l_2 \ldots l_k = 0$ is an arrangement of lines in the real projective plane $P_2(\mathbb{R})$ which, of course, can also be regarded as an arrangement in $P_2(\mathbb{C})$. A real arrangement defines a cellular decomposition of $P_2(\mathbb{R})$, each cell is bounded by an r-gon. Let p_r be the number of cells bounded by r-gons. Then $p_2 = 0$ (because of our assumption that we do not have a pencil). Let f_0 be the number of vertices, f_1 the number of edges, f_2 the number of cells. The Euler-Poincaré characteristic of $P_2(\mathbb{R})$ equals 1, so

(1) $$f_0 - f_1 + f_2 = 1$$

It is easy to see that

(2) $$f_1 = \sum r \cdot t_r = \frac{1}{2} \sum r \cdot p_r$$

Since $f_0 = \Sigma t_r$ and $f_2 = \Sigma p_r$, we conclude from (1) that

(3) $$3 + \Sigma(r-3)t_r + \Sigma(r-3)p_r = 0$$

Since $p_2 = 0$, we have

$$t_2 \geq 3.$$

An arrangement is called simplicial if $p_r = 0$ for $r > 3$. By (3)

$$\text{simplicial} \Leftrightarrow 3 + \Sigma(r-3)t_r = 0.$$

For a simplicial arrangement

(4) $$f_1 = 3f_0 - 3, \quad f_2 = 2f_0 - 2.$$

If we dualize an arrangement of lines, we get an *arrangement of points* which are not collinear and t_r is the number of lines containing exactly r of the points, t_2 is the number of the so-called ordinary lines. In this setup, Sylvester claimed (1893) that $t_2 > 0$ for real arrangements. The above proof for $t_2 \geq 3$ is due to Melchior (1940). For the history of this problem see Grünbaum's book [8] which is our standard reference for real arrangements. It was proved recently by Sten Hansen [9] that

(5) $$t_2 \geq \left[\frac{k}{2}\right]$$

Grünbaum ([7],[8]) has tried to classify *simplicial real arrangements*. There is first the near-pencil $A_0(k)$ which consists of k lines of which $k-1$ pass through one point ($t_{k-1} = 1$, $t_2 = k-1$, $t_r = 0$ otherwise). Then he defines the regular arrangements $A_1(2m)$ for $m \geq 3$ and $A_1(4m+1)$ for $m \geq 2$. We quote from Grünbaum [8]: The regular arrangement $A_1(2m)$ consists of $2m$ lines, of which m are the lines determined by the edges of a regular m-gon in the Euclidean plane, while the other m are the lines of symmetry of that m-gon. The regular arrangement $A_1(4m+1)$ consists of $4m+1$ lines of which $4m$ form the arrangement $A_1(4m)$ while the last one is the line at infinity. Grünbaum ([7],[8]) conjectures that up to *combinatorial equivalence* there are besides the three series $A_0(k)$, $A_1(2m)$, $A_1(4m+1)$ exactly 91 simplicial real arrangements. He lists 90 of them in [7] and gives the extra one in [8]. He lists them (together with the three series) as $A_i(k)$ where k is the number of lines and i a counting index. Grünbaum also gives the values of the t_r. For $A_1(2m)$ we have (for $m > 3$)

$$t_2 = m,\ t_3 = \frac{m(m-1)}{2},\ t_m = 1,\ t_r = 0 \quad \text{otherwise.}$$

For $A_1(4m+1)$ we have (for $m > 2$)

$$t_2 = 3m,\ t_3 = m(2m-2),\ t_4 = m,\ t_{2m} = 1,\ t_r = 0 \quad \text{otherwise.}$$

The arrangement $A_1(6)$ is projectively equivalent to any complete quadrilateral

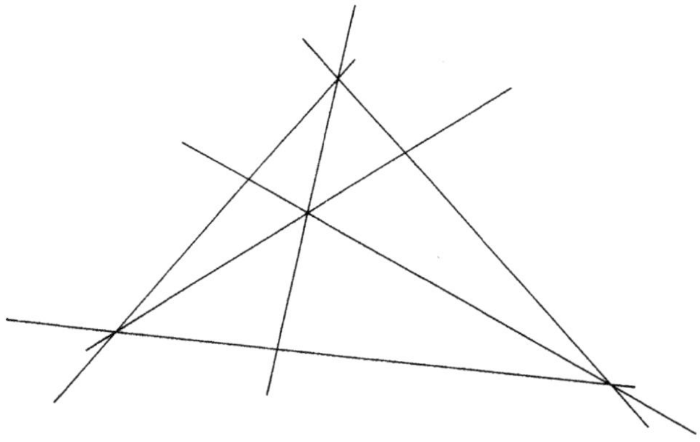

$$t_2 = 3,\ t_3 = 4,\ t_r = 0 \quad \text{otherwise.}$$

The arrangement $A_1(8)$ looks as follows

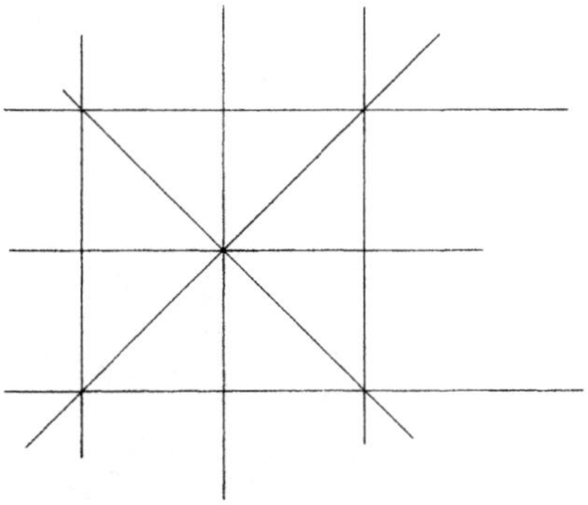

$$t_2 = 4,\ t_3 = 6,\ t_4 = 1,\ t_r = 0 \quad \text{otherwise.}$$

We get $A_1(9)$ if we add the infinite line.
For $A_1(9)$ we have

$$t_2 = 6,\ t_3 = 4,\ t_4 = 3,\ t_r = 0 \quad \text{otherwise.}$$

For $k = 19$ Grünbaum has the following list (the near-pencil is omitted)

	f_0	t_2	t_3	t_4	t_5	t_6
$A_1(19)$	49	21	18	6	0	4
$A_2(19)$	51	21	18	6	6	0
$A_3(19)$	49	24	12	6	6	1
$A_4(19)$	51	20	20	6	4	1
$A_5(19)$	51	20	20	6	4	1
$A_6(19)$	51	20	20	6	4	1
$A_7(19)$	52	21	15	15	0	1

$t_r = 0$ otherwise

The maximal k for Grünbaum's 91 exceptional arrangements is 37. Besides $A_0(37)$ and $A_1(37)$ belonging to a series he has $A_2(37)$ and $A_3(37)$ where $A_2(37)$ is reproduced here from [7]. (It contains the infinite line.)

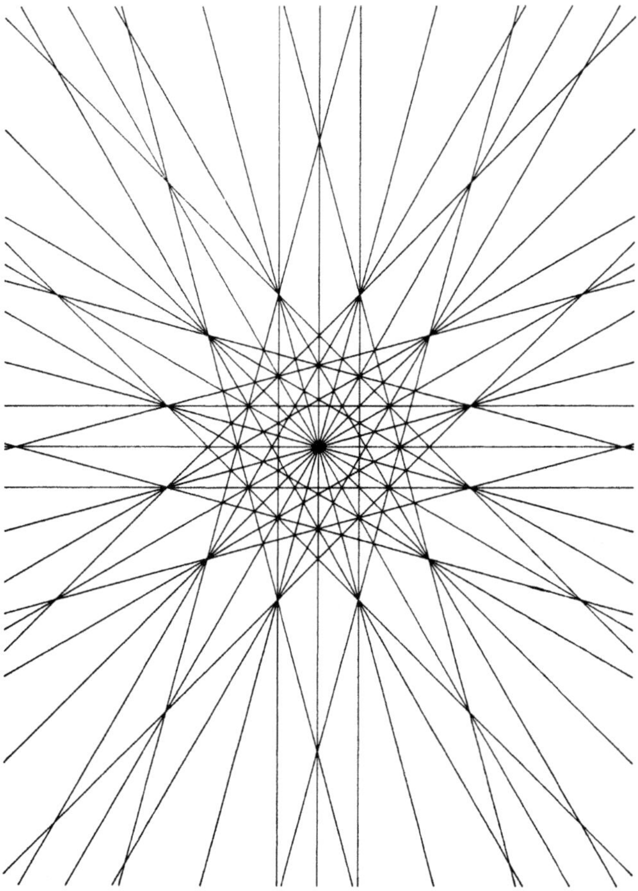

$A_2(37)$

$t_2 = 72,\ t_3 = 72,\ t_4 = 12,\ t_5 = 24,\ t_{12} = 1$, all other $t_r = 0,\ f_0 = 181$.

(1.2) Arrangements defined by reflection groups

We first consider real arrangements. A finite reflection group G in the Euclidean space $\mathbb{R}^l$ has finitely many reflecting hyperplanes. Let $L(G)$ be the set of linear subspaces of $\mathbb{R}^l$ which are intersections of reflecting hyperplanes. If V is a 3-dimensional subspace belonging to $L(G)$, we take the set $A(V)$ of all 2-dimensional elements of $L(G)$ which are contained in V. If we pass from V to the projective plane defined by V, then $A(V)$ defines an arrangement of lines which is simplicial (see Orlik and Solomon [27], [28], and the literature given there). The paper [27] gives a complete list of the arrangements obtainable in this way, however the values of the t_r are not given. But Orlik and Solomon have communicated to me a list of the t_r of these arrangements. J. Tits had mentioned to me before that I should look at such arrangements. He gave me the values of the t_r for one arrangement coming from the Weyl group of E_8.

Let G be the Weyl group of E_8 acting as reflection group in $\mathbb{R}^8$. By the above method we obtain 8 arrangements of lines. There are two arrangements with 19 lines. They occur as $A_1(19)$ and $A_3(19)$ in Grünbaum's list.

We can take in particular the arangements defined by reflection groups in $\mathbb{R}^3$, ($V = \mathbb{R}^3$, k = number of reflecting hyperplanes). We have the symmetry groups of the regular tetrahedron, the cube, the icosahedron of orders 24, 48, 120 respectively (improper rotations included). For the tetrahedron and the cube we get the Weyl groups of A_3 and B_3 and the arrangements $A_1(6)$ and $A_1(9)$ mentioned in 1.1. For the icosahedron we get the arrangement $A_1(15)$ of [7] with $t_2 = 15$, $t_3 = 10$, $t_5 = 6$, $t_r = 0$ otherwise.

If we consider finite unitary reflection groups G in the hermitian vector space $\mathbb{C}^l$, we can consider $L(G)$ and $A(V)$ as before in the real case and obtain interesting arrangements of lines (see [28]). Orlik and Solomon have communicated to me a complete list with the values of the t_r.

The groups $G(m,p,n)$ (see the classification in Shephard and Todd [30]) give rise to the following arrangements [28] ($m \geq 2$)

name	k	t_2	t_3	t_m	t_{m+1}	t_{m+2}
$A_3^0(m)$	$3m$	0	m^2	3	0	0
$A_3^1(m)$	$3m+1$	m	m^2	1	2	0
$A_3^2(m)$	$3m+2$	$2m$	m^2	0	2	1
$A_3^3(m)$	$3m+3$	$3m$	m^2	0	0	3

All other $t_r = 0$. We do not say more about these arrangements here, because they occur in some other context in 1.3. For $m = 2, 3$ the above table has to be read in an obvious way, e.g., $A_3^0(3)$, $k = 9$, $t_2 = 0$, $t_3 = 12$, all other $t_r = 0$. For $m = 2$ we get the real arrangements $A_1(6)$, $A_1(7)$, $A_1(8)$, $A_1(9)$ of [7]. (Compare 1.1).

In the following table we list only the arrangements coming from irreducible unitary reflection groups acting on $\mathbb{C}^3$ (omitting the $G(m,p,3)$ and the real groups). The groups have "registration numbers" according to the Shephard-Todd classification [30].

S-T number	$\|G\|$	k	t_2	t_3	t_4	t_5	projective
24	336	21	0	28	21	0	G_{168}
25	648	12	12	0	9	0	G_{216}
26	1296	21	36	0	9	12	G_{216}
27	2160	45	0	120	45	36	G_{360}

The corresponding groups of projective transformations are the simple group of order 168 (studied by F. Klein), the automorphism group of the Hesse pencil (see 1.3) of order 216 and the Valentiner-Wiman group of order 360 (isomorphic to the alternating group of six letters, see [6], Volume 2, Anhang). The group G_{168} has 21 elements of order 2. The group G_{360} has 45 elements of order 2. The arrangements consist of the pointwise fixed lines of these 21 (or 45) involutions of $P_2(\mathbb{C})$.

(1.3) Arrangements defined by cubic curves

Cubic curves give us arrangements in the dual setup, where we look for arrangements of points and where t_r denotes the number of lines containing exactly r points. Let C be a smooth cubic curve in $P_2(\mathbb{C})$. The group structure is well-defined once we have chosen one of the 9 inflection points as neutral element. The sum $p_1 + p_2 + p_3$ of $p_1, p_2, p_3 \in C$ equals 0 if and only if $\{p_1, p_2, p_3\}$ is the intersection of C with a line. The inflection points are the points with $3p = 0$. Let U be a finite subgroup of C of order k. Consider the arrangement consisting of the points of U. The k tangents to C in points of U are ordinary lines containing two points of the arrangement provided they are not tangents in inflection points. Therefore $t_2 = k - w$, where w is the number of inflection points contained in U. Since $t_r = 0$ for $r > 3$ and $\frac{k(k-1)}{2} = t_2 + 3t_3$, we have

Lemma. *Let U be a subgroup of order k of a smooth cubic. For this arrangement of k points we have*

$$t_2 = k - w, \quad t_3 = \frac{k(k-3)}{6} + \frac{w}{3}, \quad t_r = 0 \quad \textit{otherwise},$$

where w is the number of inflection points contained in U.

Cyclic groups U of order k can be realized over the reals. Then $w = 1$ or $w = 3$ and $t_3 = [\frac{k(k-3)}{6}] + 1$. These arrangements are not simplicial, except for $k = 4$ and $k = 6$. Our basic reference for this construction and many historical remarks about the "orchard problem" is the paper [2] by Burr, Grünbaum and Sloane.

If we take as U the group of the 9 inflection points we get (dually) the arrangement $A_3^0(3)$, see 1.2. The 12 lines responsible for $t_3 = 12$ make up a line arrangement to be mentioned in a moment.

The pencil of cubics passing through the nine inflection points of the smooth cubic C is called Hesse pencil. The Hesse pencil does not depend (up to projective equivalence) on the given cubic. The group of projective automorphisms of $P_2(\mathbb{C})$ which carry the Hesse pencil of the cubic C to itself is the group G_{216} mentioned in 1.2. The Hesse pencil of C has 4 singular cubics consisting of three lines each. These 12 lines are an arrangement with $t_2 = 12$, $t_4 = 9$ ($t_r = 0$ otherwise), the nine quadrupel points being the inflection points. It belongs to the group with No. 25 in the Shephard-Todd classification (see 1.2). If we take these 12 lines together with 9 additional lines E_x to be described we get the arrangement belonging to the group carrying S-T number 26. For each inflection point x we have a line E_x which intersects each cubic C_t of the pencil in $\alpha'_t - x$, $\alpha''_t - x$, $\alpha'''_t - x$, where α'_t, α''_t, α'''_t are the points of order 2 of C_t (and where we use the addition on C_t). Through each vertex of a singular cubic of the pencil pass 3 of these 9 lines.

The construction of point arrangements can also be done with singular cubics. Let C be a singular cubic consisting of three lines C_1, C_2, C_3 defining a triangle with distinct vertices $A_1 = C_2 \cap C_3$, $A_2 = C_3 \cap C_1$, $A_3 = C_1 \cap C_2$. Then $C' = C - \{A_1, A_2, A_3\}$ can be given a group structure

$$C' \simeq \mathbb{C}^* \times \mathbb{Z}/3\mathbb{Z}$$

such that three points B_1, B_2, B_3 of C' (with $B_i \in C_i$) are collinear if and only if $B_1 \cdot B_2 \cdot B_3 = 1$ (Theorem of Menelaos). If in such a group structure we choose the $3m$ points of C' which as points of $\mathbb{C}^* \times \mathbb{Z}/3\mathbb{Z}$ have m^{th}-roots of unity as first component, we get the dual version of the arrangement $A_3^0(m)$ of 1.2. If we add one, two, or three of the points A_1, A_2, A_3 to this arrangement we obtain $A_3^1(m)$, $A_3^2(m)$, $A_3^3(m)$. In a similar way the arrangement $A_1(2m)$ of 1.1 can be obtained by choosing a singular cubic consisting of a conic and a line.

§2 Algebraic Surfaces Associated to Arrangements

For an arrangement $l_1 = 0, \ldots, l_k = 0 (k \geq 3, t_k = 0)$ of lines and a natural number $n \geq 2$ we consider the function field

$$\mathbb{C}(z_1/z_0, z_2/z_0)((l_2/l_1)^{1/n}, (l_3/l_1)^{1/n}, \ldots, (l_k/l_1)^{1/n})$$

which is an abelian extension of the function field $\mathbb{C}(z_1/z_0, z_2/z_0)$ of $P_2(\mathbb{C})$ of degree n^{k-1} and Galois group $(\mathbb{Z}/n\mathbb{Z})^{k-1}$. (Of course, it does not matter which line of the arrangement is given the subscript 1.) The function field determines an algebraic surface X with normal singularities which ramifies over the plane with the arrangement as locus of ramification:

$$\pi: X \longrightarrow P_2(\mathbb{C}).$$

If the point $p \in P_2(\mathbb{C})$ lies on r lines of the arrangement $(r \geq 0)$, then $\pi^{-1}(p)$ consists of n^{k-1-r} points which are an orbit of the Galois group $(\mathbb{Z}/n\mathbb{Z})^{k-1}$ acting on X. We desingularize all singularities of X in the minimal way (see §2.1) and obtain a smooth algebraic surface Y depending on the arrangement and on n. The surfaces Y will be investigated in this section.

(2.1) Desingularization

If a point of the plane lies on r lines, we choose an affine coordinate system u, v centered at p with a line of the arrangement not passing through p as line at infinity. The local ring of a point of X lying over p is the extension of the regular local ring at p by $(\tilde{l}_1)^{1/n}, \ldots, (\tilde{l}_r)^{1/n}$, where $\tilde{l}_1 = 0, \ldots, \tilde{l}_r = 0$ are the equations of the lines passing through p written in terms of the u, v coordinate system. We have singular points over p if and only if $r \geq 3$. Such a singularity is resolved by blowing up p in a projective line E_p. The reader should observe the exceptional role of $r = 2$ in all forthcoming calculations.

A singular point q of X over p is blown up into a smooth curve C which covers the projective line E_p and is the "Riemann surface" over E_p with n^{r-1} sheets defined by the functions $(\tilde{l}_2/\tilde{l}_1)^{1/n}, \ldots, (\tilde{l}_r/\tilde{l}_1)^{1/n}$ where u, v are now regarded as homogeneous coordinates on E_p. The Euler number $e(C) = 2 - 2g(C)$ is easy to calculate (Hurwitz)

$$e(C) = n^{r-1}(2 - r) + r \cdot n^{r-2}. \tag{1}$$

We apply this process in all singular points q of X and obtain our smooth surface Y. We have natural maps

$$\rho: Y \longrightarrow X, \quad \sigma: Y \longrightarrow \hat{P}_2, \quad \tau: \hat{P}_2 \longrightarrow P_2(\mathbb{C})$$

where $\hat{P}_2$ is the projective plane with all points p with $r \geq 3$ blown up. Of course, $\pi\rho = \tau\sigma$. The map σ is of degree n^{k-1} and ramifies over the proper transforms in $\hat{P}_2$ of the lines of the arrangement and over the curves E_p, each ramification index equals n. Furthermore, $\sigma^* E_p$ is a divisor in Y consisting of n^{k-1-r} disjoint curves C each with multiplicity n. All these curves are mapped to each other under the Galois group. As far as self-intersection numbers go we have the equation

$$(\sigma^* E_p) \cdot (\sigma^* E_p) = n^{k-1}(E_p \cdot E_p) = -n^{k-1}$$

which implies for each curve C

$$C \cdot C = -n^{r-2}. \tag{2}$$

(2.2) **Characteristic numbers**

We have defined a smooth algebraic surface Y for each arrangement of lines and any natural number $n \geq 2$. We wish to calculate the Chern numbers c_2, c_1^2 of Y. The number c_2 is the Euler number of Y, whereas c_1^2 is the selfintersection number of a canonical divisor of Y.

For the calculation of c_2 we use the principle that Euler numbers behave like the cardinal numbers of sets. We denote Euler numbers by e. Let $L_1, \ldots, L_k$ be the lines of the arrangement, L their union, and $\operatorname{sing} L$ the set of singular points of L. We first calculate the Euler number of the surface X with the set $\operatorname{sing} X$ of its singular points removed. We have

$$\begin{aligned} &e(X - \operatorname{sing} X) \\ &= n^{k-1} e\big(P_2(\mathbb{C}) - L\big) + n^{k-2} e(L - \operatorname{sing} L) + n^{k-3} t_2 \\ &= n^{k-1}\big(3 - 2k + \textstyle\sum (r-1) t_r\big) + n^{k-2}\big(2k - \textstyle\sum r t_r\big) + n^{k-3} t_2. \end{aligned} \tag{3}$$

Because of (1) we get for the Euler number of Y

$$e(Y) = e(X - \operatorname{sing} X) + \sum_{r \geq 3} n^{k-1-r} t_r \big(n^{r-1}(2-r) + r n^{r-2}\big) \tag{4}$$

which gives the following

Proposition. *Let Y be the smooth algebraic surface associated to an arrangement of k lines covering the plane with degree n^{k-1}. Then*

$$\begin{aligned} e(Y)/n^{k-3} &= c_2(Y)/n^{k-3} \\ &= n^2(3-2k+f_1-f_0)+2n(k-f_1+f_0)+f_1-t_2. \end{aligned} \tag{5}$$

Here we have used the abbreviations

$$f_1=\sum rt_r, \quad f_0=\sum t_r$$

which in the case real arrangements have a geometric meaning (1.1).

We now calculate the other characteristic number $c_1^2(Y)$. For $p \in \operatorname{sing} L$ let r_p be the number of lines passing through p. If $r_p \geq 3$, then we have the exceptional curve E_p in $\hat{P}_2$. For the divisor $L = L_1 + L_2 + \cdots + L_k$ we consider its improper transform (lift) $\tau^* L$ to $\hat{P}_2$ (see 2.1.), then

$$\tau^* L - \sum_{\substack{p \in \operatorname{sing} L \\ r_p \geq 3}} r_p E_p$$

is the proper transform of L. Consider as in 2.1. the map $\sigma\colon Y \longrightarrow \hat{P}_2$. The divisors $\sigma^*(\tau^* L - \sum r_p E_p)$ and $\sigma^*(E_p)$ of Y ($p \in \operatorname{sing} L, r_p \geq 3$) are divisible by n. If K is a canonical divisor of $P_2(\mathbb{C})$, then $\tau^* K + \sum E_p$ is a canonical divisor of $\hat{P}_2$. Applying the well-known facts on the behaviour of canonical divisors under ramified coverings we obtain

Lemma. *For a canonical divisor K on $P_2(\mathbb{C})$ consider the divisor (with rational coefficients)*

$$K_Y = \tau^* K + \sum E_p + \frac{n-1}{n}\Big(\sum E_p + \tau^* L - \sum r_p E_p\Big)$$

on $\hat{P}_2$, the sums being taken over all $p \in \operatorname{sing} L$ with $r_p \geq 3$. Then $\sigma^* K_Y$ is a canonical divisor of Y.

In $\hat{P}_2$ we have

$$K_Y K_Y = \Big(-3 + k\frac{n-1}{n}\Big)^2 - \sum_{r \geq 3} t_r \Big(1 + \frac{n-1}{n}(1-r)\Big)^2$$

which yields for $c_1^2(Y) = n^{k-1}K_Y K_Y$ the following formula

$$c_1^2(Y)/n^{k-3} = ((k-3)n-k)^2 - \sum_{r\geq 2} t_r((r-2)n-r+1)^2 + t_2 \tag{6}$$

Using $\frac{k(k-1)}{2} = \sum t_r \frac{r(r-1)}{2}$ and the abbreviations $f_1 = \sum rt_r$ and $f_0 = \sum t_r$ we get

$$\begin{aligned} c_1^2(Y)/n^{k-3} &= n^2(-5k+9+3f_1-4f_0) \\ &\quad + 4n(k-f_1+f_0) + f_1 - f_0 + k + t_2. \end{aligned} \tag{7}$$

(2.3) **Rough classification I**

It is not difficult to determine the canonical dimension of the surfaces Y and to carry out the rough classification in the sense of Enriques-Kodaira [20]. We first remark without proof that for an arrangement of k lines ($k \geq 4$) in general position (i.e., $t_r = 0$ for $r \geq 3$) the surface Y (covering $P_2(\mathbb{C})$ with degree n^{k-1}) is a complete intersection of $k-3$ Fermat surfaces of degree n in $P_{k-1}(\mathbb{C})$ where a Fermat surface is given by an equation $\sum_{i=0}^{k-1} a_i z_i^n$.

The Galois group of Y over $P_2(\mathbb{C})$ is the obvious automorphism group of such a complete intersection. (For $k = 3$, the surface Y is a projective plane.) The characteristic numbers of complete intersections are given by well-known formulas [10] which can be checked with (5) and (6). For $k \geq 6$ and $n \geq 2$ such a complete intersection is of general type (i.e., the canonical dimension equals 2), except for $k = 6$ and $n = 2$ where we have a $K3$-surface. We shall prove a similar statement for the surfaces Y belonging to arrangements which need not be in general position.

For the following discussion we always assume

$$k \geq 6, \quad n \geq 2, \quad t_k = t_{k-1} = t_{k-2} = 0. \tag{8}$$

The curve E_p in $\hat{P}_2$ is defined only if $r_p \geq 3$. This is always understood in the following formulas. In $\hat{P}_2$ we have to consider the proper transforms L'_j of the lines L_j of the arrangement:

$$L'_j = \tau^* L_j - \sum_{p \in L_j} E_p.$$

We now calculate $K_Y E_p$ and $K_Y L'_j$ (see the lemma in 2.2 and observe that $\tau^* K$ and $\tau^* L_j$ have with all E_p the intersection number 0).

$$(9)\qquad \begin{aligned} K_Y E_p &= -1 + \frac{n-1}{n}(r_p - 1) \geq 0 \\ K_Y E_p &= 0 \quad \Leftrightarrow \quad n = 2 \text{ and } r_p = 3. \end{aligned}$$

We have $K_Y L'_j = -3 + \frac{n-1}{n}k - \sum_{p \in L_j} K_Y E_p$.

Formula (9) implies

$$\sum_{p \in L_j} K_Y E_p = \frac{n-1}{n}(k-1) - \frac{n-1}{n}\#\{p \in L_j \mid r_p = 2\} - \#\{p \in L_j \mid r_p \geq 3\}.$$

Therefore

$$(10)\quad K_Y L'_j = -2 - \frac{1}{n} + \#\{p \in L_j \mid r_p \geq 2\} - \frac{1}{n}\#\{p \in L_j \mid r_p = 2\}.$$

In view of our assumption (8) it can be checked

$$(11)\qquad \begin{aligned} K_Y L'_j &\geq 0 \quad \text{if} \quad \#\{p \in L_j \mid r_p \geq 2\} \geq 3 \\ K_Y L'_j &> 0 \quad \text{if} \quad \#\{p \in L_j \mid r_p \geq 2\} \geq 3 \text{ and } n \geq 3. \end{aligned}$$

If $\#\{p \in L_j \mid r_p \geq 2\} = 2$, then the arrangement looks as follows

(12)

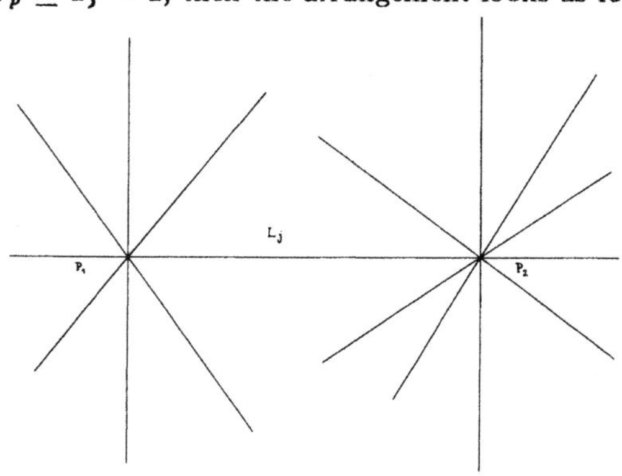

$$u + v - 1 = k, \quad u \geq 4, \quad v \geq 4$$
$$t_u = t_v = 1, \qquad t_2 = (u-1)(v-1), \quad t_r = 0 \quad \text{otherwise.}$$

We have $K_Y L'_j = -\frac{1}{n}$.

Theorem. *Assume the arrangement satisfies* (8) *and is not of type* (12). *Then the surface is minimal, i.e., does not contain exceptional curves. For an arrangement of type* (12) *the divisor* $\sigma^* L'_j$ *on* Y *consists of* n^{k-3} *disjoint exceptional curves (each with multiplicity* n*); blowing them down gives a minimal surface* Y_0 *which is a product of curves* C_1, C_2 *with Euler numbers*

$$e(C_1) = n^{u-1}(2-u) + un^{u-2}, \quad e(C_2) = n^{v-1}(2-v) + vn^{v-2}.$$

All the surfaces Y *belonging to an arrangement satisfying* (8) *are of general type for* $n \geq 3$. *For* $k = 6$ *and* $n = 2$ *the surface* Y *is a* $K3$*-surface and for* $k \geq 7$ *and* $n = 2$ *it is elliptic (of canonical dimension* ≥ 0*) or of general type.*

Proof. The divisor K_Y of the lemma in 2.2 can be written as

$$K_Y = \tau^* K + \left(2 - \frac{1}{n}\right) \sum E_p + \frac{n-1}{n} \sum L'_j.$$

We want to choose K such that K_Y is effective. Since $t_k = t_{k-1} = t_{k-2} = 0$, we can find six lines $L_1, L_2, \ldots, L_6$ in the arrangement such that not more than 3 of them pass through one point. For K on $P_2(\mathbb{C})$ we take $-\frac{1}{2}(L_1 + L_2 + \cdots + L_6)$ allowing half-integral coefficients (multiplying by 2 gives a double canonical divisor). Then K_Y is effective and positive, except for $k = 6$ and $n = 2$ where it vanishes (over the rationals). [In fact, in this case Y is a $K3$-surface, because the original surface X has only rational double points (of type A_1), their number being $4t_3$, and by Brieskorn's theory Y is a deformation of the surface which we get if we have an arrangement in general position, but then Y is a $K3$-surface.] The divisor $\sigma^* K_Y$ is an effective canonical divisor of Y (with rational coefficients). Therefore it contains all exceptional curves of Y. For an exceptional curve F on Y we have $\sigma^* K_Y \cdot F = -1$. Since K_Y is a linear combination of the E_p and L_j^1, the exceptional curve F is a component of some divisor $\sigma^* E_p$ or $\sigma^* L'_j$ (all components of such a divisor being transforms of each other under the Galois group). Therefore $\sigma^* K_Y \cdot F < 0$ is impossible because of (9) and (11) except for arrangements (12). All statements on an arrangement (12) can be checked easily, and we remark that $C_1 \times C_2$ is of general type, except if $n = 2$ and u or v equals 4. In the latter case C_1 or C_2 is elliptic. We still have to prove that Y is of general type if $n \geq 3$ (we can exclude arrangements (12)). We must show that $K_Y K_Y > 0$. But for $n \geq 3$ the divisor K_Y contains all curves E_p and L_j' with positive multiplicity, and $K_Y K_Y > 0$ follows from (9) and (11). The assertions for $n = 2$ follow because K_Y is effective for $k \geq 7$.

Remark. For $n = 2$ and $k \geq 7$ the surface Y is elliptic if and only if the arrangement is one of the following or of type (12) with u or v equal to 4.

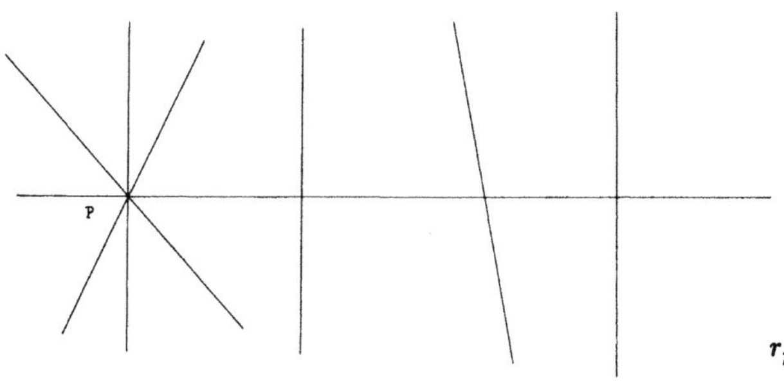

$r_p \geq 4$

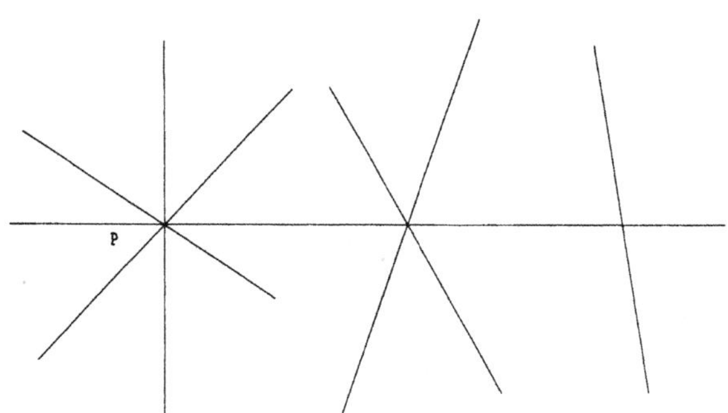

$r_p \geq 4$

(2.4) Rough classification II (for $t_{k-1} = 1$ or $t_{k-2} = 1$, and $k \geq 6$)

An arrangement

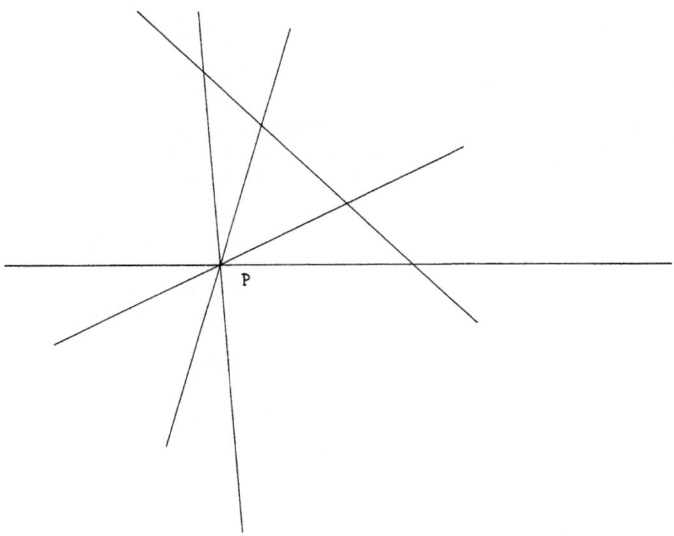

$$r_p \geq 2$$
$$k = r_p + 1$$

is called a near-pencil [8]. Then the surface Y is birationally equivalent to a ruled surface for all $n \geq 2$ and has canonical dimension $-\infty$.

The arrangements

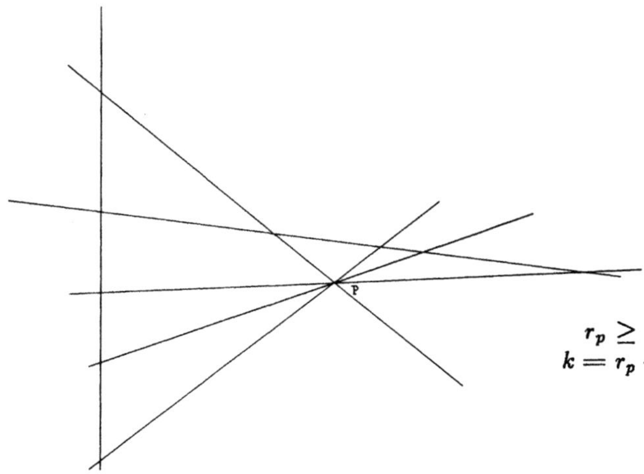

$r_p \geq 4$
$k = r_p + 2$

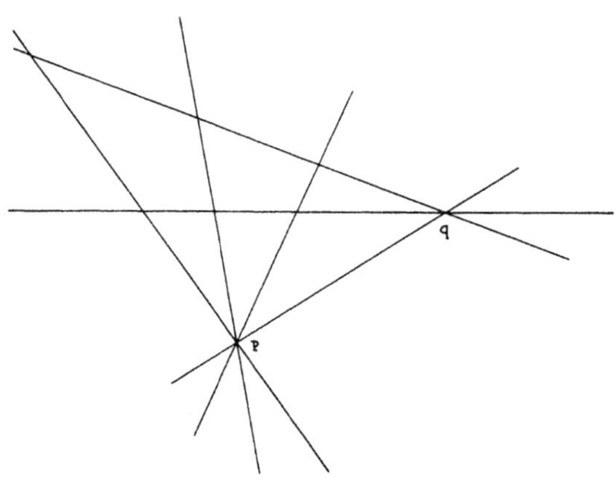

$r_p \geq 4, r_q = 3$
$k = r_p + 2$

lead to surfaces Y which for $n = 2$ are again birationally equivalent to ruled surfaces and have canonical dimensions $-\infty$. For $n = 3$ we get elliptic surfaces with canonical dimension ≥ 0 and for $n \geq 4$ surfaces of general type.

The theorem in 2.3 and the above remarks complete the rough classification of the surfaces Y for all arrangements with $k \geq 6$. In particular, we have

Theorem. *For an arrangement with $k \geq 6$ and $t_k = t_{k-1} = 0$, the surface Y has canonical dimension ≥ 0 for $n \geq 3$. For an arrangement with $k \geq 6$ and $t_k = t_{k-1} = t_{k-2} = 0$ the canonical dimension is ≥ 0 for $n \geq 2$. (In these cases no ruled surfaces occur.)*

We leave it to the reader to investigate the surfaces for $k = 4, 5$ $(t_k = t_{k-1} = 0)$. The surface Y is rational, or of canonical dimension ≥ 0.

(2.5) **The Miyaoka-Yau inequality**

We consider the Chern numbers c_1^2 and c_2 for an algebraic surface S. If S is of general type and minimal, then

$$c_1^2(S) \leq 3c_2(S), \tag{13}$$

and equality holds if and only if the universal cover of S is biholomorphically equivalent to the unit ball $|z_1|^2 + |z_2|^2 < 1$ (compare the introduction). If (13) holds for a surface S, then it is also true for any surface obtained by blowing up points of S. Therefore (13) is true for all surfaces of general type. The Enriques-Kodaira classification gives also a list of minimal algebraic surfaces. The inequality (13) is wrong for the minimal algebraic surface S if and only if S is a ruled surface with a curve of genus $g \geq 2$ as base curve. In this case $c_1^2 = 8(1-g), c_2 = 4(1-g)$.

Therefore, (13) *is true if S is not birationally equivalent to a ruled surface with base curve of genus $g \geq 2$.* In particular, (13) is true if the canonical dimension of S is ≥ 0 or if the surface is rational.

The results of 2.3 and 2.4 imply

Theorem. *For an arrangement of k lines with $t_k = t_{k-1} = t_{k-2} = 0$ the algebraic surface Y satisfies the Miyaoka-Yau inequality for all $n \geq 2$. If $t_k = t_{k-1} = 0$ the inequality is true for all $n \geq 3$.*

§3 The Miyaoka-Yau Inequality and Applications

For an algebraic surface S of general type the Euler number $c_2(S)$ is positive, the ratio $c_1^2(S)/c_2(S)$ is less or equal 3. The signature is positive if and only if $c_1^2(S)/-c_2(S)$ is greater than 2. We want to construct surfaces using arrangements of lines for which the ratio is 3 or near to 3. In any case the whole range between 2 and 3 is interesting. For the surfaces coming from arrangements of lines the number $3c_2(S)-c_1^2(S)$ is calculated in terms of the combinatorial data of the arrangement. Since $3c_2(S)-c_1^2(S) \geq 0$, this gives restrictions on the combinatorial data and results on arrangements which could not be proved directly up to now.

(3.1) **The quadratic polynomial associated to an arrangement**
Let Y be the smooth algebraic surface associated to an arrangement of k lines covering the plane with degree n^{k-1}. Then

$$(1)\quad \begin{aligned}&(3c_2(Y)-c_1^2(Y))/n^{k-3} = \\ &\qquad n^2(f_0-k)+n(-2f_1+2f_0+2k)+2f_1+f_0-k-4t_2.\end{aligned}$$

This follows from equations (5) and (7) in §2. If we replace in (1) the "variable" n by $x+1$ we obtain the following quadratic polynomial

$$(2)\qquad F(x)=x^2(f_0-k)-2x(f_1-2f_0)+4(f_0-t_2).$$

The polynomial F is called the *quadratic polynomial of the arrangement.* The coefficients f_1-2f_0 and f_0-t_2 are positive except if the arrangement is in general position when both vanish. The coefficient f_0-k is positive if $t_k=t_{k-1}=0$. This follows from the theorem in 2.5. The inequality $f_0\geq k$ (if $t_k=0$) is an old result on arrangements of lines valid in every projective plane [8].

The theorem in 2.5 implies

Theorem. *For an arrangement of k lines in the complex projective plane we consider the associated quadratic polynomial $F(x)$. If $t_k=t_{k-1}=t_{k-2}=0$, then $F(x)\geq 0$ for all integers x. If $t_k=t_{k-1}=0$, then $F(x)\geq 0$ for all integers $x\neq 1$; in particular $F(2)\geq 0$ which means*

1 $$(3)\qquad t_2+t_3\geq k+t_5+2t_6+3t_7+\cdots.$$

The inequality (3) shows for example that arrangements of k lines with $t_2 = t_3 = t_k = 0$ are impossible in the complex projective plane.

Conjecture. *The quadratic form*

$$(f_0 - k)u^2 - 2(f_1 - 2f_0)uv + 4(f_0 - t_2)v^2$$

is positive semidefinite if $t_k = t_{k-1} = t_{k-2} = 0$, *in other words we conjecture*

$$(f_1 - 2f_0)^2 \leq 4(f_0 - k)(f_0 - t_2). \tag{4}$$

The conjecture can be verified for all arrangements mentioned in §1. For a real simplicial arrangement we have $f_1 = 3f_0 - 3$ and

$$F(x) = x^2(f_0 - k) - 2x(f_0 - 3) + 4(f_0 - t_2). \tag{5}$$

The conjecture claims (if $t_k = t_{k-1} = t_{k-2} = 0$)

$$(f_0 - 3)^2 \leq 4(f_0 - k)(f_0 - t_2). \tag{6}$$

Of course, we are interested in cases when $F(x) = 0$ for some natural number x. Then we get a surface with $c_1^2 = 3c_2$. Up to now only the following arrangements could be found

I. The real simplicial arrangement $A_1(6)$ (see §1) with $k = 6$, $f_0 = 7$, $t_2 = 3$ and

$$F(x) = (x - 4)^2.$$

II. The arrangement of the 12 lines in the Hesse pencil (see 1.2, S-T number 25, and 1.3) with $k = 12$, $t_2 = 12$, $t_4 = 9$ and

$$F(x) = 9(x - 2)^2.$$

III. The arrangement $A_3^0(3)$ coming from the nine inflection points of a cubic by dualizing. In this case $k = 9, t_3 = 12$ and

$$F(x) = 3(x - 4)^2$$

Arrangement II is the only arrangement known with equality sign in (3).

(3.2) Three surfaces with $c_1^2 = 3c_2$

Using the arrangements I, II, III in 3.1 we get three surfaces Y_1, Y_2, Y_3 with $c_1^2 = 3c_2$, they are coverings of the plane of degrees 5^5, 3^{11}, 5^8 respectively. (Recall that $n = x + 1$.) The Euler numbers c_2 can be calculated by §2(5).

$$c_2(Y_1) = 15 \cdot 5^3,\ c_2(Y_2) = 48 \cdot 3^9,\ c_2(Y_3) = 111 \cdot 5^6.$$

Ishida [17] has calculated the irregularity of these surfaces. He obtained

2 $$q(Y_1) = 30,\ q(Y_2) = 154,\ q(Y_3) = 96.$$

Inoue [16] and Livné [21] constructed several surfaces of general type with $c_1^2 = 3c_2$ using elliptic modular surfaces. For convenience we copy the explanation of these surfaces from Ishida [18]: Let $E(n)$ be the elliptic modular surface of level $n > 3$. The elliptic fibration $E(n) \to X(n)$ has n^2 sections. The union D of all the sections is divisible in $\mathrm{Pic}((E(n))$ by n if n is odd and by $n/2$ if n is even. Hence for each divisor d of n or $n/2$, we can take a cyclic cover $S = S_d(n)_\Delta \to E(n)$ of order d which is ramified over D. It is not unique in general, but depends on the choice of the element $\Delta \in \mathrm{Pic}(E(n))$ with $d\Delta = D$. Inoue and Livné showed $c_1(S)^2 = 3c_2(S)$ for the cases

$$(n, d) = (7,7), (8,4), (9,3) \text{ and } (12,2).$$

In the case $(n, d) = (5,5)$, Δ is unique and the inverse images of the twenty-five sections of $E(n)$ in S are exceptional curves of the first kind. The nonsingular surface $S(5)$ obtained by contracting all these curves has Chern numbers $c_1^2 = 3c_2 = 225$.

The surface Y_1 admits an action of $A = (\mathbb{Z}/5\mathbb{Z})^5$. There are many subgroups A_2 of A of order 25 which operate freely on Y_1. Dividing Y_1 by such a subgroup gives a surface with $c_1^2 = 3c_2 = 225$, and A_2 can be chosen in such a way that $Y_1/A_2 = S(5)$ (Hirzebruch and Ishida [18], compare also [12]). Similarly Y_2 admits an action of $A = (\mathbb{Z}/3\mathbb{Z})^{11}$. Then A has a subgroup A_5 of order 3^5 which operates freely, the quotient being $S_3(9)_\Delta$ for the unique $\Delta \in \mathrm{Pic}(E(9))$ such that all automorphisms of $E(9)$ lift to $S_3(9)_\Delta$. This is a result of Ishida [18]. The surface $Y_2/A_5 = S_3(9)_\Delta$ has Chern numbers $c_1^2 = 3c_2 = 16 \cdot 3^6$.

(3.3) Behaviour of c_1^2/c_2 for $n \to \infty$

If S is minimal surface of general type, then both Chern numbers $c_1^2(S)$ and $c_2(S)$ are positive and we have

$$\frac{1}{5}(c_2(S) - 36) \leq c_1^2(S) \leq 3c_2(S),$$

the first inequality being due to M. Noether. Suppose we have a sequence S_n of minimal surfaces of general type with $\lim_{n\to\infty} c_2(S_n) = \infty$, then

$$\frac{1}{5} \leq \underline{\lim} \frac{c_1^2(S_n)}{c_2(S_n)} \leq \overline{\lim} \frac{c_1^2(S_n)}{c_2(S_n)} \leq 3. \tag{7}$$

3 **Problem.** *Which numbers r in the interval $[\frac{1}{5}, 3]$ occur as*

$$r = \lim_{n\to\infty} \frac{c_1^2(S_n)}{c_2(S_n)}$$

for a sequence S_n of minimal surfaces of general type with $c_1^2(S_n)/c_2(S_n) \neq r$? Let $\mathfrak{R}$ be the set of these r, in other words $\mathfrak{R}$ is the set of accumulation points of the set of values c_1^2/c_2 of minimal surfaces of general type. Which numbers of the interval $[\frac{1}{5}, 3]$ are accumulation points of R?

For an arrangement of k lines with $k \geq 6$ and $t_k = t_{k-1} = t_{k-2} = 0$ which is not of type (12) (see §2), the surface Y_n associated to the arrangement (covering the plane with degree n^{k-1}) is minimal of general type for $n \geq 3$. Since $c_2(Y_n) > 0$, we have $f_1 - f_0 \geq 2k - 3$ (see the polynomial (5) in §2). Therefore, the linear coefficient of this polynomial is negative and hence $f_1 - f_0 > 2k - 3$. It also follows that the leading coefficient of the polynomial (7) in §2 is positive. We obtain

$$\lim_{n\to\infty} \frac{c_1^2(Y_n)}{c_2(Y_n)} = \frac{5}{2} - \frac{3f_0 - f_1 - 3}{2(3 - 2k + f_1 - f_0)} \tag{8}$$

where $3 - 2k + f_1 - f_0 > 0$. The limit in (8) will be called the characteristic number γ of the arrangement.

Proposition. *The characteristic number γ of a real arrangement is less or equal $5/2$. We have $\gamma = 5/2$ if and only if the real arrangement is simplicial.*

Proof. By §1(3) we have $3f_0 - f_1 - 3 = \sum_{r\geq 3}(r-3)p_r \geq 0$.

Remark. In his paper [15] Iitaka has studied the characteristic number γ from some other point of view. He erroneously claimed $\gamma \le 5/2$. But this can be wrong for arrangements not definable over the reals, for example $\gamma > \frac{5}{2}$ if $t_2 = 0$.

If the arrangement is in general position ($f_1 = 2f_0$), then $\gamma < 2$, but $\lim_{k\to\infty} \gamma = 2$. Therefore, the number 2 is an accumulation point (from below) of the set $\mathfrak{R}$. According to [19], $2 + \frac{1}{2n-1} \in \mathfrak{R}$, so 2 is also an accumulation point from above.

For the arrangements mentioned in the lemma of 1.3 we have

$$\gamma = \frac{5}{2} - (k-3-w)/2\big(k(k-6)/3 - w/3 + 3\big).$$

Therefore 5/2 is an accumulation point (from below) of the set $\mathfrak{R}$.

For the arrangement $A_3^0(m)$ of 1.2 we get

$$\gamma = \frac{5}{2} + \frac{3m-6}{2(2m^2-3m)}.$$

Therefore 5/2 is an accumulation point (from above) of the set $\mathfrak{R}$.

According to Holzapfel[13] the number 3 belongs to $\mathfrak{R}$. We could not prove this using the surfaces coming from line arrangements. However, it is possible to construct surfaces (for some arrangements and some n) with c_1^2/c_2 fairly near to 3.

(3.4) Surfaces with c_1^2/c_2 near to 3

According to §2(5), (7) c_1^2/c_2 is a quotient of quadratic polynomials in n. We give some examples. Let us first take the arrangements I, II, III of 3.1. We obtain

I. $3 - c_1^2/c_2 = (n-5)^2/(2n^2 - 10n + 15)$
For $n = 6$ we have $c_1^2/c_2 = 2\frac{26}{27}$

II. $3 - c_1^2/c_2 = 3(n-3)^2/(6n^2 - 18n + 16)$
For $n = 4$ we have $c_1^2/c_2 = 2\frac{37}{40}$

III. $3 - c_1^2/c_2 = 3(n-5)^2/(3n^2 - 10n + 12)$
For $n = 6$ we have $c_1^2/c_2 = 2\frac{59}{60}$

For the icosahedral arrangement (see 1.2, called $A_1(15)$ in Grünbaum's list) we obtain

$$3 - c_1^2/c_2 = \frac{16n^2 - 88n + 136}{32n^2 - 88n + 75}$$

For $n = 3$ this gives $c_1^2/c_2 = 2\frac{83}{99}$.

For the arrangement $A_1(19)$ with 19 lines arising from the Lie group E_8 (see 1.2) we have

$$3 - c_1^2/c_2 = \frac{30n^2 - 152n + 234}{60n^2 - 152n + 123}$$

For $n = 3$ we have $c_1^2/c_2 = 2\frac{53}{69}$.

For the arrangement with S–T number 24 belonging to the simple group of order 168 we have

$$3 - c_1^2/c_2 = \frac{7(n^2 - 7n + 13)}{20n^2 - 49n + 42}$$

For $n = 4$ we have $c_1^2/c_2 = 2\frac{159}{166}$.

The reader may try some more of the arrangements considered in §1. The resulting surfaces should be investigated more thoroughly, e.g., the irregularities should be calculated. The results of this paper can be generalized in many ways, e.g., one can consider conics instead of lines.

(3.5) **Remark**

It might be that the set $\mathfrak{R}$ introduced in 3.3 is the whole interval $[\frac{1}{5}, 3]$. In fact, it follows from Persson's results [29] that $[\frac{1}{5}, 2] \subset \mathfrak{R}$. But not much seems to be known for the interval $[2, 3]$. It also occurs in [21] that 5/2 is an accumulation point of $\mathfrak{R}$.

References

[1] Brieskorn, E.: Sur les groupes de tresses (d'après V.I. Arnold), Séminaire Bourbaki, 24e année, 1971/72, Lecture Notes 317, p. 21–44, Springer 1973.

[2] Burr, St., Grünbaum, B., and Sloane, N. J. A.: The orchard problem, Geometriae Dedicata 2, pp. 397–424 (1974).

[3] Cartier, P.: Les arrangements d'hyperplans: Un chapitre de géométrie combinatoire, Séminaire Bourbaki, 33e année, 1980/81, Lecture Notes 901, p. 1–22, Springer 1981.

[4] Deligne, P.: Les immeubles des groupes de tresses généralisés, Inv. Math. 17, p.273–302 (1972).

[5] Deligne, P., and Mostow, G. D.: Monodromy of hypergeometric functions and non-lattice integral monodromy, Publications Math. 63 (1986), 5–89.

[6] Fricke, R. und Klein, F.: Vorlesungen über die Theorie der automorphen Funktionen, zwei Bände, Nachdruck der 1. Auflage von 1897, Teubner Stuttgart 1965.

[7] Grünbaum, B.: Arrangements of hyperplanes, in Proc. Second Louisiana Conference on Combinatorics and Graph Theory, p. 41–106, Baton Rouge 1971.

[8] Grünbaum, B.: Arrangements and spreads, Regional Conference Series in Mathematics, Number 10, Amer. Math. Soc. 1972.

[9] Hansen, St.: Contributions to the Sylvester-Gallai-Theory, Polyteknisk Forlag København 1981.

[10] Hirzebruch, F.: Der Satz von Riemann-Roch in Faisceau-theoretischer Formulierung, Proc. Intern. Congress Math. 1954, Vol. III, p. 457–473, North-Holland Publishing Company, Amsterdam 1956.

[11] Hirzebruch, F.: Automorphe Formen und der Satz von Riemann-Roch, Symp. Intern. Top. Alg. 1956, p. 129–144, Universidad de México 1958.

[12] Hirzebruch, F.: Some examples of algebraic surfaces, Proc. 21st Summer Research Institute Australian Math. Soc. 1981, p. 55–71, Contemporary Mathematics Vol. 9, Amer. Math. Soc. 1982.

[13] Holzapfel, R.-P.: A class of minimal surfaces in the unknown region of surface geography, Math. Nachr. 98, p. 211–232 (1980).

[14] Holzapfel, R.-P.: Invariants of arithmetic ball quotient surfaces, Math. Nachr. 103, p. 117–153 (1981).

[15] Iitaka, S.: Geometry on complements of lines in P^2, Tokyo J. Math. 1, p. 1–19 (1978).

[16] Inoue, M.: Some surfaces of general type with positive indices, preprint 1981.
[17] Ishida, M.-N.: The irregularities of Hirzebruch's examples of surfaces of general type with $c_1^2 = 3c_2$, Math. Ann. 262 (1983), 407–420.
[18] Ishida, M.-N.: Hirzebruch's examples of surfaces of general type with $c_1^2 = 3c_2$, in: Algebraic Geometry Proc. Tokyo Kyoto 1982, Springer Lecture Notes 1016 (1983), 412–431.
[19] Kodaira, K.: A certain type of irregular algebraic surfaces, J. Analyse Math. 19, p. 207–215 (1967).
[20] Kodaira, K.: On the structure of complex analytic surface IV, Amer. J. of Math. 90, p. 1048–1066 (1967).
[21] Livné, R. A.: On certain covers of the universal elliptic curve, Ph. D. thesis, Harvard University 1981.
[22] Miyaoka, Y.: On the Chern numbers of surfaces of general type, Inv. Math. 42, p. 225–237 (1977).
[23] Miyaoka, Y.: On algebraic surfaces with positive index, in: Classification of algebraic and analytic manifolds, Progress in Math. 39, Birkhäuser Verlag 1983, 281–301.
[24] Mostow, G. D.: Complex reflection groups and non-arithmetic monodromy, lecture at the Bonn Arbeitstagung June 1981, Proc. Nat. Acad. Sci. USA 78 (1981), 5948–5950.
[25] Mostow, G. D. and Siu, Y.-T.: A compact Kähler surface of negative curvature not covered by the ball, Ann. of Math. 112, p. 321–360 (1980).
[26] Orlik, P. and Solomon, L.: Combinatorics and topology of complements of hyperplanes, Inv. Math. 56, p. 167–189 (1980).
[27] Orlik, P. and Solomon, L.: Coxeter arrangements, Amer. Math. Soc. Proc. Symp. Pure Math 40 (1983), Part 2, 269–291.
[28] Orlik, P. and Solomon, L.: Arrangements defined by unitary reflection groups, Math. Ann. 261 (1982), 339–357.
[29] Persson, U.: Chern invariants of surfaces of general type, Comp. Math. 43, p. 3–58 (1981).
[30] Shephard, G. C. and Todd, J. A.: Finite unitary reflection groups, Can. J. Math. 6, p. 274–304 (1954).
[31] Yau, S.-T.: Calabi's conjecture and some new results in algebraic geometry, Proc. Nat. Acad. Sci. USA 74, p. 1798–1799 (1977).

Remarks added in proof:

1) The conjecture in 3.1 is wrong as Dr. Werner Meyer pointed out:

Take arrangements A_1 and A_2 of k_1 and k_2 lines respectively which are in general position to each other. Consider the combined arrangement $A_1 \cup A_2$. Then the numerical characteristics t_r are additive except for t_2 which satisfies

$$t_2(A_1 \cup A_2) = t_2(A_1) + t_2(A_2) + k_1 k_2$$

Let F_1, F_2, F be the quadratic polynomials for $A_1, A_2, A_1 \cup A_2$. Then

$$F(x) = F_1(x) + F_2(x) + k_1 k_2 x^2$$

If we take for A_2 a pencil with k_2 large with respect to k_1, then $F(x)$ becomes indefinite. Maybe the conjecture remains true if one assumes that the arrangement "does not contain large pencils".

2) The inequality (3) in 3.1 can be improved by using results of F. Sakai (Semi-Stable Curves on Algebraic Surfaces and Logarithmic Pluricanonical Maps, Math. Ann 254, p. 89–120 (1980)). We have

4 $$t_2 + \frac{3}{4} t_3 \geq k + t_5 + 2t_6 + 3t_7 + \cdots$$

This is sharp for $A_1(6), A_1(9), A_3^0(3), A_3^0(4)$ and the arrangements with S–T numbers 24 and 25.

3) B. Grünbaum has written to me that the arrangements $A_2(17)$ and $A_7(17)$ of his list are isomorphic.

Received November 22, 1982

Professor Dr. F. Hirzebruch
Max-Planck-Institut für Mathematik
Gottfried-Claren-Strasse 26
5300 Bonn 3
Federal Republic of Germany

70.

Mannigfaltigkeiten und algebraische Topologie

In: C. Schneider (Hrsg.): Forschung in der Bundesrepublik Deutschland, S. 489–506, Weinheim: Verlag Chemie 1983 (Deutsche Forschungsgemeinschaft)

* Seit mehr als 30 Jahren beschäftige ich mich mit Mannigfaltigkeiten, besonders mit algebraischen Mannigfaltigkeiten. Der Intention dieser Denkschrift entsprechend enthält der Bericht viel von meiner eigenen mathematischen Entwicklung.

Im Jahre 1954 habe ich meine Habilitationsschrift „Neue topologische Methoden in der algebraischen Geometrie" an der Universität Münster vorgelegt, deren Resultate in der anregenden Atmosphäre des Institute for Advanced Study in Princeton gefunden wurden. Der zweijährige Aufenthalt in Princeton war für mich entscheidend für alle späteren Arbeiten, und deshalb habe ich für diesen Bericht einen Titel gewählt, der von dem Titel der Habilitationsschrift nicht weit entfernt ist.

Ich sollte aus meiner mathematischen Umwelt berichten, das ist das Mathematische Institut der Universität Bonn, der Sonderforschungsbereich „Theoretische Mathematik" und seit kurzem das Max-Planck-Institut für Mathematik; dazu gehören auch die internationalen Verbindungen dieser Institutionen. Für Teile dieses Berichts haben mehrere Kollegen Entwürfe geliefert, allen sei herzlich gedankt. Die Auswahl der Forschungsergebnisse, über die ich hier berichte, war in gewissem Sinne willkürlich. In der Differentialgeometrie habe ich selber nicht gearbeitet, aber ich habe dieses Gebiet trotzdem mit aufgenommen, weil es in Bonn einen besonderen Schwerpunkt bildet. (Ich danke A. Derdzinski, Polen, z. Zt. Gastprofessor am SFB Theoretische Mathematik, der Abschnitt 3 entworfen hat.) Die Theorie der Singularitäten, die mich seit langem interessiert und die in den letzten Jahren am Sonderforschungsbereich einen besonderen Aufschwung erlebt hat, wurde dagegen nicht berücksichtigt; sie wird nur am Rande in Abschnitt 1. erwähnt und spielt eine gewisse Rolle in Abschnitt 2. Die komplexe Analysis, die in Bonn eine starke Arbeitsgruppe bildet, wurde auch nicht aufgenommen.

1. Mannigfaltigkeiten — Kobordismustheorie und Anwendungen

Zu den fundamentalen Begriffen, die im 19. Jahrhundert in die Mathematik eingeführt wurden, gehört der Mannigfaltigkeitsbegriff. Er ist stark geometrisch motiviert, z. B. kann die Oberfläche eines Körpers als 2-dimensionale Mannigfaltigkeit interpretiert werden. Der Mannigfaltigkeitsbegriff spielt außerdem eine wichtige Rolle in der Relativitätstheorie. Auf die historische Entwicklung dieses Begriffs im 19. Jahrhundert, die mit Riemanns Habilitationsvortrag 1854 beginnt, kann hier nicht eingegangen werden. Es sei jedoch erwähnt, daß kürzlich eine Bonner Dissertation (Referent Brieskorn) hierüber erschienen ist (Erhard Scholz, Geschichte des Mannigfaltigkeitsbegriffs von Riemann bis Poincaré, Basel: Birkhäuser 1980, 430 S.).

Schon im 19. Jahrhundert konnte man die 2-dimensionalen Mannigfaltigkeiten klassifizieren, aber das entsprechende Problem für höher-dimensionale Mannigfaltigkeiten ist ungleich schwieriger. Ein entscheidender Schritt in dieser Richtung wurde Anfang der fünfziger Jahre dieses Jahrhunderts von dem französischen Mathematiker R. Thom gemacht, der der Öffentlichkeit besonders durch die Entwicklung der sogenannten Katastrophentheorie bekannt geworden ist. Im Jahre 1954 erschien in den Commentarii Mathematici Helvetici Thoms fundamentale Arbeit über globale Eigenschaften differenzierbarer Mannigfaltigkeiten, in der eine stark vergröberte Klassifikation aller Mannigfaltigkeiten, nämlich die „Kobordismusklassifikation", durchgeführt wurde. Stark vergröbert soll hier heißen, daß zwei unberandete Mannigfaltigkeiten gleicher Dimension bereits dann als äquivalent angesehen werden, wenn sie gemeinsam eine um eins höherdimensionale Mannigfaltigkeit beranden. Zum Beispiel ist eine Kreislinie zu einem Paar von Kreisen kobordant, weil diese 1-dimensionalen Mannigfaltigkeiten (Kurven) gemeinsam den Rand einer 2-dimensionalen Mannigfaltigkeit (Fläche) bilden:

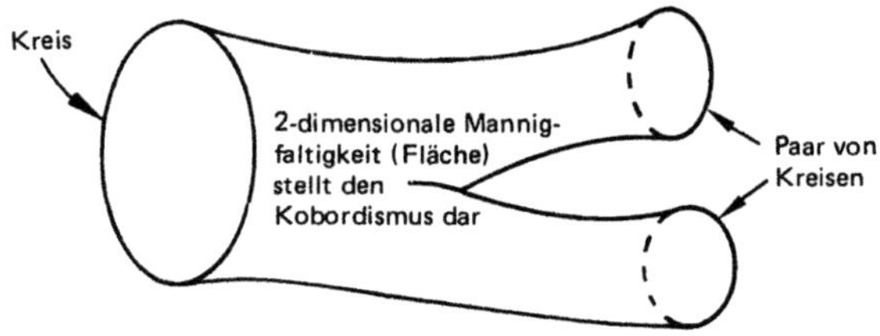

Figur 1

Die Resultate von Thom, die auch Untersuchungen des sowjetischen Mathematikers Pontryagin benutzten, waren der Beginn einer sehr schnellen Entwicklung, die zu einer Theorie führte, mit deren Hilfe man heute erstaunliche Resultate über Mannigfaltigkeiten erhalten kann. Eine Entwicklungslinie möge hier aufgezeichnet werden.

Von Hermann Weyl wurde 1924 die Signatur einer Mannigfaltigkeit eingeführt: Es sei X eine orientierte 2m-dimensionale kompakte unberandete Mannigfaltigkeit. Zwei m-dimensionale Untermannigfaltigkeiten A und B von X schneiden sich, wenn sie in allgemeiner Lage sind, in endlich vielen Punkten. Die Schnittzahl $A \cdot B$ zählt die Schnittpunkte. (Bei Berücksichtigung der Orientierungen von A, B und X kann die Schnittzahl auch negativ sein.) Für m ungerade ist $A \cdot B = -B \cdot A$, für m gerade ist $A \cdot B = B \cdot A$. Für $m = 1$ (zweidimensionale Mannigfaltigkeiten) hat bereits Riemann das Schnittverhalten untersucht. Sein Ergebnis gilt im Prinzip für beliebiges ungerades m. Für gerades m, d. h. für Mannigfaltigkeiten einer durch 4 teilbaren Dimension, wird das Schnittverhalten durch eine symmetrische ganzzahlige quadratische Matrix der Determinante ± 1 gegeben. Die Anzahl der Zeilen und Spalten dieser Matrix gibt an, wieviel Untermannigfaltigkeiten der mittleren Dimension m es gibt, die in gewissem Sinne voneinander unabhängig sind. Für eine solche Matrix gibt es eine Hauptachsentransformation auf Diagonalform; in der Diagonale stehen die Eigenwerte, und die Signatur der Mannigfaltigkeit ist per definitionem die Anzahl der positiven Eigenwerte vermindert um die Anzahl der negativen Eigenwerte. Ihre Bedeutung liegt darin, daß sie eine *Invariante* (unter Kobordismus) darstellt, d. h. sie ändert sich beim Übergang von einer Mannigfaltigkeit X zu einer zu X kobordanten Mannigfaltigkeit X' nicht. Solche Invarianten spielen in der Mathematik, insbesondere bei Klassifikationsfragen, immer eine große Rolle. Als weitere Kobordismusinvarianten kannte man die sogenannten Pontryaginschen Zahlen, welche u. a. die Verdrilltheit des Tangentialbündels messen. (Das Tangentialbündel einer Mannigfaltigkeit ist unverdrillt, wenn es einen Fernparallelismus gibt, d. h. einen Prozeß, der Richtungen in verschiedenen Punkten vergleichbar macht.) Mit Hilfe der Thomschen Kobordismustheorie konnte ich 1953 den Signatursatz beweisen, der in expliziter Weise die Signatur durch die Pontryaginschen Zahlen ausdrückt. Dieser Satz fand in den anschließenden Jahrzehnten zahlreiche Anwendungen und Fortentwicklungen. Ich wandte ihn in der algebraischen Geometrie an. Dort betrachtet man algebraische Mannigfaltigkeiten. Eine solche Mannigfaltigkeit liegt im projektiven Raum als Nullstellengebilde endlich vieler homogener Polynome. Sie hat topologisch gesehen stets gerade Dimension, da man komplexe Zahlen verwendet.

Untersucht werden gewisse lineare Räume von Funktionen auf diesen Mannigfaltigkeiten, an deren Null- und Polstellen man bestimmte Bedingungen stellt. Für algebraische Kurven (Riemannsche Flächen, topologische Dimension 2) gibt der Satz von Riemann (verbessert durch Roch 1864) über die Dimensionalität dieser linearen Räume Auskunft. Für algebraische Flächen (topologische Dimension 4) gibt es seit langem einen entsprechenden Satz (Castelnuovo 1896). In höheren Dimensionen war wenig bekannt. Im Jahre 1953 gelang mir der Beweis eines solchen Satzes für beliebige Dimension. Für die Formulierung waren ganz neue Methoden erforderlich (Garbentheorie, entwickelt von dem französischen Mathematiker L. Leray 1950). Beim Beweis spielte der Signatursatz eine entscheidende Rolle. Diese Ergebnisse wurden 1952—54 während eines Gastaufenthalts am Institute for Advanced Study in Princeton, New Jersey, USA, gefunden. Sie waren nur möglich durch Zusammenarbeit mit A. Borel (Schweiz, damals Gast, jetzt Professor am Institute), mit K. Kodaira (Japan, damals Princeton University) und mit D.C. Spencer (USA, damals Princeton University). Die bahnbrechenden Resultate und Vermutungen von J.P. Serre (Paris) flossen in die Arbeiten ein. Die Signatur einer Mannigfaltigkeit wurde später von M.F. Atiyah (Oxford) als Index eines elliptischen Operators erkannt. Der Signatursatz und auch der verallgemeinerte Satz von Riemann-Roch wurden Spezialfälle des Atiyah-Singerschen Indexsatzes über elliptische Operatoren, eine faszinierende Entwicklung der frühen sechziger Jahre. In den letzten Jahren sind diese Theorien in der mathematischen Physik angewandt worden.

Eine besonders schöne Anwendung des Signatursatzes stammt von J. Milnor (Princeton). Die einfachsten Mannigfaltigkeiten sind die Sphären. Betrachtet man im n-dimensionalen Euklidischen Raum die Menge der Punkte, die vom Nullpunkt den Abstand 1 haben, dann erhält man die (n − 1)-dimensionale Sphäre, für n = 2 ist das die gewöhnliche Kreislinie. Milnor bewies, daß es 7-dimensionale Mannigfaltigkeiten gibt, die zwar eineindeutig und stetig, aber nicht eineindeutig und glatt auf die 7-dimensionale Sphäre abgebildet werden können. (Bei einer stetigen Abbildung kann es Ecken geben, bei glatten Abbildungen dagegen nicht.)

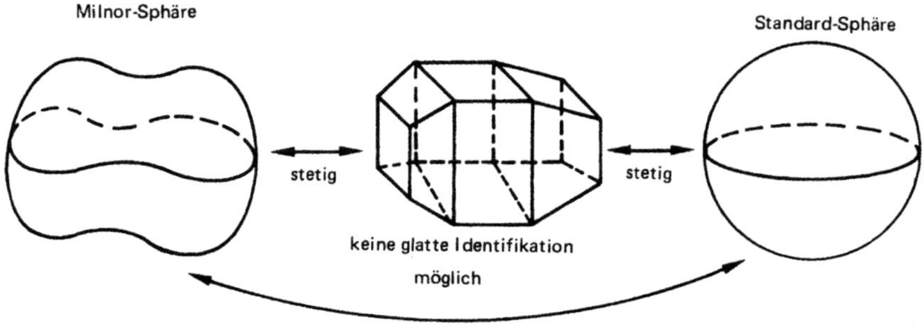

Figur 2

Milnor erhält seine „exotische Sphäre" als Rand einer besonderen 8-dimensionalen Mannigfaltigkeit mit Signatur 8. Wäre seine Sphäre zu einer gewöhnlichen Sphäre äquivalent, so könnte man als Anwendung des Signatursatzes zeigen, daß die Signatur dieser Mannigfaltigkeit durch 7 teilbar sein müßte. Die im Signatursatz behauptete Beziehung zwischen Signatur und Pontryaginschen Zahlen (Gleichheit verschieden definierter Invarianten) hat also als Folge die Existenz geometrischer Objekte mit neuen Eigenschaften.

Hier zeigte sich wieder, daß in den höheren Dimensionen Phänomene auftreten, die von den Sachverhalten in unserer vertrauten 3-dimensionalen Welt sehr abweichen. Die Differentialtopologie nahm einen unerwarteten Aufstieg.

Ganz überraschend war das Ergebnis von Brieskorn (Student in Bonn, Professor in Göttingen, dann Bonn) aus dem Jahre 1966, wonach durch folgende Gleichungen (in komplexen Zahlen) eine exotische Milnorsche Sphäre der Dimension 7 gegeben wird:

$$z_1^2 + z_2^2 + z_3^2 + z_4^3 + z_5^5 = 0$$

$$|z_1|^2 + |z_2|^2 + |z_3|^2 + |z_4|^2 + |z_5|^2 = 1$$

Die erste Gleichung hat im Nullpunkt eine Singularität, d. h. sie beschreibt ein (in diesem Fall 8-dimensionales) algebraisches Gebilde, das im Nullpunkt nicht glatt ist. Die Milnorsche Sphäre tritt als Umgebungsrand dieses singulären Punktes auf. Die zunächst recht exotisch anmutende Konstruktion von Milnor findet sich also in der algebraischen Geometrie, wo alles durch explizite Gleichungen beschrieben wird, wieder.

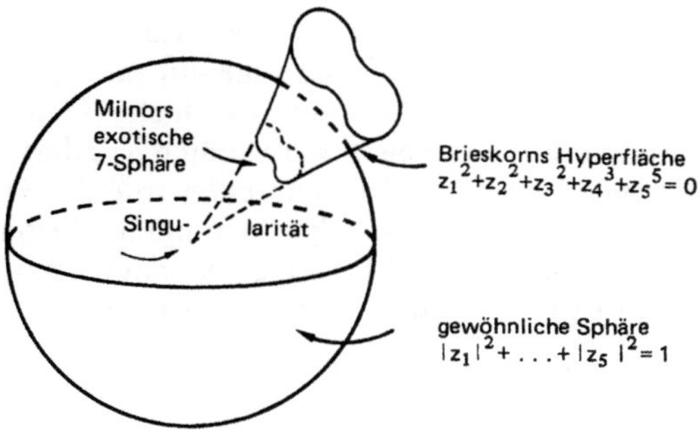

Figur 3

Die Erforschung von Singularitäten war stets einer der Schwerpunkte des SFB Theoretische Mathematik in Bonn (gegründet 1969). Dabei sind unter Leitung von Brieskorn viele schöne Ergebnisse in Zusammenarbeit mit Gastmathematikern des SFB erzielt worden.

Es soll jetzt über eine Fortentwicklung der Kobordismustheorie berichtet werden. Es hat sich als sehr fruchtbar erwiesen, bei einem mathematischen Objekt die Gruppe der Automorphismen zu untersuchen; zum Beispiel kann man bei einem regelmäßigen Körper die Drehungen betrachten, die den Körper in sich überführen. (Bei einem Würfel gibt es einschließlich der Identität 24 solche Drehungen.) Die Automorphismengruppe spiegelt gewisse Eigenschaften des mathematischen Objekts wider, z. B. kann man die Symmetrieeigenschaften eines geometrischen Objekts an ihr ablesen. Diese Art des Vorgehens hängt sehr mit dem Programm von Felix Klein zusammen (Erlanger Antrittsrede 1872).

Die Geometrie von Mannigfaltigkeiten ist im allgemeinen sehr kompliziert, so daß die Eigenschaften der Automorphismengruppe, bei Mannigfaltigkeiten Diffeomorphismen genannt, sehr schwer zu untersuchen sind. (M.F. Atiyah und ich gaben 1969 Beispiele von Mannigfaltigkeiten an, deren Automorphismengruppe keine kreisförmige Untergruppe enthält.) Es ist naheliegend, ähnlich wie bei der Kobordismusklassifikation von Mannigfaltigkeiten durch Thom, eine Kobordismusklassifikation von Diffeomorphismen vorzunehmen. Dies wurde von dem amerikanischen Mathematiker W. Browder im Jahre 1967 als Problem formuliert. Im Jahre 1976 wurde das Problem von M. Kreck (Student und Assistent in Bonn; Professor in Wuppertal, Mainz; z. Zt. Gastprofessor am SFB) für orientierte Mannigfaltigkeiten der Dimension größer als 3 gelöst. Die Lösung besteht in der Angabe eines vollständigen Systems von numerischen und algebraischen Invarianten. Das System der numerischen Invarianten ist nicht endlich, was einen Teilaspekt der oben erwähnten geometrischen Komplexität der Mannigfaltigkeiten widerspiegelt. Aber die Beschreibung der Invarianten ist so explizit, daß man in vielen Fällen entscheiden kann, ob zwei Diffeomorphismen kobordant sind. Die algebraischen Invarianten hängen eng mit der oben beschriebenen Schnittmatrix der Mannigfaltigkeit zusammen. Man kann in dieser Situation wieder eine Signatur, die äquivariante Signatur, einführen, die wichtige Informationen über den Diffeomorphismus beinhaltet. Für Diffeomorphismen endlicher Ordnung kann man die äquivariante Signatur mit Hilfe von bereits erwähnten Resultaten von M.F. Atiyah analog zum Signatursatz berechnen. Vor kurzem wurde die Kobordismusgruppe von Diffeomorphismen auf 2-dimensionalen Mannigfaltigkeiten von F. Bonahon und unabhängig von L. Edmonds und J. Ewing abstrakt berechnet, ein vollständiges Invariantensystem ist für diesen Fall aber noch nicht bekannt.

2. Modulmannigfaltigkeiten — Arithmetik

Wenn eine Mannigfaltigkeit X zusätzliche Struktur besitzt, dann betrachtet man nur die Automorphismen von X, welche diese Struktur invariant lassen. Die Mannigfaltigkeit X heißt homogen, wenn sie von jedem Punkt gleich aussieht, d. h. wenn es zu zwei Punkten immer einen Automorphismus gibt, der den einen in den anderen überführt. Die zusätzliche Struktur kann zum Beispiel eine Riemannsche Metrik (Abstandsfunktion) im Sinne der Differentialgeometrie sein; die Automorphismen sind dann Isometrien (abstandserhaltende Bewegungen). Es sei nun Γ eine unendliche, aber diskrete Gruppe von Isometrien. Man könnte z. B. an den Fall denken, daß X eine Linie und Γ die Gruppe aller Verschiebungen um ganzzahlige Abstände ist, dies ist allerdings ein recht triviales Beispiel. In dem ersten interessanten Beispiel ist X die Halbebene der komplexen Zahlen z mit positivem Imaginärteil und Γ die klassische Modulgruppe, bestehend aus den 2×2-Matrizen $\begin{pmatrix} a & b \\ c & d \end{pmatrix}$ von ganzen Zahlen mit Determinante 1. Die Operation auf der oberen Halbebene geschieht durch $z \to \frac{az+b}{cz+d}$.

Bild oben: X = Gerade, Γ wird erzeugt durch die Translation um 1.

Bild rechts: X = Halbebene, Γ vertauscht die gezeichneten „hyperbolischen Dreiecke", welche von senkrechten Geraden bzw. Halbkreisen berandet werden.

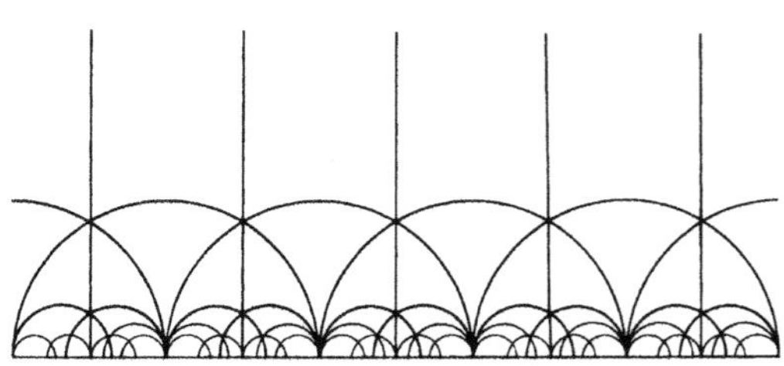

Figur 4

Die obere Halbebene kann als Modell der ebenen nicht-euklidischen Geometrie angesehen werden, und Γ ist dann eine diskrete Gruppe von Bewegungen dieser nicht-euklidischen Geometrie.

Für einen homogenen Raum X und eine diskrete Gruppe Γ studiert man den Quotienten X/Γ, wobei zwei Punkte identifiziert werden, wenn sie durch eine zu Γ gehörende Bewegung ineinander übergehen. Dieser Quotient wäre in dem ersten Beispiel oben ein Kreis, in dem zweiten eine 2-dimensionale Sphäre, aus der man einen Punkt entfernt hat (Fig. 5).

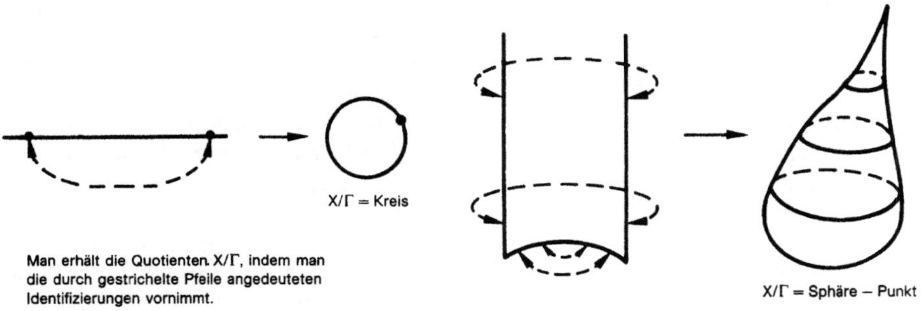

Figur 5

Die Untersuchung der X/Γ ist eines der aufregendsten Gebiete der Mathematik. Es ist weit verzweigt und hängt mit fast allen Teilen der Mathematik zusammen. Man treibt Analysis auf den Räumen X/Γ. Wenn X eine komplexe Struktur besitzt, dann kann man X/Γ als algebraisch-geometrisches Objekt studieren und versuchen, X/Γ durch Funktionen oder Formen, die auf X erklärt und unter Γ invariant sind, in einen projektiven Raum einzubetten. Die Theorie dieser automorphen Funktionen oder Formen (man sagt auch Modulfunktionen und Modulformen) spielte eine große Rolle in der Mathematik des 19. Jahrhunderts und ist in den beiden letzten Jahrzehnten wieder ganz in den Vordergrund getreten. Die Quotienten X/Γ liefern, wie gesagt, Beispiele für algebraische Mannigfaltigkeiten; diese speziellen Mannigfaltigkeiten heißen auch Modulmannigfaltigkeiten. Viele klassische Fälle von Modulkurven (komplexe Dimension 1, topologische Dimension 2), die als Quotienten der oberen Halbebene entstehen, sind von R. Fricke und F. Klein in den Jahren 1880—1910 untersucht worden. In der algebraischen Geometrie sind die algebraischen Flächen viel interessanter als die algebraischen Kurven. Zu solchen gelangt man, wenn X die komplexe Dimension 2 hat. Es gibt dann zwei Möglichkeiten für X: das cartesische Produkt H × H der oberen Halbebene mit sich selbst und der komplexe Ball, bestehend aus allen Paaren z_1,z_2 komplexer Zahlen mit

$$|z_1|^2 + |z_2|^2 < 1 .$$

Im ersten Fall zieht man eine „arithmetisch definierte“ Gruppe Γ heran, die auf das engste mit der Zahlentheorie verknüpft ist. Die Quotienten X/Γ sind dann die sogenannten Hilbertschen Modulflächen, die erstmalig von O. Blumenthal (bei Hilbert) im Jahre 1903, später von Hecke und in den Jahren 1954—1965 von K.-B. Gundlach (jetzt Marburg) untersucht wurden. Seit 1970 haben sie wieder besonderes Interesse gefunden (Arbeiten von E. Freitag, Heidelberg). Die Hilbertschen Modulflächen können durch Hinzunahme von endlich vielen Punkten zu geschlossenen algebraischen Flächen gemacht werden (man denke an das Beispiel oben, wo H/Γ gleich einer Sphäre minus einem Punkt war). Diese Punkte, welche „Spitzen“ heißen, sind Singularitäten im Sinne der algebraischen Geometrie; für Singularitäten hat man den Begriff der Auflösung. 1971 habe ich ein explizites Verfahren zur Auflösung der Spitzen gefunden, d. h. ich konnte singularitätenfreie Modelle für die Hilbertschen Modulflächen angeben. Dies ermöglichte ein genaues Studium der Geometrie dieser Flächen, was in den letzten 10 Jahren zu vielen Ergebnissen unter Beteiligung vieler Mathematiker geführt hat (Van de Ven, van der Geer [Niederlande], D. Zagier [Bonn, später auch University of Maryland], E. Thomas und A.T. Vasquez [USA], M. Inoue [Japan]).

Für den komplexen Ball kann man Gruppen Γ mit Hilfe imaginär-quadratischer Zahlkörper arithmetisch definieren. Hieran arbeitet u. a. eine Gruppe von Mathematikern in Ost-Berlin (R.-P. Holzapfel). Die Auflösung der Singularitäten Hilbertscher Modulflächen wurde von F. Ehlers (Bonn) in seiner Diplomarbeit auf höhere Dimension verallgemeinert. Von D. Mumford (Harvard University) stammt der Prozeß der „toroidal embeddings“, dem sich die angegebenen Auflösungsprozesse unterordnen.

Ein immer wiederkehrendes Motiv ist, zu untersuchen, wie sich die Zahlentheorie des Körpers in der Geometrie der Modulfläche widerspiegelt. So spielen zum Beispiel beim Auflösen der Singularitäten Kettenbruchentwicklungen eine Rolle, die der Gaußschen Reduktionstheorie indefiniter binärer quadratischer Formen entsprechen (Disquisitiones Arithmeticae 1801). Es gibt arithmetisch motivierte Einbettungen von Modulkurven in die Hilbertschen Modulflächen, außerdem noch Kurven, die durch die Auflösung der Singularitäten entstehen. (Es wird übrigens vermutet, daß diese speziellen Kurven alle algebraischen Klassen in der Homologie von X/Γ liefern, womit man in diesen Fällen eine Bestimmung der Picard-Zahl oder Anzahl unabhängiger algebraischer Zykel hätte, die als eine der geheimnisvollsten Invarianten algebraischer Flächen gilt; auf diese Frage kommen wir später zurück.) Eine der interessantesten Entwicklungen, die sich bei der Untersuchung der Hilbertschen Modulflächen ergaben, ist die Entdeckung eines Zusammenhangs zwischen den Schnittzahlen dieser Modulkurven und den Fourierschen Entwicklungskoeffizienten gewisser klassischer Modulformen. Dieser Zusammenhang (Hirzebruch-Zagier, 1976), der zunächst empirisch und mit Hilfe eines Computers gefunden und erst ein paar Jahre später bewiesen wurde, gab einerseits eine geometrische Erklärung und weitgehende Verallgemeinerung gewisser Identitäten, die seit 100 Jahren bekannt, aber mysteriös geblieben waren (Klassenzahlrelationen von Hurwitz und Kronecker). Andererseits hat sich in letzter Zeit herausgestellt, daß die hier auftretende Beziehung nur das erste Beispiel eines sehr allgemeinen Phänomens ist, das in der Theorie der automorphen Funktionen eine noch nicht abzuschätzende, aber bestimmt interessante Rolle spielt (Arbeiten von Kudla, Kudla-Milson, Tong-Wang u. a. in den USA).

Erwähnt werden soll noch, daß Quotienten X/Γ ganz automatisch beim Studium von Abelschen Mannigfaltigkeiten auftreten. Bei gewissen Klassifikationsproblemen entsprechen die Punkte von X/Γ eindeutig den zu klassifizierenden mathematischen Objekten. Dies ist sogar eines der ältesten Themen der Theorie und geht auf Abel (1802—1829) und Jacobi (1804—1851) zurück. In neuerer Zeit ist dieser Aspekt von E. Freitag (Heidelberg) in Zusammenarbeit mit D. Mumford (Harvard University) und von van der Geer (Amsterdam; Mitglied des SFB 40, Bonn) untersucht worden.

Es dürfte klar geworden sein, daß die Objekte X/Γ etwas mit Zahlentheorie zu tun haben und daß zahlentheoretische Eigenschaften des zugrunde liegenden Körpers die Geometrie bestimmen. Auch umgekehrt ergeben sich zahlentheoretische Anwendungen, und zwar nicht nur in den diskutierten Spezialfällen. Hierüber muß noch einiges gesagt werden.

Die Theorie der Modulformen liefert z. B. die klassischen Formeln für die Anzahl der Darstellungen einer natürlichen Zahl als Summe von 4 Quadraten, dies führt dann schließlich zur Theorie des großen Göttinger Mathematikers C. L. Siegel (1896—1981); sie liefert aber auch die Theorie der komplexen Multiplikation, die (nach Kronecker) um 1900 von Weber und vielen anderen entwickelt wurde und heute in der Theorie der Shimura-Mannigfaltigkeiten gipfelt. Die Quotienten X/Γ liefern nicht nur Beispiele für interessante algebraische Varietäten, sondern sind auch arithmetisch interessant. Zum Beispiel haben im letzten Jahr in Bonn die Mathematiker G. Harder (Bonn), R. P. Langlands (Institute for Advanced Study in Princeton, Gast des SFB 40) und M. Rapoport (jetzt Heidelberg, Gast des SFB 40) Hilbertsche Modulmannigfaltigkeiten mit arithmetischen Methoden (Operation der Galoisgruppe auf der l-adischen Kohomologie) studiert und dabei neue Einsichten in das oben erwähnte Problem der Bestimmung der Picardzahl gewonnen.

Den hier geschilderten Gesichtspunkt kann man gar nicht hoch genug einschätzen. Viele Mathematiker hoffen, daß im Studium der Modulformen die Schlüssel für viele Fragen der Zahlentheorie liegen. (Wenn man pessimistischer formuliert, kann man sagen, daß für viele der Fragen hier die einzige Möglichkeit liegt, weiterzukommen, wenn überhaupt.) Ein Beleg für diese These ist die spektakuläre Lösung (1980) der sogenannten Hauptvermutung über Kreisteilungskörper durch B. Mazur und A. Wiles (Harvard University).

Ein anderer Aspekt ist das Studium der Kohomologie der Quotientenräume X/Γ. In Bonn wurde hauptsächlich der Anteil der „Kohomologie im Unendlichen" untersucht (G. Harder, J. Schwermer). Diese Theorie wurde 1970 von Harder angeregt; sie ist in weniger systematischer Form schon bei E. Hecke (1887—1947) und Eichler (Basel) zu finden und ist gewissermaßen komplementär zu der darstellungstheoretischen Untersuchung des sogenannten „diskreten Anteils" der Kohomologie, wie sie u. a. von A. Borel, N. Wallach (Princeton), Casselman (Vancouver) und Zuckerman (Yale) gemacht wird. Ganz grob gesagt handelt es sich dabei darum, daß die Quotienten X/Γ gewisse ins Unendliche reichende Äste haben, die von dem ‚harten Kern' von X/Γ abzweigen. Die Theorie der Eisensteinreihen (Eisenstein 1823—1852) hat etwas von einer Streutheorie an sich; man schreibt auf den Ästen gewisse Daten (Kohomologieklassen) vor, ‚schießt' sie in den Kern hinein und schaut nach, was herauskommt, wenn die Klassen (oder „Wellen") reflektiert werden. Auf diese Weise kann man in gewissen Fällen das Verhalten der Kohomologie im Unendlichen beschreiben; dies geschieht mit Hilfe der Eisensteinkohomologie. Diese hat, obwohl sie mit transzendenten Mitteln konstruiert wurde, arithmetische Eigenschaften. So kann man zum Beispiel in einigen Fällen die Kohomologieklassen auf Zykeln auswerten und spezielle Werte von L-Funktionen herausbekommen; über deren arithmetische Natur hat man dann Informationen, die aus der arithmetischen Natur der Eisensteinklassen fließen. Um es einfacher zu sagen, man bekommt Formeln, die die klassischen Formeln

$$1 + \frac{1}{4} + \frac{1}{9} + \frac{1}{16} + \ldots = \frac{\pi^2}{6}$$

$$1 - \frac{1}{3} + \frac{1}{5} - \frac{1}{7} + \ldots = \frac{\pi}{4}$$

von Bernoulli und Leibniz verallgemeinern. Und diese Formeln haben eine „arithmetische Bedeutung" (so hofft man wenigstens, verstehen kann man es bis jetzt nur in wenigen Fällen).

Wir erwähnen einen letzten Fall, der zur Thematik „Quotienten X/Γ und Arithmetik" paßt: man nimmt für X den 3-dimensionalen reellen hyperbolischen Raum, d. h. die ‚Welt' der nicht-euklidischen räumlichen Geometrie, die vor 150 Jahren von Gauß, Bolyai und Lobatschevski entdeckt wurde. Hierüber gibt es viele faszinierende Ergebnisse; in letzter Zeit hat Thurston (Princeton) eine ganze Theorie der 3-dimensionalen Mannigfaltigkeiten auf diesen hyperbolischen Fall gegründet. In Deutschland sind wir durch Untersuchungen von Grunewald (Bielefeld, jetzt Bonn) und Mennicke (Bielefeld) beteiligt. Kürzlich hat Zagier die geometrische Theorie und speziell die Formeln für die Volumina von Quotienten des hyperbolischen 3-Raums angewandt, um Ergebnisse über spezielle Werte von L-Funktionen zu erhalten.

3. Mannigfaltigkeiten — Differentialgeometrie

Gegenstand der Differentialgeometrie sind Mannigfaltigkeiten mit zusätzlichen Strukturen, die man mit Hilfe des Krümmungsbegriffs untersucht. Unter der Krümmung versteht man eine Größe, die den Unterschied zwischen der gegebenen Struktur und gewissen einfachen Modellstrukturen mißt und die aus Ableitungen der die Struktur beschreibenden Funktionen gebildet wird. Von äußeren Krümmungsmaßen euklidischer Kurven abgesehen, wurde der erste wichtige

Krümmungsbegriff von Gauß (Disquisitiones generales circa superficies curvas, 1827) eingeführt; die Gaußsche Krümmung einer Fläche F im dreidimensionalen euklidischen Raum E^3 ist die Funktion K auf F, deren Wert in jedem Punkt p der Fläche F mißt, wie der Inhalt einer auf F liegenden Scheibe um p, von kleinem (auf F gemessenen) Radius r von dem entsprechenden Wert für eine Ebene (also πr^2) abweicht. Ist F eine Ebene, so ist $K = 0$ in jedem Punkt (Figur 6a). Die Krümmung einer Sphäre ist positiv (Figur 6b), eines Hyperboloids dagegen negativ (Figur 6c).

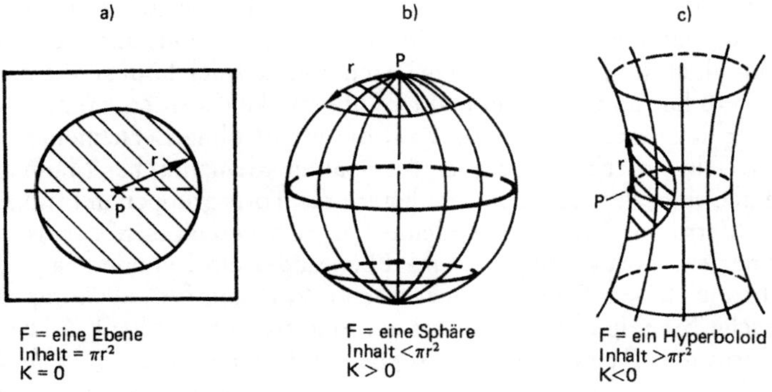

Figur 6

Für eine Ebene oder eine Sphäre ist die Krümmungsfunktion K konstant; im allgemeinen braucht weder K noch das Vorzeichen von K konstant zu sein:

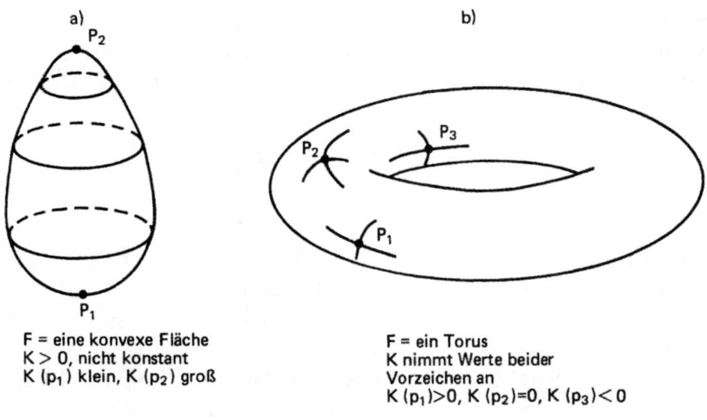

Figur 7

Die Gaußsche Krümmungsidee wurde von Riemann (1854) auf den Fall der Mannigfaltigkeiten beliebiger Dimension n erweitert, die mit einer Riemannschen Metrik (oder einer geeigneten Abstandsfunktion) versehen sind. Für $n > 2$ läßt sich jedoch die Riemannsche Krümmung K nicht mehr als eine Funktion auf der Mannigfaltigkeit M auffassen: sie ordnet jedem Punkt p und jeder „zweidimensionalen Richtung" (Tangentialebene) σ in p eine Zahl zu, nämlich die Gaußsche Krümmung $K(p,\sigma)$ eines in M liegenden und in p zu σ tangentiellen Flächenstückes. Die Riemannsche Krümmung beschreibt die lokale Abweichung der gegebenen n-dimensionalen Riemannschen Mannigfaltigkeit M von dem euklidischen Raum E^n in dem Sinne, daß $K = 0$ genau dann, wenn M lokal isometrisch zu E^n ist, worunter man versteht, daß kleine Stücke von M sich isometrisch (abstandstreu) auf Stücke des Euklidischen Raumes E^n abbilden lassen. Ein Beispiel dafür ist die Zylinderfläche, die $K = 0$ hat und stückweise auf E^2 abgewickelt werden kann, obwohl eine Abwicklung des gesamten Zylinders auf die Ebene ohne Zerschneiden undurchführbar ist. Die einfachsten Beispiele kompakter Riemannscher Mannigfaltigkeiten, die flach sind, d. h. $K = 0$ haben, liefern die Torusgruppen mit translationsinvarianten Metriken. (Kompakt bedeutet „in sich geschlossen"; so ist z. B. eine Sphäre oder ein Torus kompakt, eine Ebene oder ein Zylinder dagegen nicht.) Umgekehrt, nach dem Satz von Bieberbach (1911), gilt für jede kompakte flache Riemannsche Mannigfaltigkeit M, bis auf eine Isometrie, $M = T/\Gamma$, wobei T ein flacher Torus und Γ eine endliche Gruppe von Isometrien von T ist. In ähnlicher Weise sind die Einheitssphären S^n in E^{n+1} Beispiele Riemannscher Mannigfaltigkeiten konstanter Krümmung $K = 1$; umgekehrt, ist M eine kompakte Riemannsche Mannigfaltigkeit mit $K = 1$, so gilt wieder, daß M lokal isometrisch zu einem solchen Beispiel ist: $M = S^n/\Gamma$, wobei n die Dimension von M und Γ eine endliche Isometriegruppe ist (H. Hopf, 1926).

Die erwähnten klassischen Sätze zeigen, daß für eine kompakte Riemannsche Mannigfaltigkeit M die Krümmungsvoraussetzungen $K = 0$ bzw. $K = 1$ dem topologischen Typ (siehe weiter unten) von M starke Bedingungen auferlegen. Es entsteht die natürliche Frage, was von den topologischen Folgerungen übrigbleibt, wenn diese Voraussetzungen nur „annähernd" erfüllt sind. Positive Resultate in dieser Richtung werden allgemein als „pinching theorems" bezeichnet; die einfachsten von ihnen erhält man für kompakte Flächen aus der Gauß-Bonnet-Formel

$$\frac{1}{2\pi}\int_M K = \chi(M)\,,$$

die die Eulersche Zahl $\chi(M)$ der Fläche M durch das Krümmungsintegral ausdrückt (vgl. auch Abschnitt 4). Ist z. B. M orientierbar und $K > 0$ [bzw. $|K| \cdot (\text{Inhalt } M) < 4\pi$], so muß M den topologischen Typ der Sphäre S^2 (bzw. des Torus T^2) haben.

Am Fall kompakter Flächen in E^3, die $K > 0$ haben (also konvexe Körper berandende) kann man den Begriff vom topologischen Typ anschaulicher machen: eine solche Fläche läßt sich zwar nicht auf eine Sphäre abstandstreu abbilden (es sei denn, K ist konstant), kann aber stetig und eineindeutig (d. h. ohne Zerreißen oder Zusammenkleben) in die Sphäre deformiert werden (vgl. Abb. 7 a).

Im Fall kompakter Riemannscher Mannigfaltigkeiten M, deren Krümmung K „dicht bei 1" liegt, setzt man oft voraus, daß M einfach-zusammenhängend sei ($\pi_1 M = 0$), d. h. jede geschlossene Kurve auf M läßt sich stetig in M auf einen Punkt zusammenziehen; nach einem Satz von S. B. Myers (1935) ist diese Voraussetzung, im Fall $K > 0$, keine wesentliche Beschränkung der Allgemeinheit. Als erstes bedeutendes „pinching theorem" in diesem Fall muß man den berühmten, heute schon klassischen Sphärensatz erwähnen: Jede kompakte Riemannsche Mannigfaltigkeit M mit $\pi_1 M = 0$ und $\frac{1}{4} < K \leqq 1$ hat den topologischen Typ einer Sphäre. Das Ergebnis wurde in mehreren Etappen erreicht. Der amerikanische Mathematiker E. Rauch (1951) benötigte schärfere Krümmungsschranken. M. Berger (Paris, 1960) bewies den Satz in geraden Dimensionen. W. Klingenberg (seit 1966 Professor in Bonn) konnte die endgültige Fassung im Jahre 1961 beweisen. Bemerkenswert ist, daß die komplexen projektiven Räume mit ihrer natürlichen Metrik geradedimensionale Beispiele mit $\frac{1}{4} \leqq K \leqq 1$ sind.

Hier und im folgenden ist die spezielle obere Schranke $K \leqq 1$ keine wesentliche Einschränkung, denn ein „Maßstabswechsel" $\bar{g} = cg$ $(c > 0)$ ergibt eine neue Metrik, deren Krümmung $\bar{K} = \frac{1}{c} K$ ist.

Da es exotische Sphären gibt (vgl. Abschnitt 1), folgt im Sphärensatz nicht, daß M diffeomorph zu einer Standardsphäre ist. Von D. Gromoll (Dissertation Bonn 1964, jetzt Professor in USA) und dann von K. Grove (Dänemark), H. Karcher, E. Ruh (Professoren in Bonn) und den japanischen Mathematikern K. Shiohama und M. Sugimoto in einer Reihe in Bonn am Sonderforschungsbereich „Theoretische Mathematik" entstandener Arbeiten wurden immer niedrigere Schranken δ gefunden, die für ein kompaktes M mit $\pi_1 M = 0$ und $\delta < K \leq 1$ schließen lassen, daß M eine Standardsphäre ist; die beste dieser Schranken ist $\delta = 0.76$ (K. Grove, H. Karcher, E. Ruh: Math. Ann. 1974). In Bonn wurde von K. Grove, dem Schweizer Mathematiker H.-Ch. Im Hof, H. Karcher und E. Ruh eine äquivariante Fassung dieses Satzes entwickelt für den Fall, wo auf M eine Isometriegruppe operiert. Unter gewissen „pinching" Voraussetzungen an die Krümmung gibt es einen Diffeomorphismus von M auf die Standardsphäre, bei dem die gegebene Isometriegruppe in eine Gruppe von Drehungen übergeht.

Für den Fall kompakter Riemannscher Mannigfaltigkeiten M, deren Krümmung K „dicht bei 0" liegt, müssen die entsprechenden „pinching theorems" ganz anders formuliert werden. Wegen des möglichen Maßstabswechsels kann die Krümmung nicht durch absolute Zahlen, sondern muß durch geeignete Potenzen des Durchmessers diam (M) (oder des Volumens) von M abgeschätzt werden. Als M. Gromov (früher Sowjetunion, jetzt Paris) im Jahre 1976 die ε-flachen kompakten Riemannschen Mannigfaltigkeiten durch die Ungleichung $|K| \leqq \varepsilon(\mathrm{diam}(M))^{-2}$ definierte, bewies er auch, daß unter den kompakten Mannigfaltigkeiten, die für jedes $\varepsilon > 0$ eine ε-flache Metrik besitzen, sich nicht nur Quotientenräume von Tori befinden, sondern auch die weit umfangreichere Klasse von Nil-Mannigfaltigkeiten. Gromov bewies aber (1976), daß es für jedes n ein $\varepsilon > 0$ gibt, so daß jede ε-flache kompakte n-dimensionale Riemannsche Mannigfaltigkeit eine (endliche) Überlagerung durch eine Nil-Mannigfaltigkeit besitzt. Gromovs Beweis wurde in Bonn von dem Schweizer Mathematiker P. Buser und von H. Karcher weiterentwickelt und an vielen Stellen vereinfacht (Gromov's almost flat manifolds, Astérisque, Paris 1981); dieser Beweis beruht, wie die Beweise aller bisher erwähnten Resultate, auf verschiedenen direkt geometrischen Methoden. Hierauf aufbauend konnte E. Ruh die zweite Hälfte des Beweises mit einer auf Existenzsätzen für partielle Differentialgleichungen beruhenden Methode behandeln, die auch noch das bei Gromov nicht geklärte Problem der endlichen Überlagerung so löste, daß der Satz nun als qualitative Version des Bieberbachschen Satzes (siehe oben) formulierbar ist (Bonn 1981).

Im Hinblick auf viele neuere Resultate erscheint aber der von uns bisher betrachtete Vergleich mit Räumen konstanter Krümmung als zu eingeschränkt. Man kann ihn in natürlicher Weise erweitern, indem man als „pinching theorems" alle die Sätze bezeichnet, die aus Krümmungsähnlichkeiten zwischen einer beliebigen kompakten Riemannschen Mannigfaltigkeit M und einem beliebigen festen Modellraum M_0 auf topologische Ähnlichkeit zwischen M und einem Quotientenraum von M_0 schließen lassen. Als natürliche Modellräume bieten sich vor allem gewisse homogene Riemannsche Mannigfaltigkeiten an (durch die Homogenität wird die Formulierung der „Krümmungsähnlichkeit" wesentlich erleichtert), nämlich die von É. Cartan (ab 1926) eingeführten und klassifizierten symmetrischen Räume. Mit Anwendung von Methoden der partiellen Differentialgleichungen wurden von Min-Oo (früher Burma, jetzt Bonn) und E. Ruh zwei wichtige „pinching theorems" mit Cartan-symmetrischen Modellräumen bewiesen.

Die geschilderten „pinching theorems" für K nahe 1 erlaubten wegen der gleichmäßigen Krümmungsschranken direkte geometrische Beweise. Eine sehr interessante Abschwächung fast konstanter Krümmung wird nun nahegelegt, da nach F. Schur (1886) für $n \geqq 3$ aus punktweise konstanter Krümmung global konstante Krümmung folgt: Es wird nur noch $\delta_n \cdot A \leqq K \leqq A$ mit einer positiven stetigen Funktion A vorausgesetzt. Damit sind bekannte direkte Methoden nicht mehr einsetzbar. Es gelang E. Ruh (Bonn 1982) jedoch, mit seiner analytischen Methode zu beweisen, daß M diffeomorph zu einem Raum konstanter Krümmung ist, falls die von n abhängige Konstante δ_n nahe genug bei 1 ist.

4. Algebraische Topologie

In den drei ersten Abschnitten wurde über Mannigfaltigkeiten berichtet. Dabei wurde deutlich, wie oft Methoden der algebraischen Topologie bei der Untersuchung von Mannigfaltigkeiten benutzt werden müssen (Homologiegruppen, Kohomologiegruppen, Schnittzahlen usw.). Die Mannigfaltigkeiten sind spezielle räumliche Gebilde. Die algebraische Topologie beschäftigt sich mit dem Studium und der Klassifikation allgemeiner räumlicher Gebilde, von denen man meistens annehmen kann, daß sie sich durch sogenannte simpliziale Komplexe beschreiben lassen.

Die Bausteine, aus denen simpliziale Komplexe aufgebaut werden, sind in der Dimension 2 die Dreiecke. Nimmt man zwei Dreiecke, welche von unterschiedlicher Größe und Form sein dürfen, so kann man sie an zwei Kanten verkleben, wenn die entsprechenden Kantenlängen übereinstimmen. Es ist anschaulich klar, daß aus einer Vielzahl von Dreiecken durch solche Verklebungen sehr komplizierte Flächen entstehen können. In der Dimension 3 nimmt man als Bausteine statt der Dreiecke die Pyramiden mit dreieckigen Seiten, welche man auch Tetraeder nennt. Diese werden an zusammenpassenden dreieckigen Seiten oder auch nur an zusammenpassenden Kanten verklebt. In entsprechender Weise hat man in allen Dimensionen die Simplizes als Bausteine. Dreiecke und Tetraeder sind die 2- bzw. die 3-dimensionalen Simplizes. Um das bei einer Verklebung entstandene räumliche Gebilde zu charakterisieren, ist es nur notwendig, die Verklebungsvorschrift anzugeben. Eine solche Verklebungsvorschrift kann ein Computer speichern.

Andererseits ist es möglich, räumliche Gebilde in viele Simplizes zu zerlegen. Als Beispiel kann man eine Fläche (etwa die Oberfläche eines räumlichen Gegenstandes wie eines Würfels) in viele kleine Dreiecke zerschneiden. Verkleben wir wieder alle Schnitte, so haben wir damit auch eine Verklebungsvorschrift, welche die Fläche darstellt. Nun ist klar, daß eine gegebene Fläche auf viele verschiedene Weisen in Dreiecke zerlegt werden kann und deshalb viele verschiedene Verklebungsvorschriften die gleiche Fläche charakterisieren.

Für einen Computer, der kein anschauliches Sehvermögen besitzt, entsteht damit ein fundamentales Problem: Wie kann ein Computer, in dem zwei verschiedene Verklebungsvorschriften gespeichert sind, berechnen und feststellen, daß die zu diesen Verklebungsvorschriften gehörigen räumlichen Gebilde die gleiche Form haben oder sich in ihrer Form wesentlich unterscheiden?

Ein klassischer Lösungsansatz zu diesem Problem ist die Eulerzahl. Diese Zahl ergibt sich aus der Verklebungsvorschrift, indem man (im 2-dimensionalen Fall) die Anzahl der Eckpunkte und die Anzahl der Dreiecke addiert und davon die Anzahl der Kanten subtrahiert. Dabei werden zusammengeklebte Kanten und zusammengeklebte Eckpunkte nur einmal gezählt. Diese Zahl kann der Computer berechnen.

Stellt er dabei fest, daß die Eulerzahlen der beiden Verklebungsvorschriften nicht übereinstimmen, so folgt daraus, daß die zugehörigen Raumgebilde nicht die gleiche Form haben. Diese Eigenschaft der Eulerzahl wurde von Leonhard Euler schon vor mehr als 200 Jahren im wesentlichen bewiesen. Zum Beispiel, jede Zerlegung der Oberfläche eines Würfels in Dreiecke hat die Eulerzahl 2, aber jede Zerlegung eines Quadrats in Dreiecke hat die Eulerzahl 1 (s. Abb. 8).

Damit ist auch für den Computer klar, daß diese Flächen sich in ihrer Form wesentlich unterscheiden. Zahlen mit der Eigenschaft der Eulerzahl nennt man Invarianten des Raumgebildes, beziehungsweise des simplizialen Komplexes. Das Studium solcher Invarianten hat eine tiefliegende und umfangreiche mathematische Theorie hervorgebracht, welche man algebraische Topologie nennt und heute zu

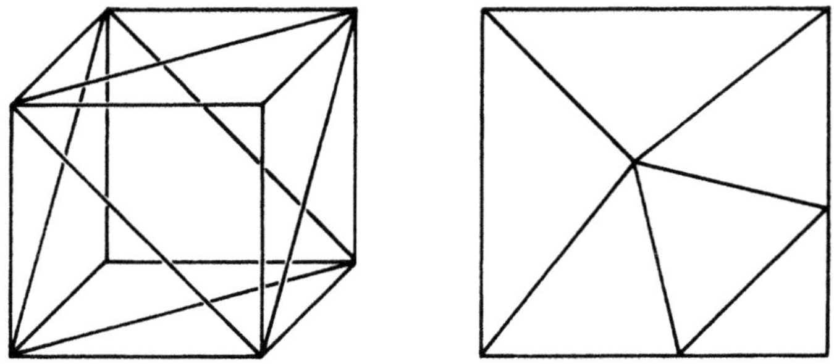

8 Eckpunkte
+ 12 Dreiecke
- 18 Kanten
2 = Eulerzahl

7 Eckpunkte
+ 6 Dreiecke
- 12 Kanten
1 = Eulerzahl

Figur 8

den Hauptzweigen der Mathematik zählt. Ein Ziel dieser Theorie ist es, so viele Invarianten zu konstruieren, daß man aus der Gleichheit all dieser Invarianten auf die Ähnlichkeit der simplizialen Komplexe schließen kann. Allerdings ist man von der Lösung dieses Problems noch weit entfernt, auch deshalb, weil man es für räumliche Gebilde in allen Dimensionen lösen will.

Schon zu Beginn der algebraischen Topologie vor etwa 100 Jahren hat man neben der Eulerzahl weitere Invarianten gefunden. So hat H. Poincaré (1854—1912) im wesentlichen die Homologiegruppen eines simplizialen Komplexes eingeführt. Die Betti-Zahlen (Enrico Betti, 1823—1892) sind durch den Rang dieser Homologiegruppen gegeben. Für diese Invarianten war von Anfang an bekannt, wie man sie zu gegebenem simplizialen Komplex berechnen kann. Daneben kennt man seit 50 Jahren besonders starke Invarianten, für die allerdings bislang kein Berechnungsverfahren angegeben werden konnte. Zu diesen Invarianten gehören die Homotopiegruppen. Ihre Berechnung gehört zu den interessantesten und schwierigsten Problemen der heutigen Mathematik.

Über die Eigenschaften der Ränge dieser Homotopiegruppen sind in der rationalen Homotopietheorie von den amerikanischen Mathematikern Quillen (1969) und Sullivan (1977) entscheidende Resultate erzielt worden. Allerdings lieferte diese Theorie kein explizites Verfahren, diese Zahlen für einen endlichen simplizialen Komplex zu berechnen. Mit der Cobar-Konstruktion von Adams (Cambridge, England, 1956) und dem Milnor-Moore-Theorem (1965) war es andererseits klar, daß ein solches Verfahren durch eine explizite Formel für die Diagonale auf der Cobar-Konstruktion gegeben wäre. Daraufhin hat sich Drachman (1967), allerdings ohne Erfolg, bemüht, eine Formel für die Diagonale anzugeben. Auch zwei russische Mathematiker, Smirnov (1980) und Gavrilov (1976), haben versucht, diese Diagonale zu konstruieren.

Erst 1980 konnte das SFB-Mitglied H. J. Baues eine explizite Formel für die

Diagonale auf der Cobar-Konstruktion angeben und beweisen (Memoirs of the American Mathematical Society 1980). Sie ermöglicht die Berechnung der Ränge der Homotopiegruppen eines endlichen simplizialen Komplexes. Dabei werden nur Rechenschritte von dem Typ benutzt, wie sie auch bei der Berechnung der Homologiegruppen vorkommen. Der Beweis ist unabhängig von den rationalen Methoden von Quillen und Sullivan und liefert sogar eine Formel für die Diagonale über ganzzahlige Koeffizienten.

Anhang

Viele junge deutsche Mathematiker bekamen nach dem Kriege an amerikanischen Universitäten und Instituten (besonders am Institute for Advanced Study in Princeton und am Courant Institute in New York) ihre postdoc-Ausbildung (so würde man heute sagen); oft waren ihre Lehrer Professoren, die in der nationalsozialistischen Zeit Deutschland verlassen mußten. Viele dieser Mathematiker haben bei ihrer Rückkehr versucht, in Zusammenarbeit mit der älteren Generation für die mathematische Forschung in Deutschland gute Voraussetzungen zu schaffen, und man muß sagen, daß diese Bemühungen bei den Politikern und öffentlichen Geldgebern Verständnis gefunden haben und insgesamt erfolgreich gewesen sind.

Das Mathematische Forschungsinstitut Oberwolfach (gegründet vor Beendigung des Krieges von W. Süß) konnte beibehalten und ausgebaut werden und ist jetzt eine in der ganzen Welt berühmte und einmalige Einrichtung, nämlich ein Tagungsinstitut, das in jedem Jahr bis zu fünfzig einwöchige Tagungen mit internationaler Beteiligung veranstaltet.

Manche mathematischen Institute begannen einen intensiven Austausch mit dem Ausland. Zum Beispiel wurden seit den fünfziger Jahren viele Gastprofessoren nach Bonn eingeladen, seit 1957 gibt es die mathematische Arbeitstagung, die fast jedes Jahr stattfindet und 1982 zum 23. Male veranstaltet wird. Die beiden mathematischen Sonderforschungsbereiche nahmen in Bonn im akademischen Jahr 1969/1970 ihre Arbeit auf. Seit wenigen Jahren gibt es einen weiteren mathematischen SFB in Heidelberg. Die Wirkungsweise des Bonner SFB „Theoretische Mathematik" (die anderen Sonderforschungsbereiche arbeiten mehr oder weniger in ähnlicher Weise) kann am besten durch Zitat aus dem Arbeitsbericht 1979—81 des SFB wiedergegeben werden.

„Hauptmerkmal des Sonderforschungsbereichs ‚Theoretische Mathematik' ist ein intensiver ‚Gästebetrieb'. Rund 40 auswärtige Mathematiker werden jeweils für ein bis zwei Jahre eingeladen, um mit den Bonner Mathematikern auf vielen der Hauptgebiete der Mathematik zusammenzuarbeiten; hinzu kommen viele kurzfristige Gastaufenthalte." ...

„Der SFB hat mit der Einladung auswärtiger Mathematiker und den Tagungen Aktivitäten ausgebaut, die am Mathematischen Institut schon vor seiner Gründung bestanden. Er nimmt nun ähnliche Aufgaben wahr wie die bekannten mathematischen Forschungsinstitute im Ausland (Institute for Advanced Study, Princeton, USA, Institut des Hautes Études Scientifiques in Bures-sur-Yvette bei Paris). Die theoretische Mathematik ist eine diskussionsintensive Wissenschaft. Die durch die Gäste gegebenen Anregungen wirken oft langfristig fort; in einigen Fällen tragen sie wesentlich zur Gestaltung des Forschungsprogramms bei. Aus vielen Gastaufenthalten gingen gemeinsame Veröffentlichungen mit Bonner Mathematikern hervor. Viele der Forschungsergebnisse wären natürlich auch ohne den SFB erhalten worden (nur dann nicht in Bonn bzw. in Deutschland), aber eine große Anzahl, zu der häufig die interessantesten und unerwartetsten Ergebnisse gehören, sind wirklich nur durch die gemeinsame Arbeit von Mathematikern entstanden, die durch den SFB zusammengeführt wurden."

Im Januar 1982 hat das Max-Planck-Institut für Mathematik in eigenen angemieteten Räumlichkeiten seine Arbeit aufgenommen. Es wird langfristig die Aufgaben des SFB „Theoretische Mathematik" in modifizierter Form übernehmen. (Der SFB soll zum 31. 12. 1985 beendet werden.)

Die Deutsche Mathematiker Vereinigung hat seit 1979 mit Unterstützung der VW-Stiftung „DMV-Seminare" eingerichtet, Arbeitsgemeinschaften, die vor allem jüngeren Mathematikern in sorgfältig vorbereiteten Veranstaltungen Zugang zu aktuellen Forschungsgebieten erleichtern und ihnen eine gründliche Einarbeitung ermöglichen sollen.

Die vorstehenden Ausführungen zeigen, daß viel passiert ist und man optimistisch sein kann. Jedoch gibt es auch viele Sorgen. Reformrummel und Bürokratisierung haben nichts Gutes gebracht. Die Einsparungsmaßnahmen, deren Notwendigkeit sich niemand verschließen kann, werden mit geringerer statt mit größerer Flexibilität bei der Verwendbarkeit der Mittel verbunden. Eine absurde Kapazitätsformel wird zur Grundlage von Entscheidungen benutzt: Die Ausbildungskapazität wird bei Fächern mit relativ guten Berufschancen verringert, bei solchen mit hoffnungslosen Berufsaussichten vergrößert. Freiwerdende Stellen werden gestrichen. Instituten, die ihre Stellen hervorragend besetzt haben und Spitzenkräfte durch Berufungen in das Ausland verlieren, gehen die Stellen der Wegberufenen verloren. Institute, die Stellen mit Leuten besetzt haben, die niemand haben will, bleiben ungeschoren. Bei der Kapazitätsformel und den Sparmaßnahmen werden die Erfordernisse der Forschung kaum berücksichtigt, zum Beispiel wird die zusätzliche Arbeit auch organisatorischer Art, die ein SFB mit sich bringt, nicht angerechnet.

Für die Forschung ist die Förderung des wissenschaftlichen Nachwuchses entscheidend. Für den jungen Mathematiker gibt es manche Möglichkeiten (Heisenberg-Stipendien, Forschungsjahre im Ausland, an einem SFB oder an dem neuen Max-Plack-Institut). Aber was sind seine Aussichten für eine Dauerstelle?

Die Förderung des Nachwuchses muß schon vor dem Abitur beginnen. Auch hier gibt es besondere Anstrengungen, es möge nur der Bundeswettbewerb Mathematik [1] genannt werden. Aber Sorgen gibt es auch hier genug. Fünf wissenschaftliche Fachverbände haben sich kürzlich mit einem Aufruf „Rettet die mathematisch-naturwissenschaftliche Bildung" an die Öffentlichkeit gewandt!

Den Thesen, die Herr Hildebrandt am Schluß seines Berichtes formuliert [2], kann ich mich anschließen. Ich wiederhole sie hier.

1. Forschung ist ein langwieriges Geschäft, das lange Zeiträume geduldiger und ungestörter Arbeit erfordert.
2. Universitäten leben nicht in einer der allgemeinen Kritik entrückten Oase. Das bedeutet aber nicht, daß man sie ständig einem Wechselbad unausgegorener Ideen aussetzen sollte, die den nächsten Tag nicht überleben.
3. Es gibt keine Patentrezepte, die auf jedes Fach passen. Technisch-Physikalische Großprojekte können und müssen wohl streng geplant werden. Grundlagenforschung wie in der Mathematik entzieht sich aller Erfahrung nach der Planung.

---

1. Bei der Korrektur wies Herr Hirzebruch den Herausgeber auf den schönen Erfolg hin, den die aus Preisträgern im Bundeswettbewerb Mathematik und Siegern von „Jugend forscht" ausgewählten vier Teilnehmer aus der Bundesrepublik bei der XXIII. Internationalen Mathematik-Olympiade in Budapest im Juli 1982 erreicht haben: zwei Goldmedaillen und erster Platz in der inoffiziellen ‚Mannschaftswertung' vor der UdSSR, der DDR und den USA.
2. Anmerkung des Herausgebers: Die Thesen sind zur Vermeidung von Wiederholungen oben S. 488 fortgelassen.

71.

Chern numbers of algebraic surfaces – an example

Math. Ann. *266* (1984), 351 – 356

Max Koecher zum 60. Geburtstag gewidmet

An algebraic surface has the Chern numbers c_2 (Euler-Poincaré characteristic or Euler number) and c_1^2 (selfintersection number of a canonical divisor). For a minimal surface of general type these numbers are positive and satisfy

$$c_1^2 \leqq 3c_2 \quad \text{(see [4, 6])}. \tag{1}$$

If $\{E_i\}$ is a finite set of disjoint smooth elliptic curves on a minimal surface of general type, then $E_iE_i < 0$ and

$$-\sum E_iE_i \leqq 3c_2 - c_1^2 \quad \text{(see [5, Sect. 7])}. \tag{2}$$

We shall construct a sequence X_n $(n = 2, 3, \ldots)$ of minimal surfaces of general type with the following properties

$$c_2(X_n) = n^7 \tag{3}$$

$$3c_2(X_n) - c_1^2(X_n) = 4n^5. \tag{4}$$

There are $4n^4$ *smooth disjoint elliptic curves on* X_n *with selfintersection number* $-n$, *showing that we have the equality sign in* (2). As a consequence of (3) and (4) we have

$$c_1^2(X_n)/c_2(X_n) < 3,$$

but

$$\lim_{n\to\infty} c_1^2(X_n)/c_2(X_n) = 3. \tag{5}$$

Holzapfel [2, 3] has made a thorough investigation of Picard modular surfaces as quotients of the complex ball. He showed that the Picard modular surfaces give examples of (2) with equality sign where the E_i correspond to the resolution of the cusps. Holzapfel observed that the Picard modular surfaces give many examples of surfaces with c_1^2/c_2 arbitrarily near to 3. But it may be of some interest to give a
1 direct geometric construction of surfaces X_n satisfying (5). Perhaps the X_n we are going to construct are Picard modular surfaces. In any case, it should be conjectured that the universal cover of $X_n - \bigcup E_i$ is the ball. For more references to the literature see [1]. Anyhow, this note should be regarded as a continuation of [1].

1. Abelian Coverings of an Abelian Surface

Let $\zeta = e^{2\pi i/6}$ and T the elliptic curve

$$T = \mathbb{C}/\mathbb{Z}\cdot 1 + \mathbb{Z}\zeta .$$

Consider the abelian surface $T\times T$ whose points are denoted by (z, w). The curve T has complex multiplication by the algebraic integers $\alpha \in \mathbb{Q}[\zeta]$ and $w = \alpha z$ is an elliptic curve T_α in $T\times T$ isomorphic to T. We take the following curves on $T\times T$

$$T_0 : w = 0$$
$$T_\infty : z = 0$$
$$T_1 : w = z$$
$$T_\zeta : w = \zeta z .$$

The four curves pass through the origin of $T\times T$ and do not intersect anywhere else. It suffices to remark that $T_1 \cap T_\zeta = \{(0,0)\}$. This follows from the fact that $1-\zeta$ is a unit, namely $1-\zeta = -\zeta^2$.

Let U_n be the group of n-division points of $T\times T$,

$$U_n = \{(z, w) | (nz, nw) = (0,0)\} .$$

It has order n^4. The group U_n acts on $T\times T$ by translations, each of the four curves remaining invariant under a group of n^2 translations contained in U_n. Therefore $U_n(T_0)$, $U_n(T_\infty)$, $U_n(T_1)$, $U_n(T_\zeta)$ each consists of n^2 smooth disjoint elliptic curves. Altogether we have $4n^2$ elliptic curves. Through each of the n^4 points of U_n (considered as subset of $T\times T$) pass 4 of the $4n^2$ curves. There are no other intersections.

We introduce the divisors

$$D_0 = U_n(T_0), \quad D_\infty = U_n(T_\infty), \quad D_1 = U_n(T_1), \quad D_\zeta = U_n(T_\zeta)$$

on $T\times T$. Each such divisor is a sum of n^2 disjoint smooth curves (of multiplicity 1). In the integral homology group $H_2(T\times T, \mathbb{Z})$ each D_i ($i \in \{0, \infty, 1, \zeta\}$) is divisible by n^2, since uT_i and T_i determine the same homology class if u is a translation. In fact,

$$D_i \approx n^2 T_i ,$$

where $\approx$ denotes linear equivalence. This is clear, because T_i is a direct factor of $T\times T$ and since on an elliptic curve $n^2(0)$ is linearly equivalent to the divisor consisting of the n^2 division points of order n. Let f_i be the meromorphic function on $T\times T$ whose divisor equals $D_i - n^2 T_i$. It is uniquely determined up to a constant factor. Observe that the divisor of f_i/f_j restricted to a component of D_k (where i, j, k are distinct elements of $\{0, \infty, 1, \zeta\}$) is of the form $n^2(a) - n^2(b)$ where a, b are points of the component such that $a-b$ is an n-division point in the underlying group structure. Therefore $n(a) \approx n(b)$.

Thus f_i/f_j restricted to a component of D_k becomes an nth power of a meromorphic function.

Using the f_i we construct the algebraic surface X_n.

The function field of X_n will be the function field of $T\times T$ with $(f_1/f_0)^{1/n}$, $(f_\infty/f_0)^{1/n}$, $(f_\zeta/f_0)^{1/n}$ adjoined to it. This already defines the birational equivalence class of X_n. To get a smooth model we blow up the n^4 points of $T\times T$ belonging to U_n. We get an algebraic surface Y_n with Euler number n^4 and n^4 exceptional curves L_j $(j\in U_n)$ arising from blowing up. The strict transforms of the D_i are smooth curves $\tilde{D}_i$ in Y_n which do not intersect each other and $(f_1/f_0)^{1/n}$, $(f_\infty/f_0)^{1/n}$, $(f_\zeta/f_0)^{1/n}$ determine a smooth covering X_n of Y_n of degree n^3 ramified above the $\tilde{D}_i$ with ramification index n. Since the branching locus consists of elliptic curves which have Euler number 0, the Hurwitz method for calculating Euler numbers gives

$$c_2(X_n)=n^3c_2(Y_n)=n^3\cdot n^4=n^7. \tag{6}$$

Let $\pi: X_n\to Y_n$ be the covering map. Then

$$\pi^*\tilde{D}_k=n\bar{D}_k \quad (k\in\{0,\infty,1,\zeta\})$$

and $\bar{D}_k$ consists of n^4 disjoint elliptic curves. Over each of the n^2 components of $\tilde{D}_k$ lie n^2 components of $\bar{D}_k$. This follows from the fact mentioned above that f_i/f_j, restricted to a component of $\tilde{D}_k$, is the nth power of a meromorphic function. Each component of $\bar{D}_k$ has selfintersection number $-n$. To check this observe first that $D_kD_k=0$ and $\tilde{D}_k\tilde{D}_k=-n^4$, since D_k passes through the n^4 points of $T\times T$ which were blown up. Then we have

$$\begin{aligned}\pi^*\tilde{D}_k\cdot\pi^*\tilde{D}_k&=n^3(\tilde{D}_k\cdot\tilde{D}_k)=-n^7=(n\bar{D}_k)\cdot(n\bar{D}_k)\\ \bar{D}_k\bar{D}_k&=-n^5 \quad (k\in\{0,\infty,1,\zeta\}).\end{aligned} \tag{7}$$

Thus each of the n^4 components of $\bar{D}_k$ has selfintersection number $-n$.

For each exceptional curve L_j of Y_n (where $j\in U_n$) the lifted curve π^*L_j is a smooth curve $\bar{L}_j$ in X_n with Euler number

$$e(\bar{L}_j)=-2n^3+4n^2. \tag{8}$$

This follows from Hurwitz's formula since the map $\bar{L}_j\to L_j$ is of degree n^3 with ramification over 4 points of L_j with ramification index n everywhere. We have

$$\bar{L}_j\bar{L}_j=-n^3. \tag{9}$$

The surface Y_n has a unique effective canonical divisor K, namely $K=\sum L_j$ $(j\in U_n)$. Thus

$$\bar{K}=\sum_{j\in U_n}\bar{L}_j+(n-1)\sum_{i\in\{0,1,\infty,\zeta\}}\bar{D}_i \tag{10}$$

is an effective canonical divisor of X_n. For $n\geqq 2$, the divisor $\bar{K}$ does not contain any rational curves. So X_n is free of exceptional curves, because an exceptional curve is contained in every effective canonical divisor. *Hence the surface X_n is minimal for $n\geqq 2$.*

For the calculation of $c_1^2(X_n)=\bar{K}\bar{K}$ we have to use that

$$\bar{L}_j\bar{D}_i=n^2 \quad (j\in U_n, i\in\{0,\infty,1,\zeta\}) \tag{11}$$

which follows from the fact that over a ramification point on L_j of $\bar{L}_j \to L_j$ lie n^2 points on $\bar{L}_j$. Using (7), (9), and (11) we get from (10)

$$\begin{aligned} c_1^2(X_n) &= \sum \bar{L}_j\bar{L}_j + 2(n-1)\sum \bar{L}_j\bar{D}_i + (n-1)^2 \sum \bar{D}_i\bar{D}_i \\ &= n^4(-n^3) + 2(n-1)\cdot 4n^4 \cdot n^2 + (n-1)^2 \cdot 4(-n^5) \\ c_1^2(X_n) &= 3n^7 - 4n^5 . \end{aligned} \tag{12}$$

This number is positive for $n \geqq 2$ and thus X_n is of general type.

We have proved all statements mentioned in the introduction. The $4n^4$ elliptic curves of selfintersection number $-n$ come from the four elliptic curves T_0, T_∞, T_1, T_ζ.

2. A Surface with $c_1^2 = 3c_2$

Consider the surface X_n constructed in Sect. 1. Adjoining to the function field of X_n the element $(f_0)^{1/n}$ [or equivalently $(f_1)^{1/n}$, $(f_\infty)^{1/n}$, $(f_\zeta)^{1/n}$], defines an n-fold covering of X_n ramified along the curves $\bar{L}_j$. We obtain a smooth surface W_n. By Hurwitz's method

$$c_2(W_n) = nc_2(X_n) - (n-1)\sum e(\bar{L}_j)$$

and by (6) and (8)

$$\begin{aligned} c_2(W_n) &= n^8 - (n-1)n^4(-2n^3 + 4n^2), \\ c_2(W_n) &= n^6(3n^2 - 6n + 4). \end{aligned} \tag{13}$$

The divisor $\bar{K} + \frac{n-1}{n}\sum \bar{L}_j$ gives, when lifted to W_n, a canonical divisor of W_n. Thus

$$\begin{aligned} c_1^2(W_n) &= n\left(\bar{K} + \frac{n-1}{n}\sum \bar{L}_j\right)^2 \\ &= n\left(\bar{K}^2 + 2\frac{n-1}{n}\sum \bar{K}\bar{L}_j + \frac{(n-1)^2}{n^2}\sum \bar{L}_j^2\right). \end{aligned} \tag{14}$$

By (9)–(11) we have

$$\bar{K}\bar{L}_j = 3n^3 - 4n^2 \tag{15}$$

and by (14), (12), (15), and (9)

$$\begin{aligned} c_1^2(W_n) &= n(3n^7 - 4n^5 + 2(n-1)n^3(3n^3 - 4n^2) - (n-1)^2 n^5) \\ c_1^2(W_n) &= n^6(8n^2 - 12n + 3). \end{aligned} \tag{16}$$

Hence by (13) and (16)

$$3c_2(W_n) - c_1^2(W_n) = n^6(n-3)^2 . \tag{17}$$

Thus W_3 is a surface (minimal, of general type) with $c_1^2 = 3c_2$.

We observe that

$$\lim_{n\to\infty} \frac{c_1^2(W_n)}{c_2(W_n)} = \frac{8}{3}.$$

3. Elliptic Functions

Consider an elliptic curve $\mathbb{C}/\mathbb{Z}\omega_1+\mathbb{Z}\omega_2$. The Weierstrass σ-function can be used to describe elliptic functions with given zeros and poles: If a_i $(i=1,\ldots,m)$ and b_i $(i=1,\ldots,m)$ are complex numbers satisfying

$$\sum a_i=\sum b_i \bmod \mathbb{Z}\omega_1+\mathbb{Z}\omega_2,$$

then

$$\prod_{i=1}^{n}(\sigma-a_i)\Big/\prod_{i=1}^{n}(\sigma-b_i)$$

is an elliptic function with zeros and poles in a_i and b_i, respectively. Its divisor equals

$$\sum(a_i)-\sum(b_i),$$

where now addition and subtraction are in the group of divisors of the curve. In particular, we can define the elliptic function

$$F_n(z)=\prod_{a\in U_n}\sigma(z-a)/\sigma(z)^{n^2}=\text{const}\cdot\sigma(nz)/\sigma(z)^{n^2},$$

where U_n is the group of n-division points of the curve.

We now take the lattice $\mathbb{Z}+\mathbb{Z}\zeta$ of Sect. 1, and use also the notation of Sect. 1. Then we can write the functions f_0, f_∞, f_1, f_ζ as follows

$$f_0=F_n(w),\qquad f_\infty=F_n(z)$$
$$f_1=F_n(w-z),\qquad f_\zeta=F_n(w-\zeta z).$$

Thus the function field of the algebraic surface X_n is the field of meromorphic functions of z and w elliptic in both variables (with respect to the lattice $\mathbb{Z}+\mathbb{Z}\zeta$) extended by adjoining

$$(F_n(z)/F_n(w))^{1/n},\quad (F_n(w-z)/F_n(w))^{1/n},\quad (F_n(w-\zeta z)/F_n(w))^{1/n}.$$

The function field of W_n is obtained by adjoining

$$F_n(z)^{1/n},\quad F_n(w)^{1/n},\quad F_n(w-z)^{1/n},\quad F_n(w-\zeta z)^{1/n}.$$

Remark. I came to the constructions of Sect. 1, Sect. 2 by trying to replace line arrangements (see [1]) by other interesting arrangements of curves on some surface. Then I realized how close the constructions of Sect. 1, Sect. 2 are to the paper of Livné (Harvard thesis, see [1]). He takes the elliptic modular surface $E(n)$ of level n and uses the n^2 sections of the elliptic fibration $E(n)\to X(n)$ as locus of ramification. I write $T\times T$ in different ways as direct product and thus as a trivial fibration and use its n^2 sections of n-division points as locus of ramification, applying several such ramifications simultaneously.

The methods of Sect. 1, Sect. 2 lead to interesting surfaces also for other elliptic curves with complex multiplication. The special fact occuring for the curve T is that the four elliptic curves T_0, T_∞, T_1, T_ζ meet only in the origin of $T\times T$.

Acknowledgements. This paper was written in March 1983 when I was visiting the Mathematical Sciences Research Institute in Berkeley. I would like to thank the MSRI for the invitation and the hospitality. During my visit of the MSRI I met S-T. Yau who told me that he has proved his uniformization theorem also in the relative (logarithmic) case: The equality sign in (2) implies that the universal cover of the surface with the union of the elliptic curves removed is the ball.

References

1. Hirzebruch, F.: Arrangements of lines and algebraic surfaces. In: Volume dedicated to I.R. Shafarevich. Progress in Mathematics, Vol. 36, pp. 113–140. Boston: Birkhäuser 1983
2. Holzapfel, R.P.: A class of minimal surfaces in the unknown region of surface geography. Math. Nachr. **98**, 211–232 (1980)
3. Holzapfel, R.P.: Invariants of arithmetical ball quotient surfaces. Math. Nachr. **103**, 117–153 (1981)
4. Miyaoka, Y.: On the Chern numbers of surfaces of general type. Invent. Math. **42**, 225–237 (1977)
5. Sakai, F.: Semi-stable curves on algebraic surfaces and logarithmic pluricanonical maps. Math. Ann. **254**, 89–120 (1980)
6. Yau, S.-T.: Calabi's conjecture and some new results in algebraic geometry. Proc. Nat. Acad. Sci. USA **74**, 1798–1799 (1977)

Received April 28, 1983

73.

Algebraic surfaces with extreme Chern numbers (report on the thesis of Th. Höfer)

Russ. Math. Surv. *40:4* (1985), 135–145 (russ. in Usp. Mat. Nauk *40:4* (1985), 121–129)

* For a smooth algebraic surface X the Chern numbers $c_1^2(X)$ and $c_2(X)$ are defined. Here $c_2(X)$ is equal to the Euler-Poincaré characteristic of X and $c_1^2(X)$ is the self-intersection number of a canonical divisor of X. For a surface of general type they satisfy the Miyaoka-Yau inequality $c_1^2 \leqslant 3c_2$ (see [8] and [11]), where the equality sign holds if and only if the universal cover of the surface is the unit ball $|z_1|^2 + |z_2|^2 < 1$ (see [11] and [9] §2 for the difficult, and [2] for the easy direction of this equivalence). If $c_1^2 = 3c_2$, then automatically $c_2 > 0$, in fact, c_2 is the volume of the surface (normalized by the Gauss-Bonnet form) with respect to the complex-hyperbolic metric induced from the ball.

We wish to construct surfaces of general type with extreme Chern numbers ($c_1^2 = 3c_2$) that are ramified covers of the complex projective plane branched along lines. Thus, we continue the investigation of the paper [3]. However, the much better developed theory and the new examples are due to Th. Höfer [4]. This note is a report on his work.

We have to omit many things. For example, we only consider the case when the surface is the quotient of the ball by a discrete group Γ of automorphisms, Γ operating freely with compact quotient. Höfer includes the case when Γ may have torsion and cusps (at infinity) and constructs many such ball quotients as ramified covers of the plane. His formulae (with suitable modifications) hold for this more general case.

1. Let S be an algebraic surface and C_i $(i = 1, \ldots, t)$ finitely many distinct smooth irreducible curves on S such that the curve $C = \sum C_i$ has only ordinary double points. Let Y be a *smooth* algebraic surface, which is a Galois cover over S with covering map

$$\pi\colon Y \to S$$

that ramifies only over C. Then for every point $p \in Y$ there exist local coordinates (u, v) on Y with centre at p and local coordinates (z, w) on S with centre at $f(p)$ such that π is given by functions

$$z = u^a, \quad w = v^b, \tag{1}$$

where a and b are positive integers. If a or b is at least 2, then $p \in \pi^{-1}(C)$. We can associate with each C_i a positive integer a_i such that for a smooth point q of C lying on C_i the map π is given locally (for $p \in \pi^{-1}(q)$) by (1) with $a = a_i$ and $b = 1$. If $q \in C_i \cap C_j$ $(i \neq j)$, then for $p \in \pi^{-1}(q)$ the map π is given locally by (1) with $a = a_i$, $b = a_j$, and if d is the mapping degree of π, the number of inverse image points of q is $d/(a_i a_j)$. A covering Y of S with the properties explained in this section is called *good* with respect to the curves C_i and the branching numbers a_i.

2. As in [3], we consider the complex projective plane $P_2(\mathbf{C})$ with homogeneous coordinates $z_0 : z_1 : z_2$ and an arrangement of k distinct lines $L_1, \ldots, L_k$ given by $l_i = 0$ $(i = 1, \ldots, k)$, where l_i is a linear form in z_0, z_1, z_2. For a point p in the plane let r_p be the number of lines in the arrangement that pass through p and t_r (for $r \geqslant 2$) the number of points p with $r_p = r$. Then

$$\frac{k(k-1)}{2} = \sum_{r \geqslant 2} t_r \frac{r(r-1)}{2}. \tag{2}$$

Given an arrangement, we blow up the points p_j in the plane with $r_{p_j} \geqslant 3$ to get an algebraic surface S in which there is a configuration of curves C_i as in 1, namely, the strict transforms of the lines of the arrangement (which we also call $L_1, \ldots, L_k$ as smooth irreducible curves on S) and the curves $E_1, \ldots, E_s$ obtained by blowing up the points p_j, where $1 \leqslant j \leqslant s$ and $s = \sum_{r \geqslant 3} t_r$. (The number t of 1 is equal to $k+s$.)

We now associate weights $n_1, n_2, \ldots, n_k$ (integers $\geqslant 2$) to the "old" lines $L_1, L_2, \ldots, L_k$ and weights $m_1, m_2, \ldots, m_s$ (integers $\geqslant 1$) to the "new" lines $E_1, E_2, \ldots, E_s$ or, equivalently, to the points p_j. We speak of a *weighted arrangement* of lines in the plane. (Each line L_i has a weight n_i and each intersection point p_j with $r_{p_j} \geqslant 3$ has a weight m_j.) For a weighted arrangement we have the surface S and on it curves $L_1, \ldots, L_k, E_1, \ldots, E_s$ with branching numbers $n_1, \ldots, n_k, m_1, \ldots, m_s$ (which in 1 were called a_i). *Let Y be a good covering of S with respect to $L_1, \ldots, L_k, E_1, \ldots, E_s$ and the given branching numbers.* (Right now, we do not consider the difficult problem whether such a surface Y exists. For a partial result, see [6]. For the very special case $n_i = m_j = n$, see [3].) It is possible (and in principle not difficult) to calculate the Chern numbers of Y in a similar and rather elementary way, as it was done in [3] in a special case. However, the formulae for arbitrary weights are not easy to handle. Höfer found several nice formulae to express $(3c_2(Y) - c_1^2(Y))/d$ in terms of the weights and the combinatorial features of the (unweighted) arrangement.

Let σ_i be the number of points p with $r_p \geqslant 3$ lying on the i-th line of the given arrangement of k lines in the plane. We consider the $(k \times k)$-symmetric matrix A with

$$(3) \qquad A_{ij} = \begin{cases} 3\sigma_i - 4 & (i = j), \\ 2 & (i \neq j, \quad p \in L_i \cap L_j \text{ with } r_p = 2), \\ -1 & (i \neq j, \quad p \in L_i \cap L_j \text{ with } r_p \geqslant 3). \end{cases}$$

With the k lines we associate real variables x_i and let x be the column vector $(x_1, \ldots, x_k)$. With the s points p_j with $r_{p_j} \geqslant 3$ we associate real variables y_j. For each point p_j with $r_{p_j} \geqslant 3$ we consider the linear form

$$P_j(x, y) = 2y_j + \sum_{p_j \in L_i} x_i, \quad \text{where} \quad y = (y_1, \ldots, y_s).$$

Höfer's formula. *For the algebraic surface Y (a good covering of S of degree d with respect to $L_1, \ldots, L_k, E_1, \ldots, E_s$ and the given branching numbers $n_1, \ldots, n_k, m_1, \ldots, m_s$) we have*

$$(4) \qquad (3c_2(Y) - c_1^2(Y))/d = \frac{1}{4}\left(x^t A x + \sum_{j=1}^{s} P_j(x, y)^2\right),$$

where $x_i = 1 - \frac{1}{n_i}$ *and* $y_j = -1 - \frac{1}{m_j}$.

Thus, Höfer's formula expresses $(3c_2(Y) - c_1^2(Y))/d$ as a quadratic form over $\mathbf{R}^{k+s}$ in the x_i and y_j. The quadratic form depends only on the unweighted arrangement.

The sum of the entries in each line of the matrix A is equal to $3\tau_i - (k+3)$, where τ_i is the number of points p on L_i with $r_p \geqslant 2$. This follows from the equation

$$\sum_{p \in L_i} (r_p - 1) = k - 1.$$

The formula (4) implies the following result:

If $3\tau_i = k+3$ for all lines and if all weights n_i are equal ($n_i = n$ for $1 \leqslant i \leqslant k$), then

$$(5) \qquad (3c_2(Y) - c_1^2(Y))/d = \frac{1}{4} \sum_{j=1}^{s} P_j(x, y)^2,$$

where $x_i = 1 - \frac{1}{n}$ *and* $y_j = -1 - \frac{1}{m_j}$.

3. I know only the following arrangements with $3\tau_i = k+3$ for all lines L_i of the arrangement. We exclude the triangle $k = 3$, $t_2 = 3$. They all are related to unitary reflection groups acting on $\mathbf{C}^3$ (see [3]).

a) The complete quadrilateral (Fig. 1)

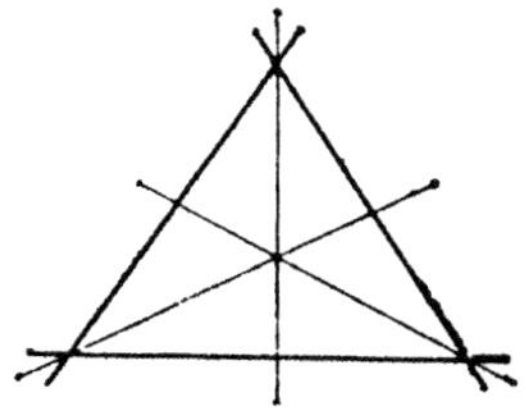

Fig. 1

$$k = 6,\ t_2 = 3,\ t_3 = 4,\ t_r = 0 \text{ otherwise.}$$

b) *The arrangements* $A_3^0(m)$, $m \geqslant 3$.

$$k = 3m,\ t_2 = 0,\ t_3 = m^2,\ t_m = 3,\ t_r = 0 \text{ otherwise,}$$

$$(\text{for } m = 3,\ t_2 = 0,\ t_3 = 12).$$

In homogeneous coordinates the $3m$ lines can be given by the equation

$$(z_0^m - z_1^m)(z_1^m - z_2^m)(z_2^m - z_0^m) = 0.$$

c) *The arrangements* $A_3^3(m)$, $m \geqslant 2$.

$$k = 3m + 3,\ t_2 = 3m,\ t_3 = m^2,\ t_{m+2} = 3,\ t_r = 0 \text{ otherwise.}$$

In homogeneous coordinates the $3m+3$ lines can be given by the equation

$$z_0 z_1 z_2 (z_0^m - z_1^m)(z_1^m - z_2^m)(z_2^m - z_0^m) = 0.$$

d) *The Hesse arrangement*

$$k = 12,\ t_2 = 12,\ t\ = 9,\ t_r = 0 \text{ otherwise.}$$

The Hense pencil of all cubics passing through the 9 inflection points of a smooth cubic has 4 singular cubics (triangles), which make up the 12 lines. These 12 lines are dual to the 12 triple points of $A_3^0(3)$.

e) *The extended Hesse arrangement* (see [3])

$$k = 21,\ t_2 = 36,\ t_4 = 9,\ t_5 = 12,\ t_r = 0 \text{ otherwise.}$$

The extended Hesse arrangement contains the 12 lines of the Hesse arrangement and nine additional lines, which make an arrangement $A_3^0(3)$ such that the 12 triple points of $A_3^0(3)$ coincide with the 12 double points of the Hesse arrangement.

f) *The icosahedral arrangement* (Fig. 2)

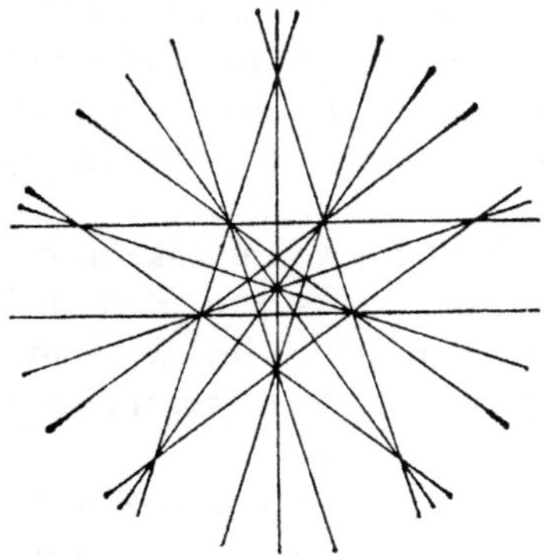

Fig. 2

$$k = 15, \quad t_2 = 15, \quad t_3 = 10, \quad t_5 = 6, \quad t_r = 0 \text{ otherwise.}$$

g) *The G_{168}-arrangement.* The simple group or order 168 operates on the complex projective plane. It has 21 involutions with 21 fixed lines.

$$k = 21, \quad t_3 = 28, \quad t_4 = 21, \quad t_r = 0 \text{ otherwise.}$$

h) *The A_6-configuration.* The alternating group A_6 (of order 360) operates on the complex projective plane. It has 45 involutions with 45 fixed lines.

$$k = 45, \quad t_3 = 120, \quad t_4 = 45, \quad t_5 = 36, \quad t_r = 0 \text{ otherwise.}$$

Is this a complete list of the arrangements with $3\tau_i = k+3$ for all lines L_i?

4. We wish to study good coverings Y of an arrangement with $3\tau_i = k+3$ for all lines and the weights n_i along the lines all equal to n. We are looking for surfaces Y with $3c_2(Y) = c_1^2(Y)$. Then by (5) all $P_j(x, y)$ have to be 0, which means that

$$2\left(-1-\frac{1}{m_j}\right)+r\left(1-\frac{1}{n}\right)=0,$$

where m_j is the branching number (weight) in the point p_j with $r_{p_j} = r \geqslant 3$. Thus, we have to look at all triples n, r, m of natural numbers with $n \geqslant 2$, $r \geqslant 3$, $m \geqslant 1$ satisfying

$$\frac{2}{m}+\frac{r}{n}=r-2. \tag{6}$$

There are exactly 11 possibilities:

(7)

n	2	2	2	3	3	4	4	5	5	6	9
r	5	6	8	4	6	3	4	3	5	3	3
m	4	2	1	3	1	8	2	5	1	4	3

Now we can list good coverings Y for weighted arrangements with constant weight n for all lines L_i that satisfy $3c_1(Y) = c_1^2(Y)$. We list all such cases for the arrangements given in **3**, where (5) gives the value 0. In all these cases Höfer shows that such good coverings Y of S exist (for some degree d) and that these surfaces Y are of general type, therefore, have the ball as universal covering.

For the complete quadrilateral we can take $n_i = n = 4, 5, 6, 9$, the weight in each of the 4 triple points being 8, 5, 4, 3, respectively.

For the remaining arrangements we indicate only the constant weight n for the lines L_i, because the weight m_j in a multiple point p_j with $r_{p_j} = r \geqslant 3$ is determined by (6) and listed in (7).

For the arrangement $A_3^0(3)$ we can take $n = 4, 5, 6, 9$, for $A_3^0(4)$ we can take $n = 4$, for $A_3^0(5)$ the constant weight $n = 5$ is possible. These are all cases among the $A_3^0(m)$.

For $A_3^3(2)$ we can take $n = 4$, for $A_3^3(3)$ we can take $n = 5$. These are all cases among the $A_3^3(m)$.

For the Hesse arrangement $n = 3$ and $n = 4$ is possible. For the icosahedral arrangement $n = 5$ gives a solution, and for the G_{168}-arrangement $n = 4$. There is no solution for the extended Hesse arrangement, nor for the A_6-arrangement.

5. Höfer has associated with each arrangement a quadratic form over $\mathbf{R}^{k+s}$ in $k+s$ variables $x_1, \ldots, x_k, y_1, \ldots, y_s$ (see (4)), which he denotes by $\operatorname{Prop}(x, y)$, because it gives the deviation from the "proportionality" $3c_2 = c_1^2$. We have, by definition,

$$\operatorname{Prop}(x, y) = \frac{1}{4}\left(x^t A x + \sum_{j=1}^{s} P_j(x, y)^2\right). \tag{8}$$

Höfer's formula (4) and the Miyaoka-Yau inequality could lead to the guess that this form is semidefinite. However, this is wrong, in general, (see [3]). But in some cases positive semidefiniteness can be established. The matrix A can be written in the form

$$A = 3B - U,$$

where U is the matrix with all entries equal to 1 and B has $B_{ii} = \sigma_i - 1$ and $B_{ij} = 1$ if $i \neq j$ and $p = L_i \cap L_j$ is a double point ($r = 2$). Otherwise $B_{ij} = 0$. If for all lines $3\tau_i = k+3$, then the column vector $e = (1, \ldots, 1) \in \mathbf{R}^k$ satisfies $Ae = 0$, and for every vector x orthogonal to e (in the standard metric of $\mathbf{R}^k$)

$$Ax = 3Bx.$$

Therefore, $\operatorname{Prop}(x, y)$ is positive semidefinite if B is. For all the arrangements listed in **3** the matrix B is positive semidefinite and in b), d), f), g), h) positive definite, which implies that $\operatorname{Prop}(x, y)$ (a form in $k+s$ variables) is positive semidefinite with an eigenvalue 0 of multiplicity 1, and the good coverings Y with $3c_2(y) = c_1^2(Y)$ must have constant weights for all lines L_i of the arrangement.

6. The quadratic form $\mathrm{Prop}(x, y)$ (see (8)) can be written as

$$(9)\quad \mathrm{Prop}(x, y)=\frac{1}{2}\Big(\sum_{i=1}^{k} x_i\frac{\partial}{\partial x_i}\mathrm{Prop}(x, y)+\sum_{j=1}^{s} y_j\frac{\partial}{\partial y_j}\mathrm{Prop}(x, y)\Big),$$

where (see (4))

$$\frac{\partial}{\partial y_\beta}\mathrm{Prop}(x, y)=P_\beta(x, y),\qquad 1\leqslant\beta\leqslant s.$$

We define

$$\frac{\partial}{\partial x_\alpha}P(x, y)=Q_\alpha(x, y),\qquad 1\leqslant\alpha\leqslant k,$$

The $k+s$ homogeneous linear equations in the $k+s$ real variables $x_1, \ldots, x_k$, $y_1, \ldots, y_s$

$$Q_\alpha(x, y) = 0,\quad P_\beta(x, y) = 0,$$

or, equivalently,

$$(10)\qquad Ax = 0,\quad P_\beta(x, y) = 0\qquad (1 \leqslant \beta \leqslant s),$$

define the null space of $\mathrm{Prop}(x, y)$ whose dimension is equal to the corank of A. If (10) holds, then $\mathrm{Prop}(x, y) = 0$. The converse is true if $\mathrm{Prop}(x, y)$ is positive semidefinite. Hence, for all the arrangements listed in 3, an algebraic surface Y (good covering of S of degree d with respect to $L_1, \ldots, L_k$, $E_1, \ldots, E_s$ and the given branching numbers $n_1, \ldots, n_k, m_1, \ldots, m_s$) satisfies $3c_2(Y) = c_1^2(Y)$ if and only if (10) holds with

$$(11)\qquad x_i = 1 - 1/n_i,\quad y_j = -1 - 1/m_j,\qquad n_i \geqslant 2,\quad m_j \geqslant 1.$$

For the complete quadrilateral the corank of A is 4, there are finitely many solutions of (10), (11). This corresponds to the theory of the hypergeometric differential equation [1]. We come back to this later.

For the extended Hesse arrangement (see 3.e)) the corank of A is 2. The x_i have to be constant for the lines of the Hesse arrangement and also constant for the additional 9 lines. Höfer shows that there are exactly 3 solutions of (10), (11). The weights n_i are:

Hesse lines	additional lines
3	9
4	2
4	6

The weights m_j are determined by $P_j(x, y) = 0$. Höfer shows that such coverings exist.

7. The ball $|z_1|^2 + |z_2|^2$ is embedded in $P_2(\mathbf{C})$. The automorphisms of the ball are exactly the projective isomorphisms of $P_2(\mathbf{C})$ that map the ball into itself. The ball carries the invariant complex hyperbolic metric. The totally geodesic smooth curves (totally geodesic as 2-dimensional surfaces in a 4-dimensional Riemannian manifold) are the intersections of lines of $P_2(\mathbf{C})$ with the ball.

Let Y be an algebraic surface whose universal cover is the ball. Then Y inherits the complex hyperbolic metric from the ball. Up to a constant factor, this the unique Einstein-Kähler metric of Y. Every automorphism of Y is an isometry. The totally geodesic curves of Y are those curves that when lifted to the ball become lines. If a curve is pointwise fixed under an automorphism of Y (other than the identity), then this curve is totally geodesic. Therefore, if Y is, in addition, a good covering of S as in 1, then all curves $\pi^{-1}(C_i)$ (they are smooth, but not necessarily connected) are totally-geodesic if the branching number a_i is greater than 1.

If a smooth curve C on Y is totally geodesic, then

$$e(C) = 2C\cdot C,$$

where $e(C)$ is the Euler-Poincaré characteristic of C and $C\cdot C$ the self-intersection number. This follows from a relative version of the "proportionality principle" [2], because it is true in $P_2(\mathbf{C})$, where the totally geodesic curves are the lines ($e(L) = 2$, $LL = 1$).

Enoki has proved[(1)] that *for every smooth curve on Y* (*the universal cover of Y is still supposed to be the ball*)

$$e(C) \leqslant 2C\cdot C \tag{12}$$

and that C is totally geodesic if and only if the equality sign holds in (12).

As deviation from proportionality we define

$$\text{prop}\,(C) = 2C\cdot C - e(C). \tag{13}$$

for a smooth curve C on an algebraic surface Y. If the universal cover of Y is the ball, then $\text{prop}(C) \geqslant 0$ in accordance with Enoki's observation.

8. We consider again a weighted arrangement of lines in the plane (as in 2) and let Y be a good covering of S with respect to $L_1, \ldots, L_k, E_1, \ldots, E_s$ and the branching numbers $n_1, \ldots, n_k$ ($n_i \geqslant 2$) and $m_1, \ldots, m_s$ ($m_j \geqslant 1$). Let d be the degree of $\pi : Y \to S$. Then $\pi^{-1}(L_i)$ and $\pi^{-1}(E_j)$ are smooth curves in Y (generally, not connected). The partial derivatives of $\text{Prop}(x, y)$ introduced in **6** have, as Höfer shows, a geometric meaning, namely,

$$Q_\alpha(x, y) = \frac{n_\alpha}{d}\,\text{prop}\,(\pi^{-1}L_\alpha), \quad P_\beta(x, y) = \frac{m_\beta}{d}\,\text{prop}\,(\pi^{-1}E_\beta), \tag{14}$$

if $x_\alpha = 1 - 1/n_\alpha$, $y_\beta = -1/m_\beta$.

(1) I. Enoki, A proof of the proportionality principle for submanifolds (private communication).

According to (9) we have

$$(15)\quad 3c_2(Y)-c_1^2(Y)=\frac{1}{2}\Big(\sum (n_i-1)\operatorname{prop}(\pi^{-1}L_i)- \\ -\sum (m_j+1)\operatorname{prop}(\pi^{-1}E_j)\Big).$$

Actually, this is a formula of a rather elementary nature and can be obtained directly, but is useful to recognize the *prop* of the lifted ramification locus as partial derivatives of the quadratic form Prop(x, y). If Y has the ball as universal cover (equivalently, if Y is of general type and $3c_2(Y) = c_1^2(Y)$), then prop$(\pi^{-1}L_i) = 0$ and prop$(\pi^{-1}E_j) \geqslant 0$, see **7**. Therefore, by (15), also the prop$(\pi^{-1}E_j)$ vanish. Thus, we get a result that we cannot obtain formally from **6**, because we do not know, in general, that Prop(x, y) is positive semidefinite.

Suppose that Y is obtained as in the beginning of **8**. *We assume that it is of general type. Then the universal cover of Y is the ball if and only if all* prop$(\pi^{-1}L_i)$ *and* prop$(\pi^{-1}E_j)$ *vanish.*

9. As an illustration let us look at prop$(\pi^{-1}E_j)$). The curve E_j on S arose from blowing up the point p_j in the plane. We put $r_{p_j} = r$ and let $L_1, \ldots, L_r$ be the lines passing through p_j with weights $n_1, \ldots, n_r$.

We put $E_j = E$ and $m_j = m$. Then

$$E\cdot E=-1 \quad\text{and}\quad \pi^{-1}(E)\cdot\pi^{-1}(E)=-\frac{d}{m^2}.$$

For the Euler-Poincaré characteristic we have

$$e(\pi^{-1}E)=\frac{d}{m}(2-r)+\sum_{i=1}^{r}\frac{d/m}{n_i}.$$

Thus,

$$\operatorname{prop}(\pi^{-1}E)=\frac{d}{m}\Big(-\frac{2}{m}-\sum_{i=1}^{r}\frac{1}{n_i}+r-2\Big)=\frac{d}{m}\Big(2y+\sum_{i=1}^{r}x_i\Big),$$

if $x_i = 1 - 1/n_i$ and $y = -1 - 1/m$. This verifies (14) (see the definition of the linear form $P_j(x, y)$ in **2**). Thus, prop$(\pi^{-1}E)$ vanishes if and only if

$$(16)\qquad \frac{2}{m}+\sum_{i=1}^{r}\frac{1}{n_i}=r-2.$$

Höfer gives a complete list of the $(m;\ n_1, \ldots, n_r)$ with $m \geqslant 1$; $n_1 \geqslant n_2 \geqslant \ldots \geqslant n_r \geqslant 2$ satisfying (16). Let N_r be the number of solutions for a given r.

Then

r	3	4	5	6	7	8
N_r	87	27	150	18	3	1

Included are the 11 cases with constant n_i (see (7)).

10. We consider the complete quadrilateral as in **3**, a). We have to blow up the four triple points to get the surface S. It is a Del Pezzo surface with 10 exceptional curves $L_1, \ldots, L_6, E_1, \ldots, E_4$. But the configuration of these 10 curves on S is very symmetric. In this special case the L_i and E_j do not play separate roles. We can index the 10 curves by the 10 subsets of $\{0, 1, 2, 3, 4\}$ of cardinality 2, in such a way that two curves intersect if and only if their indexing subsets are disjoint. We denote the 10 curves by $E_{i,j}$ (with $i, j \in \{0, 1, 2, 3, 4\}$). We see that the configuration of our 10 curves admits S_5 as symmetry group. We can choose E_1, E_2, E_3, E_4 as $E_{01}, E_{02}, E_{03}, E_{04}$. The weights n_i, m_j are now denoted by n_{ij}, in particular, $n_{0j} = m_j$.

We have

$$\text{prop}\,(\pi^{-1}E_{01}) = \frac{d}{n_{01}}\left(-\frac{2}{n_{01}} - \frac{1}{n_{23}} - \frac{1}{n_{24}} - \frac{1}{n_{34}} + 1\right).$$

Therefore, to find surfaces Y whose universal cover is the ball we have to look for weights n_{ij} satisfying

$$\frac{2}{n_{01}} + \frac{1}{n_{23}} + \frac{1}{n_{24}} + \frac{1}{n_{34}} = 1 \tag{17}$$

and all permutations of (17). We must have $n_{ij} \geqslant 2$. Up to a permutation there are 7 solutions, the 4 solutions mentioned in **4** and 3 others. The table in [1] has 27 cases, due to the fact that ramified covers Y of the plane are admitted, which are related to ball quotients for groups Γ that do not operate freely or are not cocompact and have cusps. Höfer's theory includes these cases for the complete quadrilateral and for all other arrangements. Refinements of Yau's theorem due to Miyaoka [10] and R. Kobayashi [7] are needed.

If in the case of the complete quadrilateral

$$\frac{1}{n_{ij}} = 1 - \mu_i - \mu_j \text{ and } \sum_{i=0}^{4} \mu_i = 2,$$

then (17) and all permutations hold. This is the notation of [1]. The affine space $\sum \mu_i = 2$ corresponds to our 4-dimensional null space of the quadratic form $\text{Prop}(x, y)$.

11. The ramified covers of the plane with respect to the complete quadrilateral correspond to the theory of the hypergeometric differential equation dating back to Picard (see [1]). The question arises whether such differential equations whose monodromy gives our coverings exist also for other arrangements. This difficult question has been successfully treated by Masaaki Yoshida in two papers ([12], [13]).

The work of Holzapfel on Picard modular surfaces (see, for example, [5] and the references given there) has many connections with this paper.

References

[1] P. Deligne and G.D. Mostow, Monodromy of hypergeometric functions and non-lattice integral monodromy, preprint IHES/M/82/46, July 1983.
[2] F. Hirzebruch, Automorphe Formen und der Satz von Riemann-Roch, Symp. Internat. Topologia Algebraica 1956, 129-144, Universidad de México, Mexico City 1958. MR **21** # 2058.
[3] ———, Arrangements of lines and algebraic surfaces, Progr. Math. **36** (1983), 113-140, Birkhäuser, Boston, MA.
[4] Th. Höfer, Ballquotienten als verzweigte Überlagerungen der projektiven Ebene, Ph.D. thesis, Bonn 1985.
[5] R.-P. Holzapfel, Arithmetic curves on ball quotient surfaces, Ann. Global. Anal. Geom. **1** (1983), 21-90. MR **85e**:14053.
[6] Mi. Kato, On the existence of finite principal uniformizations of CP^2 along weighted line configurations, Mem. Fac. Sc. Kyushu Univ. Ser. A **38** (1984), 127-131. MR **85h**:32018.
[7] R. Kobayashi, Einstein-Kaehler *V*-metrics on open algebraic surfaces, Preprint, Tohôku Univ. 1984.
[8] Y. Miyaoka, On the Chern numbers of surfaces of general type, Invent. Math. **42** (1977), 225-237. MR **57** # 337.
[9] ———, On algebraic surfaces with positive index, Progr. Math. **39**, 281-301, Birkhäuser, Boston, MA, 1983.
[10] ———, The maximal number of quotient singularities on surfaces with given numerical invariants, Math. Ann. **268** (1984), 159-171.
[11] S.-T. Yau, Calabi's conjecture and some new results in algebraic geometry, Proc. Nat. Acad. Sci. USA **74** (1977), 1798-1799. MR **56** # 9467.
[12] Ma. Yoshida, Orbifold-uniformizing differential equations, Math. Ann. **267** (1984), 125-142.
[13] ———, Orbifold-uniformizing differential equations. II, preprint 1984.

Math. Inst. Univ. of Bonn

74.

Singularities of algebraic surfaces and characteristic numbers

Contemp. Math. *58*, I (1986), 141 – 155

ABSTRACT. The Chern numbers c_1^2 and c_2 of an algebraic surface of general type satisfy the Miyaoka-Yau inequality $c_1^2 \leq 3c_2$. If the surface contains rational or elliptic curves, then $3c_2 - c_1^2$ is positive and one can give an estimate from below using the rational and elliptic curves. This has many geometric applications. I report on work of R. Kobayashi and Y. Miyaoka and use the Bonn dissertation of Th. Höfer and the Bonn Diplomarbeit of K. Ivinskis.

1. For every compact smooth algebraic surface X the Chern numbers c_2 and c_1^2 are defined. The Chern number c_2 equals the Euler number e of X, whereas c_1^2 is the selfintersection number of a canonical divisor of X. If X is a surface of general type, then $c_2 > 0$ and

$$c_1^2 \leq 3c_2 \quad .$$

The famous inequality $c_1^2 \leq 3c_2$ has a long history. It was proved by Y. Miyaoka [15] using ideas due to F.A. Bogomolov (compare A. Van de Ven [20]). It was proved independently by differential-geometric methods for the case that the canonical bundle of X is ample: According to T. Aubin and S.T. Yau there exists a unique Einstein-Kähler metric on X and by a result of H. Guggenheimer (1952) the difference $3c_2 - c_1^2$ is then given in terms of this metric by an integral over X with non-negative integrand which measures the deviation from constant holomorphic sectional curvature. Therefore $c_1^2 \leq 3c_2$ (Yau [22]). Furthermore (Yau [22]) the equation $c_1^2 = 3c_2$ implies that the universal cover of X is the ball

$B = \{z \in \mathbb{C}^2 : |z_1|^2 + |z_2|^2 < 1\}$. This important conclusion was proved by Yau and Miyaoka also in the case that the canonical bundle is not necessarily ample (see [16]).

We refer to the Bourbaki lecture of J.-P. Bourguignon [1] for further references to the literature.

2. As explained above, $c_1^2 \leq 3c_2$ for a surface X of general type, and $c_1^2 = 3c_2$ if and only if the universal cover of X is the ball B . (The "if" part is the "proportionality" of [7].) If X contains rational or elliptic curves, then, clearly, the universal cover of X cannot be the ball and hence $c_1^2 < 3c_2$. Therefore, to a configuration E of rational or elliptic curves a positive number $m(E)$ should be assigned such that

$$(1) \qquad 3c_2 - c_1^2 \geqq m(E) \quad .$$

If E is a disjoint union of finitely many smooth elliptic curves C_j on X , then according to F. Sakai [19]

$$(2) \qquad 3c_2 - c_1^2 \geqq \sum(-C_j^2) \quad .$$

The selfintersection numbers C_j^2 are negative, since X is a surface of general type. Y. Miyaoka [17] has studied numbers $m(E)$ for configurations of rational curves. I discussed such questions with him during one of his visits in Bonn.

Let us consider an example. Suppose $S_1,\ldots,S_r$ is a chain of smooth rational curves, where S_j intersects S_{j+1} transversally in exactly one point $(j=1,\ldots,r-1)$ and $S_iS_j = 0$ for $|j-i| > 1$. We assume $-S_jS_j = b_j \geqq 2$. The dual graph of this chain is

(3)

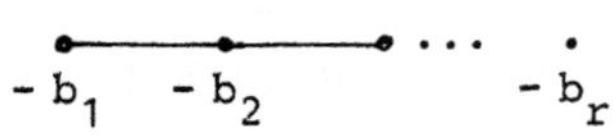

For the continued fractions

$$b_1 - \frac{1|}{|b_2} - \frac{1|}{|b_3} - \cdots - \frac{1|}{|b_r} = \frac{n}{q}$$

$$b_r - \frac{1|}{|b_{r-1}} - \frac{1|}{|b_{r-2}} - \cdots - \frac{1|}{|b_1} = \frac{n}{q'}$$

we have

$$0 < q < n \quad , \quad 0 < q' < n \quad , \quad qq' \equiv 1 \pmod n \quad .$$

In fact, this chain of rational curves is the resolution of the quotient singularity $\mathbb{C}^2/\mu_n$ where the group

$$\mu_n = \{\alpha \in \mathbb{C} : \alpha^n = 1\}$$

acts by $\alpha(z_1, z_2) = (\alpha z_1, \alpha^q z_2)$. Compare [6]. For the chain (3) of rational curves we can define the local Euler number e_{loc} which equals $r+1$. It is the Euler number of r twodimensional spheres $S_1, \ldots, S_r$ where a point on S_j is identified with a point of S_{j+1} for $j = 1, \ldots, r-1$. We also have a local canonical divisor $K_{loc} = \sum_{i=1}^{r} c_i S_i$ where the rational numbers c_i are defined by the linear equations

$$K_{loc} S_i + S_i S_i = -2$$

$$\sum_{i=1}^{r} c_i S_i S_j = b_j - 2$$

corresponding to the adjunction formula.

The intersection matrix $S_i S_j$ is negative-definite of determinant $(-1)^r n$.

Let E be the chain (3) . We define

$$m(E) = 3\, e_{loc} - K_{loc}^2 - \frac{3}{n}$$

and expect an inequality (1). Why? Let X' be the surface obtained by collapsing E to a point. It has one singular point.

Suppose (as a "Gedankenexperiment") that there is a smooth surface Y with an action of μ_n which is free outside one point p such that $Y/\mu_n = X'$. Then

$$3c_2(Y) - c_1^2(Y) = n(3c_2(X) - c_1^2(X) - m(E))$$

and (1) follows for X because Y is smooth of general type and satisfies the Miyaoka-Yau inequality. This is no proof at all, but motivates the definition of $m(E)$ and indicates how to look for a proof.

In his recent Bonn Diplomarbeit K. Ivinskis [11] has given a nice formula for $m(E)$ for a chain (3). We have

$$(4) \qquad m(E) = 1 + \sum_{i=1}^{r} (b_i+1) + \frac{q+q'-1}{n} \quad .$$

Similar formulas can be written down for all quotient singularities, i.e. for all configurations of rational curves arising from the resolution of quotient singularities (compare [2]). This becomes especially simple for the rational double points (see 8. below), i.e. for the configurations A_r, D_r, E_6, E_7, E_8. Here all curves have selfintersection number -2 which implies $K_{loc} = 0$ and $m(E) = 3\,e_{loc} - \frac{3}{|G|}$ where G is the finite group acting on $\mathbb{C}^2$ (and freely on $\mathbb{C}^2 - \{0\}$) such that $\mathbb{C}^2/G$ gives the quotient singularity. For example, A_r is the configuration (3) with $b_i = 2$ and

$$(5) \qquad m(A_r) = 3(r+1) - \frac{3}{r+1}$$

which agrees with (4) since $n = r+1$, $q = q' = r$. For E_8 we have $e_{loc} = 9$ and

$$m(E_8) = 27 - \frac{3}{120} = 27 - \frac{1}{40} \quad .$$

3. THEOREM. Let X be a smooth surface of general type and $E_1,\ldots,E_k$ configurations (disjoint to each other) of rational curves (arising from quotient singularities) and $C_1,\ldots,C_p$ smooth elliptic curves (disjoint to each other and disjoint to the E_i). Let c_1^2, c_2 be the Chern numbers of X. Then

$$(6) \qquad 3c_2 - c_1^2 \geq \sum_{i=1}^{k} m(E_i) + \sum_{j=1}^{p} (-C_j^2) \quad .$$

This is a part of a theorem of Miyaoka [17]. It includes the older result of F. Sakai on elliptic curves. The inequality (6) is already true if the Kodaira dimension of X is non-negative.

4. R. Kobayashi ([13],[14]) has developed a theory of Einstein-Kähler metrics for V-manifolds (surfaces with quotient singularities) which are not necessarily complete (they are surfaces with elliptic curves removed). S.T. Yau told me that he also studied

these problems. R. Kobayashi was able to prove the inequality (6) and to prove a theorem for the case that equality holds in (6). He had to introduce some additional assumptions concerning (-1)-curves and (-2)-curves, i.e., smooth rational curves with selfintersection number -1 or -2 respectively. We simplify by making these assumptions unnecessarily strong.

THEOREM. Let X, E_i, C_j be as in the above theorem. Suppose that X is minimal, i.e. does not contain (-1)-curves and that each (-2)-curve is contained in one configuration E_i. If equality holds in (6), then there exists a discrete subgroup Γ of the group of automorphisms of the ball, such that $X' - \cup C_j = \Gamma\backslash B$. Here X' is the singular surface obtained from X by blowing down the E_i. The group Γ has only isolated points in B with non-trivial isotropy group. They give the quotient singularities of X'. The group Γ has p "cusps". If one compactifies $\Gamma\backslash B$ to $\overline{\Gamma\backslash B}$ by adding p points at infinity for the p cusps, one gets p singular points which are resolved by the p elliptic curves C_j. Thus X is the smooth model (minimal desingularization) of $\overline{\Gamma\backslash B}$.

J.C. Hemperly [5] was the first to study the singularities at the cusps of surfaces $\overline{\Gamma\backslash B}$. An extensive study of the surfaces $\overline{\Gamma\backslash B}$ if Γ is a Picard modular group was carried out in many papers by R.-P. Holzapfel.

5. AN EXAMPLE. Consider the following surface Y in $P_4(\mathbb{C})$ with homogeneous coordinates $x_0, x_1, \ldots, x_4$.

$$\sum_{i=0}^{4} x_i^5 = 0 \quad , \quad \sum_{i=0}^{4} x_i^{15} = 0 \quad .$$

It covers the cubic surface S

$$\sum_{i=0}^{4} u_i = 0 \quad , \quad \sum_{i=0}^{4} u_i^3 = 0$$

which is the Clebsch diagonal surface (Clebsch 1871). It was studied in [8] in relation to Hilbert modular surfaces. The covering map $Y \longrightarrow S$ is given by $u_i = x_i^5$ and has degree 5^4. The cubic surface S is smooth. The hyperplane section $u_i = 0$ is a cubic curve consisting of 3 lines intersecting each other in 3 points. This determines 15 distinguished points of S (the point 0:1:-1:1:-1 and all permutations) over which we have $15 \cdot 5^3 = 1875$ points of Y which are singular, in fact they are A_4-singularities. The three hyperplane sections $u_1 = 0$, $u_2 = 0$, $u_3 = 0$ intersect in exactly one point. We get 10 distinguished points ((0:0:0:1:-1) and permutations). They are the 10 Eckardt points (points of intersection of three lines on the surface). Over each Eckardt point we have 5 points of Y. They are singular. Each of these 50 singularities is a cone over a Fermat curve of degree 5 (genus 6). We now pass to the smooth model X of Y by resolving all singularities in the minimal way and want to calculate the Chern numbers of X. For a complete intersection X_0 of two hypersurfaces of degrees 5 and 15 in $P_4(\mathbb{C})$ in general position the total Chern class is given by

$$1 + c_1(X_0) + c_2(X_0) = (1+5g+10g^2)(1+5g)^{-1}(1+15g)^{-1}$$

where $g \in H^2(X_0,\mathbb{Z})$ is the cohomology class of a hyperplane section This gives

$$1 + c_1(X_0) + c_2(X_0) = (1+10g^2)(1+15g)^{-1}$$

$$c_1(X_0) = -15g \ , \ c_2(X_0) = 235g^2$$

$$c_1^2(X_0) = 75 \cdot 225 \ , \ c_2(X_0) = 75 \cdot 235 \quad .$$

The A_4-singularities when resolved do not influence these values (cf. Brieskorn's theory on rational double points). Each of the remaining 50 singularities is resolved in a Fermat curve C of degree 5 with Euler number -10 and selfintersection number -5. The Milnor fibre of such a singularity has Euler number $1 + 4 \cdot 4 \cdot 4 = 65$. Therefore, each singularity reduces the Euler number by $65 + 10 = 75$. Each singularity reduces $c_1^2(X_0)$ by $-a^2 C^2$ where a is determined by the adjunction formula

$$a\,C\,C + C^2 = -e(C) = 10 \quad .$$

Thus $a = -3$ and $-a^2C^2 = 45$. Hence,

$$c_1^2(X) = 16875 - 50 \cdot 45 = 14625$$

$$c_2(X) = 17625 - 50 \cdot 75 = 13875 \quad .$$

There are 1875 A_4-configurations of (-2)-curves on X. We have (5)

$$m(A_4) = 15 - \frac{3}{5}$$

and

$$3c_2(X) - c_1^2(X) = 27000 = 1875 \cdot 14\tfrac{2}{5} \quad .$$

Hence, the equality sign holds in (6). It follows from Kobayashi's theorem in 4. that Y with the 50 Fermat curve singularities resolved equals Γ/B where Γ acts on the ball with isolated fixed points with isotropy groups of order 5.

The surface Y was originally constructed in a different way - in relation to the icosahedral line arrangement - by Th. Höfer in his Bonn dissertation [10].

6. LINE ARRANGEMENTS. We consider the complex projective plane $P_2(\mathbb{C})$ with homogeneous coordinates z_0, z_1, z_2. An arrangement of k lines is a set of k distinct lines in $P_2(\mathbb{C})$. They can be given by linear forms $\ell_1, \ldots, \ell_k$ in z_0, z_1, z_2. Let $t_r (r \geq 2)$ be the number of r-fold points, i.e., the number of points lying on exactly r lines of the arrangement. Then we have

$$\frac{k(k-1)}{2} = \sum_{r \geq 2} t_r \frac{r(r-1)}{2} \quad .$$

For an arrangement $\ell_1 = 0, \ldots, \ell_k = 0 (k \geq 3,\ t_k = 0)$ of lines we consider the function field

$$\mathbb{C}(z_1/z_0, z_2/z_0)((\ell_2/\ell_1)^{1/2}, \ldots, (\ell_k/\ell_1)^{1/2})$$

which is an abelian extension (Kummer extension) of the function field $\mathbb{C}(z_1/z_0, z_2/z_0)$ of $P_2(\mathbb{C})$ of degree 2^{k-1} and Galois group $(\mathbb{Z}/2\mathbb{Z})^{k-1}$. It determines an algebraic surface X with normal singularities which ramifies over the plane with the arrangement as locus of ramification. If the point $p \in P_2(\mathbb{C})$ lies on r lines of the arrangement $(r \geq 0)$, then there are 2^{k-1-r} points of X over p which are an orbit of the Galois group. For $r \geq 3$ these points are singular. The minimal resolution of such a point replaces the point by a smooth curve C of Euler number $2^{r-2}(4-r)$ and selfintersection number -2^{r-2}. We obtain a smooth surface Y associated to the arrangement.

Line arrangements and related algebraic surfaces were studied in [9]. Many more investigations were carried out in Th. Höfer's thesis [10] where he emphasized the relation to the work of P. Deligne and G.D. Mostow [3]. In this lecture we consider only some examples whose discussion we continue now.

As shown in [9] p. 132 we have

$$3c_2(Y) - c_1^2(Y) = 2^{k-3}(t_2+3t_3+t_4-k-\sum_{r\geq 5}(2r-9)t_r) \quad . \tag{7}$$

The surface Y contains $t_3 \cdot 2^{k-4}$ rational curves E_i of self-intersection number -2. They lie over the 3-fold points of the arrangement. The surface Y contains $t_4 \cdot 2^{k-5}$ elliptic curves C_j. They lie over the 4-fold points of the arrangement. We have $m(E_i) = \frac{9}{2}$ (see (5)) and $C_j^2 = -4$. Therefore,

$$\begin{aligned} &3c_2(Y) - c_1^2(Y) - \sum m(E_i) - \sum(-C_j^2) \\ &= 2^{k-3}(t_2 + \tfrac{3}{4}t_3 - k - \sum_{r\geq 5}(2r-9)t_r) \quad . \end{aligned} \tag{8}$$

It was shown in [9] that Y is of general type if $k \geq 7$ and $t_k = t_{k-1} = t_{k-2} = t_{k-3} = 0$, it is of non-negative Kodaira dimension if $k \geq 6$ and $t_k = t_{k-1} = t_{k-2} = 0$. In this talk, for simplicity, we always assumed general type. However, Miyaoka's inequality (6) is true if the surface has non-negative Kodaira dimension. From (6) and (8) we get

THEOREM. <u>For an arrangement of</u> k <u>lines in the complex projective plane we have</u>

$$t_2 + \tfrac{3}{4}t_3 \geq k + \sum_{r\geq 5}(2r-9)t_r \tag{9}$$

<u>provided</u> $t_k = t_{k-1} = t_{k-2} = 0$.

The inequality (9) is an improvement of an inequality mentioned in [9] p. 140. It does not seem to be known to experts in the theory of arrangements (see the literature quoted in [9]). There is an arrangement of 8 lines with $t_2 = 10$, $t_3 = 1$, $t_6 = 1$ for which (9) is wrong.

We mention some arrangements for which (9) is sharp and for

which the surface Y is related to the ball by the theorem in 4.

a) the nine inflection points of a smooth cubic surface determine the 12 lines of the Hesse arrangement with $k = 12$, $t_2 = 12$, $t_4 = 9$, $t_r = 0$ otherwise

b) the nine inflection points define 9 lines in the dual projective plane. This gives an arrangement with $k = 9$, $t_3 = 12$, $t_r = 0$ otherwise.

c) the simple group of order 168 operates on the complex projective plane (F. Klein [12]p. 101). It has 21 involutions. Each involution leaves a line pointwise fixed. We get an arrangement with $k = 21$, $t_3 = 24$, $t_4 = 21$ and $t_r = 0$ otherwise.

d) $(z_0^m - z_1^m)(z_1^m - z_2^m)(z_2^m - z_0^m) = 0$, $m \geq 4$, defines $3m$ lines with $t_2 = 0$, $t_3 = m^2$, $t_m = 3$ and $t_r = 0$ otherwise. We have the equality sign in (9) if and only if $m = 4$ or $m = 6$.

7. DOUBLE POINTS ON HYPERSURFACES. Let F_d be a smooth hypersurface of degree d in $P_3(\mathbb{C})$. It is easy to calculate

$$3c_2(F_d) - c_1^2(F_d) = 2d(d-1)^2 \quad . \tag{10}$$

Now we admit that F_d has ordinary nodes (double points) and is otherwise smooth. These nodes are points in whose neighborhood F_d can be given by $u^2 + v^2 + w^2 = 0$ with respect to a local analytic coordinate system of $P_3(\mathbb{C})$. If we pass to the minimal resolution $\tilde{F}_d$ of F_d , then each node is replaced by a smooth rational curve of selfintersection number -2 . By Brieskorn's theory $\tilde{F}_d$ belongs to the same "family" as F_d and (10) holds for $\tilde{F}_d$. The surface $\tilde{F}_d$ is of general type for $d \geq 5$ (it is a K3-surface, Kodaira dimension 0 , for $d = 4$). Let $\mu(d)$ be the maximum number of nodes on a hypersurface of degree d . For $d \geq 4$ we get by (5), (6) and (10)

$$\mu(d) \leq \frac{4}{9} d (d-1)^2 \quad . \tag{11}$$

Miyaoka [17] discusses this inequality in relation to many classical and more recent results. (For example $\mu(5) = 31$ by A. Beauville.)

V.I. Arnold drew my attention to other results which are not mentioned by Miyaoka. See A. Varchenko [21]. S.V. Čmutov (cf.[21]) used the Čebyšev polynomials to define surfaces F_d with many nodes: The Čebyšev polynomial $T_d(x)$ is defined by

$$T_d(\cos\alpha) = \cos(d\alpha)$$

We have

$$T_d(x) = \sum (-1)^j \binom{d}{2j} x^{d-2j}(1-x^2)^j \quad .$$

The derivative $T_d'(x)$ has only simple zeros, they give the $d-1$ maxima and minima of $T_d(x)$. The maxima all have the value 1, the minima the value -1. We use affine coordinates x_1, x_2, x_3 for $P_3(\mathbb{C})$ and consider the Čmutov surface

$$T_d(x_1) + T_d(x_2) + T_d(x_3) = -1$$

which has no singularities on the infinite plane of $P_3(\mathbb{C})$. A node of the Čmutov surface has coordinates x_1, x_2, x_3 with $T_d'(x_i) = 0$, where among x_1, x_2, x_3 we must have two numbers for which T_d has a minimum. If $c(d)$ is the number of nodes, then

(12)
$$c(d) = 3 \cdot \left(\frac{d-1}{2}\right)^3 \quad \text{for } d \text{ odd}$$
$$c(d) = 3 \cdot \left(\frac{d}{2}\right)^2 \left(\frac{d}{2} - 1\right) \quad \text{for } d \text{ even} \quad .$$

By (11) and (12)

(13) $$\frac{3}{8} \le \overline{\lim_{d\to\infty}} \, \mu(d)/d^3 \le \frac{4}{9} \quad .$$

This seems to be all what is known about $\overline{\lim_{d\to\infty}} \, \mu(d)/d^3$.

8. SINGULARITIES ON PLANAR CURVES. Let C be a smooth curve of even degree $2k$ in $P_2(\mathbb{C})$. Let X_C be the 2-fold cover of the plane branched along C. Then

(14) $$3c_2(X_C) - c_1^2(X_C) = k(10k-6) \quad .$$

Now we admit that C has simple singularities. A singular point is simple if, with respect to a local analytic coordinate system, the curve can be given as follows

$$\begin{array}{ll} A_k \ (k \geq 1) & x^2 + y^{k+1} = 0 \\ D_k \ (k \geq 4) & y(x^2 + y^{k-2}) = 0 \\ E_6 & x^3 + y^4 = 0 \\ E_7 & x(x^2 + y^3) = 0 \\ E_8 & x^3 + y^5 = 0 \quad . \end{array}$$

Then X_C has singularities (rational double points) which blow up to configurations of (-2)-curves, namely to the configurations A_k, D_k, E_6, E_7, E_8, on the smooth model $\tilde{X}_C$. For each simple singularity we define $m(p) = m(E)$ if p is blown up to the configuration E. We can apply (6) using that $\tilde{X}_C$ belongs to the same family as X_C by Brieskorn's theory and also satisfies (14).

THEOREM. _Let_ C _be a curve of degree_ $2k$ _having only simple singularities_ $(k \geq 3)$. _Then_

$$\sum_{p \in \operatorname{sing}(C)} m(p) \leq k(10k-6) \quad . \tag{15}$$

If d is the number of ordinary double points (A_1) and s the number of ordinary cusps (A_2) then by (15) and (5)

$$\frac{9}{2}d + 8s \leq k(10k-6) \quad . \tag{16}$$

The paper of Ivinski's [11] contains many examples and references to the literature, in particular one finds a result of Varchenko [21]p. 164, related to (16). If $s(n)$ is the maximal number of cusps on a curve of degree n (with simple singularities only), then by (16)

$$\overline{\lim_{n\to\infty}} \frac{s(n)}{n^2} \leq \frac{5}{16} \quad .$$

Varchenko (loc. cit.) obtains

$$\overline{\lim_{n\to\infty}} \frac{s(n)}{n^2} \leq \frac{23}{72} \quad .$$

Examples show that this limes superior is not less than $\frac{1}{4}$.

The estimate

$$\frac{1}{4} \le \overline{\lim_{n\to\infty}} \frac{s(n)}{n^2} \le \frac{5}{16}$$

seems to be all what is known about it. Since a cusp reduces the class $n(n-1)$ of a smooth curve of degree n by 3, it is known classically that

$$\overline{\lim_{n\to\infty}} \frac{s(n)}{n^2} \le \frac{1}{3} \quad .$$

9. ARRANGEMENTS OF CONICS. Let $C_1,\ldots,C_k$ be distinct smooth conics in the complex projective plane $(k \ge 4)$. We assume that the curve $C = C_1 \cup \ldots \cup C_k$ of degree $2k$ has only singularities of type A_1 or A_3 , which means that a point $p \in C$ lies on one or two conics, in the latter case p is a transversal intersection of the two conics or the two conics touch each other in p with intersection multiplicity 2 (tacnode). Let d be the number of transversal intersections and t the number of tacnodes. Then obviously,

$$d + 2t = 2k(k-1) \quad ,$$

whereas by (15) and (5)

$$\frac{9}{2}d + \frac{45}{4}t \le k(10k-6) \quad .$$

Eliminating d gives

$$t \le \frac{4}{9}(k^2 + 3k) \quad .$$

For $k = 4,5,6$ we get $t \le 12,17,24$. As U. Persson remarked there are 4 conics with $t = 12$ (and $d = 0$), there is a (projectively unique) arrangement of 5 conics with $t = 17$ given by I. Naruki [18]p. 1144, but the maximal t for $k \ge 6$ is not known. There is a beautiful arrangement of 12 conics (Geribaldi1882; see Fricke-Klein [4]p. 648-649). The alternating group A_6 operates on the complex projective plane (Valentiner and Wiman) . There are six canonical subgroups of A_6 isomorphic to A_5 . They are icosahedral groups. Each leaves a conic fixed. Under an outer automorphism of

A_6 we get another system of six groups isomorphic to A_5 and again six conics. Each conic of the first system of six conics touches each conic of the second system in two points. We have $k = 12$ and $t = 72$, the above estimate gives $t \leq 80$.

A similar (classical) example with $k = 14$ and $t = 98$ can be obtained from the action of the simple group G_{168} on $P_2(\mathbb{C})$, see F. Klein [12] p. 106. There are two systems of seven subgroups of G_{168} isomorphic to the octahedral group S_4. Each subgroup leaves a conic invariant. Each conic of one system touches each concic of the other system in 2 points. Of the 98 tacnodes, 56 lie on the invariant curve f of degree 4, they are the 56 touching points of the 28 double tangents of f, and 42 lie on the invariant curve of degree 6.

For $k = 14$, the above estimate gives $t \leq 105$. I do not know whether $\overline{\lim\limits_{k\to\infty}} \frac{t(k)}{k^2}$ is positive ($t(k)$ = maximal number of tacnodes for an arrangement of k conics).

BIBLIOGRAPHY

[1] Bourguignon, J.-P.: Premières formes de Chern des variétés kähleriennes compactes [d'après E. Calabi, T. Aubin et S.T. Yau], Séminaire Bourbaki, Lecture Notes in Mathematics 710, Springer-Verlag Heidelberg (1979), 1-21.

[2] Brieskorn, E.: Rationale Singularitäten komplexer Flächen, Invent. math. 4 (1968), 336-358.

[3] Deligne, P. & Mostow, G.D.: Monodromy of hypergeometric functions and non-lattice integral monodromy, Publ. Math. I.H.E.S. 63 (1986), 5-89.

[4] Fricke, R. & Klein, F.: Vorlesungen über die Theorie der automorphen Funktionen (Band 2), Nachdruck Teuber-Verlag Stuttgart 1965.

[5] Hemperly, J.C.: The parabolic contribution to the number of linearly independent automorphic forms on a certain bounded domain, Amer. J. Math. 94 (1972), 1078-1100.

[6] Hirzebruch, F.: Über vierdimensionale Riemannsche Flächen mehrdeutiger analytischer Funktionen von zwei komplexen Veränderlichen, Math. Ann. 126 (1953), 1-22.

[7] Hirzebruch, F.: Automorphe Formen und der Satz von Riemann-Roch, Symp. Int. Top. Alg. 1956, México Univ. México (1958), 129-144.

[8] Hirzebruch, F.: Hilbert's modular group of the field $Q(\sqrt{5})$ and the cubic diagonal surface of Clebsch and Klein (in Russian), Uspekhi Mat. Nauk 31 : 5 (1976), 153-166; English translation in Russian Math. Surveys 31 : 5 (1976), 96-110.

[9] Hirzebruch, F.: Arrangements of lines and algebraic surfaces, Progress in Mathematics 36, Birkhäuser Boston (1983), 113-140.

[10] Höfer, Th.: Ballquotienten als verzweigte Überlagerungen der projektiven Ebene, Dissertation Bonn 1985.

[11] Ivinskis, K.: Normale Flächen und die Miyaoka-Kobayashi Ungleichung, Diplomarbeit Bonn 1985.

[12] Klein, F.: Über die Transformation siebenter Ordnung der elliptischen Funktionen, Ges. Math. Abhandlungen Band 3, LXXXIV, Reprint Springer-Verlag Berlin (1973), 90-136.

[13] Kobayashi, R.: Einstein-Kähler metrics on open algebraic surfaces of general type, Tôhoku Math.J. 37 (1985), 43-77.

[14] Kobayashi, R.: Einstein-Kähler V-metrics on open Satake V-surfaces with isolated quotient singularities, Math. Ann. 272 (1985), 385-398.

[15] Miyaoka, Y.: On the Chern numbers of surfaces of general type, Invent. math. 42 (1977), 225-237.

[16] Miyaoka, Y.: Algebraic surfaces with positive indices, Progress in Mathematics 39, Birkhäuser Boston (1983), 281-301.

[17] Miyaoka, Y.: The maximal number of quotient singularities on surfaces with given numerical invariants, Math. Ann. 268 (1984), 159-171.

[18] Naruki, I.: Some invariants for conics and their applications, Publ. RIMS Koyoto Univ. 19 (1983), 1139-1151.

[19] Sakai, F.: Semi-stable curves on algebraic surfaces and logarithmic pluricanonical maps, Math. Ann. 254 (1980), 89-120.

[20] Van de Ven, A.: Some recent results on algebraic surfaces of general type, Séminaire Boubaki, Lecture Notes in Mathematics 677, Springer Verlag Heidelberg (1978), 155-166.

[21] Varchenko, A.N.: Asymptotics of integrals and Hodge structures (in Russian), Itogi Nauki i Techniki, Series "Contemporary Problems of Mathematics" Vol. 22 Moscow (1983), 130-166.

[22] Yau, S.T.: Calabi's conjecture and some new results in algebraic geometry, Proc. Nat. Acad. Sci. USA 74 (1977), 1798-1799.

Max-Planck-Institut für Mathematik
Gottfried-Claren-Straße 26
D-5300 Bonn 3

Federal Republic of Germany

75.

Some examples of threefolds with trivial canonical bundle

Ausarbeitung und Ergänzung von Vorträgen von F. Hirzebruch durch J. Werner.
MPI für Mathematik 1985/86

I.

* Let X be a compact Kähler manifold of complex dimension n with $c_1^{\mathbb{R}} = 0$. Then we can change the Kähler metric in the same cohomology class to get a Ricci flat metric: the Ricci tensor represents the first Chern class, and because the first Chern class of X is cohomologically zero, Yau's solution of the Calabi conjecture gives us the possibility of replacing the given metric by an Einstein-Kähler metric which is Ricci flat.

Which manifolds of this type exist?

The structure theorem, as given in Beauville's paper [1] (see also [11]) which is based on results of Calabi [5] and Bogomolov [2], tells us that the universal covering of such an X is always isomorphic to a product of the form

$$\mathbb{C}^k \times \Pi V_i \times \Pi X_j .$$

The V_i's are simply connected Kähler manifolds of dimension greater than or equal to three with trivial canonical class. The V_i's have the following Hodge numbers:

$$h^{0,0} = 1, h^{0,1} = 0, h^{0,2} = 0, \ldots, h^{0,n-1} = 0, h^{0,n} = 1 .$$

The X_j's are simply connected holomorphic symplectic even dimensional Kähler manifolds with trivial canonical bundle (also called hyperkählerian), this implies that there exists a holomorphic two-form φ, such that $\varphi, \varphi^2, \ldots, \varphi^{k/2}$ give all holomorphic forms up to factors, where k is the dimension of X_j and $\varphi^{k/2}$ is the non-vanishing section of the canonical bundle. The described decomposition of the universal covering of X is unique. The proof of this structure theorem uses the Einstein-Kähler metric [17]. Actually, the theorem says a little more:

There exists some *finite* unramified cover X^f of X,

$$X^f = T \times \Pi V_i \times \Pi X_j, \quad \text{with a complex torus } T.$$

What are the consequences of this fact in dimension three?

Suppose that we have a Kähler manifold X of dimension three with $c_1^{\mathbb{R}} = 0$ and $e(X) \neq 0$. Then $e(X^f) \neq 0$, so no torus can occur in the decomposition of X^f as above. Because there are no factors X_j either (they are evendimensional), there exists some finite cover X^f of X of the form $X^f = V$, where V is of the type described above.

Therefore X^f and also X have the following invariants:

$$h^{0,0} = 1 = h^{0,3}, \quad h^{0,1} = 0 = h^{0,2} .$$

By duality, the only variable Hodge numbers are $h^{1,1}$ and $h^{2,1}$. From general theory on Hodge numbers the Euler number $e(X)$ of X is $2h^{1,1} - 2h^{2,1}$.

The most obvious examples are complete intersections of k smooth hypersurfaces in $\mathbb{P}^{3+k}(\mathbb{C})$ in general position:

a) A Quintic in $\mathbb{P}^4$ with Euler number -200.

b) The intersection of a Quartic and a Quadric resp. two Cubics in $\mathbb{P}^5$ with Euler number -176 resp. -144.

c) The intersection of a Cubic and two Quadrics in $\mathbb{P}^6$ with Euler number -144.

d) The intersection of four Quadrics in $\mathbb{P}^7$; its Euler number is -128.

These are the only examples we can get by taking smooth complete intersections, because the first Chern class of a smooth intersection of k hypersurfaces of degree $d_1, \ldots, d_k$ in $\mathbb{P}^{3+k}(\mathbb{C})$ vanishes if and only if

$$\sum_{i=1}^{k} d_i = k + 4 .$$

For these examples see [6], p. 11 (compare [8]).

Other important examples are double (resp. triple) coverings of $\mathbb{P}^3(\mathbb{C})$, branched along smooth octic (resp. sextic) surfaces; the Euler number of these threefolds are equal to -296 (resp. -204).

Physicists studying superstring theory are interested in 3-dimensional Kähler manifolds which have $c_1^{\mathbb{R}} = 0$ and absolute value of the Euler number as small as possible, but not equal to zero. In order to get such manifolds, they take the examples given above, look for some groups acting freely on the manifolds, and divide by these group-actions.

The Euler number of the quotient is then the Euler number of the given manifold divided by the order of the group.

For example, the group $\mathbb{Z}_5 \times \mathbb{Z}_5$ acts freely on the Quintic in $\mathbb{P}^4(\mathbb{C})$ given by

$$\sum_{i=0}^{4} z_i^5 = 0;$$

the quotient is a manifold with Euler number -8; see [6], p. 16.

Another method for getting new examples with different Euler numbers will be described in this paper: we introduce singularities and then resolve them in different ways.

II.

Let us consider the double covering of $\mathbb{P}^3(\mathbb{C})$, branched along an octic surface which is allowed to have singularities. Assume first, that these singularities are locally of type $g(u, v, z) = 0$, where g is a homogeneous polynomial defining a smooth curve of degree 4 in the plane at infinity with u, v, z as homogeneous coordinates. Therefore the surface singularity is the vertex of the cone over the curve g. The threefold singularity is given in local affine coordinates by

$$w^2 + g(u, v, z) = 0 .$$

Blowing up the singular point of the branch divisor in $\mathbb{P}^3$, the exceptional divisor D is isomorphic to $\mathbb{P}^2$. The proper transform $\tilde{B}$ of the branching surface B cuts out a curve of degree 4 of this exceptional divisor. A singular point p of the threefold is then resolved into a double cover of $\mathbb{P}^2$, branched along the curve of degree 4. This is a del Pezzo-surface, which is isomorphic to $\mathbb{P}^2$ blown up in seven points. So the Euler number of the surface, which replaces the singular point of the threefold, is 10.

The Milnor number of a hypersurface singularity of type

$$X_1^{n_1} + X_2^{n_2} + X_3^{n_3} + X_4^{n_4} = 0$$

is $\prod_{i=1}^{4} (n_i - 1)$. Thus the third Betti number of the Milnor fiber of the given singularity $g(u, v, z) = 0$ is 27, at least in the case $g = u^4 + v^4 + z^4$, but this holds also for any g. When the singular point is taken out of the threefold, the Euler number changes in the same manner as if the Milnor fiber is taken out of a smooth model. So in our example the Euler number decreases by $1 - 27$, that means: it increases by 26. Glueing in the del Pezzo-surface enlarges the Euler number again by 10. So with every singularity of the described type the Euler number of $\tilde{X}$, which is the double covering of the blown-up $\tilde{\mathbb{P}}^3$, branched along $\tilde{B}$, increases by 36.

What is the canonical class of $\tilde{X}$?

Let ϱ be the blowing up and π the covering map from $\tilde{X}$ to $\tilde{\mathbb{P}}^3$. Then we have the following formulas:

$$K_{\tilde{\mathbb{P}}^3} = -4\varrho^* H + 2D$$

$$K_{\tilde{X}} = \pi^* (K_{\tilde{\mathbb{P}}^3} + \tfrac{1}{2} \tilde{B})$$

$$\tilde{B} = \varrho^* B - \operatorname{ord}_p B \cdot D;$$

H is a generic hyperplane in $\mathbb{P}^3$. Because $B \sim 8H$ and $\operatorname{ord}_p B = 4$, $K_{\tilde{X}}$ is trivial.

Now let us construct an octic surface with 8 singularities of type (4, 4, 4). The Euler number of $\tilde{X}$ is then equal to $-296 + 8 \cdot 36 = -8$. In homogeneous coordinates $X_0, \ldots, X_3$ consider the quartic

$$X_1^4 + X_2^4 + X_3^4 = 0$$

with one singularity. Now change the coordinates to $T_0, \ldots, T_3$ in the following way:

$$X_1 - X_0 = T_1^2$$

$$X_2 - X_0 = T_2^2$$

$$X_3 - X_0 = T_3^2$$

$$X_0 = T_0^2.$$

The transformation map is of degree 8, the inverse image of the quartic $\sum_{i=1}^{3} X_i^4 = 0$ is an octic with 8 singularities of the type we require.

A similar example is given by the triple covering of $\mathbb{P}^3(\mathbb{C})$, branched along a sextic surface with singularities locally of type $g(u, v, z) = 0$, where g is a homogeneous polynomial defining a smooth curve of degree 3. For example, the threefold singularities are locally given by

$$w^3+u^3+v^3+z^3=0\,.$$

Blowing up, these points are replaced by cubic del Pezzo-surfaces: they are triple coverings of $\mathbb{P}^2$, branched along a cubic curve, and have Euler number 9. Because the Milnor number of such singularities is 16, every resolution of a singularity of this type increases the Euler number, compared with the smooth case, by 24. Analogous to the octic case, the canonical bundle again remains trivial, because $\mathrm{ord}_p B = 3$ for all singular points p and

$$K_{\tilde{X}} = \pi^*(K_{\tilde{\mathbb{P}}^3} + \tfrac{2}{3}\tilde{B})\,.$$

Constructing a sextic surface with 8 such singularities, we reach the Euler number $-204 + 8 \cdot 24 = -12$. Here we proceed as before: the sextic (in affine coordinates)

$$\sum_{i=1}^{3} (x_i^2-1)^3 = 0$$

has 8 singularities of type (3, 3, 3).

III.

Let us return to the double covering of $\mathbb{P}^3(\mathbb{C})$, branched along an octic surface and assume that the singularities of the branching surface now are ordinary nodes, described locally by the equation

$$\sum_{i=1}^{3} z_i^2 = 0\,.$$

Blowing up a singular point of the octic in $\mathbb{P}^3$, the proper transform of this surface cuts out an irreducible conic curve of the exceptional $\mathbb{P}^2$. So the singularity of the threefold is resolved into a double covering of $\mathbb{P}^2$, branched along an irreducible conic curve. This surface is isomorphic to $\mathbb{P}^1 \times \mathbb{P}^1$. But now the canonical bundle of the new smooth threefold is no longer trivial. So we must look for another way of resolving the singularities.

We proceed by taking the so called "small resolution", which can be described as follows:

In suitable local analytic coordinates, a threefold singularity of the type we want to have is given by the equation

$$\sum_{i=1}^{4} u_i^2 = 0\,.$$

In other coordinates this can be written as

$$\Phi_1 \Phi_2 = \Phi_3 \Phi_4\,.$$

The local meromorphic function

$$\frac{\Phi_1}{\Phi_3} = \frac{\Phi_4}{\Phi_2}$$

has a point of indeterminacy at the critical point $\Phi_1 = \Phi_2 = \Phi_3 = \Phi_4 = 0$. The graph of this meromorphic function is smooth and contains a $\mathbb{P}^1$ at that critical point; the singularity is replaced by a set of codimension two. Therefore this kind of resolution does not influence the canonical class. For details see [10]. The meromorphic function

$$\frac{\Phi_1}{\Phi_4} = \frac{\Phi_3}{\Phi_2}$$

gives us a different small resolution. So globally there exist 2^s different small resolutions ($s = \#$ of double points). Another way to get these resolutions is to blow down each $\mathbb{P}^1$ of one of the rulings of the exceptional $\mathbb{P}^1 \times \mathbb{P}^1$ we constructed before. This can be done, since both fibre and base of the $\mathbb{P}^1 \times \mathbb{P}^1$ have intersection (-1) with the $\mathbb{P}^1 \times \mathbb{P}^1$.

Computing the Milnor number we see that the Euler number increases by 2 with every small resolution of a singularity. Now a different problem comes into the game:

It is uncertain whether or not at least some of the small resolutions $\hat{X}$ are still Kähler. This depends on the number of double points and their special position. In general the manifolds $\hat{X}$ are only Moišezon: the transcendence degree of the function field is 3. The results of Moišezon [12] tell us that a manifold is projective algebraic if and only if it is Moišezon and Kähler. So in our examples the properties "Kähler" and "projective algebraic" are equivalent.

If we take, for example, the Čmutov octic with 108 nodes as branching surface – this octic is given in affine coordinates by the equation

$$\sum_{i=1}^{3} T_8(x_i) - 1 = 0,$$

T_8 the Čebyšev polynomial of degree 8 – there is no small resolution which is Kähler; all exceptional curves are homologous to zero. But if we take the Čmutov octic with 144 nodes, given by

$$\sum_{i=1}^{3} T_8(x_i) + 1 = 0,$$

there exist some $\hat{X}$ which are projective algebraic; see [16]. These are Kähler manifolds with trivial canonical bundle and Euler number $-296 + 2 \cdot 144 = -8$.

For the general construction of Čmutov hypersurfaces see [15] or the appendix of this paper.

IV.

A similar example is given by the quintic Čmutov hypersurface in $\mathbb{P}^4(\mathbb{C})$:

$$\sum_{i=1}^{4} T_5(x_i) = 0.$$

This threefold has 96 nodes, and because the Euler number of a smooth quintic in $\mathbb{P}^4$ is -200, the small resolutions of that singular variety have Euler number -8. Again there exist some projective algebraic small resolutions.

Now let $f(x, y) = 0$ be the quintic curve in the affine plane, which is given by the product of the five lines of a regular pentagon.

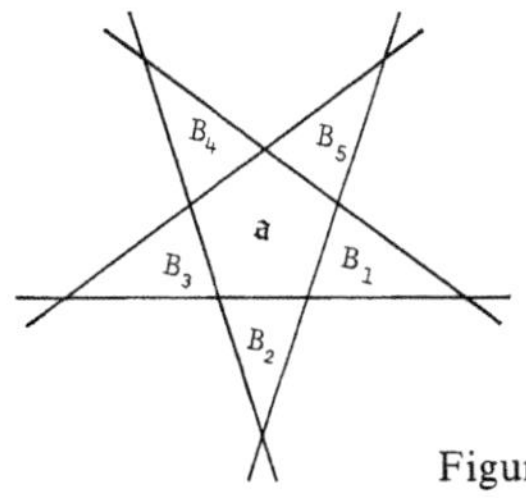

Figure 1

As a function of two real variables x and y, f has relative extrema in the center $\mathfrak{a}$ of the pentagon and in one point b_i of each triangle B_i. So both partial derivatives of f vanish at these six points and at the ten intersection points of the five lines. The function f can be normalized, such that $f(b_i) = -1$ for all $i = 1, \ldots, 5$; by symmetry $f(b_i) = f(b_j)$ for all i and j. Consider the threefold given in four affine coordinates by the equation

$$f(u, v) - f(z, w) = 0 .$$

At the singular points all partial derivatives vanish, so if (u, v, z, w) is a singular point of the threefold, (u, v) and (z, w) are critical points of f. There are three possibilities:

$$f(u, v) = \quad 0 = f(z, w) \quad (100 \text{ points})$$

$$f(u, v) = -1 = f(z, w) \quad (25 \text{ points})$$

$$f(u, v) = \quad a = f(z, w) \quad (1 \text{ point}), \quad a > 0 .$$

So our threefold has 126 nodes, the Euler number of a small resolution is $-200 + 2 \cdot 126 = +52$. In this case there exist projective algebraic small resolutions, as Chad Schoen pointed out. The hypersurface in $\mathbb{P}^4(\mathbb{C})$

$$f(u, v) - 2f(z, w) = 0$$

has only 100 singularities coming from the intersection points of the lines. Here the small resolutions have Euler number 0, so this example is not interesting for the physicists. We can get other examples by

$$f(u, v) - \tilde{f}(z, w) = 0 ,$$

where $\tilde{f}$ arises from a little perturbation of the line configuration of f. A suitable choice of $\tilde{f}$ gives us a threefold with 101 nodes: $\tilde{f}$ must have the value $+a$ at the critical point inside the pentagon and values different from -1 at all critical points inside the triangles. The Euler number of a small resolution is $+2$. It might be, that in this special case there is no projective algebraic small resolution.

V.

In our next example a family of threefolds is described by the affine equation

$$f(x, y, z) + t^{m \cdot h} = 0 \quad (m \in \mathbb{N}),$$

where f has some surface singularities of type $A_r (r \geqq 1)$, $D_r (r \geqq 4)$, E_6, E_7 and E_8.

These singularities are given by the local equation

$$z^2 + g(x, y) = 0,$$

where g has a curve singularity of type a_r, d_r, e_6, e_7, or e_8. These are

$$\begin{aligned} a_r:&\quad x^2 + y^{r+1} &= 0\\ d_r:&\quad x(y^2 + x^{r-2}) &= 0\\ e_6:&\quad x^3 + y^4 &= 0\\ e_7:&\quad x(x^2 + y^3) &= 0\\ e_8:&\quad x^3 + y^5 &= 0. \end{aligned}$$

In [3] and [4] Brieskorn investigates threefolds which fiber into surfaces and looks for resolutions of the surface singularities of singular fibers. Because the parameter t gives us a fibration of our threefold into a family of surfaces, the results of Brieskorn gives us small resolutions of our threefold singularities in those cases, where h is the so called Coxeter number of the singularity. That means:

If the exponent of t in the equation of the threefold is a multiple of the Coxeter number of a singularity occuring in f, then there exist small resolutions of this singularity. The Coxeter numbers are

$$\begin{aligned} h(A_r) &= r + 1\\ h(D_r) &= 2r - 2\\ h(E_6) &= 12\\ h(E_7) &= 18\\ h(E_8) &= 30. \end{aligned}$$

The Milnor number of every singularity is a product of the Milnor number of the surface singularity of f – which is the index r – and $(m \cdot h - 1)$, because the variable t does not appear in the polynomial f. So every singularity enlarges the Euler number by

$$r \cdot (m \cdot h - 1) - 1 + (r + 1) = r \cdot m \cdot h.$$

The Dynkin diagram of the singularity shows that the resolving curve is a line configuration consisting of r projective lines with $(r - 1)$ intersection points; its Euler number is equal to

$$r \cdot 2 - (r - 1) = r + 1.$$

Now let us have a look at a more special case of this general example:

$$f(x, y) + z^2 + t^8 = 0$$

with $f = 0$ a curve of degree 8.

If f is smooth, the threefold is smooth, too, and has trivial canonical bundle and Euler number -296.

Now f is allowed to have singularities of type a_1, a_3, a_7, and d_5. In these cases we get small resolutions of the singularities of the threefold, because the Coxeter numbers of A_1, A_3, A_7, and D_5 are divisors of 8. The Euler number of a small resolution is

$$e = -296 + 8 \cdot \sum r;$$

$\sum r$ is the sum of the indices of all singularities of f. This sum is smaller than or equal to 37; see [13], p. 291. We give two examples with

$$\sum r = 36 .$$

In this case we reach

$$e = -8 .$$

First f consists of four conics which touch each other such that f has 12 singularities of type a_3. In the other example f is a product of Persson's triconical configuration ([13] p. 292) and two lines as in the following picture:

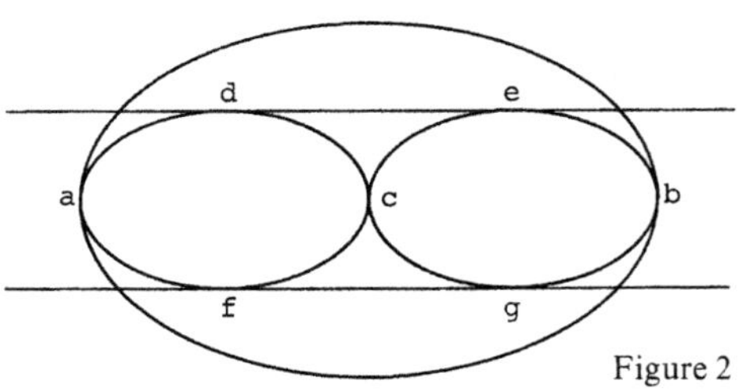

Figure 2

At the points a and b we have a_7-singularities; those at the points c to g are of type a_3. Finally we get 7 a_1-singularities: the four intersection points of the two lines and the big conic, then two imaginary points, where the small conics intersect, and the intersection point of the two lines. Again the sum of the indices is 36.

VI.

In this chapter we want to construct some threefolds with large positive Euler number. First let us have a look at the intersection of four quadrics in $\mathbb{P}^7$ with Euler number -128. To construct an example of such a threefold, we take 8 planes

$$l_1 = 0, \ldots, l_8 = 0$$

in $\mathbb{P}^3(\mathbb{C})$ in general position. The functions

$$\sqrt[2]{l_i/l_1} \qquad (i = 2, \ldots, 8)$$

give us a smooth threefold in $\mathbb{P}^7$, a branched covering of $\mathbb{P}^3$ of degree 2^7. The quadrics in $\mathbb{P}^7$ are given by the equations

$$\sum_{i=1}^{8} \alpha_{ij} t_i^2 = 0 \quad (j = 1, \ldots, 4),$$

the four 8-tuples $(\alpha_{1j}, \ldots, \alpha_{8j})$ are linear independent solutions of

$$\sum_{i=1}^{8} \alpha_{ij} l_i = 0 .$$

Now we want to introduce singularities; the eight planes are chosen in special position. We allow, that through any point may pass up to four of the planes; however assume that no three of the planes have a line in common. If we have a plane configuration with t points belonging to four planes, the threefold has $8 \cdot t$ double points.

Take, for example, the plane configuration of a regular octahedron. Each of the six points of the octahedron belongs to four planes. The eight planes divide into four pairs which are parallel. To each pair belongs an intersection line in the plane at infinity. These four lines intersect in six points. So t is equal to 12, the threefold has 96 singularities. A small resolution gives us a manifold with trivial canonical bundle and Euler number

$$-128 + 2 \cdot 96 = +64 .$$

Again it is an open problem whether the small resolutions are projective algebraic.

Next we consider the intersection of two cubics in $\mathbb{P}^5(\mathbb{C})$ with Euler number -144. We construct such a smooth threefold by functions

$$\sqrt[3]{l_i/l_1} \quad (i = 2, \ldots, 6),$$

where

$$l_1 = 0, \ldots, l_6 = 0$$

are six planes in $\mathbb{P}^3(\mathbb{C})$ in general position. We get a covering of $\mathbb{P}^3(\mathbb{C})$ of degree 3^5. To introduce singularities, again we choose the plane configuration so that up to four planes pass through an arbitrary point. Again we assume, that no three of the planes have a line in common. A configuration with t of such points gives $3 \cdot t$ threefold singularities of type (3, 3, 3, 3); the resolution of every singularity is a cubic del Pezzo-surface (see Chapter II). The canonical bundle remains trivial, the Euler number increases by $24 \cdot 3 \cdot \mathrm{t}$.

Let the plane configuration be that one of a regular cube: in this situation we have three pairs of parallel planes and therefore three intersection lines in the plane of infinity. These three lines intersect in three points, so t is equal to three and the threefold has 9 singularities. The Euler number of the resolution is equal to

$$-144 + 9 \cdot 24 = +72 .$$

Another example with Euler number $+72$ was first mentioned to me by E. Calabi. It is is described in [6], p. 12.

In this context a very interesting example is constructed by B. Hunt. He considers a covering of degree 2^7 of $\mathbb{P}^3(\mathbb{C})$ branched along the plane-configuration of the following special type: six planes are the planes of a regular cube, the seventh is a plane passing through three vertices of the cube as in the picture, and the eighth is the plane at infinity.

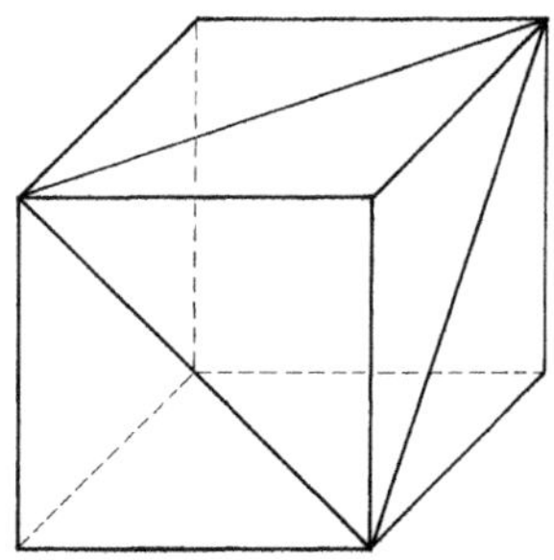

Figure 3

This construction leads to a plane configuration with 3 fivetuple and 3 quadruple points. The threefold has 24 ordinary double points and 12 singularities, given in $\mathbb{C}^5$ by the two equations

$$z_1^2 + z_2^2 + z_3^2 + z_4^2 + z_5^2 = 0$$
$$c_1 z_1^2 + c_2 z_2^2 + c_3 z_3^2 + c_4 z_4^2 + c_5 z_5^2 = 0,$$

$c_i \neq c_j$ if $i \neq j$. To compute the Milnor number of these singularities, we consider a small deformation

$$\sum_{i=1}^{5} z_i^2 = \alpha, \qquad \sum_{i=1}^{5} c_i z_i^2 = \beta;$$

its Euler number is equal to $e(X) - e(Y)$, where X is the complete intersection of two quadrics in $\mathbb{P}^5$ and Y is the complete intersection of two quadrics in $\mathbb{P}^4$; X is described by

$$\sum_{i=1}^{5} z_i^2 = \alpha z_0^2, \qquad \sum_{i=1}^{5} c_i z_i^2 = \beta z_0^2,$$

Y is a $\mathbb{P}^2$ blown up in 5 points (a del Pezzo-surface). $e(Y) = 8$, and because $\beta_3(X) = 4$ (see [8], p. 465) we get $e(X) = 0$. So the Euler number increases by 8 when the singularity is taken out. The singularity can be resolved by a (2, 2) complete intersection in $\mathbb{P}^4$; the resolving surface is again a $\mathbb{P}^2$ blown up in 5 points with Euler number 8. This resolution does not influence the canonical class, so a resolution of all singularities of this type and a simultaneous small resolution of the double points gives a smooth threefold with trivial canonical bundle and Euler number

$$-128 + 12 \cdot 16 + 24 \cdot 2 = +112.$$

It is not known whether there exists such a "mixed" resolution which is Kähler. For details see [9].

VII.

To construct our last example, let

$$g(z_3, z_4, z_5) = 0$$

be a smooth curve of degree 10 in $\mathbb{P}^2$. Consider the threefold

$$z_1^2 + z_2^5 + g(z_3, z_4, z_5) = 0$$

in a weighted projective space.

Choose new variables $u_1^5 = z_1$ and $u_2^2 = z_2$ and look at Y, given in $\mathbb{P}^4$ by the equation

$$u_1^{10} + u_2^{10} + g = 0 .$$

The transformations

$$\begin{pmatrix} u_1 \\ u_2 \end{pmatrix} \mapsto \begin{pmatrix} \xi \cdot u_1 \\ \alpha \cdot u_2 \end{pmatrix}$$

with $\xi^5 = 1$, $\alpha^2 = 1$ form a group $\mathfrak{G}$ of order 10,

$$\{z_1^2 + z_2^5 + g = 0\} = Y/\mathfrak{G}$$

is our given threefold in the weighted projective space. This group operation is not free: the subgroups consisting of those transformations with $\alpha = 1$ and $\xi = 1$ respectively leave the surfaces $\{u_1 = 0\}$ and $\{u_2 = 0\}$ respectively fixed; the curve $\{u_1 = 0, u_2 = 0\}$ is the fixpoint set of the full group $\mathfrak{G}$. So

$$e(Y/\mathfrak{G}) = \frac{e(Y) + [(5-1) + (2-1)]\, e(F) + (5-1) \cdot (2-1)\, e(C)}{10},$$

where F is a smooth surface of degree 10 in $\mathbb{P}^3$ and C is a smooth curve of degree 10 in $\mathbb{P}^2$.

$$e(Y) = -5900, \quad e(F) = 660, \quad e(C) = -70,$$

so

$$e(Y/\mathfrak{G}) = -288 .$$

The canonical divisor on $Y/\mathfrak{G}$ is computed as follows:

Let f be the quotient map $Y \to Y/\mathfrak{G}$ and H a generic hyperplane in $\mathbb{P}^4$. Then

$$5H|_Y = K_Y = f^*(K_{Y/\mathfrak{G}} + \tfrac{1}{2} D + \tfrac{4}{5} B),$$

where $D = \{z_2 = 0\}|_{Y/\mathfrak{G}}$ and $B = \{z_1 = 0\}|_{Y/\mathfrak{G}}$. Then

$$f^* D = \{u_2^2 = 0\}|_Y \sim 2H|_Y ,$$

$$f^* B = \{u_1^5 = 0\}|_Y \sim 5H|_Y .$$

So

$$f^*(K_{Y/\mathfrak{G}}) \sim 0 ,$$

therefore the canonical bundle on $Y/\mathfrak{G}$ must be trivial; see also [14], p. 21.

If $g = 0$ has t singularities of type a_4, the threefold has t singularities of the form

$$u^2 + v^2 + w^5 + t^5 = 0 .$$

As described in Chapter V, the Euler number increases by 20 if we resolve such a singularity by a small resolution. The equation

$$g(z_3, z_4, z_5) = (z_3^5 + z_4^5 + z_5^5)^2 - 4(z_3^5 z_4^5 + z_3^5 z_5^5 + z_4^5 z_5^5) = 0$$

gives us a curve of degree 10 with 15 a_4 singularities; see [13], p. 311. This equation is of the for $f(z_3^5, z_4^5, z_5^5) = 0$, where $f(t_0, t_1, t_2) = 0$ is the conic in the following picture:

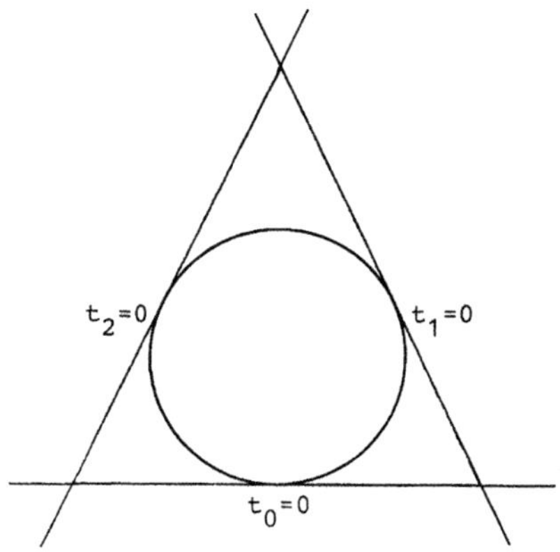

Figure 4

The small resolutions of the threefold have Euler number $-288 + 15 \cdot 20 = +12$. Are they projective algebraic?

Appendix

Let $T_d(x)$ be the Čebyšev polynomial in one variable of degree d, defined by

$$T_d(\cos\alpha) = \cos(d\alpha).$$

We have

$$T_d(x) = \sum_{j=0}^{[d/2]} (-1)^j \binom{d}{2j} x^{d-2j}(1-x^2)^j.$$

At the points

$$\alpha_k := \cos\frac{k\pi}{d}, \qquad 1 \leqq k \leqq d-1,$$

$(T_d)'(x)$ has simple zeros; they are maxima (if k is even) and minima (if k is odd) of T_d as a real function. The values at these points are

$$T_d(\alpha_k) = \begin{cases} +1 & \text{if } k \text{ is even} \\ -1 & \text{if } k \text{ is odd}. \end{cases}$$

The Čmutov hypersurface of degree d in $\mathbb{P}^n(\mathbb{C})$ is given in n affine coordinates by the equation

$$\sum_{j=1}^{n} T_d(x_j) = \begin{cases} 0 & \text{if } n \text{ is even} \\ +1 & \text{if } n \text{ is odd} . \end{cases}$$

What are the singularities of this hypersurface?

All partial derivatives vanish if and only if

$$\frac{dT_d}{dx}(x_j) = 0 \quad \text{for all } j;$$

this is the case iff for all $j = 1, \ldots, n$ there exists a $k \in \{1, \ldots, d-1\}$, such that

$$x_j = \cos\left(\frac{k\pi}{d}\right) = \alpha_k .$$

So in affine coordinates the singularities are the points

$$(\alpha_{i_1}, \ldots, \alpha_{i_n}),$$

where $[n/2]$ of the indices i_j are odd and the other are even. The singularities are nodes, because

$$\frac{d^2T_d}{dx^2}(\alpha_k) \neq 0 \quad \text{for all } k .$$

Homogenizing does not influence the singularities, all of them are contained in the affine piece described above.

The Čmutov hypersurfaces have many nodes, for fixed n asymptotically

$$\binom{n}{[n/2]}\left(\frac{d}{2}\right)^n \quad \text{nodes for} \quad d \to \infty .$$

If $n = 3$, the number of nodes is $\frac{3}{8}d(d-2)^2$ if d is even and $\frac{3}{8}(d-1)^3$ if d is odd; asymptotically we get $\frac{3}{8}d^3$ ordinary double points, the best example known.

We can generalize our construction and consider all cases

$$\sum_{j=1}^{n} (-1)^{\beta_j} T_d(x_j) = \begin{cases} 0 & \text{if } n \text{ is even} \\ (-1)^{\beta_0} & \text{if } n \text{ is odd} \end{cases}$$

with $\beta_0, \beta_1, \ldots, \beta_n \in \{-1, +1\}$. If $n \geqq 3$, all these hypersurfaces are irreducible. We get the largest number of double points for the hypersurfaces

$$\sum_{j=1}^{n} T_d(x_j) = -1 \qquad \text{if } n \text{ is odd}$$

and

$$\sum_{j=1}^{n} (-1)^j T_d(x_j) = 0 \quad \text{if } n \text{ is even.}$$

If $n = 3$ and d is even, these hypersurfaces have $\frac{3}{8}d^2(d-2)$ nodes: the octic has 144 double points.

References

[1] Beauville, A.: Some remarks on Kähler manifolds with $c_1 = 0$. In: Classification of Algebraic and Analytic Manifolds: Katata Symposium Proc. 1982, Ed.: K. Ueno, pp. 1–26. Progress in Math. Vol. 39. Boston; Basel; Stuttgart: Birkhäuser 1983.

[2] Bogomolov, F.: On decomposition of Kähler manifolds with trivial canonical class. Math. USSR Sb. *22*, 580–583 (1974).

[3] Brieskorn, E.: Über die Auflösung gewisser Singularitäten von holomorphen Abbildungen. Math. Ann. *166*, 76–102 (1966).

[4] Brieskorn, E.: Die Auflösung der rationalen Singularitäten holomorpher Abbildungen. Math. Ann. *178*, 255–270 (1968).

[5] Calabi, E.: On Kähler manifolds with vanishing canonical class. In: Algebraic geometry and topology, a symposium in honor of S. Lefschetz, pp. 78–89. Princeton Univ. Press 1955.

[6] Candelas, P.; Horowitz, G. T.; Strominger, A.; Witten, E.: Vacuum configurations for superstrings. To appear in Nucl. Phys. B (cf.: Superstrings, Vol. 2, Ed.: J. H. Schwarz, pp. 1107–1137. Singapore: World Scientific 1985).

[7] Clemens, C. H.: Double solids. Adv. in Math. *47*, 107–230 (1983).

[8] Hirzebruch, F.: Der Satz von Riemann-Roch in faisceau-theoretischer Formulierung. In: Proc. Int. Congress of Math. 1954 Amsterdam, pp. 457–473. Amsterdam: North-Holland Publishing Co. 1957.

[9] Hunt, B.: Elliptic 3-folds, MPI-Preprint *86-24*.

[10] Laufer, H. B.: On $\mathbb{CP}^1$ as an exceptional set. In: Recent developments in several complex variables, Ann. of Math. Stud. *100*, Ed.: J. Fornaess, pp. 261–275. Princeton Univ. Press 1981.

[11] Michelson, M.-L.: Clifford and spinor cohomology of Kähler manifolds. Amer. J. Math. *102*, 1083–1146 (1980).

[12] Moišezon, B. G.: On n-dimensional compact varieties with n algebraically independent meromorphic functions. Amer. Math. Soc. Transl. *63*, 51–177 (1967).

[13] Persson, U.: Horikawa surfaces with Maximal Picard Numbers. Math. Ann. *259*, 287–312 (1982).

[14] Strominger, A.; Witten, E.: New Manifolds for Superstring Compactification. Comm. Math. Phys. *101*, 341–361 (1985).

[15] Varchenko, A. N.: Asymptotics of integrals and Hodge structures. Itogi Nauki i Techniki, Series “Contemporary Problems of Mathematics”, Vol. 22, Moscow, 130–166 (1983). [Russian.]

[16] Werner, J.: Kleine Auflösungen spezieller dreidimensionaler Varietäten. Dissertation Bonn 1987. To appear in Bonner Math. Schriften.

[17] Yau, S. T.: On the Ricci curvature of a compact Kähler manifold and the complex Monge-Ampère-equation I. Comm. Pure Appl. Math. *31*, 339–411 (1978).

Kommentare

Zu einigen Arbeiten wurde ein allgemeiner Kommentar verfaßt; diese Arbeiten sind am Textanfang mit dem Symbol * am Rand gekennzeichnet. Die Kennzeichnung X.y eines Einzelkommentars bedeutet, daß er sich auf die mit y bezeichnete Textstelle auf der Seite X dieses Bandes bezieht.

34. The topology of normal singularities of an algebraic surface
(d'après un article de D. Mumford)

1.* Wie im Kommentar zu Nr. 30 angedeutet, wollte ich die Auflösungen der Singularitäten und Resultate über Singularitäten topologisch imitieren und zwar sollte dies sowohl für 4-dimensionale Mannigfaltigkeiten (3-dimensionale Ränder), als auch (durch analoges „plumbing") im höherdimensionalen Fall geschehen. Im Bereich der 3-dimensionalen Mannigfaltigkeiten führte das zur Dissertation von R. von Randow, in der ein topologisches Analogon des Mumfordschen Satzes angegeben wurde. Dabei schlich sich allerdings eine Ungenauigkeit ein, die dann in der Dissertation von A. Scharf „Faserungen von Graphenmannigfaltigkeiten" (Bonner Mathematische Schriften Nr. 73 (1974)) korrigiert wurde. Die Dissertation von A. Scharf gehört auch in dieses Programm, es sollte festgestellt werden, wann eine Graphenmannigfaltigkeit ein Torus-Bündel über der Kreislinie ist, eine Fragestellung, die durch die Auflösung der Spitzensingularitäten der Hilbertschen Modulflächen (Nr. 51, Hilbert modular surfaces) entstand. Auch die Dissertation von F. Waldhausen (Beiträge zur Theorie der dreidimensionalen Mannigfaltigkeiten, Bonn 1965), die dann in mehreren Arbeiten erschien, war durch Probleme über Baummannigfaltigkeiten motiviert. R. von Randow betrachtete insbesondere die 3-dimensionalen Seifertschen Mannigfaltigkeiten und zeigte, daß sie „sternförmige" Baummannigfaltigkeiten sind. Das führte zur Betrachtung von Singularitäten mit **C***-Aktion (Nr. 41, Involutions and Singularities (mit K. Jänich)). Im höherdimensionalen Fall studierte D. Arlt in seiner Dissertation (Homotopietyp höherdimensionaler Linsenräume, Bonner Mathematische Schriften Nr. 20 (1964)) das „plumbing" von $\mathbf{D}^{2k}$-Bündeln über $\mathbf{S}^{2k}$ entlang streckenförmiger Bäume, d. h. er imitierte topologisch in höheren Dimensionen die Quotienten-Singularitäten $A_{n,q}$ (siehe Nr. 2, Über vierdimensionale Riemannsche Flächen mehrdeutiger analytischer Funktionen von zwei komplexen Veränderlichen).

Vgl. auch Nr. 38, Über Singularitäten komplexer Flächen, insbesondere § 2.

36. Bericht über Arbeiten am Mathematischen Institut der Universität Bonn

8.* Von Oktober 1962 bis Oktober 1964 war ich Dekan der Mathematisch-Naturwissenschaftlichen Fakultät der Universität Bonn. Ausgerechnet während dieser Zeit gab es die ungewöhnliche Häufung von 8 mathematischen Promotionen in einem Jahr. Bei allen oder wenigstens den meisten, ich erinnere mich nicht genau, hatte ich so die große Freude, die Doktordiplome selbst übergeben zu können. Bei 6 Dissertationen war ich der erste Referent und damit der Doktorvater, die Beteiligung auswärtiger Referenten in zwei Fällen macht deutlich, daß die Themen nicht immer in meinen eigenen Arbeitsgebieten lagen und die Betreuung auch woanders erfolgte, und natürlich spielten auch die zweiten Referenten eine wichtige Rolle. Manche der Dissertationen werden in den Kommentaren zu einzelnen Arbeiten erwähnt. Die Dissertation von Gromoll über das „pinching" der Krümmung hat eine Entwicklung eingeleitet, über die in Nr. 70, Mannigfaltigkeiten und algebraische Topologie, auf S. 501 berichtet wird. Im Zusammenhang mit „pinching" sei folgendes erwähnt. Als die Brieskornschen Sphären in Bonn bekannt wurden (siehe Kommentare zu Nr. 38, Über Singularitäten komplexer Flächen, und Nr. 39, Singularities and exotic spheres), hat P. Dombrowski sofort ausgerechnet, daß die Mannigfaltigkeit $W^{2n-1}(d)$ mit ihrer durch die kanonische Einbettung in $\mathbf{C}^{n+1} = \mathbf{R}^{2n+2}$ induzierten Riemannschen Metrik (siehe Nr. 39, § 4 (1)) Punkte mit 2-dimensionalen Richtungen negativer Riemannscher Schnittkrümmung hat, so daß durch diese Brieskornschen Sphären (d ungerade, n ungerade) leider keine Beispiele für die Gromollschen Sätze geliefert wurden (P. Dombrowski, Manuskript vom 4. Mai 1966). Meines Wissens ist bis heute keine exotische Sphäre bekannt, die eine Riemannsche Metrik mit überall positiver Schnittkrümmung zuläßt. Siehe jedoch die Arbeit von D. Gromoll und Wolfgang Meyer, An exotic sphere with nonnegative sectional curvature, Ann. Math. *100* (1974), 401–406.

Die Bedeutung der regelmäßigen Mathematischen Arbeitstagung für den Bonner wissenschaftlichen Nachwuchs wird ersichtlich durch die Hinweise in diesem Artikel auf die Vorträge von M. F. Atiyah (Harmonic Spinors 1962) und N. Kuiper (The unitary group of Hilbert space is k-connected, 1964).

11.1 Es sei vorausgesetzt, daß m gerade ist.

22.2 Die Dissertationen sind unter 1)–8) gelistet. Sie wurden leider beim Druck nicht wie von mir gewünscht besonders hervorgehoben und von dem übrigen Literaturverzeichnis getrennt. Die Erscheinungsorte seien hier vollständig angegeben.

M. Armbrust, Colloquium Mathematicum *14* (1966), 39–62.
M. Armbrust, Colloquium Mathematicum *17* (1967), 1–22.
J. Brandenburg, Bonner Mathematische Schriften *27* (1967).
D. Gromoll, Math. Ann. *164* (1966), 353–371.
K. Jänich, Math. Ann. *161* (1965), 129–142.
R. B. Jensen, Math. Ann. *173* (1967) 102–126.
K. H. Mayer, Topology *4* (1965), 295–313.
R. Olivier, Math. Ann. *171* (1967), 22–45.
K. G. Zelle, Bonner Mathematische Schriften *22* (1964).

37. Elliptische Differentialoperatoren auf Mannigfaltigkeiten

45.1 Die Zahl $a_r(\gamma)$ war definiert als die Atiyah-Bottsche Zahl von $\pi\,\mathrm{Fix}(\gamma)$ dividiert durch die Euler-Poincarésche Zahl $e(\pi\,\mathrm{Fix}(\gamma))$, siehe S. 602 unten. Daher ist die Gleichung $a_r(\gamma) = \nu_r(\gamma')/e(\mathrm{Fix}(\gamma')_0)$ eine „Proportionalität".

Einen Beweis des Proportionalitätssatzes in der hier benötigten Form habe ich nie veröffentlicht. Es soll jetzt eine Version formuliert werden, die das wesentliche zeigt.

Es seien A und B beschränkte homogene symmetrische Gebiete. Für die kompakten Duale A' und B' sei $A' \subset B'$ in natürlicher äquivarianter Weise; jeder Automorphismus von A' ist dann Beschränkung eines Automorphismus von B'. Es sei $A = B \cap A'$. Es sei Γ eine diskontinuierliche Gruppe von Automorphismen von B, die auf B frei operiert. Die Untergruppe U derjenigen Elemente von Γ, die A in sich überführen, habe kompakten Quotienten $U\backslash A$. Das Paar $(\Gamma\backslash B, U\backslash A)$ soll mit dem Paar (B', A') verglichen werden. Man kann die Chernschen Klassen des Tangentialbündels von $U\backslash A$ und des Normalbündels von $U\backslash A$ in $U\backslash B$ betrachten und „gemischte" Chernsche Zahlen mit all diesen Chernschen Klassen durch „Integration" über $U\backslash A$ erhalten. *Diese Chernsche Zahlen sind dann proportional zu den entsprechenden Chernschen Zahlen des Paares* (B', A'): Bei dem in § 17 erwähnten Homomorphismus $h\colon H^*(A', \mathbf{R}) \to H^*(U\backslash A, \mathbf{R})$ gehen Chernsche Klassen von Tangential- und Normalbündel von A' in die entsprechenden Chernschen Klassen von $U\backslash A$ über.

Die Formel $e(C) = 2C \cdot C$ in Nr. 73, Algebraic surfaces with extreme Chern numbers (S. 142), ist ein Spezialfall, ebenso die Formel $e(C) = C \cdot C$ für glatte kompakte Kurven auf Hilbertschen Modulflächen, die von Einbettungen der oberen Halbebene in das Produkt zweier oberer Halbebenen im Sinne von Nr. 60, Intersection numbers of curves on Hilbert modular surfaces and modular forms of Nebentypus (mit D. Zagier), herrühren (siehe Nr. 60, Introduction (2)). Die Formel $e(C) = C \cdot C$ (modifiziert durch Beiträge von Spitzen und elliptischen Singularitäten) wurde in meinen Arbeiten über Hilbertsche Modulflächen oft benutzt.

Der hier formulierte relative Proportionalitätssatz ist nicht allgemein genug für die beabsichtigte Anwendung, man muß noch die Aufspaltung der Normalbündel gemäß der Aktion von γ bzw. γ' berücksichtigen.

47.2 Die Arbeit mit Atiyah und Bott wurde leider nie geschrieben. Der hier formulierte Satz entspricht meinem Beweis der Proportionalität, den ich ursprünglich benutzte, bevor ich die $-[[x,y],z]$ Krümmungsformel heranzog (siehe Nr. 16, Automorphe Formen und der Satz von Riemann-Roch). Am 22. Oktober 1965 (nach einer Woche in Oxford, wo ich mit Atiyah und Bott über die Langlandssche Formel diskutiert hatte) schrieb ich an Atiyah einen Brief, den ich auszugsweise wiedergebe (Γ_0 ersetzt durch Γ):

Let $B = G/K$ be a bounded homogeneous symmetric domain and $\Gamma \subset G$ a discrete subgroup with compact quotient $\Gamma\backslash B$ operating freely on B. Let G'/K be the compact counterpart. Then there is a "natural" ring homomorphism

(1) $$h\colon H^*(G'/K; \mathbf{R}) \to H^*(\Gamma\backslash B; \mathbf{R})$$

which is injective (and on $H^n(\ ; \mathbf{R})$ bijective, where $n = \dim G'/K = \dim B$). Moreover

(2) $$h(c(G'/K)) = h(c(\Gamma\backslash B))$$

where c denotes the total Chern class with real coefficients. (This, of course, includes the proportionality of Chern numbers, but for our application to Langlands we need the more general formulation).

Proof: $\Gamma\backslash G \to \Gamma\backslash G/K = \Gamma\backslash B$ is a principal K-bundle ξ: K operates on $\Gamma\backslash G$ from the right and freely. [$g\,k = \gamma g$ implies because of the freeness of Γ that $\gamma = 1$ and hence $k = 1$]. Thus we have the characteristic map

$$\tilde{h}\colon H^*(B_K; \mathbf{R}) \to H^*(\Gamma\backslash B; \mathbf{R})$$

h is defined as soon as we have shown that $\tilde{h}$ vanishes on the image of $H^+(B_K; \mathbf{R}) \leftarrow H^+(B_{G'}; \mathbf{R})$. For this we prove that our K-bundle ξ under *extension* of the structural group from K to G'_c (complexification of G') becomes a bundle ξ' all whose G' characteristic classes vanish (with real coefficients). For this it is enough to show that the structural group G'_c of ξ' can be reduced to the discrete subgroup Γ:

$\Gamma\backslash G \underset{K}{\times} G$: extends ξ to structural group $G \subset G'_c$.

$\Gamma\backslash G \underset{K}{\times} G/\Gamma$ = associated G/Γ-bundle over $\Gamma\backslash B$ for which we have to find a section.

Section given by $g \to g \times g^{-1}$.

Okay because $\gamma g\,k \times (\gamma g\,k)^{-1} = \gamma g\,k \times k^{-1} g^{-1} \gamma^{-1}$ equals $g \times g^{-1}$ in $\Gamma\backslash G \underset{K}{\times} G/\Gamma$.

Thus h is defined.

(2) holds because the tangent bundles of $\Gamma\backslash B$ and G'/K are associated to the respective K-bundles by the same representation. The Chern numbers c_1^n are known to be different from 0 in both cases ($\Gamma\backslash B$ and G'/K) because they are given essentially by the volume form. Thus

$$h\colon H^n(G'/K; \mathbf{R}) \to H^n(\Gamma\backslash B; \mathbf{R})$$

is bijective by (2). The injectivity of h follows by Poincaré duality.

38. Über Singularitäten komplexer Flächen

61.1 Atiyahs Satz über den gewöhnlichen Doppelpunkt A_1 war Anregung für mich, Brieskorn die Untersuchung aller einfachen Singularitäten vorzuschlagen. Seine Arbeit (Über die Auflösung gewisser Singularitäten von holomorphen Abbildungen) erschien in Math. Ann. *166* (1966), 76–102.

In der folgenden Arbeit (Die Auflösung der rationalen Singularitäten holomorpher Abbildungen. Math. Ann. *178* (1968), 255–270) gelang es ihm, auch den Fall E_8 erfolgreich zu behandeln.

64.2 Die Vermutung wurde zunächst in der zweiten Arbeit von Brieskorn (loc. cit. unter 1) für A_k, D_k (k ungerade), E_6, E_7, E_8 bewiesen. Inzwischen hat sich unter Einfluß von Ideen von Grothendieck eine große Theorie der Brieskornschen simultanen Auflösungen entwickelt, die die Beziehung zu den Lieschen Gruppen vollständig klären konnte. In diesem Rahmen ergab sich auch, daß genau die Elemente der Weylschen Gruppen durch Monodromietransformationen der universellen Deformation realisierbar sind, insbesondere das Coxeterelement durch Umlauf in einer Geraden (mit dem Parameter s) transversal zur Diskriminante. (Vgl. E. Brieskorn, Singular elements of semisimple algebraic groups, in: Actes Congrès Intern. Math. 1970, t.2, 279–284.) Die erste ausführliche Darstellung der Theorie mit der Verallgemeinerung auf die Diagramme B_k, C_k, F_4, G_2 verdankt man P. Slodowy, Simple singularities and simple algebraic groups, Lecture Notes in Mathematics 815, Berlin-Heidelberg: Springer 1980. Für eine Übersicht über Monodromieresultate bis 1977 siehe S. M. Husein-Zade, The Monodromy groups of isolated singularities of hypersurfaces, Russ. Math. Surveys *32* (1977), 23–69.

65.3 Dieser Brief von Brieskorn war eine große Überraschung. Er erreichte mich während der Konferenz in Rom (30. 9.–7. 10. 1965). Interessante Entwicklungen haben sich daran angeschlossen. Vgl. Nr. 39, Singularities and exotic spheres.

39. Singularities and exotic spheres

70.* Im Frühjahr 1966 waren die Bonner Mathematiker E. Brieskorn und K. Jänich beide in den USA, Brieskorn am Massachusetts Institute of Technology und Jänich an der Cornell University. Brieskorn entdeckte Sphären als Umgebungsränder von Singularitäten (vgl. Kommentar zu Nr. 38), Jänich studierte spezielle $\mathbf{O}(n)$-Mannigfaltigkeiten (§ 4) und Knotenmannigfaltigkeiten (§ 5). Ich bemerkte den Zusammenhang zwischen beiden Untersuchungen und sandte im März 1966 an Brieskorn und Jänich ein Manuskript „$\mathbf{O}(n)$-Mannigfaltigkeiten, exotische Sphären, kuriose Involutionen", das hier als [7] zitiert wird, aber nie als Arbeit erschien. Mein Bourbaki-Vortrag „Singularities and exotic spheres" ersetzte die Veröffentlichung, und später kamen dann gemeinsam mit K. H. Mayer die Lecture Notes M6 ($\mathbf{O}(n)$-Mannigfaltigkeiten, exotische Sphären und Singularitäten) heraus. Brieskorn reagierte mit Brief vom 29. 3. 1966 ganz begeistert: „Klaus Jänich und ich hatten von diesem Zusammenhang unserer Arbeiten nichts bemerkt, und ich war vor Freude ganz außer mir, wie Sie nun die Dinge zusammengebracht haben. Ein schöneres Zusammenspiel von Lehrern und Schülern – wenn ich das so sagen darf – kann man sich doch wirklich nicht denken.“ Nach einem Monat in Oxford schrieb ich am 1. Mai 1966 einen Bericht über knot manifolds mit dem Theorem von § 6 und versandte ihn an Brieskorn und Jänich und auch an J. Milnor und Wu-chung Hsiang, mit denen sich ebenfalls eine Korrespondenz entwickelt hatte. Der Beweis des Theorems über Knotenmannigfaltigkeiten war noch keineswegs ausgereift. Er wurde schließlich in der Dissertation von D. Erle, Die quadratische Form eines Knotens und ein Satz über Knotenmannigfaltigkeiten, J. Reine Angew. Math. *236* (1969), 174–218, dargestellt. Vgl. auch K. Jänich, Differenzierbare G-Mannigfaltigkeiten, Lecture Notes in Mathematics *59*, Berlin-Heidelberg: Springer 1968, und D. Erle und Wu-chung Hsiang, On certain unitary and symplectic actions with three orbit types, Am. J. Math. *94* (1972), 289–308.

40. Involutionen auf Mannigfaltigkeiten

81.* Diese Arbeit war für die endgültige Klassifikation freier Involutionen auf $\mathbf{S}^{4k-1}$ wichtig. Die vollständige Theorie, in der die Signatur einer Involution als eine der Invarianten, die Orbiträume $\mathbf{S}^n/(\mathbb{Z}/2\mathbb{Z})$ (bis auf Homöomorphie) unterscheiden, benutzt wird, findet sich in S. López de Medrano: Involutions on manifolds, Ergebnisse der Mathematik und ihrer Grenzgebiete *59*, Berlin-Heidelberg-New York: Springer 1971. Insbesondere zeigt die Arbeit Nr. 40, daß die verschiedenen, in den 60er Jahren gegebenen Definitionen für die Signatur einer Involution zusammenfallen. Für die spätere Klassifikation freier Aktionen beliebiger endlicher Gruppen auf $\mathbf{S}^{2k-1}$ vergleiche man die Arbeiten:

C. B. Thomas, C. T. C. Wall: The topological spherical space form problem I, Compositio Math. *23* (1971), 101–114, sowie I. Madsen, C. B. Thomas, C. T. C. Wall: The topological spherical space form problem II, III, Topology *15* (1976), 375–382, und Pac. J. Math. *106* (1983), 135–143.

84.1 Die Frage ist nicht gelöst, soviel ich weiß.

86.2 K. Jänich und E. Ossa haben diese Formel auf elementarem Wege bewiesen (On the signature of an involution, Topology *8* (1969), 27–30).

86.3 $\tau(M^{4k}, T)$ verschwindet auch in diesem Fall, siehe Kommentar zu Nr. 15, On the index of a fibered manifold (with S. S. Chern and J-P. Serre).

87.4 Für die Ganzzahligkeit von $\alpha(X, T)$ siehe Nr. 41, Involutions and singularities (mit K. Jänich).

89.5 Siehe Nr. 41.

90.6 Das Problem ist meines Wissens ungelöst.

41. Involutions and Singularities
(mit K. Jänich)

118.1 Die Auflösung der Singularitäten unter systematischer Verwendung der **C***-Aktion geschah in ähnlicher Weise wie bei P. Orlik und P. Wagreich (Isolated singularities of algebraic surfaces with **C*** action, Ann. Math. *93* (1971), 205–228). Siehe auch P. Orlik, Seifert manifolds, Lecture Notes in Mathematics *291*, Berlin: Springer 1972.

42. The signature of ramified coverings

127.1 Dieser Satz wurde von A. Hattori auf beliebige, durch multiplikative Folgen definierte Geschlechter verallgemeinert (Genera of ramified coverings, Math. Ann. *195* (1972), 208–226).

129.2 R. Stong teilte mir mit Brief vom 2. 6. 1981 folgendes mit: "On line – 2 of page 260, you ignore the fact that there is more than one inclusion of G_n in **C***. If the action of G_n on X has inequivalent representations at two components of the fixed set, then one is actually using two different inclusions on $\mathscr{V} - Y'$."

Die Ergebnisse der Arbeit werden durch meinen Irrtum nicht tangiert.

133.3 Dieser Satz von Kodaira war Ausgangspunkt für die Dissertation von Werner Meyer, Die Signatur von lokalen Koeffizientensystemen und Faserbündeln, Bonner Mathematische Schriften *53* (1972). Siehe auch W. Meyer, Die Signatur von Flächenbündeln, Math. Ann. *201* (1973), 239–264. Meyer betrachtete auch Flächenbündel über Flächen mit Rand, insbesondere Torusbündel, kam damit zu Torusbündeln über der Kreislinie und zur Definition von Invarianten für Konjugationsklassen von $SL_2(\mathbf{Z})$. Vgl. Nr. 51, Hilbert modular surfaces, § 3.1, und den zugehörigen Kommentar.

43. Spin-Manifolds and Group-Actions
(mit M. F. Atiyah)

135.* Das $\hat{A}$-Geschlecht wurde schon in dem Kommentar zu Nr. 10, Some problems on differentiable and complex manifolds, häufig erwähnt. Die Gleichung $\operatorname{Spin}(X) = \hat{A}(X)$ wurde von M. F. Atiyah in seinem Vortrag „Harmonic spinors and elliptic operators" auf der Bonner Arbeitstagung am 16. 7. 1962 als Vermutung vorgestellt und bald danach von Atiyah und Singer bewiesen. In dem Lemma auf S. 21 wird gezeigt, daß $\operatorname{Spin}(S^1, X) = 0 \in R(S^1)$ für eine S^1-Aktion auf der Spin-Mannigfaltigkeit X. Man kann allgemein fragen, für welche Tensorbündel E, die zum Tangentenbündel vermöge Darstellungen der Stukturgruppe assoziiert sind, der äquivariante Spinorindex (für Spinoren mit Koeffizienten in E)

eine Konstante in $R(S^1)$ ist. Dieses Problem, das eng mit der Theorie der „elliptic genera" nach Landweber, Ochiani, Ravenel, Stong zusammenhängt und im Rahmen dieser Theorie auch schon angegriffen wurde, hat Bezüge zu physikalischen Theorien (E. Witten, Elliptic genera and quantum field theory, Preprint Princeton University PUPT-1024, November 1986), wie mir Atiyah bei seinem Besuch in Bonn anläßlich der Sitzung des wissenschaftlichen Ausschusses des Max-Planck-Instituts für Mathematik am 7. Februar 1987 erläuterte, sozusagen zum silbernen Jubiläum von $\hat{A}(X) = \text{Spin}(X)$. Die Tensorbündel E, die nach Witten Kandidaten für konstante Spinorindizes sind, führt Witten als Koeffizienten R_k der Potenzreihe

$$\sum_{k=0}^{\infty} (-1)^k q^k R_k = \bigotimes_{\substack{k \text{ ungerade} \\ k \geqq 1}} \Lambda_{(-q)^k} T \bigotimes_{\substack{k \text{ gerade} \\ k \geqq 2}} S_{q^k} T$$

ein, wo $\Lambda_t T = 1 + tT + t^2 \Lambda^2 T + \ldots$ und $S_t T = 1 + tT + t^2 S^2 T + \ldots$, die mit t gewichtete äußere bzw. symmetrische Algebra von T ist, und $S^k T$ also die k-te symmetrische Potenz von T ist. (Man wähle für T die komplexe Erweiterung des Tangentialbündels.) Der „Riemann-Roch-Ausdruck"

$$F(q, X) = q^{-d/8} \cdot \hat{A}(X, 0, \sum (-1)^k q^k R_k)$$

kann für jede Spin-Mannigfaltigkeit X gebildet werden (siehe Kommentar zu Nr. 10) und ist für $d \equiv 0\,(8)$ eine Modulfunktion mit ganzzahligen Koeffizienten zu $\Gamma_0(2)$ mit $q = e^{2\pi i z}$, wo $\operatorname{Im}(z) > 0$. Hierbei ist $d = \dim M$. Der Ausdruck

$$G(q, X) = q^{-d/24} \hat{A}\left(X, 0, \bigotimes_{k \geqq 1} S_{q^k} T\right),$$

der bei Witten in Zusammenhang mit der Aktion von S^1 auf dem freien Schleifenraum von X vorkommt, ist für $d \equiv 0\,(24)$, vorausgesetzt, daß die erste Pontrjaginsche Klasse von X verschwindet, eine Modulfunktion zu $SL_2(\mathbf{Z})$. Nimmt man für X die Mannigfaltigkeit $(M_0^8)^3$ (siehe Nr. 10, Kommentar zu Problem 7, Beispiel 2), dann erhält man die Modulfunktion $-j$. Die Potenzreihen $F(q, X)$ und $G(q, X)$ verhalten sich multiplikativ, falls $X = X_1 \times X_2$, und können durch ein Geschlecht mit einer multiplikativen Folge gemäß Nr. M2, Neue topologische Methoden in der algebraischen Geometrie (§ 1), dargestellt werden (elliptic genera).

Ich habe versucht, von diesen Entwicklungen, die mir große Freude machen, einen ersten Eindruck zu vermitteln. Ich muß auf E. Witten (loc. cit.) und auf P. S. Landweber (Elliptic cohomology and modular forms, Preprint, Conference on elliptic curves and modular forms in algebraic topology, IAS Princeton September 1986) und auf die dort angegebene Literatur verweisen, insbesondere auf Arbeiten von D. V. Chudnovsky und G. V. Chudnovsky, sowie von D. Zagier, wo direkt nachgewiesen wird, daß $F(q, X)$ und $G(q, X)$ Modulfunktionen sind. Die Proceedings der Princeton-Konferenz werden in der Reihe „Lecture Notes in Mathematics" im Springer-Verlag erscheinen. Die erwähnte Konstanz der Spinorindizes wurde inzwischen von C. H. Taubes (Harvard, Preprint Juni 1987) bewiesen.

Das $\hat{A}$-Geschlecht und viele damit zusammenhängende Fragen, wie K-Homologie und Indexsatz für Blätterungen, kommen in den Arbeiten von A. Connes vor. Sein Vortrag auf der 25. Arbeitstagung 1984 (Introduction to non-commutative differential geometry, in: Lecture Notes in Mathematics *1111*, Berlin-Heidelberg: Springer 1985, S. 3–16) gibt einen Überblick. In seiner Arbeit (Cyclic cohomology and the transverse fundamental class of a foliation, in: Geometric methods in operator algebras, Harlow: Longman 1986, S. 52–144) beweist er z.B. folgendes: Es sei M eine kompakte orientierte Mannigfaltigkeit, die ein integrierbares Unterbündel von TM mit Spin-Struktur und strikt-positiver skalarer Krümmung zuläßt, dann ist $\hat{A}(M) = 0$. Dies hängt mit einem Satz in Nr. 22, Characteristic classes and homogeneous spaces, II (mit A. Borel), zusammen. Dort steht in Theorem 23.3 iv): If ξ is the universal principal G-bundle and $U \neq G$, then $\{\hat{A}_j\}$ is strictly multiplicative in $(E_\xi/U, B_\xi, G/U)$ if and only if $\hat{A}(G/U) = 0$.

Vgl. auch die Vermutung in 27.5 der zitierten Arbeit mit Borel.

44. Lösung einer Aufgabe von H. Hasse

146.* Die Aufgabe wurde viel früher von Curt Meyer gelöst (Über ein Seitenstück zum Gaußschen Lemma und eine verwandte Aufgabe von H. Hasse, Abh. Math. Sem. Univ. Hamburg *23* (1959), 114–125).

45. Free involutions on manifolds and elementary number theory

150.* Diese Arbeit hängt sehr mit der Dissertation von W. D. Neumann zusammen [7], die in Bonner Mathematische Schriften *44* (1970) erschienen ist.

46. Pontrjagin classes of rational homology manifolds and the signature of some affine hypersurfaces

159.* D. Zagier kam im Frühjahr 1970 zum erstenmal nach Bonn und teilte mir seine Formel (8) mit. Er wurde dann bald studentische Hilfskraft am Sonderforschungsbereich Theoretische Mathematik in Bonn. Durch seine Formel wurde ich auf Dedekindsche Summen usw. aufmerksam. Ihre Beziehungen zu den Beiträgen der Fixpunkte im Atiyah-Bott-Singerschen Fixpunktsatz habe ich in Nr. 47, The signature theorem: Reminiscences and recreation, dargestellt. Zagiers Brief war der Beginn einer Zusammenarbeit, die zu seiner Dissertation (D. B. Zagier, Equivariant Pontrjagin classes and applications to orbit spaces, Lecture Notes in Mathematics *290*, Berlin: Springer 1972), der gemeinsamen Vorlesungsausarbeitung (M 7, The Atiyah-Singer theorem and elementary number theory) und zu weiteren gemeinsamen Arbeiten führte und die hoffentlich noch lange weitergehen wird. Zur Zeit sind wir beide wissenschaftliche Mitglieder am Max-Planck-Institut für Mathematik in Bonn.

159.1 Für einen Beweis der Bottschen Formel siehe M 7, S. 209.

47. The signature theorem: Reminiscences and recreation

163.* Es war für mich eine große Freude, im März 1970 die neue Fine Hall der Princeton University mit einweihen zu dürfen und dabei an meine Princeton-Zeit 1952–54 und 1955–56 (Reminiscences) zu denken. In Princeton hatte ich einige ruhige Tage vor Beginn des Symposiums (Recreation) und fand in der Bibliothek des Institute for Advanced Study die Vorlesungsausarbeitung von H. Rademacher [23]. (Inzwischen gibt es sein Buch „Topics in Analytic Number Theory", Die Grundlehren der math. Wiss. *169*, Berlin: Springer 1973.) Dort sah ich die Dedekindschen Summen, Reziprozitätssätze, Markoffschen Tripel usw. und versuchte für den Vortrag, die Beziehungen zu dem Atiyah-Bott-Singerschen Index- und Fixpunkt-Satz herzustellen. Die ganzen Dinge habe ich intensiv mit D. Zagier nach meiner Rückkehr nach Bonn diskutiert (siehe § 8) und war sehr erfreut, daß die L-Polynome wieder auftraten und sich eine interessante, die Markoffschen Tripel verallgemeinernde, diophantische Gleichung (§ 8 (55)) ergab, die bis heute keine systematische zahlentheoretische Behandlung gefunden hat. Viel weiter entwickelt wurden die Beziehungen zur elementaren Zahlentheorie in dem Buch M 7, The Atiyah-Singer theorem and elementary number theory (mit D. Zagier).

177.1 $\exp(\frac{1}{24}f)$ ist die berühmte Dedekindsche η-Funktion ([11]). Vor kurzem habe ich als Preprint Atiyahs Arbeit „The logarithm of the Dedekind η-function" erhalten. Atiyah hat darüber auch auf der Arbeitstagung 1985 vorgetragen. Vgl. Kommentar zu Nr. 51, Hilbert modular surfaces.

180.2 Diese Kongruenz findet sich bereits bei R. Dedekind (Schreiben an Herrn Borchardt über die Theorie der elliptischen Modulfunktionen. J. Reine Angew. Math. *83* (1877), 265–292, § 6; Gesammelte mathematische Werke, Braunschweig: Vieweg 1930–1932; siehe das zitierte Buch von H. Rademacher, § 73, S. 160).

48. The Hilbert modular group, resolution of the singularities at the cusps and related problems

192.* In der Arbeit Nr. 47, The signature theorem: Reminiscences and recreation, genauer während der Tagung in Princeton im März 1970, waren mir die Dedekindschen Summen als Signaturdefekte der in Nr. 2 (Über vierdimensionale Riemannsche Flächen mehrdeutiger analytischer Funktionen von zwei komplexen Veränderlichen) betrachteten Quotientensingularitäten $A_{n,q}$ begegnet. Nach Dedekinds ursprünglicher Definition beschreiben sie das Transformationsverhalten des Logarithmus der η-Funktion. Der Zusammenhang war mysteriös. Irgendwie kam ich von hier aus zu den Spitzen der Hilbertschen Modulflächen. Die erste Arbeit über Hilbertsche Modulflächen, die ich mir ansah, war die von K.-B. Gundlach [5]. Dort werden symmetrische Spitzensingularitäten betrachtet. Symmetrisch bedeutet, daß sie invariant sind unter der Involution, die die beiden Faktoren von $\mathbf{H} \times \mathbf{H}$ vertauscht. Ich glaubte, aus der Arbeit von Gundlach entnehmen zu können, daß eine symmetrische Spitze geteilt durch die Involution eine Quotientensingularität $A_{n,q}$ ist (vgl. S. 284). Gundlach betrachtet auch Beispiele von symmetrischen Spitzen, die nach Teilung durch die Involution regulär werden (vgl. Nr. 62, The ring of Hilbert modular forms for real quadratic fields of small discriminant, S. 291). Die $A_{n,q}$ haben einen streckenförmigen Auflösungsgraphen (Nr. 2). So wie die Teilung einer Kreislinie durch eine Involution eine Strecke ergibt, glaubte ich, müsse die symmetrische Spitze (und sicher auch jede andere) einen kreisförmigen Auflösungsgraphen haben. Dann versuchte ich solche Singularitäten zunächst einmal zu konstruieren. Ich nahm die Konstruktion der $A_{n,q}$ von Nr. 2, die mit der einfachsten Art von „toroidal embedding" erfolgt, wählte aber die b_k ($k \in \mathbb{Z}$) jetzt periodisch (siehe § 4).

Topologisch stellte ich mir die Sache so vor: Die Singularität $A_{n,q}$ hat den Linsenraum $L(n, q)$ als Umgebungsrand, der durch „plumbing" entlang des streckenförmigen Graphen mit den Gewichten $b_0, \ldots, b_{r-1}$, im Endeffekt aber durch Zusammenkleben zweier Exemplare von $\mathbf{D}^2 \times \mathbf{S}^1$ längs der Ränder, erhalten werden kann. Die Verklebung erfolgt durch eine Matrix $A \in GL(2, \mathbb{Z})$ mit $\det A = -1$ (siehe M6, Differentiable manifolds and quadratic forms, S. 68 (8.4)). Ich dachte daran, in die beiden Exemplare von $\mathbf{D}^2$ ein Loch zu machen, also aus dem Linsenraum zwei Vollringe herauszunehmen, und die Ränder durch die Matrix $\begin{pmatrix} 0 & 1 \\ 1 & 0 \end{pmatrix}$ zu verkleben. Natürlich war das dann „plumbing" entlang des zyklischen Graphen mit den Gewichten $b_0, \ldots, b_{r-1}$. (Leider wurde die Periode r in § 4 mit q bezeichnet.)

Ernsthaft arbeitete ich an diesen Dingen erst während der Weihnachtsferien 1970 (während der Vorlesungszeit gab es wegen der Unruhe an den Hochschulen lange Sitzungen) und konnte sie zu einem gewissen Abschluß bringen.

Am 4. Januar 1971 schrieb mir J-P. Serre einen Brief, in dem er sich für ein Preprint von Nr. 47 bedankte: „I do not believe the nice connections you find are really accidental", und dann schlägt er vor, die Spitzen der Hilbertschen Modulflächen zu betrachten, die man nicht recht verstünde. „One information is: a neighborhood of the singularity is bounded by a 3-manifold, fibered over $\mathbf{S}^1$, fibre $\mathbf{S}^1 \times \mathbf{S}^1$, action of

$\pi_1(\mathbf{S}^1)$ on $\mathbf{S}^1 \times \mathbf{S}^1$ being via multiplication by a unit of the real quadratic field.“ Ich sandte Serre am 14. Januar 1971 einen langen Brief, in dem ich ihm mitteilte, das Problem hätte ich schon während der vergangenen Weihnachtsferien gelöst. Ich schilderte die Lösung, der Brief wurde später die Grundlage meines Bourbaki-Vortrags. Serre schrieb am 21. Januar 1971 zurück: „Your letter is very exciting.... There is also some possibility that the complex surfaces obtained by resolving the cusps will have nice properties.“

Ich erinnere mich auch, daß ein Kolloquiumsvortrag von E. Freitag in Bonn (siehe [2]) für den Beginn meiner Arbeiten über Hilbertsche Modulflächen sehr anregend war. (Vgl. E. Freitag, Singularitäten von Modulmannigfaltigkeiten und Körper automorpher Funktionen, in: Proc. International Congress of Mathematicians 1974, Vol. 1, S. 443–448, Vancouver: Canadian Math. Congress 1975.)

51. Hilbert modular surfaces

225.* Nach meinen IMU-Vorlesungen in Tokyo (Februar und März 1972) arbeitete ich an diesem L'Enseignement-Artikel. Da er die Grundlage für meine weiteren Arbeiten über Hilbertsche Modulflächen war, möchte ich hier einen Leitfaden für diese Arbeiten geben:

Die vorliegenden Abhandlungen enthalten einschließlich des Bourbaki-Vortrags 15 Arbeiten über Hilbertsche Modulflächen (cf. Nr. 48 und Nr. 50 – Nr. 66) aus den Jahren 1971 – 1980.

In den Arbeiten Nr. 48, Nr. 50, Nr. 51, Nr. 52 wird vorwiegend die *allgemeine Theorie* besprochen (Auflösung der Spitzensingularitäten, Berechnung der Invarianten der Hilbertschen Modulflächen durch Volumen und Beiträge der elliptischen Fixpunkte und Spitzen).

Ein Ziel war die *Klassifikation* der Flächen im Sinne der algebraischen Geometrie. Die grobe Klassifikation erfolgt durch die Enriques-Kodaira-Dimension, in einigen Fällen kann man eine Feinklassifikation, z. B. durch die kanonische Abbildung, erhalten. Zum Thema Klassifikation gehören die Arbeiten Nr. 53, Nr. 57, Nr. 61, Nr. 63, Nr. 65, Nr. 66. Von Anfang an hatte ich über Klassifikationsfragen viel mit A. Van de Ven diskutiert. So steht die gemeinsame Arbeit Nr. 53, Hilbert modular surfaces and the classification of algebraic surfaces, am Anfang dieser Serie. In den Arbeiten wird auch entschieden, in welchen Fällen die Fläche und damit der Körper der automorphen Funktionen der Modulgruppe rational sind. Für große Diskriminanten sind die Hilbertschen Modulflächen jedoch vom allgemeinen Typ, d. h. die Enriques-Kodaira-Dimension ist gleich 2. (Vgl. auch F. W. Knöller, Ein Beitrag zur Klassifikationstheorie der Hilbertschen Modulflächen, Arch. Math. *26* (1975), 44–50.) Rationalität bedeutet die Existenz von zwei automorphen Funktionen f und g, so daß der Körper aller automorphen Funktionen gleich $\mathbf{C}[f, g]$ ist (rein transzendente Erweiterung von $\mathbf{C}$). Die Methoden der abgedruckten

„Klassifikations-Arbeiten“ ermöglichen es im allgemeinen nicht, Funktionen f und g konkret anzugeben. Siehe jedoch K.-B. Gundlach [20], wo für einige sehr kleine Diskriminanten gerade dies geschieht. In der Arbeit Nr. 53 handelt es sich um die Hilbertsche Modulgruppe für reell-quadratische Körper von Primzahldiskriminante, in Nr. 61 von beliebiger Diskriminante, in Nr, 63 werden die Hilbertschen Modulflächen für Primzahldiskriminante für die um die Involution $\mathbf{H}\times\mathbf{H} \to \mathbf{H}\times\mathbf{H}$ (Vertauschung der Faktoren) erweiterte Modulgruppe untersucht. Die grobe Klassifikation wird in diesen Fällen vollständig erledigt. Die Arbeiten Nr. 57, Nr. 65, Nr. 66 gehören zur Richtung *Feinklassifikation.*

In manchen Fällen gelang es, die Struktur *des graduierten Ringes der Hilbertschen Modulformen* genau zu bestimmen. Einiges hierzu kommt auch in den o.a. Klassifikationsarbeiten vor. Jedoch beschäftigen sich die Arbeiten Nr. 62 und Nr. 64 vorwiegend mit diesem Thema. Für gewisse Diskriminanten gibt es auch eine direkte Bestimmung der Struktur des erwähnten Ringes, wobei Relationen zwischen Erzeugenden (oft Thetanullwerte) durch Fourierkoeffizientenvergleich ausgerechnet werden. Als Beispiel verweise ich auf Gundlach (loc. cit.) und die Arbeiten von R. Müller (Hilbertsche Modulformen und Modulfunktionen zu $\mathbf{Q}(\sqrt{8})$, Math. Ann. *266* (1983), 83–103; Hilbertsche Modulformen und Modulfunktionen zu $\mathbf{Q}(\sqrt{5})$, Arch. Math. *45* (1985), 239–251) und die dort angegebene Literatur. Im Jahre 1976 fiel die Bonner Arbeitstagung aus, statt dessen fand im Juli eine spezielle Konferenz über „Modular functions of one variable“ statt und zwar als Fortsetzung der Summer School von Antwerpen 1972. Die Proceedings wurden von J-P. Serre und D. Zagier herausgegeben. Mein Vortrag (Nr. 62) wurde in die Proceedings aufgenommen, obwohl er eigentlich „Zwei Variablen“ betrifft, aber es kamen auch Modulkurven vor (s. u.).

Für alle Arbeiten zu den Themen „Klassifikation“ und „Ring der Hilbertschen Modulformen“ war wichtig, Konfigurationen von Kurven auf den Flächen zu kennen. Die Auflösungskurven der elliptischen Singularitäten und der Spitzen reichten nicht aus. Schon in der vorliegenden Arbeit (siehe z.B. S. 277) kommen Modulkurven vor, die in den Flächen auf natürliche Weise eingebettet sind. Solche Kurven wurden in Spezialfällen schon früher betrachtet (M. Eichler, K.-B. Gundlach, W. F. Hammond). Systematisch werden sie in Nr. 60, Intersection numbers of curves on Hilbert modular surfaces and modular forms of Nebentypus (mit D. Zagier), studiert, einschließlich der Modulkurven, die nicht durch die Spitzen gehen. Die Schnittzahlen der Kurven werden berechnet, sie treten als Fouriersche Koeffizienten klassischer Modulformen auf. Das Thema *Schnittzahlen, Fouriersche Koeffizienten, Klassenzahlrelationen* wird in den Arbeiten Nr. 55, Nr. 56 und Nr. 60 behandelt, es hat eine Entwicklung ausgelöst, über die im Kommentar zu Nr. 60 berichtet wird.

Mit G. van der Geer (vgl. M8) habe ich oft zusammengearbeitet. Sein Buch Hilbert modular surfaces, Ergebnisse der Mathematik und ihrer Grenzgebiete, 3. Folge, Bd. 16, Berlin-Heidelberg: Springer 1987, wird bald erscheinen.

Die Theorie der Hilbertschen Modulvarietäten in höheren Dimensionen wurde von einigen Autoren vorangetrieben. E. Freitag verdankt man mehrere Arbeiten. S. Tsuyumine (On the Kodaira dimensions of Hilbert modular varieties, Inv. Math. *80* (1985), 269–281) betrachtet die Hilbertsche Modulgruppe $\Gamma_K = SL_2(\mathfrak{o}_K)$ für einen total-reellen Körper vom Grade n über den rationalen Zahlen und zeigt zum Beispiel, daß die Modulvarietäten $\mathbf{H}^n/\Gamma_K$ für $n > 6$ für jeden Körper vom allgemeinen Typ sind. Er weist auch auf die Arbeiten von F. W. Knöller und Y. Tai hin. Die Auflösung der Spitzen im höher-dimensionalen Fall wurde in der Diplomarbeit von F. Ehlers (Eine Klasse komplexer Mannigfaltigkeiten und die Auflösung einiger isolierter Singularitäten, Math. Ann. *218* (1975), 127–156) angegeben. Die Theorie der „toroidal embeddings" ermöglicht „smooth compactification" in viel allgemeinerem Zusammenhang (G. Kempf, F. Knudsen, D. Mumford, B. Saint-Donat, Toroidal embeddings I, Lecture Notes in Mathematics *339*, Berlin-Heidelberg-New York: Springer 1973; A. Ash, D. Mumford, M. Rapoport, Y. Tai, Smooth compactification of locally symmetric varieties, Brookline, Mass.: Math. Sci. Press 1975). Vgl. Abschnitt 0.4 der vorliegenden Arbeit.

Die konkrete Kenntnis der Spitzenauflösung kann zur genaueren Untersuchung der glatten Modelle Hilbertscher Modulvarietäten auch in höheren Dimensionen benutzt werden. Als Beispiel verweise ich auf zwei Arbeiten von E. Thomas and A. T. Vasquez (On the resolution of cusp singularities and the Shintani decomposition in totally real cubic number fields, Math. Ann. *247* (1980), 1–20; Chern numbers of Hilbert modular varieties, J. Reine Angew. Math. *324* (1981), 192–210).

Ich möchte jetzt auf die Invarianten eingehen, die einer Spitze (M, V) zugeordnet sind (§ 3). Zunächst beschränke ich mich auf den 2-dimensionalen Fall. Im Zusammenhang mit seinen Untersuchungen zur Nicht-Multiplikativität der Signatur (siehe Kommentar zu Nr. 42) hat Werner Meyer [57] einer Matrix $A = \begin{pmatrix} a & b \\ c & d \end{pmatrix} \in SL_2(\mathbf{Z})$ eine Zahl $\phi(A) \in \frac{1}{3}\mathbf{Z}$ zugeordnet, die wie folgt mit der Signatur zusammenhängt:

Sei X eine kompakte orientierte Fläche mit $\partial X = \bigcup S_i^1$ (disjunkte Vereinigung von Kreislinien) und $Z \to X$ ein Torusbündel. Ferner sei $A_i \in SL_2(\mathbf{Z})$ das klassifizierende Element für das Torusbündel über S_i^1. Dann ist

$$\operatorname{sign} Z = -\sum_i \phi(A_i).$$

Die Meyersche Invariante ϕ wird durch diese Eigenschaft festgelegt. Sie ist ein „Signaturdefekt", denn „eigentlich sollte" $\operatorname{sign} Z$ verschwinden, da Z parallelisierbar ist. Ist A hyperbolisch, dann gilt nach W. Meyer

$$3\,\phi(A) = -\frac{a+d}{c} + \frac{2\,(d, c)}{c} + 3\operatorname{sign}(c\,(a+d)),$$

wo (d, c) die Dedekindsche Zahl ist. Also ist $-3\phi(A) + 3\,\mathrm{sign}(c(a+d))$ die ganze Zahl, die das Transformationsverhalten von $f = 24 \cdot \log \eta$ beschreibt (siehe Nr. 47, The signature theorem: Reminiscences and recreation, S. 18). Der Umgebungsrand einer Spitze (M, V) ist ein Torusbündel über einer Kreislinie mit einer hyperbolischen Matrix A als klassifizierendem Element. (Zur Spitze $((a))$ z.B. gehört die Matrix $\begin{pmatrix} a & -1 \\ 1 & 0 \end{pmatrix}$.) Also kann man $\phi(M, V)$ als $\phi(A)$ definieren. Ferner wird in § 3 der Signaturdefekt $\delta(M, V)$ definiert, von dem man topologisch nachweisen kann, daß er gleich $\phi(M, V)$ ist. Damit treten die Dedekindschen Summen bei den Signaturdefekten der Quotientensingularitäten und der Spitzen auf. Zur Spitze (M, V) gehört eine L-Reihe $L(M, V, s)$, für die

$$-\frac{1}{\pi^2} d(M)\, L(M, V, 1) = \delta(M, V) = \phi(M, V).$$

Das folgt aus Curt Meyer [55], der $L(M, V, 1)$ durch Dedekindsche Summen ausgedrückt hat. Siehe § 3.5 (29). Die dort angekündigte Arbeit [42] von D. Zagier und mir wurde nie geschrieben. Ich kann jedoch auf D. Zagier, Nombres de classes et fractions continues, Astérisque *24–25* (1975), 81–97, verweisen, wo der Satz von C. Meyer erläutert und die Übereinstimmung von $\delta(M, V)$ und $\phi(M, V)$ auch ohne Topologie sehr leicht nachgewiesen wird (falls man $\delta(M, V)$ nach § 3 (3) gibt und für $\phi(M, V)$ die Formel von W. Meyer verwendet).

Der Kettenbruchsatz (Proposition auf S. 241) hat mir Freude gemacht und löste viel Korrespondenz mit Zahlentheoretikern aus. Er wird auch in Zagiers Arbeit (loc. cit.) bewiesen und kommt in seinem schönen Lehrbuch vor (Zetafunktionen und quadratische Körper, Berlin-Heidelberg-New York: Springer 1981), wo Zagier ebenfalls den Satz von C. Meyer bringt.

Die möglichen Definitionen für den Signaturdefekt einer Spitze oder äquivalent einer hyperbolischen Matrix wurden von M. F. Atiyah in seiner Arbeit „The logarithm of the Dedekind η-function" (preprint 1986) in neuer und faszinierender Weise analysiert. Sein „Omnibus Theorem" identifiziert 7 verschiedene Definitionen der Invarianten, darunter 4, die wir besprochen haben (W. Meyers ϕ, Transformationsverhalten von $\log \eta$, Signaturdefekt, L-Reihe).

Im Anschluß an die Arbeitstagung 1971 gab es einen Briefwechsel zwischen Atiyah und mir, der unsere Diskussionen (u. a. über Spitzen beliebiger Dimension) während der Arbeitstagung zusammenfaßte und weiterentwickelte. Atiyah schrieb am 8. Juli 1971:

„For the past week or so I have been thinking about the question we discussed in Bonn (over the strawberry tarts!) ... I propose to define an invariant $\sigma(M, c) \in \mathbf{R}$ for M a $(4k-1)$-oriented closed manifold and c *an integrable connection* for the stable tangent bundle of M. After multiplying by 2 we can suppose $M = \partial N$ (N oriented) and c extended as a connection $\tilde{c}$ for TN (the extension taken trivial in a collar of M). The

Pontrjagin forms of $\tilde{c}$ vanish near M and we put

$$\sigma(M, c) = L(p(\tilde{c})) - \operatorname{sign}(N)$$

where $L(p(\tilde{c}))$ is the L-polynomial in the $p_i(\tilde{c})$ evaluated on N; this is independent of N. ... A framing f of the stable tangent bundle of M defines an integrable connection (f being constant under the connection). Hence $\sigma(M, f)$ is defined. Now the $p_i(\tilde{c})$ can be interpreted as rational cohomology classes and hence $\sigma(M, f) \in \mathbf{Q}$. I do not know if $\sigma(M, c) \in \mathbf{Q}$ in general ... ." Der Brief enthält viele Beispiele, Anwendungen und Fragen. Es war uns beiden klar, daß eine Spitze (beliebiger Dimension) eine natürliche Rahmung (framing) f des stabilen Tangentialbündels ihres Umgebungsrandes hat und daß $\sigma(M, f) = \delta(M, V)$ (siehe § 3.1, § 3.2). Ich antwortete am 20. Juli 1971 von meinem Ferienort Crookhaven (Irland) aus, formulierte die Vermutung in § 3.5 (?) und schilderte die Ergebnisse der Dissertation von W. Meyer (s. o.).

Atiyah, Patodi und Singer führten dann bald die Invariante σ in folgender Situation ein: Die Mannigfaltigkeit N trägt eine Riemannsche Metrik. In der Nähe des Randes M von N ist die Mannigfaltigkeit N isometrisch zu dem Produkt $M \times \mathbf{R}$. In der obigen Formel für σ ist dann statt $L(p(\tilde{c}))$ das entsprechende Integral über N in den Pontrjaginschen Formen zu nehmen, die durch die Riemannsche Metrik bestimmt werden. (Siehe M. F. Atiyah, V. K. Patodi and I. M. Singer, Spectral asymmetry and Riemannian geometry I, II, III, Math. Proc. Camb. Phil. Soc. *77* (1975), 43–69; *78* (1975), 405–432; *79* (1976), 71–99.) Atiyah, Patodi und Singer führten eine differential-geometrische L-Funktion für die Riemannsche Mannigfaltigkeit M ein, die sie mit $\eta(s)$ bezeichneten, und bewiesen in der angegebenen Situation, daß $\sigma = \eta(0)$. Atiyah's Vortrag auf der Arbeitstagung 1972 hatte das Thema „Invariants of odd dimensional manifolds".

Die Vermutung (§ 3.5 (?)) wurde erst viel später bewiesen, und zwar von M. F. Atiyah, H. Donnelly und I. M. Singer (Eta invariants, signature defects of cusps and values of L-functions, Ann. Math. *118* (1983), 131–177; Signature defects of cusps and values of L-functions, the nonsplit case, Ann. Math. *119* (1984), 635–637) und unabhängig von W. Müller (L^2-index of elliptic operators on manifolds with cusps of rank one, Lecture Notes in Mathematics *1244*, Berlin-Heidelberg-New York: Springer 1987).

In der Einleitung zu ihrer ersten Arbeit schreiben Atiyah, Donnelly und Singer folgendes, wobei Y_j der Umgebungsrand einer Spitze ist:

"By fairly direct although lengthy analysis we shall identify $\eta_j(0)$ with $L_j(0)$ where $L_j(s)$ is the Shimizu L-function associated to the j-th cusp. Moreover we shall show that the topological signature defect as defined by Hirzebruch and our differential geometric signature defect coincide in these cases. Essentially this means we have to compare two different connections on Y_j, namely the Riemannian connection and a flat connection (given by group invariance) and show that they yield the same value for $\eta_j(0)$. In this way we finally obtain a proof of Hirzebruch's conjecture except that our method leads naturally to the value $L(0)$, which however coincides (up to a factor) with $L(1)$ because of the standard functional equation for L-functions."

Atiyah und Singer hatten die Übereinstimmung von $\eta(0)$ und $L(0)$ im reell-quadratischen Fall bereits früher bewiesen. (Singer's Vortrag auf der Arbeitstagung 1974 hatte das Thema „η-invariant and its relation to real quadratic fields".)

Der Signatureffekt $\delta(M, V)$ kann auch mit Hilfe Chernscher Klassen $\tilde{c}_i$ definiert werden (§ 3.3 (12)). Man kann aber auch Toddsche Polynome in den $\tilde{c}_i$ bilden und $\psi(M, V) = T_n(\tilde{c}_1, \ldots, \tilde{c}_n)\,[\tilde{U}, \partial\tilde{U}]$ setzen. Die Zahl ψ ist unabhängig von der Auflösung (B. Moonen, S. Morita, siehe Ehlers (loc. cit.)). Gilt die Beziehung

$$\delta(M, V) = 2^n\,\psi(M, V)\,?$$

Die Antwort ist zu bejahen, wenn man die Beiträge $\delta(M, V)$ und $2^n\,\psi(M, V)$ für alle Spitzen einer Hilbertschen Modulmannigfaltigkeit $\mathbf{H}^n/\Gamma$ summiert. Für die einzelne Spitze scheint die Frage noch offen zu sein.

In § 3.4 (23) der vorliegenden Arbeit werden die Chernschen Zahlen $\tilde{c}_{j_1} \ldots \tilde{c}_{j_s}\,[X/\partial X]$ für $s \geqq 2$ betrachtet, wobei X eine kompakte berandete Mannigfaltigkeit ist, die entsteht, wenn man aus $\overline{\mathbf{H}^n/\Gamma}$ geeignete offene Umgebungen der Singularitäten herausnimmt (§ 3.4 (19)). Wegen § 3.4 (23) sind diese Zahlen zu den Chernschen Zahlen des kompakten Duals $(\mathbf{P}_1(\mathbf{C}))^n$ proportional (vgl. Nr. 16, Automorphe Formen und der Satz von Riemann-Roch). Die Situation ist hier sehr einfach. Für eine allgemeine und weiter entwickelte Theorie im nicht-kompakten Fall siehe D. Mumford, Hirzebruch's proportionality theorem in the non-compact case, Inv. Math. *42* (1977), 239–272.

Zum Schluß möchte ich die Dissertationen meiner Doktoranden über Hilbertsche Modulflächen listen.

F. J. Koll, Die elliptischen Fixpunkte und die Spitzen der diskreten Erweiterungen der Hilbertschen Modulgruppe, Bonner Mathem. Schriften *84* (1976).

H.-G. Franke, Kurven in Hilbertschen Modulflächen und Humbertsche Flächen im Siegel-Raum, Bonner Mathem. Schriften *104* (1978).

W. Hausmann, Kurven auf Hilbertschen Modulflächen, Bonner Mathem. Schriften *123* (1980).

D. Bassendowski, Klassifikation Hilbertscher Modulflächen zur symmetrischen Hurwitz-Maaß-Erweiterung, Bonner Mathem. Schriften *163* (1985).

J. Koehl, Algebraische Zykel auf Hilbertschen Modulflächen, Bonner Mathem. Schriften *184* (1987).

Es werde auch auf eine Diplomarbeit verwiesen:

J. Koehl, Klassifikation Hilbertscher Modulflächen zu gewissen diskreten Erweiterungen der Modulgruppe (1983).

Der Kommentar zu dieser Arbeit ist sehr lang geworden, die Kommentare zu den anderen Arbeiten über Hilbertsche Modulflächen können jetzt aber kurz sein oder ganz wegfallen.

242.1 Auf Grund der Ergebnisse von F. J. Koll (loc. cit.) konnte die Tabelle vervollständigt werden.

52. *L*-series, modular imbeddings and signatures
(mit W. F. Hammond)

324.* Im Kommentar zu Nr. 51, Hilbert modular surfaces, wurde darauf hingewiesen, daß die Dedekindschen Summen sowohl mit den Beiträgen elliptischer Singularitäten als auch mit denen der Spitzen zusammenhängen. In dieser Arbeit treten Klassenzahlen imaginär-quadratischer Zahlkörper bei den totalen Signaturdefekten für die Spitzen einer Fläche auf (Theorem 2.1), andererseits kommen sie auch bei den Anzahlen elliptischer Fixpunkte vor. Daraus ergeben sich Sätze wie Corollary 3.3. (Vgl. Nr. 51, § 3.11.)

330.1 Dieses Ergebnis wurde in der Dissertation von Koehl (loc. cit. Kommentar zu Nr. 51), Lemma 4.2, für Hilbertsche Modulflächen $Y(D, \mathfrak{b})$ zur Diskriminante D und zum Ideal $\mathfrak{b}$ im Ring der ganzen Zahlen $\mathfrak{o}$ von $K = \mathbf{Q}(\sqrt{D})$ verallgemeinert (zur Notation siehe Nr. 61, Classification of Hilbert modular surfaces (mit D. Zagier), Abschnitt 1.5). Für die Differenz der arithmetischen Geschlechter der Flächen $Y(D, \mathfrak{o})$ und $Y(D, \mathfrak{b})$ (mit Norm $N(\mathfrak{b})$ teilerfremd zu D) gilt:

$$\chi(Y(D, \mathfrak{b})) - \chi(Y(D, \mathfrak{o})) = \sum_{\substack{d < -4 \\ d \| D}} \frac{1}{2}\left(1 - \left(\frac{d}{N(\mathfrak{b})}\right)\right) h(d)\, h(D/d)\,.$$

Dabei wird über alle Diskriminanten d imaginär-quadratischer Zahlkörper summiert, für die D/d ebenfalls die Diskriminante eines quadratischen Zahlkörpers ist. Wesentlich für diese Gleichung ist die Kenntnis der Beiträge der Spitzen und der Quotientensingularitäten zum arithmetischen Geschlecht. Man findet diese in van der Geer, Hilbert modular surfaces, Ergebnisse der Mathematik und ihrer Grenzgebiete, 3. Folge, Bd. 16, Berlin-Heidelberg: Springer 1987, Theorem 3.2, bzw. der Dissertation von Hausmann (loc. cit. Kommentar zu Nr. 51). Aus dieser Gleichung folgt unter anderem, daß für eine feste Diskriminante D das arithmetische Geschlecht für $Y(D, \mathfrak{o})$ minimal und das für $Y(D, \mathfrak{b}_0)$ (mit $\mathfrak{b}_0$ im Idealgeschlecht des Hauptideals $(\sqrt{D})$) maximal ist.

53. Hilbert modular surfaces and the classification of algebraic surfaces
(mit A. Van de Ven)

332.1 Die Arbeit wurde K. Stein zum 60. Geburtstag gewidmet. K. Stein hatte viele Jahre meinen Vater als Mathematiklehrer. Unmittelbar nach dem Kriege fuhr ich oft mit K. Stein von unserer Heimatstadt Hamm in die benachbarte Universitätsstadt Münster, Fahrten, die manchmal Stunden dauerten und bei denen ich viel Mathematik lernen konnte.

359.2 Die Hilbertschen Modulflächen zu $SL_2(\mathfrak{o}_K)$ und zu Kongruenzuntergruppen dieser Gruppe sind einfach-zusammenhängend (A. Kas, O. V. Švarčman). Siehe Nr. 61, Classification of Hilbert modular surfaces (mit D. Zagier). Gewisse Erweiterungen von Kongruenzuntergruppen können jedoch zu algebraischen Flächen führen, die nicht einfachzusammenhängend sind (siehe Nr. 64, Überlagerungen der projektiven Ebene und Hilbertsche Modulflächen, S. 69 und S. 74 Beisp. 2). Die dort auftretende Fläche $Y_\Gamma = Y(L)$ ist eine Enriques-Fläche mit vier aufgeblasenen Punkten.

55. Kurven auf den Hilbertschen Modulflächen und Klassenzahlrelationen

361.1 Die Diskussionen und das Arbeiten mit D. Zagier am Institut des Hautes Études Scientifiques im Frühjahr 1974 führten schließlich zu der gemeinsamen Arbeit Nr. 60, Intersection numbers of curves on Hilbert modular surfaces and modular forms of Nebentypus.

369.2 Die Kurve F_N ist irreduzibel, falls $N \not\equiv 0 \bmod p^2$. Ist $N \equiv 0 \bmod p^2$, so hat F_N zwei Komponenten (siehe Dissertation von H.-G. Franke (Theorem 2.3.8), loc. cit. im Kommentar zu Nr. 51, Hilbert modular surfaces).

56. Hilbert modular surfaces and class numbers

382.1 M. Inoue hat mir in Vancouver beim Internationalen Mathematikerkongreß 1974 über seine Flächen berichtet. Sein Vortrag, so wie er erschienen ist, bespricht diese Flächen nicht. Sie werden in seiner Arbeit „New surfaces with no meromorphic functions II" (in: Complex Analysis and Algebraic Geometry, S. 91–106, Tokyo and Cambridge: Iwanami Shoten, Cambridge University Press 1977) definiert und studiert.

57. Hilbert's modular group of the field $\mathbb{Q}(\sqrt{5})$ and the cubic diagonal surface of Clebsch and Klein

399.1 Wegen der Resultate der vorliegenden Arbeit hat das Komplement E der 15 Geraden der Ikosaederkonfiguration in der komplexen projektiven Ebene eine holomorphe konforme Struktur, die durch zwei meromorphe 1-Formen F_1, F_2 auf $\mathbf{P}_2(\mathbb{C})$ gegeben werden kann, die in E holomorph und überall linear-unabhängig sind. Die Formen F_1, F_2 wurden von R. Kobayashi und I. Naruki explizit berechnet (siehe Kommentar 1 zu Nr. 62, The ring of Hilbert modular forms for real quadratic fields of small discriminant). Vgl. auch Nr. 67, The icosahedron, und den zugehörigen Kommentar.

60. Intersection numbers of curves on Hilbert modular surfaces and modular forms of Nebentypus
(mit D. Zagier)

416.1 Der Faktor $1+\left(\frac{\Delta}{q}\right)$ muß durch 0 ersetzt werden, falls $q^2 \mid \Delta$ (und, für $q=2$, $\Delta/4 \equiv 0$ oder 1 (mod 4)), da die Bedingungen (8) offenbar nicht erfüllt werden können, wenn N/m durch eine Primzahl dieser Art teilbar ist. Dies hat keinen Einfluß auf den Beweis von Theorem 1, da dort N/m als eine zu Δ teilerfremde Primzahl gewählt wurde. Dieser Fehler ist in der Dissertation von W. Hausmann (Kurven auf Hilbertschen Modulflächen, Bonner Mathematische Schriften *123* (1980), S. 64) ausdrücklich korrigiert worden.

448.2 Wie später von Zagier bemerkt wurde, kann man den Abschnitt 2.3 (S. 96–100) weglassen, wenn man das Prinzip der holomorphen Projektion (cf. J. Sturm, C^∞-projections of automorphic forms, Bull. AMS *2* (1980), 435–439) verwendet: Statt daß man von der nicht-holomorphen Modulform in der letzten Zeile auf S. 102 die nicht-holomorphe Thetareihe $D^{1/2}\mathscr{W}(z)$ subtrahiert, wendet man einfach den holomorphen Projektionsoperator an und erhält unmittelbar die gewünschte Modulform $\varphi_D(z)$. Die hierfür erforderliche kurze Rechnung wird am Ende von *V*, Abschnitt 8 in G. van der Geer, Hilbert modular surfaces, Ergebnisse der Mathematik und ihrer Grenzgebiete, 3. Folge, Bd. 16, Berlin-Heidelberg: Springer 1987, gegeben.

456.3 Hier sind die Ergebnisse von T. Oda, On modular forms associated with indefinite quadratic forms of signature $(2, n-2)$, Math. Ann. *231* (1977), 97–144, von Interesse, insbesondere Theorem 1, und auch M-F. Vignéras, Séries thêta des formes quadratiques indéfinies, in: Modular functions of one variable VI, Lect. Notes in Maths. *627*, 227–239, Berlin-Heidelberg-New York: Springer 1977.

460.4 Vermutung 1 wurde in der äquivalenten Formulierung 1′ in D. Zagier,
461.4 Modular forms whose Fourier coefficients involve zeta-functions of quadratic fields (in: Modular functions of one variable VI, Lect. Notes in Maths. *627*, 105–169, Berlin-Heidelberg-New York: Springer 1977) als Corollary 2 of Theorem 5, S. 159, bewiesen. Vermutung 2 und die äquivalente Vermutung 2′ (cf. S. 109, 110) wurden in derselben Arbeit diskutiert und verschiedene Spezialfälle davon bewiesen. Van der Geer bemerkte, daß der dort gegebene Beweis für Theorem 6 (S. 165) mit einer leichten Modifikation auch im Fall $k=2$ durchgeführt werden kann, womit auch Vermutung 2 als richtig erkannt ist. Hierzu fasse man ω_N als $\lim_{s\to 0} \omega_{N,s}$ mit $\mathrm{Re}(s)>0$ (vgl. D. Zagier, Modular forms associated to real quadratic fields, Inv. Math. *30* (1975), 1–46) auf und ersetze die auf S. 166 benutzte Identität

$$\int_H f(z)\,(\bar z - a)^{-k}\, y^k\, dV = \tfrac{1}{2} C_k f(a) \quad (k>2)$$

durch

$$\operatorname{Im}(a)^s \int_H f(z)\,(\bar z - a)^{-2} \frac{y^s}{|\bar z - a|^{2s}}\,dx\,dy = \frac{2^{-2s}\pi}{s+1}\,f(a)\,.$$

(Durch die Substitution $\dfrac{z-a}{\bar z - a} = r e^{i\theta}$, $0 \leqq r < 1$, $0 \leqq \theta \leqq 2\pi$, wird der links stehende Ausdruck umgeformt in

$$\int_0^1 \left(\frac{1-r^2}{4}\right)^s \int_0^{2\pi} \frac{f\left(\dfrac{a - \bar a\, r\, e^{i\theta}}{1 - r\, e^{i\theta}}\right)}{(1 - r\, e^{i\theta})^2}\, d\theta\, r\, dr\,,$$

und nach dem Satz von Cauchy ergibt sich für das innere Integral der Wert $2\pi f(a)$.) Diese Identität ist ein Spezialfall einer bekannten Identität über „point-pair invariants", die man z.B. in D. Hejhal, The Selberg Trace formula for $PSL(2, \mathbb{R})$, I, Lect. Notes in Maths. *548*, Berlin-Heidelberg-New York: Springer 1976, I, Prop. 3.1, finden kann.

463.5 In „Modular forms whose Fourier coefficients involve zeta-functions of quadratic fields", loc. cit. § 6, hat D. Zagier Spitzenformen höheren Gewichts konstruiert, die analog zu der in Chapter 2 diskutierten Funktion φ_D sind. Er zeigt, daß, wenn man in der Definition von $c(N)$ den Faktor $N^{k-1} P_{2k-2}(t/\sqrt{4N})$ (mit P_n = Legendre-Polynom) vor $H\left(\dfrac{4N - t^2}{D}\right)$ stellt und $\min(\lambda, \lambda')$ durch $\min(\lambda, \lambda')^{2k-1}$ ersetzt, man die Koeffizienten einer Spitzenform vom Gewicht $2k$ erhält. Da diese Fourierkoeffizienten jetzt gewichtete Schnittzahlen der Modulkurven sind, entsteht die Frage, ob auch diese Zahlen eine natürliche geometrische Interpretation als Schnittzahlen gewisser algebraischer Zyklen in einer geeigneten Homologie der Hilbertschen Modulflächen wie im Falle des Gewichtes 2 zulassen. Siehe hierzu die Arbeiten Y. L. Tong, Weighted intersection numbers on Hilbert modular surfaces, Composito Math. *38* (1979), 299–310, J. Millson, Higher weight cycles, J. Fac. Sci. Univ. of Tokyo *28* (1981), 465–479, und B. Gordon, Intersections of higher-weight cycles over quaternionic modular surfaces and modular forms of nebentypus, Bull. AMS *14* (1986), 293–298.

463.6 Für die weitere Untersuchung der Arithmetik der Hilbertschen Modulflächen ist es sinnvoll, sie als Komponenten einer (in der adelischen Sprache definierten) komplexen Fläche zu betrachten; diese besitzt ein kanonisches Modell über $\mathbb{Q}$. Die in dieser Arbeit konstruierten Zyklen gehen dann in die Behandlung der Tate-Vermutung wesentlich ein: Sei X eine glatte projektive algebraische Fläche über $\mathbb{Q}$, und sei $\bar X = X \times_{\mathbb{Q}} \bar{\mathbb{Q}}$. Die Fundamentalklassenabbildung

$$c_\ell\colon \operatorname{Pic}(\bar X) \to H^2_{\text{et}}(\bar X, \mathbb{Q}_\ell(1))$$

ordnet jedem Element der Picardgruppe $\operatorname{Pic}(\bar X) = \operatorname{Div}(\bar X)$ modulo linearer Äquivalenz über $\bar{\mathbb{Q}}$ ein Element der ℓ-adischen Kohomologiegruppe $H^2_{\text{et}}(\bar{X}, \mathbb{Q}_\ell(1))$ zu, und diese Abbildung ist äquivariant bezüglich der Aktion der Galoisgruppe $\text{Gal}(\bar{\mathbb{Q}}/\mathbb{Q})$. Für einen gegebenen algebraischen Zahlkörper k erhält man deshalb für die Picardgruppe $\text{Pic}(X_k) = \text{Div}(X_k)$ modulo linearer Äquivalenz über k wegen $\text{Pic}(X_k) = \text{Pic}(\bar{X})^{\text{Gal}(\bar{\mathbb{Q}}/k)}$ die Inklusion

$$(*) \qquad c_\ell(\text{Pic}(X_k)) \subset H^2_{\text{et}}(\bar{X}, \mathbb{Q}_\ell(1))^{\text{Gal}(\bar{\mathbb{Q}}/k)}.$$

Die von J. Tate ausgesprochene Vermutung besagt nun gerade, daß man für jeden algebraischen Zahlkörper k in (*) die Gleichheit hat und daß der Rang von $c_\ell(\text{Pic}(X_k))$ durch die Polordnung der dem $\text{Gal}(\bar{\mathbb{Q}}/k)$-Modul $H^2_{\text{et}}(\bar{X}, \mathbb{Q}_\ell(1))$ zugeordneten Zetafunktion am Rande des Konvergenzbereiches gegeben ist (cf. J. Tate, Algebraic cycles and poles of zetafunctions, In: Arithmetic algebraic geometry, ed. O. F. G. Schilling, New York 1965, S. 93–110).

Da man auf Grund tiefer Ergebnisse von R. P. Langlands im Falle der für Hilbertsche Modulflächen zu betrachtenden algebraischen Fläche die Aktion der Galoisgruppe $\text{Gal}(\bar{\mathbb{Q}}/\mathbb{Q})$ auf der ℓ-adischen Kohomologiegruppe gut mittels automorpher Formen beschreiben kann, konnte hier die Tate-Vermutung bestätigt werden.

Hier ist ganz wesentlich der Beitrag von G. Harder, R. P. Langlands, M. Rapoport, Algebraische Zyklen auf Hilbert-Blumenthal-Flächen, J. reine angew. Math. *366* (1986), 53–120, zu nennen, in dem die genannten Vermutungen für abelsche Erweiterungen von $\mathbb{Q}$ bewiesen wurden. Darauf aufbauend konnten dann (mit unterschiedlichen Methoden und unabhängig voneinander) Ch. Klingenberg, Die Tate-Vermutungen für Hilbert-Blumenthal-Flächen, Inv. Math. *89* (1987), 291–317, und V. K. Murty, D. Ramakrishnan, Period relations and the Tate conjecture for Hilbert modular surfaces, Inv. Math. *89* (1987), 319–345, das Ergebnis endgültig allgemein sichern.

Die Struktur des Raums, der von den in Nr. 60 angegebenen Zyklen aufgespannt wird, ist (auch in der Beschreibung durch automorphe Formen) gut bekannt. Obwohl die in den Arbeiten zur Tate-Vermutung verwendeten Methoden nicht zu einer expliziten Konstruktion der zusätzlichen Zykel (definiert über einer nicht-abelschen Erweiterung von $\mathbb{Q}$) führen, kann man trotzdem in sehr vielen Fällen unter Hinzunahme der durch die Auflösungskurven gegebenen Zykel die Picardzahl über $\mathbb{C}$ (die mit der über $\bar{\mathbb{Q}}$ übereinstimmt) der Hilbertschen Modulflächen bestimmen. Dies wurde von J. Koehl in seiner Dissertation, Algebraische Zykel auf Hilbertschen Modulflächen (loc. cit. in Nr. 51, Hilbert modular surfaces, Kommentar), ausgeführt. Für die einem reellquadratischen Zahlkörper mit Primzahldiskriminante p zugeordnete glatte komplexe projektive Fläche $Y(p)$ (zur Definition siehe Nr. 61, Classification of Hilbert modular surfaces, 1.5) wird gezeigt, daß die Dimension des Raumes, der von den in Nr. 60 konstruierten Zyklen aufgespannt wird (unter Berücksichtigung der Volumenform), durch $(1/2)\dim S_2\left(p, \left(\frac{p}{\cdot}\right)\right) + 1$ gegeben ist. Die Lefschetzzahl, d.h. die

Differenz zwischen der Dimension des (1, 1)-Anteils der Hodge-Zerlegung von $H^2(Y(p), \mathbb{C})$ und der Picardzahl, ist eine birationale Invariante und berechnet sich aus dem geometrischen Geschlecht p_g der Hilbertschen Modulfläche $Y(p)$ und dem geometrischen Geschlecht p_g^* der symmetrischen Modulfläche $Y^*(p) = Y^0(p)/\text{Involution}$ als $p_g + 2p_g^*$. Die Lefschetzzahl der symmetrischen Modulfläche $Y^*(p)$ ist $2p_g^*$.

Im Anschluß an den hier aufgedeckten Zusammenhang zwischen arithmetisch definierten Zyklen auf Hilbertschen Modulflächen und Modulformen vom Gewicht 2 und einem gewissen Nebentypus fand S. S. Kudla in „Intersection numbers for quotients of the complex 2-ball and Hilbert modular forms", Inv. Math. *47* (1978), 189–208, eine ähnliche Beziehung zwischen einem Raum von Zyklen auf kompakten Quotienten des zweidimensionalen komplexen Balls und Hilbertschen Modulformen vom Gewicht 3 und Nebentypus. Dies wurde im nichtkompakten Fall von J. W. Cogdell in „Arithmetic cycles on Picard modular surfaces und modular forms of Nebentypus", J. reine angew. Math. *357* (1985), 115–137, weiterverfolgt. S. S. Kudla und J. Millson haben dann in einer Reihe von Arbeiten höher dimensionale Analoga behandelt. Sie versuchen, den Zusammenhang zwischen den Poincaré-Dualen von total geodätischen Zyklen auf arithmetisch definierten Quotienten (klassischer) symmetrischer Räume und gewissen harmonischen Formen hierauf zu verstehen; letztere werden durch Bildung von Theta-Reihen (oder als automorphe Formen mittels der Weil-Darstellung) gewonnen. Für den inzwischen erhaltenen strukturellen Zugang zu den Fällen, die den klassischen Gruppen $\mathbf{O}(p,q)$, $\mathbf{U}(p,q)$ oder $\mathbf{Sp}(p,q)$ zugeordnet sind, siehe man die Arbeiten „The theta correspondence and harmonic forms", I (resp. II), Math. Ann. *274* (1986), 353–378 (resp. *277* (1987), 267–314), und den Überblicksartikel von J. Millson, „Cycles and harmonic forms on locally symmetric spaces", Canad. Math. Bull. *28* (1985), 3–38; hier findet man auch die früheren Arbeiten aufgeführt.

Das von S. S. Kudla und J. Millson in „Geodesic cycles and the Weil representation – I. Quotients of hyperbolic space and Siegel modular forms", Compositio Math. *45* (1982), 207–271, für den Fall $\mathbf{SO}(n, 1)$ begonnene Programm wurde von Y. L. Tong und S. P. Wang im Fall $\mathbf{SU}(p,1)$ aufgenommen und dann auch auf andere Fälle ausgedehnt; siehe hierzu z. B. Y. L. Tong, S. P. Wang, Theta functions defined by geodesic cycles in quotients of $\mathbf{SU}(p, 1)$, Inv. Math. *71* (1983), 467–499; Period integrals in non compact quotients of $\mathbf{SU}(p, 1)$, Duke Math. J. *52* (1985), 649–688 bzw. S. P. Wang, Correspondence of modular forms to cycles associated to $\mathbf{O}(p, q)$, J. Diff. Geometry *22* (1985), 151–213, und die jeweils dort aufgeführte Literatur. Einen stärker im Geiste von R. Howe's Theorie der dualen reduktiven Paare geprägten, darstellungstheoretischen Zugang, der einige ihrer bisherigen Ergebnisse auf den Fall $\mathbf{SU}(p, q)$ verallgemeinert, legten Y. L. Tong und S. P. Wang in „Construction of cohomology of discrete groups", Vorabdruck 1986, vor.

Schließlich sei erwähnt, daß B. Gross, W. Kohnen und D. Zagier, „Heegner points and derivatives of L-series II", Vorabdruck 1986, ein

Analogon des Hauptsatzes der vorliegenden Arbeit bewiesen haben, in welchem man die Klassen der Kurven T_N in der Homologiegruppe einer Hilbertschen Modulfläche durch die Klassen von Heegner-Punkten in der Mordell-Weil-Gruppe einer Modulkurve ersetzt und statt einer Modulform vom Nebentypus eine Modulform von halbganzem Gewicht (bzw. eine Jacobi-Form) erhält. Ein Spezialfall hiervon wurde schon vorher (D. Zagier, Modular points, modular curves, modular surfaces and modular forms, in: Arbeitstagung Bonn 1984, Lect. Notes in Maths. *1111*, Berlin-Heidelberg-New York-Tokyo: Springer 1985, 225–248) unter Verwendung des Hauptergebnisses der Arbeit Nr. 60 bewiesen.

[J. S.]

61. Classification of Hilbert modular surfaces
(mit D. Zagier)

467.1 In den Theoremen 2 und 3 wird die grobe Klassifikation der Flächen $Y(D, \mathfrak{b})$ angegeben, falls $\mathfrak{b} = \mathfrak{o}$ oder $\mathfrak{b} = (\Delta)$, siehe Abschnitt 1.5. J. Koehl klassifiziert in seiner Diplomarbeit (loc. cit. im Kommentar zu Nr. 51, Hilbert modular surfaces) alle Flächen $Y(D, \mathfrak{b})$. Da das arithmetische Geschlecht von $Y(D, \mathfrak{b})$, wo $\mathfrak{b}$ nicht im trivialen Geschlecht liegt, größer oder gleich $\chi(Y(D))$ ist (siehe 1 im Kommentar zu Nr. 52, *L*-series, modular imbeddings, and signatures), kann man schnell entscheiden, daß keine weiteren rationalen Flächen mehr auftreten. Es gibt unter den $Y(D, \mathfrak{b})$ nach Koehl 5 Flächen, die nicht von allgemeinem Typ sind und nicht in den Theoremen 2 und 3 vorkommen. Es handelt sich um die Flächen $Y(40, 3)$, $Y(60, 7)$, $Y(60, 17)$, $Y(65, 2)$ und $Y(105, 2)$. Dabei wird statt des Ideals $\mathfrak{b}$ seine Norm vermerkt. Die Fläche $Y(40, 3)$ ist eine K3-Fläche mit 4 aufgeblasenen Punkten, die übrigen Flächen sind echt elliptisch mit 2, 4, 4 bzw. 8 aufgeblasenen Punkten. Koehl betrachtet auch die Flächen $Y_m(D, \mathfrak{b})$ zur Hurwitz-Maaß-Erweiterung (vom Index 2^{t-1}) von $SL_2(\mathfrak{o}, \mathfrak{b})$ (siehe § 3.1, dort nur erklärt für $\mathfrak{b} = \mathfrak{o}$). Er studiert ferner die Flächen „zwischen" $Y(D, \mathfrak{b})$ und $Y_m(D, \mathfrak{b})$ und erledigt in allen Fällen die grobe Klassifikation. Für die Arbeit von Koehl, sowie für manche anderen Untersuchungen in dieser Richtung, sind die Ergebnisse von W. Hausmann, die Flächen beliebiger Diskriminante betreffen, sehr wichtig (Dissertation von Hausmann loc. cit. im Kommentar zu Nr. 51, sowie W. Hausmann, The fixed points of the symmetric Hilbert modular group of a real quadratic field of arbitrary discriminant, Math. Ann. *260* (1982), 31–50).

489.2 Die in der von uns zitierten Arbeit von Newman angegebene Klassenzahlabschätzung $h(-N) < \frac{\sqrt{N}}{2\pi}(2 + \log N)$ basiert auf einer Ungleichung $L\left(1, \left(\frac{d}{\cdot}\right)\right) < \frac{1}{2}(\log |d| + 1)$ von Hua, die Hua aber nur für positive d bewiesen hat. Der Fehler läßt sich auf verschiedene Weisen korrigieren. Erstens kann man den Beweis im Text wiederholen mit der schwächeren Abschätzung $h(-N) < \frac{\sqrt{N}}{\pi} \log N$ $(N > 4)$, die eine elementare Folgerung aus der Dirichletschen Klassenzahlformel und partieller Summation ist; man muß dann für jeden t-Wert ein paar Werte von D mehr testen als im Text. Dies ist in der Dissertation von D. Bassendowski (loc. cit. im Kommentar zu Nr. 51, S. 56–63) durchgeführt worden (allerdings benutzt Bassendowski eine noch schlechtere Klassenzahlabschätzung der Gestalt $O(N)$ und muß deswegen erheblich mehr rechnen). Zweitens kann man die von Newman behauptete Klassenzahlabschätzung beweisen, denn aus den berühmten nichtelementaren Charakterensummenabschätzungen von Burgess und partieller Summation folgt sogar $L\left(1, \left(\frac{d}{\cdot}\right)\right) < (\frac{1}{4} + \varepsilon) \log |d|$ für $|d| > d_0(\varepsilon)$; dies würde aber eine gewisse Arbeit erfordern, weil anscheinend nirgendwo in der Literatur ein expliziter Wert für $d_0(\varepsilon)$ angegeben wird. Schließlich kann man die gesamte Rechnung aus § 4.4 viel besser machen, indem man für $\sum_k \sigma_0\left(\frac{D-k^2}{4}\right)$ eine Abschätzung der Gestalt $O(\sqrt{D} \log D)$ beweist; dann braucht man auch mit einer schwächeren Klassenzahlabschätzung nur verhältnismäßig wenig Werte von D zu untersuchen. Die Einzelheiten werden im Kapitel VII des Buches von G. van der Geer, Ergebnisse der Mathematik und ihrer Grenzgebiete, 3. Folge, Bd. 16, Berlin-Heidelberg: Springer 1987, angegeben.

62. The ring of Hilbert modular forms for real quadratic fields of small discriminant

520.1 Das Komplement der Kleinschen Kurve $C = 0$ in der komplexen projektiven Ebene trägt wegen dieses Satzes eine holomorphe konforme Struktur (R. Kobayashi und I. Naruki, Holomorphic conformal structures and uniformization of complex surfaces, Math. Ann. (erscheint demnächst)). Das bedeutet, es liegt ein holomorpher Schnitt des projektiven Bündels der 2-ten symmetrischen Potenz des kovarianten Tangentenbündels vor, der in jedem Punkt verschiedene Wurzeln hat.

Die glatten kompakten komplexen Flächen mit holomorpher konformer Struktur wurden von S. Kobayashi und T. Ochiai untersucht (Holomorphic structures modeled after hyperquadrics, Tôhoku Math. J. *34* (1982), 587–629). In ihrer Arbeit geben R. Kobayashi und I. Naruki die holomorphe konforme Struktur auf dem Komplement von $C = 0$ wie folgt an. Es sei $x = A_1/A_0$ und $y = A_2/A_0$. Die 2-Form hat die Gestalt

$$a(dx)^2 + b\,dx\,dy + c(dy)^2$$

mit

$$a = 8y^2 + 4x^3 - 6xy^3 - x^4y + x^2y^4,$$

$$b = -24xy + 10x^2y^2 - 2x^3y^3 + x^5 + y^5,$$

$$c = 8x^2 + 4y^3 - 6x^3y - xy^4 + x^4y^2.$$

Die Diskriminante $b^2 - 4ac$ ist gleich C/A_0^{10}. Die beiden Lösungen von $a(dx)^2 + b\,dx\,dy + c(dy)^2 = 0$ entsprechen den beiden ausgezeichneten komplexen Richtungen von $\mathbb{H} \times \mathbb{H}$. Erst in der doppelten Überlagerung des Komplements der Kurve $C = 0$ definieren sie zwei Blätterungen. Es lassen sich viele ähnliche Beispiele angeben (z. B. unter Verwendung von Nr. 64, Überlagerungen der projektiven Ebene und Hilbertsche Modulflächen).

522.2 J. S. Leon, V. Pless und N. J. A. Sloane betrachten in ihrer Arbeit „Self-dual codes over $GF(5)$", J. Combinatorial Theory *32A* (1982), 178–194, die Lee-Gewichtszähler selbstdualer Codes über dem Primkörper der Charakteristik 5. Sie schreiben in der Einleitung ihrer Arbeit: „The weight enumerator of any one of the codes ... is strongly constrained: it must be invariant under a three-dimensional representation of the icosahedral group. These invariants were already known to Felix Klein, and the consequences for coding theory were discovered by Gleason and Pierce (and independently by the third author) ... (It is worth mentioning that precisely the same invariants have recently been studied by Hirzebruch in connection with cusps of the Hilbert modular surface associated with $\mathbb{Q}(\sqrt{5})$. However there does not appear to be any connection between his work and ours.)" Am 19. August 1986 schrieb ich während eines Besuches des Mathematical Sciences Research Institute (Berkeley) an Sloane den folgenden Brief:

Since a long time I plan to write you concerning your paper "Self-dual codes over $GF(5)$" with Leon and Pless. I received it from you after the Tasmania meeting. You refer to my results concerning the Hilbert modular surface for $\mathbb{Q}(\sqrt{5})$ and say "However there does not appear to be any connection between his work and ours". In September 1985 G. van der Geer and I held a summer course on Coding Theory in the Austrian Alps (coding in the morning, hiking in the afternoon). There we found a connection:

Let p be an odd prime and $\zeta = e^{2\pi i/p}$. The field $K = \mathbb{Q}(\zeta)$ contains the totally real field $k = \mathbb{Q}(\zeta + \zeta^{-1})$. For the rings of integers $\mathcal{O}_K$ and $\mathcal{O}_k$ we have

$$\mathcal{O}_K = \mathbb{Z}\zeta + \ldots + \mathbb{Z}\zeta^{p-1}$$

$$\mathcal{O}_k = \mathbb{Z}(\zeta + \zeta^{-1}) + \ldots + \mathbb{Z}\left(\zeta^{\frac{p-1}{2}} + \zeta^{\frac{p+1}{2}}\right).$$

The Galois group G of k over $\mathbb{Q}$ is cyclic of order $\frac{p-1}{2}$. Let $\mathrm{Tr}\colon k \to \mathbb{Q}$ be the trace, i.e.

$$\mathrm{Tr}(y) = \sum_{\sigma \in G} \sigma(y), \qquad \text{for } y \in k.$$

We consider the following quadratic form Q over the $\mathbb{Z}$-lattice $\mathcal{O}_K$

$$Q\colon \mathcal{O}_K \to \mathbb{Q}, \qquad Q(x) = 2\,\mathrm{Tr}\left(\frac{x\bar{x}}{p}\right).$$

It has discriminant $\frac{1}{p}$.

The ideal $(1-\zeta) = \mathfrak{p}$ in $\mathcal{O}_K$ has norm p. Let $\varrho: \mathcal{O}_K \to \mathbb{F}_p = GF(p)$ be the corresponding homomorphism. We also consider $\varrho: \mathcal{O}_K^n \to \mathbb{F}_p^n$. For a self-dual code $C \subset \mathbb{F}_p^n$ (n even) we define the lattice

$$\Lambda = \varrho^{-1}(C).$$

If we restrict Q to Λ, then we obtain an integral even unimodular form on the lattice Λ. **Corollary:** $n(p-1) \equiv 0 \bmod 8$ (well-known).

We are going to construct Theta functions in the Hilbert modular sense for the totally real field k as studied, for example, by Kloostermann and Eichler.

These Theta functions depend on $\frac{p-1}{2}$ variables $z_\sigma \in \mathbb{H}$ (upper half plane) indexed by the elements of the Galois group G of k over $\mathbb{Q}$. For $y \in k$

$$\operatorname{Tr}(z\,y) \underset{\text{Def}}{=} \sum_{\sigma \in G} z_\sigma y_\sigma \qquad (y_\sigma = \sigma(y)).$$

The fundamental Theta functions are

$$\theta_j(z) = \sum_{x \in \mathfrak{p}+j} e^{2\pi i \operatorname{Tr}\left(z \frac{x\bar{x}}{p}\right)} \quad \text{for} \quad j = 0, 1, \ldots, \frac{p-1}{2}.$$

The θ_j are Hilbert modular forms of weight 1 *for the group*

$$SL_2(\mathcal{O}_k, \tilde{\mathfrak{p}}) = \{A \mid A \in SL_2(\mathcal{O}_k) \text{ and } A \equiv 1 \bmod \tilde{\mathfrak{p}}\}$$

where $\tilde{\mathfrak{p}}$ is the prime ideal in k lying over p

$$\tilde{\mathfrak{p}} = ((\zeta - \bar{\zeta})^2), \quad \tilde{\mathfrak{p}}^{\frac{p-1}{2}} = (p).$$

Note: The group $SL_2(\mathbb{F}_p)$ acts on the $\frac{p+1}{2}$-dimensional vector space over $\mathbb{C}$ generated by the θ_j. For $p \equiv 1 \bmod 4$ this is an action of $PSL_2(\mathbb{F}_p)$.

The lattice Λ gives a Theta function

$$\theta_C(z) = \sum_{x \in \Lambda} e^{2\pi i \operatorname{Tr}\left(z \frac{x\bar{x}}{p}\right)}.$$

Consider the Lee weight enumerator $L_C(X_0, \ldots, X_{\frac{p-1}{2}})$.

Theorem:

$$\theta_C = L_C(\theta_0, \ldots, \theta_{\frac{p-1}{2}}).$$

θ_C is a Hilbert modular form of weight n for the group $SL_2(\mathcal{O}_k)$. The polynomial $L_C(X_0, \ldots, X_{\frac{p-1}{2}})$ is an invariant polynomial for the above

mentioned representation of dimension $\frac{p+1}{2}$ *of the group* $SL_2(\mathbb{F}_p)$. *All Hilbert modular forms* θ_C, θ_j *occuring are symmetric, i.e. invariant under the action of the Galois group G on the variables* z_σ.

In my paper on $\mathbb{Q}(\sqrt{5})$, which is k for $p=5$, I prove that the ring of symmetric Hilbert modular forms for $SL_2(\mathcal{O}_k, \mathfrak{p})$, $\mathfrak{p} = (\sqrt{5})$, equals $\mathbb{C}[A_0, A_1, A_2]$ where A_0, A_1, A_2 have weight 1. I prove that the ring of symmetric Hilbert modular forms for $SL_2(\mathcal{O}_k)$ of *even* weight equals $\mathbb{C}[A, B, C]$ where A, B, C are the Klein invariants of degrees 2, 6, 10. We have $A_0 = \theta_0$, $A_1 = 2\theta_1$, $A_2 = 2\theta_2$. Together with the above theorem, this explains the connection between our papers.

For $p=3$ (where $k=\mathbb{Q}$) I just had an interesting discussion with Don Zagier to check the result. The well-known result (Broué and Enguehard) drops out. Namely, the Hamming weight enumerator $L_C = H_C = H_C(\theta_0, \theta_1)$ is a polynomial in the modular forms E_4, E_6^2 of $SL_2(\mathbb{Z})$ where

$$E_4 = \theta_0^4 + 8\,\theta_0\,\theta_1^3,$$

$$E_6 = \theta_0^6 - 20\,\theta_0^3\,\theta_1^3 - 8\,\theta_1^6.$$

For the ternary Golay code of length 12

$$H_C = \tfrac{5}{8} E_4^3 + \tfrac{3}{8} E_6^2.$$

For $p=7$ van der Geer and I try very hard to understand the corresponding Hilbert modular variety of dimension 3 (which was investigated by E. Thomas). The invariant theory for the above mentioned 4-dimensional representation of $SL_2(\mathbb{F}_7)$ enters (cf. your paper with C. L. Mallows "On the invariants of a linear group of order 336").

529.3 Bei der Identifikation der bei Gundlach [4] und bei mir auftretenden Erzeugenden ist ein Irrtum unterlaufen, was R. Müller, Hilbertsche Modulformen und Modulfunktionen zu $\mathbb{Q}(\sqrt{8})$, Math. Ann. *266* (1983), 83–103, bemerkt hat. Ich bin doch an den „sign questions" nicht ungeschoren vorbeigekommen. In der Formel (21) ebenso wie auf S. 316 Mitte muß c durch $\sigma_3\sqrt{\sigma_4}$ ersetzt werden. Die von Gundlach benutzten Erzeugenden $\tilde{H}$ und H entsprechen $(\sigma_3^2 - 4\sigma_2\sigma_4)^{1/2}$ und σ_3 und nicht umgekehrt, wie es auf S. 316 unten steht.

63. Modulflächen und Modulkurven zur symmetrischen Hilbertschen Modulgruppe

571.1 Die Beziehung zwischen dem arithmetischen Geschlecht $\chi(p)$ der Hilbertschen Modulfläche $Y(p)$ und dem arithmetischen Geschlecht $\chi_T(p)$ der Modulfläche $Y^0(p)/T$ lautet

$$\chi_T(p) - 1 = \frac{1}{2}\left(\chi(p) - \left[\frac{p+19}{24}\right]\right).$$

Vor mehr als zehn Jahren erhielt ich eine (unveröffentlichte) Note von M. Peters (Münster), in der dieser auf einen Zusammenhang mit Klassenzahlen quaternärer Gitter aufmerksam macht, der aus Arbeiten von Y. Kitaoka, M. Peters und P. Ponomarev folgt. Es sei $h(p)$ die Anzahl der Klassen quaternärer gerader **Z**-Gitter der Diskriminante p. Dann ist

$$h(p) = \left[\frac{p+19}{24}\right] + (\chi_T(p) - 1),$$

wo $\left[\frac{p+19}{24}\right]$ die Anzahl der Klassen ambiger Gitter ist, die also einen Automorphismus der Determinante -1 zulassen, während $\chi_T(p) - 1$ die Anzahl der Klassen von Gittern ist, die einen solchen Automorphismus nicht besitzen. Die in Satz 2 von Abschnitt 3.2 der vorliegenden Arbeit angegebene Liste von Primzahlen mit kleinem $\chi_T(p)$ ist also für diesen Fragenkreis recht interessant. Der Zusammenhang mit den Thetareihen der quaternären Formen und die Beziehung zu Nr. 60, Intersection numbers of curves on Hilbert modular surfaces and modular forms of Nebentypus (mit D. Zagier), scheinen noch nicht geklärt zu sein. Vgl. M.-F. Vignéras, Invariants numériques des groupes de Hilbert, Math. Ann. *224* (1976), 189–215; siehe auch J. Kramer, On the linear independence of certain theta-series, Math. Ann. (erscheint demnächst) und die dort angegebene Literatur.

593.2 D. Bassendowski betrachtet in seiner Dissertation (loc. cit. in Nr. 51, Hilbert modular surfaces) die Hurwitz-Maaß-Erweiterung von $SL_2(\mathcal{O}, \mathfrak{b})/\pm 1$ und erweitert diese noch um eine Involution T, die die beiden Faktoren von $\mathbf{H} \times \mathbf{H}$ vertauscht. Er erhält damit eine maximale diskrete Automorphismengruppe von $\mathbf{H} \times \mathbf{H}$. Bei maximal diskreten Gruppen ist die Chance, spezielle Flächen zu bekommen, am größten. Die in der vorliegenden Arbeit betrachtete Situation wird also auf beliebige Diskriminante D und beliebiges Idealgeschlecht verallgemeinert. Die von J. Koehl in seiner Diplomarbeit betrachteten Flächen $Y_m(D, \mathfrak{b})$ werden noch durch eine Involution T geteilt (siehe Nr. 61, Classification of Hilbert modular surfaces, Kommentar). Die Rechnungen sind schwierig, da das Schnittverhalten der Modulkurven und die Fixpunkte der Involution T recht kompliziert sind. Durch Verwendung der Arbeiten von W. Hausmann (loc. cit. im Kommentar zu Nr. 61) gelingt D. Bassendowski die grobe Klassifikation der Flächen $Y_*(D, \mathfrak{b})$ (i.e. der minimalen Auflösung von $Y_m(D, \mathfrak{b})/T$) für $D \equiv 1 \bmod 4$ und beliebiges Geschlecht. Damit hat er den Satz in Abschnitt 4.6 wesentlich verallgemeinert. In einer nicht veröffentlichten Fortsetzung seiner Dissertation betrachtet Bassendowski auch die Diskriminanten $D \equiv 4 \bmod 8$.

599.3 *Beispiel:* Die Fläche $Y^0(89)$ hat die Lefschetz-Zahl $p_g + 2p_g^* = 3$. Siehe die Dissertation von J. Koehl, Kommentar 6 zu Nr. 60, Intersection numbers of curves on Hilbert modular surfaces and modular forms of Nebentypus (mit D. Zagier). Da für diese Fläche $h^{1,1} = 38$, ist die Picardsche Zahl (Rang der algebraischen Zyklen in der rationalen

Homologie) gleich 35. Durch die Singularitäten der Verzweigungskurve werden Zyklen vom Range 31 gegeben (vgl. Nr. 68, Some examples of algebraic surfaces). Sie sind auf S. 162 der vorliegenden Arbeit gelistet.

600.4 Zu dieser Vermutung siehe Nr. 65, Minimal Hilbert modular surfaces with $p_g = 3$ and $K^2 = 2$ (mit A. Van de Ven).

64. Überlagerungen der projektiven Ebene und Hilbertsche Modulflächen

602.1 Das Kolloquium für Topologie und Algebra (Zürich, April 1977) fand anläßlich des 60. Geburtstages von B. Eckmann statt. B. Eckmann war neben H. Hopf mein Lehrer in der Züricher Studentenzeit 1949/50.

616.2 Hier ist eine Korrektur durchzuführen, siehe Nr. 62, The ring of Hilbert modular forms for real quadratic fields of small discriminant, Kommentar 3.

65. Minimal Hilbert modular surfaces with $p_g = 3$ and $K^2 = 2$

(mit A. Van de Ven)

618.* Das Kriterium zur Feststellung der Minimalität einer kompakten glatten algebraischen Fläche X mit $K^2 = c_1^2 > 0$ kann man so formulieren:

Es sei D ein Divisor auf X mit

$$(*) \qquad KD = D^2 = K^2,$$

dann ist $D - K$ in der rationalen Homologie gleich Null. Wenn D ein effektiver Divisor ist, der (*) erfüllt, dann sind alle Ausnahmekurven von X in D enthalten.

Gelingt es also, auf einer glatten Hilbertschen Modulfläche X einen effektiven Divisor D zu finden, der nur aus Modulkurven und Auflösungskurven der Singularitäten besteht und (*) erfüllt, dann weiß man, daß man zu einem minimalen Modell durch Niederblasen von solchen speziellen Kurven, die auch noch in D enthalten sind, gelangen kann. Bei einfach-zusammenhängenden Modulflächen folgt weiter, daß D selbst ein kanonischer Divisor ist. Es gibt dann eine Spitzenform vom Gewicht 2, deren Divisor auf einem glatten Modell effektiv ist und nur aus Modulkurven F_N und Auflösungskurven der Singularitäten besteht. Die Existenz eines Divisors dieser Art konnte für viele Flächen $Y^0(p)$ und $Y_T^0(p)$ nachgewiesen werden. Es folgt dann, daß diese Flächen minimal sind, denn alle Kurven der erwähnten Art, die exzeptionell sind, wurden bereits heruntergeblasen, um zu $Y^0(p)$ bzw. $Y_T^0(p)$ zu kommen. Geht man von einer Spitzenform f vom Gewicht 2 aus, dann ist ihr Divisor (f) auf dem glatten Modell effektiv, und man ist am Ziel, wenn (f) in $\mathbf{H}^2/\mathrm{SL}_2(\mathcal{O})$ nur aus Modulkurven besteht. Für $Y_T^0(p)$ sollte f außerdem schiefsymmetrisch sein. C. F. Hermann (Thetareihen und modulare Spitzenformen zu den Hilbertschen Modulgruppen reell-quadratischer

Körper, Math. Ann. *277* (1987), 327–344) gelang der direkte Nachweis der Existenz solcher „modularer" Spitzenformen vom Gewicht 2 für unendlich viele (nicht notwendigerweise prime) Diskriminanten D der Form $D \equiv 1 \bmod 8$ und zwar für die Flächen $Y^0_-(D)$, siehe Nr. 61, Classification of Hilbert modular surfaces (mit D. Zagier). „In der Praxis" wird die Minimalität jedoch meistens durch Konstruktion von Divisoren mit den obigen Eigenschaften bewiesen (vgl. G. van der Geer, Kap. 6 in M8, Lectures on Hilbert modular surfaces). So geschieht es auch in der vorliegenden Arbeit.

In Nr. 66, The canonical map for certain Hilbert modular surfaces, wird erwähnt (S. 94), daß das geometrische Geschlecht von $Y^0_T(p)$ gleich 4 ist, genau dann, wenn $p = 337, 401, 541, 797$. In diesen Fällen ist $K^2 = 5, 6, 6, 5$. Für $p = 337, 797$ ist $K^2 = 5$, und es wurde vermutet, daß die Fläche $Y^0_T(p)$ minimal ist und ihr kanonisches Modell eine Quintik in $\mathbf{P}_3(\mathbb{C})$ (mit höchstens rationalen Doppelpunkten) ist. Das hat sich bestätigt (Dissertation von D. Bassendowski, loc. cit. in Nr. 51, Hilbert modular surfaces, Kommentar). Für $p = 401, 541$ nahm ich an, daß die kanonische Abbildung vom Grade 2 auf eine kubische Fläche geht. Das ist falsch. Bassendowski (Kap. V) zeigt, daß die kanonische Abbildung holomorph und birational auf eine Fläche 6. Ordnung geht mit einer ebenen Kubik als Doppelkurve, die in drei Geraden zerfällt. Solche Flächen wurden schon von M. Noether untersucht. Die Rechnungen von D. Bassendowski involvieren das Schnittverhalten vieler Modulkurven und sind sehr verwickelt. Ähnlich wie in der vorliegenden Arbeit werden kanonische Divisoren konkret konstruiert.

66. The canonical map for certain Hilbert modular surfaces

654.1 Für diese 4 Flächen siehe Nr. 65, Minimal Hilbert modular surfaces with $p_g = 3$ and $K^2 = 2$ (mit A. Van de Ven), Kommentar.

67. The icosahedron

656.* Es handelt sich um die Kurzfassung eines Vortrags, den ich im März 1981 an der Universität Tel Aviv gehalten habe. Am Schluß erwähne ich eine Beziehung zur Theorie der Hilbertschen Modulflächen (Nr. 62, The ring of Hilbert modular forms for real quadratic fields of small discriminant). Die Diagonalfläche von Clebsch und Klein kommt in Nr. 57 vor (Hilbert's modular group for the field $\mathbb{Q}(\sqrt{5})$ and the cubic diagonal surface of Clebsch and Klein). Zur Diagonalfläche siehe auch Mathematische Modelle/Mathematical Models, herausgegeben von G. Fischer, Braunschweig-Wiesbaden: Friedrich Vieweg u. Sohn 1986. Die Fläche gibt es bei Vieweg auch wieder als Gipsmodell.

68. Some examples of algebraic surfaces

662.1 Siehe P. Deligne und G. D. Mostow, Monodromy of hypergeometric functions and non-lattice integral monodromy, Publ. Math. I.H.E.S. *63* (1986), 5–89. Die Arbeit von Deligne und Mostow hat auch bei weiteren Arbeiten anregend gewirkt, siehe Nr. 69, Arrangements of lines and algebraic surfaces, und Nr. 73, Algebraic surfaces with extreme Chern numbers.

666.2 Zur Brieskornschen Theorie siehe auch Nr. 38 und den zugehörigen Kommentar.

670.3 Die Arbeit von U. Persson ist inzwischen erschienen, die Referenz unter [7] wurde ergänzt. Persson konstruiert eine maximierende Kurve für jeden Grad $n = 2(k+1) \geqq 6$. Er nimmt den Inkreis eines Dreiecks und betrachtet die Überlagerung der Ebene vom Grade k^2, die entlang der Geraden des Dreiecks Verzweigungsindex k hat. Diese Überlagerung ist wieder eine Ebene, der Kreis hebt sich an zu einer Kurve vom Grade $2k$, zu der man 2 angehobene Geraden hinzufügt, um eine maximierende Kurve vom Grade $2k+2$ zu erhalten, die $2k$ Singularitäten vom Typ D_{k+2} sowie k Singularitäten vom Typ A_{k-1} und 1 Singularität vom Typ A_1 hat.

671.4 Für maximierende Kurven vom Grade 6 siehe U. Persson, Double sextics and singular K-3 surfaces, in: Algebraic Geometry Sitges 1983, Lecture Notes in Math. *1124*, Berlin: Springer 1985, S. 262–328.

69. Arrangements of lines and algebraic surfaces

698.1 Die Ungleichung hat als Korollar:

$$t_2 = t_k = 0 \quad \Rightarrow \quad t_3 \neq 0 .$$

Selbst diese Implikation hat bis heute keinen direkten geometrischen Beweis gefunden. L. M. Kelly konnte mit Hilfe des Korollars (auf Punktkonfigurationen dualisiert) ein Problem von J-P. Serre lösen (L. M. Kelly, A resolution of the Sylvester-Gallai problem of J-P. Serre, Discrete Comput. Geom. *1* (1986), 101–104). Das Problem 5359, Am. Math. Monthly *73* (1966), 89, lautet:

Let A_n be the projective n-space ($n \geqq 2$) over some field K. A finite subset X of A_n is called a Sylvester-Gallai (S-G) configuration if it verifies the following condition:

(*) If $P, Q \in X$, with $P \neq Q$, the line joining P and Q contains at least one more point of X. (Equivalently: no line intersects X in exactly two points.)

An S-G configuration is called linear (planar) if it is contained in a line (plane). If K is the field of real numbers, it is known that any S-G configuration is linear. Over the field of complex numbers there are well-known examples of nonlinear S-G configurations (e.g., the nine inflection points of a nonsingular cubic).

Is there a nonplanar Sylvester-Gallai configuration over the field of complex numbers?

Die Antwort ist „Nein“ nach Kelly.

Beweis: Die Konfiguration sei nicht planar. Ihre Projektion von einem Punkt P der Konfiguration aus auf eine Ebene E ist dann eine Sylvester-Gallai-Konfiguration in E. Es gibt also in E eine Gerade, auf der genau 3 Punkte liegen. Diese 3 Punkte bestimmen zusammen mit P eine Ebene, in der eine Sylvester-Gallai-Konfiguration liegt, die sich ganz auf 3 Geraden mit P als gemeinsamem Schnittpunkt verteilt. Wir wählen die Geraden in der Zeichenebene als 2 parallele Geraden mit P als unendlich-fernem Schnittpunkt zusammen mit der unendlich-fernen Geraden. Die Figur zeigt, daß die Punkte der Konfiguration auf einer Geraden (mindestens 2 von P verschiedene Punkte) eine endliche Gruppe bezüglich der Addition bilden müssen, was unmöglich ist:

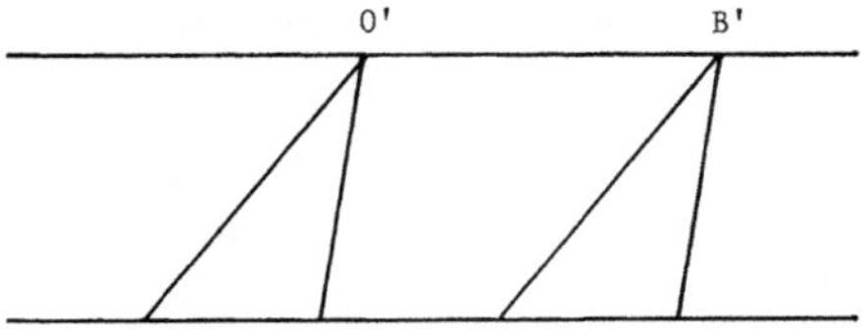

Die übliche geometrische Definition der Addition auf der Geraden ließe sich nach Wahl eines Nullpunktes wegen der Sylvester-Gallai-Eigenschaft innerhalb der endlichen Menge der Punkte der Konfiguration durchführen.

700.2 Die Irregularität $q(n)$ der n^5-blättrigen Überlagerung $Y(n)$ bzgl. des vollständigen Vierecks $A_1(6)$ wurde von M. Gläser (MPI für Mathematik Bonn, nicht veröffentlicht) bestimmt. Es gilt

$$q(n) = 5(n-1)(n-2)/2.$$

Die 4 Geradenbüschel durch die 4 Basispunkte des Vierseits sowie das Büschel der Kegelschnitte durch die 4 Basispunkte liefern 5 „Faserungen“ der Fläche $Y(n)$ über der Fermatschen Kurve vom Grade n und Geschlecht $(n-1)(n-2)/2$. Die 5 Büschel sind birational gleichberechtigt. Die holomorphen 1-Formen auf den Basiskurven heben sich an zu 1-Formen auf $Y(n)$, die, wie man zeigen kann, linear unabhängig sind und auch alle holomorphen 1-Formen auf $Y(n)$ liefern. Für eine Geradenkonfiguration von k Geraden ist aber i. a. die Irregularität der in dieser Arbeit zu dieser Geradenkonfiguration betrachteten n^{k-1}-blättrigen Überlagerung kein Polynom in n. K. Zuo untersucht in seiner in Vorbereitung befindlichen Bonner Dissertation solche Beispiele.

701.3 A. Sommese (On the density of ratios of Chern numbers of algebraic surfaces, Math. Ann. *268* (1984), 207–221) hat unter Verwendung der vorliegenden Arbeit gezeigt, daß die Chernschen Quotienten c_1^2/c_2 minimaler Flächen allgemeinen Typs im Intervall $[\frac{1}{5}, 3]$ dicht liegen. Wie er unmittelbar nach Erscheinen seiner Arbeit bemerkte, liefert seine Methode allgemeiner, daß es für jede rationale Zahl r mit $\frac{1}{5} \leqq r \leqq 3$ eine minimale Fläche S allgemeinen Typs mit $c_1^2(S)/c_2(S) = r$ gibt. Die Lemmata auf S. 213 von Sommeses Arbeit ergeben in der Tat leicht bessere Resultate. Man kann seine Methode für das Intervall [2, 3] auch so formulieren. Die Fläche $Y_1 = Y(5)$ (siehe S. 134 oben) ist gefasert über einer Kurve C vom Geschlecht 6. Die Eulersche Zahl der allgemeinen Faser ist -150. Für eine verzweigte Überlagerung π: $C' \to C$ vom Grade d, wobei der Verzweigungsort in C disjunkt zu den Basispunkten der Ausnahmefasern sei, kann man Y_1 nach C' anheben und erhält eine Fläche Y' mit

$$
\begin{aligned}
e(Y')/\operatorname{sign}(Y') &= e(Y_1)/\operatorname{sign}(Y_1) + 150\,\varrho/(d \operatorname{sign}(Y_1)) \\
&= 3 + 150\,\varrho/(d \operatorname{sign}(Y_1)),
\end{aligned}
$$

wo $\varrho = \sum_{p \in C'} (v_p - 1)$ und v_p die Multiplizität von π in p ist. Man muß noch zeigen, daß ϱ/d jeden positiven rationalen Wert annehmen kann. Beachte, daß $\operatorname{sign}(Y') = d \operatorname{sign}(Y_1)$ (vgl. Nr. 42, The signature of ramified coverings) und die Eulersche Zahl von Y' wie bei Hurwitz berechnet werden kann.

706.4 Für eine weitere verbesserte Version der Ungleichung siehe Nr. 74, Singularities of algebraic surfaces and characteristic numbers.

70. Mannigfaltigkeiten und algebraische Topologie

707.* Die Mathematik ist in dem Buch der Deutschen Forschungsgemeinschaft (Forschung in der Bundesrepublik Deutschland – Beispiele, Kritik, Vorschläge, 975 S.) mit Aufsätzen von Hans Grauert „Gedanken zur Angewandten und Reinen Mathematik und zur Komplexen Analysis“, Stefan Hildebrandt „Variationsrechnung – ein dreihundertjähriges mathematisches Forschungsgebiet“ und mir vertreten. Die beiden zuständigen Bonner Ministerien hatten die DFG gebeten, eine Denkschrift zur Lage der Forschung zu verfassen. Die DFG nahm diese Aufgabe an, wollte aber nicht versuchen, eine umfassende Darstellung zu geben, sondern es sollte eine genügend große Anzahl von Beispielen gebracht werden. Die Wissenschaftler sollten dabei Arbeiten ihres Umfeldes darstellen, die internationalen Beziehungen aufzeigen, und die DFG dachte auch an ein „Stück aus einer wissenschaftlichen Autobiographie“. Ich habe den Einfluß meiner beiden Jahre am Institute for Advanced Study in Princeton (1952–54) und Resultate von Mathematikern des von der DFG finanzierten Bonner Sonderforschungsbereichs Theoretische Mathematik (1969–1985) in den Vordergrund gestellt.

71. Chern numbers of algebraic surfaces – an example

725.1 R.-P. Holzapfel (Chern numbers of algebraic surfaces – Hirzebruch's examples are Picard modular surfaces –, Math. Nachr. *126* (1986), 255–273) hat inzwischen gezeigt, daß es sich um Picardsche Modulflächen handelt.

73. Algebraic surfaces with extreme Chern numbers

731.* Die Dissertation von Th. Höfer ist in einem Buch enthalten, das demnächst in der Reihe „Aspekte der Mathematik" des Vieweg-Verlages erscheinen wird (G. Barthel, F. Hirzebruch, Th. Höfer, Geradenkonfigurationen und algebraische Flächen). Im Zusammenhang mit Höfers Arbeit und mit Nr. 69, Arrangements of lines and algebraic surfaces, noch einige Bemerkungen:

a) In den Arbeiten ergaben sich viele Beispiele für Flächen positiver Signatur, d.h. $2 < c_1^2/c_2 \leqq 3$. Ungelöst blieb, ob es einfach-zusammenhängende Flächen allgemeinen Typs und positiver Signatur gibt. Die Frage ist zu bejahen. Hierzu sind mir folgende Beiträge bekannt geworden:

B. Moishezon und M. Teicher, Simply-connected algebraic surfaces of positive index, Preprint 1985.

Zhijie Chen, On the geography of surfaces – Simply connected minimal surfaces with positive Index, Math. Ann. *277* (1987), 141–164. Die Konstruktion bei Chen geht auf eine unveröffentlichte Idee von G. Xiao zurück.

b) R.-P. Holzapfel hat, angeregt durch meinen Moskau-Vortrag über Höfers Arbeit bei der 50-Jahr-Feier des Steklov-Instituts (September 1984), in diesem Problemkreis ebenfalls gearbeitet (Basic two-dimensional versions of Hurwitz genus formula, Ann. Global Anal. Geom. *4* (1986), 1–70).

c) Bei P. Deligne und G. D. Mostow (zitiert als [1], erschienen in Publ. Math. I.H.E.S. *63* (1986), 5–89) und bei T. Terada (Problème de Riemann et fonctions automorphes provenant des fonctions hypergéometriques de plusieurs variables, J. Math. Kyoto Univ. *13* (1973), 557–578) werden verzweigte Überlagerungen längs des vollständigen Vierseits (Geradenkonfiguration $A_1(6)$) durch hypergeometrische Funktionen erhalten. M. Yoshida hat untersucht, ob zu anderen Geradenkonfigurationen Differentialgleichungen, die der hypergeometrischen entsprechen, existieren. Siehe seine letzte Arbeit in dieser Richtung (Orbifold-uniformizing differential equations III, Math. Ann. *274* (1986), 319–334) und sein Buch „Fuchsian differential equations" der Reihe „Aspects of Mathematics" des Vieweg-Verlages (1987). Dieses Buch geht auf die Max-Planck-Vorlesung in Mathematik des Wintersemesters 1985/86 zurück, die M. Yoshida unter dem gleichen Titel gehalten hat.

d) Verzweigte Überlagerungen des 3-dimensionalen projektiven Raumes entlang Ebenenkonfigurationen und ihre Chernschen Klassen betrachtet B. Hunt in seiner Dissertation (Coverings and ball quotients with special emphasis on the 3-dimensional case, Bonner Mathematische Schriften *174* (1986)).

75. Some examples of threefolds with trivial canonical bundle

757.* Anfang 1984 verbrachte ich einen Gastaufenthalt an der University of Pennsylvania. Dort hörte ich einen Kolloquiumsvortrag von E. Witten. So kam ich darauf, dreidimensionale Varietäten mit $c_1 = 0$ zu konstruieren. Über die erhaltenen Beispiele berichtete ich in mehreren Vorträgen in Bonn, und Jürgen Werner, dem ich herzlich dafür danke, hat eine durch Ergänzungen angereicherte Ausarbeitung erstellt, die hier abgedruckt wird. Inzwischen ist es geradezu ein Sport geworden, mehr und mehr Beispiele zu konstruieren. Vielleicht kommt man einer „Klassifikation" näher. Ich gebe nur wenige Hinweise auf weitere Arbeiten:

P. Candelas, G. T. Horowitz, A. Strominger, E. Witten, Superstring Phenomenology.

Shing-Tung Yau, Compact three dimensional Kähler manifolds with zero Ricci curvature (Appendix by G. Tian and S.-T. Yau).

Beide Arbeiten sind in „Symposium on Anomalies, Geometry, Topology, World Scientific Singapore 1985" erschienen (S. 377–394 bzw. S. 395–406). In der Arbeit von Yau wird eine 3-dimensionale Varietät mit $c_1 = 0$ und Eulerscher Zahl -6 konstruiert.

P. Candelas, A. Lutken, R. Schimmrigk haben vollständige Durchschnitte in Produkten von projektiven Räumen betrachtet und gelistet, für welche Grade man 3-Mannigfaltigkeiten mit $c_1 = 0$ erhält (University of Texas at Austin).

A. Todorov hat vollständige Durchschnitte in Hermitesch symmetrischen Räumen untersucht. Er benutzt die Information in Nr. 19, Characteristic classes and homogeneous spaces, I (mit A. Borel), insbesondere S. 521. Die dort angegebenen Varietäten M haben alle $\mathrm{Pic}(M) \cong \mathbb{Z}$. Die erste Chernsche Klasse ist ein positives Vielfaches des positiven erzeugenden Elements g von $\mathrm{Pic}(M)$. Für $M = \mathbf{SO}(10)/\mathbf{U}(5)$ zum Beispiel ist $c_1(M) = 8g$. Da M die komplexe Dimension 10 hat, ist ein vollständiger Durchschnitt (lokal in allgemeiner Lage) von 7 glatten Hyperflächen, von denen 6 zur Klasse g und eine zur Klasse $2g$ gehören, eine 3-dimensionale Varietät mit $c_1 = 0$. Sie hat die Eulersche Zahl -116.

Da in der vorliegenden Arbeit Varietäten mit Doppelpunkten und als Beispiele die Čmutov-Hyperflächen eine wesentliche Rolle spielen, sollen hierzu einige allgemeine Bemerkungen folgen, die gleichzeitig für Nr. 74, Singularities of algebraic surfaces and characteristic numbers, relevant sind:

Die maximale Anzahl $\mu_n(d)$ von gewöhnlichen Doppelpunkten auf einer sonst glatten Hyperfläche vom Grade d in $\mathbf{P}_n(\mathbb{C})$ kann nach A. N. Varchenko (On semicontinuity of the spectrum and an upper bound for the singular points of projective hypersurfaces, Doklady A.N. *270* (1983), 1294–1297) durch eine von Arnold betrachtete Zahl abgeschätzt werden:

$$\mu_n(d) \leqq A_n(d),$$

wo

$$A_n(d) = \# \left\{k \in \mathbb{Z}^n \mid 0 < k_i < d \wedge \frac{n-2}{2} \cdot d + 1 < \sum k_i \leqq \frac{n}{2} \cdot d\right\}.$$

Die Zahl $A_n(d)$ hängt eng mit Hodge-Zahlen zusammen (vgl. den Kommentar zu Nr. 12, Der Satz von Riemann-Roch in faisceau-theoretischer Formulierung); es ist

$$A_4(d) = h^{2,1}(d) + h^{1,1}(d) - 1 - h^{0,2}(d) - h^{0,1}(d),$$

wo $h^{p,q}(d)$ die Hodge-Zahlen einer glatten Hyperfläche vom Grade d im projektiven Raum der Dimension $p + q + 1$ sein sollen. Es ist

$$A_4(5) = 101 + 45 - 1 - 4 - 6 = 135.$$

In der vorliegenden Arbeit wird mit Hilfe der Fünfeck-Konstruktion eine quintische Hyperfläche mit 126 Doppelpunkten konstruiert. Es gilt also

$$126 \leqq \mu_4(5) \leqq 135.$$

C. Schoen betrachtet in seiner Arbeit „On the geometry of a special determinantal hypersurface associated to the Mumford-Horrocks vector bundle" (J. Reine Angew. Math. *364* (1986), 85–111) eine Quintik mit 125 Doppelpunkten. Das asymptotische Verhalten von $\mu_n(d)$ und $A_n(d)$ für $d \to \infty$ ist von Interesse. Es sei

$$\lim_{d \to \infty} \frac{A_n(d)}{d^n} = g(n).$$

Wegen des Zusammenhangs mit Hodge-Zahlen (vgl. den Kommentar zu Nr. 12) ist

$$\lim_{d \to \infty} \sqrt{n}\, g(n) = \sqrt{\frac{6}{\pi}}.$$

Die Čmutov-Hyperflächen haben für festes n asymptotisch $\binom{n}{[n/2]}\left(\frac{d}{2}\right)^n$ Doppelpunkte für $d \to \infty$. Es ist (Stirlingsche Formel)

$$\lim_{n \to \infty} \left(\sqrt{n} \cdot \binom{n}{[n/2]} 2^{-n}\right) = \sqrt{\frac{2}{\pi}}.$$

Das Intervall $(\sqrt{2/\pi}, \sqrt{6/\pi})$ ist ein Maß für unsere Unkenntnis. Die angegebenen asymptotischen Formeln finden sich bei Varchenko [15]. Für $n = 3$ vgl. Nr. 74.

J. Werner untersucht in seiner Bonner Dissertation 1987 (Kleine Auflösungen spezieller dreidimensionaler Varietäten, erscheint in Bonner Math. Schriften) die Frage nach der Existenz kleiner Auflösungen, die projektiv algebraisch sind. Er behandelt u.a. Čmutov-Hyperflächen im $\mathbf{P}_4(\mathbb{C})$ und „double solids", verzweigt entlang Čmutov-Flächen in $\mathbf{P}_3(\mathbb{C})$, und kommt zu ziemlich vollständigen Resultaten. Er hat auch einen Bericht über die Doppelpunktzahl $\mu_n(d)$ aufgenommen. Eine Korrespondenz mit C. Schoen war für beide Seiten hilfreich. C. Schoen wurde hierdurch zu einer Arbeit "On fiber products of rational elliptic surfaces with section" angeregt, wodurch sich neue Beispiele von 3-dim. Mannigfaltigkeiten mit $c_1 = 0$ ergaben, darunter auch projektive Varietäten mit beliebiger gerader Eulerscher Zahl zwischen -8 und 92.

Bei meinem Gastaufenthalt am Mathematical Sciences Research Institute in Berkeley im Sommer 1986 hatte ich viele interessante Diskussionen mit C. Schoen und eine Korrespondenz mit R. Friedman, was mir sehr half, das asymptotische Verhalten von $A_n(d)$ und der Hodge-Zahlen zu verstehen, und wobei mir dann die lang zurückliegende Arbeit von W. Meyer und R. von Randow (siehe Kommentar zu Nr. 12) wieder einfiel. R. Friedman machte mich darauf aufmerksam, daß die Zahlen

$$\lim_{d \to \infty} h^{k,\, n-1-k}(d)/d^n = V_{n,k}$$

eine lange kombinatorische Geschichte haben. Das ist kein Wunder, denn es gilt

$$\sum_{k=0}^{\infty} \sum_{n=1}^{\infty} V_{n,k}\, y^k x^n = (e^{(1-y)x} - 1)/(1 - y\, e^{(1-y)x})$$

(folgt leicht aus den Riemann-Roch-Formeln in Nr. 12 und steht bei Meyer und von Randow).

Schriftenverzeichnis

Arbeiten und Monographien werden getrennt in chronologischer Folge aufgeführt. Die nachstehende römische Ziffer mit folgenden Seitenzahlen gibt die Fundstelle der entsprechenden Arbeit in den vorliegenden beiden Bänden an. Das Zeichen 0 deutet an, daß diese Arbeit nicht abgedruckt ist. Von den Monographien wurde nur M2, Neue topologische Methoden in der algebraischen Geometrie, in die Abhandlungen (I, 151–334) aufgenommen, so daß dort diese Angaben entfallen können.

Arbeiten

1. Über eine Klasse von einfach-zusammenhängenden komplexen Mannigfaltigkeiten. Math. Ann. *124* (1951), 77–86 — I, 1–10
2. Über vierdimensionale Riemannsche Flächen mehrdeutiger analytischer Funktionen von zwei komplexen Veränderlichen. Math. Ann. *126* (1953), 1–22 — I, 11–32
3. Übertragung einiger Sätze aus der Theorie der algebraischen Flächen auf komplexe Mannigfaltigkeiten von zwei komplexen Dimensionen. J. Reine Angew. Math. *191* (1953), 110–124 — I, 33–47
4. Todd arithmetic genus for almost complex manifolds. Vervielfältigtes Manuskript, Princeton University, 1953 — I, 48–53
5. On Steenrod reduced powers in oriented manifolds. Vervielfältigtes Manuskript, Princeton University, 1953 — I, 54–59
6. The index of an oriented manifold and the Todd genus of an almost complex manifold. Vervielfältigtes Manuskript, Princeton University, 1953 — I, 60–80
7. Über die quaternionalen projektiven Räume. Sitzungsber. Bayer. Akad. Wiss. Math.-Naturwiss. Kl. *27* (1953), 301–312 — I, 81–92
8. On Steenrod's reduced powers, the index of inertia, and the Todd genus. Proc. Natl. Acad. Sci. USA, *39* (1953), 951–956 — I, 93–98
9. Arithmetic genera and the theorem of Riemann-Roch for algebraic varieties. Proc. Natl. Acad. Sci. USA, *40* (1954), 110–114 — I, 99–103
10. Some problems on differentiable and complex manifolds. Ann. Math., II Ser. *60* (1954), 213–236 — I, 104–127

11. Der Satz von Riemann-Roch und das Toddsche arithmetische Geschlecht für algebraische Mannigfaltigkeiten. In: Proc. International Congress of Mathematicians 1954, vol. II, S. 232–234. Amsterdam: North Holland 1954 — 0

12. Der Satz von Riemann-Roch in faisceau-theoretischer Formulierung. Einige Anwendungen und offene Fragen. In: Proc. International Congress of Mathematicians 1954, vol. III, S. 457–473. Amsterdam: North Holland 1956 — I, 128–144

13. On the characteristic cohomology classes of differentiable manifolds. In: Colloque Henri Poincaré Paris 1954, Textes des conférences, o.S., Paris: Institut Henri Poincaré 1954 — I, 145–148

14. The theorem of Riemann-Roch. Applications to special classes of algebraic manifolds. In: Colloque Henri Poincaré Paris 1954, Textes des conférences, o.S., Paris: Institut Henri Poincaré 1954 — I, 149–150

15. (mit S. S. Chern und J-P. Serre) On the index of a fibered manifold. Proc. Am. Math. Soc. *8* (1957), 587–596 — I, 335–344

16. Automorphe Formen und der Satz von Riemann-Roch. In: Symposium Internacional de Topología Algebraica (México 1956) S. 129–144, México: La Universidad Nacional Autónoma de México 1958 — I, 345–360

17. Characteristic numbers of homogeneous domains. In: Seminars on analytic functions, vol. II, S. 92–104, IAS, Princeton 1957 — I, 361–366

18. (mit K. Kodaira) On the complex projective spaces. J. Math. Pures Appl., IX Ser. *36* (1957), 201–216 — I, 367–382

19. (mit A. Borel) Characteristic classes and homogeneous spaces, I. Am. J. Math. *80* (1958), 458–538 — I, 383–463

20. (mit H. Hopf) Felder von Flächenelementen in 4-dimensionalen Mannigfaltigkeiten. Math. Ann. *136* (1958), 156–172 — I, 464–480

21. A Riemann-Roch theorem for differentiable manifolds. Séminaire Bourbaki (Février 1959), Exp. 177, Textes des conférences, o.S., Paris: Institut Henri Poincaré 1959 — I, 481–495

22. (mit A. Borel) Characteristic classes and homogeneous spaces, II. Am. J. Math. *81* (1959), 315–382 — I, 496–563

23. Komplexe Mannigfaltigkeiten. In: Proc. International Congress of Mathematicians 1958, S. 119–136. Cambridge: University Press 1960 — I, 564–581

24. (mit M. F. Atiyah) Riemann-Roch theorems for differentiable manifolds. Bull. Am. Math. Soc. *65* (1959), 276–281 — I, 582–587

25. (mit M. F. Atiyah) Quelques théorèmes de non-plongement pour les variétés différentiables. Bull. Soc. Math. Fr. *87* (1959), 383–396 — I, 588–601

26. (mit A. Borel) Characteristic classes and homogeneous spaces, III. Am. J. Math. *82* (1960), 491–504 I, 602–615

27. (mit M. F. Atiyah) Vector bundles and homogeneous spaces. In: Proc. Symp. Pure Math. *3,* S. 7–38. Providence: Amer. Math. Soc. 1961 I, 616–647

28. (mit M. F. Atiyah) Bott periodicity and the parallelizability of the spheres. Proc. Cambridge Phil. Soc. *57* (1961), 223–226 I, 648–651

29. (mit M. F. Atiyah) Analytic cycles on complex manifolds. Topology *1* (1962), 25–45 I, 652–672

30. Zur Theorie der Mannigfaltigkeiten. 18. November 1960, Vortragsauszug Int. Math. Nachrichten, Nr. 67, Jhg. 15, 1961, S. 50 I, 673

31. (mit M. F. Atiyah) Cohomologie-Operationen und charakteristische Klassen. Math. Z. *77* (1961), 149–187 I, 674–712

32. (mit M. F. Atiyah) Charakteristische Klassen und Anwendungen. Enseign. Math., II Ser. *7* (1961), 188–213 I, 713–738

33. (mit M. F. Atiyah) The Riemann-Roch theorem for analytic embeddings. Topology *1* (1962), 151–166 I, 739–754

34. The topology of normal singularities of an algebraic surface (d'après un article de D. Mumford). Séminaire Bourbaki 1962/63, Exp. 250, Textes des conférences, o.S. Paris: Institut Henri Poincaré 1963 II, 1–7

35. Lectures on K-theory. Lecture notes of the AMS Summer Topology Institute, Seattle 1963. In: Algebraic Topology. A student's guide (ed. J. F. Adams). London Math. Soc. Lect. Note Series *4,* S. 223–238. Cambridge: University Press 1972 0

36. Bericht über Arbeiten am Mathematischen Institut der Universität Bonn. In: Landesamt für Forschung, Jahrbuch 1965, S. 311–326, Köln und Opladen: Westdeutscher Verlag 1965 II, 8–23

37. Elliptische Differentialoperatoren auf Mannigfaltigkeiten. In: Arbeitsgemeinschaft für Forschung des Landes Nordrhein-Westfalen, Wiss. Abhdl. Bd. 33, S. 583–608, Köln und Opladen: Westdeutscher Verlag 1966 II, 24–49

38. Über Singularitäten komplexer Flächen. Rend. Math. Appl., V Ser. *25* (1966), 213–232 II, 50–69

39. Singularities and exotic spheres. Séminaire Bourbaki, 1966/67, Exp. 314, Textes des conférences, o.S., Paris: Institut Henri Poincaré 1967 II, 70–80

40. Involutionen auf Mannigfaltigkeiten. In: Proceedings of the Conference on Transformation groups, New Orleans 1967, S. 148–166, Berlin-Heidelberg-New York: Springer 1968 II, 81–99

41. (mit K. Jänich) Involutions and Singularities. In: Proc. of the Int. Colloq. on Algebraic Geometry (Bombay 1968), S. 219–240, Oxford: University Press 1969 — II, 100–121

42. The signature of ramified coverings. In: Global Analysis, Papers in Honor of K. Kodaira, S. 253–265, Tokyo: University of Tokyo Press and Princeton University Press 1969 — II, 122–134

43. (mit M. F. Atiyah) Spin-manifolds and group actions. In: Memoires dédiés à Georges de Rham, S. 18–28, Berlin-Heidelberg-New York: Springer 1970 — II, 135–145

44. Lösung einer Aufgabe von H. Hasse. Jahresber. Dtsch. Math.-Ver. *72* (1970), 29–32 — II, 146–149

45. Free involutions on manifolds and some elementary number theory. In: Symposia Mathematica Vol. V, Istituto Nazionale di Alta Matematica Roma, 1970, S. 411–419. London-New York: Academic Press 1971 — II, 150–158

46. Pontrjagin classes of rational homology manifolds and the signature of some affine hypersurfaces. In: Proc. of Liverpool Singularities Symposium II, Lecture Notes in Math. *209,* S. 207–212, Berlin-Heidelberg-New York: Springer 1971 — II, 159–162

47. The signature theorem: Reminiscences and recreation. In: Prospects in Mathematics, Ann. Math. Stud. *70* (1971), 3–31 — II, 163–191

48. The Hilbert modular group, resolution of the singularities at the cusps and related problems. Séminaire Bourbaki, 1970/71, exp. 396, Lecture Notes in Math. *244,* S. 275–288, Berlin-Heidelberg-New York: Springer 1971 — II, 192–205

49. (mit H. Behnke) In memoriam Heinz Hopf. Math. Ann. *196* (1972), 1–7 — II, 206–212

50. The Hilbert modular group and some algebraic surfaces. In: Proc. Int. Conf. Number Theory Moscow 1971. Proc. Steklov Institute of Mathematics *132* (1973), 59–72, und in: Trudy Mat. Inst. Steklov *132* (1973), 55–66 — II, 213–224

51. Hilbert modular surfaces. Enseign. Math. *19* (1973), 183–281 — II, 225–323

52. (mit W. F. Hammond) L-series, modular imbeddings and signatures. Math. Ann. *204* (1973), 263–270 — II, 324–331

53. (mit A. Van de Ven) Hilbert modular surfaces and the classification of algebraic surfaces. Invent. Math. *23* (1974), 1–29 — II, 332–360

54. Mathematik, Studium und Forschung. In: Mathematiker über die Mathematik (Hrsg. M. Otte), S. 451–467. Berlin-Heidelberg-New York: Springer 1974 — 0

55. Kurven auf den Hilbertschen Modulflächen und Klassenzahlrelationen. In: Classification of algebraic varieties and compact complex manifolds. Lecture Notes in Math. *412,* S. 75–93, Berlin-Heidelberg-New York: Springer 1974 — II, 361–379

56. Hilbert modular surfaces and class numbers. Astérisque *32–33* (1976), 151–164 — II, 380–393

57. Hilbert's modular group of the field $\mathbb{Q}(\sqrt{5})$ and the cubic diagonal surface of Clebsch and Klein. Russ. Math. Surv. *31:5* (1976), 96–110 (russ. in: Usp. Mat. Nauk *31:5* (1976), 153–166) — II, 394–408

58. Positive definite binary quadratic forms and Hilbert modular surfaces. In: Journées arithmétiques de Caen. Astérisque *41–42* (1977), 229–230 — 0

59. Intersection numbers of curves on Hilbert modular surfaces. Séminaire Delange-Pisot-Poitou, 1975/76, n.° 22, 35 — 0

60. (mit D. Zagier) Intersection numbers of curves on Hilbert modular surfaces and modular forms of Nebentypus. Invent. Math. *36* (1976), 57–113 — II, 409–465

61. (mit D. Zagier) Classification of Hilbert modular surfaces. In: Complex analysis and algebraic geometry, S. 43–77, Cambridge: University Press and Iwanami Shoten 1977 — II, 466–500

62. The ring of Hilbert modular forms for real quadratic fields of small discriminant. In: Lecture Notes in Math. *627,* S. 288–323, Berlin-Heidelberg-New York: Springer 1977 — II, 501–536

63. Modulflächen und Modulkurven zur symmetrischen Hilbertschen Modulgruppe. Ann. Sci. Ec. Norm. Supér. IV Ser. *11* (1978), 101–165 — II, 537–601

64. Überlagerungen der projektiven Ebene und Hilbertsche Modulflächen. Enseign. Math. *24* (1978), 63–78 — II, 602–617

65. (mit A. Van de Ven) Minimal Hilbert modular surfaces with $p_g = 3$ and $K^2 = 2$. Am. J. Math. *101* (1979), 132–148 — II, 618–634

66. The canonical map for certain Hilbert modular surfaces. In: The Chern Symposium 1979, S. 75–95, New York: Springer 1980 — II, 635–655

67. The icosahedron. Raymond and Beverly Sackler Distinguished Lect. in Maths., Tel Aviv University, 50–81, März 1981 — II, 656–661

68. Some examples of algebraic surfaces. In: Contemp. Math. *9,* S. 55–71, Providence: Amer. Math. Soc. 1982 — II, 662–678

69. Arrangements of lines and algebraic surfaces. In: Arithmetic and Geometry, vol. II, Prog. Math. *36,* S. 113–140, Boston-Basel-Stuttgart: Birkhäuser 1983 — II, 679–706

70. Mannigfaltigkeiten und algebraische Topologie. In: C. Schneider (Hrsg.): Forschung in der Bundesrepublik Deutschland, S. 489–506. Weinheim: Verlag Chemie 1983 (Deutsche Forschungsgemeinschaft) — II, 707–724

71. Chern numbers of algebraic surfaces – an example. Math. Ann. *266* (1984), 351–356 — II, 725–730

72. (mit R. Leis) Mathematik als Grundlagen- und Angewandte Wissenschaft. In: K. Stackmann; A. Streiter (Hrsg.): Sonderforschungsbereiche 1969–1984, S. 245–262, Weinheim: VCH Verlagsgesellschaft 1985 (Deutsche Forschungsgemeinschaft) 0

73. Algebraic surfaces with extreme Chern numbers (report on the thesis of Th. Höfer). Russ. Math. Surv. *40:4* (1985), 135–145 (russ. in Usp. Mat. Nauk *40:4* (1985), 121–129) II, 731–741

74. Singularities of algebraic surfaces and characteristic numbers. Contemp. Math. *58*, I (1986), 141–155 II, 742–756

75. Some examples of threefolds with trivial canonical bundle. Ausarbeitung und Ergänzung von Vorträgen von F. Hirzebruch durch J. Werner. MPI für Mathematik 1985/86 II, 757–770

Monographien

M1. (mit G. Scheja) Garben und Cohomologietheorie . Ausarbeitungen Mathematischer und Physikalischer Vorlesungen Bd. XX. Münster: Aschendorffsche Verlagsbuchhandlung 1957

M2. Neue topologische Methoden in der algebraischen Geometrie. Ergebnisse der Mathematik und ihrer Grenzgebiete. Neue Folge, Heft 9. Berlin-Göttingen-Heidelberg: Springer 1956. 2. ergänzte Auflage. Berlin-Göttingen-Heidelberg: Springer 1962
3. ergänzte Auflage: Topological methods in algebraic geometry (with appendices by R. L. E. Schwarzenberger and A. Borel). Grundlehren der mathematischen Wissenschaften, Bd. 131. Berlin-Heidelberg-New York: Spinger 1966
Japanische Ausgabe: Kyoto: Yoshioka Shoten 1970
Russische Ausgabe: Moskau: Mir 1973

M3. Introduction to the theory of vectorbundles and K-theory (Noten von M. Hazewinkel und D. Erle). Vervielfältigtes Manuskript. Universität Amsterdam 1965

M4. (mit K. H. Mayer) ***O***(n)-Mannigfaltigkeiten, exotische Sphären und Singularitäten. Lect. Notes in Math. *57*. Berlin-Heidelberg-New York: Springer 1968

M5. (mit W. Scharlau) Einführung in die Funktionalanalysis. Mannheim-Wien-Zürich: Bibliographisches Institut 1971

M6. (mit W. D. Neumann und S. Koh) Differentiable manifolds and quadratic forms. Lecture Notes in Pure and Applied Mathematics, vol. 4. New York: Marcel Dekker 1971

M7. (mit D. Zagier) The Atiyah-Singer theorem and elementary number theory. Mathematics Lecture Series, vol. 3. Berkeley: Publish or Perish Inc. 1974

M8. (mit G. van der Geer) Lectures on Hilbert modular surfaces. Séminaire de mathématiques supérieures, Séminaire scientifique OTAN, vol. 77. Montreal: Les Presses de l'Université de Montreal 1981

M9. (mit H.-D. Ebbinghaus et al. Red.: K. Lamotke) Zahlen. Grundwissen Mathematik 1. Berlin-Heidelberg-New York-Tokyo: Springer 1983

M10. (mit G. Barthel und Th. Höfer) Geradenkonfigurationen und algebraische Flächen. Aspekte der Mathematik, Braunschweig: Vieweg 1987

Danksagung

Der Springer-Verlag dankt den Verlegern von Friedrich Hirzebruchs Arbeiten für die Erlaubnis, sie hier abdrucken zu dürfen.

Die der ursprünglichen Quelle folgenden Zahlen entsprechen denen in der Numerierung der Arbeiten des vorstehenden Schriftenverzeichnisses.

Abgedruckt aus Am. J. Math. © The Johns Hopkins University Press: 19, 22, 26, 65

Abgedruckt aus Ann. Math., II © Editors, Dept. Mathematics, Princeton University: 10

Abgedruckt aus Ann. Math. Stud. © Princeton University Press: 47

Abgedruckt aus Ann. Sci. Ec. Norm. Supér. IV © Gauthier Villars, Paris: 63

Abgedruckt aus Arbeitsgemeinschaft für Forschung des Landes Nordrhein-Westfalen, Wiss. Abhdl. © Westdeutscher Verlag, Wiesbaden: 37

Abgedruckt aus Arithmetic and Geometry © Birkhäuser Verlag AG: 69

Abgedruckt aus Astérisque © Société Mathématique de France, Paris: 56

Abgedruckt aus Bull. Am. Math. Soc. © American Mathematical Society: 24

Abgedruckt aus Colloque Henri Poincaré, Paris © Secrétariat Mathématique, Paris: 13, 14

Abgedruckt aus Complex Analysis and Algebraic Geometry © Cambridge University Press: 61

Abgedruckt aus Contemp. Math. © American Mathematical Society: 68, 74

Abgedruckt aus Enseign. Math., II Ser. © L'Enseignement Mathématique, Genf: 32, 51, 64

Abgedruckt aus Forschung in der Bundesrepublik Deutschland © Verlag Chemie, Weinheim: 70

Abgedruckt aus Global Analysis © Princeton University Press: 42

Abgedruckt aus Int. Math. Nachrichten © Österreichische Mathematische Gesellschaft: 30

Abgedruckt aus Jahresber. Dtsch. Math. Ver. © Verlag B. G. Teubner, Stuttgart: 44

Abgedruckt aus J. Math. Pures Appl., IX Ser. © Gauthier Villars, Paris: 18

Abgedruckt aus J. Reine Angew. Math. © Verlag Walter de Gruyter & Co.: 3

Abgedruckt aus Landesamt für Forschung, Jahrbuch 1965 © Westdeutscher Verlag: 36

Abgedruckt aus Proc. Am. Math. Soc. © American Mathematical Society: 15

Abgedruckt aus Proc. Cambridge Phil. Soc. © Cambridge University Press: 28

Abgedruckt aus Proc. of the Int. Colloq. on Algebraic Geometry © Tata Institute of Fundamental Research (Oxford University Press, Indian Branch): 41

Abgedruckt aus Proc. International Congress of Mathematicians 1954 © North Holland: 12

Abgedruckt aus Proc. International Congress of Mathematicians 1958 © Cambridge University Press: 23

Abgedruckt aus Proc. Natl. Acad. Sci. USA © The National Academy of Sciences: 8, 9

Abgedruckt aus Proc. Steklov Institute of Mathematics © American Mathematical Society: 50

Abgedruckt aus Proc. Symp. Pure Math. © American Mathematical Society: 27

Abgedruckt aus Rend. Math. Appl., V Ser. © Istituto Nazionale di Alta Matematica Roma: 38

Abgedruckt aus Russ. Math. Surv. © London Mathematical Society and British Library: 57, 73

Abgedruckt aus Séminaire Bourbaki © Séminaire Bourbaki, Ecole Normale Supérieure, Paris: 21, 34, 39, 48

Abgedruckt aus Seminars on analytic functions © Institute for Advanced Study: 17

Abgedruckt aus Sitzungsber. Akad. Wiss. Math.-Naturwiss. Kl. © Bayerische Akademie der Wissenschaften: 7

Abgedruckt aus Symposia Mathematica © Istituto Nazionale di Alta Matematica Roma: 45

Abgedruckt aus Symposium Internacional de Topología Algebraica © La Universidad Nacional Autónoma de México: 16

Abgedruckt aus Topology © Pergamon Press: 29, 33

GPSR Compliance

The European Union's (EU) General Product Safety Regulation (GPSR) is a set of rules that requires consumer products to be safe and our obligations to ensure this.

If you have any concerns about our products, you can contact us on ProductSafety@springernature.com

In case Publisher is established outside the EU, the EU authorized representative is:

Springer Nature Customer Service Center GmbH
Europaplatz 3
69115 Heidelberg, Germany

Batch number: 10682269

Printed by Printforce, the Netherlands